LEXIKON DER BIOLOGIE
5

HERDER
LEXIKON DER BIOLOGIE

Fünfter Band
Katabiose
bis Mimus

Spektrum Akademischer Verlag
Heidelberg · Berlin · Oxford

Redaktion:
Udo Becker
Sabine Ganter
Christian Just
Rolf Sauermost (Projektleitung)

Fachberater:
Arno Bogenrieder, Professor für Geobotanik an der Universität Freiburg
Klaus-Günter Collatz, Professor für Zoologie an der Universität Freiburg
Hans Kössel, Professor für Molekularbiologie an der Universität Freiburg
Günther Osche, Professor für Zoologie an der Universität Freiburg

Autoren:
Arnheim, Dr. Katharina (K.A.)
Becker-Follmann, Johannes (J.B.-F.)
Bensel, Joachim (J.Be.)
Bergfeld, Dr. Rainer (R.B.)
Bogenrieder, Prof. Dr. Arno (A.B.)
Bohrmann, Dr. Johannes (J.B.)
Breuer, Dr. habil. Reinhard
Bürger, Dr. Renate (R.Bü.)
Collatz, Prof. Dr. Klaus-Günter (K.-G.C.)
Duell-Pfaff, Dr. Nixe (N.D.)
Emschermann, Dr. Peter (P.E.)
Eser, Prof. Dr. Albin
Fäßler, Peter (P.F.)
Fehrenbach, Heinz (H.F.)
Franzen, Dr. Jens Lorenz (J.F.)
Gack, Dr. Claudia (C.G.)
Ganter, Sabine (S.G.)
Gärtner, Dr. Wolfgang (W.G.)
Geinitz, Christian (Ch.G.)
Genaust, Dr. Helmut
Götting, Prof. Dr. Klaus-Jürgen (K.-J.G.)
Gottwald, Prof. Dr. Björn A.
Grasser, Dr. Klaus (K.G.)
Grieß, Eike (E.G.)
Grüttner, Dr. Astrid (A.G.)
Hassenstein, Prof. Dr. Bernhard (B.H.)
Haug-Schnabel, Dr. habil. Gabriele (G.H.-S.)
Hemminger, Dr. habil. Hansjörg (H.H.)
Herbstritt, Lydia (L.H.)
Hobom, Dr. Barbara
Hohl, Dr. Michael (M.H.)
Huber, Christoph (Ch.H.)
Hug, Agnes (A.H.)
Jahn, Prof. Dr. Theo (T.J.)
Jendritzky, Dr. Gerd (G.J.)

Jendrsczok, Dr. Christine (Ch.J.)
Kaspar, Dr. Robert
Kirkilionis, Dr. Evelin (E.K.)
Klein-Hollerbach, Dr. Richard (R.K.)
König, Susanne
Körner, Dr. Helge (H.Kör.)
Kössel, Prof. Dr. Hans (H.K.)
Kühnle, Ralph (R.Kü.)
Kuss, Prof. Dr. Siegfried (S.K.)
Kyrieleis, Armin (A.K.)
Lange, Prof. Dr. Herbert (H.L.)
Lay, Martin (M.L.)
Lechner, Brigitte (B.Le.)
Liedvogel, Dr. habil. Bodo (B.L.)
Littke, Dr. habil. Walter (W.L.)
Lützenkirchen, Dr. Günter (G.L.)
Maier, Dr. Rainer (R.M.)
Maier, Dr. habil. Uwe (U.M.)
Markus, Dr. Mario (M.M.)
Mehler, Ludwig (L.M.)
Meineke, Sigrid (S.M.)
Mohr, Prof. Dr. Hans
Mosbrugger, Prof. Dr. Volker (V.M.)
Mühlhäusler, Andrea (A.M.)
Müller, Wolfgang Harry (W.H.M.)
Murmann-Kristen, Luise (L.Mu.)
Neub, Dr. Martin (M.N.)
Neumann, Prof. Dr. Herbert (H.N.)
Nübler-Jung, Dr. habil. Katharina (K.N.)
Osche, Prof. Dr. Günther (G.O.)
Paulus, Prof. Dr. Hannes (H.P.)
Pfaff, Dr. Winfried (W.P.)
Ramstetter, Dr. Elisabeth (E.F.)
Riedl, Prof. Dr. Rupert
Sachße, Dr. Hanns (H.S.)
Sander, Prof. Dr. Klaus (K.S.)

Sauer, Prof. Dr. Peter (P.S.)
Scherer, Prof. Dr. Georg
Schindler, Dr. Franz (F.S.)
Schindler, Thomas (T.S.)
Schipperges, Prof. Dr. Dr. Heinrich
Schley, Yvonne (Y.S.)
Schmitt, Dr. habil. Michael (M.S.)
Schön, Prof. Dr. Georg (G.S.)
Schwarz, Dr. Elisabeth (E.S.)
Sitte, Prof. Dr. Peter
Spatz, Prof. Dr. Hanns-Christof
Ssymank, Dr. Axel (A.S.)
Starck, Matthias (M.St.)
Steffny, Herbert (H.St.)
Streit, Prof. Dr. Bruno (B.S.)
Strittmatter, Dr. Günter (G.St.)
Theopold, Dr. Ulrich (U.T.)
Uhl, Gabriele (G.U.)
Vollmer, Prof. Dr. Dr. Gerhard
Wagner, Prof. Dr. Edgar (E.W.)
Wagner, Prof. Dr. Hildebert
Wandtner, Dr. Reinhard
Warnke-Grüttner, Dr. Raimund (R.W.)
Wegener, Dr. Dorothee (D.W.)
Welker, Prof. Dr. Michael
Weygoldt, Prof. Dr. Peter (P.W.)
Wilmanns, Prof. Dr. Otti
Wilps, Dr. Hans (H.W.)
Winkler-Oswatitsch, Dr. Ruthild (R.W.-O.)
Wirth, Dr. Ulrich (U.W.)
Wirth, Dr. habil. Volkmar (V.W.)
Wuketits, Dozent Dr. Franz M.
Wülker, Prof. Dr. Wolfgang (W.W.)
Zeltz, Patric (P.Z.)
Zissler, Dr. Dieter (D.Z.)

Grafik:
Hermann Bausch
Rüdiger Hartmann
Klaus Hemmann
Manfred Himmler
Martin Lay
Richard Schmid
Melanie Waigand-Brauner

Die Deutsche Bibliothek – CIP-Einheitsaufnahme

Herder-Lexikon der Biologie / [Red.: Udo Becker ... Rolf Sauermost (Projektleitung). Autoren: Arnheim, Katharina ... Grafik: Hermann Bausch ...]. – Heidelberg ; Berlin ; Oxford : Spektrum, Akad. Verl.
   ISBN 3-86025-156-2
NE: Sauermost, Rolf [Hrsg.]; Lexikon der Biologie
   5. Katabiose bis Mimus. – 1994

Alle Rechte vorbehalten – Printed in Germany
© Spektrum Akademischer Verlag GmbH, Heidelberg · Berlin · Oxford 1994
Die Originalausgabe erschien in den Jahren 1983–1987 im Verlag Herder GmbH & Co. KG, Freiburg i. Br.
Bildtafeln: © Focus International Book Production, Stockholm, und Spektrum Akademischer Verlag Heidelberg
Satz: Freiburger Graphische Betriebe (Band 1–9), G. Scheydecker (Ergänzungsband 1994), Freiburg i. Br.
Druck und Weiterverarbeitung: Freiburger Graphische Betriebe
ISBN 3-86025-156-2

Katabiose w [v. gr. katabioein = verleben], Zellbiologie: Abbau lebender Substanz durch Vorgänge in der Zelle, insbes. bei Zelltod durch unkoordinierte Reaktionen der Enzyme.

Katablepharidaceae [Mz.; v. gr. kata = hinab, blepharis = Wimper], Fam. der *Cryptomonadales,* farblose, monadale Algen mit 1 Schwimm- u. 1 Schleppgeißel; ernähren sich phagotroph; 3 Gatt., v. denen *Katablepharis* mit 4 Arten im Süßwasser vorkommt.

katabole Wirkung ↗ anabole Wirkung, ↗ Dissimilation.

Katabolismus m [v. gr. kataballein = niederwerfen, zerstören], die ↗ Dissimilation. Ggs.: Anabolismus.

katadrome Fische [v. gr. katadromos = hinablaufend], Süßwasserfische wie die ↗ Aale, die zum Laichen das Meer aufsuchen; ↗ anadrome Fische.

Kataklysmentheorie [v. gr. kataklysmos = Überschwemmung, Vernichtung], die ↗ Katastrophentheorie 1).

Katal s, Kurzzeichen kat, ↗ Enzyme.

Katalase w [v. gr. katalyein = auflösen], ein bes. in den Peroxisomen v. Leberzellen, aber auch in Pflanzen u. Mikroorganismen häufig vorkommendes Enzym, das die Entgiftung des durch die Tätigkeit der Atmungsenzyme (↗ Atmungskette) entstehenden Wasserstoffsuperoxids (H_2O_2) durch Zersetzung desselben in H_2O u. $1/2\ O_2$ bewirkt; enthält ↗ Häm als prosthet. Gruppe. K. zeigt die extrem hohe Wechselzahl (↗ Enzyme) von $5 \cdot 10^6$.

Katalepsie w [v. gr. katalēpsis = Angriff], die ↗ Akinese.

Katalyse w [Bw. *katalytisch;* v. gr. katalysis = Auflösung], die Beschleunigung chem. Reaktionen durch die Anwesenheit bestimmter, als *Katalysatoren* bezeichneter Stoffe. Letztere gehen dabei unverändert aus dem Reaktionsablauf hervor. Die erste K. (der Name stammt v. Berzelius, 1836) wurde 1823 v. Döbereiner beobachtet, als er Wasserstoffgas durch Platinpulver zur Entzündung brachte. Durch die K. wird die Reaktionsgeschwindigkeit, nicht aber das Reaktionsgleichgewicht verändert (↗ chemisches Gleichgewicht). Die reaktionsbeschleunigende Wirkung v. Katalysatoren beruht auf der Herabsetzung der ↗ Aktivierungsenergie (□) der betreffenden chem. Reaktion. Die katalyt. Wirkung kann durch Aktivatoren gesteigert, durch Katalysatorgifte vermindert werden. – Arten von K.n: a) *homogene K.:* der Katalysator hat den gleichen Aggregatzustand wie die reagierenden Stoffe. b) *heterogene K.:* der Katalysator ist meist fest, u. die Reaktionspartner sind flüssig od. gasförmig. c) *Misch-K.:* zwei od. mehr Stoffe bilden den Katalysa-

tor. Fast alle biochem. Vorgänge der Zelle laufen katalytisch ab; als Katalysatoren wirken dabei die ↗ Enzyme (Biokatalysatoren).

Kataphylla [Mz.; v. gr. kataphyllos = reich beblättert], die *Niederblätter;* ↗ Blatt.

Katappenbaum [v. malaiisch katappan = Katappenbaum], *Terminalia catappa;* Art der ↗ Combretaceae.

Katarchaikum s [v. gr. katarchē = Beginn], *Katarchäikum,* ältester Zeitabschnitt einer 4teiligen Gliederung des ↗ Präkambriums (Akad. der Wiss. UdSSR, 1960), = Präkambrium I. Gesteine: Migmatite, Gneise, Granite, Pegmatite; Alter: 3,5 bis 2,7 Mrd. Jahre.

Katastrophentheorie [v. gr. katastrophē = Zerstörung], 1) *Kataklysmentheorie,* der Versuch, die histor. Entwicklung des Sonnensystems (z. B. Planetesimalhypothese) od. der Erde mit Hilfe v. Naturkatastrophen zu erklären. Derartige Vorstellungen sind in den Mythen vieler Völker verwurzelt (z. B. die „Deukalionische Flut" bei Diodor, † um 27 v. Chr.). Auch das christl. Weltbild war bis weit in das 19. Jh. hinein v. bibl. Bericht über die Sintflut geprägt u. hat das naturwiss. Verständnis stark beeinflußt. Dies gilt auch für ↗ Cuvier, mit dessen Namen der Begriff K. meist verknüpft wird. In seinen bahnbrechenden Arbeiten drückt er die Überzeugung aus, daß der rasche vertikale Wechsel v. Land- u. Meeresfaunen im Pariser Tertiärbecken durch katastrophale Meereseinbrüche bedingt gewesen sei; nach einem Meeresrückzug habe das trockengefallene Neuland v. zuwandernden Landtieren neu besiedelt werden können. Die Cuvier in vielen Darstellungen zugeschriebene Ansicht, durch derart. Katastrophen würde jeweils alles organ. Leben vernichtet u. nach Wiedereintritt der Ruhe durch eine vollständige Neuschöpfung ersetzt, trifft nicht zu. Mit der Erkenntnis, daß das ↗ Diluvium keine Sintflut, sondern eine Eiszeit gewesen sei (Charpentier, Agassiz u. a.), setzte sich zu gleicher Zeit die Ansicht durch, die Eiszeit sei als das „Kataklysma" für das Aussterben der tertiären Lebewelt anzusehen. – Eine v. Ballast der Neuschöpfungen befreite K. nimmt auch in modernen Erwägungen über erdgesch. „Faunenschnitte" breiten Raum ein (↗ Dinosaurier). 2) Nach dem frz. Mathematiker R. Thom (* 1923) die Gesamtheit mathemat. Methoden, die das plötzl. „Umkippen" v. Eigenschaften od. Vorgängen u. damit die abrupte Zustandsänderung eines Systems darstellen können; in der Biol. z. B. bei Tieren das plötzl. Umschlagen des Verhaltens v. Flucht in Kampfbereitschaft nach Erreichen des „Katastrophenpunkts".

Lit.: *Potonié, R.:* Zu Cuvier's Kataklysmentheorie. Paläont. Z. 31: 9–14. Stuttgart 1957.

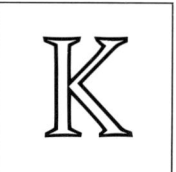

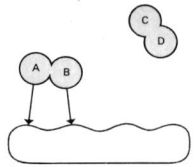

1

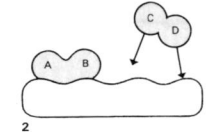

2

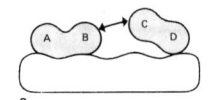

3

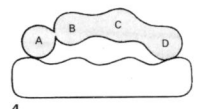

4

Katalyse

Prinzip der K. an einer katalytisch wirksamen Oberfläche

1 Reaktionspartner AB und CD und katalytisch wirksame Oberfläche. **2** Bindung und „Verzerrung" des einen Reaktionspartners (AB). **3** Bindung des zweiten Reaktionspartners (CD) und auch dessen „Verzerrung". **4** Kollision der beiden Reaktionspartner und Übertragung der Gruppe B aus Molekül AB auf das Molekül CD. (Detaillierte Mechanismen der Enzym-K. ↗ Enzyme.)

Bei K vermißte Stichwörter suche man auch unter C und Z.

Kation

Aus Gründen der Elektroneutralität können K.en stabil nur gepaart mit negativen Ionen (⁊Anion) vorkommen u. isoliert werden. Auch die ⁊Elektrolyte (☐) biol. Systeme sind daher ladungsmäßig immer zu gleichen Teilen aus Anionen und K.en aufgebaut. In wäßr. Lösungen, also auch innerhalb von lebenden Zellen, können Anionen-Kationen-Paare jedoch leicht austauschen. Bei Strukturformeln u. Reaktionsgleichungen kationisch aufgebauter Moleküle werden daher die anionischen Partner häufig nicht berücksichtigt.

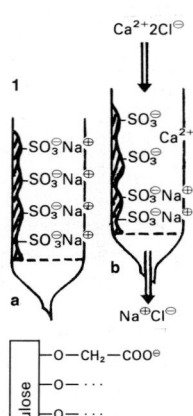

Kationenaustauscher

1 K. zum Austausch von Ca^{2+}-Ionen gegen Na^+-Ionen; **a** betriebsbereit, **b** in Betrieb: die Ca^{2+}-Ionen der am oberen Ende der Säule einfließenden $CaCl_2$-Lösung bleiben gebunden u. verdrängen dadurch Na^+-Ionen, die in Form v. NaCl die Säule am unteren Ende verlassen.
2 Aufbau von *CM-Cellulose*. Mit einem Cellulosegerüst sind negativ geladene Carboxymethylreste *(CM)* verknüpft.

Katatrepsis w [v. gr. kata = gegen, trepein = drehen], ⁊Blastokinese.

Kategorie w [v. gr. katēgoria = Vorwurf, Prädikatbestimmung], Rangstufe (z. B. Art, Gatt., Fam.) innerhalb der hierarchischen ⁊Klassifikation.

Kater, die männl. Hauskatze; die männl. Wildkatze u. der männl. Luchs heißen *Kuder*.

Katharina w, Gatt. der *Mopaliidae*, Käferschnecken des nördl. Pazifik mit einer, bis 13 cm langen Art: *K. tunicata;* der pechschwarze, glatte Mantel bedeckt die Schalenplatten fast völlig.

Katharobien [Mz.; v. gr. katharos = rein, bios = Leben], *Katharobionten*, Organismen, die für nicht abwasserbelastete Gewässer, also völlig sauberes *(katharobes)* Wasser, charakterist. sind. ⁊Saprobiensystem.

Kathepsine [Mz.; v. gr. kathepsein = auskochen, verdauen], Gruppe v. proteolytisch wirksamen Enzymen, die intrazellulär vorwiegend in den Lysosomen menschl. u. tier. Zellen vorkommen.

Katholikenfrosch, *Notaden benetti,* ca. 4 cm langer, austr. Südfrosch (⁊ *Myobatrachidae*), der seinen Namen v. einer schwärzl., kreuzähnl. Zeichnung hat. Die Gatt. *Notaden* enthält mehrere kleine bis mittelgroße, krötenähnl. Arten, die in semiariden Gebieten leben u. während der Trockenzeit vergraben sind, sonst tagaktiv. Manche sind recht bunt. Bei Gefahr stellen sie sich hochbeinig hin u. blasen ihren Körper ballonartig auf. Der kleine K. gilt trotz gift. Hautsekrete bei den Ureinwohnern Australiens – nach Entfernung der Haut – als Leckerbissen.

Kation s, ein einfach od. mehrfach positiv geladenes u. daher im elektr. Feld zur Kathode wanderndes Ion, z. B. das Natrium-K. (Na^+), Kalium-K. (K^+), Hydrogenium-K. (H^+, bzw. H_3O^+), Ammonium-K. (NH_4^+). Positiv geladene Molekülgruppen *(kationische Gruppen)* sind Bestandteile zahlr. wicht. Stoffwechselprodukte, z. B. die durch Protonanlagerung entstehenden substituierten Ammoniumgruppen der biogenen Amine, der Aminosäuren, Peptide u. Proteine u. der Aminozucker, die quartären Stickstoffatome v. NAD^+ u. $NADP^+$ sowie das dreifach substituierte Schwefelatom des S-Adenosylmethionins. Basische Proteine, wie die Histone, besitzen in Form der Lysin- u. Argininseitenketten besonders zahlr. kationische Gruppen u. werden daher als *Poly-K.en* bezeichnet. ⁊Anion, ⁊Ion, ⁊Elektrolyte (☐).

Kationenaustauscher, solche ⁊Ionenaustauscher, bei denen eine anionische Gruppe kovalent an eine feste unlösl. Matrix (z. B. Cellulose, Beispiel: *CM-Cellulose)* gebunden ist, während das neutralisierende Kation nur ionisch gebunden u. daher durch andere Kationen austauschbar ist. Die ⁊Chromatographie an K.n *(Kationenaustausch-Chromatographie)* ist ein wicht. Hilfsmittel zur Analyse v. kationisch aufgebauten Naturstoffen, wie von Aminosäuren (⁊Aminosäureanalysator), basischen Peptiden, Proteinen u. Aminozuckern. ⁊Anionenaustauscher (☐).

Kationenaustauschkapazität, die ⁊Austauschkapazität; ⁊Bodenkolloide.

Katsuwonus m [v. jap. katsuo = Siegerfisch], Gatt. der ⁊Thunfische.

Katta w [madagassisch], *Lemur catta,* ⁊Lemuren.

Katz, Sir *Bernard,* dt.-engl. Biophysiker, * 26. 3. 1911 Leipzig; seit 1935 in England, zuletzt Prof. in London; bedeutende Arbeiten zur Aufklärung der Funktion der Transmittersubstanz Acetylcholin als Informationsüberträger in der Nervenleitung u. der Mechanismen, die zur Freisetzung v. Acetylcholin in den Nervenendigungen (Synapsen) führen; erhielt 1970 zus. mit J. Axelrod u. U. S. v. Euler-Chelpin den Nobelpreis für Medizin.

Kätzchen, *Amentum,* die nach dem Abblühen als Ganzes abfallende ⁊Ähre; ihre Blüten besitzen häufig nur Staubblätter od. nur Fruchtblätter. K. werden z. B. bei Birke, Hasel, Eiche, Erle, Buche, Pappel u. Weide ausgebildet. B Blüte, B Blütenstände.

Katze, die weibl. Hauskatze (⁊Katzen).

Katzen [v. spätgr. katta = Katze], *Felidae,* Fam. der Raubtiere (Ord. *Carnivora)*; umfaßt 3 ausgestorbene U.-Fam. *(Machairodontinae, Hoplophoneinae, Nimravinae)* sowie die rezenten Echten K. (U.-Fam. *Felinae)* u. Geparden (U.-Fam. *Acinonychinae;* ⁊Gepard). Die Echten K. werden unterteilt in 2 Gatt.-Gruppen: ⁊Klein-K. *(Felini)* u. ⁊Groß-K. *(Pantherini)*. Trotz ihrer erhebl. Größenunterschiede bilden die K. eine relativ einheitl. Gruppe, deren Vertreter durch Gestalt u. Bewegung unzweifelhaft als K. erkennbar sind. Die Chromosomenzahl beträgt bei nahezu allen K.-Arten $2n = 38$. Männl. u. weibl. Tiere ähneln sich äußerlich; oft sind männl. K. größer u. dickköpfiger. Die meisten K.-Arten haben eine charakterist. Fellzeichnung, manche nur im Jugendkleid. Das K.-Gebiß (B Verdauung III) ist auf Fleischnahrung spezialisiert. Als „Fangzähne" (zum Festhalten u. Töten der Beute) dienen die starken, säbelförm. Eckzähne. Das Abtrennen v. Fleischbrocken geschieht im Mundwinkel durch eine Art „Brechschere", gebildet aus dem sog. „Reißzähnen" (letzter oberer Vorbackenzahn u. einziger unterer Backenzahn). Alle K. sind Zehengänger; der gleichmäßigen Verteilung des Körpergewichts u. dem ge-

Katzen

Katzen (Hauskatzen)

1) *Abessinische Katze:* aus exotischen Stammformen in Europa gezüchtet; schlank, meist einfarbiges, braun od. rötlich schattiertes Fell.
2) *Europäische Kurzhaarkatze:* Bau u. Farbzeichnung ähnl. der Perserkatze; verschiedene Varianten, z. B. die blaugraue *Karthäuserkatze.*
3) *Russisch-blaue Kurzhaarkatze:* besonders kurzes u. dichtes Fell, lavendelblau.
4) *Siamkatze:* schlank u. langgestreckt; mehr od. weniger hell cremefarben, bei Geburt fast weiß, braune bis schwarze Farbe (Ohren, Gesicht, Beine, Schwanz) erst nach einigen Monaten.
5) *Manxkatze:* schwanzlos, oft mit Mißbildungen der Lendenwirbel verbunden, können nicht klettern.
6) *Burmesenkatze:* kurzes dichtes Fell, glänzend dunkelbraun od. blau; Hinterläufe länger als Vorderläufe.
7) *Perserkatze:* kräftig u. gedrungen, langes, seidiges Fell, buschiger Schwanz; verschiedene Farbvarianten, weiße blauäugige Tiere meist taub.

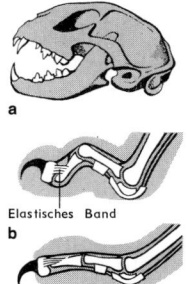

Katzen
a Schädel, **b** Kralle, unten durch Muskelkraft ausgestreckt

räuschlosen Auftreten dienen die Sohlenpolster. Kennzeichnend sind die einziehbaren Krallen (Ausnahme: Gepard), die beim Laufen in häutigen Krallenscheiden verborgen sind u. beim Angriff vorgeschnellt werden. K. verfügen über hohe Sinnesleistungen. Besonders empfindl. ist ihr Gehör. Die hohe Lichtempfindlichkeit der Augen beruht u. a. auf einer bes. Schicht *(Tapetum lucidum)* hinter der Netzhaut, durch die geringste Lichtmengen noch genutzt werden (↗Augenleuchten). K. sind in beinahe alle Lebensräume des Festlands vorgedrungen; sie fehlen nur in der baumlosen Tundra u. auf dem Polareis. – Die *Hauskatze* ist die domestizierte Form einer Kleinkatze, u. zwar der Wildkatze *Felis silvestris* ([B] Europa XIV); als Hauptstammform gilt die Nubische Falbkatze *(F. s. lybica).* Urspr. hielt der Mensch Wild-K. (in N-Afrika schon im 7. Jt. v. Chr.) aus religiösen Gründen (K.kulte). Die ↗Haustierwerdung (Domestikation) erfolgte erst ab dem 3. Jt. v. Chr. Zur Karolingerzeit gelangte die Hauskatze auch nach Mitteleuropa, wo wahrscheinl. einheim. Wild-K. (z. B. die kleinasiat. *F. s. caucasica*) einkreuzten. Die sog. „Edel-K." (z. B. Angora-, Siamkatze) sind das Ergebnis gezielter Auslese nach Wuchsform, Farbe u. Haarkleid nach strengen Zucht-

Bei K vermißte Stichwörter suche man auch unter C und Z.

Katzenaugennatter

richtlinien. Die Haltung v. Haus-K. geschieht hpts. aus Liebhaberei, nur z.T. aus Nützlichkeit (Mäusefang). Kein anderes Haustier des Menschen zeigt noch so viel Eigenständigkeit u. natürl. Verhaltensweisen (z. B. Drohgebärden, Beutefangverhalten) wie die Hauskatze, die auch leicht wieder verwildern kann. ☐ Aggression, B Bereitschaft II, B 3. *H. Kör.*

Katzenaugennatter, *Leptodeira annulata,* ↗ Trugnattern.

Katzenbandwurm, *Taenia taeniaeformis,* ↗ Taeniidae.

Katzenbär, *Kleiner Panda, Ailurus fulgens,* Kopfrumpflänge 50–60 cm, buschiger Schwanz 30–45 cm lang; auffallende Fellfärbung: Rücken rotbraun, Bauchseite schwarzbraun, weiße Gesichtszeichnung. Der K. wurde früher, ebenso wie der ↗ Bambusbär, den Kleinbären (Fam. *Procyonidae*) zugeordnet; heute gelten beide als Vertreter einer eigenen Fam. Katzenbären od. Pandas *(Ailuridae).* Der K. bewohnt Bergwälder u. Bambusdickichte am SO-Hang des Himalaya (in 1800 bis 4000 m Höhe) v. Nepal bis W-China. Im W des Gebietes lebt der Westl. K. *(A. f. fulgens),* im O Styans K. *(A. f. styani).* Hauptnahrung der K.en sind Bambusschößlinge u. Früchte, daneben Kleintiere. K.en leben gewöhnl. allein, selten paarweise; sie sind dämmerungs- u. nachtaktiv, ruhen tagsüber in einer Astgabel od. Baumhöhle. Wegen seiner schönen Fellzeichnung ist der K. ein beliebtes Zootier.

Katzenfrette [Mz.], *Bassariscus,* Gatt. der ↗ Kleinbären.

Katzenhaie, *Scyliorhinidae,* Fam. der Echten Haie mit 12 Gatt. und ca. 60 Arten; meist kleine, langgestreckte, weltweit verbreitete, harmlose Bodenhaie v. a. der Küstenregionen mit abgerundeter Schnauze, kleinen, mehrspitz. Zähnen, oft auffäll. Färbung u. rechteck., hornschal., um 8 cm langen Eikapseln, die an jeder Ecke spiral. Fäden zum Anheften haben. An eur. Küsten häufig sind der bis 75 cm lange Kleingefleckte K. *(Scyliorhinus caniculus),* der bis 1,5 m lange Großgefleckte K. *(S. stellaris)* u. der bis 75 cm lange Fleckhai *(Galeus melastomus),* der Tiefen zw. 150 und 400 m bevorzugt. Die indopazif., um 80 cm langen Schwellhaie *(Cephaloscyllum)* schlucken

Kleingefleckter Katzenhai *(Scyliorhinus caniculus)*

Katzenminze
Die Echte K. *(Nepeta cataria)* enthält neben anderem verschiedene äther. Öle sowie Bitterstoff u. gilt seit langem in der Volksmedizin als krampflösende, schmerzstillende u. wundheilende Arzneipflanze, die bei einer Vielzahl v. Leiden Anwendung findet.

Katzenpest
Die K. wird oft auch als *Katzenstaupe* bezeichnet, was irreführend ist, da es sich bei den Erregern der K. nicht um Staupe-Viren handelt. Katzen u. Katzenartige sind für Staupe-Viren nicht empfänglich.

Katzenpfötchen
Das Gerbstoff, Schleim u. Harz enthaltende Gemeine K. *(Antennaria dioica)* galt fr. als Heilpflanze.

bei Bedrohung Wasser od. Luft u. schwellen dabei stark an.

Katzenkratzkrankheit, *Felinose, Lymphoreticulosis benigna,* v. Katzen durch Kratzen od. Beißen auf den Menschen übertragene Infektionskrankheit (Zooanthroponose), Erreger vermutl. ein Virus (Psittakose-Lymphogranulomatose-Virusarten ?), evtl. auch Mykobakterien; Inkubationszeit bis zu mehreren Wochen; geht mit Lymphknotenschwellungen einher.

Katzenminze, *Nepeta,* Gatt. der Lippenblütler mit rund 150 Arten. Meist ausdauernde Kräuter mit einfachen Blättern u. weißl. od. blauvioletten Blüten. Die herbaromat. duftende Echte K. *(N. cataria)* mit herzeiförm. Blättern u. in Scheinquirlen stehenden, weißl., rot gefleckten Blüten ist in Vorderasien sowie S- u. O-Europa heimisch. Im übrigen Europa wächst sie verwildert od. z.T. eingebürgert in lückigen Unkraut-Ges. an Wegen u. Schuttplätzen; nach der ↗ Roten Liste „gefährdet".

Katzennatter, *Telescopus fallax,* bis 80 cm (seltener bis 1 m) lange Trugnatter mit senkrechter (katzenähnl.) Pupille; in den ostadriat. Küstengebieten, südl. Balkanländern, Kaukasien, auf Malta u. in SW-Asien beheimatet; bevorzugt sonn., gebüschbestandenes Gelände, auf Geröllhalden u. an Gemäuern. Oberseits gelb- bis graubraun gefärbt mit zahlr. großen, dunklen Flecken; unterseits hellgelb od. rosa, manchmal unregelmäßige dunkle Striche od. Flecken. Zügelschild (Loreale) reicht bis zum vorderen Augenrand. Ernährt sich v. a. von Eidechsen; besitzt gefurchte Giftzähne; Biß für den Menschen im allg. ungefährl. Im Sommer eierlegend (7–8 Stück); Jungtiere ca. 18 cm lang.

Katzenpest, *Katzentyphus,* auch „Katzenstaupe", *Enteritis infectiosa,* durch ein Virus hervorgerufene bösart. ansteckende Krankheit bei (Haus-)Katzen u. Katzenartigen, meist bei Jungtieren; Magen- u. Darmentzündung mit Fieber, Erbrechen, blutigem Kot; Mortalität bis ca. 80%.

Katzenpfötchen, *Antennaria,* Gatt. der Korbblütler mit etwa 50 Arten, überwiegend in den Gebirgen Asiens, Amerikas u. Australiens. Niedrige, ausdauernde Kräuter mit lanzettl. od. spateligen, insbes. unterseits filzig behaarten Blättern u. am Stengelende doldig od. kopfig angeordneten, vielblüt. Köpfchen. Das in Silicat-Magerrasen u. -weiden, in Heiden od. Kiefernwäldern Eurasiens zu findende Gemeine od. Gewöhnl. K. *(A. dioica,* B Europa XIX) besitzt weibl. oder zwittrige, weißl. bis rot gefärbte Röhrenblüten, in weibl. od. zwittrigen Köpfchen, die von rötl. bzw. weißl. Hüllschuppen umgeben werden. Nach der ↗ Roten Liste „gefährdet".

Bei K vermißte Stichwörter suche man auch unter C und Z.

Katzenräude, Hautveränderung der Hauskatze durch Befall mit der Milbe *Notoedres cati;* beginnt am Ohr u. Nacken u. geht auf Kopf u. den übr. Körper über; bei Befall v. Augen u. Nase Bindehautentzündung u. Atembeschwerden, in schweren Fällen Abmagerung u. Tod. Die Milbe hält sich auch einige Wochen am Menschen.

Katzenschweif, *Kanadischer K., Conyza (= Erigeron) canadensis,* ↗ Berufkraut.

Katzenstaupe ↗ Katzenpest.

Kauapparat, Sammelbez. für funktionell zusammengehörige Komplexe verschiedener Strukturen, die der mechan. Zerkleinerung v. Nahrung dienen. K.e sind in fast allen Tierstämmen in verschiedenster Weise entwickelt worden. So besitzen z. B. viele Insekten einen muskulösen Magen, dessen Innenseite mit Chitinleisten versehen ist, die die Nahrung zerreiben *(↗ Kaumagen).* Bei Schuppentieren ist in analoger Weise die Mageninnenseite mit Hornplatten besetzt, um die Chitinpanzer der gefressenen Termiten zu zerreiben. – Während solche Kaumägen wirkl. zum „Kauen" im Sinne v. mahlender u./od. reibender Zerkleinerung v. Nahrung befähigen, ist der oft als K. bezeichnete Kieferapparat der Seeigel *(↗ Laterne des Aristoteles)* im Grunde nur eine Abbeißvorrichtung zum Abweiden algenbewachsener Flächen. – Der ↗ Kiefer-Apparat der Wirbeltiere wird auch oft verallgemeinernd als K. bezeichnet. Streng genommen tritt „Kauen" aber nur bei Kugelzahnfischen, die die Schalen ihrer Molluskennahrung zerquetschen, u. bei Säugern auf. Der K. der Säuger wird (wie bei allen Wirbeltieren) v. einem Kiefer-Muskel-Komplex gebildet, der aus dem Kieferskelett mit ↗ Zähnen u. der Kiefermuskulatur (Kaumuskulatur) besteht. Die Ausbildung der Wangenregion bei Säugern erlaubt ein vollständ. Umschließen der Nahrung durch den Mundraum, das sekundäre Kiefergelenk ermöglicht seitl., mahlende Unterkieferbewegungen, wobei die speziell differenzierten Vorbackenzähne (Praemolaren) u. Backenzähne (Molaren) die Nahrung bearbeiten. Bes. stark differenziert sind hierfür die Zähne der Huftiere. – Die wichtigsten Kaumuskeln der Säuger sind: als Unterkieferheber der *Musculus temporalis* (Schläfenmuskel), der vom Schädeldach zum obersten Fortsatz des Unterkiefers zieht, sowie der *M. masseter* (Kaumuskel i. e. S.), der vom Jochbogen zur äußeren Seitenfläche des Unterkiefers verläuft; als Unterkiefersenker der *M. digastricus* (doppelbauchiger Unterkiefermuskel), der vom Unterrand des Hinterhaupts zur Innenfläche des Unterkiefers zieht, u. der *M. pterygoideus* (Flügelmuskel), dessen einer Anteil vom Pterygoid zur Innenfläche des Unterkiefers zieht u. bes. wichtig ist für dessen seitl. Führung. – Die Kiefer- od. Kaumuskeln können einen hohen Kaudruck erzeugen. Beim Menschen wird im Bereich der Backenzähne ein Druck bis etwa 700 N/cm^2 (ca. 70 kp/cm^2) erreicht, was dem Druck eines Elefantenfußes auf den Boden entspricht. ↗ Gebiß, B Verdauung II–III.

Kauffmann-White-Schema [-wait-; ben. nach F. Kauffmann, 1899–1978, dt. Serologe, u. B. White, zeitgenöss. engl. Serologe], Zusammenstellung v. Antigeneigenschaften der pathogenen u. nicht-pathogenen Stämme (Serotypen) der Bakteriengatt. *Salmonella.* Nach dem unterschiedl. Vorkommen v. somat. O-Antigenen, der 1. und 2. Phase der Geißel-(H)-Antigene und z. T. auch v. Kapsel-Antigenen lassen sich durch Objektträger-Agglutination über 1700 Serotypen nachweisen, die aufgrund einer Reihe gemeinsamer O-Antigene noch in Gruppen (I–IV) zusammengefaßt werden.

Kaulade, Lacinia (Innenlade) u. Galea (Außenlade) bzw. Glossa u. Paraglossa der Maxillen bei Insekten; ↗ Mundwerkzeuge (der Insekten).

Kaulquappe w [v. mhd. küle = Kugel, großer Kopf, mittelniederdt. quappe = Froschlaich], Larve der ↗ Froschlurche; ☐ Entwicklung, B Amphibien I.

Kaumagen, i. e. S. ein häufig mit kräft. Muskulatur u. Cuticulazähnen ausgestatteter Vormagen *(Proventriculus)* an der Grenze zw. Vorder- u. Mittel-↗ Darm (B), bei Insekten mit kauenden Mundwerkzeugen, ferner bei Rädertierchen, Ringelwürmern u. Schnecken u. schließlich als kennzeichnendes Merkmal bei allen ↗ *Malacostraca* unter den Krebsen (B Verdauung III). Mit Hilfe derartiger „Magenmühlen" können selbst harte Molluskenschalen pulverisiert werden. Dem K. ist häufig (speziell bei Krebsen) ein *Filtermagen* nachgeschaltet, in dem die fein zerkleinerte, vorverdaute Nahrung v. den groben Partikeln getrennt wird. I. w. S. werden auch die muskulösen Magenabschnitte (z. B. bei Krokodilen u. vielen Vögeln), die zum Zerreiben der Nahrung (oft mit Hilfe verschluckter Steine) benutzt werden, als K. bezeichnet.

Kauplatte, *Mola,* basaler Teil der Mandibel bei kauenden ↗ Mundwerkzeugen der Insekten.

Kaurifichte [v. Maori kawri], *Agathis australis,* ↗ Agathis.

Kaurischnecken [v. Hindi kaurī], ↗ Porzellanschnecken.

Kausalmorphologie w [v. lat. causalis = Ursachen-, gr. morphē = Gestalt, logos = Kunde], die ↗ Entwicklungsphysiologie; ↗ Entwicklungsmechanik.

Bei K vermißte Stichwörter suche man auch unter C und Z.

Kautschuk

Kautschuk m [v. Quechua cauchuc], *Natur-K.*, hochmolekularer, ungesättigter sekundärer Pflanzenstoff, der im weißen *Milchsaft (Latex)* der gegliederten u. ungegliederten Milchröhren zahlr. Dikotyledonen vorkommt, während er bei Monokotyledonen, Gymnospermen u. niederen Pflanzen fehlt. K.-Moleküle sind 1,4-cis-Polyisoprene, deren Kettenlänge zw. 8000 bis 30 000 Isopreneinheiten schwankt (⌕ *Isoprenoide*, ⌕ *Terpene*; ⌕ *Guttapercha*, ⌕ *Balata*). Die Biosynthese von K. erfolgt im Latex, der alle erforderl. Enzyme enthält, durch Kopf-an-Schwanz-Kondensation v. aktivem Isopren (⌕ *Isoprenoide*), wobei die benötigte Energie durch die im Latex ablaufende Glykolyse bereitgestellt wird. Obwohl K. im Milchsaft vieler Pflanzen enthalten ist, z. B. auch in einheim. Gewächsen wie Gänsedistel u. Salatpflanzen, eignen sich nur wenige Arten zur Gewinnung von K. im großen Maßstab. Wirtschaftl. v. größter Bedeutung ist ⌕ *Hevea brasiliensis*, weitere K.-Lieferanten sind *Manihot glaziovii* u. Maniok (Wolfsmilchgewächse), ⌕ *Ficus elastica* (Maulbeergewächse) u. *Taraxacum bicorne* (Korbblütler). Den K.-haltigen Latex erhält man durch Anritzen der Stämme, ohne das Kambium zu verletzen, wobei der Ertrag bis zu 80 g je Baum u. Ernte betragen kann. Latex enthält neben 30–40% K. und 55–66% Wasser auch Proteine, Lipide, Kohlenhydrate, Sterine u. mineral. Bestandteile (zus. etwa 5%). Im wäßr. Serum des Milchsafts liegen die kleinen sphär. K.-Partikel umgeben v. einer Proteinhülle (Schutzkolloide zur Verhinderung der Koagulation) in emulgierter Form vor. Aus dieser Emulsion wird K. mit Hilfe verdünnter Säuren (z. B. Ameisensäure, Essigsäure) ausgefällt, anschließend durch erwärmte Pressen geschickt u. zu Folien (Bahnen, „Fellen", Crepe) geformt, gelegentl. auch geräuchert (gg. Bakterienbefall) od. nur mit Formalin od. Ammoniak behandelt (als Schutz gg. Gärung). Dieser *Roh-K.* ist in reiner Form ein plast. Produkt, das jedoch leicht mit Oxidationsmitteln reagiert u. bei längerem Lagern durch Kristallisation u. Quervernetzung der linearen Makromoleküle verhärtet u. spröde wird. Zur Herstellung v. ⌕ *Gummi* mit hoher Elastizität, Reißfestigkeit u. Alterungsbeständigkeit wird der Roh-K. zunächst durch Erhitzen u. Kneten in Ggw. von Luftsauerstoff wieder in eine plast. Form gebracht (*Mastikation*), bevor er mit Schwefel, Füllstoffen (Ruß, Zinkoxid) u. Vulkanisationshilfsmitteln vermengt wird. Diese Mischung wird, nachdem sie in Formen gepreßt wurde, durch Erhitzen auf etwa 120°C behandelt (*Heißvulkanisation*, erstmals ausgeführt v. Goodyear 1838), wobei die Kettenmoleküle des K.s durch Schwefelbrücken vernetzt werden. Je nach Schwefelgehalt (2%–30%) erhält man *Weichgummi* od. *Hartgummi* (Ebonit). Setzt man bei der Vulkanisation Treibmittel zu, die beim Erhitzen unter N_2-Entwicklung zerfallen, entsteht *Schaumgummi*. Auch verschiedenste Derivate des K.s sind mögl., z. B. *Chlor-K.* Die Gewinnung v. Natur-K. (Weltproduktion 1982: 3,8 Mill. t), die zur Deckung des Bedarfs nicht ausreicht, wird durch die (teurere) Produktion von *synthet. K.* (Weltproduktion 1982: 7,9 Mill. t) ergänzt. Die Anwendungsmöglichkeiten für vulkanisierten K. (Gummi) sind vielfältig. Von der Gesamtproduktion werden 60% für Reifen, die restl. 40% für techn. Gummiformteile verwendet.   E. F.

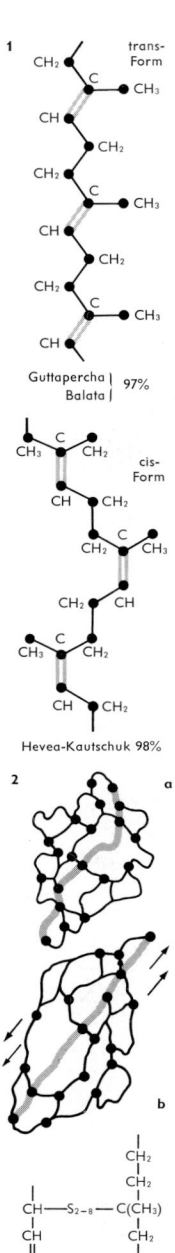

Kautschuk
1 Struktureinheit einer gedehnten Gummikette in trans- u. cis-Form;
2 K.molekül mit Vernetzungspunkten, **a** im wahrscheinlichsten, **b** im gestreckten Zustand, **c** Strukturbild der Vernetzung von 2 Molekülen

Kautschukbaum [v. Quechua cauchuc], ⌕ *Hevea*.
Käuze ⌕ *Eulen*.
kavernikol [v. lat. caverna = Höhle, colere = bewohnen], in Höhlen lebend.
Kawa [v. polynes. kava = bitter], ⌕ *Pfeffergewächse*.
KDPG-Weg, der ⌕ *Entner-Doudoroff-Weg*.
Kea m [neuseeländ.], *Nestor notabilis*, ⌕ *Papageien*.
Kefir m [aus einer kaukas. Sprache], *Kefyr, Kifyr, Kafyr, Kyppe, Kapir*, schwach alkoholhalt., dickflüss. Sauermilchgetränk. Urspr. in den Kaukasusländern heimisch, wo er aus Kuh-, Stuten-, Ziegen- od. Schafsmilch gewonnen wurde. Heute hpts.

Kefir	
Mikroorganismen-Gemeinschaft in K.körnern (je nach Herkunft sehr unterschiedl. zusammengesetzt)	(z. B. *Lactobacillus caucasicus, L. desidiosus, L. brevis, L. casei, Leuconostoc-, Streptococcus-* u. *Betabacterium*-Arten)
milchzuckervergärende Hefen* (z. B. *Saccharomyces kefyr, S. fragilis, Candida kefyr, Torulopsis kefyr* u. *Torula*-Arten)	z. T. auch Essigsäurebakterien (*Acetobacter*-Arten)
homo- u. heterofermentative, kokken- u. stäbchenförmige Milchsäurebakterien	* sog. „Industrie-K." enthält keine Hefen; dadurch werden die Deckel der Kunststoffbehälter nicht, wie bei einem echten K., durch das Gärungs-CO_2 gewölbt („bombiert").

aus pasteurisierter (od. abgekochter) Kuhmilch, bei 20–25°C hergestellt durch Zusatz v. „K.körnern" (*K.knollen, K.pilz*), einer stabilen Lebensgemeinschaft v. Bakterien u. Hefen (vgl. Tab.), die in koaguliertem Casein u. bakteriellen Polysacchariden (*Kefiran*) eingebettet sind. Diese rundl., verschleimten Kolonien der Mischkulturen (∅ meist 4–6 mm u. größer) setzen sich am Boden ab. Durch eine Milchsäure- u. alkohol. Gärung entstehen im K. 0,8–1,5%

Milchsäure, 0,1–1,0% Alkohol u. Kohlendioxid (Prickeln auf der Zunge) sowie geringe Mengen an Diacetyl, Acetaldehyd u. Aceton, die auch zum charakterist., erfrischenden Geschmack beitragen.

Kegelbienen, *Coelioxys,* Gatt. der ↗Megachilidae.

Kegelchen ↗Euconulus.

Kegelköpfe, die ↗Schwertschrecken.

Kegelrobbe, *Halichoerus grypus,* Art der Seehunde mit gestreckter, kegelförm. Schnauze (Name!); männl. K.n bis 3 m, weibl. bis 2,2 m lang; Oberseite hell- od. dunkelgrau mit helleren od. dunkleren Flecken, Jungtiere weiß u. wollig. Die K. bewohnt in kleinen Rudeln die Küsten u. Inseln des N-Atlantik, nach S bis zu den Brit. Inseln u. zur frz. Küste; in der Ostsee eine kleinere Form (Ostsee-K.).

Kegelschnecken, *Conidae,* Fam. der Giftzüngler, Meeresschnecken mit verkehrtkegelförm. letztem Umgang u. niedrig-kegeligem Gewinde; die Mündung ist lang u. schmal. Oberflächenskulptur u. Farbmuster sind sehr verschieden u. machen das Gehäuse für Sammler attraktiv. Die K. leben v. Ringelwürmern, Weichtieren u. Fischen, denen sie toxisches Sekret mit ihren oft harpunenartig gestalteten Einzelzähnen injizieren (↗Giftzüngler). Die K. sind getrenntgeschlechtl.; aus den Eikapseln schlüpfen Schwimmlarven. Die meisten der mindestens 300 Arten leben in Korallenriffen. Einige K. haben Toxine, die auch für Menschen letal sein können. Die gefährlichste Art ist *Conus geographus* (bis 13 cm hoch) im Indopazifik. Ihr Gift besteht aus Peptiden mit 13–15 Aminosäuren; eine Komponente blockiert im Opfer die neuromuskuläre Erregungsübertragung an der postsynapt. Membran, andere wirken direkt auf das Zentralnervensystem u. bauen Muskulatur ab.

Kegelzähne, Bez. für die einspitzigen, kugelförm., wurzellosen Zähne vieler Reptilien. ↗haplodont.

Kehlatmung ↗Atmung. [tis.

Kehldeckel, *Kehlkopfdeckel,* die ↗Epiglot-

Kehle, *Gula,* 1) oberer Abschnitt der Halsfront bei Wirbeltieren u. dem Menschen, ugs. auch Bez. für Speiseröhre. 2) die ↗Gula 1).

Kehlkopf, *Larynx,* bei lungenatmenden Wirbeltieren u. dem Menschen der oberste Teil der Luftröhre u. laut- bzw. stimmbildendes (↗Stimme) Organ (nicht bei Vögeln; dort ↗Syrinx). Das K.skelett (am ↗Zungenbein aufgehängt) besteht beim Menschen aus 4 Knorpeln: dem *Schildknorpel* (Cartilago thyreoidea, beim Mann als Adamsapfel äußerl. sichtbar), dem *Ringknorpel* (Cartilago cricoidea), den beiden *Gießbeckenknorpeln* (Cartilagines

Kegelschnecke
(Conus spec.)

arytaenoideae, auch *Stellknorpel* gen.) u. dem *Kehldeckelknorpel* (Cartilago epiglottica). Sie sind durch Bänder u. Muskeln miteinander verbunden u. bilden einen Hohlraum, der durch den K.deckel od. *Kehldeckel* (↗Epiglottis) verschließbar ist, damit beim Schlucken kein Nahrungsbrei in die Luftröhre gelangt. Der K. ist innen vom ↗Flimmerepithel mit ↗Becherzellen (Schleimdrüsenzellen) ausgekleidet. Der Ringknorpel bildet die Hinterwand des K.s; auf ihm sitzen gelenkig mit ihm verbunden die Stellknorpel, v. denen die *Stimmbänder* od. *Stimmlippen* (Ligamenta vocalia, freie Ränder der *Stimmfalten,* Plicae vocales) nach vorn zum Schildknorpel gespannt sind. Die Stimmbänder bilden als *Stimmorgan* (Glottis) die *Stimmritze* (Rima glottidis), die beim Einatmen geöffnet u. bei der Stimmgebung geschlossen ist. Bei der *Stimmerzeugung* streicht die ausgeatmete Luft an den Stimmbändern vorbei u. versetzt sie in Schwingungen. Zur schallverstärkenden Resonanz besitzen manche Säugetiere noch ↗Kehlsäcke.

Kehllobus *m* [v. gr. lobos = Lappen], (H. Schmidt 1921), 1. ↗Umbilicallobus (= innerer Seitenlobus, U_1) der ammonit. ↗Lobenlinie; vom Autor irrtüml. als Primärlobus aufgefaßt.

Kehlphallusfische, *Phallostethidae,* Fam. der ↗Ährenfische.

Kehlplatte ↗Nackenhaut (der Insekten).

Kehlsäcke, *Sacci laryngis,* 1) Ausstülpungen der Kehlkopfschleimhaut, die bei der Stimmbildung als Resonanzraum dienen (z. B. bei Orang-Utans, Gibbons, Kamelen, Bartenwalen); 2) Ausstülpungen der Mundhöhle von männlichen ↗Froschlurchen (Schallblasen). ☐ Froschlurche.

Kehlzähne, *Astronesthidae,* Fam. der ↗Großmünder.

Keilbein, 1) *Wespenbein, Os sphenoidale, Sphenoidale,* Ersatzknochen der ↗Schädel-Basis v. Wirbeltieren. Bei einigen Säugern ist das Flügelbein (↗Pterygoid), ein Deckknochen, in das K. eingegangen. Nahe dem Hinterhauptsloch bildet das K. den *Türkensattel* (Sella turcica), in dessen Vertiefung (Fossa hypophysialis) die v. Zwischenhirnboden herabragende Hypophyse liegt. Unterhalb der Hypophyse weist das K. des Menschen einen Hohlraum auf, die *K.höhle* (Sinus sphenoidalis), welche zu den Nasennebenhöhlen gehört. Beim Menschen ähneln die die inneren Nasenöffnungen (Choanen) begrenzenden Flügelbeinfortsätze bei Betrachtung v. vorn den ausgestreckten Beinen einer Wespe (Name). 2) *Os cuneiforme, Cuneiforme,* proximaler Fußwurzelknochen der Tetrapoden; es gibt jeweils 3 als K.e bezeichnete nebeneinanderliegende Kno-

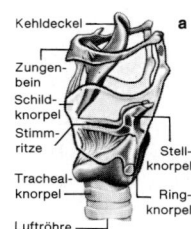
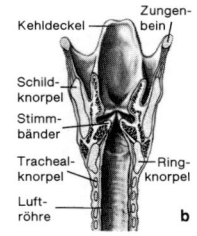
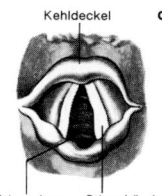

Kehlkopf
K. des Menschen:
Ansicht **a** von der Seite (der Schildknorpel ist durchsichtig gedacht), **b** Frontalschnitt, **c** Bild des K.s bei der K.spiegelung (Laryngoskopie)

Bei K vermißte Stichwörter suche man auch unter C und Z.

Keilblattgewächse

chen (Ento-, Meso-, Ectocuneiforme = inneres, mittleres, äußeres K.). An ihnen setzen die 3 inneren Mittelfußknochen an.

Keilblattgewächse, Fam. der ↗Sphenophyllales.

Keiler, wm. Bezeichnung für das über 2 Jahre alte männl. Wildschwein.

Keilfleckbarbe, *Rasbora heteromorpha,* ↗Bärblinge.

Keiljungfern, die ↗Flußjungfern.

Keilor, *Mensch von K.,* 1940 in Keilor bei Melbourne (Austr.) gefundene menschl. Skelettreste; Alter umstritten: ca. 31 600 od. ca. 13 000 Jahre; Schädel dieses *Homo sapiens* steht morphologisch zw. javan. ↗Wadjakmensch einerseits u. heutigen ↗Australiden andererseits.

Keim, 1) Med. und Mikrobiol.: a) eine Mikroorganismenzelle, b) allg. ein nicht näher bestimmter, vermehrungsfähiger Mikroorganismus, v.a. bakterieller Krankheitserreger. **2)** Entwicklungsbiol.: der ↗Embryo. **3)** Bot.: a) das pflanzl. Fortpflanzung dienende Gebilde; werden meist in großer Zahl gebildet u. sind oft unempfindl. gg. Frost, Hitze, Gifte, Trockenheit; sind ein- (Keimzellen) od. vielzellig. ↗Brutkörper, ↗Samen, ↗Keimung. b) die ersten, noch nicht ergrünten Triebe aus pflanzl. Überdauerungsorganen, z.B. bei Kartoffelknollen im Frühjahr.

Keimanlage, frühe Anlage des embryonalen Körpers; Ggs. ↗Dotter-System sowie Anlagen für Embryonalhüllen u. andere extraembryonale Strukturen. ↗Keimstreif.

Keimbahn, in der Individual-↗Entwicklung vielzell. Tiere diejenige Zellenfolge (Genealogie), aus der die Keimzellen (generative Zellen, ↗Gameten) hervorgehen. Die v. der K. abzweigenden somatischen Zell-Linien bilden den Körper (das Soma). Die zukünft. Keimzellen lassen sich häufig schon in der frühen Ontogenese morpholog. von den Somazellen unterscheiden u. deshalb in ihrer weiteren Entwicklung verfolgen. Diese „Ur-Keimzellen" können größer sein als die Somazellen (z.B. Wirbeltiere, viele Arthropoden) od. anfangs bes. Einschlüsse enthalten (z.B. Polplasma bei vielen Arthropoden). Nur selten (z.B. *Ascaris,* manche Zweiflügler) unterscheiden sich Soma- u. Keimbahnzellen im DNA-Gehalt (ob auch im Informationsgehalt der DNA, ist noch unklar, ↗Chromosomendiminution).

Keimbläschen, 1) seltene Bez. für die ↗Blastocyste. **2)** *Eibläschen,* besonders große Kerne reifender Oocyten (z.B. bei Amphibien), bei denen die Chromosomen zu ↗Lampenbürstenchromosomen mit hoher RNA-Synthese aufgelockert sind. Die K. der reifen Amphibienoocyte (z.B. der Krallenfrösche, *Xenopus*) enthalten außerdem etwa 1500 Kopien des Nucleolus-Organisators (Extranucleolen), so daß die Eizelle mit einem Vorrat v. etwa 10^{12} Ribosomen ausgestattet werden kann, der mindestens bis zur Ausbildung des Schwanzknospenstadiums ausreicht. ↗Amphibienoocyte, ↗Genamplifikation.

Keimblätter, 1) Bot.: *Kotyledonen,* die ersten Blattanlagen am pflanzl. Embryo, einfach u. v. kurzer Lebensdauer, bisweilen Speicherorgane des ersten Nährstoffs für den Keimling (↗Keimpflanze); erscheinen bei der epigäischen ↗Keimung (☐) über dem Erdboden; man unterscheidet ↗Einkeimblättrige u. ↗Zweikeimblättrige Pflanzen. ↗Blatt, B Bedecktsamer I–II. **2)** Zool.:

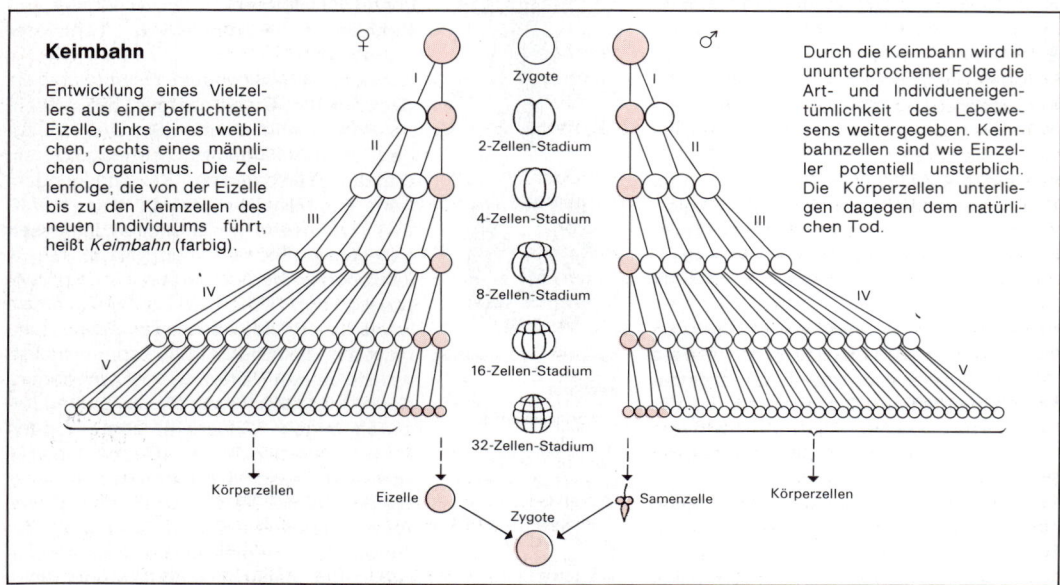

Keimbahn

Entwicklung eines Vielzellers aus einer befruchteten Eizelle, links eines weiblichen, rechts eines männlichen Organismus. Die Zellenfolge, die von der Eizelle bis zu den Keimzellen des neuen Individuums führt, heißt *Keimbahn* (farbig).

Durch die Keimbahn wird in ununterbrochener Folge die Art- und Individueneigentümlichkeit des Lebewesens weitergegeben. Keimbahnzellen sind wie Einzeller potentiell unsterblich. Die Körperzellen unterliegen dagegen dem natürlichen Tod.

Bei K vermißte Stichwörter suche man auch unter C und Z.

in der ↗Embryonalentwicklung Zellschichten, die sich bei der ↗Gastrulation sondern u. die Anlage für die Organe verschiedener Körperschichten enthalten (↗Keimblattlehre). Bei Hohltieren gibt es nur zwei K. (Ektoderm u. Entoderm); sie differenzieren sich zu den Körperschichten Epidermis und Gastrodermis (B Hohltiere I). Die höheren Tiere bilden ein drittes Keimblatt, das Mesoderm (vgl. Abb.). Hier entstehen aus dem ↗Ektoderm (äußeres Keimblatt) u. a. die Epidermis, viele Sinnesepithelien (z. B. in Auge, Ohr, Seitenlinien), das zentrale Nervensystem, aber auch einige innere Strukturen, bei den Wirbeltieren z. B. Viszeralskelett (aus Zellen der Neuralleiste) u. innere Augenmuskeln, bei Arthropoden Vorder- u. Enddarm. Das ↗Entoderm (inneres Keimblatt) liefert den Magen-Darm-Trakt mit seinen Anhangsorganen (Schilddrüse, Lunge, Pankreas, Leber). Das ↗Mesoderm (mittleres Keimblatt) bildet u. a. Coelomepithel, Mesenchym, Muskulatur, Knochengewebe (außer Viszeralskelett u. Zähnen), die meisten Exkretionsorgane u. das Blut. B Embryonalentwicklung I–II.

Keimblätterbildung, kann bei der ↗Embryonalentwicklung der Tiere unterschiedlich erfolgen: ↗Invagination, Immigration (↗Gastrulation), ↗Delamination sowie ↗Epibolie. Mehrere Prinzipien können in der gleichen Ontogenese auftreten; beim Vogel z. B. entsteht das extraembryonale ↗Entoderm (Hypoblast) durch Immigration, das Entoderm für die Darmanlage jedoch durch modifizierte Invagination; beim Seeigel (vgl. Abb.) invaginiert der Urdarm als Anlage v. Mesoderm (rot) u. Entoderm (rosa), während die (mesodermalen) Skelettbildungszellen einzeln immigrieren. B Embryonalentwicklung I.

Keimblattlehre, entstand im frühen 19. Jh. und basiert auf der Beobachtung, daß der Hühnchenkeim zwei- bzw. dreischichtig wird u. aus den einzelnen Schichten verschiedene Organe hervorgehen (☐ Embryonalentwicklung). Die ↗Keimblätter wurden zunächst als „Primitivorgane" mit eingeschränkter Organ- u. Gewebsbildungsfähigkeit angesehen. Nach heutiger Kenntnis gestattet die Keimblattzugehörigkeit keine allg. Aussage über die Entwicklungspotenzen; Keimblätter haben daher meist nur beschreibenden Wert.

Keimblattscheide, die ↗Coleoptile.
Keimdrüsen, die ↗Gonaden; ↗Drüsen.
Keimdrüsenhormone, in den ↗Gonaden gebildete ↗Sexualhormone.
Keimesentwicklung, Keimentwicklung, die ↗Embryonalentwicklung; ↗Entwicklung.
Keimesgeschichte, die Ontogenie; ↗Entwicklung, ↗Embryonalentwicklung.

Keimeshöhle, Keimhöhle, die Furchungshöhle, das ↗Blastocoel.
Keimfähigkeit, 1) die Prozentzahl keimfähiger Samen in Proben v. Handelssaatgut. Die K. wird heute in biochem. K.stests überprüft. 2) die Fähigkeit v. Samen, Sporen und Zygoten und v. vegetativen Zellkomplexen, wie Knollen, Zwiebeln u. Brutknospen, bei zusagenden Keimungsbedingungen (z. B. Wasser, Sauerstoff, Temp.- und Lichtverhältnisse) auszukeimen. Sie wird oft erst nach einer mehr od. weniger ausgedehnten Keim- od. Samenruhe erreicht u. hält bei verschiedenen Pflanzenarten unterschiedl. lange an. Weiden- u. Pappelsamen keimen nur eine kurze Zeit nach Freisetzen v. der Mutterpflanze, Samen der Lotosblume od. vieler Hülsenfrüchtler sind über einige Jhh. keimfähig. Dagegen ist der „Mumienweizen" bereits abgestorben. ↗Keimung.
Keimfleck, 1) heller Fleck auf dem Dotter des ↗Hühnereies (☐), Ort der ↗Keimscheibe od. ihres Bildungsplasmas. 2) Keimpunkt, Macula germinativa, der Nucleolus im Kern einer reifenden (tier. oder menschl.) Eizelle.
keimfreies Tier, gnotobiotisches Tier, ↗Gnotophor, ↗Gnotobiologie.
Keimgifte, chem. Substanzen, die pflanzl. oder tier. Keimzellen zerstören u. somit Unfruchtbarkeit bewirken, Zellteilungen verhindern (↗Mitosegifte, ↗Colchicin) od. ↗Mutationen hervorrufen. In der Genetik werden K. verwendet, um künstl. Mutationen auszulösen, z. B. Chloralhydrat, Natronlauge od. Kupferchlorid bei Pflanzen, Iod, Bleinitrat, Ammoniak u. a. bei Tieren. Stark mutagen wirken u. a. chem. Kampfstoffe (↗Giftgase), Tränengase, Urethan u. Phenol. In der Med. werden z. T. mitosehemmende ↗Cytostatika bei der ↗Krebs-Therapie angewandt.   [↗Periplasma.
Keimhaut, 1) das ↗Blastoderm; 2) das
Keimhemmung, Keimungshemmung, die durch Keim(ungs)sperren verursachte Verzögerung der ↗Keimung v. Diasporen u. Überdauerungsorganen wie Knollen u. Zwiebeln. Solche Keimsperren sind: eigene ↗Keimungshemmstoffe, die für den Samen in allen seinen Teilen od. auch in der Fruchtwand vorkommen; v. anderen Pflanzenarten abgegebene Keimungshemmstoffe (↗Allelopathie); Unvollständigkeit des Embryos, der während der Keim- od. Samenruhe erst vollständig heranwächst (z. B. bei Esche, Bärenklau u. Buschwindröschen); eine harte u./od. für Wasser und Gase (O_2) undurchlässige Samenschale, die erst durch mikrobielle Zersetzung geschwächt und durchlässig wird.   [coel.
Keimhöhle, Keimeshöhle, das ↗Blasto-

Keimhöhle

Blastula
Blastocoel

Urdarmbildung (Gastrulation)

Gastrula

Urmund
Urdarm

Enterocoel
Mesodermbildung

primäres Mesenchym

Entoderm

Keimblätter
Keimblätterbildung beim Stachelhäuter. Die Wand des Urdarms liefert Entoderm u. Mesoderm

Bei K vermißte Stichwörter suche man auch unter C und Z.

Keimhüllen

Keimhüllen, die ↗Embryonalhüllen.

Keimhyphe w [v. gr. hyphē = Gewebe], *Keimschlauch,* die bei der Keimung aus der Pilz-Sporenwand austretende Hyphe; zeigt ein typ. Längenwachstum.

Keimling, 1) der ↗Embryo; **2)** die ↗Keimpflanze.

Keimlingskrankheiten, pilzliche Pflanzenkrankheiten, die bes. im anfälligen Jugendstadium auftreten u. die Keimlinge zum Absterben bringen. Nach dem Entwicklungsstadium wird zw. *Vorauflaufkrankheiten,* bei denen bereits der auflaufende Keim geschädigt oder das früheste Keimlingsstadium abgetötet wird (z. B. Schneeschimmel), und den später auftretenden ↗*Umfallkrankheiten* unterschieden. Bekämpfung durch Fungizide, Saatgutbeizung u. Bodenentseuchung.

Keimpflanze, *Keimling,* die junge, bei der Samen-↗Keimung (☐) aus dem ↗Embryo sich entwickelnde Pflanze (☐ Embryonalentwicklung) bis zum Stadium der Aufzehrung der Reservestoffe u. der Energie- u. Stoffversorgung über die eigene Photosynthese. [B] Bedecktsamer I, [B] Nacktsamer.

Keimplasma s [v. gr. plasma = Gebilde], histor. Bez. für Vererbungssubstanz, die nur durch Zellteilung u. in ihrer Gesamtheit nur in der ↗Keimbahn weitergegeben wird *(Kontinuität des K.s)* u. die Vererbung erworbener Eigenschaften ausschließt. ↗Neodarwinismus. ↗Keimplasmatheorie.

Keimplasmatheorie w [v. gr. plasma = Gebilde], *K. der Vererbung;* A. ↗Weismann (1885) postulierte das ↗Keimplasma als molekular komplex aufgebaute Vererbungssubstanz, deren räumlich vorbestimmte Aufteilung auf die somatisch-embryonalen Zell-Linien die Zelldifferenzierung (↗Determination 2) u. ↗Musterbildung in der Ontogenese bedingt. Kontroversen um die K. gaben der Entwicklungsbiologie entscheidende Anstöße.

Keimruhe, die Phase der Keimungsverzögerung durch ↗Keimhemmung. Häufig zeigen die Diasporen u. Überdauerungsorgane einer Wildpflanze unterschiedl. lange K.n. Der Anpassungswert liegt darin, daß der Boden stets mit Fortpflanzungskörpern besetzt ist, so daß nach Katastrophen eine Neubesiedlung sofort erfolgen kann. Bei den Kulturpflanzen ist diese Eigenschaft weggezüchtet, da es auf möglichst vollständige ↗Keimung des Saat- u. Pflanzguts ankommt.

Keimsack, der ↗Embryosack.

Keimscheibe, *Blastodiskus,* Ansammlung v. dotterarmen ↗Furchungs-Zellen auf dem ungefurchten Rest der dotterreichen Eizelle (↗diskoidale Furchung) v. Tintenfischen, Fischen, Reptilien, Vögeln. Die K.

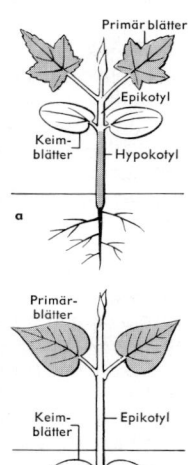

Keimung
a Keimling bei *epigäischer,* b bei *hypogäischer Keimung*

liefert den Embryo u. verschiedene extraembryonale Organe, darunter den ↗Dottersack, der die ungefurchte Dottermasse umwächst. ☐ Entwicklung.

Keimscheide, *Keimblattscheide,* die ↗Coleoptile.

Keimschicht, *Stratum germinativum,* allg. Bez. der Histologie für eine Zellschicht, die durch mitot. Teilungen weitere Zellen hervorbringen kann, z. B. K. der ↗Haut.

Keimschild, in der Säugetierentwicklung derjenige Anteil des ↗Embryonalknotens, aus dem der embryonale Körper hervorgeht; der Rest des Embryonalknotens liefert extraembryonale Gewebe (Amnion, Chorion).

Keimstock, *Keimlager,* das ↗Germarium; ↗Dotterstock.

Keimstreif, *Keimstreifen,* bei Gliedertieren das spätere, gestreckte u. durch Gastrulation mehrschichtig gewordene Stadium der Keimanlage.

keimtötende Mittel, Stoffe zur Abtötung von pathogenen Keimen; ↗Desinfektion, ↗Bakterizide.

Keimträger ↗Dauerausscheider.

Keimung, 1) i. w. S. Bez. für die Entwicklung neuer pflanzl. Organismen durch Zellteilung u. Differenzierung aus Sporen, Zygoten, Samen u. vegetativen Zellkomplexen, wie Knollen, Zwiebeln, Brutknospen, häufig erst nach einer mehr od. weniger langen Ruhephase (↗Keimruhe). **2)** i. e. S. Bez. für die *Samen-K.* (Germination) bei den Samenpflanzen, d. h. für die Wiederaufnahme der Entwicklung des Embryos der Sporophytengeneration (↗Embryonalentwicklung, ☐). Dazu muß die ↗Anabiose (Zustand mit minimaler Stoffwechselaktivität bei sehr geringem Wassergehalt) des ↗Samens beendet werden. So geht der K. zunächst eine Wasseraufnahme unter Quellung des Sameninhalts voraus. Mit der Quellung wird durch die Entwicklung hoher Drucke die Samenschale gesprengt. Häufig muß zur Samenquellung eine weitere Voraussetzung erfüllt werden, damit es zur Mobilisierung der im Nährgewebe bzw. in den Kotyledonen (Keimblättern) gelagerten Reservestoffe u. zum Wachstum des Embryos kommt, z. B. Licht bei den Lichtkeimern, Kälte bei der ↗Vernalisation (↗Keimungshemmstoffe). Die Mobilisierung der ↗Reservestoffe wird häufig hormonell (z. B. über die Gibberellinsäure, ↗Gibberelline) vom Embryo gesteuert. Beim Wachstum des Embryos wird zunächst die ↗Keimwurzel gestreckt. Sie wächst dann positiv geotrop in den Boden ein, bildet Wurzelhaare aus u. verzweigt sich. Damit ist die ↗Keimpflanze verankert, u. die Aufnahme v. Wasser u. Mineralsalzen aus dem Boden ist gesichert.

Bei K vermißte Stichwörter suche man auch unter C und Z.

Nun folgt die Entwicklung des Sproßteils. Bei der *epigäischen* K. streckt sich das Hypokotyl u. durchbricht bogenförmig abgebeugt u. die Keimblätter zusammengelegt nachziehend das Erdreich. Dadurch wird der empfindl. Vegetationskegel geschützt, u. die Keimblätter bieten den geringsten Widerstand. Mit dem Erreichen des Tageslichts stoppt das Hypokotylstreckungswachstum recht bald, u. ihm folgt ein ↗Erstarkungswachstum. Die Abbeugung (Plumulahaken) wächst sich aus, u. die ergrünenden Keimblätter werden dem Licht entgegengestreckt. Bei der *hypogäischen* K. bleibt das Hypokotyl gestaucht, so daß die als Reservestoffspeicher dienenden od. zu Saugorganen umgewandelten Keimblätter mit der Samenschale im Boden verbleiben. Das Wachstum des Sproßteils erfolgt über eine starke Streckung des ↗Epikotyls, das ebenfalls abgebeugt wird u. die ersten Blätter nachziehend das Erdreich durchstößt, worauf es im Wachstum erstarkt u. die Blätter aufrichtet. Die K. ist abgeschlossen, wenn die Reservestoffe verbraucht sind u. die junge Pflanze mit ihrem Wurzelsystem u. ihren ersten Blättern zur selbständigen autotrophen Lebensweise übergeht. Die Veränderungen im Wachstum des Sproßteils nach Erreichen des Lichts werden über das ↗Phytochrom-System gesteuert. [B] Bedecktsamer I. [B] Nacktsamer. *H. L.*

Keimungshemmstoffe, 1) organ. Stoffe, die v. vielen Pflanzenarten über die Wurzeln, über abgefallene Blätter bzw. Nadeln u. als gasförm. Ausscheidungen der Blätter in den Boden gelangen u. ein Auskeimen meist artfremder Diasporen verhindern (↗Allelopathie). 2) organ. Stoffe, die sich in den Diasporen u. in den Überdauerungsorganen wie Zwiebeln u. Knollen befinden u. ein vorzeit. Auskeimen verhindern (↗Keimhemmung, ↗Keimruhe). Im ↗Samen können sie sich in allen Teilen, auch im Embryo selbst, befinden. Auch in allen Teilen der Fruchtwand können sie vorkommen; sie werden dann *Blastokoline* genannt. Erst nach dem Abbau od. dem Auswaschen der K. erfolgt die ↗Keimung. Damit wird erreicht, daß die Keimung unter günst. Bedingungen stattfindet. – Bei den K.n handelt es sich u. a. um Benzoesäurederivate wie ↗Salicylsäure, Zimtsäurederivate wie ↗Ferulasäure u. ↗Chlorogensäure, ↗Cumarine wie Cumarin u. ↗Scopoletin u. auch das Phytohormon ↗Abscisinsäure. Viele K. sind noch nicht chemisch identifiziert. Oft wirken sie als Gemische. Die Blastokoline – unter ihnen ist ebenfalls die Abscisinsäure bekannt geworden – müssen erst mit dem Fruchtfleisch verrotten, bevor der Samen keimen kann. Die den Diasporen eigenen K. werden auf verschiedene, z. T. noch unbekannte Weise vernichtet; aus der Samenschale können sie einfach ausgewaschen werden. Der enzymat. Abbau kann bei Licht- u. Dunkelkeimern über das ↗Phytochrom-System gesteuert werden. Bei vielen Pflanzenarten unserer Breitengrade muß eine Kälteperiode Einfluß nehmen, um den Abbau der K. einzuleiten (↗Vernalisation).

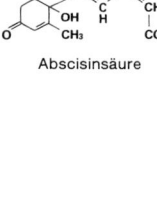

Einige Keimungshemmstoffe

Salicylsäure

trans-Ferulasäure

Cumarin

Scopoletin

Abscisinsäure

Keimverzug, Bez. für die verspätet einsetzende ↗Keimung, verursacht durch ungünst. Keimungsbedingungen. ↗Keimhemmung.

Keimwurzel, *Radicula,* die erste, meist bereits lange Zeit vor der Samenreife angelegte ↗Wurzel am Embryo der Samenpflanzen. Im Falle der ↗Allorrhizie (☐) wächst sie bei der Keimung zur Haupt- od. Primärwurzel heran, bei der sekundären ↗Homorrhizie (☐ Allorrhizie) stirbt sie früh ab.

Keimwurzelscheide, die ↗Coleorrhiza.

Keimzahl, die Anzahl der Mikroorganismen (Keime) in (auf) einer bestimmten Substratmenge (z. B. ml Flüssigkeit, cm^3 Gas, cm^2 Nährboden-Oberfläche). Die *Gesamt-K.,* lebende u. tote Zellen, wird durch Zählkammern, elektron. Zählgeräte od. auf Membranfiltern bestimmt. Die *Lebend-K.,* die vermehrungsfähigen Zellen, wird indirekt nachgewiesen, durch Ausstreichen (meist verdünnter Suspensionen) auf (oder Eingießen in) geeigneten Nährböden (↗Kochsches Plattengußverfahren), durch Filtration mit Membranfiltern, die dann auf Nähragar- oder Nährkartonscheiben aufgelegt werden; nach einer Bebrütung wird die Koloniezahl bestimmt, die – bei richtiger Verdünnung – etwa der Anzahl der urspr. vermehrungsfähigen Keime entspricht.

Keimzellen, a) i. e. S. die Geschlechtszellen (↗Gameten); bisweilen werden auch ihre Vorläufer dazugerechnet: Ur-K., Oogonien u. Oocyten; Spermatogonien, Spermatocyten u. Spermatiden; im Antheridium die spermatogenen Zellen u. Spermatiden. b) i. w. S. die Fortpflanzungszellen (↗Fortpflanzung); dazu auch Agameten (Sporen).

Kekulé von Stradonitz, *Friedrich August,* dt. Chemiker, * 7. 9. 1829 Darmstadt, † 13. 7. 1896 Bonn; Prof. in Heidelberg, Genf u. Bonn; erkannte 1858 die Vierwertigkeit des Kohlenstoffs u. baute damit die Strukturformel der org. Chemie auf, deren gewaltigen Aufschwung er mitbegründete; 1865 schlug er zur Klärung der Benzolstruktur den Benzolring mit abwechselnden Einfach- u. Doppelbindungen zw. den C-Atomen vor.

F. A. Kekulé von Stradonitz

Kelch, *Calyx,* 1) Botanik: der *Blüten-K.,* ↗Blüte. 2) Zoologie: der Rumpf der ↗Seelilien (☐) u. Haarsterne.

Bei K vermißte Stichwörter suche man auch unter C und Z.

Kelchbecherlinge

Kelchbecherlinge, die ↗Sarcoscyphaceae.
Kelchblätter ↗Blüte.
Kelchflechten, Arten der Gatt. *Calicium* u. andere Flechten der Ord. *Caliciales* mit Fruchtkörpern v. kelchförm. Umriß.
Kelchstäublinge, *Arcyria,* Gatt. der ↗Trichiaceae.
Kelchwürmer, die ↗Kamptozoa.
Kellerassel, *Porcellio scaber,* ↗Landasseln.
Kellerhals ↗Seidelbast.
Kellerschwamm, Brauner K., *Coniophora membranacea* DC., *C. cerebella* Pers., Ständerpilz (↗Warzenschwämme), gefährl. Holzschädling (Braunfäule) in Gebäuden (bes. feuchten Räumen), Bergwerken u. verbautem Nadelholz im Freien (Stümpfen, Pfählen), seltener an lebendem Holz wachsend. Da er für seine Entwicklung hohe Luftfeuchtigkeit benötigt, wird das Wachstum durch schlecht abgelagertes Holz u. schlechte Lüftung begünstigt. Der Fruchtkörper (⌀ 4–25 cm) ist rundl.-elliptisch, anfangs weißl., im Alter gelbbraun; das Hymenophor sieht glatt od. unregelmäßig warzig bis wellig aus. Die wurzelart. verzweigten Mycelstränge sind schwarzbraun, das Sporenpulver ist gelbbraun gefärbt. In Gebäuden wächst er oft nur als weißl. sterile Mycelwatte. ↗Hausschwamm.
Kellerspanner, der ↗Höhlenspanner.
Kellerspinne, *Amaurobius ferox,* ↗Finsterspinnen.
Kelp *s* [engl., = Salzkraut, Seetangasche], urspr. die Bez. für die Asche v. Meeresalgen, die im 19. Jh. u. a. zur Gewinnung v. Soda, Pottasche u. Iod verwendet wurde; später wurde die Bez. auf die Algen selbst übertragen; es sind u. a. die großen ↗Braunalgen der Gattung *Macrocystis, Nereocystis, Laminaria.*
Kelsterbach, Mensch von K., Schädel eines weibl. ↗Cromagniden, gefunden 1952 in einer Kiesgrube bei Kelsterbach, südwestl. von Frankfurt am Main; 1978 aufgrund von C14- u. Aminosäuremethoden (↗Geochronologie) auf ca. 31 000 Jahre datiert; gehört demnach zu den ältesten Vertretern des *Homo s. sapiens* aus Europa.
Kenaf ↗Roseneibisch.
Kenanthie *w* [v. gr. kenos = leer, anthos = Blüte], die ↗Leerblütigkeit.
Kendall [kendl], *Edward Calvin,* am. Biochemiker, * 8. 3. 1886 South Norwalk (Conn.), † 4. 5. 1972 Princeton (N. J.); Prof. in Rochester u. Princeton; isolierte 1914 das Schilddrüsenhormon Thyroxin u. 1941 aus der Nebennierenrinde das Cortison, dessen chem. Struktur er gleichzeitig mit Reichstein aufklärte; erhielt 1950 zus. mit P. S. Hench u. T. Reichstein den Nobelpreis für Medizin.

Kennlinie
1 K. eines Gleichrichters (Diode). 2 K. einer Sinnesfaser: gemessen wurde die Impulsrate in der Sinnesfaser in Abhängigkeit v. der Reizintensität. Bei wiederholten Messungen der Impulsraten bei gleichen u. verschiedenen Reizstärken findet man relativ große Schwankungen (senkrechte Punktreihen); die gestrichelte Kurve verbindet die (theoret. ermittelten) Mittelwerte zu einer K.: Kennlinien ergeben sich also aus den Mittelwerten vieler Einzelmessungen.

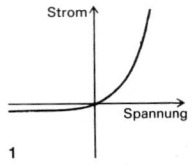

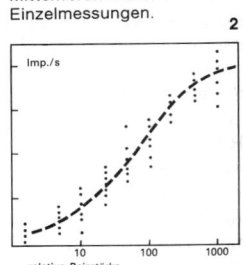

Kendrew [kendru], *John Cowdery,* engl. Chemiker, * 24. 3. 1917 Oxford; Prof. in Cambridge; leistete wesentl. Beiträge zur Erforschung der Globuline, bes. Strukturaufklärung des Myoglobins (1960) durch Röntgenstrukturanalyse; erhielt 1962 zus. mit M. F. Perutz den Nobelpreis für Chemie.
Kennart ↗Assoziation 1). [mie.

Kennlinie, eine Kurve, die sich bei der graph. Darstellung eines (mathemat. meist nicht od. nur schwer beschreibbaren) Zusammenhangs zwischen z. B. physikal. oder biol. Größen eines Systems (z. B. elektr. Bauelement, Sinnesorgan) ergibt. Zur Aufnahme der K. wird die Veränderung der Ausgangsgröße (beim Gleichrichter: Strom) bei variierter Eingangsgröße (Spannung) gemessen u. im Diagramm (als K.) dargestellt. In der Biol. von Bedeutung sind u. a. die K.n von Sinnesfasern.
Kenokarpie *w* [v. gr. kenos = leer, karpos = Frucht], die ↗Leerfrüchtigkeit.
Kenozoide [Mz.; v. gr. kenos = leer, zōos = lebend], meist röhrenförm. ↗Heterozoide in Moostierchen-Kolonien, bestehen nur aus ↗Cystid; dienen als Befestigungseinrichtungen (Wurzelfäden, Ranken, „Rhizoide", ↗Caularien) od. als Stiel- u. Ausläuferglieder.
Kent-Bündel [ben. nach dem engl. Physiologen A. Kent, 1863–1958], *Kent-Paladino-Bündel,* akzessor. Muskelfaserbündel zw. rechtem Herzvorhof u. rechter Herzkammer unterhalb des Atrioventrikularknotens; nur bei einigen Tieren u. in frühen Embryonalstadien des Menschen ausgebildet; bei letzterem als Rest in Form des Hisschen Bündels (↗Herzautomatismus) erhalten.

E. C. Kendall

Kenyapithecus *m* [ben. nach dem afr. Staat Kenya, v. gr. pithēkos = Affe], Oberu. Unterkieferfragmente eines Hominoiden aus ca. 14 Mill. Jahre alten Schichten bei Fort Ternan (Kenia). Die Art *K. wickeri* Leakey 1962 wird v. manchen Forschern zu ↗Ramapithecus gestellt, v. anderen als mögl. Vorfahr der afr. ↗Pongiden betrachtet.

Bei K vermißte Stichwörter suche man auch unter C und Z.

Kephaline [Mz.; v. gr. kephalē = Kopf], *Cephaline,* Gruppe v. Phosphoglyceriden, in denen der Phosphorsäurerest v. Phosphatidsäure mit Colamin (Äthanolamin, *Colamin-K.*) od. Serin *(Serin-K.)* verestert ist. Die einzelnen K. unterscheiden sich durch die Fettsäurereste. Sie sind im Pflanzenreich weit verbreitet; bei Mensch u. Tier sind K. bes. in Gehirn u. Nervengewebe angereichert. ↗ Phosphatide.

Kephyrion s, Gatt. der ↗ Dinobryonaceae.

Kerasin s, ein ↗ Cerebrosid mit Lignocerinsäure, $CH_3-(CH_2)_{22}-COOH$, als Fettsäurekomponente.

Keratansulfat, ein aus alternierenden Galactose- und N-Acetylglucosamin-6-sulfat-Resten aufgebautes ↗ Mucopolysaccharid.

Keratella w [v. gr. keras = Horn], *Anuraea,* Gatt. der Rädertiere (Ord. *Monogononta*) mit mehreren Arten, die einen beiderseits in spitzen Hörnchen endenden Panzer besitzen u. im Plankton all unserer Süßgewässer überaus verbreitet sind.

Keratine [Mz.; v. gr. keratinos = aus Horn], *Hornsubstanzen,* zu den Skleroproteinen zählende Gruppe v. wasserunlösl. Proteinen, die in zwei Kl., die α- und β-K., eingeteilt werden. α-K. sind reich an ↗ Cystin-Resten u. enthalten daher zahlr., die Peptidketten quervernetzende Disulfid-Brücken; z. B. weisen die in tier. Horn- u. Nagelsubstanz vorkommenden α-K. bis zu 22% Cystin auf, während die flexibleren α-K. von Haut, Haar u. Wolle 10–14% Cystin besitzen. α-K. haben als Sekundärstruktur die nach ihnen ben. α-Helix (↗ Proteine). Charakterist. für α-K. und die vorwiegend aus α-K.n aufgebauten Substanzen (z. B. Haare) ist ihre Dehnbarkeit bis auf die doppelte Länge beim Erwärmen unter Feuchtigkeit. Sie beruht auf einer Umfaltung der α-Helices unter vorübergehendem Aufbrechen v. Wasserstoffbrückenbindungen zu Faltblattstrukturen mit parallel zueinander ausgerichteten Peptidketten (im Ggs. zur antiparallelen Ausrichtung bei den β-K.n). Da die Umfaltung reversibel u. die α-Helix von α-K.n insgesamt die stabilere Konformation darstellt, ist auch die Dehnung der α-K. reversibel (Haare ziehen sich beim Abkühlen wieder auf die urspr. Länge zus.). Der Aufbau der intrazellulären Keratinfilamente bzw. der makroskop. erkennbaren Keratinfasern erfolgt durch helikale Aneinanderlagerung mehrerer α-Helices zu einer Protofibrille, wobei sich häufig 3 α-Helices zu einer Linksschraube (aber auch z. B. 7 α-Helices zu einer Rechtsschraube) vereinigen. 11 Protofibrillen lagern sich beim Aufbau der Wollfaser zur 8 nm dicken stabförm. Mikrofibrille zus., wovon wiederum mehrere Hundert nach Aneinanderlagerung die 200 nm dicke Makrofibrille

$R_1, R_2 = -C_nH_{2n+1}$
oder $-C_nH_{2n-1}$
$R_3 =$
$-CH_2-CH_2-NH_2$

Colamin-K.

$R_3 = -CH_2-CH-C\overset{O}{\underset{OH}{\diagup}}$
$\quad\quad\quad |$
$\quad\quad\; NH_2$

Serin-K.

Kephaline

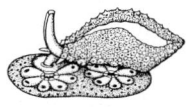

Kerfenschnecken
Kerfenschnecke, an einer Kolonie der Sternseescheide fressend; Mantellappen bedecken den größten Teil des Gehäuses; der Sipho ist aufgerichtet.

ergeben. Die 20000 nm dicke Wollfaser schließl. besteht aus einem Paket abgestorbener Zellen, wovon jede etwa 10 Makrofibrillen enthält. Im Ggs. zu den α-K.n besitzen β-K. (wie z. B. das ↗ Fibroin des Seidenspinners) keine Cystin-Reste u. können daher keine Disulfid-Brücken ausbilden. Sie weisen jedoch bes. die sterisch anspruchslosen Aminosäuren Glycin, Alanin u. Serin auf, wodurch für β-K. die Ausbildung einer ↗ Faltblattstruktur (☐ Proteine) energet. günstiger ist (daher auch das Synonym β-Struktur für Faltblattstruktur). Die in β-K.n bereits vorliegenden Faltblattstrukturen verhindern eine den α-K.n analoge Dehnbarkeit.

Keratosa [Mz.; v. gr. keras = Horn], frühere systemat. Bez. für die heute als *Dictyoceratida* geführten ↗ Hornschwämme.

Kerbel m [v. lat. cerefolium = Kerbel], *Anthriscus,* Gatt. der Doldenblütler mit 13 Arten (Europa-Asien). Der Garten-K. (*A. cerefolium,* urspr. Mittelmeergebiet bis Vorderasien) wird seit dem 16. Jh. als Gewürz- u. Heilpflanze angebaut (B Kulturpflanzen VIII). Als Stammpflanze gilt *A. cerefolium* ssp. *trichosperma.* Der Wiesen-K. (*A. sylvestris,* Eurasien) ist eine verbreitete, nicht weidefeste, formenreiche Pflanze auf Fettwiesen u. in Säumen. B Europa XVII.

Kerbtiere, die ↗ Insekten.

Kerckring-Falten [ben. nach dem niederländ. Anatomen T. Kerckring, 1640–93] ↗ Darm (☐).

Kerfe [Mz.; v. mhd. kerben], die ↗ Insekten.

Kerfenschnecken [v. mhd. kerben], *Eratoidae, Triviidae,* Fam. der Blättschnecken, marine Mittelschnecken mit kleinem (unter 20 mm), doppelkegelförm. od. kugel. Gehäuse, das v. einer Schmelzschicht überzogen ist u. eine schlitzförm. Mündung ohne Deckel hat. Zu den K. gehören knapp 200 Arten, die meist in warmen Meeren an koloniebildenden Manteltieren sitzen, v. denen sie sich ernähren und zw. sie ihre Eier legen. *Trivia monacha* (1 cm lang) ist die einzige Art in der Nordsee, unter Steinen u. an Seegras bis 100 m Tiefe.

Kerguelenkohl [ben. nach der Inselgruppe im Ind. Ozean], *Pringlea antiscorbutica,* ↗ Pringlea.

Keriothek w [v. gr. kērion = Honigwabe, thēkē = Behälter], Bez. für die dicke, großporige Innenschicht mancher ↗ Fusulinen; diese werden unter dem Begriff „keriothekaler Typ" vereinigt (z. B. *Schwagerina*). Ggs.: „diaphanothekaler Typ"; ↗ Diaphanothek.

Kermesbeerengewächse, *Phytolaccaceae,* Fam. der Nelkenartigen, mit 22 Gatt. u. 125 Arten in trop. u. subtrop. Gebieten verbreitet. Die K. umfassen Kräuter, ver-

Bei K vermißte Stichwörter suche man auch unter C und Z.

Kern

holzende Sträucher, Bäume u. Lianen mit wechselständ. Blättern; Nebenblätter klein od. fehlend. Die Blüten bestehen im allg. nur aus einem Kreis von 4–5 meist unscheinbaren Blütenblättern. Teilweise sind eingeschlechtl., dann auch zweihäusig verteilte Blüten entwickelt. Die Anzahl der Staubblätter u. der im oberständ. Fruchtknoten verwachsenen Fruchtblätter variiert stark innerhalb der Fam. Die Blüten stehen in traub. od. cymösen Blütenständen. Teilweise kommt sekundäres Dickenwachstum vor. Aus den Beeren v. *Rivina humilis* (Schminkbeere) gewinnt man einen roten Schminkfarbstoff; die Art ist eine Ruderalpflanze des warmen Amerika; auf den Kapverden, Maskarenen u. in Australien eingeschleppt. Die Kermesbeere *(Phytolacca)* ist eine Gatt. mit etwa 35 recht ähnl. Arten im subtrop.-trop. Amerika. Die hohen Stauden von *P. americana*, der am. Kermesbeere, mit ihren fleisch. Stengeln werden wegen der dicht traubig stehenden, schwarzen Beeren bes. in Weinbaugebieten des Mittelmeerraums u. Vorderasiens zum Rotfärben v. Rotwein angebaut (seit 1770 in Dtl., Fkr. und It.); vielerorts ist die Pflanze verwildert. Junge Sprosse von *P. esculenta* werden in S-Amerika gekocht (sonst stark abführend) gegessen. Häufig werden Sektionen der K. als eigene Fam. abgetrennt: Die *Gyrostemoneae* mit 5 Gatt. als *Gyrostemonaceae;* die *Achatocarpoideae* mit 2 Gatt. als *Achatocarpaceae;* die *Rivineae* als *Petiveriaceae;* die Gatt. *Stegnospermum* als *Stegnospermataceae;* die Gatt. *Barbeuia* als *Barbeuiaceae*.
Kern, 1) Bez. für die Samen der K.obstgewächse u. für den Stein-K. der Steinobstgewächse. **2)** *Nucleus,* a) der ↗Zell-K., b) Nerven-K., Anhäufung v. Nervenzellen gleicher Funktion im Zentral-↗Nervensystem.
Kernäquivalent, das ↗Nucleoid.
Kernbeißer, *Coccothraustes coccothraustes,* 18 cm großer gedrungener Finkenvogel (B Finken) mit außerordentl. dickem Schnabel, der sich zum Aufknacken selbst v. Kirsch- u. Pflaumenkernen eignet, lebt relativ versteckt in Baumwipfeln v. Laub- u. Mischwäldern in Europa (B Europa XV) außer Skandinavien u. im gemäßigten Asien. Im Flug durch eine auffällige weiße Flügelzeichnung gekennzeichnet; Rufe sind ein scharfes „zicks" u. ein hohes „zieh". 4–6 grüngraue, schwarz gezeichnete Eier in Napfnest; die Jungen werden großenteils mit Insekten gefüttert.
Kerndimorphismus, der ↗Kerndualismus.
Kerndualismus, *Kerndimorphismus,* Verteilung der generativen Vorgänge einer Zelle auf einen ↗Mikronucleus, der vegetativen auf einen ↗Makronucleus; kommt bei ↗Wimpertierchen u. manchen ↗Foraminifera vor. Normalerweise erfüllt jeder Zellkern (gleichgültig, ob mono- od. polyenergide Zelle) sowohl die generativen als auch die vegetativen Funktionen.
Kernera w [ben. nach dem dt. Botaniker J. S. v. Kerner, 1755–1830], das ↗Kugelschötchen.
Kernfäden, die ↗Chromosomen.
Kernfarbstoffe, zur selektiven Anfärbung v. Zellkernen in der Mikroskopie geeignete Farbstoffe (↗mikroskopische Präparationstechniken).
Kernfäulepilze ↗Stammfäule.
Kernflechten, *pyrenokarpe Flechten, Pyrenolichenes,* Flechten, deren Fruchtkörper Perithecien sind; galten fr. als natürl. systemat. Gruppe u. wurden den Scheibenflechten gegenübergestellt.
Kernfragmentation w [v. lat. fragmentum = Bruchstück], *Karyorrhexis, Karyoklasie,* Zellkernzerfall in unregelmäßige Stücke bzw. Granula, z. B. nach Zelltod. ↗Karyolyse, ↗Amitose.
Kernfusion, die Kernverschmelzung; ↗Karyogamie, ↗Befruchtung. [matin.
Kerngerüst, das Chromatingerüst; ↗Chro-
Kernholz, innerer Teil des ↗Holzes, der aus dem Wasserleitungssystem ausgeschieden ist u. nur aus toten Zellen besteht. Bei vielen Arten tritt eine Verkernung ein, wobei durch Einlagerung antibiot. Stoffe (z. B. Kieselsäure; Harze, Gummi, Gerbstoffe) die Zersetzung verhindert wird. Die K.stoffe werden v. absterbenden Parenchymzellen abgesondert *(Nekrobiose).* Durch Einwirkung v. Pilzen od. Standorteinflüsse kann das K. gelegentlich abnorm braun verfärbt sein *(Braunkern).* K. ist technisch meist sehr wertvoll.
Kernholzbäume, Bäume, bei denen infolge Einlagerung v. *Phlobaphenen* (Oxidationsprodukte der ↗Gerbstoffe) das ↗Kernholz dunkler gefärbt ist als der ↗Splint.
Kernholzpilze ↗Stammfäule.
Kernhülle, *Kernmembran, Kernwand, Karyotheka,* bei der ↗Eucyte eine Doppelmembran aus 2 jeweils 9 nm dicken Lipid-Doppelschichten, die durch einen 20–40 nm breiten Spalt, den *perinucleären Raum,* voneinander getrennt sind. Die meist mit Ribosomen besetzte äußere K. ist Teil des Membransystems des ↗endoplasmat. Reticulums, der perinucleäre Raum steht mit dessen Hohlraumsystem in Verbindung. Innere u. äußere Membran sind über ↗Kernporen miteinander verbunden; sie bilden physikal. also eine Einheit, unterscheiden sich aber biochem. u. funktionell deutlich. Spezif. Proteine der inneren Membran fungieren als Bindungsstelle für die *Kernlamina,* ein bei fast allen eukaryot. Zellen (↗Eukaryoten) in unterschiedl.

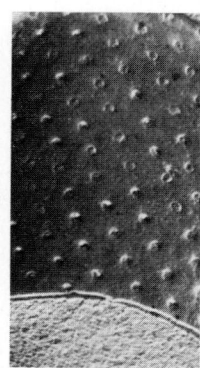

Kernholzbäume
Kiefer *(Pinus),* Lärche *(Larix),* Eibe *(Taxus),* Eiche *(Quercus),* Ulme *(Ulmus),* Walnuß *(Juglans);* Mahagoni *(Swietenia mahagoni),* Palisander *(Dalbergia),* Teak *(Tectona grandis),* Ebenholz *(Diospyros celebica)*

Kernhülle
Elektronenmikroskop. Aufnahme einer K. mit *Kernporen*

Bei K vermißte Stichwörter suche man auch unter C und Z.

Dicke vorhandenes fibrilläres Netzsystem. Die Lamina spielt vermutl. eine Rolle bei Auflösung u. Neubildung der K. während der Mitose; sie ist verantwortl. für die Form der K. u. die Anordnung der Kernporen; außerdem bestehen Bindungen zw. Lamina u. ↗Chromatin. ☐ Zelle.

Kernkäfer, *Platypodidae,* Fam. der polyphagen Käfer aus der Verwandtschaft der Borkenkäfer/Rüsselkäfer. Von den weltweit 900 Arten lebt bei uns nur *Platypus cylindrus,* der Eichen-K. Er ist gut 5 mm lang, zylindrisch, dunkel- bis mittelbraun u. hält sich vorwiegend in Eichen, seltener auch in anderen Laubhölzern auf. Im Frühjahr nagt das ♂ sich etwa 1 cm tief ins Holz. Dort findet die Begattung statt, nachdem es vorher durch Duftstoffe ein ♀ angelockt hat. Das ♀ nagt dann weitere Brutgänge z. T. tief ins Holz, während das ♂ das Bohrmehl hinausschafft. Das ♀ legt über das ganze Jahr verteilt Eier in diese Gänge, die mit einem Pilzrasen beimpft werden (↗Ambrosiakäfer), der den Larven als Nahrung dient. Die Pilzsporen werden vom ♀ im Darm od. in Vertiefungen vorn am Kopf transportiert.

Kernkeulen, *Cordyceps,* Gatt. der *Clavicipitales* (od. *Hypocreales*), parasitische Schlauchpilze mit gestielt kopfart., zungen- od. keulenförm., gelbem bis braunschwarzem Stroma, in dessen oberem Teil zahlr. Perithecien ausgebildet werden. Die ca. 11 Arten leben meist auf Insekten (bzw. Larven) u. einige auf Hirschtrüffel. *C. sinensis,* die auf Raupen v. Hepialiden (Wurzelbohrer, Fam. der Schmetterlinge) wächst, wird in O-Asien gegessen. Die Konidienformen sind *Isaria*-Arten. *C. militaris* bildet das Antibiotikum ↗Cordycepin.

Kernkörperchen, der ↗Nucleolus.
Kernmembran, die ↗Kernhülle.
Kernobst, Bez. für die *Apfelfrüchte* aus der Fam. der *Rosaceae,* z. B. Apfel, Birne, Quitte, Mispel. ↗Fruchtformen (T), B Früchte.
Kernobstschorf, wirtschaftl. wichtige Pilzkrankheit an Kernobst. Beim *Apfelschorf,* verursacht durch *Venturia inaequalis (Fusicladium dendriticum),* entwickeln sich nach

Kernkeulen
Einige K. und ihr Substrat:
Cordyceps capitata und *C. ophioglossoides* (auf Hirschtrüffel)
C. militaris, Orangegelbe Puppenkeule (auf Puppen v. Nachtfaltern im Boden)
C. sphecocephala (sphecophila), Wespenkeule (auf toten Wespen)
C. gracilis (auf toten Schmetterlingsraupen im Boden)
C. sinensis (chinensis) [Hia-Tsao-Tung-Chung = To-Chu-Ka-So] (auf Puppen u. Raupen, in China seit Jtt. gegessen)

Kernkeulen
Cordyceps militaris auf einer toten Raupe

der Blüte auf den Blättern rundl., olivgrüne, samtart. Flecken, die sich bald braunschwarz verfärben u. vergrößern (B Pflanzenkrankheiten II). Bei starkem Auftreten kann es zum Blattfall kommen; auch Früchte u. Fruchtstiele weisen Flecken auf. Bei einem frühen Befall *(Frühschorf)* dehnen sich die Flecken auf den Früchten aus u. reißen an den nicht mehr wachsenden Befallstellen ein (Eingangspforten für Fäulniserreger). Bei einem Befall im Herbst *(Spätschorf)* bilden sich nur noch relativ kleine Flecken, die oft erst bei der Lagerung auftreten *(Lagerschorf).* Auch grüne Zweige können befallen werden *(Zweiggrind).* – Der *Birnenschorf,* verursacht durch *Venturia pirina (Fusicladium pirinum),* ähnelt dem Apfelschorf; es findet aber ein viel stärkerer Zweigbefall statt. Die Überwinterung kann auch an den Zweigen erfolgen, so daß eine frühe Konidienbildung erfolgt.

Kernphasenwechsel, im Verlauf der Ontogenie eines Lebewesens i. d. R. obligatorisch stattfindender Wechsel zw. einer haploiden u. einer diploiden Entwicklungsphase. ↗Generationswechsel.

Kernpilze, die ↗Pyrenomycetes.

Kernplasma, Karyoplasma, Nucleoplasma, die gesamte v. der ↗Kernhülle umgebene Kernsubstanz mit allen Einschlüssen (z. B. Chromatin u. Nucleolen); die Grundsubstanz ohne strukturierte Einschlüsse wird als *Karyolymphe* (Kernsaft, Interchromatinsubstanz) bezeichnet.

Kern-Plasma-Relation, das normalerweise konstante Größenverhältnis v. Kern u. Zellplasma; so führt Polyploidie gewöhnl. zu einer Zellvergrößerung.

Kernporen, gleichmäßig in der ↗Kernhülle (☐) verteilte Poren mit supramolekularem Aufbau zum Einschleusen der im Cytoplasma synthetisierten Substanzen (Histone, ribosomale Proteine, DNA- u. RNA-Polymerasen) in den Zellkern u. zum Ausschleusen z. B. v. RNA aus dem Kern. Der Kern einer normalen Säugerzelle (↗Eucyte) enthält etwa 3000–4000 K. Die K. (innerer ⌀ etwa 80 nm) sind am inneren u. äußeren Rand v. einem aus 8 großen, oktogonal angeordneten Proteinuntereinheiten bestehenden Ringwulst (Annulus) umgeben. Der Zentralkanal der K. dient vermutl. dem (selektiven) Transport wasserlösl. Moleküle zw. Kern u. Cytoplasma; das im Schnitt oft sichtbare Zentralgranulum ist eine zu transportierende Substanz, z. B. eine neusynthetisierte Ribosomen-Vorstufe. Lipidlösl. Moleküle werden vermutl. an den Verschmelzungsstellen v. innerer u. äußerer Membran der Kernhülle durch die Lipid-Doppelschicht transportiert. Außerdem ist im Bereich der Porenkomplexe ein

---

Kernobstschorf

Die Überwinterung des *Apfelschorf*-Erregers erfolgt auf den abgefallenen Blättern. Das Mycel durchwuchert die Blätter, bildet perithecienartige Fruchtkörper u. darin im Frühjahr Asci mit zweizelligen Ascosporen, die (etwa beim Austrieb) die Bäume infizieren. Die Ascospore keimt aus, der Keimschlauch durchdringt die Blattoberfläche, u. das Mycel entwickelt sich zw. Cuticula u. Epidermis. Zur weiteren Verbreitung bildet der Pilz Konidien (Sommersporen), deren Entwicklung stark v. Blattfeuchte und Temp. abhängig ist: Diese witterungsabhängige Infektionswahrscheinlichkeit ist in der sog. *Millsschen Tabelle* zusammengestellt, aus der die günstigen Spritztermine abgelesen werden können.

Kernproteine

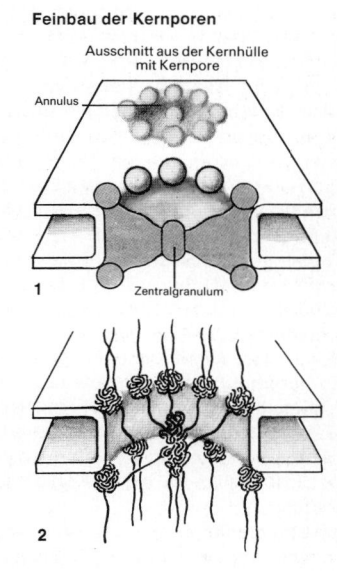

Feinbau der Kernporen
Ausschnitt aus der Kernhülle mit Kernpore
Annulus
1 Zentralgranulum
2

An den Rändern der K. oder K.komplexe bilden jeweils 8 aus Proteinen bestehende Untereinheiten einen Ringwulst (Annulus). An diese lagert sich im K.kanal weiteres unstrukturiertes Material an u. engt die K. auf einen nur 15 nm breiten Zentralkanal ein (**1**). Abb. **2** zeigt das gleiche, etwas verfeinert dargestellte K.modell. Dabei sind die Untereinheiten als knäuelig angeordnete Fadenmoleküle eingezeichnet. Im Zentralkanal befindet sich in dieser Darstellung ein Zentralgranulum, das in der lebenden Zelle oft den engen Zentralkanal ausfüllt.

hoher ATP-Verbrauch nachweisbar, was auf aktiven Transport hindeutet. ☐ Zelle.
Kernproteine, die im Zellkern vorkommenden Proteine, z. B. die ↗Histone u. die Enzyme der DNA-Replikation, DNA-Reparatur, Transkription u. RNA-Prozessierung.
Kernsaft ↗Kernplasma.
Kernsäuren, die ↗Nucleinsäuren.
Kernschleifen, *Kernfäden,* die ↗Chromosomen. [delapparat.
Kernspindel, *Kernteilungsspindel,* ↗Spin-
Kernspindelfasern, die ↗Spindelfasern.
Kerntapetum *s* [v. gr. tapês = Teppich, Decke], *Kerntapete,* vielkern., peripherer Cytoplasmabelag einer Pflanzenzelle, entsteht durch sog. freie Kernteilung (ohne Zellwandbildung); kann nachträgl. durch Ausbildung v. Zellwänden in einkern. Zellen aufgegliedert werden, z. B. bei der Entwicklung des primären ↗Endosperms der Nacktsamer.
Kernteilung, Teilung des Zellkerns in 2 od. mehrere Tochterkerne, die meist zu einer Zellteilung führt; ↗Mitose, ↗Amitose, ↗Meiose; ↗Endomitose.
Kerntemperatur ↗Körpertemperatur.
Kerntransplantation, die Übertragung (↗Transplantation) eines Zellkerns in eine fremde, i. d. R. zuvor entkernte Zelle; zuerst ausgeführt an der Grünalge („Schirmalge") *Acetabularia* u. an Amöben; seit ca. 1950 wurden Kerne in Eizellen v. Amphibien u. später auch v. Insekten u. Säugern übertragen. Ziel ist v. a. der Nachweis v. Steuerfunktionen des Kerns im Hinblick auf die Zelldifferenzierung u. möglicherweise damit verbundene irreversible

Kernporen
Häufigkeit der K. bei unterschiedl. großen Zellkernen (⌀ = Kerndurchmesser in μm, Z = Zahl der K. pro μm²)

	⌀	Z
Hefezellen	3	7–15
Leberzellen v. Säugern	8–10	15–30
Eizellen	50	bis 100

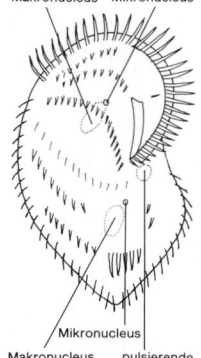

Makronucleus Mikronucleus

Mikronucleus
Makronucleus pulsierende Vakuole

Kerona

α-Ketobuttersäure

Veränderungen an Genom, Kern od. Zelle. Die Steuerfunktion kann anhand spezif. Biosyntheseprodukte nachgewiesen werden od. durch Biotests, z. B. anhand des Ablaufs der Ontogenese nach Austausch des Eikerns gg. einen Spenderkern. Kerne aus frühen Embryonalstadien können fast immer die vollständige Ontogenese steuern; bei zunehmendem Spenderalter sinkt jedoch die Ausbeute an normalen Embryonen schnell ab. Defektursache dürfte häufig nicht Verlust der ↗Omnipotenz des Kerns sein, sondern mangelhafte Synchronisation zw. Vorgängen im Wirtscytoplasma u. eingepflanztem Kern; die Möglichkeit einer irreversiblen Potenzeinschränkung im Zellkern mit zunehmendem Entwicklungsalter ist jedoch nicht auszuschließen. Die ↗Klonierung genetisch ident. Individuen durch (seriale) Transplantation v. Kernen eines larvalen od. adulten Spenders ist bisher nur bei Amphibien möglich. Bei Säugern waren allenfalls Transplantationen frühembryonaler Kerne erfolgreich; der verjüngte Doppelgänger mit Zellkernen des alternden Millionärs (im Science-fiction-Roman von Rorvik) ist also (noch?) Phantasieprodukt. B 17.
Kernvererbung, Vererbung der in den Chromosomen des Zellkerns enthaltenen genet. Information; Ggs.: extrachromosomale Vererbung, plasmatische Vererbung.
Kernverschmelzung, die ↗Karyogamie; ↗Befruchtung.
Kernwand, die ↗Kernhülle.
Kero**na** *w,* Gatt. der *Hypotricha,* nierenförm. Wimpertierchen; die einzige Art *K. polyporum* (bis 200 μm) lebt kommensalisch auf Süßwasserpolypen v. Algen u. abgeschossenen Nesselkapseln.
Ke**rrie** *w* [ben. nach dem engl. Gärtner W. Kerr, † 1814], *Kerria,* monotyp. Gatt. der Rosengewächse mit dem Goldröschen (*K. japonica,* Zentralchina), einem meterhohen Strauch mit orangegelben Blüten u. brombeerähnl. Früchten. In Europa häufig gepflanzter Zierstrauch, auch mit gefüllten Blüten. B Asien V. [men.
Kesselfallenblumen, die ↗Gleitfallenblu-
Ketel**eeria** *w* [ben. nach dem belg.-frz. Gärtner J. B. Keteleer, 19. Jh.], *Zederntanne,* auf China beschränkte, 3–4 Arten umfassende Gatt. der Kieferngewächse (U.-Fam. ↗*Abietoideae*) mit aufrechten, im Ganzen abfallenden ♀ Zapfen. *K. davidiana* tritt in Mittel- u. W-China in Höhen bis 1500 m z. T. bestandsbildend auf u. wird dort auch zur Aufforstung verwendet. Im Tertiär war die Gatt. weit verbreitet.
Ketimi**n** *s* [v. *keto-], ↗Schiffsche Base.
β-Ketoacy**l-CoA** *s,* Zwischenprodukt beim Abbau der ↗Fettsäuren (☐).
α-Ketobu**ttersäure,** Abbauprodukt der

Bei K vermißte Stichwörter suche man auch unter C und Z.

Aminosäuren Threonin u. Methionin, das zu Bernsteinsäure weiter abgebaut und damit in den ↗Citratzyklus eingeschleust wird.

β-Ketobuttersäure, die ↗Acetessigsäure.
Ketocarbonsäuren, *Keto(n)säuren,* Carbonsäuren, die zusätzl. zu(r) Carboxylgruppe(n) (–COOH) eine (od. mehrere) Ketogruppe(n) ($>C=O$) als ↗funktionelle Gruppe(n) aufweisen. Im Stoffwechsel sind K. weitverbreitet, z. B. Oxalessigsäure, β-Ketoglutarsäure, Acetessigsäure, die durch Transaminierung aus α-Aminosäuren entstehenden α-K., die β-K., die sich als Zwischenprodukte bei der Fettsäuresynthese in Form v. β-Ketoacyl-ACP (Acetoacyl-ACP) bzw. beim Fettsäureabbau in Form v. β-Ketoacyl-CoA (↗Fettsäuren) bilden.

2-Keto-3-desoxy-6-phosphogluconat-Weg ↗Entner-Doudoroff-Weg.
Keto-Enol-Tautomerie *w,* die zw. ↗Ketonen u. ↗Enolen bestehende ↗Tautomerie (vgl. Abb.).
ketogen [v. *keto-,* gr. gennan = erzeugen], *ketoplastisch,* den Aufbau von ↗Ke-

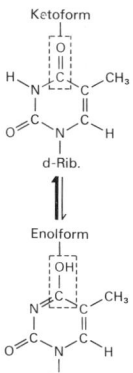

Ketoform
Enolform
d-Rib.

Keto-Enol-Tautomerie bei Thymidin
Das Gleichgewicht liegt praktisch vollständig (10^5) bei der oberen Form. Es wird aber angenommen, daß die seltene, untere Form bei der Entstehung v. Mutationen v. Bedeutung ist, da sie andere Paarungseigenschaften aufweist.

tonkörpern bewirkend od. durch metabol. Reaktionen in Ketonkörper überführbar, wie speziell die k.en ↗Aminosäuren.
Ketogenese *w* [v. *keto-,* gr. genesis = Erzeugung], die Bildung v. ↗Ketonkörpern bei Kohlenhydratmangel (↗Hunger) od. Störung im Kohlenhydratabbau (z. B. ↗Diabetes mellitus). ↗Acetessigsäure, ↗Hydroxymethylglutaryl-Coenzym A.
α-Ketoglutarat *s,* ↗α-Ketoglutarsäure.
α-Ketoglutarsäure, Zwischenprodukt im ↗Citratzyklus (☐), entsteht außerdem in einer Gleichgewichtsreaktion (Transaminierungsreaktion) zw. ↗Glutaminsäure u. anderen α-Ketosäuren. Beim Abbau vieler ↗Aminosäuren (☐) wird umgekehrt als erster Schritt die Aminogruppe der betreffenden Aminosäuren in einer Transaminierungsreaktion auf α-K. unter Bildung v. Glutaminsäure übertragen. *α-Ketoglutarat*

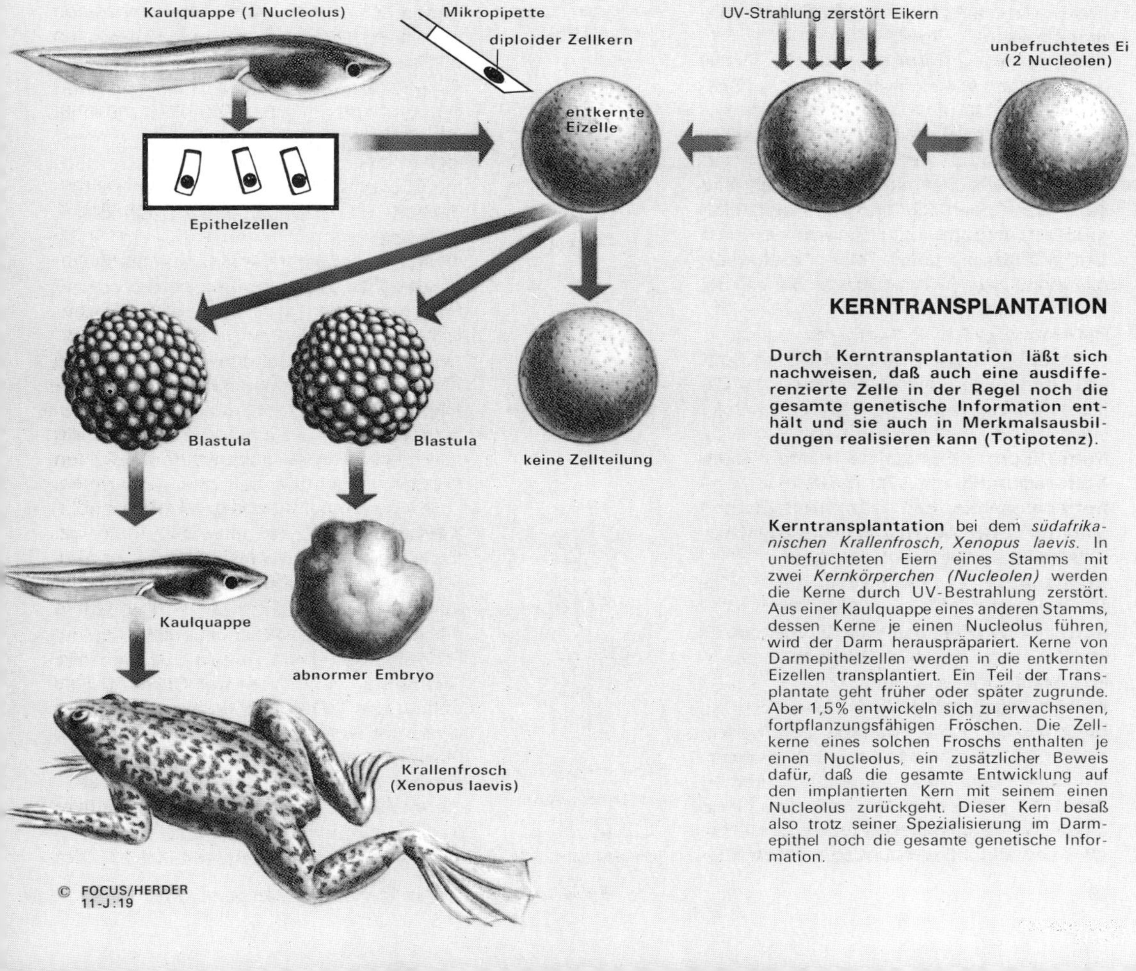

KERNTRANSPLANTATION

Durch Kerntransplantation läßt sich nachweisen, daß auch eine ausdifferenzierte Zelle in der Regel noch die gesamte genetische Information enthält und sie auch in Merkmalsausbildungen realisieren kann (Totipotenz).

Kerntransplantation bei dem *südafrikanischen Krallenfrosch, Xenopus laevis.* In unbefruchteten Eiern eines Stamms mit zwei *Kernkörperchen (Nucleolen)* werden die Kerne durch UV-Bestrahlung zerstört. Aus einer Kaulquappe eines anderen Stamms, dessen Kerne je einen Nucleolus führen, wird der Darm herauspräpariert. Kerne von Darmepithelzellen werden in die entkernten Eizellen transplantiert. Ein Teil der Transplantate geht früher oder später zugrunde. Aber 1,5% entwickeln sich zu erwachsenen, fortpflanzungsfähigen Fröschen. Die Zellkerne eines solchen Froschs enthalten je einen Nucleolus, ein zusätzlicher Beweis dafür, daß die gesamte Entwicklung auf den implantierten Kern mit seinem einen Nucleolus zurückgeht. Dieser Kern besaß also trotz seiner Spezialisierung im Darmepithel noch die gesamte genetische Information.

Ketogruppe
ist die Bez. der ionischen Form v. α-Ketoglutarsäure.
Ketogruppe, die ↗funktionelle Gruppe ([B]) R₁–CO–R₂ (R₁, R₂ = organ. Reste).
Ketohexokinase w, die ↗Fructokinase.
Ketonämie w [v. *keton-, gr. haima = Blut], das Auftreten hoher Konzentrationen v. ↗Ketonkörpern im Blut bei ↗Hunger od. bei ↗Diabetes mellitus.
Ketone [Mz.], organ. Verbindungen, die eine od. mehrere ↗Ketogruppen enthalten. K. sind Oxidationsprodukte der sekundären ↗Alkohole (☐) u. können in der Zelle häufig zu diesen reduziert werden (z. B. Gleichgewicht: Brenztraubensäure + 2H ⇌ Milchsäure); einfachstes Keton ist das *Aceton* (Dimethylketon), CH₃–CO–CH₃.
Ketonkörper [Mz.], die in Blut u. Harn bes. bei Hungernden (↗Hunger) od. Zuckerkranken (↗Diabetes mellitus) nachweisbaren Produkte des unvollständ. Abbaus v. Kohlenhydraten u. Fettsäuren, wie ↗Aceton, ↗Acetessigsäure u. ↗β-Hydroxybuttersäure. ☐Hydroxymethylglutaryl-Coenzym A.
Ketonsäuren, *Ketosäuren,* die ↗Ketocarbonsäuren.
Ketonurie w [v. *keton-, gr. ouron = Harn], *Acetonurie,* das Auftreten v. ↗Ketonkörpern im Harn bei ↗Hunger od. ↗Diabetes mellitus. ↗Aceton.
Ketosen [Mz.], *Keto(n)zucker,* die neben den ↗Aldosen wichtigste Gruppe v. Zuckern; enthalten die für K. charakterist. Ketogruppe, die bei allen bekannten K. am 2. Kohlenstoffatom der Kette steht; in den meist vorherrschenden zykl. Formen sind die Ketogruppen allerdings zu Halbacetalgruppen umgewandelt. Einfachste K. ist das *Dihydroxyaceton* (eine Ketotriose); die wichtigste Ketohexose ist die ↗Fructose. ☐ Aldosen.
β-Ketothiolase w [v. *keto-, gr. theion = Schwefel], *Thiolase,* Enzym, das beim Fettsäureabbau den letzten Schritt jedes Zyklus, die *Thiolyse* (☐ Fettsäuren), katalysiert.
Kette, Eltern mit Jungen bei Hühnervögeln.
Kettenabbruch, die ↗Termination.
Kettenmoleküle, die linear aufgebauten Makromoleküle der Nucleinsäuren (DNA u. RNA), Polysaccharide u. Proteine.
Kettennatter, *Lampropeltis getulus,* ↗Königsnattern.
Kettensalpen, Phase im Generationswechsel der ↗Salpen; ↗Desmomyaria.
Kettenstart, die ↗Initiation.
Kettenverlängerung, die ↗Elongation.
Keuchhusten, *Stickhusten, Blauhusten, Pertussis, Tussis convulsiva,* Infektionserkrankung des Kindesalters, verursacht durch Tröpfcheninfektion mit dem 1906 entdeckten Bakterium ↗*Bordetella pertussis.* Inkubationszeit 1–3 Wochen. Nach ei-

keto-, keton- [umgebildet aus lat. acetum = Essig].

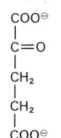

α-Ketoglutarsäure
ionische Form: α-Ketoglutarat

Keulenkäfer *(Claviger spec.)*

Ketose (Beispiel Fructose)

Keulenpolyp
Ausschnitt aus einer Kolonie mit Freßpolyp (Nährpolyp) u. Gonozoiden

nem zunächst katarrhalischen Stadium (Stadium catarrhale) von ca. 2 Wochen Dauer kommt es zum Stadium convulsivum mit schweren krampfart., lange andauernden Hustenanfällen mit Abhusten u. Erbrechen v. Schleim. Typisch ist ein keuchendes pfeifendes Geräusch beim Einatmen als Folge eines Bronchialkrampfes; Dauer bis zu 3 Wochen. Es schließt sich das Stadium decrementi an, das bis zu 6 Wochen dauern kann u. sich klinisch wie eine Bronchitis manifestiert. ↗Aktive Immunisierung ist mögl. und schützt 2–3 Jahre lang.
Keulenhornwespen, die ↗Cimbicidae.
Keulenkäfer, *Clavigeridae,* Fam. der polyphagen Käfer aus der Verwandtschaft der *Staphylinoidea,* häufig als U.-Fam. der ↗Palpenkäfer *(Pselaphidae)* betrachtet. Kleine, 2–2,5 mm lange, gelbbraune Käfer mit kurzen Deckflügeln u. einem Hinterleib aus nur 3 sichtbaren Segmenten; Kopf sehr schmal, augenlos, kurze verdickte Fühler (Name!). Bei uns *Claviger testaceus* u. *C. longicornis,* die stets bei Ameisen der Gatt. *Lasius* (meist *L. flavus,* seltener bei anderen Arten) leben. Sie betteln die Ameisen um Futter an u. bieten ihnen ihrerseits Sekret über körpereigene Drüsen, die einerseits über den ganzen Körper verteilt sind, andererseits als großer Drüsenkomplex an der Elytrenbasis am Abdomen liegen u. dort als große gelbe Haarbüschel v. außen sichtbar sind. Das Sekret sammelt sich in einer großen Vertiefung des Abdomenrückens. Die Ameisen nutzen es vermutlich als „Genußmittel" (↗Symphilie, ↗Ameisengäste).
Keulenmuscheln ↗Gießkannenmuscheln.
Keulenpilze, Gattungs-Bez. verschiedener Pilze mit keulenförm. od. verzweigt keulenförm. Stroma od. Fruchtkörper; z. B. verschiedene Schlauchpilze (↗Kernkeulen, ↗Erdzungen) od. bei den Ständerpilzen (Nichtblätterpilze) die keulenförm. *Clavariaceae* = K. i. e. S. (↗Korallenpilze); manchmal werden auch stark verzweigte Formen, wie die der Blumenkohlpilze (↗*Sparassis*), als K. bezeichnet.
Keulenpolyp, *Cordylophora caspia,* Vertreter der Fam. *Clavidae,* der an der Nord- u. Ostseeküste weit verbreitet ist; dringt auch in Seen u. Flüsse des Binnenlandes ein. Je nach Salzgehalt können sich die Proportionen sowie Anzahl u. Länge des Hydranthen verändern. Der Stock ist zart gebaut, bis 8 cm hoch u. treibt wurzelart. Ausläufer. Er trägt reduzierte Medusen, die Planulae entlassen. Im Winter (ab 2–4 °C) sterben die Hydranthen ab. Das Zellmaterial wird in die Stolonen u. Achsen eingezogen (Menontenstadium), aus denen im Frühjahr neue Polypen sprossen.

Bei K vermißte Stichwörter suche man auch unter C und Z.

Keulenschrecken, *Gomphocerus,* Gatt. der ↗Feldheuschrecken.
Keulenwespen, *Sapygidae,* Familie der ↗Hautflügler. [dae.
Keulhornbienen, *Ceratina,* Gatt. der ↗Api-
Keuper *m* [urspr. örtl. Bez. des Buntmergelsandsteins im Coburger Land], (Hornschuch 1789), jüngste Serie der germanischen ↗Trias mit überwiegend festländ. Ablagerungen; in S-Dtl. gegliedert in Lettenkohlen-K. (= unterer K.), Gips-K., Schilfsandstein, Bunte Mergel, Stubensandstein, Knollenmergel (= mittlerer K.) u. Rhätsandstein (= oberer K.). Dem K. entspr. stratigraphisch etwa Karn bis Rhät in der ↗alpinen Trias.
Kewda, ein Parfum, das aus einem ↗Schraubenbaum gewonnen wird.
Khaprakäfer [v. Hindi khaprā = Zerstörer], *Trogoderma granarium,* ↗Speckkäfer.
Khellin *s* [v. arab. akhillah = Ammi visnaga], Inhaltsstoff aus Ammeifrüchten (*Ammi-visnaga*-Früchte, ↗Doldenblütler) mit Furanochrom-Gerüst, der auf die glatte Muskulatur der Bronchien, des Magen-Darm-Trakts u. der Gallen- u. Harnwege erschlaffend wirkt u. daher in Präparaten zur Behandlung v. Bronchialasthma, Angina pectoris u. bei Nieren-, Gallen- u. Darmkoliken angewendet wird.
Khoisanide [Mz.; v. khoikhoin = Eigenbez. der Hottentotten u. san = Eigenbez. der Buschmänner], altertüml. Reliktrasse des *Homo s. sapiens,* heute auf das westl. S-Afrika beschränkt; umfaßt die mittelgroßen ↗Hottentotten u. die kleinwüchs. ↗Buschmänner. Kennzeichen: ↗Fettsteiß-Bildung (Steatopygie) mit ausgeprägter Lendenlordose, bei Frauen anscheinend selbständ. Brüste; bei Buschmännern ständ. aufgestellter Penis; Kopfhaar gruppenart. angeordnet u. stark zusammengedreht; Deckfalte des Augenlids erinnert an ↗Mongolide; betonte Wangenbreite u. spitzer Kieferwinkel; gelb-bräunl. Hautfarbe. B Menschenrassen.
Khorana [cho-], *Har Gobind,* ind.-am. Biochemiker, * 9. 1. 1922 Raipur; seit 1960 Prof. an der Univ. Madison; seit 1970 am Mass. Inst. of Technology; entschlüsselte 1965/66 durch seine Untersuchungen zur Informationsübertragung künstl. synthetisierter DNA auf Proteine den genet. Code (gleichzeitig mit M. Nirenberg); entwickelte als erster Methoden zur organ.-chem.-enzymat. Totalsynthese v. Genen (1970 Synthese des Gens für Alanin-t-RNA, 1976 Gen für Suppressor-t-RNA^{Tyr} als erstes synthet. Gen mit Aktivität in der lebenden Zelle); erhielt 1968 zus. mit R. W. Holley u. M. Nirenberg den Nobelpreis für Medizin.
Khur, *Equus hemionus khur,* ↗Halbesel.

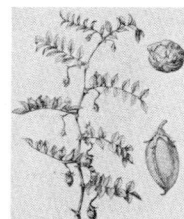

Kichererbse
K. *(Cicer arietinum),* rechts unten Hülse, oben Samen

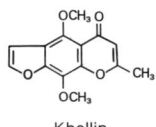

Khellin

Kiebitz
(Vanellus vanellus)

H. G. Khorana

Kiang, *Equus hemionus kiang,* ↗Halbesel.
Kichererbse, *Cicer arietinum,* Art der Hülsenfrüchtler (urspr. wohl SW-Asien, heute Anbau in Indien, Pakistan, S-Europa, S-Amerika u. a.). Buschartiges Kraut; in Blattachseln stehende weißl. od. violette Blüten; Hülsen kurz, aufgebläht, mit 1–3 Samen, deren Proteingehalt 20% erreicht. Verwendung: Viehfutter, Gründüngung, unreife Samen als Gemüse, reife, gemahlene Samen als Mehl für Suppen u. Brei.
Kickxellales [Mz.; ben. nach dem belg. Botaniker J. Kickx, * 1831], Ord. der Jochpilze, deren Vertreter jedoch regelmäßig septierte Hyphen besitzen; sie leben meist saprobisch; einige sind Pilzparasiten (ohne Haustorien in der Wirtszelle).
Kiebitze, auffällige, überwiegend schwarzweiß gefärbte, 25–40 cm große Vögel aus der Fam. der Regenpfeifer, fehlen in N-Amerika. Viele der 25 Arten mit Dorn am Flügelbug, der bei Kämpfen als Waffe eingesetzt wird. Der in ganz Mitteleuropa verbreitete taubengroße Kiebitz (*Vanellus vanellus,* B Europa XVIII) bewohnt Sümpfe u. kurzrasige Feuchtwiesen. Entwässerungsmaßnahmen u. Umbruch v. Wiesen zu Ackerland führten einerseits zu einer Bestandsabnahme des Kiebitzes, andererseits auch zu einer Umsiedlung auf Äcker. Federhaube u. breite, bes. beim Männchen tellerart. gerundete Flügel, mit denen während des gaukelnden Revierflugs im Frühjahr Geräusche erzeugt werden („Wuchteln"). Das Weibchen wählt eine der v. Männchen mit der Brust gedrehten Nestmulden als Nistplatz aus; 4 gefleckte Eier (B Vogeleier II). Die nestflüchtenden Jungen schließen sich später zu Trupps zus. u. vollführen im Mai/Juni einen „Zwischenzug". Die eur. Brutvögel überwintern in Großbritannien, den Mittelmeerländern u. im nördl. Afrika u. kehren im Febr./März in die Brutgebiete zurück. Ruft variationsreich „kie-wit" (Name!). Der etwas kleinere Spornkiebitz *(Hoplopterus spinosus)* wurde erst vor 30 Jahren als Brutvogel in SO-Europa entdeckt; er trägt eine angedeutete Haube u. am Flügelbug einen kleinen Sporn.
Kiefenfüße, die ↗Notostraca.
Kiefer, *Pinus,* Gatt. der K.ngewächse (U.-Fam. *Pinoideae*) mit 90–100 Arten; Langtriebe der immergrünen, harzreichen Bäume nur mit häutigen Schuppenblättern u. axillären Kurztrieben, bestehend aus 2–5 gebüschelten Nadelblättern u. basalen Schuppenblättchen; Holz verkernend; ♀ Zapfen nach der Fruchtreife (2–3 Jahre) als Ganzes abfallend; Deckschuppe klein, v. außen nicht sichtbar, Samenschuppe holzig mit distal schildförm. verdickter Apophyse. Das Areal der Gatt. umfaßt die

Bei K vermißte Stichwörter suche man auch unter C und Z.

Kiefer

Kiefer
Einige Vertreter der K. mit eurosibirischer (**1, 2**) bzw. mittel- und südeur. (**3, 4**) Verbreitung

1 Zirbel-K., Zirbe, Arve *(Pinus cembra)*, **a** Wuchsform, **b** Zweig mit ♀ Zapfen; **2** Wald-K., Föhre, Forle *(P. sylvestris)*, **a** Wuchsform, **b** Zweige mit ♀ (links) und ♂ (rechts) Zapfen; **3** Legföhre, Latsche *(P. mugo* ssp. *mugo)*, **a** Wuchsform, **b** Zweig mit ♀ Zapfen; **4** Haken-K., Spirke, Moor-K. *(P. mugo* ssp. *uncinata)*

Kiefer
Viele nordam. K.n sind wicht. Nutzhölzer, z. B. die Dreh-K. (*Pinus contorta*; Kalifornien bis Alaska) u. die sehr frostharte, anspruchslose Banks-K. (*P. banksiana;* bis 65° n. Br.), beide aus der Sektion *Banksia*. An der am. Ostküste liefert die Sumpf-K. (*P. palustris;* Sektion *Australes;* ⒝ Nordamerika VII) das sehr wertvolle, harte u. dauerhafte „Pitch-Pine-Holz", das als Bau- u. Möbelholz u. für Parkett-Fußböden Verwendung findet. An der Pazifikküste sind die Gelb-K. (*P. ponderosa;* Sektion *Pseudostrobus;* ⒝ Nordamerika II) u. die auf ein kleines Areal in S-Kalifornien beschränkte Monterey-K. (*P. radiata;* Sektion *Taeda*) bedeutende Nutzhölzer. Die letztgen. Art wurde wegen ihrer Anspruchslosigkeit u. Raschwüchsigkeit zu einem wicht. Forstbaum im gemäßigten S-Amerika, in Neuseeland u. im Mittelmeerraum.

ganze Nordhemisphäre mit Beschränkung in den Tropen auf die Gebirge u. mit einem Mannigfaltigkeitszentrum im westl. N-Amerika; südhemisphär. Vorkommen liegen auf Java, Borneo u. Sumatra. Fossil ist die K. seit der U.-Kreide *(P. belgica)*, ab dem Tertiär auch mit den heutigen U.-Gatt. u. Sektionen bekannt. Das Harz von K.n-Arten lieferte auch den ↗Bernstein. – Aus der U.-Gatt. *Haploxylon* (Nadeln mit 1 Leitbündel) tritt in Mitteleuropa nur die auf die Alpen, Karpaten, N-Rußland u. Sibirien beschränkte Zirbel-K. (Zirbe, Arve, *P. cembra*) auf. Als Vertreter der Sektion *Cembra* besitzt sie Kurztriebe mit 5 Nadeln u. dicke, ungeflügelte Samen. Sie gedeiht in der subalpinen Stufe der winterkalten Gebiete auf sauren, humosen Steinböden, bildet hier oft zus. mit der Lärche die Waldgrenze, wurde aber durch Raubbau u. verjüngungshemmende Waldweide im Bestand stark dezimiert. Das gelbl.-rötl. Holz zeigt kaum Trocknungsschwund, ist sehr dauerhaft, weich u. für die Herstellung v. Möbeln, Schnitzereien u. Wandtäfelungen sehr geeignet. Die Samen („Zirbelnüsse") sind wohlschmeckend. Aus der Sektion *Strobus* (Kurztriebe mit 5 Nadeln, ♀ Zapfen mit dünnen Samenschuppen) ist v. a. die Weymouth(s)-K. („Strobe", *P. strobus,* ⒝ Nordamerika I) zu erwähnen, die im östl. N-Amerika große Bestände bildet (im Jungtertiär auch in Europa nachgewiesen) u. Papier-, Bau- u. Möbelholz liefert. 1705 v. Lord Weymouth nach Europa eingeführt, wird sie seither in Gärten u. z. T. forstl. kultiviert, ist aber anfällig gg. ↗Blasenrost. Die nahe verwandte, im westl. N-Amerika beheimatete Zucker-K. (*P. lambertiana*) ist bemerkenswert durch die Wuchshöhe (über 50 m), die langen ♀ Zapfen (bis 50 cm) u. das bei Verwundung ausfließende süße Harz („Kaliforn. Manna"), das bei den Indianern fr. als Zuckerersatz diente. Einen weiteren „Rekord" hält die im westl. N-Amerika an der Baumgrenze (bis

Bei K vermißte Stichwörter suche man auch unter C und Z.

ca. 3700 m) vorkommende Grannen-K. (Borsten-K., *P. aristata;* Sektion *Paracembra:* Kurztriebe mit 1–5 Nadeln, Apophyse der Samenschuppe dick): Sie erreicht mit 4900 Jahren das höchste Lebensalter im Pflanzen- u. Tierreich (↗Dendrochronologie). – Zur U.-Gatt. *Diploxylon* (Nadeln mit doppeltem Gefäßbündel), Sektion *Eupitys* (Kurztrieb mit 2 Nadeln, Jahreszuwachs eingliedrig) gehört v.a. die Wald-K. (Gemeine K., Föhre, Forle, *P. sylvestris,* B Europa IV; wichtige Merkmale: Nadeln blaugrün, Rinde im Kronenbereich rötl.; Höhe: bis 40 m; Alter: bis 600 Jahre). Bei einer insgesamt eurosibir. Verbreitung (Schwerpunkt: Taiga; in Skandinavien bis 70° n. Br., südwärts bis Sierra Nevada u. Kleinasien) wächst sie als Lichtholzart mit zahlr. Sippen in der kollinen bis subalpinen Stufe v.a. auf Standorten, die v. anspruchsvolleren Holzarten gemieden werden, also auf sehr trockenen, sandigen bis flachgründ. od. auf nährstoffarmen, sauren u. moorigen Böden; sie fehlt in ozean. Bereichen. In Mitteleuropa finden sich natürl. Wälder der Wald-K. (mit sehr unterschiedl. Begleitflora) v.a. in den Trockentälern u. an Trockenhängen der Alpen, auf den diluvialen Sandböden des nordöstl. deutschpoln. Flachlands u. in Waldhochmooren od. an Hochmoorrändern. Ferner tritt die Wald-K. als Begleiter in mehreren Ges. auf (z.B. in Eichenmischwäldern). Wegen der geringen Standortansprüche ist sie neben der ↗Fichte der wichtigste Forstbaum (ausgedehnte K.nforste z.B. in Niedersachsen u. im Oberrheintal), zeigt sich aber in Monokulturen oft schädlingsanfällig (z.B. gg. K.nschütte, K.nspanner). Das gelbl.-weiße *Holz* ist weich (Dichte: 0,31–0,74 g/cm^3) u. wird v.a. als Bau-, Papier- u. Möbelholz verwendet. Ferner wurde es seit Theophrast zur Terpentin-, Kolophonium- u. Pech-Herstellung genutzt. In der quartären Florenentwicklung spielt die Wald-K. in der ↗Alleröfzeit (Birken-K.n-Wälder), in der Vorwärmezeit (Birken-K.n-Wälder) u. im frühen ↗Boreal (Hasel-K.n-Wälder) eine wicht. Rolle. Die Berg-K. *(P. mugo* bzw. *P. montana),* v. der vorigen Art durch rein grüne Nadeln u. grau-braune Rinde unterschieden, ist eine sehr vielgestaltige, schwer zu gliedernde Sippe v.a. der subalpinen Region der mittel- u. südeur. Gebirge u. bevorzugt steinige, kalkhalt. Böden mit Rohhumusauflage, tritt aber auch in Hochmooren auf. Meist werden 2 U.-Arten (oft als eigene Arten betrachtet) unterschieden: Die niederliegende Legföhre (Latsche, *P. m.* ssp. *mugo)* findet sich im Bereich der Waldgrenze im Ostteil des Artareals (westl. bis Unterengadin) u. bildet hier einen wicht.

Lawinenschutz; die im allg. aufrechte, bis 25 m hohe Haken-K. (Spirke, Moor-K., *P. m.* ssp. *uncinata)* besiedelt das westl. Artareal u. hier entweder subalpine Hanglagen (Wälder des Erico-Pinion- od. Vaccinio-Piceion-Verb.) od. trockenere Hochmoorbereiche („Spirkenwälder") v. der submontanen bis subalpinen Stufe. Ebenfalls zur Sektion *Eupitys* gehört die Schwarz-K. *(P. nigra;* Rinde grau, Nadeln erhebl. länger als bei der Wald-K.). Sie wächst in den südeur. Gebirgen v. Spanien bis Kleinasien in mehreren U.-Arten (z.B. ssp. *salzmannii* in den Cevennen) u. besitzt mit der ssp. *nigra* noch isolierte natürl. Vorkommen in Nieder-Öst. Sie wird als Zierbaum, zur Harznutzung u. auch zur Aufforstung verwendet (z.B. Mittelmeerländer, Austr.). – Eine durch die im Alter schirmförm. Krone u. die in Zweiergruppen stehenden langen Nadeln sehr charakterist. Art des Mittelmeerraums ist die Pinie *(P. pinea;* Sektion *Pinea,* B Mediterranregion I), die hier wegen ihrer großen eßbaren Samen („Pinoli" in It.) seit der Römerzeit auf sand. Böden kultiviert wird. Aus der Sektion *Banksia* (Kurztrieb 2nadelig, Jahreszuwachs mehrgliedrig) ist die Aleppo-K. *(P. halepensis,* B Mediterranregion I) ebenfalls auf das Mittelmeergebiet beschränkt u. hier als Pionier auf trockenen, kalkhalt. Steinböden v. Bedeutung. Ihr Holz wurde bereits v. den Römern für den Schiffs- und Hausbau verwendet. B Holzarten, B Nacktsamer. *V. M.*

Kiefer, a) Gesamtheit der Skelettelemente des Mandibularbogens der *Wirbeltiere,* bestehend aus einem *Ober-K.* u. einem *Unter-K.* Der von der K.region gebildete Schädelteil wird als *K.schädel* (Gesichtsschädel, Viscerocranium) dem ↗Hirnschädel gegenübergestellt. – K. entstanden stammesgesch. aus visceralen Skelettspangen, d.h. aus Teilen des ↗Branchialskeletts (↗Viszeralskelett, Kiemenbogenskelett). Es gibt Indizien dafür, daß der stammesgesch. zum *K.bogen* (Mandibularbogen) gewordene Branchialbogen nicht dem vordersten Branchialbogen urspr. Wirbeltiere entspricht. Wahrscheinl. gab es mindestens einen *Praemandibularbogen,* der reduziert wurde, so daß der Mandibularbogen dem 2. (oder 3.) Branchialbogen homolog ist. – Urspr. Wirbeltiere waren noch kieferlos. Ihr Branchialskelett bestand aus gleichartig differenzierten Stützelementen des ↗Kiemen-Apparats. Diesen *Agnatha* (Kieferlose) stehen die *Gnathostomata* (Kiefermünder) gegenüber, die einen K.bogen, einen darauffolgenden ↗Zungenbeinbogen (Hyoidbogen) u. noch mehrere in urspr. Funktion gebliebene od. anderweitig abgeleitete

Kiefer

Kiemenbögen aufweisen. – Die stammesgesch. älteste lebende Gruppe der *Gnathostomata* sind die ↗Knorpelfische *(Chondrichthyes)*. Ihre knorpeligen K. bestehen aus je einem Element: der Ober-K. aus dem *Palatoquadratum,* der Unter-K. aus dem *Mandibulare* (B Fische, Bauplan). Von den ↗Knochenfischen *(Osteichthyes)* an werden die K. aus Deck- u. Ersatzknochen gebildet. ↗*Praemaxillare* u. ↗ *Maxillare* des Ober-K.s sowie ↗ *Dentale* des Unter-K.s sind ↗Deckknochen. Das ↗ *Quadratum* des Ober-K.s sowie ↗ *Angulare*, ↗ *Articulare* u. die in der Evolution zu den Säugern hin reduzierten Elemente *Supraangulare, Praearticulare, Coronoid* u. *Spleniale* des Unter-K.s sind Ersatzknochen. – Die wichtigsten evolutiven Tendenzen in der K.ausbildung sind: 1) Übergang v. indirekter, bewegl. Befestigung des Ober-K.s am Hirnschädel (↗Amphistylie, ↗Hyostylie) zu direkter, starrer Befestigung (↗Autostylie). 2) Reduktion v. Elementen des Unter-K.s: Supraangulare, Praearticulare, Coronoid u. Spleniale werden reduziert. 3) Funktionswechsel v. K.-elementen: Articulare u. Quadratum werden bei Säugern zu ↗Gehörknöchelchen umgewandelt. Das Angulare ist an der Paukenhöhle (Bulla tympanica) beteiligt. Als Ober-K. verbleiben nur Praemaxillare u. Maxillare, als Unter-K. nur das Dentale. 4) Übergang vom urspr. ↗*K.gelenk* Palatoquadratum-Mandibulare (Knorpelfische) zum primären K.gelenk Quadratum-Articulare (Amphibien, Reptilien, Vögel) u. zum sekundären K.gelenk Squamosum-Dentale (Säuger). 5) Optimierung der Zahnbefestigung durch Wechsel v. ↗akrodont (Fische, Amphibien) zu ↗pleurodont (die meisten Reptilien) u. zu ↗thekodont (Krokodile, Säuger); weitere Tendenzen der Bezahnung ↗*Zähne*. 6) Ein im Bereich des Palatoquadratum-Knorpels entstehender Ersatzknochen, das *Epipterygoid,* wird in die seitl. Schädelwand einbezogen u. ist bei Säugern als *Alisphenoid* am sekundären Verschluß des Schläfenfensters beteiligt. – b) K. als Beiß- u. Kauwerkzeuge sind auch bei verschiedenen *Wirbellosen*-Gruppen verbreitet: bei Gliederfüßern als Ober-K. (Mandibeln), Unter-K. (Maxillen), K.füße (Maxillipeden), K.krallen (Stummelfüßer), K.stilette (Bärtierchen); echte K. bei Polychaeten u. Egeln unter den Ringelwürmern. Als K. fungiert auch die ↗ *Radula* bei den Weichtieren. Einige Vertreter der Strudelwürmer besitzen einen mit K. besetzten Zangenrüssel (Fam. *Gnathorhynchidae).* Viele Bandwürmer haben um ihre Mundregion einen Hakenkranz, den man als K.kranz bezeichnen kann. Auch die danach ben. *Gnathostomulida* (K.münd-chen) haben am Pharynx eine K.zange. Die Fadenwürmer besitzen häufig 3 K.zähne (Spicula). Schließlich finden sich K. und K.apparate bei vielen Stachelhäutern. B Verdauung II–III. *A. K./H. P.*

Kieferbogen ↗Kiefer, ↗Branchialskelett.
Kieferdrüse, Sammelbez. für Maxillen- u. Mandibeldrüsen, ↗Coxaldrüsen der ↗Gliederfüßer.
Kieferegel, die ↗Gnathobdelliformes.
Kieferfühler, die ↗Cheliceren.
Kieferfüße, die ↗Gnathopoden.
Kiefergelenk, das ein Öffnen u. Schließen des Mundes (Maules) u. ggf. Kaubewegungen ermöglichende ↗Gelenk bei Wirbeltieren, mit Ausnahme der Säuger bei allen Wirbeltier-Kl. von den Hinterenden des Ober- u. Unter-↗Kiefers gebildet. Außer zur Nahrungsaufnahme wird das K. auch zur Veränderung der Kieferstellung bei der Lautäußerung u. mitunter beim Atmen bewegt. – Das K. wird in den verschiedenen Wirbeltier-Kl. von verschiedenen Elementen gebildet, die jedoch stets, mit Ausnahme des K.s der Säuger, zueinander homolog sind. In der Stammesgeschichte der Wirbeltiere treten nacheinander 3 verschiedene K.e auf. a) Das *ursprüngliche K.,* welches rezent bei den Knorpelfischen *(Chondrichthyes)* vorliegt, wird gebildet aus dem *Palatoquadratknorpel* als Oberkiefer u. dem *Mandibularknorpel* als Unterkiefer. b) Das *primäre K.* ist, mit Ausnahme der Säuger, bei allen Tetrapoden vorhanden. Es wird gebildet v. dem zum Oberkiefer gehörenden ↗ *Quadratum* u. dem zum Unterkiefer gehörenden ↗ *Articulare.* c) Das *sekundäre K.* tritt nur bei Säugern auf. Im Unterschied zu den beiden obengen. Typen ist an ihm kein Element des Oberkiefers beteiligt; statt dessen artikuliert das ↗ *Dentale* (bei Säugern der einzige Knochen des Unterkiefers) mit dem zum Schädeldach gehörenden *Squamosum.* Es liegt also ein *Squamosum-Dentale-Gelenk* vor. – Stammesgeschichtl. trat das sekundäre K. erstmals bei triassischen Therapsiden (säugerähnl. Reptilien) auf, zusätzl. zum weiterhin vorhandenen primären K., z. B. bei *Diarthrognathus* u. *Probainognathus.* Das Vorhandensein eines sekundären K.s wird als formales diagnost. Kriterium verwendet, um in dem fließenden Übergangsbereich zw. Reptilien u. Säugern zu definieren, ob eine Tierart bereits

Kiefergelenk

Bezeichnung	Tiergruppen	Elemente und Schädelteile
ursprüngliches K.	Knorpelfische	Palatoquadratum/Mandibulare (Oberkiefer/Unterkiefer)
primäres K.	Amphibien Reptilien Vögel	Quadratum/ Articulare (Teil des Ober-K.s/Teil des Unter-K.s)
sekundäres K.	Säuger	Squamosum/Dentale (Teil des Schläfenbeins/Unterkiefer)

Bei K vermißte Stichwörter suche man auch unter C und Z.

dem Säugerstatus zugerechnet wird. Als älteste Gruppe mit Säugerstatus gelten demnach die obertriassischen ↗ *Ictidosauria*. – Bei modernen Säugern weist das sekundäre K. noch eine Abwandlung auf. Das Squamosum ist hier kein eigenes freies Element mehr, sondern in das *Schläfenbein* (Os temporale) integriert. Genau genommen besitzen moderne Säuger also ein *Temporale-Dentale-Gelenk*. – Da in der Humanmedizin der menschl. Unterkiefer als Mandibel bezeichnet wird, heißt das K. hier *Articulatio temporomandibularis*. ↗ Gehörknöchelchen.

Kieferhöhle, *Oberkieferhöhle, Sinus maxillaris,* beidseits im Oberkieferknochen gelegene, mit Schleimhaut ausgekleidete Nasen-↗ Nebenhöhle, die zw. den Nasenmuscheln in die Nasen(haupt)höhle mündet. Über diesen Kanal können Schleimhautpolypen bis in die Nasenhöhle wuchern u. die Atemwege verengen. Umgekehrt können sich Infektionen der Nasenhöhle bis in die K. ausbreiten u. eine *K.nentzündung* (Nebenhöhlenentzündung, Sinusitis) hervorrufen.

Kieferkopf, das ↗ Gnathocephalon.

Kieferläuse, die ↗ Haarlinge.

Kieferlose, 1) die ↗ Amandibulata. **2)** „Fischartige", *Agnatha,* Über-Kl. der Wirbeltiere mit der einzigen rezenten Kl. ↗ Rundmäuler *(Cyclostomata)* u. den †, v. a. im Silur u. Devon lebenden Schalenhäutern *(↗ Ostracodermata).* Diese primitivsten Wirbeltiere haben zeitlebens eine ↗ *Chorda dorsalis*; das für alle anderen Wirbeltiere – Über-Kl. Kiefermünder *(Gnathostomata)* – typ. Kieferskelett fehlt ihnen. Während die fischähnl., etwa 10–30 cm langen fossilen Schalenhäuter einen Knochenpanzer u. einige Arten auch ein z. T. verknöchertes Innenskelett besaßen, haben die Rundmäuler eine schuppenlose Haut u. ein membranöses od. knorpel. Skelett. K. wurden fr. zu den ↗ Fischen gestellt. [thostomulida.

Kiefermündchen, *Kiefermünder,* die ↗ Gna-

Kiefermünder, veraltete Bez. *Kiefermäuler, Gnathostomata,* Über-Kl. der Wirbeltiere im Ggs. zu den ↗ Kieferlosen *(Agnatha);* stets mit ausgebildetem Kieferskelett.

Kieferneule, die ↗ Forleule.

Kieferngewächse, *Pinaceae,* fast ausschl. nordhemisphär. verbreitete Fam. der ↗ Nadelhölzer mit 10 Gatt. in 3 U.-Fam. (vgl. Tab.); überwiegend Bäume mit schraubig an Kurz- u./od. Langtrieben stehenden Nadelblättern; die typ. Nadelholzzapfen meist diklin-monözisch verteilt; ♂ Zapfen mit schraubig gestellten Mikrosporophyllen, die unterseits je 2 Pollensäcke mit (außer bei *Larix* u. *Pseudotsuga*) bisaccaten Pollenkörnern tragen; ♀ Zapfen aus ebenfalls

Kieferngewächse
Unterfamilien und Gattungen:
↗ *Abietoideae*
 ↗ *Cathaya*
 ↗ Douglasie *(Pseudotsuga)*
 ↗ Fichte *(Picea)*
 ↗ *Keteleeria*
 ↗ Tanne *(Abies)*
 ↗ *Tsuga*
↗ *Laricoideae*
 ↗ Lärche *(Larix)*
 ↗ *Pseudolarix*
 ↗ Zeder *(Cedrus)*
Pinoideae
 ↗ Kiefer *(Pinus)*

schraubig angeordneten, mehr od. weniger reduzierten Deckschuppen u. großen Samenschuppen mit 2 anatropen Samenanlagen. Die Fam. ist fossil seit dem Oberjura bekannt u. läßt sich bezügl. des Zapfenbaues sehr gut v. den Lebachien u. Voltzien ableiten. [B] Nacktsamer.

Kiefernglucke, der ↗ Kiefernspinner.

Kiefernknospentriebwickler, der ↗ Posthornwickler.

Kiefernrindenblasenrost, *Rindenblasenrost, Blasenrost, Kienzopf, Wipfeldürre,* Erkrankung vorwiegend älterer Kiefern, verursacht durch Rostpilze; das befallene Gewebe reichert sich mit Harz an (verkient), auch das Kambium stirbt ab, so daß die Baumteile über der befallenen Zone verdorren; auf der Rinde, vorwiegend an den Quirlstellen der Stämme, bilden sich orangegelb gefärbte Aecidienblasen; in N-Europa tritt vorwiegend die nicht-wirtwechselnde Art *Cronartium pini (Peridermium pini)* auf, im südlicheren Teil Europas *Cronartium asclepiadeum,* eine wirtswechselnde Form.

Kiefernschwärmer, *Fichtenschwärmer,* fälschl. auch „Tannen"-pfeil, *Hyloicus (Sphinx) pinastri,* häufiger Vertreter der Fam. ↗ Schwärmer; paläarkt. verbreitet, nach N-Amerika eingeschleppt; Falter grau, Vorderflügel mit schwarzen, kurzen Längsstrichen, am Saum schwarz-weiß gescheckt, Spannweite um 70 mm. Der K. ruht tags gern an Nadelholzstämmen, fliegt v. Mai bis Juli in Pinienwäldern u. Koniferenkulturen, besucht in der Dämmerung Blüten, v. a. Nelken; die hellgrünen Eier werden an Nadeln der Wirtspflanzen Kiefer, Fichte, Lärche abgelegt; Raupe grün mit hellen Seitenlinien u. einem rotbraunen Rückenstreifen, lebt bis Sept. im Baumkronenbereich, Fraßschäden unbedeutend, Verpuppung im Herbst in der Erde.

Kiefernspanner, *Bupalus piniaria,* eurasiat. verbreiteter, häufiger Schmetterling aus der Fam. ↗ Spanner; Falter stark geschlechtsdimorph: Männchen schwarzbraun mit weißl.-gelben Aufhellungen, Fühler gekämmt; Weibchen dunkelbraun

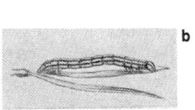
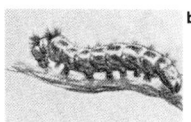

1 Kiefernschwärmer: a Falter, **b** Raupe u. Eigelege; **2 Kiefernspanner: a** Falter (♂), **b** Raupe; **3 Kiefernspinner: a** Falter, **b** Raupe

Bei K vermißte Stichwörter suche man auch unter C und Z.

Kiefernspinner

mit rostgelben Flecken, Fühler borstenförmig; Spannweite 30–40 mm, Flügel in Ruhe tagfalterartig aufgerichtet, Flugzeit v. April bis Juli, tagaktiv; Eiablage in einreihigen Zeilen an Nadelunterseite v. Kiefern, seltener andere Koniferen; Raupen grün mit hellen Längsstreifen, bei Massenauftreten bedeutsamer Forstschädling, Puppe überwintert im Boden.

Kiefernspinner, Kiefernglucke, *Dendrolimus pini,* eurasiat. Vertreter der ↗ Glucken; Färbung der Falter variabel rotbraun bis grau, Flügel mit weißem Mittelpunkt, Spannweite 50–80 mm, fliegt Juni–Aug. in trockenen Kiefernwäldern; Eier blaugrün, in Gruppen an Rinde abgelegt; Raupe behaart, braun u. grau mit blauen Flecken u. schwarzen Schrägstrichen, Rücken weiß, Überwinterung in der Bodenstreu; Larve kann bei Massenauftreten, v. a. in trockenwarmen Gebieten in Kiefernforsten, seltener an Fichten sehr schädl. sein; Verpuppung in gelbl. Gespinst am Stamm oder zw. Zweigen. ☐ 23.

Kiefern-Steppenwälder, *Pulsatillo-Pinetalia,* Ord. der ↗ Vaccinio-Piceetea.

Kieferschädel, Gesichtsschädel, *Viscerocranium, Splanchnocranium,* Gesamtheit der Skelettelemente v. Oberkiefer u. Unterkiefer am Schädel der Wirbeltiere; stammesgesch. abgeleitet v. Kiemenbögen des Kiemendarms (viscerale Skelettspangen). Ggs.: ↗ Hirnschädel; ↗ Schädel.

Kiefersoldaten, bes. Form der Soldatenkaste bei manchen Termiten, mit bes. mächt., häufig asymmetr. ausgebildeten Mandibeln.

Kieferspinnen, die ↗ Streckerspinnen.

Kiefertaster ↗ Mundwerkzeuge.

Kiel, die ↗ Carina. [↗ Eidechsen.

Kielechsen, *Algyroides,* Gatt. der Echten

Kielfüßer, *Atlantoidea, Heteropoda,* Überfam. mariner Mittelschnecken mit schwach od. nicht verkalktem Gehäuse, das bei manchen K.n nach der Metamorphose abgebaut wird. Der Weichkörper ist transparent, der Fuß blattart. umgestaltet, sein Sohlenrest bildet einen Saugnapf. Die K. sind getrenntgeschlechtl.; zur internen Befruchtung werden Spermatophoren übertragen; aus den Eiern entwickeln sich Veliger. Die K. treiben planktisch in den oberen 100 m mit nach oben gewandter Fußflosse; sie ernähren sich v. Rippenquallen, Salpen, pelag. Flohkrebsen u. kleineren K.n. Etwa 30 Arten in 3 Fam. (vgl. Tab.), die fortschreitende Anpassung an das pelag. Leben zeigen.

Kielnacktschnecken, *Milacidae,* Fam. der Landlungenschnecken, deren Rücken bis zum Hinterende des gekörnelten Mantels gekielt ist; das Gehäuse ist rückgebildet bis auf eine Kalkplatte (Schälchen) unter dem „Mantelschild", der eine deutl. Rinne trägt. Die Atemöffnung liegt rechts hinter der Mitte des Mantelschildes. Die Färbung variiert; die Arten werden nach dem Bau des Genitalsystems unterschieden. Die K. sind Pflanzenfresser, urspr. in S-Europa beheimatet, doch weit verschleppt. Einige werden in Pflanzenkulturen schädl. (↗ Ackerschnecken), bes. die Acker-K., *Milax (Tandonia) budapestensis.* In Mitteleuropa sind bisher 9 Arten nachgewiesen worden.

Kielschwänze, *Tropidurus,* Gatt. der ↗ Leguane.

Kielskinke, *Tropidophorus,* Gattung der ↗ Schlankskinkverwandten.

Kiemen, *Branchien, Branchiae,* ↗ Atmungsorgane wasserbewohnender Tiere, die als ektodermale Ausstülpungen od. durchbrochene Epithelien entweder frei in das Atemmedium ragen *(äußere K.)* od. in Körperhöhlen geschützt *(innere K.)* diesem ausgesetzt sind u. durch eine große respirator. Oberfläche den Gasaustausch begünstigen (↗ Atmung). Bei Fisch-K. (B Fische, Bauplan) z. B. sind 30 bis 40 Lamellen pro mm gemessen worden (☐ Atmungsorgane). I. w. S. werden auch physikal. Einrichtungen, wie zw. Borsten v. Gliederfüßern eingeschlossene bzw. an verschiedenen Teilen des Körpers haftende Luftblasen, die unter Wasser mitgenommen Atmungsfunktion erfüllen (☐ Antennen), als K. bezeichnet *(Plastron, physikalische K.).* Gelegentl. können K. derartig modifiziert sein, daß sie auch eine Luftatmung ermöglichen. I. d. R. erlaubt dagegen die morpholog. Struktur der K. mit ihren dünnhäut. K.blättchen (B Atmungsorgane I), die sich erst im wäßrigen Milieu entfalten, keine Benutzung an der Luft. Durch ihr eigenes Gewicht u. Oberflächenadhäsionskräfte kollabieren sie, sobald sie in Luft verbracht werden, womit die respirator. Oberfläche auf ein (für die O₂-Diffusion untaugliches) Minimum reduziert wird. Infolge der langsamen ↗ Diffusion v. O₂ in Wasser käme es bald zu einer Verarmung an O₂ im Bereich der K.oberfläche, würden Atemmedium u. K. nicht gegeneinander bewegt werden. Im einfachsten Fall kann dies durch die Bewegung der K. selbst erreicht werden. Wegen des hohen Widerstands, gg. den die K.bewegung ankommen muß, ist dies jedoch keine sehr effektive Methode und i. d. R. nur kleineren Organismen möglich (verschiedene Insektenlarven, Ringelwürmer mit ihren K. an den Parapodien, Krebstiere, aber auch der relativ große im Wasser lebende Salamander *Necturus*). Günstiger ist es, das Wasser über die (mehr od. weniger festsitzenden) K. zu leiten, was durch Ventilation mittels Cilien (Muscheln u. Schnecken) od.

Kielfüßer

Familien und wichtige Gattungen:

Atlantidae
 ↗ *Atlanta*
 Oxygyrus

Carinariidae
 Cardiapoda
 ↗ *Carinaria*
 Pterosoma

Pterotracheidae
 Firoloida
 Pterotrachea

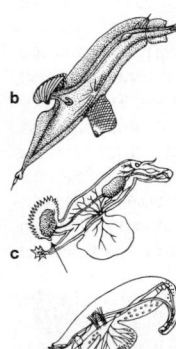

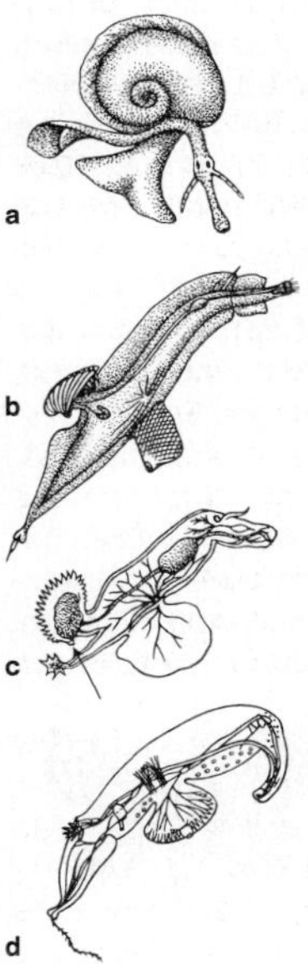

Kielfüßer

Fortschreitende Gehäusereduktion (von oben nach unten): **a** *Atlanta,* **b** *Carinaria,* **c** *Cardiapoda* (Gehäuserest bei →), **d** *Pterotrachea*

Bei K vermißte Stichwörter suche man auch unter C und Z.

einen Druck- u. Saugmechanismus (Decapoda, Haie u. Rochen, Knochenfische) erreicht werden kann. Eine Besonderheit sind hierbei die nahezu starren K.deckel (Opercularapparat) zahlr. großer pelag. Fische (Thunfische), die das Wasser nicht durch einen Pumpmechanismus, sondern durch schnelles Schwimmen an den K. vorbeiströmen lassen. Bei Hälterung solcher Fische im Aquarium ist diese Lebensweise zu berücksichtigen, weswegen man sie in großen runden Becken, in denen sie ständig im Kreise schwimmen, unterbringt. Auch bei kleineren pelagischen Fischen wird der Saug-Pump-Mechanismus der K.deckel bei höheren Schwimmgeschwindigkeiten zunächst unterstützt u. dann v. der „Schwimmventilation" abgelöst. Bei schneller Fortbewegung gelangt so automatisch mehr O_2 an die respirator. Oberfläche (über die K.ventilation der Kopffüßer ↗Atmungsorgane). Das an der respirator. Oberfläche v. Fischen vorbeiströmende Blut fließt häufig in entgegengesetzter Richtung zum Wasser u. bildet mit diesem einen Gegenstromaustauscher (↗Gegenstromprinzip). Dadurch wird die O_2-Aufnahme aus dem Wasser nicht nur erleichtert, sondern mit einer Ausbeute von 80–90% (Teleosteer) ungleich effektiver gestaltet, als dies bei der Lungenatmung (die nur etwa ¼ des in der Luft vorhandenen O_2 entnimmt) möglich ist. Wahrscheinl. kann der Blutstrom zusätzl. durch kontraktile Fibrillen in den K.blättchen kontrolliert werden; er ist ferner hormonell beeinflußbar (Adrenalin fördert ihn, was im Zshg. z. B. mit Fluchtreaktionen ebenfalls die O_2-Aufnahme begünstigt). Verschiedene Krabben u. Weichtiere besitzen ebenfalls Gegenstromaustauscher-K., allerdings mit weniger hohen O_2-Ausbeuten (maximal 50%, meist weniger). Der über die K. fließende Wasserstrom kann bei Fischen u. Krebsen kurzfristig umgekehrt werden, was zu einer Reinigung v. an den K.blättchen haftenden Partikeln führt. Bei Fischen geschieht dies durch Erzeugen eines Unterdrucks in der Mundhöhle, bei Krebsen durch Umkehr der Schlagrichtung des Scaphognathiten (↗Atmungsorgane, B II). Neben der rein respirator. Aufgabe u. diese z. T. ersetzend, übernehmen die K. noch verschiedene andere Funktionen, wie die der Stickstoff-↗Exkretion, ↗Osmoregulation über Ionentransport (↗Analpapillen v. Insektenlarven, K. von Fischen u. Krebsen) u. der Nahrungsaufnahme (Muscheln, aber auch die K.reusen des bis 15 m langen Riesenhaies). I. d. R. wird Stickstoff in Form v. Ammoniak über die K. ausgeschieden; Knorpelfische u. der Quastenflosser *Latimeria*, die Harnstoff zur Os-

Kiemen
Für zahlr. Fische ist ein funktioneller Zshg. zwischen ihrer Aktivität (Schwimmleistung) u. der Größe der K.oberfläche festgestellt worden. Setzt man für die Makrele die K.-oberfläche pro g Körpergewicht gleich 100, so ergibt sich z. B.:

Menhaden	66
Meerbrasse	52
Zackenbarsch	44
Roter Knurrhahn	32
Kugelfisch	20
Flunder	18
Krötenfisch	5

moregulation in relativ großen Mengen im Blut zurückhalten, scheiden ihn statt Ammoniak aus. Lipidlösl. Schadstoffe, die in zunehmend höheren Konzentrationen in Meer- u. Süßwasser akkumulieren u. von deren Bewohnern zwangsläufig aufgenommen werden, können ebenfalls über die K. ausgeschieden werden. ↗ Blattkiemen, ↗ Ctenidien, ↗ Tracheenkiemen; ↗ Fiederkiemer, ↗ Filibranchia. *K.-G. C.*

Kiemenblättchen ↗ Kiemen, ↗ Kiemenspalten, ↗ Atmungsorgane (☐); B Atmungsorgane I.

Kiemenbögen, *Branchialbögen, Viszeralbögen, Schlundbögen,* ↗ Branchialskelett, ↗ Kiemenspalten; ☐ Atmungsorgane, B Atmungsorgane I, B Biogenetische Grundregel.

Kiemendarm, *Kiemenkorb, Branchiogaster, Pneumogaster, Pneustenteron, Tractus respiratorius,* Differenzierung des vorderen, entodermalen ↗ Darm-Abschnitts bei ↗ Chordatieren (B) u. ↗ Hemichordata (↗ Enteropneusten). Primäre Funktion des K.s ist die Nahrungsaufnahme. Er ist v. serial angeordneten Kiemenspalten, die v. Kiemenbögen begrenzt werden, durchsetzt u. bildet einen effektiven Filter für den Nahrungswasserstrom, der v. einem starken Wimperbesatz der Kiemenbögen erzeugt wird. Ventral befindet sich das ↗ Endostyl (Hypobranchialrinne), dessen Drüsenepithel permanent Schleim produziert, der v. den Wimpern in breiter Front nach dorsal getrieben wird. Nahrungspartikel bleiben im Schleim hängen u. werden zus. mit ihm dorsal in der ↗ Epibranchialrinne zu einer Nahrungswurst geformt u. in den Nährdarm befördert. Da im K. eine große Oberfläche ständig mit frischem Wasser in Kontakt kommt, spielt der K. zusätzl. eine wichtige Rolle beim Gasaustausch. Bei Fischen bildet der K. das Atmungsorgan (Kiemen), bei Landwirbeltieren ist er an der Bildung des Innenohrs u. der ↗ branchiogenen Organe beteiligt.

Kiemenegel, die ↗ Branchiobdellidae.

Kiemenfäule, durch den Algenpilz *Branchiomyces sanguinis* verursachte Fischkrankheit, v. a. bei Karpfen u. Hechten (30–50% Verluste); der Pilz verstopft die Blutkapillaren der Kiemen.

Kiemenfurchen, von außen einschneidende Furchen im hinteren Kopfbereich (Branchialbereich) des Wirbeltier-Embryos, denen vom Schlund her *Kiementaschen (Schlundtaschen)* entgegenwachsen. Bei den kiematmenden Formen (Fische, Amphibienlarven) brechen beide an ihrer gemeinsamen Kontaktstelle als ↗ *Kiemenspalten* durch. Bei den Embryonen der Landwirbeltiere bleibt eine dünne Trennwand erhalten, die bei der ersten K.

Bei K vermißte Stichwörter suche man auch unter C und Z.

Kiemenfüßer

zum Trommelfell wird. Sauropsidenembryonen können kurzfristig durchgängige, aber funktionslose „Kiemen"-Spalten aufweisen. B Biogenetische Grundregel.
Kiemenfüßer, *Kiemenfußkrebse, Branchiopoda,* die ↗Anostraca.
Kiemenherzen, *Bulbilli,* venöse, kontraktile Abschnitte an den Kiemenbasen u. a. der ↗Kopffüßer u. ↗Schädellosen; dickwand. Organe mit engem, aber stark gegliedertem Lumen, pumpen die Hämolymphe bzw. Blut in die Kiemen.
Kiemenhöhle, *Branchialhöhle,* der bei den Krebstieren, Weichtieren u. Fischen vorhandene ↗Branchialraum. ↗Kiemen; ↗Atmungsorgane (☐), B Atmungsorgane I–II.
Kiemenkorb, der ↗Kiemendarm.
Kiemenlungen, ↗Atmungsorgane der Spinnentiere; B Atmungsorgane II.
Kiemenschlitzaale, *Synbranchiformes,* Ord. der Knochenfische mit 3 Fam. u. 8 Arten; mit aalart., bis 1,5 m langem Körper, einer zur Luftatmung dienenden Darmausstülpung (Kiemensack), weitgehend reduzierten Kiemen, einer unpaaren, schlitzförm. Kiemenöffnung unter der Brust, Flossensaum aus verschmolzener Rücken-, Schwanz- u. Afterflosse sowie oft kehlständ. Bauchflossen; Brustflossen u. Schwimmblase fehlen. Die räuber. K. bewohnen meist sauerstoffarmes, seichtes, trop. Süß- u. Brackwasser in S-Amerika, W-Afrika, SO-Asien u. Australien. Bekannteste Art ist der bis 80 cm lange Ostasiatische K. oder Reisaal *(Fluta alba),* der in den überfluteten Reisfeldern SO-Asiens lebt.
Kiemenschwänze, *Branchiura,* die ↗Fischläuse.
Kiemenskelett, das ↗Branchialskelett.
Kiemenspalten, *Schlundspalten,* bei kiemenatmenden Wirbeltieren (Fische, Amphibienlarven) beidseits am hinteren seitl. Kopfbereich (Branchialbereich) vorhandene schlitzart. Durchgänge vom Vorderdarm (↗Kiemendarm) zum Außenmedium. Die zw. den K. liegenden *Kiemenbögen* tragen die Kiemenblättchen (↗Atmungsorgane). Ontogenet. entstehen die K. durch das Zusammenwachsen u. Durchbrechen der v. außen einschneidenden ↗*Kiemenfurchen* mit den vom Schlund her sich auswölbenden *Kiementaschen* (Kiemengänge). – Bei den Embryonen der Landwirbeltiere treten in einer bestimmten Entwicklungsphase durchgängige, aber funktionslose K. auf (B Biogenetische Grundregel), die später wieder zuwachsen u. an der Bildung branchiogener Organe beteiligt sind. Nur die Anlage der ersten K. hat ein anderes „Schicksal": Kiemenfurche u. Kiementasche brechen hier nicht durch, sondern zw. ihnen bleibt eine dünne membranartige Gewebsschicht erhalten, die später zum ↗Trommelfell wird. Aus dem Lumen der ersten Kiementasche entstehen die ↗Paukenhöhle u. die ↗Eustachi-Röhre. [menspalten.
Kiementaschen ↗Kiemenfurchen, ↗Kiekienzopf, der ↗Kiefernrindenblasenrost.
Kieselalgen, *Bacillariophyceae, Diatomeen, Diatomeae,* Kl. der ↗Algen mit den beiden Ord. ↗*Pennales* u. ↗*Centrales.* Die K. sind eine in sich geschlossene, artenreiche Gruppe einzell., kokkaler, diploider Algen mit Tendenz zur Koloniebildung. Die Zellwand besteht aus 2 Teilen (B Algen II), die wie Deckel *(Epitheka)* u. Bodenteil *(Hypotheka)* einer Schachtel zugeordnet sind (daher die urspr. Bez. „Schachtellinge"). Boden- u. Deckelflächen *(Valvae)* sind artspezif. gestaltet, während die seitl. Gürtelbänder *(Pleurae)* strukturlos sind; die Wandsubstanz besteht überwiegend aus amorpher, polymerisierter Kieselsäure. Die Plastiden sind durch hohen Fucoxanthingehalt gelbbraun gefärbt; die wichtigsten Reservesubstanzen sind Chrysolaminarin (↗Chrysose) u. Lipide (T Algen). K. kommen im Plankton der Meere u. Binnenwässer vor (T Algen) sowie auf feuchten od. zeitweise austrocknenden Böden, z. T. leben sie epibiontisch. Die vegetative Fortpflanzung erfolgt durch Zweiteilung. Dabei bekommt jede Tochterzelle eine Zellwandhälfte der Mutterzelle mit, die zu ersetzende wird stets zur Hypotheka. Dies führt zu einer allmähl. Größenabnahme eines Teils der Zellen; bei Erreichen einer Minimalgröße (ca. Hälfte der Maximalgröße) werden durch Bildung von *Auxosporen* od. *Auxozygoten* artgemäße maximal große Individuen hergestellt. Bei Auxosporenbildung werfen die Individuen ihre Zellwand ab u. dehnen sich bis zur artgemäßen Größe aus; sie sind dabei v. einer dehnbaren Wandschicht *(Perizonium)* umgeben. Auxozygotenbildung erfolgt in Verbindung mit der sexuellen Fortpflanzung (↗*Centrales,* ↗*Pennales,* B Algen IV). – Die K. sind Hauptbestandteil des Phytoplanktons der Meere u. spielen eine wesentl. Rolle als Primärproduzenten in der Nahrungskette. Im Süßwasser gedeihen viele Arten nur bei bestimmter Wasserqualität u. können als Bioindikatoren dienen. In den Meeren des Tertiärs u. Quartärs waren K. offenbar in großen Mengen vertreten. Ablagerungen der verkieselten Zellwände (z. T. über 50 m hohe Schichten) ergeben die ↗Diatomeenerde. ↗Diatomeenschlamm.
Kieselerde, die ↗Diatomeenerde.
Kieselflagellaten [Mz.; v. lat. flagellum = Geißel], *Kieselgeißler, Silicoflagellaten,* vielfach als Ord. der *Dictyochales* den ↗*Chrysophyceae* zugeordnet; nackte, ein-

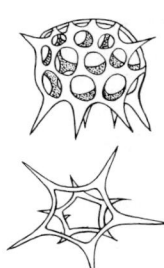

Kieselflagellaten

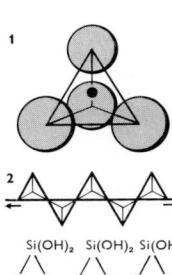

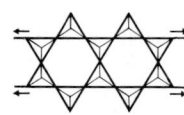

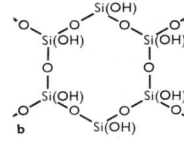

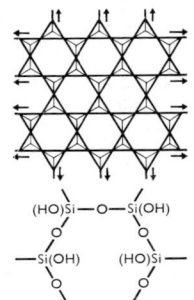

Kieselsäuren

1 räumliches Modell der K., **2** Anordnungen der Tetraeder: **a** in Ketten-, **b** in Band-, **c** in Blattstruktur

geißel. Einzeller mit innerem Kieselskelett; kommen v. a. im Meeresplankton vor. Rezent nur eine Gatt. *Dictyocha;* aus dem Tertiär 10 fossile Gatt. bekannt. ☐ 26.

Kieselgel, *Kieselsäuregel, Silicagel,* gallertart. Masse, bestehend aus reiner Kieselsäure (SiO_2) mit bestimmtem Wassergehalt; wicht. Adsorptionsmittel zur Säulen- u. Dünnschicht-↗ Chromatographie.

Kieselgur w, *Kieselguhr,* die ↗ Diatomeenerde.

Kieselhölzer, durch Imprägnierung mit Kieselsäure (SiO_2) in molekularer Lösung versteinerte Hölzer, bei denen oft die Feinstrukturen (Zellwände, Jahresringe) erhalten geblieben sind. In Dtl. v. a. fossile Araucarien im Rotliegenden u. Stubensandstein (↗ Keuper). Anhäufungen von K.n nennt man *"versteinerte Wälder"*.

Kieselpflanzen, 1) Pflanzen, die überwiegend oder ausschl. auf Silicatböden vorkommen, meist ↗ Kalkmeider. 2) Pflanzen mit Kieselsäureeinlagerung in den Zellwänden; bekanntestes Beispiel ist das Zinnkraut (Acker-↗ Schachtelhalm, *Equisetum arvense*), das wegen seines hohen Kieselsäuregehalts zum Scheuern von Zinngeschirr verwendet wurde.

Kieselsäuren, Verbindungen des Siliciums mit Wasserstoff und Sauerstoff und der allg. Formel: $mSiO_2 \cdot nH_2O$. a) *Ortho-K.,* H_4SiO_4; nur beim pH-Wert 3,2 beständig, sonst Wasserabspaltung. b) *Pyro-K., Orthodi-K.,* $H_6Si_2O_7$: entsteht durch intermolekulare Wasserabspaltung:

$(OH)_3Si-\boxed{OHH}O-Si(OH)_3$
$\rightarrow H_6Si_2O_7 + H_2O.$

c) *Metadi-K.,* H_2SiO_3: entsteht durch Abgabe weiterer Wassermoleküle aus der Pyro-K. Durch weitere Wasserabspaltung entstehen lange Ketten (z. B. Asbest), Bänder oder Blätter (z. B. Glimmer), bei denen immer 2 Siliciumatome durch eine Sauerstoffbrücke verbunden sind. Die Salze der K. sind die *Silicate*. – Silicateinlagerungen findet man in ↗ Kernhölzern (z. B. Teakholz) u. in den dadurch sehr harten Zellwänden v. Gräsern, Riedgräsern u. ↗ Schachtelhalmen (↗ Kieselpflanzen 2). Auch für die Kieselsäureschalen der Kieselalgen u. die Skelette der Kieselschwämme sind K. v. Bedeutung. ☐ 26.

Kieselschwämme ↗ Silicea. [ceae.

Kigelia w [v. Suaheli], Gatt. der ↗ Bignonia-

Kiïk-Koba, *Mensch von K.,* jungpleistozäne Skelettreste eines Kindes u. eines Erwachsenen, zus. mit ↗ Moustérien-Werkzeugen 1924 in der Kiïk-Höhle auf der Krim ausgegraben; zu den ↗ Neandertalern gestellt.

Kilka w, *Clupeonella,* Gatt. der ↗ Heringe.

Killer-Gen, *Kappa-Faktor* (T. M. Sonneborn, 1947), in bestimmten Stämmen v.

kin-, kineto-, kino- [v. gr. kinein = bewegen (Part. Perf. kinétos = bewegt)].

Killer-Gen

Einige bakterielle Endosymbionten in Protozoen *(Paramecium)* mit Killer-Eigenschaften:

Caedibacter-Arten (früher *Caedobacter* = Kappa)
Pseudocaedibacter minutus (= Gamma)
Lyticum flagellatum (= Lambda)
Lyticum sinuosum (= Sigma)

Die Endosymbionten liegen meist in hoher Anzahl in den Wirtszellen vor; sie lassen sich durch verschiedene Stoffe, z. B. Antibiotika, aus den Zellen entfernen.

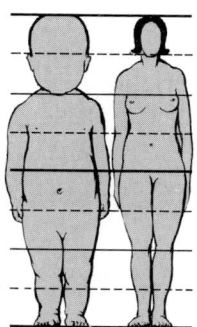

Kind
Längenwachstum des Kindes: Proportionsverschiebung zw. einem Neugeborenen und einer Fünfzehnjährigen

Kind
Abschnitte der menschl. Kindesentwicklung:

Neugeborenes: 1. bis 12. Tag, Geburtsgewicht wird wieder erreicht
Säugling: 1. Lebensjahr, Geburtsgewicht wird verdreifacht
Kleinkind: in der ersten Phase (2. und 3. Jahr) Erwerb der Geh- u. Sprechfähigkeit, ca. 20 cm Längenwachstum, typische „Kleinkindge-

Pantoffeltierchen *(Paramecium),* den „Killern", auftretender Faktor, der für das Freisetzen v. toxischen Substanzen *(Paramecin)* aus den Zellen verantwortl. ist, die andere, *sensible* Stämme, die das K. nicht besitzen, abtöten *(Killer-Phänomen).* Die „Killer-Eigenschaft" erwies sich an Partikel gebunden *(Kappa* genannt), die später als obligat endosymbiont. Bakterien, *Caedibacter*-(= *Caedobacter*-)Arten, erkannt wurden. Die toxische Aktivität scheint mit einem lichtbrechenden Protein-Einschlußkörper im K., dem *R-body,* verbunden zu sein. Die Gene für die Toxine sind wahrscheinl. auf extrachromosomalen Elementen *(Phagen, Plasmide)* lokalisiert.

Kinasen [Mz.; v. *kin-], *Transphosphatasen,* zur Enzymgruppe der Phosphotransferasen zählende ↗ Enzyme, durch die Phosphatgruppen (meist v. ATP) auf Hydroxylgruppen (v. Alkoholen, Phenolen od. Acetalen) unter Ausbildung v. Phosphatmonoestergruppen übertragen werden, wodurch die betreffenden Verbindungen i. d. R. in den aktivierten, d. h. in zur Einschleusung in Stoffwechselreaktionen bereiten Zustand übergeführt werden. Wichtige K. sind u. a. Hexokinase (Glucokinase), Fructokinase, Kreatinkinase, Polynucleotidkinase u. Pyruvatkinase.

Kinästhesie w [v. *kin-, gr. aisthēsis = Sinn, Wahrnehmung], *kinästhetischer Sinn, Bewegungssinn,* die Fähigkeit vieler Wirbeltiere u. des Menschen, mit Hilfe v. ↗ Propriorezeptoren die Stellung der Körperteile zueinander *(Lagesinn),* die Lage der einzelnen Körperteile zur Umwelt u. die Stellungsänderungen v. Gliedmaßen wahrzunehmen, zu kontrollieren u. zu steuern. Dies geschieht reflektorisch u. unbewußt, kann teilweise aber auch bewußt ablaufen. Von *kinästhetischer Orientierung* spricht man bei der Durchführung v. Orientierungshandlungen; z. B. kehren manche Tiere nach Ergreifen v. Beute stets zur Heimstatt zurück; für die Ermittlung der Heimkehrrichtung ist eine Richtungs- u. Entfernungsbestimmung nötig.

Kind, der Mensch v. der *Geburt* bis zur *Geschlechtsreife* (Pubertät), i. ü. S. auch das Junge höherer Tiere, bes. Affen. Die

stalt". In der zweiten Phase (4. bis 6. Jahr, Kindergartenalter) stärkeres Längenwachstum u. dadurch der *„erste Gestaltwandel",* Gestalt des „Schulkinds" bildet sich heraus
Schulkind: 7. bis ca. 14. Lebensjahr, hohe Variabilität beim Zeitpunkt des Einsetzens der Pubertät (bei Mädchen gilt ein Alter von 11 bis 16, bei Jungen von 12 bis 17 als noch normal). Die Pubertät bringt einen zweiten Schub des Längenwachstums (zweiter Gestaltwandel) mit sich.

KINDCHENSCHEMA

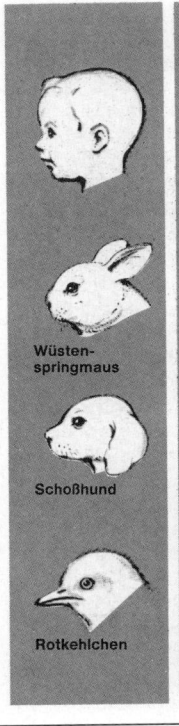

Die wesentlichen Merkmale des Kindchenschemas befinden sich im Kopfbereich: große Augen, hohe Stirn und runde „Pausbacken", insgesamt ein rundlicher Umriß des Kopfes. Die dadurch ausgelöste positive Gefühlsreaktion kann sich auch auf Lebewesen richten, die diese Merkmale zufällig zeigen. So weckt das Rotkehlchen mehr Sympathie als der Pirol oder die Amsel, die Wüstenspringmaus oder das Zwergkaninchen mehr als der Feldhase, der Pekinese oder Yorkshire-Terrier mehr als der Jagdhund. Bei Spielzeug u. a. Produkten wird das Kindchenschema oft durch übernormale Auslöser genutzt; so werden die runden Backen und großen Augen bei Puppen stark übertrieben. Ein „niedliches Hündchen" mit großem Kopf, rundlichen Körperformen und dicken Pfoten. Es wirkt tolpatschig.
Die europäische Puppe hat ebenso einen übertrieben großen Hirnschädel wie die Puppe für Kinder des Ashanti-Stammes in Ghana (Afrika).

menschl. Kindesentwicklung stellt im Reich der Lebewesen ein einmaliges Phänomen dar; sie dauert ca. viermal so lange wie diejenige großer Tieraffen (Paviane usw.) und immer noch doppelt so lange wie die der Menschenaffen. ↗Jugendentwicklung: Tier-Mensch-Vergleich.
Kindbettfieber, *Puerperalfieber, Wochenbettfieber,* Infektionserkrankung nach Entbindung od. Abort als Folge einer Mischinfektion durch Strepto- u. Staphylokokken, *Escherichia coli,* Gonokokken u. a. Bakterien. Eintrittspforte ist die Geburtswunde am Uterus; Manifestation als Bauchfellentzündung, Entzündung v. Gebärmutterschleimhaut, Eileitern u. Eierstöcken od. Übergang in eine Sepsis („Blutvergiftung"). Wurde 1861 von I. ↗Semmelweis als Infektionserkrankung erkannt.
Kindchenschema, eine Kombination v. Körpermerkmalen, die beim Menschen zum unmittelbaren Erkennen eines jugendl. oder kindl. Entwicklungsstandes und i. d. R. zu einer positiven Gefühlsreaktion führt. Das K. wurde von K. Lorenz beschrieben u. als Beispiel für einen ↗angeborenen auslösenden Mechanismus (AAM, in diesem Fall für Brutpflegereaktionen) beim Menschen betrachtet. Diese Interpretation ist plausibel, aber nicht endgültig bewiesen, da Untersuchungen über die Entstehung der Reaktion auf das K. fehlen. Läge tatsächl. ein AAM vor, würde

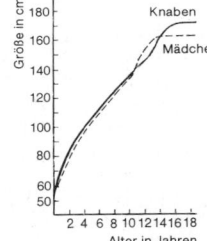

Kind
Typische individuelle Kurven des *Längenwachstums* für Kinder (Knaben u. Mädchen). Einmalig im Vergleich zum Tierreich ist die doppelt S-förmige Krümmung der Kurve, die durch den pubertären Wachstumsschub zustande kommt.

es sich bei den Merkmalen des K.s um menschl. Jugendmerkmale handeln (↗Jugendentwicklung, ↗Jugendkleid). Sicher ist, daß das K. in der Werbung, bei Spielzeug usw. benutzt wird, um eine positive Gefühlsreaktion zu erzeugen.
Kinderlähmung, die ↗Poliomyelitis.
Kinese w [v. gr. kinēsis = Bewegung], *Kinesis,* ungerichtete, durch Umweltreize (z. B. Feuchtigkeit, Wärme) hervorgerufene Bewegungsaktivität frei bewegl. Tiere, die letztl. zum Aufsuchen der zuträglichsten Zone (Präferendum) führt (↗Orientierungsbewegung). *Orthokinesis:* Die Aktivität der Tiere nimmt mit der Entfernung od. Annäherung an das Präferendum zu bzw. ab. *Klinokinesis:* Unterbrechung der Bewegung, sobald die Tiere eine weniger geeignete Zone erreichen. Beim Finden einer optimaleren Zone tritt eine derart. Reaktion nicht auf. ↗Taxis, ↗Tropismus.
Kinetin s [v. *kineto-], *6-Furfuryl-aminopurin, 6-Furfuryl-adenin,* die erste isolierte u. charakterisierte Verbindung mit Cytokininaktivität (↗Cytokinine). K., das als solches nicht in der Natur vorkommt, dient als Modellsubstanz für Cytokinine. Es ist ein Derivat des Adenins, das 1956 beim Autoklavieren v. Heringssperma-Nucleinsäuren entdeckt wurde.
Kinetochor s [v. *kineto-, gr. chōros = Raum, Platz], *Kinetonema, Kinetomer,* das ↗Centromer.

Kinetin

Bei K vermißte Stichwörter suche man auch unter C und Z.

Kinetoplast *m* [v. *kineto-, gr. plastēs = Bildner], veraltete Bez. *Blepharoplast,* ein bei vielen Trypanosomen u. anderen Flagellaten (v. a. ↗ *Kinetoplastida*) in der Nähe der Geißelbasis (↗ Cilien) gelegenes Riesenmitochondrium; enthält sehr viel DNA u. repliziert sich autonom. Der K. ist bei parasitischen *Kinetoplastida* für das Leben im Wirbeltierwirt entbehrl., notwendig jedoch für das Leben im wirbellosen Überträger. Er wurde fr. mit der Geißelbewegung in Zshg. gebracht (Name!).

Kinetoplastida [Mz.; v. *kineto-, gr. plastos = gebildet], U.-Ord. der *Protomonadina;* Geißeltierchen, die sich durch den Besitz eines ↗ Kinetoplasten (Blepharoplast) auszeichnen. 2 Fam., die überwiegend frei lebenden ↗ *Bodonidae* u. die als Kommensalen u. bes. als Parasiten lebenden ↗ *Trypanosomidae.*

Kinetosen [Mz.; v. *kineto-], Bewegungskrankheiten,* beim Reisen in bestimmten Fahrzeugen verursachtes Krankheitsgefühl (z. B. Autokrankheit, Seekrankheit, Luftkrankheit u. a.); durch die starke, länger dauernde Reizung der Gleichgewichtsorgane u. der entspr. Stammhirnzentren bedingt; Symptome: Schwindel, Übelkeit.

Kinetosom *s* [v. *kineto-, gr. sōma = Körper], der* ↗ *Basalkörper.*

Kinetozentrum [v. *kineto-, gr. kentron = Mittelpunkt], ↗ Spindelapparat.*

Kingdonia *w,* Gatt. der ↗ Hahnenfußgewächse.

Kingella *w,* Gatt. der *Neisseriaceae,* gramnegative, aerobe od. fakultativ anaerobe Stäbchen-Bakterien (ca. 1 µm × 2,0–3,0 µm), in Paaren od. seltener in kurzen Ketten auftretend; wachsen auf Blutagar chemoorganotroph, einige können Zucker vergären; sie gehören zur normalen ↗ Bakterienflora des Menschen u. kommen bes. auf den Schleimhäuten des oberen Atmungstrakts vor. [makinine.

Kinine [Mz.; v. *kin-], ↗ Cytokinine, ↗ Plas-

Kinixys *w* [v. *kin-, gr. ixys = Taille, Hüfte], Gatt. der ↗ Landschildkröten.

Kinkhörner, volkstüml. Bez. für ↗ Tritonshörner u. ↗ Wellhornschnecken.

Kinn, *Mentum,* **1)** mehr od. weniger vorspringender Gesichtsteil des Menschen unterhalb des Mundes, bedingt durch den Knochenvorsprung an der Nahtstelle der beiden Unterkieferknochen. **2)** Teil des Labiums der ↗ Mundwerkzeuge der Insekten.

Kinnblatt-Fledermäuse, *Chilonycterinae,* U.-Fam. der ↗ Blattnasen.

Kinnrüsselhechte, *Gnathonemus,* Gatt. der ↗ Nilhechte.

Kinoblast *m* [v. *kino-, gr. blastos = Keim], ↗ Phagocytella-Theorie.

Kinocilien [Mz.; v. *kino-, lat. cilium = Wimper], ↗ Cilien, ↗ Mechanorezeptoren.

Bei K vermißte Stichwörter suche man auch unter C und Z.

Kinoplasma *s* [v. *kino-], ↗ Myoneme.

Kinorhyncha [Mz.; v. *kino-, gr. rhygchos = Rüssel], *Echinodera, Hakenrüßler,* artenarme Gruppe sehr kleiner (0,1–1 mm), zw. Algen u. in den obersten Mudd- u. Schlickschichten v. Meeresböden lebender Meerestiere. Die *K.* sind tönnchenförmig, ventral leicht abgeplattet u. besitzen einen Panzer aus einer dorsalen u. zwei ventralen Reihen v. gegeneinander bewegl. Cuticulaplatten, die in 13–14 Segmenten angeordnet, einander v. vorn nach hinten dachziegelartig überdecken u. an den Körperseiten wie auf dem Rücken je eine Reihe langer, gebogener u. bewegl. Stacheln tragen. Die einzelnen Segmente werden als Zonite bezeichnet. Das erste Körpersegment („Kopf", Introvert) ist bei den meisten Arten ballonförmig aufgebläht u. mit 5–7 Kränzen nach rückwärts gekrümmter Stacheln (Skaliden) besetzt. Es kann samt dem endständ., v. einem Kreis kurzer, spitzer Stilette umstandenen Mund in die beiden nachfolgenden Segmente eingestülpt werden; dann falten sich die Cuticulaplatten des 2. oder 3. Zoniten (bei *Cyclorhagidae* ein Kranz v. 14–16 Plättchen, bei den *Homalorhagidae* 6–8 dorsale u. 1 ventrale Platte) über dem eingestülpten Introvert zus. und verschließen die Öffnung. Am 4. Zonit sind ventralseitig 2 Klebröhrchen mit darunterliegenden Klebdrüsen (↗ *Gastrotricha*) ausgebildet. Bes. die *Cyclorhagidae* besitzen am Hinterende oft paarige od. unpaare spießart. Schwanzstacheln v. zuweilen mehr als Körperlänge. Die *K.* leben überwiegend in den obersten Schichten (wenige cm) schlickiger Meeresböden v. der Gezeitenzone bis zu mehreren tausend m Tiefe, aber auch in Feinsanden od. zw. Algen des Litorals u. Sublitorals u. wurden, wenngleich zerstreut, in allen Meeren gefunden. Unfähig zu schwimmen, bewegen sie sich in ihrem schlickigen Lebensraum relativ rasch kriechend fort, indem sie – ihre Körperstacheln als Widerlager nutzend – in schnellem Wechsel ihren Körper strecken u. den Kopf ausstülpen, sich dann kontrahieren u. den Kopf wieder einziehen. Die Kopfstacheln spreizen sich dabei nach hinten u. ziehen den Körper vorwärts (Name!). So in Mudd u. Schlick wühlend, saugen sie bes. Diatomeen, aber auch organ. Detrituspartikel als

---

Kinorhyncha

kin-, kineto-, kino- [v. gr. kinein = bewegen (Part. Perf. kinētos = bewegt)].

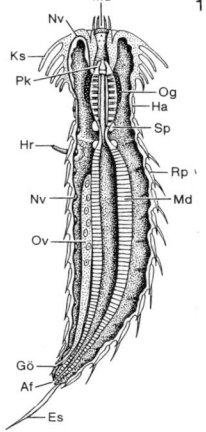

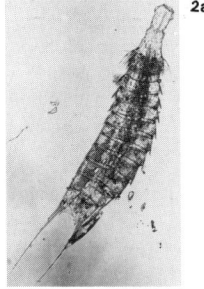

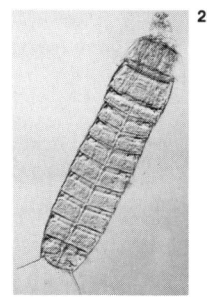

Kinorhyncha

1 Bauplan eines Kinorhynchen-Weibchens (Längsschnitt). Af After, Es Endstachel, Gö Geschlechtsöffnung, Ha „Hals" (2. Zonit), Hr Haftröhre mit Drüsenzelle an der Basis, Ks Kopfstacheln (Skaliden), Md Mitteldarm, Mu Mund mit Stachelkranz, Nv ventromedianer Nervenstrang, Og Oberschlundganglion, Ov Ovar, Pk „Pharynxkrone" (in Mundöffnung ragendes Vorderende des Pharynx), Rp Rückenplatte des 5. Zoniten, Sp „Speicheldrüsen". **2** Mikroskop. Aufnahme **a** von *Echinoderes spec.* (Dorsalansicht) mit ausgestülptem Rüssel, **b** von *Pycnophyes spec.* (Dorsalansicht) mit ausgestülptem Kopf.

Kinorhyncha

Nahrung in ihren Schlund. Etwa 80 Arten sind seit ihrer Entdeckung durch F. Dujardin im Jahr 1841 beschrieben worden, die je nach Bestachelung u. Anordnung der Cuticulaplatten in 2 (früher 3) Ord. aufgeteilt werden (vgl. Tab.). *Anatomie:* Der Bauplan ist einheitlich: Die Epidermis besteht aus einem bis auf die gen. Klebdrüsen drüsenfreien, einschicht. zellulären Epithel. Weder an der Epidermis noch im Darm findet man motile Cilien (↗ Fadenwürmer), vereinzelt sind jedoch immotile Sinnescilien innerhalb cuticulärer hohler Sinnesstacheln beschrieben. Das Integument umschließt unmittelbar die flüssigkeitserfüllte *primäre Leibeshöhle.* Die Muskulatur besteht aus isolierten Längssträngen, die in aufeinanderfolgenden Abschnitten jeweils v. der Vorderkante eines Zoniten bis zur Vorderkante des nächsten ziehen, also die äußere Segmentierung widerspiegeln. Zusätzl. besitzen die beiden ersten Zonite Ringmuskulatur zum Auspressen des Introverts (Antagonisten der Längsmuskeln), u. in den folgenden Zoniten durchsetzen dorsoventrale Muskeln die Leibeshöhle. Wie die Muskulatur, zeigt auch das *Nervensystem* eine segmentale Gliederung: von einem großen, vielfach gelappten Schlundring um den Pharynx (Gehirn, Oberschlundganglion) gehen mehrere Längsnerven aus, darunter zwei ventrale Stränge mit segmental angeordneten Ganglien in jedem Zonit. Paarige Ocellen u. mehrere Längsreihen v. einfachen Sinnesborsten bilden das Sinnessystem. Der *Darm* durchzieht den Körper als gerades, wahrscheinl. syncytiales Epithelrohr. Mundraum u. tonnenförm. Saugpharynx sind v. einer dünnen Cuticula ausgekleidet. Wie bei Fadenwürmern, hat der Pharynx ein dreikant. Lumen, aber anders als bei jenen besteht die Pharynxmuskulatur nicht aus Epithelmuskelzellen (↗ Myoepithelzellen), sondern einer das syncytiale Pharynxepithel umschließenden Radiärmuskelschicht. Ein enger Oesophagus, in den paar. Speicheldrüsen einmünden, führt in den weiten, unbewimperten u. von einer dünnen Muskelschicht umgebenen Mitteldarm. Dieser mündet über einen kurzen Enddarm am Körperende nach außen. Ein Protonephridienpaar mit je einem Terminalorgan öffnet sich in getrennten Poren im 11. Zonit nach außen, u. die schlauchförm., paar. Gonaden beidseits des Darms, Ovarien od. Hoden, entleeren ihre Geschlechtszellen über ventrale Geschlechtsöffnungen nahe dem After. Die *K.* entwickeln sich direkt ohne echtes Larvenstadium zu Jungtieren mit wenigen Segmenten, die in ihrer Lebensweise bereits den erwachsenen Tieren gleichen. Erst nach mehreren Häutungen ihrer anfangs noch dünnen u. dichter bestachelten Cuticula erreichen sie ihre volle Segmentzahl u. erhalten dann ihren endgült. Plattenpanzer. Verschiedene urspr. als eigene Gatt. beschriebene Formen erwiesen sich neuerdings als Jugendstadien, so *Hapaloderes, Habroderella* u. *Habroderes* als Entwicklungsstadien von Echinoderiden *(Cyclorhagida)*, *Leptodemus* als Jugendform von *Kinorhynchus* (= *Trachydemus*) u. die vermeintl. Gatt. *Hyalophyes* u. *Centrophyes* als Jungtiere v. *Pycnophyes (Homalorhagida).* Bei dem kürzl. neu beschriebenen Tierstamm der ↗ *Loricifera* besteht der Verdacht, daß es sich auch hier um evtl. neotene jugendl. *K.* handelt. *Verwandtschaft:* Die *K.* werden aufgrund einiger Ähnlichkeiten (Pseudocoel, Pharynxbau) z. Z. noch den ↗ *Nemathelminthes* als aberrante Kl. zugerechnet – sicherlich ein Provisorium. Große Ähnlichkeiten verbinden sie mit den ↗ *Priapulida*, ebenfalls einer isolierten Gruppe unsicherer Stellung (Anordnung der Muskulatur, Introvert, Cuticula-Plattenpanzer bei Priapulidenlarven). Die Körpersegmentierung scheint eine Neuerwerbung u. der Segmentierung der ↗ Ringelwürmer nicht homolog zu sein; dafür spricht das Fehlen jegl. Hinweise auf ein evtl. rückgebildetes ↗ Coelom (Bau v. Exkretionssystem u. Gonaden). Eine genauere Kenntnis der Furchung u. Frühentwicklung kann evtl. über die systemat. Stellung mehr Aufschluß geben. P. E.

kin-, kineto-, kino- [v. gr. kinein = bewegen (Part. Perf. kinētos = bewegt)].

Kinorhyncha
Ordnungen und wichtige Gattungen:
Cyclorhagida
(↗ Cyclorhagae)
↗ Echinoderes
Echinoderella
Centropsis
↗ Campyloderes
↗ Conchorhagae
(umstrittene Ord.)
Semnoderes
Homalorhagida
(Homalorhagae)
Pycnophyes
Kinorhynchus
Centroderes

Kirschblütenmotte
(Argyresthia ephippella)

Kinosternidae [Mz.; v. *kino-, gr. sternon = Brust], die ↗ Schlammschildkröten.
Kin-Selektion ↗ Selektion, ↗ inclusive fitness. [idae.
Kirchenpaueria w, Gatt. der ↗ Plumulari-
Kircher, *Athanasius,* Jesuit, dt. Gelehrter, * 2. 5. 1602 Geisa bei Fulda, † 27. 11. 1680 Rom; Prof. in Würzburg u. Rom; Erfinder der „Laterna magica", stellte bereits 1660 die Hauptmeeresströmungen kartograph. dar; führte als erster mikroskop. Blutuntersuchungen durch.
Kirchneriella w, Gatt. der ↗ Oocystaceae.
Kirschbaum, Art der Gatt. ↗ Prunus.
Kirschblütenmotte, *Argyresthia ephippella,* eine ↗ Gespinstmotte, auch mit anderen Vertretern der Gatt. in eigene Fam. *Argyresthiidae* gestellt; Flügel weißl. mit brauner Zeichnung, Spannweite bis 12 mm, Falter fliegt im Sommer; die gelbl.-weiße Larve mit dunklerem Kopf miniert im Frühjahr in Blütenknospen v. Kirsche, auch Apfel, Birne u. a., dadurch bisweilen schädl.; Verpuppung in Kokon aus Erdteilchen im Boden.
Kirsche, Frucht des Kirschbaums, ↗ Prunus. [gen.
Kirschfliege, *Rhagoletis cerasi,* ↗ Bohrflie-

Kirschlorbeer, *Prunus laurocerasus,* ↗ Prunus.

Kissen-Seestern, *Culcita,* Gatt. der Fam. ↗ *Oreasteridae;* die Arme sind sehr kurz u. breit; dadurch sieht das Tier wie ein Kissen mit 5 Zipfeln aus (☐ Seesterne).

Kitasato, *Shibasaburo,* jap. Bakteriologe, * 20. 12. 1856 Oguni, † 13. 6. 1931 Nakanodscho; Schüler Robert Kochs; entdeckte 1894 den Erreger der Pest, 1898 den Dysenteriebacillus; zus. mit E. von Behring Begr. der Serumtherapie.

Kitschfrosch, *Dendrobates granuliferus,* kleiner (ca. 20 mm), roter Frosch mit blaugrünen Beinen in Costa Rica; gehört zur *Dendrobates-pumilio-*Gruppe der ↗ Farbfrösche (☐).

Kittharz, *Propolis,* Harz v. Knospen u. Rinden, das Honigbienen in ihren Stock eintragen, um Löcher u. Ritzen abzudichten.

Kittleisten, die ↗ Schlußleisten.

Kitz, Junges v. Reh-, Dam- u. Gamswild im 1. Lebensjahr, auch junge Ziege.

Kitzler, die ↗ Clitoris.

Kiwifrucht [Maori], ↗ Strahlengriffel.

Kiwivögel [Maori], *Schnepfenstrauße, Apterygiformes,* Ord. neuseeländ. Laufvögel mit 1 Fam., den Kiwis *(Apterygidae),* u. 2 Arten, dem Streifenkiwi *(Apteryx australis,* B Australien IV) und dem Fleckenkiwi *(A. owenii).* 50–80 cm groß, flache Brust, stark gewölbter Rücken, Stummelflügel, Schwanz ebenfalls rudimentär, stammen urspr. v. flugfähigen Formen ab. Das graubraune Gefieder wirkt durch fehlende Federstrahlen strähnig u. bildet keine geschlossene Fläche. Mit den kräft., krallenbewehrten Füßen können sich die K. gg. die wenigen vorhandenen Feinde verteidigen. Besitzen an der Spitze des langen, schwach gebogenen Pinzettenschnabels zwei Nasenlöcher, die dank eines – im Ggs. zu den meisten anderen Vögeln – gut entwickelten Geruchsinns bei der nächtl. Nahrungssuche im lockeren Waldboden (Würmer, Insektenlarven) Dienste leisten. Unterstützung bieten hierbei Fühlborsten am Schnabelgrund. Leben in Waldgebieten mit dichtem Buschwerk u. halten sich tagsüber in Erdhöhlen versteckt; rufen „kiwi". Strenge Schutzbestimmungen verhinderten ein Aussterben der K. Über die Brutbiologie ist wenig bekannt. 1–2 relativ große, weiße Eier, die in Höhlungen unter Baumwurzeln od. Grasbüscheln abgelegt u. vom Männchen etwa 10 Wochen lang bebrütet werden. Die Jungen entwickeln sich langsam u. sind wohl erst mit 5–6 Jahren geschlechtsreif.

Kladistik w [v. gr. klados = Zweig], die ↗ Hennigsche Systematik (= Phylogenetische Systematik). Der Begriff wurde zunächst v. Kritikern geprägt wegen der

S. Kitasato

Kiwi *(Apteryx)*

Klaffmuscheln

Wichtige Familien:
Gastrochaenidae
(↗ *Gastrochaena)*
↗ Korbmuscheln
(Corbulidae)
↗ Sandklaffmuscheln
(Myidae)

Klaffmuschel

Klammerreflex

Handgreifreflex (der typische K. junger Primaten) beim menschl. Neugeborenen. Beim Kind stellt der Handgreifreflex ein Verhaltensrudiment ohne äußere Funktion dar, das die stammesgeschichtl. Herkunft des Menschen v. den Primaten verrät.

angebl. Überbetonung der ↗ Cladogenese gegenüber der ↗ Anagenese; später v. vielen Anhängern Hennigs übernommen. Die „transformierten Kladisten" (pattern cladists) haben inzwischen manche Grundannahmen v. Hennig aufgegeben. Andererseits haben manche Anhänger der Numerischen Taxonomie (Phänetik) einige Prinzipien Hennigs übernommen („phänetische Kladistik"). ↗ Systematik.

Kladogramm s, ↗ Stammbaum.

Klaffmoose, die ↗ Andreaeidae.

Klaffmuscheln, *Myoidea,* Überfam. der *Adapedonta,* Muscheln mit zieml. dünner Schale u. ungleich großen Schließmuskeln; der Mantelrand ist hinten zu Siphonen ausgezogen. Die K. leben im Meer-, Süß- u. Brackwasser u. graben od. bohren sich ein. Die knapp 150 Arten verteilen sich auf 3–4 Fam. (vgl. Tab.). [↗ Störche.

Klaffschnäbel, *Anastomus,* Gattung der

Klammeraffen, *Ateles,* Gatt. der ↗ Klammerschwanzaffen.

Klammerbein, zum klammernden Umfassen v. Gegenständen umgebildete Thorakalbeine bei Insekten, z. B. bei ↗ Tierläusen, Hinterbeine der Männchen bei Arten der Dickschenkelkäfer (↗ *Oedemeridae).*

Klammerfüße ↗ Afterfuß.

Klammerorgane, die ↗ Anheftungsorgane.

Klammerreflex, i. w. S. verschiedene reflektor. Klammerbewegungen, die durch Berührung der Bauchseite bzw. der Innenseite v. Händen u. Füßen ausgelöst werden. K.e sind u. a. von vielen baumbewohnenden Säugern bekannt, wo sie der Sicherung des v. einem erwachsenen Tier getragenen Jungen dienen (Tragling, ↗ Jugendentwicklung: Tier-Mensch-Vergleich). So halten sich junge Faultiere, Koalabären usw. reflektorisch am Körper o. im Fell der tragenden Mutter fest. Bes. typisch ist ein solcher K. für die Primaten; er wird dort meist als *Handgreifreflex* bezeichnet u. besteht aus einer spezif. (vom sonst. Zugreifen abweichenden) Folge v. Finger- u. Zehenbewegungen. Dieser Handgreifreflex läßt sich in genau derselben Form auch noch beim menschl. Säugling in den ersten Lebenstagen od. -wochen auslösen, obwohl das menschl. Kind sich nicht auf längere Zeit damit festhalten kann. Bes. wirksam zur Auslösung ist die Berührung der Handinnenfläche mit Fell- od. Haarbüscheln. Daher stellt der Handgreifreflex ein echtes ↗ Rudiment im menschl. Verhalten dar. – K.e finden sich auch bei Froschlurchen. Diese haben – bis auf wenige Ausnahmen – eine äußere Besamung. Bei der Paarung umklammert das Männchen das Weibchen u. besamt die austretenden Eier. Dieser *Amplexus* genannte K. findet bei den *Archaeobatrachia* in der

Klammerschwanz

Klammerschwanzaffen
Wollaffe *(Lagothrix spec.)*

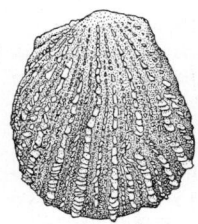

Klappermuscheln
Eselshuf, Lazarusklapper *(Spondylus gaederopus)*

Lendenregion, bei den *Neobatrachia,* zu denen die Mehrzahl der Froschlurche gehören, hinter den Vorderarmen des Weibchens statt (☐ Froschlurche). Schon Spallanzani hat 1786 festgestellt, daß das Männchen die Umklammerung beibehält u. auch die austretenden Eier besamt, wenn es decapitiert wird. Decapitierte Frösche od. solche, deren Inhibitionszentren im opt. Tectum od. im Cerebellum zerstört wurden, umklammern mit einem starren Reflex ohne Positionskorrektur jedes Objekt v. geeigneter Größe, solange ihre Brusthaut stimuliert wird. Intakte Frösche dagegen lassen alles los mit Ausnahme paarungsbereiter Weibchen. Intakte Frösche zeigen den K. nur während der Fortpflanzungszeit; bei kastrierten Fröschen verschwindet er. Verantwortl. dafür sind Hormone aus den Hoden u. aus der Hypophyse. Nach Decapitierung tritt der K. auch bei kastrierten Fröschen wieder auf.

Klammerschwanz ↗ Greifschwanz.

Klammerschwanzaffen, *Atelinae,* U.-Fam. der Kapuzineraffen i.w.S. *(Cebidae),* mit 3 Gatt. u. 7 Arten mit mehreren U.-Arten. Die bes. langbeinigen K. sind gewandte Hangelkletterer (↗ „Brachiatoren") des mittel- u. südam. Urwalds; ihren langen Klammerod. ↗ Greifschwanz benutzen sie als „5. Extremität" zur hangelnden Fortbewegung sowie zum Greifen nach Gegenständen. Die Wollaffen (*Lagothrix lagothricha* u. *L. flavicauda*; Kopfrumpflänge 50–60 cm, Schwanzlänge 60–70 cm) leben im Regenwald des mittleren u. oberen Amazonasbeckens. Der dickpelzige Spinnenaffe (*Brachyteles arachnoides*; Kopfrumpflänge 45–60 cm; Schwanzlänge 65–80 cm) ist einer der seltensten Neuweltaffen (↗ Breitnasen); er kommt nur noch in den Topiwäldern SO-Brasiliens vor (B Südamerika II). Die „Artisten" unter den Neuweltaffen, vergleichbar mit den Gibbons der Alten Welt, sind die Klammeraffen (Gatt. *Ateles,* 4 Arten; Kopfrumpflänge 35–55 cm, Schwanzlänge 60–90 cm; Daumen reduziert), die schwingend bis zu 10 m weit v. Baum zu Baum „fliegen".

Klangholz, *Resonanzholz, Tonholz,* Bez. für eine bes. Holzqualität, die in der Instrumentenherstellung zur Fertigung klangverstärkender Resonanzböden o.ä. verwendet wird; meist Fichtenholz mit fehlerfreiem Wuchs, dichten u. gleichmäßigen Jahresringen u. absoluter Astfreiheit. Diese sog. K.qualität entsteht nur an relativ wenigen Standorten in der hochmontanen bis subalpinen Stufe.

Klangspektrogramm *s* [v. lat. spectrum = Erscheinung, gr. gramma = Schrift], ↗ Duettgesang (☐), ↗ Gesang (☐), B Kaspar-Hauser-Versuch.

Klappen ↗ Gehäuse.
Klappenasseln, die ↗ Valvifera.
Klappenschorf, weltweit verbreitete pilzl. ↗ Blattfleckenkrankheit v. Futterleguminosen; Erreger sind *Pseudopeziza*-Arten *(Dermateaceae): P. trifolii* beim Klee, *P. medicaginis* bei der Luzerne. Auf Ober- u. Unterseite der Blätter erscheinen gelbl. bis bräunl. Flecken (0,5–3 mm ∅); bei starkem Befall rollen sich die Blätter nach oben ein u. fallen ab. Vermehrung des Pilzes u. Infektion erfolgen durch Ascosporen.

Klapperfalter, *Calico,* „*Rasselchen",* Gatt. *Hamadryas (Ageronia)* der Tagfalter-Fam. ↗ Fleckenfalter, süd-mittelam. verbreitet, mehr als 20 Arten in trop.-subtrop. Wäldern; Falter mittelgroß, oberseits meist grau od. blau u. schwarz marmoriert, ruhen gerne kopfabwärts mit ausgebreiteten Flügeln an Baumstämmen; eigentüml. die schon v. Darwin beschriebene Lauterzeugung der K. im Fluge: das bis über 20 m hörbare Klicken, Rasseln od. Knistern soll in beiden Geschlechtern mittels der Flügel produziert werden u. der Feindabwehr u. Balz dienen; die K. saugen an ausfließenden Baumsäften u. überreifen Früchten.

Klappermuscheln, *Klappmuscheln, Stachelaustern, Spondylidae,* Fam. der Kammmuschelartigen, Meeresmuscheln mit ungleichen Klappen; die rechte ist bauchiger u. umgreift die linke etwas; sie wird am Substrat angekittet. Einige Arten sind intensiv gefärbt u. mit Stacheln besetzt; das Scharnier ist isodont. Nur der hintere Schließmuskel ist erhalten; der Mantelrand trägt ausstreckbare Tentakel u. Augen. Die Byssusdrüse wird bei den erwachsenen Tieren rückgebildet. Die K. sind teils getrenntgeschlechtl., teils ☿ u. entlassen Larven. Die einzige Gatt. *Spondylus* umfaßt ca. 50 Arten, die vorwiegend in Korallenriffen des Pazifik u. der Karibik leben; einige erreichen über 20 cm Höhe. Der Eselshuf od. die Lazarusklapper, *S. gaederopus* (bis 8 cm), kommt im Mittelmeer u. O-Atlantik auch im Flachwasser vor; das schmackhafte Fleisch wird v. der Küstenbevölkerung gegessen.

Klapperschlangen, *Echte K., Crotalus,* Gatt. der ↗ Grubenottern; ca. 30 Arten, v. Kanada bis Argentinien (davon 18 Arten in Mexiko) verbreitet; besiedeln fast alle, bes. aber trockene Landbiotope; durchschnittl. Länge ca. 1,5 m; Färbung meist graubraun mit dunklen, hellgerandeten Rautenflecken. Im Ggs. zu den urspr. ↗ Zwerg-K. (Gatt. *Sistrurus*) mit kleinen Kopfschildern; Kopf deutl. abgesetzt. Auffälligstes Merkmal ist die „Klapper" od. „Rassel", ein am Schwanzende befindl., lose ineinandergreifendes, hohles Horngebilde (ca. 6–10, selten mehr als 20 Glieder), Reste vorangegangener Häutungen, die beim Vibrieren (ca. 50mal pro Sek.) ein durchdringendes, raschelndes Geräusch (Warnlaute!) vermitteln. In Angriffsstellung halten K. sich in senkrecht aufsteigender Spirale, Kopf u. Hals S-förmig eingeschlagen; ernähren sich v. a. von kleinen Säugetieren (Mäuse, Ratten; Präriehunde, Wildkaninchen usw.); sehr starke Giftwirkung; lebendgebärend (ca. 8–15, manche Arten auch mehr Junge). – Bekannteste Arten: Wald-K. *(C. horridus),* bis in die nordöstl. Gebiete der USA vorkommende K. mit dunklen, winkelig gebogenen Querbändern auf dem Rükken; überwintern oft gemeinsam mit weit über 100 Schlangen. Die Prärie-K. *(C. viridis),* die in zahlr., verschieden gefärbten geogr. Rassen auftritt, gehört zu den am weitesten verbreiteten K. Größte K. ist die Diamant-K. *(C. adamanteus;* bis 2,5 m lang), im SO der USA beheimatet; gehört zu den gefährlichsten ↗ *Giftschlangen;* bringt bei großer Bißtiefe eine außergewöhnl. große Giftmenge hervor (pro Giftentnahme über 1 g flüss. Gift). Nicht weniger gefährl. ist die sehr angriffs- u. beißfreudige Texas-K. *(C. atrox;* bis 2,2 m lang) mit auffällig schwarzweiß geringeltem Schwanz. Die Tropische K. od. Cascaval *(C. durissus;* bis 2,1 m lang) kommt v. südl. Mexiko bis N-Argentinien vor; ihr Gift enthält neben den für K. übl. Blutgiften auch Nervengifte, die zum Erblinden u. Erstikkungstod führen können; die südlichste U.-Art, der Eigtl. Cascaval od. Schauer-K. *(C. d. terrificus;* bis 1,8 m lang), produziert bes. viele Nervengifte. ☐ Kommentkampf, B Reptilien III.

Klapperschwamm ↗ Grifola.

Klappertopf, *Rhinanthus,* auf der nördl. Halbkugel heim. Gatt. der Rachenblütler mit rund 40, z. T. sehr vielgestalt. Arten. Einjährige Halbschmarotzer mit länglichlanzettl., gesägten Blättern u. in den Achseln v. Tragblättern stehenden hellgelben Blüten mit helmförm., seitl. zusammengedrückter, am Rande violett gefärbter Oberlippe. Zur Zeit der Fruchtreife ist der bauchige Kelch aufgeblasen. Die Frucht ist eine seitl. zusammengedrückte, runde Kapsel. In Mitteleuropa zu finden sind v. a. der Zottige K. *(R. alectorolophus,* in warmen Fettwiesen, Halbtrockenrasen od. Getreidefeldern) u. der Kleine K. *(R. minor,* in mageren Wiesen u. Flachmooren).

Klappmuscheln, die ↗ Klappermuscheln.

Klappmütze, *Cystophora cristata,* auf dem Treibeisgürtel im N-Atlantik u. im nördl. Eismeer lebende Art der Rüsselrobben; Kopfrumpflänge bis 3,8 m (Männchen) bzw. 3,1 m (Weibchen); Fellfarbe blaugrau mit unregelmäßigen Flecken. Beide Geschlechter haben einen Aufwuchs auf dem

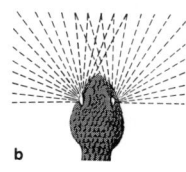

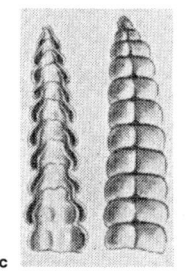

Klapperschlangen
a Habitus der Klapperschlange *(Crotalus).* b Die sich überschneidenden Gesichtsfelder der beiden Grubenorgane (Infrarotaugen); die Empfindlichkeit dieser Wärmerezeptoren ist so groß, daß eine Erhöhung der Temperatur um 3/1000°C durch eine Maus in 15 cm Entfernung noch registriert werden kann. c „Rassel", links v. innen, rechts v. außen gesehen

Klappmütze *(Cystophora cristata)*

Kopf, der bei Erregung aufgeblasen wird (Name!). Durch umfangreiches Abschlachten v. Jungtieren (sog. „Blaumänner" = K.n bis zum 5. Lebensjahr) für die Pelz-Ind. ist der K.n-Bestand sehr zurückgegangen. B Polarregion III.

Klappschildkröten, *Kinosternon,* Gatt. der ↗ Schlammschildkröten.

Kläranlage, *Klärwerk,* Anlage zur Reinigung v. ↗ *Abwasser* (☐) vor der Einleitung in Flüsse od. Seen, um deren Belastung mit organ. u. a. unerwünschten Stoffen zu verringern. In kommunalen K.n werden meist 2 Reinigungsstufen durchlaufen, eine *mechan.* und eine *biol. Klärung.* – Nach der mechan. Klärung in der Rechen- u. Siebanlage, mit Sandfang u. Ölabscheider, wird das Abwasser zur Vorklärung in ein ↗ Absetzbecken *(Vorklärbecken,* ca. 1,5 Std.) geleitet, in dem sich große ungelöste Stoffe als Schlamm absetzen u. z. T. bereits ein biol. Abbau beginnt (vgl. Abb.-Text S. 34). Die anschließende biol. Hauptklärung ist meist *oxidativ* (aerob = „Biologie") u. entspricht der natürl. ↗Selbstreinigung v. Gewässern. Nur wird durch bestimmte Verfahren (z. B. im Tropfkörper od. Belebungsbecken) erreicht, daß auf relativ kleinem Raum in kurzer Zeit ein intensiver Abbau (Mineralisation) stattfindet. Im durchlüfteten *Tropfkörper* (☐ 35) fließt das Abwasser v. oben über poröses Material (z. B. Lavaschlacke, Kunststoffschichten), auf dem sich eine schleimige Biomasse *(Biofilm, Biofilter, Tropfkörperrasen, Filterhaut)* ausbildet, eine Lebensgemeinschaft aerober Organismen (Bakterien, Pilze, Protozoen, Kleinkrebse, Würmer, Insektenlarven). Die leicht abbaubaren organ. Verbindungen werden im Atmungsstoffwechsel (↗ Dissimilation) abgebaut u. z. T. in ↗ Biomasse umgewandelt (↗Assimilation); für diesen Abbau u. die Oxidation anorgan. Verbindungen sind hpts. Bakterien, z. T. auch Pilze u. Protozoen, verantwortl.; die höheren Organismen ernähren sich v. den Mikroorganismen u. verhindern dadurch einen zu starken Zuwachs des Biofilms. Eine effektive Mineralisation organ. Stoffe im Abwasser kann auch ohne Füllmaterial im *Belebungsbecken* *(Belebtschlammbekken,* 2–4 Std.) erfolgen. Durch eine starke Belüftung offener od. O$_2$-Begasung geschlossener Becken entwickelt sich eine bestimmte, v. der Abwasserzusammensetzung abhängige Bakterienpopulation, durch die eine Flockenbildung aus Bakterienmasse u. toten, unlösl. organ. Stoffen eintritt. In diesem *Belebtschlamm* befinden sich neben Bakterien noch typische Protozoen, gelegentl. Rädertierchen u. Fadenwürmer. Das im Tropfkörper od. Bele-

Bei K vermißte Stichwörter suche man auch unter C und Z.

Kläranlage

bungsbecken gereinigte Abwasser wird anschließend in große *Nachklärbecken* geleitet, wo sich die flockenart. Bakterienmasse absetzt u. das klare Überstandswasser nach einiger Zeit (5–6 Std.) in natürl. Gewässer *(Vorfluter)* abgelassen wird. Ein schnelles, vollständiges Absetzen der Belebtschlammflocken ist unbedingt notwendig, damit die Belastung des Abwassers nicht durch die Zunahme an Bakterienbarer Stoffe im *Tropfkörper* od. *Belebungsbecken* statt. Organ. Substrate werden mineralisiert u. einige anorgan. Verbindungen oxidiert:
organ. Stoffe $\rightarrow CO_2 + H_2O$ + Bakterienmasse
(↗ Dissimilation);
NH_3 (aus Protein) $\rightarrow NO_3^-$
(↗ nitrifizierende Bakterien);
H_2S (aus Protein) $\rightarrow SO_4^{2-}$
(↗ schwefeloxidierende Bakterien).

Im *Nachklärbecken* setzen sich die in der Hauptklärung gebildeten bakteriellen Flocken *(Klärschlamm)* ab. Der Überschußschlamm kann eingedickt, filtriert, nach chem. Behandlung (Konditionierung) zentrifugiert u. verbrannt od. einer *anaeroben* biol. Behandlung, einer Ausfaulung im *Faulturm*, unterworfen werden. Das geklärte Abwasser wird in den *Vorfluter* geleitet od. in der *chemischen Reinigungsstufe* (III) u.a. von Phosphat befreit. In industriellen Abwässern werden Phosphat u.a. chem. Verbindungen durch verschiedene Verfahren entfernt:

1. Entfernung kolloidal gelöster Stoffe durch *Flockung* mit Eisen- u. Aluminiumsalzen sowie Kalk (z.B. Farbteilchen)
2. *Phosphatfällung* durch Eisen- od. Aluminiumsalze
3. *Neutralisation* v. sauren od. alkalischen Abwässern mit Kalkmilch bzw. Säuren
4. Entfernen v. Schwermetallionen (z.B. Cadmium, Chrom oder Quecksilber) durch *Fällung* als Hydroxide od. Carbonate (mit Natronlauge, Soda, Kalkmilch)
5. *Oxidative* Abwasserreinigung *(Bleichung)* mit Ozon, Hypochlorit, Wasserstoffperoxid (z.B. zur Entgiftung v. Cyanid u. Behandlung farbstoffhaltiger Abwässer).

Schließlich kann durch Chlorierung des gereinigten Abwassers noch eine Abtötung der Krankheitserreger erfolgen.

masse erhöht wird. Störungen der Schlammabsetzung treten ein (z.B. bei stark zuckerhalt. Abwasser), wenn die Flocken durch die Entwicklung stark fädiger Formen (z.B. *Sphaerotilus natans*, *Nocardia*-Arten) zu groß werden u. sich nicht absetzen *(Blähschlammbildung)*. Der K.-Schlamm muß beim Belebungsverfahren z.T. in das Belebungsbecken zurückgeführt werden *(Rücklaufschlamm, Impfschlamm)*, um das neue Abwasser mit Mikroorganismen anzureichern. Der *Überschußschlamm* (Restschlamm) aus Nach- u. Vorklärbecken kann einer weiteren biol. Klärung, einer *reduktiven* (anaeroben) Zersetzung, zugeführt werden. Da diese Schlammfaulung nur unter Sauerstoffausschluß ablaufen kann, erfolgt der Faulprozeß in großen *geschlossenen* Tanks *(Faulräume, Faultürme)*. Das Ausfaulen dauert etwa 20 Tage; durch diese Vergärung v. weiterem organ. Material tritt eine Stabilisierung des Schlamms ein, er wird weitgehend geruchlos u. läßt sich später leichter entwässern; die Bakterien zersetzen dabei z.T. auch schwer abbaubare polymere organ. Stoffe (z.B. Cellulose, Pektin). Zunächst entstehen durch den Stoffwechsel verschiedener Bakterienarten organ. Säuren, Alkohole u. Wasserstoff u. als Endprodukte in großen Mengen Biogas (*Faulgas* = Methan + CO_2; ↗ Methanbildung), das zum Heizen der Faultürme u. zum Betrieb v. Maschinen genutzt werden kann. Im Faulprozeß werden Krankheitserreger ([T] Abwasser), Würmer u. Unkrautsamen zum großen Teil vernichtet. Nach dem Ausfaulen wird der übriggebliebene *Faulschlamm* eingedickt, entwässert (Trockenbeete, Hitzebehandlung) u. auf *Klärschlamm-Deponien* abgelagert. Früher wurde der ausgefaulte Schlamm auch als guter Dünger verwertet; doch ist heute die Belastung mit Schwermetallen meist zu hoch. Mit neuen Techniken versucht man, noch Gas u. Öl aus dem Schlamm zu gewinnen. Das Faulwasser wird meist noch einmal einer aeroben Klärung zugeführt. – Die biol. abbaubaren organ. Verbindungen werden in der K. um mehr als 90% vermindert (gemessen als BSB_5, ↗ biochemischer Sauerstoffbedarf). Das geklärte Abwasser weist aber i.d.R. einen hohen Gehalt an Phosphat u. Nitrat auf, die zu einer Überdüngung des Vorfluters u. dadurch zu einer üppigen Entwicklung v. Algen u. Cyanobakterien führen können (↗ Eutrophierung, ☐). Damit verbunden ist eine starke Entwicklung v. heterotrophen, sauerstoffverbrauchenden Mikroorganismen. Im Extremfall (z.B. bei Zersetzung v. Algen u. Wasserpflanzen) kann es durch diese sekundäre Verschmutzung sogar

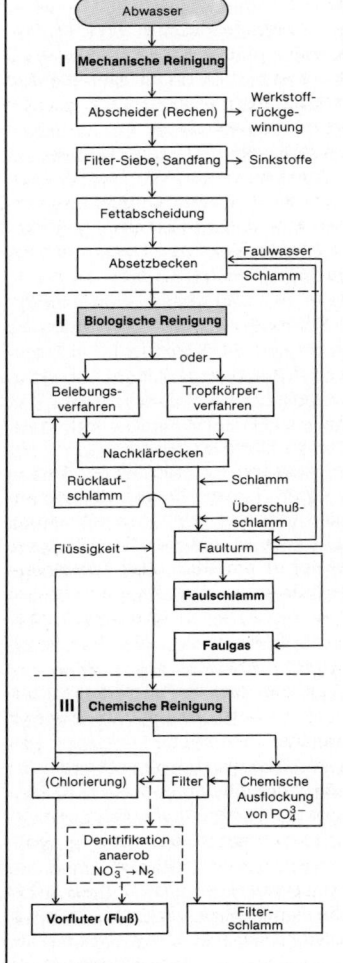

Kläranlage

Schema einer K. mit 3 Reinigungsstufen:
Bei der *mechanischen Klärung* (I) werden größere u. kleinere Feststoffe sowie Schwimmstoffe abgetrennt u. ungelöste Stoffe im *Absetzbecken* abgeschieden. Bei der nachgeschalteten *biologischen* (Haupt-) *Klärung* (II) findet meist erst ein oxidativer Abbau gelöster, leicht abbau-

zum vollständ. Verbrauch des gelösten Sauerstoffs kommen („Umkippen" des Gewässers) u. somit zum Absterben des tier. Lebens. In modernen Anlagen läßt sich Phosphat durch eine 3. Reinigungsstufe, eine *chem. Fällung,* beseitigen u. der Nitrat-Gehalt durch bes. biol. Verfahrensweisen, durch eine ↗ *Denitrifikation* zu molekularem Stickstoff (N_2), verringern. Das geklärte Abwasser kann auch in sog. ↗ *Schönungsteichen* v. organ. und anorgan. Restverschmutzung befreit werden. Ein weiteres biol. Verfahren mit sehr hoher Reinigungsleistung ist das ↗ *Wurzelraumverfahren* (Naturklärverfahren). Die einfache, natürliche biol. Abwasserreinigung durch direkte *Verrieselung* (↗ Rieselfelder) od. durch Einleiten in Fischteiche ist i. d. R. wegen der zu hohen Schmutzbelastung nicht mehr möglich. – Viele Industrieabwässer enthalten bes. Verunreinigungen (z. B. ↗ *Schwermetalle* u. a. toxische Substanzen), die durch die biol. Reinigung nicht beseitigt werden od. die sogar die Mikroorganismen der biol. Klärstufen schwer schädigen können. Diese Abwässer müssen daher chemisch od. chemisch-physikalisch (z. B. mit Aktivkohle) vorbehandelt werden. Für den Abbau besonderer organ. Verunreinigungen, zur Tankerkesselreinigung, Rohrleitungssäuberung od. zum „Einfahren" biol. Klärstufen sind auch spezielle *Starterkulturen* entwickelt worden. Diese Bakterien werden entweder durch natürl. Anreicherung aus bestimmten Abwässern gewonnen od. auch künstlich (gentechnisch) konstruiert, z. B. Pseudomonaden, die halogenierte aromat. Verbindungen, wie 3,5-Dichlorbenzoat, abbauen. – Die herkömmlichen K.n haben einen großen Platzbedarf. Um ihn zu verringern u. die Begasung (Sauerstoffausnutzung) zu verbessern, wurden für die Industrie besondere Abwassertanks mit 20–120 m Wassertiefe entwickelt *(Hochbiologie, Turmbiologie, Biohochreaktor),* in denen eine sehr gute biologische Reinigung erfolgt. ⊤ Abwasserbehandlung.

Lit.: Hartmann, L.: Biol. Abwasserreinigung. Berlin 1983. Liebmann, H.: Hdb. der Frischwasser- und Abwasserbiologie; Bd. II. München – Wien 1960. ↗ Abwasser (Lit.). G. S.

Klärgas, *Faulgas,* ↗ Biogas aus dem Faulturm der ↗ Kläranlage.

Klärschlamm, Schlamm aus Nachklärbecken u. Faultürmen (Faulschlamm) aus der ↗ Kläranlage.

Klarwasserseen, Bez. für Seen, deren Wasser im Ggs. zu den ↗ Braunwasserseen nicht durch Huminstoffe gefärbt ist, z. B. die oligotrophen und i. w. S. die eutrophen Seen.

Klasse *w* [v. lat. classis = Abteilung, K.],

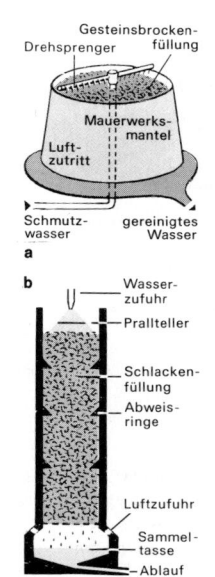

Kläranlage
Tropfkörper:
a Flach-Tropfkörper,
b Turm-Tropfkörper (Längsschnitt) zur biol. Abwasserreinigung

Kläranlage
Bakterien in Belebungsanlagen (Auswahl):
Zoogloea ramigera
Arten von:
Acinetobacter
Aeromonas
Pseudomonas
Bacillus
Achromobacter
Alcaligenes
Cytophaga
Micrococcus
Flavobakterien
coryneforme Bakterien
coliforme Bakterien
(Enterobacteriaceae)

Klassifikation

Classis, eine der wichtigsten höherrangigen Kategorien zw. Stamm und Ordnung der biol. ↗ Klassifikation. – Bot.: In neuerer Zeit wurden die wiss. Namen (↗ Nomenklatur) standardisiert: bei Algen durch die Endung *-phyceae,* z. B. *Chlorophyceae, Charophyceae, Bacillariophyceae* (früher: *Diatomeae);* bei Pilzen durch die Endung *-mycetes.* Bei Moosen u. Gefäßpflanzen ist außerdem stets der Wortstamm der jeweils typ. Gattung im Namen enthalten, z. B. *Bryatae, Lycopodiatae* (= *Lycopsida*), *Filicatae* (= *Filicopsida*), *Magnoliatae, Liliatae.* K. in der Vegetationskunde (Pflanzengesellschaften): ↗ *Assoziation.* – Zool.: Hier gibt es keine solche Standardisierung der Namen. Beispiele für Wirbeltier-K.n: *Amphibia, Reptilia, Aves, Mammalia;* Beispiele für K.n von Wirbellosen: *Gastropoda, Polychaeta, Crustacea, Insecta.* ↗ Systematik.

Klassifikation *w* [v. lat. classis = Abteilung, Klasse, -ficare = -machen], *Klassifizierung,* einerseits der Vorgang, andererseits das Ergebnis systematischen (taxonomischen) Arbeitens. Während die ↗ *Systematik (Taxonomie)* sich mit der Theorie u. Praxis der Aufdeckung der stammesgeschichtl. (phylogenet.) Verwandtschaftsbeziehungen (↗ *Phylogenetik*) v. Organismen befaßt u. diese etwa in Form einer diagrammatischen Darstellung (z. B. eines *Kladogramms* od. ↗ *„Stammbaums")* zum Ausdruck bringt, „übersetzt" die K. die sich daraus ergebende Ordnung der Mannigfaltigkeit in „natürliche" Gruppen (Taxa). Unter einem *Taxon* (Mz. *Taxa*) versteht man Gruppen v. Individuen (= Art od. Spezies, als niedrigstes Taxon) od. Gruppen v. Arten (*supraspezifische Taxa*). Die *phylogenet.* od. ↗ *Hennigsche Systematik* läßt dabei nur solche Gruppen als supraspezif. Taxa zu, deren Arten unter Einschluß der ihnen unmittelbar gemeinsamen *Stammart* eine geschlossene Abstammungsgemeinschaft bilden, also *monophyletisch* sind. Solche Taxa bilden ein *Monophylum.* Die in einem monophylet. Taxon zusammengefaßten Gruppen v. Organismen zeichnen sich durch ihnen gemeinsame abgeleitete *(apomorphe)* Merkmale aus, durch sog. *Synapomorphien.* Ein abgeleitetes Merkmal *(Apomorphie)* ist die evolutive Neuerwerbung der Stammart, die sie an die v. ihr abstammenden Arten (u. Gruppen) weitervererbt hat. In der K. werden die durch taxonom. Analyse gewonnenen monophylet. Gruppen in *Kategorien* zusammengefaßt u. dabei in eine *hierarchische Ordnung* (Rangfolge) gebracht. So entsteht eine *enkaptische* („ineinandergeschachtelte") Klassifikation (Ordnungssystem) mit übergeordneten (entspr. Superordination), untergeordneten (Subordina-

Bei K vermißte Stichwörter suche man auch unter C und Z.

Klatschpräparat

> **Klassifikation**
> Hierarchie der *Kategorien* der Klassifikation mit Beispielen:
>
> | Kategorie | Beispiel |
> |---|---|
> | Phylum (Stamm) | *Arthropoda* (Gliederfüßer) |
> | Classis (Klasse) | *Insecta* (Insekten) |
> | Ordo (Ordnung) | *Coleoptera* (Käfer) |
> | Familia (Familie) | *Dytiscidae* (Schwimmkäfer) |
> | Genus (Gattung) | *Dytiscus* |
> | Spezies (Art) | *Dytiscus marginalis* (Gelbrandkäfer) |
>
> Koordinierte (gleichrangige) Gruppen wären z. B. auf Ordnungsebene weitere Ordnungen der Insekten, wie: *Hymenoptera* (Hautflügler), *Diptera* (Zweiflügler) u. a.; auf Familienebene weitere Familien der Käfer, wie: *Curculionidae* (Rüsselkäfer), *Ipidae* (Borkenkäfer), *Cerambycidae* (Bockkäfer) u. a.

tion) u. gleichgeordneten (Koordination) Kategorien, denen also jeweils ein bestimmter kategorialer Rang zukommt. Die der Rangfolge gemäße Benennung der Kategorien geht auf Linné zurück. Man verwendet dabei bestimmte Bezeichnungen zur Kennzeichnung der Hierarchieebenen (vgl. Tab.). Die Zahl der v. der Systematik erkannten Hierarchieebenen kann die klass. Kategorien überschreiten, so daß man noch weitere Begriffe, wie Überordnung, Unterordnung, Überfamilie, Unterfamilie, Untergattung u. Unterart (Subspezies = ↗Rassen) u. a. eingeführt hat. Zunehmende Kenntnis der genauen phylogenet. Zuordnungen führt schließl. dazu, daß sich die Zahl der begründbaren Hierarchieebenen so erhöht, daß sie nicht mehr alle mit einem eigenen Namen benannt werden können. Die in einem phylogenet. System durch K. jeweils umgrenzten Taxa stellen wicht. Bezugssysteme für jedwede biol. Disziplin dar, geben sie doch den Geltungsbereich begrenzter verallgemeinernder Aussagen (sog. „partikulärer Allsätze") an. Nur so werden etwa folgende Aussagen möglich: alle Wirbeltiere *(Vertebrata)* benutzen als Sauerstoff transportierendes Pigment Hämoglobin, oder: alle Gliederfüßer *(Arthropoda)* haben ein offenes Blutgefäßsystem. ↗Systematik, ↗Nomenklatur. ↗Erklärung in der Biologie. G. O.

Klatschpräparat, *Abklatschpräparat,* Präparat zur mikroskop. Bestimmung v. Mikroorganismen, das durch direktes Auflegen u. Andrücken eines Deckglases od. Objektträgers auf eine Mikroorganismenkultur od. ein Substrat (z. B. Nahrungsmittel) hergestellt wird. Die anhaftenden (abgeklatschten) Mikroorganismen werden dann i. d. R. vor der mikroskop. Untersuchung getrocknet, fixiert u. gefärbt.

Klauberina *w,* Gatt. der ↗Nachtechsen.

Klaue *w,* 1) *K. i. e. S.,* der ↗Huf bei Wiederkäuern u. Schweinen; ↗After-K. (☐). Bei Schafen, Elchen, Rehen u. Rentieren befindet sich zw. den K.n die *K.ndrüse* mit fetter Schmiere als Reibeschutz für die K.n und zur Duftmarkierung. 2) *K. i. w. S.,* a) eine bes. groß ausgebildete ↗Kralle, z. B. bei Raubtieren, Greifvögeln, Termitenfressern; b) *Unguis,* paarige od. unpaare Kralle am Praetarsus der Insekten u. anderer Gliederfüßer; ↗Extremitäten (☐).

Klauenkäfer, die ↗Hakenkäfer.

Klause, die Teilfrucht der Früchte der Rauhblattgewächse u. Lippenblütler, bei denen der 2blättrige u. verwachsene (coenokarpe) Fruchtknoten in Längsrichtung u. entlang echter u. falscher Scheidewände in 4 K.n zerbricht. ↗Fruchtformen (T).

Klebereiweiß, *Kleberprotein, Kleber,* das **Klebkraut** ↗Labkraut. [↗Gluten.

Klebsame, *Pittosporum,* Gatt. der ↗Pittosporaceae. [ceae.

Klebsamengewächse, die ↗Pittospora-

Klebsiella *w* [ben. nach dem schweizer. Bakteriologen E. Klebs, 1834–1913], Gatt. der ↗*Enterobacteriaceae,* gramnegative, fakultativ anaerobe, unbewegl. Stäbchenbakterien (0,3–1,0 µm × 0,6–6,0 µm) mit Kapseln, einzeln, paarweise od. in kurzen Ketten auftretend. Sie führen einen chemoorganotrophen Atmungs- u. Gärungsstoffwechsel aus; in gemischter Säuregärung entstehen Säuren u. Gas (CO_2 und H_2); aus Glucose bilden die meisten Stämme 2,3-Butandiol als Hauptprodukte. Einige Stämme können unter anaeroben Bedingungen molekularen Luftstickstoff fixieren. *K. pneumoniae* („Friedländer-Bakterium") ist opportunist. Krankheitserreger. Normalerweise gehört sie zur normalen Flora des Intestinaltrakts (T Darmflora) v. Mensch u. Tier; in geschwächten, bes. älteren Menschen kann sie Lungenentzündungen (Friedländer-Pneumonie) verursachen (Kapseltyp 1, 2, 3). *K.*-Arten sind auch aus anderen Entzündungsherden (z. B. bei Harnweg-, Darminfektionen) im Menschen sowie aus einer Reihe v. Haus- u. Wildtieren und v. Pflanzen, Erdboden und Wasser isoliert worden. In den letzten Jahren ist ein deutl. Anstieg der *K.*-Infektionen zu verzeichnen, bes. in Krankenhäusern (↗Hospitalismus); die klin. Isolate zeigen oft durch R-Faktoren bedingte Mehrfachresistenz gg. verschiedene Antibiotika. – *K. pneumoniae* ist wicht. Objekt in der Erforschung der Stickstoff-Fixierung, bes. der ↗Nitrogenase-Gene (↗nif-Operon). In der Biotechnologie dient *K.* zur Gewinnung v. *Pullulanase,* einem stärkehydrolysierenden Enzym.

Klebs-Löffler-Bacillus [ben. nach dem schweizer. Bakteriologen E. Klebs, 1834 bis 1913, u. dem dt. Bakteriologen F. A. J. L. Löffler, 1852–1915], ↗Diphtheriebakterien.

Klee, *Trifolium,* Gatt. der Hülsenfrüchtler mit ca. 300 Arten v. Einjährigen u. Stauden

---

Klebsiella
Klebsiella-Arten und ihre Habitate:
K. pneumoniae
(= *Aerobacter [Bacterium] aerogenes* = Friedländer-Bakterium), viele Biotypen bzw. Unterarten:
1. *K. p. pneumoniae*
2. *K. p. ozaenae*
3. *K. p. rhinoscleromatis*
Normalflora des Intestinaltrakts von Mensch u. Tier u. opportunist. Krankheitserreger; auch Erdboden, Staub u. Wasser

K. oxytoca
Intestinaltrakt v. Mensch u. Tier, entzündete Gewebe; Pflanzen u. Wasser

K. terrigena
hpts. Wasser u. Erdboden

K. planticola
Pflanzen, Wasser, Erdboden

Die Arten u. verschiedenen Stämme werden serolog. (z. B. K-Antigene) u. durch biochem. Tests bestimmt.

(gemäßigte u. kühl-gemäßigte Zonen); 3teil. Blätter ohne endständ. Spitze (vgl. *Medicago*); Blüten rot, weiß od. gelb, meist in reichblüt. Köpfchen od. Trauben, Blütenblätter verwachsen; nach Verblühen artspezif. Umwandlungen des Kelches, der oft im Dienst der Fruchtverbreitung steht (blasig, behaart, bauchig); viele Arten Gründüngungs- u. Futterpflanzen. Der Alexandriner-K. oder Bersim (*T. alexandrinum*, Mittelmeergebiet) ist eine 1jähr. Art mit 3teil. Blättern u. gelbl.-weißen Blüten in Köpfchen; v. a. in Ägypten angebaut. Eine gute Futterpflanze in Fettweiden der subalpinen bis alpinen Stufe ist der Alpenbraun-K. (*T. badium*), Blätter hellgrün; die gelbl., in halbkugel. Köpfchen stehenden Blüten blühen braun ab. Ein kriechendes Kraut ist der Boden-K. (*T. subterraneum*, Mittelmeergebiet), Blüten weiß, rosastreifig, in langgestielten Köpfchen; nach der Blüte wachsen unbefruchtete Blüten zu Stacheln aus, Blütenstiele neigen sich, u. der Fruchtansatz wird in der Erde versenkt (↗Geokarpie); Anbau vom Mittelmeergebiet bis England. Der im Mittelmeergebiet ebenfalls heim. Erdbeer-K. (*T. fragiferum*) ist eine Futterpflanze, die sich zum Anbau auf versalzten, feuchten Böden eignet; Blütenköpfe aus rosa Blüten; Fruchtstand erhält ein beerenart. Aussehen dadurch, daß die Hülsen vom blasig aufgetriebenen Kelch umschlossen sind; nach der ↗Roten Liste „gefährdet". Faden-K. (*T. dubium*), mit bläul.-grünen Blättern; Blüten bei Verblühen in gelbbraunen, 10–20blüt. Köpfchen; gute Futterpflanze in Fettwiesen u. -weiden der Ebene bis mittleren Gebirge. Der aufrecht wachsende Hasen-K. (*T. arvense*) hat graugrüne, 3teil. längl. Blätter; Blüten weiß-rosa, zuerst in kugel. Köpfchen, die dann eiförmig auswachsen; auf sand., kalkarmen Böden. Als Zwischenfutter wird der blutrote Inkarnat-K. (*T. incarnatum*, S-Europa) gesät; Blüten in dichten, langkugelförm. Trauben. Ein sehr häufiges, kriechendes Kraut ist der Kriechende K. od. Weiß-K. (*T. repens*, B Kulturpflanzen II), Blätter i. d. R. 3zählig, Fiedern fein gezähnt, Nebenblatt trockenhäutig. kugel. Blütenköpfe aus weißen Einzelblüten, die bräunl. abblühen; heute weltweit, urspr. nur in Europa in Fettweiden, Wiesen, Parkrasen. Eine formenreiche Art ist der Rot-K. oder Wiesen-K. (*T. pratense*, B Kulturpflanzen II); 3zähl. Blätter längl.-eiförm., meist gefleckt; Nebenblätter mit bewimperten Grannenspitzen; rote Blüten in kugel. Blütenköpfen; gute Futterpflanze; wird als Stoppelnachfrucht gesät. Auch als Futterpflanze wird der Schweden-K. (*T. hybridum*, B Kulturpflanzen II) angebaut; das ausdauernde, bis 40 cm hohe Kraut mit

Klee
Weißkleeblüte
(*Trifolium repens*)

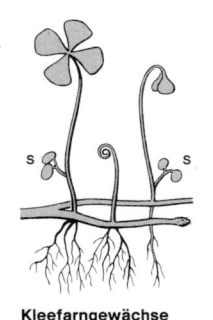

Kleefarngewächse
Kleefarn (*Marsilea*),
S = Sporokarpien

weiß-roten Blüten kommt natürl. in lückigen Fett- u. Naßwiesen vor. B Alpenpflanzen, B Europa IX. Y. S.

Kleeblattstruktur, die Sekundärstruktur von transfer-↗Ribonucleinsäuren; ☐ Alanin-t-RNA.

Kleebwälder, *Corydali-Aceretum*, Assoz. des ↗Lunario-Acerion.

Kleefalter, Name für die Vertreter der Gatt. *Colias* der Fam. ↗Weißlinge.

Kleefarngewächse, *Marsileaceae*, Fam. der ↗Wasserfarne, die nur die Gatt. *Marsilea* (Kleefarn i. e. S.) u. *Regnellidium* umfaßt (z. T. werden hierher auch die ↗Pillenfarngewächse gestellt). Der Sporophyt besitzt eine kriechende, verzweigte Sproßachse mit Blättern u. Wurzeln. Die Blätter bestehen aus einem Stiel, der endständig bei *Regnellidium* 2, bei *Marsilea* 4 (kleeartige) Blättchen trägt (entspr. 1 bzw. 2 Fiederpaaren) u. an dessen Basis 1 bis mehrere kompliziert gebaute, eiförm. Sporokarpien sitzen. Die Sporokarpien, die als Überdauerungsorgane dienen, stellen neotene Fiederchen dar u. enthalten zahlr. sackartige Sori mit jeweils Mikro- u. Megasporangien. Bei Öffnung der Sporokarpien gelangen die Sori durch Quellung eines Gallertrings, der das Sporokarp durchzieht, ins Freie u. entlassen die Mikro- u. Megasporen. Die Entwicklung der stark reduzierten ♂ und ♀ Gametophyten verläuft bis zur Freisetzung der Spermatozoiden bzw. bis zur Befruchtung der Eizelle innerhalb der Mikro- bzw. Megasporenwand u. ist in wenigen Stunden bis Tagen abgeschlossen. Fossil treten die K. erstmals im Tertiär auf. – Von den ca. 70 pantrop. bis warm-gemäßigt verbreiteten Arten der Gatt. *Marsilea* finden sich in Europa nur 3 sehr seltene Formen. *M. quadrifolia* (B Farnpflanzen II) kommt v. a. in W- und S-Europa u. ostwärts bis zum Wolgadelta vor u. wächst auf nährstoffreichen, zeitweise überschwemmten schlammigen Ufern v. Tümpeln u. Seen; ihr letztes Vorkommen in Dtl. im Oberrheingebiet ist seit etwa 1965 erloschen. Das Areal von *M. strigosa* und *M. aegyptica* umfaßt nur die wärmsten Teile S-Europas. Die Gatt. *Regnellidium* ist mit nur 1 Art (*R. diphyllum*) in S-Brasilien heimisch.

Kleekrankheit, *Luzernenausschlag*, oft tödl. verlaufende Krankheit bei Pferden u. Wiederkäuern durch Sonneneinstrahlung nach ausschl. Verfütterung bestimmter Kleearten (↗Photosensibilisatoren); Symptome: Entzündungen an hellen Hautstellen, Gelbsucht, Lähmungserscheinungen, Koliken.

Kleekrebs, weltweit verbreitete Pilzkrankheit des Klees, verursacht durch den Schlauchpilz *Sclerotinia trifoliorum*, der auch andere Leguminosen befällt; anfangs

Bei K vermißte Stichwörter suche man auch unter C und Z.

Kleesäure

sehr kleine braune Flecken auf den Blättern, die dann vergilben u. verdorren. Bei starkem Befall wird die ganze Pflanze zerstört, u. an den Pflanzenteilen erscheint ein wattiges, weißes Mycel. Im Frühjahr sind an den Pflanzenresten Sklerotien des Pilzes zu finden. B Pflanzenkrankheiten I.
Kleesäure, die ↗ Oxalsäure.
Kleeseide, der ↗ Teufelszwirn.
Kleespinner, *Pachygastria trifolii,* ↗ Glukken.
Kleiber, *Sittidae, Spechtmeisen,* Fam. 10–19 cm großer Sperlingsvögel mit 27 in Europa, Asien u. N-Amerika verbreiteten Arten; spechtart. Schnabel u. kräftige Füße, klettern an Bäumen u. Felsen auf- u. abwärts, ohne – wie die Spechte u. Baumläufer – den Schwanz als Stütze zu benutzen. Mit dem spitzen Schnabel holen die K. Gliedertiere aus den Ritzen u. Spalten v. Bäumen u. Felsen. Im Winter ernähren sie sich auch v. verschiedenen Sämereien. Benutzen zur Brut meist vorhandene Höhlen, die sie z.T. mit dem Schnabel ausbauen. Ein kennzeichnendes Verhalten vieler K. ist die Verkleinerung der Höhleneinflugöffnung durch Verkleben (daher der dt. Name) mit lehm. Erde, wodurch Feinde u. Höhlenkonkurrenten ausgeschlossen werden. Der in vielen mitteleur. Laub- u. Mischwäldern, Gehölzen u. Gärten heimische 14 cm große K. (Blauspecht, *Sitta europaea,* B Europa XIII) ist ein ausgesprochener Standvogel, der lediglich bei Populationsüberdruck Wanderungen unternimmt. Akust. macht er sich durch den Kontaktruf „sit", den Warnruf „dwäd" u. im Frühjahr durch pfeifende Balzstrophen bemerkbar. 6–8 weiße, rotgepunktete Eier in einem Nest aus Rindenplättchen u. trockenen Blättern. Der etwas blasser gefärbte, in SO-Europa u. Kleinasien lebende Felsen-K. (*S. neumayer,* B Charakter-Displacement) mauert sein Nest in einer Felsspalte mit Lehm u. Kot zu. Der ↗ Mauerläufer *(Tichodroma muraria)* lebt ebenfalls an Felsen. Die graubraunen austr. Baumrutscher *(Climacteris)* erklettern bei der Nahrungssuche Bäume in Spirallinien wie die Baumläufer.
Kleiderlaus, *Pediculus corporis,* Art der ↗ Anoplura (Fam. *Pediculidae*), auch als U.-Art der Kopf- u. Kleiderläuse (Menschenläuse, *Pediculus humanus*) aufgefaßt. Die Kleiderläuse sind ca. 3 mm große, meist farblose Insekten ohne Flügel. Sie leben bei einer Vorzugs-Temp. von 31 °C in der Bekleidung des Menschen u. ernähren sich vom Blut, das sie mit einem Rüssel aus einer zuvor aufgerissenen, kleinen Wunde saugen. Injizierte Speichelsekrete verhindern eine Blutgerinnung u. verursachen Juckreiz. Die Weibchen legen während ihres 25- bis 40tägigen Lebens bis zu 300 Eier; die Larven häuten sich während 10 bis 14 Tagen zwei Mal. Die Kleiderläuse sind, wie auch die ↗ Filzlaus *(Phthirus pubis)* u. die ↗ Kopflaus *(Pediculus capitis),* gerade bei unzureichenden hygien. Bedingungen als Überträger v. vielen Krankheiten berüchtigt. Neben vergleichsweise harmlosen eitrigen Entzündungen kam es durch Infektion über das Blutsaugen od. durch infizierten Kot der Läuse immer wieder zu Epidemien. B Parasitismus II.

Kleiber (Sitta europaea)

Kleiderlaus
Von der ↗ Filzlaus *(Phthirus pubis),* Kleiderlaus *(Pediculus corporis)* u. ↗ Kopflaus *(Pediculus capitis)* übertragene Krankheiten:
↗ Fleckfieber (Flecktyphus), verursacht v. *Rickettsia prowazeki*
↗ Wolhynisches Fieber (Fünftagefieber), verursacht v. *Rickettsia quintana*
Europäisches ↗ Rückfallfieber, verursacht v. *Borrelia recurrentis*

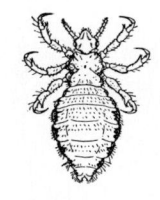

Kleiderlaus (Pediculus corporis)

Kleidermotte, *Tineola biselliella,* ↗ Tineidae.
Kleidervögel, *Drepanididae,* auf den Hawaii-Inseln mit 21 Arten endemische Fam. der Singvögel, deren bunte Federn oft zu Kleidungsstücken verarbeitet wurden. Neben Samen-, Frucht- u. Insektenfressern gibt es auch blütennektarsaugende Arten; bieten wie die ↗ Darwinfinken in der Evolutionsforschung ein gutes Beispiel für ↗ adaptive Radiation. Gemeinsames Merkmal der K. ist u.a. ein eigentüml. Moschusgeruch. Das aus Reisig u. trockenen Blättern errichtete Nest enthält 2–3 weiße, gefleckte Eier.
Kleie, die beim Mahlen des Getreides abfallenden Restprodukte wie Frucht- u. Samenschalen, Keimlinge u. Teile der Aleuronschicht; gutes Viehfutter; K. enthält ca. 15% Protein u. die Vitamine B und E.
Kleienflechte, 1) *Kleienpilzflechte, Pityriasis,* Sammelbez. für verschiedene Hautkrankheiten, z.T. Hautpilzerkrankungen, mit kleieförmigen Abschilferungen. 2) bei Haustieren (z. B. Pferd) Schuppenflechte, durch Unreinlichkeit, schlechte Ernährung, mechan. oder therm. Reize verursachte Hautkrankheit.
Klei-Marsch, entsalzter u. entkalkter Marschboden mit beginnender Versauerung u. Verbraunung.
Kleinbären, 1) *Nolinae,* U.-Fam. der ↗ Bärenspinner. 2) frühere Bez. „Vorbären", i. w. S. die Vertreter der ↗ Katzenbären od. Pandas (Fam. *Ailuridae*) und der K. i. e. S. (Fam. *Procyonidae*), die Merkmale v. Bären u. Mardern vereinigen; überwiegend Allesfresser. – Die K. i. e. S. (Kopfrumpflänge 30–65 cm; buschiger, schwarz gebänderter Schwanz) sind mit 5 Gatt. mit etwa 17 Arten u. 87 U.-Arten (ursprüngl.) ausschl. Bewohner der Neuen Welt. Die meisten K. sind gute Baumkletterer mit vorwiegend nächtl. Lebensweise. – Als ursprünglichste K. gelten die Katzenfrette od. Cacomixtl (Gatt. *Bassariscus;* 2 Arten); das nordamerikanische Katzenfrett *(B. astutus)* bevorzugt trockenere Lebensräume (z.B. felsige Hochplateaus), das Mittelamerikanische Katzenfrett *(B. sumichrasti)* feuchte Wälder; beide Arten ernähren sich hpts. v.

Bei K vermißte Stichwörter suche man auch unter C und Z.

Kleintieren (daneben auch v. Früchten) u. haben noch ein deutl. Raubtiergebiß mit Reißzähnen. – Die Makibären od. Schlankbären (Gatt. *Bassaricyon*) kommen in 5 Formen (unklar, ob Arten od. U.-Arten) in Mittel- u. S-Amerika vor; ihre Nahrung besteht überwiegend aus Früchten, nur nebenbei aus Kleintieren. – Die Nasenbären od. Coatis (Gatt. *Nasua;* 4 Arten) unterscheidet äußerl. ihre bewegl., rüsselart. Schnauze v. den anderen K. (Name!); ihr Vorkommen erstreckt sich über S- u. Mittelamerika; der Weißrüsselbär *(N. narica)* lebt auch in den SW-Staaten der USA; Nasenbären sind im Ggs. zu den meisten anderen K. gesellig u. vorwiegend tagaktiv. – Einziger Vertreter der Gatt. *Potos* ist der Wickelbär *(P. flavus,* B Südamerika VI); mit seinem Wickelschwanz hält er sich beim Klettern an einem Ast fest; der Wickelbär bewohnt die trop. Wälder Amerikas v. S-Mexiko bis zum brasilian. Staat Mato Grosso; er nutzt nächtl. den gleichen Lebensraum (Baumkronen), den am Tage die Kapuzineraffen bevölkern. – Ihren wiss. Namen *(Procyonidae)* haben die K. von den Waschbären (Gatt. *Procyon*), die mit 7 Arten u. 32 U.-Arten N-, Mittel- u. S-Amerika sowie einige vorgelagerte Inseln besiedeln; ihre Nahrung besteht etwa je zur Hälfte aus tier. (Kleintieren) u. Pflanzenkost. Wasserlebewesen werden v. ihnen mit den Fingern ertastet u. dabei am Boden gerollt; das scheinbare „Waschen" v. Nahrungsbrocken in Gefangenschaft ist eine Ersatzhandlung hierfür. Über die USA weitverbreitet ist der Nordamerikanische Waschbär *(P. lotor,* B Nordamerika IV; Fellfarbe grau, schwarze Gesichtsmaske, Schwanz schwarz geringelt), der in Parks u. Städte vordringt u. Nahrung aus Abfallbehältern bezieht. Als begehrtes Pelztier wird er in vielen Ländern in Farmen gezüchtet. Die Nachkommen v. entwichenen Farmtieren rechnen in Hessen u. in der Eifel bereits zum festen Wildbestand. Die Ausbreitung des Nordam. Waschbären hat mittlerweile auch Westfalen, Niedersachsen, Nordbaden, Lothringen u. die Niederlande erreicht. H. Kör.

Kleiner Fuchs, Nesselfalter, Aglais *(Vanessa) urticae,* häufiger u. bekannter Vertreter der ↗ Fleckenfalter; rotbraun mit schwarzen u. gelbl. Flecken, am Flügelrand blaue Mondflecken, unterseits tarnfarben braun, Spannweite um 50 mm; fliegt in 2–3 Generationen in blumenreichem Gelände, Ruderalflächen, Schlägen, oft in Gärten an z. B. Sommerflieder saugend anzutreffen, Kulturfolger, Sommergeneration ausbreitungsfreudig, überwintert als Falter oft gemeinsam mit dem ↗ Tagpfauenauge in Häusern, Höhlen u. ä., danach erst Paarungsflüge; Eiablage in Häufchen an Brennnesseln, Larve typ. Dornraupe, schwarzbraun mit gelben Längsstreifen, gesellig in gemeinsamem Gespinst lebend, Stürzpuppe graubraun mit Goldpunkten. Ähnliche Art: der ↗ Große Fuchs. B Insekten IV.

Kleinfleckkatze, Leopardus geoffroyi, zu den ↗ Ozelotverwandten rechnende südamerikanische Kleinkatze.

Kleinhirn, *Cerebellum,* ein übergeordnetes Koordinationszentrum am Dach des Rautenhirns der Wirbeltiere (↗ Gehirn, ☐). Es assoziiert Erregungen aus dem Gleichgewichtssystem (↗ Gleichgewichtsorgane, ↗ mechanische Sinne), Informationen v. Propriorezeptoren über die Stellung der Körpergliedmaßen u. Afferenzen der allg. Hautsensibilität u. koordiniert sie mit den motor. Antworten des Gehirns. – Das K. entwickelt sich ontogenet. und phylogenet. vor dem 4. Ventrikel am Dach des Rautenhirns in unmittelbarem Lagebezug zu den Kerngebieten des Gleichgewichtssystems. Bei Tieren mit einfach strukturiertem K. findet man einen unpaaren mittleren Teil *(Corpus cerebelli)* u. zwei seitl. Vorsprünge *(Aurikel* od. *Lobi auriculares).* Zu den Aurikeln führen Fasern aus dem Gleichgewichtssystem (Vestibularis-Lateralis-System), der Corpus empfängt über das Rückenmark aufsteigende Neuronen der Tiefensensibilität. Bei Vögeln u. Säugern treten als zusätzl. Komponente Fasern aus den motor. Gebieten der Großhirnrinde (↗ Telencephalon) neu hinzu. Damit kommt es zur Ausbildung der teilweise mächtig vorgewölbten *K.hemisphären.* Der ebenso vergrößerte mittlere Abschnitt wird als *K.wurm (Vermis)* bezeichnet. Diese in Abhängigkeit v. der Entwicklung neuer Großhirnabschnitte bei Vögeln u. Säugern entstandenen neuen K.bereiche werden als *Neocerebellum* den urspr. Abschnitten des K.s, dem *Palaeocerebellum,* gegenübergestellt. Das K. sitzt mit dem *K.stiel (Pedunculus cerebelli)* auf dem Rautenhirn. Durch ihn ziehen alle zu- u. ableitenden Nervenfasern. Direkte, zum Rückenmark absteigende Bahnen existieren jedoch nicht. Alle v. der *K.rinde* ausgehenden efferenten Fasern werden in speziellen Kerngebieten des K.s *(Nucleus cerebelli)* u. in der Seitenwand des Rautenhirns, dem Tegmentum bei Säugern im *Nucleus ruber tegmenti,* auf absteigende Bahnen zum motor. Endapparat im Rückenmark umgeschaltet. – Histologisch ist das K. durch die Anordnung der Neuronen zu einer Rinde ausgezeichnet, die sich v. der inneren, die Nervenfasern führenden Markschicht absetzt. Basale Rindenschicht ist die *Körnerschicht (Stratum granulosum),* deren Zellen Impulse v. den

Kleinbären
1 Nasenbär *(Nasua),*
2 Waschbär *(Procyon)*

Kleinbären
Gattungen der K. i. e. S.:
Katzenfrette *(Bassariscus)*
Makibären *(Bassaricyon)*
Waschbären *(Procyon)*
Nasenbären *(Nasua)*
Wickelbären *(Potos)*

Kleiner Fuchs, *Aglais (Vanessa) urticae*

Bei K vermißte Stichwörter suche man auch unter C und Z.

Kleinhirnrinde
zuleitenden Nervenfasern erhalten. Auf diese folgt eine Schicht mit *Purkinje-Zellen,* sehr großen Neuronen, die ihre weit verzweigten Zellfortsätze in die oberflächl. *Molekularschicht (Stratum moleculare)* entsenden. Das Stratum moleculare ist eine Faserschicht, in der die Zellfortsätze zuleitender Zellen (aus der Körnerschicht) u. ableitender Zellen (Purkinje-Zellen) miteinander verschaltet werden. Bei Tieren mit hoch entwickeltem K. findet eine Oberflächenvergrößerung der K.rinde durch Faltenbildung statt (Vermehrung der Neuronen ohne Störung des Schichtenbaus). Die Ausgestaltung des K.s als zentrales Koordinationsorgan für Gleichgewichtsreaktion u. Körperbewegungen steht in direktem Zshg. mit der lokomotor. Aktivität der Tiere. Langsame, träge Tiere besitzen allg. ein nur gering entfaltetes K., während schnelle, agile Tiere, auch basaler Wirbeltiergruppen, ein hoch entwickeltes K. haben. – Das K. hat ausschl. koordinierende und regulierende Aufgaben. Es entsendet keine eigenen motor. Impulse. So hat der Ausfall des K.s auch keine Bewegungsunfähigkeit zur Folge, sondern nur die Unfähigkeit zu koordinierter Bewegung. Bei höheren Säugern können bei Ausfall des K.s dessen Funktionen durch Übung vom Großhirn übernommen werden. B Gehirn, B Nervensystem II. *M. St.*

Kleinhirnrinde ↗ Kleinhirn; B Gehirn.
Kleinia w [ben. nach dem dt. Botaniker J. Th. Klein, 1685–1759], ↗ Greiskraut.
Kleinkatzen, *Felini,* Gatt.-Gruppe der Katzen (Fam. *Felidae*) mit 15 Gatt. u. insgesamt 28, überwiegend kleineren Arten (vgl. Tab.); Kopfrumpflänge zw. 40 und 100 cm, Puma: bis 1,6 m. Von den Großkatzen unterscheiden sich die K. v. a. durch folgende Merkmale: Zungenbeinapparat vollständig verknöchert (wie auch beim ↗ Gepard), Behaarung des Nasenrückens nicht bis zum Vorderrand reichend, Nahrungsaufnahme in Hockstellung (Ausnahme: ↗ Nebelparder), ausgeprägtes Putzverhalten. Die K. bewohnen alle Erdteile mit Ausnahme v. Australien. Auch die Hauskatze (↗ Katzen) zählt zu den Kleinkatzen.
Kleinkern, der ↗ Mikronucleus.
Kleinkrallenotter, *Paraonyx,* Gattung der ↗ Fingerotter.
Kleinkrebse, *Entomostraca,* ↗ Krebstiere.
Kleinlibellen, *Zygoptera,* U.-Ord. der ↗ Libellen.
Kleinmuscheln, *Sphaeroidea, Corbiculoidea,* Überfam. der Verschiedenzähner, kleine Muscheln mit gerundet-dreieck. Klappen mit konzentr. od. ohne Skulptur; der Mantel kann hinten kurze Siphonen bilden. Jungtiere haben einen Byssus. Die K. sind ⚥ od. getrenntgeschlechtl.; sie leben

Kleinkatzen
Wichtige Arten bzw. Gattungen:
↗ Wildkatze *(Felis silvestris)*
↗ Sandkatze *(F. margarita)*
↗ Graukatze *(F. bieti)*
↗ Manul *(Otocolobus manul)*
↗ Serval *(Leptailurus serval)*
↗ Luchse (Gatt. *Lynx*)
↗ Wüstenluchs *(Caracal caracal)*
↗ Goldkatzen (Gatt. *Profelis*)
↗ Bengalkatze *(Prionailurus bengalensis)*
↗ Rostkatze *(P. rubiginosus)*
↗ Fischkatze *(P. viverrinus)*
↗ Iriomoto-Katze *(Mayailurus iriomotensis)*
↗ Flachkopfkatze *(Ictailurus planiceps)*
↗ Marmorkatze *(Pardofelis marmorata)*
↗ Ozelotverwandte (Gatt. *Leopardus*)
↗ Pampaskatze *(Lynchailurus pajeros)*
↗ Wieselkatze *(Herpailurus yagouaroundi)*
↗ Puma *(Puma concolor)*
↗ Nebelparder *(Neofelis nebulosa)*

Kleinschnecken
Wichtige Familien:
Baikalschnecken *(Baicaliidae)*
Micromelaniidae
Rissoidae
↗ Wattschnecken *(Hydrobiidae)*

kleist- [v. gr. kleistos = verschlossen].

im Süß- u. Brackwasser. Die ca. 200 Arten werden 2–3 Fam. zugeordnet, u. a. *Corbiculidae* (↗ *Corbicula*) und *Sphaeriidae* (↗ Kugelmuscheln).
Kleinmutationen, sämtl. ↗ Mutationen, die im Phänotyp einer Spezies nur geringe Veränderungen bewirken, die noch im Rahmen der auch durch äußere Zufallseinflüsse bedingten Variabilität liegen; nicht zu verwechseln mit ↗ Punktmutationen.
Kleinsäuger, die kleineren Säugetier-Arten, v. a. Nagetiere u. Insektenfresser.
Kleinschaben, die ↗ Waldschaben.
Kleinschmetterlinge ↗ Schmetterlinge.
Kleinschnecken, *Rissoidea,* Überfam. der Mittelschnecken, mit kleinem, eikegel-, auch scheiben- od. turmförm. Gehäuse. Der Rüssel ist an der Spitze gespalten, die Radula eine Bandzunge. Am Magen ist ein Kristallstielsack ausgebildet. Die K. sind getrenntgeschlechtl., die ♂♂ mit kopfständ. Penis; die ♀♀ legen Eier in linsenförm. Kapseln. Die K. leben im Meer-, Brack- u. Süßwasser wie auch terrestr., ernähren sich v. Detritus u. Bakterien. Die zahlr. Arten verteilen sich auf über 20 Fam. (vgl. Tab.).
Kleinsporen, die ↗ Mikrosporen.
Kleinzikaden, Bez. für Fam. der Zikaden mit kleinerem Körper, hierzu die ↗ Buckelzirpen *(Membracidae),* die ↗ Laternenträger *(Fulgoridae)* u. die ↗ Schaumzikaden *(Cercopidae).*
Kleist m, *Scophthalmus rhombus,* ↗ Butte.
kleistanthere Blüten [Mz.; v. *kleist-, gr. antheros = blühend], Bez. für kleistogame Blüten (↗ Kleistogamie), bei denen sich die Antheren nicht öffnen, sondern die Pollenkörner in den Pollensäcken auskeimen u. mit den Pollenschläuchen die Antherenwandung durchwachsen. Die Pollenschläuche dringen anschließend in das Narben- u. Griffelgewebe ein.
Kleistogamie w [v. *kleist-, gr. gamos = Hochzeit], Form der Selbst-↗ Bestäubung (Autogamie) bei Bedecktsamern, wobei sich die Blüten nicht mehr öffnen, z. B. beim Hundsveilchen *(Viola canina).* Ggs.: Chasmogamie.
Kleistokarpie w [v. *kleist-, gr. karpos = Frucht], 1) bei einigen Gruppen der Laubmoose (z. B. ↗ *Archidiales,* ↗ *Ephemeraceae*) das Freisetzen der Sporen durch Auflösung der Sporangien-(Kapsel-)wand (Ggs.: Stegokarpie). 2) Ausbildung v. Früchten bei kleistogamen Blüten (↗ Kleistogamie).
Kleistothecium s [v. *kleist-, gr. thēkion = kleiner Behälter], *Kleistokarp, Angiokarp,* allseitig geschlossener Fruchtkörper (↗ Ascoma, ☐) v. Schlauchpilzen; die Ascosporen werden erst durch Zerfall des Fruchtkörpers, insbes. der äußeren

Fruchtwand (Peridie), frei; Vorkommen hpts. bei protunicaten Schlauchpilzen (= „*Plectomyces*").

Kleptocniden [Mz.; v. *klept-, gr. knidē = Nessel], Nesselkapseln (↗ Cniden), welche mit der Nahrung (Hydrozoen, Anthozoen) aufgenommen u. im Körper des Räubers gespeichert werden. a) Hinterkiemerschnecken (Ord. *Aeolidiacea*) benutzen K. zur eigenen Verteidigung. Aus der Nahrung gelangen sie durch den Magen in Fortsätze der Mitteldarmdrüse, die mit einem „Nesselsack" enden, der in den Spitzen der Rückenanhänge der Schnecken liegt. Die K. werden v. Zellen des Nesselsacks phagocytiert u. bei intensiver mechan. Reizung ausgestoßen. b) Die Rippenqualle *Euchlora rubra* speichert K. in den Tentakeln. c) K. finden sich auch bei Strudelwürmern (z. B. *Microstomum*).

Kleptogamie w [v. *klept-, gr. gamos = Hochzeit], „Diebspaarung", Begriff, der in den letzten Jahren für solche Fälle geprägt wurde, bei denen prä- od. postgame Investitionen für die Fortpflanzung einem fremden Tier (meist ein fremdes Männchen) aufgebürdet werden. Nachgewiesen z. B. für manche Fische, bei denen sog. Satelliten-Männchen dem Revierbesitzer einige Begattungen „stehlen" u. ihm obendrein die postgame Arbeit (Bewachen der Eier, Fächeln) überlassen. – Bisweilen wird auch der intraspezif. ↗ Brutparasitismus mancher Enten als K. angesehen: Das Eier-Legen in ein fremdes Nest ist zwar kein „Stehlen" einer Begattung; es werden aber wie im obigen Beispiel prägame (Nestbau) u. postgame (Brüten) Arbeiten einem fremden Tier aufgebürdet.

Kleptoparasitismus m [v. *klept-, gr. parasitos = Schmarotzer], 1) gleichsinnig zu Beuteparasitismus (↗ Beuteparasiten): Wegnehmen v. Nahrung od. Baumaterial, v. a. bei Insekten (auch als *Kleptobiose* od. *Lestobiose* bezeichnet); z. B. Diebsameise (↗ Knotenameisen), ↗ Bienenläuse. 2) gleichsinnig zu Ethoparasitismus (↗ Ethoparasit): Ausnutzen des Verhaltens, mit Hilfe dessen ein Parasit od. Parasitoid den Wirt findet u. parasitiert, durch eine andere Parasitenart; z. B. Finden des Wirts auf der Duftspur des Erstbesiedlers.

Klette, *Arctium,* Gatt. der Korbblütler mit etwa 5, untereinander nahe verwandten, in Europa u. dem gemäßigten Asien heim. Arten. Zweijähr., reichverzweigte Pflanze mit großen, breit-eiförm. u. mittelgroßen, kugel. Blütenköpfen aus rosa bis purpuroten Röhrenblüten u. vielreihig angeordneten, an der Spitze hakenförm. gekrümmten Hüllblättern. In staudenreichen Unkraut-Ges., an Schuttplätzen, Wegen, Zäunen u. Ufern ist sowohl die Große K. (*A.*

klept- [v. gr. kleptein = stehlen].

Klette
Sowohl die lange, spindelförm., äther. Öl u. Inulin enthaltende Wurzel als auch die das Glucosid *Arctiin* u. viel fettes Öl (K.nsamenöl) enthaltenden Samen u. die äther. Öl, Gerbstoff u. Schleim enthaltenden Blätter der Großen K. (*Arctium lappa*) gelten als heilkräftig (u. a. gegen Hauterkrankungen).

Klette
(Arctium)

lappa) als auch die Kleine K. (*A. minus*) zu finden. *A. nemorosum*, die Hain-K., wächst v. a. im Bereich v. Auenwäldern, an Waldwegen u. -schlägen. Insbes. die Große K. gilt seit dem Altertum als Heilpflanze. B Europa XVII.

Kletten, 1) Arten der Gatt. *Arctium*, ↗ Klette; 2) die ↗ Klettfrüchte.

Kletten-Fluren, *Arction*, Verb. der ↗ Artemisietalia.

Klettenkerbel, *Torilis*, Gatt. der Doldenblütler mit *T. japonica* (*T. anthriscus*), einem in gemäßigten Zonen in beschatteten Unkraut-Ges. weltweit verbreiteten Kraut mit 9–12strahl. Blütendolden; Charakterart des *Torilidetum japonicum*.

Kletterbeutler, *Phalangeridae*, vielgestaltigste Fam. der Beuteltiere; maus- bis fuchsgroß; viele mit Greifschwanz; je 5 Finger u. Zehen mit Krallen (außer 1. Zehe), 2. und 3. Zehe mit gemeinsamer Haut verwachsen. Die K. haben einen gut entwickelten Beutel mit Öffnung nach vorne (Ausnahme: Koala). Mit Ausnahme der ↗ Baumkänguruhs sind die K. die einzigen vorwiegend pflanzenfressenden Beuteltiere der ↗ austr. Region. 3 U.-Fam.: Rüsselbeutler (*Tarsipedinae*; ↗ Honigbeutler), ↗ Koalaverwandte (*Phascolarctinae*) und Eigentl. K. od. Phalanger (*Phalangerinae*); letztere mit 10 Gatt. u. 23 Arten, darunter die ↗ Kusus, ↗ Kuskuse u. ↗ Gleitbeutler.

Kletterfische, *Anabantidae*, Fam. der ↗ Labyrinthfische.

Kletterhaare, *Klimmhaare*, ein- od. mehrzellige ↗ Haare (□), die an den Sproßachsen od. an der Blattunterseite, u. hier bes. an den Blattadern, sitzen u. kletternden Pflanzen als ↗ Haftorgane dienen. Sie sind meist hakig gebogen od. besitzen 2- bis mehrspitzige Widerhäkchen.

Kletterholothurie w [v. gr holothouria = Meereslebewesen zw. Tier u. Pfl.], *Cucumaria planci*, ↗ Seewalzen. [ber.

Kletterlaufkäfer, *Calosoma*, ↗ Puppenräu**Kletternattern,** *Elaphe*, Gatt. der Nattern; zahlr. alt- u. neuweltl. Arten; bewohnen v. a. Wälder u. halten sich oft auch in der Nähe menschl. Siedlungen auf. Bauchschilder – jederseits nach oben abgeknickt – bilden eine Längsleiste, dadurch gute Kletterer; ernähren sich v. kleinen Nagetieren, Jungvögeln u. Eiern. – In Europa vertreten: ↗ Äskulap-, ↗ Leopard-, ↗ Treppen-, ↗ Vierstreifennatter; in N-Amerika beheimatet die schwarz- u. hellgeringelte Erdod. Bergnatter (*E. obsoleta*; Gesamtlänge bis 2,5 m) u. die am Rücken gelbl. od. rotbraun gefleckte, unterseits schwarzweiß gewürfelte Kornnatter (*E. guttata*).

Kletterpflanzen, die ↗ Lianen.

Kletterseeigel, *Psammechinus microtuberculatus*, 2–3 cm großer Seeigel aus der

Bei K vermißte Stichwörter suche man auch unter C und Z.

Kletterwurzeln

klima- [v. gr. klima = Neigung, Abhang; Himmelsgegend].

Klimaelemente

Sonnenstrahlung
Temperatur
Feuchte
Luftdruck
Wind
Bewölkung
Niederschlag
Verdunstung u. a.

Klimafaktoren

Geographische Breite
Höhe über dem Meeresspiegel
Entfernung zum Meer od. großen Binnenseen
Lage innerhalb der allg. Zirkulation der Atmosphäre
Orographie (Hangneigung, Exposition)
Bodenbeschaffenheit
Vegetation u. a.

Fam. *Echinidae*, der an dünnen Korallenstöcken u. Pflanzenstengeln klettern kann, im Experiment sogar an einer Violinsaite; im Mittelmeer in 4–100 m Tiefe, vertritt dort den ↗Strandseeigel *(P. miliaris)*.

Kletterwurzeln ↗Haftwurzeln.

Klettfrüchte, *Kletten,* mit Widerhaken tragenden Stacheln od. Haaren versehene Früchte, die sich im Fell od. Gefieder v. Tieren (auch Kleidung des Menschen) verhaken u. so verbreitet werden. ↗Epizoochorie, ↗Zoochorie, ↗Haftorgane (☐).

Klickmechanismus, 1) bei der Flügelbewegung das Umspringen der Pteralia 1 und 2 über das Fulcrum bei cyclorrhaphen Dipteren, das ruckart. Verformungen des Scutums zur Folge hat. 2) Der Schnellmechanismus beim Sprung der ↗Schnellkäfer.

Kliesche *w, Scharbe, Limanda limanda,* bis 40 cm langer, häufiger Plattfisch aus der Fam. Schollen, der an eur. Küsten vom Eismeer bis zur Biskaya u. der westl. Ostsee lebt. ⃞B Fische I.

Klima *s* [gr., *klima-*]; mangels einer allg. anerkannten u. umfassenden K.definition wird für K. oft die recht unscharfe Bez. „durchschnittl. Verlauf v. Wetter u. Witterung" benutzt. *Wetter* ergibt sich aus dem Zustand u. den Prozessen der Atmosphäre an bis zu zwei Tagen, *Witterung* aus deren Abfolge in einem Zeitraum bis zu einigen Wochen; das *Klima* beinhaltet charakterist. Zeiträume ab etwa einem Jahr. Durch die Statistik (Mittelwerte, Häufigkeiten, Andauer, Extremwerte u. ä.) der Phänomene u. Felder von *K.elementen* (vgl. Tab.), deren zeitl. und räuml. Verhalten v. den K.faktoren abhängt, läßt sich ein K. kennzeichnen. Das K. gilt als wichtigster ↗abiotischer Faktor, der die Verteilung der Lebewesen auf der Erde maßgebl. bestimmt und einen wesentl. Begrenzungsfaktor für deren Auftreten darstellt. – Das K. ist eine Folge von komplexen Wechselwirkungen innerhalb des *K.systems,* das aus ↗*Atmosphäre* (Lufthülle), ↗*Hydrosphäre* (u.a. Ozeane, Binnengewässer), *Kryosphäre* (Eis- und Schneemassen), ↗*Lithosphäre* (Landoberflächen: Erdboden, Gesteine) und ↗*Biosphäre* (v. Organismen bewohnter Teil der Erde) besteht. Das K.system reagiert empfindlich auf externe Einflüsse (z. B. Sonnenstrahlung, Vulkanausbrüche) od. interne Vorgänge (↗Kohlendioxid, Änderungen in der Landnutzung, z. B. Waldrodungen, Städtebau usw.). Das komplexe Schwankungsverhalten der K.elemente im K.system vollzieht sich über etwa 10 Größenordnungen im Raum (Millimeter bis einige zehntausend Kilometer) u. über weit mehr als 10 Größenordnungen in der Zeit (Bruchteile v. Sekunden bis zu geolog. Zeiträumen). K. darf deshalb nicht als statisch-konservativ, sondern muß vielmehr als kontinuierl. variabel in allen charakterist. Zeiten angesehen werden. Nach den charakterist. räumlichen Skalen kann eine Hierarchie v. Makro-, Meso- u. Mikro-K. aufgestellt werden, wobei die Wechselwirkungen zw. den Skalen, die im *Strahlungs-* und *Wärmehaushalt* der Atmosphäre sowie im Austausch v. Masse u. Impuls begründet sind, scharfe Abgrenzungen ausschließen. Das *Makro-K.* (Groß-K.), das K. außerhalb der bodennahen Luftschicht, wird auf der Basis eines weitmaschigen Netzes v. standarsierten Meßstationen über eine generalisierende Methodik mit dem Ziel eines großräum. Überblicks und großräum. Vergleichbarkeit erfaßt. Die Abmessungen reichen v. einigen hundert Kilometern bis zum globalen Maßstab, so daß hierin z. B. das K. der BR Dtl., von Mitteleuropa, die K.zonen od. das globale K. behandelt wird. Das ↗*Mikro-K.* (Klein-K.), das K. der bodennahen Luftschicht (↗Boden-K., ↗Grenzschicht), ist gekennzeichnet durch starke Variationen aller klimatolog. Elemente aufgrund der kleinräumig wechselnden physikal. Eigenschaften der Unterlage (↗Bodenentwicklung, ↗Bodentemperatur); die entspr. Größenordnungen erstrecken sich v. einigen Millimetern bis zu einigen hundert Metern. Zwischen diesen Extremen v. Mikro- und Makro-K. liegt das *Meso-K.* (Gelände-K., Lokal-K.) mit charakterist. Ausdehnungen v. einigen hundert Metern bis einigen hundert Kilometern, das im Lokal- und Gelände-K. das K. z. B. eines Stadtteils, einer Nordseeinsel, eines Talkessels, Forstgebietes, Ballungsgebietes, des Schwarzwaldes od. der norddt. Tiefebene beinhaltet. – Die Wiss. vom K. der Erde ist die *Klimatologie,* ein Teilgebiet der *phys. Geographie* u. *Meteorologie.* Grundlage für die Erforschung des K.s bilden die Beobachtungen der K.-elemente, die in einem Netz v. (allerdings sehr ungleichmäßig verteilten) *K.stationen* weltweit nach einheitl. Richtlinien durchgeführt werden. Aus der statist. Analyse solcher Daten lassen sich Charakteristika derzeitiger und früherer K.zustände erfassen u. für zahlr. Fragen anwendungsbezogene Informationen ableiten, die z. B. in *K.karten* bewertend dargestellt werden können. In der *Witterungsklimatologie* wird das Verhalten der K.elemente mit typ. Wetterabläufen untersucht; damit erfolgt der Übergang zu der genetisch-kausalen Betrachtungsweise, in der das K. als Folge der *allg. Zirkulation der Atmosphäre* aufgrund der Wechselwirkungen innerhalb des K.systems erklärt wird. Dazu werden umfangreiche Simulationsmodelle entwik-

Klima

kelt, die auch der Untersuchung der Auswirkungen des K.s und der K.schwankungen auf sämtl. Komponenten des K.systems einschl. der ↗Biosphäre sowie der sozioökonom. Bedingungen des Menschen dienen sollen, so daß die Problematik der Klimatologie außergewöhnl. interdisziplinär angelegt ist.

K.klassifikationen: Typisierende K.einteilungen orientieren sich entweder als effektive, d.h. wirkungsbezogene Verfahren an bestimmten Fragestellungen, z.B. an den Auswirkungen des K.s auf Pflanzenwelt, Boden, Abfluß, Anbau, menschl. Befinden, Bewohnbarkeit, od. sie sind genetisch-kausal, d.h., sie gehen v. den klimat. Ursachen aus. In einer solchen Klassifikation muß die Lage der Zirkulationsgürtel, Zugbahn und Häufigkeit der Zyklonen und der Antizyklonen, Frontenhäufigkeit, Höhenlage, Luv- u. Leewirkungen, breiten- u. bewölkungsabhängiger Strahlungsgenuß (↗Energieflußdiagramm, ☐), Entfernung zum Meer, Bodenbedeckung, Reibungseinfluß u.ä. im Zshg. mit dem horizontalen u. vertikalen Austausch v. Masse, Energie u. Impuls gesehen werden. Anomalien des K.s bedeuten danach nichts anderes als großräum. Anomalien der allg. Zirkulation der Atmosphäre. Die wohl älteste Klassifikation geht vom Jahresgang des Sonnenstandes aus, womit sich (auf einer völlig homogenen Erdkugel) fünf *mathematische* od. *solare K.zonen* ergeben: die *tropische Zone* innerhalb der beiden Wendekreise (Breitenkreise ca. 23½° nördl. und südl. des Äquators), zwei *gemäßigte Zonen* zw. den Wende- u. Polarkreisen u. zwei *Polarzonen* jenseits der Polarkreise (Breitenkreise ca. 66½° nördl. und südl. des Äquators). Vielfach wurde eine K.differenzierung nach der Temp., insbes. nach deren Jahresgang, vorgenommen, wobei auch Überlegungen zur Dauer der Überschreitung von biol. relevanten Schwellen (z.B. Latenz- u. Letalgrenzen bis zu extremer Hitze od. Kälte) eine Rolle spielten. Der Wärmehaushalt der Biosphäre ist für alle Lebensvorgänge, z.B. für Photosynthese u. Transpiration, v. Bedeutung, u. der enge Zshg. von *Wärmehaushalt* und *Gaswechsel* über den ↗*Wasserhaushalt* weist auf die Rolle der ↗Feuchtigkeit hin. Entspr. werden nach dem Verhältnis v. ↗Niederschlag, (temperaturabhängiger) Verdunstung (↗Evaporation, ↗Evapotranspiration), Abfluß u. ↗Grundwasser ↗*aride*, ↗*humide* und ↗*nivale* K.typen (vgl. Abb.) unterschieden. Als ein Musterbeispiel einer komplexen effektiven K.klassifikation gilt diejenige von ↗*Köppen,* der einen Bezug zw. dem Auftreten bestimmter ökolog. Leitpflanzen u. Vegetationsgesellschaften einerseits u. den K.elementen Temp. und Niederschlag andererseits nach Mittelwerten u. jahreszeitl. Verteilung hergestellt hat. Von den 6 Haupttypen sind entspr. der Bedeutung der K.elemente für die Vegetation (Feuchtigkeit in niederen Breiten, Temp.-Minimum in den höheren) 5 thermisch und einer hygrisch definiert:

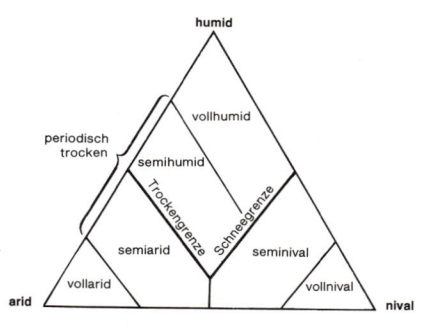

A: *tropische Regenklimate* ohne kühle Jahreszeit (kältester Monat 18°C);
B: *trockene Klimate* mit Unterscheidung v. Wüsten- u. Steppenklimaten;
C: *warmgemäßigte Regenklimate,* deren kältester Monat zw. +18°C und −3°C liegt, während der wärmste +10°C übersteigt;
D: *kühlgemäßigte, feuchte Klimate,* Bedingungen für den wärmsten Monat wie bei C, der kälteste Monat jedoch unter −3°C;
E: *kalte Klimate* jenseits der polaren wie der vertikalen Baumgrenze mit einer Mitteltemp. des wärmsten Monats unter +10°C;
F: *Schneeklimate* od. Klimate des ewigen Frostes; der wärmste Monat bleibt noch unter 0°C.

Diese Haupt-K.typen werden nach der Verteilung u. dem Mengenverhältnis der Niederschläge (jahreszeitl. Lage der Trockenheit) sowie nach Sommerwärme u. Winterkälte weiter differenziert. Eine noch detailliertere Gliederung liefern die *Jahreszeitenklimate* v. *Troll* u. *Paffen,* die anhand des jahreszeitl. Wechsels der ökolog. entscheidenden Elemente Strahlung, Temp., Niederschlag bzw. Humidität od. Aridität definiert sind. Für unterschiedl. Klimate typische mittlere Jahresgänge von Temp. und Niederschlag zeigen die Diagramme v. Walter u. Lieth (vgl. Abb.). – *K.schwankungen:* Die Variabilität in allen Zeitskalen ist eine charakterist. Eigenschaft des K.s. Die letzten 2 Mill. Jahre waren gekennzeichnet durch eine Abfolge von *eiszeitl.* und *warmzeitl. K.verhältnissen.* Der mittlere Abstand zw. den ↗Eiszeiten beträgt dabei etwa 100 000 Jahre, das Maximum der letzten Eiszeit liegt etwa 18 000 Jahre zurück. (☐ Pleistozän). Die sich anschließende vergleichsweise warme zwischeneiszeitl.

Klima

Die klimat. Bereiche bzw. K.typen der Erde

Klima

Acht ausgewählte Diagramme (nach Walter und Lieth) zu typischen Temperatur- und Niederschlagsverteilungen auf der Erde (J = Jan. bzw. Juli, A = April, O = Okt.)

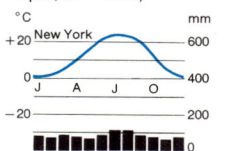

1 *Ostküstenklima:* ganzjährig etwa gleichverteilte Niederschläge, relativ warme Sommer (New York, USA)

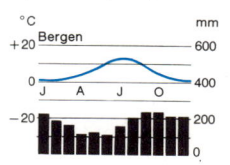

2 *Westküstenklima:* schwach ausgeprägte Temperaturamplitude, Ganzjahresniederschläge (Bergen, Norwegen)

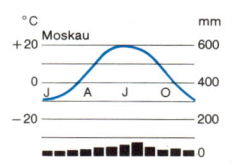

3 *Inlandklima:* ausgeprägter Jahresgang der Temperatur, geringe Niederschläge (Moskau, UdSSR)

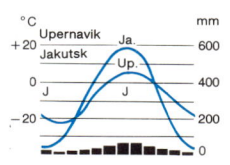

4 *Arktisches Klima:* mehr (kontinental) oder weniger (maritim) extreme Temperaturamplitude (Upernavik, Grönland; Jakutsk, UdSSR)

Bei K vermißte Stichwörter suche man auch unter C und Z.

Klima

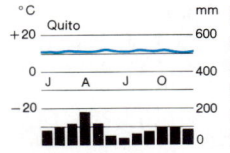

5 Hochlandklima: kein Jahresgang in der relativ niedrigen Temperatur, Ganzjahresniederschläge (Quito, Ecuador)

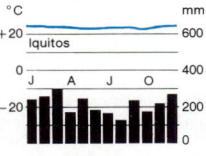

6 Regenwaldklima: ganzjährig feucht und gleichmäßig warm (Iquitos, Peru)

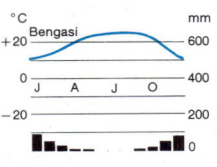

7 Mittelmeerklima: milde, feuchte Winter, trockene, warme Sommer (Bengasi, Libyen)

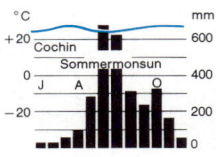

8 Monsunklima: geringe Jahresschwankung der Temperatur, extreme Monsunniederschläge (Cochin, Südindien)

Phase brachte ein „K.optimum" zw. 4000 und 2500 v. Chr. mit Temp. von 1 bis 2°C über den heutigen. Darauf erfolgte eine K.verschlechterung mit einer Trendwende um Christi Geburt u. einem erneuten K.optimum im MA zwischen 1150 und 1350 n. Chr. Von 1500 bis 1850 breiteten sich bei Jahresmittel-Temp. um 1 bis 2°C unter den heutigen die Gletscher wieder aus („kleine Eiszeit"). Von 1880 bis 1940 beobachtete man einen Temp.-Anstieg um 1°C, wobei die Erwärmung Anfang des 20. Jh. besonders deutl. ausfiel. Nach 1940 gingen die Temp. auf der N-Halbkugel wieder zurück, aber der Abkühlungstrend scheint bereits wieder zum Stillstand gekommen zu sein. – Regionale K.schwankungen entstehen innerhalb des komplexen K.systems. Ein Vorstoß od. Rückzug des Treibeises, eine frühe Schneedecke, abnorme Meerestemp. bewirken Anomalien in der allgemeinen Zirkulation. Da die sehr geringen Variationen der *Sonnenaktivität* kaum eine K.wirkung besitzen, kommen als externe Ursache für K.schwankungen die großen *Vulkaneruptionen* in Betracht, die in der Stratosphäre in 20–30 km Höhe eine mehrere Jahre überdauernde Partikelschicht erzeugen, welche einen Teil der Sonnenstrahlung in den Weltraum zurückstreut u. damit zu einer hemisphärischen Abkühlung von bis zu 1°C führen kann. Weitere Auswirkungen auf das K. sind durch Änderungen in der Zusammensetzung der Atmosphäre u. durch die Wolkenbedeckung möglich. ↗ *Aerosole* werden über Absorption u. Streuung im Strahlungshaushalt sowohl direkt wirksam als auch indirekt als Kondensationskerne bei Bildung u. Eigenschaften v. Bewölkung mit Konsequenzen für den Strahlungshaushalt über die ↗ *Albedo* (T). Von eminenter Bedeutung sind das ↗ *Kohlendioxid* u. der *Wasserdampf* in der Atmosphäre. Beide Gase absorbieren im ↗ *Infraroten*, so daß es zu einer nach oben abnehmenden Erwärmung der Troposphäre kommt (↗ *Glashauseffekt*). Dieser Effekt wird durch weitere *Spurengase* aus überwiegend *anthropogenen Quellen* (Lachgas als Nebenprodukt bei der Umsetzung der Stickstoffdünger im Boden, Methan, die Frigene, Ammoniak usw.), deren Zuwachs schneller erfolgt als der des CO_2, ungefähr verdoppelt (virtueller CO_2-Gehalt). Bei einer Verdoppelung des CO_2-Gehalts der Atmosphäre, deren Eintreten bei weiter unkontrolliertem Verbrauch ↗ *fossiler Brennstoffe* allg. für Mitte des nächsten Jh.s angenommen wird, ergibt sich nach den bisher. Modellrechnungen eine weltweite Erwärmung der bodennahen Luftschichten um 2 bis 3°C. In den wegen der Albedo-Schneedecke-Temp.-Rückkoppelung sehr empfindl. reagierenden Polargebieten könnte die Erwärmung sogar 8–15 °C betragen: durch Abschmelzen der Eisvorräte würde der Meeresspiegel um ca. 70 m ansteigen. Mit der Temp.-Erhöhung wird der *hydrologische Kreislauf* (Verdunstung u. Niederschlag) intensiviert, u. die Wasserdampfabsorption verstärkt den Glashauseffekt (positive Rückkoppelung). Andererseits nimmt mit zunehmender Verdunstung auch der mittlere Bewölkungsgrad u. damit auch die mittlere Albedo zu, d. h., der Strahlungsgenuß vermindert sich (negative Rückkoppelung). Der Einfluß der Bewölkung läuft also dem der Spurengase entgegen. Ein Anstieg der globalen Mitteltemp. hätte über die daraus folgende Variation des horizontalen u. vertikalen Temp.-Gradienten Konsequenzen für die allg. Zirkulation mit Verlagerung der *K.zonen* um einige hundert Kilometer u. nicht übersehbaren Folgen insbes. im *Wasserhaushalt* und – damit verbunden – in der *Nahrungsmittelproduktion*. Vornehml. betroffen wären dadurch jene Gebiete der Erde, die bereits heute in den Randzonen bestimmter K.regionen liegen u. deshalb bes. stark auf Änderungen der klimat. Bedingungen reagieren. Zusätzl. haben ausgeprägte K.änderungen bes. dann einschneidende Folgen auf die Umwelt u. die vom Menschen geschaffenen Ökosysteme, wenn sie in kurzer Zeit erfolgen, ohne daß eine allmähl. Anpassung möglich ist. Deshalb muß die Gefahr einer zunehmenden Variabilität des K.s aufgrund der *Empfindlichkeit der Ökosysteme* mindestens ebenso hoch eingeschätzt werden wie die einer langsamen K.änderung. ↗ Luftverschmutzung, ↗ Vegetationszonen (B).

Lit.: *Blüthgen, J., Weischet, W.:* Allg. Klimageographie. Berlin, New York 1980. *Eimern, J. van, Häckel, H.:* Wetter- und Klimakunde. Stuttgart 1984. *Fabian, P.:* Atmosphäre und Umwelt. Berlin, Heidelberg, New York, Tokio 1984. *Flohn, H.:* Das CO_2-Klima-Problem und die Rolle biol. Vorgänge. Biologie in unserer Zeit. 14. Jahrgang, Nr. 2, 42–47, 1984. *Schönwiese, C. D.:* Klimaschwankungen. Berlin, Heidelberg, New York 1979. G. J.

Klimainseln, relativ kleinflächige Gebiete, die sich in einem od. mehreren Faktoren (z. B. Temp., Feuchtigkeit) vom Klima des Umlands wesentl. unterscheiden (z. B. Kälteinseln); häufig gekennzeichnet durch das reliktäre Vorkommen einzelner, an das abweichende Klima angepaßter Arten.

Klimakterium s [v. gr. klimaktēr = Stufe], *Climacterium, Klimax, Wechseljahre,* Übergangsphase v. der Geschlechtsreife zum Senium. Bei der Frau bis zum Eintritt der Menopause (↗ Menstruation) meist zw. dem 40. u. 50. Lebensjahr; Symptome sind u. a. unregelmäßige Menstruation, Stimmungslabilität, Schlafstörungen, Depressionen, Osteoporose. Beim Mann *(Climacterium virile)* zw. dem 40. und 60. Lebensjahr als Folge des Rückgangs der Hormonproduktion (Andropause); wegen der weiten Variationen als etablierter Begriff umstritten; Symptome: vegetative Labilität, Abnahme v. Potenz u. Libido.

Klimaregeln ↗Allensche Proportionsregel, ↗Bergmannsche Regel, ↗Glogersche Regel. ↗Clines.

Klimaxvegetation w [v. gr. klimax = Leiter, Treppe, mlat. vegetare = leben, grünen], *Klimax, Schlußgesellschaft,* hypothetische, vom Großklima bestimmte Endstufe ungestörter Vegetationsentwicklung. Die *Klimax-Hypothese* ging v. der unzutreffenden Voraussetzung aus, daß die Relief- u. Bodenunterschiede eines Gebietes im Laufe von Jtt. allmählich verschwinden u. sich deshalb schließl. eine einheitl. Endvegetation einstellen wird. Länger anhaltende, z. B. unter dem Einfluß des Menschen entstehende Zwischenstadien bezeichnete man als *Disklimax.* Spricht man heute v. *Klimaxgesellschaft,* so meint man damit die potentielle od. reale natürl. Vegetation der großflächig verbreiteten Standorte eines Gebietes, weil es als erwiesen gilt, daß unter natürl. Bedingungen auf vielen Sonderstandorten in menschl. überschaubaren Zeiten keine Weiterentwicklung der dort vorhandenen Vegetation (Bruchwälder, Auwälder, Salzwiesen) in Richtung K. zu erwarten ist.

Klimmhaare, die ↗Kletterhaare.

Klinefelter-Syndrom s [klainefelter-; ben. nach dem am. Endokrinologen H. F. Klinefelter, * 1912], durch eine ↗Chromosomenanomalie (Trisomie der Geschlechtschromosomen: XXY) hervorgerufenes Krankheitsbild; tritt mit einer Wahrscheinlichkeit von 1:400 bis 1:1000 bei männl. Neugeborenen auf u. ist damit die häufigste Form der ↗Intersexualität (i. w. S.). Die betroffenen Individuen sind eunuchoid (↗Eunuchismus) u. steril durch Verkümmerung des samenbildenden Epithels der Samenkanälchen (↗Hoden) sowie meist geistig retardiert.

Klinodontie w [v. gr. klinein = biegen, odontes = Zähne], *Proklivie,* Schrägstellung antagonist. Schneidezähne; diese bilden bei Zahnschluß einen stumpfen Winkel. Ggs.: Orthodontie.

Klinostat m [v. gr. klinein = bewegen, statos = stehend], ein Apparat, der bei pflanzenphysiolog. Versuchen durch Drehung die Schwerkraft unwirksam macht.

Klippdachs, Klippschliefer, ↗Schliefer.

Klippenassel, *Ligia oceanica,* ↗Landasseln. [↗Lippfische.

Klippenbarsch, *Ctenolabrus rupestris,*

Klippspringer, *Oreotragus oreotragus,* zu den Böckchen (U.-Fam. *Neotraginae*) rechnende kleine Antilope O- und S-Afrikas; Kopfrumpflänge 75 bis 115 cm, Schulterhöhe 50 bis 60 cm; hochbeinig u. rundrückig; dichtes Fell aus kräft., brüchigen Haaren, Farbe olivgelb u. grau gesprenkelt. K. sind hochgradig an das Leben an Felshängen u. auf Felskuppen angepaßt; sie treten (als einzige Huftiere) nur mit den Spitzen ihrer Hufe auf u. beanspruchen kaum Standfläche. Bei einer tansan. U.-Art sind auch die weibl. Tiere gehörnt.

Klippspringer
(Oreotragus oreotragus)

Kloake w [v. lat. cloaca = Abzugskanal, K.], Enddarm-Abschnitt, in den auch die Ausführgänge v. Gonaden u. Exkretionsorganen münden. Dieser Maximaldefinition entspricht die K., die bei den meisten Wirbeltieren vorkommt; keine K. haben die Knochenfische, einige Kieferlose u. die höheren Säugetiere *(Metatheria* = Beutel- u. Placentatiere). Aber auch bei letzteren wird embryonal eine K. angelegt (↗Rekapitulation), die beim Menschen selten auch erhalten bleibt (pathologisch). – Auch bei einigen Wirbellosen gibt es eine K. als gemeinsamen Ausführgang v. Verdauungs-, Geschlechts- u. Exkretionsorganen, z. B. bei den Rädertierchen. Der Begriff wird aber oft auch dann verwendet, wenn *nur* die Gonodukte in den Enddarm münden, wie z. B. bei den ♂♂ der ↗Fadenwürmer (☐) od. in den Abschnitt vor der Egestions-(Ausström-)Öffnung (bei ↗Seescheiden). Bei ↗Seewalzen [B] Atmungsorgane II) ist die „Kloake" der letzte Darmabschnitt, in den auch die Wasserlungen und ggf. die ↗Cuvierschen Schläuche münden. ☐ Geschlechtsorgane.

Kloakentiere, *Monotremata,* einzige Ord. der Eierlegenden Säugetiere (U.-Klasse *Prototheria);* gedrungene, kurzbeinige Tiere mit gestreckter, hornumkleideter Schnauze; Zähne sind nur juvenil vorhanden; 2 Fam. (↗Ameisenigel, *Tachyglossidae;* ↗Schnabeltiere, *Ornithorhynchidae)* mit zus. 3 Gatt. und 6 Arten, in Austr. (mit Neuguinea u. Tasmanien). – Trotz ihrer Spezialanpassungen sind die K. die ursprünglichsten lebenden Säugetiere; sie vereinigen reptilien- u. säugetiertyp. Merkmale. Die Körperbedeckung der K. besteht aus einem dichten Haarkleid od. aus Haaren u. Stacheln; dazwischen können unregelmäßige Papillen der Lederhaut (Corium) liegen, die als „Reste" v. Reptilienschuppen gedeutet werden. An das Reptilien-Skelett erinnert das große Rabenschnabelbein (↗Coracoid) im Schultergürtel der K. Gehirn, Herz u. Kreislauforgane sind säugetierartig mit einzelnen Reptilienmerkmalen. Die Körpertemp. der K. ist nicht

Bei K vermißte Stichwörter suche man auch unter C und Z.

Kloeckera

konstant. Die Ameisenigel bilden eine Bruttasche wie die Beuteltiere aus. Keine Zitzen; die Milchdrüsen verdichten sich zu zwei Milchfeldern. I. d. R. entwickeln sich nur 1 oder 2 der dotterreichen Eizellen des linken Ovars. Die v. einer pergamentart. Schale umhüllten Eier werden im Brutbeutel (Ameisenigel) bzw. im Nest (Schnabeltier) erbrütet. Der Name K. weist darauf hin, daß Enddarm, Harn- u. Geschlechtswege in eine gemeinsame Öffnung (↗ *Kloake*) einmünden.

Kloeckera w, Gatt.-Name der ungeschlechtl. Form der Echten Hefe ↗ *Hanseniaspora*.

Klon m [gr., *klon-], *Clone*, Nachkommenzellen, die durch asexuelle Vermehrung aus *einer* Zelle (z. B. der befruchteten Eizelle od. einer Zelle, in die durch gentechnolog. Verfahren Fremd-DNA eingeschleust wurde; ↗ Gentechnologie, ↗ Genmanipulation) hervorgehen u. daher genet. einheitl. Nachkommenzellen sind. ↗ Clone-selection-Theorie. B Gentechnologie.

Klonanalyse w [v. *klon-, gr. analysis = Auflösung], Ermittlung der Entwicklungsleistungen v. Nachkommen einer einzigen, experimentell markierten Zelle (z. B. durch Injektion v. Markiermolekülen od. ↗ somatisches Crossing over). Das Entwicklungsspektrum solcher *Klone* erweist sich häufig als eingeschränkt (*Klonrestriktion*); z. B. können Klone im *Drosophila*-Flügel nur zur vorderen *oder* zur hinteren Flügelhälfte beitragen (↗ Kompartimente). Die K. kann auch Auskunft über Zellteilungsraten, Anzahl der Zellen in einer Organanlage usw. geben.

Klonierung w [Ztw. *klonen, klonieren;* v. *klon-], 1) Entwicklungsbiol.: Herstellung genetisch ident. Zellen durch Zellteilung od. ↗ Kerntransplantation (B). 2) Molekularbiol.: DNA-K., Gen-K., Einschleusung u. Neukombination v. (meist Fremd-)DNA in Einzelzellen u. die anschließende Vermehrung dieser DNA in Form des ↗ Klons der betreffenden Einzelzelle. ↗ Gentechnologie (B).

Klonierungs-Vektor [v. *klon-], ↗ Gentechnologie, ↗ Vektoren.

Klonorchiase w [v. *klon-, gr. orchis = Hode], *Clonorchiasis*, Befall des Menschen u. fischfressender Säuger mit dem Chinesischen Leberegel ↗ *Clonorchis*. Der Lebenszyklus des Parasiten schließt Schnecken (Prosobranchier) als erste u. verschiedene Fische (u. a. Cypriniden) als zweite Zwischenwirte ein. Der Parasit besiedelt die Gallengänge des Endwirts; die Krankheit kann symptomlos sein, aber auch die Form einer schweren Gelbsucht haben.

Klon-Selektionshypothese w [v. *klon-,

klon- [v. gr. klōn = junger Zweig, Schößling].

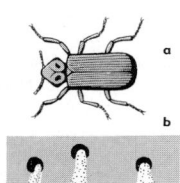

Klopfkäfer
a Käfer (*Anobium spec.*), b Bohrlöcher mit Bohrmehl

lat. selectio = Auswahl, gr. hypothesis = Annahme], die ↗ Clone-selection-Theorie.

Klopfkäfer, *Pochkäfer, Nagekäfer, Bohrkäfer, Anobiidae,* Fam. der polyphagen Käfer mit weltweit ca. 1600, in Mitteleuropa etwa 75 Arten; 2–7 mm groß, meist bräunl. gefärbt, walzenförmig, mit längeren dünnen od. stark gesägten Fühlern. Die Larven der K. sind die „*Holzwürmer*" in alten Möbeln, die ähnl. wie kleine ↗ Engerlinge (☐) aussehen; sie leben in Bohrgängen in altem Holz, aber auch in Baumschwämmen, in Rinde, Nadelholzzapfen, Bovisten. Manche Arten sind Vorratsschädlinge. Viele Arten erzeugen Klopfgeräusche (Name!) durch Schlagen des Kopfes gg. eine Unterlage bei gleichzeit. Vorstoßen des ganzen Körpers; dieses Verhalten dient der Partnerfindung. Die ♀♀ legen mit Symbionten beschmierte Eier ab, deren Schale dann v. den frisch geschlüpften Larven gefressen wird, um sich mit den Symbionten zu infizieren. Diese sind für die Holzverdauung lebensnotwendig. Einige häufige Arten: Totenuhr od. Gemeiner Holzwurm *(Anobium punctatum),* 3–5 mm, dunkelbraun, gefürchteter Schädling an alten Möbeln, Holzfiguren o. ä., Larven durchnagen das Holz mit Gängen; die schlüpfenden Käfer erzeugen die charakterist. kleinen, kreisrunden Löcher. Eine verwandte Art ist der Trotzkopf (*A. pertinax*). In Nadelholzzapfen lebt *Ernobius abietis;* Larve im Holz v. Fichtenzapfen. Der Brotkäfer od. Brotbohrer (*Sitodrepa panicea, Stegobium paniceum*), 2–4 mm, rotgelb od. rotbraun, lebt an verschiedenen Lebensmitteln u. ist in Vorratslagern u. Häusern gelegentl. sehr schädlich. Der Tabakkäfer (*Lasioderma serricorne*) ist bei uns mit Tabakballen aus den Tropen eingeschleppt. Verwandte Arten entwickeln sich bei uns in Blütenböden v. Flockenblumen od. Disteln. In Holzpilzen entwickeln sich die Arten der Gatt. *Dorcatoma,* in Bovisten die der Gatt. *Coenocara.*

Klug, *Aaron,* brit. Chemiker südafr. Herkunft, * 11. 8. 1926 Johannesburg; seit 1961 am Medical Research Council Laboratory in Cambridge. Bedeutende Beiträge zur Ermittlung v. Tertiärstrukturen v. Nucleinsäuren u. Nucleoproteinen, wie z. B. t-RNA, Tabakmosaikvirus u. Nucleosomen; trug wesentl. zur Weiterentwicklung der Methoden der Röntgenstrukturanalyse und Elektronenmikroskopie, besonders zur Anwendung an großen Molekülkomplexen, bei; erhielt 1982 den Nobelpreis für Chemie.

Klumpfisch, *Mola mola,* ↗ Mondfische.
Klumpfüße ↗ Phlegmacium.
Kluyveromyces m [ben. nach dem niederländischen Mikrobiologen A. J. Kluyver, 1888–1956, gr. mykēs = Pilz], Gatt. der

Bei K vermißte Stichwörter suche man auch unter C und Z.

Echten Hefen *(Saccharomycetaceae);* bilden neben Sproßzellen auch Pseudohyphen aus; die Asci können 1–60, meist ellipsoide od. nierenförm. Ascosporen enthalten; viele *K.*-Arten vergären Lactose, z.B. *K. marxianus* (früher: *Saccharomyces m.*); *K. lactis* kann v. verschiedenen Nahrungsmitteln u. von Wein isoliert werden; einige Arten kommen im Erdboden u. in *Drosophila*-Arten vor.

K_M, K_M-Wert, ↗Enzyme (☐, T).

Knabenkraut, *Orchis,* Gatt. der Orchideen; bodenbewohnende Arten mit grünen, teilweise dunkel gefleckten Blättern. Die Blüten zeichnen sich durch einen walzl. Sporn aus. Die Gatt. wird häufig aufgeteilt: Die Gatt. *Orchis* i. e. S. ist durch kurze, häut. Tragblätter u. kugel. Wurzelknollen charakterisiert. Arten der Mesobrometen sind: *O. morio* (Kleines K.), *O. ustulata* (Brand-K.), *O. simia* (Affen-K.), *O. militaris* (Helm-K.) und *O. mascula* (Stattliches K., B Orchideen), *O. purpurea* (Purpur-K., B Orchideen) gilt als Charakterart der Quercetalia pubescentis, *O. palustris* (Sumpf-K.) findet man in basenreichen Moorwiesen. Die Gatt. *Dactylorhiza* unterscheidet sich von *Orchis* durch kraut., den Fruchtknoten überragende Tragblätter u. handförmig geteilte Wurzelknollen. Häufigste Arten sind *D. majalis* (Breitblättriges K.) u. *D. maculata* (Geflecktes K.), beide in kalkarmen Naßwiesen u. Sümpfen zu finden. Fast alle Arten der beiden Gatt. stehen auf der ↗Roten Liste u. sind teilweise „stark gefährdet" od. sogar „vom Aussterben bedroht". Ihre Standorte, sowohl Naßwiesen als auch Trockenrasen, werden häufig entweder aufgeforstet od. zwecks Ertragserhöhung stark gedüngt, so daß die konkurrenzschwachen Orchideen verdrängt werden.

Knackbeere, *Fragaria viridis,* ↗Erdbeere.

Knalldrüsen, Pygidialdrüsen des ↗Explosionsmechanismus der ↗Bombardierkäfer.

Knallgasbakterien ↗wasserstoffoxidierende Bakterien.

Knallgasreaktion ↗Atmungskette.

Knallkrebse, *Pistolenkrebs,* Alpheidae, Fam. der *Decapoda* (U.-Ord. *Natantia);* kleine, bis 5 cm lange Garnelen, deren erste Pereiopoden sehr asymmetr. Scheren bilden. Die Gatt. *Alpheus* tritt mit ca. 200 Arten im Litoral warmer Meere auf. Die große Schere ist oft länger u. größer als der Cephalothorax, manchmal so lang wie der ganze Krebs. Mit dieser Schere können die K. ein lautes Knallen erzeugen: Ihr unbewegl. Finger besitzt eine Längsrinne, die in einer Vertiefung endet; der bewegl. Scherenfinger hat einen Vorsprung, der beim Schließen der Schere plötzl. wie ein Druckknopf in diese Grube einschnappt; dadurch werden ein nach vorn gerichteter

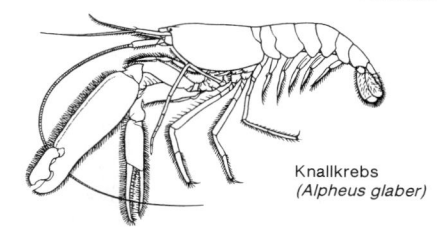

Knabenkraut *(Orchis spec.)*

Knallkrebs *(Alpheus glaber)*

Knäuelgras
Wiesen-Knäuelgras *(Dactylis glomerata),* **a** Blütenstand, **b** Blattgrund

Wasserstrahl mit hohem Druck u. ein Knall erzeugt. K. leben in Röhren, die sie sich selbst graben od. die sie erkämpfen. Bei solchen Kämpfen wird dem Gegner der Wasserstrahl entgegengeschossen; v. a. in der Abenddämmerung nehmen solche Auseinandersetzungen zu, u. man hört ein lautes Knattern. Auch beim Beutefang kann der Wasserstrahl eingesetzt werden (Betäubung v. Fischen). Manche Arten leben paarweise in ihren Röhren. Andere leben in Symbiose mit einem Fisch der Fam. *Gobiidae;* der Krebs gräbt die Röhre, u. der Fisch beobachtet die Umgebung u. gibt durch bestimmte Bewegungen an, ob der Krebs die Röhre ohne Gefahr verlassen kann. *Synalpheus* ist eine andere Gatt., deren Arten häufig in Schwämmen leben. *Athanas nitescens,* ein 2 cm langer Alpheide aus der Nord- u. Ostsee, kann nicht knallen.

Knäuelfaden ↗Tolypothrix.

Knäuelfilarie *w,* ↗Onchocerca.

Knäuelgras, *Dactylis,* Gatt. der Süßgräser (U.-Fam. *Pooideae*) mit 6 Arten in den gemäßigten Zonen Eurasiens u. in N-Afrika; Rispengräser mit geknäuelten Ährchen u. kahlen Blättern. Das Wiesen-K. *(D. glomerata)* ist ein in Fettwiesen u. Unkrautges. verbreiteter Stickstoffzeiger; als wertvolles Futtergras weltweit verschleppt.

Knäuelinge, *Panus,* Gatt. der *Polyporaceae,* meist in Haufen od. Knäueln an Baumstümpfen u. Stämmen wachsende Pilze, die einen seitl., kurz gestielten, zähfleischigen Fruchtkörper *mit Lamellen* ausbilden (⌀ 1,5–8 [10] cm); Lamellenschneiden meist nicht gesägt; Sporenpulver weiß bis creme-ocker. In Europa ca. 4 Arten; auf Laubholzästen wächst *P. conchatus* Fr.; bes. auf Weidenstrünken der Wohlriechende K. *(P. suavissimus* Sing.).

Knäuelkraut, *Scleranthus,* Gatt. der Nelkengewächse mit ca. 150 Arten u. weiter Verbreitung in der Alten Welt. Die kleinen, kraut. Pflanzen besitzen lineal.-pfrieml. Blätter u. kleine grünl. Blüten; Kronblätter fehlen. Das auch in Dtl. heim. Ausdauernde K. *(S. perennis),* zerstreut in offenen, trockenen Pionierges., ist neben anderen Pflanzen der Wirt der dt. Cochenille-Schildlaus, aus der ↗Carmin gewonnen wird.

Knautie *w* [ben. nach dem dt. Botaniker Ch. Knaut, 1654–1716], *Witwenblume,*

Bei K vermißte Stichwörter suche man auch unter C und Z.

Kneriidae

Knautia, Gatt. der Kardengewächse mit ca. 60 Arten in Europa, Vorderasien u. N-Afrika. Kahle bis behaarte, ein- od. mehrjährige Pflanzen mit relativ flachen, langgestielten, v. zahlr. kraut. Hüllblättern umgebenen Blütenköpfen, deren Böden keine Spreublätter aufweisen. Die Blüten besitzen einen ungleich 4spalt. Saum u. sind im Randbereich des Köpfchens vergrößert. In Mitteleuropa v. a. *K. arvensis,* die Wiesen-K. (in Fettwiesen u. Äckern sowie an Wald- u. Wegrändern), u. *K. silvatica,* die Wald-K. (in Stauden- bzw. Hochstaudenfluren sowie im Saum v. Auenwäldern u. -gebüschen, insbes. der montanen u. subalpinen Stufe), mit bis zu 4 cm breiten, rot- bis blauvioletten Köpfchen.

Kneriidae, die ↗ Ohrenfische.

Knick, in N-Dtl. Bez. für eine Wallhecke (Hecke auf einem Erdwall), die Wiesen, Felder, Koppeln u.ä. umgrenzt; dient als Wind- u. Erosionsschutz u. kann, da sie oft viele Vögel beherbergt, indirekt auch v. Nutzen für die ↗ biol. Schädlingsbekämpfung sein.

Kniegelenk, 1) *Articulatio genus,* meist kurz als *Knie (Genu)* bezeichnetes Dreh-Scharnier-↗ Gelenk zw. Ober- u. Unterschenkel der Tetrapoden. Das K. wird gebildet v. den zwei Gelenkrollen des Oberschenkelbeins (↗Femur) u. der gekehlten Gelenkfläche des Schienbeins (Tibia), zw. denen zwei Gelenkscheiben

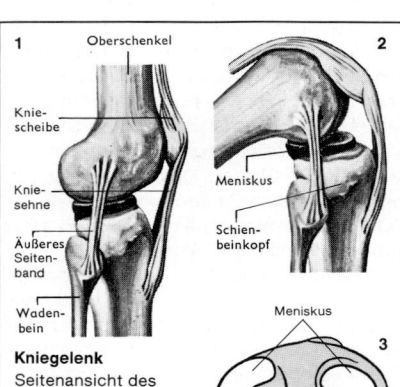

Kniegelenk
Seitenansicht des knöchernen K.s von außen; **1** bei Streckung, **2** bei Beugung. **3** Lage der Menisken im K.
Ein Meniskus kann leicht einreißen, wenn er zw. den beiden Gelenkflächen eingeklemmt wird, z.B. wenn das Bein gedreht wird u. dabei der Fuß feststeht (typ. Verletzungen bei Fußballspielern). Ein geschädigter Meniskus kann durch eine Operation entfernt werden. Läßt der Chirurg dabei einen Rest des Meniskus stehen, kann daraus ein *meniskoides Gewebe* mit Form u. Funktion des urspr. Meniskus entstehen.

Kniegelenk
Die vor dem K. liegende *Kniescheibe (Patella)* ist ein ↗ Sesambein, das in der Sehne des vierköpfigen Oberschenkelmuskels liegt (Musculus quadriceps femoris). Sie bildet ein kleines Gelenk mit dem Femur (Femoropatellagelenk), das aber für die Dreh- u. Scharnierbewegung des K.s keine Bedeutung hat. Die Kniescheibe dient der Optimierung des Ansatzwinkels der Quadricepssehne am Unterschenkel.

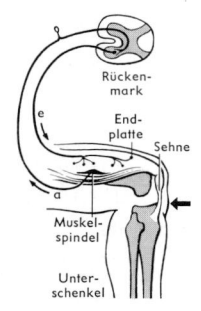

Kniesehnenreflex
Der K. ist ein Beispiel für einen Reflexbogen. Der Schlag (Reiz) auf die Sehne (Patellarsehne) führt zur Dehnung u. damit Erregung der Muskelspindel (Rezeptor). Nach Leitung über eine afferente Bahn (Ia-Fasern, a) u. nach Umschaltung im Rückenmark auf eine efferente Bahn (α-Motoneuronen, e) gelangt die Erregung auf die motor. Endplatte im Muskel, der sich dadurch kontrahiert u. den Unterschenkel hebt. ↗ Eigenreflex.

(*Menisci,* ↗ Gelenk) liegen. Mehrere Bänder dienen der Führung u. dem Zusammenhalt des K.s. Die wichtigsten sind die zwei Außenbänder außerhalb u. die zwei Innenbänder *(Kreuzbänder)* innerhalb des Gelenkspalts. – Bewegungsmöglichkeiten: Beugung u. Streckung um eine Achse sowie Rotation des Unterschenkels bei gebeugtem K. (zwei Freiheitsgrade, ↗ Gelenk). Bei Vierbeinern tritt eine vollständige Streckung (180°) des K.s nur in bes. Situationen (extrem starkes Abspringen, Sichstrecken), beim Menschen regelmäßig beim Gehen u. im Stehen auf. Eine Überstreckung führt zu Bänder- u. Meniskusverletzungen. 2) bei ↗ Insekten das Gelenk zw. Femur u. Tibia bzw. zwischen Trochanterofemur u. Tibiotarsus. ↗ Extremitäten (☐).

Kniep, *Hans,* dt. Botaniker, * 3. 4. 1881 Jena, † 17. 11. 1930 Berlin, ab 1911 Prof. in Straßburg, 1914 in Würzburg, seit 1925 in Berlin, Nachfolger v. Haberlandt; Arbeiten über Cytologie u. Pflanzenphysiologie; erforschte die Sexualität Niederer Pflanzen u. die Entwicklungsgeschichte Höherer Pilze.

Kniesehnenreflex, *Kniescheibensehnenreflex, Kniereflex, Patellarsehnenreflex,* ein ↗ Reflex, durch den z. B. durch einen Schlag (mit dem Reflexhammer) auf die Patellarsehne unterhalb der Kniescheibe eine Streckung des angewinkelten Beins erreicht wird. Durch die Dehnung der Patellarsehne (↗Dehnungsreflex) werden auch der große vierköpfige Streckmuskel (Extensor) am Oberschenkel, der Musculus quadriceps, ruckartig gedehnt u. die entspr. Muskelspindeln (↗Dehnungsrezeptoren) erregt. Über v. diesen abgehende afferente Nervenbahnen (↗Afferenz), die Ia-Fasern, erreicht die Erregung die im ↗Rückenmark gelegene einzige Schaltstelle *(monosynaptischer Reflex)*; dort wird sie auf die efferente Bahn (↗Efferenz), die α-Motoneuronen, übertragen. Über diese Nervenbahnen kehrt die Erregung zum Musculus quadriceps (↗Eigenreflex) zurück u. veranlaßt ihn zur Kontraktion. Zu erwähnen ist, daß im Rückenmark auch eine Erregungsübertragung auf die zu den Antagonisten (Musculus semimembranosus, M. semitendinosus) führenden Nervenbahnen erfolgt u. diese hemmt. Der K. hat zus. mit dem Achillessehnenreflex die Funktion, beim Aufspringen auf den Boden (Dehnung der Streckmuskulatur) die Streckmuskeln reflektorisch zu kontrahieren u. das Gewicht des Körpers aufzufangen. Der K. ist bei Nerven- u. Rückenmarkserkrankungen verändert.

Knight [nait], *Thomas Andrew,* engl. Botaniker * 12. 8. 1759 Wormsley Grange

(Herefordshire), † 11. 5. 1838 London; bedeutende Beiträge zur Pflanzenphysiologie; entdeckte den Tropismus.

Kniphofia w [ben. nach dem dt. Botaniker J. J. Kniphof, 1704–65], Gatt. der ↗ Liliengewächse.

Knoblauch, *Allium sativum,* ↗ Lauch.

Knoblauchkröte, *Pelobates fuscus,* einziger einheim. Vertreter der Krötenfrösche (Fam. *Pelobatidae*); unterscheidet sich v. den echten Kröten *(Bufonidae)* durch ihre glatte Haut u. senkrechte Pupillen. Ihren Namen hat sie v. einem nach Knoblauch riechenden Hautsekret, das sie bei starker Störung absondert. Die nach der ↗ Roten Liste „gefährdete" K. lebt v. a. auf trockenem, sand. Boden, in den sie sich mit ihrem schaufelart. Metatarsalhöcker schnell u. geschickt rückwärts eingraben kann. Wegen ihrer strikt nachtaktiven Lebensweise ist sie auch an Stellen, wo sie häufig ist, meist unbekannt. Die Männchen erreichen 5, die Weibchen 8 cm Länge; sie sind oberseits hell- u. dunkelbraun gestreift od. gefleckt (B Amphibien II). Zur Fortpflanzungszeit, von Mai bis Juni, rufen die Männchen an Tümpeln u. Teichen unter Wasser leise „krock – krock – krock"; ähnlich, noch leiser, rufen die Weibchen. Bei der Paarung wird das Weibchen, wie für *Archaeobatrachia* typisch, in der Lendenregion geklammert (☐ Froschlurche). Die Eier werden in Schnüren abgegeben. Die Larven erreichen 10 cm od., wenn sie überwintern, bis 17 cm Länge. Bei Gefahr bläht sich die K. auf u. stößt einen piepsenden Alarmruf aus. Ähnl. sind die Messerfüße *Pelobates cultripes* in Spanien u. *P. varaldii* in N-Afrika sowie die syr. Schaufelkröte *P. syriacus* auf dem Balkan u. in Kleinasien.

Knoblauchöl, *Oleum Allii sativi,* Destillat aus Knoblauchzwiebeln (↗ Lauch); Hauptbestandteil ↗ Allicin.

Knoblauchpilz, *Knoblauchschwindling, Echter Mousseron, Marasmius scorodonius* Fr., kleiner bräunl. Schwindling; der knorpelig-zähe, hornartig-glatte Fruchtkörper (Hut 1–2,5 cm, Stiel 2,5 cm) riecht u. schmeckt angenehm nach Knoblauch (Spaltprodukt des γ-Glutamyl-Marasmins); Vorkommen in Nadelwäldern u. außerhalb zw. Gras, auch an moderndem Holz, oft in großen Scharen; getrocknet geschätzter Würzpilz. Verwechslungsmöglichkeiten mit dem kleineren Nadelschwindling, *M. (Micromphale) perforans* S. F. Gray, u. dem größeren Langstieligen K., *M. alliaceus* Fr.

Knoblauchrauke, *Knoblauchhederich, Lauchkraut, Alliaria,* Gatt. der Kreuzblütler mit ca. 5 Arten in Europa, Asien u. N-Afrika. In Europa nur die Gemeine K. *(A. petiolata = A. officinalis),* ein meist unverzweigtes,

Knoblauchrauke
Die beim Zerreiben knoblauchartig riechende K. *(Alliaria)* enthält u. a. das Senfölglykosid Sinigrin sowie aus Allylsenföl u. Diallyldisulfid zusammengesetztes äther. Öl. Sie wurde ihrer antisept., wundheilenden, harntreibenden u. Auswurf fördernden Wirkung wegen als Heilpflanze benutzt od. diente auch wegen ihres scharfen, lauchartigen Geschmacks als Salatpflanze.

Knoblauchpilz (*Marasmius scorodonius* Fr.)

2- bis mehrjähr. Kraut mit herz- bis nierenförm., grob gekerbten Blättern u. kleinen weißen Blüten in langen endständ. Trauben; zieml. häufig in frischen, stickstoffbeeinflußten Unkrautfluren, an Waldrändern, Hecken u. Zäunen.

Knoblauchschnecke, *Oxychilus alliarius,* Landlungenschnecke (Fam. Glanzschnecken) mit flachem, hornbraunem Gehäuse von 7 mm ⌀, die in Wäldern u. Gebüsch unter Steinen, Fallaub u. sich zersetzendem Holz vorkommt u. in Europa weitverbreitet ist. Das dunkel-graublaue Tier sondert bei Reizung einen nach Knoblauch riechenden Schleim ab (schwefelhalt. Proteide).

Knochen, *Ossa* [Ez. *Os*], skelettbildendes Stütz- u. ↗ Bindegewebe (B) (K.gewebe) ausschl. der Wirbeltiere, dessen extrazelluläre Hartsubstanz aus einem Gitterwerk Hydroxylapatit-inkrustierter u. in eine Matrix aus ↗ Glykoproteinen eingebetteter ↗ Kollagen-Fasern besteht. Der wahrscheinl. stammesgeschichtlich älteste K.typ ist das *Cosmin* der oberflächl. Schichten des Hautknochenpanzers (↗ Deck-K.) der † Plakodermen u. – mit diesem strukturgleich – das ↗ Dentin der Wirbeltierzähne sowie des knöchernen Kerns der Plakoid-↗ Schuppen v. Knorpelfischen. Es ist zellfrei u. nur v. zarten Fortsätzen der randständ. Dentinbildungszellen (*Odontoblasten*) durchzogen. Stammesgeschichtlich vermutl. jünger ist das echte K.gewebe des Binnen-↗ Skeletts aller rezenten Wirbeltiere, des ↗ Dermalskeletts vieler Reptilien u. der Fischschuppen; allerdings tritt es auch bereits in den basalen Schichten des Plakodermenpanzers auf. Gegenüber dem Dentin enthält echtes K.gewebe zeitlebens ein Netzwerk „eingemauerter" lebender K.zellen (*Osteocyten*), welche, sternförmig verzweigt, über verästelte feine Zellfortsätze *(K.kanälchen)* durch die Hartsubstanz hindurch miteinander u. mit den knocheneigenen Blutkapillaren in Verbindung stehen und, anders als z. B. die isolierten Zellen verkalkten ↗ Knorpels, dem K. den Charakter eines stoffwechselaktiven Gewebes verleihen. Das K.gewebe wird durch ein eigenes Blut- u. Lymphgefäßsystem versorgt. Die Osteocyten umgeben die Gefäßkanäle (↗ Havers-Kanäle) in konzentr. Lagen, jeweils voneinander getrennt durch Schichten schraubig verlaufender Wicklungen kollagener Fasern u. Interzellularsubstanz u. bilden so dem Gefäßverlauf folgende Lamellensysteme (*Havers-Systeme, Osteone*), die die funktionelle Baueinheit des K.s darstellen. – Je nach Art ihrer embryonalen Entstehung unterscheidet man zwei Grundtypen des K.s: 1. den ↗ Deck-, Beleg- od. Binde-

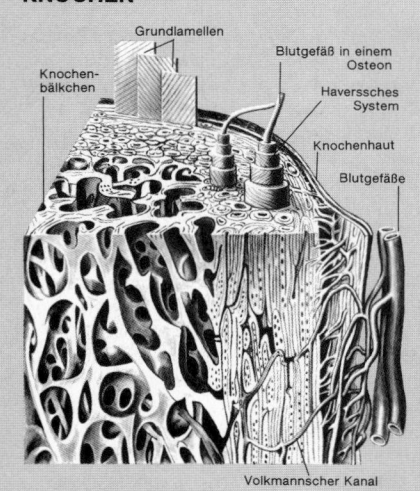

KNOCHEN

Grundlamellen
Blutgefäß in einem Osteon
Knochenbälkchen
Haverssches System
Knochenhaut
Blutgefäße
Volkmannscher Kanal

Der Lamellenknochen der Wirbeltiere ist aufgrund seiner typischen Textur aus kalkinkrustierten und durch gummiartige Interzellularsubstanz miteinander verkitteten Kollagenfaserzügen ebenso von hoher Biege-, Druck-, Zug- und Torsionsfestigkeit wie von zäher Elastizität; zudem bleibt er, reich durchblutet und von einem dichten Netzwerk verzweigter Zellen durchzogen, zeitlebens ein hoch stoffwechselaktives Gewebe.

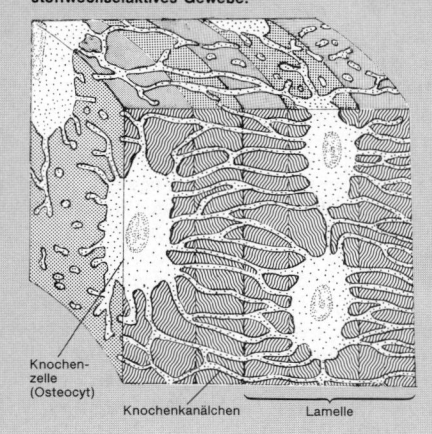

Knochenzelle (Osteocyt)
Knochenkanälchen
Lamelle

Blockschema eines *Lamellenknochens* (Abb. links): Ein stabiler Mantel aus kompaktem Knochengewebe lockert sich innerwärts zu einem schwammigen Bälkchenwerk auf *(Spongiosa)*. Die kompakte Zone zeigt einen deutlichen Schichtenbau; 8–15 äußere General- oder Grundlamellen, 5–10 μm dick, umschließen die gefäßreiche Innenzone aus Bündeln konzentrischer Lamellensysteme (Speziallamellen), die die längs verlaufenden Blutgefäße scheidenartig umgeben *(Osteone, Haverssche Systeme)*. Die herausgezogenen Lamellen zeigen die gegenläufigen Schraubenwicklungen kollagener Fasern in benachbarten Lamellen.
Ausschnitt aus einem *Osteon* (Blockschema, Abb. unten links): Die zwetschgenkernförmigen *Osteocyten* liegen „eingemauert" in ihren *Knochenhöhlchen* in konzentrischen Ringen innerhalb der einzelnen Lamellen, stehen aber über ein Netzwerk von Plasmafortsätzen miteinander in Verbindung. Die wahrscheinlich amöboid beweglichen Plasmausläufer verlaufen in feinen *Knochenkanälchen*, welche die Lamellen überwiegend radiär durchbrechen und so einen Nährstofftransport vom zentralen Blutgefäß des Osteons zu dessen Peripherie unterhalten. Die seitlichen Kontakte zwischen Zellen innerhalb der gleichen Lamelle und ebenso zwischen Zellen benachbarter Osteone sind spärlicher. Die Kollagenfasern aneinandergrenzender Lamellen verlaufen in der Regel in gegenläufigen Schraubenwindungen; aber auch innerhalb einer Lamelle kann ihre Steigung zonenweise wechseln.

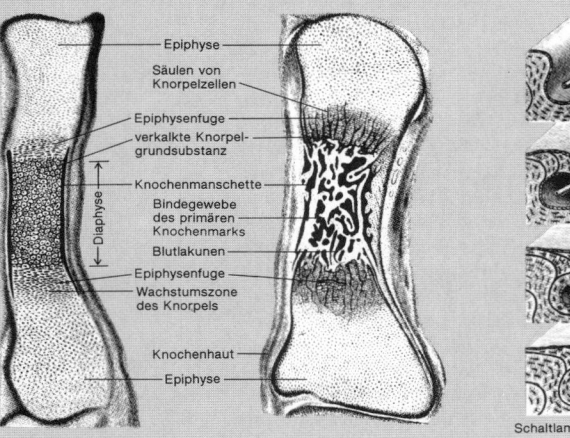

Blutgefäß
Epiphyse
Säulen von Knorpelzellen
Epiphysenfuge
verkalkte Knorpelgrundsubstanz
Knochenmanschette
Bindegewebe des primären Knochenmarks
Blutlakunen
Epiphysenfuge
Wachstumszone des Knorpels
Knochenhaut
Epiphyse
Diaphyse
Schaltlamellen (Breccie)

Entwicklung eines *Röhrenknochens* (Abb. oben): Um den Knochenschaft *(Diaphyse)* des knorpelig vorgebildeten Skelettstücks bauen die aus dem Periost hervorgehenden *Osteoblasten* (Knochenbildungszellen) von außen nach innen fortschreitend einen massiven Knochenmantel (Knochenmanschette) auf, während der *Knorpel* innen zunehmend verkalkt, seine Zellen zu *Blasenknorpel* degenerieren und absterben. Sie werden in der Folge von *Chondroklasten (Osteoklasten,* Knochenabbauzellen) abgebaut, die mit einsprossenden Blutgefäßen (primäres Mark) einwandern. Die Gelenkköpfe *(Epiphysen)* verknöchern, ebenfalls von einsprossenden Blutgefäßen ausgehend, von innen her parallel zum fortschreitenden Knorpelabbau. Zwischen Epi- und Diaphyse bleibt lange Zeit eine scheibenförmige Zuwachszone in Form teilungsaktiven *Säulen-* oder *Reihenknorpels (Epiphysenfuge)* erhalten, die erst mit dem Ende des Körperwachstums endgültig durch Knochen ersetzt wird. Der zuerst aufgebaute grobfaserige *Geflechtknochen* wird erst unter Belastung dem Gefäßverlauf entsprechend in Lamellenknochen umgewandelt (Abb. rechts) und erhält so seine Osteonenstruktur. Auch diese unterliegt je nach wechselnder statischer Belastung einem stetigen Umbau. Dabei bleiben in Belastungstotzonen zwischen den neu entstehenden Osteonen Reste abgebauter oder unvollständiger Osteone (Schaltlamellen, Breccie) erhalten.

gewebs-K., der, meist im subepidermalen Bindegewebe bes. der Schädelregion (Schädeldach, Teile der Kiefer, Jochbein, Nasen- u. Tränenbein, Gaumen), unmittelbar gebildet wird, u. zwar in Form kleiner K.inseln, die später zu einem kompakten Skelettstück zusammenwachsen *(endesmale K.bildung);* und 2. den ↗ *Ersatz-K.,* wie er für die tiefer liegenden Skelettanteile typisch ist (Schädelbasis, Wirbelsäule, Extremitätenskelett). Der Entwicklung solcher Ersatz-K. geht die Ausbildung einer knorpel. „Gußform" voraus, die in der Folge im Zusammenwirken v. Knorpelfreßzellen *(Chondroklasten)* u. K.bildungszellen *(Osteoblasten)* Schritt für Schritt abgebaut u. durch K.gewebe ersetzt wird. Dabei geht die Verknöcherung des K.schafts (↗ *Diaphyse)* z. B. eines langen Extremitäten-K.s von der perichondralen Bindegewebsscheide, der späteren ↗ K.haut *(Periost),* aus u. führt zur Bildung einer soliden K.manschette um den mehr u. mehr verdrängten Knorpel *(perichondrale Verknöcherung),* während die Gelenkköpfe (↗ Gelenk, ▢) beidseits (↗ *Epiphyse)* nach dem Einsprossen v. Blutkapillaren durch die Ausbildung v. K.kernen innerhalb des Knorpels v. innen her verknöchern *(enchondrale K.bildung).* Aus der Größe der enchondralen K.kerne u. dem Verknöcherungsgrad der knorpelig vorgebildeten Skelettstücke läßt sich das Alter eines Fetus od. Säuglings recht genau bestimmen *(Ossifikationsalter)* – von Bedeutung u.a. in der Gerichtsmedizin. Bis zur Beendigung des Skelettwachstums (beim Menschen bis etwa zum 20. Lebensjahr) bleibt zw. Epi- u. Diaphyse eine spaltförm. Zone *(Epiphysenfuge)* stark teilungsaktiven Reihenknorpels erhalten, die ein interkalares Längenwachstum an beiden K.enden erlaubt. Verletzungen dieser Epiphysenfuge führen häufig zur Degeneration des Knorpels, zu vorzeit. Verknöcherung u. damit zum Wachstumsstillstand. – Der junge noch unbelastete K. und ebenso das endgült. Skelett der niederen Wirbeltiere (Fische, Amphibien) besteht aus grobfaserigem *Geflecht-K.,* der sich bei allen höheren Wirbeltieren erst unter Belastung allmählich in den endgült. *Lamellen-K.* von feinfaseriger Textur umwandelt, beim Menschen etwa im 3. Lebensjahr, wobei knochenabbauende Zellen, vielkernige syncytiale *Osteoklasten,* mit den knochenaufbauenden Osteoblasten Hand in Hand arbeiten. (Wie die Osteoblasten differenzieren sich auch die Osteoklasten aus Mesenchym- u. Gefäßendothelzellen.) Größere Knochen sind nur in Ausnahmefällen massiv gebaut (↗ Bulla ossea bei Walen). Meist bestehen sie aus einer kompakten, lamellären Rindenschicht *(Compacta, Corticalis),* die entweder in stark beanspruchten Skelettanteilen (Gelenkköpfe, Oberschenkelhals) einwärts in ein schwamm. Bälkchengerüst (Schwammgewebe, *Spongiosa)* übergeht oder in *Röhren-K.* eine geräumige Markhöhle (↗ K.mark) umschließt (Prinzip der Gewichtsersparnis bei unverminderter Formstabilität, ↗ Biomechanik). Der Bälkchenverlauf der Spongiosa ebenso wie der Verlauf der Osteone der Compacta richten sich nach den Hauptbelastungslinien (Trajektorien) aus (☐ Biomechanik) u. unterliegen im Verlauf langfristig wechselnder Belastungen (Körpergewicht) einem stetigen Umbau, entspr. den sich ändernden stat. Erfordernissen. Die Blutversorgung der äußeren Compacta-Zonen erfolgt überwiegend über kleinere Gefäße aus der K.haut, die in die Rindenzone eindringen u. das Netzwerk der Havers-Kanäle speisen, während Spongiosa u. Markraum v. größeren Gefäßen versorgt werden, welche die Compacta quer durchbrechen *(Volkmann-Kanäle).* Die Regeneration von K.verletzungen geht teils von K.zellen selbst aus, die sich zu Osteoblasten zu entdifferenzieren vermögen, überwiegend aber v. Bindegewebszellen der zell- u. gefäßreichen inneren Periostschichten, die zus. mit einsprossenden Blutkapillaren in das Wundgebiet einwandern. Wie bei der urspr. K.entwicklung geht auch der Heilung einer K.verletzung die Bildung eines knorpel. Überbrückungsgewebes (↗ Kallus) voraus, das erst sekundär durch K. ersetzt wird. ↗ Skelett (☐). P. E.

Knochenerweichung, *Osteomalazie,* eine durch Verarmung an Kalk u. Phosphor entstehende Erkrankung der Knochen, oft Folge v. Vitamin-D-Mangel (↗ Calciferol, ↗ Rachitis): die Knochen erweichen u. werden biegsam.

Knochenfische, *Osteichthyes,* größte Kl. der ↗ Wirbeltiere mit ca. 30000 Arten. Neben den gemeinsamen Merkmalen der ↗ Fische haben K. ein weitgehend bis völlig verknöchertes Skelett, Kiefer aus mehreren Knochen, knöcherne Kiemendeckel, welche die kammförm., an Kiemenbögen ansetzenden ↗ Kiemen höhlenartig einschließen (↗ Atmungsorgane, B), knöcherne ↗ Schuppen u. oft eine ↗ Schwimmblase als hydrostat. Organ. Die rezenten K. werden in 2 bzw. 3 U.-Kl. unterteilt, deren Vertreter bereits im Erdaltertum auftraten. Weitaus umfangreichste U.-Kl. bilden die Strahlenflosser *(Actinopterygii, Acanthopterygii),* die mit Ausnahme der Flößler die paar. ↗ Flossen als *Ichthyopterygium* ausgebildet haben u. denen innere Nasenöffnungen fehlen; sie werden aufgrund unterschiedl. Entwicklungslinien in 4 Über-Ord. untergliedert: Knorpelganoiden, Flößler, Knochenganoiden u. Eigentliche K. Knorpelganoiden *(Chondrostei)* mit der einzigen rezenten Ord. Störe i.w.S. *(Acipenseriformes)* haben ein nur teilweise verknöchertes Skelett, (wenn vorhanden) Ganoid-↗ Schuppen, jedoch oft einen nackten od. mit Knochenplatten bedeckten Körper; nur Arten der † Ord. *Palaeonisciformes* hatten ein knöchernes Achsenskelett; hierzu ↗ Störe. Flößler od. Flößfische *(Polypteri)* haben ebenfalls Ganoidschuppen, einen vorwiegend knorpel. Schädel, verknöcherte Wirbelsäule, paar. Lungen u. paar. ↗ Flossen in Form v. Brachiopterygien; 1 Ord. Flösselhechtverwandte *(Polypteriformes)* mit der einzigen Fam. ↗ Flösselhechte. Bei Knochenganoiden *(Holostei)* ist der Schädel stark verknöchert; sie besitzen eine knöcherne Kehlplatte, Ganoidschuppen u. eine unpaare, dorsale Schwimmblase mit Lungenfunktion; den 5 † Ord. stehen nur 2 rezente Ord. gegenüber: die Knochenhechte *(Lepisosteiformes)* mit rhomb. Ganoidschuppen u. verknöcherter Wirbelsäule, einzige Fam. ↗ Knochenhechte i.e.S., u. die Kahlhechte od. Rundschmelzschupper *(Amiiformes)* mit runden Ganoidschuppen u. wenig verknöchertem Achsenskelett; einzige rezente Art ↗ Schlammfisch. – Die Eigentlichen K. *(Teleostei)* haben sich im Mesozoikum aus den Knochenganoiden entwickelt; sie sind die erfolgreichste Fischgruppe mit vielen Ord. (vgl. Tab.) sowie allein fast 30000 Arten u. haben sich an nahezu alle Lebensräume der Meere u. der

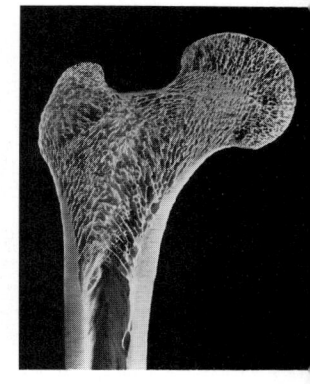

Knochen

Spongiosa im Gelenkkopf eines Oberschenkel-K.s. Die K.bälkchen folgen den Hauptbelastungslinien (Trajektorien).

Knochenfische

Unterklassen, Überordnungen und Ordnungen:

Strahlenflosser *(Actinopterygii)*

Knorpelganoiden (↗ *Chondrostei)*
Störe i.w.S. *(Acipenseriformes)*
Flößler *(Polypteri)*
Flösselhechtverwandte *(Polypteriformes)*
Knochenganoiden *(Holostei)*
Knochenhechte *(Lepisosteiformes)*
Kahlhechte *(Amiiformes)*

Eigentliche Knochenfische *(Teleostei)*

↗ Tarpunähnliche Fische *(Elopiformes)*
↗ Aalartige Fische *(Anguilliformes)*
↗ Dornrückenaale *(Notacanthiformes)*
↗ Heringsfische *(Clupeiformes)*
↗ Knochenzüngler *(Osteoglossiformes)*

Fortsetzung nächste Seite

Bei K vermißte Stichwörter suche man auch unter C und Z.

Knochenganoiden

Knochenfische
(Fortsetzung)

↗ Nilhechte *(Mormyriformes)*
↗ Lachsfische *(Salmoniformes)*
↗ Walköpfige Fische *(Cetomimiformes)*
↗ Kammfische *(Ctenothrissiformes)*
↗ Sandfische *(Gonorhynchiformes)*
↗ Karpfenfische *(Cypriniformes)*
↗ Welse *(Siluriformes)*
↗ Barschlachse *(Percopsiformes)*
↗ Froschfische *(Batrachoidiformes)*
↗ Schildfische *(Gobiesociformes)*
↗ Armflosser *(Lophiiformes)*
↗ Dorschfische *(Gadiformes)*
↗ Ährenfischartige *(Atheriniformes)*
↗ Schleimkopfartige Fische *(Beryciformes)*
↗ Petersfischartige *(Zeiformes)*
↗ Glanzfische *(Lampridiformes)*
↗ Stichlingsartige *(Gasterosteiformes)*
↗ Schlangenkopffische *(Channiformes)*
↗ Kiemenschlitzaale *(Synbranchiformes)*
↗ Panzerwangen *(Scorpaeniformes)*
↗ Flughähne *(Dactylopteriformes)*
↗ Flügelroßfische *(Pegasiformes)*
↗ Barschartige Fische *(Perciformes)*
↗ Stachelaale *(Mastacembeliformes)*
↗ Plattfische *(Pleuronectiformes)*
↗ Kugelfischverwandte *(Tetraodontiformes)*

↗ **Fleischflosser** *(Sarcopterygia)*

↗ Quastenflosser *(Crossopterygii)*
↗ Lungenfische *(Dipnoi)*

Süßgewässer angepaßt. Sie sind gekennzeichnet: durch ein völlig verknöchertes Skelett, amphicoele ↗ Wirbel, Fleischgräten in der Muskulatur, eine meist vorhandene unpaare Schwimmblase, die durch Anpassung ihres Gasgehalts ein Schweben im Wasser ohne Muskelarbeit ermöglicht, durch Ablösung einiger Schädelknochen u. die (damit erreichte) größere Beweglichkeit des Oberkiefers u. des Mundes sowie durch die Ausbildung kleiner, knöcherner Elasmoidschuppen in Form v. Cycloid- od. Ctenoid-↗ Schuppen. Die Einordnung der Eigentlichen K. in ein allg. anerkanntes System ist noch nicht für alle Gruppen abgeschlossen; dementspr. stellen die in der Tab. angeführten Ord. nur eine bestimmte Systemvorstellung dar. Die restl. K. werden entweder in der U.-Kl. ↗ Fleisch- bzw. Muskelflosser *(Sarcopterygia)* od. Choanenfische (↗ *Choanichthyes*) mit den 2 Ord. ↗ Quastenflosser *(Crossopterygii)* und ↗ Lungenfische *(Dipnoi)* zusammengefaßt od. 2 U.-Kl. zugeordnet, wobei den beiden Ord. *Crossopterygii* u. *Dipnoi* jeweils der Rang einer U.-Kl. gegeben wird. Im 1. Fall werden das Vorhandensein von inneren Nasenöffnungen (↗ Choanen) u. die muskulöse Flossenbasis als korrelierende u. homologe Merkmale angesehen, während im 2. Fall die Choanen als nicht homolog gedeutet werden u. die Aufteilung durch Unterschiede im Schädel- u. Zahnbau weiter gestützt wird. ▢ Fische (Bauplan), ▢ Darm, ▢ Konvergenz, ▢ Wirbeltiere I–II. *T. J.*

Knochenganoiden [v. gr. *ganos* = Glanz, Schmelz], *Holostei*, Über-Ord. der ↗ Knochenfische.

Knochengewebe ↗ Bindegewebe.

Knochenhaut, *Beinhaut*, z.T. zellreiche derbfaserige ↗ Bindegewebs-Schicht, die äußere ebenso wie innere ↗ Knochen-Oberflächen (Röhrenknochen, ↗ Spongiosa) überzieht u. von der die Knochenregeneration nach Verletzungen, in der Embryonalzeit auch die Knochenbildung, ausgeht. Die *äußere K.* (↗ Periost) dient gleichzeitig dem Einbau des Knochens in die umliegende Gewebe u. der Knochen-Muskel-Verbindung (↗ Endost). Die K. ist gut innerviert u. sehr reiz-(schmerz-)empfindlich. ▢ Knochen.

Knochenhechte, *K. i. e. S., Lepisosteidae*, Fam. der Knochenganoiden mit nur 1 Gatt. *(Lepisosteus)* u. 8 Arten; ursprüngliche, langgestreckte, bis 3 m lange, hechtähnl. ↗ Knochenfische mit schnabelart., zahnreicher Schnauze, panzerart. Haut aus dichtgefügten, rhomb. Ganoid-↗ Schuppen, opisthocoelen ↗ Wirbeln u. einer gekammerten Schwimmblase, die auch noch Atemfunktion hat. Die räuber. K. besiedeln v. a. nord- u. mittelam. Süßgewässer, dringen aber auch in Brackwasser vor. Hierzu der v. Kanada bis zum nördl. Mexiko verbreitete, bis 1,5 m lange Langnasen-K. *(L. osseus,* ▢ Fische XII) u. der bis 3 m lange Alligatorfisch *(L. tristoechus)* aus den in den Golf v. Mexiko mündenden Flüssen.

Knochenlagerstätten, größere Anreicherungen fossiler Knochen auf engem Raum, meist im Sediment v. Höhlen u. Spalten; wichtigste Fundorte v. fossilen Landwirbeltieren; oft aus Wohn- u. Freßplätzen v. Höhlenbewohnern hervorgegangen (Höhlenbär, Höhlenhyäne), in Karstspalten z.T. (?) eingeschwemmt; bereits im Mesozoikum nachgewiesen, im Alttertiär u. Altpleistozän am häufigsten.

Knochenmark, *Medulla ossium*, reticuläres Gewebe (↗ Bindegewebe), das die Spongiosalücken u. Höhlen aller Skelett-↗ Knochen der höheren Wirbeltiere (Amphibien, Reptilien, Vögel, Säuger) ausfüllt. Die *K.zellen* bilden zw. den inneren Knochenoberflächen (↗ Endost der Knochenmanschette u. der Spongiosa-Bälkchen) u. einem dicht verzweigten Blutgefäßnetz ein lockeres Maschenwerk. Von ihnen geht beim erwachsenen Organismus die ↗ Blutbildung (▢ blutbildende Organe) aus *(rotes K.,* vgl. Spaltentext). Zusätzl. besitzen die K.zellen die allen reticul. Bindegeweben eigene Fähigkeit zur Phagocytose v.

Knochenmark

Beim Säuger beginnt die *Blutbildung* im K. (medulläre Blutbildung) etwa in der zweiten Hälfte der pränatalen Entwicklung, zuerst bes. im Mark der großen Röhrenknochen. Mit fortschreitendem Alter geht das *rote K.* zunehmend in gelbes *Fettmark* über, u. die Blutbildungsfunktion bleibt nur in den flachen u. kleineren Knochen (Hand- u. Fußknochen, Brustbein, Rippen, Wirbelkörper) bis ans Enden v. Oberarmbein u. Oberschenkelknochen erhalten. Bei Belastung (z. B. Sauerstoffmangel in großen Höhen) kann das Fettmark sich wieder in rotes K. umwandeln, das dann erneut die Blutbildung aufnimmt.

Fremdkörpern (Entgiftung) u. zur Fettspeicherung *(gelbes K., Fettmark)*. Auffälligste Zellen im roten K. sind die *K.-Riesenzellen (Megakaryocyten)*, die Stammzellen der Blutplättchen (↗ Thrombocyten). Beim erwachsenen Menschen macht das K. etwa 4,6% des Körpergewichts aus. Tumoren einzelner Stammzellen im K. führen zu bösart. Bluterkrankungen (↗ Leukämie). Das K. reagiert sehr empfindlich auf manche Vergiftungen u. Strahlenwirkungen.

Knochenmehl, aus gemahlenen Knochen hergestelltes Dünge- u. Futterzusatzmittel.

Knochenschädel, das ↗ Osteocranium.

Knochenschaft, die ↗ Diaphyse; ᴮ Knochen.

Knochenzüngler, *Osteoglossiformes,* Ord. der Knochenfische mit den beiden U.-Ord. K. i. e. S. *(Osteoglossoidei)* u. ↗ Messerfische *(Notopteroidei);* vorwiegend trop., räuber. Süßwasserfische mit zahlr. urspr. Merkmalen, wie z. B. ventrale u. dorsale Rippen; haben viele Zähne an den Kieferrändern, aber auch auf Zunge u. Gaumen. Die K. i. e. S. umfassen 2 Fam.; Schmetterlingsfische *(Pantodontidae),* mit einer einzigen, 10 cm langen, afr. Art *(Pantodon buchholzi)* mit flügelähnl. vergrößerten Brustflossen, fadenförm. Bauchflossenstrahlen zum Tasten u. abgeflachter Oberseite; jagt an der Wasseroberfläche Insekten u. kann gleitende Luftsprünge ausführen. Eigentliche K. *(Osteoglossidae),* mit 6 Arten; hierzu gehören der bis 4 m lange, nestbauende, als Speisefisch geschätzte Arapaima *(Arapaima gigas,* ᴮ Fische XII) in trop., südam. Flüssen, der mit der Schwimmblase auch Luft veratmen kann; der im gleichen Gebiet heimische, bis 80 cm lange, schwarmbildende Gabelbart *(Osteoglossum bicirrhosum)* mit 2 langen Kinnbarteln; der bis etwa 60 cm lange, maulbrütende Australische K. *(Scleropages leichhardti)* u. der dem Arapaima ähnl., jedoch höchstens 90 cm lange, kleintierjagende Afrikan. K. *(Clupisudis niloticus).*

Knöllchenbakterien, früher Bez. nur für Arten der Gatt. *Rhizobium* (Fam. ↗ *Rhizobiaceae*), heute unterteilt in *Rhizobium* (schnell wachsende K.) u. *Bradyrhizobium* (langsam wachsende K.). K. sind ökonomisch u. ökologisch wichtige Bodenbakterien (↗ Bodenorganismen), die, nach der Bildung v. ↗ Wurzelknöllchen (Bakterienknöllchen), endosymbiontisch (↗ Endosymbiose) in ↗ Hülsenfrüchtlern (Leguminosen) Luftstickstoff (N_2) fixieren. K. sind gramnegative Stäbchen (0,5–0,9 × 1–3 µm) mit unterschiedl. Begeißelung; die Zellen können Ansätze v. Verzweigungen od. andere unregelmäßige Formen aufweisen. Sie führen einen chemoorganotrophen Atmungsstoffwechsel aus, benötigen Sauerstoff (O_2), können aber sehr geringe Sauerstoffgehalte tolerieren. Als Substrate dienen verschiedene Zucker, Zuckeralkohole u. Säuren. K. bevorzugen etwa neutrale u. basische Böden (pH-Spanne ca. 4,5–9,5), so daß eine Kalkung des Bodens ihre Anzahl erhöht. Weltweit ist die K.-Symbiose das wichtigste System der ↗ Stickstoffixierung. Die K. kommen v. der subarkt. über die gemäßigte bis zur tropischen Klimazone vor. Ihre große Bedeutung liegt darin, daß sie stickstoffarme Böden verbessern, die Bodenfruchtbarkeit erhalten u. in der Pflanzensymbiose zur Synthese v.

Pflanzenzelle

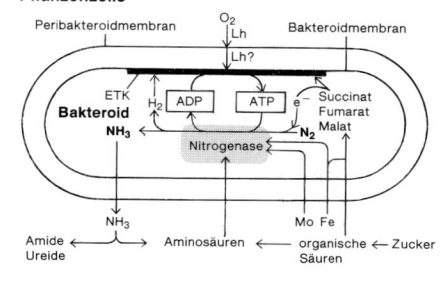

für Mensch u. Tier wicht. Proteinen beitragen, ohne daß eine kostspielige Stickstoff-↗ Düngung (ᵀ Dünger) notwendig wäre. Unter bestimmten Bedingungen können bis 250–600 kg N pro ha und Jahr gebunden werden (im Durchschnitt ca. 100 kg, ↗ Stickstoffkreislauf, ᴮ). Bei der ↗ Gründüngung wird bereits seit altersher die Fähigkeit der ↗ Bodenverbesserung durch K. ausgenutzt. Die meisten Leguminosen können eine Symbiose mit bestimmten Arten bzw. Stämmen der K. eingehen, Nicht-Leguminosen dagegen nur ausnahmsweise, z. B. *Parasponia.* Bestimmte K.-Arten (bzw. -Biovare) sind i. d. R. immer im Boden vorhanden, wenn die entspr. Wirtspflanzen angebaut werden. Ihre Verbreitung erfolgt mit Erde an Pflanzenteilen u. Samen, durch Staub u. Wasser. Nach Austr. gelangten *R. meliloti* und *R. trifolii* durch eur. Einwanderer. Wenn Leguminosen (z. B. Sojabohnen) in Böden angebaut werden, wo spezifische K. fehlen oder „nicht-effektive" Stämme mit geringer Fähigkeit zur Stickstoffixierung vorliegen, kann durch eine künstl. Zugabe, eine ↗ Bodenimpfung od. Impfung des Samens, die Stickstoffixierung eingeleitet bzw. verbessert werden. Bereits 1895 (Nobbe u. Hiltner) wurden in England u. den USA Patente für Impfungen mit Leguminosenpräparaten (später „Nitragen" benannt) beantragt. Impfungen mit kommerziellen K.-Präparaten werden in vielen Ländern routinemäßig angewandt (z. B. Austr., S-Afrika, UdSSR). – Das Überdauern der geimpften K. ist abhängig von Wirtsvorkommen u. der Bodenbeschaffenheit (z. B. Temp., Feuchtigkeit, Vorkommen v. organ. Material) u. das Vorkommen v. Antagonisten: vielen Bodenmikroorganismen (z. B. Protozoen, Myxobakterien, Bdellovibrio, Bakteriophagen). Manchmal müssen die Impfungen mehrere Jahre wiederholt werden, um eine ausreichende Population der K. im Boden zu erhalten. Die *Infektion* der Leguminosen durch die K. tritt meist an den Wurzelhaaren ein, kommt aber auch an der Wurzelbasis *(Stylosanthes),* den Seitenwurzelanlagen od. am Sproß vor. K.

Knöllchenbakterien

Knöllchenbakterien

(Rhizobium leguminosarum)

Schematische Darstellung der N_2-Fixierung u. des Transports einiger Stoffwechselprodukte zw. Pflanzen- u. Bakterienzelle in den Wurzelknöllchen. Der Luftstickstoff (N_2) wird durch die Bakterien zu Ammoniak (NH_3) reduziert, das in die Pflanzenzelle gelangt u. zu Glutamin u. Asparagin oder Ureide (Allantoin, Allantoinsäure) assimiliert u. in dieser Form transportiert wird. (Lh = Leghämoglobin, ETK = Elektronentransportkette der Atmung).

Knöllchenbakterien

Auf die Möglichkeit, den Boden zu verbessern, hat bereits Theophrast (4. Jh. v. Chr.) hingewiesen. Experimentell zeigte J. B. ↗ Boussingault (1838), daß Klee den Stickstoffgehalt des Bodens erhöht, daß bei Wachstum in ausgeglühtem Sand jedoch keine Wirkung zu erkennen ist. Schulz-Lupitz baute Leguminosen als Stickstoffsammler in stickstoffarmen, leichten Böden an. 1888 zeigten dann H. ↗ Hellriegel und H. Wilfahrt, daß die Stickstoffbindung der Leguminosen an die Lebenstätigkeit v. Bakterien in den Wurzelknöllchen gebunden ist. Im gleichen Jahre gelang M. W. ↗ Beijerinck die Reinkultur dieser Bakterien aus Wurzelknöllchen, die er *Bacillus radicicola* nannte (heute: *Rhizobium leguminosarum*). 1890 beschrieb A. Prazmowski den Infektionsverlauf. In Isotopenversuchen mit $^{15}N_2$ wiesen P. W. Wilson u. Mitarbeiter (1942) nach, daß die Stickstoffixierung tatsächl. im Wurzelknöllchengewebe erfolgt.

KNÖLLCHENBAKTERIEN

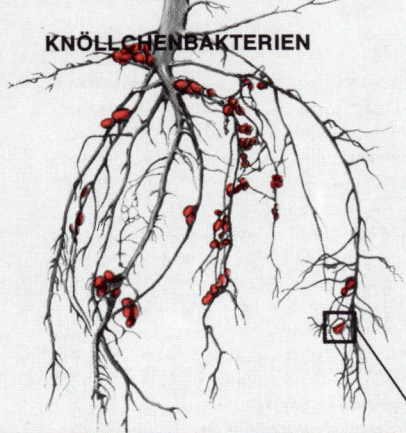

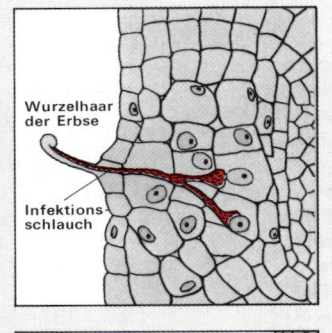

Hülsenfrüchtler *(Leguminosen)* leben in Symbiose mit Bakterien, die in der Lage sind, Luftstickstoff zu assimilieren. Diese Knöllchenbakterien *(Rhizobium)* leben in Wurzelknöllchen (Abb. links oben: Knöllchen an der Wurzel der Erbse, Photo links: an der Wurzel von Klee). Meist werden die Pflanzen über die Wurzelhaare infiziert. Die Bakterien durchdringen die jungen Zellwände der Epidermien und wachsen innerhalb eines „Infektionsschlauches" zur Wurzelrinde, wo sich der Infektionsschlauch verzweigt (Abb. links).

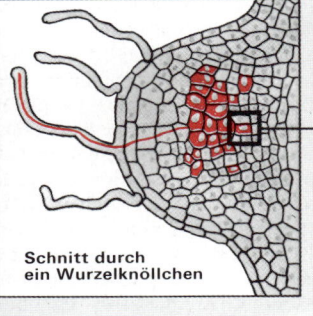

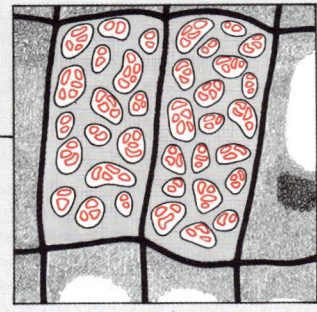

Die *Wurzelknöllchen* (Abb. oben) entstehen durch Wucherungen (Vermehrung und Vergrößerung) der mit Bakterien infizierten und der umliegenden Zellen. Möglicherweise werden oder sind die infizierten Wirtszellen tetraploid. In diese Zellen werden die Bakterien, die sich noch vermehren, aus dem Infektionsschlauch freigesetzt. Sie bleiben aber einzeln oder zu mehreren durch eine Membran vom Wirtscytoplasma abgegrenzt (Abb. oben). Die stäbchenförmigen Bakterien wandeln sich dann in unregelmäßige Zellen (Bakteroide) um (Abb. oben: zwei vergrößerte Knöllchenzellen mit membranumhüllten Bakteroidengruppen), und nach Bildung von Leghämoglobin beginnt die symbiontische N$_2$-Fixierung.

gemäßigter Klimazonen haben meist ein sehr begrenztes Wirtsspektrum, in trop. Gebieten ist die Symbiose nicht so spezifisch. Die durch Ausscheidungen der Wirtspflanze chemotaktisch angelockten K. heften sich an wachsende Wurzelhaare an, die sich darauf einkrümmen. Es wird angenommen, daß das Erkennen des geeigneten Wirts durch eine Wechselwirkung und spezif. Bindung v. Oberflächenkomponenten der Pflanze (↗ *Lectine*) und entspr. Verbindungen (Polysaccharide) an der Oberfläche der Bakterien erfolgt. Durch die teilweise aufgelöste Zellwand in der Nähe der Wurzelhaarspitze dringen die K. in die Pflanze, z. B. Erbsen, ein u. bilden einen sog. „Infektionsschlauch" *(Bakterienschleimfaden)*, der durch Teilung u. Vergrößerung der Bakterien die jungen Zellwände der Epidermis u. das Rindengewebe durchwächst. Der Bakterienfaden ist v. Bakterienschleim umhüllt u. durch Ausscheidungen von pflanzl. Zellwandmaterial (Cellulose, Hemicellulose, Pektine) anfangs v. den pflanzl. Zellen abgegrenzt. Bevor der Infektionsschlauch in die Rindenzone eingewachsen ist, teilen sich bereits viele Rindenzellen, die Kerne vergrößern sich u. werden vermutl. z. T. polyploid. Diese Gewebewucherung *(Wurzelknöllchenbildung)* wird auch durch bakterielle Ausscheidung v. Wuchsstoffen (Indolessigsäure, Cytokinine) mit verursacht. Durch Verzweigung des Infektionsschlauchs kann die befallene Gewebezone verbreitert werden. An den Spitzen des Infektionsschlauchs werden die Bakterien schließl. in Rindenzellen freigesetzt. Sie liegen jedoch nicht frei im Cytoplasma, sondern sind v. einer Membran umschlossen, die sich wahrscheinl. von der Cytoplasmamembran der Wirtszelle ableitet. In einigen Fällen können sich die Bakterien anschließend noch teilen, so daß (wirtsspezifisch) 1–2 bis 16 Bakterien membranumhüllt zusammenliegen, ehe die Umwandlung der stäbchenförm. Zellen in unregelmäßige Formen (↗ *Bakteroide*) erfolgt. Bakteroide können sich nicht mehr in der Wirtspflanze teilen. Das bakteriengefüllte Knöllchengewebe färbt sich durch ↗ *Leghämoglobin* rot, dessen Proteinanteil (Globin) genetisch von der Pflanze u. dessen Pigmentanteil (Protohäm) dagegen v. den Bakterien stammt.

Das Leghämoglobin liegt außerhalb der Bakterienzelle, wahrscheinl. vollständig im Cytoplasma der Pflanze, vielleicht auch z. T. im Raum zw. der Bakterien- u. der umhüllenden Membran. Es dient v. a. dem Sauerstofftransport zur Atmungskette der Bakteroide u. könnte andererseits durch seine Sauerstoff-Bindungsfähigkeit die Konzentration an „freiem" Sauerstoff niedrig halten, so daß das N_2-bindende Enzym ↗ *Nitrogenase* vor Oxidationen geschützt bleibt. Erst nach Auftreten der Bakteroide u. von Leghämoglobin kann eine Stickstofffixierung festgestellt werden, u. die parasit. Lebensweise der Bakterien geht in einen engen symbiont. Stoffwechsel über, in dem die photosynthet. Kapazität der Pflanze mit der Fähigkeit der Bakterien, den Luftstickstoff zu verwerten, gekoppelt wird. Die Pflanze erhält ausreichend Stickstoff (oft ein begrenzender Wachstumsfaktor), u. die Bakterien werden mit ausreichend Assimilationsprodukten v. der Pflanze versorgt; außerdem werden im Pflanzengewebe die Bedingungen geschaffen, die eine hohe Stickstofffixierung ermöglichen. Experimentell kann auch unter bes. Bedingungen mit freilebenden K. eine Stickstoffixierung erhalten werden, so daß eine nicht-symbiont. Verwertung v. Luftstickstoff in bestimmten natürl. Habitaten mögl. scheint. Mit dem Altern der Pflanze verringert sich die Fixierungsrate u. hört schließl. ganz auf; die Protoplasten der Knöllchenzellen u. ein Teil der Bakterien sterben ab u. werden resorbiert. Das Knöllchengewebe färbt sich durch Abbauprodukte des Leghämoglobins (Biliverdine) grün. Nach Absterben der Leguminosen gelangen die K. in größerer Anzahl in den Boden zurück, als bei der Infektion in die Pflanze eingedrungen waren, so daß auf diesem Umweg auch eine Vermehrung der K. im Boden eintritt. – Wirt und K. sind nicht nur in der Phase der Stickstofffixierung voneinander abhängig, sondern auf allen Stufen; v. der Anheftung über die „kontrollierte" Infektion bis zur Aufrechterhaltung der Knöllchenfunktion beeinflussen sich, genet. gesteuert, beide Partner gegenseitig. Die Gene für das stickstofffixierende Enzymsystem sind jedoch vollständig in den Bakterien lokalisiert. In den meisten K. sind diese ↗ *nif-Gene* sowie mindestens einige Gene, die für die Wurzelhaarinfektion und die Knöllchenbildung (*Nodulation*) verantwortlich sind, auf bes. Plasmiden (= Sym[biose]-Plasmide) lokalisiert. Die *Sym-Plasmide* können auf nicht-symbiont. Mutanten übertragen werden, die danach die Fähigkeit zu symbiont. Stickstoffixierung wiedergewinnen. Einige chromosomale Gene der Bakterien sind

Knöllchenbakterien
K. und Haupt-Wirtspflanzen (Auswahl)
Rhizobium leguminosarum (Biovar)
R. l. viceae:
 Pisum sativum (Erbse)
 Vicia hirsuta (Wicke)
 Vicia sativa (Saatwicke)
R. l. trifolii:
 Trifolium repens (Weißklee)
R. l. phaseoli:
 Phaseolus vulgaris (Bohne)
R. meliloti
 Medicago sativa (Luzerne)
 Melilotus-Arten (Steinklee)
R. loti
 Lotus corniculatus (Hornklee)
Bradyrhizobium japonicum (= *Rhizobium japonicum*)
 Glycine-Arten (Sojabohnen)
 Macroptilium atropurpureum (Siratro)

Andere, noch nicht als eigene Art od. Varietät (Biovar) klassifizierte Bradyrhizobien bilden Knöllchen bei vielen anderen Leguminosen, z. B. *Lupinus*-Arten (Lupinen, früher *Rhizobium lupini*).

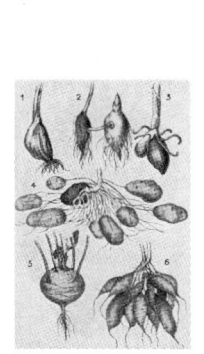

Knolle
1 Herbstzeitlose; 2 Eisenhut; 3 Knabenkraut; 4 Kartoffel; 5 Kohlrabi; 6 Dahlie

gleichfalls für die Ausbildung der stickstofffixierenden Endosymbiose verantwortlich. Einige K. besitzen keine Sym-Plasmide; ihre nif-Gene sind auf dem Chromosom lokalisiert. – K. und ihre Symbiose werden heute auf der ganzen Welt in vielen Forschungsvorhaben untersucht. Fernziel der ↗ *Gentechnologie* (↗ *Genmanipulation*) ist es, die in der Natur fast ausschl. auf Leguminosen beschränkte Symbiose auf andere landw. wichtige Pflanzen auszuweiten. B *Stickstoffkreislauf*, B 54.   G. S.

Knolle, Bez. für fleischig verdickte, mehr od. weniger rundl. Abschnitte des pflanzl. Vegetationskörpers, die der Reservestoffspeicherung dienen. Aufgrund der morpholog. Ungleichwertigkeit unterscheidet man zw. knollig angeschwollenen Sproßachsenabschnitten und ebensolchen Wurzelabschnitten, also zw. ↗ *Sproß-K.n* und ↗ *Wurzel-K.n* (B asexuelle Fortpflanzung I). Die K.nbildung erfolgt meist durch primäres ↗ *Dickenwachstum*, also durch das ↗ *Erstarkungswachstum* v. Rinden- u. Markgewebe (z. B. bei der ↗ *Kartoffelpflanze*), seltener aufgrund eines anomalen sekundären Dickenwachstums, wie z. B. bei der ↗ *Hypokotyl-K.* der Roten Rübe (☐ *Beta*). Hierbei ist das 1. Kambium nur eine kurze Zeit aktiv u. wird v. einem 2., in der Rinde sich neubildenden Kambium abgelöst, dieses v. einem 3. Kambium usw.

Knollenblätterpilze, tödl. giftige ↗ *Wulstlingsartige Pilze (Amanitaceae).* Der wichtigste ↗ *Giftpilz*, der Grüne K. (*Amanita phalloides* Link), hat einen glockig gewölbten, später ausgebreiteten, grünl. Hut (6–12 cm ⌀), mit *immer weißen* Lamellen; der schlanke Stiel (8–12 cm) ist in der oberen Hälfte mit einem dünnen, herabhängenden, manschettenart. Ring versehen; seine knollig verdickte Basis umgibt eine deutl. freie Scheide (Volva), die aber im Boden sitzen kann (☐ *Blätterpilze*). Das weiße Fleisch riecht kunsthonigartig. Er wächst v. Juli bis Okt., oft in großer Anzahl, in Laubwäldern, v. a. unter Buchen u. Eichen. Fast alle tödl. Vergiftungen durch Pilzgerichte sind auf ihn zurückzuführen; v. unkund. Sammlern wird er mit dem Waldchampignon, Grünling od. Grünen Täubling verwechselt. Die bes. Gefährlichkeit besteht darin, daß die Vergiftungssymptome erst sehr spät auftreten, nach 5–20 [40] Std., wenn die Toxine bereits weitgehend absorbiert sind u. Organschädigungen begonnen haben (vgl. Spaltentext). Ebenso gefährl. wie der Grüne K. sind der kleinere, rein weiße Weiße K. (*Amanita verna* Roques) u. der Spitzhütige K. (*A. virosa* Bert). Etwas weniger gefährl. ist der Gelbe K. (*A. citrina* S. F. Gray), der im Unterschied zu den vorigen Arten war-

Bei K vermißte Stichwörter suche man auch unter C und Z.

Knollenfäule

zige Hüllreste auf Hut u. Stengel u. meist keine freie Volva besitzt. ↗Amatoxine (☐), B Pilze IV.

Knollenfäule, Fäulniserkrankung der Kartoffelknollen, durch verschiedene bakterielle u. pilzl. Erreger verursacht (vgl. Tab.).

Knollenfäule Wichtige K.n der Kartoffel:	
↗Alternariafäule u. a. ↗Trockenfäulen (*Fusarium-Phoma-*Fäulen)	↗Bakterienringfäule ↗Kraut- u. Knollenfäule ↗Schwarzbeinigkeit (Knollennaßfäule)

Knollenkümmel, *Bunium,* Gatt. der ↗Doldenblütler.

Knollenqualle, *Cotylorhiza tuberculata,* Vertreter der Wurzelmundquallen; lebt im Mittelmeer u. erreicht 35 cm ⌀; ihr flacher Schirm ist goldgelb od. bräunl. gefärbt; die Mundlappen sind stark gekraust, dazwischen ragen „violett geknöpfte" Tentakel hervor. Im Schirm leben häufig symbiont. Zooxanthellen.

Knoop, Franz, dt. Biochemiker, * 20. 9. 1875 Schanghai, † 2. 8. 1946 Tübingen; Prof. in Freiburg i. Br. u. Tübingen; entdeckte 1905 bei stoffwechselchem. Untersuchungen am tier. Organismus die Beta-Oxidation der Fettsäuren, Mitentdecker des Citratzyklus (1937).

Knopfhorn-Blattwespen, die ↗Cimbicidae.
Knopfkraut, das ↗Franzosenkraut.
Knopsche Nährlösung [ben. nach dem dt. Chemiker J. Knop, 1856–91], flüss. Kulturmedium für autotrophe Pflanzen, das alle Makronährelemente in ausgeglichenem Verhältnis enthält (vgl. Tab.). Da deren Verunreinigungen den Bedarf an Spurenelementen nicht decken, muß der Mangel durch Zugabe v. Hoaglands ↗A-Z-Lösung (1 ml/l) behoben werden.

Knorpel, *K.gewebe,* nicht mineralisiertes Skelettgewebe bei Wirbeltieren u. Tintenfischen (↗Bindegewebe). K. zeichnet sich gegenüber dem härteren ↗Knochen durch Zellarmut, seinen Reichtum an zäh-gallert. Interzellularsubstanz (v. ↗Mucopolysacchariden imprägnierte ↗Kollagen- od. ↗Elastin-Fasern) u. das Fehlen einer Gefäßversorgung (↗bradytrophe Gewebe) aus. Je nach Struktur stellt er ein druck- (*hyaliner K.*), biegungs- (*elastischer K.*) od. zugelastisches (*Faser-K.*) Gewebe dar. Das gesamte ↗Skelett der Tintenfische (Kopfkapsel) u. der niederen Wirbeltiere (Cyclostomen, Knorpelfische) besteht aus K. Das Skelett aller höheren Wirbeltiere (Amphibien, Reptilien, Vögel, Säuger) wird in der Embryonalperiode zwar knorpelig vorgebildet, wobei die K.bildungszellen (*Chondroblasten*) dem embryonalen Mesenchym entstammen, wird jedoch später durch *Chondroklasten* (K.freßzellen) abge-

Knollenblätterpilze
Erste Anzeichen einer *Vergiftung* durch K. machen sich erst 5–20 (40) Std. nach Verzehr der Pilze bemerkbar. Charakterist. Symptome sind Erbrechen, Durchfall, Krämpfe, Wärmeverlust des Körpers, Erhöhung des Säuregehalts des Blutes (Acidose), Leberkoma (Gelbsucht), fehlende Harnabsonderung (Anurie) u. Harnvergiftung (Urämie). Nach ca. 5 Tagen kann der Tod eintreten (30–50% der Vergiftungsfälle). Hauptgifte sind *Phalloidin* u. verwandte Toxine (↗Phallotoxine) sowie die *Amanitine* (↗Amatoxine).

Knollenqualle (Cotylorhiza tuberculata)

Knopsche Nährlösung
Die K. N. (pH-Wert 5,7) enthält folgende Salze (Zahlenangaben g/l destilliertes Wasser):

Ca(NO₃)₂	1,00
KNO₃	0,25
KH₂PO₄	0,25
MgSO₄ · 7H₂O	0,25
FeSO₄	Spuren

Knorpelfische
Unterklassen und Ordnungen:
Plattenkiemer
(Elasmobranchii)
  ↗Haie *(Selachii)*
  ↗Rochen
    (Rajiformes)
↗Chimären
  (Holocephali)
    Chimaeriformes

baut u. durch Knochen ersetzt. Nur an biegungs-, druck- und zugbeanspruchten Knochenverbindungen (Rippenansätze am Brustbein, Zwischenwirbelscheiben), ebenso als Gleitschicht auf Gelenkflächen (↗Gelenk-K.) u. in Form einzelner biegungsbeanspruchter Skelettstücke (Nase, Ohrmuschel, Kehlkopf, Tracheal-K.) bleibt der K. erhalten. K. ist das phylogenet. älteste Skelettgewebe. B Bindegewebe.

Knorpelfische, *Chondrichthyes,* Kl. der Wirbeltiere mit ca. 600 rezenten Arten. Außer den gemeinsamen Merkmalen der ↗Fische i. e. S. besitzen K. stets ein knorpeliges, durch Kalkeinlagerungen teilweise hartes Innenskelett ohne jegl. Knochenstruktur, einen meist durch ein Rostrum nach vorn verlängerten Schädel, ein Außenskelett mit Knochengebilden in Form v. Plakoid-↗Schuppen, horizontal stehende, als Höhensteuer dienende u. bei Rochen flügelart. Brust-↗Flossen, ein unterständ. Maul, unterseits liegende Nasenöffnungen ohne Verbindungsgang der Nasenhöhlen zum Schlund, paar. Kopulationsorgane (Mixopterygien, ↗Gonopodium) bei den Männchen aus umgebildeten Bauchflossen zur inneren Befruchtung, große dotterreiche Eier, einen kurzen, gestreckt verlaufenden, weitlumigen, einheitl. Darm mit einer inneren wendeltreppenart. Spiralfalte zur Oberflächenvergrößerung, ein bes., in den Darmendabschnitt mündendes, sehr leistungsfähiges Salzausscheidungsorgan, die Rektaldrüse, u. ein Herz mit langgestrecktem, vierklappigem ↗Conus arteriosus. Wegen der fehlenden Schwimmblase sind die fast ausschl. marinen K. Dauerschwimmer od. Bodentiere; schnell schwimmende K. sind z. T. kosmopolit. verbreitet, für andere Arten hängt die Verbreitungsgrenze mit der Wassertemp. zusammen. – Die (rezenten) K. werden in 2 U.-Kl. unterteilt: Plattenkiemer (*Elasmobranchii*) mit den beiden Ord. ↗Haie *(Selachii)* u. ↗Rochen *(Rajiformes),* u. ↗Chimären *(Holocephali)* mit der einzigen Ord. *Chimaeriformes.* Eine dritte Gruppe bilden die ausschl. fossil bekannten, relativ schlecht dokumentierten *Bradyodonti* (oberes Devon bis Perm). Plattenkiemer haben stets mehrere, hintereinander stehende, jeweils nachwachsende Zahnreihen u. knorpelige Kiemensepten, mit denen die 5–7 frei nach außen mündenden Kiemenspalten verschlossen werden können, u. eine meist als Pseudokieme ausgebildete 1. Kiemenspalte, das *Spiraculum* od. Spritzloch. Charakterist. sind auch die *Lorenzinischen Ampullen,* Sinnesorgane aus dem Bereich des Seitenliniensystems, die u. a. auf elektr. Reize, z. B. v. Muskelpotentialen der Beutetiere, reagieren. Bei den

Chimären deckt eine durch Knorpelteile des Zungenbeinbogens gestützte Hautfalte (falscher Kiemendeckel) die 4 Kiemenöffnungen weitgehend ab; ein Spiraculum wird nur embryonal angelegt; die Zähne sind zu wenigen, nicht nachwachsenden Ober- u. Unterkieferplatten verschmolzen. Der Oberkiefer ist in der ganzen Länge fest mit dem Schädel (Neurocranium) verbunden (Holostylie), während bei Plattenkiemern eine vordere u. hintere Verbindung (↗ Amphistylie, bei primitiven Haien) od. eine einfache Verbindung über das ↗ Hyomandibulare (↗ Hyostylie) zum Neurocranium besteht. – K. sind eine geolog. relativ junge Gruppe; sie erscheinen im fossilen Inventar der Fische noch nach den Knochenfischen *(Osteichthyes).* Allerdings engt das Fehlen eines knöchernen Skeletts die Möglichkeiten fossiler Erhaltung beträchtl. ein. Die Fossilgeschichte der K. läßt vermuten, daß ihr Knorpelskelett durch Abbau v. Knochensubstanz entstanden u. deshalb eher als degenerativ denn als primitiv anzusehen ist. Wahrscheinl. sind die K. aus den Panzerfischen *(↗ Placodermi)* hervorgegangen. Die frühesten Repräsentanten waren bereits Ozeanbewohner. ☐ Entwicklung; B Fische (Bauplan), B Konvergenz. *T. J.*

Knorpelganoiden [Mz.; v. gr. ganos = glänzend], die ↗ Chondrostei.

Knorpelgewebe ↗ Bindegewebe, ↗ Knorpel.

Knorpelknochen, die ↗ Ersatzknochen, ↗ Knochen.

Knorpelkraut, *Polycnemum,* Gatt. der Gänsefußgewächse, mit 7–8 Arten im Mittelmeergebiet u. in Eurasien verbreitet; der Name rührt v. den charakterist. knorpel. knoten her, die den niederliegenden Stengel untergliedern. Das nach der ↗ Roten Liste „stark gefährdete" Acker-K. *(P. arvense)* kommt selten u.a. in Getreideunkrautfluren od. Sandtrockenrasen vor. Die K.-Arten sind den Fuchsschwanzgewächsen nah verwandt.

Knorpellattich, der ↗ Knorpelsalat.

Knorpelleim, das ↗ Chondrin.

Knorpelmöhre, *Ammi,* Gatt. der ↗ Doldenblütler.

Knorpelsalat, *Knorpellattich, Chondrilla,* Gatt. der Korbblütler mit rund 25 Arten in Europa u. dem gemäßigten Asien. Krautige, Milchsaft führende Pflanzen mit rutenförm., meist wenig beblätterten Stengeln, an denen die zahlr., relativ kleinen, aus gelben Zungenblüten bestehenden Köpfchen stehen. In Mitteleuropa nur die nach der ↗ Roten Liste als „gefährdet" eingestuften Arten Alpen-K. *(C. chondrilloides,* in den Schotterfluren der Alpenflüsse) u. Binsen-K. *(C. juncea,* in lückigen, halbrudera-

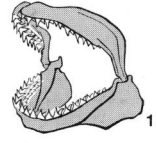

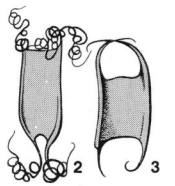

Knorpelfische
1 Kieferskelett eines Haies, 2 Ei eines Katzenhaies mit Haftfäden, 3 Ei des Sternrochens

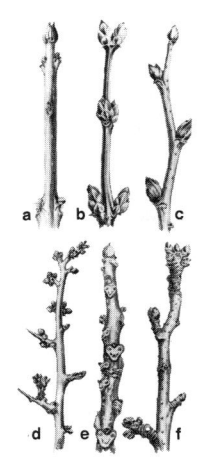

Knospe
a Esche, b Flieder, c Linde, d Schlehe, e Walnuß, f Vogelkirsche; g nackte Knospen vom Wolligen Schneeball

len Trockenrasen, Sandfeldern und Brachen).

Knorpelsalat-Flur, *Chondrilletum,* Assoz. der ↗ Epilobietalia fleischeri.

Knorpelschädel, das ↗ Chondrocranium.

Knorpeltang, *Chondrus,* Gatt. der ↗ Gigartinales.

Knospe, 1) Bot.: Bez. für den Sproßscheitel mitsamt den ihn umhüllenden jugendl. ↗ Blattanlagen. Beim Großteil der ausdauernden Pflanzen der gemäßigten und arkt. Zonen sind die K.n mit einer mehr od. weniger großen Anzahl von ↗ K.nschuppen bedeckt. Bei fehlenden K.nschuppen spricht man v. *nackten* K.n. Hier übernehmen die jugendl. Laubblätter, die in diesem Fall ein dichtes Haarkleid besitzen, die Aufgabe der K.nschuppen (z.B. Wolliger Schneeball, Hartriegel, Efeu). Man unterscheidet *Blatt-K.n* von *Blüten-K.n* und *gemischten K.n,* je nachdem, ob sie nur Blattanlagen, nur Blütenanlagen od. beides enthalten. Am Ende des Hauptsprosses steht die ↗ *End-* oder *Gipfel-K.* Sie kann sehr groß werden, so z.B. die Kohlköpfe. Seitl. an den Sproßachsen stehen die *Seiten-K.n,* die bei den Samenpflanzen stets blattachselständig angelegt werden u. dann auch ↗ *Achsel-K.n* (☐) genannt werden. Von ihnen geht die Verzweigung des Sproßsystems aus. Oft kommt es vor, daß neben der Haupt-Achsel-K. noch weitere K.n (↗ *Bei-K.n*) angelegt werden (☐ Achselknospe). Treiben K.n noch im Jahr ihrer Bildung aus, so heißen sie *Bereicherungs-K.n,* treiben sie erst im Frühjahr darauf aus, werden sie ↗ *Erneuerungs-K.n* oder *Winter-K.n* genannt. Sie können aber auch bis zu 100 Jahre als „*schlafende Augen"* überdauern. Die Bildung der End-K.n bedeutet eine starke Umsteuerung der morphogenet. Vorgänge im Sproßscheitel. Diese Umsteuerung wird durch einsetzende Kurztagsbedingungen eingeleitet. **2)** Zool.: ↗ Knospung.

Knospendeckung, die ↗ Ästivation 1).

Knospenlage, *Vernation,* Bez. für die Ausgestaltung des einzelnen jungen Blattes in der ↗ Knospe. So kann das Blättchen flach ausgedehnt *(plane K.),* längs der Mittelrippe nach oben zusammengelegt *(duplikate K.),* längs vieler paralleler Falten gefaltet *(plikate K.)* od. unregelmäßig gefaltet *(korrugative K.)* sein. Seine Seitenränder können gg. die Oberseite *(involute K.)* oder gg. die Unterseite *(revolute K.)* eingerollt sein. Die Blattspreite kann aber auch ganz v. der Seite her tütenförmig *(convolute K.)* oder v. der Spitze her schneckenförmig *(circinate K.)* zusammengerollt sein.

Knospenruhe, Bez. für den vorübergehenden Zustand eingestellten Wachstums mit gleichzeitig herabgesetzter Stoffwechsel-

Bei K vermißte Stichwörter suche man auch unter C und Z.

Knospenschuppen

aktivität zw. dem Zeitpunkt der Anlage u. dem des Austriebs der ⁊ Knospe. Die K. ist durch Hormone u. äußere Faktoren, wie Tageslänge und Temp., gesteuert. Bei der ⁊ apikalen Dominanz beeinflussen die natürl. ⁊ Auxine die K. der Seitenknospen. Der Beginn der K. im Herbst ist meist, aber nicht immer, mit einem Anstieg der ⁊ Abscisinsäure-Konzentration u. oft mit einem Abfall der Konzentration der ⁊ Gibberelline verbunden, während umgekehrt das Ende der K. durch Verringerung der Abscisinsäure- u. Erhöhung der Gibberellinkonzentration erreicht werden kann. Zur Brechung der K. im Frühjahr reicht aber nicht allein die Überführung in Langtag-Bedingungen aus. Vorher müssen die Knospen einer längeren Kälteperiode ausgesetzt worden sein. Diese äußeren Bedingungen beeinflussen ihrerseits die Hormonkonzentrationen. Während der Zeit der Vorruhe u. Nachruhe können bestimmte Eingriffe die K. ebenfalls brechen. So kann ein nicht zeitl. gerechtes Austreiben der nächstjähr. ⁊ Erneuerungsknospen nach frühzeit. Blattverlust durch Schadinsektenbefall bei Bäumen stattfinden. Aber auch ein verfrühter herbstl. Schnitt der Obstbäume kann zu einem Austrieb führen. Kälte kann die K. künstlich verlängern.

Knospenschuppen, *Tegmente,* Bez. für die derb-ledrigen Nieder- od. Nebenblätter, die die Winterknospen v. Holzgewächsen als Schutzorgane umhüllen. Bei einer Reihe v. Pflanzenarten sind sie durch gummi- und harzhalt. Ausscheidungen aus ⁊ Drüsenzotten (Kolleteren) fest miteinander verklebt.

Knospenstrahler, *Knospensterne,* die ⁊ Blastoidea.

Knospung, 1) *Gemmatio, Sprossung,* eine Form der ⁊ asexuellen Fortpflanzung. a) Bot.: die ⁊ Sprossung. b) Zool.: totipotente Gewebe sprossen am Körper als *Knospen* hervor u. lösen sich ab, z. B. bei manchen ⁊ Einzellern (sessile Ciliaten: ☐ *Exogenea*), ⁊ Hohltieren (B) u. ⁊ Ringelwürmern *(Autolytus:* B asexuelle Fortpflanzung I). Bleiben die aus den Knospen gebildeten Tiere mit dem Muttertier verbunden, so entstehen Tierstöcke (Kolonien), z. B. bei Staatsquallen, ⁊ Kamptozoa (☐), Korallen, ⁊ Moostierchen, ⁊ Hydrozoa. Bei der *Stolonisation* vollzieht sich die K. an einem Ausläufer (Stolo, z. B. bei ⁊ *Cyclomyaria,* ☐). **2)** Virologie: das ⁊ budding.

Knoten, *Nodi,* Bez. für die meist verdickten, bei hohlen Sproßachsen massiven Abschnitte der Sproßachse, an denen die Blätter ansetzen. ⁊ Internodium.

Knotenameisen, *Stachelameisen, Myrmicidae,* Fam. der ⁊ Ameisen mit insgesamt ca. 3000, in Mitteleuropa etwa 100 Arten.

Knotenameisen
Wichtige Vertreter:
Anergates atrutulus
⁊ Blattschneiderameisen *(Attini)*
Crematogaster spec.
Diebsameise *(Solenopsis fugax)*
⁊ Ernteameisen
(Gatt. *Messor* u. *Pogonomyrmex)*
⁊ Feuerameise
(Solenopsis geminata)
Glänzende Gastameise *(Formicoxenus nitidulus)*
Pharaonenameise *(Monomorium pharaonis)*
Pheidole spec.
Rasenameise *(Tetramorium caespitum)*
Rotgelbe Knotenameise *(Myrmica laevinodis)*
Strongylognathus testaceus

Knotenameise *(Myrmica)*

Sommer-Knotenblume *(Leucojum aestivum)*

Die K. sind je nach Art u. Kaste 2 bis 13 mm groß u. meist dunkel gefärbt. Die ersten 2 Hinterleibssegmente sind knotenartig verdickt (Name!) u. bilden ein Stielchen *(Petiolus),* an dem der stark aufgetriebene Teil des Hinterleibs *(Gaster)* ansetzt. Die K. besitzen noch einen gut ausgebildeten Giftstachel, dessen Stich bei manchen Arten auch für Menschen unangenehm sein kann. Sehr häufig ist die Rotgelbe K. *(Myrmica laevinodis),* die ihr Erdnest unter Steinen u. ä. anlegt; die Arbeiterinnen werden ca. 7 mm groß. Ebenfalls unterird., aber auch in Hügelbauten nistet die kleinere Rasenameise *(Tetramorium caespitum);* die Färbung variiert v. gelbrot bis schwarz. Aus Indien weltweit verschleppt wurde die nur ca. 2 mm große Pharaonenameise *(Monomorium pharaonis),* die bei uns als Nahrungsschädling v. a. in Häusern vorkommt. Bei den K. gibt es auch Brut- u. Sozialparasitismus. Die Diebsameise *(Solenopsis fugax)* legt ihr Nest in den Nestern anderer Ameisenarten an; die feinen Gänge verlaufen zw. denen des Wirtsnestes; sie ernährt sich v. a. von der Brut des Wirtes. Die Glänzende Gastameise *(Formicoxenus nitidulus)* lebt auch in anderen Ameisennestern, schadet ihrem Wirt aber nahezu nicht. Nur mit Hilfe eines Wirtsvolkes können auch die K. *Anergates atratulus* u. *Strongylognathus testaceus* überleben; sie dringen in Völker der Rasenameise *(Tetramorium caespitum)* ein u. lassen ihre Brut durch deren Arbeiterinnen versorgen. Auffällig durch Morphen mit stark vergrößertem Kopf („Soldaten") sind die Arbeiterinnen der Gatt. *Pheidole.* Einige Arten der Gatt. *Crematogaster* bauen kunstvolle Kartonnester, die in Bäumen od. Höhlen hängen.

Knotenblume, *Großes Schneeglöckchen, Leucojum,* Gatt. der Amaryllisgewächse mit 11 Arten. Die kleine Zwiebelpflanze mit 3–4 dunkelgrünen Blättern trägt einen kurzen Blütenstiel mit weißen nickenden Blüten; 6 gleich lange, weiße Kronblätter, die an der Spitze einen grünen Fleck besitzen. Der Märzenbecher, Frühlings-K. *(L. vernum)* ist nach der ⁊ Roten Liste „gefährdet"; wächst auf feuchten humusreichen Lehm- u. Mullböden, hpts. in der Assoz. Aceri-Tilietum und im Verband Calthion. Der Blütenstiel ist im Vergleich zur Sommer-K. *(L. aestivum),* die 3–7blütig ist, nur 1–2blütig; wegen ihrer späten Blühzeit wird die Sommer-K. gern im Garten angepflanzt; in ihrer Heimat in S- und SO-Europa kommt sie in Naßwiesen vor.

Knotenfuß, *Streptopus,* Gatt. der Liliengewächse mit 3 Arten im Himalaya u. China, 3 Arten in N-Amerika und 1 Art *(S. amplexifolius)* in Europa u. N-Amerika. Letztere ist eine 20–100 cm hohe Pflanze der montanen u. subalpinen Stufe; sie wächst in staudenreichen Nadelmisch- u. Fichtenwäldern sowie im Grünerlenbusch u. ist Charakterart des Alnetum viridis, findet sich aber auch im Aceri-Fagetum. Der K. besitzt einen einfachen od. verzweigten Stengel, der zickzackartig hin u. her gebogen ist. Die stengelumfassenden Blätter sind breit lanzettl. u. ähneln denen der Weißwurz. Die kleinen glockenförm. gelbgrünen Blüten sind aus 6 Perigonblättern, 6 Staubbeuteln u. 1 Griffel aufgebaut. Die Frucht ist eine dreifächrige blaßrote Beere.

Knotentang, *Ascophyllum,* Gatt. der ⟶ Fucales.

Knotenwespen, *Cerceris,* Gattung der ⟶ Grabwespen. [chocerca.

Knotenwurm, *Onchocerca volvulus,* ⟶ Onchocerca.

Knöterich, *Polygonum,* Gatt. der Knöterichgewächse, mit etwa 200 Arten fast weltweit verbreitet; Blütenbau ⟶ Knöterichartige. Die Blätter der heim. K.-Arten sind deutl. länger als breit; die Früchte sind ins Perigon eingeschlossen od. nur etwas herausragend. Der Vogel-K. *(P. aviculare),* eine Pionierpflanze offener, nährstoffreicher Tritt- u. Unkrautges., seit der jüngeren Steinzeit Kulturbegleiter, kommt heute (urspr. in Eurasien heimisch) weltweit verschleppt in den gemäßigten Gebieten vor; die sehr vielgestalt. Sammelart ist eine alte Heilpflanze. Der Schlangen-K. *(P. bistorta),* mit dichter rosaroter Blütenähre u. längl.-eiförm. Blättern, ist eine häufige Pflanze feuchter Wiesen (Charakterart des Calthion-Verb.); der Name rührt v. dem schlangenförmig gebogenen Rhizom her. Der Knöllchen-K. *(P. viviparum)* ist eine zirkumpolar verbreitete Art alpiner Magerrasen u. von Blaugrashalden; charakterist. sind die Brutknöllchen in der unteren Hälfte der Blütenähren aus weißl. Blüten. Der Floh-K. *(P. persicaria)* u. der Winden-K. *(P. convolvulus)* sind in Ackerunkrautfluren verbreitet; urspr. beide in Eurasien, sind sie heute weltweit in den gemäßigten Zonen verschleppt. Der Wasser-K. *(P. amphibium)* ist eine Pflanze, die sowohl auf feucht-nasser Erde (z. B. in Naßwiesen) als auch als Wasserpflanze (in Seerosenges.) wachsen kann; die beiden Formen weisen z. B. unterschiedl. Blattformen auf; der Wasser-K. ist zirkumpolar verbreitet. Der Spitzblättrige K. *(P. cuspidatum)* u. der Sachalin-K. *(P. sachalinense)* sind zwei Neophyten, die aus O-Asien stammen, teilweise als Zierpflanzen zu finden sind u. heute bei uns in feuchten Saumges. verwildert vorkommen.

Knöterichartige, *Polygonales,* Ordnung der *Caryophyllidae* mit nur einer Familie, den *Knöterichgewächsen (Polygonaceae).*

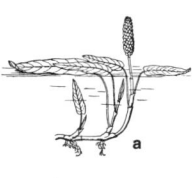

Knöterich
1 Vogelknöterich *(Polygonum aviculare);* 2 Wasserknöterich *(P. amphibium),* **a** Wasserform, **b** Landform des Wasserknöterichs – ein Beispiel der Anpassung einer Pflanze an den Standort

Knöterichartige
Wichtige Gattungen:
⟶ Ampfer *(Rumex)*
⟶ Buchweizen *(Fagopyrum)*
⟶ *Coccoloba*
⟶ Knöterich *(Polygonum)*
⟶ *Mühlenbeckia*
⟶ Rhabarber *(Rheum)*
⟶ Säuerling *(Oxyria)*

Diese umfaßt etwa 30 Gatt. (vgl. Tab.) u. 750 Arten, die insgesamt fast weltweit (mit Zentrum in der gemäßigten Zone) verbreitet sind. Die K.n besitzen meist einfache, wechselständ. Blätter. Bes. charakterist. ist die *Ochrea* (Tute) der K.: eine oft häut., stengelumfassende Röhre, die durch Verwachsung eines Nebenblatts entstanden ist. Die Stengel sind oft knotig gegliedert; an ihrer Spitze befinden sich die in Trauben od. Thyrsen zusammengefaßten, meist recht unscheinbaren Blüten. Von Gatt. zu Gatt. ist die Anzahl der Perianth-, Staub- u. Fruchtblätter recht unterschiedlich. Teilweise wachsen die bleibenden Perianthblätter bei der Fruchtreife zu sog. Valven heran, die die Frucht umgeben u. mit ihren Haken, Schwielen usw. zur Ausbreitung beitragen. Die Frucht selbst ist eine dreikant., einsamige Nuß.

Knurrhähne, *Seehähne, Triglidae,* Fam. der Panzerwangen mit etwa 50 Arten, weltweit in trop. u. gemäßigten marinen Küstengewässern verbreitet. Meist Bodenfische mit oft dorn. Knochenplatten am großen Kopf, 2 Rückenflossen, großen Brustflossen, deren vordere, mit Geschmacksknospen besetzten, frei bewegl. Strahlen u. a. zum Laufen auf dem Boden dienen. Viele können mittels bes., an die zweiteil. Schwimmblase ansetzender Trommelmuskeln knurrende Töne erzeugen. Meist mittelgroß, selten 60–90 cm lang. Hierzu gehören: der vom nördl. Norwegen bis zum Mittelmeer u. Schwarzen Meer verbreitete, häufige, bis 40 cm lange, vorwiegend kleine Bodentiere fressende Graue K. *(Eutrigla gurnardus,* [B] Fische I); der bis auf den hohen N im gleichen Gebiet u. bis S-Afrika vorkommende, meist 25–50 cm lange, v. a. an den Seiten gelbrot gefärbte Rote K. *(Trigla lucerna),* der als guter Schwimmer Fische jagt; der v. engl. Küsten bis ins Mittelmeer verbreitete, bis 40 cm lange, rötl. gefärbte Seekuckuck *(T. pini);* der an nord- und mittelam. Atlantikküsten häufige, v. a. zur Laichzeit v. Juni bis Aug. recht laute Nördl. K. *(Prionotus carolinus)* u. der im Mittelmeer in Tiefen bis 350 m heimische, bis 30 cm lange Panzer-K. od. Panzerfisch *(Peristedion cataphractum),* der 2 knöcherne Schnauzenfortsätze, Bartfäden u. große bedornte Körperschuppen besitzt.

Knutt *m, Calidris canutus,* ⟶ Strandläufer.

Koagulanzien [Mz.; v. lat. *coagulans* = gerinnen lassend], Mittel, die die ⟶ Blutgerinnung auslösen, z. B. Thrombin, Thrombokinase.

koagulieren [Hw. *Koagulation*], veraltete Bez. für ⟶ ausfällen, ausflocken, gerinnen (⟶ Gerinnung).

Koala *m* [austral.], *Koalabär, Beutelbär, Phascolarctos cinereus,* größte Art der

Bei K vermißte Stichwörter suche man auch unter C und Z.

Koalaverwandte

↗Kletterbeutler (Kopfrumpflänge 60 bis 80 cm); Körper einschl. Ohren dichtwollig behaart; Nasenrücken nackt. K.s sind langsame, nächtl. Baumkletterer der O-Küste Australiens. Ihre Nahrung bilden hpts. Eucalyptus-Blätter, deren Blausäuregehalt für sie unschädl. ist. Das bei der Geburt nur 0,3 g wiegende Junge verbringt etwa 6 Monate in dem (nach hinten geöffneten) Beutel der Mutter; danach wird es noch eine Zeitlang auf dem Rücken getragen. Zw. Entwöhnung u. eigener Nahrungssuche fressen junge K.s einen speziellen Kot der Mutter aus vorverdauten Eucalyptus-Blättern. Der K. gilt als Vorbild des „Teddybären". ☐ Beuteltiere, B adaptive Radiation, B Australien III.

Koalaverwandte, *Phascolarctinae*, U.-Fam. der ↗Kletterbeutler (Fam. *Phalangeridae*) mit 3 Gatt.: *Schoinobates* (↗Gleitbeutler), *Phascolarctos* (↗Koala) u. *Pseudocheirus* (Ringelschwanz-Kletterbeutler; 15 Arten). Letztere sind hörnchen- bis mardergroße (Kopfrumpflänge 19–45 cm) Beuteltiere der austr. Region mit langem, ganz od. teilweise nacktem Greifschwanz; sie sind nachtaktiv u. ernähren sich v. Früchten, Blättern u. Kleintieren.

Koazervate [Mz.; v. lat. coacervatus = zusammengehäuft], tröpfchenart. Gebilde, die in Systemen v. zwei od. drei verschiedenen Kolloiden makromolekularer Stoffe in wäßr. Lösung spontan entstehen; gleichzeitig tritt oft eine erhebl. Anreicherung bestimmter Stoffe im Innern der Tröpfchen ein, u. an der Oberfläche bilden sich membranart. Strukturen. Es wird daher angenommen (*Koazervat-Hypothese*, ↗Urzeugung), daß K. die ersten zellähnl. Strukturen am Ende der chem. Evolution darstellen, in denen dann die biol. Evolution einsetzen konnte. B chemische und präbiologische Evolution.

Kob [Sprache des Niger-Kongo-Gebietes] ↗Wasserböcke.

Kobalt *s* [v. mhd. kobolt = Berggeist], *Cobalt*, chem. Zeichen Co, ein in biol. Systemen als Kation (meist Co^{2+}) in Spuren vorkommendes, lebenswicht. chem. Element (↗essentielle Nahrungsbestandteile), das z. B. im ↗Cobalamin (☐) od. als Cofaktor in bestimmten Enzymen enthalten ist. T Schwermetalle.

Kobel *m* [v. mhd. kobe = Verschlag, Höhlung], ↗Eichhörnchen.

Koboldmakis, *Gespensttiere*, *Gespenstaffen*, *Tarsier*, *Tarsiidae*, Fam. der Halbaffen (*Prosimiae*) mit enger verwandtschaftl. Beziehung zu den echten Affen; Kopfrumpflänge 13–15 cm, Schwanzlänge ca. 20 cm; runder Kopf mit außergewöhnl. großen, nach vorne gerichteten Augen; Fußwurzelknochen (Tarsalia) bes. lang; scheibenförm. Fingerbeeren an Händen u. Füßen. K. halten den Körper beim Sitzen u. Springen aufrecht. Ihren Kopf können sie (eulenartig) um 180° drehen. Die Verbreitung der K. ist heute auf die südostasiat. Inselwelt beschränkt; im Tertiär lebten verwandte Formen in Europa u. in N-Amerika. Es gibt 3 Arten und 12 U.-Arten: Philippinen-K. (*Tarsius syrichta*), Celebes-K. (*T. spectrum*) u. die auf Sumatra u. Borneo lebenden Sunda-K. (*T. bancanus*). K. sind Nachttiere u. ernähren sich vorwiegend v. Kleintieren, daneben auch v. Früchten. B Asien VIII.

Koboldmaki (Tarsius spec.)

Kobras [Mz.; v. port. cobra = Schlange], *Echte K., Hutschlangen, Naja*, Gatt. der Giftnattern; mit 8 bodenbewohnenden Arten in Afrika u. im trop. Asien beheimatet; ca. 1,5–2 m lang; Pupillen rund; Schuppen glatt, in Schrägreihen angeordnet; dämmerungs- u. nachtaktiv. Richten bei Beunruhigung Vorderkörper auf u. spreizen mit Hilfe der verlängerten Halsrippen die teilweise mit einer „Brillenzeichnung" versehene Nackenhaut zu einem hutförm. Schild. K. gehören zu den gefährlichsten Giftschlangen. Häufigste Art: die asiat. ↗Brillenschlange (*N. naja*). Unter den afr. K. (keine Brillenzeichnung) ist die Ägyptische od. Uräusschlange (*N. haje*) am bekanntesten. Die Spei-K. (*N. nigricollis*) aus den Savannengebieten südl. der Sahara besitzt die Fähigkeit, zur Verteidigung ihr Gift bis 3 m weit – meist auf die Augen des Gegners – auszuspritzen. Die Kap-K. (*N. nivea*) in S-Afrika besitzt das wirksamste Gift aller 5 afr. Arten. B Asien VII, B Reptilien III.

Kobus *m* [v. ↗Kob], Gatt. der ↗Wasserböcke.

R. Koch

Koch, *Robert*, dt. Arzt u. Bakteriologe, * 11. 12. 1843 Clausthal, † 27. 5. 1910 Baden-Baden; seit 1885 Prof. in Berlin u. ab 1891 Dir. des Inst. für Infektionskrankheiten ebd. (heute Robert-Koch-Institut); schuf die Grundlagen der Bakteriologie (Züchtung v. Reinkulturen auf festen Nährböden); entdeckte 1876 den Milzbranderreger u. damit erstmals einen Mikroorganismus als Krankheitserreger beim Menschen; 1882 den Tuberkelbacillus, 1883 den Choleraerreger; unternahm weite Forschungsreisen (u. a. Afrika u. Indien) zum Studium der Malaria, Pest u. Schlafkrankheit u. zur Entwicklung v. Bekämpfungsmethoden; stellte 1890 das Tuberkulin her; erhielt 1905 den Nobelpreis für Medizin.

Köcher, die v. den Larven vieler ↗Köcherfliegen (☐) aus verschiedensten Materialien hergestellte Wohnröhre, mit der sie umherlaufen; ähnl. Gebilde bei Schmetterlingsraupen (↗Sackträger, ↗Sackmotten) werden als *Sack*, solche aus Kot hergestellte Wohngehäuse bei ↗Blattkäfern als

Kotsack od. Kotkapsel (Scatoconche) bezeichnet.

Köcherfliegen, *Frühlingsfliegen, Haarflügler, Trichoptera,* Ord. der Insekten mit insgesamt ca. 5000 Arten in 28 Fam., in Mitteleuropa etwa 300 Arten. Die Imagines der K. sind je nach Art 0,5 bis 3 mm groß u. von unscheinbarer Färbung. Der kleine Kopf trägt 2 fast körperlange, nebeneinander nach vorne gestreckte, dünne Fühler; die stark gewölbten Komplexaugen liegen seitlich. Die Mundwerkzeuge sind nur verkümmert ausgebildet. 3 Paar Beine am Brustabschnitt sind als Laufbeine angelegt, die Klauen tragen Haftlappen. Die behaarten 2 Paar Flügel werden in der Ruhe dachartig übereinandergelegt. Durch Hakenapparate werden die kürzeren Hinterflügel mit den Vorderflügeln während des Fluges verbunden (funktionelle Zweiflügeligkeit, vgl. ☐ Hautflügler). Der Hinterleib ist spindelförmig u. trägt beim Weibchen 2 Cerci. Die Imagines werden nur ca. 1 Monat alt, den Hauptteil ihres Lebens verbringen die K. als Larve im Wasser. Diese schlüpft nach 9 bis 24 Tagen aus Eiern in gallert. Ballen, die in od. in der Nähe v. Gewässern abgelegt werden. Der Kopf der Larve ist längl. gestreckt, trägt keine Fühler u. nur kleine Larvalaugen. Nur die Vorderbrust ist stark chitinisiert, während Mittel- u. Hinterbrust sowie der aus 10 Segmenten bestehende Hinterleib weichhäutig sind. Faden- od. büschelförm. Tracheenkiemen, die erst nach der 2. Häutung ausgestülpt werden, sorgen neben bei manchen Arten auftretenden Darmkiemen für die Atmung. Mit einem Nachschieber am letzten sowie mit 2 bis 3 Zapfen am ersten Hinterleibssegment können sich die Larven in ihrer selbstgebauten Wohnröhre festhalten u. bewegen. Die meisten Larven der K. *(Köcherlarven)* bauen ein Gehäuse, das aus verklebtem Speichel u. artspezif. verschiedenen Fremdmaterialien, wie Holzstückchen, Sandkörnern u. ä., besteht. Die Larve verlängert u. verbreitert den vorne u. hinten offenen Köcher bei der Häutung, ältere, dünnere Teile brechen hinten ab. Die Materialien werden spiralförm. um den Körper angeordnet u. vor dem Einbau genau in das Gefüge eingepaßt. K. mit Gehäusen, die am Untergrund verankert sind, wie z.B. bei der Fam. *Hydropsychidae* (Wassermotten), bauen davor ein Fangnetz, mit dem sie Beute aus dem Wasserstrom fangen (☐ Bergbach). Arten mit transportablem Köcher (z. B. Fam. *Philopotamidae*) suchen die Beute aktiv auf. Keine Wohnröhre bauen räuber. Gatt. der Fam. *Rhyacophilidae.* Je nach Larvenstadium aus verschiedenen Baumaterialien fertigen viele Arten der Fam. *Lim-*

Köcherfliegen
1 Köcherfliege (Imago), 2 Larve mit Köcher aus Pflanzenstengeln, 3 Fangnetz einer K.larve

nophilidae ihren Köcher. Auch die freilebenden Arten der K. bauen sich zur Verpuppung einen Köcher, dessen Öffnungen verschlossen werden. Die letzte Häutung vollzieht sich an der Wasseroberfläche, nachdem die freigliedrige Puppe sich aus dem Köcher befreit u. schwimmend od. kriechend nach oben gelangt ist.

Köcherlarven, Larven der ↗ Köcherfliegen.
Köcherwurm, *Pectinaria koreni,* ↗ Pectinariidae.
Kochia w [ben. nach dem dt. Botaniker W. D. Koch, 1771–1849], die ↗ Radmelde.
Kochsalz, das ↗ Natriumchlorid.
Kochsalzlösung, ↗ physiologische Kochsalzlösung.
Kochsches Bakterium s [ben. nach R. ↗ Koch], *Kochscher Bacillus, Mycobacterium tuberculosis,* Erreger der Tuberkulose, ↗ Mykobakterien.
Kochsches Plattengußverfahren, von R. ↗ Koch 1876 in der Bakteriologie eingeführtes Verfahren zur Gewinnung v. Reinkulturen u. zur Lebend-Keimzahlbestimmung: Eine geringe Menge einer Rohkultur od. einer verdünnten Bakteriensuspension gibt man in sterilen, flüss., auf 50 °C

Kochsches Plattengußverfahren

Bei dieser Lebendkeimzahlbestimmung wird vorausgesetzt, daß jede vermehrungsfähige Zelle in od. auf dem Nährboden vereinzelt wurde u. günstige Bedingungen für ihr Wachstum vorliegen, so daß sich aus ihr eine Kolonie entwickelt. Diese Bedingungen können bei Reinkulturen bekannter Bakteriengruppen relativ leicht erfüllt werden. Durch Verwendung v. Selektivnährböden lassen sich auch bestimmte Bakterienarten leicht nachweisen (z. B. *Enterobacteriaceae,* ↗ Endoagar). Sehr schwierig wird jedoch die Bestimmung natürl. Mischpopulationen, in denen die verschiedenen physiolog. Bakteriengruppen unterschiedl. Nährstoffansprüche u. sehr unterschiedl. Wachstumsraten zeigen od. sich sogar z.T. hemmen; in diesem Fall werden nur die Bakterien schnell wachsen, welche die verwendeten Nährsubstrate am besten verwerten können, so daß i. d. R. nur ein geringer Teil der Population erfaßt wird.

Kochsches Postulat
1. Der Mikroorganismus muß sich in jedem Stadium der Krankheit im infizierten Wirt nachweisen lassen.
2. Der Mikroorganismus muß vom erkrankten Wirt isoliert u. in Reinkultur gezüchtet werden.
3. Werden empfängl. gesunde Tiere mit Keimen aus der Reinkultur infiziert, müssen die spezif. Krankheitssymptome auftreten.
4. Der Mikroorganismus muß aus dem erkrankten Tier reisoliert werden u. in Reinkultur dem urspr. Mikroorganismus entsprechen.

abgekühlten Nähragar hinein, der dann durch Schütteln gut durchgemischt u. in sterile Petrischalen ausgegossen wird. Nach dem Erstarren des Agars werden die Platten bebrütet. (In einer vereinfachten Methode kann die Bakteriensuspension auch mit einem ↗ Drigalski-Spatel auf die Oberfläche des bereits festen Nähragars in den Platten ausgestrichen werden.) Die voneinander getrennten Keime wachsen zu makroskopisch sichtbaren Kolonien aus, die gezählt od. zur Gewinnung v. Reinkulturen abgeimpft werden können. Aus der Koloniezahl wird die Anzahl der vermehrungsfähigen Keime (Lebendkeimzahl) in der Ausgangssuspension bestimmt; es werden aber i. d. R. nur die Mikroorganismen erfaßt, die auf dem verwendeten Nähragar gut wachsen können.
Kochsches Postulat, *Henle-Koch-Postulat,* (1884), Kriterien, die nach R. Koch für die Anerkennung eines Keims als Erreger

Bei K vermißte Stichwörter suche man auch unter C und Z.

Köderwurm

einer bestimmten Krankheit erfüllt sein müssen (vgl. Spaltentext S. 61).

Köderwurm, *Arenicola marina,* ↗ Arenicolidae.

Kodiakbär [ben. nach der Kodiak-Insel (Alaska)], *Ursus arctos middendorfi,* U.-Art des ↗ Braunbären.

Koehler, *Otto,* dt. Zoologe, * 20. 12. 1889 Insterburg (Ostpreußen), † 7. 1. 1974 Freiburg i. Br.; seit 1923 Prof. in München, 1925 Königsberg, 1946 Freiburg; zahlr. Arbeiten über Sinnes- u. Orientierungsleistungen v. Tieren sowie deren Lern- u. Begriffsbildungsvermögen auf der vorsprachl. Stufe („unbenanntes Denken"); gründete 1936 zus. mit C. Kronacher und K. Lorenz die „Zeitschrift für Tierpsychologie", die er bis 1967 herausgab.

Koeleria *w* [ben. nach dem dt. Botaniker G. L. Koeler, um 1760–1807], das ↗ Schillergras.

Koelerion glaucae *s* [v. ↗ Koeleria, lat. glaucus = blaugrün], Verb. der ↗ Corynephoretalia.

Koelerio-Phleion *s* [v. ↗ Koeleria, gr. phleōs = Art Binse], *Bodensaure Halbtrockenrasen,* Verband der *Brometalia erecti (↗ Festuco-Brometea);* lückige, trokkenheitertragende Rasenges. der flachgründ., kalkarmen, oberflächig versauerten Sand- u. Felsböden; bes. im Oberrheingebiet gut entwickelt.

Koenenia *w,* Gatt. der ↗ Palpigradi.

Koenigswald, *Gustav Heinrich Ralph* von, dt.-niederländ. Paläontologe, *13. 11. 1902 Berlin, † 10. 7. 1982 Bad Homburg v.d. Höhe; ab 1948 Prof. in Utrecht, seit 1968 am Forschungs-Inst. Senckenberg Frankfurt a. M.; entdeckte 1935–41 zahlr. fossile Hominoiden in chines. Apotheken u. im Pleistozän v. Java, u.a. ↗ *Gigantopithecus,* ↗ *Meganthropus* und 3 Schädel des ↗ *Pithecanthropus (↗ Homo erectus).*

Kofferfische, *Ostraciontidae,* Fam. der Kugelfischverwandten mit 6 Gatt. Trop. Meeresfische mit starrem Panzer aus verwachsenen, sechseck. Knochenplatten, der nur Öffnungen für Flossen, Augen, Maul, Kiemen u. After hat. Zur Zirkulation des Atemwassers dienen zusätzlich dehnbare Säcke am Mundhöhlendach. Bauchflossen fehlen. Je nach Gatt. beträgt die Zahl der Rumpfkanten 3–5. Die meist auffällig gefärbten K. leben vorwiegend an Korallenriffen u. Felsenküsten; einige Arten können über die Haut für andere Fische tödl. wirkendes Gift absondern (↗ Giftige Fische). Hierzu gehören der giftausscheidende, indopazif., bis 25 cm lange Blaue K. *(Ostracion lentiginosum,* B Fische VIII) u. der bizarre Vierhorn-K. od. Kuhfisch *(O. quadricornis)* mit 4 langen, nach vorn gerichteten Stacheln über den Augen.

Kohäsionsmechanismen
K. beim Anulus des Farnsporangiums u. bei der Fangblase des Wasserschlauches.

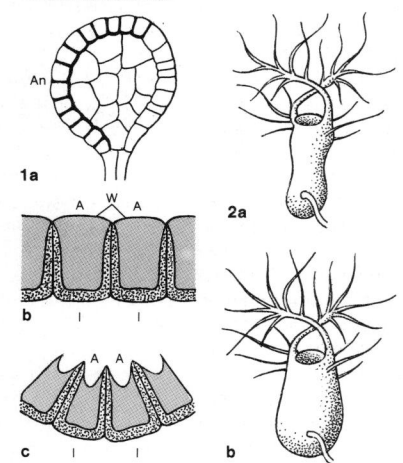

1a Sporangium vom Tüpfelfarn *(Polipodium vulgare),* An Anulus; **b** Anuluszellen mit Füllwasser (W) prall gefüllt; **c** Anuluszellen nach teilweiser Verdunstung des Füllwassers mit eingezogener, dünner Außenzellwand (A) und gebogener und damit gespannter, dicker Innenzellwand (I);

2a Fangblase des Wasserschlauches *(Utricularia)* vor dem Schluckakt, d. h. im gespannten Zustand; **b** Fangblase nach dem Schluckakt.

G. H. R. v. Koenigswald

Kofferfisch *(Ostracion spec.)*

Koffermuscheln ↗ Sägezahnmuscheln.

Kohäsionsmechanismen [v. lat. cohaerere = zusammenhängen], bewirken aufgrund der Kohäsions- u. ↗ Adhäsions-Kräfte des Füllwassers wasserabgebender Zellen Krümmungsbewegungen (↗ Bewegung) toter, seltener auch lebender Gewebeteile v. Pflanzen. Bekannt ist die auf K. beruhende Öffnungsbewegung v. Farnsporangien (↗ Farne, B Farnpflanzen I), die dazu einen ↗ Anulus differenziert haben. Ebenso besitzen die Pollensäcke der Staubblätter eine Faserschicht (↗ Blüte), die wie der Anulus bei Wasserabgabe durch Verdunstung den Pollensack öffnen. Auch die seitl. Eindellung der Fangblase vom Wasserschlauch vor dem Schluckakt beruht auf Adhäsions- u. Kohäsionskräften des Füllwassers der Blase. Nur wird in diesem Fall die Kohäsionsspannung durch die Pumpleistung lebender Zellen erzeugt, die rund 40% des Füllwassers nach außen pumpen.

Kohl, *Brassica,* in Eurasien und v. a. im Mittelmeerraum heim. Gatt. der Kreuzblütler mit rund 200 Arten. Oft bläul. bereifte, kahle od. borstig behaarte, 1–2jährige Kräuter, seltener Stauden, mit unten i. d. R. leierförm. bis fiederspalt., oben häufiger ungeteilten Blättern u. überwiegend gelben Blüten in traubigen od. rispigen Blütenständen. Die Frucht ist eine 2klapp. aufspringende, geschnäbelte Schote mit meist zahlr., kugeligen Samen. – Die Gatt. *B.* umfaßt eine Reihe v. Arten, deren Kulturformen als Futter- bzw. Gemüse-, Salat-, Öl- u. Gewürzpflanzen von z. T. großer wirtschaftl. Bedeutung sind. Der aus dem Mittelmeergebiet stammende, seit dem

Bei K vermißte Stichwörter suche man auch unter C und Z.

späten MA auch bei uns angebaute u. verwilderte Raps, *B. napus* (mit bläul. bereiften Blättern), ist vermutlich aus einer Kreuzung zw. *B. oleracea* (Gemüse-K.) u. *B. rapa* (Rübsen) hervorgegangen (B Kulturpflanzen III). Seine Varietät *oleifera* (Ölraps) ist zus. mit dem recht ähnl. Ölrübsen (*B. rapa* var. *oleifera*) der wichtigste Ölproduzent der gemäßigten Zonen (vgl. Spaltentext). Darüber hinaus dient der Raps als Bienenweide, Grünfutter u. Gemüse. Verzehrt werden zum einen die Blätter des Schnitt-K.s (*B. napus* var. *pabularia*), zum anderen die v. a. auch als Viehfutter dienende K.rübe (Steckrübe, Wruke), *B. napus* var. *napobrassica* (B Kulturpflanzen II). Ihre ovale bis plattrunde, oft kopfgroße Knolle entsteht durch fleischige Verdikkung v. a. des Hypokotyls (z. T. auch aus Wurzel u. Hauptsproß), ist außen grünl.-weiß, gelb bis bräunl. od. violett angelaufen u. besitzt festes gelbes, seltener weißl. Fleisch. Der Rübsen (Rübsamen, Rübsaat), *B. rapa*, mit grasgrünen Blättern, als dessen Stammform die einheim. Varietät *silvestris (campestris)* gilt, wird wie der Raps seit alters (Verwendung schon in der Bronzezeit) als Öl- (vgl. Spaltentext), Futter- u. Gemüsepflanze genutzt. Als Gemüse dienen die als „Rübstiel" bezeichneten jungen Blattstiele u. -spreiten von *B. rapa* var. *esculenta* sowie einige Sorten der weiß- bis gelbfleischigen, saftig-mild u. retichartig schmeckenden Weißen Rübe (Wasser-, Stoppel-, Saat- od. Herbstrübe), *B. rapa* var. *rapa* (B Kulturpflanzen II), wie etwa das Teltower Rübchen. Die längl. Wurzel- bzw. rundl. Hypokotylrüben der Varietät *rapa* dienen sonst überwiegend als Viehfutter. Die Art *B. oleracea* (Gemüse-K.) ist gekennzeichnet durch eine alle oberird. Organe betreffende, große morpholog. Variationsbreite. Aus der an den Felsküsten des westl. Mittelmeeres u. des Atlantik (bis Helgoland) heim. Wildform, *B. oleracea* var. *oleracea (silvestris)*, ist daher, wahrscheinl. auch unter Beteiligung anderer *B.*-Arten, eine Vielzahl verschiedener Wuchsformen hervorgegangen. Einige hiervon waren schon im Altertum bekannt, andere sind erst später durch Züchtung entstanden. Der Gemüse-K., dessen wichtigste Sorten heute weltweite Verbreitung aufweisen, hat, v. a. in den gemäßigten Zonen, eine große wirtschaftl. Bedeutung erlangt. Zum Teil recht frostunempfindl., liefert er auch im Winter noch ein Frischgemüse, das neben 85–95% Wasser je nach Sorte zw. 1,5 und 4,5% Protein sowie 4–7% Kohlenhydrate u. relativ viel Vitamin C enthält. Sein charakterist., mehr od. minder scharf-würziger Geschmack ist auf (bei Verletzung des Gewebes freiwerdende) flüchtige Senföle zurückzuführen. Der Wildform noch recht ähnl. sind die als Futterpflanzen angebauten Strauch-K.e var. *racemosa*, die lediglich. eine stärkere seitl. Verzweigung aufweisen. Die Blatt-K.e convar. *acephala* besitzen eine unverzweigte Achse mit oberwärts dichterem Blattschopf. Zu ihnen gehören neben dem Blatt-, Stauden- od. Kuh-K. (var. *viridis*) sowie dem Riesen- od. Jersey-K. (mit bis 5 m langen, verholzten Achsen) die fr. als Zierpflanzen kultivierten Sorten Feder- od. Plumage-K. (var. *selenisia*) u. Palm-K. (var. *palmifolia*) sowie die Gemüsepflanze Braun-, Kraus- od. Grün-K. (var. *sabellica*) mit stark kraus-gewellten Blättern (B Kulturpflanzen V). Bei Stamm-K., z. B. dem als Futterpflanze verwendeten Markstammkohl (var. *medullosa*), ist die gesamte Sproßachse fleischig angeschwollen. Ebenfalls stark verdickt, jedoch zudem gestaucht, ist die bis 15 cm dicke, längl.-ovale bis kugelige Sproßachse des hellgrünen od. violetten Kohlrabi (var. *gongylodes*, B Kulturpflanzen V). Beim Rosen-K. od. Brüsseler K. (convar. *oleracea* var. *gemmifera*) entwickeln sich an der aufrechten, beblätterten Sproßachse Seitensprosse, die jedoch im Knospenzustand verharren u. zu kugeligen Köpfchen heranwachsen. Die Kopf-K.e, convar. *capitata*, wirtschaftl. wichtigste Form von *B. oleracea*, zeichnen sich dadurch aus, daß die an einer gestauchten, strunkart. Sproßachse sitzenden Blätter insgesamt in der Knospenlage verharren u.

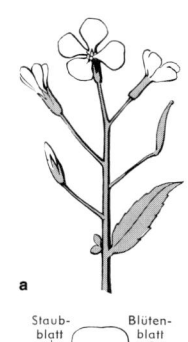

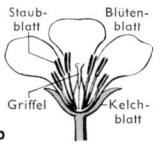

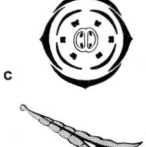

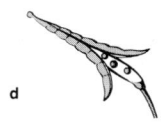

Kohl

a Raps (*Brassica napus*), b Blütenlängsschnitt, c Blütendiagramm, d Schote

Kohl (Brassica)

Ölraps (*B. napus* var. *oleifera*) u. Ölrübsen (*B. rapa* var. *oleifera*) gehören zu den wichtigsten Öllieferanten der gemäßigten Zonen. Sie werden heute weltweit, jedoch mit Schwerpunkt in Europa u. weiten Teilen Asiens angebaut, wobei beide Arten sowohl in einer Winterform (mit Aussaat im Herbst u. Ernte im Frühsommer) als auch in einer Sommerform (mit Aussaat im Frühjahr u. Ernte im Sommer) angebaut werden. Das als „Rüböl" bezeichnete Öl beider Arten besitzt eine fast ident. Zusammensetzung. Sein Anteil am Samen beträgt beim Raps 40–50%, beim Rübsen 30–40%, wobei Wintersorten als ertragreicher gelten. Rüböl besteht zu 40–50% aus Erucasäure, aus Ölsäure (12–24%), Linolsäure (12–16%) sowie Linolen- u. Arachinsäure. Seine Gewinnung erfolgt durch mehrfaches Auspressen der Samen sowie durch Extraktion des Preßkuchens, der dann als hochwertiges, da proteinreiches, Futtermittel weiterverwendet wird. Das zunächst gelbe bis braunrote, viskose Öl wird nach Reinigung sowohl für Speise- als auch für techn. Zwecke eingesetzt. In früheren Zeiten bes. als Brennmaterial für Öllampen begehrt, wird Rüböl heute als Zusatz zu Schmierölen, zur Herstellung v. Korrosionshemmern, weichen Seifen, Lederfetten usw. verwendet. Bes. Bedeutung kommt den Derivaten der *Erucasäure* u. a. als Weichmacher bei der Herstellung u. Verarbeitung v. Kunststoffen u. synthet. Fasern zu. Von der Lebensmittel-Ind. wird Rüböl als Speiseöl od., gehärtet, als Backfett u. Margarinerohstoff verarbeitet. Da Erucasäure jedoch nach Erkenntnissen aus Tierexperimenten als ernährungsphysiologisch bedenkl. gilt u. ihr Anteil an Speisefetten daher gesetzl. auf maximal 5% begrenzt wurde, werden heute für Nahrungszwecke v. a. Erucasäure-arme od. -freie Raps- u. Rübsensorten gezüchtet u. angebaut.
Die Weltproduktion v. Raps (Rapssaat) lag 1982 bei 14,32 Mill. t; davon entfielen auf die VR China 4,7 Mill. t, auf Indien 2,7 Mill. t und auf Kanada 2,07 Mill. t.
Die Wildform des Gemüse-K.s, *B. oleracea* var. *oleracea*, gilt nach der ↗Roten Liste als „potentiell gefährdet".

Bei K vermißte Stichwörter suche man auch unter C und Z.

Kohl

Kohl (*Brassica*): 1 K.rübe (*B. napus* var. *napobrassica*); 2 Grün-K. (*B. oleracea* convar. *acephala* var. *sabellica*); 3 K.rabi (*B.o.* convar. *acephala* var. *gongylodes*); 4 Rosen-K. (*B.o.* convar. *oleracea* var. *gemmifera*); 5 Wirsing-K. (*B.o.* convar. *capitata* var. *sabauda*); 6 Blumen-K. (*B.o.* convar. *botrytis* var. *botrytis*); 7 Schwarzer Senf (*B. nigra*)

so in Form, Farbe, Größe u. Dichte unterschiedl. Köpfe bilden. Hierzu gehören v. a. der Weiß- u. Rot-K. (var. *capitata*, B Kulturpflanzen V) mit sehr festen Köpfen aus glatten, breitgewölbten, dicht aneinandergepreßten, hellgrünen bzw. violetten Blättern, u. der Wirsing- od. Savoyer-K. (var. *sabauda*) mit relativ lockeren, dunkelgrünen Köpfen aus blasig-runzeligen Blättern. Noch lockerere Köpfe bildet der Tronchuda- od. Rippen-K. (var. *costata*), v. dem v. a. die Rippen verzehrt werden. Von den sog. Infloreszenz-K.en (*B. oleracea* convar. *botrytis*) werden nicht die Blätter, sondern die Blütenstände als Gemüse verzehrt. Bei dem in wintermilden Gebieten kultivierten dunkelgrünen Brokkoli od. Spargel-K. (var. *italica*) sitzen die Blütenknospen in dichten Knäueln an den fleischig verdickten, verlängerten Ästen des Blütenstands, während sie beim Blumen-K. od. Karfiol (var. *botrytis*, B Kulturpflanzen V) fleischig degeneriert u. dicht aneinandergepreßt, an gestauchten Blütenstandsachsen sitzend, ein meist weißes, kopfförm. Gebilde formen, das v. einem Kranz breiter Blätter umgeben wird. Als Salat- bzw. Gemüsepflanzen sind schließl. noch die aus O-Asien stammenden Arten *B. chinensis* (China-K.) und *B. pekinensis* (Peking-K.) zu nennen. Bes. letzterer erfreut sich unter der fälschl. Bezeichnung „China-K." wegen seines mildwürzigen Geschmacks in Europa zunehmender Beliebtheit. Seine bekanntesten Formen (*B. pekinensis* var. *cylindrica*) besitzen bis 50 cm lange, walzen- od. schmal-kegelförm. „Köpfe" aus hellgrünen Blättern mit etwas blasiger Spreite u. breiten, weißen Mittelrippen. *B. nigra*, der fast weltweit verbreitete Schwarze Senf, ist neben Bienenweide, Futter- u. Gründüngungspflanze v. a. Gewürzlieferant. Seine am Senfölglykosid Sinigrin reichen Samen werden zu Mostrich verarbeitet, wobei das flüchtige, stechende riechende u. scharf schmeckende ↗Allylsenföl frei wird. In der Heilkunde werden die gemahlenen Samen v. *B. nigra* wegen ihrer durchblutungsfördernden Wirkung als Hautreizmittel u. Antirheumatika angewendet. Der wahrscheinl. durch Kreuzung von *B. rapa* und *B. nigra* entstandene, in S- und O-Asien heim. Ruten-K. oder Sareptasenf (*B. juncea*) ist eine bes. in China in vielen Formen kultivierte Gemüsepflanze sowie ein in Asien sehr wichtiger Öllieferant. Seine an Senfölglykosiden reichen Samen dienen, wie die von *B. nigra*, zur Senfherstellung. N. D.

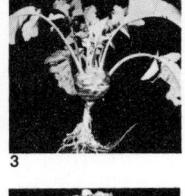

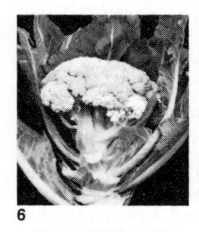

Kohlbaum, *Pisonia alba*, ↗Wunderblumengewächse. [↗Gallmücken.

Kohldrehherzmücke, *Contarinia nasturtii*,

Kohle w, aus Anhäufungen pflanzl. Materials durch ↗Inkohlung (T) entstandenes brennbares Sediment mit maximal 30% nichtbrennbaren Bestandteilen (Asche) v. brauner bis schwarzer Farbe. Die wirtschaftl. bedeutendsten Arten v. *Humus-K.* sind die ↗*Braun-K.* u. ↗*Stein-K.* Letztere wird auch als *Streifen-K.* bezeichnet, weil sich unter dem Mikroskop die in Streifen (Lithotypen) angeordneten Hauptbestandteile (*Glanz-K.*, *Matt-K.* und *Faser-K.*) deutl. erkennen lassen. Ihre Gefügebestandteile heißen Mazerale u. bilden die drei Gruppen Vitrinit, Exinit u. Inertit. Aus Eiweiß- u. Fettstoffen entstanden die *Bitumen-* od. *Sapropel-K.n* (Boghead- od. Kännel-K.n, Dysodil). – Nach dem Gehalt an flücht. Bestandteilen unterscheidet man: *Flamm-K.n* (40–45%) u. *Gasflamm-K.n* (35–40%), *Gas-K.n* (28–35%), *Fett-K.n* (18–28%), *Eß-K.n* (12–18%), *Mager-K.n* (10–12%) u. *Anthrazit* (unter 10%).

Kohlehydrate [Mz.; v. gr. hydór = Wasser], die ↗Kohlenhydrate.

Kohlendioxid, chem. Formel CO_2, farbloses, nicht brennbares, schwach säuerl. riechendes u. schmeckendes Gas, das bei Normaldruck unterhalb von $-78\,°C$ direkt in den festen Zustand (sog. *Trockeneis*) übergeht; unter Überdruck kann CO_2 auch verflüssigt werden u. kommt als solches in Stahlbomben in den Handel. CO_2 ist zu 0,03% Bestandteil der Luft (↗Atmosphäre); in gelöster Form ist es in allen Gewässern, bes. angereichert in Mineralquellen (Sauerbrunnen, Säuerlinge, Sprudel), enthalten; gebunden in fester Form, kommt es in den Carbonatlagerstätten bes. in Form v. Calcium- u. Magnesium- ↗Carbonaten vor (↗Kalk). In wäßrigen Lösungen reagiert CO_2 nach der Gleichgewichtsreaktion $CO_2 + H_2O \rightleftharpoons H_2CO_3 \rightleftharpoons H^+ + HCO_3^-$ (↗Carboanhydrase), weshalb wäßrige Lösungen von CO_2 auch als ↗*Kohlensäure* (H_2CO_3) bezeichnet werden (↗Bodenentwicklung, ↗Bodenreaktion, ↗Entkalkung). CO_2 ist neben H_2O das Endprodukt der ↗biol. Oxidation (↗Atmungskette) u. ein Hauptprodukt der ↗alkohol. Gärung; dabei bildet es sich durch ↗Decarboxylierungs-Reaktionen aus Ketosäuren u. nicht durch direkte Reaktion organ. Substrate mit Sauerstoff (↗Glykolyse, ↗Citratzyklus). CO_2 ist daher in gelöster Form Bestandteil der intra- u. extrazellulären Flüssigkeiten aller Organismen (☐ Elektrolyte, T Blutpuffer) sowie in Gasform

Kohlenhydrate

bes. der Ausatmungsluft (↗Atmung, ↗Atmungsregulation, ↗Blutgase, ☐; B Atmungsorgane I). Die Einschleusung von CO_2 in organ. Verbindungen erfolgt umgekehrt durch die ↗K.assimilation der grünen Pflanzen (↗Calvin-Zyklus, ↗Photosynthese), aber auch durch andere, meist ↗Biotin-abhängige ↗Carboxylierungs-Reaktionen. CO_2 ist daher für prakt. alle Lebewesen lebensnotwendig. Bis zu einem Gehalt von 2,5% ist CO_2 in der Atemluft unschädl.; 4–5% wirken betäubend; ab 8% führt es zur Erstickung. Da gasförmiges CO_2 schwerer als Luft ist, kann es sich bei mangelnder Durchlüftung in den tieferliegenden Bereichen abgeschlossener Räume, in denen CO_2 produziert wird (z. B. in Gärungskellern od. bei Verwendung v. flüss. bzw. festem CO_2 als Kühlmittel), anreichern u. zur Erstickungsgefahr führen. – Der CO_2-Kreislauf (↗Kohlenstoffkreislauf, B) zw. Atmosphäre u. Biosphäre ist einer der wichtigsten in der Natur. Die Zunahme der CO_2-Konzentration in der Atmosphäre um ca. 15% seit Beginn der industriellen Entwicklung auf jetzt etwa 340 ↗ppm ist z.T. durch Verwendung ↗fossiler Brennstoffe (Kohle, Erdöl, Erdgas) erklärbar. Vergleichbare CO_2-Mengen werden durch ↗Brandrodung riesiger Waldgebiete z. B. im Amazonasbecken, Oxidation v. Humus bei der Bodenverödung und bei der landw. Bearbeitung freigesetzt. Die mittlere Zuwachsrate des atmosphärischen CO_2 liegt bei 0,3–0,4% pro Jahr mit erhebl. Schwankungen v. Jahr zu Jahr, durch die das unterschiedl. Speichervermögen in Zshg. mit den variablen Aufquellvorgängen in den Meeren zum Ausdruck kommt. Die Speicherkapazität der Biosphäre und der Meere ist unbekannt, jedoch zumindest für die Meere enger begrenzt, da der Bereich unterhalb der Mischungsschicht kaum am CO_2-Austausch teilnimmt. Auch der Rückgang des äquatorialen Regenwaldes um jährlich 1,12% und die dadurch verringerte Photosynthese dürfte sich bereits durch einen weltweiten Anstieg der CO_2-Konzentration bemerkbar machen. Die klimatolog. Bedeutung des CO_2 liegt an der Mitwirkung beim sog. ↗Glashauseffekt, so daß bei Zunahme der CO_2-Konzentration eine ↗Klima-Änderung angenommen werden muß. ↗Luftverschmutzung. H. K./G. J.

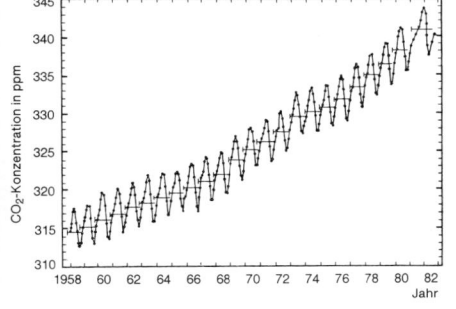

Kohlendioxidassimilation Bei einigen anaeroben Bakteriengruppen sind besondere Wege der autotrophen CO_2-Aufnahme gefunden worden: so besitzen die grünen Schwefelbakterien einen ↗ reduktiven (rückläufigen) Citratzyklus, u. methanbildende sowie viele acetogene Bakterien synthetisieren organ. Substanzen über Acetyl-CoA, das auf direktem Wege aus 2 CO_2 (bzw. CO_2 + CO) entsteht. Abb. rechts: Weg der autotrophen CO_2-Assimilation (Acetyl-CoA-Weg) in *Methanobacterium thermoautotrophicum* (nach G. Fuchs). (X = Tetrahydromethanopterin)

Kohlendioxidassimilation K. und Photosynthese sind, wenngleich aneinander gekoppelte Prozesse, begriffl. voneinander zu unterscheiden

Kohlendioxid CO_2-Gehalt der Erdatmosphäre von 1958–1982, gemessen am Mauna Loa Observatorium (Hawaii). Bemerkenswert sind der ungleichmäßige Anstieg v. Jahr zu Jahr sowie die Zunahme der Wachstumsrate u. Jahresamplitude

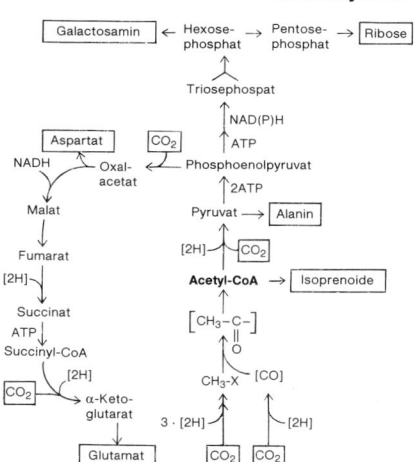

Kohlendioxidassimilation, *Kohlenstoffassimilation, autotrophe Kohlendioxidfixierung*, die Umwandlung (↗Assimilation) v. ↗Kohlendioxid (CO_2) der Luft (bzw. bei im Wasser lebenden Organismen v. gelöstem CO_2) in Zucker u.a. organ. Verbindungen durch die in den Chloroplasten der grünen Pflanzen sowie im Cytoplasma der meisten phototrophen u. chemolithotrophen Mikroorganismen ablaufende Reaktionsfolge des ↗Calvin-Zyklus (☐), wobei die erforderl. Energie- u. Reduktionsäquivalente durch die bei der ↗Photosynthese (bzw. Oxidation anorgan. Substrate) entstehenden ATP- bzw. NADPH- oder NADH-Moleküle bereitgestellt werden. ↗Hatch-Slack-Zyklus; ↗Kohlendioxidfixierung.

Kohlendioxidfixierung, Aufnahme u. Reduktion von ↗Kohlendioxid (CO_2) im Organismus. 1) *autotrophe K.*, ↗Kohlendioxidassimilation durch C-autotrophe Organismen, die mit CO_2 als einziger od. überwiegender Kohlenstoffquelle wachsen; meist im ↗Calvin-Zyklus fixiert; zur ↗Assimilation ist kein zusätzliches organ. Substrat notwendig (vgl. Abb.). 2) *heterotrophe K.*, Aufnahme von CO_2 für verschiedene Stoffwechselreaktionen, das *zusätzlich* zum Wachstum benötigt wird; Haupt-Kohlenstoffquelle sind organ. Kohlenstoffverbindungen; die Aufnahme erfolgt über verschiedene ↗Carboxylierungs-Reaktionen (z. B. v. Pyruvat od. Phosphoenolpyruvat).

Kohlenfisch, *Anoplopoma fimbria*, ↗Schwarzfische.

Kohlenhydrate, *Kohehydrate, Saccharide*, eine der 3 Haupt-Kl. der biol. Naturstoffe (neben den ↗Lipiden u. ↗Proteinen). Die Bezeichnung K. wurde 1844 von C. Schmidt (1822–94) aufgrund der für die

Bei K vermißte Stichwörter suche man auch unter C und Z.

KOHLENHYDRATE I

Die Kohlenhydrate bilden eine umfangreiche Gruppe organischer Verbindungen, die in Pflanzen und Tieren vorkommen. Sie dienen in den Organismen als Stützsubstanz, Reservestoffe und Energieträger und sind für viele Tiere und den Menschen Hauptbestandteil der Nahrung.

Die *Kohlenhydrate (Saccharide)* bestehen aus Kohlenstoff, Wasserstoff und Sauerstoff. Die meisten Vertreter können durch die allgemeine Formel $C_n(H_2O)_n$ beschrieben werden, enthalten also Kohlenstoff, Wasserstoff und Sauerstoff im gleichen Verhältnis wie eine Verbindung aus Kohlenstoff und Wasser. Man unterscheidet einfache Zucker *(Monosaccharide)* und aus zwei bzw. mehreren Monosaccharideinheiten zusammengesetzte Zucker *(Disaccharide* bzw. *Polysaccharide)*. Nach der Anzahl der Kohlenstoffatome im Molekül werden die Verbindungen als *Triosen* (3), *Tetrosen* (4), *Pentosen* (5), *Hexosen* (6) und *Heptosen* (7) bezeichnet.

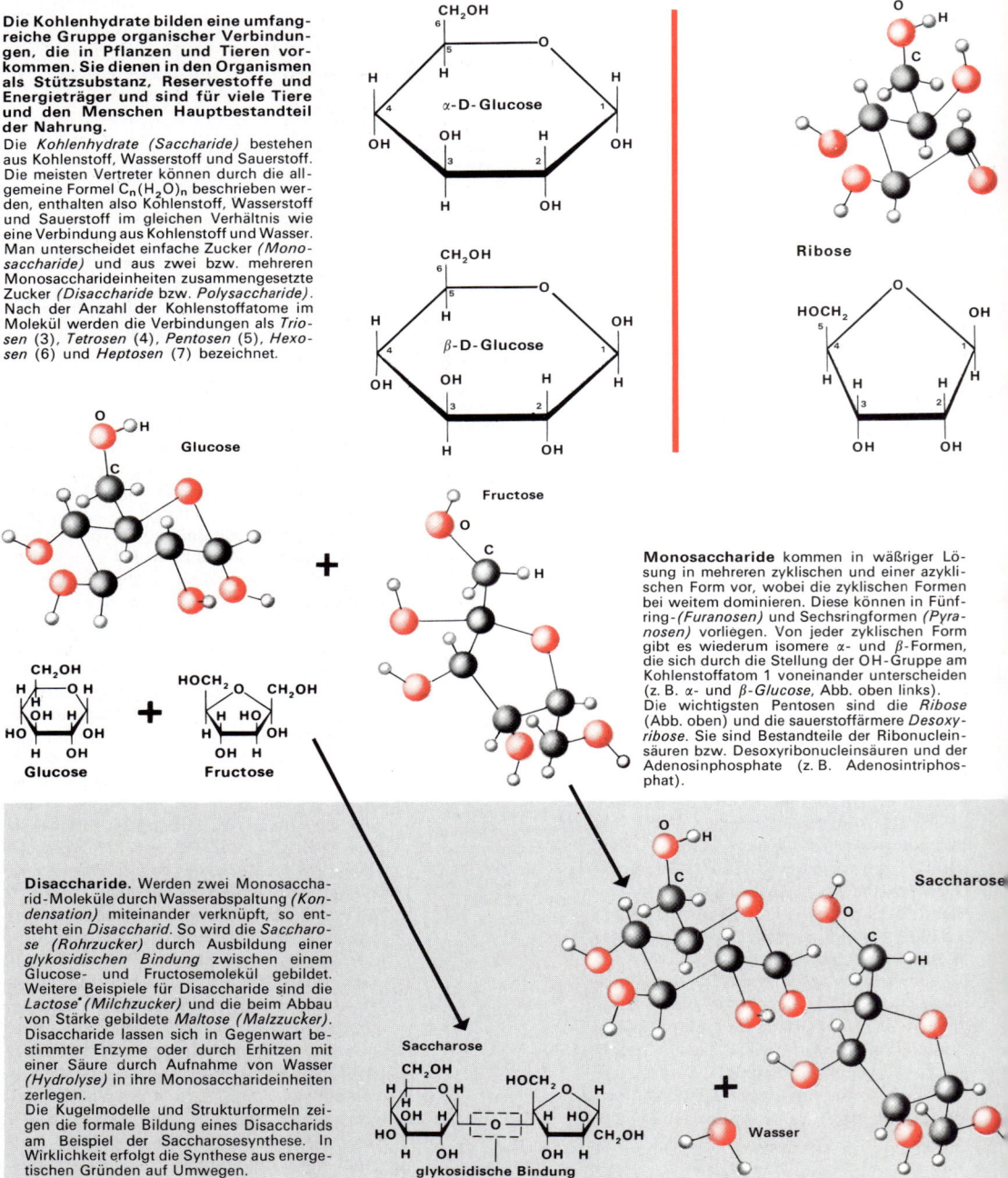

Monosaccharide kommen in wäßriger Lösung in mehreren zyklischen und einer azyklischen Form vor, wobei die zyklischen Formen bei weitem dominieren. Diese können in Fünfring-*(Furanosen)* und Sechsringformen *(Pyranosen)* vorliegen. Von jeder zyklischen Form gibt es wiederum isomere α- und β-Formen, die sich durch die Stellung der OH-Gruppe am Kohlenstoffatom 1 voneinander unterscheiden (z. B. α- und β-*Glucose*, Abb. oben links). Die wichtigsten Pentosen sind die *Ribose* (Abb. oben) und die sauerstoffärmere *Desoxyribose*. Sie sind Bestandteile der Ribonucleinsäuren bzw. Desoxyribonucleinsäuren und der Adenosinphosphate (z. B. Adenosintriphosphat).

Disaccharide. Werden zwei Monosaccharid-Moleküle durch Wasserabspaltung *(Kondensation)* miteinander verknüpft, so entsteht ein *Disaccharid*. So wird die *Saccharose (Rohrzucker)* durch Ausbildung einer *glykosidischen Bindung* zwischen einem Glucose- und Fructosemolekül gebildet. Weitere Beispiele für Disaccharide sind die *Lactose (Milchzucker)* und die beim Abbau von Stärke gebildete *Maltose (Malzzucker)*. Disaccharide lassen sich in Gegenwart bestimmter Enzyme oder durch Erhitzen mit einer Säure durch Aufnahme von Wasser *(Hydrolyse)* in ihre Monosaccharideinheiten zerlegen.

Die Kugelmodelle und Strukturformeln zeigen die formale Bildung eines Disaccharids am Beispiel der Saccharosesynthese. In Wirklichkeit erfolgt die Synthese aus energetischen Gründen auf Umwegen.

meisten K. beobachteten Bruttozusammensetzung $C_n(H_2O)_n$ eingeführt u. bis heute beibehalten, obwohl K., wie sich später herausstellte, im chem. Sinne nicht als Hydrate des Kohlenstoffs aufzufassen sind. Auch werden heute Verbindungen, die v. der Bruttoformel $C_n(H_2O)_n$ abweichen, wie z. B. Aldonsäuren, Uronsäuren, Zuckersäuren, Desoxyzucker, Aminozukker u. die v. diesen abgeleiteten polymeren Verbindungen (z. B. Chitin), zu den K.n gerechnet. Nach ihrer Molekülgröße unterteilt man die K. in ↗ *Monosaccharide* (einfache Kohlenhydrate), ↗ *Oligosaccharide* (Disaccharide, Trisaccharide usw.) und ↗ *Polysaccharide*.

Bei K vermißte Stichwörter suche man auch unter C und Z.

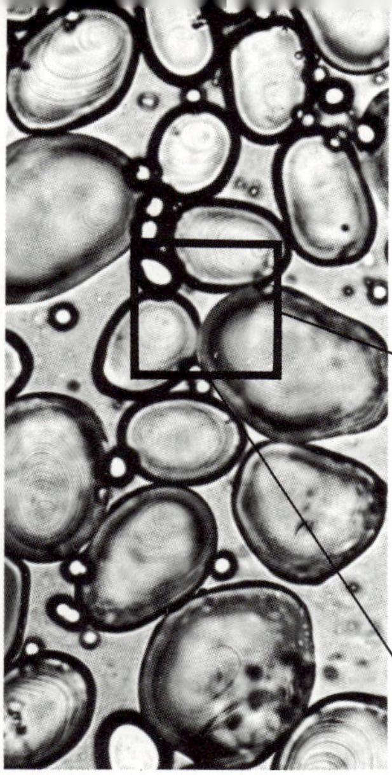

KOHLENHYDRATE II

Polysaccharide bestehen aus einer großen Zahl miteinander verknüpfter Kohlenhydratgruppen. Diese Monosaccharid-Einheiten sind untereinander glykosidisch, d. h. bei Glucose über das C_1-Atom, verbunden. Wichtige Polysaccharide sind die Stärke, das Glykogen und die Cellulose.
Stärke, der wichtigste pflanzliche Reservestoff, setzt sich aus zahlreichen Glucosemolekülen zusammen. Sie besteht aus *Amylose* (unverzweigte Glucosekette) und dem in verzweiger Kette vorliegenden *Amylopektin* (Abb. unten). *Glykogen* ist ähnlich wie das Amylopektin aufgebaut. Es ist das Reservekohlenhydrat der Tiere. *Cellulose* ist die in der Natur am häufigsten vertretene organische Substanz. Sie bildet die Gerüstsubstanz der Pflanzen sowie der Manteltiere.

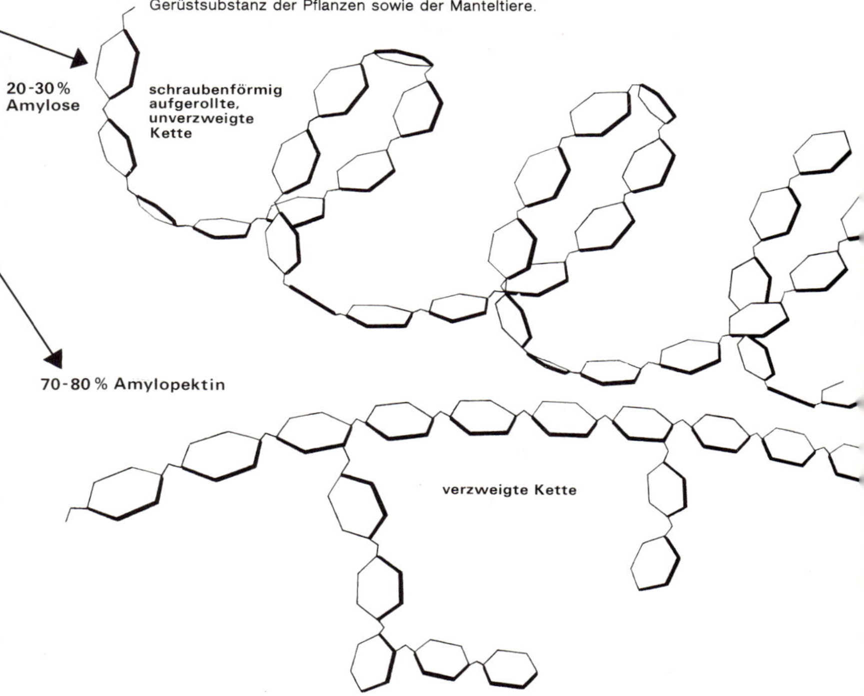

20-30% Amylose — schraubenförmig aufgerollte, unverzweigte Kette

70-80% Amylopektin — verzweigte Kette

Die *Stärke* wird von den Pflanzen primär in den Chloroplasten gebildet, und zwar in der photosynthetischen Gluconeogenese („Dunkelreaktion"). Danach wird sie oft in die Stärkezellen in den Wurzeln, Stämmen, Früchten und Samen eingelagert, z. B. in die Zellen der Kartoffelknolle. Sie tritt in Form von *Stärkekörnchen* auf (Photo oben). Stärke kann durch Enzyme oder Säuren zu kleineren Saccharideinheiten abgebaut werden.

Die *Cellulose*-Fasern z. B. der Baumwolle (Photo unten) setzen sich aus parallel zueinander angeordneten Cellulose-Molekülen zusammen, die ihrerseits in gerader Kette jeweils aus einigen tausend Glucose-Einheiten aufgebaut sind.

Stärkemolekül — α-glykosidische Bindung

Cellulosemolekül — β-glykosidische Bindung

Bei der Stärke liegen die *Glucose*-Moleküle in α-glykosidischer, bei der Cellulose in β-glykosidischer Bindung vor. Die verschiedenartige Brückenbindung erzwingt eine gewinkelt-helikale (Stärke) bzw. eine gestreckte Konformation (Cellulose) mit völlig verschiedenen Eigenschaften.

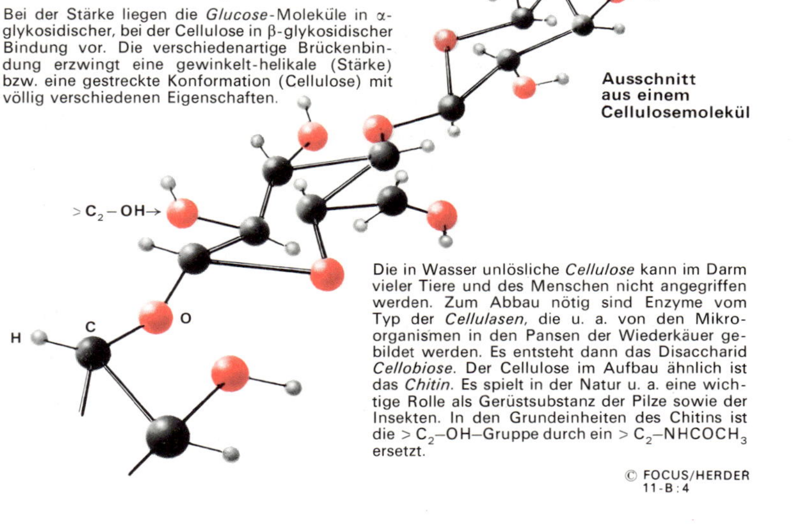

Ausschnitt aus einem Cellulosemolekül

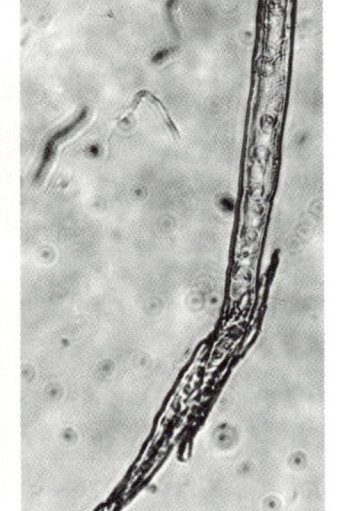

Die in Wasser unlösliche *Cellulose* kann im Darm vieler Tiere und des Menschen nicht angegriffen werden. Zum Abbau nötig sind Enzyme vom Typ der *Cellulasen*, die u. a. von den Mikroorganismen in den Pansen der Wiederkäuer gebildet werden. Es entsteht dann das Disaccharid *Cellobiose*. Der Cellulose im Aufbau ähnlich ist das *Chitin*. Es spielt in der Natur u. a. eine wichtige Rolle als Gerüstsubstanz der Pilze sowie der Insekten. In den Grundeinheiten des Chitins ist die $>C_2-OH$-Gruppe durch ein $>C_2-NHCOCH_3$ ersetzt.

© FOCUS/HERDER
11-B:4

Kohlenhydratstoffwechsel

Kohlenhydratstoffwechsel, die Vielzahl der ↗Stoffwechsel-Reaktionen, die zu Synthese, Abbau u. wechselseit. Umwandlung der ↗Kohlenhydrate führen. Für die Synthese v. ↗*Monosacchariden* ist der in den grünen Pflanzen ablaufende ↗Calvin-Zyklus (☐), der durch die über die ↗Photosynthese (B) bereitgestellte Energie getrieben wird, v. bes. Bedeutung. Monosaccharide können jedoch außer in pflanzl. auch in tier. Organismen durch die Reaktionsfolgen der ↗Gluconeogenese (☐) aufgebaut werden. Der Abbau v. Monosacchariden erfolgt hpts. durch die Reaktionsfolgen der ↗Glykolyse (B) u. des ↗Pentosephosphatzyklus (☐), aber auch über den ↗Glucuronat-Weg (☐). Charakterist. für Auf- u. Abbau v. Monosacchariden ist die Beteiligung vieler Zuckerphosphate anstelle der freien Zuckermoleküle. Die wechselseit. Umwandlung v. Monosacchariden erfolgt durch Transaldolase- u. Transketolasereaktionen (z. B. ↗Calvin-Zyklus u. ↗Pentosephosphatzyklus) sowie durch Oxidations- u. Decarboxylierungsreaktionen (↗Glucuronat-Weg) u. durch Isomerisierungs- (z. B. Glucose-6-phosphat ⇌ Fructose-6-phosphat; ↗Glykolyse) bzw. Epimerisierungsreaktionen (z. B. UDP-Glucose ⇌ UDP-Galactose; ↗Epimerasen). Die Synthese der ↗*Oligo-* u. ↗*Polysaccharide* erfolgt meist über die entspr. ↗Nucleosiddiphosphatzucker als aktivierte Monosaccharideinheiten; letztere werden dabei schrittweise unter der katalyt. Wirkung v. Glykosyl-Transferasen auf die wachsenden Kettenmoleküle übertragen, wozu im Falle v. Polysacchariden häufig ein Oligosaccharid od. Polysaccharid geringer Kettenlänge als Startermolekül erforderl. ist. Der Abbau v. Oligo- u. Polysacchariden erfolgt entweder hydrolyt. (katalysiert durch Hydrolasen; z. B. Amylasen, Cellulasen) zu Monosacchariden od. phosphorolytisch (katalysiert durch Phosphorylasen) zu Zuckerphosphaten. Von großer Bedeutung für den K. sind Transportvorgänge sowohl in den Körperflüssigkeiten als auch durch die Membransysteme der Zellen u. innerhalb der Zellen zw. den Kompartimenten (↗aktiver Transport). Z. B. werden die bei der ↗Verdauung anfallenden Monosaccharide (beim Menschen u. a. ca. 35 g Glucose pro Tag) vom Darmlumen durch die Mucosazellen zur Blutbahn mit Hilfe eines Na^+- u. ATP-abhäng. Transportsystems befördert. Zur Regulation des K.s ↗Glykogen, ↗Glykolyse. (B) Dissimilation I–II.

Kohlenhydratveratmung, der vollständige oxidative Abbau v. Kohlenhydraten zu CO_2 u. H_2O zur meist kürzerfrist. (im Ggs. zur Fettveratmung) Bereitstellung v. Energie in Form v. ATP. Charakterist. für die K. ist ein ↗respiratorischer Quotient von 1,0 (im Ggs. zu Fett- bzw. Proteinveratmung).

Kohlenkalk [aus dem Engl.: Carboniferous limestone], autochthones od. subautochthones, biogenes Schelfsediment in Klarwasserfazies im jüngeren Paläozoikum; enthält überwiegend benthon. Fossilien, bes. Korallen u. große Brachiopoden.

Kohlenmonoxid s, *Kohlenoxid*, CO, farb- u. geruchloses, die Verbrennung nicht unterhaltendes, aber selbst brennbares, auch bei größter Verdünnung äußerst gift. Gas (Konzentrationen > 0,01% gelten bereits als toxisch); leichter als Luft, bildet sich in allen Rauchgasen, z. B. bei der Verbrennung v. Kohlenstoff oder v. kohlenstoffhalt. Brennstoffen unter Sauerstoffmangel u. in den Abgasen v. Verbrennungsmotoren. Die Giftwirkung v. K. beruht auf seiner im Vergleich zu Sauerstoff ca. 300fach stärkeren Bindung an das ↗Hämoglobin des Blutes *(K.-Hämoglobin)*, wodurch der Sauerstofftransport des Blutes blockiert wird (↗Blutgase, ↗Blutgifte). Die K.-Vergiftung beginnt mit Kopfschmerz, Schwindel, Übelkeit, Brechreiz, später Benommenheit, Bewußtlosigkeit u. Tod. ↗Atemgifte (T).

Kohlenmonoxid
Anteil der Emissionsquellen in den USA

Benzinmotor-Fahrzeuge	59,0%
Dieselmotor-Fahrzeuge	0,2%
Flugzeuge, Schiffe	4,6%
Industrie	9,6%
Landwirtschaftl. Verbrennungs-Prozesse	8,3%
Müllverbrennung	7,8%
Waldbrände	7,2%
Ortsfeste Heizungsanlagen	1,9%
Abfackelung usw.	1,4%

(nach einer US-Statistik)

Kohlensäure, a) ungenaue Bez. für gasförm., verflüssigtes od. festes Kohlendioxid (CO_2); b) H_2CO_3, das Hydrat von CO_2, das sich bei der Auflösung von CO_2 in Wasser bildet. ↗Carbonate.

Kohlensäuredüngung, ein in Gewächshäusern u. unter Glas angewendetes Verfahren zur Steigerung des CO_2-Gehalts der Luft. Die Pflanzen werden dadurch robuster, wachsen schneller, u. man erzielt 3–6fache Ertragssteigerungen. Zur Düngung können gereinigte Heizgase od. bei der Verbrennung v. Holzkohle anfallende Gase verwendet werden. [drase.

Kohlensäurehydratase, die ↗Carboanhy-

Kohlenstoff, *Carboneum,* chem. Zeichen C, nichtmetall. chem. Element (T Bioelemente, ☐ Atome), das Bestandteil aller organ. ↗chem. Verbindungen u. daher v. zentraler Bedeutung für den Aufbau nahezu aller in Lebewesen vorkommender Moleküle (Ausnahmen z. B. H_2O, O_2, NH_3) ist. K. kommt in Form der beiden stabilen ↗Isotope ^{12}C (↗Atommasse) und ^{13}C sowie des instabilen u. daher radioaktiven Isotops ^{14}C (↗C14, ↗Geochronologie, ☐) vor. Reiner K. findet sich kristallisiert als Diamant od. Graphit, amorph bzw. in weniger reiner Form als Stein-, Braun-, Holz- u. Tier- ↗Kohle. Im Mineralreich ist K. in Form v. ↗Carbonaten weitverbreitet. In der Atmosphäre ist K. als ↗Kohlendioxid, in Gewässern als gelöstes Kohlendioxid bzw. ↗Kohlensäure enthalten. ↗Kohlendioxidassimilation, ↗K.kreislauf (B); (B) 70.

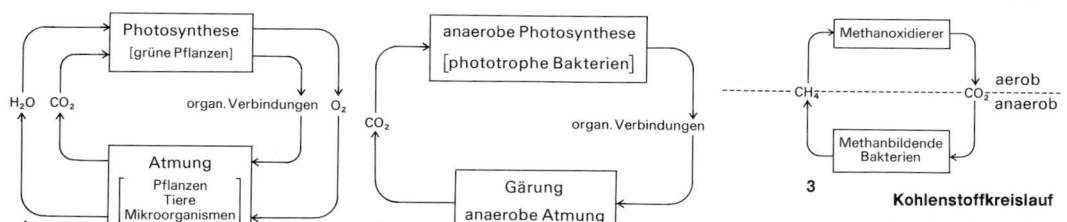

Kohlenwasserstoffe

Kohlenstoffkreislauf
1 aerober Kohlenstoff- und Sauerstoffkreislauf, 2 anaerober Kohlenstoffkreislauf, 3 Kohlendioxid-Methan-Kreislauf

Kohlenstoffäquivalent s [v. lat. aequivalens = gleichwertig], ↗Bruttophotosynthese. [dioxidassimilation.
Kohlenstoffassimilation, die ↗Kohlen-
Kohlenstoffkreislauf, Kohlendioxidkreislauf; durch den Auf- u. Abbau der organ. Stoffe unterliegt der ↗Kohlenstoff einem Kreislauf, der nahezu im Gleichgewicht ist. ↗Produzenten, die aus CO_2 und H_2O unter Verwertung der Lichtenergie organ. Substanzen (↗Biomasse, ↗Bruttoprimärproduktion, ↗Nettoprimärproduktion) aufbauen, sind grüne Pflanzen, Algen u. Cyanobakterien. Der Aufbau v. Biomasse durch chemolithoautotrophe Bakterien ist im Vergleich zur CO_2-Assimilation im Licht v. geringer Bedeutung, kann aber in bes. Ökosystemen (im Dunkeln) ein v. Sonnenenergie unabhängiges Leben ermöglichen (↗schwefeloxidierende Bakterien). ↗Konsumenten sind hpts. die Tiere, die Biomasse als Nahrung zum Leben benötigen u. verbrauchen. Geschlossen wird der K. durch die ↗Destruenten, hpts. Bakterien u. Pilze, die die organ. Ausscheidungsprodukte der Organismen u. die tote Biomasse in einfache anorgan. Verbindungen zerlegen, die den Produzenten wieder als Nährstoffe dienen (↗Mineralisation). – Wichtigste Verbindung im K. ist das ↗Kohlendioxid, das in der Photosynthese u. durch chemolithoautotrophe Bakterien in Zellsubstanzen gebunden u. durch den Stoffwechsel der chemoorganotrophen Organismen wieder freigesetzt wird (↗Bruttophotosynthese, ↗Energieflußdiagramm, ↗Atmung, ↗anaerobe Atmung, ↗Gärung). Aerob ist der K. mit dem Sauerstoffkreislauf, der Freisetzung von O_2 in der Photosynthese u. dem O_2-Verbrauch in der Atmung, verbunden (vgl. Abb.). Anaerob läuft ein Teil des K.s ohne Beteiligung von O_2. Von großer Bedeutung ist ein weiterer Teil des K.s, die Bildung v. Methan unter anaeroben Bedingungen durch die ↗methanbildenden Bakterien. Aerob wird Methan wieder zu CO_2 oxidiert durch methanoxidierende Bakterien, in der Atmosphäre durch Lichtreaktionen als Erd- od. ↗Biogas durch Verbrennen. – Der K. ist nicht vollständig geschlossen. Ein Teil des CO_2 u. Methans bleibt in der Atmosphäre (↗Kohlendioxid, ↗Glashauseffekt, ↗Klima).

Außerdem werden unter Luftabschluß eine Reihe von organ. Verbindungen nicht vollständig od. nur sehr langsam abgebaut, so daß es zur Ablagerung v. fossiler Biomasse (↗fossile Brennstoffe) kam (↗Erdgas, ↗Erdöl, ↗Kohle). Außerordentl. langsam werden auch eine Reihe künstl. hergestellter organischer Verbindungen (↗Abbau, ↗abbauresistente Stoffe) und ↗Humus-Bestandteile des Bodens mineralisiert. ↗Kohlendioxidassimilation, ↗Kohlendioxidfixierung. B 71.

Kohlenstoff-14-Methode, die ↗^{14}C-Methode; ↗Geochronologie (☐).

Kohlenwasserstoffe, KW-Stoffe, Gruppe v. organ. Verbindungen, im Erdöl u. Steinkohlenteer vorkommend, bestehend aus Kohlenstoff u. Wasserstoff; bei gesättigten K.n sind alle Bindungen zw. benachbarten Kohlenstoffatomen Einfachbindungen, bei ungesättigten K.n kommen eine od. mehrere Doppel- od. Dreifachbindungen vor. K. sind die Stammkörper aller organ. Verbindungen; die niederen Glieder sind geruchlose brennbare Gase, die mittleren meist benzin- u. petroleumart. Flüssigkeiten, die höheren feste Stoffe; man unterscheidet ↗aliphat., alicycl. (↗Cycloalkane) u. ↗aromat. Verbindungen. K. sind techn. z.T. als Kraftstoffe v. großer Bedeutung (Erdgas, Propan, Benzin, Benzol usw.). Synthet. K. sind das Polyäthylen u. das Polystyrol, die als Kunststoffe vielfach verwendet werden. – K. stellen als bes. schwer abbaubare Stoffe (↗abbauresistente Stoffe), zumal einige aromat. K., wie z. B. das ↗Benzpyren, auch krebserzeugend (↗cancerogen, ↗Krebs) wirken, ein erhebl. Umwelt- bzw. Gesundheitsproblem dar. Einige Mikroorganismen sind in der Lage, K. als einzige Kohlenstoff- u. Energiequelle zu metabolisieren (↗kohlenwasserstoffoxidierende Bakterien), was für die mikrobielle Proteinproduktion (↗Einzellerprotein) u. für den ↗Abbau v. K.n, die sich in der Umwelt anreichern, wie z. B. Mineralölrückstände (↗Erdölbakterien), v. zunehmender Bedeutung ist. Die Abbaubarkeit ist v. der Struktur der betreffenden K. abhängig; unverzweigte K. werden am leichtesten abgebaut, da sie über Oxidation terminaler C-Atome zu den entspr. Alkoholen, Aldehyden u. Fettsäuren in den Fettsäureabbau

Kohlenstoffkreislauf

Globale Kohlenstoffbilanz (geschätzte Werte in Gigatonnen = 10^{15}g)

Atmosphäre
CH_4 : 3–6
CO : 0,3
CO_2 : 670

Biosphäre
(Wälder, Boden)
organisch (lebend)
[Pflanzen]
500–800
organisch (tot)
700–1200

Ozeane
organisch (lebend)
6,9
organisch (tot)
760
anorganisch
40 000

Sedimentgestein
72 500 000

Fossile Brennstoffe
4000–10 000

Kohlenwasserstoffe

Anteil der Emissionsquellen in den USA

Benzinmotor-Fahrzeuge	47,5%
Dieselmotor-Fahrzeuge	1,3%
Flugzeuge, Schiffe Eisenbahn	4,4%
Industrie	14,4%
Verdampfung organ. Lösungen	9,7%
Waldbrände	6,9%
Landwirtschaftl. Verbrennungsprodukte	5,3%
Müllverbrennung	5,0%
Benzinprodukte	3,7%
Ortsfeste Heizungsanlagen	2,2%
Abfackelung	0,9%

(nach einer US-Statistik)

Bei K vermißte Stichwörter suche man auch unter C und Z.

BINDUNGSARTEN DES KOHLENSTOFFS

Tetraederstruktur des Kohlenstoffatoms

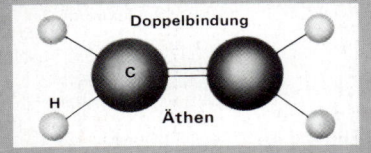

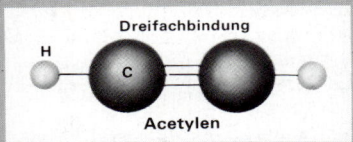

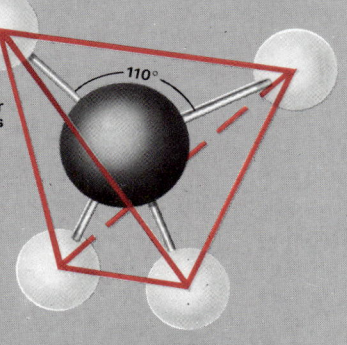

Doppelbindung
Äthen

Dreifachbindung
Acetylen

Die ungeheure Vielfalt der Kohlenstoffverbindungen erklärt sich u. a. aus der Tatsache, daß das Kohlenstoffatom in geradezu einzigartiger Weise zur Bindungsbildung befähigt ist: Mehrere Kohlenstoffatome können sich zu langen, mehr oder weniger verzweigten oder zu ringförmig miteinander verknüpften Ketten der vielfältigsten Formen zusammenschließen.

Ein *Kohlenstoffatom* besitzt in seiner äußeren Elektronenschale *(Valenzschale)* vier Elektronen. Beim Entstehen einer chemischen Bindung werden Valenzelektronen der Bindungspartner kombiniert. Bei der häufigsten und stabilsten Bindungsart ist das Kohlenstoffatom durch vier kovalente *Einfachbindungen* mit anderen Atomen verknüpft. Jedes der durch eine kovalente Einfachbindung verknüpften Atome steuert ein Elektron zur Bindung bei. Die beiden Elektronen werden durch einen Bindungsstrich symbolisiert. Die Bindungen sind derart im Raum gerichtet, daß sie in die Ecken eines Tetraeders weisen, wenn das Kohlenstoffatom sich in dessen Schwerpunkt befindet (Abb. links). Man spricht deshalb von der *Tetraederstruktur des Kohlenstoffatoms.* Durch eine Einfachbindung miteinander verknüpfte Atomgruppen können um die Bindungsachse im allg. frei gegeneinander rotieren. Stellt jeder der Bindungspartner zwei Elektronen zur Bindung zur Verfügung, so liegt eine *Doppelbindung*, bei drei Elektronen eine *Dreifachbindung* vor (Abb. ganz links). Durch Doppel- bzw. Dreifachbindungen verknüpfte Atomgruppen können nicht gegeneinander rotieren.

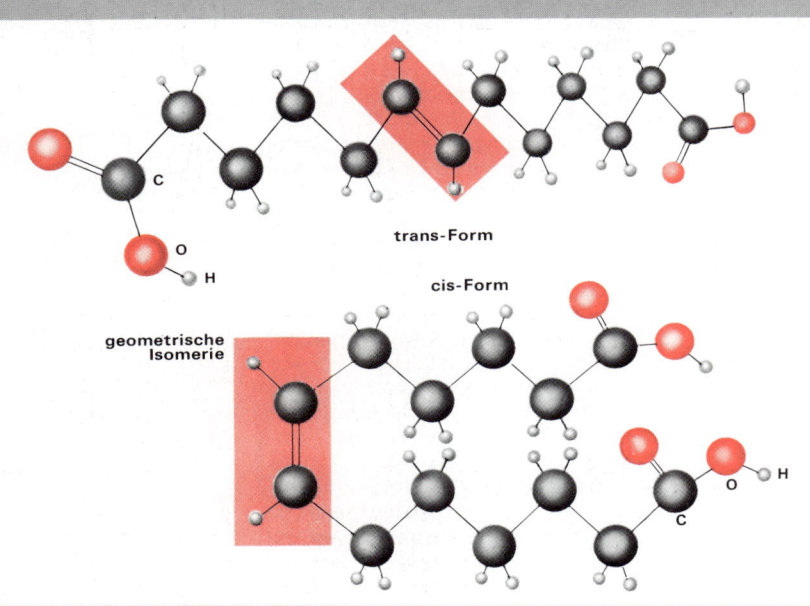

trans-Form

cis-Form

geometrische Isomerie

Isomerie

Aufgrund der zahlreichen Variationsmöglichkeiten, welche die verschiedenen Bindungstypen für die Struktur der Verbindungen zulassen, können zwei oder mehrere Stoffe mit gleicher Bruttoformel und gleicher Molekülgröße verschiedene Struktur und verschiedene chemische und physikalische Eigenschaften aufweisen. Stoffe mit gleicher Bruttoformel, aber verschiedener Struktur, werden als *Isomere* bezeichnet. Die Zahl der möglichen Isomeren steigt mit der Atomzahl einer Verbindung.
Die *geometrische Isomerie* oder *cis-trans-Isomerie* kommt z. B. bei Verbindungen mit Doppelbindungen vor. Abb. links zeigt die *cis-* und *trans-Form* einer Dicarbonsäure. Die beiden Formen unterscheiden sich durch die Stellung der Kohlenstoffketten an den beiden starren, durch eine Doppelbindung miteinander verknüpften Kohlenstoffatomen. Im oberen Molekül (trans-Form) liegen die beiden Teile der Kohlenstoffketten auf verschiedenen Seiten der Doppelbindung. Bei der cis-Form liegen die Ketten-Teile auf der gleichen Seite der Doppelbindung. In der Natur ist eine der beiden Formen oft in größerer Häufigkeit vertreten.

Ein Kohlenstoffatom mit Tetraederstruktur, das vier voneinander verschiedene Atome oder Atomgruppen bindet, heißt *asymmetrisch*. Bei Stoffen, die ein asymmetrisches Kohlenstoffatom enthalten, tritt eine besondere Form von Isomerie auf: die *optische Isomerie* oder *Spiegelbildisomerie*.
So enthält die *Milchsäure* in der Mitte des Moleküls ein asymmetrisches Kohlenstoffatom (Abb. rechts), das mit CH_3-, H-, OH- und COOH-Gruppen verknüpft ist. Bei der Milchsäure kommen zwei isomere Strukturen vor, die sich zueinander verhalten wie Bild und Spiegelbild (Abb. rechts). Die beiden Isomeren haben alle chemischen und physikalischen Eigenschaften bis auf eine gemeinsam: sie drehen die Polarisationsebene des Lichts in entgegengesetzte Richtungen. Die beiden Formen werden deshalb als *rechts-* oder *linksdrehend* bezeichnet und werden oft mit *D* (dexter = rechts) und *L* (laevus = links) charakterisiert. Wenn man die D- und L-Formen eines optisch aktiven Stoffes jede für sich kristallisiert, unterscheiden sich auch die Kristallgitter der beiden Isomeren wie Bild und Spiegelbild.

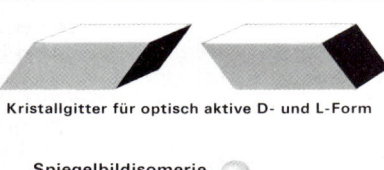

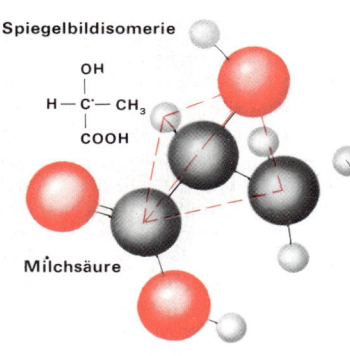

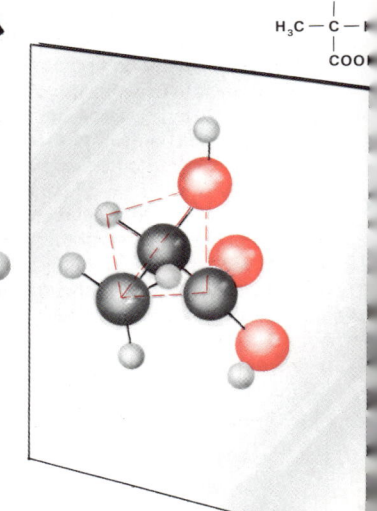

Kristallgitter für optisch aktive D- und L-Form

Spiegelbildisomerie

Milchsäure

© FOCUS/HERDER
11-B:2

KOHLENSTOFFKREISLAUF

Kohlenstoff- und *Sauerstoffkreislauf* bilden ein quasi-stationäres System und sind durch Photosynthese und Atmung verknüpft.
Kohlendioxid (CO_2) findet sich mit 0,03 Vol-% in der Luft. Die autotrophen Pflanzen vermögen im Licht CO_2 zu assimilieren, d. h. daraus organische Verbindungen aufzubauen. Bei dieser Photosynthese wird durch die Photolyse des Wassers in der Pflanze Sauerstoff (O_2) frei. Die 21 Vol.-% O_2 in der Luft entstammen nahezu ausschließlich der Photosyntheseleistung der Pflanzen.
Der meiste organisch gebundene Kohlenstoff findet sich in den Pflanzen und Mikroorganismen, vergleichsweise wenig in den Tieren. Der durch Photosynthese gebundene Kohlenstoff wird auf 57–75 Milliarden t pro Jahr geschätzt. In fruchtbaren Meeresgebieten entsteht durch die Photosynthese der Algen unter 1 m² Meeresoberfläche pro Jahr ca. 1 kg Traubenzucker (entspricht 360 g Kohlenstoff!).
Beim „Veratmen" organischer Substanzen im Stoffwechsel wird Sauerstoff verbraucht. Es entsteht letztlich H_2O und CO_2, wodurch der CO_2-Pool der Luft wieder aufgefüllt wird. Dabei spielen vor allem die Bodenbakterien und Pilze eine große Rolle (*Bodenatmung*), die beim Abbau toter organischer Substanz den dort gebundenen Kohlenstoff wieder freisetzen oder auch zur Humusbildung beitragen.

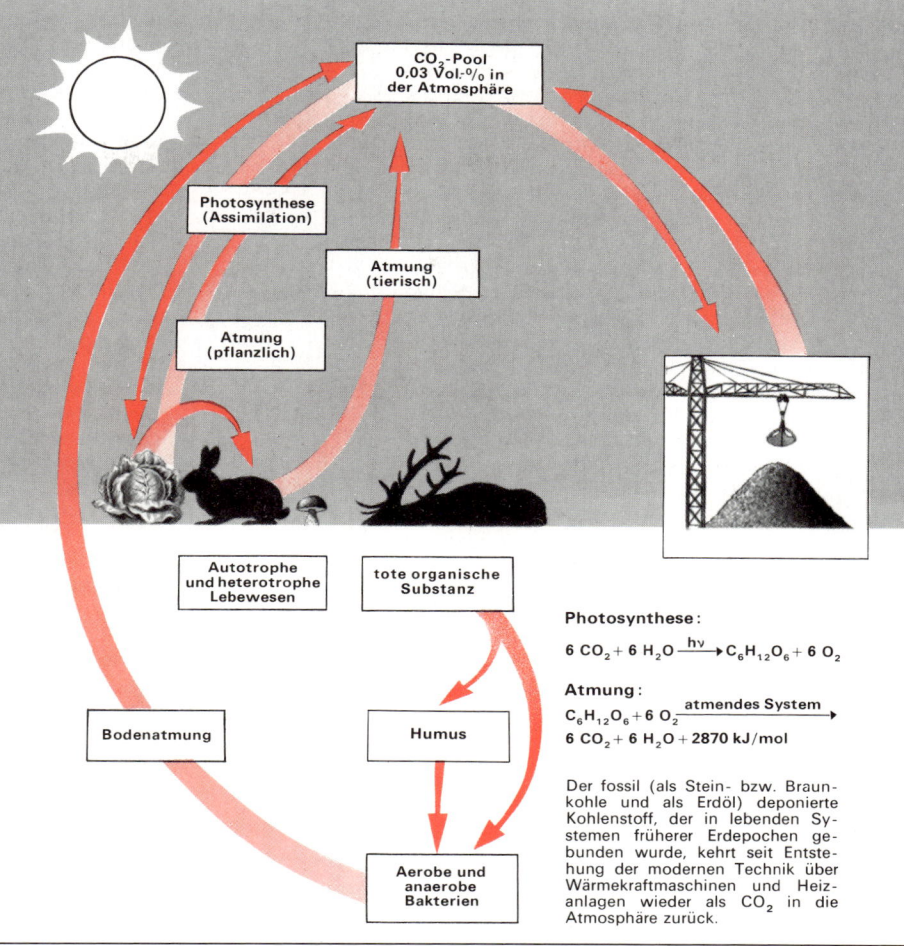

Photosynthese:
$$6\,CO_2 + 6\,H_2O \xrightarrow{h\nu} C_6H_{12}O_6 + 6\,O_2$$

Atmung:
$$C_6H_{12}O_6 + 6\,O_2 \xrightarrow{\text{atmendes System}} 6\,CO_2 + 6\,H_2O + 2870\ kJ/mol$$

Der fossil (als Stein- bzw. Braunkohle und als Erdöl) deponierte Kohlenstoff, der in lebenden Systemen früherer Erdepochen gebunden wurde, kehrt seit Entstehung der modernen Technik über Wärmekraftmaschinen und Heizanlagen wieder als CO_2 in die Atmosphäre zurück.

---

eingeschleust werden können. Der Abbau aromat. K. ist wesentl. langsamer, da er – nach Überführung zu Phenolderivaten – oxidative Ringöffnungen erfordert, deren Folgereaktionen meist zur Einschleusung der Abbauprodukte in den Citratzyklus führen. ↗Chlorkohlenwasserstoffe.

kohlenwasserstoffoxidierende Bakterien, Bakterien, die ↗Kohlenwasserstoffe wie Methan (↗methanoxidierende Bakterien), längerkettige Alkane (↗paraffinabbauende Bakterien, ↗Erdölbakterien) u. aromat. Kohlenwasserstoffe abbauen können.

Köhler, 1) *Georges J. F.,* dt. Biologe, * 17. 4. 1946 München; Studium der Biol. in Freiburg i. Br., am Basler Immunologie-Inst. Arbeiten zur Enzymologie des Immunsystems; 1974–76 am Medical Research Council Laboratory (Cambridge, England) im Arbeitskreis von C. ↗Milstein tätig, wo er zus. mit letzterem erstmals die Möglichkeit zur Bildung ↗monoklonaler Antikörper durch Zellfusion v. Lymphocyten mit Krebszellen entdeckte; 1976–84 wieder am Immunologie-Inst. in Basel, seit 1984 am Max-Planck-Inst. für Immunbiologie (Freiburg i. Br.); erhielt 1984 zus. mit N. K. Jerne und C. Milstein den Nobelpreis für Medizin. **2)** *Wolfgang,* dt.-am. Psychologe u. Verhaltensforscher, * 21. 1. 1887 Reval, † 11. 6. 1967 Lebanon (New Hampshire, USA); seit 1921 Prof. in Göttingen, 1922 Berlin, 1935 Princeton (USA). Neben seinen humanpsycholog. Arbeiten (Mitbegr. der Berliner Schule der Gestaltpsychologie) bekannt durch seine Untersuchungen (um 1915) des Verhaltens u. der Intelligenzleistungen v. Schimpansen (Herstellung u. Gebrauch v. „Werkzeugen").

Köhler, *Pollachius virens,* bis 1,2 m langer, wirtschaftlich bedeutender nordatlant. Dorschfisch mit winzigem od. fehlendem Bartfaden; lebt in kleinen Schwärmen v. der Oberfläche bis in etwa 200 m Tiefe; wird u. a. zu „Seelachs in Öl" verarbeitet. Stein-K.: ↗Pollack. B Fische III.

G. J. F. Köhler

Bei K vermißte Stichwörter suche man auch unter C und Z.

Kohleule

Kohleule, *Mamestra (Barathra) brassicae,* häufiger, unscheinbarer graubrauner ↗Eulenfalter mit weiß gerandetem Nierenmakel (☐ Eulenfalter) u. heller Wellenlinie auf den bis 45 mm spannenden Vorderflügeln; fliegt v. Mai bis in den Herbst in mehreren Generationen in Hochstaudenfluren, Brachen, zahlr. in Gärten u. Gemüsefeldern. Raupe variabel gefärbt, an verschiedenen Kräutern; im Feld- u. Gartenbau oft schädl. durch Larvenfraß im Spätsommer; die Raupe dringt dabei ins Innere v. Kohlköpfen vor („Herzwurm", „Herzeule") u. richtet dabei durch Kot u. faulende Fraßgänge oft beträchtl. Schäden an. Überwinterung als Puppe in der Erde. [fliegen.
Kohlfliegen, *Phorbia,* Gatt. der ↗Blumen-
Kohlhernie, *Wurzelkropf, Kropfkrankheit, Knotensucht,* unter gemäßigten Klimabedingungen weltweit verbreitete Erkrankung bei Kohl-Arten u.a. Kreuzblütlern, verursacht durch *Plasmodiophora brassicae,* einen parasit. Schleimpilz (Entwicklung: ↗ *Plasmodiophoromycetes*). Die befallene Pflanze bleibt in der Entwicklung zurück; an den Wurzeln bilden sich knotige od. knollenart. Verdickungen, die innen nicht ausgehöhlt sind; das Gewebe wird weichfleischig u. geht unter Braunfärbung in eine Weichfäule über. Durch eine gestörte Wasserversorgung verfärben sich die Blätter u. welken. Durch Kalken des Bodens u. Fruchtfolge kann die K. vorbeugend bekämpft werden. [lidae.
Kohlmotte, *Plutella maculipennis,* ↗Plutel-
Kohlrabi ↗Kohl.
Kohlrabikörperchen, die ↗Bromatien.
Kohlröschen, *Brändle, Nigritella,* Gatt. der Orchideen mit 2 Arten, Hauptvorkommen in den Alpen. Die Blüten zeichnen sich durch kurzen Blütensporn, ungeteilte Lippe u. deutl. Vanillegeruch aus. Beide Arten sind vorwiegend in alpinen Kalkmagerrasen zu finden. *N. nigra,* das Schwarze K. (B Alpenpflanzen), besitzt dunkelrote Blüten in kugel. Blütenstand, *N. miniata,* das Rote K., dagegen hellrote Blüten in längl. Blütenstand. Nach der ↗Roten Liste „gefährdet" bzw. „stark gefährdet".
Kohlrübe, *Steckrübe,* ↗Kohl.
Kohlschabe, *Plutella maculipennis,* ↗Plutellidae.
Kohlschnaken, die ↗Tipulidae.
Kohlschotenmücke, *Dasyneura brassicae,* ↗Gallmücken. [↗Schildwanzen.
Kohlwanze, *Eurydema oleraceum,*
Kohlweißlinge, bekannteste Vertreter der Schmetterlingsfam. ↗Weißlinge.
Kohorte *w* [v. lat. cohors = Haufe, Schar], *Cohors,* eine Kategorie der biol. ↗Klassifikation, die bei umfangreichen Tiergruppen zw. Infra-Kl. und Über-Ord. eingeschoben werden kann.

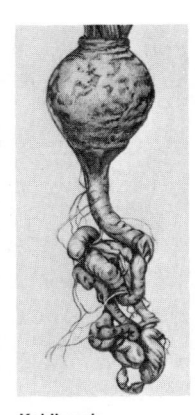

Kohlhernie
K. an einer Futterrübe

Kojisäure

kokos- [v. span. coco/port. côco = Popanz, Fratze], in Zss.: Kokos(nuß).

kokzid- [v. gr. kokkos = Kern der Baumfrüchte, Scharlachbeere; mit Diminutivendung -idion].

Koinzidenz *w* [v. mlat. coincidentia = Zusammenfallen], allg.: Zusammentreffen mehrerer Ereignisse. Ökologie: Vorkommen zweier Organismenarten od. -individuen im gleichen Raum *(räumliche K.)* od. zur gleichen Zeit *(zeitliche K.).* Auf der Basis ihrer K. können beide Arten in regelmäßige u. langzeitliche Wechselbeziehungen treten, z. B. ↗Symbiose, ↗Parasitismus, ↗Konkurrenz. Ggs.: Inkoinzidenz.
Koinzidenz-Index *m* [v. mlat. coincidentia = Zusammenfallen, index = Anzeiger], Zahlenwert, der Art u. Ausmaß der Interferenz (↗Chromosomeninterferenz) zw. Crossing-over-Ereignissen charakterisiert. Der K.-I. ergibt sich bei einer 3-Faktor-Kreuzung mit gekoppelten Genen aus der Anzahl der beobachteten Doppel-Crossing-over, dividiert durch die Anzahl der theoretisch aufgrund von 2-Faktor-Kreuzungen zu erwartenden Doppel-Crossing-over. Ist der K.-I. = 1, so liegt keine Interferenz vor; ein K.-I. < 1 charakterisiert positive, ein K.-I. > 1 negative Interferenz.
Kojisäure [jap.], von zahlr. *Aspergillus*-Arten (Schimmelpilze) u. einigen Bakterien auf Kohlenhydratnährböden gebildetes Stoffwechselprodukt; wirkt schwach antibiot. und hemmt das Wachstum verschiedener gramnegativer Bakterien.
Kojote *m* [v. altmexikan. coyotl = Schakal], *Koyote, Coyote, Präriewolf, Canis latrans,* dem Wolf *(Canis lupus)* nahe verwandter nordam. Wildhund; der „Heulwolf" zahlr. Wildwestgeschichten. Gesamtlänge 90–120 cm, Schulterhöhe 40–50 cm; Fellfarbe grau- bis gelbbraun; Verbreitung: v. Alaska u. Kanada über N-Amerika bis Costa Rica. Der K. ist sehr anpassungsfähig u. nimmt (im Ggs. zum Wolf) nach dem Rückgang seines natürl. Lebensraums auch Kulturlandschaften als Ersatz an. Die paarweise od. in kleinen Rudeln lebenden K.n ernähren sich v. Kleintieren, Aas u. Früchten; als „Abfallbeseitiger" nützen K.n dem Menschen. Aus Kreuzungen mit Haushunden entstehen die sog. *K.hunde* (am. „Coydogs"), die fortpflanzungsfähig sind. B Nordamerika III.
Kojotenhund ↗Kojote.
Kokardenblume [v. frz. cocarde = Hutschmuck, Abzeichen], *Gaillardia,* Gatt. der Korbblütler mit etwa 25, hpts. in N-Amerika heim. Arten. Ein- od. mehrjähr., kraut. Pflanzen mit meist großen, gelb u./od. rot gefärbten Blütenköpfen. Verschiedene Arten, wie etwa *G. aristata* (B Nordamerika III) od. *G. pulchella,* mit am Grunde oft rotpurpurnen, an der Spitze gelben, zungenförm. Randblüten u. gelben od. dunklen röhr. Scheibenblüten, werden in einer Vielzahl v. Sorten als Gartenzierpflanzen kultiviert.

Bei K vermißte Stichwörter suche man auch unter C und Z.

Kokastrauch [v. Quechua kuka = Kokastrauch], *Erythroxylon coca*, ↗Erythroxylaceae. [ceae.
Kokastrauchgewächse, die ↗Erythroxyla-
Kok-Effekt ↗Dunkelatmung.
kokkale Formen [v. gr. kokkos = Kern, Beere], kugelart. kokkenförm. Organismenformen, z. B. bei ↗Bakterien (☐) (↗Kokken) u. bei ↗Algen (B I).
Kokken [Mz.; Ez. Kokkus; v. gr. kokkos = Kern, Beere], *Kugelbakterien*, kugelförm. ↗Bakterien (B), die als Einzelzellen auftreten *(Monokokken)* od. nach der Zellteilung miteinander verbunden bleiben: paarig *(Diplokokken)*, perlenkettenartig *(Streptokokken)*, als Viererkokken *(Tetraden)*, regelmäßige Pakete *(Sarcinen)* oder in unregelmäßigen, traub. Haufen *(Haufenkokken, Staphylokokken)*. Die Unterschiede ergeben sich aus verschiedenem Teilungsverhalten. ☐ Bakterien.
Kokon *m* [v. frz. cocon = Puppe], ein bei ↗Insekten u. ↗Spinnentieren aus fädigen Drüsensekreten (Spinndrüsen), bei ↗Gürtelwürmern aus einem Sekret des Clitellums hergestellter Behälter, der manchmal auch mit Pflanzenteilen od. Erdteilchen durchsetzt ist. Er dient a) als Eibehälter (bei Spinnen, Schaben, Gottesanbeterinnen, Kolbenwasserkäfern u. a.) u. wird dann als *Ei-K.*, *Eikapsel*, *Eitasche* od. ↗ *Oothek* bezeichnet; b) als *Puppen-K.* bei holometabolen Insekten. Das Sekret stammt bei Spinnen aus abdominalen Spinndrüsen, bei vielen Insekten aus Labialdrüsen, gelegentl. *(Planipennia)* aus Malpighi-Gefäßen. Der Puppen-K. der ↗Schilfkäfer wird v. einem sich erhärtenden Sekret aus Hautdrüsen gebildet. Unter den Blattkäfern verpuppen sich die Larven der *Cryptocephalinae* in ihrem Kotsack. Der Puppen-K. des ↗Seidenspinners liefert die Seide. ↗Gespinst.
Kokoskrebs [v. *kokos-], *Birgus latro*, der ↗Palmendieb, ein Landeinsiedlerkrebs.
Kokospalme [v. *kokos-], *Cocos nucifera*, einzige Art der Gatt. *Cocos* (Fam. der Palmen). Die weltwirtschaftl. wichtige K. besitzt einen bis 30 m hohen, schlanken Stamm, an dessen Spitze ca. 6 m lange gefiederte Blätter einen Schopf bilden. Die Bestäubung erfolgt durch Insekten, die Reifezeit beträgt fast 1 Jahr. Als Heimat der K. werden die Südseeinseln vermutet. Aufgrund der Schwimmfähigkeit der monatelang keimfähig bleibenden Früchte mag die natürl. Verbreitung schon recht weit gewesen sein. Heute findet man die K. an allen trop. Küsten – den Flußläufen folgt sie auch landeinwärts. Sie erträgt salzhalt. Böden, benötigt hohe Niederschlagssummen (bis 2000 mm/Jahr) u. Temp. um 27°C. Seit Mitte des 18. Jh. wird sie planmäßig angebaut. Die Früchte der *K. (Kokosnuß)* sind Steinfrüchte mit ledr. Exokarp, fasr. Mesokarp u. steinhartem Endokarp (B Früchte). Von den 3 Keimporen bleibt 1 unverholzt. Innen sind die Früchte v. einem festen Endosperm ausgekleidet, der Hohlraum ist teilweise v. flüss. Nährmedium *(Kokoswasser*, ugs. fälschlich „Kokosmilch" genannt, s. u.) erfüllt. Das fasr. Mesokarp wird auch bei zum Export bestimmten Früchten schon im Erzeugerland entfernt. Aus den dauerhaften u. elast. *Kokosfasern* (v. Sklerenchymfaserscheiden umgebene Leitbündel), dem sog. *Coir*, werden nach einer Wasser-Röste Seile, Teppiche u. a. hergestellt. Zur Verarbeitung des Endosperms wird dieses zunächst zerkleinert u. getrocknet – in diesem Zustand nennt man es *Kopra*. Nun kann in einer Ölpresse das Rohfett abgepreßt werden. Nach Raffinierung u. Desodorierung ist es als Speisefett verwendbar („Palmin"; bei Zimmertemp. fest u. weiß). Neben der weltwirtschaftl. Bedeutung als Ölpflanze ist die K. in den Erzeugerländern auch in anderer Hinsicht bedeutungsvoll, da sehr vielseitig nutzbar. So dienen die Früchte dort direkt der Ernährung; in Indien wird daraus auch eine *Kokosmilch* hergestellt (Preßsaft aus frischem Endosperm). Die Blattfiedern können zu Flechtwerk, der Stamm zu Bau- u. Möbelholz verarbeitet werden. Die Steinschalen schließl. dienen als Heizmaterial od. zur Herstellung v. Haushaltsgeräten. B Kulturpflanzen III.
Kokospalmenälchen s, *Rhadinaphelenchus cocophilus*, ein ca. 1 mm langer Fadenwurm (Fam. *Aphelenchoididae*, Ord. ↗ *Tylenchida*). Das K. lebt in Wurzeln, v. a. aber in Stämmen u. Blattstielen v. Palmen u. richtet dabei auf karib. Inseln u. in anderen trop. Gegenden großen Schaden an. Es wird durch Palmenbohrer (*Rhynchophorus palmarum*, mit ca. 5 cm eine der größten Arten der Rüsselkäfer) übertragen, v. a. bei deren Eiablage ins Palmengewebe (die Würmer sind in die Käferlarve vor deren Verpuppung eingedrungen); die Übertragung erfolgt auch an Mundwerkzeugen u. Beinen der Käfer (↗Phoresie). – Ein ähnl. Komplex v. Fadenwürmern u. Käfern tritt beim Kiefernsterben (↗Waldsterben) in Japan auf: dort sind es *Bursaphelenchus xylophilus* (ebenfalls Fam. *Aphelenchoididae*) u. der Bockkäfer *Monochamus alternatus*. [dia.
Kokzidien [Mz.; v. *kokzid-], die ↗Cocci-
Kokzidiose *w* [v. *kokzid-], *Coccidiose, Kokzidienkrankheit*, Befall v. Haus-, Nutz- u. Wildtieren mit ↗ *Coccidia*, gefährlich u. seuchenartig v. a. in Jungtierbeständen u. bei räuml. gedrängter Tierhaltung. Bes. be-

---

Kokken
Einige Gattungen von K.-Bakterien
grampositiv
aerob u. fakultativ anaerob:
 Leuconostoc
 Micrococcus
 Pediococcus
 Staphylococcus
 Streptococcus
anaerob:
 Peptococcus
 Ruminococcus
 Sarcina
gramnegativ
aerob:
 Acinetobacter
 Lampropedia
 Methylococcus
 Moraxella
 Neisseria
 Paracoccus
anaerob:
 Megasphaera
 Veillonella

Kokon
Dorsalansicht des Kotsacks eines Vertreters der *Cryptocephalinae* (Blattkäfer)

Kokospalme
Kopra-Produktion 1982 in 1000 t:

Welt	4906
Philippinen	2120
Indonesien	1260
Indien	385
Malaysia	206
u. a.	

Zusammensetzung des frischen Endosperms:

Wasser	48–50%
Fett	35%
Protein	3–4%
Zucker	9–10%
Rohfaser	2–3%
Mineralstoffe	1,2%

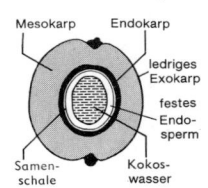

Schnitt durch die *Kokosnuß*

Kolben

kannt ist die *Kaninchen-K.* (↗*Eimeria stiedae* in Gallengängen, *E. magna* u. *E. perforans* im Darm), die nach Zerstörung der Epithelien oft tödl. ist, u. die *Hühner-K.* od. *Kükenruhr* (*E. tenella*). Infektion über oocystenhalt. Kot. Die harmlose „Darm-K." des Menschen ist wahrscheinl. richtiger unter ↗Sarcocystose zu führen.

Kolben, *Spadix,* ↗Blütenstand (☐, B).
Kolbenflügler ↗Fächerflügler. [hirse.
Kolbenhirse, *Setaria italica,* ↗Borsten-
Kolibris [Mz.; aus einer karib. Sprache], *Trochilidae,* Fam. hummel- bis schwalbengroßer Vögel der Seglerartigen mit 320 Arten in 121 Gatt.; ausschl. in Amerika heimisch, wo sie in allen Gebieten mit für die Ernährung wicht. Blumen leben, v. Alaska bis Feuerland, bes. in Buschsteppen u. Bergwäldern bis in Höhen v. 5000 m, in den Anden unmittelbar unter der Schneegrenze. In der Alten Welt werden die K. ökolog. von den ↗Nektarvögeln vertreten, mit denen sie nicht näher verwandt sind (↗Stellenäquivalenz). Die kleinsten K. sind 5 cm groß, wiegen nur 2 g u. sind damit die kleinsten Vögel überhaupt; die größte Art mißt 25 cm u. wiegt 20 g. Prächtige, schillernde Gefiederfarben („fliegende Edelsteine"), die weniger durch Pigmente, als vielmehr durch den Federbau in Verbindung mit dem einfallenden Licht hervorgerufen werden (Strukturfarben, ↗Farbe). Geschlechtsdimorphismus ist teilweise so stark ausgeprägt, daß fr. Männchen u. Weibchen derselben Art zu verschiedenen Arten u. Gatt. gerechnet wurden. Der meist lange, ab- od. aufwärts gebogene Schnabel stellt eine Anpassung an die Aufnahme v. Nektar aus Blüten dar, oft unter Spezialisierung auf bestimmte Pflanzenarten. Die lange dünne Zunge trägt eine tiefe Längsrinne u. ist am Ende in ausgefranste Zipfel gespalten; die Zungenränder sind zu fast geschlossenen Röhren eingerollt, in denen der Nektar durch Kapillarwirkung emporsteigt, wahrscheinl. durch Saugbewegungen der Kehlmuskulatur unterstützt. Insektennahrung wird ebenfalls aufgenommen, teils zus. mit dem Nektar, teils durch Absuchen v. Blättern od. auch im Flug. Die zierl. Füße eignen sich zum Festhalten auf Zweigen, nicht jedoch zum Laufen od. Hüpfen. Der typ. Schwirrflug (Rüttelflug) der K. wird durch einen bes. Flügelbau ermöglicht: die Flügel sind schmal u. sichelförm. gebogen, Ober- u. Unterarmknochen sind stark verkürzt, die Handknochen dafür verlängert. Das Fluggefieder besteht aus 10 langen Handschwingen u. nur 6 Armschwingen. Beim Schwirrflug schlägt der Flügel nicht einfach auf u. ab, sondern beschreibt eine Kurve in Form einer liegenden 8, d. h., er wird beim Auf- u. Abschlag gedreht (☐ Flugmechanik). Die K. können sogar rückwärts fliegen. Die Flügelschlagfrequenz ist sehr hoch: bis zu 78mal pro Sekunde wurde gemessen. Die Stabilisierung der Fluglage übernimmt der Schwanz. Das charakterist. Fluggeräusch führte zum engl. Namen „hummingbirds" (= Summvögel). Der für den Schwirrflug der K. erforderl. Energiebedarf ist der höchste aller Wirbeltiere mit Flugeinrichtungen. Dementspr. sind Herz u. Lunge überproportional groß entwickelt, u. die Anzahl roter Blutkörperchen pro cm^3 Blut ist doppelt so hoch wie bei den meisten anderen Vögeln. K. der höheren Berglagen u. kalten Zonen können bei Kälteeinbrüchen in eine Art „Kälteschlaf" mit Senkung der Körpertemp. u. Verringerung v. Herzschlag u. Atmung verfallen. An den Balzflügen zu Beginn der Brutzeit beteiligen sich oft beide Geschlechter, während Nestbau, Brüten u. Aufzucht der Jungen allein v. Weibchen übernommen werden. Das kleine, aus sehr feinem Material wie Spinnweben, Flechten, Moos u. Pflanzenwolle gebaute Nest befindet sich in geringer Höhe auf einem Baum, Busch od. einer kraut. Pflanze. Das i. d. R. aus 2 weißen Eiern (B Vogeleier I) bestehende Gelege wird je nach Art u. Klima des Brutgebiets 14–21 Tage lang bebrütet. *M. N.*

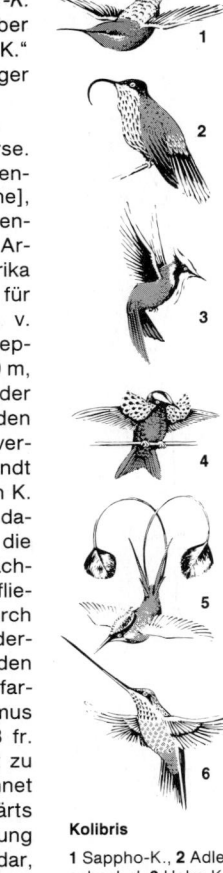

Kolibris
1 Sappho-K., 2 Adlerschnabel, 3 Helm-K., 4 Schmuckelfe, 5 Krummschwanz, 6 Schwertschnabel
B Nordamerika IV,
B Südamerika I, III,
B Konvergenz,
B Zoogamie

Kolibris	
Gattungen (Auswahl, Systematik v. a. anhand v. Färbung u. Schnabelform):	*Phaethornis* (Schatten-K.)
Bewohner warmer Niederungsgebiete:	Bewohner v. a. der Gebirgsregion (z. B. Anden):
Archilochus (Erz-K.), *Colibri* (Schuppen-K.), *Eutoxeres* (Adlerschnabel), *Florisuga* (Blumennymphen), *Hylocharis* (Schwamm-K.), *Lophornis* (Schopf-K.)	*Coeligena* (Waldnymphen), *Heliothrix* (Blumenküsser), *Lesbia* (Sylphen), *Metallura* (Metallschwänze), *Oreotrochilus* (Bergnymphen), *Spathura* (Flaggensylphen), *Topaza* (Wimpelschwänze)

Koline [Mz.; v. gr. kōlon = Glied], *Blastokoline,* ↗Keimungshemmstoffe.
Kolk, 1) *Blänke,* steilwandiger, bis 3 m tiefer, kleinerer od. größerer Moorsee; K.e entstehen z. B. durch Vereinigung mehrerer Schlenken im wachsenden Hochmoor, nach Absterben v. Torfmoosen infolge Trockenheit od. aus Frostspalten im Moor. **2)** ausgespülte Mulde im ↗Watt.
Kolkrabe, *Corvus corax,* mit einer Länge v. 64 cm u. Spannweite bis 1,3 m größter Rabenvogel, bewohnt offenes Gelände, Auen- u. Bergwälder in ganz Europa, N-Amerika u. weiten Teilen Asiens. Der K. der Rabe schlechthin; tiefschwarzes Gefieder, wucht. Schnabel mit stark gebogе-

Kolkrabe *(Corvus corax)*

nem First; segelt häufig; hierbei ist der keilförm. Schwanz ein gutes Erkennungsmerkmal; weittragender, sonorer Ruf „korrk" (davon Name). Allesfresser, nimmt neben pflanzl. Nahrung auch Aas u. Abfälle u. schlägt lebende tier. Beute. Brutrevier etwa 10–60 km² groß; baut in Felsnischen od. in die Wipfel hoher Bäume einen in vier Etappen angelegten Horst aus Ästen, Erdklumpen, Moos u. Grashalmen. Das Weibchen bebrütet 4–6 Eier (B Vogeleier I) u. wird dabei vom Männchen gefüttert. Nach 18–20 Tagen schlüpfen die Jungen; nach dem Ausfliegen schließen sie sich zu großen Trupps zus., während die Altvögel paarweise zusammenhalten. Schutzmaßnahmen ließen die einst geschrumpften Bestände sich wieder etwas ausweiten, so daß der K. außer in Schleswig-Holstein u. den Alpen z. B. auch im Schwarzwald vorkommt; dennoch nach der ↗Roten Liste „gefährdet". B Europa V, ☐ Humanethologie.

Kollagen s [v. *kollagen-], *Leimbildner*, ein zu den Skleroproteinen zählendes, wasserunlösl., faserig aufgebautes, tierisches Protein (↗kollagene Fasern), das bes. am Aufbau v. ↗Haut, ↗Blutgefäßen, ↗Sehnen, ↗Knorpeln, ↗Knochen u. ↗Zähnen (↗Dentin) beteiligt ist (↗Bindegewebe) u. bis zu 25% des Proteingehalts des menschl. u. tier. Körpers ausmacht. Die Grundeinheit des K.s ist das *Tropo-K.*, das aus 3 gleichlangen, aus ca. 1000 Aminosäuren aufgebauten Peptidketten besteht, in denen die Tripeptidsequenz GlyXPro (X = beliebige Aminosäuren, z. B. Lysin) vielfach repetiert ist. K.e sind organ- bzw. entwicklungsspezif. verschieden aufgebaut. Das am häufigsten vorkommende Tropo-K. vom Typ I ist aus 2 ident. Ketten u. einer 3. von diesen in der Primärstruktur abweichenden Kette nach dem Schema $\alpha_2\beta$ aufgebaut, während die Typen II, III und IV aus 3 untereinander ident., aber zw. den einzelnen K.-Typen jeweils verschiedenen Ketten bestehen. Aufgrund der ungewöhnl. Aminosäurezusammensetzung, bes. der zahlr. Prolinreste, u. der period. Primärstruktur können die einzelnen Ketten keine α-Helix, sondern nur die viel weitergestreckte sog. *Polyprolinhelix* bilden (0,29 nm Helixlänge pro Aminosäurerest; 3,3 Aminosäurereste pro Windung), die durch die wechselseit. Abstoßung der sperrigen Prolinreste stabilisiert wird u. die keine Wasserstoffbrückenbindungen innerhalb der Polypeptidkette aufweist. Drei parallel zueinander ausgerichtete Ketten können jedoch bes. aufgrund der räuml. „Anspruchslosigkeit" der Glycinreste intermolekulare Wasserstoffbrückenbindungen eingehen, wodurch die Tripelhelix des Tropo-K.s mit den nach au-

kollagen- [v. gr. kolla = Leim, gennan = erzeugen].

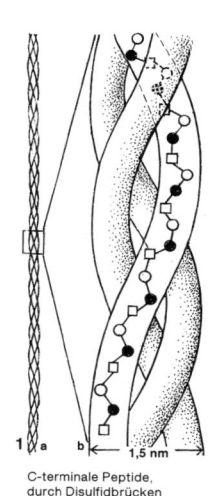

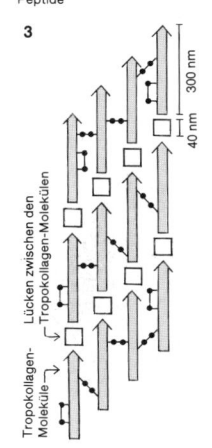

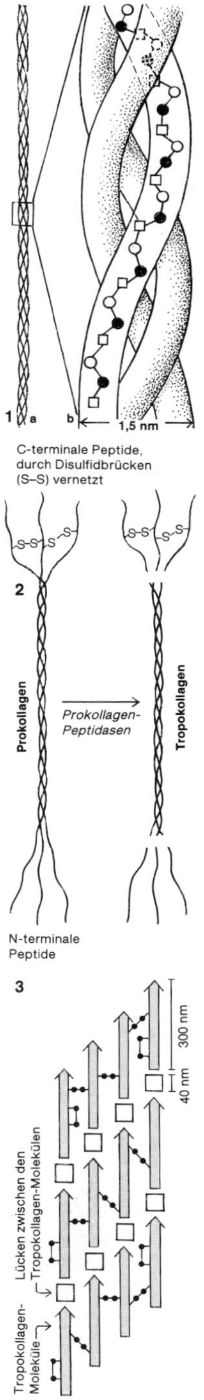

ßen gerichteten Prolinresten u. den nach innen gerichteten, die quervernetzenden Wasserstoffbrücken ausbildenden Glycinresten entsteht (vgl. Abb.); sie entspricht einer steifen u. zugfesten Faser von 300 nm Länge und 1,5 nm ⌀. Die Peptidketten des K.s werden zunächst als längerkettige Vorläufer *(Pro-K.* oder *Proto-K.)* synthetisiert. Noch bevor die Ketten helikale Strukturen ausbilden, werden ein Großteil der Prolinreste u. ein kleiner Teil der Lysinreste hydroxyliert, wobei 4-Hydroxy-, in geringem Umfang auch 3-Hydroxyprolinreste u. 5-Hydroxylysinreste entstehen. Die Prolinhydroxylierung ist essentiell für die Stabilisierung der Tropo-K.-Tripelhelices. Vitamin-C-Mangel bedingt eine Instabilisierung der Fe^{2+}-haltigen Prolinhydroxylase u. damit den Ausfall der Prolinhydroxylierung; die dadurch reduzierte Stabilität des K.s ist die Ursache für die bei Vitamin-C-Mangelkrankheiten (*Skorbut*) beobachteten Symptome (↗Ascorbinsäure). Die Lysinhydroxylierung liefert die Grundlage zur Glykosylierung, die je nach Gewebe zu 6–110 Zuckerresten pro Tropo-K. in Form des Disaccharid-Rests Glu-Gal- führt. Nach den Modifikationsreaktionen lagern sich die Pro-K.-Ketten zu Tripelhelices zus., wobei die terminalen Peptide eine steuernde Funktion ausüben. Nach Sekretion in den extrazellulären Raum werden die terminalen Peptide enzymat. durch spezif. Pro-K.-Peptidasen unter Bildung v. *Tropo-K.* abgespalten (vgl. Abb.). Die Tropo-K.-Fasern lagern sich in den extrazellulären Räumen spontan zu den K.-Fibrillen zus. Diese Zusammenlagerung erfolgt durch paralleles Aneinanderlagern nach dem Prinzip der „versetzten Lücken", wobei nebeneinanderliegende Tropo-K.-Moleküle jeweils um ¼ ihrer Länge versetzt sind (vgl. Abb.); die

Kollagen

1 Die Tripelhelix des *Tropo-K.s:* **a** das 300 nm lange und 1,5 nm dicke Stäbchen der Tripelhelix, **b** ein vergrößerter Ausschnitt, wobei in einer der drei parallel umeinander gewundenen Ketten das Dreierraster der Aminosäuresequenz Glycin (●), beliebige Aminosäure (○), Prolin bzw. Hydroxyprolin (□) schemat. wiedergegeben ist. Dieselbe Aminosäuresequenz liegt auch an den beiden anderen Strängen vor (aus Übersichtsgründen nicht eingezeichnet). Man beachte, daß schon die Aminosäuresequenzen jedes Einzelstrangs eine gestreckte Helixstruktur ausbilden (in der Folge der Symbole ●, ○, □ erkennbar). In der Tripelhelix sind die Glycinreste aller Stränge nach innen gerichtet u. bilden Wasserstoffbrückenbindungen mit den Aminosäuren der gegenüberliegenden Stränge aus (in der Abb. nicht dargestellt).
2 Die Struktur von *Pro-K.* und seine Umwandlung in *Tropo-K.* durch Abspaltung terminaler Peptide.
3 Schemat. Aufbau des K.s durch parallele u. sequentielle Anlagerung v. Tropo-K.-Molekülen; Quervernetzungen innerhalb und zw. den einzelnen Tropo-K.-Einheiten sind durch ●–● symbolisiert.

Kollagenasen

hintereinandergereihten Tropo-K.-Moleküle sind durch Lücken voneinander getrennt, die wahrscheinl. die Calciumphosphat-Einlagerung u. damit die Knochenverkalkung ermöglichen. In einem letzten Schritt werden Quervernetzungen sowohl innerhalb als auch zw. einzelnen Tropo-K.-Einheiten eingeführt, was zur Stabilisierung der Gesamtstruktur beiträgt. Die Quervernetzung basiert auf Umwandlung v. Lysinresten zu entspr. ε-Aldehyden u. Aldolkondensation zweier ε-Aldehydreste zu einem quervernetzenden α-β-ungesättigten Aldehyd, der mit weiteren Aminosäureresten, wie Histidin- u. anderen Lysinresten, weitere quervernetzende Reaktionen eingehen kann. Die Anordnung der K.-Fibrillen zueinander ist den biol. Funktionen der betreffenden Gewebe angepaßt: in Sehnen (Kraftübertragung) liegt eine parallele Ausrichtung vor, in der Haut und, bes. dicht gepackt, in der Sclera des Auges (fast reines K.) bilden die K.-Fasern ein flächiges Netzwerk (Reißfestigkeit), im Glaskörper des Auges dagegen (Formfestigkeit) ein räuml., lichtdurchlässiges Fibrillen-Netz. Beim Kochen von K. lösen sich die Überstrukturen auf (jedoch unter Erhaltung der Quervernetzung), wodurch als wasserlösl., gallertart. Produkt ↗Gelatine entsteht. ↗Elastin. *H. K.*

Kollagenasen [Mz.; v. *kollagen-], die Kollagen proteolyt. spaltenden Enzyme. Bakterielle K. (z. B. aus Clostridien) spalten Kollagen an den X-Gly-Bindungen (↗Kollagen); da sie v. Bakterien ausgeschieden werden, können sie durch Auflösung des Kollagens die Durchlässigkeit v. Bindegewebsbarrieren gg. pathogene Bakterien verursachen. Im Ggs. dazu wirken die K., die sich in sich umdifferenzierenden Geweben (z. B. im Uterus nach Schwangerschaft, in Kaulquappenschwänzen während der Metamorphose) bilden, hochspezifisch (Spaltung an nur einer od. wenigen definierten Stellen des Tropokollagens) u. unter zeitl. und gewebespezif. Kontrolle.

kollagene Fasern [Mz.; v. *kollagen-], *Kollagenfasern,* fibrilläre Sekretionsprodukte v. Bindegewebszellen (↗Bindegewebe). Die 1–100 μm dicken k.n F. bestehen aus Bündeln parallel ausgerichteter, 0,1–0,5 μm dicker ↗Kollagen-Fibrillen, welche sich wiederum in Protofibrillen von ca. 20–200 nm ∅ aufspalten lassen. Letztere zeigen im elektronenmikroskop. Bild eine typ. Querbänderung (64 nm-Periode). K. F. sind unelast. (↗Elastin), aber v. hoher Zugfestigkeit u. bilden im Organismus je nach Beanspruchung ↗Sehnen, Faserfilze (Corium, ↗Haut) od. komplizierte Gitterstrukturen (↗Knorpel, ↗Knochen). ↗Reticulin-Fasern.

Kollagen
Strukturproteine mit den wesentl. Merkmalen des K.s (Prolingehalt, Fibrillen mit 64 nm-Bandenmuster, ↗kollagene Fasern) wurden, ausgenommen bei Einzellern, bei allen bisher darauf untersuchten Tierstämmen, v. den Schwämmen an aufwärts, nachgewiesen. Im Ggs. zum Wirbeltier-K. liegt das Wirbellosen-K. allerdings gewöhnl. als ↗Glykoprotein in kovalenter Bindung – zuweilen v. Einzelketten – an Heteropolysaccharide vor.

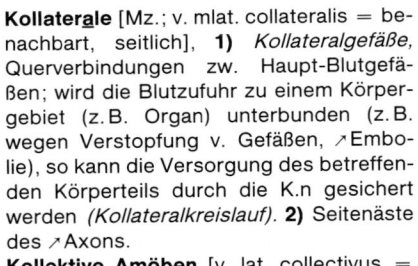

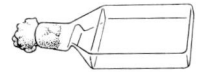

Kolleschale

Kollaterale [Mz.; v. mlat. collateralis = benachbart, seitlich], **1)** *Kollateralgefäße,* Querverbindungen zw. Haupt-Blutgefäßen; wird die Blutzufuhr zu einem Körpergebiet (z. B. Organ) unterbunden (z. B. wegen Verstopfung v. Gefäßen, ↗Embolie), so kann die Versorgung des betreffenden Körperteils durch die K.n gesichert werden *(Kollateralkreislauf).* **2)** Seitenäste des ↗Axons.

Kollektive Amöben [v. lat. collectivus = gesammelt, gr. amoibē = Wechselhafte], *Acrasina,* Wurzelfüßer der Ord. Nacktamöben *(Amoebina);* bei Nahrungsmangel kriechen die Amöben zus. u. bilden unter der Wirkung v. ↗Acrasin ein Pseudoplasmodium. Die Zellen differenzieren sich in Stiel- u. Sporenzellen; letztere sind Ausbreitungsstadien, die verdriftet werden. Bekanntestes Beispiel ist ↗*Dictyostelium* (☐). Neben den stets allein lebenden Amöben u. den K.n A. gibt es Amöbenarten, welche sich zu Aggregaten vereinigen können, die sich als Ganzes encystieren. – In der Mykologie werden die K.n A. meist in der Gruppe der ↗Zellulären Schleimpilze, neuerdings bei den ↗Echten Schleimpilzen eingeordnet.

Kollenchym *s* [v. gr. kolla = Leim, egchyma = Aufguß], ↗Festigungsgewebe (☐).

Kollencyten [Mz.; v. gr. kolla = Leim, en = in, kytos = Höhlung (heute: Zelle)], ↗Schwämme.

Kolleschale [ben. nach dem dt. Bakteriologen W. Kolle, 1868–1935], rechteckiges, flaschenart. Glasgefäß mit einer Querrille am Hals; dient zur Kultivierung von Mikroorganismen u. Gewebezellen.

Kolletere [Mz.; v. gr. kollētērios = zusammengeleimt], die ↗Drüsenzotten.

Kölliker (Koelliker), *Rudolf Albert* von, dt.-schweizer. Anatom u. Zoologe, * 6. 7. 1817 Zürich, † 2. 11. 1905 Würzburg; Schüler von J. Müller. Nach Assistenzzeit (1842; 1843 Prosektor bei J. Henle in Heidelberg) seit 1845 Prof. in Zürich, 1847 Würzburg. Zus. mit R. Remak und C. Naegeli Arbeiten auf Helgoland, später Neapel u. Messina (zus. mit K. Gegenbaur und J. Müller). War zu seiner Zeit der führende Vertreter der mikroskop. Anatomie („Hdb. der Gewebelehre", Leipzig 1852) u. Mitbegr. der Zellularphysiologie. Arbeitete u.a. über die Entwicklung der Cephalopoden, erkannte das Säugerei u. die Spermatozoen als Einzelzellen, beobachtete die Weiterentwicklung des (Cephalopoden-)Eies u. erkannte die Rolle des Zellkerns für die Embryogenese. Seine „Entwicklungsgeschichte des Menschen und der höheren Tiere" (Leipzig 1861) ist das erste Lehrbuch der Embryologie, das auf der Zelltheorie aufbaut.

Bei K vermißte Stichwörter suche man auch unter C und Z.

Gründete zus. mit Th. v. Siebold 1849 die „Zeitschrift für wiss. Zoologie". K. hatte wesentl. geistigen Einfluß auf den wiss. Werdegang E. ↗Haeckels, dessen Lehrer er u. a. war.

Köllikersche Grube [ben. nach R. A. v. ↗Kölliker], bei den ↗Schädellosen (↗Lanzettfischchen) eine vor dem Hirnbläschen liegende Grube mit cilienbesetzten Epithelzellen; vermutl. ein chem. (olfaktorisches?) Sinnesorgan.

kolline Stufe [v. lat. collinus = Hügel-] ↗Höhengliederung.

kolloïd [v. gr. kollōdēs = leimartig, klebrig], Bez. für den Zustand bzw. die Eigenschaften eines in Teilchen der Größenordnung $10^{-5} - 10^{-7}$ mm ⌀ (10- bis 1000mal größer als Moleküle, Atome od. Ionen) zerteilten Stoffes. Einen Stoff k.er Zerteilung nennt man ein *Kolloid*, die Teilchen selbst heißen *kolloide* od. *kolloidale Teilchen*. Es werden unterschieden: a) *Dispersionskolloide:* entstehen durch mechan. Zerkleinerung (z. B. kolloidales Gold, Silber, Silberhalogenid); b) *Molekülkolloide:* die k.en Teilchen sind Makromoleküle von k.er Dimension (z. B. Hämoglobin in Wasser, Kautschuk in Benzol); c) *Micellkolloide:* bilden sich durch Zusammenlagerung v. Molekülen zu Molekülhaufen von k.er Dimension (z. B. Seifen, manche Farbstoffe u. Textilhilfsmittel). Allg. Eigenschaften der Kolloide: der osmot. Druck, die Gefrierpunktserniedrigung u. die Siedepunktserhöhung sind nur noch sehr gering. Kolloide sind wegen ihrer großen Oberfläche stark adsorbierend u. eignen sich als Katalysatoren; sie zeigen opt. den Tyndall-Effekt. In der belebten Natur verlaufen die meisten Reaktionen in k.en Lösungen; Verwitterungsvorgänge u. das Festhalten v. Bodenfeuchtigkeit im Ackerboden erfolgen durch Kolloide (↗Bodenkolloide). Die Bereitung v. Salben, Brot u. Marmeladen u. die Bildung v. Schaum werden von k.en Vorgängen bestimmt. Alle die Kolloide betreffenden Eigenschaften werden v. der *Kolloidchemie (Kolloidik)* untersucht u. behandelt.

kolloïdosmotischer Druck [v. gr. kollōdēs = leimartig, klebrig, ōsmos = Stoß], *onkotischer Druck,* der durch die Konzentration v. ↗kolloid gelösten Teilchen (z. B. Proteine) in einer Lösung hervorgerufene ↗osmot. Druck. Im Blutgefäßsystem wirkt er dem hydrostat. Druck (Blutdruck) entgegen, indem er Flüssigkeit durch die ↗Endothel-Wand aus den interstitiellen Gewebsräumen ansaugt. ↗Niere.

Kolonie w [v. lat. colonia = Ansiedlung], Verband v. Einzelindividuen der gleichen Art, die sich an einem bestimmten Ort vergesellschaften u. oft in physischem Zshg. stehen. K.n kommen bei sehr vielen Tierarten vor, angefangen bei ↗Einzellern (☐) bis hin zu Vögeln u. Säugetieren. Auch Bakterien (↗*Bakterien-K.*), ↗Pilze u. niedere ↗Algen (B I) können K.n bilden; bei letzteren sind Übergänge zu echten gewebebildenden Pflanzen zu erkennen. Ausgeprägte K.n (↗*Tierstöcke*) bilden u. a. die ↗Hohltiere (B) infolge ↗asexueller Fortpflanzung (B); ↗Knospung, ↗Arbeitsteilung (☐). Typ. Insekten-K.n sind Ameisenhügel, Termitenbauten, Bienenstöcke u. a. Brut-K.n kommen nicht nur bei Vögeln (↗K.brüter), sondern z. B. auch bei der Pillenwespe *Oplomerus spiricornis* od. bei den Borkenkäfern vor. Einige Spinnen, z. B. die afr. cribellate Spinne *Stegodyphus mimosarum,* brüten ebenfalls in K.n. Säugetier-K.n existieren u. a. bei Robben, Murmeltieren, Zieseln, Berberaffen, Fledermäusen (Schlaf-K.n).

Koloniebrüter, *Kolonievögel,* gemeinschaftl. brütende Vogelarten; die Kolonien können bis zu mehrere hunderttausend Paare umfassen. Häufig sind dies in Meeresnähe lebende Vögel, z. B. Pinguine, Kormorane, Tölpel, Möwen, Seeschwalben u. Alken, aber auch im Landesinnern vorkommende u. oft schwarmweise nahrungssuchende Arten wie Saatkrähe, Wacholderdrossel, verschiedene Reiher u. Webervögel. Brüten in Kolonien bietet erhöhten Feindschutz; andererseits sind Mechanismen erforderl., inmitten der Vielzahl fremder Jungvögel die eigenen Jungen sicher zu erkennen.

Kolonisierung, Bildung einer Population durch *Gründerindividuen* (↗Gendrift). Der Erfolg einer K. hängt v. den Umweltfaktoren u. der Anzahl der Gründerindividuen ab. Günstig für eine K. sind kleine Inseln od. inselart. Biotope in einer für die *Kolonisten* ansonsten unwirtl. Umgebung (z. B. Parks in einer Stadt), da dort die Gründerindividuen gezwungen sind, auf relativ engem Raum zusammenzubleiben (bei der anfängl. geringen Individuenzahl wichtig für die Fortpflanzung). Andererseits können sich eingebürgerte Arten (↗Einbürgerung) nach erfolgreicher K. oft weit ausbreiten (↗Faunenverfälschung).

Kolophonium s, hellgelbes bis fast schwarzes, hpts. aus Harzsäuren (bes. ↗Abietinsäure) zusammengesetztes Koniferenharz (↗Harze), das durch Wasserdampfdestillation aus Terpentin (↗Balsame) gewonnen wird. K., benannt nach der lydischen Stadt Kolophon, in der im Altertum Harz destilliert wurde, wird z. B. zur Herstellung v. Harzlacken, -seifen u. -ölen, Sikkativen u. Kitt, als Glasurmittel für gerösteten Kaffee, Kaugummizusatz, Brauerpech u. Geigenbogenharz verwendet.

Bei K vermißte Stichwörter suche man auch unter C und Z.

Koloquinte w [v. gr. kolokynthis = runder Kürbis, über lat. coloquintis], *Citrullus colocynthis*, ⌐ Citrullus.

Kolorimetrie w [v. lat. color = Farbe, gr. metran = messen], *kolorimetrische Analyse*, *Farbmessung*, analyt. Verfahren zur Bestimmung v. Konzentrationen (bzw. Mengen) lichtabsorbierender Stoffe in Lösung (⌐ Extinktion), wobei entweder die quantitative physikal. Beziehung zw. Farbintensität u. Konzentration des gelösten Stoffes (⌐ Absorption) als Grundlage dient od. ein direkter Vergleich mit den Farbintensitäten v. Lösungen bekannter Konzentrationen (Verdünnungsreihe) durchgeführt wird (Meßgerät = *Kolorimeter*).

Kolossalfasern [v. gr. kolossaios = riesig], *Riesenfasern*, *Riesenaxone*, nervöse Schnelleitsysteme aus bes. dicken, synapsenarmen Nervenfasern (⌐ Axon) mit ⌐ Erregungsleitungs-Geschwindigkeiten von 10–20 m/s, wie man sie bei vielen Tieren aus allen Bereichen des Tierreichs findet, bes. bei Formen mit höherorganisierten Nervensystemen (Ringelwürmer, Decapoda, Tintenfische). Als afferente (⌐ Afferenz) ebenso wie als efferente Fasern (⌐ Efferenz) stehen sie v. a. im Dienst v. Abwehr- u. Fluchtverhalten. B Nervenzelle II.

Kolostrum s [v. lat. colostrum = Biestmilch (erste Milch nach dem Kalben)], *Kolostralmilch*, *Vormilch*, Muttermilch, die ab der 6. Schwangerschaftswoche gebildet wird und 3–5 Tage nach der Geburt ihr Maximum erreicht. Im Vergleich zur reifen Mutter-⌐ Milch enthält das K. mehr Protein, Salze u. Vitamine; der Fettgehalt ist niedriger, der Kohlenhydratgehalt gleich. Mikroskopisch lassen sich sog. *Kolostral-Körperchen* erkennen, die mit Fett beladenen Leukocyten entsprechen.

Kölreuter, *Joseph Gottlieb*, dt. Botaniker, * 27. 4. 1733 Sulz am Neckar, † 12. 11. 1806 Karlsruhe; seit 1763 Prof. in Karlsruhe u. Dir. des Bot. Gartens. Führte grundlegende Experimente zur Befruchtung u. Bastardierung durch, die von J. und K. F. Gärtner, C. K. Sprengel und C. L. Willdenow später fortgesetzt wurden, u. bewies damit die Sexualität der Pflanzen u. die Bedeutung der Insekten bei der Befruchtung. WW „Vorläufige Nachricht v. einigen das Geschlecht der Pflanzen betreffenden Versuchen u. Beobachtungen". Leipzig (1761–66).

Kolsun m [ind.], ⌐ Rothunde.

Kolumbatscher Mücke [ben. nach dem serb. Ort Kolumbatz (serb. Golubac)], *Melusina golumbaczensis*, ⌐ Kriebelmücken.

kombinant [v. spätlat. combinare = vereinigen], Bez. für Allele, die ⌐ Codominanz zeigen; z.B. sind die Allele A und B der Blutgruppengene k.e Allele.

komma- [v. gr. komma = Schlag, Abschnitt, Zeichen, Satzzeichen].

Komfortverhalten
Die meisten Komfortverhaltensweisen dienen der Körperpflege, z. B.:
Schütteln, Scheuern an Gegenständen, Baden, Staubbaden, Putzen, Fell- und Federreinigung, Kratzen, Sonnenbaden, Suhlen, ⌐ Einemsen

Komfortverhalten
Das *Scheinputzen* des Stockerpels während der Balz – ein Beispiel für ein zum Auslöser gewordenes Komfortverhalten: Der Erpel fährt mit dem Schnabel hinter den angehobenen Flügel, als wolle er sich putzen, reibt aber statt dessen mit dem Schnabel über die Kiele der Schwungfedern, so daß ein gut hörbarer Ton entsteht. Homologe Verhaltensweisen sind v. vielen anderen Entenarten bekannt; z. T. wird an einer bes. gefärbten, dafür hervorgehobenen Feder scheingeputzt (Braut- u. Mandarinente).

Kolostrum
Im Vergleich zur reifen Muttermilch ist der Nährwert des K.s etwas geringer (im Durchschnitt 2800 kJ/l, bei der reifen Milch 3130 kJ/l), wohingegen der Gehalt an *Immunglobulinen* im K. deutlich höher liegt als bei der reifen Milch. Mit den mütterl. Immunglobulinen wird das Neugeborene geschützt, bis dessen eigenes Immunsystem voll entwickelt ist.

Kombinationseignung, Eignung eines Kreuzungspartners für Züchtungsvorhaben. *Allgemeine K.* ist die Fähigkeit eines Kreuzungspartners, mit möglichst vielen verschiedenen Partnern eine Nachkommenschaft mit züchterisch wertvollen Eigenschaften zu erzeugen; sie wird durch *zyklische Kreuzungen*, d. h. Kreuzung aller zu prüfenden Kreuzungspartner (z. B. in der Hybridzüchtung Vertreter der verschiedenen Inzuchtlinien) mit einem einzigen Testpartner u. anschließenden Vergleich der Nachkommen, ermittelt. Bei der *speziellen K.*, über die ⌐ *diallele Kreuzungen* Aufschluß geben, sind die züchterisch wertvollen Eigenschaften auf die Nachkommenschaft von 2 bestimmten Kreuzungspartnern beschränkt. [tung.

Kombinationszüchtung ⌐ Kreuzungszüch-

Kombu [jap., = Salzkraut], *Konbu*, ein in O-Asien aus Algen (z. B. *Laminaria, Alaria* u. ä.) gewonnenes Nahrungsmittel; wird als Gemüse od. pulverisiert als Suppenbeilage od. auch Tee verwendet.

Kometenfalter [v. gr. komētēs = Haarstern], *Kometenschweif*, *Argema mittrei*, etwa 150 mm spannender bizarrer Schmetterling der Fam. ⌐ Pfauenspinner aus Madagaskar; Flügel gelbl. grün, mit braun gerandeten Augenflecken, Hinterflügel mit eindrucksvollen 140 mm langen, löffelartig ausgezogenen Fortsätzen.

Komfortverhalten [komfor; v. frz. confort = Behaglichkeit], Begriff für Verhaltensweisen, die entweder der Körperpflege od. der muskulären Entspannung u. Stoffwechselversorgung dienen (Streckbewegungen, Gähnen usw.). Verschiedene Autoren fassen den Begriff allerdings verschieden weit. Manche Teile des K.s haben sich in der Stammesgeschichte zu ⌐ Auslösern entwickelt u. dienen der Kommunikation, z. B. das von K. Lorenz beschriebene *Scheinputzen* einiger Enten-Erpel während der Balz.

Komfrey m [kamfri; engl., v. lat. confervere = erglühen, über mittelengl. cumfirie], *Symphytum asperum*, ⌐ Beinwell.

Komidologie w [v. gr. komidē = Herbeischaffen, logos = Kunde], (R. Richter 1928), in der ⌐ Biostratonomie die Lehre v. den Verfrachtungsvorgängen.

Kommabakterium [v. *komma-, gr. baktērion = Stäbchen], *Kommabacillus*, ⌐ Vibrio.

Kommafalter [v. *komma-], *Hesperia comma*, ⌐ Dickkopffalter.

Kommaschildlaus [v. *komma-], *Lepidosaphes ulmi*, ⌐ Deckelschildläuse.

Kommensalismus m [v. mlat. commensalis = Tischgenosse], „Tischgenossenschaft", Form des Zusammenlebens artverschiedener Tiere, bei der die eine, meist

Bei K vermißte Stichwörter suche man auch unter C und Z.

kleinere Art *(Kommensale)* v. der Nahrung der anderen Art *(Wirt)* profitiert, ohne den Partner zu schädigen od. ihm zu nützen.

Kommentkampf [kommän-; v. frz. comment = Art und Weise], *ritualisierter Kampf, Turnierkampf*, nach festen Regeln (in festgelegten Verhaltenssequenzen) ablaufendes ↗Kampfverhalten (B) v. Tieren, die über potentiell gefährl. Waffen verfügen. Der K. findet nur gegenüber Sozialpartnern (nie gg. Freßfeinde o. ä.) Anwendung u. besteht in Verhaltensweisen, die ernsthafte Beschädigungen durch Hörner, Zähne, Giftzähne, Hufe usw. ausschließen (Ggs.: ↗Beschädigungskampf). Der K. wird fast immer durch längeres ↗Drohverhalten eingeleitet. Man sollte bei Tieren, bei denen ernsthafte Schäden mangels Waffen nicht vorkommen, nicht von K. sprechen; in diesem Fall lassen sich K. und Beschädigungskampf nicht trennen.

Kommissuren [Mz.; v. lat. commissura = Verbindung], 1) Querverbindungen v. Faserbündeln zw. den beiden Hirnhemisphären (↗Gehirn) sowohl bei Wirbeltieren (z. B. der Balken) als auch bei Wirbellosen; 2) nervöse Querverbindungen zw. den Strängen des Bauchmarks (↗Bauchganglion, ↗Strickleiternervensystem) bei Wirbellosen, die die Ganglienpaare jeweils eines Segments miteinander verbinden (B Nervensystem I); 3) Querstränge, welche die Tracheen miteinander verbinden.

Kommunikation *w* [v. lat. communicatio = Mitteilung], Übertragung v. Information (↗Information und Instruktion), Signalaustausch i. w. S. Zur K. gehören ein *Sender* der Information, ein *Kanal* der Informationsübertragung u. ein *Empfänger*. Das Phänomen der K. ist in der Biol. allgegenwärtig; z. B. findet eine K. auf u. a. chem. Wege␣␣␣den Zellen eines Gewebes statt (↗Zell-K.); der Zellkern steuert die Zellaktivität in einem Prozeß ständiger K. usw. Von *Bio-K.* i. e. S. wird in der Ethologie gesprochen; man meint damit den Informationsaustausch zw. Tieren. Je nach dem dabei benutzten Kanal spricht man v. *optischer, akustischer* od. *chemischer* K. (↗Ausdrucksverhalten, ↗Signal). Weiterhin lassen sich bei der akustischen K. die *sprachliche* (verbale) u. die *nichtsprachliche* (averbale) K. unterscheiden. Erstere kommt praktisch nur beim Menschen vor, während die averbale K. bei Tier u. Mensch bedeutsam ist. Die meisten Signale u. ↗Auslöser dienen der innerartl. (intraspezifischen) sozialen K.; es gibt jedoch auch eine zwischenartliche (interspezifische) K., z. B. in einer ↗Symbiose (Madenhacker u. Großtiere) od. bei Warnrufen, die v. mehreren Arten verstanden werden.

Kompartiment *s* [v. frz. compartiment =

Kommentkampf
Klapperschlangen setzen im Rivalenkampf nicht die Giftzähne ein. Es findet vielmehr ein „Ringkampf" statt, bei dem das stärkere Männchen das schwächere zu Boden drückt, worauf dieses aufgibt und unverletzt das Feld räumt.

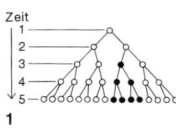

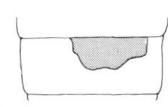

1

2
Kompartiment
Auch die Segmente v. Insekten stellen *Kompartimente* dar, d. h., nach der Segmentierung während der Embryogenese bleiben als Zellen der Epidermis (u. ihre Nachkommen) auf ein bestimmtes Segment begrenzt. **1** Teilungsschema einer Zelle. Wird zum Zeitpunkt 3 eine Zelle genet. markiert (z. B. durch somat. Crossing over), so bilden deren Nachkommen einen *Klon* (schwarze Zellen bei 4 und 5). **2** Die Nachkommen einer *nach* der Segmentierung genet. markierten Zelle können die Segmentgrenze nicht mehr überschreiten: der markierte Klon (grau) bildet dort eine scharfe Grenze.

Kompartimentierung

Abteilung], 1) Zellbiol.: ↗Kompartimentierung. 2) Entwicklungsbiol.: Zellverband mit begrenzter ↗Kompetenz, die ihn auf die Entwicklung eines definierten Körperabschnitts einschränkt. Die K. der Insekten (z. B. *Drosophila*) sind ↗Polyklone, in deren Zellen die gleiche Kombination v. ↗Selektorgenen aktiv ist. K. werden durch Klonrestriktion erkannt (↗Klonanalyse).

Kompartimentierung *w* [v. frz. compartiment = Abteilung], die interne Gliederung der ↗Eukaryoten-Zelle (↗Eucyte, ☐ Zelle) in membranumschlossene Reaktionsräume *(Kompartimente)*. Die Membran bildet dabei definitionsgemäß ein in sich geschlossenes Gebilde u. wird meist dem Kompartiment zugerechnet, das sie umgibt (z. B. ER-Membran zur ER-Zisterne; ER = ↗endoplasmatisches Reticulum). Diese Definition des Kompartiment-Begriffs wird jedoch nicht ganz konsequent gebraucht. Z. B. wird auch das ↗Cytoplasma ohne Membran als eigenständ. Kompartiment angesehen, u. auch die umgebende Plasma-↗Membran wird als gesonderter Reaktionsort verstanden. ↗Mitochondrien u. ↗Plastiden sind v. je einer ↗Doppelmembran umhüllt, die beide dem entspr. Kompartiment zugerechnet werden können. Bei bestimmten Betrachtungen (z. B. Protonengradient, Transport) sieht man den Raum zw. diesen beiden Membranen jedoch als eigenständ. Kompartiment an. Bei den ↗Chloroplasten (☐) kommt mit den Thylakoidmembranen u. dem v. ihnen eingeschlossenen Raum sogar noch ein weiteres Kompartiment hinzu. – Das Prinzip der K. erlaubt es, daß in derselben Zelle zur gleichen Zeit gegenläufige Stoffwechselwege (↗Enzyme) ablaufen können (z. B. Fettsäuresynthese bei Tieren im Grund-↗Cytoplasma, bei Pflanzen in den Plastiden, u. Fettsäureabbau in den Mitochondrien bzw. Microbodies). Auch das Energie-konservierende Prinzip v. Protonengradienten (chemiosmot. Hypothese, ↗Atmungskette, ☐) wird erst durch

Kompartimentierung	
Der Begriff *Kompartiment* umfaßt immer die Gesamtheit gleichart. Reaktionsräume einer Zelle, z. B. die Summe aller Dictyosomen (= Golgi-Apparat) od. Lysosomen (= lytisches Kompartiment). Die Kompartimente der Eucyte sind: Cytoplasma (Grundplasma, biochem. „Cytosol"),	Plasmamembran (Abgrenzung der Zelle nach außen), das Endomembran-System mit endoplasmat. Reticulum u. Golgi-Apparat, die Microbodies (Peroxisomen, Blatt-Glyoxisomen), das lytische Kompartiment (Lysosomen, Vakuolen), der Zellkern u. die semiautonomen Organelle Mitochondrien u. Plastiden.

Bei K vermißte Stichwörter suche man auch unter C und Z.

Kompartimentierungsregel

K. möglich. Die K. einer Zelle kann sehr dynamisch sein; so sind ER und ↗Golgi-Apparat (☐) untereinander u. mit der Plasmamembran durch Vesikulations- u. Fusionsprozesse verbunden (↗Membranfluß). ↗Endocytose (☐), ↗Endosymbiontenhypothese (☐).

Kompartimentierungsregel, besagt, daß eine biol. ↗Membran immer eine plasmat. von einer nicht-plasmat. Phase trennt (E. Schnepf, 1965). Danach sind die Inhalte von ER- und Golgi-Zisternen (ER = endoplasmatisches Reticulum), Lysosomen, Vesikeln u. Vakuolen sowie die Räume zw. den beiden Hüllmembranen der Mitochondrien u. Plastiden u. des Kerns nicht-plasmatisch. Dagegen unterscheidet man in tier. Zellen 3 und in pflanzl. Zellen 4 Plasmen: ↗*Cytoplasma* und *Karyoplasma* (↗Kernplasma), die durch die ↗Kernporen in kontinuierl. Verbindung stehen; innerhalb der inneren Mitochondrienmembran das ↗*Mitoplasma*; das ↗*Plastoplasma* innerhalb der inneren Plastidenhülle. Um in innerhalb einer Zelle v. einem Plasma in ein anderes zu gelangen, müssen immer 2 Membranen u. die dazwischenliegende nicht-plasmat. Phase passiert werden. Entsprechendes gilt für nicht-plasmat. Phasen. Nur Plasmen enthalten Nucleinsäuren. Bei einigen intrazellulären Symbionten/Parasiten scheint die K. durchbrochen: man kann im Elektronenmikroskop zw. dem Plasma des Wirts u. dem des Symbionten/Parasiten nur 1 statt der zu fordernden 2 Membranen feststellen. Das Zustandekommen solcher Situationen ist noch unklar.

Kompaßorientierung, die Fähigkeit v. Organismen, sich nach Sonne, Mond, Sternen (↗Astrotaxis), polarisierten Himmelsmustern (↗Komplexauge), einer opt. Marke (wie Waldgrenze, Haus usw.) od. dem Magnetfeld (↗magnetischer Sinn) richtungstreu zu orientieren u. dabei die tages- bzw. jahreszeitl. Wanderungen der Gestirne bzw. Änderungen des Polarisationsmusters zu „verrechnen" (↗Chronobiologie, B II). Die K. ist bei Zugvögeln (↗Vogelzug), wandernden Fischen u. Tieren, die einen bestimmten Lebensraum aufsuchen müssen, weit verbreitet, wobei die Tiere über mehrere „Kompasse" verfügen können. Mit Hilfe der *Sonnen-K.* od. des *polarisierten Lichts* lokalisieren Bienen (↗Bienensprache, ☐) u. Ameisen eine Futterquelle. Strandlebende Arthropoden wie der Strandfloh *Talitrus* od. die Uferspinne *Acctosa* finden, falls man sie weit aufs Land od. das Wasser versetzt, zum Strand zurück. Die Orientierung nach der Sonne ist die am weitesten verbreitete Art der K. Für Vögel, die sich nach einem Sonnenkompaß orientieren, ist nachgewiesen, daß sie u. a. auch das Magnetfeld zur Orientierung verwenden können (↗Brieftaube). Der *Magnetkompaß* ist wahrscheinl. auch der primäre Kompaß, auf dessen Basis die Sonnen-K. einzuordnen ist; er beruht auf einem hohen Lernanteil. Auch der *Sternenkompaß* steht auf der Grundlage des Erdmagnetfeldes (dieses wird bei bedecktem Himmel als alleinige Himmels-Orientierungshilfe benutzt). Dressurversuche ergaben, daß zumindest bei manchen Arten (z. B. Indigofink) Jungtiere die Teile des Himmels erlernen, die am wenigsten „rotieren" u. die sie später als Orientierungsmarken für ihren Zug verwenden. Jungvögel werden während ihres ersten Fluges auf das Brut- u. Überwinterungsgebiet geprägt. In fremde Gebiete verfrachtete Altvögel korrigieren ihre Zugrichtung u. finden ihr angestammtes Gebiet. Jungvögel behalten dagegen ihre urspr. Route bei u. überwintern in (für die Population) neuen Gebieten.

Kompaßpflanzen, Bez. für Pflanzen, die ihre Blattflächen in eine bestimmte Lage zur Mittagssonne (Südrichtung) einstellen. Dadurch wird entweder bei nahezu senkrechter Ausrichtung eine möglichst starke od. bei nahezu paralleler Ausrichtung eine nur streifende Sonneneinstrahlung erreicht. Beispiele: Kompaß- od. Stachellattich, Iris-Arten.

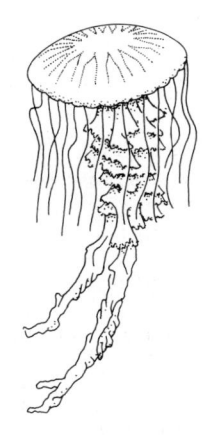

Kompaßqualle, *Chrysaora hyoscella,* Vertreter der Fahnenquallen mit ca. 30 cm ⌀, im Atlantik, Mittelmeer u. in der Nordsee oft in Scharen. Der Körper ist hellgelb od. weiß gefärbt, v. der Mitte des Schirms laufen 16 braune Streifen symmetr. zum Schirmrand; dieser trägt 24 lange Tentakel. Die stark gekräuselten Mundarme können bis 2 m lang sein. K.n sind meist als Jungtiere männlich, werden dann zwittrig u. danach weiblich. Die Eier werden als Planulalarven aus dem Magenraum entlassen; sie entwickeln sich zu Scyphopolypen, die über die Bildung v. Ephyra-Larven wieder Medusen hervorbringen. Die Polypen können sich ungeschlechtl. vermehren, ihre Fußscheiben können zu Überdauerungsstadien werden.

Kompatibilität *w* [Bw. *kompatibel;* v. spätlat. compatibilis = vereinbar], **1)** allg.: Vereinbarkeit, Verträglichkeit. **2)** Medizin: bei ↗Bluttransfusion bzw. ↗Transplantation v. Gewebe die Verträglichkeit des Spenderblutes (bzw. -gewebes) mit dem des Empfängers; ↗AB0-System (☐), ↗Antigene, ↗HLA-System, ↗Immungenetik. **3)** Bot.: Bez. für das Fehlen v. Befruchtungssperren zw. monözischen Pflanzen. ↗Inkompatibilität.

Kompensationspunkt [v. lat. compensatio

Kompaßpflanzen
Kompaß- od. Stachellattich *(Lactuca serriola)* als Kompaßpflanze

Kompaßqualle (Chrysaora hyoscella)

= Ausgleich], Pflanzenphysiologie: a) der ↗ Licht-K. der Photosynthese. b) CO_2-K.: CO_2-Konzentration, bei der sich der CO_2-Verbrauch der ↗ Photosynthese u. die CO_2-Produktion durch ↗ Photorespiration gerade die Waage halten (bei C_3-Pflanzen ≈ 50 μl/l; bei C_4-Pflanzen ≈ 5μl/l).

kompensierende Mutationen [v. lat. compensare = ausgleichen, mutatio = Veränderung], ↗ Mutationen, die eine andere Mutation im Genom funktionell, nicht aber genotypisch durch Rückmutation ausgleichen, d. h. nur scheinbar den Wildtyp wiederherstellen. ↗ Suppression, ↗ Restaurierung.

Kompetenz w [v. lat. competere = zukommen, mächtig sein], 1) Bakteriengenetik: Fähigkeit v. Bakterienzellen *(kompetente Zellen)*, freie, auch artfremde DNA aufzunehmen (↗ Transformation); i. d. R. wird die K. durch Behandlung der Bakterien mit Ca^{2+}-Ionen erreicht. 2) Zell- und Entwicklungsbiol.: Fähigkeit v. Zellen od. Zellverbänden, auf bestimmte Signale (Reize) spezif. zu reagieren; komplexe Eigenschaft, die allg. Rezeptoren (Signalempfänger, z. B. Rezeptormoleküle) voraussetzt. In der Ontogenese ist die K. durch den ↗ Determinations-Zustand der Zellen bzw. Gewebe bedingt; für bestimmte Entwicklungsleistungen (z. B. Bildung der Medullarplatte od. Augenlinse) kann sie zeitl. und räuml. begrenzt sein. Auslösende Signale sind hpts. ↗ Induktionsstoffe u. Hormone. Beispiele für unterschiedl. K. sind die Reaktionen verschiedener Körperteile (z. B. Augen, Kiemen, Beinknospen, Schwanz) v. Kaulquappen auf Metamorphosehormone.

kompetitive Hemmung w [v. lat. competere = gemeinsam zu erreichen suchen], die Blockierung eines Enzyms durch Substanzen, die dem normalen Substrat ähnl. sind u. an dessen Stelle im aktiven Zentrum eines Enyzms gebunden, aber nicht umgesetzt werden. ↗ Enzyme.

Komplement s [v. *komplement-], hitzelabiles System des Blutplasmas zur Ergänzung des zellulären u. humoralen ↗ Immunsystems. Das *K.system* besteht aus 17 Proteinen sowie verschiedenen Aktivatoren u. Inhibitoren. Die klass. Komponenten, die für die Lyse Antikörper-beladener (sensibilisierter) Zellen verantwortl. sind, werden mit den Symbolen C1 bis C9 gekennzeichnet. Die sequentielle Aktivierung u. Bildung v. funktionellen Komplexen (Kaskadensystem) hat 3 Effekte zur Folge: 1. Schädigung der Plasmamembran körperfremder Zellen, 2. ↗ Opsonisierung der Oberflächen v. Fremdzellen, dadurch Einleitung der Phagocytose durch Makrophagen, 3. Hervorrufung v. Entzündungen durch Bildung sog. Anaphylotoxine. Bei der Wirkung des K.systems unterscheidet man einen klass. Weg u. einen alternativen Weg. Die Aktivierung des klass. Weges geschieht durch Antigen-Antikörper-Komplexe auf den Oberflächen körperfremder Zellen. Der alternative Weg wird durch Fremd-Polysaccharide (z. B. v. Bakterien- od. Hefezellwänden) aktiviert. Beide Wege führen zur Ausbildung desselben lytischen Komplexes, der Anaphylotoxine u. des Opsonisierungsfaktors. ↗ K.bindungsreaktion, ↗ Antigen-Antikörper-Reaktion, ↗ Alexine.

Komplementärfarben [v. *komplement-], *Ergänzungsfarben*, Farbreize, die durch die Datenverarbeitung des menschl. Farbensehens bei physikal. Mischung (B Farbensehen) Weiß ergeben; z. B. sind die Gegenfarben Rot-Grün u. Gelb-Blau ungefähr (aber nicht genau) *komplementär*. K. entstehen im Zentralnervensystem durch die Bildung v. *Gegenfarben* (↗ Farbensehen) u. können daher nur bei Tieren mit einer ähnl. Datenverarbeitung wie beim Menschen auftreten. Bei verschiedenen Affenarten ist ein dem menschl. ähnliches (wahrscheinl. homologes) Farbsehsystem nachgewiesen, die Datenverarbeitung bei Insekten (z. B. bei der Biene, ↗ Bienenfarben) ist dagegen in dieser Hinsicht nicht bekannt.

Komplementärgene [Mz.; v. *komplement-, gr. gennan = erzeugen], *komplementierende Gene,* Gene, die gemeinsam im Genom vorliegen müssen, um einen bestimmten Phänotyp hervorzubringen; K. können getrennt voneinander vererbt werden. Die komplementäre Wirkung von K.n kommt u. a. dadurch zustande, daß sie für die verschiedenen Untereinheiten eines Enzyms od. für verschiedene, sich ergänzende Enzyme biochem. Reaktionsketten codieren.

Komplementarität w [Bw. *komplementär;* v. *komplement-], das räuml. Aufeinander- bzw. Ineinanderpassen u. die dadurch mögl. wechselseitige Bindung zw. Makromolekülen (aber auch zw. niedermolekularen Stoffen u. Makromolekülen, s. u.) über Wasserstoffbrückenbindungen u. hydrophobe Wechselwirkungen. K. ist das zahlr. Interaktionen des Zellstoffwechsels zugrundeliegende „Erkennungs"-Prinzip zw. Reaktionspartnern, das letztl. als die generelle Ursache für die Genauigkeit der Replikation u. Expression v. Erbinformation sowie für die hohe Spezifität v. Stoffwechselreaktionen, aber auch v. zellulären Wechselwirkungen anzusehen ist. Von bes. Bedeutung ist die K. zwischen den beiden Einzelsträngen doppelsträngiger DNA (B Desoxyribonucleinsäuren III) durch ↗ Basenpaarung (weshalb die Basen

komplement- [v. lat. complementum = Ergänzung; Erfüllung].

Bei K vermißte Stichwörter suche man auch unter C und Z.

Komplementaritätstest

A und T bzw. G und C als komplementär bezeichnet werden, ☐ Basenpaarung) u. die K. zwischen Antigenen u. Antikörpern (☐ Antigen-Antikörper-Reaktion). Als K. wird auch die Schlüssel-Schloß-Beziehung zw. Proteinen u. Liganden wie z. B. zw. Enzymen u. Substraten im ↗ aktiven Zentrum (☐) oder zw. Transportproteinen u. den zu transportierenden Molekülen bezeichnet.

Komplementaritätstest [v. *komplement-], der ↗ Cis-Trans-Test.

Komplementation w [v. *komplement-], 1) *intergene K.*, in einer diploiden, heterokaryoten od. merozygoten Zelle, bes. aber bei der Mischinfektion v. Bakteriophagen die gegenseit. Ergänzung zweier Defektmutationen, die in trans-Konfiguration in zwei verschiedenen Genen liegen, zum Phänotyp des Wildtyps. Intergene K. beruht darauf, daß das i. d. R. nicht funktionelle Produkt des mutierten Gens durch das funktionell wirksame Produkt des homologen Wildtyp-DNA-Abschnitts kompensiert wird. Mit Hilfe des sog. *Komplementationstests* kann darüber entschieden werden, ob zwei vorliegende Mutationen, z. B. auf dem Genom v. Phagen, ein u. dasselbe Gen betreffen, also Allele darstellen, od. in zwei verschiedenen Genen liegen. Im Fall v. Phagen-Mutanten wird dazu eine Mischinfektion eines Bakterienstamms durchgeführt, d. h., Bakterien werden gleichzeitig mit beiden mutierten Phagen infiziert. Betreffen die beiden Mutationen zwei verschiedene Gene, so können in den infizierten Bakterienzellen, die bezügl. der eingedrungenen Phagen-DNA als partiell diploid aufzufassen sind, die jeweils nicht mutierten Gene die Wildtyp-Funktion ausüben, so daß insgesamt nach einer Mischinfektion Phagen-Plaques entstehen wie nach der Infektion mit *einem* Wildtyp-Phagen. Betreffen die beiden Mutationen ein u. dasselbe Gen, liegt also kein Wildtypallel vor, so können sich die defekten Funktionen des betreffenden Gens bei einer Mischinfektion nicht komplementieren (mit Ausnahme v. intragener K.). 2) *intragene K.*, in einer diploiden, heterokaryoten od. merozygoten Zelle die Ergänzung zweier in trans-Konfiguration vorliegender Mutationen in ein u. demselben Gen (also zweier Allele) zum Wildtyp. I. d. R. handelt es sich dabei um Punktmutationen, die auf den homologen DNA-Abschnitten zwar innerhalb des gleichen Gens, aber nicht an gleicher Position liegen. Intragene K. tritt auf bei Genen, die für multimer aufgebaute Proteine mit zwei od. mehreren ident. Untereinheiten codieren (z. B. $\alpha\alpha$). Liegen in trans-Konfiguration zwei unterschiedl. Mutationen des gleichen Gens (z. B. α_1 und α_2) vor, so kann es vorkommen, daß sich die beiden defekten Untereinheiten zu einem Protein mit normaler od. nur unwesentl. reduzierter Aktivität ergänzen. Bei der gelegentl. beobachteten *negativen intragenen K.* verhindert ein einziges Defektallel (trotz Vorhandenseins des entspr. Wildtypallels u. der dadurch mögl. Bildung v. funktionell intaktem Polypeptid) durch das v. ihm codierte defekte Polypeptid (z. B. α_1) die normale Funktion eines aus mehreren ident. Polypeptiden bestehenden Proteins. *G. St.*

Komplementbindungsreaktion [v. *komplement-], Abk. *KBR*, Prozeß, bei dem Komponenten des ↗ Komplement-Systems bei einer ↗ Antigen-Antikörper-Reaktion verbraucht werden. Zur Komplementbindung muß ein bes. Antikörper-Typ vorliegen, der mit Komplement reagieren kann (Komplement-bindender Antikörper). Normales Komplement-haltiges Serum lysiert z. B. Erythrocyten, sofern diese mit Komplement-bindendem Antikörper beschichtet sind (sensibilisierter Erythrocyt). Die K. läßt sich zum Nachweis u. zur Messung des Titers spezif. Antikörper (1901 von J. Bordet und O. Gengou entwickelt) u. damit zum serolog. Nachweis verschiedener Infektionskrankheiten verwenden. Sie besteht aus einem Test- u. einem Indikatorsystem, die beide Komplement benötigen. Das Indikatorsystem besteht aus sensibilisierten Erythrocyten (s. o.), das Testsystem aus Antigen (z. B. Poliovirus od. Cardiolipin) u. Antikörper. Wenn man das Indikatorsystem genau austitriert, d. h. die äquivalenten Mengen an Antigen, Antikörper (= Hämolysin) u. Komplement bestimmt, kann man den Antikörpertiter im Testsystem ermitteln. Da nur eine bestimmte Menge Komplement zur Verfügung steht, kann diese bei Vorhandensein ausreichender Antikörpermengen im Testsystem verbraucht werden; sie fehlt dann im Indikatorsystem, u. es findet keine ↗ Hämolyse statt (positive Reaktion). Beim Fehlen spezif. Antikörper im Testsystem bleibt Komplement für das hämolytische System verfügbar (negative Reaktion).

---

intragene Komplementation

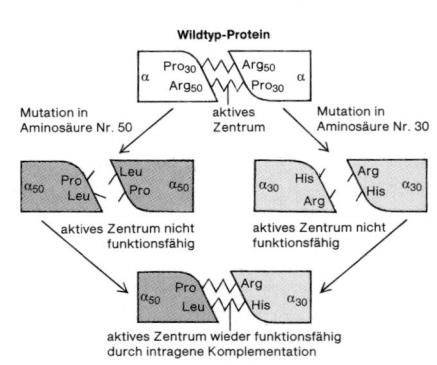

komplement- [v. lat. complementum = Ergänzung; Erfüllung].

komplex- [v. lat. complexus = Umfassen; Verknüpfung].

Bei K vermißte Stichwörter suche man auch unter C und Z.

Komplexauge

Komplexauge s [v. *komplex-], *Facettenauge, Netzauge,* Typ eines Lateralauges bei ↗Gliederfüßern u. (konvergent) bei einigen ↗Ringelwürmern (↗Auge, ☐). Es setzt sich im einfachen Fall aus ident. gebauten Seheinheiten, den *Ommatidien*, zus., die gemeinsam mit ihren Linsen ein hexagonales, bienenwabenart. Muster bilden. Jedes Ommatidium besteht bei ↗Krebstieren u. ↗Insekten aus einer cuticulären Linse *(Cornea, Cornealinse),* die bei Krebstieren v. zwei pigmentlosen corneagenen Zellen, bei Insekten v. diesen homologen Hauptpigmentzellen gebildet wird. Bei jeder Häutung wird die Cornea, wie die übrige Chitincuticula, erneuert. Die Cornea selbst ist meist bikonvex u. hat dadurch typ. Linseneigenschaften. Bei im Wasser lebenden Formen (Krebstieren) ist sie häufig plankonvex. Bes. bei Insekten trägt die Linsenfläche viele kleine Protuberanzen (Nippel), die der Vermeidung v. Reflexionen dienen. Unter der Cornea findet sich ein *Kristallkegel,* der im urspr. Fall einen aus speziellen transparenten Substanzen bestehenden *Conus* darstellt u. aus 4 Sektoren zusammengesetzt ist; diese werden von 4 *Semperzellen* gebildet. Kristallkegel haben die Funktion, das durch die Cornea fokussierte Licht auf der distalen Spitze der Lichtsinneszellen (Rhabdom, s. u.) zu bündeln. Sie sind transparent u. weisen oft als Besonderheit zur Kegelspitze sich kontinuierl. ändernde Brechungsindizes auf. Solche Kristallkegel werden als *eukon* bezeichnet (↗eukone Augen). Falls die 4 Semperzellen keine eigenen Conussubstanzen bilden, sondern selbst nur transparent sind, spricht man v. einem *akonen* Kristallkegel (↗akone Augen). Scheiden diese 4 Zellen eine eigene transparente, homogene Substanz ab, die dann den extrazellulären Raum zw. Cornea u. Semperzellen füllt, liegt ein *pseudokoner* Kristallkegel vor. In einigen Fällen (v. a. bei Käfern: *Dascillidae, Elateroidea* u. *Cantharoidea*) existiert überhaupt kein eigener Kristallkegel. Er ist funktionell ersetzt durch eine zapfenförm. Verlängerung der Chitincornea. Man spricht dann v. einem *Exoconus.* Ein bes. Typ v. Kristallkegel findet sich bei dekapoden Krebsen *(Decapoda).* Ihr K. fällt schon mit seinen Corneae dadurch auf, daß sie quadrat. statt hexagonale Linsenflächen haben. Darunter finden sich entspr. geformte Kristallkegel. Diese sind jedoch keine Brechungskörper, sondern reflektieren an ihren Innenwänden, verstärkt durch außen dicht anliegende Guaninkristalle als Reflektoren, das einfallende Licht. Ein solcher Lichtstrahl wird auf recht komplizierte Weise durch mehrfache Reflexionen (s. u.)

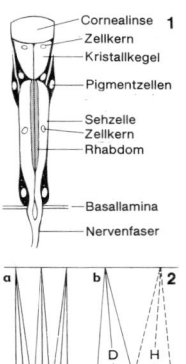

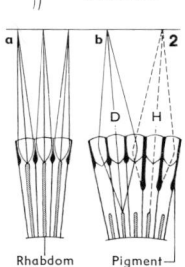

Komplexauge

1 Längsschnitt durch ein Einzelauge *(Ommatidium);* **2** Strahlengang im **a** *Appositionsauge,* **b** *Superpositionsauge* (D Dunkeladaptation, H Helladaptation; **3** Strahlengang (Mehrfachreflexion) im Rhabdom (Funktion als Lichtleiter); **4** Erhöhung des räuml. Auflösungsvermögens des K.s durch Verkleinerung des Ommatidien-Öffnungswinkels α.

Komplexauge

Gegenüberstellung je eines schematisierten Ommatidiums v. Krebstieren u. Insekten im Längsschnitt mit den jeweils korrespondierenden Querschnitten. Beide Ommatidientypen lassen sich Zelle für Zelle homologisieren: 2 Corneagenzellen (Cz, Kerne schwarz) bei Krebstieren = 2 Hauptpigmentzellen (Hz) bei Insekten; Kristallkegel aus 4 Semperzellen (Sz) und primär 8 Retinulazellen (Rz) bei beiden Gruppen, die bei Krebstieren ein sog. geschichtetes Rhabdom (Rh) bilden. (Nz = Nebenpigmentzellen).

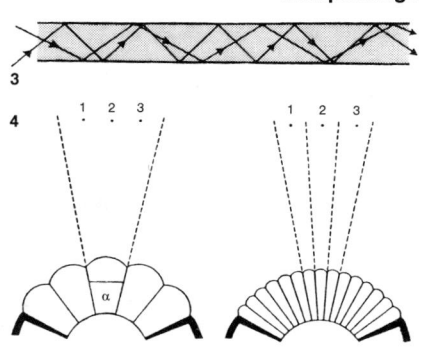

an den Conusinnenwänden schließl. ebenfalls stets zur Rhabdomspitze geleitet. Es liegt hier der einzige Fall einer echten Spiegel-Linsen-Optik im Tierreich vor, wenn man v. parabolspiegelartig angeordneten Tapeta bei einigen Muschelaugen (bei der Gatt. *Pecten*) absieht. Dieser völlig andere Kristallkegeltyp entsteht bei diesen Krebsen erst während der Larvalentwicklung durch Umwandlung aus normalen eukonen Kristallkegeln. – In der Verlängerung der opt. Achse sind 8 Sehzellen *(Retinulazellen)* radiärsymmetrisch angeordnet, die zu ihrem Zentrum jeweils einen ↗Mikrovillisaum, das *Rhabdomer,* ausbilden. Alle zus. bilden das *Rhabdom.* Dieses fungiert wegen der hohen opt. Dichte der Mikrovillimembranen als Lichtleiter. In diesen Membranen sind die Sehfarbstoffe eingelagert. Rhabdome sind bei den verschiedenen Krebs- u. Insektengruppen sehr unterschiedl. aufgebaut. Einige Rhabdomquerschnitte sind in Abb. S. 86 dargestellt. Im Längsschnitt unterscheidet man *geschichtete* u. *ungeschichtete* Rhabdome. Erstere entstehen dadurch, daß im Längsverlauf eines Rhabdomers period. Unterbrechungen der Mikrovillisäume auftreten. In diese Lücken treten entsprechende Mikrovillisäume benachbarter Retinulazellen u. füllen diese Leerräume ihrerseits aus. Dabei verlaufen die Mikrovil-

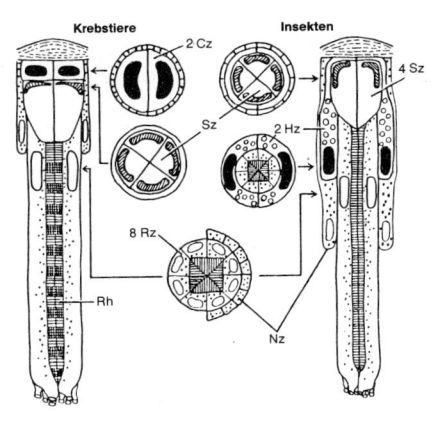

Bei K vermißte Stichwörter suche man auch unter C und Z.

Komplexauge

Funktioneller Aufbau und Leistungen des Komplexauges

Beim K. wird funktionell unterschieden zw. Appositions- u. Superpositionsauge. Bei den für tagaktive Insekten charakterist. *Appositionsaugen* erstrecken sich die Sehzellen mit den Rhabdomeren vom Kristallkegel bis zur Basallamina. Durch Pigmenteinlagerungen in den Sehzellen selbst u. durch die die einzelnen Ommatidien umgebenden Nebenpigmentzellen sind die ↗*Einzelaugen* dieses K.n-Typs optisch vollständig voneinander isoliert. Daraus folgt, daß die photosensiblen Teile eines Ommatidiums nur durch solche Lichtstrahlen erregt werden, die durch den dioptrischen Apparat, bestehend aus Linse (Cornea) u. Kristallkegel, desselben Einzelauges gefallen sind. Jede Retinulazelle gibt demzufolge nur einen Helligkeitspunkt wieder. Das vom Appositionsauge erfaßte Gesamtbild setzt sich somit mosaikartig aus vielen dieser Helligkeitspunkte zus. *(musivisches Sehen).* Bei dem für nachtaktive Insekten u. einige höhere Krebse typ. *Superpositionsauge* besteht zw. dem Kristallkegel u. den Sehzellen eine beträchtliche räuml. Distanz. Bei diesen zur ↗Hell-Dunkel-Adaptation befähigten K.n sind, insbes. im dunkeladaptierten Zustand, die mittleren Abschnitte benachbarter Ommatidien nicht durch Pigmente voneinander abgeschirmt. So können sich die v. den dioptrischen Apparaten benachbarter Einzelaugen entworfenen Bilder eines Gegenstands an einem Rhabdom überlagern (Superposition). Bei höheren Belichtungsstärken sind einige Insekten in der Lage, durch Pigmentverlagerungen in den primären (Haupt-) u. sekundären (Neben-)Pigmentzellen die einzelnen Ommatidien optisch voneinander zu isolieren, so daß ein funktionelles Appositionsauge entsteht.

Das *Auflösungsvermögen* ([T]) des K.s hängt v. der Anzahl der Ommatidien ab, die in einem bestimmten Winkelraum vorhanden sind. Je kleiner der Ommatidienwinkel, desto größer ist die Fähigkeit, zwei benachbarte Punkte od. Linien noch als voneinander getrennt wahrzunehmen (Minimum separabile). Deswegen steigt das Auflösungsvermögen eines K.s mit zunehmender Anzahl der Ommatidien. Dieser Zunahme sind jedoch Grenzen gesetzt, da die in ein Ommatidium einfallende Lichtmenge vom ⌀ der Cornea abhängig ist. Die Verkleinerung der Cornea u. die damit verbundene geringere Lichtempfindlichkeit können z.T. durch eine Verlängerung (!) der Rhabdomere ausgeglichen werden: Da die Rhabdomere, in deren Mikrovillisaum die Sehfarbstoffe eingelagert sind, als Lichtleiter fungieren (vgl. ☐ 83), wird eingefallenes Licht mittels Reflexion durch die Gesamtlänge des Rhabdomers geleitet. Da bei jeder Reflexion Sehfarbstoffe erregt werden, ist die Lichtausbeute um so größer, je häufiger ein Lichtstrahl reflektiert wird, d.h. also, je länger das Rhabdomer ist. Deshalb besitzen größere Insekten häufig mehr Ommatidien pro K. als kleinere (z.B. Zweiflügler ca. 3000 Ommatidien, Großlibellen bis 28 000). Das Auflösungsvermögen wird zudem beeinflußt vom Überlappungsgrad der Gesichtsfelder benachbarter Ommatidien sowie v. der nervösen Verschaltung der Sehelemente. Das beste bisher bekannte Auflösungsvermögen besitzen Bienen mit 1°. Das höchste Auflösungsvermögen des Linsenauges der Säugetiere bzw. des Menschen beträgt hingegen 25" (" = Bogensekunden; 1° = 3600", [T] Auflösungsvermögen). Ein K. mit derselben Leistung müßte in etwa einen ⌀ von 1 m aufweisen. Das zeitl. Auflösungsvermögen ist v.a. bei schnellfliegenden tagaktiven Insekten erhebl. größer als das der Linsenaugen. Schmeißfliegen können bis etwa 160 Einzelreize/s wahrnehmen, das menschl. Auge aber nur ca. 60/s ([T] Auflösungsvermögen).

Mit Hilfe v. Dressurversuchen konnte K. v. ↗Frisch 1914 zeigen, daß Bienen auch zum ↗*Farbensehen* ([B]) befähigt sind. Bis heute haben sich auch die K.n vieler anderer Insekten u. Krebstiere als farbtüchtig erwiesen. Der Bereich des für diese Tiere sichtbaren Lichtes ist aber um rund 150 nm zum UV-Spektrum hin verschoben, d.h., die K.n können Wellenlängen zwischen etwa 300 u. 650 nm wahrnehmen (↗Bienenfarben). Ledigl. einige trop. Tagfalter sind in der Lage, auch Rot wahrzunehmen. Für die Perzeption bestimmter Wellenlängenbereiche sind 2–3 verschiedene Rezeptorsysteme nachgewiesen worden. Arbeiterinnen der Honigbiene besitzen Rezeptoren mit Empfindlichkeitsmaxima von etwa 350 nm (UV-Rezeptor), 450 nm (Blau-Rezeptor) u. 530 nm (Grün-Rezeptor). Die gleichen Rezeptoren wurden auch bei Fliegen gefunden. Die oben erwähnten trop. Tagfalter besitzen offensichtl. sogar ein tetrachromat. System. Eine Besonderheit der K.n einiger Insekten ist darin zu sehen, daß nur einige Augenbereiche voll farbtüchtig sind. Den Drohnen der Honigbiene fehlt im dorsalen Bereich des K.s der Grün-Rezeptor, Schaben besitzen dorsal 2, ventral nur 1 Rezeptortyp, der ventrale Augenbereich des Rückenschwimmers ist im Ggs. zum dorsalen Anteil farbenblind, bei der Libelle *Aeschna* ist der dorsale Augenbereich farbuntüchtig, wohingegen im ventralen Augenteil 2 verschiedene Farbrezeptoren lokalisiert sind.

Die Retinulazellen sind aufgrund der parallelen Anordnung der Mikrovilli zur *Wahrnehmung v. polarisiertem Licht* fähig (s. u.). Dabei liegt der Analysator für die Polarisationsebene nicht im dioptrischen Apparat, sondern in den Sehzellen selbst. Die in einzelnen Ommatidien radiärsymmetrisch angeordneten 8 Sehzellen reagieren unterschiedl. stark auf die verschiedenen Schwingungsebenen des Lichtes. So entsteht in Abhängigkeit v. der Polarisation des Reizlichtes in jedem Ommatidium ein bestimmtes Erregungsmuster, das vom Tier ausgewertet wird. Da außerdem die Polarisation des Himmelslichtes in gesetzmäßiger Weise vom Sonnenstand abhängt (↗Bienensprache), kann ein Tier, das diese Gesetzmäßigkeit "kennt" u. sie den Erregungsmustern in den Ommatidien zuordnen kann, sich anhand des Sonnenstandes orientieren (↗Kompaßorientierung, ↗Chronobiologie), selbst wenn es die Sonne nicht sehen kann.

Eine weitere Besonderheit des K.s liegt in der Wahrnehmungsfähigkeit v. Bewegungen (*"Bewegungssehen"*). Bei Untersuchungen mit Hilfe des optomotor. Reaktionen des Rüsselkäfers *Chlorophanus* stellte sich heraus, daß jeweils 2, höchstens durch 1 Einzelauge getrennte Ommatidien zusammenarbeiten. Durch entspr. Verschaltung der Sehelemente ist es möglich, Bewegungen nach Richtung der Geschwindigkeit zu unterscheiden, ohne daß die bewegten Bilder selbst als Gestalt erfaßt werden. Beim Wirbeltierauge (↗Linsenauge) ist im Ggs. dazu ein ↗Bewegungssehen immer mit der Wahrnehmung des bewegten Gegenstands verknüpft.

Zur Weitergabe all dieser Informationen entsenden alle Retinulazellen durch eine dicke Basallamina ihre Axone in den ↗*Lobus opticus*, in dem sie zum größten Teil im 1.Ganglion (Medulla externa) auf sekundäre Neurone verschaltet werden. Meist treten 2 der 8 Axone eines Ommatidiums durch das 1. Ganglion hindurch u. werden erst im 2. Ganglion (Medulla interna) verschaltet. Normalerweise werden also 6 Axone eines Ommatidiums in der Medulla externa auf 6 sekundäre Neurone verschaltet. Man spricht hier v. einem *Neuroommatidium*. Bei Insekten mit offenen Rhabdomen (Zweiflüglern) werden 6 Axone v. benachbarten Ommatidien, also pro Ommatidium 1 Axon, in einem Bündel sekundärer Neurone verschaltet. Diese Neuroommatidien sind demnach kein Gegenstück zu den darüber befindl. Ommatidien. K.n mit einem solchen Verschaltungstyp werden als *neuronale Superpositionsaugen* bezeichnet.

H. W.

Komplexauge

Die Fähigkeit zur *Wahrnehmung polarisierten Lichtes* ist sozusagen eine Systemeigenschaft der Rhabdomeren. Da hiermit automatisch Polarisations*muster* wahrgenommen werden, besteht bei vielen Insekten die Tendenz, diese zu eliminieren. Durch Verdrillung der Rhabdomeren in der Längsachse erhält das Gehirn keine eindeutige Information über den Polarisationsgrad. Genau dies ist auch bei der Honigbiene der Fall. Um dennoch eindeutige Informationen über den Polarisationsgrad zu erhalten, besitzt sie eine zusätzliche 9. Sinneszelle, die nicht verdrillt ist. – Eine andere, sehr verbreitete Methode zur Vermeidung der Wahrnehmung v. Polarisationsmustern ist eine 90°-Versetzung der Mikrovilli innerhalb *derselben* Retinulazelle, weil diese Zelle auch dann keine eindeutige Information über den Polarisationszustand liefern kann.

libündel jeweils um 90° versetzt. Solche geschichteten Rhabdome sind bei Krebstieren die Regel, bei Insekten nur bei Felsenspringern u. sporadisch auch bei höheren Insekten verbreitet. Nicht geschichtet sind solche Rhabdome, deren Mikrovillisäume im gesamten Längsverlauf der Retinulazelle ohne Unterbrechung vorhanden sind. Vom Rhabdomquerschnitt her unterscheidet man *offene* u. *geschlossene Rhabdome.* Letztere sind so zusammengesetzt, daß alle Rhabdomere dicht

KOMPLEXAUGE

Völlig anders als das Linsenauge der höheren Tiere und des Menschen ist das Komplexauge der Gliederfüßer und einiger Ringelwürmer aufgebaut. Das Komplexauge (Facettenauge, Netzauge) besteht aus bis zu mehreren tausend dicht nebeneinanderliegenden Einzelaugen (Ommatidien), deren sechseckige Cornealinsen dem Auge das facettierte, wabenförmige Aussehen verleihen (Photo rechts: Komplexauge der Pferdebremse).

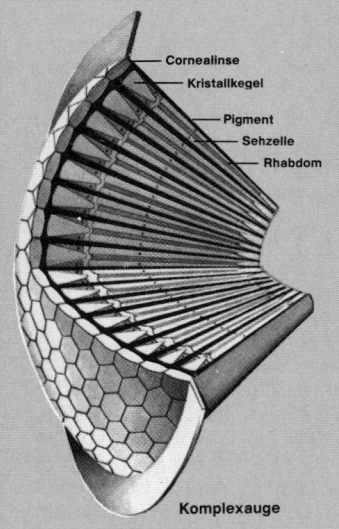

Aufbau des Komplexauges
Das z. T. aufgeschnittene *Komplexauge* (Abb. links) läßt die Anordnung und innere Struktur der einzelnen *Ommatidien* erkennen. Die von außen sichtbare Fläche *(Facette)* eines Ommatidiums bildet die Oberfläche der *Cornealinse*, an die sich ein weiteres lichtbrechendes Element, der *Kristallkegel*, anschließt. Der Kristallkegel und die daraufffolgenden langgestreckten Sehzellen sind von einer Pigmentschicht umgeben, welche die einzelnen Ommatidien vollständig *(Appositionsauge)* bzw. teilweise *(Superpositionsauge)* optisch gegeneinander isoliert. Jedes Ommatidium besitzt 6–8 stabförmige, um ein Zentrum angeordnete Sehzellen, deren jede einen Saum *(Rhabdomer)* von zum Zentrum hin orientierten Membranausstülpungen *(Mikrovilli)* aufweist.
Abb. 1 zeigt einen Querschnitt, 2 einen Längsschnitt durch ein *Ommatidium* mit zu einem zentralen *Rhabdom* (Sehstab) verschmolzenen *Rhabdomeren*, 3 einen Querschnitt durch ein Ommatidium mit einzeln liegenden Rhabdomeren. 4 Längsschnitt durch eine Sehzelle *(Retinulazelle)*.

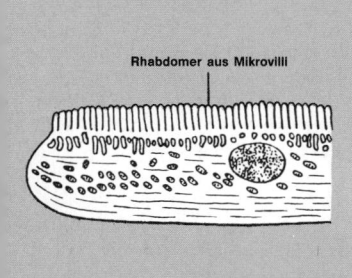

zusammenstoßen. Bei offenen Rhabdomen stehen alle od. große Teile der Rhabdomere isoliert. Funktionell bedeutet dies, daß geschlossene Rhabdome einen einzigen Lichtleiter bilden – dadurch, daß Licht v. einem Rhabdomer auch in das benachbarte übertreten kann. Bei offenen Rhabdomen bildet jedes Rhabdomer einen v. den übrigen Lichtsinneszellen optisch isolierten Lichtleiter. Während geschlossene Rhabdome bei Gliederfüßern die Regel sind, finden sich offene Rhabdome v. a. bei höheren Zweiflüglern, Wanzen, z. T. bei höheren Käfern u. in einem Fall auch bei Krebsen. Die opt. Isolierung der Rhabdome v. Ommatidium zu Ommatidium geschieht im Appositionsauge entweder durch Pigmente (↗Ommochrome) in den Retinulazellen od. durch eigene, zw. den Ommatidien befindl. Nebenpigmentzellen. Häufig befindet sich zw. Rhabdom u. dazugehörigen Sinneszellen ein Luftraum (perirhabdomere Vakuolen), der ebenfalls als opt. Isolator des Lichtleiters Rhabdom

Komplexauge
Ommatidienzahl eines K.s einiger Organismen:

Libellen	10 000–28 000
Honigbiene	5000
Stubenfliege	4000
Fliegende Käfer	3000–6000
Leuchtkäfer ♂	2500
♀	300
Ohrwurm	500
Kellerassel	20
unterirdisch lebende Ameise	6

Bei K vermißte Stichwörter suche man auch unter C und Z.

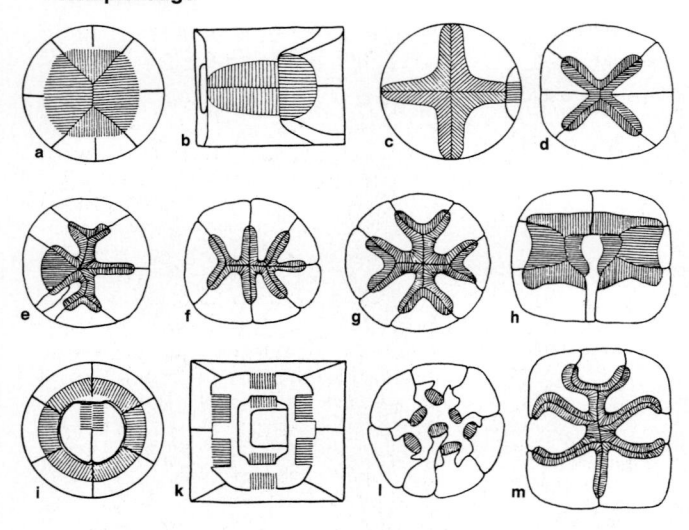

Komplexauge

Komplexauge
Verschiedene Rhabdom-Querschnitte des Ommatidiums von geflügelten Insekten:
a *Apis* (Honigbienen), *Gryllus* (Eigtl. Grillen), **b** *Ischnura* (Libellen), **c** *Blaberus* (Schaben), **d** *Dytiscus* (Schwimmkäfer), **e** *Archichauliodes* (Schlammfliegen), **f** *Ripsemus* (Blatthornkäfer), **g** *Ephestia* (Mehlmotten), **h** *Sartallus* (Kurzflügler), **i** *Aedes* (Stechmücken), **k** *Gerris* (Wasserläufer), **l** *Drosophila* (Taufliegen), **m** *Atelophlebia* (Eintagsfliegen)

dient. – Manche Insekten, v. a. nachtaktive, haben zur Erhöhung der Lichtausbeute ein *Tapetum*. Es besteht aus mit Luft gefüllten Tracheenästen, die über den Augenhintergrund verteilt sind. An diesen Luftschichten wird das einfallende Licht reflektiert u. ruft ähnl. wie bei Katzen grünl. leuchtende Augen hervor (↗ Augenleuchten). Solche Reflektoren können aber auch aus geordneten Guaninkristallen bestehen (↗ Augenpigmente). Ein solches Tapetum findet sich z. B. in den großen Medianaugen v. Spinnen, die jedoch keine K.n, sondern große Linsenaugen sind. – Ursprüngliche K.n finden sich bereits bei den fossilen Trilobiten, aber auch bei rezenten marinen Cheliceraten. Naturgemäß ist man über den Feinbau nur bei letzteren (Gatt. *Limulus*) unterrichtet. Das Ommatidium ist hier insofern einfacher u. ursprünglicher gebaut, als ein Kristallkegel fehlt. Funktionell wird er durch eine Art Exoconus der Cornea eingenommen. Es fehlen aber noch die Semperzellen. Auch die Zahl der Retinulazellen ist nicht festgelegt. Sie liegt bei 10–13, kann aber zwischen 4 und 20 schwanken. Urspr. Trilobiten haben ein hexagonales Facettenmuster, abgeleitete (v. a. *Phacopidae*) jedoch zwar dicht stehende, aber isolierte runde Corneae. Der erste Augentyp wird als ↗ *holochroal*, der abgeleitete Typ als ↗ *schizochroal* bezeichnet. – Laterale K.n wurden innerhalb der Gruppe der Gliederfüßer immer wieder reduziert od. umgebaut. So haben die Cheliceraten bei der Eroberung des Landes durch die späteren Arachniden das K. in einzelne Ommatidien isoliert u. diese zu insgesamt maximal 5 Linsenaugen fusioniert. Urspr. Skorpione haben neben dem 1 Paar Medianaugen auf jeder Kopf-(Prosoma-)Seite also bis zu 5 Linsenaugen, die Reste eines ehemaligen K.s sind. Ähnliches gilt für alle übrigen Arachniden. Echte Spinnen haben sogar v. den urspr. 5 lateralen Linsenaugen 2 reduziert, so daß sie mit den Medianaugen, die hier Hauptaugen heißen, insgesamt 8 Linsenaugen haben. Ähnliches ist bei den Tausendfüßern bei der Eroberung des Landes innerhalb der Gruppe der Mandibulata geschehen. Auch sie haben das ursprüngliche K. umgebaut in eine Ansammlung einzelner bis vieler, allerdings nur ommatidienähnl. Linsenaugen. Ihnen fehlt z. B. stets ein Kristallkegel, und die Zahl der Retinulazellen ist nicht festgelegt (bis viele hundert). Aus diesen modifizierten Seitenaugen haben die Spinnenläufer *(Scutigera)* sekundär ein neues K. aufgebaut, das auch einen neuen Kristallkegeltyp hat. Dieser unterscheidet sich v. dem der Krebstiere u. Insekten dadurch, daß er sich aus vielen Zellen zusammensetzt. Dieses K. wird daher oft *Pseudofacettenauge* genannt. Auch innerhalb der Gruppe der Insekten finden sich abgewandelte K.n. So haben fast alle Larven der holometabolen Insekten nur isoliert stehende Linsen auf jeder Kopfseite, die als *Stemmata* bezeichnet werden. Diese sind entweder übriggebliebene Ommatidien (z. B. Schmetterlingsraupen) od. fusionierte Ommatidien (z. B. Käferlarven). Die Larven der Hautflügler (Larven der Blattwespen) haben lediglich alle Corneae ihres K.s zu einer einzigen großen Linse fusioniert, so daß zwar das alte K. mit seinen Retinulazellgruppen noch vorhanden ist, dieses aber äußerl. wie ein großes Linsenauge aussieht *(unicorneales K.)*. [B] Farbensehen der Honigbiene. *H.P.*

Komplexheterozygotie *w* [v. *komplex-, gr. heteros = der andere, zygōtos = zusammengejocht], Heterozygotie für viele Allelpaare verschiedener Chromosomen, die nicht unabhängig segregieren, sondern bei der Meiose als Komplex weitergegeben werden, was darauf beruht, daß sich die Komplexe durch verschiedene, reziproke Translokationen unterscheiden *(Translokationsheterozygotie)*. Verschiedene Arten der Gatt. *Oenothera* (Nachtkerze) zeigen K. Homozygote Komplex-Kombinationen sind bei diesen Arten wegen des Einbaus v. Letalgenen nicht lebensfähig, so daß die K. erhalten bleibt. Die verschiedenen Chromosomen-Komplexe sind als die strukturell verschiedenen Chromosomensätze verschiedener Ausgangssippen zu verstehen, die *Oenothera*-Arten mit K. als *permanente Strukturhybride*.

Komplexion *w* [v. *komplex-], Farbverteilung (Pigmentierung) v. Haut, Haaren u. Augen bei heut. Menschenrassen.

Bei K vermißte Stichwörter suche man auch unter C und Z.

Komplexverbindungen [Mz.; v. *komplex-], *Koordinationsverbindungen, Verbindungen höherer Ordnung*, chem. Verbindungen (im allg. Salze: *Komplexsalze*), bei denen eines der Ionen aus einem Komplex *(Komplexion)* besteht. Dabei gruppieren sich um ein *Zentralatom* (meist ein Metallion) *Liganden* (Atome, Atomgruppen od. Moleküle). Aus räuml. Gründen beträgt die Anzahl der Liganden meist 4, 6 oder 8. Beispiele biochem. K. sind die Hämgruppierungen der Hämoglobine, Cytochrome u. a. sowie das Chlorophyll.

Kompost *m* [v. lat. compositus über altfrz. compost = zusammengesetzt], hochwert. Humus-↗Dünger aus organ. Abfällen (↗Abfallverwertung), wird in 1–2 Jahren bei mehrmal. Umsetzen u. durch Beimengung v. erdigen Bestandteilen u. Kalk sowie Jauche u. evtl. Präparaten zur Aktivierung der Mikroorganismen durch Gärung gewonnen. Die an Kleinlebewesen (↗Bodenorganismen) bes. reiche Substanz dient der Belebung des Kulturbodens (↗Bodengare). *Müll-K.* wird aus Stadtmüll u. Klärschlamm (↗Kläranlage) hergestellt. ↗Humus, ↗Humifizierung, ↗alternativer Landbau.

kondensierte Ringsysteme [v. lat. condensus = dicht gedrängt], aromat. Verbindungen, in denen zwei miteinander vereinigte Ringe zwei Kohlenstoffatome gemeinsam haben, z. B. Naphthalin, Anthracen, Flavin, Adenin, Guanin.

Kondensor *m* [v. lat. condensare = verdichten], in der Mikroskopie Beleuchtungsapparat, Linsensystem zur dichten Parallelbündelung der das Objekt beleuchtenden Strahlen; hat u. a. einen erhebl. Einfluß auf das Auflösungsvermögen eines Mikroskops u. dient gleichzeitig der Kontrastregulierung. ↗Elektronenmikroskop ([B]), ↗Mikroskop.

Konditionierung *w* [v. lat. condicio = Beschaffenheit, Bedingung], einfacher Lernprozeß, durch den in der Verhaltenssteuerung eine neue Verknüpfung zw. einem Reiz u. einer Handlung geschaffen wird bzw. die Stärke einer vorhandenen Verknüpfung verändert wird (↗Lernen). In der Lernpsychologie unterscheidet man die *klassische K.* und die *operante* od. *instrumentelle K.* Durch erstere wird ein ↗bedingter Reiz mit einer bestehenden Handlung verknüpft, z. B. Speichelabsonderung auf das Klingen einer Glocke hin. Durch letztere wird das Auftreten od. der Einsatz v. ↗bedingten Aktionen verändert, z. B. das Drücken eines Hebels, um Futter zu erhalten. Die klassische K. geht auf die Experimente I. Pawlows zurück, die operante K. auf B. F. Skinner (↗Behaviorismus). [B] Lernen.

komplex- [v. lat. complexus = Umfassen; Verknüpfung].

Kompost

Kompostierungsverfahren: alle Methoden zur Gewinnung v. Kompost mit natürl. Kompostierung in ↗Mieten bzw. mit beschleunigter Verrottung in Gärzellen (↗Rotte). Abfallstoffe sind dann zur Kompostierung geeignet, wenn das C/N-Verhältnis 10 bis 15 beträgt; andernfalls sind mineral. Stickstoffdünger oder landw. Wirtschaftsdünger zuzugeben (Hausmüll allein C/N-Verhältnis über 35).

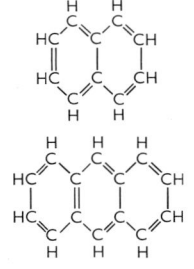

kondensierte Ringsysteme
Oben Naphthalin, unten Anthracen

Kondor
(*Vultur gryphus*)

Konfliktverhalten

Kondor *m* [Quechua], *Anden-K., Vultur gryphus*, größter heute lebender Flugvogel mit einer Länge von 130 cm u. einer Spannweite von 3 m; mit schwarzem Gefieder, nacktem Kopf u. Hals, weißl. Halskrause. Wie auch die übrigen ↗Neuweltgeier wird er neuerdings nicht mehr zu den Greifvögeln gerechnet, sondern zu den ↗Störchen. Wie diese besitzt der K. keine Greifklaue u. keinen Stimmapparat (*Syrinx*); verschiedene Verhaltensweisen wie Schnäbeln beim Paarungsspiel, Kotbespritzen der Füße sowie die chem. Zusammensetzung des Bürzelsekrets zeigen die Verwandtschaft mit den Störchen. Die äußere Ähnlichkeit mit den ↗Altweltgeiern beruht auf Konvergenz, d. h. gleichart. Lebensweise. Der K. bewohnt in S-Amerika ([B] Südamerika VII) die Anden, bevorzugt in 3000 bis 5000 m Höhe, u. ernährt sich v. Aas, das an der Meeresküste auch aus angeschwemmten toten Robben u. Walen besteht. Brütet an unzugängl. Felswänden; nach einer Brutzeit v. 55–60 Tagen wird das meist einzige Junge v. beiden Eltern gefüttert. Der etwas kleinere Kalifornische K. (*Gymnogyps californianus*) war fr. in N-Amerika v. Brit. Kolumbien bis Florida verbreitet. Durch Abschuß u. Vergiftungsaktionen, die den Schakalen galten, ist der Bestand jedoch so stark zurückgegangen, daß ein Überleben der ca. 50–60 Exemplare trotz heutiger Schutzmaßnahmen u. Überlegungen zur Wiedereinbürgerung unwahrscheinl. ist.

Konfiguration *w* [v. spätlat. configuratio = ähnliche Gestaltung], die sterische Anordnung der Substituenten an einem asymmetr. Kohlenstoffatom (↗Glycerinaldehyd, ☐). Die beiden mögl. K.en an einem ↗asymmetr. Kohlenstoffatom (☐) werden als D- bzw. L-Konfiguration bezeichnet; sie unterscheiden sich voneinander wie Bild u. Spiegelbild. ↗absolute K.

Konflikt *m* [v. lat. conflictus = Zusammenstoß], in der Ethologie im Sinne von *innerem K.* zwischen Antrieben, Verhaltenstendenzen usw.: ↗K.verhalten.

Konfliktverhalten, Verhaltensweisen bei gleichzeit. Aktivierung zweier Verhaltenssysteme, deren Handlungen sich ausschließen. Da es die Regel ist, daß nur ein System das momentane Verhalten bestimmen kann, ist K. häufig u. wurde in der Ethologie vielfach untersucht. (Die Regel gilt nicht ausnahmslos; z. B. ist das Atmen mit allen anderen Verhaltensbereichen vereinbar.) Die Stärke des *Konflikts* u. die Ausprägung des K.s hängen dabei v. der Stärke der Gesamterregung u. vom gegenseit. Verhältnis der konkurrierenden Motivationen, Tendenzen usw. ab. So lassen sich z. B. die Variationen im ↗Drohverhal-

Bei K vermißte Stichwörter suche man auch unter C und Z.

KONFLIKTVERHALTEN

Ein Konflikt ist gegeben, wenn zwei oder mehr Bereitschaften gleichzeitig aktiviert sind und sich gegenseitig in ihren Äußerungen behindern. In solchen Situationen gibt es eine Vielzahl von Verhaltensmöglichkeiten.

Am klarsten läßt sich das *Konfliktverhalten* überschauen, wenn man durch Hirnreizung künstlich Konflikte hervorruft. Erregt man z. B. beim *Haushuhn (Gallus domesticus)* von einem Reizfeld aus das Verhalten a und simultan von einem anderen Feld aus das Verhalten b, so entsteht ein Konflikt zwischen den beiden aktivierten Drängen. Verschiedene Verhaltensäußerungen in solchen Versuchen sind rechts zusammengestellt.

Übersprung. Übersprungbewegungen sind Verhaltensweisen, die in Konfliktsituationen auftreten, aber nicht zu den Funktionskreisen der beiden rivalisierenden Dränge gehören. — Das *Austernfischer*-Weibchen (Abb. unten) hat erfolglos gegen sein eigenes Spiegelbild gekämpft und nimmt nun, im Konflikt zwischen Angriff und Flucht, die Schlafstellung ein, behält die Augen aber offen. Das Schlafverhalten erscheint hier im Übersprung.

Zwei Hypothesen können Übersprungbewegungen erklären. In beiden wird vorausgesetzt, daß zwei Dränge A und B einander um so stärker hemmen, je stärker sie aktiviert sind. Außerdem haben in der zweiten Hypothese beide einen hemmenden Einfluß auf den Drang C. — Stehen die Dränge A und B miteinander in Konflikt, so kann ihre Erregung nicht auf dem üblichen Weg abfließen. Die *Übersprunghypothese* nimmt an, daß die Erregung nun in die Bahnen des Drangs C *überspringt*, worauf das Verhalten c, mit »fremder« Energie gespeist, abläuft. Im Gegensatz dazu entfällt nach der *Enthemmungshypothese* die unterdrückende Wirkung von A und B auf C, wenn A und B sich gegenseitig stark hemmen. Jetzt kann die Verhaltensweise c, mit »eigener« Energie, ablaufen.

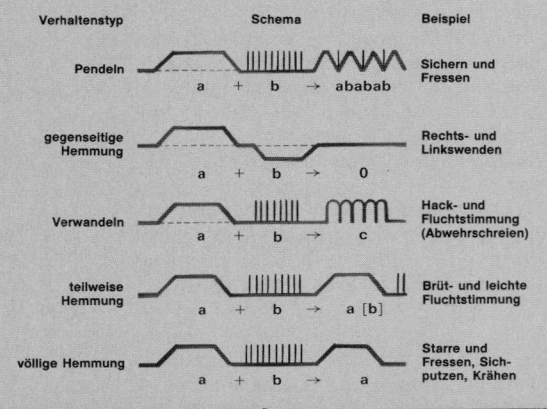

Verhaltenstyp	Schema	Beispiel
Pendeln	a + b → ababab	Sichern und Fressen
gegenseitige Hemmung	a + b → 0	Rechts- und Linkswenden
Verwandeln	a + b → c	Hack- und Fluchtstimmung (Abwehrschreien)
teilweise Hemmung	a + b → a [b]	Brüt- und leichte Fluchtstimmung
völlige Hemmung	a + b → a	Starre und Fressen, Sichputzen, Krähen

Umorientierung. Umorientierte Bewegungen sind Verhaltensweisen, die an einem Ersatzobjekt ausgeführt werden, wenn das eigentliche Objekt zwei gegensätzliche Bereitschaften, z. B. Angriff *und* Flucht, aktiviert. Sie treten in Konfliktsituationen auf, sind aber keine Übersprungbewegungen. — Viele Buntbarsche »graben«, wenn der Angriff gegen einen nahen Artgenossen irgendwie gehemmt ist (Photo unten). Das aggressive Beißen ist auf den Boden statt auf den »Feind« gerichtet.

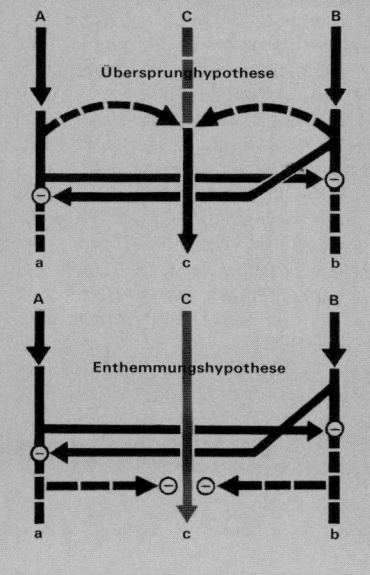

Konfliktverhalten

Kategorien von Konfliktverhalten:

Gehemmte Intentionsbewegungen: z.B. wieder abgebrochenes Vorwärtsgehen bei einem Angriff (dies kann zu den bekannten Pendelbewegungen führen); auch das menschl. Ballen der Faust bei Ärger kann als gehemmte Intention zum Zuschlagen gedeutet werden.

Ambivalentes Verhalten: z.B. das ängstl. Beobachten eines Löwen durch eine Gazelle, die noch an Futterresten im Maul weiterkaut; der Konflikt führt zu einer Mischung v. Freß- u. Fluchtverhaltensweisen.

Umorientierte Bewegungen: z.B. Angriffsbewegungen, die am eigentl. Gegner vorbei zielen; so rupfen Silbermöwen bei Revierkämpfen demonstrativ an Grasbüscheln.

Übersprungverhalten: z.B. das überraschende Einnehmen der Schlafstellung bei Austernfischern mitten in einer Revierauseinandersetzung; dabei tritt, während zwei Verhaltenssysteme im Konflikt stehen, plötzl. ein Element aus einem dritten System auf.

Vegetative Reaktionen: z.B. das Sträuben u. Glätten v. Federn bei Vögeln (das eigtl. der Wärmeregulation dient), Haarsträuben, rasches Atmen usw.; beim Menschen kommen Erröten, Schwitzen, Frösteln, Zittern u.a. Reaktionen der Temperaturregelung vor.

Anfälle: z.B. wilde motorische Aktivität u. Schreien, kommen bei extremen inneren Konflikten vor; sie wurden bei Mäusen unter Laborbedingungen untersucht; vermutl. bricht die geordnete Verhaltenssteuerung bei einem Anfall unter der Belastung des Konflikts zusammen.

ten v. Möwen erklären, indem man verschieden starke Angriffs- u. Fluchttendenzen annimmt. Beim ↗Kampfverhalten insgesamt stellt ein Motivationskonflikt den Normalfall dar, da meist Angriffs- u. Fluchttendenzen gleichzeitig vorhanden sind (↗Aggression). Stammesgeschichtl. kann K. durch ↗Ritualisierung zu einem der Kommunikation dienenden ↗Auslöser werden; so ist auch formales Drohverhalten häufig aus *ambivalentem* (zw. Angriff u. Flucht schwankendem) Verhalten hervorgegangen. Beim menschl. Kleinkind stellt K. zwischen *Abwendung* u. *Annäherung* den Normalfall dar, sobald das Kind einer fremden Person begegnet. Es reagiert dann mit *ambivalentem* Verhalten. In der Verhaltensphysiologie wurde K. auch dadurch untersucht, daß durch elektr. Hirnreizung zweier Felder beim Huhn unvereinbare Verhaltenstendenzen aktiviert wurden. ↗Bereitschaft (B II), ↗Übersprungverhalten.

Konformation *w* [v. lat. conformatio = entsprechende Gestaltung], die dreidimensionale Anordnung der Atome u. Atomgruppen in einem Molekül. Sie ist im wesentl. durch die Orientierung v. durch Einfachbindungen miteinander verknüpften Atomgruppen bedingt (im einfachsten Falle der beiden C-Atome v. Äthan, in dem die sechs H-Atome sich entweder paarweise gegenüberstehen od. nach Rotation der C-Atome um 60° auf Lücke zueinander orientiert sind, wobei auch alle Übergangszustände mögl. sind). Aus der meist großen Anzahl möglicher K.en nehmen Moleküle i.d.R. die energet. stabilste K. ein; im aktivierten Zustand bilden sich dagegen K.en höheren Energieinhalts. Durch die Starrheit v. Mehrfachbindungen und v. Ringsystemen (Verlust v. Rotationsfrei-

Konfliktverhalten

Unterschiedl. Drohhaltungen bei der Lachmöwe; die Striche versinnbildlichen die Stärke der im Konflikt stehenden Angriffstendenzen (dicker Strich) u. Fluchttendenzen (dünner Strich). Je stärker die Fluchttendenz, desto aufrechter ist die Haltung (Abflugintention) und desto mehr wird der Schnabel zurückgezogen. Vorgestreckte Haltung und Öffnen des Schnabels (Intention zum Zubeißen) zeigen dagegen eine stärkere Angriffstendenz an.

Konglobation

heitsgraden) wird die Zahl der möglichen K.en eines Moleküls erhebl. eingeschränkt. Bei den Makromolekülen (Nucleinsäuren, Polysaccharide, Proteine) ist der Begriff K. synonym mit der Summe v. *Sekundär-* u. *Tertiärstruktur,* da sich auch diese letztl. nur durch die verschiedenen Drehungen v. (allerdings sehr vielen) Einfachbindungen unterscheiden. Häufig können Makromoleküle in mehreren stabilen K.en existieren, wie z.B. die alloster. umwandelbaren Proteine (↗Allosterie, ↗Enzyme, ↗Hämoglobine, ↗Myoglobin).

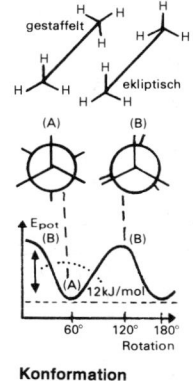

Konformation

Änderung der inneren („potentiellen") Energie E_{pot} des Äthans (C_2H_6) bei Rotation der beiden CH$_3$-Teile um die Einfachbindung. Die K. B ist energiereich, dagegen hat das Konformere A minimale Energie. Die Kurve, die den Energieinhalt der Konformeren des Äthans veranschaulicht, weist daher Minima u. Maxima auf. Energieminimum haben die K.en, bei denen die H-Atome des Äthans auf „Lücke", d.h. *gestaffelt,* angeordnet sind (A). Maximalen Energieinhalt hat die K., bei der die H-Atome der beiden C-Atome einander genau gegenüberstehen. Das Konformere hat die *ekliptische* Form (B).

Konformität *w* [v. mlat. conformitas = Gleichartigkeit], Überlebens-↗Strategie v. Organismen, die Veränderungen der Umweltfaktoren (z.B. Temp.) in ihrem Temp.- u. Wasserhaushalt nicht auszugleichen, sondern mitzumachen, z.B. bei poikilothermen Tieren (↗Poikilothermie).

kongenital [v. lat. congenitus = zusammen geboren], angeboren, z.B. Erbkrankheiten u. Schädigungen, die im Embryonalstadium erworben sind (☐ Fehlbildungskalender). ↗konnatal.

kongenitale Verwachsung, Bez. für Verwachsungen von Verzweigungseinheiten (z.B. Seitenfäden bei Fadenthallus) od. Blattgebilden (z.B. Kelch- u. Blütenblätter), die bereits mit der Anlage dieser Strukturen u. deren weiterem Wachstum erfolgen. Im Ggs. dazu vereinigen sich solche Strukturen bei der *postgenitalen Verwachsung* erst nach ihrer Ausbildung miteinander. Letzteres ist im Pflanzenreich selten.

Konglobation *w* [v. lat. conglobatio = Zusammenballung], durch günstige abiotische Faktoren (z.B. Temp., Nahrungsbedingungen u.a.) verursachte temporäre

Bei K vermißte Stichwörter suche man auch unter C und Z.

Konglutination
Ansammlung v. Individuen der gleichen Art (z. B. von Fischen).

Konglutination w [v. lat. conglutinatio = Zusammenleimung], „Verklebung", z. B. von Erythrocyten bei einer ↗Antigen-Antikörper-Reaktion; die *Konglutinine,* die im normalen Serum als Antikörper vorhanden sind, bewirken in Ggw. von ↗Komplement eine K. (bzw. ↗Agglutination).

Kongoni [Kisuaheli], *Alcelaphus buselaphus cokii,* ↗Kuhantilopen.

Kongorot s, als pH-↗Indikator ([T]) u. in der Bakteriologie verwendeter Farbstoff; einer der ältesten (heute kaum mehr verwendeten) substantiven Textilfarbstoffe für Baumwolle.

Kongression w [v. lat. congressio = Zusammentreffen], die Einordnung der Chromosomen in die Äquatorialplatte während der Metaphase v. Mitose u. Meiose, wobei die Centromere in eine Ebene zu liegen kommen, die v. den beiden Spindelpolen gleich weit entfernt ist.

Konidien [Mz.; v. gr. kōnos = Kegel, Zapfen], *Konidiosporen,* charakterist., ungeschlechtl. gebildete Verbreitungsorgane (Nebenfruchtformen) höherer Pilze, die stets Zellwände besitzen; ein- od. mehrzellig, von vielfält. Form u. Färbung, entwickeln sich meist an hyphenähnl. Trägern (↗K.träger, häufig in staubart., seltener in schleim. Massen), auch in komplexeren Fruktifikationsorganen (Fruchtlager: *Acervuli,* Fruchtkörper: *Pyknidien*). Die Verbreitung erfolgt vorwiegend durch den Wind. K. können durch Sprossung (↗*Blasto-K.*) od. Zergliederung v. Hyphen (↗*Thallo-K.*) entstehen. Wird bei der K.bildung die gesamte Zellwand der K.-bildenden Zelle zur K.wand, so spricht man v. *holoblastischer* bzw. *holothallischer* K.bildung (*Holo-*Typ), ist nur die innere Wandschicht an der Neubildung der K.wand beteiligt, v. *enteroblastischer* bzw. *enterothallischer* K.bildung (*Entero-*Typ, vgl. Abb.). Form u. Art der K.bildung sind wicht. Merkmale zur Pilzbestimmung, bes. der *Fungi imperfecti.*

Konidienträger, *Conidiophore,* spezialisierte Hyphen, die ↗Konidien ausbilden; sie leiten Nährstoffe v. Substratmycel in die sich entwickelnden Konidien u. sind an ihrer Freisetzung u. Verbreitung mitbeteiligt.

Koniferen [Mz.; v. lat. conifer = Zapfen tragend], die ↗Nadelhölzer.

König, fertiles Männchen bei den ↗Termiten.

Königin, fertiles Weibchen bei den sozialen Insekten; ↗Arbeitsteilung, ↗Kaste, ↗staatenbildende Insekten.

Königin der Nacht, *Selenicereus grandiflorus,* ↗Kakteengewächse.

Königinfuttersaft, das ↗Gelée royale.

Königinsubstanz, Stoffgemisch aus z.T. bekannten Komponenten mit verschiedenen Funktionen im Nest der staatenbildenden Hautflügler (↗staatenbildende Insekten). Die K. wird bei der Königin der ↗Honigbiene aus verschiedenen Drüsen ausgeschieden u. verhindert v. a. die Entwicklung der Ovarien bei den Arbeiterinnen, wirkt aber auch als Sexuallockstoff beim Hochzeitsflug.

Königsbarsch, *Rachycentron canadum,* bis 1,8 m langer, spindelförm., räuber. Barschfisch aller trop. und subtrop. Meere mit einzeln stehenden, kurzen Rückenstacheln vor der 2. Rückenflosse; guter Speisefisch.

Königsfarngewächse, *Osmundaceae,* Fam. der leptosporangiaten ↗Farne mit 3 rezenten Gatt. und ca. 21 Arten. Einige Merkmale der K. vermitteln zu den eusporangiaten Farnen: Sporangien kurz u. kräftig gestielt, nie zu Sori vereinigt, mit zahlr. Sporen u. ohne Anulusring, statt dessen mit einer einseit. Gruppe dickwand. Zellen, die die Öffnung durch Längsriß über den Scheitel bewirken; ohne Indusium. Aufgrund dieser Besonderheiten werden die K. als Ord. *Osmundales* den *Filicales* gegenübergestellt. Erdgeschichtl. treten die K. bereits im Perm auf (*Osmundacaulis, Thamnopteris*) u. erreichen ihren Entwicklungshöhepunkt etwa im Jura (z. B. *Todites*). – Bei der Gatt. Königsfarn, Rispenfarn *(Osmunda),* mit 14 Arten in den gemäßigten Zonen u. trop. Gebirgen, stehen die Wedel trichterartig an kurzen unterird. Stämmen, wobei die äußeren als reine Trophophylle, die inneren als Sporophylle od. als Trophosporophylle ausgebildet sind; an allen fertilen Teilen ist die Lamina weitgehend od. völlig reduziert. Die einzige in Mitteleuropa heim. Art, *O. regalis* (Höhe

Königinsubstanz
9-Oxo-trans-2-decensäure, ein Hauptwirkstoff der K.

Königsfarn *(Osmunda)*

Konidien
Einige K.typen:
Phialo-K. entstehen *enteroblastisch* (1); innerhalb der äußeren Schicht der Bildungszelle werden fortlaufend ↗Blasto-K. abgeschnürt.
↗*Annello-K.* entstehen *holoblastisch;* an der Spitze der Bildungszelle (Annellide) bilden sich durch Sprossung Blasto-K.; an der Ringbildung ist die Zahl der abgeschnürten K. zu erkennen (2). Holoblastisch werden auch ↗Arthro-K. (Thallo-K.) gebildet.
Sympodulo- od. *Botryo-K.* sind Blasto-K., die an mehreren Stellen (multilokulär) der Mutterzelle entstehen.

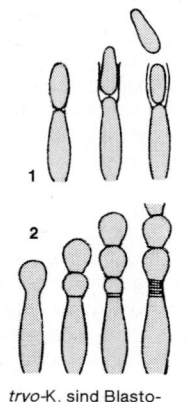

bis 2 m), besiedelt die ozean. gemäßigten Zonen der N- und S-Hemisphäre u. kommt hier auf staunassen, sauer-humosen Ton- u. Sandböden vor. Sie ist eine Charakterart der Erlen-Bruchwälder, infolge der Biotopzerstörung sehr selten (nach der ↗ Roten Liste „stark gefährdet") u. in Dtl. geschützt. Die Vertreter der Gatt. *Leptopteris*, mit 6 Arten in Austr., Neuseeland u. einigen südpazif. Inseln, gleichen zierl. Baumfarnen; die Wedellamina ist (wie bei den Hautfarnen) sehr dünn u. ohne Spaltöffnungen; fertile u. sterile Teile sind, wie auch bei der folgenden Gatt., gleich gestaltet. Zur Gatt. *Todea* gehört nur die auf S-Afrika, Austr. u. Neuseeland beschränkte Art *T. barbara*, die dicke, bis 1 m hohe Stämme bildet.

Königshelm, *Cassis tuberosa,* Meeresschnecke (Fam. Helmschnecken) mit bis 20 cm hohem, schwerem Gehäuse; die Mündungsfläche ist bes. auf der Spindelseite zum „Parietalschild" dreieck. verbreitert; die verdickte Außenlippe der Mündung trägt kräft. Zähne, die Spindelseite lange Falten. Die Gehäuseoberfläche ist gegittert u. mit starken axialen Wülsten (Varizen) besetzt. Der K. lebt auf Sandböden der Karibik bis etwa 25 m Tiefe. Er u. verwandte Arten sind v. Sammlern begehrt u. daher im Bestand gefährdet.

Königsholothurie *w* [v. gr. holothouria = Meereslebewesen zw. Pflanze u. Tier], *Stichopus regalis*, bis 30 cm lange ↗ Seewalze aus der Ord. *Aspidochirota;* lebt im Mittelmeer u. Atlantik. Die Gatt. *Stichopus* enthält weitere, an trop. Küsten häufige Arten (z. B. *S. japonicus*), die auch als menschl. Nahrung bedeutsam sind (↗ Trepang).

Königskerze, *Verbascum,* mit etwa 250 Arten überwiegend im östl. Mittelmeergebiet beheimatete Gatt. der Rachenblütler (Braunwurzgewächse), i. d. R. 2jähr., spärl. bis dicht filzig behaarte Kräuter mit großen, ungeteilten Blättern in grundständ. Blattrosette u. einem hohen, oben bisweilen verzweigten, beblätterten Blütenstand; Blüten meist gelb, besitzen eine fast radiäre Krone mit 5spalt. Saum; die Frucht ist eine kugel. oder eiförm., vielsam. Kapsel. In Mitteleuropa zu finden sind u. a. *V. nigrum* (Dunkle K.), *V. phlomoides* (Windblumen-K.) und *V. thapsus* (B Europa XVII), die Kleinblütige K. oder Wollblume (in Unkrautfluren, an Schuttplätzen, Wegen, Waldschlägen usw.), sowie *V. lychnitis,* die Mehlige K. (im Saum sonn. Büsche u. Wälder, in Kalkmagerrasen usw.). Verschiedene Arten gelten in der Volksheilkunde als Heilpflanzen od. werden als Gartenzierpflanzen kultiviert. B rudimentäre Organe.

Königskobra, *Ophiophagus hannah,* ↗ Giftnattern.

Königskerze
Die reichl. Schleim sowie Saponin, Bitterstoff u. Xanthophyll enthaltenden Blüten verschiedener *Verbascum*-Arten (*V. phlomoides, V. thapsiforme* und *V. thapsus*) wirken auswurffördernd u. entzündungshemmend u. werden in der Volksmedizin insbes. gg. Erkältungskrankheiten eingesetzt.

Königskerze
(Verbascum)

Königskrabbe, 1) *Paralithodes camtschatica,* ein Vertreter der ↗ Steinkrabben *(Lithodidae:* ↗ *Anomura,* ↗ *Paguroidea*) v. großer wirtschaftl. Bedeutung aus dem nördl. Pazifik. Die Männchen, die v. a. gefangen werden, erreichen Carapaxbreiten von 27 cm, werden bis 8 kg schwer u. erreichen mit ihren Beinen Spannweiten bis 120 cm; die Weibchen sind kleiner. Der K.n-Fang hat sich zu einer regelrechten Hochsee-Ind. entwickelt. Die Tiere leben auf sand. oder schlamm. Böden bei 3 bis 10 °C in ca. 150 m Tiefe. Im Frühjahr kommen sie an die Küsten, im Sommer wandern sie wieder in die Tiefe, u. im Sept. kommen sie abermals an die Küsten. Fang mit Stellnetzen, die in die Wanderwege gelegt werden. **2)** der Pfeilschwanzkrebs ↗ *Limulus (polyphemus).*

Königslibelle, *Anax imperator,* ↗ Edellibellen.

Königsnattern, *Lampropeltis,* Gatt. der Nattern; als Bodenbewohner v. SO-Kanada bis S-Ecuador verbreitet; Rückenschuppen glatt; ernähren sich v. a. von (Gift)schlangen, aber auch von Kleinsäugern u. Eidechsen, die sie durch Umschlingen erdrosseln; eierlegend (ca. 10 Stück). 2 bes. schön gefärbte nordam. Arten: Die Kettennatter *(L. getulus)* aus dem S der USA u. N-Mexiko wird bis 2 m lang, mit gelbem u. schwarzem Kettenmuster auf dem Rücken, sowie die Dreiecksnatter (*L. triangulum*), die mit ihrer roten u. gelbl.-weißen Ringzeichnung einer Korallenschlange ähnelt.

Königsschlange, die ↗ Abgottschlange.

Konjugation *w* [v. lat. coniugatio = Verbindung], **1)** in der Bakteriengenetik die zeitweise Verbindung v. Bakterienzellen, in deren Verlauf DNA v. einer ↗ *Donorzelle* auf eine ↗ *Rezeptorzelle* übertragen wird. Die Donorzelle enthält mindestens einen *Fertilitätsfaktor* (deshalb auch die Bez. F^+-Zelle), ein ↗ Plasmid, das sich koordiniert mit dem übrigen Genom der Zelle repliziert u. für die Bildung eines *F-Pilus* (↗ F-Pili) codiert; mit Hilfe des F-Pilus nimmt die Donorzelle Kontakt zur Rezeptorzelle auf, die keinen Fertilitätsfaktor enthält (deshalb Bez. F^--Zelle). Über eine Plasmabrücke können anschließend Kopien des Fertilitätsfaktors (nach Replikation) v. der F^+-Zelle auf die F^--Zelle übertragen werden, die dadurch ebenfalls zur F^+-Zelle wird. Der Fertilitätsfaktor kann durch einen Crossing-over-ähnlichen Vorgang, für den allerdings keine homologen Abschnitte notwendig sind, auch an bestimmten Stellen in das ↗ Bakterienchromosom integriert werden, wodurch die Donorzelle zur *Hfr-Zelle* (engl. *h*igh *f*requency of *r*ecombination) wird. Bei einer folgenden K. kann das

Bei K vermißte Stichwörter suche man auch unter C und Z.

Konjugation

Konjugation bei Bakterien

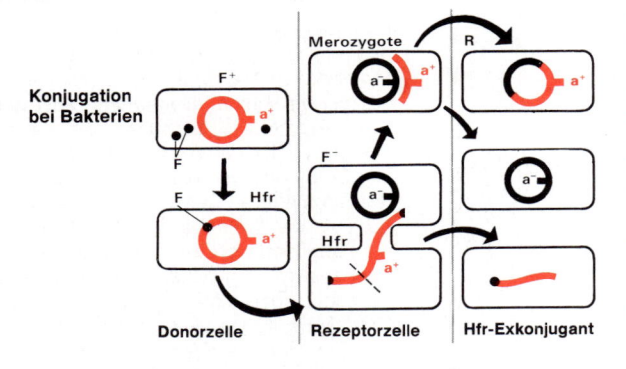

Bei einer K. wird genet. Material über eine Cytoplasmabrücke aus einer „männlichen" Donorzelle in eine „weibliche" Rezeptorzelle übertragen. Dabei kann es sich um Fertilitätsfaktoren, aber auch um Bestandteile des eigentlichen ringförm. Genoms handeln. Wird ein Fertilitätsfaktor in das ringförm. Bakterienchromosom eingebaut, dann werden die betreffenden Bakterien zu Hfr-Zellen. Bei einer K. kann im Fertilitätsfaktor ein Bruch erfolgen, so daß der Genomring sich öffnet. Ein Teilstück des gespaltenen F-Faktors kann dann in den K.spartner, ein F^--Bakterium, übertreten und dabei einen Teil des an ihm hängenden Bakteriengenoms hinüberziehen. Die Hfr-Donorzelle wäre also das „Männchen", die F^--Rezeptorzelle das „Weibchen". Meist ist der Genomtransfer nicht vollständig: der zweite Teil des gespaltenen F-Faktors bleibt mit einem mehr od. weniger langen Genomstück im Hfr-Exkonjuganten zurück. Bricht die Brücke zw. den Partnern früh ab, so wird nur ein kleines Stück Genom (a^+) übertragen, bricht sie spät ab, so wird ein größeres Stück hinübergeschoben. Im F^--Exkonjuganten paart das übertragene Genomstück (a^+) mit dem homologen Abschnitt (a^-) des Rezeptorgenoms (Merozygote). Durch Rekombination kann es dann in das Rezeptorgenom übernommen werden.

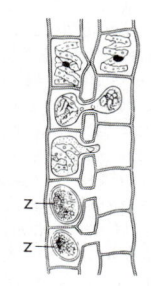

Konjugation K. bei einer fadenförm. Jochalge (Spirogyra). 2 Algenfäden sind miteinander verklebt u. haben Plasmabrücken zw. 2 benachbarten Zellen ausgebildet, über die der ganze Protoplast einer Zelle in die andere übertritt u. hier eine Zygote (Z) ausbildet.

zirkuläre Bakteriengenom im Bereich des Fertilitätsfaktors geöffnet werden; ein Teilstück des Fertilitätsfaktors kann daraufhin zus. mit einem an ihn kovalent gebundenen, mehr od. weniger langen Abschnitt des Bakterienchromosoms (wiederum nach erfolgter Replikation) in die F^--Zelle übertragen werden. Der zweite Teil des Fertilitätsfaktors kann erst dann in die F^--Zelle gelangen, wenn bereits das gesamte Bakterienchromosom überführt ist. Da die K. fast immer vorher unterbrochen wird, kann die Rezeptorzelle keine Hfr-Eigenschaften erlangen. Die nach der K. mit einer Hfr-Zelle partiell diploide Rezeptorzelle wird als ↗Merozygote bezeichnet. Zw. dem transferierten Teil des Bakterienchromosoms aus der Donorzelle u. dem homologen Abschnitt des Bakterienchromosoms der Rezeptorzelle kann ↗Rekombination stattfinden; die nicht in das Bakterienchromosom durch Rekombination eingebauten Gene gehen in der Rezeptorzelle verloren. Da die Häufigkeit der Übertragung eines Gens des Bakterienchromosoms v. seiner Entfernung v. der für jeden Bakterienstamm charakterist. Integrationsstelle des Fertilitätsfaktors abhängt, können K.sexperimente zur Kartierung des Bakterienchromosoms herangezogen werden. Einen Sonderfall der K. stellt die ↗F-Duktion dar. ↗Parasexualität. **2)** Bei Ciliaten (↗Wimpertierchen) die vorübergehende Vereinigung zweier Individuen, wobei über eine gemeinsame Plasmabrücke je ein *Wanderkern* ausgetauscht wird, der mit dem verbliebenen *Stationärkern* verschmilzt u. ein Synkaryon bildet. Wanderkern u. Stationärkern entstehen aus dem ↗Mikronucleus: nach einer Meiose werden drei der vier entstehenden Tochterkerne wieder eingeschmolzen, der vierte teilt sich noch einmal mitotisch. Nach Bildung des Synkaryons trennen sich die Paarungspartner wieder (↗Exkonjugant); das Synkaryon teilt sich mitotisch in den neuen Mikronucleus u. die Makronucleus-Anlage, aus der durch darauffolgende Endomitosen der hochgradig polyploide ↗Makronucleus entsteht, während der alte Makronucleus vor Eintritt in die Konjugation zerfällt u. resorbiert wird. ↗Autogamie, ↗Endomixis. **3)** Bez. für den Paarungsvorgang zw. geschlechtsreifen Zellen der Jochalgen (↗*Zygnematales*, urspr. *Conjugales*). Hierbei werden durch papillenart. Auswüchse dieser Zellen Konjugations-(Kopulations-)kanäle gebildet, durch die unbegeißelte Gameten zum Kopulationspartner übertreten können (z. B. bei *Zygnemataceae*) od. in denen sie miteinander fusionieren (z. B. bei *Desmidiaceae*). G. St./R. B.

konjugierte Kernteilung [v. lat. coniugatus = verbunden], gleichzeitige Teilung der beiden Zellkerne in der ↗Dikaryophase v. Pilzen.

Konkauleszenz w [v. lat. con- = zusammen-, mit-, caulis = Stengel], Bez. für die teilweise Verwachsung des Seitensprosses (Achselsprosses) mit der ↗Abstammungsachse; K. kommt häufiger im Infloreszenzbereich vor, z.B. bei den Nachtschattengewächsen.

Konkordanz w [v. lat. concordare = übereinstimmen], die Identität v. Zwillingen in bezug auf quantitativ od. qualitativ erfaßbare Eigenschaften od. Merkmale; Ggs. ↗Diskordanz.

Konkreszenztheorie w [v. lat. concrescere = zusammenwachsen, sich verdichten], **1)** von W. His aufgestellte, heute überholte Theorie, nach der sich der embryonale Wirbeltierkörper vom Kopf an durch Zusammenrücken der Seitenhälften des Keimrings (Urmund, Prostoma) zur Medianebene hin u. durch nachfolgende Verwachsung bilden soll. **2)** (Gaudry 1878, Kükenthal u. Röse 1892, Gorjanovic-Kramberger

1909), die Ansicht, daß vielhöckerige Zähne aus der Verschmelzung konischer, haplodonter Einzelzähne hervorgegangen sind (bei Säugern im Gefolge einer Kieferverkürzung); sie fand weder embryol. noch paläontolog. Bestätigung.

Konkretionen [Mz.; v. lat. concretio = Verbindung, Verdichtung], *Konkremente*, **1)** Geologie: Mineralausscheidungen in Sedimenten, die v. einem Kern – oftmals ein Fossil – aus nach außen gewachsen sind, z. B. Lößkindel, Septarien; oft mit Fossilien verwechselt (↗Pseudofossilien). **2)** Zool., Medizin: Abscheidungen fester Massen aus Körperflüssigkeiten, z. B. Otolithen bzw. Statolithen v. Nesseltieren, bei Turbellarien, Mollusken u. a.; beim Menschen z. B. ↗Gallensteine (☐) u. ↗Harnsteine.

Konkurrenz *w* [v. lat. concurrere = zusammenstoßen], entsteht durch die Nutzung einer begrenzt verfügbaren Ressource durch ein Individuum, wenn dabei die Verfügbarkeit dieser Ressource für ein anderes Individuum, das dieselbe Ressource nutzen will, verringert wird (Ricklefs 1980). Individuen, welche dieselbe dichteabhängige Ressource (↗dichteabhängige Faktoren) nutzen, machen sich K. Die K. kann zw. Individuen verschiedener Arten *(interspezifische K.)* od. einer Art *(intraspezifische K.)* entstehen. Zwei Formen des K.geschehens lassen sich unterscheiden: „contest" und „scramble". Im Falle von „contest" gewinnt ein *Konkurrent* die gesamte Ressource, der andere nichts, bei „scramble" wird die Ressource unter den Konkurrenten aufgeteilt, wobei im ungünst. Fall für beide Konkurrenten der gewonnene Anteil unter den Bedürfnissen liegt. Abhängig davon, ob sich die konkurrierenden Individuen während des K.geschehens begegnen od. nicht, unterscheidet man *Interferenz-K.* od. *Ausbeutungs-K.* Die Tatsache, daß Arten im selben Lebensraum nur coexistieren (↗Coexistenz) können, wenn sie sich in der Nutzung ihrer dichtebegrenzenden Faktoren unterscheiden, hat zur Formulierung des ↗K.ausschlußprinzips geführt. In der Regel führt K. über die ökolog. Sonderung (↗ökologische Nische) zur Coexistenz von ökologisch ähnl. Arten. ↗Daseinskampf, ↗Darwinismus. B Character-Displacement.

Konkurrenzausschlußprinzip, *Gause-Volterrasches Gesetz, Monardsches Prinzip,* ein ökolog. Prinzip: in der Pionierzeit der ↗Konkurrenz-Forschung haben zahlr. Autoren im Auskonkurrieren (Ausschluß) einer unterlegenen Population das wichtigste Ergebnis einer Konkurrenzwirkung gesehen. Darin befanden sie sich in Übereinstimmung mit Darwin. Volterra (1928) u.

Gause (1934) haben mit Hilfe eines mathemat.-theoret. Modells und zahlr. Laborexperimente eine Regel aufgestellt, nach der zwei Arten, die in ihren Bedürfnissen zu ähnl. sind, nicht nebeneinander im gleichen Lebensraum coexistieren (↗Coexistenz) können. Die eine Art wird, wenn sie geringfügig konkurrenzüberlegen ist, die andere verdrängen od. zum Aussterben bringen.

konnatal [v. lat. con = zusammen-, mit-, natalis = Geburts-], Bez. für nicht erbbedingte Schäden od. Krankheiten, die im Mutterleib od. bei der Geburt erworben wurden. ☐ Fehlbildungskalender.

Konnektive [Mz.; v. lat. conectere = verknüpfen], *Konektive,* **1)** Bot.: Verbindungsstücke zw. den beiden Staubbeutelhälften; ↗Anthere, ↗Blüte (Staubblätter). **2)** Zool.: nervöse Längsverbindungen zw. den Ganglien des Bauchmarks (↗Bauchganglion, ↗Strickleiternervensystem) bei Wirbellosen. ↗Gehirn. B Nervensystem I.

Konnex *m* [v. lat. conexus = Verknüpfung], *biozönotischer K.,* in der ↗Biozönose das Gefüge synergist. oder antagonist. Verknüpfungen zw. den Arten.

Konrad von Megenberg, dt. Theologe u. Naturforscher, * 1309 Mäbenberg (heute Georgensgmünd/Mittelfranken), † 14. 4. 1374 Regensburg. Hielt Vorlesungen in Paris, arbeitete in Wien u. wurde schließl. Domherr in Regensburg. Dort schrieb er (neben verschiedenen anderen politischhist. und moraltheolog. Schriften) 1350 das „Puch der Natur", die erste Naturgesch. in dt. Sprache, basierend auf dem lat. Werk „Liber de naturis rerum" des Schülers v. Albertus Magnus, Thomas v. Cantimpré, aber durchaus mit eigenen krit. Anmerkungen u. Zutaten sowie religiösen Einflechtungen versehen. Eine Neuausg. dieses natur- u. kulturgesch. wichtigen Werkes besorgte F. Pfeiffer (Stuttgart 1861).

konservativer Endemismus [v. lat. conservare = bewahren, gr. endēmos = einheimisch], ↗Endemiten.

Konservierung *w* [v. lat. conservare = bewahren], Haltbarmachen u. möglichst unverändertes Erhalten von verderbl. Materialien für einen genügend langen Zeitraum durch Ausschalten aller schädigenden od. verderbenden Einflüsse, z. B. bei tier. und pflanzl. Produkten, biol. und med. Präparaten, Kosmetika, menschlichen Organen, Sperma od. auch Embryonen. Die Schädigungen können eintreten: 1. durch physikal.-chem. Prozesse (z. B. Austrocknung, Oxidationen, Lichteinwirkung, 2. durch enzymat. Umsetzungen produkteigener Enzyme (↗Autolyse) od. durch Enzyme, die v. Mikroorganismen freigesetzt wurden, oder 3. durch die Entwicklung v. Mi-

Konservierung

Konkurrenzausschlußprinzip

Die bisher strengste Formulierung des K.s *(competitive exclusion principle)* stammt von Levin (1970): „In einer Biozönose kann so lange kein stabiles Gleichgewicht erreicht werden, solange N Arten durch weniger als N limitierende Faktoren begrenzt werden." Damit wird ein wicht. Gesichtspunkt bezügl. der Auswirkungen v. Konkurrenz herausgearbeitet. Die zur Coexistenz notwend. Unterschiede zw. den Arten müssen sich auf die Nutzung v. dichtebegrenzenden Faktoren beziehen.

Konservierung

Als Begr. der „Dosenkonservierung" gilt der frz. Konditor N. F. Appert (1752–1841), der 1810 v. der frz. Regierung einen Preis von 12 000 Francs für seine 1804 entwickelte Methode erhielt, „alle animalischen u. vegetabilischen Substanzen" in luftdichten Behältern aufzubewahren. Eine K. von Fleisch durch Erhitzen u. luftdichtes Verschließen im „Papinschen Topf" („Dampfkochtopf") gelang jedoch bereits um 1680 dem frz. Physiker *D. Papin* (1647–1714).

Bei K vermißte Stichwörter suche man auch unter C und Z.

Konservierung

kroorganismen (Schimmelpilze, Hefen, Bakterien). Nahrungsmittel (Lebensmittel) werden nicht nur dadurch für den menschl. Genuß verdorben, daß die Mikroorganismen sie zersetzen u. abbauen (aerobe ↗Verwesung, anaerobe ↗Fäulnis), sondern auch durch den Befall mit toxinbildenden Bakterien (↗Bakterientoxine) u. Pilzen (↗Nahrungsmittelvergiftung). Das biol. Verderben der Produkte kann verhindert werden durch Abtöten der vorhandenen Mikroorganismen u. Schutz vor Neu-Infektionen od. durch Schaffen v. Bedingungen, die enzymat. Reaktionen u. die Entwicklung v. Keimen unterdrücken. – *Kälte-K.:* Kaltlagerung u. Kältekonservierung durch *Gefrieren* ist eines der wichtigsten Verfahren zum Aufbewahren v. Lebensmitteln. Im *Kühlschrank* (0°C bis +6°C) bleiben offene Lebensmittel i. d. R. nur für wenige Tage haltbar, da die Enzymaktivitäten nur verlangsamt werden u. eine Reihe v. Mikroorganismen, bes. psychrophile Bakterien, sich weiter vermehren. Schwach gekühltes Obst u. Gemüse lassen sich jedoch monatelang frisch halten, wenn der Sauerstoffgehalt der Gasphase stark vermindert (ca. 2%) u. die CO_2-Konzentration erhöht (ca. 10%) wird. Eine echte K. tritt erst bei Temp. unter −18°C ein *(Gefrierschrank)*, wobei die Enzymaktivitäten u. die Stoffwechseltätigkeit der Mikroorganismen nahezu vollständig aufhören, so daß, bei geeigneter Vorbehandlung u. Verpackung, das *Gefriergut* für viele Monate fast unverändert bleibt. Die Kühlung *(Kühlkette)* darf aber nicht unterbrochen werden, da tiefe Temp. die meisten Mikroorganismen nicht abtöten u. ihr Stoffwechsel bei Erhöhung der Temp. sofort wieder aktiv ist, so daß sich Keime, auch pathogene, vermehren und gefährl. Toxine ausscheiden können. Die *Tiefgefrier-K.* bei −80°C bis −196°C (in flüss. Stickstoff) gewinnt heute immer stärker an Bedeutung zur Aufbewahrung u. Erhaltung der uneingeschränkten Lebensfähigkeit v. Mikroorganismen, Zellkulturen, Blut, Sperma, Embryonen (↗Insemination) und genet. Material (↗Genbank). – *K. durch Erhitzen:* Durch *Abkochen* (100°C) u. ↗*Pasteurisieren*, ein Erhitzen auf 75°C–80°C (5–10 Sek.), läßt sich nur eine *Teilentkeimung* erreichen, bei der i. d. R. nur vegetative, auch pathogene Keime u. viele Pilzsporen abgetötet werden. Bakteriensporen bleiben lebensfähig, keimen nach kurzer Lagerzeit aus, die Bakterien vermehren sich u. führen zum Verderb der Produkte. Pasteurisierte Milch bleibt somit nur wenige Tage haltbar; Fruchtsäfte u. andere Getränke, die viel Säure enthalten, können jahrelang (unter Luftabschluß) aufbewahrt werden,

Konservierung

Produktschädigung durch mikrobielle Einflüsse:
Geruchsveränderung
Geschmacksveränderung
Verfärbung
Gasbildung (z. B. CO_2, H_2S)
pH-Änderung
Konsistenzänderung
Toxinbildung (↗Nahrungsmittelvergiftung)
Abbau
sichtbarer Bewuchs
Verschleppung von pathogenen Keimen

da die Bakteriensporen unter sauren Bedingungen nicht auskeimen. Das K. durch *Einwecken* (z. B. Obst) ist ebenfalls nur eine Teilentkeimung; durch die Fruchtsäuren u. den luftdichten Verschluß wird jedoch die Entwicklung der überlebenden Keime unterbunden u. ein Verderben verhindert. Ein vollständ. Abtöten der Mikroorganismen u. ihrer Dauerformen, eine ↗*Sterilisation*, wie sie bei *Vollkonserven* vorliegt, läßt sich in gesättigtem Wasserdampf (115°C bis 122°C) im ↗*Autoklaven* erreichen. Die Haltbarkeit dieser *Dosenkonserven* (z. B. mit Gemüse od. Fleisch) wird wegen mögl. Geschmacksveränderungen meist mit 2–3 Jahren angegeben; doch bleibt die Genießbarkeit i. d. R. jahrzehntelang erhalten. Klare Flüssigkeiten lassen sich auch durch Filtration entkeimen u. haltbar machen (↗Entkeimungsfilter). – *K. durch Trocknen, Eindicken u. chemische Methoden:* Mikroorganismen benötigen zum Wachstum relativ viel freies Wasser (über 10%), unterscheiden sich aber erhebl. im benötigten Wassergehalt: bei äußerst geringen Wassergehalten (a_w = 0,6, ↗Hydratur) entwickeln sich noch einige osmotolerante Hefen (z. B. *Saccharomyces rouxii*); auch eine Reihe v. Schimmelpilzen können mit relativ wenig Feuchtigkeit auskommen (a_w = 0,8, z. B. *Aspergillus glaucus*). Bakterien benötigen

---

Konservierungsverfahren von Lebensmitteln

1 Hitze

a *Sterilisation*
Temp. zw. 100 und 150°C, Abtötung v. Sporen u. Bakterien (Büchsenkonserven, Gläser, Flaschen) (Einwecken, Ultrahocherhitzung, Uperisation)

b *Pasteurisieren*
Temp. unter 100°C (meist 75–85°C), Abtötung v. vegetativen Bakterien u. Pilzen, Inaktivierung v. Enzymen

2 Kälte

a *Kühlen*
Temp. zw. +8 und 0°C

b *Gefrieren*
Temp. unter 0°C; Tiefkühlung *(Frosten)*: Sonderformen Gefriertrocknung, Gefriergut, Tiefgefrieren

3 Erhöhen des osmot. Druckes
Verhinderung der Entwicklung schädl. Mikroorganismen durch Zufügen v. Salz *(Einsalzen)*, Zucker *(Einzuckern)* oder Pökelsalz *(Einpökeln)*

4 Zusatz v. konservierenden Substanzen
Konservierungsmittel sind z. B. Benzoesäure, schwefl. Säure, Sorbinsäure, die die Entwicklung schädl. Mikroorganismen hemmen. Anwendung von Konservierungsmitteln bzw. Bildung von entsprechenden u. ähnlich wirkenden Substanzen (Schwelprodukte) beim *Räuchern*

5 Wasserentzug
Mikroorganismen benötigen einen Mindestwassergehalt zum Leben; Trocknen (Pulverisieren), Dörren, Kondensieren, Eindicken; die Verfahren sind meist mit Wärme- oder (seltener) Kälteanwendung verbunden

6 Erzeugen eines tiefen pH-Wertes
Einsäuern (mit Essig oder durch Milchsäuregärung), *Silieren*

7 Filtern (Sterilfiltration durch Entkeimungsfilter) Flüssige Substanzen (z. B. Most) werden durch entspr. Filtereinsätze gepreßt

8 Vakuum- bzw. Schutzgashülle
Erzeugung einer „konservierenden Spezialatmosphäre" um das Produkt (z. B. bei Obst oder Süßmost)

9 Strahlungskonservierung
Behandlung mit energiereicher, keimtötender Strahlung (Elektronen-, UV-, Gamma- od. Röntgenstrahlen)

dagegen i.d.R. höhere Wasseraktivitäten (a_w bis 0,98), mit Ausnahme v. halophilen Bakterien ($a_w = 0{,}75$), die auch auf Salzheringen vorkommen. Durch Verminderung des relativen Wassergehalts (Einstellen eines hohen osmot. Wertes) können somit viele Nahrungsmittel konserviert werden, z. B. als Dörrgemüse u. Dörrobst, Dörrfleisch, Stockfisch. Der Wasserentzug an der Luft od. in industriellen Trockenanlagen beeinflußt meist nicht die Lebend-↗Keimzahl, sondern unterdrückt nur die Entwicklung der Keime. Bes. schonend läßt sich ein Wasserentzug in gefrorenem Zustand durch die ↗Gefriertrocknung erreichen. Eine Verminderung des verwertbaren Wassers und K. können auch durch Zugabe v. Zucker (ca. 50% Saccharose), wie beim *Einkochen* v. Marmelade od. Sirup, od. durch Salzen (14–25%ige Kochsalzlösung) wie bei Fischprodukten od. Salzgemüse erhalten werden. Eine Kombination v. Wasserentzug und chem. Behandlung wird beim ↗*Pökeln* (Koch- u. Pökelsalz) angewandt u. beim ↗*Räuchern*, wobei durch den Rauch schwelender Hölzer neben vielen Geschmacksstoffen bakterizid u. bakteriostatisch wirkende Substanzen in das Fleisch eindringen (u.a. Ameisensäure, Acetaldehyd, Phenole, Kresole). – Eine *biologisch-chemische K.* ist die natürl. ↗*Säuerung* mit ↗Milchsäurebakterien, durch deren Stoffwechselprodukte Schadorganismen (bes. Fäulniserreger) in der Entwicklung gehemmt u. gleichzeitig die Verwertbarkeit sowie der Geschmack der Lebensmittel (bzw. Futtermittel) verbessert werden (↗Silage, ↗Sauerkraut, ↗Sauermilchprodukte). Die Aktivität der Keime läßt sich auch durch direkte Zugabe v. Säuren (z. B. Milch-, Essig- od. Citronensäure) od. Alkohol (ca. 20%ig) unterdrücken. Meist wird vorher noch zusätzl. pasteurisiert. Pharmazeut. Präparate, Kosmetika u. eine Reihe v. Lebensmitteln werden auch mit den eigtl. *K.sstoffen* (*K.smitteln*, kennzeichnungspflichtig), antimikrobiell wirksamen chem. Verbindungen, behandelt, z. B. die Schalen v. Citrusfrüchten mit Wachsen, Diphenyl oder o-Phenylphenolat, um einen Befall mit Schimmelpilzen zu verhindern. Schweflige Säure wird dem Wein zugesetzt (↗Wein-Herstellung); ungift. Verbindungen werden auch Nahrungsmitteln direkt zugegeben: Sorbin- u. Benzoesäure u. ihre Salze, PHB-Ester bei Fleisch- u. Wurstsalat (sog. *Halbkonserven*) od. Propionsäure bei Brot. ↗Antibiotika sind als K.smittel (z. B. für Frischfleisch) in der BR Dtl. und vielen anderen Ländern nicht zugelassen. – *K. durch Bestrahlung*: Mit UV-Strahlen dürfen Oberflächen v. Obst- u. Gemüseerzeugnissen sowie Hartkäse bei der Lagerung behandelt werden. Die Anwendung v. sehr energiereicher, ionisierender Isotopenstrahlung (γ-Strahlen) ist in vielen Ländern auch zur K. zugelassen, doch ist diese *Strahlungs-K.* noch umstritten. Sicherlich werden die bestrahlten Lebensmittel nicht radioaktiv. Unklar ist man sich jedoch noch im Detail über die Wirkung v. Reaktionsprodukten, die bes. aus zellulären Makromolekülen entstehen. Es werden daher, vor einer allg. Einführung, weitere Untersuchungen gefordert, um mögliche gesundheitl. Risiken auszuschließen. Die energiereiche Strahlung vernichtet alle Mikroorganismen, Insektenlarven (im Getreide), Trichinenlarven u. a. Parasiten im Fleisch u. verhindert das Keimen, z. B. v. Kartoffeln. Es ist damit zu rechnen, daß dieses Verfahren in Zukunft auch in der BR Dtl., zumindest zur Behandlung kontaminierter Rohstoffe (z. B. Eipulver, Milchpulver) u. Gewürze, zugelassen wird. Die K. abgepackter Lebensmittel mittels Mikrowellen befindet sich noch in der Erprobung. – K. von anatom.-zool. und mikroskop. Objekten und Pflanzen ↗Präparationstechnik, ↗Herbarium, ↗mikroskopische Präparationstechnik. G. S.

Konstanz der Arten *w* [v. lat. constantia = Beständigkeit], ↗Abstammung.

Konstitution *w* [v. *konstitut-], 1) in der Medizin die körperl. und seel. Besonderheiten eines Individuums, soweit sie für die Auseinandersetzung mit Krankheitsfaktoren v. Bedeutung sind. 2) in der Biol. gelegentl. Bez. der Gesamtheit individueller Merkmale v. Bau u. Verhalten. Die Suche nach erbl. Grundlagen für menschl. ↗K.stypen spielt in der Gesch. der Medizin u. Anthropologie eine große Rolle; dabei wurde die Gefahr v. *Biologismen* nicht immer vermieden.

Konstitutionstyp *m* [v. *konstitut-], Träger einer als typisch angesehenen Gruppe körperl. und seel. Merkmale, deren regelmäßige Kombination auf einer angeborenen Grundlage beruhen soll. Bekannt wurde die Typenlehre v. Kretschmer. Heute wird in der Wiss. davon ausgegangen, daß die Variabilität menschl. Individuen auf beliebigen Kombinationen einer Vielzahl unterschiedl. Merkmalsausprägungen beruht, so daß wenige, abgegrenzte Typen nicht gefunden werden können. Auch die K.en *(Körperbautypen)* Kretschmers stellen danach idealisierte Extreme aus dem Kontinuum menschl. Konstitutionen u. keine statistisch abgrenzbare Typen dar.

konstitutive Enzyme [v. *konstitut-, gr. en = in, zyme = Sauerteig], Enzyme, die unter allen normalen physiolog. inneren od.

konstitutive Enzyme

konstitut- [v. lat. constituere = begründen; constitutio = Beschaffenheit, Zustand].

Konstitutionstyp:
Leptosomer
(Astheniker)
[ektomorph]

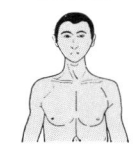

Körperbau:
Schmalwuchs; schlankgliedrig
Charakter:
schizothym; Un- oder Überempfindlichkeit, Verschlossenheit, Ausdrucksarmut, Beharrungskraft

Konstitutionstyp:
Athletiker
[mesomorph]

Körperbau:
Zwischentypus; starker Knochenbau, kräftige Muskulatur
Charakter:
viskös („zähflüssig" nach Enke); Langsamkeit, Schwerfälligkeit

Konstitutionstyp:
Pykniker
[endomorph]

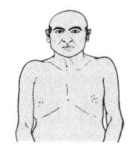

Körperbau:
Breitwuchs; zarter Knochenbau, kurze Gliedmaßen; Neigung zu Fettleibigkeit
Charakter:
zyklothym; Stimmungslabilität, Ausdrucksbedürfnis, Beweglichkeit

Konstitutionstypen

Menschliche K. nach Kretschmer: Körperbau und Charakter; zum Vergleich Typenbezeichnung nach Sheldon [in eckigen Klammern]

Bei K vermißte Stichwörter suche man auch unter C und Z.

konstitutives Merkmal

konstitut- [v. lat. constituere = begründen; constitutio = Beschaffenheit, Zustand].

Konstriktor

Bei urspr. Wirbeltieren besaß jeder Kiemenbogen einen K. zum Schließen der Kiemenspalten *(Musculus constrictor superficialis).* Hals-, Kiefer- u. Gesichtsmuskeln der Säuger sind z. T. von diesen K.en abgeleitet.

kontakt- [v. lat. contactus = Berührung].

Kontakttier

Die Gründe für den Unterschied zw. K.en und Distanztieren sind unbekannt, da viele hochsoziale, schwarm- u. herdenbildende Arten Distanztiere sind. Bei Säugetieren ist es evtl. so, daß sich Arten, die *geschlossene Gruppen* mit überschaubarer Individuenzahl bilden, eher als K. verhalten, während solitär od. in großen, *offenen Gesellschaften* lebende Arten eher Distanztiere sind. Eine zuverlässige Regel gibt es jedoch nicht.

äußeren Bedingungen einer Zelle mit gleichbleibender Rate synthetisiert werden, deren Gene also immer aktiv, d. h. nicht regulierbar, sind.

konstitutives Merkmal [v. *konstitut-], gruppenkennzeichnendes Merkmal im Sinne der ↗ phylogenetischen Systematik.

Konstriktor *m* [v. lat. constringere (Part. Perf. constrictus) = zusammenschnüren], *Musculus constrictor,* Muskel zum Zusammenziehen (Verengen) od. Verschließen v. Köperöffnungen. ↗ Sphinkter. Ggs.: ↗ Dilatator.

Konsumenten [Mz.; v. lat. consumens = verbrauchend], Organismen, die in der trophischen Pyramide (↗ Energiepyramide, ↗ Biomassenpyramide) die autotroph entstandene Primärproduktion (↗ Bruttophotosynthese) direkt od. indirekt verbrauchen; entspr. ihrer Aufeinanderfolge unterscheidet man *Primär-K., Sekundär-K., Tertiär-K.* usw. ↗ Nahrungskette, ↗ Kohlenstoffkreislauf, ☐ Energieflußdiagramm. Ggs.: Produzenten.

Konsumtion [v. lat. consumptio = Aufzehrung, Verbrauch], Vorgang u. Ausmaß der Nahrungsaufnahme durch ↗ Konsumenten, quantitativ derjen. Anteil der Organismen der vorangegangenen trophischen Stufe (↗ Energiepyramide, ↗ Nahrungskette), der tatsächl. erbeutet u. gefressen wird (abzügl. unbeachteter Beuteteile).

Kontaktgesellschaften [v. *kontakt-], Pflanzengesellschaften, die im Gelände mehr od. weniger regelmäßig in unmittelbarer räuml. Nachbarschaft stehen.

Kontaktgifte [v. *kontakt-], *Berührungsgifte,* durch Berührung wirkende ↗ Insektizide *(Kontaktinsektizide)* od. ↗ Herbizide *(Kontaktherbizide).*

Kontaktinhibition *w* [v. *kontakt-, lat. inhibitio = Hemmung], *Kontakthemmung,* die natürl. Hemmung der Zellteilung in Geweben u. Organen durch den allseit. Kontakt mit benachbarten Zellen. Maligne Tumorzellen haben die Fähigkeit zur K. verloren (↗ Krebs).

Kontakttier [v. *kontakt-], Tier einer Art, die keine ↗ Individualdistanz einhält; Ggs.: ↗ Distanztier. Beispiele für K.e sind Aal, Wels, einige Salamander u. Eidechsen, die meisten Papageienarten, die meisten Nagetiere, Schwein u. Flußpferd sowie alle Primaten.

Kontaktverhalten [v. *kontakt-], i. e. S. die zu direkter Berührung führende Kontaktsuche bei Tierarten ohne ↗ Individualdistanz. Viele dieser ↗ Kontakttiere streben bei Ruhe eine möglichst große Berührungsfläche mit anderen Individuen an. Dieses Verhalten kann dem Schutz vor Auskühlung u. vor Feinden dienen, es kann auch im Dienst der Paar-, Eltern- od. Grup-

penbindung stehen. Bes. ausgeprägt ist das K. in diesem Sinne bei denjenigen Säugetierjungen, die als *Tragling* bezeichnet werden, z. B. Affenjunge (↗ Jugendentwicklung: Tier-Mensch-Vergleich). I. w. S. wird jedes Verhalten als K. bezeichnet, das der Herstellung od. Aufrechterhaltung einer Kommunikationsbeziehung zum Sozialpartner dient, z. B. Kontaktrufe, optische Signale usw. ↗ Kommunikation.

Kontamination *w* [v. spätlat. contaminatio = Befleckung], **1)** Mikrobiol.: Verunreinigung v. Substraten (z. B. Nährlösungen, Nahrungsmittel), Zellkulturen od. Organismen durch unerwünschte, apathogene od. pathogene Mikroorganismen bzw. Viren. **2)** Umweltbiol.: Verschmutzung v. Luft, Wasser u. Boden, auch v. Nahrungsmitteln, Gegenständen u. Räumen durch Mikroorganismen, Abgase, Industriestäube u. radioaktive Substanzen. Die Beseitigung dieser Verunreinigungen heißt *Dekontamination.* ↗ Desinfektion.

Kontiguität *w* [v. mlat. contiguitas =.Berührung, Verwandtschaft], ↗ bedingter Reiz, ↗ Lernen.

kontinentalaustralische Subregion, die ↗ australische Region ohne die neuseeländ. Subregion.

Kontinentaldrifttheorie [v. lat. continens = Festland, Kontinent, engl. drift = das Treiben], *Kontinentalverschiebungstheorie,* v. dem dt. Meteorologen A. ↗ Wegener 1912 zunächst unter dem Titel „Die Entstehung der Kontinente" veröff. und später ausgebaute Hypothese, nach der die gegenwärt. Lage der Kontinente u. Ozeane keineswegs unverändert sei, wie die damals herrschende „fixistische" Lehrmeinung v. der „Permanenz der Kontinente u. Ozeane" behauptet, sondern sich durch horizontale Driftbewegungen der leichteren Landmassen („Sal", später „Sial" gen.) auf der schwereren Unterschicht („Sima") erst allmählich entwickelt habe. Wegener wurde durch die kartograph. Kongruenz der atlant. Küstenlinien zu seiner Idee inspiriert. Eine Fülle biogeograph. und geolog. Tatsachen führte ihn zu der Überzeugung, daß am Anfang – im ↗ Paläozoikum (B Erdgeschichte) – eine geschlossene Kontinentalmasse *(Pangaea)* u. ein einheitl. Urmeer *(Panthalassa)* bestanden haben müssen. Dadurch ließ sich beispielsweise die sonst unverständl. Verbreitung der *Glossopteris*-Flora (↗ *Glossopteridales,* ↗ Gondwanaflora, ↗ Perm) u. der jungpaläozoischen Vereisungsspuren zwanglos erklären. Unter Biologen fand die K. unbeirrbare Befürworter, obwohl sie von seiten der Geophysik deshalb abgelehnt wurde u. als unseriös galt, weil die v. Wegener angenommenen Ursachen der Drift-

Bei K vermißte Stichwörter suche man auch unter C und Z.

KONTINENTALDRIFTTHEORIE

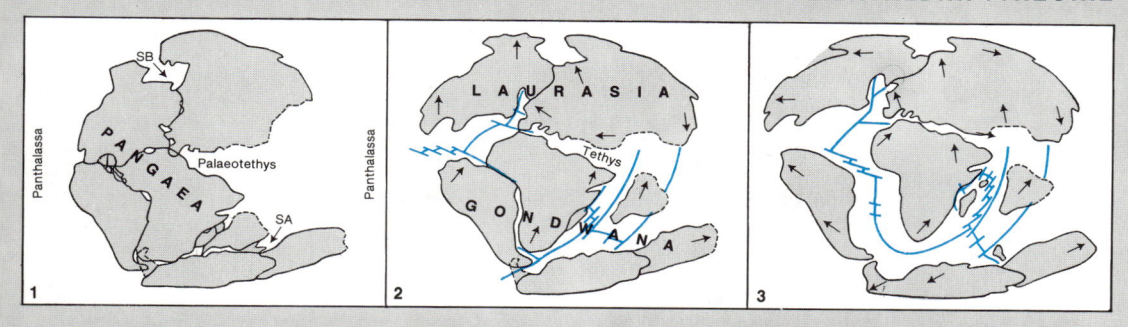

Drei Stadien der *Kontinentalverschiebung* (Pfeile bezeichnen die Driftrichtung, Linien die wichtigsten Spaltensysteme).
1 Am Beginn, 200 Mill. Jahre vor heute; **2** 65 Mill. Jahre nach Beginn, 135 Mill. Jahre vor heute; **3** 135 Mill. Jahre nach Beginn, 65 Mill. Jahre vor heute.

Zu 1: Wegeners Kontinentalverschiebungstheorie beruhte auf der Annahme, daß die Landmassen der Erde urspr. in einem einzigen *Urkontinent (Pangaea)* vereinigt waren. Moderne Rekonstruktionen der Pangaea legen, abweichend v. Wegener, nicht mehr die heutigen Küstenlinien, sondern die noch überzeugendere 1000-Faden-Isobathe zugrunde, die etwa der halben Tiefe der Kontinentalböschung (↗ Kontinentalhang) entspricht. Dieser Landmasse käme mit ca. 200 Mill. km² der gleiche Anteil an der Erdoberfläche zu wie heute. Ihr stand ein geschlossener *Urozean (Panthalassa)* gegenüber. Von O her schnitt in Höhe des damaligen Äquators eine dreieckige Meeresbucht *(Palaeotethys)* tief in den Urkontinent ein. Gesteine, die sich seinerzeit in ihr abgelagert haben, finden sich heute in einem breiten, meist gefalteten Streifen v. westl. Mittelmeer bis nach Japan. Zwei Meeresbuchten, die in Anlehnung an die Mondterminologie die Namen *Sinus borealis* (SB) u. *Sinus australis* (SA) erhalten haben, entsprechen jeweils einem Vorläufer des Nördl. Eismeeres bzw. einer Tethys-Bucht, die Indien u. Australien trennte. Gewaltige Basaltausbrüche entlang von Kontinentalrändern leiteten gg. Ende der ↗ *Trias* vor ca. 200 Mill. Jahren den Zerfall der Pangaea u. den Beginn der Kontinentaldrift ein, die somit nur die letzten knapp 5% der ↗ Erdgeschichte (B) ausmacht.

Zu 2: Die ↗ *Jura-Zeit* begann mit der Öffnung des nordatlant. Ozeans u. dem Durchbruch der *Tethys* nach W. An ihrem Ende - vor ca. 135 Mill. Jahren - hatte sich N-Amerika stellenweise bereits 1000 km von N-Afrika entfernt. Die sich einengende Tethys trennte nun den Urkontinent in eine nördl. *(Laurasia)* u. eine südl. Landmasse *(Gondwana)*. Doch auch das ↗ *Gondwanaland* begann bereits zu zerfallen: Antarktis-Australien löste sich nach NO ab, Indien etwa nach N, von S her riß der Südatlantik auf.

Zu 3: Am Ende der ↗ *Kreide-Zeit*, 65 Mill. Jahre vor heute u. 135 Mill. Jahre nach Driftbeginn, hatte sich der Südatlantik auf 3000 km Breite erweitert. Die dargestellte Ablösung Madagaskars von O-Afrika erscheint fraglich (↗ *Lemuria*). Im folgenden Känozoikum sind die Kontinente auf ihre gegenwärtigen Positionen gedriftet. Als wichtigste Entwicklungen seien genannt: a) Vereinigung beider „Amerikas" im Isthmus v. Panama, b) Verschweißung der indischen Dekkan-Insel mit Asien zur vorderasiat. Halbinsel, c) Trennung v. Antarktis u. Australien, d) Öffnung des Roten Meeres.

bewegungen (Polfluchtkräfte) sich als unhaltbar erwiesen. Neue geophysikal. Ergebnisse etwa ab 1960, v. a. die Konzepte des *sea-floor-spreading* u. der *Plattentektonik*, brachten auch für die K. einleuchtende Begründungen. Seither gilt das fixistische Modell als widerlegt, das mobilistische als anerkannt. Geowissenschaftler sehen heute in der K. eine „Wegenersche Revolution", wie es sie in der Gesch. der Erdwiss. vergleichbar nur noch in der Abstammungslehre Darwins gegeben habe. ↗ Kreationismus.

Lit.: Alfred-Wegener-Symposium I/II. – In: Geolog. Rundschau, 70. Stuttgart 1981. *S. K.*

Kontinentalhang, *Kontinentalböschung, aktische Stufe*, in der statist.-schemat. Kurvendarstellung der Erdoberfläche („hypsographische Kurve") der 7,9% umfassende Bereich zwischen -200 m ($=$ Schelf) und -3000 m.

Kontinentalverschiebungstheorie, die ↗ Kontinentaldrifttheorie.

kontinuierliche Kultur, Verfahren zur Kultivierung v. Mikroorganismen im ↗ *Fermenter*, in den fortlaufend frische Nährlösung zugegeben u. in gleichem Maße die Mikroorganismen mit der verbrauchten Nährlösung durch einen Überlauf od. Abpumpen abgezogen werden (vgl. Abb.). In der Suspension stellt sich ein Fließgleichgewicht ein, so daß die Mikroorganismen für lange Zeit mit konstanter Wachstumsphase wachsen. K. K.n werden in der Biotechnologie z. B. zur Biomasse-, Backhefe-

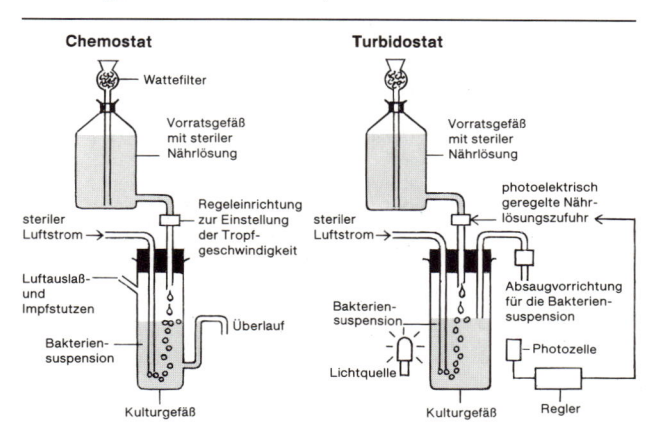

kontinuierliche Kultur

Im *Chemostaten* wird kontinuierlich eine konstante wachstumslimitierende Menge an Nährlösung dem Kulturgefäß zugeführt. Nach einer Anpassungsphase bleibt die Bakteriendichte abhängig v. der konstanten Zuflußrate des frischen Mediums auch konstant (selbstregulierend). Die Vermehrungsrate ist genau so groß wie die Anzahl der Bakterien, die abgezogen werden.

Im *Turbidostaten* wird eine konstante Bakteriendichte durch eine Trübungsmessung u. eine Regeleinrichtung erreicht, die nach den erhaltenen Meßdaten den Zufluß an neuer Nährlösung steuert. Im Unterschied zum Chemostaten sind im Turbidostaten alle Nährstoffe im Überfluß vorhanden; dadurch sind die Wachstumsraten höher.

Bei K vermißte Stichwörter suche man auch unter C und Z.

kontinuierliches Areal

u. Eiweißproduktion sowie bei der Bierherstellung angewandt.

kontinuierliches Areal *s* [v. lat. continuus = zusammenhängend, area = Fläche], geschlossenes ↗Areal einer Sippe; die Besiedlung wird nur zu den Randgebieten hin dünner.

Kontinuitätsprinzip [v. lat. continuatio = ununterbrochene Fortdauer], in der Entwicklungsbiol. kürzl. formuliertes Prinzip, dem sich eine Vielzahl z. T. paradoxer ↗Regenerations-Erscheinungen unterordnen läßt: die Positionswerte aller Zellen (zumindest der Außenschicht) eines Tierkörpers bilden ein Kontinuum, dessen Unterbrechung (durch Verletzungen) Zellteilungen auslöst, die seine Wiederherstellung durch ↗Interkalation ermöglichen. ↗Positionsinformation, ↗Zifferblattmodell.

kontort [v. lat. contortus = verschlungen, verdreht], *gedreht*, auf eine gedrehte ↗Ästivation (Knospendeckung) bezogen; z. B. bei den ↗Enziangewächsen.

kontraktil [v. *kontrakt-], zusammenziehbar, z. B. bestimmte Gewebsfasern.

kontraktile Proteine [v. *kontrakt-], Sammelbez. für Proteine wie Myosin, Actin, Dynein u. a., die in kontraktilen Organen od. Strukturen, wie Muskeln, Geißeln u. a., vorkommen u. deren Kontraktilität bewirken.

kontraktile Vakuole *w* [v. *kontrakt-, lat. vacuus = leer], *pulsierende Vakuole,* osmoregulatorisch u. exkretorisch tätiges Organ der ↗Einzeller (↗Exkretion, ↗Osmoregulation).

Kontraktion *w* [Ztw. *kontrahieren;* v. lat. contractio =], Zusammenziehung, z. B. die ↗Muskel-K. Ggs.: Dilatation.

Kontraktionswurzeln, die ↗Zugwurzeln.

Kontraktur *w* [v. *kontrakt-], eine nicht fortgeleitete, langsam verlaufende, reversible Dauerkontraktion eines Muskels, die vom normalen Erregungszustand unabhängig ist u. bei der kein Aktionspotential gebildet wird. Es findet eine lokale Depolarisation statt, die in vitro u. a. durch extrazelluläre unphysiol. hohe Kalium- od. Coffein-Konzentration hervorgerufen werden kann.

Kontrast, 1) allg.: starker Ggs., Unterschied; was v. der Umgebung absticht. **2)** Psychologie: der verstärkt wahrgenommene Unterschied zw. zwei Wahrnehmungsinhalten innerhalb des gleichen Sinnesgebiets, z. B. hell–dunkel, laut–leise, leicht–schwer; häufig Ursache für ↗Wahrnehmungs-Täuschungen. **3)** Optik: Zahlenwert für Leuchtdichteunterschiede; vom Sehwinkel, v. der Adaptation u. von der Umfeldleuchtdichte abhängig. **4)** In der Sinnesphysiologie ist der Begriff nicht auf visuelle Sinnesempfindungen beschränkt; er ist z. B. auch für die Lautstärke eines Sprechers gegenüber Hintergrundgeräuschen definiert od. für die unterschiedl. Tastwahrnehmung zweier verschieden starker Reizpunkte mittels Mechanorezeptoren. – Eine allg. Eigenschaft der Sinneswahrnehmung ist die *neuronale K.überhöhung,* d. h., daß die physikal. feststellbaren K.e subjektiv verstärkt werden (Abb. 1). So erscheint im Grenzbereich der Trennungslinie zweier verschieden heller Flächen der hellere Teil heller u. der dunklere Teil dunkler als die restliche Fläche. Das Phänomen nennt man *Grenz-* od. *Rand-K.* (Abb. 4), die hellen u. dunklen Streifen werden als *Machsche Bänder* bezeichnet. Ursache dieser Erscheinung ist die ↗ *laterale Inhibition (laterale Hemmung):* Diese Leistung des Zentralnervensystems ist v. großer Bedeutung in allen Sinnessystemen, da durch die Verzweigungen der Nervenfasern – jede Nervenfaser verzweigt sich vor der synapt. Umschaltung u. bildet Synapsen mit mehreren anderen Neuronen *(Divergenz)* u. steht selbst mit mehreren präsynapt. Fasern in Verbindung *(↗Konvergenz)* – eine Erregung eines einzigen Neurons zu einer lawinenart. Ausbreitung v. Nervenimpulsen beim Aufsteigen im Zentralnervensystem führen müßte. Diese Ausbreitung wird durch die hemmenden (inhibierenden) Verbindungen verhindert: das am stärksten erregte Neuron hemmt auch am stärksten seine schwächer erregten Nachbarneurone, die ihrerseits nur geringe Hemmwirkung ausüben. Die gegenseit. Hemmung, die sich bei allen nachfolgenden synapt. Verschaltungen wiederholt, führt zu einer Eingrenzung der Erregung im Zentralnervensystem, kompensiert Unschärfen u. verstärkt den K. Alle Rezeptoren (z. B. Sehzellen), die auf ein Neuron wirken, bilden ein sogenanntes *rezeptives Feld.* Da ein Rezeptor aber zu mehreren rezeptiven Feldern gehören kann, überschneiden sich die rezeptiven Felder benachbarter Neurone. Die rezeptiven Felder der Retina-Neurone sind meist kreisförmig. Man kennt zwei große derartige Neuronenklassen, die *Off-Zentrum-Neurone* und die *On-Zentrum-Neurone* (Abb. 3). Bei den letzteren bewirkt die Belichtung des Zentrums des rezeptiven Feldes eine Erregung, d. h. eine Zunahme der Aktionspotentialfrequenz, die der Peripherie eine Abnahme. Bei den Off-Zentrum-Neuronen ist die Reaktion umgekehrt. Für die Entstehung des Grenz-K.es sind die On-Zentrum-Neurone verantwortlich. Wie stark die einzelnen Neurone erregt werden, ist v. der Position der Hell-Dunkel-Grenze innerhalb der einzelnen zugehörigen rezeptiven Felder abhängig. Die maximale Aktivierung ist bei b in Abb. 3 er-

kontrakt- [v. lat. contractio = das Zusammenziehen].

Kontrollgene

reicht, die minimale, wenn das gesamte rezeptive Feld im dunklen Bereich liegt. – Ein weiteres K.phänomen ist der *Simultan-, Binnen-* od. *Flächen-K.:* Ein graues Feld erscheint auf schwarzem Hintergrund heller als ein gleich graues Feld auf weißem Hintergrund (Abb. 4). Entspr. den Ursachen des Grenz-K.es bewirkt die mittlere Aktivierung aller On- und Off-Zentrum-Neurone die subjektiv unterschiedl. Helligkeitsverteilung der grauen Flächen. Infolge eines teilweisen Wegfallens der lateralen Umfeldhemmung ist die schwächere Helligkeitsempfindung Ausdruck überhöhter Aktivität der Off-Zentrum-Neurone bzw. die stärkere Helligkeitsempfindung Ausdruck der stärkeren Erregung der On-Zentrum-Neurone. Beim *simultanen Farb-K.* erscheint eine graue Fläche auf einem roten Untergrund grünlich, auf einem grünen Untergrund rötlich. Dies gilt auch für alle anderen Farben, wobei die graue Fläche jeweils in der Gegenfarbe (↗Farbensehen) erscheint. Teils spricht man den Rezeptoren eine Beteiligung an diesem Phänomen ab (auch den retinalen Neuronen u. ihren lateralen Verbindungen) u. nimmt ledigl. einen experimentell noch nicht erfaßten Ort der Sehbahn an – teils sieht man die lateralen Verschaltungen der Rezeptoren als Voraussetzung an. *Sukzessiv-K.* oder *sukzessiver Helligkeits-K.:* Fixiert man längere Zeit den Punkt in Abb. 5a u. schaut anschließend auf Abb. 5b, so erscheinen die in a dunklen Teile hell u. die hellen Teile dunkel *(Nachbild).* Betrachtet man statt des Schwarz-Weiß-Bildes eine farbige Zeichnung, entsteht bei anschließendem Betrachten einer weißen Fläche ein farbiges Nachbild in der Gegenfarbe. Das Auge wird bei diesem *sukzessiven Farb-K.* durch das Fixieren des farbigen Objekts für Licht des entspr. Wellenlängenbereichs unempfindl.; bei anschließender Betrachtung einer (Licht aller Wellenlängen reflektierenden) weißen Fläche erscheint das einfallende weiße Licht an der adaptierten Stelle der Retina in der Gegenfarbe. ↗Optische Täuschungen. *E. K.*

Kontrastbetonung, das ↗Charakter-Displacement. [vergenz.

Kontrastvermeidung, die ↗Charakterkon-

Kontrazeption *w* [Kw., v. lat. contra = gegen, concipere = aufnehmen], die ↗Empfängnisverhütung.

Kontrollgene, 1) Bez. für Gene, deren Produkte regulierend auf andere Genaktivitäten wirken, z. B. Gene, die für Repressoren od. Aktivatoren codieren, od. ↗homöotische Gene. 2) inkorrekte, aber häufig verwendete Bez. für die *Kontrollregion* eines Gens, d. h. für denjen. DNA-Abschnitt, der die Signalstrukturen für die Initiation der

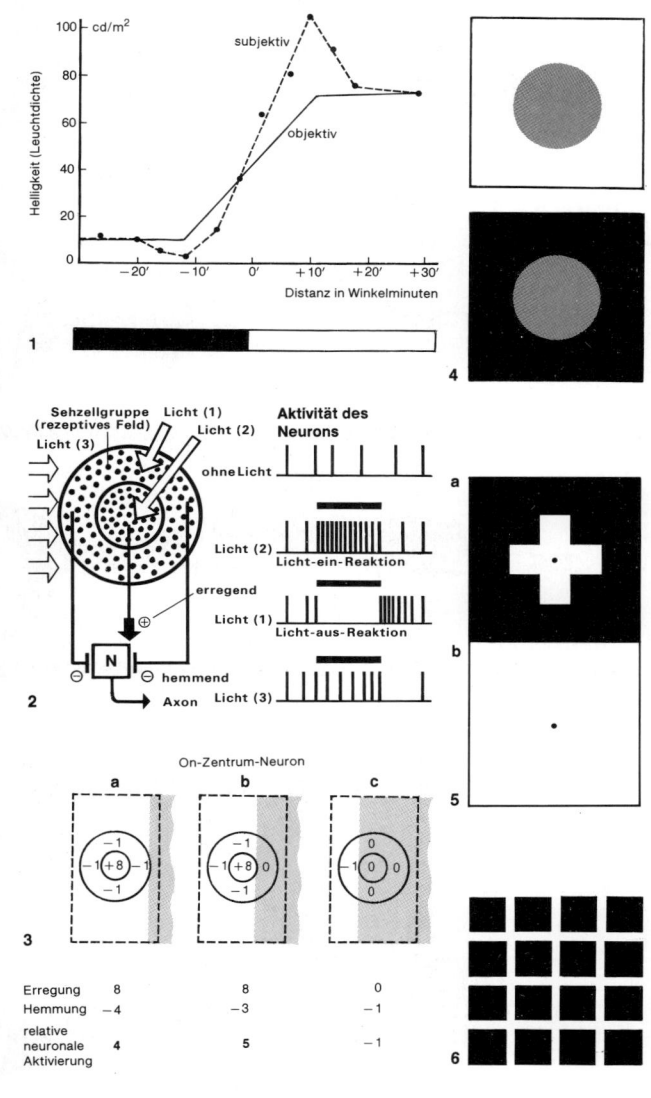

Kontrast

1 *K.überhöhung:* Darstellung der subjektiven u. objektiven (mit Photometer gemessenen) Helligkeitsverteilung beim Übergang v. einer dunklen zu einer hellen Fläche. **2** *Rezeptives Feld* der Retinaneurone vom Typ der On-Zentrum-Neurone. Reizung (Belichtung) des Zentrums des rezeptiven Feldes (2) bewirkt eine Erhöhung der Frequenz der Aktionspotentiale, Reizung der Peripheriebereiche (1) bewirkt eine Verringerung. Bei gleichzeitiger Reizung beider Bereiche (3) erfolgt eine gemäßigte Frequenzzunahme. **3** *Grenz-K.:* Die Erregung der On-Zentrum-Neurone ist abhängig v. der Position der Hell-Dunkel-Grenze innerhalb der einzelnen rezeptiven Felder. Die fiktiven Zahlen sollen die Verhältnisse v. Hemmung u. Aktivierung verdeutlichen. **4** *Simultan-K.:* Ein graues Feld mit schwarzem Hintergrund erscheint subjektiv heller als ein gleich graues Feld mit weißem Hintergrund. Die beiden Abb. zeigen auch den *Grenz-K.:* Im Grenzbereich der Trennungslinie zweier Flächen erscheint der hellere Teil in einem schmalen Streifen heller u. der dunklere Teil dunkler als die restl. Fläche. **5** *Sukzessiv-K.:* Nach Fixieren des Punktes in Abb. **a** und anschließendem Betrachten des Punktes in Abb. **b** erscheinen die in **a** dunklen Teile hell bzw. die hellen Teile dunkel *(Nachbild).* **6** *Hering-Gitter:* An den Kreuzungsstellen des Gitters erscheinen graue Flecken. Diese Verdunklungen entstehen, da den On-Zentren an den „Kreuzungen" mehr hemmende Impulse durch die peripheren Bereiche der rezeptiven Felder vermittelt werden als den On-Zentren der einzelnen „Straßen".

Bei K vermißte Stichwörter suche man auch unter C und Z.

KONVERGENZ BEI TIEREN

In Anpassung an eine ähnliche Lebensweise, können unabhängig von ihrer natürlichen Verwandtschaft verschiedene Organismen eine weitgehende Übereinstimmung in der Form und Gestalt des Körpers und seiner Organe aufweisen; man spricht deswegen auch von Konvergenz.

Als Paradebeispiel für Konvergenz, also die Formähnlichkeit als Ergebnis stammesgeschichtlicher Anpassungen an gleichartige Funktionen, gilt die »Erfindung« einer strömungsgünstigen Körperform bei verschiedenen Wirbeltieren: bei Knorpel- und Knochenfischen, Reptilien, Vögeln und Säugetieren. Die Strömungslehre kann zeigen, daß diese Körperform optimal ist, wenn im freien Meer nahe der Oberfläche sehr hohe Geschwindigkeiten erreicht werden sollen, wie sie bei diesen Tieren als schnelle Beutejäger notwendig sind.

Auf eine weitere Konvergenz ist man erst in den letzten Jahren aufmerksam geworden, sie trifft aber nicht für den Pinguin zu. Zur Erreichung hoher Geschwindigkeiten genügt nicht allein eine ideale Strömungsform, sondern auch ein effektiver Antriebsmechanismus wird benötigt. Dieser besteht bei allen angeführten Beispielen in einer typischen, halbmondförmigen Schwanzflosse. Durch Heranziehen von Erkenntnissen der Aerodynamik läßt sich unzweifelhaft zeigen, daß diese Flossenform sich offensichtlich gut für sehr schnelles Schwimmen eignet, wobei zu berücksichtigen ist, daß der Schubmechanismus ganz auf Schwanz und Schwanzflosse beschränkt ist.

Besonders bemerkenswert ist in diesem Zusammenhang die konvergente Entwicklung bei den Säugetieren, den Walen und Delphinen. Bei ihnen tritt ja, im Gegensatz zu den Fischen mit der seitlichen Ausschlagbewegung der Schwanzflosse, eine horizontale Ausschlagbewegung der Schwanzflosse auf, also eine Auf- und Abwärtsbewegung. Trotz dieser Modifikation wurde also der gleiche Antriebsmechanismus erfunden.

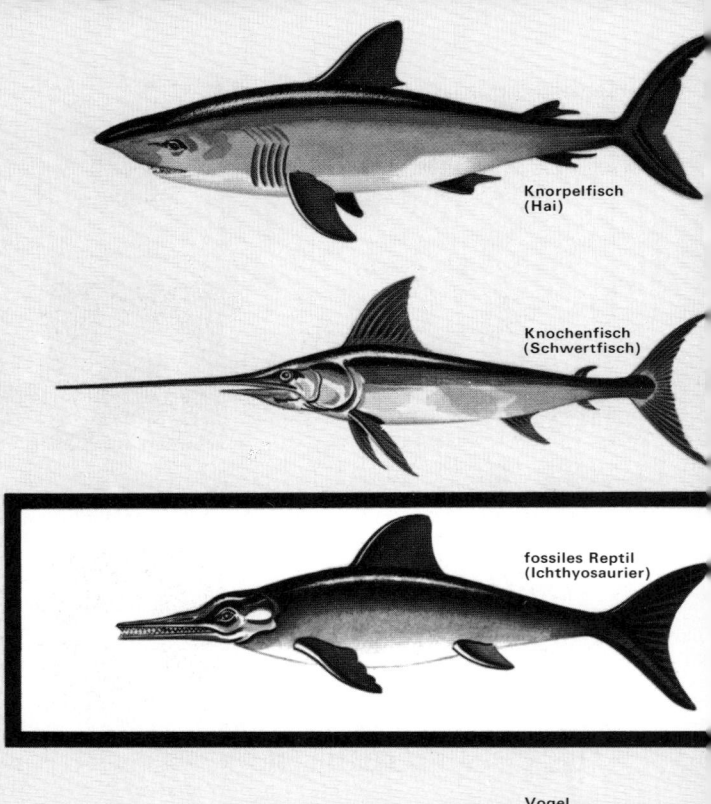

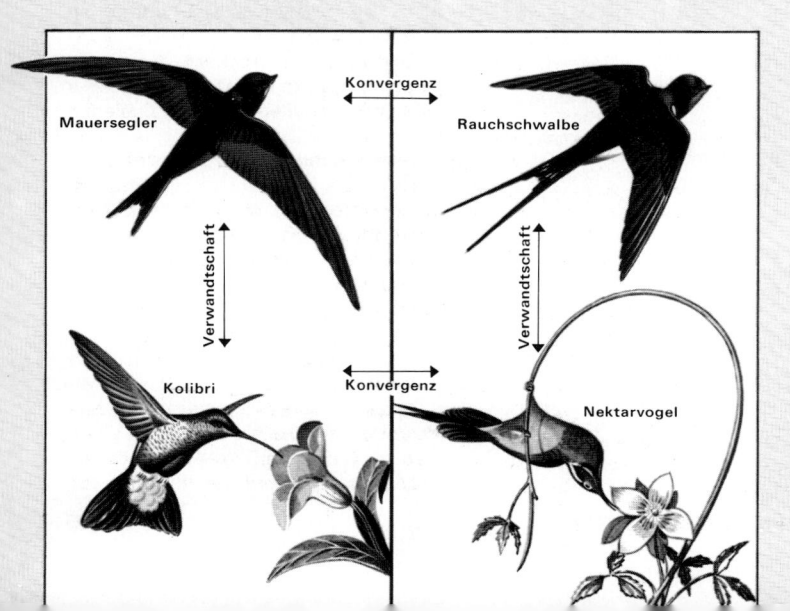

Knorpelfisch (Hai)

Knochenfisch (Schwertfisch)

fossiles Reptil (Ichthyosaurier)

Vogel (Pinguin)

Säugetier (Delphin)

Mauersegler — Konvergenz — Rauchschwalbe

Verwandtschaft

Kolibri — Konvergenz — Nektarvogel

Verwandtschaft

Als Beispiel für *Konvergenz* bei Vögeln in Anpassung an ähnliche Nahrung und ähnliche Form des Nahrungserwerbs zeigen die Abb. links *Mauersegler* und *Rauchschwalbe* als Jäger von Fluginsekten im Flug und *Kolibri* und *Nektarvogel* als nektarsaugende Blütenbesucher.
Die verwandtschaftlichen Beziehungen zwischen den vier Vögeln sind indessen gerade umgekehrt. *Mauersegler* und *Kolibri* sind näher miteinander verwandt und stehen zusammen in der Ordnung der *Schwirrvögel (Apodiformes)*, während die *Schwalben* und die *Nektarvögel* zu der großen Ordnung der *Sperlingsvögel (Passeriformes)* gehören.

Transkription (z. B. Promotor u. Operator) trägt. Ggs. ↗Strukturgene.

Konturfedern [v. frz. contour = Umriß], *Pennae,* ↗Vogelfedern mit geschlossener Fahne; das Großgefieder besteht aus den Schwungfedern der Flügel u. den Steuerfedern des Schwanzes, das Kleingefieder bedeckt den Körper (↗Deckfedern). Meist tragen die K. einen dunigen Afterschaft (↗ *Hyporhachis),* der zur Verdichtung führt.

Konularien [Mz.; v. gr. kõnos = Kegel, Zapfen], *Conularien,* ↗ Conulata.

Konvektion *w* [v. lat. convectere = zusammenbringen], Austausch v. Luft- od. Wassermassen beim Auftreten v. Temp.-Unterschieden; K.svorgänge spielen in der Meteorologie u. in der Thermik v. Gewässern eine bedeutende Rolle. Ggs.: Wärmeleitung, Wärmestrahlung.

Konvergenz *w* [Bw. *konvergent;* v. spätlat. convergere = sich hinneigen], **1)** Evolutionsbiol.: eine strukturelle, physiolog. oder verhaltensmäßige ↗Ähnlichkeit, die auf gleicher Funktion beruht. ↗Analogie, ↗Analogieforschung. B 100. **2)** Sinnesphysiologie: die meisten Neurone erhalten über zahlr. synaptische Verbindungen Informationen v. anderen Neuronen. Meist ist die K. mit der Verschaltungsprinzip der *Divergenz* gekoppelt, bei der jedes Neuron selbst mit verschiedenen anderen Nervenzellen über Kollaterale verbunden ist. (Mit einem Neuron können einige Tausend Axone verknüpft sein.) Da mehrere Axonkollaterale z. B. auf ein Motoneuron konvergieren können, hängt es v. der Summe der synaptischen Prozesse ab, ob ein Motoneuron ein Aktionspotential aussendet od. nicht, da es an seiner Membran hemmende u. erregende Prozesse verarbeitet. ↗Kontrast.

Konvergenzzüchtung [v. spätlat. convergere = sich hinneigen] ↗Kreuzungszüchtung.

Konversion *w* [v. lat. conversio = Umkehrung], die ↗Genkonversion.

Konzentration *w* [v. lat. con- = zusammen-, gr. kentron = Mittelpunkt], **1)** Mengenanteil einer Komponente in einem festen Stoff, Gehalt einer Lösung an gelöstem Stoff, Anteil eines Gases an einem Gasgemisch. K.smaße: ↗Lösung (T). **2)** Stammesgeschichte: *Zentralisation,* Zusammenlegung v. Organen, die urspr. im Körper mehrfach hintereinander ausgebildet waren, z. B. Geschlechts- od. Exkretionsorgane; od. die Bildung eines Organ-Komplexes aus urspr. getrennten Organen. Die K. ist meist auch mit einer Zahlen-*Reduktion* verbunden, z. B. die Zahl der Ganglien in der Reihe v. den niederen Krebsen zu den *Brachyura* („Krabben", Kurzschwanzkrebse) od. die Zahl der Extremitäten in der Reihe v. den Tausendfüßern zu den Insekten. ↗Vervollkommnungs-Regeln.

Konzeptakeln [v. lat. conceptaculum = Behältnis], bei den ↗ *Fucales* an den Thallusenden ausgebildete krugförm. Einsenkungen, in denen die Geschlechtsorgane ausgebildet werden.

Konzeption *w* [v. lat. conceptio = Empfängnis], *Conceptio,* Empfängnis (↗Befruchtung) u. Schwangerschaftsbeginn.

Kooperativität *w* [Bw. *kooperativ;* v. mlat. cooperari = mitarbeiten], die wechselseit. Erhöhung der Bindestärke bes. bei sog. schwachen chemischen Bindungen (Wasserstoffbrückenbindungen, hydrophobe Wechselwirkung) durch räuml. benachbarte Bindungen desselben Typs. Beispiele kooperativer Wasserstoffbrückenbindungen sind die ↗Basenpaarungen (☐) doppelsträngiger Nucleinsäuren u. die Sekundärstrukturen der Proteine. K. wird auch bei der Bindung v. Histon H1 an Nucleosomen unter Ausbildung der 30 nm-DNA-Histon-Fibrille beobachtet (↗Chromatin). Die Ausbildung v. Lipiddoppelschichten ist weitgehend durch die K. der hydrophoben Wechselwirkungen der Kohlenwasserstoffreste der Lipidmoleküle bedingt, was zu der für Lipiddoppelschichten charakterist. Aneinanderlagerung u. Ausrichtung der Lipidmoleküle führt (↗Membran).

Koordination [Ztw. *koordinieren;* v. lat. co- = zusammen-, ordinare = ordnen], **1)** allg.: Abstimmung verschiedener Vorgänge od. Faktoren. **2)** Physiologie: ↗absolute K., ↗relative K., ↗Muskel-K., ↗Automatismen. **3)** Ethologie: ↗Erb-K.

Koordinationsverbindungen [v. lat. co- = zusammen-, ordinare = ordnen], die ↗Komplexverbindungen.

Kopaïvabalsam *m* [v. Tupi-Guarani copaiva = Kopaivabaum, gr. balsamon = Balsam], gelbl.-brauner, bitter schmeckender Balsam aus Harzen v. brasilian. *Copaifera*-Arten (↗Hülsenfrüchtler); ca. 50% äther. Öl enthaltendes Heilmittel gg. Entzündungen u. Hauterkrankungen.

Kopal *m* oder *s* [v. aztek. copalle, copalli = Weihrauch, Harz], *K.harze,* Sammelbez. für rezente u. fossile, bernsteinähnl. ↗Harze, die hpts. in S-Amerika, Afrika, Austr. u. auf den Philippinen gefunden werden. Echte od. *fossile K.e* finden sich in v. a. küstennahen Sanden bis zu einer Tiefe von 1 m. Unechte K. *Baum-K.e* werden v. rezenten Bäumen, wie K.baum *(Copaifera,* ↗Hülsenfrüchtler), Kopal-, Kauri- und Dammarfichte (↗ *Agathis)* u. a. gewonnen. K. riecht würzig u. ist nach Ausschmelzen zur Herstellung v. Lacken u. Linoleum verwendbar; auch Bernstein- u. Schellackersatz.

Kooperativität

Häufig erfolgt die Bindung v. Substraten an multimer aufgebaute Enzyme kooperativ, was sich durch den sigmoiden Verlauf der betreffenden Substratbindungskurve äußert (↗Allosterie, ☐); auch die Bindung von O_2 an das tetramer aufgebaute ↗Hämoglobin (B) – jedoch nicht an das monomer aufgebaute Myoglobin – ist kooperativ, so daß das erste gebundene O_2-Molekül die Bindung des zweiten O_2-Moleküls erleichtert usw. Ein kooperativer Effekt derselben Art wird auch bei der Bindung von Ca^{2+} an ↗Calmodulin (☐) beobachtet. – Charakterist. für Strukturen, die durch eine Vielzahl kooperativer Bindungen stabilisiert sind, ist die Destabilisierung bei Temp.-Erhöhung (bzw. die Rückbildung bei Temp.-Erniedrigung) innerhalb eines *engen* Temp.-Intervalls, wodurch z. B. der sog. ↗Schmelzpunkt von DNA (↗AT-Gehalt) od. v. helikalen Proteinen, wie ↗Kollagen (☐), definiert ist.

Kopf

Kopf, *Caput, Cephalon,* Sinnes- u. Ernährungspol bzw. -tagma am Vorderende des Körpers, v. a. bei Gliederfüßern, Weichtieren u. Wirbeltieren ausgebildet. Ein hochentwickelter K. entstand in diesen Gruppen jeweils konvergent aus verschiedenen Anteilen, dabei allein dreimal innerhalb der Gruppe der Gliederfüßer. Im allg. ist der K. gegen den restl. Körper durch eine Einschnürung od. einen ↗Hals abgesetzt. – Der K. der *Wirbeltiere* besteht aus dem K.skelett (↗Hirnschädel, ↗Kieferschädel), dem Gehirn, den Sinnesorganen Auge, Ohr, Nase, Zunge, verschiedenen Differenzierungen des Integuments (Schuppen, Haare, Federn, Warzen, bunten Hautfeldern usw.), der K.muskulatur (mimische Muskulatur, ↗Kauapparat) u. den versorgenden Nerven u. Gefäßen. Im Bereich v. Nase u. Mund haben Atmungs- u. Verdauungstrakt Verbindung zur Umwelt. ↗Gesicht, ↗Kraniokinetik, ↗Schädel. – K. der *Weichtiere*: unter den Mollusken besitzen die Schnecken und v. a. die Kopffüßer einen deutlich gg. den Körper abgesetzten K., während bei anderen Taxa nur eine Querfalte od. Verjüngungszonen einen K.abschnitt abgrenzen. Den Aculifera fehlt ein K. primär, bei den Muscheln wurde er sekundär reduziert. Bei Kopffüßern wurde der Fuß zu direkt am K. ansetzenden Fangarmen umgestaltet, weshalb man auch v. einem „Kopffuß" spricht. Die Tendenzen der ↗Cephalisation u. ↗Cerebralisation, die bei den Kopffüßern einen Höhepunkt innerhalb der Wirbellosen erreichen, stellen eine Analogie zur Situation bei den Wirbeltieren dar. – Der K. der *Gliederfüßer* besteht aus 6 verschmolzenen Segmenten, deren Grenzen meist nicht mehr erkennbar sind (Ausnahme: Postoccipitalleiste der ↗Insekten, ☐). Die sonstigen am K. erkennbaren Linien sind entweder ↗Häutungsnähte (z. B. Coronalleiste bzw. -naht, Frontalnaht od. Genalnaht) od. Versteifungsleisten, die v. außen sichtbare Abdrücke des im Innern der K.kapsel befindl. Stützgerüstes (↗Tentorium) sind. Äußerlich erkennbar sind v. a. die Lichtsinnesorgane: Komplexaugen, Medianaugen als Hauptaugen (Spinnen), Naupliusaugen (Krebse) od. Stirnocellen (Insekten). Die urspr. ↗Extremitäten sind zu ↗Antennen (1. Antenne = Extremität des 2. Kopfsegments, 2. Antennen die des 3.) u. zu ↗Mundwerkzeugen umgebildet (Einzelheiten ↗Chelicerata, ↗Krebstiere, ↗Tausendfüßer, ↗Insekten). Die K.form ist u. a. durch die Art der Mundwerkzeuge bedingt (↗pro-, ↗hypo-, ↗ortho- u. ↗hypergnath). Im K. befinden sich die ersten Abschnitte des Vorderdarms (Pharynx, Oesophagus), die Muskulatur der Mundwerkzeuge u.

Kopf
Einen K.abschnitt als Sinnes- u. Ernährungspol weisen auch zahlr. andere Tiergruppen auf, z. B. Plattwürmer u. Schädellose. Bei ihnen ist jedoch kein deutlich gg. den restl. Körper abgesetzter, eigentlicher K. ausgebildet – es hat keine ↗Cephalisation stattgefunden.

Kopffüßer
Systematische Übersicht:
U.-Kl. *Nautiloidea*
 ↗Perlboot
 (Nautilus)
U.-Kl. ↗*Ammonoidea* †
U.-Kl. ↗*Coleoidea*
Ordnungen:
 ↗Belemniten
 (Belemnoidea †*)*
 ↗Tintenschnecken
 i. e. S. *(Sepioidea)*
 ↗Kalmare
 (Teuthoidea)
 ↗Vampirtintenschnecken
 (Vampyromorpha)
 ↗Kraken
 (Octopoda)

noch in segmentaler Anordnung die Ganglien der einzelnen K.segmente. Sie sind zum ↗Gehirn verschmolzen: Ober- u. Unterschlundganglion. Das ↗Oberschlundganglion setzt sich aus dem ↗Proto-, ↗Deuto- u. ↗Tritocerebrum zus. (☐ Gehirn). Die entsprechenden K.segmente werden als Proto-, Deuto- u. Tritocephalon bezeichnet. Der die Mundwerkzeuge tragende K.abschnitt wird ↗Gnathocephalon gen. und hat im Innern entsprechend 3 Paar Ganglien. – Der K. ist nur bei Tausendfüßern u. Insekten vom folgenden Körper deutl. abgesetzt. Bei den Chelicerata verschmilzt er mit folgenden Rumpfsegmenten zum Prosoma, bei vielen Krebsen zu einem ↗Cephalothorax. ↗Cephalisation; ☐ Insekten, [T] Gliederfüßer, [B] Gliederfüßer I. *A. K./H. P.*

Kopfbein, *Kapitatum, Os capitatum,* distaler Handwurzelknochen der Tetrapoden, an der Basis des dritten Mittelhandknochens (Metacarpale III) gelegen. ☐ Hand.
Kopfbildung, die ↗Cephalisation; ↗Kopf.
Kopfbrust, der ↗Cephalothorax; ↗Brust, ↗Kopf, ↗Krebstiere.
Köpfchen, *Cephalium, Capitulum,* ↗Blütenstand (☐). [↗Mucorales.
Köpfchenschimmel, *Mucor,* Gatt. der
Kopfdarm, *Schlunddarm, Cephalogaster,* vorderer Teil der embryonalen Darmanlage v. Wirbeltieren, der später mit der ektodermalen Mundbucht (Stomodaeum) in Verbindung tritt.
Kopfdrüsen, 1) bei Gliederfüßern u. a. die ↗Antennen-, ↗Labial-, ↗Maxillar- u. ↗Mandibeldrüsen; ventrale K. (Ventraldrüsen) sind bei hemimetabolen Insektenlarven Hormondrüsen, die im Labialsegment des Kopfes liegen; sie bilden Häutungshormone wie die dort fehlenden Prothoraxdrüsen, denen sie vermutl. homolog sind (↗Häutung, ↗Häutungsdrüsen). 2) bei Säugetieren: ↗Gesichtsdrüsen, ↗Duftorgane, ↗Brunstfeige; ↗Hautdrüsen.
Kopfdüngung, Düngung des pflanzenbestandenen Bodens mit leicht lösl., schnell wirksamen, für die Pflanzen unschädl., meist stickstoffhalt. Düngern. [ceae.
Kopfeibengewächse, die ↗Cephalotaxa-
Kopffortsatz, beim Warmblüter-Embryo irreführende Bez. für die frühe Chorda-Anlage.
Kopffüßer, *Tintenschnecken,* (irreführende Bez.) *Tintenfische*), *Cephalopoda,* Kl. der schalentragenden Weichtiere, die mit ca. 750 Arten nur im Meer vertreten ist u. dort mit den ↗Riesenkalmaren die größten Wirbellosen stellt. Die K. unterscheiden sich vergleichend-anatom., physiolog. u. entwicklungsgesch. von allen anderen Weichtieren. Die Körperlängsachse ist stark verkürzt, das Wachstum erfolgt be-

Bei K vermißte Stichwörter suche man auch unter C und Z.

KOPFFÜSSER

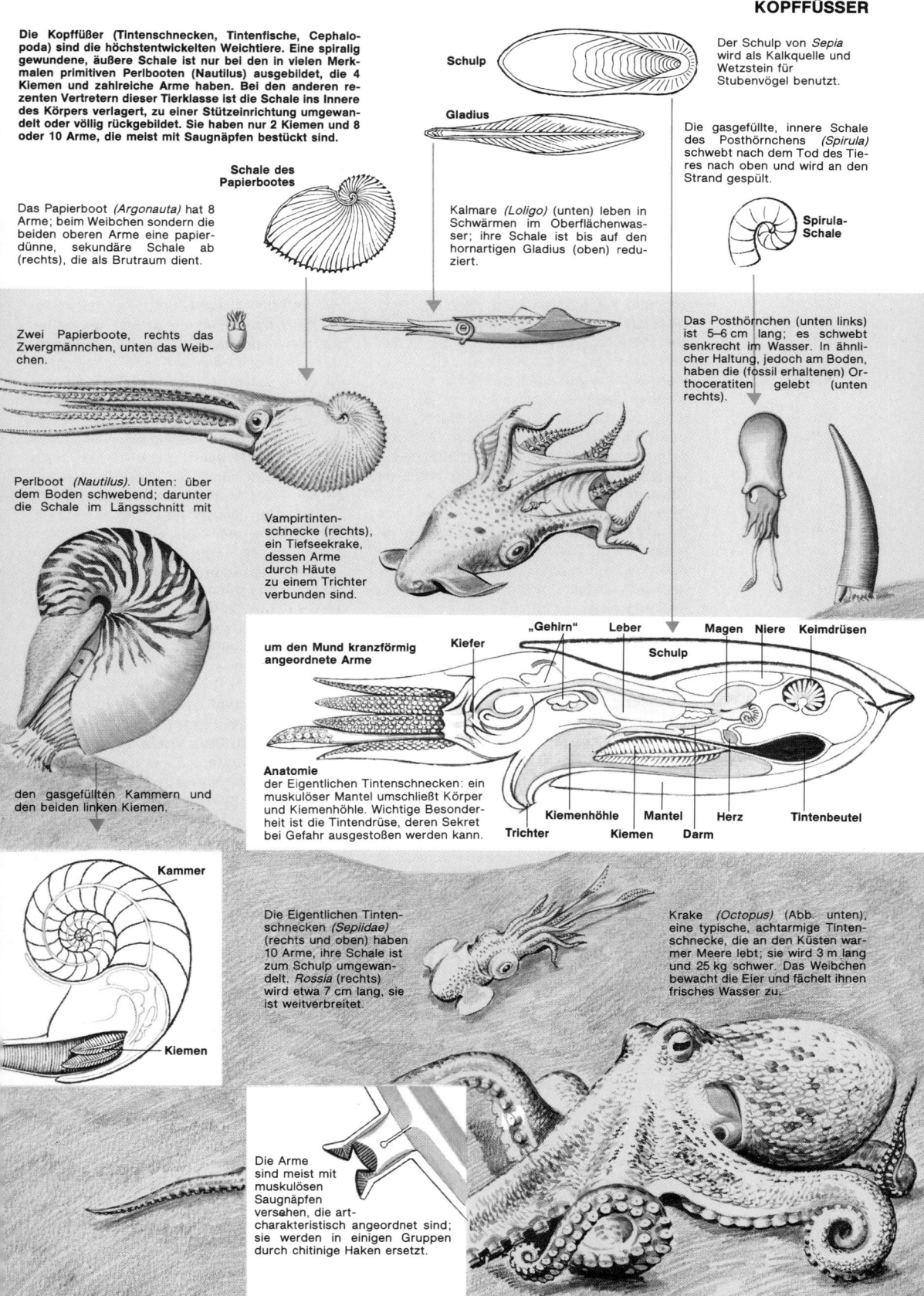

Die Kopffüßer (Tintenschnecken, Tintenfische, Cephalopoda) sind die höchstentwickelten Weichtiere. Eine spiralig gewundene, äußere Schale ist nur bei den in vielen Merkmalen primitiven Perlbooten (Nautilus) ausgebildet, die 4 Kiemen und zahlreiche Arme haben. Bei den anderen rezenten Vertretern dieser Tierklasse ist die Schale ins Innere des Körpers verlagert, zu einer Stützeinrichtung umgewandelt oder völlig rückgebildet. Sie haben nur 2 Kiemen und 8 oder 10 Arme, die meist mit Saugnäpfen bestückt sind.

Der Schulp von *Sepia* wird als Kalkquelle und Wetzstein für Stubenvögel benutzt.

Schulp

Gladius

Die gasgefüllte, innere Schale des Posthörnchens (*Spirula*) schwebt nach dem Tod des Tieres nach oben und wird an den Strand gespült.

Schale des Papierbootes

Das Papierboot (*Argonauta*) hat 8 Arme; beim Weibchen sondern die beiden oberen Arme eine papierdünne, sekundäre Schale ab (rechts), die als Brutraum dient.

Kalmare (*Loligo*) (unten) leben in Schwärmen im Oberflächenwasser; ihre Schale ist bis auf den hornartigen Gladius (oben) reduziert.

Spirula-Schale

Zwei Papierboote, rechts das Zwergmännchen, unten das Weibchen.

Das Posthörnchen (unten links) ist 5–6 cm lang; es schwebt senkrecht im Wasser. In ähnlicher Haltung, jedoch am Boden, haben die (fossil erhaltenen) Orthoceratiten gelebt (unten rechts).

Perlboot (*Nautilus*). Unten: über dem Boden schwebend; darunter die Schale im Längsschnitt mit den gasgefüllten Kammern und den beiden linken Kiemen.

Vampirtintenschnecke (rechts), ein Tiefseekrake, dessen Arme durch Häute zu einem Trichter verbunden sind.

Anatomie der Eigentlichen Tintenschnecken: ein muskulöser Mantel umschließt Körper und Kiemenhöhle. Wichtige Besonderheit ist die Tintendrüse, deren Sekret bei Gefahr ausgestoßen werden kann.

um den Mund kranzförmig angeordnete Arme — Kiefer — „Gehirn" — Leber — Magen — Niere — Keimdrüsen — Schulp — Kiemenhöhle — Trichter — Kiemen — Mantel — Darm — Herz — Tintenbeutel

Kammer

Kiemen

Die Eigentlichen Tintenschnecken (Sepiidae) (rechts und oben) haben 10 Arme, ihre Schale ist zum Schulp umgewandelt. *Rossia* (rechts) wird etwa 7 cm lang, sie ist weitverbreitet.

Krake (*Octopus*) (Abb. unten), eine typische, achtarmige Tintenschnecke, die an den Küsten warmer Meere lebt; sie wird 3 m lang und 25 kg schwer. Das Weibchen bewacht die Eier und fächelt ihnen frisches Wasser zu.

Die Arme sind meist mit muskulösen Saugnäpfen versehen, die artcharakteristisch angeordnet sind; sie werden in einigen Gruppen durch chitinige Haken ersetzt.

Kopffüßer

vorzugt im Bereich des Eingeweidesacks, der sich hochkuppelförm. über den Kopf-Fuß-Bereich erhebt. Aus hydrodynam. Gründen wird die durch den Eingeweidesack verlaufende Hauptachse horizontal gekippt. Beim schwimmenden K. ist so die primäre Vorderseite oben, die Hinterseite unten usw. Der wohlentwickelte Kopf trägt auffällig große, leistungsfähige Augen; der Fuß ist stark umgestaltet: zu den Fangarmen, die um den Mund stehen, und zum „Trichter", der bei den Perlbooten aus 2 Lappen, bei den übrigen K.n aus einem Rohr besteht, das aus der Mantelhöhle unter dem Kopf herausführt. Nur das Perlboot hat eine äußere, gekammerte Schale. Bei allen übr. rezenten K.n ist die Schale ins Innere verlagert u. stark od. völlig reduziert; äußerer Abschluß des Körpers ist der Muskel-↗Mantel. Kontrahiert er sich, so wird das Wasser aus der ↗Mantelhöhle durch den Trichter ausgestoßen, wodurch sich der K. nach dem Rückstoßprinzip bewegt. Der biegsame Trichter bestimmt die Bewegungsrichtung. Daneben sind oft muskulöse Hautsäume (Flossen) vorhanden, die zum langsamen Schwimmen benutzt werden. Die Schwimmlage kann durch unterschiedl. Füllen der verbliebenen Schalenkammern mit Flüssigkeit u. Gas reguliert werden. Die Körperoberfläche wird v. einem einschicht. Epithel gebildet; in die darunterliegende, mesodermale Unterhaut sind Chromatophor-Organe (↗Chromatophoren, ↗Farbwechsel) u. ↗Flitterzellen eingebettet, deren Muster ein Tarnkleid bildet, aber durch nervöse Steuerung auch Stimmungen widerspiegeln kann (Erregung, Paarungsbereitschaft). In der Haut können Leuchtorgane (↗Leuchtorganismen) liegen, v. a. auf der Unterseite. Das Leuchten wird durch symbiont. Bakterien (↗Leuchtsymbiose, bei *Sepioidea*) od. durch Luciferin-Luciferase (↗Biolumineszenz) erzeugt (bei *Teuthoidea*) u. kann an einem Tier verschiedenfarbig sein (↗Wunderlampe). Die K. sind carnivor; sie ernähren sich meist v. Fischen, Krebsen, Muscheln, in der Tiefsee v. Schlangensternen u. Ringelwürmern; wenige K. leben v. Plankton (↗ *Chiroteuthis*). Die Saugnäpfe der Arme, bei manchen mit Haken bewehrt, halten die Beute u. führen sie zum Mund; 2 Kiefer, einem umgekehrten Papageienschnabel ähnl., töten das Opfer u. schneiden Stücke heraus; die Reibzunge transportiert diese in den Schlund, wo sie mit dem Sekret mehrerer Speicheldrüsen vermischt u. in Speiseröhre, Vormagen u. Magen weitergeleitet werden. Die angedaute Nahrung wird in einem Blindsack (Caecum) weiter abgebaut u. resorbiert, auch in Teilen der Mitteldarmdrüse („Leber" u. „Pankreas") u. des Mitteldarms. Letzterer biegt nach vorn um; der Enddarm mündet hinter dem Trichter in die Mantelhöhle; in seinen Endabschnitt tritt der v. der ↗Tintendrüse kommende Gang ein. Der Kreislauf ist wesentl. leistungsfähiger als der anderer Weichtiere; er ist fast, bei manchen wohl ganz geschlossen. Das arterielle Herz wird v. Kiemenherzen u. kontraktilen Gefäßen unterstützt. Der Gasaustausch erfolgt über 4 (Perlboot) od. 2 Kiemen (übrige K.) in der Mantelhöhle (B Atmungsorgane II). Als Exkretionsorgane sind 4 (Perlboot) od. 2 Nierensäcke ausgebildet, die mit dem Herzbeutel verbunden sind; die Harnleiter münden in die Mantelhöhle. Das Nervensystem ist hochentwickelt; die wichtigsten Ganglien sind zu einem „Gehirn" verschmolzen (☐ Gehirn), spezielle Riesenfasersysteme dienen der schnellen Erregungsleitung (B Nervenzelle I–II). Das Perlboot bietet noch primitive Merkmale (z. B. Markstränge); die höchste Konzentration findet sich bei den Kraken, deren Gehirn über 40 Lappen sowie Rinden- u. Markschicht aufweist. Bei Schwimmern dominiert der Licht-, bei Bodentieren der Tastsinn. Die Augen (☐ Auge) stehen auf sehr unterschiedl. Entwicklungsstufen: vom Loch-↗Kameraauge (Perlboot) bis zum ↗Linsenauge mit Sekundärlid *(Myopsida)*. Die Stäbchen sind dem Licht zugewandt (everse Augen, B Netzhaut). Statocysten sind in die Knorpelkapsel eingebettet, die das Gehirn schützend umgibt. Die K. sind getrenntgeschlechtl. u. haben 1 Keimdrüse; Sexualdimorphismus ist häufig, bei den ♂♂ ist meist ein Arm zum ↗Hectocotylus umgewandelt. Dieser überträgt die Spermatophore in bes. Taschen des ♀; dort werden die Spermien durch einen „ejakulatorischen Apparat" aus der Spermatophore ausgestoßen. Die befruchteten, dotterreichen, meist in Gruppen abgelegten Eier furchen sich diskoidal; der Embryo ernährt sich vom Dotter. Die Jungtiere schlüpfen mit einem typ. Pigmentmuster; sie wachsen schnell heran. Die Lebenserwartung übersteigt selten 3 Jahre. Die K. werden vom Menschen als Nahrung geschätzt: 1981 wurden offiziell Fänge von rund 1,3 Mill. t registriert; v. a. die schwarmbildenden Kalmare ergeben Massenfänge. B 103, B Weichtiere. *K.-J. G.*

Kopfholzwirtschaft, *Kopfholzbetrieb,* spezielle Form der Niederwaldwirtschaft, bei der geeignete Gehölze (v. a. Weiden-Arten) in 1–2 m Höhe gekappt („geköpft") u. die sich bildenden Stockausschläge alle 3–6 Jahre als Flechtruten od. Faschinenholz abgeschnitten werden. Mit dem Rückgang dieser Wirtschaftsform in Mitteleuropa ist auch das fr. vielerorts landschaftsprägende Element der „Kopfweiden" heute weitgehend verschwunden.

Kopfhornschröter, *Sinodendron cylindricum,* ↗ Hirschkäfer.

Kopfkäfer, *Broscus cephalotes,* ↗ Laufkäfer.

Kopfkappe, aus zwei umgewandelten Armen entstandener fleischiger Wulst auf der Dorsalseite des Kopfes v. ↗ *Nautilus* zum Abdecken der Mündung; wahrscheinl. – wenn auch häufig bestritten – dem Opercularapparat v. Ammoniten homolog.

Kopfkohl ↗ Kohl.

Kopflappen, *Stirnlappen, Protomiden,* ↗ Prostomium, ↗ Cephalisation.

Kopflaus, *Pediculus capitis (Pediculus humanus capitis),* Art der ↗ Anoplura (Fam. *Pediculidae),* auch als U.-Art der Kopf- u. Kleiderlaus (Menschenläuse, *Pediculus humanus*) betrachtet; in Bau u. Lebensweise ähnl. der ↗ Kleiderlaus *(Pediculus corporis).* Die 2–3,5 mm große K. lebt jedoch in der Kopfbehaarung des Menschen; die Eier (Nissen) werden an die Haare geklebt. Bei starkem Befall kann das Haar zu dem sog. Weichselzopf verfilzen. Bedeutend sind die K. zus. mit den anderen Läusen des Menschen als Überträger v. Krankheiten (T Kleiderlaus). B Insekten I, B Parasitismus II.

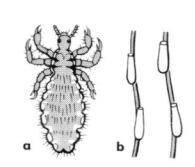

Kopfnicker, *Kopfdreher, Kopfwender, Musculus sternocleidomastoideus,* Muskel, der bei Säugern u. Mensch in zwei Anteilen vom Brustbein u. Schlüsselbein zum Warzenfortsatz (= untere Vorwölbung) des Schläfenbeins zieht; ermöglicht Kopfbewegungen in sagittaler u. transversaler Richtung (Nicken u. seitliches Neigen).

Kopfried, *Schoenus,* Gatt. der Sauergräser mit ca. 100 Arten, davon nur 2 in Europa; horstbildende Pflanzen mit borstl. Blättern; mehrere Ährchen mit je 2–3 zwittr. Blüten stehen in schwärzl. Köpfchen. Man findet sie in basenreichen Quell- u. Flachmooren. *S. nigricans,* das Schwarze K., und *S. ferrugineus,* das Rostrote K. (nach der Farbe der Blattscheiden ben.), sind nach der ↗ Roten Liste „stark gefährdet" bzw. „gefährdet".

Kopfrippen, am Schädel v. stammesgesch. alten Fischgruppen (Störe u. Lungenfische) vorhandene Rippen.

Kopfsalat ↗ Lattich.

Kopfschild, 1) *Clypeus,* Teil der ↗ Mundwerkzeuge der ↗ Insekten (□). **2)** *Cephalon,* ↗ Trilobiten. **3)** ↗ Eidechsen (□).

Kopfschildschnecken, *Cephalaspidea,* Ord. der Hinterkiemer mit 13 Fam. (vgl. Tab.), meist mit äußerem Gehäuse, das bei manchen K. vom Mantel umschlossen wird. Die altertüml. Formen haben einen Deckel, ein chiastoneures Nervensystem sowie weitere Merkmale, die die K. als Übergangsgruppe v. den Vorder- zu den Hinterkiemern charakterisieren. Der Kopf bildet meist einen abgeflachten Schild (Name), mit dem sich die K. auf der Suche nach ihrer Nahrung (Kammerlinge, Ringelwürmer, Muscheln) durch das Sediment graben. Die K. sind ⚥; meist führt eine offene, bewimperte Samenrinne zum rechts vorn gelegenen Penis.

Kopfschlagader, *Kopfarterie,* die ↗ Halsschlagader.

Kopfskelett ↗ Hirnschädel, ↗ Kieferschä-

Kopfsoral ↗ Sorale.   [del.

Kopfsteher, *Anostomidae,* Familie der ↗ Salmler.

Kopfuhr, Bez. für die Fähigkeit mancher Menschen, ohne äußeren Zeitgeber vorsatzgemäß zu erwachen od. am Tage aufgrund endogener physiolog. oder psycholog. Zeitmessung Termine exakt einzuhalten. ↗ Chronobiologie.

Kopfwollgrassumpf, *Eriophoretum Scheuchzeri,* Assoz. der ↗ Caricetalia nigrae.

Koppelung, *Kopplung,* **1)** *linkage,* die gemeinsame Weitergabe v. Genen der gleichen K.sgruppe auf die Nachkommen (↗ Faktoren-K.). ↗ Chromosomen (B I). **2)** energetische K., ↗ chemisches Gleichgewicht.

Koppelungsbruch ↗ Chromosomen (B I), ↗ Crossing over.

Koppelungsgruppe ↗ Chromosomen.

Koppelungswert, prozentualer Anteil der Gameten, bei denen gekoppelte Gene (↗ Faktorenkoppelung) gemeinsam vererbt wurden, d.h. kein Koppelungsbruch erfolgte, bezogen auf die Gesamtzahl der Gameten. ↗ Austauschhäufigkeit, ↗ Chromosomen (B I–II).

Köppen, *Wladimir Peter,* dt. Meteorologe russ. Herkunft, * 25. 9. 1846 St. Petersburg, † 22. 6. 1940 Graz; 1875–1918 an der Dt. Seewarte Hamburg; schuf eine nach ihm ben. ↗ Klima-Klassifikation, in der die Abhängigkeit der geogr. Verteilung der Vegetation v. Klima erfaßt wird.

Kopra s [port., v. Malayalam kopparah], ↗ Kokospalme.   [dae.

Koprakäfer, *Necrobia rufipes,* ↗ Coryneti-

Koprochrome [Mz.; v. *kopro-, gr. chrôma = Farbe], Gruppe v. Fäkalpigmenten, v.a. Urobilin u. Stercobilin, die im Darm durch bakteriell-enzymat. Abbau v. ↗ Bilirubin (↗ Gallenfarbstoffe) entstehen.

Koprolithen [Mz.; v *kopro-, gr. lithos = Stein], *Kotsteine,* in der Paläontologie Sammelbez. für versteinerte Exkremente in meist phosphat. Erhaltung. Da diese oft unverdaute Speisereste enthalten, geben sie Auskunft über Ernährungsweisen ihrer

Kopflaus
a Kopflaus *(Pediculus capitis),* b deren Eier (Nissen) einzeln an Haare geklebt

Kopfschildschnecken
Wichtige Familien:
Acteonidae (↗ Drechselschnecke)
Atyidae (↗ *Atys*)
↗ Blasenschnecken *(Bullidae)*
↗ Bootsschnecken *(Scaphandridae)*
Diaphanidae (↗ *Diaphana*)
Hydatinidae (↗ *Hydatina*)
Retusidae (↗ *Retusa*)
Ringiculidae (↗ *Ringicula*)
↗ Seemandeln *(Philinidae)*

kopro- [v. gr. kopros = Mist, Kot].

Bei K vermißte Stichwörter suche man auch unter C und Z.

Koprophagen Erzeuger, die in vielen Fällen ermittelt werden konnten. Bekannt sind K. von Wirbellosen, meist aber v. Fischen, Reptilien u. Säugern, bes. v. Raubtieren; belegt seit dem Ordovizium.

Koprophagen [Mz.; Bw. *koprophag;* v. gr. koprophagos = Mist fressend], *Kotfresser, Coprophaga,* Bez. für Tiere, die sich v. den Exkrementen anderer Tiere ernähren (⬈Ernährung), v. a. Insekten (z. B. Pillendreher); Kotfressen *(Koprophagie)* findet sich in Form der sog. *Coecotrophie* auch bei Hasenartigen (⬈Blinddarmkot).

koprophil [v. *kopro-, gr. philos = Freund], Bez. für Tiere u. Pflanzen, die vorzugsweise auf Kot (Dung) leben bzw. sich dort häufig aufhalten (z. B. viele Nematoden, Mistkäfer u. a.). Ggs. *koprophob* (z. B. Weidetiere, die erst in gewissem Abstand v. ihren Exkrementen grasen). ⬈Dungpilze.

koprophile Pilze [v. *kopro-, gr. philos = Freund], die ⬈Dungpilze.

Koproporphyrine [Mz.; v. *kopro-, gr. porphyra = Purpur], bei der Biosynthese v. ⬈Häm gebildete Zwischenprodukte, die normalerweise in geringen Mengen in Harn u. Kot enthalten sind. Das Auftreten größerer Mengen von K.n deutet auf Defekte im Porphyrinstoffwechsel hin (⬈Porphyrinurie).

Koprostanol *s* [v. *kopro-], *Koprosterin,* bildet sich aus ⬈Cholesterin unter Wirkung v. Darmbakterien durch Hydrierung der Doppelbindung u. wird mit dem Kot ausgeschieden.

Kopulation *w* [Ztw. *kopulieren;* v. lat. copulatio = Verbindung, Vereinigung], **1)** Bot.: eine bes. Art der ⬈Pfropfung; dabei wird das Veredelungs-*Reis* mit der gleichstarken *Unterlage* über schräge Anschnitte miteinander verbunden. **2)** Zool.: *Copula,* die ⬈Begattung. Einige Sonderformen: *Dauercopula* (z. B. bei ⬈*Diplozoon*); *Praecopula* (z. B. bei ⬈Flohkrebsen); *dermale K.* = hypodermale Injektion (z. B. bei Egeln = ⬈*Hirudinea,* Myzostomiden u. Onychophoren).

Kopulationsapparat, der ⬈Genitalapparat (der Insekten).

Kopulationsfüße, die ⬈Genitalfüße.

Kopulationsorgane, die ⬈Begattungsorgane; ⬈Geschlechtsorgane (□). Als *primär* gelten die unmittelbar an die männl. ⬈Gonodukte anschließenden K. (Penis), als *sekundär* die anderen, wie z. B. bei ⬈Spinnentieren (Pedipalpus als Spermapumpe), Zehnfußkrebsen (⬈*Decapoda,* ⬈Libellen, ⬈Kopffüßern (⬈Hectocotylus).

Korakan *s* [v. span. coracán = Armenbrot (Pfl.)], *Eleusine coracan,* ⬈Fingerhirse.

Korallen, 1) skelettbildende ⬈Hohltiere; i. d. R. bezeichnet man so v. a. die

kopro- [v. gr. kopros = Mist, Kot].

⬈Stein-K. *(Anthozoa);* hierher gehören jedoch u. a. auch Vertreter der ⬈*Hydrozoa* (z. B. ⬈Feuer-K.). Viele K. kommen nur in trop. Flachmeerzonen vor, da sie in Symbiose mit photosynthet. aktiven Algen leben (⬈Endosymbiose) und Temp. unter 20 °C nicht ertragen. K. sind die Erbauer der ⬈*K.riffe* (⬈Riff). □ Dörnchen-K., □ Edel-K., □ Feuer-K. B Hohltiere II, III. **2)** Als „K." werden auch bestimmte ⬈Moostierchen bezeichnet, deren Zoide so viel Kalk abscheiden, daß die Kolonie das Aussehen von Stein-K. bekommt; v. a. das leuchtend rote ⬈*Myriozoum truncatum* (it.: falso corallo), aber auch Vertreter der U.-Ord. *Cancellata,* z. B. ⬈*Hornera.* Ökolog. bedeutsam durch Bildung sekundärer Hartböden. **3)** Ähnl. sind die Kalk-Rotalgen *(⬈Corallinaceae),* die ebenfalls sekundäre Hartböden (in diesem Fall: „Corallinenböden") bilden.

Korallenbarsche, die ⬈Riffbarsche.

Korallenfinger, *K.laubfrosch, Litoria* (fr. *Hyla) caerulea,* austr. Laubfrosch der Fam. ⬈Pelodryadidae.

Korallenfische, Sammelbez. für Fische aus verschiedenen Ord., die im Bereich der Korallen-⬈Riffe leben. Viele haben einen hohen, seitl. abgeflachten, oft prächt. gefärbten Körper, wie Schmetterlingsfische (⬈Borstenzähner), ⬈Drückerfische, ⬈Doktorfische u. viele ⬈Riffbarsche. Die Färbung dient z. T. der Partnerbindung u. Reviermarkierung, aber auch zur Tarnung durch Konturenauflösung. Entspr. der unterschiedl. Lebensräume im Riff variiert auch die Körperform stark; langgestreckt sind z. B. die ⬈Flötenmäuler, ⬈Trompetenfische, ⬈Seenadeln u. ⬈Muränen. Oft dienen in den Ggs. zu anderen Fischen Brust-, Rücken- u. Afterflossen als Hauptantriebsflossen beim Schwimmen. Überwiegend pflanzl. Aufwuchs weiden verschiedene Borstenzähner, die Kaninchen- u. Doktorfische (i. e. S.) ab; andere ernähren sich von Pflanzen u. Tieren; auf Korallenpolypen als Beute sind einige spitzschnauzige Schmetterlingsfische, ⬈Papagei- u. ⬈Kugelfische spezialisiert, letztere können mit ihren kräft. Zähnen besiedelte Kalkstückchen abbrechen u. zerkauen. Eine bes. Form des Zusammenlebens mit Polypen hat die Gatt. ⬈Anemonenfische der Riffbarsche entwickelt. B Fische VIII, B Rassen- und Artbildung.

Korallenfischkrankheit, durch Schwärmzellen hpts. des Dinoflagellaten *Oodinium ocellatum* hervorgerufene Seuche bei trop. Meeresfischen; Symptome: Hauttrübung u. Kiemenentzündung.

korall- [v. gr. korallion = Koralle].

Korallenflechten, volkstüml. Bez. für einige korallenartig verzweigte ⬈*Cladonia*-Arten.

Bei K vermißte Stichwörter suche man auch unter C und Z.

Korallenmoos, 1) *Korallenflechte,* volkstüml. Bez. für strauch- od. korallenartig verzweigt ↗Becherflechten. **2)** *Hydrallmannia falcata,* Vertreter der *Sertulariidae* mit gedrehtem Hauptstamm u. federförmig verästelten Zweigen; der Polypenstock erreicht 45 cm Höhe. K. wächst auf harter Unterlage (Fels, Schalen) u. kommt sehr häufig bestandsbildend an der dt., niederländ., engl. u. ostam. Küste vor. Es wird, zus. mit dem verwandten ↗Zypressenmoos, seit alters her getrocknet u. gefärbt zu Kränzen usw. verarbeitet (↗Seemoos).

Korallenpilze, Ständerpilze (Nichtblätterpilze) mit korallenförm. Fruchtkörper; hpts. *Clavulina*-Arten (Fam. *Clavulinaceae*), die Ziegenbärte (Fam. *Gomphaceae*) u. die Wiesenkorallen (Fam. *Clavariaceae*). – Die *Clavariaceae* (Keulen- u. Korallenpilze), Gatt. *Clavaria, Clavariadelphus, Clavulinopsis,* bilden einen zylindr. bis keulenförm., meist unverzweigten Fruchtkörper aus; die Keulen erscheinen einzeln od. büschelartig, auch mit gemeinsamer Basis; sie sind alle Bodenbewohner. Die Vertreter der *Clavulinaceae,* die K. i. e. S., besitzen einen Fruchtkörper mit kurzem Basalteil, der mehr od. weniger stark verzweigt ist. Die Sporen werden an den Ästen u. Zweigen der Korallen u. der Außenseite der Keulen gebildet, die v. der Fruchtschicht (Hymenium) bekleidet sind; die meisten Arten sind fleischig.

Korallenriffe, von *hermatypen* (riffbildenden) ↗Korallen u. anderen Organismen, darunter vielen Rotalgen (↗Korallen 3), aufgebaute ↗Riffe in flachem, gut durchlichtetem Wasser trop. Meere.

Korallensand, in unmittelbarer Nähe v. Korallenriffen auf Sandkorngröße bis maximal 2 mm ⌀ zerriebener Detritus.

Korallenschlangen, Gruppe (mit 3 Gatt.) der Giftnattern; v. den USA bis S-Amerika (v. a. aber im trop. Amerika u. in Mexiko) verbreitet; ca. 60–90 cm lang; Pupille senkrecht, geschlitzt; mit auffäll. Färbung und Zeichnung (rote, gelbe oder weiße, schwarze Querringe); verborgen in Erdlöchern, zw. dichtem Pflanzenwuchs od. unter Steinen lebend, nachtaktiv; ernähren sich v. kleinen Reptilien, seltener v. Kleinsäugern, Amphibien, Jungvögeln. Kiefer nur wenig dehnbar; Giftzähne meist klein; Wirksamkeit des Giftes sehr groß; beim Biß ausgeschiedene Giftmenge gering, beißen jedoch mehrmals zu; Verletzungen beim Menschen selten, aber gefährlich. – Artenreichste Gatt. *Micrurus* mit ca. 40 Arten: Harlekin-K. (*M. fulvius,* [B] Nordamerika VII), beheimatet in den südöstl. USA u. Mexiko; besitzt neben den beiden Giftzähnchen im kurzen Oberkiefer keine anderen Zahnbildungen; Kopf einfarbig schwarz; Körper breit rot u. schwarz (schmal gelbgesäumt) geringelt; ernährt sich v. a. von Schlangen; verbirgt bei Gefahr Kopf unter den Körperschlingen, bewegt statt dessen Schwanz hin u. her; größte Art: Riesen-K. (*M. spixii,* bis 1,50 m lang). Trockengebiete bevorzugt die in SO-Arizona u. W-Mexiko beheimatete, zur Gatt. *Micruroides* gehörende Arizona-K. (*M. euryxanthus,* knapp 60 cm lang); jederseits mit 1 größeren Giftzahn u. einer weiteren, winzigen u. ungefurchten Zahnbildung im Oberkiefer; Körper rot-gelb-schwarz geringelt. Bei der Gatt. *Leptomicrurus* ist der gelbe Farbanteil vorherrschend, der rote fehlt; mit ca. 400 Bauchschienen (verbreiterte Schuppen); in S-Amerika (O-Flanke der Anden v. Kolumbien bis Peru) beheimatet. [B] Südamerika V.

Korallenschnecken, *Coralliophilidae,* fr. *Magilidae,* Fam. der Stachelschnecken, Meeresschnecken sehr verschiedener Form u. Größe des Gehäuses, meist klein, einige bis 10 cm hoch, weiß. Die Mündung ist unten zu einem Siphonalkanal ausgezogen. Die ♀♀ behalten die Eikapseln in ihrer Mantelhöhle, bis die Veligerlarven ausgeschlüpft sind. Die K. sind an das Leben an Korallen angepaßt: ihre Radula ist reduziert, sie saugen an den Korallen. Die K. umfassen 6 Gatt. mit zahlr. Arten; die meisten gehören zu ↗ *Coralliophila* und ↗ *Latiaxis.*

Korallenstrauch, 1) *Erythrina crista-galli,* südam. ↗Hülsenfrüchtler. **2)** *Solanum pseudocapsicum,* auf Madeira heim., strauchiges Nachtschattengewächs mit weißen Blüten u. kirschgroßen, roten Beeren; wird auch als Topfpflanze kultiviert.

Korallenwurz, *Corallorhiza,* saprophyt. Gatt. der Orchideen; *C. trifida* ist die einzige bei uns vorkommende Art; meist gelbl.-bräunl. gefärbt, besitzt nur schuppenförm. Blätter u. wenige, grünl. Blüten; der Wurzelstock zeigt korallenart. Verzweigungen. Die Art wächst in moosreichen Wäldern; nach der ↗Roten Liste „gefährdet".

Korbblütler, K.gewächse, *Asteraceae, Compositae,* mit rund 25 000 Arten in etwa 1100 Gatt. eine der größten Fam. der Blütenpflanzen u. einzige Fam. der Korbblütlerartigen od. Korbblütigen (*Asterales*). Weltweit verbreitete Kräuter u. Stauden sowie (Halb-)Sträucher und z.T. hohe Bäume mit Verbreitungsschwerpunkten in den semiariden Gebieten der Tropen u. Subtropen (z. B. in den Steppengebieten N- und S-Amerikas, im Mittelmeerraum und S-Afrika). Charakterist. für die K. sind die v. einer ein- bis mehrreihigen Hülle aus z. T. sehr unterschiedl. geformten Hoch-

---

korall- [v. gr. korallion = Koralle].

Korallenpilze
Gattungen mit korallenförm. Fruchtkörpern (Auswahl):
Clavulina
(Koralle)
Clavulinopsis
(Wiesenkoralle)
Ramaria
(Ziegenbart), z. B. Bärentatze od. Hahnenkamm (*R. botrytis* Rick.)
Sparassis
(Glucke)

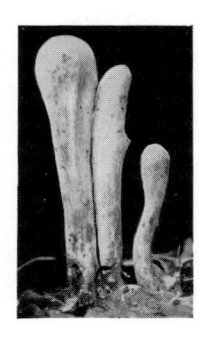

Korallenpilze
Herkuleskeule (*Clavariadelphus pistillaris = Clavaria p.*), gelbbräunl., bis 15 cm hoher und 5 cm dicker Keulenpilz; vereinzelt in Buchenwäldern; eßbar

---

Bei K vermißte Stichwörter suche man auch unter C und Z.

Korbblütler

blättern (Involucrum) umgebenen, als *Köpfchen* od. *Körbchen* bezeichneten ↗Blütenstände (B), die bisweilen wiederum zu unterschiedl. gestalteten sekundären Blütenständen zusammentreten können. Die auf dem kegel- bis schüsselförm., manchmal hohlen Köpfchenboden aufsitzenden, meist recht zahlr. Einzelblüten sind überwiegend klein u. unscheinbar u. stets proterandrisch. Ihre 5zähl. Krone ist entweder radiär u. röhren- bis trichterförmig (Röhrenblüten) od. aber zygomorph und 2lippig bis zungenförmig (Zungenblüten). Die 5 in die Krone eingefügten Staubblätter bilden durch Verklebung ihrer Antheren eine Röhre, in die der Pollen entleert wird. Letzterer wird dann v. dem außen mit Fegehaaren besetzten, erst später reifenden Griffel an die Oberfläche des Köpfchens emporgeschoben. Der unterständ., 2blättrige Fruchtknoten ist 1fächerig u. enthält nur eine Samenanlage, aus der eine als ↗Achäne bezeichnete, trockene Schließfrucht hervorgeht, die in Form, Farbe u. Größe sehr unterschiedl. gestaltet sein kann. Da kein Endosperm vorhanden ist, enthalten die Keimblätter des Embryos Speicherstoffe (z. B. fette Öle). Verbreitet werden die Samen oft durch den an der reifen Frucht verbleibenden, zu einem Flug- od. Klammerorgan (Haarkrone [Pappus] od. Haken, Dornen u. ä.) umgewandelten Blütenkelch. Die Tragblätter der Blüten fehlen entweder od. treten als haar- od. schuppenförm. Spreublätter in Erscheinung. Die Blüten eines Köpfchens können im Geschlecht (zwittrig, ♀ oder steril) u. in der Gestalt u. Farbe gleich od. unterschiedl. sein. Oft werden unscheinbare, kleine Scheibenblüten v. größeren, leuchtend gefärbten Randblüten (Strahlenblüten) umgeben, wodurch ein einzelblütenart. Schauapparat (Pseudanthium) entsteht. – Die K. gelten als eine verhältnismäßig junge, noch in Entwicklung begriffene Fam. Ihre systemat. Untergliederung ist daher schwierig u. uneinheitlich u. wird noch erschwert durch die in verschiedenen Verwandtschaftskreisen auftretende, durch Apomixis verursachte Formenvielfalt. Heute werden die K. in 2 U.-Fam. mit insgesamt 17 Gatt.-Gruppen (Triben) eingeteilt (vgl. Tab.). – Für die U.-Fam. *Lactucoideae* (*Cichorioideae*) charakterist. sind meist homogame Köpfchen aus 2lippigen oder zungenförm. Blüten od. strahlende bzw. scheibenförm. Köpfchen mit Fadenblüten. Die Scheibenblüten sind i. d. R. mit langen, schmalen Zipfeln ausgestattet. Einige Gatt.-Gruppen dieser U.-Fam. weisen gegliederte Milchröhren auf. Für die U.-Fam. *Asteroideae* charakterist. sind heterogame, strahlende od. scheibenförm. Köpfchen, deren meist gelbe Scheibenblüten i. d. R. kurze, breite Kronzipfel besitzen. Viele der zu dieser U.-Fam. gehörigen Arten weisen in ihren vegetativen Organen schizogene Exkretgänge auf, in denen äther. Öl, Harz, Balsam u. ä. abgeschieden wird. Weitere v. den K.n produzierte sekundäre Stoffwechselprodukte sind, neben vielen phenol. Verbindungen, Alkaloide (v. a. Pyrrolizidin-A.), cyanogene Glykoside, Kautschuk, bittere, oft giftige Sesquiterpenlactone, Acetylen-Verbindungen u. Phytomelane. Anstelle v. Stärke die-

Korbblütler

Die wichtigsten Gattungsgruppen (Triben, Tr) und Gattungen:

I. U.-Fam. *Lactucoideae* (*Cichorioideae*)

Tr. *Lactuceae* (*Cichorieae*), mit ca. 2300 Arten in 70 Gatt.
- ↗Bitterkraut (*Picris*)
- ↗Bocksbart (*Tragopogon*)
- ↗*Cichorium*
- ↗Ferkelkraut (*Hypochoeris*)
- ↗Gänsedistel (*Sonchus*)
- ↗Habichtskraut (*Hieracium*)
- ↗Hasenlattich (*Prenanthes*)
- ↗Knorpelsalat (*Chondrilla*)
- ↗Kronenlattich (*Willemetia*)
- ↗Lattich (*Lactuca*)
- ↗Löwenzahn (*Leontodon, Taraxacum*)
- ↗Mauerlattich (*Mycelis*)
- ↗Milchlattich (*Cicerbita*)
- ↗Pippau (*Crepis*)
- ↗Rainkohl (*Lapsana*)
- ↗Schwarzwurzel (*Scorzonera*)

Tr. *Mutisieae*, mit ca. 1000 Arten in 90 Gatt.
- *Gerbera*
- *Mutisia*

Tr. *Arctotideae*, mit ca. 200 Arten in 15 Gatt.
- *Gazania*

Tr. *Cardueae*, mit ca. 2600 Arten in 80 Gatt.
- ↗Alpenscharte (*Saussurea*)
- ↗Artischocke (*Cynara*)
- ↗Benediktenkraut (*Cnicus*)
- ↗Distel (*Carduus*)
- ↗Eberwurz (*Carlina*)
- ↗Eseldistel (*Onopordum*)
- ↗Flockenblume (*Centaurea*)
- ↗Klette (*Arctium*)
- ↗Kratzdistel (*Cirsium*)
- ↗Kugeldistel (*Echinops*)
- ↗Mariendistel (*Silybum*)
- ↗Saflor (*Carthamus*)
- ↗Scharte (*Serratula*)

Tr. *Vernonieae*, mit ca. 1200 Arten in 50 Gatt.
- *Elephantopus*
- *Vernonia*

Tr. *Eupatorieae*, mit ca. 1800 Arten in 120 Gatt.
- ↗*Ageratum*
- *Liatris*
- *Stevia*
- ↗Wasserdost (*Eupatorium*)

II. U.-Fam. *Asteroideae*

Tr. *Senecioneae*, mit ca. 3000 Arten in 85 Gatt.
- ↗Alpendost (*Adenostyles*)
- ↗Alpenlattich (*Homogyne*)
- ↗Gemswurz (*Doronicum*)
- ↗Greiskraut (*Senecio*)
- ↗Huflattich (*Tussilago*)
- ↗Pestwurz (*Petasites*)

Tr. *Tageteae*, mit ca. 250 Arten in 20 Gatt.
- ↗Samtblume (*Tagetes*)

Tr. *Heliantheae*, mit ca. 4000 Arten in 250 Gatt.
- ↗Ambrosie (*Ambrosia*)
- ↗*Argyroxiphium*
- ↗Arnika (*Arnica*)
- *Coreopsis*
- ↗*Cosmos*
- ↗Dahlie (*Dahlia*)
- *Espeletia*
- ↗Franzosenkraut (*Galinsoga*)
- *Guizotia*
- *Madia*
- *Parthenium*
- ↗Sonnenblume (*Helianthus*)
- ↗Sonnenhut (*Rudbeckia*)
- ↗Spitzklette (*Xanthium*)
- ↗Zinnie (*Zinnia*)
- ↗Zweizahn (*Bidens*)

Tr. *Inuleae*, mit ca. 2100 Arten in 180 Gatt.
- ↗Alant (*Inula*)
- ↗*Asteriscus*
- ↗Edelweiß (*Leontopodium*)
- ↗Filzkraut (*Filago*)
- ↗Flohkraut (*Pulicaria*)
- ↗Katzenpfötchen (*Antennaria*)
- ↗Ochsenauge (*Buphthalmum*)
- *Raoulia*
- ↗Ruhrkraut (*Gnaphalium*)
- ↗Strohblume (*Helichrysum*)

Tr. *Anthemideae*, mit ca. 1200 Arten in 75 Gatt.
- ↗*Anacyclus*
- ↗Beifuß (*Artemisia*)
- ↗Hundskamille (*Anthemis*)
- ↗Kamille (*Matricaria*)
- ↗Schafgarbe (*Achillea*)
- ↗Wucherblume (*Chrysanthemum*)
- ↗Zypressenkraut (*Santolina*)

Tr. *Calenduleae*, mit ca. 100 Arten in 7 Gatt.
- ↗Ringelblume (*Calendula*)

Tr. *Astereae*, mit ca. 2500 Arten in 120 Gatt.
- ↗Aster (*Aster*)
- ↗*Baccharis*
- ↗Berufkraut (*Erigeron*)
- ↗Gänseblümchen (*Bellis*)
- ↗Gartenaster (*Callistephus*)
- ↗Goldrute (*Solidago*)
- *Haastia*
- ↗Kokardenblume (*Gaillardia*)

nen, insbes. in den unterird. Überdauerungsorganen (in Rhizomen, Knollen u. Rüben), hpts. das Kohlenhydrat ↗Inulin, aber auch niedermolekulare Kohlenhydratverbindungen als Speicherstoffe. Ihrer Inhaltsstoffe wegen werden zahlr. K. sowohl als Heil- u. Gewürzpflanzen als auch als Rohstofflieferanten u. Nahrungspflanzen genutzt. Wichtige Öllieferanten, deren fettes Samenöl zu Speise- und z. T. zu techn. Zwecken verwendet wird, sind neben der Gewöhnl. ↗Sonnenblume u. dem ↗Saflor der v. Äthiopien bis Malawi heim., hpts. in O-Afrika u. Indien angebaute Ramtil (Gingellikraut), *Guizotia abyssinica*, dessen Samen (Nigersaat) das sog. Nigeröl liefern, u. die an der W-Küste Amerikas (v. Kalifornien bis Chile) heim. Ölmadie *(Madia sativa)*. Wichtige Salat- bzw. Gemüsepflanzen sind Kopfsalat (↗Lattich), Endivie und Chicorée (↗*Cichorium*), ↗Schwarzwurzel, ↗Artischocke sowie ↗Topinambur. Als Gewürze verwendet werden Estragon (↗Beifuß), Gewöhnl. ↗Beifuß u. Wermut (↗Beifuß). Wicht. Heilpflanzen sind Echte ↗Kamille, ↗Arnika, ↗Huflattich u. ↗Alant. Der in den trockenen Gebieten des westl. N-Amerika vorkommende Guayule-Strauch *(Parthenium argentatum)* liefert Kautschuk, besitzt aber als Gummiquelle nur geringe Bedeutung. *Stevia rebaudiana* (Amerika) enthält den Süßstoff Steviosid, dessen Süßkraft die des Rohrzuckers bei weitem übertrifft; aus *Tanacetum cinerariifolium* wird das als Insektizid benutzte ↗Pyrethrum gewonnen, u. manche K. werden sogar als Holzlieferanten genutzt, wie z. B. *Vernonia arborea*. Wegen ihrer in Form u. Farbe oft sehr prächt. Blütenstände werden zahlreiche K. auch als Zierpflanzen kultiviert. Hierzu gehören u. a. ↗Aster, ↗Dahlie, ↗Strohblume, ↗Wucherblume, ↗Kokardenblume, ↗Samtblume, ↗Gänseblümchen, ↗Sonnenblume, ↗Edelweiß, ↗Ageratum, ↗Ringelblume u. die ↗Zinnie. Weitere, als Gartenzierpflanzen od. Schnittblumen gezogene K. sind *Gazania nivea* (S-Afrika), verschiedene Arten v. *Coreopsis* (Mädchenauge) aus dem südl. N-Amerika, *Liatris spicata* (Prachtscharte), ebenfalls aus dem südl. N-Amerika, und v. a. die aus S-Afrika stammende *Gerbera*, v. der es zahlr., von weiß bis rot blühende Kultursorten gibt. – Infolge ihres Vorkommens unter den unterschiedl. Standortsbedingungen ist der Habitus der K. z. T. sehr mannigfaltig. Als bes. Wuchsformen sind zu erwähnen: Rankenpflanzen (z. B. *Mutisia*), Blatt- u. Stammsukkulenten *(Senecio)*, hohe Schopfbäume *(Senecio* u. *Espeletia* [Frailejones]) sowie Panzerpolsterpflanzen mit dichten, verholzten Kugelpolstern *(Haastia* u. *Raoulia)*. N. D.

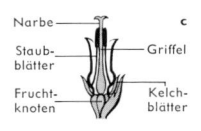

Korbblütler
Sonnenblume *(Helianthus*, Gatt. der *Asteroideae)*:
a blühende Pflanze;
b Längsschnitt durch den Blütenstand;
c einzelne, aufgeblühte (eröffnete) Röhrenblüte und darunter deren Blütendiagramm

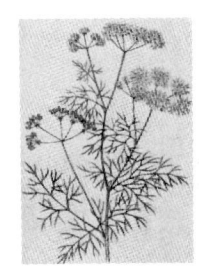

Koriander *(Coriandrum sativum)*

Korbblütlerartige, *Korbblütige, Asterales,* Ord. der *Asteridae,* umfaßt lediglich die Fam. ↗Korbblütler.
Korbblütlergewächse, die ↗Korbblütler.
Körbchen, 1) Bot.: *Calathium*, ↗Blütenstand (□, B) bei ↗Korbblütlern. 2) Zool.: Vorrichtung zum Sammeln v. Pollen an den Schienen der Hinterbeine der ↗Körbchensammler; ↗Pollensammelapparate.
Körbchensammler, Bienen aus der Überfam. ↗*Apoidea,* die Pollen in einem hochspezialisierten ↗Körbchen (↗Pollensammelapparate) sammeln u. ins Nest transportieren; hierzu bes. die ↗Honigbiene u. die ↗Hummeln.
Korbmuscheln, *Corbulidae, Aloididae,* Fam. der Klaffmuscheln; die rechte Klappe ist größer als die linke, beide sind asymmetr., meist unter 20 mm lang u. glatt od. konzentr. skulptiert. Der vorderste u. ein Teil des ventralen Abschnitts der linken Klappe bestehen nur aus der Schalenhaut u. passen sich elast. in die rechte Klappe ein. Die K. sind getrenntgeschlechtl.; die meisten graben sich ein od. heften sich mit ihrem Byssus an. Sie ernähren sich filtrierend u. durch Auftupfen von Bakterien, Kieselalgen u. ä. von der Substratoberfläche. Die knapp 100 Arten werden 5 Gatt. zugeordnet. Die Gemeinen K., *Corbula* (= *Aloidis) gibba,* 13 mm lang, kommen in der Dt. Bucht in sand. Schlick in manchen Jahren massenhaft vor (8000/m^2); sie bewegen sich dicht unter der Oberfläche u. werden von Schollen gefressen; der Byssus kann einen geschlossenen Ring durch Mund u. Kiemenöffnung des Fisches bilden u. diesen bei der Nahrungsaufnahme u. Atmung behindern.
Korbzellen, 1) *innere Sternzellen,* multipolare Nervenzellen in der Molekularschicht des ↗Kleinhirns. Vom Axon der K. gehen Kollaterale (Abzweigungen) ab, deren Endverzweigungen um die Purkinje-Zellen ein Geflecht („Korb") bilden u. mit denen sie auch in hemmendem synapt. Kontakt stehen. Auch im Hippocampus u. im Neocortex treten derartige K. auf, die wahrscheinl. ebenfalls hemmend auf die Pyramidenzellen wirken. 2) verästelte Zellen der Milchdrüsen, deren Ausläufer miteinander anastomieren u. die sekretproduzierenden Teile äußerl. umspinnen u. ein protoplasmat. Netz bilden.
Koremium s [Mz. *Koremien;* v. gr. korēma = Besen], Pilz-Fruchtstand (↗Conidiomata), dessen Konidienträger aus parallel aneinandergelagerten Hyphen (Synnemata) besteht, an denen sich die Konidien bilden.
Koriander m [v. gr. koriandron, korian(n)on = K.], *Coriandrum sativum,* weißblühender Doldenblütler (Vorderer

Bei K vermißte Stichwörter suche man auch unter C und Z.

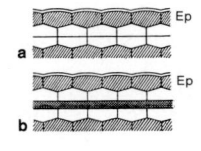

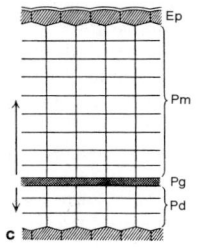

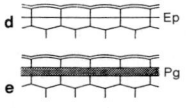

Kork und Periderm

a–c Im subepidermalen Bereich der primären Rinde wird ein Kambium als sekundäres Meristem angelegt, das *Phellogen* od. *Korkkambium* (Pg). Es gibt nach innen nur wenige, lebend bleibende Zellen ab, die *Korkrinde* (*Phelloderm*, Pd), nach außen jedoch mehrere Reihen v. Zellen, die verkorken u. absterben, den eigentlichen *Kork* (*Phellem*, Pm). Kork, Phellogen u. Phelloderm werden als *Periderm* bezeichnet. d–e: Peridermbildung aus der Epidermis (Ep)

Kork

Zusammensetzung:
Suberin 35–43%
Cellulose 30–33%
Lignin 27–35%
Wachse, Fette, Mineralölsubstanzen (v. a. Benzol, Phenol, Toluol)

Orient); alte Kulturpflanze, deren heut. Hauptproduzenten Indien u. die UdSSR sind; die kugel., nicht in Teilfrüchte zerfallenden Früchte, die bis zu 1% äther. Öle enthalten, werden getrocknet od. frisch vielfältig zum Aromatisieren verwendet; Bestandteil des Currypulvers; auch Heilpflanze. B Kulturpflanzen IX.

Korinthen [Mz.; v. gr. Korinthios = aus Korinth] ↗Weinrebe.

Kork *m* [v. lat. cortex, Gen. corticis = (Baum-)Rinde, K.], **1)** *Phellem*, ein sekundäres ↗Abschlußgewebe an älteren Sproßachsen u. Wurzeln, aber auch im Wundverschluß beim ↗Blattfall (□) u. dort, wo lebendes Parenchym durch Verwundung freigelegt wurde. Der K. ist ein Gewebe v. geschichtetem Bau, das aus regelmäßigen, radial angeordneten Zellreihen besteht. Er kommt in Form dünner, grauer od. brauner u. glatter *K.häute* od. dicker, außen rissiger *K.krusten* vor. Die *K.zellen* (□ Hooke) dichten ihre Zellwände durch Auflagerung einer *Suberin*-Schicht für den Wasser- u. damit auch für den Gasdurchtritt völlig ab. Sie selbst sterben danach ab. Auf diese Abdichtung sowie auf das Fehlen v. ↗Interzellularen im *K.gewebe* ist die sehr geringe Wasserdurchlässigkeit des K.es zurückzuführen, der in dieser Eigenschaft die ↗Epidermis erhebl. übertrifft. Um den Gasaustausch des Organinnern dennoch zu gewährleisten, werden im K.gewebe einzelne, den K. radial durchziehende Bereiche als *K.warzen (Lentizellen)* ausgebildet. Hier runden sich die K.zellen nach Auflösen der Mittellamellen ab, u. es entstehen Interzellulargänge. Diese interzellularreichen Gänge werden i. d. R. unter Spaltöffnungen angelegt u. münden bei frisch verkorkten Stengeln an der Oberfläche als gut sichtbare warzige Erhebungen. Der K. hat auch pilz- u. bakterienabweisende Eigenschaften durch die in den K.zellen gebildeten Gerbstoffderivate (↗*Phlobaphene*), die dem K. auch die Braunfärbung verleihen. Dickere K.krusten verhindern das Eindringen v. Schmarotzern u. schützen vor kurzfristigen starken Temp.-Änderungen. K.häute überziehen mit wenigen Ausnahmen (z. B. Mistel- und Kaktusarten) die älteren Sproßachsenabschnitte u. Wurzeln der meisten Pflanzen. – Die Bildung des K.gewebes geht v. einem sekundären Meristem, dem *K.kambium* (*Phellogen*), aus. Das erste K.kambium (↗Kambium) bildet sich aus der subepidermalen Rindenschicht od. aus der durch tangentiale Teilung der Epidermis sich bildenden Zellschicht od. aus beiden. Seltener entsteht es aus tieferen Rindenschichten. Bei der Wurzel bildet es sich meist aus dem Perikambium. Bei der ↗Borken-Bildung werden dann in immer tiefer gelegenen, später dem sekundären Rindenmaterial zugehörigen Schichten weitere K.kambien gebildet. Das K.kambium erzeugt hpts. nach außen in radialen Reihen Zellen, die keine Interzellularen zw. sich aufweisen. Sie sind der eigtl. Kork (*Phellem*). Die nach innen nur spärl. gebildeten Zellen stellen lebende Rindenzellen dar u. heißen *K.rinde* (*Phelloderm*). K., K.kambium u. K.rinde faßt man begriffl. zum *Periderm* zus. Der Peridermbildung folgt häufig eine Borkenbildung. **2)** die in 2,5–20 cm dicken Lagen v. der K.-↗Eiche (*Quercus suber*) gewonnenen K.krusten. Zu diesem Zweck wird an den etwa 25jährigen K.eichen die erste K.kruste mitsamt dem K.kambium entfernt. Es entsteht einige Zellagen tiefer ein neues Kambium, das aktiver ist, so daß nun alle 8–10 Jahre techn. verwertbare K.krusten geerntet werden können. Da K. leicht (Dichte 0,12–0,25 g/cm^3), sehr haltbar, dehnbar, dicht für Gase u. Flüssigkeiten u. schlecht leitend für Schall u. Wärme ist, wird er zu Flaschenstopfen ("Korken"), Schwimmgürtel, Schwimmer für Netze, Isoliermaterial für Wärme u. Schall u. Zwischenlagen in Schuhen verarbeitet. Das aus Abfällen hergestellte K.mehl wird mit wasserbeständ. Bindestoffen zu K.platten u. Linoleum verarbeitet. Die Weltjahresernte beträgt mehrere 100 000 t. Moderne Kunststoffe treten aber immer mehr in Konkurrenz mit dem Naturstoff Kork. □ Eiche. *H. L.*

Korkholz, sehr leichtes Holz (Dichte 0,15–0,30 g/cm^3) mancher trop. Bäume, z. B. das ↗Balsaholz; dient auch als Ersatz für Kork.

Korkkambium *s* [v. lat. cambiare = wechseln], *Phellogen*, ↗Kork.

Korkpolyp, die ↗Tote Mannshand.

Korkrinde, *Phelloderm*, ↗Kork.

Korksäure, *Suberinsäure*, aus Kork gewinnbare zweibasige Fettsäure, HOOC–(CH$_2$)$_6$–COOH; in der Kunststoff-Ind. verwendet.

Korkschwämme, *Suberitidae*, Fam. der ↗*Demospongiae;* Skelett aus Tylostylen, jedoch ohne Aster. Wichtige Gatt. *Suberites, Terpios,* ↗*Ficulina.*

Korkstachelinge ↗Stachelpilze.

Korkwarzen, *Lentizellen*, ↗*Kork.*

Kormophyten [Mz.; v. gr. kormos = Baumstumpf, phyton = Gewächs], *Cormophyta*, Sproßpflanzen, Höhere Pflanzen, pflanzl. Organisationsstufe, gekennzeichnet durch den Besitz v. Wurzeln, Sproßachse u. Blättern; umfaßt die *Farnpflanzen* (*Pteridophyten*) u. die *Samenpflanzen* (*Spermatophyten*), während die gelegentl. ebenfalls hierher gestellten *Moose* aufgrund des Fehlens echter Wurzeln eine vermittelnde Stellung zu den Thallophyten (Lagerpflanzen) einnehmen. Neben diesen äußeren Kennzeichen besitzen K. hoch differenzierte Gewebekomplexe, die eine Anpassung an das Landleben darstellen (↗Landpflanzen). So sorgen Festigungsgewebe für die erforderl. mechan. Steifigkeit, während Abschluß-, Wasseraufnahme- u. Wasserleitungsgewebe eine weitgehende Unabhängigkeit des Wasserhaushalts v. Außenbedingungen gewährleisten. Wegen der durchweg vorhandenen Wasserleitungsbahnen („Gefäße") wurden die K. gelegentl. auch als *Gefäßpflanzen* bezeichnet.

Kormorane [v. lat. corvus = Rabe, marinus = See-, über altfrz. cormareng = Seerabe], *Scharben, Phalacrocoracidae,* Fam. der Ruderfüßer, an fischreichen Gewässern lebende, schwarz od. schwarzweiß gefärbte Wasservögel, etwa 30 Arten in allen Erdteilen. Langer, schmaler, an der Spitze nach unten gekrümmte Schnabel, Hals im Flug ausgestreckt („fliegendes Kreuz"). Die Fischnahrung wird tauchend mit dem Schnabel erbeutet; im Ggs. zu den meisten anderen Wasservögeln ist das Gefieder nicht gefettet u. wird naß, so daß es in einer charakterist. Sitzhaltung mit abgespreizten Flügeln getrocknet werden muß. Eine Art, der auf Galapagos lebende Stummelkormoran (*Nannopterum harrisi,* B Südamerika VIII), ist flugunfähig. Der 90 cm große Kormoran (*Phalacrocorax carbo,* B Polarregion III) brütet in geringer Zahl auch in N-Dtl. (nach der ↗ Roten Liste „vom Aussterben bedroht"), die nördl. Populationen sind Zugvögel; traditionelle Überwinterungsplätze in Dtl. liegen u. a. am Bodensee u. Oberrhein. Der Fisch-Tagesbedarf beträgt etwa 400 Gramm. K. sind sehr gesellig u. brüten in Kolonien; die Nester werden aus Holzstückchen, mit weichen Pflanzenteilen ausgepolstert, auf Bäumen od. Felsklippen errichtet. 2–4 bläul., mit Kreideüberzug versehene Eier, die v. beiden Partnern 3–5 Wochen lang bebrütet werden; die nackt schlüpfenden Jungen verlassen im Alter v. 6–8 Wochen das Nest, das Jugendkleid ist braun-weiß. Der unter den Brutkolonien sich ansammelnde Kot (↗Guano) wird in S-Amerika und S-Afrika in großen Mengen als phosphatreicher Dünger gesammelt, so z. B. beim südam. Guanokormoran (*P. bougainvillei,* B Südamerika VIII). In Asien u. Afrika dienen gefangene K. dem Menschen zum Fischfang: sie werden auf Booten mitgenommen u. an Leinen gelegt; ein um den Hals gelegter Ring verhindert das Verschlucken der erjagten Fische. In Europa brüten außer dem Kormoran an der Atlantik- u. Mittelmeerküste die kleineren Krähenscharbe *(P. aristotelis),* die zur Brutzeit eine aufrichtbare Federhaube besitzt, u. in Griechenland u. der Türkei die 48 cm große, braunköpfige Zwergscharbe *(P. pygmeus).*

Kormus *m* [v. gr. kormos = Baumstumpf, Stamm], *Cormus,* Bez. für den im Prinzip einheitl. in die drei Grundorgane *Wurzel, Sproßachse* u. *Blatt* gegliederten Vegetationskörper der Farn- u. Samenpflanzen (↗ Kormophyten). Dieser im Prinzip bei diesen Gruppen verwirklichte einheitl. „Bauplan" läßt sich durch Abstammung v. gemeinsamen Vorfahren, also phylogenetisch, erklären. Neben einer morpholog. Definition dieser drei Grundorgane muß die funktionelle Seite im Zshg. mit dem Leben als ↗Landpflanze im Vordergrund der Betrachtung stehen; denn nur so wird dieser Bauplan verständlich. Mit der Entwicklung eines sich in den Luftraum erhebenden größeren Vegetationskörpers mußten der Wasserhaushalt entspr. stabilisiert u. große stat. Belastungen aufgefangen werden. So wurde aus der äußersten Zellschicht durch Imprägnierung bzw. Akkrustierung der wasserdurchläss. Cellulosewände mit wasserundurchläss. Cutin od. Suberin ein transpirationseinschränkendes ↗ *Abschlußgewebe* (↗Epidermis). Dieses Abschlußgewebe ist durchsetzt mit regulierbaren Poren, den *Spaltöffnungen* (↗Blatt, B), um den lebensnotwend. Gaswechsel kontrolliert zu ermöglichen, da dieser stets mit Verlust v. Wasser in Form v. Wasserdampf verbunden ist. In das wasserführende Erdreich hinein entwickelte sich ein reich verzweigtes, wasseraufnehmendes *Wurzelsystem,* das gleichzeitig die Verankerung der schweren Vegetationskörpers besorgt. Der Nachschub des Wassers, das an den in den Luftraum ragenden Teilen verdunstet, erfordert ein *Leitsystem,* wie das im Boden nicht mehr photoautotroph leben könnende Wurzelsystem ein Leitsystem für die Assimilate voraussetzt. Mit dem Fortfall der tragenden Kräfte des Wassers auf dem Land mußten bes. *Festigungselemente* (↗Festigungsgewebe) entwickelt werden, die in den Luftraum eine sinnvoll angeordnete Ausbreitung der Photosyntheseorgane ermöglichten. Die Entwicklung eines *Sproßachsen-Systems* u. der vorwiegend der Photosynthese u. dem Gaswechsel dienenden *Blätter* löst diese Aufgabe vorteilhaft. Eine Voraussetzung dafür war die Festigung der nachgiebigen Cellulosewände durch die Einlagerung v. *Holzstoff* (↗Lignin). Die mit dem Übergang vom Wasser- zum Landleben verbundene Umkonstruktion des Vegetationskörpers (↗Thallus) der ↗Thallophyten in den sich in Wurzel,

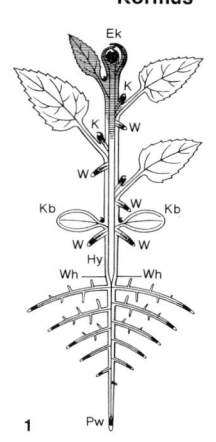

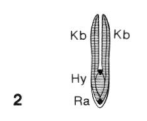

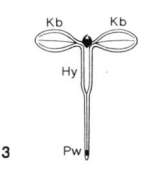

Kormus

1 Der Kormus, der sich in *Wurzel, Stamm* u. *Blätter* gliedernde Vegetationskörper, ist hier in der Schemazeichnung des „Bauplans" der „Urpflanze" nach J. Sachs wiedergegeben. In 2 und 3 lassen Embryo u. Keimling der Samenpflanzen bereits diesen „Bauplan" erkennen. Ek Endknospe, Hy Hypokotyl, K Knospe, Kb Keimblatt, Pw Primärwurzel, Ra Radicula, W Wurzel, Wh Wurzelhals

Bei K vermißte Stichwörter suche man auch unter C und Z.

Korn

Stamm u. Blätter gliedernden K. erfolgt schrittweise u. langsam. Fossil erhaltene Übergangsformen belegen diese Entwicklung, die aber bis heute noch kontrovers diskutiert wird. Eine der umfassenden Theorien ist dabei die ↗ Telomtheorie. Bei den Samenpflanzen ist der Grundbauplan des K. schon in den frühen Stadien der Embryonalentwicklung sichtbar. *H. L.*

Korn, 1) i.w.S. Bez. für ↗ Same *(Samen-K.);* 2) die ↗ Karyopse *(Getreide-K.)* der ↗ Getreide; 3) ugs. Bez. für die ↗ Brotgetreide, bes. Roggen; das engl. Corn bezeichnet dagegen ↗ Mais.

Kornberg [kǻʳnböʳg], *Arthur,* am. Biochemiker, * 3. 3. 1918 Brooklyn; zuletzt Prof. an der Stanford Univ., Palo Alto (Calif.); leistete 1956 durch Isolierung v. DNA-Polymerase I *(K.-Enzym, K.-Polymerase)* u. durch Charakterisierung weiterer an der DNA-Synthese beteiligter Enzyme sowie durch Aufklärung vieler Einzelschritte der DNA-Replikation u. DNA-Reparatur bedeutende Beiträge zur Enzymologie von DNA u. damit generell v. Vererbungsmechanismen; erhielt 1959 zus. mit S. Ochoa den Nobelpreis für Medizin.

Kornblume, *Centaurea cyanus,* ↗ Flockenblume. [anea.

Kornblumenqualle, *Cyanea lamarcki,* ↗ Cy-

Körnchenschirmlinge, *Cystoderma,* Gatt. der Champignonartigen Pilze *(Agaricaceae),* auch bei den Schirmlingsartigen Pilzen *(Lepiotaceae)* eingeordnet. Bodenbewohnende, saprophyt., meist kleinere Pilze, mit mehr od. weniger kleiig-körnigem bis schuppigem Hut (∅ 2–6 [20] cm) u. Stengeloberfläche; Stengel oft aufsteigend beringt, Lamellen angeheftet bis breit angewachsen; ca. 19 Arten.

Kornelkirsche [v. lat. cornus = K.], *Cornus mas,* ↗ Hartriegel.

Körnerbock, *Megopis scabricornis,* neben Mulmbock u. Großem Eichenbock mit bis fast 5 cm einer unserer größten heim. ↗ Bockkäfer; mittelbraun, mit gekörnten Fühlergliedern. Die Larven entwickeln sich in allerlei toten Laubhölzern. Die Käfer schlüpfen ab Ende Juli u. laufen nachts auf ihren Brutbäumen herum. Der K. ist in Mitteleuropa sehr selten geworden u. findet sich wohl nur noch in SW-Dtl. (nach der ↗ Roten Liste „vom Aussterben bedroht").

Körnerfresser, Vögel, die sich vorwiegend v. Pflanzensamen ernähren, bes. die ↗ Finken u. ↗ Papageien. Die Jungen der K. werden meist jedoch nicht mit Sämereien gefüttert, sondern – des höheren Nährstoffgehalts wegen – mit Insekten bzw. deren Larven.

Körnerschicht, *Stratum granulosum,* allg. Bez. der lichtmikroskop. Histologie für Zellschichten mit körnigem, granulosem Erscheinungsbild; z.B. in der ↗ Haut (☐), der ↗ Netzhaut des Auges od. auch im ↗ Kleinhirn.

Körnerwarze, *Carabus cancellatus,* ↗ Laufkäfer. [fer.

Kornkäfer, *Calandra granaria,* ↗ Rüsselkä-

Kornmotte, *Tinea granella,* ↗ Tineidae.

Kornnatter, *Elaphe guttata,* ↗ Kletternattern.

Kornrade w, *Rade, Agrostemma githago,* ein Nelkengewächs; fr. verbreitetes u. weit verschlepptes (z. B. Australien) Getreideunkraut mediterraner Herkunft (die Gatt. *Agrostemma* umfaßt wenige ostmediterrane Arten), seit der jüngeren Steinzeit in Dtl. Die einjähr., behaarte Pflanze hat lange Kelchzipfel, die über die rote Krone hinausragen. Die Kapselfrüchte wurden fr. mit dem Saatgetreide verbreitet, da sie eine ähnl. Form u. Größe wie Getreidekörner haben. Die Samen sind giftig; daher war eine Getreidereinigung bei reichl. Vorkommen der K. mittels sog. „Radensiebe" erforderlich. Durch die moderne Saatgutreinigung ist die Art „vom Aussterben bedroht" (↗ Rote Liste).

Kornrade *(Agrostemma githago)*

Kornschnecken, *Chondrinidae,* Fam. der Landlungenschnecken mit korn- bis turmförm. Gehäuse (bis 10 mm hoch); die Mündung ist durch zahlr. Zähne u. Falten verengt. Die K. leben in trockenem Gelände, bes. an Kalkfelsen, der wärmeren Regionen Eurasiens u. N-Amerikas. In Dtl. kommen 4 Arten vor: zwei Hafer-K. *(↗ Chondrina);* die Roggen-K. *(Abida secale),* bevorzugt an feuchten, schatt. Felsen, Mauern u. im Mulm; die nach der ↗ Roten Liste „stark gefährdeten" Wulstigen K. *(Granaria frumentum),* v. a. am Boden, an sonn., kurzgras. Hängen. Die K. übertragen den Kleinen Leberegel *(↗ Dicrocoelium).*

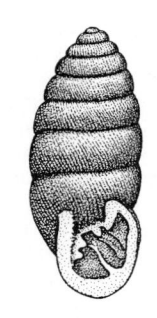

Wulstige Kornschnecke *(Granaria frumentum),* 8 mm hoch

Körnung, die ↗ Bodentextur; ↗ Gefügeformen (☐).

Körnungsklassen, die ↗ Bodenarten (☐).

Kornwurm, Schwarzer K., *Calandra granaria,* ↗ Rüsselkäfer.

Körper [v. lat. corpus, Gen. corporis = K.], allg. Bez. für a) den Rumpf (ohne Kopf u. Extremitäten), b) die Gesamtheit aller Teile eines Individuums, also Kopf, Rumpf u. Extremitäten; c) i. e. S. das ↗ Corpus.

Körperarterie, die ↗ Aorta.

Körperbautypen ↗ Konstitutionstyp (☐).

Körperflüssigkeiten, im Körper v. Mensch u. Tier vorkommende Flüssigkeiten, die u. a. Nahrungsstoffe, O_2 bzw. CO_2 (Atemgase), Hormone, Enzyme u. Exkretstoffe transportieren. Die anorgan. Bestandteile (z. B. NaCl, KCl, $CaCl_2$) sind für die osmot. Verhältnisse im Organismus verantwortl. (↗ Elektrolyte). Zu den K. gehören ↗ Blut, ↗ Hämolymphe, ↗ Coelomflüssigkeit, ↗ Ge-

Bei K vermißte Stichwörter suche man auch unter C und Z.

webeflüssigkeit, ↗ Lymphe u. ↗ Cerebrospinalflüssigkeit (extrazelluläre K.) u. die im Zellinnern befindl. Intrazellularflüssigkeit (↗ Flüssigkeitsräume), auch Sekrete wie Milch, Magen- u. Gallensaft sowie Tränenflüssigkeit u. Exkrete wie Harn.

Körperfossilien [v. lat. fossilis = ausgegraben], mehr od. weniger vollständige körperl. Überlieferung vorzeitl. Lebewesen einschl. ihrer Weichteile (z. B. Mammute im arkt. Dauerfrostboden).

Körperfühlsphäre, sensibles Areal im Gyrus postcentralis der Großhirnrinde, auf das Erregungen der Haut (z. B. Druck- u. Temp.-Empfindung) u. der Tiefensensibilität aus den verschiedenen Körperabschnitten projiziert werden.

Körpergewicht, von Alter, Geschlecht, Größe, Ernährung u. Erbanlagen abhängiges Gewicht bzw. Körpermasse eines Organismus. Das kleinste Säugetier, eine Fledermausart (↗ Craseonycteridae), wiegt ca. 2 g, das größte Tier, der ↗ Blauwal, ungefähr 130 000 kg.

Körpergröße; die maximal erreichbare K. ist genetisch festgelegt, sie ist aber – insbes. bei Poikilothermen – durch Ernährungsbedingungen während der (Larval-)Entwicklung in weiten Grenzen modifizierbar. Die größten Tierformen sind im Wasser anzutreffen; nur dieser Lebensraum erlaubt mit seinem ↗ Auftrieb so exzessive K.n wie die des Blauwals, der mit ca. 30 m Länge und bis 130 t Gewicht das größte Tier in Vergangenheit und Gegenwart überhaupt darstellt. Die größten Landtiere waren die ↗ Dinosaurier (B) des Mesozoikums. Zu den gewaltigsten Formen gehörten dabei die pflanzenfressenden Sauropoden, wie der Brontosaurier mit ca. 18 m Länge, 14 m Höhe u. einem Gewicht von etwa 30 t. Auch er lebte wohl weitgehend in seichten Gewässern, so daß eine gewisse Stützfunktion durch das Wasser gewährleistet war. Poikilotherme Tiere sind generell in den Tropen mit größeren Formen vertreten als in den gemäßigten Zonen; bes. auffällig ist dies bei Amphibien u. Reptilien. Der Grund hierfür ist in den Überwinterungsmöglichkeiten in kälteren Klimazonen zu suchen, die für kleinere Tiere günstiger sind. Für homoiotherme Tiere ist die Situation gerade umgekehrt. Da größere Tiere eine (im Verhältnis zum Körpervolumen) relativ kleinere Oberfläche als kleine Tiere besitzen, ist ihre Wärmeabstrahlung durch die Körperoberfläche geringer. Man findet daher innerhalb eines Verwandtschaftskreises v. Homoiothermen in kälteren Gebieten die größeren Formen (↗ Bergmannsche Regel; zur unterschiedl. Ausgestaltung der Körperform ↗ Allensche Proportionsregel, ☐).

Körpergewicht
K. einiger Wirbeltiere (in kg):

Karausche	0,9
Karpfen	bis 25
Thunfisch	bis 800
Kolibri	0,002–0,02
Mäusebussard	0,6–1,2
Strauß	bis 150
Etruskerspitzmaus	0,002
Fuchs	6–10
Dachs	10–20
Reh	16–50
Biber	bis 40
Rothirsch	ca. 250
Braunbär	150–780
Elch	300–800
Wisent	bis 1000
Walroß	1000–1500
Nashorn	1000–3600
Elefant	bis 6000
Blauwal	ca. 130 000

Körpertemperatur
Durchschnittliche K. von Tieren (in °C)

Schnabeltier	30
Igel	35
Elefant	36
Wal	36,5
Pferd	37,5
Rind	38,5
Hund	38,5
Kaninchen	39
Gans	40,5
Ente	42
Taube	42
Schwalbe	44

Körpertemperatur

Bei Insekten ist die K. durch den Typ ihrer ↗ Atmung begrenzt (↗ Atmungsorgane). Die Diffusionsgeschwindigkeit (↗ Diffusion) des Sauerstoffs zu den Orten seines Verbrauchs im Insektenkörper ist zu gering, als daß eine übermäßige Körpergröße mit diesem Atmungstyp erreichbar wäre. Da die Diffusionsgeschwindigkeit aber mit steigender Temp. zunimmt, finden sich größere Insektenformen wiederum in den Tropen. – Eng korreliert sind schließlich K. und ↗ Stoffwechselintensität. Innerhalb einer Tierklasse nimmt die Stoffwechselintensität mit wachsender Größe der Tiere ab: Eines der kleinsten Säugetiere, die ↗ Etruskerspitzmaus, verbraucht pro Gramm Körpergewicht 100- bis 175mal mehr Sauerstoff als ein Elefant, ihre ↗ Herzfrequenz (T) liegt zw. 1000 und 1300 pro Min., die des Elefanten zw. 30 und 35. – Beim Menschen ist bes. in den Industrieländern seit dem 19. Jh. eine Zunahme der K. (↗ Akzeleration, T) zu verzeichnen. ↗ Allometrie, ↗ Cerebralisation, ↗ Copesches Gesetz, ↗ Größensteigerung.

Körpergrundgestalt, Embryonalstadium mit den stammes- oder ordnungsspezif. Grundzügen des Körperbaues, die anschließend durch Auftreten artspezif. Merkmale verwischt werden können.

Körperpflegehandlung ↗ Komfortverhalten, ↗ soziale Körperpflege.

Körperschlagader, große K., die ↗ Aorta.

Körpertemperatur, die bei poikilothermen Tieren (↗ Poikilothermie) durch die Umgebungstemp. und z. T. auch durch aktive Stoffwechselprozesse, bei den homoiothermen Tieren wie auch beim Menschen (↗ Homoiothermie) durch aktive Wärmebildung eingestellte durchschnittl. Temp. des Körpers. Unterschieden wird bei Homoiothermen die Temp. des Körperkerns (gemessen in Rektum bzw. Kloake) u. der Körperschale. Im Ggs. zur Temp. der Körperschale, die je nach Umgebungstemp. beträchtlich differieren kann, bleibt die *Kerntemperatur* – abgesehen v. einer tagesperiod. Rhythmik (☐ Chronobiologie), die mit der Hauptaktivitätsphase korreliert – in Grenzen von 1–2 °C konstant (☐ Temp.-Regulation). In diesem Bereich des Körperkerns liegen die lebenswicht. inneren Organe (Eingeweide, Anteile der Skelettmuskulatur, Zentralnervensystem, Gehirn), die auch im ruhenden Körper stets Wärme produzieren (↗ Energieumsatz). Bei „primitiveren" Tieren ist die Kerntemp. bei gleich guter Regulationsfähigkeit im allg. 3–5 °C tiefer als bei höher evoluierten Formen. Ihr maximaler Wert, dessen Überschreiten letal wirkt, liegt bei den meisten Homoiothermen etwa 6 °C über der normalen Temp. Bei höheren Temp. tritt

Bei K vermißte Stichwörter suche man auch unter C und Z.

Körperzellen

nach einer Reduktion der Stoffwechselfunktionen auf die wichtigsten Körperpartien der Hitzetod ein. Bei Infektionen kann die K. über den Normalwert ansteigen (↗Fieber, ☐), wobei aber die ↗Temp.-Regulation beibehalten wird, jedoch auf einem höheren Niveau. Bei K.en unterhalb 0 °C sind nur noch sehr wenige Tiere aktiv, bei Poikilothermen setzt eine ↗Kältestarre ein, aus der sie bei ansteigenden Temp. wieder erwachen können (↗Überwinterung). ↗Anabiose, ↗Frostresistenz, ↗Erfrieren, ↗Hypothermie.

Körperzellen, die ↗Somazellen.

Korrekturenzyme, die bei der ↗DNA-Reparatur wirksamen Enzyme.

Korrelation w [Bw. *korrelativ*; v. lat. con- = zusammen, mit, relatio = Beziehung, Verhältnis], **1)** allg.: Wechselbeziehung. **2)** Statistik: ein nur statist. zu erfassender Zshg. zwischen mehreren Merkmalen, z. B. Körpergröße der Eltern u. der Kinder od. zw. Niederschlagsmenge, Temp. u. Ernteertrag. Die Strenge des Zshg.s drückt der durch die K.rechnung bestimmte *K.koeffizient* aus; die K. erlaubt keine Aussage über Ursache u. Wirkung. **3)** Biol.: u. a. durch mechan. oder chem. Reize vermittelte Wechselbeziehungen zw. einzelnen Zellen od. zw. Zellen u. Geweben, ohne die geregeltes Wachstum u. Entwicklung eines Organismus nicht mögl. wären. Beispiele sind die Wirkungen spezif. organ- u. formbildender Stoffe bei der Blüten- od. Gallbildung sowie der wuchsstoffbedingten Kallusbildung; von bes. Bedeutung bei der tier. Embryonalentwicklung u. der Unterdrückung von Entwicklungs- u. Regenerationspotenzen nach Abschluß der Entwicklung *(korrelative Hemmung).* Verletzung od. Verlust v. Körperteilen od. Organen beseitigt die von diesen ausgehende Hemmwirkung u. setzt somit die unterdrückten Potenzen frei: nach Verlust v. Wurzel- od. Sproßspitze verzweigen sich Luftwurzeln bzw. Sprosse (Heckenschnitt verdichtet die Hecke!), verlorene Gliedmaßen od. Augenlinsen bei Amphibien werden regeneriert (↗Linsenregeneration). Wichtige K.ssysteme sind auch Nerven u. Hormondrüsen, die in Wechselwirkung miteinander stehen. Als K.signale dienen Stoffe wie Hormone, Auxine, Gibberelline, aber auch Wasser u. Ionen.

Korrelationsgesetz, von ↗Cuvier entdeckt, beschreibt das Phänomen, daß die Merkmale bestimmter Merkmalskomplexe nicht unabhängig voneinander sind. Wenn der Anatom ein Merkmal eines solchen Merkmalskomplexes kennt, kann er zahlr. Vorhersagen über mögl. andere Strukturen machen. Taxonomen vor Cuvier hatten angenommen, daß jedes Merkmal unabhän-

kosmische Strahlung
a Bildung der elektromagnet. oder „weichen" Sekundärstrahlung, b der Mesonen- oder „harten" Sekundärstrahlung, c der Nukleonen-Komponenten. d Äquivalentdosisleistung der k.n S. in Abhängigkeit v. der Höhe über dem Meeresspiegel für die geogr. Breite der BR Dtl. In großer Höhe macht sich der Einfluß der Sonnenflecken bemerkbar; die beiden Grenzkurven gelten für maximale u. minimale Aktivität der Sonne.

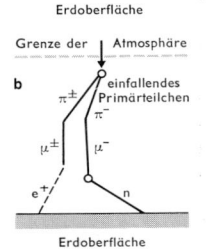

gig sei. In der modernen Evolutionsforschung wird dieses Gesetz der Korrelation der Teile durch das Konzept der *Grundplanmerkmale* ersetzt.

Korrigum s [v. Kanuri kargum], *Damaliscus lunatus korrigum,* U.-Art der ↗Leierantilopen.

Korrosionsfäule. [v. lat. corrodere (Part. Perf. corrosus) = zernagen], die ↗Weißfäule. [penfuchs.

Korsak *m* [v. Kirgis. karsak], der ↗Steppenfuchs.

Korschelt, *Eugen,* deutscher Zoologe, * 20. 9. 1858 Zittau, † 28. 12. 1946 Marburg; Schüler u. Assistent von A. Weismann in Freiburg i. Br., seit 1892 Prof. in Marburg; Arbeiten über experimentelle Entwicklungsgeschichte (Regeneration u. Transplantation). Gab zus. mit K. ↗Heider das Standardwerk „Lehrbuch der vergleichenden Entwicklungsgeschichte" heraus. [B] Biologie I.

Korynetinae ↗Corynetidae.

Kosmeë *w,* die Gatt. ↗Cosmos.

kosmische Strahlung [v. gr. kosmikos = das Weltall betr.], *Höhenstrahlung,* eine primär überwiegend aus dem Weltraum (zum kleineren Teil v. der Sonne), sekundär aus der Erdatmosphäre kommende, äußerst energiereiche Korpuskularstrahlung. Die in die hohen Atmosphärenschichten einfallende *Primärstrahlung* besteht aus leichten bis mittelschweren Nukleonen (bis zu Eisen- und Nickelkernen), v. a. aus Protonen (80%), mit Energien zw. 10^9 und 10^{18} Elektronvolt. Aus Reaktionen der Primärteilchen mit den Teilchen der Atmosphäre entsteht die *Sekundärstrahlung* in einer Reihe vielfält. Kernprozesse (Erzeugung v. Protonen, Hyperonen, Mesonen, Elektronen u. Positronen). – In Dtl. ist in Meeresspiegelhöhe eine Äquivalentdosis (↗Strahlendosis) von 0,28 mSv/Jahr nachweisbar (1 Sv = 1 J/kg = 100 rem); mit wachsender Höhe nimmt die k. S. zu, bis ca. 2000 m um das Doppelte, bis 12000 m (Flugverkehr) ungefähr um das 50fache. Die k. S. spielte vermutl. eine wicht. Rolle bei der chem. und präbiol. Evolution. K. S. kann Mutationen in der DNA hervorrufen (Spontanmutationen). ↗chemische Evolution ([T], [B]).

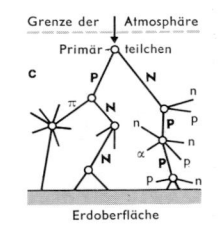

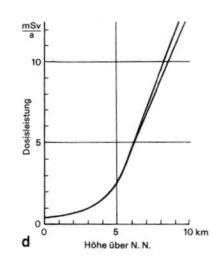

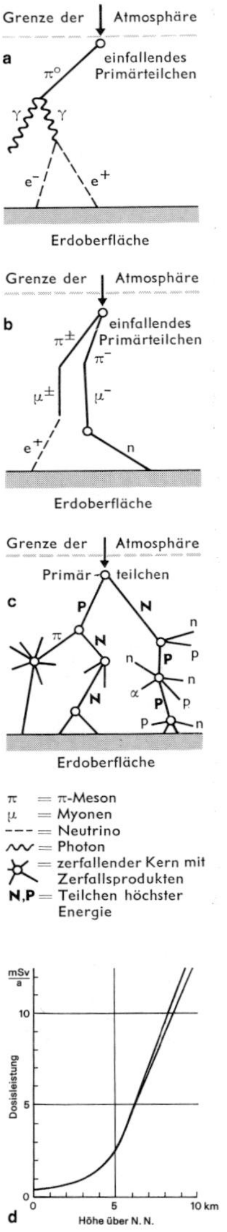

Kosmobiologie *w* [v. gr. kosmos = Weltall], **1)** Wiss., die den Einfluß der kosm. Erscheinungen auf biol. Vorgänge auf der Erde untersucht, z. B. Zusammenhang zw. Mondphasen u. Auskeimung des Saatgutes; sicher nachweisbar ist z. B. die ↗Lunarperiodizität. **2)** *Astrobiologie,* untersucht, ob außerhalb der Erde Leben existiert; ↗Exobiologie, ↗extraterrestrisches Leben.

Kosmoceras *s* [v. gr. kosmos = Schmuck, keras = Horn], (Waagen 1869), *Cosmoce-*

ras (Neumayr 1869), † Nominatgatt. der Ammoniten-Fam. *Kosmoceratidae* Haug 1887 mit dichter, zwei- od. mehrfach gegabelter Berippung; Gabelungsstellen mit Knoten od. Stacheln besetzt, ebenso die Ränder der medianen Externfurche. Verbreitung: Dogger (oberes Callovium) der nördl. Halbkugel. Typus-Art: *K. (K.) spinosum* (UdSSR), Topotyp: England.

Kosmopoliten [Mz.; Bw. *kosmopolitisch*; v. gr. *kosmopolitēs* = Weltbürger], Pflanzen- od. Tierarten, die über die ganze Erde od. zumindest über den größten Teil verbreitet sind; K. müssen aber nicht ↗ euryök sein (↗ Ubiquisten).

Kossel, *Albrecht Ludwig Karl Martin Leonhard*, dt. Physiologe, * 16. 9. 1853 Rostock, † 5. 7. 1927 Heidelberg; Prof. in Berlin, Marburg u. Heidelberg; entdeckte in Nucleoproteinen aus Zellkernen Nucleinsäuren u. wies deren Zs. aus Purin- u. Pyrimidinbasen nach; Entdecker des Histidins; erhielt 1910 den Nobelpreis für Medizin. [↗ Fäkalien.

Kot *m* [v. ahd. quât = Dreck, Schmutz],
Kotfliegen, die ↗ Scatophagidae.
Kotfresser, 1) die ↗ Koprophagen. 2) *Onthophagus*, Gatt. der ↗ Mistkäfer.
Kotingas [Mz.; v. Tupi über frz. *cotinga*], die ↗ Schmuckvögel.
Kotmaske, Gebilde aus Kot u. Larvenhäuten, das manche Larven der ↗ Blattkäfer (v. a. Schildkäfer) am Hinterleibsende befestigt über sich halten u. das als Schutz- (z. B. vor Schlupfwespen) bzw. Tarnmaske dient.
Kotsack, *Kotkapsel,* ↗ Köcher, ↗ Blattkäfer, ↗ Kokon (□).
Kotsack-Gespinstblattwespen, die ↗ Pamphiliidae.
Kotsteine, die ↗ Koprolithen.
Kotwanze, *Reduvius personatus,* ↗ Raubwanzen.

kotyledonar- [v. gr. *kotylēdōn* = Becher, Hüftpfanne; Saugnäpfchen der Polypen; Saugwarze].

Kosmopoliten
Beispiele:
Brunnenlebermoos *(Marchantia polymorpha)*
Adlerfarn *(Pteridium aquilinum)*
Einjähr. Rispengras *(Poa annua)*
Vogelmiere *(Stellaria media)*
Thunfisch *(Thunnus thynnus)*
Wanderfalke *(Falco peregrinus)*
Hausmaus *(Mus musculus)*
Ratte *(Rattus norvegicus)*, durch Verschleppung
Mensch *(Homo sapiens)*, auch Ubiquist

A. Kossel

Kotwespen, *Mellinus*, Gatt. der ↗ Grabwespen.
Kotyledonarhaustorium *s* [v. *kotyledonar-*, lat. *haustor* = (Wasser-)Schöpfer], Bez. für das bei einigen Einkeimblättrigen Pflanzen zu einem Saugorgan umgewandelte Keimblatt, das während der ↗ Keimung in der Samenschale verbleibt u. die Speicherstoffe im Samen für den Keimling verfügbar macht. ↗ Scutellum.
Kotyledonarknospen [v. *kotyledonar-*], Bez. für die ↗ Knospen in den Achseln der ↗ Keimblätter (Kotyledonen); sie treiben i. d. R. nicht aus, können aber durch frühen Ausfall der Endknospe aktiviert werden.
Kotyledonarscheide [v. *kotyledonar-*], der bei den Einkeimblättrigen Pflanzen zu einer den Sproßpol umfassenden Scheide entwickelte Basalteil des endständ. Keimblattes. ↗ Coleoptile.
Kotyledonarspeicherung [v. *kotyledonar-*], Bez. für die Speicherung der Nährstoffe des Samens in den Keimblättern bei gleichzeit. Reduktion des sekundären ↗ Endosperms. Beispiele: Erbse, Bohne, Walnuß. Der Vorteil liegt in der schnelleren u. besseren Verfügbarkeit der Nährstoffe für den Keimling. Man beobachtet bei vielen Bedecktsamer-Gruppen denn auch in ihrer Phylogenese eine frühe Entwicklung der K.
Kotyledonen [Mz.; v. gr. *kotylēdōn* = Vertiefung, Becher, Näpfchen], die ↗ Keimblätter 1); ↗ Blatt.
Kouprey *m* [Khmer-Sprache], *Bos (Novibos?) sauveli*, eine 1937 erstmals beschriebene wildlebende Rinderart aus dem Mekong-Gebiet (NO-Kambodscha, S-Laos, W-Vietnam; 1957: insgesamt 650–850 Tiere); Kopfrumpflänge 2,2 m, Körperhöhe 1,9 m. Bis heute ist ungeklärt, ob der K. ein echtes Wildrind ist, das systemat. eine Mittelstellung zw. Gaur u.

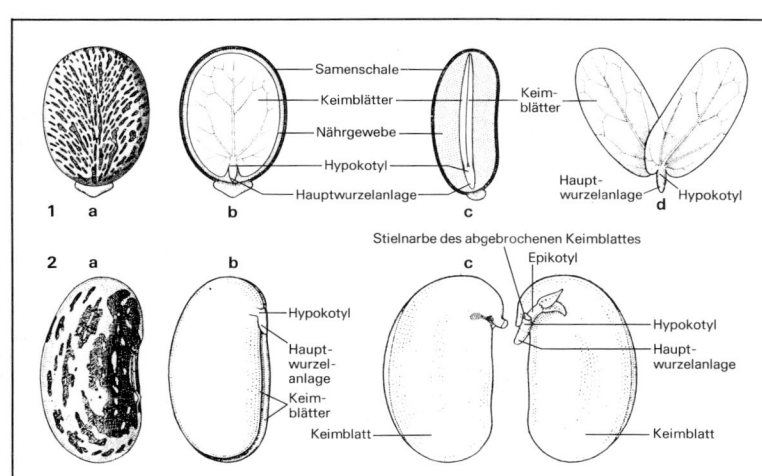

Kotyledonarspeicherung

Bau des Samens mit Endospermspeicherung (1) und Kotyledonarspeicherung (2)

1 Samen des Rizinus *(Ricinus communis)*.
a von der Rückseite, **b** transversaler Längsschnitt, **c** medianer Längsschnitt, **d** Keimblätter freipräpariert.
2 Samen der Feuerbohne *(Phaseolus multiflorus)*.
a von der Seite, **b** nach Entfernung der Samenschale, **c** mit ausgebreiteten Keimblättern.

Bei K vermißte Stichwörter suche man auch unter C und Z.

Kowalevskaiidae

Banteng (U.-Gatt. *Bibos*) u. dem Auerochsen (U.-Gatt. *Bos*) einnimmt, od. ob es sich um ein vor langer Zeit verwildertes Hausrind (Bastard aus Banteng u. Zebu) handelt.

Kowalevskaiidae [Mz.; ben. nach A. O. ↗ Kowalewski], Fam. der ↗ Copelata.

Kowalewski, *Alexander Onufrijewitsch,* russ. Embryologe, * 7. 11. 1840 Schustjanka (Kreis Dünaburg/Lettland), † 9. 11. 1901 St. Petersburg; seit 1869 Prof. in Kiew, 1874 Odessa, 1891 St. Petersburg. Grundlegende Arbeiten über die Entwicklung v. Ascidien u. *Amphioxus;* erkannte die phylogenet. Bedeutung der Chorda dorsalis u. schlug daher vor, alle Tiere mit diesem Merkmal in einem gemeinsamen Stamm (Chordatiere) zusammenzufassen (unabhängig von F. Balfour), ferner wicht. Arbeiten über den Archicoelomaten *Balanoglossus,* die Entwicklung der Coelenteraten, über die Embryologie v. Anneliden, Arthropoden, Brachiopoden. Mitbegr. der phylogenet. Keimblättertheorie.

Kow Swamp [kau ßwåmp; Austr., Bundesstaat Victoria], Fundort menschl. Skelettreste, darunter 17 Schädel, 1968 entdeckt; mit Hilfe der ^{14}C-Methode auf ca. 9100–10300 Jahre datiert; Interpretation: frühe ↗ Australiden.

Koyote *m* [v. altmexikan. coyotl], der ↗ Kojote.

Krabben, 1) *Echte K.,* Kurzschwanzkrebse, ↗ *Brachyura.* 2) ugs. und Handels-Bez. für die zu den ↗ *Crangonidae* gehörenden Nordseegarnelen.

Krabbenfresser, *Lobodon carcinophagus,* bis 2,5 m Körperlänge erreichende Art der Südrobben. Das Gebiß der K. ist als „Seihgebiß" für die Aufnahme v. Planktonnahrung („Krill") spezialisiert. K. kommen mit dem Treibeis v. der Antarktis bis zu den Küsten Australiens, Neuseelands u. S-Amerikas vor.

Krabbenspinnen, *Thomisidae,* Fam. der Webspinnen, die mit ca. 1600 Arten von 2 mm – 2 cm Körperlänge über die ganze Erde verbreitet ist. Charakterist. sind der gedrungene Körperbau u. die beiden langen, kräft. Vorderbeinpaare, die schnelles Seitwärtslaufen (wie bei Krabben) erlauben. K. leben als tagaktive Räuber. Die meisten K. lauern in der Vegetation, an Blüten u. am Boden ihrer Beute auf u. saugen sie nach dem Giftbiß aus. Da ihr Gift schnell wirksam ist, können sie auch wehrhafte Beute (Bienen, Wespen) überwältigen. Oft ist der Körper sehr gut der Umgebung angepaßt (Mimese), u. manche Arten wechseln je nach Untergrund die Farbe (↗ Blütenspinnen). Das Spinnvermögen wird nur zur Herstellung des Eikokons u. bei manchen Arten im Fortpflanzungs-

---

Krabbenspinnen
Einige einheimische Vertreter:
Diaea dorsata; 5–7 mm, häufig in Gebüsch, kommt auch oft in Häuser; Vorderkörper u. Beine grün, Hinterleib braun und gelbl. gefärbt.
Heriaeus hirtus; grün gefärbt, ca. 9 mm, mit starkem Geschlechtsdimorphismus (Größe); häufig in S-Europa, bei uns nur in Süd-Dtl.; lebt meist in trockenen Wiesen.
Misumena vatia: ↗ Blütenspinnen (☐).
Oxyptila: Vertreter leben v. a. am Boden.
Synaema globosum: schwarze Spinnen (6–9 mm) mit typ. gelber od. roter Sternzeichnung auf dem Hinterleib; in S-Europa häufig, in Mitteleuropa nur in wärmeren Gegenden; oft auf Blüten.
Thomisus onustus: ↗ Blütenspinnen.
Xysticus: artenreichste Gatt. (ca. 30) in Mitteleuropa; meist braun, weißl. u. schwarz gemustert mit typ. Krabbenspinnenhabitus und charakterist. Rückenzeichnung; am Boden u. in der Vegetation.

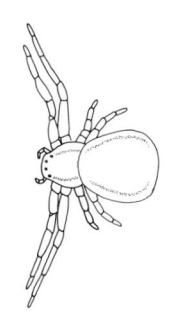

Krabbenspinnen
Vertreter der Gatt. *Xysticus*

Kragenechse (*Chlamydosaurus kingii*)

verhalten eingesetzt. Das Männchen „fesselt" vor der Kopula das Weibchen mit einigen Fäden an den Untergrund. Der Eikokon wird in der Vegetation festgesponnen u. meist vom Weibchen bewacht. Vertreter der mitteleur. Fauna vgl. Tab. Die asiat. *Misumenops nepenthicola* lebt in den Kannen v. *Nepenthes* (↗ Kannenpflanzengewächse) u. ernährt sich v. den in die Verdauungsflüssigkeit gefallenen Insekten. Gg. die Enzyme schützt sie ihr starker Panzer.

Krabbentaucher, *Plautus alle,* ↗ Alken.

Krachmandel, *Prunus amygdalus* var. *fragilis,* ↗ Prunus.

Kragenbär, *Ursus thibetanus,* in S- und SO-Asien beheimateter Großbär, nahe verwandt dem nordam. ↗ Schwarzbär; schwarzes Fell mit verlängerter Behaarung an Hals u. Schulter (Name!); Brustzeichnung: weißes „Y". ⬚ Bären, ⬚ Asien IV.

Kragenechsen, *Chlamydosaurus,* Gatt. der Agamen mit nur 1 Art *(C. kingii)*; 80–90 cm lang; in N- und NW-Austr. sowie auf Neuguinea beheimatet, v. a. Baumbewohner. Körper seitl. leicht abgeflacht, mit kleinen Schuppen; gelb- bis graubräunl. gefärbt, mit Querbinden. Beschuppte Hautfalte mit buntem Fleckenmuster am Nacken, liegt in der Ruhe in Falten dem Körper an, kann durch Kontraktion v. am Kopf ansetzenden Muskeln kragenartig aufgestellt werden (⌀ bis 30 cm); die K. sperrt bei Gefahr zudem das Maul weit auf, zischt laut u. schlägt erregt mit dem Schwanz (Imponiergehabe). Bei der Flucht meist nur auf den Hinterbeinen laufend, erhobener Schwanz (⅔ der Körperlänge) sorgt für die Balance. Nahrung: Insekten, Spinnen, kleine Säugetiere. ⬚ Australien I.

Kragenflagellaten [Mz.; v. lat. flagellum = Geißel], *Kragengeißeltierchen,* Choanoflagellaten, Craspedomonadida, U.-Ord. der ↗ *Protomonadina;* marine od. limnische ↗ Geißeltierchen, die einen Plasmakragen *(Collare)* tragen, der aus einzelnen fadenförm. Reusenstäben besteht. Im Innern des Kragens schlägt eine Geißel, die einen Nahrungswasserstrom erzeugt. Partikel bleiben außen am Kragen hängen u. werden zum Zellkörper transportiert. Einige Arten scheiden ein Gehäuse ab. In ihrem Bau erinnern sie an die Kragengeißelzellen der Schwämme. Sie sind wahrscheinl. durch Plastidenverlust aus *Chrysomonadales* entstanden. Bekannt u. häufig ist in saproben Gewässern *Salpingoeca vaginicola*, mit vasenförm. Gehäuse. In der Bot. werden die K. als Kl. *Craspedophyceae* der Algen geführt u. umfassen die beiden Fam. *Craspedomonadaceae* (Gatt. *Monosiga, Salpingoeca, Pachysoeca*) u. *Pedinellaceae* (Gatt. *Pedinella, Apedinella, Palatinella*).

Kragengeißeltierchen ↗ Kragenflagellaten.
Kragengeißelzellen, die ↗ Choanocyten.
Kragentiere, die ↗ Hemichordata.
Krähen, mehr od. weniger schwarz gefärbte Vögel aus der Fam. der Raben, hierzu die ↗ Aaskrähe *(Corvus corone)*, die ↗ Dohle *(C. monedula)* u. die ↗ Saatkrähe *(C. frugilegus)*.

Krähenbeerengewächse, *Empetraceae*, mit den Heidekrautgewächsen eng verwandte Fam. der Heidekrautartigen mit 3 Gatt. und 4–6 Arten. V. a. in den kühl-gemäßigten Zonen heim., heidekrautartige, immergrüne Zwergsträucher mit dicht stehenden, kleinen, schmal-lanzettl. (xeromorphen) Blättern u. radiären, meist diözischen Blüten aus 4–6 freien Blütenhüllblättern (in 2 Wirteln) sowie 2–4 freien Staubblättern. Der oberständ. Fruchtknoten besteht aus 2–9 verwachsenen Fruchtblättern u. wird zu einer kugeligen fleischigen od. trockenen Steinfrucht mit 2–9 einsamigen Kernen. Die Gatt. *Empetrum* (Krähenbeere) ist über die kühlgemäßigten Gebiete der N-Halbkugel u. über den äußersten Süden S-Amerikas verbreitet. Die bei uns selten in Moorheiden, Kiefernmooren u. im subalpinen Zwergstrauchgestrüpp zu findende Schwarze Krähenbeere (*E. nigrum*, B Europa II) besitzt eßbare, blauschwarze Früchte, die bes. in den skand. Ländern roh od. zu Saft, Marmelade od. Kompott verarbeitet gegessen werden.

Krähenbeer-Sandheiden, *Empetrion nigri*, Verb. der ↗ Calluno-Ulicetalia.
Krähenfuß, *Coronopus*, weltweit verbreitete Gatt. der Kreuzblütler mit ca. 10 Arten. In Mitteleuropa zu finden sind der seltene Zweiknotige K. *(C. didymus)* u. der nach der ↗ Roten Liste „gefährdete" Niederliegende K. *(C. squamatus)*; 1- bis 2jähr., niederliegende Kräuter mit fiederspalt. Blättern, sehr kleinen weißl. Blüten sowie 2knotigen bzw. nierenförm. Schötchen; Standort: offene Tret-Ges. u. Wegränder.

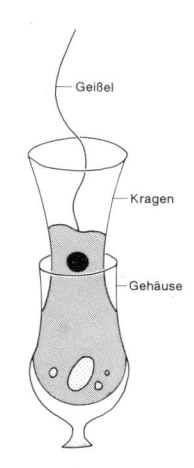

Kragenflagellaten
Salpingoeca vaginicola

Krähenbeerengewächse
Schwarze Krähenbeere *(Empetrum nigrum)* mit Blüten u. Steinfrüchten

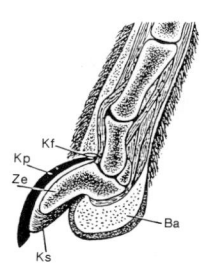

Kralle
Bekrallte Zehe des Hundes (Längsschnitt)
Ba Ballen, Kf Krallenfalz, Kp Krallenplatte, Ks Krallensohle, Ze Zehenendglied

Krähenschnaken, *Pales*, Gatt. der ↗ Tipulidae.
Kraits [Mz.; v. Hindi karait], die ↗ Bungars.
Krakatau, urspr. 33,5 km², heute 15,3 km² große Vulkaninsel, 40 km westl. von Java; 1883 zersprengte ein Vulkanausbruch die Insel u. vernichtete alles Leben; sie wurde damit zu einem wicht. Arbeitsfeld für die ↗ Inselbiogeographie, da die Besiedlungsgeschichte direkt beobachtet werden konnte.

Kraken [Mz.; norw.], Achtarmige Tintenschnecken, Polypen, Achtfüßer, Octopoda (fr.: Octobrachia), Ord. der *Coleoidea*, ↗ Kopffüßer ohne äußere od. ohne Schale, mit kurzem, sackförm. Körper, an dem 8 etwa gleichgroße Arme inserieren, die untereinander durch eine mehr od. weniger große Zwischenarm- od. Velarhaut verbunden sind. Die Gesamtlänge des Körpers beträgt bei den kleinsten K. etwa 1,5 cm, bei den größten 3 m. Die Arme tragen unten 1–2 Längsreihen ungestielter Saugnäpfe, die durch Ringe verstärkt od. mit Haken besetzt sind; bei den ♂♂ ist ein Arm des 3. Paares (meist der rechte) zum ↗ Hectocotylus differenziert. Die sekundäre Leibeshöhle ist eng, der Herzbeutel reduziert. Die meisten K. leben im Flachwasser der Meeresküsten. Die ca. 200 Arten werden den U.-Ord. ↗ *Cirrata* u. ↗ *Incirrata* zugeordnet. Als K. i. e. S. gelten die Arten der Gatt. ↗ *Octopus*. B Kopffüßer.

Kralle, 1) dem vordersten Finger- bzw. Zehenglied v. Tetrapoden aufsitzende Hornplatte (↗ Horngebilde, ☐), meist sichelartig gebogen u. spitz zulaufend, homolog einem seitl. komprimierten ↗ Fingernagel (☐). Die harte Hornplatte ist K.nplatte gen. Ihr unterliegt eine Zone weicherer Hornsubstanz, die K.nsohle. Da diese sich schneller abnutzt, wird die K. bei Benutzung selbsttätig geschärft, ähnl. einem Nagezahn. – K.n treten auf bei nur wenigen Amphibien (↗ Krallenfrösche), aber bei fast allen Reptilien u. Vögeln (☐ Falken) sowie bei Raubtieren u. einigen anderen Säugern. Sie dienen dem Beutefang, Klettern, Graben, Putzen, Festhalten und z.T. als Laufhilfe. – *Vögel* weisen i. d. R. an den Vorderextremitäten keine K.n auf; Ausnahme sind die Raubvögel, Enten, Flamingos und v. a. die Wehrvögel, die einen großen Sporn am Flügelbug besitzen. ↗ *Archaeopteryx* (☐) besaß K.n an allen drei Fingern. Der Sporn am Fuß eines Hahnes ist keine K. (er sitzt auch keiner Zehe auf), sondern eine horn. Neubildung. Die K.n am Fuß der Strauße sind zu hufähnl. Gebilden umgewandelt worden. – Unter den *Säugern* besitzen die Katzenartigen *(Felidae)* einen K.nmechanismus: bei normaler Fort-

Bei K vermißte Stichwörter suche man auch unter C und Z.

Krallenaffen

bewegung werden die K.n mittels einer Sehne in eine Hautfalte zurückgezogen. Der ↗Lebensformtyp der Termitenfresser (z. B. Ameisenbär, Schuppentier) weist bes. mächtige K.n („Klauen" s. u.) auf, mit denen die oft betonharten Bauten der Beutetiere geöffnet werden. Erdferkel u. andere unterird. lebende Arten graben mit ihren mächtigen K.n große Gangsysteme. – Bes. groß ausgebildete K.n, wie die der Termitenfresser, Großraubtiere, aber auch die ↗Hufe (☐) der Paarhufer, werden ugs. oft auch als ↗Klauen bezeichnet. Eine klare Abgrenzung von K. gegen „Nagel" ist – bes. bei Primaten – oft schwierig. 2) *Klaue, Unguis,* bei Wirbellosen (v. a. Gliederfüßern): ↗Extremitäten (☐).

Krallenaffen, *Callithricidae,* neben den Kapuzineraffen die 2. artenreiche Fam. der Neuweltaffen od. Breitnasen *(Platyrrhina);* ratten- bis eichhörnchengroß (Kopfrumpflänge 15–30 cm, Schwanzlänge 20 bis 40 cm); Fell weichhaarig, teilweise mit Mähne, oft auffällig gefärbt; Finger u. Zehen (außer Großzehe) mit schmalen, krallenartig verlängerten Nägeln. Die extrem an das Baumleben angepaßten K. bewohnen mit vielen Arten und U.-Arten den südam. Tropenwald. Ihre Nahrung besteht aus pflanzl. und tier. Kost. Man unterscheidet 2 Großgruppen, die ↗Marmosetten u. die ↗Tamarins – von alters her sind K. beliebte Hausgenossen des Menschen.

Krallenfingermolche, *Onychodactylus,* Gatt. der ↗Winkelzahnmolche.

Krallenfrösche, *Xenopinae,* U.-Fam. sehr urtüml., strikt aquat. Froschlurche in Afrika, die zus. mit den südam. ↗Wabenkröten die Fam. *Pipidae* u. die U.-Ord. der Zungenlosen *(Aglossa)* bilden. K. sind stark ans Wasserleben angepaßt. Ihre Hinterbeine sind kräftige Schwimmfüße mit großen Schwimmhäuten zw. den Zehen. Die Vorderbeine machen eher den Eindruck v. Tastorganen mit dünnen, weichen Fingern, die sie stets tastend nach vorn halten; sie werden aber auch beim Beutefang eingesetzt, wobei die Beute mit raschen Bewegungen zum Mund geführt wird. Die kleinen Augen liegen auf dem Kopf; sie können nicht geschlossen werden. Wichtigste Sinnesorgane sind Organe des chem. Sinnes und v. a. Seitenlinienorgane, die in großer Zahl am Kopf u. an den Körperseiten angeordnet sind u. aussehen wie die Stiche v. Nähten. Einige Arten haben unter jedem Auge einen kleinen Tentakel. Eine Zunge fehlt den K.n. Die Beute, auch Aas, wird durch Saugschnappen aufgenommen. Die drei inneren Zehen der Füße tragen kräftige schwarze Krallen, die beim Beutefang, bei Kämpfen u. beim Einwühlen in den Schlamm eingesetzt wer-

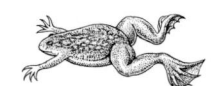

Krallenfrösche
Glatter Krallenfrosch *(Xenopus laevis)*

Kraniche
1 Kranich *(Grus grus),* 2 Kopf des Kronenkranichs *(Balearica pavonina)*

krani- [v. gr. kranion = Schädel].

den. K. haben keine Schallblasen; die klickart. Rufe werden unter Wasser erzeugt, ohne daß Luft durch den Kehlkopf gepreßt wird. Bei der Paarung wird das ♀, wie für *Archaeobatrachia* typ., in der Lendenregion geklammert (☐ Froschlurche). – Man unterscheidet 3 Gatt. Am bekanntesten ist *Xenopus* mit 15 großen (5–13 cm) Arten u. U.-Arten in Afrika. Ihre Eier werden in großer Zahl an Pflanzen geheftet. Die daraus schlüpfenden Larven sind Dauerschwimmer u. Filtrierer ohne Hornzähne u. -schnäbel am Mund. Sie haben jederseits neben dem Mund einen auffällig langen Tentakel. Mit ständig undulierender Schwanzspitze stehen sie schräg, mit dem Vorderende nach unten, im Wasser u. filtrieren Algen, Bakterien u. ä. Die Zwerg-K. der Gatt. *Hymenochirus* (W-Afrika) u. *Pseudhymenochirus* (Guinea) mit kleinen (2–4 cm) Arten heften ihre Eier in kleinen Grüppchen an die Wasseroberfläche. Ihre Larven sind optisch jagende Planktonfresser, die Copepoden, Wasserflöhe u. ä. mit einem speziellen Saugschnapp-Mechanismus fangen. K., vor allem *Xenopus laevis,* der Glatte Krallenfrosch, werden in vielen Laboratorien gehalten u. gezüchtet. Früher wurden sie für Schwangerschaftsnachweise benutzt: Ein ♀, dem Urin einer schwangeren Frau injiziert wird, legt innerhalb von 24 Std. Eier. ▣ Kerntransplantation. *P. W.*

Krameriaceae [Mz.; ben. nach dem östr. Militärarzt J. G. H. Kramer, † 1742], Fam. der Kreuzblumenartigen, fr. den Kreuzblumengewächsen bzw. Hülsenfrüchtlern zugeordnet, mit nur 1 Gatt. *Krameria.* Einige der 25 Arten v. Sträuchern od. Stauden (Trockengebiete Amerikas) sind Halbparasiten; dorsiventrale Blüten. Der Wurzelextrakt von *K. triandra* (Peru, Bolivien) wird in der Gerberei u. Heilkunde eingesetzt. *K. parviflora* liefert einen Farbstoff.

Krammetsvogel [v. mhd. kranewite = Wacholder], volkstüml. Bez. für die Wacholderdrossel *(Turdus pilaris),* ↗Drosseln.

kranial [v. *krani-*], *cranial,* den Schädel bzw. Kopf betreffend, kopfwärts gelegen; ↗caudal.

Kraniche [ahd. chranih, chranuh = Kranich], *Gruidae,* Fam. schlanker, langhalsiger, sumpfbewohnender Vögel mit langen Stelzbeinen, äußerl. Ähnlichkeit mit Reihern u. Störchen. 14 Arten in allen Kontinenten außer S-Amerika; hiervon sind 5 Arten infolge kontinuierl. Abnahme geeigneter Brutbiotope sehr selten geworden u. stark bestandsgefährdet. Grau, weiß u. schwärzl. gefärbt, teilweise mit roter Färbung am Kopf. Breite Flügel, oft mit verlängerten Schwung- u. Deckfedern, die das Hinterende des Körpers überragen. Fliegen mit ausgestrecktem Hals (☐ Flugbild), während des Zuges oft in aerodynam. günstiger Keilformation. Bes. Merkmal ist bei den meisten Arten eine lange gewundene Luftröhre mit resonanzfähiger Wand, womit kilometerweit tragende, trompetenart. Rufe erzeugt werden. Tanzspiele, mit halb geöffneten Flügeln, sind nicht auf die Brutperiode beschränkt, sondern ganzjährig zu beobachten. Die Paare sind partner- u. brutplatztreu; Bebrütung der 1–3, meist 2 Eier (B Vogeleier II) in einem Bodennest abwechselnd durch Männchen u. Weibchen; geschlüpfte Junge sind Nestflüchter, können vom ersten Tag an laufen u. schwimmen. K. sind – bis auf die südl. Arten – Zugvögel u. sammeln sich im Herbst an traditionellen Plätzen vor dem Aufbruch ins Winterquartier. – Der 115 cm große Kranich (*Grus grus*, B Europa VIII) lebt in geringer Zahl noch in norddt. Sumpfgebieten; er ist nach der ↗ Roten Liste „vom Aussterben bedroht". Der kleinere, durch weiße Ohrbüschel gekennzeichnete asiat. und nordafr. Jungfernkranich (*Anthropoides virgo*, B Asien II) ist häufig auch in Zoos zu sehen, wie v. a. auch der buntgefärbte afr. Kronenkranich (*Balearica pavonina*, B Afrika I). Nur etwa 50 Exemplare zählt z. Z. die Brutpopulation des schneeweißen Schreikranichs (*Grus americana*, B Nordamerika I), der in einem kanad. Nationalpark brütet u. an der Küste v. Texas überwintert.

Kranichvögel, *Gruiformes*, morpholog. und biol. vielgestaltige Ord. mit 11 Fam. (vgl. Tab.) auf der ganzen Erde mit Ausnahme der Polarregionen. Vögel fast durchweg mit breiten, runden Flügeln u. oft schlechtem Flugvermögen, einige Arten sind flugunfähig; Junge sind Nestflüchter mit dichtem Dunenkleid. Umstritten ist die systemat. Stellung der hühnerähnl. Kampfwachteln *(Turnicidae)*, deren Weibchen bunter gefärbt sind als die Männchen; letztere übernehmen auch die Bebrütung der Eier u. die Jungenaufzucht. Zu einer eigenen Fam. wurden die 3 Arten der Binsenhühner *(Heliornithidae)* zusammengefaßt, die an buschbestandenen Gewässern leben u. Fische fangen.

Kraniokinetik *w* [v. *krani-, gr. *kinētikos* = der Bewegung dienend], *Schädelkinetik, Kinetik,* Beweglichkeit (Kinesen) v. Schädelelementen außer Kiefergelenk u. Gehörknöchelchen. K. tritt auf bei Quastenflossern, Schlangen, Eidechsen u. Vögeln. Sie fehlt bei den übrigen Fischen, den Amphibien, Dinosauriern, Schildkröten, Krokodilen, Brückenechsen und Säugern. Der Zweck der K. wird darin gesehen, ein weiteres Öffnen des Maules u. damit das Verschlingen größerer Beutestücke zu ermög-

Bei K vermißte Stichwörter suche man auch unter C und Z.

krani- [v. gr. *kranion* = Schädel].

Kranichvögel
Familien:
Binsenhühner *(Heliornithidae)*
↗ Kagus *(Rhynochetidae)*
Kampfwachteln *(Turnicidae)*
↗ Kraniche *(Gruidae)*
↗ Rallen *(Rallidae)*
↗ Rallenkraniche *(Aramidae)*
↗ Seriemas *(Cariamidae)*
↗ Sonnenrallen *(Eurypygidae)*
↗ Stelzenrallen *(Mesitornithidae)*
↗ Steppenläufer *(Pedionomidae)*
↗ Trappen *(Otididae)*

Krankheit
Im Laufe der Geschichte wurden über das Wesen der K. zeitbedingte, dem Wissensstand entspr. Modelle entwickelt wie: metaphysische Erklärung (K. als Strafe Gottes), philosophisch-spekulative, naturwissenschaftliche, psychosomatische, anthropologische u. soziokulturelle Erklärung. Wegen der Allgemeinheit der Begriffe K. und Gesundheit (s. u.) gibt es bisher keine Definition, die nach den Kriterien der formalen Logik fehlerfrei ist.

In der Präambel zu den Satzungen der WHO (Weltgesundheitsorganisation 1946, New York) ist die *Gesundheit* folgendermaßen definiert:
„Gesundheit ist der Zustand des vollen körperl., geist. und sozialen Wohlbefindens u. nicht nur der Freiseins v. Krankheit u. Gebrechen."

Krankheit

lichen. K. fehlt v. a. solchen Tieren, die Pflanzen od. harte Nahrung fressen, od. große wehrhafte Beute, die sie nicht durch Gift od. mit anderen Mitteln bewegungsunfähig machen können. Wichtige Kinesen sind a) Bei *Quastenflossern:* bewegl. Verbindung (Beugungslinie) im Schädeldach zw. Orbital- u. Oticalregion. b) Bei *Eidechsen:* 1) Beugungslinie zw. Parietale u. Supraoccipitale (*metakinetischer* Schädel, die meisten Eidechsen); od. Beugungslinie zw. Frontale u. Parietale (*mesokinetischer* Schädel, Doppelschleichen); od. beide Beugungslinien (*amphikinetischer* Schädel, wenige Eidechsen); 2) Basipterygoidgelenk zw. Basisphenoid u. Pterygoid; 3) Beweglichkeit des Epipterygoids gg. das Pterygoid und 4) gg. das Schädeldach; 5) frei bewegl. Quadratum (Streptostylie) infolge Auflösung des unteren Jochbogens (↗ Schläfenfenster). c) Bei *Schlangen:* 1) Beugungslinie vor der Augenregion zw. Frontale u. Praefrontale (*prokinetischer* Schädel); 2) Schubstange aus Ektopterygoid u. Pterygoid, die das Maxillare vorschiebt; die auf dem Maxillare sitzenden Zähne (ggf. Giftzahn!) werden dadurch „aufgestellt"; 3) Gelenkung des Maxillare am Praefrontale; 4) Gelenkung des Squamosum (z. T. als Supratemporale interpretiert) gg. das Schädeldach; 5) frei bewegl. Quadratum (Streptostylie); 6) Beweglichkeit der Kieferhälften gegeneinander; „Aushängen" der Kiefer zum Verschlingen der Beute. d) Bei *Vögeln:* 1) Beugungslinie im Oberschnabel zw. Nasale u. Frontale (*abgeleitet mesokinetischer* Schädel); Oberschnabel bes. weit hochklappbar bei Papageien u. Schnepfen; 2) untere Schubstange aus Pterygoid u. Palatinum; 3) obere Schubstange aus Jugale u. Quadratojugale; beide Schubstangen sind am Oberschnabel gelenkig befestigt u. schieben ihn hoch; 4) Squamosum bewegl. am Schädeldach befestigt; 5) frei bewegl. Quadratum (Streptostylie). *A. K.*

Kraniologie *w* [v. *krani-, gr. *logos* = Kunde), die ↗ Schädellehre.

Krankheit, allg., unscharf definierter Begriff für Störungen der körperl. und geist. *Gesundheit,* i. e. S. Störungen der Regelungs- u. Steuerungsfähigkeit des Organismus od. von dessen Teilfunktionen bei der Aufrechterhaltung der Homöostase. Eine allg. befriedigende biol. Definition der K. in der Humanmedizin, in der K. objektiv und/oder subjektiv auftritt, ist bisher nicht gelungen, da es keinen naturwiss. Begriff „Gesundheit" nicht gibt (vgl. Spaltentext). Auch jurist. ist K. bisher nicht allg. definiert. I. ü. S. spricht man auch bei entspr. Störungen bei Tieren u. Pflanzen von „Krankheit". ↗ Hygiene, ↗ Medizin.

Kranzfühler

Kranzfühler, die ↗Tentaculata.
Kranzfüße, *Pedes coronati,* ↗Afterfuß (☐).
Krapina, *Mensch von K.,* 1899–1905 von D. Gorjanović-Kramberger unter einem Felsdach bei K., 42 km nordnordwestl. v. Zagreb (heute Jugoslawien), ausgegrabene Skelettreste v. mindestens 25 frühen ↗Neandertalern, darunter 5–6 Kindern; dazu Steinwerkzeuge des ↗Moustérien. Knochen größtenteils zerbrochen u. angebrannt, daher Kannibalismus wahrscheinl. Nach der Begleitfauna geschätztes Alter: Ende der jüngsten Zwischeneiszeit bis Anfang Würmeiszeit.
Krapp, *Färberröte, Rubia,* Gatt. der Krappgewächse mit rund 40 im Mittelmeerraum, in Asien, Afrika sowie Mittel- u. S-Amerika heim. Arten. Die Echte Färberröte *(R. tinctorum)* ist eine aus dem Mittelmeergebiet u. Vorderasien stammende, ausdauernde Pflanze mit scheinbar quirligen, lanzettl. Blättern u. kleinen, in Trugdolden stehenden gelben Blüten. Der gelbfleischige, sich beim Trocknen rot verfärbende Wurzelstock diente bereits in der Antike zum Färben (↗K.farbstoffe). Seit Ende des 16. Jh. wurde K. bis zur Einführung synthet. Farbstoffe auch in Mitteleuropa in größerem Umfang angebaut. In Indien wird der Wurzelstock des Ostindischen K. *(R. cordifolia)* zum Färben benutzt. Pharmazeut. wird K. als krampflösendes Nieren- u. Blasenmittel verwendet.
Krappartige, *Rubiales,* Ord. der ↗Asteridae mit der einzigen Fam. ↗Krappgewächse.
Krappfarbstoffe, aus der Wurzel der Färberröte (Krapp) gewinnbare pflanzl. Farbstoffe, die bereits im Altertum zum Färben v. Wolle, Seide und bes. von Teppichen benutzt wurden. Die färbenden Bestandteile sind in glykosid. gebundener Form vorliegende Di- und Trihydroxy-↗Anthrachinone, z. B. die wicht. Vertreter *Purpurin* u. ↗*Alizarin* (im Krapp als Alizarin-Primverosid = *Ruberythrin* vorkommend).
Krappgewächse, *Rötegewächse, Rubiaceae,* Fam. der Krappartigen, die mit etwa 7000 Arten in rund 500 Gatt. weltweit verbreitet ist, sich aber bes. reich in den Tropen entfaltet. Kräuter, Sträucher od. Bäume (auch Kletterpflanzen) mit gegenständ., ungeteilten, meist ganzrand. Blättern sowie Nebenblättern, die bisweilen den Laubblättern gleichen (dann scheinbar quirlige Blattstellung). Die radiären, zwittrigen Blüten sind i. d. R. 4–5zählig u. besitzen meist eine trichter-, glocken- od. stieltellerförm. Krone, in deren Röhre die Staubblätter entspringen. Der überwiegend unterständ. Fruchtknoten wird meist aus 2 Fruchtblättern gebildet. Die Frucht ist eine in 2 Teilfrüchte zerfallende Spaltfrucht, seltener eine Kapsel, Beere od. Steinfrucht. In Mitteleuropa anzutreffen sind ausschl. krautige K. Wichtigste Gatt.: ↗Ackerröte, ↗Krapp, ↗Labkraut u. ↗Meister. Wichtigste Nutzpflanzen sind der ↗Kaffee u. der ↗Chinarindenbaum. Pharmazeut. wichtig ist auch die Brechwurz od. Brechwurzel *(Cephaelis ipecacuanha,* B Kulturpflanzen XI), ein in den trop. Wäldern Mittel- u. S-Amerikas heim. Halbstrauch, dessen Wurzeln das Alkaloid ↗*Emetin* enthalten. Verschiedene K. werden auch als Zierpflanzen kultiviert. Hierzu gehören u. a. ↗*Bouvardia, Nertera granadensis,* die Korallenbeere mit orangefarb., lange haltbaren Früchten sowie verschiedene Arten der im trop. und subtrop. Asien u. Afrika heim. Gatt. *Gardenia.* Am bekanntesten ist die aus China stammende *G. jasminoides* (B Asien III) mit großen duftenden, weißen, z. T. auch gefüllten Blüten, die in ihrer Heimat zur Parfümherstellung u. zur Teearomatisierung, in anderen Ländern auch als Ansteckblumen benutzt werden. Neben ↗Krapp liefern die beiden im trop. Asien heim. Arten *Morinda citrifolia* sowie *Uncaria gambir* (↗Gambir) rote bzw. gelbe Farbstoffe. Die im trop. Asien u. Australien heim., als Epiphyten lebenden Gatt. *Hydnophytum* u. *Myrmecodia* gelten als ↗Ameisenpflanzen (☐).
Kratere̲llen [Mz.; v. gr. kratḗr = Mischkrug], *Craterellus,* Gatt. der Leistenpilze, die ↗Trompeten.
Kratzbeere, *Rubus caesius,* ↗Rubus.
Kratzdistel, *Cirsium,* Gatt. der Korbblütler mit ca. 250 über die nördl. Halbkugel verbreiteten Arten. Krautige 1- bis mehrjähr. Pflanzen mit ungeteilten bis fiederspalt., dornig gezähnten od. gewimperten Blättern u. mittelgroßen bis großen, einzeln od. zu mehreren angeordneten Blütenköpfen aus purpurnen oder gelbl., seltener weißen Röhrenblüten mit 5spalt. Krone. Der K. nahe verwandt ist die Gatt. ↗Distel *(Carduus);* ihr Pappus ist jedoch einfach, während der der K. eine federige Struktur besitzt; vielfach lästige Unkräuter. Wichtigste Arten sind: die Acker-K. *(C. arvense,* B Europa XVI) und die Gewöhnliche K. *C. vulgare* (in Unkrautges., an Wegen, Schuttplätzen, in Waldschlägen u. an Ufern), die Kohldistel *(C. oleraceum)* u. die Sumpf-K., *C. palustre* (in Naßwiesen u. Auenwäldern, an Quellen u. Bachufern bzw. in Flachmooren), die Stengellose K., *C. acaule* (in sonnigen Kalkmagerweiden), sowie die Alpen-K., *C. spinosissimum* (in staudenreichen Unkrautges. der alpinen Stufe, bei Sennhütten u. Viehlägern sowie in Schneeböden u. Karfluren).
Kratzdistel-Zwenkenrasen ↗Cirsio-Brachypodion.

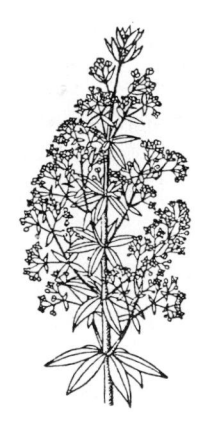

Krapp
Echte Färberröte
(Rubia tinctorum)

Krappgewächse
Wichtige Gattungen:
↗Ackerröte
↗Bouvardia
Cephaelis
↗Chinarindenbaum
(Cinchona)
Gardenia
Hydnophytum
↗Kaffee *(Coffea)*
↗Krapp *(Rubia)*
↗Labkraut *(Galium)*
↗Meister *(Asperula)*
Morinda
Myrmecodia
Nertera
Uncaria

Krappgewächse
Brechwurz
(Cephaelis ipecacuanha)

Kratzdistel *(Cirsium)*

Bei K vermißte Stichwörter suche man auch unter C und Z.

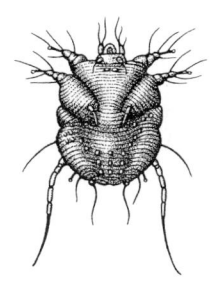

Krätze, 1) Pflanzenkrankheiten: a) die ↗ Älchen-K., b) die ↗ Gurken-K. **2)** Humanmedizin: a) *Scabies*, entzündl. Reaktion der Haut des Menschen nach Befall mit der ↗ Krätzmilbe, mit Juckreiz, Haarausfall, bei schwerem Befall u. geringen Abwehrkräften großflächige Verschorfungen, die tödlich enden können *(Scabies norvegica)*. Infektion neuer Wirte durch Überwandern. b) I.w.S. wird auch der gelegentl. Befall des Menschen mit den Verursachern tier. ↗ Räuden od. mit Staubmilben zur K. gerechnet *(Schein- od. Trug-K.n)*

Kratzer, die ↗ Acanthocephala.

Krätzflechten, Krustenflechten mit staubartig aufgelöstem bis feinkörn. Lager, nur steril bekannt; u. a. die Schwefelflechten.

Krätzmilbe, *Sarcoptes scabiei*, Vertreter der ↗ *Sarcoptiformes*, die in der Haut des Menschen parasitieren (physiolog. spezialisierte „Arten" auf Pferden, Schafen u. Schweinen); 0,2–0,4 mm große, kugelförm. Milben mit kurzen Beinen; Krankheitsbild ist die ↗ *Krätze*. Lebenszyklus: Nach der Begattung gräbt sich ein Weibchen senkrecht in die Haut ein, indem es mit Hilfe der Palpenladen u. der Cheliceren die Hornschicht aufreißt u. abträgt. Darunter angekommen, gibt es Verdauungssäfte ab, welche die Epidermiszellen auflösen. Zellinhalt u. Lymphe dienen der Milbe als Nahrung. Gleichzeitig frißt das Weibchen waagerechte Gänge in die Epidermis (je Tag bis 3 mm) u. legt dort Kot u. Eier ab. Diese bis 5 cm langen Gänge sind durch den dunkel gefärbten Kot v. außen zu sehen. Die Lebensdauer eines Weibchens beträgt ca. 2 Monate, die abgelegte Eizahl 20–50. Die schlüpfenden Larven können den mütterl. Stollen verlassen u. der Verbreitung dienen, im Stollen bleiben u. die Entwicklung abschließen od. an die Hautoberfläche kriechen u. an anderen Stellen des Körpers eigene Tunnel graben.

Kratzwürmer, *Kratzer*, die ↗ Acanthocephala.

Krause Glucke, Pilz der Gatt. ↗ Sparassis.

Kräuselkrankheit, 1) K. i. w. S., verschiedene Pflanzenkrankheiten, bei denen sich die Blattspreiten kräuseln; Erreger können Viren, Tiere od. Pilze sein, z. B. Kräuselmosaik od. Schweres Mosaik bei Kartoffeln (Mischinfektion v. Kartoffel-A- und -X-Virus); K. der Rübe (Rübenkräusel-Virus [RKV]); K. der Wasser- u. Kohlrübe (Wasserrübenkräusel-Virus [WaGMV]); K. der Rebe mit Verkrüppelung u. Wollhaarigkeit der Blätter u. Verkürzung der Triebe *(Kurzknotigkeit, Besenkrankheit, Verzwergung)*, Fehlen od. Verkümmern der Trauben, verursacht durch Milben *(Milbensucht, Akarinose)*. **2)** K. i. e. S., Pilzkrankheit v. Pfirsich- u. Mandelblättern, verursacht durch *Taphrina deformans* (Ord. *Taphrinales*), einen fakultativen Parasiten, der den größten Teil seines Lebenszyklus auf dem Wirt wächst. Die Überwinterung des Mycels erfolgt in der Rinde infizierter Zweige; Ascosporen u. Sproßzellen (Konidien) überleben bes. zwischen den Knospenschuppen u. infizieren im Frühjahr die heranwachsenden Blätter beim Öffnen der Knospen. Der Blattneutrieb im Juni wird meist nicht mehr befallen.

Kräuselradnetzspinnen, *Uloboridae*, Fam. der ↗ Webspinnen, mit ca. 150 Arten in allen Erdteilen vertreten. Sie bauen i. d. R. ein dem Netz der Radnetzspinnen vergleichbares Fanggewebe, das mit Cribellumwolle belegt ist (↗ Cribellatae, ☐). Junge Uloboriden besitzen noch kein Cribellum. K. haben als einzige Spinnen-Fam. keine Giftdrüsen. Heimische Vertreter sind die ↗ Dreiecksspinne u. *Uloborus walckenaerius*. Letztere baut ihr Netz an unbedeckten warmen Stellen waagerecht in die Vegetation (ca. 20 cm ⌀, 30–40 Radien); die Spinne lauert auf der Nabe sitzend; die Eikokons werden neben dem Netz aufgehängt. Die südafr. Gatt. *Miagrammopes* fängt Beute mit einem einzigen waagerecht aufgespannten Faden, der in der Mitte mit Cribellumwolle belegt ist u. 3 m Länge erreicht.

Kräuselspinnen, *Dictynidae*, Fam. der ↗ Webspinnen (↗ Cribellatae), deren Ver-

Krätzmilbe
(Sarcoptes scabiei)

Kräuselkrankheit
Von der K. befallene Pfirsichblätter

Kräuselkrankheit des Pfirsichs
Lebenszyklus des Erregers, *Taphrina deformans*

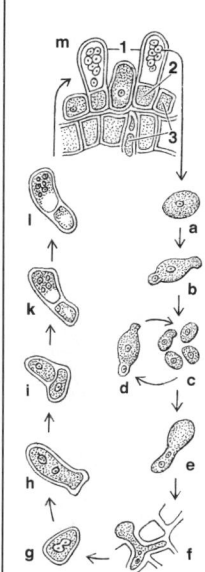

Ascosporen (a) gelangen auf den Wirt u. bilden bei der Keimung ein haploides Sproßmycel, das saprophytisch lebt u. auch auf künstl. Nährböden kultiviert werden kann (a–d = ungeschlechtl. Fortpflanzung). Durch eine mitotische Kernteilung (ohne gleichzeit. Zellteilung; Parthenogamie) od. Kopulation von 2 Sproßzellen entstehen dikaryot. Zellen, die mit einem Keimschlauch in die jungen Blätter einwachsen (e) und ein ausgedehntes, septiertes Mycel interzellulär zw. Cuticula u. Epidermis ausbilden (f). Die infizierten Blätter treiben blasig auf (Hypotrophie) u. verfärben sich rötl.; bei starkem Befall werden die Bäume geschwächt u. die Früchte abgestoßen.

Unter der Cuticula wird dann eine kompakte Zellschicht aus Proasci ausgebildet, in der eine Kernverschmelzung erfolgt (g); die diploid gewordenen Zellen vergrößern sich u. bilden nach einer Mitose (h) eine Stielzelle u. einen darüberliegenden Ascus (i), in dem die Reduktionsteilung (k), eine weitere Mitose (l) und die Sporenbildung stattfinden (m, 1 = Ascus, 2 = Stielzelle, 3 = ascogene Hyphen). Der Ascus wächst durch die Cuticula nach außen, u. die reifen Ascosporen (od. bereits sprossende Ascosporen) werden durch einen einfachen Spalt od. Riß unter Druck ausgeschleudert.

Bei K vermißte Stichwörter suche man auch unter C und Z.

Krausesche Endkolben

treter (ca. 200 Arten) nicht größer als 5 mm werden. K. leben in allen Erdteilen, v. a. in der Vegetation, aber auch am Boden, an Mauern usw. Oft wird als Wohngewebe der Blattgrund eines Laubblatts mit Spinnseide überdacht od. der Zwickel zw. Ästchen benützt. Von diesem Schlupfwinkel laufen fächerförmig Fäden über die Blattspreite od. zu anderen Ästchen. Dazwischen sind die Fangfäden mit der Cribellumwolle angeordnet. In Mitteleuropa kommen etwa 15 Arten vor; häufigste Gatt. ist *Dictyna*.

Krausesche Endkolben [ben. nach dem dt. Anatomen W. J. F. Krause, 1833–1910], dicht unter der Epidermis gelegene nervöse Endorgane bei Säugetieren, bei denen es sich vermutl. um Kälterezeptoren handelt (↗Thermorezeptoren).

Kraushaaralgen ↗Ulotrichaceae.

Krauskohl ↗Kohl.

Kräuter, bot. Bez. für Pflanzen, deren oberird. Sprosse im Unterschied zu den ↗Holzgewächsen nicht od. höchstens am Grunde ein wenig verholzt sind u. gg. Ende der Vegetationsperiode ganz *(einjährige K.)* oder bis auf die an bodennahen, unterird. oder im Wasser untergetauchten Sproßteilen sitzenden ↗Erneuerungsknospen absterben *(zwei- u. mehrjährige K., Stauden)*.

Kräuterbücher, med.-bot. Werke, die im wesentl. in der Zeit zw. 1470 und 1670 entstanden sind; meist prächtig illustriert mit Holz- od. Kupferstichen. Man kennt etwa 100 Verf. derartiger Werke. Die frühesten K. waren zusammengetragene, urspr. handschriftliche Überlieferungen („Compilationen"), die unmittelbar an antike Tradition anknüpften. Insbes. ↗Aristoteles, ↗Hippokrates, ↗Galen, ↗Plinius u. ↗Dioskurides, aber auch arab. Ärzte wie Mesue u. Avicenna waren die Autoritäten, auf die sich die K. beriefen. Die lat. abgefaßten K. sind als Fachbücher für Ärzte u. Apotheker anzusehen; daneben erschienen zahlr. deutschsprachige K., die zum Gebrauch als Gesundheitsratgeber für den „gemeinen Mann" gedacht waren. Man nannte sie häufig „Gart der Gesundheit" („Hortus sanitatis"); der wohl berühmteste „Gart" stammt von P. Schöffler (1484). Berühmte K. sind ferner die von L. ↗Fuchs, H. ↗Bock, Lonicerus, J. R. ↗Dodoens, C. ↗Clusius, Dalchamps, Durante, C. ↗Bauhin, Tabernaemontanus u. nicht zuletzt der „Hortus Eystettensis" des Apothekers Besler aus Nürnberg. [B] Biologie II.

Lit.: *Heilmann, K. E.:* Kräuterbücher in Bild und Geschichte. Repr. Grünwald b. München [1980].

Kräuterdieb, *Ptinus fur*, ↗Diebskäfer.

Krautfäule, 1) *Kraut-* u. *Braunfäule* der Tomate, verursacht durch den ↗Falschen Mehltaupilz *Phytophthora infestans;* auf der Oberseite der Blätter zeigen sich graugrüne, braunwerdende Flecken, an der Unterseite grauweiße Schimmelrasen mit Konidien; je nach Witterung vertrocknen die Blätter oder verfaulen. Befallene Früchte zeigen braune, etwas eingesunkene, harte Flecken, die ins Fruchtfleisch hineinreichen. Bekämpfung mit Kupferpräparaten od. organ. Fungiziden. 2) ↗*Kraut- u. Knollenfäule* (Braunfäule) der Kartoffel.

krautige Pflanzen, allg. Bez. für unverholzte Pflanzen. ↗Kräuter.

Krautschicht ↗Stratifikation.

Kraut- und Knollenfäule, *Kartoffelmehltau*, Falscher Mehltau der Kartoffel (↗Kartoffelpflanze); Erreger ist der heterothallische Pilz *Phytophthora infestans (Pythiaceae, Peronosporales)*, der künstl. auf reichhalt., komplexen Nährböden gezüchtet werden kann, in der Natur aber fast ausschl. als obligater •Parasit mit engem Wirtspflanzenkreis (nur Tomate u. Kartoffel) lebt. Bisher aufeinanderfolgen, so daß ein Kartoffelfeld in kurzer Zeit vollständig verseucht sein kann. – Die sexuelle Fortpflanzung wird nur sehr selten beobachtet: Ein weibl. Hyphenteil (h, ♀) durchwächst ein Antheridium (♂) und entwickelt sich darüber zu einem Oogon. Nach der Befruchtung (Plasmogamie) u. Kernverschmelzung umgibt sich die zentrale Oosphäre mit einer derben, dreifachen Wand (i). Nach längerer Ruhepause keimt die diploide Oospore mit einem Keimschlauch aus (j) und bildet ein Sporangium (k).

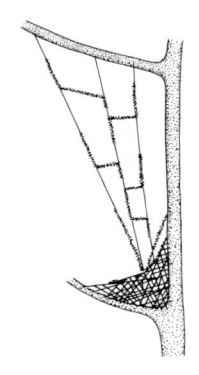

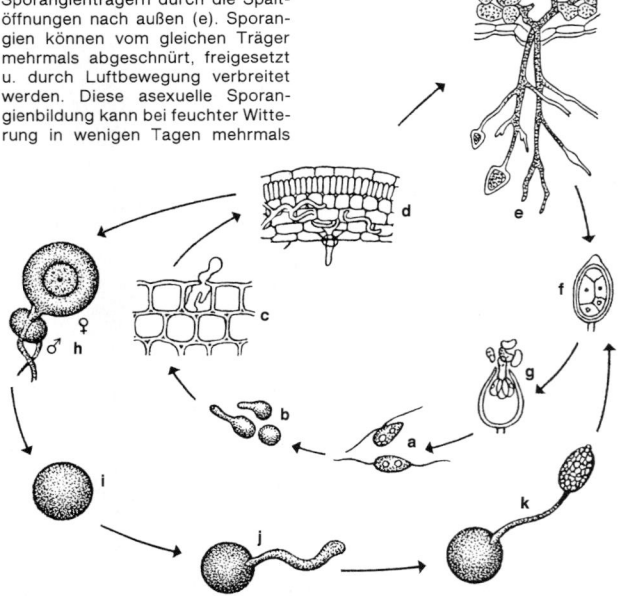

Kräuselspinnen
Gewebe v. *Dictyna arundinacea*

Kraut- und Knollenfäule
Entwicklungszyklus des Erregers der K., *Phytophthora infestans:*
Seitlich begeißelte Zoosporen (a) aus dem Zoosporangium (f–g) dringen bei geeigneten Umweltbedingungen (z. B. auf einem tau- od. regenfeuchten Kartoffelblatt) mit Keimhyphen durch die Spaltöffnungen in das Wirtsgewebe (b–d); gelegentl. können die Sporangien direkt keimen). Im Blattgewebe bildet sich ein ausgedehntes Mycel, dessen Hyphen interzellulär wachsen u. von denen Haustorien zur Ernährung in das Zellinnere dringen. Nach wenigen Tagen wachsen Büschel v. Sporangienträgern durch die Spaltöffnungen nach außen (e). Sporangien werden vom gleichen Träger mehrmals abgeschnürt, freigesetzt u. durch Luftbewegung verbreitet werden. Diese asexuelle Sporangienbildung kann bei feuchter Witterung in wenigen Tagen mehrmals

Bei K vermißte Stichwörter suche man auch unter C und Z.

sind 16 physiolog. Rassen bekannt, die ein unterschiedl. Kartoffel-Sorten-Spektrum aufweisen. Der Pilz ist weltweit verbreitet, u. in manchen Gebieten wird er als wichtigster Krankheitserreger angesehen (↗Falsche Mehltaupilze); epidemisch tritt die K. besonders im Seeklima u. in niederschlagsreichen Gebieten auf. – An den Blättern befallener Pflanzen entstehen braune Flecken, die sich bei feuchtem Wetter schnell vergrößern können, so daß die ganze Pflanze geschädigt u. abgetötet wird. Auf der Blattunterseite, unter den Flecken, erscheint ein weißgrauer Belag (Blattschimmel) aus Konidienträgern (bzw. Zoosporangienträgern). Anhaltende Nässe fördert die Ausbreitung der K., so daß in kurzer Zeit ganze Bestände absterben, v. denen dann ein charakterist. Geruch ausgeht. Die Erkrankung kann auch auf die Knollen übergehen (= ↗*Braunfäule*), wenn bei Regen Sporangien in den Boden geschwemmt werden. Die Infektion erfolgt durch die freigesetzten Zoosporen, die, v. den Wurzeln chemotaktisch angelockt, in die Lenticellen eindringen. Meist werden die Knollen bei der Ernte befallen (Nachernte-↗Fruchtfäule); es treten bleigraue, leicht eingesunkene Flecken auf, unter denen das Fleisch braun verfärbt ist (Trokkenfäule). Braunfaule Knollen werden i. d. R. sekundär noch v. anderen Fäulniserregern befallen (z. B. *Fusarium*-Arten). Der Pilz überwintert als Mycel in Knollen u. Ernterückständen. B Pflanzenkrankheiten I.

Kreatin s [v. *kreat-], *Methylguanido-Essigsäure*, eine bes. in Muskelgewebe vorkommende organ. Verbindung, die sich aus Glycin u. Arginin durch Übertragung der Guanidinogruppe bildet u. die durch Phosphorylierung, katalysiert durch das Enzym *K.-Kinase (K.-Phosphokinase)*, mit *K.phosphat (Phospho-K.)*, einer energiereichen Phosphatverbindung (↗energiereiche Verbindungen), im Gleichgewicht steht. K.phosphat stellt die eigtl. Energiereserve des Muskels v. Wirbeltieren dar, da es höheres Phosphatgruppenübertragungspotential (↗Gruppenübertragung) als ↗Adenosintriphosphat (ATP) besitzt u. daher bei ATP-Verbrauch die rasche ATP-Regeneration durch Umwandlung von ADP zu ATP ermöglicht. Aufgrund dieser Eigenschaft zählt K.phosphat zu den ↗Phosphagenen. K. steht durch Wasserabspaltung im Gleichgewicht mit *Kreatinin* (vgl. Abb.). K. und Kreatinin kommen als Exkrete (↗Exkretion) u. a. bei Wirbeltieren, Regenwürmern u. blutsaugenden Wanzen vor.

Kreatinin s [v. *kreat-], *Glykomethylguanidin*, ↗Kreatin.

Kreatinphosphat ↗Kreatin.

Kreationismus

kreat- [v. gr. kreas, Gen. kreatos = Fleisch].

Kreatinphosphat

Kreatin

Kreatinin

Kreatin
Die reversiblen Umwandlungen v. *Kreatin, Kreatinphosphat* u. *Kreatinin*

Kreationismus – Zurück zum Mythos?

Zunächst stockt man bei dem Wort Kreationismus. Heißt es nicht Kreatianismus? Und da ist man schon recht nahe dem Zentrum der Fragestellung. Nach dem Kreatianismus, einem Terminus der Scholastik, erschafft Gott jede einzelne Seele aus dem Nichts und verbindet sie im gegebenen Augenblick mit dem elterlichen Zeugungsprodukt. Aber der Kreationismus unserer Tage ist etwas viel Umfassenderes. Es geht *nicht* um die Beseelung eines Einzelindividuums, sondern um die Erschaffung, die Schöpfung der ganzen Welt, es ist genauer die Auseinandersetzung zwischen den „darwinistischen" Evolutionisten (↗Darwinismus) und den die Evolutionslehre oft aggressiv bekämpfenden Kreationisten, im Extremfall als Fundamentalisten: Sie betrachten den christlich-biblischen Schöpfungsbericht als gleichwertige *wissenschaftliche* Lehre neben der Evolutionslehre.
Nun ist das zwar keine ganz neue Situation – man denke nur an die leidenschaftlich geführten Diskussionen nach Darwin mit und um Haeckel –, aber sie ist in den beiden letzten Jahrzehnten besonders virulent geworden: keine Rede mehr davon,

Die Rolle des Modells bzw. von Modellvorstellungen in den Naturwissenschaften

was 1963 der amerikanische Historiker Richard Hofstadter glaubte, die Kontroverse um die Evolution sei so fern wie die Ära Homers; das Darwin-Jubiläumsjahr 1982 hat aber offensichtlich die Diskussion über den Komplex Evolution, natürlich insbesondere über die Her- und Abkunft des Menschen, über die Hominisation also, neu belebt und offensichtlich Breitenwirkung erzielt.
Verfolgt man die Auseinandersetzungen zwischen den Kreationisten und Evolutionisten unter allgemeinen Gesichtspunkten, stellt sich eine Situation dar, wie sie sich auch sonst immer wieder bei naturwissenschaftlichem Arbeiten abzeichnet. Der Naturwissenschaftler ist gewohnt, in Modellen bzw. Modellvorstellungen zu denken, und er weiß, daß eine Theorie – und das gilt noch mehr für eine Hypothese – keineswegs die Wirklichkeit ist und ein Modell noch kein Beweis ist. Alles, was uns die führenden Kreationisten – sie haben 1963 in den USA die *Creation Research Society* gegründet – anbieten, ist weder eine wissenschaftliche Hypothese noch weniger eine Theorie oder gar ein Modell: es ist im Grunde die moderne

Bei K vermißte Stichwörter suche man auch unter C und Z.

Kreationismus

Form eines, genauer des buchstäblich genommenen, christlich-biblischen Schöpfungsberichtes, der uns zudem ja in zweifacher, z.T. deutlich voneinander abweichenden Versionen (Genesis 1,1 – 2, 4A und Genesis 2, 4B–25) überliefert ist. Dieser Schöpfungsbericht kann und will aber nie den Stellenwert einer Theorie oder eines Modells haben, er beschreibt nur einen *anderen* Aspekt des Wissens oder einer Gewißheit und verzichtet bzw. verfremdet gar weitgehend empirische Kenntnisse. Aber wie soll man Naturwissenschaften treiben, wenn man auf empirische Kenntnisse und Grundlagen verzichtet?

Hingewiesen werden muß noch auf ein anderes Problem: wie stellen sich Fundamentalisten, die den im Judentum, Christentum und Islam vertretenen monotheistischen Schöpfungsglauben zur Basis ihrer Arbeit machen, zu den Schöpfungsmythen, die im Hinduismus oder Buddhismus die Basis abgeben? Die beiden Schöpfungsberichte des Alten Testaments können und wollen nicht als historische Protokolle verstanden sein, sie sind vielmehr ein Glaubenszeugnis dafür, daß Schöpfung durch Gott überhaupt stattgefunden hat.

In diesem Zusammenhang sei noch ein Gedanke erwähnt. Die Parameter, die ein naturwissenschaftliches Modell – und als ein solches ist das Evolutionsmodell aufzufassen – bilden, beruhen auf Naturbeobachtungen und den daraus abgeleiteten Naturgesetzen. Naturgesetze unterliegen aber keiner Weltanschauung. Wer also an eine Schöpfung glaubt, muß die Naturgesetze in diese einbeziehen: Ein Gott im Widerspruch zu seinen eigenen Gesetzen wäre ein Widerspruch in sich. Ein gläubiger Christ kann also im Ablauf der Evolution, so wie sie sich heute für die Naturwissenschaft darstellt, auf jeden Fall einen Mechanismus der Schöpfung sehen.

Wissenschaft, ganz besonders aber die Naturwissenschaft, ist ein sich selbst korrigierender Prozeß; Wissenschaftler ändern ihre Betrachtungsweisen und Ansichten auf der Basis neuer Beweise oder Evidenzen, meist sogar nur auf der Basis neuer Beweisketten: das Arbeitsmodell wird dann modifiziert. Es gibt in den letzten Jahrzehnten ein eklatantes Beispiel dafür. Die „Schulwissenschaft" weigerte sich aufgrund der 1913 vorliegenden Kenntnisse, die Wegenerschen Vorstellungen von der Kontinentalverschiebung (↗ Kontinentaldrifttheorie) zu akzeptieren. Neue und überzeugende Beweise aus den 60er Jahren zwangen aber zu einer Revision der Einzelheiten der Wegenerschen Hypothese und führten zu den *neuen*, weiterführenden Modellen. Es ist durchaus möglich und denkbar, daß irgendeines Tages Modifikationen am Modell der ↗ *Evolutionsmechanismen* vorgenommen werden müssen, denn auch dieses Modell – oder besser die Klasse der Modelle, die Evolution beschreiben – ist in den Prozeß der Evolution der Erkenntnis einbezogen.

Der Kreationist wendet sich jedoch schon gegen die Grundaussagen der Evolutionstheorien, daß Evolution der Organismen überhaupt stattgefunden hat. Diese Aussage beruht jedoch auf Naturbeobachtungen, z.B. der Fossilfolge im Verlauf der Erdgeschichte, und müßte daher auch in ein modifiziertes Modell der Evolutionsmechanismen selbst übernommen werden.

Man sollte also festhalten: das Evolutionsmodell ist ein festgefügtes und in der Biologie weithin anerkanntes und bestätigtes Lehrgebäude, *obwohl* die entscheidenden Beweise für das Evolutionsgeschehen nur aus Indizienbeweisen bestehen: die Konsequenzen sind einsichtig, es gibt, ja es muß intensive Diskussionen unter den Fachleuten geben, es werden widersprüchliche Sekundärhypothesen und -theorien, oft sogar mißverständliche Spekulationen, aufgestellt. Und hier, in diesem komplizierten System, wird nun für die große Masse der an Evolution interessierten Menschen das Engagement am Antievolutionismus, dem Kreationismus, geweckt: dem vielfältigen, scharfsinnig aufgebauten Theoriengebäude der Evolution wird von den Kreationisten der christlich-biblische Schöpfungsbericht in Genesis 1 und 2 als fundamentalistische, monolithische Lehre gegenübergestellt, wobei vielleicht unterschwellig auch eine gewisse Flucht ins Irrationale eine Rolle spielen kann.

Und noch ein Zweites kommt hinzu: die Kreationisten operieren mit „Beweisen", die dann alle etwas Sensationelles an sich haben, für die buchstabengetreu zu nehmende Richtigkeit des mosaischen Schöpfungsberichtes. Nur so können Forschungen verstanden werden, die die *gleichzeitige* Existenz von Trilobiten, Dinosauriern und Mensch als Beweis für die *gleichzeitige* Erschaffung aller Lebewesen erbringen wollen oder die die Suche nach den Resten der Arche Noah mit dem Ziel organisieren, weil sie der Meinung sind, daß diesem „Unternehmen Noah" alle heute existierenden Lebewesen, einschließlich der Art Mensch, ihre Rettung verdanken. Und nur in diesem Kontext kann man die Annahme eines maximalen Alters der Welt – und natürlich auch der Erde mit allem, was nach dem Sechstagewerk geschaffen wurde – von 10 000 Jahren postulieren. Da-

Bei K vermißte Stichwörter suche man auch unter C und Z.

mit würden nicht nur die Evolutionstheorien, sondern auch die geologischen Lehren der Kontinentalverschiebung und große Teile der Astrophysik und Kosmologie als wertlos erklärt werden.
Und schließlich läßt sich das Auftreten des Kreationismus noch auf einen dritten Aspekt zurückführen. Das Ansehen der Naturwissenschaften mit dem oft unbedacht propagierten Anspruch – oder mit der Unterstellung –, alles sei machbar, hat zu einer Abwertung, zu einer skeptischen, oft sogar zu einer ablehnenden Haltung der Naturwissenschaften und Technik gegenüber geführt.
Der Kreationismus ist in den USA heute (1985) am weitesten und einflußreichsten verbreitet, nicht zuletzt aufgrund einer äußerst erfolgreichen „Öffentlichkeitsarbeit". Die Gefahr ist außerdem – Isaac Asimov hat warnend in einem Essay darauf hingewiesen –, daß bei manchen einflußreichen Politikern in den USA die Kreationisten als kenntnisreiche, gelehrte und mit Glaubenselementen durchsetzten Argumenten ausgestattete Fachleute eingeschätzt und anerkannt werden. Die Auseinandersetzung zwischen Evolutionisten und Antievolutionisten, den Kreationisten, werden heute weitgehend vor ideologischem Hintergrund ausgetragen.
Und so muß man feststellen, daß offensichtlich Richard Hofstadter eben doch *nicht* recht hatte mit seiner Meinung, die Kontroverse um die Evolution „sei so fern wie die Ära Homers".

Lit.: *Gitt, W.* (Hg.): Am Anfang war die Information. Gräfeling/München 1982. *Illies, J.:* Der Jahrhundert-Irrtum. Frankfurt a. M. 1983. *Leist, F.:* Die biblische Sage von Himmel und Erde. Freiburg – Basel – Wien 1967.

Krebs, Sir *Hans Adolf,* engl. Biochemiker dt. Abstammung, * 25. 8. 1900 Hildesheim, † 22. 11. 1981 Oxford; bis 1933 in Freiburg, wo er 1932 den Harnstoffzyklus entdeckte; seit 1933 in England, Prof. in Cambridge u. Oxford; arbeitete bes. über die Umwandlung der Nahrungsstoffe in Energie innerhalb der Körperzelle u. entdeckte 1937 den *K.-Zyklus* (Citratzyklus); erhielt 1953 zus. mit F. A. Lipmann den Nobelpreis für Medizin.

Krebs, allg. Sammelbez. für bösart. Geschwülste bzw. abnorme Wucherungen bei Menschen, Tieren u. Pflanzen, deren schrankenloses Wachsen fortschreitende Zerstörungen v. Geweben u. Organen verursacht. **1)** K. bei Pflanzen: ↗Pflanzentumoren, ↗Agrobacterium. **2)** K. bei Menschen u. Tieren: *maligne Neoplasie, maligner Tumor.* Das bösart. (maligne) Wachstum ist gekennzeichnet durch eine unkontrollierte, einer falschen Regulation unterworfene, überschießende Gewebsvermehrung v. *entarteten* (transformierten) Zellen, die das gesunde Gewebe verdrängt *(Verlust der Proliferationskontrolle).* Das bösartig veränderte Gewebe ist „entdifferenziert" u. kann die gewebsspezif. Fähigkeiten des gesunden Ursprungsgewebes nicht mehr wahrnehmen. – K. kann aus jeder sich teilenden Zelle hervorgehen, wobei vermutet wird, daß die Zellen eines jeden malignen Tumors v. einer einzigen transformierten Zelle abstammen *(monoklonale Entstehung),* v. der aus sich der Tumor entwickelt. Die Umwandlung einer gesunden Zelle in eine K.zelle kann aus zunächst nicht bösart. Veränderungen *(Präneoplasien)* hervorgehen. Dabei unterscheidet man zw. der *Initiation,* d. h. der Veränderung der Zellen zur Entartung, u. der *Promotion,* dem eigtl. Wachstum der entarteten Zellen. Im Laufe des Wachstums kommt es zu Mutationen u. Differenzierungen, so daß im Tumor eine heterogene Zellpopulation entsteht. Die entarteten Zellen können sich je nach dem Typ des *Primärtumors* über den Blut- od. Lymphweg im Körper ausbreiten, sich an anderen Orten ansiedeln u. dort Tochtergeschwülste *(Metastasen)* bilden *(Verlust der Positionskontrolle).* – Das feingewebl. Bild v. Tumorzellen ist u. a. gekennzeichnet durch vermehrte atypische Mitosen, chromatindichte Kerne, Aufhebung der organtyp. Zellformation u. unregelmäßige polymorphe Formen. Der Chromosomensatz ist oft aneuploid (↗Aneuploidie) u. weist Aberrationen (↗Chromosomenaberrationen) auf. – Die Ursachen des K.es sind letztl. noch nicht aufgeklärt. Aufgrund biochem., genet., zellbiol. u. tierexperimenteller Befunde sowie nach statist. Analysen über das Auftreten von K. wurde eine Vielzahl v. Theorien aufgestellt (vgl. Seite 127). – Die Tumoren entwickeln sich oft zunächst schmerzlos u. führen dann zu Allgemeinsymptomen wie Abgeschlagenheit, Leistungsknick, Gewichtsabnahme, Fieber. Infolge der Raumforderung u. Verdrängung v. gesundem Gewebe durch den Tumor zeigen sich diagnoseweisende Veränderungen, z. B. Bluthusten, Atemnot u. Thoraxschmerzen beim Lungenkarzinom, Ikterus bei Verschluß der Gallenwege durch einen Tumor, Blutbeimengungen im Stuhl bei Dickdarmtumoren, blutiger Urin bei Nierentumoren. Am Ort des Tumors kommt es zur Gewebsschwellung. Je nach Tumortyp können sich Tumorzellen in anderen Organen ansiedeln, wobei die meisten Tumoren ein spezif. *Metastasierungs-*

H. A. Krebs

Krebs

Die Bez. „Krebs" stammt v. Hippokrates u. leitet sich wahrscheinl. v. bizarren Formen oberflächl. Tumoren ab. Der Begriff „Krebs" umfaßt beim Menschen etwa 100 verschiedene Erkrankungen, die sich vielfältig manifestieren. – Krebs ist ein zunehmendes Problem: z. Z. stirbt jeder vierte an dieser Krankheit. Nach den Erkrankungen des Herz-Kreislauf-Systems liegt Krebs – überwiegend eine Erkrankung im höheren Lebensalter – an 2. Stelle der Todesursachen in der BR Dtl.

Bei K vermißte Stichwörter suche man auch unter C und Z.

KREBS

Krebs durch Versagen genetischer Regulationssysteme

Als Tiermodell (außer für Säuger) der genetischen Grundlagen der Tumorbildung dienen v.a. die Taufliege Drosophila und Knochenfische aus der Gruppe der lebendgebärenden Zahnkärpflinge. Freilandpopulationen mancher mittel- und südamerikanischer Zahnkärpflinge und ihre als Zierfische beliebten reinen Nachzuchtlinien (Schwertträger, Platy) sind ebenso wie Drosophila fast frei von Tumoren und wenig anfällig für krebsauslösende Faktoren (z. B. Röntgenstrahlen). Sie eignen sich daher als Kontrollkollektive für Versuche zur Erhöhung der Krebshäufigkeit.

Im Kreuzungsversuch kann man bei *Drosophila* und Zahnkärpflingen sog. "Tumorgene" oder *Onkogene* identifizieren. Begrifflich sind dies entweder Gene von meist unbekannter Normalfunktion, die nicht mehr auf Regelmechanismen reagieren, oder genetische Elemente eben dieser Regelmechanismen, deren Ausfall zum Versagen der Regelung führt; faktisch ist die Unterscheidung oft schwierig.

Bei *Drosophila* kann schon die Mutation eines einzelnen Tumorgens spezifische Tumoren auslösen. Dann vermehren sich bestimmte Zelltypen (z. B. der optischen Ganglien oder der Imaginalscheiben) unbegrenzt und dringen in andere Organe ein. Bei Zahnkärpflingen führt der Zusammenbruch definierter polygener Regelsysteme zu verschiedenen Krebstypen. Von diesen sind die Melanome am besten untersucht. Sie entstehen bei Bastarden zwischen verwandten Arten oder langfristig gezüchteten Linien. Die Regulation erscheint mehrstufig: je nach Genotyp erhöht sich die spontane Melanomhäufigkeit im ganzen Tier oder an bestimmten Körperteilen, oder die Anfälligkeit für krebsauslösende bzw. -fördernde Faktoren (z. B. Röntgenstrahlen bzw. Phorbolester) steigt stark an.

Die an Zahnkärpflingen gewonnenen Erkenntnisse lassen sich nicht direkt auf den Menschen übertragen, können aber Modellvorstellungen für „familiären", d. h. weitgehend genetisch bedingten menschlichen Krebs und für die heute vermutlich unterschätzten genetischen Komponenten des unterschiedlichen Krebsrisikos menschlicher Populationen liefern.

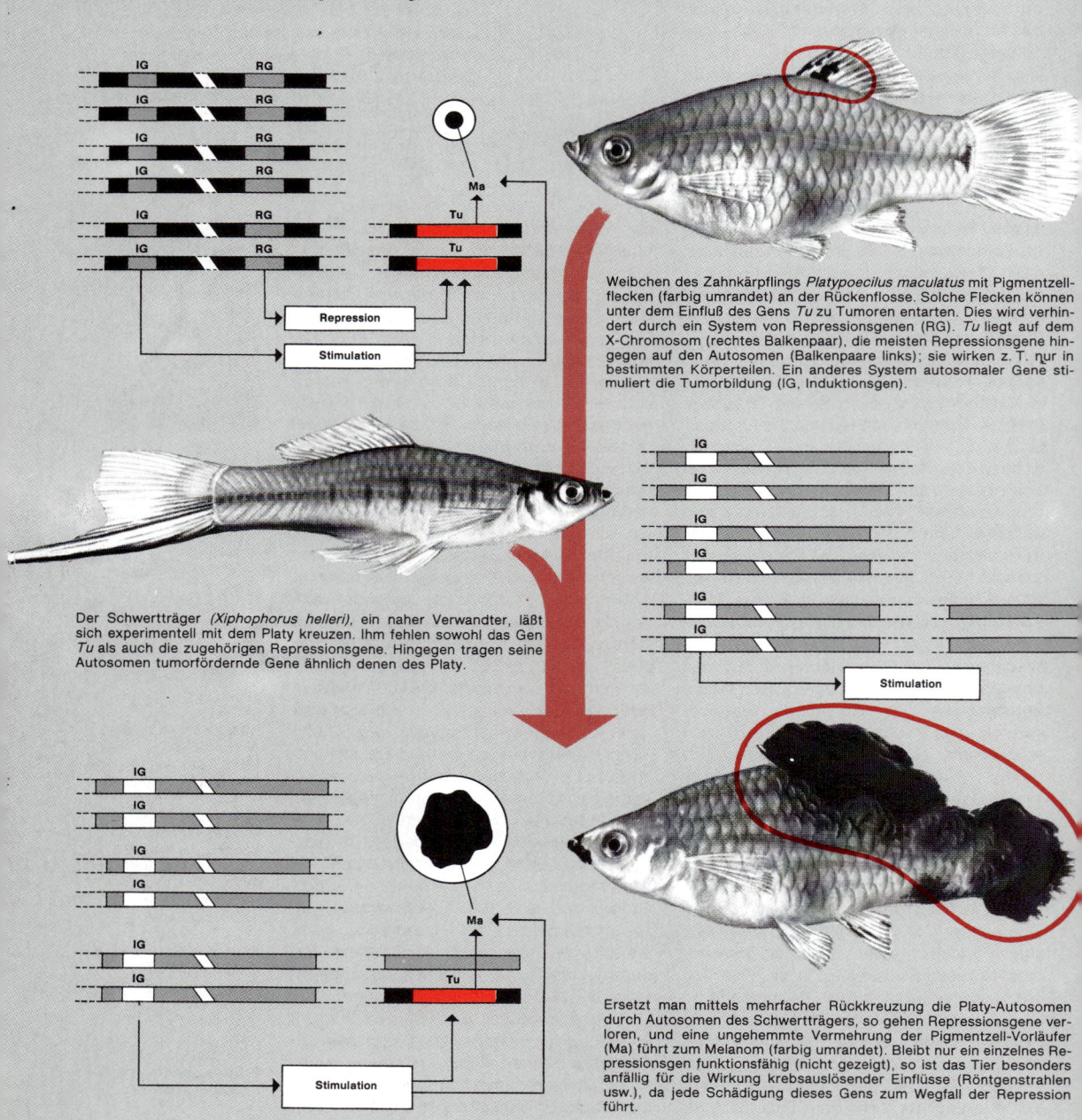

K. S.

Weibchen des Zahnkärpflings *Platypoecilus maculatus* mit Pigmentzellflecken (farbig umrandet) an der Rückenflosse. Solche Flecken können unter dem Einfluß des Gens *Tu* zu Tumoren entarten. Dies wird verhindert durch ein System von Repressionsgenen (RG). *Tu* liegt auf dem X-Chromosom (rechtes Balkenpaar), die meisten Repressionsgene hingegen auf den Autosomen (Balkenpaare links); sie wirken z. T. nur in bestimmten Körperteilen. Ein anderes System autosomaler Gene stimuliert die Tumorbildung (IG, Induktionsgen).

Der Schwertträger *(Xiphophorus helleri)*, ein naher Verwandter, läßt sich experimentell mit dem Platy kreuzen. Ihm fehlen sowohl das Gen *Tu* als auch die zugehörigen Repressionsgene. Hingegen tragen seine Autosomen tumorfördernde Gene ähnlich denen des Platy.

Ersetzt man mittels mehrfacher Rückkreuzung die Platy-Autosomen durch Autosomen des Schwertträgers, so gehen Repressionsgene verloren, und eine ungehemmte Vermehrung der Pigmentzell-Vorläufer (Ma) führt zum Melanom (farbig umrandet). Bleibt nur ein einzelnes Repressionsgen funktionsfähig (nicht gezeigt), so ist das Tier besonders anfällig für die Wirkung krebsauslösender Einflüsse (Röntgenstrahlen usw.), da jede Schädigung dieses Gens zum Wegfall der Repression führt.

Krebs

Theorien und Fakten zur Krebsentstehung

1. Die *Mutationstheorie* besagt, daß durch äußere Reize (z. B. ionisierende Strahlen, Chemikalien) das Erbgut so beeinflußt wird, daß ↗Transkription u. ↗Translation verändert werden. Eine Entartung der Zelle kann z. B. durch ↗Chromosomenaberrationen hervorgerufen werden *(Chromosomentheorie)*. (Ein Zshg. von K. und Chromosomen wurde bereits 1914 von ↗Boveri vermutet.)
a) *Strahlen-K.*: Analysen der Bevölkerung v. Hiroshima u. Nagasaki haben gezeigt, daß Personen, die sich bei der Atombombenexplosion innerhalb eines Radius von 5 km aufhielten, ein mehr als 6mal höheres Risiko für Leukämie tragen als die Restbevölkerung Japans. Bei Exposition gegen UV-Licht ist ein vermehrtes Auftreten von Haut-K. zu beobachten.
b) *Chemische K.entstehung*: chem. Substanzen als K.auslöser *(Karzinogene)* sind seit langem bekannt. Die älteste Erwähnung stammt aus dem Jahre 1775. Es wurde beobachtet, daß Schornsteinfeger bes. häufig an Skrotal-K. erkrankten, wobei bereits damals Ruß u. Teer als Auslöser angenommen wurden. Später wurde bei Anilinarbeitern vermehrt Blasen-K. festgestellt. Ein weiteres früh erkanntes Karzinogen ist das Arsen, das bei Winzern, die mit arsenhalt. Insektiziden umgingen, Haut-K. erzeugte. Durch systemat. Suche wurden bisher über 1000 Substanzen entdeckt, die ↗*cancerogen* wirken ([T] 128). Der Metabolismus einiger cancerogener Substanzen ist aufgeklärt. Viele potentielle Karzinogene werden im Rahmen v. ↗Entgiftungs-Reaktionen (↗Biotransformation) des Körpers durch meist mischfunktionelle Oxygenasen (↗Hydroxylasen) oxidiert u. damit besser lösl., was die Ausscheidung begünstigt. Bei diesen Reaktionen entsteht oft erst das eigtl. Karzinogen. Viele derartige Stoffe interkalieren (↗Interkalation) in die DNA zwischen Basenpaare u. führen so zur fehlerhaften Transkription; andere verdrängen normale Basen der DNA (↗Basenaustauschmutationen, ☐) u. verändern ebenfalls das Genprodukt (↗Rastermutation). Die Bedeutung exogener Einflüsse für K.entstehung unterstreicht die Tatsache, daß 90% aller K.e in epithelialen Geweben entstehen, die mit der Umwelt in Kontakt stehen, z. B. Bronchialschleimhaut, Haut, Magen, Darm-Trakt. Einige K.arten lassen sich auf Lebensgewohnheiten zurückführen, z. B. Bronchial-K. bei Zigarettenrauchern, Lippen-K. bei Pfeifenrauchern. In Japan ist Magen-K. auffallend häufiger als Dickdarm-K., während in den USA die Verteilung umgekehrt ist. Bei den Nachkommen v. in die USA ausgewanderten Japanern zeigt sich nach bereits zwei Generationen das Erkrankungsmuster der US-Bevölkerung. Man vermutet, daß dies im Zshg. mit Ernährungsgewohnheiten steht: Fisch, bes. Konservierungsstoffe in Japan, ballastarme Kost (↗Ballaststoffe) in den USA. Dabei muß zu einer lange Zeit bestehenden Exposition gg. eine k.erregende Substanz eine individuelle Disposition kommen, über die letztl. noch nichts bekannt ist.
2. K.entstehung durch ↗*Tumorviren* (↗DNA-Tumorviren, ↗RNA-Tumorviren) bzw. ↗*K.gene* (↗*Onkogene*). Die Mehrzahl der Befunde stammt aus Tierexperimenten; beim Menschen bis auf wenige Ausnahmen (↗Burkitt-Lymphom, ↗Epstein-Barr-Virus) nicht belegt.
3. K.entstehung durch Fehlen der ↗*Kontaktinhibition* v. Zellen, d. h., die normalerweise auftretende Hemmung des Zellwachstums bei einer gewissen Zelldichte ist aufgehoben.
4. Nach der *Chalontheorie* reagieren Tumorzellen nicht auf die hemmende Wirkung der ↗Chalone. (Chalone konnten allerdings bisher beim Menschen nicht nachgewiesen werden.)
5. Nach der *Proteindeletionstheorie* werden in Zellkulturen bestimmte Enzyme durch ein Karzinogen gebunden u. damit eliminiert; die entspr. Proteine besitzen wachstumshemmende Eigenschaften, deren Ausfall führt zu ungezügeltem Wachstum.
6. Nach der *Überregenerationstheorie* wird vermutet, daß durch ständige mechan. Reize eine überschießende Proliferation ausgelöst wird, z. B. entstehen in Gallenblasensteinen meist in chron. entzündeten Stein-Gallenblasen, an chron. entzündeten Fisteln bilden sich vermehrt Hauttumoren.
7. Die *Hormontheorie* postuliert, daß ein Zshg. mit dem Hormonhaushalt besteht. Hinweise dafür ergeben sich z. B. aus der Beobachtung, daß Frauen, die nie geboren haben, ein erhöhtes Risiko für Brust-K. tragen.
8. Eine familiäre Häufung von K. wird manchmal beobachtet, ohne daß bisher eine *Vererbbarkeit* im strengen Sinne gesichert werden konnte.

muster zeigen. Der Tod tritt ein durch Versagen des am meisten geschädigten Organs, z. B. Leber, Lunge, Knochenmark, Hirn, od. durch allg. Auszehrung (Kachexie). – Die klin. *Diagnostik* v. Tumoren ist erschwert durch die Tatsache, daß das K.wachstum lange Zeit symptomlos verläuft. Mit den z. Z. verfügbaren Röntgenverfahren ist z. B. in der Lunge ein Tumor erst ab einem Volumen von ca. 1 cm^3, entspr. einer Zellzahl von 10^9 Zellen, nachweisbar. Bei Tumoren mit hoher Metastasierungstendenz ist der K. oft bereits nicht mehr heilbar. Die Diagnose wird durch Materialgewinnung aus dem Tumor u. feingewebl. Untersuchung gestellt. Häufig ist die Herkunft des Primärtumors unbekannt; mit Hilfe der ↗Immunfluoreszenz-Technik gg. Elemente des Cytoskeletts (10 nm-Filamente) läßt sich die Herkunft v. Metastasen klären. Zusätzl. werden zur Suche u. Festlegung des Ausbreitungsgrades Röntgenuntersuchungen, Computertomographie (Thorax, Darm, Nieren, Gehirn), Ultraschall, ↗Isotopen-Verfahren (Knochen- u. Leberszintigramm, Schilddrüsenszintigramm) eingesetzt. Beim Brust-K. werden Mammographie (Röntgenstrahlen-Diagnostik) u. Thermographie (Wärmestrahlen-Diagnostik) hinzugezogen. Diagnoseweisende Blutwertveränderungen sind z. B. die Erhöhung der ↗Blutsenkungs-Geschwindigkeit, ↗Anämie, ↗Dysproteinämie. Je nach Organbefall lassen organspezif. Serumparameter Rückschlüsse zu, z. B. bei der Leber GOT, GPT, alkal. Phosphatase (auch bei Knochentumoren), saure Phosphatase bei Prostata-K. Bei einigen Tumorarten können sog. *Tumormarker* nachgewiesen werden, d. h. Substanzen, die im Rahmen der K.erkrankung vermehrt auftreten od. von den Tumorzellen neu gebildet werden u. deren Bestimmung in Blut od. Gewebe zur Diagnostik od. Verlaufskontrolle des Therapieeffekts herangezogen werden kann. Ein Beispiel ist das *karzinoembryonale Antigen* (CEA), dessen Vorkommen im Embryonalstadium normal u. das beim Erwachsenen nur noch in minimalen Mengen nachweisbar ist. Im Verlauf gewisser K.erkrankungen, z. B. beim Dickdarm-K., steigen die CEA-Werte im Blut extrem an. Dies kann als Ausdruck einer ontogenet. Regression der Tumorzelle gewertet werden. Ein weiterer Tumormarker ist das α-*Fetoprotein*, das bei embryonalen Hodentumoren und bei Leber-K. nachweisbar ist, sowie das β-HCG (↗Choriongonadotropin), das Schwangerschaftshormon, das beim Mann normalerweise nicht nachweisbar ist, bei Hodentumoren jedoch auftre-

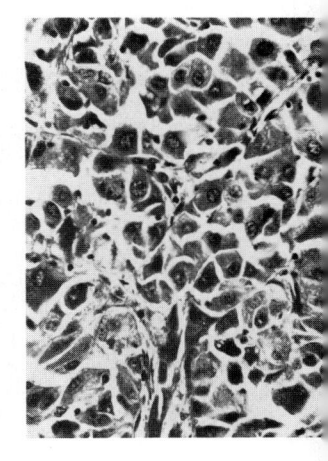

Krebs

Histolog. Bild eines bösart. Lebertumors. Auffallend sind die Heterogenität der Zellformen u. die chromatindichten Kerne; die normale Organstruktur ist aufgelöst.

Bei K vermißte Stichwörter suche man auch unter C und Z.

Krebs

Krebs

Tumoren werden nach dem Gewebetyp u. nach dem Organ benannt, in dem sie entstehen:
Karzinome (Epithel) z.B. Bronchial-K., Blasen-K., Dickdarm-K., Haut-K., Mamma-K., Zungen-K. usw.
Sarkome (Bindegewebe) z.B. Myo-S. (Muskel), Osteo-S. (Knochen), Lipo-S. (Fettgewebe)
Adenome (Drüsengewebe) z.B. Leberzell-A., Adenokarzinom (aus epithelialem Drüsengewebe)
Lymphome (Lymphknoten) z.B. zentroblastische L., Lymphogranulomatose
Melanome (Melanocyten der Haut)
Neuroblastome (Nervengewebe) Schwannom (Schwannsche Scheide)
Astrocytome, Gliome (Gehirn)
Teratome (Keimzellen)
Hämoblastosen (Knochenmark) z.B. akute und chron. Leukämien

Die Tumoren lassen sich mit histolog. und immunolog. Methoden in Untergruppen unterteilen. Diese geben präzisere Auskünfte über den Grad der Bösartigkeit u. lassen eine sicherere Prognose des Tumors zu, die wesentl. für eine Planung der Behandlung ist.

Krebs

Einige krebserzeugende Arbeitsstoffe (Stand 1984) (*bisher nur im Tierversuch erwiesen, +als Feinstaub bzw. Aerosol krebserzeugend)
Acrylnitril*
4-Aminodiphenyl
Arsensäure, Arsentrioxid u. -pentoxid
Asbest+
Äthylenoxid*
Benzidin
Benzol
Beryllium*
Braunkohlenteer
1,3-Butadien*
Cadmiumchlorid*+
Calciumchromat*
Chrom-III-chromate*
Diäthylsulfat*
Diazomethan*
1,2-Dibromäthan*
Dichloracetylen*
3,3'-Dichlorbenzidin*
1,1- und 1,2-Dimethylhydrazin*
N,N-Dimethylnitrosamin*
Dimethylsulfat*
Epichlorhydrin*
1,2-Epoxypropan*
Hydrazin*
Iodmethan*
Kobalt*+
Monochlordimethyläther
2-Naphthylamin
Nickel*
polycyclische aromat. Kohlenwasserstoffe (einige Vertreter, z.B. Benzpyren)
Steinkohlenteer
Strontiumchromat*
Vinylchlorid
Zinkchromat

ten kann. Einige Tumoren können im Laufe der Entartung biol. aktive Substanzen sezernieren, die typ. Symptome hervorrufen *(paraneoplastische Syndrome),* z.B. vermehrte Blutbildung durch Nieren-K., vermehrte ACTH- und Insulin-Bildung durch Bronchial-K., verstärkte Neigung zu Thrombosen bei Pankreas-K. – Die *Therapie* v. Tumoren erfolgt meist in Zusammenarbeit v. Chirurgen, Strahlen- und Chemotherapeuten. a) *Operative Therapie:* Bei lokal begrenzten Prozessen wird versucht, die Tumormasse radikal zu operieren (z.B. Dickdarm) bzw. das befallene Organ als Ganzes zu entfernen (z.B. Nieren, Brust) bzw. zu amputieren (z.B. bei Knochen-K. einer Extremität). b) *Strahlentherapie:* Nicht operable Tumoren, die lokal begrenzt sind, werden überwiegend mit Kobaltstrahlen ([T] Isotope) od. Neutronenstrahlen behandelt, z.B. bei Lungen-K. Oft erfolgt eine Nachbestrahlung nach Operationen mit dem Ziel, ein Wiederauftreten des Tumors zu verhindern, z.B. nach Brustamputationen und bei Kehlkopf-K. Haupteinsatzfelder der Strahlentherapie sind die Lungen- und Lymphknotentumoren. Eine Sonderform der Strahlentherapie ist die lokale *Gewebsspickung* der Prostata durch I-125-haltige Stifte mit dem Ziel, nur am Tumor ohne Schädigung des gesunden Gewebes zu bestrahlen. Ein ähnl. Prinzip verfolgt die lokale Spickung v. Hirntumoren mit I-125 durch gezielte stereotakt. Lokalisierung, um eine Schädigung des gesunden Hirngewebes zu vermeiden. Eine spezielle Form stellt die Radioiodtherapie des Schilddrüsen-K.es dar; das Prinzip besteht in der Anwendung eines radioaktiven Iod-Isotops, das selektiv in die Schilddrüse „eingebaut" wird. c) Die *Chemotherapie* arbeitet mit ↗ *Cytostatika.* Sie wird oft nach Operationen durchgeführt, um nicht erkennbare Metastasen zu erfassen u. unschädl. zu machen (adjuvante Chemotherapie). Mit der Chemotherapie lassen sich viele Tumorerkrankungen zumindest zeitweise gut beherrschen. Bei ↗ Leukämien kann, wenn ein HLA-kompatibler Spender (↗HLA-System) vorhanden ist, eine sog. *heterologe Knochenmarks-↗ Transplantation* vorgenommen werden. Weitere Versuche in der K.therapie werden z.Z. mit ↗ Interferonen durchgeführt. Ebenfalls im Stadium der experimentellen Prüfung befindet sich die Kombination v. Strahlen u. Cytostatika mit ↗ *Hyperthermie,* der die Beobachtung zugrundeliegt, daß erhöhte Temp. die Wirkungen v. Strahlen u. Cytostatika selektiv auf den Tumor verstärken können. Da die Chemotherapie in ihrer Wirkung durch ihre Knochenmarkstoxizität limitiert ist, versucht man dieses Problem mit der sog. *autologen Knochenmarkstransplantation* zu umgehen: Dem Patienten wird vor der Chemotherapie Knochenmark entnommen u. eingefroren; die Cytostatika werden dann extrem hoch dosiert. Wenn die zu erwartende totale Knochenmarksschädigung eintritt, wird dem Patienten das asservierte Mark reinfundiert. Dieses Verfahren kann bei Tumoren versucht werden, die prinzipiell chemosensibel sind, deren Heilung jedoch normalerweise an der Limitierung der Dosis scheitert. Dabei werden oft einzelne Tumorzellen, die unerkannt im Knochenmark liegen, mit retransfundiert u. verursachen so ein Wiederauftreten der Krankheit. Dieses Problem versucht man durch selektive Elimination der Tumorzellen zu lösen. Hierzu werden gg. Tumorzellen gerichtete ↗ *monoklonale Antikörper,* die mit einem toxischen Molekül (z.B. Ricin) konjugiert sind *(↗ Immuntoxin),* in vitro dem Knochenmark zugegeben. Durch die spezif. Bindung werden die Tumorzellen selektiv zerstört, so daß gereinigtes Knochenmark reinfundiert werden kann. Dieses sehr aufwendige Verfahren ist technisch noch nicht befriedigend gelöst. Versuche mit immunstimulierenden Stofen, wie ↗BCG-Impfstoff, Thymusextrakten usw., haben bisher keinen überzeugenden Erfolg gezeigt. An der Verwendung v. *Interleukinen* (↗Immunzellen, ↗Lymphokine) wird ebenfalls gearbeitet. – Ein umstrittenes Therapiekonzept stammt von M. v. Ardenne (*1907), dessen *K.-Mehrschritt-Therapie* versucht, unterschiedl. Stoffwechseleigenschaften v. Tumor- und Normalzellen auszunützen: O. ↗Warburg postulierte, daß Tumorzellen keinen oxidativen Stoffwechsel besitzen, sondern ihren Energiebedarf nur aus der Glykolyse decken. M. v. Ardenne versucht daher, durch ein vermehrtes Glucoseangebot die Lac-

Bei K vermißte Stichwörter suche man auch unter C und Z.

tatbildung im Tumor zu steigern mit dem Ziel, das Tumorwachstum durch Übersäuerung zu hemmen. Diese Therapie wird mit Hyperthermie kombiniert (K.-Mehrschritt-Therapie). Von der Schulmedizin ebenfalls nicht akzeptiert sind therapeut. Versuche mit dem Mistelextrakt Iscador, bestimmte K.diäten u. v. a. –
Die K.forschung wird weltweit interdisziplinär mit enormem finanziellem Aufwand betrieben. Schwerpunkte sind: die Tumorvirologie, die chem. Karzinogenese, die Pathophysiologie der Metastasierung, die Differenzierung v. Tumorzellen im K.gewebe, die Entwicklung neuer krebshemmender Medikamente, die Mechanismen der Resistenzentwicklung v. Turmorzellen gegenüber Medikamenten u. v. a. Im klin. Bereich wird versucht, durch überregionale Studien die Chemotherapie zu verbessern u. Kombinationsmodalitäten mit Strahlentherapie u. Chemotherapie zu überprüfen. – Zur Molekularbiologie des Krebses ↗ Onkogene. B 126.

Lit.: *Maugh, Th. H., Marx, J. L.:* Zerstörendes Wachstum: Entstehung u. Behandlung des K.es. Stuttgart 1979. *Schmähl, D.:* Entstehung, Wachstum u. Chemotherapie maligner Tumoren. Aulendorf ³1981. *H. N.*

Krebse, die ↗ Krebstiere.
Krebsgene, die ↗ Onkogene.
Krebs-Kornberg-Zyklus [ben. nach H. A. ↗ Krebs und H. L. Kornberg], der ↗ Glyoxylatzyklus.
Krebspest ↗ Flußkrebse.

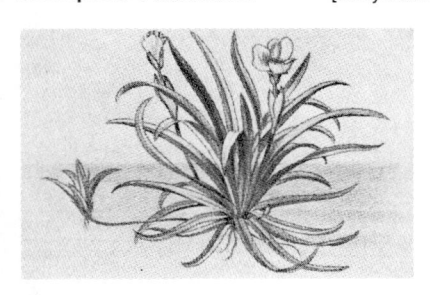

Krebs
Häufigkeit (in %) verschiedener K.arten bei Männern und (in Klammern) Frauen:
Atmungsorgane 27 (4)
Blut 4 (4)
Brustdrüse <1 (15)
Dickdarm 8 (11)
Gebärmutterhals (4)
Gebärmutterkörper (4)
Haut 1 (1)
Knochen und Bindegewebe 1 (1)
Leber und Gallenwege 4 (5)
Lymphsystem und blutbildendes System 5 (5)
Magen 16 (14)
Mastdarm 6 (5)
Nervensystem 2 (2)
Nieren und Harnwege 6 (3)
Prostata 10

Krebsschere
(Stratiotes)

Krebsschere, *Wasserschere, Wasseraloë, Stratiotes,* Gatt. der Froschbißgewächse mit 1 Art, *S. aloides,* eurasiat. verbreitet, auch in Dtl.; v. a. in windgeschützten Buchten stehender, nährstoffreicher, aber kalkarmer Gewässer. Mit ihren rosettigen, schwertförm. Blättern, die am Rand mit stachel. Zähnen besetzt sind, erinnert die Pflanze an eine Aloë (Name!). Zur Blütezeit ragt die Rosette der im Wasser schwebenden K. halb aus dem Wasser. Die zweihäusig verteilten, großen weißen Blüten werden v. Insekten bestäubt. Nach der ↗ Roten Liste „gefährdet".
Krebsstein, der ↗ Gastrolith 2).
Krebstiere, *Krebse, Krustentiere, Crustacea (Diantennata, Branchiata),* Kl. der ↗ Gliederfüßer, die mit den *Tracheata* zu den *Mandibulata* zusammengefaßt werden. Im Ggs. zu den *Tracheata* und v. a. zu den ↗ Insekten werden sie fast nur durch Primitivmerkmale charakterisiert, v. a. durch den Besitz von 2 Paar Antennen u. typ. Spaltfüßen.
Gliederung: Der Körper ist gegliedert in Kopf (Cephalon), Brust (Thorax) u. Hinterleib (Abdomen) (Ausnahme *Remipedia,* die das Abdomen vielleicht sekundär verloren haben). Der Kopf ist wie bei anderen *Euarthropoda* aus 5 (od. mit dem nur embryolog. nachweisbaren Praeantennensegment 6) Segmenten verschmolzen. Die Segmentzahlen v. Thorax u. Abdomen variieren in den verschiedenen U.-Kl. u. Ord. Bei den Nicht-*Malacostraca,* fr. als „Entomostraca" (Kleinkrebse) zusammengefaßt, ist das Abdomen extremitätenlos u. endet mit dem als zweiäst. Furca ausgebildeten Telson. Bei den *Malacostraca* besitzt der Hinterleib primär 6 Paar Schwimmbeine u. ein meist reduziertes, extremitätenloses 7. Segment. Er wird hier als Pleon bezeichnet. Nach neueren Vorstellungen ist das Pleon durch Arbeitsteilung aus dem hinteren Teil eines urspr. längeren Thorax hervorgegangen, u. das beinlose Abdomen ist bis auf ein Segment, das 7. Pleonsegment, verlorengegangen. Bei vielen K.n verschmelzen ein od. mehrere Thorakalsegmente mit dem Kopf zu einem einheitl. Tagma, dem *Cephalothorax.* Bei den Zehnfußkrebsen (↗ *Decapoda,* ☐) ist das so weit gegangen, daß nur noch 2 Tagmata, Cephalothorax u. Pleon, bleiben. Die Segmentzahl kann hoch, aber auch ganz reduziert sein; im Extremfall bleiben hinter dem Kopf nur 2 bis 4 Segmente (Muschelkrebse). Die Segmente besitzen ursprünglich, ähnl. wie die der Trilobiten, seitl. Pleurotergite od. Epimeren; ähnl. hat der Kopf eine umlaufende Kopfduplikatur. In reiner Form sind diese Verhältnisse heute nur noch bei den ↗ *Cephalocarida* erhalten. Bei der Mehrzahl der K. ist die Funktion der Pleurotergite, die Bildung einer Filterkammer, vom *Carapax* übernommen worden. Das ist eine Hautfalte, die vom 2. Maxillensegment ausgeht u. im Extremfall den ganzen Körper einhüllt (Muschelkrebse, Rankenfüßer u. a.). Mit der Entwicklung des Carapax, der erst innerhalb der K. (bei den *Palliata*) entstanden ist u. die Beweglichkeit des Vorderkörpers stark einschränkte, hängt offenbar die Ausbildung gestielter Augen (s. u.) zus. Viele K., die den Carapax wieder rückgebildet haben, besitzen sitzende, ungestielte Augen. Nur die Kiemenfußkrebse (↗ *Anostraca*) haben ohne Carapax die Stielaugen behalten. Bei einer Reihe von K.n wird der Carapax zu einer zweiklapp. Schale,

Bei K vermißte Stichwörter suche man auch unter C und Z.

Krebstiere

Krebstiere

Unterklassen, Überordnungen und Ordnungen:

↗ *Cephalocarida*
↗ *Mystacocarida*
↗ *Copepoda*
(Ruderfußkrebse)
  Calanoidea
  Harpacticoidea
  Cyclopoidea
↗ *Remipedia*

Die folgenden U.-Kl. können als *Palliata* zusammengefaßt werden

↗ *Anostraca*
(Kiemenfußkrebse)
↗ *Phyllopoda*
  ↗ *Notostraca*
  Conchostraca
  (↗ *Muschelschaler*)
  Cladocera
  (↗ *Wasserflöhe*)
Ostracoda
(↗ *Muschelkrebse*)
  Myodocopa
  Cladocopa
  Podocopa
  Platycopa
Branchiura
(↗ *Fischläuse*)
Cirripedia
(↗ *Rankenfüßer*)
  Ascothoracica
  Thoracica
  Acrothoracica
  ↗ *Rhizocephala*
  (Wurzelfüßer)

↗ *Malacostraca*
Phyllocarida
  ↗ *Leptostraca*
Hoplocarida
  Stomatopoda
  (↗ *Fangschreckenkrebse*)
Syncarida
  ↗ *Anaspidacea*
  Stygocaridacea
  ↗ *Bathynellacea*
Eucarida
  ↗ *Euphausiacea*
  (Leuchtkrebse)
  ↗ *Decapoda*
  (Zehnfußkrebse)
Pancarida
  ↗ *Thermosbaenacea*
↗ *Peracarida*
  ↗ *Mysidacea*
  ↗ *Cumacea*
  Spelaeogriphacea
  ↗ *Tanaidacea*
  (Scherenasseln)
  Isopoda
  (↗ *Asseln*)
  Amphipoda
  (↗ *Flohkrebse*)

Krebstiere

1 *Nauplius* v. *Branchinecta occidentalis*, 0,4 mm lang. **2** Bauplan eines Lophogastriden. **3** Extremitäten von K.n (schematisch): **a** Turgorextremität eines Cephalocariden mit einheitl. Sympodit; **b** Malakostraken-Bein mit dreigeteiltem Sympodit u. als Kiemen fungierenden Epipoditen; **c** Mandibel eines Copepoden mit zweiästigem Taster; **d** Mandibel eines Wasserflohs ohne Taster.
Ba Basis (Basipodit), Co Coxa (Coxopodit), En Endopodit, Ep Epipodit, Et Endit (Kaulade), Ex Exopodit, Kl Kaulade, Pco Praecoxa, Sy Sympodit.

---

die durch einen Schließmuskel verschlossen werden kann (Muschelkrebse, Rankenfüßer u. a.). Dieser Muskel ist aus dem urspr. in jedem Segment vorhandenen Pleurotergalmuskel des 2. Maxillensegments hervorgegangen.

Extremitäten: Mit Ausnahme der 1. Antenne werden alle ↗ Extremitäten als *Spaltfüße* angelegt. Ein Spaltfuß besteht aus dem *Sym-* od. *Protopoditen,* der 2 Anhänge, einen inneren *Endopoditen (Telopoditen)* u. einen äußeren *Exopoditen,* trägt (☐ Extremitäten). Der Protopodit kann in 2 od. 3 Abschnitte, *Praecoxa, Coxa* u. *Basis (Basipodit),* untergliedert sein. Er kann außerdem weitere Anhänge tragen: *Endite,* nach innen, zur Mittellinie hin gerichtet, bilden häufig Kauladen o. ä. Strukturen; *Exite* od. *Epipodite* sitzen außen u. dienen oft als Kiemen. Endo- u. Exopodit können, je nach Funktion, unterschiedlich od. gleich gestaltet sein. Bei den Pereiopoden (s. u.) mancher *Malacostraca* dient der Endopodit zum Laufen (Schreitfußast) u. der Exopodit zum Schwimmen (Schwimmfußast). Der Spaltfuß ist so anpassungsfähig, daß er für fast alle Funktionen eingesetzt werden kann. Der Kopf trägt 5 Paar Gliedmaßen. Die 1. ↗ *Antennen* (☐) sind einästige (Ausnahme: *Remipedia* ?) Fühler, können aber bei *Malacostraca* mehrere Geißeln ausbilden. Die 2. Antennen u. alle folgenden Extremitäten werden als typ. Spaltfüße angelegt. Bei erwachsenen Krebsen sind die 2. Antennen meist Fühler wie die 1. Antennen, nur bei den Wasserflöhen u. Muschelkrebsen behalten sie die larvale Funktion als Schwimmbeine. Die 3. Extremität ist die *Mandibel,* deren Endit einen mächt. Kaufortsatz bildet; in vielen Gruppen, merkwürdigerweise gerade bei den ganz urspr. *Remipedia, Cephalocarida* u. *Branchiopoda,* verschwindet der Telopodit vollständig. Darauf folgen zwei weitere, unterschiedl. gestaltete Mundwerkzeuge, die beiden *Maxillen*-Paare. Häufig wird die Zahl der Mundwerkzeuge weiter erhöht, indem Beine des Thorax den Mandibeln u. Maxillen angeschlossen und ähnl. werden. Sie werden als *Maxillipeden* bezeichnet; die restl., weiter der Lokomotion dienenden Thorakopoden nennt man dann *Pereiopoden.* Die Gliedmaßen des Rumpfes können Schreit-, Schwimm-, Filter-, Grab-, Beutefang- od. andere Funktionen ausüben, auch zu Kopulationsorganen (Gonopoden, z. B. das Petasma der *Decapoda*) werden.

Innere Organisation: Der *Darm* beginnt an der Unterseite des Kopfes unter der bei urspr. Krebsen sehr großen Oberlippe (Labrum, s. u.). Der ektodermale Vorderdarm bildet nur bei den ↗ *Malacostraca* einen ↗ *Kaumagen.* In den Mitteldarm münden vorn Blindsäcke, die bei vielen K.n ein ausgedehntes System v. verzweigten Mitteldarmdrüsen (Hepatopankreas) bilden. Der After liegt unter dem Telson. ↗ *Exkretionsorgane* (B) sind primär 2 Paar umgewandelte Nephridien, die nach der Lage der Exkretionsporen an den Basen der 2. Antennen oder 2. Maxillen als *Antennendrüsen* bzw. *Maxillendrüsen (Maxillardrüsen)* bezeichnet werden. Ammoniak u. a. Ex-

Bei K vermißte Stichwörter suche man auch unter C und Z.

krete können außerdem durch die Kiemen abgegeben werden. Das *Kreislaufsystem* besteht urspr. aus einem langgestreckten Herzen, das dem Perikardialseptum aufliegt und zahlr., segmental angeordnete Ostien u. Seitenarterien hat. Bei Kleinformen wird es bis auf ein kurzes Herz reduziert od. fehlt ganz. *Sinnesorgane* sind Tastborsten u. a. Mechano- u. Chemorezeptoren. Mehrfach konvergent u. an verschiedenen Körperstellen sind Statocysten entwickelt worden. Zum Grundbauplan gehören Komplexaugen u. das Naupliusauge. Die ↗ Komplexaugen (☐) ähneln denen der Insekten u. sind mit ihnen homolog. Sie sind häufig u. bei allen K.n mit einem Carapax gestielt (↗ Augenstiel) u. damit beweglich. Das ↗ Naupliusauge (eine der Synapomorphien der K.) besteht urspr. aus 4 (nur noch bei *Notostraca*), meist jedoch aus 3 eng zusammenliegenden Pigmentbechern mit invertierten Sinneszellen u. einer Cuticula-Linse. Bei einigen *Copepoda* u. bei den Muschelkrebsen sind die drei ↗ Einzelaugen wieder auseinandergerückt und z. T. sehr kompliziert gebaut. Urspr. besitzen die K. außerdem noch 4 ↗ *Frontalorgane*, primär ebenfalls Photorezeptoren, z. T. aber reduziert od. mit anderen Funktionen.

Fortpflanzung und Entwicklung: K. sind meist getrenntgeschlechtlich; in einigen Gruppen gibt es proterandrische Zwitter oder phänotyp. Geschlechtsbestimmung. Parthenogenese kommt als zykl. (Heterogonie) od. geograph. Parthenogenese v. a. bei *Branchiopoda* u. Muschelkrebsen vor. Die Spermatozoen sind meist atypisch, z. T. sehr merkwürdig gestaltet u. geißellos. Die Eier werden nur selten frei abgelegt, meist am Körper mit Extremitäten, in der Carapaxfalte od. in Sekretbeuteln getragen. Ihnen entschlüpft primär der pelag. *Nauplius*, eine Kurzkeim-Larve mit nur 3 Gliedmaßenpaaren, den einäst. 1. Antennen u. den zu Schwimm- u. Filterorganen ausgebildeten, spaltfußart. 2. Antennen u. Mandibeln. Durch regelmäßige Häutungen entwickelt sich der Nauplius über mehrere Metanauplius-Stadien u. weitere, bei den verschiedenen U.-Kl. unterschiedl. Larvenstadien zum fertigen Krebs.

Evolution: K. sind eine sehr alte Gruppe. Muschelkrebse, also keineswegs bes. primitive Krebse, sind seit dem Kambrium bekannt. Die Vorfahren der K. haben wahrscheinl. auf weichem Sediment gelebt, das sie bei der Fortbewegung aufgewirbelt u. ausgefiltert haben. Die Nahrung wurde dann durch Endite an den Thorakalbeinen in eine ventrale Nahrungsrinne gebracht u. nach vorn unter die große Oberlippe in den trichterförm. Mundvorraum geschoben. So ernähren sich heute noch die *Cephalocarida, Anostraca* u. *Phyllopoda.* Die Pleurotergite u. später der Carapax verhinderten dabei, daß aufgewirbelte Partikel weggedriftet wurden u. bildeten so eine Filterkammer. Die Spaltfüße dienten also urspr. sowohl der Fortbewegung als auch dem Nahrungserwerb. Bei höher entwickelten Krebsen sind diese Funktionen getrennt worden. Die K. enthalten zahlr. U.-Kl. und Ord. (vgl. Tab.), deren Beziehungen untereinander ungenügend bekannt sind. *Anostraca* u. *Phyllopoda* werden manchmal als U.-Kl. geführt, manchmal jedoch in der U.-Kl. *Branchiopoda* vereinigt. *Mystacocarida, Copepoda, Branchiura* u. *Cirripedia* werden oft als *Maxillopoda* vereinigt. ▣ Gliederfüßer I.

Lit.: Abele, L. G. (Hg.): The Biology of Crustacea. Bd. 1. New York 1982. Gruner, H.-E.: Unterstamm Branchiata oder Diantennata. In: Urania Tierreich, Wirbellose. Leipzig 1969. Kaestner, A., Levi, H. W., Levi, L. R.: Invertebrate zoology, Bd. 3, Crustacea. New York 1970. Lauterbach, K. E.: Zum Problem der Monophylie der Crustacea. Verh. naturwiss. Ver. Hamburg. NF 26, 293–320. 1983. *P. W.*

Krebsviren ↗ Tumorviren.
Krebs-Zyklus [ben. nach H. A. ↗ Krebs], der ↗ Citratzyklus.
Kreide w [Pars-pro-toto-Bez., abgeleitet v. Namen des hellen Kreidekalks, lat. = creta], *Kretazisches System, Kreideformation, Grünsandformation, Quaderformation,* jüngste Periode des Erdmittelalters von ca. 65 Mill. Jahren Dauer. Die Grundzüge der Gliederung gehen auf d'Orbigny (1840–55) zurück mit anfangs 7 Stufen, ben. nach Lokalitäten im westl. Europa. – Die *stratigraph.* Grenzen der K. sind noch nicht ausdiskutiert. Z. Z. liegt die Untergrenze zw. Berriasium u. Wealden bzw. Valanginium, die Obergrenze zw. Maastrichtium u. Danium. Die Zweiteilung der K. in einen unteren u. oberen Großabschnitt resultiert aus der Art u. Farbe ihrer Sedimente: unten überwiegen dunkle Tone u. Sande, oben helle Kalke. – *Leitfossilien:* hpts. Ammoniten, Belemniten, Muscheln (↗ Inoceramus, ↗ Rudisten) u. Foraminiferen; dazu Seeigel, ↗ Coccolithen u. a. – *Gesteine:* Tone u. Schiefertone, Mergel (K.mergel, Flammenmergel, Glaukonitmergel), Sande u. Sandsteine (Quadersandstein, Grünsandstein), Kalksandsteine, Flysche, Steinkohlen, Eisenerze, ausgedehnte Vulkanite. *Paläogeographie:* Der mesozoische Zerfall des Großkontinents Pangäa setzt sich fort unter Bildung neuer Erdkrustenbereiche u. der Öffnung des Südatlantik; die Kontinente nähern sich ihrer heutigen Gestalt u. Position; auch der N-Atlantik verbreitet sich; dagegen setzt im Bereich der Tethys ein über die K. hinaus andauernder Prozeß der Verengung

Krebstiere

Verbreitung und Ökologie:
K. sind primär marin. Heute besiedeln sie alle aquat. und einige terrestr. Lebensräume. Zu ihnen gehören die größten Arthropoden (Hummer, Riesenkrabbe), aber auch zahlr. mikroskop. kleine Formen. Sogar Sozialverbände haben sie entwickelt (z. B. Wüstenassel u. *Podoceridae*). K. haben zwar ein hartes, oft mit Kalk u. a. Mineralien inkrustiertes Exoskelett, doch fehlt ihnen eine Wachsschicht auf der Cuticula; deshalb sind terrestr. Krebse (Landkrabben, Landasseln, Strandflöhe) nur unvollkommen an das Landleben angepaßt. K. sind v. großer ökolog. Bedeutung. Manche treten in ungeheuren Massen auf u. sind dann wicht. Nahrungstiere für Fische (Wasserflöhe, *Copepoda* u. a.) od. Wale (*Euphausiacea*, Krill). Viele spielen als Primärkonsumenten u. Zersetzer eine wicht. Rolle, u. zahlr. *Decapoda* u. Fangschreckenkrebse sind v. wirtschaftl. Bedeutung als Speisekrebse.

Kreide

Das kretazische System
(Ga. = Gault, Em. = Emscher)

65 Mill. Jahre vor heute

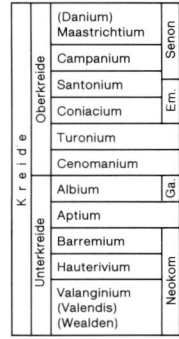

Kreide			
Oberkreide	(Danium) Maastrichtium		Senon
	Campanium		
	Santonium		Em.
	Coniacium		
	Turonium		
	Cenomanium		
	Albium		Ga.
Unterkreide	Aptium		
	Barremium		Neokom
	Hauterivium		
	Valanginium (Valendis) (Wealden)		

130 Mill. Jahre vor heute

Kreide

Die Lebewelt der Kreidezeit

Pflanzen

An der Wende Meso-/Känophytikum unterliegen Niedere u. Höhere Pflanzen einem tiefgreifenden Wandel. Planktische Algen mit Kalkskelett werden häufiger; *Coccolithophorida* (↗Kalkflagellaten) treten in der Schreibkreide schon in gesteinsbildender Menge auf. Ein Entwicklungsfortschritt, der auch die Gegenwart noch prägt, setzt sich in der unteren Kreide mit dem Erscheinen v. Bedecktsamern (Angiospermen) durch; Heimat u. Abstammung dieser Gruppe sind bisher nicht bekannt. Ab Beginn der oberen K. (Cenomanium) übernimmt sie die Vorherrschaft. Die Gestalt der Laubblätter erinnert z. T. an rezente Fam. (*Credneria, Magnolia, Populus*). Einkeimblättrige sind vorwiegend als Palmen u. Gräser bekannt. Nacktsamer (Gymnospermen) beherrschen neben Farnen mit einschließl. Sporangienwand (leptosporangiat) die Flora der Unter-K. Ginkgoartige, Nadelhölzer u. *Cycadophytina* sind auch als Kohlebildner v. Bedeutung.

Tiere

Mit dem Aufblühen der Foraminiferen kündigt sich der känozoische Zeitenwandel deutl. an. Stratigraph. Bedeutung erlangen die zu den Ciliaten gehörenden *Tintinnia*. Unter den Poriferen übertreffen nur die Kieselschwämme den Formenreichtum der Jurazeit. Korallen treten als Riffbildner zurück. Brachiopoden außer den *Terebratulida* u. *Craniacea* nehmen an Häufigkeit ab. Bryozoen erreichen im Ober-K.-Meer üppigen Formenreichtum. Grundlegenden Wandel erfahren die Mollusken erst am Ende der K.: Ammoniten, Inoceramen u. Rudisten sterben aus, v. den Belemniten erreicht nur eine Gatt. das Alttertiär. Innerhalb der K. spielen diese Formen jedoch als Leit- u. Faziesfossilien eine ebenso wicht. Rolle wie die Ostracoden u. Echinodermen, insbes. die Seeigel. Unter den Fischen rücken die Strahlenflosser (*Actinopterygii*) in den Vordergrund, Haie erreichen z. T. gigant. Größe. Amphibien haben nur spärl. Zeugnisse hinterlassen; dafür beherrschen die Reptilien in fast allen Lebensräumen das Bild der Fauna, bis sie am Ende der K. außer den heute lebenden (Schildkröten, Eidechsen, Schlangen u. Krokodile) aussterben u. damit das „Zeitalter der Reptilien" abschließen. Die Vögel ähneln mit ihren bezahnten Kiefern noch stark der jurassischen *Archaeopteryx*; erst in der jüngsten K. sind zahnlose Formen nachgewiesen. Den Säugern kommt weiterhin ökolog. nur geringe Bedeutung zu: ↗*Triconodonta* u. ↗*Symmetrodonta* sterben nach einer Zeitspanne von ca. 120 Mill. Jahren aus; sie waren damit die langlebigsten Säugetiere der Erdgeschichte. Erste Beutel- u. Placentatiere tauchen in der unteren Ober-K. auf; in der Ober-K. erfolgt eine erste Aufspaltung der ↗*Eutheria* in *Insectivora*, ↗„*Deltatheridia*", *Oxyaenidea*, ↗*Condylarthra* u. *Primates*.

ein. Transgressionen überfluten vorübergehend weite Gebiete der Kontinente u. auch Mitteleuropas. S-Dtl. wird dabei als Teil des Mitteldeutschen Massivs vom Meer zumeist nicht erreicht. In NW-Dtl. verbleibt das Meer im niedersächs. Raum, nach O schließen sich eine Landschwelle u. die sog. Dänisch-Polnische Furche an. Von den Küsten her schieben sich Sumpfwälder gg. das Brackwasserbecken vor, aus denen später die „Wälder-(Wealden-)-Kohlen hervorgehen. Ab Valendis herrschen wieder vollmarine Verhältnisse. An den Küsten entwickeln sich Osning- u. Hils-Sandstein u. durch Aufarbeitung v. Doggergesteinen die Trümmererze v. Salzgitter. In der oberen Unter-K. gewinnt das Meer über das Rhein. Schiefergebirge hinweg Anschluß an das Rhônetal u. die Tethys. In der unteren Ober-K. erreicht die Meeresausbreitung ihren Höhepunkt durch die Cenoman-Transgression. In jener Zeit erstreckt sich ein Flachmeer v. England bis zum Kaspisee. Bei erneuter Re- u. Transgression entstehen die Quadersandsteine des Harzvorlandes, die Trümmererze v. Ilsede-Lengede u. schließl. die „Tuff-K." und die weitverbreitete, bis zu 800 m mächtig werdende, fossilreiche weiße Schreib-K. *Krustenbewegungen:* In die K.-Zeit fällt der Beginn alpidischer Gebirgsbildungen (B Erdgeschichte), die in der Ober-K. beträchtl. an Intensität gewinnen u. in N-Dtl. v. der subherzynischen Bruchfaltung begleitet werden. Vor der Faltenketten senken sich Flyschtröge ein u. nehmen den Abtragungsschutt der jungen Gebirge auf (Pyrenäen, Alpen, Dinariden, Karpaten, Helleniden u. a.). *Klima:* Ausgedehnte Kohlenlager in fast allen Kontinenten (außer Antarktis) zeugen von einem überwiegend warm-feuchten Klima in der älteren K.-Zeit; zunehmender Kalkgehalt der Sedimente in der jüngeren K.-Zeit weist auf Temp.-Anstieg u. zunehmende Trockenheit hin. Dies belegen auch Fauna u. Flora. N- und S-Pol werden etwa in ihrer heutigen Lage vermutet, der therm. Äquator 10–20° nördlicher. Wie Bestimmungen mit Sauerstoff-Isotopen ergaben, lagen die Wasser-Temp. in Mitteleuropa während der Ober-K. bei etwa 15–23 °C. Vereisungsspuren sind nicht bekannt. ☐ Kontinentaldrifttheorie. *S.K.*

Kreidigkeit, (H. Klähn 1936), bezeichnet Dichte, Porosität u. Auflockerung v. Schalen abgestorbener Mollusken, die außer der sichtbaren Oberfläche u. Stärke des Periostrakums bei der Geschwindigkeit v. Lösungsvorgängen eine Rolle spielen; vermutl. sind auch Mikroorganismen beteiligt.

Kreis, 1) seltene Bez. für die Kategorie ↗Stamm in der biol. ↗Klassifikation. 2) ↗Formenkreis.

Kreiselkäfer, *Gyrinidae,* Fam. der ↗Taumelkäfer.

Kreiselkorallen, die Gatt. ↗*Caryophyllia*.

Kreiselschnecken

Wichtige Gattungen:
↗ *Calliostoma*
↗ *Clanculus*
↗ *Gibbula*
↗ *Monodonta*
↗ *Trochus*
↗ *Umbonium*

Kreiselschnecken, *Trochidae,* Fam. der Altschnecken, Meeresschnecken mit meist kreiselförm. Gehäuse, das innen eine Perlmutterschicht hat u. durch einen runden, konzentr. Deckel verschlossen werden kann; die Oberfläche ist glatt, spiralig od. axial gestreift u. kann kleine Höcker tragen. Der Fuß ist oft längsgefurcht. Nur die linke Kieme u. das linke Osphradium sind ausgebildet, die linke Hypobranchialdrüse ist größer als die rechte. Die K. sind Fächerzüngler, die meist Algen u. Detritus v. Steinen abschaben, doch gibt es auch strudelnde (z. B. *Umbonium*) u. carnivore (z. B. *Calliostoma*) Vertreter. Die Keimzellen der getrenntgeschlechtl. Tiere werden über die rechte Niere ausgeleitet. Zu den K. gehören ca. 60 Gatt. (vgl. Tab.) mit mehreren hundert Arten. Manchmal werden auch die ↗Turbanschnecken als K. bezeichnet.

Kreiselwespe, *Bembix rostrata,* ↗Grabwespen.

Kreisflechte ↗Umbilicaria.

Bei K vermißte Stichwörter suche man auch unter C und Z.

Kreishornschaf, *Ovis ammon cycloceros,* asiat. U.-Art des ↗Wildschafs mit großen, kreisrunden Hörnern.

Kreislauf ↗Blutkreislauf, ↗Stoffkreisläufe.

Kreislaufzentren, zentralnervöse Strukturen, die die übergeordnete Steuerung u. Regelung des ↗Blutkreislaufs (↗Herz) innehaben u. damit an der Anpassung des Kreislaufs an veränderte Bedingungen beteiligt sind. Man unterscheidet a) *Medulläre* (rhombencephale) *K.:* in der ↗Formatio reticularis v. Medulla oblongata u. Pons lokalisiert; wirken unmittelbar auf die ↗Herznerven u. die meisten vasomotorischen Nerven. b) *Hypothalamische K.:* von ihnen gehen Kreislaufreaktionen aus, die mit Emotionen wie Wut, Freude usw. verbunden sind (↗Hypothalamus). c) *Neocorticale K.:* wirken v.a. indirekt über den Hirnstamm auf den Kreislauf, aber auch direkt auf die sympathischen Nerven der Seitenhörner des Rückenmarks. d) *Palaeocorticale K.:* von ihnen gehen sowohl depressorische wie pressorische Einwirkungen auf den Kreislauf aus. ↗Atmungsregulation.

Kreislinge, die Pilz-Gatt. ↗Cudonia.

Kreismundschnecke, Gemeine Landdeckelschnecke, *Pomatias elegans,* landlebende Mittelschnecke (Fam. *Pomatiasidae,* Über-Fam. *Littorinoidea*), die vom Mittelmeergebiet bis Mittel- und W-Europa in warmen, kalkreichen Habitaten vorkommt. Das kegel. Gehäuse ist festwandig u. durch einen außen kalk. Deckel verschließbar. Der Fuß ist längsgeteilt, wodurch ein „Schrittgehen" ermöglicht wird. Exkrete werden in einer Konkrementdrüse (Speicherniere) vorübergehend gelagert. Die Art ist getrenntgeschlechtl.; die ♂♂ sind etwas kleiner als die ♀♀. Die K. lebt gesellig am Boden unter sich zersetzendem Laub, v. dem sie sich mittels ihrer Bandzunge ernährt. Sie wird 4–5 Jahre alt. Nach ↗Roter Liste „potentiell gefährdet".

Kreiswirbler, *Stelmatopoda* (= ↗*Gymnolaemata* i.w.S.), die umfangreichere der beiden U.-Kl. der Bryozoen (↗Moostierchen), fast ausschl. marin.

Krempe w, einer flachen, gewölbten od. gebogenen Hutkrempe vergleichbare Randzone a) um den Kelch von ↗Rugosa, b) im Bereich v. Kopf- u. Schwanzschild v. ↗Trilobiten, c) im Endosiphonalbereich der Septen mancher Nautiliden (z. B. ↗Actinoceratoidea).

Kremplinge, *Paxillaceae,* Fam. der Kremplingsartigen Pilze (Ord. *Boletales*), fleischige Hutpilze, deren Hutrand jung oft eingerollt ist (Name!). Die gelb bis braunen, druckempfindl. Lamellen laufen am Stiel herab, sind relativ schmal, leicht ablösbar, bisweilen gabelig od. durch Querwände (Anastomosen), bes. in Stielnähe, verbunden. Das Sporenpulver ist cremeweiß bis braun. Meist auf dem Erdboden, seltener an Holz wachsend. Die Gatt. *Paxillus* (K. i.e. S.) ist in Europa mit 4 Arten vertreten; die bekannteste Art, der Kahle oder Empfindliche K. (*P. involutus* Fr.), wird 6–12 cm groß; der Hut hat anfangs einen stark eingerollten Rand, ist jung stark filzig-zottig, lederbraun bis ledergelb; die gleichfarb. Lamellen werden bei Druck dunkelbraun. Das Fleisch ist weich u. schmeckt säuerlich. Vorkommen oft in großen Mengen in Nadelwäldern, aber auch in Laubwäldern; war fr. ein geschätzter Speisepilz, auch heute noch in einigen Pilzbüchern roh als giftig, aber nach längerem Kochen als eßbar angegeben; doch kann er auch gekocht tödl. Vergiftungen hervorrufen (vgl. Spaltentext). – Der ungenießbare Samtfuß-K. (*P. atrotomentosus* Fr.), Hut-∅ 7–20 cm, wächst mit seitl. schwarzbraunem, samtigem Stiel an alten Kiefernstubben. Der ungenießbare Muschel-K. oder Krubenschwamm (*P. panuoides* Fr.) hat keinen od. nur seitl. stummelförm. Stiel mit muschelförm., büscheligen od. dachziegelartig angeordneten Hüten (∅ 2–8 cm) u. wächst saprophytisch an Nadelholz, auch verbautem (z. B. Grubenholz unter Tage); starker Holzzerstörer (Rotfäule). An Erlen wächst der Erlen-K. (*P. filamentosus* Fr.). – Bei den K. werden in einigen systemat. Einteilungen die Afterleistlinge (Gatt. *Hygrophoropsis*) eingeordnet; bekannt ist der „Falsche Pfifferling" (Orangefarbiger Gabelblättling, *H. aurantiaca* R.Mre.). Auch der in allen Teilen orangegelbe, gift. Ölbaumpilz (*Omphalotus olearius* Sing.) wird zu den Kremplingsartigen Pilzen gestellt; er wächst in warmen Gebieten an Ölbäumen, Kastanien u. Eichen u. kann in Dunkeln leuchten (↗Biolumineszenz, ↗Leuchtpilze).

Krenal s [v. gr. krēnē = Quelle], die *Quellzone* eines Fließgewässers (↗Flußregionen, ▢); die darin lebenden Organismen werden als *Krenobionten,* ihre Gesamtheit als *Krenon* bezeichnet. Sie setzen sich aus kälteliebenden Arten zus., die einen hohen Sauerstoffbedarf haben, z.B. Strudelwürmer. *Krenophile* sind Arten, die aus der benachbarten obersten Region des ableitenden Baches (↗Bergbach) stammen u. sich gerne im Quellbereich aufhalten, z.B. *Planaria alpina* u. *Gammarus pulex. Krenoxene* Arten sind nur zufällig im K.

kreodont [v. gr. kreas = Fleisch, odontes = Zähne], *secodont,* heißen Zähne mit klingenart. Schneide in der ↗Brechschere v. carnivoren Raubtieren.

Kresse, *Lepidium,* Gatt. der Kreuzblütler mit rund 130 weltweit, insbes. in den gemä-

---

Kreismundschnecke
Pomatias elegans, etwa 16 mm hoch; Gehäuse durch den Deckel verschlossen

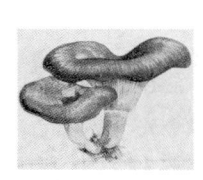

Kremplinge
Kahler Krempling (*Paxillus involutus*)
Giftwirkung:
In älteren Pilzbüchern wird empfohlen, den roh stark gift. Pilz mindestens 20 Min. abzukochen, das Kochwasser abzugießen und ihn dann noch 30 Min. zu braten, um den Pilz genießbar zu machen. Trotz dieser Vorbehandlung sind vereinzelt Todesfälle nach Kremplingsmahlzeiten bekannt geworden. Die Ursache der Vergiftung scheint eine allerg. „Überempfindlichkeitsreaktion" zu sein, von der nicht jeder betroffen werden muß. Die Latenzzeit beträgt 20 Min. bis 4 Std.; es treten u.a. auf: Übelkeit, Schüttelfrost, Juckreiz, Fieber (bis 40 °C), Durchfall, Gelbsucht, Kreislaufstörungen, Blut im Harn, Kollaps. Im Verlauf der allerg. Reaktion kommt es zu einem Zerfall der Erythrocyten (Hämolyse) u. dadurch zu akutem Versagen der Nierentätigkeit.

Kresse

Die bereits in der Antike im Mittelmeerraum als Salat- u. Gewürzpflanze angebaute Garten-K. (*Lepidium sativum*) wird seit dem frühen MA auch in Mitteleuropa kultiviert. Ihr scharfwürziger Geschmack wird geprägt durch den Bitterstoff *Lepidin* sowie das durch enzymat. Spaltung aus dem Senfölglykosid Glucotropaeolin hervorgehende Benzylsenföl. Die Samen enthalten zudem ca. 30% rotgelbes, halbtrocknendes Öl, das sowohl zu Industrie- u. Speisezwecken als auch als Brennöl verwendet wird. Die reichlich Vitamin C enthaltende Garten-K. war früher als Antiskorbutikum sowie Blutreinigungsmittel offizinell. Das Benzylsenföl gilt zudem als vielseitig anwendbares Antibiotikum.

Schutt-Kresse (*Lepidium ruderale*)

ßigten und subtrop. Zonen anzutreffenden Arten. Kräuter (auch Stauden od. [Halb-]Sträucher) mit einfach linealen bis fiederteiligen Blättern u. kleinen weißl.-rötl. oder grünl. Blüten in end- oder achselständ. Blütenständen. Am bekanntesten ist die heute weltweit kultivierte Garten-K. (*L. sativum*). Sie wächst bei uns gelegentl. in Schuttunkrautfluren verwildert u. stammt wahrscheinl. von den im östl. Afrika u. in Vorderasien heim. Wildformen *L. sativum* ssp. *silvestre* sowie ssp. *spinescens* ab. Die unangenehm riechende Weg- od. Schutt-K. (*L. ruderale*) findet sich zerstreut in offenen Unkraut- oder Tret-Ges. (z. B. an Wegen).

kretazisch [v. lat. cretaceus = kreideartig], die ↗Kreide-Zeit betreffend.

Kretinismus *m* [v. frz. crétin = Schwachsinniger], Folge einer bereits im Fetus vorhandenen Schilddrüsenunterfunktion, die sich durch irreversible Entwicklungsstörungen manifestiert, wie Minderwuchs, Debilität, Oligophrenie, Schwerhörigkeit, mit od. ohne Struma.

Kretschmer, *Ernst*, dt. Psychiater, * 8. 10. 1888 Wüstenrot bei Heilbronn, † 8. 2. 1964 Tübingen; seit 1926 Prof. in Marburg, 1946 Tübingen. Bekannt geworden durch seine „Typenlehre", in der er versuchte, verschiedenen menschl. ↗Konstitutionstypen (pyknisch, leptosom, athletisch) verschiedene Charakterzüge u. Neigungen zu typenspezif. Erkrankungen zuzuordnen. WW „Körperbau u. Charakter" (1921).

Kreuz, *Regio sacralis*, dorsaler Rumpfbereich in Höhe der ↗K.wirbel.

Kreuzbein, *Os sacrum, Sacrum,* die verschmolzenen ↗Kreuzwirbel der Säuger.
☐ Beckengürtel, ☐ Geschlechtsorgane, ☐ Wirbelsäule.

Kreuzbestäubung, Übertragung des Pollens auf eine Blüte einer anderen, artgleichen Pflanze, Form der ↗Allogamie (Fremd-↗Bestäubung).

Kreuzblumenartige

Familien:
↗Krameriaceae
↗Kreuzblumengewächse (Polygalaceae)
↗Malpighiaceae
Tremandraceae
Trigoniaceae
↗Vochysiaceae

Kreuzblumengewächse

Gemeine Kreuzblume (*Polygala vulgaris*), links unten Einzelblüte

E. Kretschmer

Kreuzblume, *Polygala,* Gatt. der ↗Kreuzblumengewächse.

Kreuzblumenartige, *Polygalales,* Ord. der *Rosidae* mit 6 Fam. (vgl. Tab.); Kennzeichen u. a.: Blatt ungeteilt, dorsiventrale, z. T. hochspezialisierte Blüten.

Kreuzblumengewächse, *Polygalaceae,* Fam. der Kreuzblumenartigen mit 17 Gatt. und ca. 1000 Arten v. Kräutern u. Holzgewächsen; nahezu kosmopolitisch. Einfache, wechselständ. Blätter; dorsiventrale, hochspezialisierte Blüten, die Konvergenz zur Fabaceen-Blüte zeigen; 8, mit dem Schiffchen verwachsene Staubblätter. Die Gemeine Kreuzblume (*Polygala vulgaris*) ist ein häufiges Kraut in Silicatmagerrasen u. -weiden, in Heiden u. an Wegrändern mit Verbreitungsschwerpunkt im nordmediterranen Flaumeichengebiet und W-Europa. Die Bittere Kreuzblume (*P. amara*) wächst in subalpinen u. alpinen Steinrasen, Halbtrockenrasen u. Quellfluren der Gebirge Mittel- u. S-Europas. Der Zwergbuchs (*P. chamaebuxus*), ein Zwergstrauch in Kalkmagerrasen u. trockenen Kiefernwäldern, kommt in Zwergstrauchges. der Gebirge Mittel- und S-Europas vor. Eine in N-Amerika heimische Pflanze ist *P. senega* (B Kulturpflanzen XI), welche die bittere, unangenehm riechende *Senega-* od. *Klapperschlangenwurzel* liefert, die bis 10% Saponine (Senegin u. Polygalasäure) enthält; altes Heilmittel der Seneca-Indianer.

Kreuzblütler, *Brassicaceae, Cruciferae,* weltweit verbreitete Fam. der Kapernartigen mit etwa 380 Gatt. (vgl. Tab.) und rund 3000, vorzugsweise in den gemäßigten Zonen der N-Halbkugel, insbes. im Mittelmeerraum sowie SW- und Zentralasien, heim. Arten. Vielgestaltige Kräuter od. Stauden, seltener (Halb-)Sträucher, mit meist wechselständ., einfach ganzrand. bis fiederig geteilten Blättern (oft auch in grundständ. Rosette) u. meist traubig od. trugdoldig angeordneten Blüten. Letztere i. d. R. zwittrig u. radiär, aus 4 Kelchblättern, 4 kreuzförm. angeordneten, freien Kronblättern, 6 Staubblättern (2 kurz, 4 lang) sowie einem oberständ., aus 2 verwachsenen Fruchtblättern gebildeten Fruchtknoten mit meist zahlr. Samenanlagen bestehend. Die meist 2klapp. aufspringende, mit einer häutigen, falschen Scheidewand versehene Frucht besitzt eine lineal-längliche (Schote) bis eiförmig-kugelige Gestalt (Schötchen). Die Samen enthalten häufig fettes Öl, während ihre Schale oft Schleim produziert. Charakterist. für die K. sind Myrosinzellen u. -schläuche, in denen *Myrosinase* enthalten ist, durch deren Einwirkung die für die Fam. typischen Senfölglucoside hydrolysiert werden, wobei ätherische, scharf wür-

Kreuzkümmel

Kreuzblütler

Wichtige Gattungen:
- ↗ *Anastatica*
- ↗ *Aubrieta*
- ↗ Barbarakraut *(Barbarea)*
- ↗ Bauernsenf *(Teesdalia)*
- ↗ Brillenschötchen *(Biscutella)*
- ↗ Brunnenkresse *(Nasturtium)*
- ↗ Doppelsame *(Diplotaxis)*
- ↗ Felsenblümchen *(Draba)*
- ↗ Finkensame *(Neslia)*
- ↗ Gänsekresse *(Arabis)*
- ↗ Gemskresse *(Hutchinsia)*
- ↗ Goldlack *(Cheiranthus)*
- ↗ Hellerkraut *(Thlaspi)*
- ↗ Hirtentäschel *(Capsella)*
- ↗ Hundsrauke *(Erucastrum)*
- ↗ Hungerblümchen *(Erophila)*
- ↗ Knoblauchkraute *(Alliaria)*
- ↗ Kohl *(Brassica)*
- ↗ Krähenfuß *(Coronopus)*
- ↗ Kresse *(Lepidium)*
- ↗ Kugelschötchen *(Kernera)*
- ↗ Leindotter *(Camelina)*
- ↗ *Lesquerella*
- ↗ Levkoje *(Matthiola)*
- ↗ Löffelkraut *(Cochlearia)*
- ↗ Meerkohl *(Crambe)*
- ↗ Meerrettich *(Armoracia)*
- ↗ Meersenf *(Cakile)*
- ↗ Nachtviole *(Hesperis)*
- ↗ Pfeilkresse *(Cardaria)*
- ↗ *Pringlea*
- ↗ Rapsdotter *(Rapistrum)*
- ↗ Rauke *(Sisymbryum)*
- ↗ Raukenkohl *(Eruca)*
- ↗ Rettich *(Raphanus)*
- ↗ Schaumkraut *(Cardamine)*
- ↗ Schaumkresse *(Cardaminopsis)*
- ↗ Schleifenblume *(Iberis)*
- ↗ Schmalwand *(Arabidopsis)*
- ↗ Schöterich *(Erysimum)*
- ↗ Senf *(Sinapis)*
- ↗ Silberblatt *(Lunaria)*
- ↗ Silberkraut *(Lobularia)*
- ↗ Sophienkraut *(Descurainia)*
- ↗ Steinkraut *(Alyssum)*
- ↗ Sumpfkresse *(Rorippa)*
- ↗ Turmkraut *(Turritis)*
- ↗ Waid *(Isatis)*
- ↗ Zackenschötchen *(Bunias)*
- ↗ Zahnwurz *(Dentaria)*

zig schmeckende u. riechende Senföle frei werden. Die K. sind v. großer wirtschaftl. Bedeutung, da sie eine Reihe v. Nutzpflanzen enthalten, die als Salat, Gemüse, Tierfutter, Gewürz od. Ölsaat Verwendung finden (Gartenkresse, Gemüsekohl, Rettich, Senf, Meerrettich, Raps, Rübsen usw.). Als Gartenzierpflanzen sind u. a. zu nennen: Goldlack, Levkoje, *Aubrieta*, Nachtviole u. Schleifenblume.

Kreuz der Anneliden, kreuzförm. Anordnung der animalen Abkömmlinge des 1. Mikromerenquartetts bei Spiral-↗ Furchung (Kreuz der Spiralier, Kreuz der Mollusken). B Furchung.

Kreuzdorn, *Rhamnus,* Gatt. der Kreuzdorngewächse mit ca. 160 Arten v. Sträuchern od. kleinen Bäumen (nördl. gemäßigte Zone). Wichtige Arten: Purgier-K. *(R. catharticus),* bis 3 m hoher Strauch mit meist dorn. Zweigspitzen; Blätter 4–6 cm lang mit 2–3 bogigen Seitennerven; unscheinbare, 4zähl., 2häus. Blüten in blattachselständ. Büscheln; die schwarzen Steinfrüchte enthalten zahlr. Glykoside mit abführender Wirkung; Zwischenwirt des ↗ Haferkronenrostes; kommt zerstreut in Kalk- u. Lehmgebieten v. Mittel- und S-Europa vor; außer den Früchten ist auch die Rinde ein altes Heilmittel; Farbstofflieferant. Faulbaum *(R. frangula, Frangula alnus),* häufiger Strauch in Erlenbrüchen, Birkenmooren u. lichten Laubmischwäldern (Europa); die Rinde dient zu Heilzwecken u. zur Farbstoffgewinnung; seine Holzkohle ist gut zur Herstellung v. Schieß-

Kreuzdorngewächse

Wichtige Gattungen:
- *Hovenia*
- Kapmyrte *(Phylica)*
- ↗ Kreuzdorn *(Rhamnus)*
- *Paliurus*
- *Ventilago*
- *Ziziphus*

Kreuzdorn
Purgier-Kreuzdorn *(Rhamnus catharticus),* rechts oben ♂ und ♀ Blüte sowie Beere

pulver geeignet („Pulverholz"). Zwerg-K. *(R. pumilus),* bis 20 cm hoher, niederliegender Zwergstrauch in sonn. Kalkfelsspalten der alpinen Stufe.

Kreuzdornartige, *Rhamnales,* Ord. der *Rosidae* mit 3 Fam., dazu ↗ Kreuzdorngewächse u. ↗ Weinrebengewächse; meist Holzgewächse mit unscheinbaren Blüten; der vor den Kelchblättern stehende Staubblattkreis ist ausgefallen; stammesgesch. Parallelentwicklung zu den Spindelbaumgewächsen *(Celastraceae).*

Kreuzdorngewächse, *Rhamnaceae,* Fam. der Kreuzdornartigen mit 58 Gatt. und ca. 900 Arten (nahezu kosmopolitisch). Überwiegend Holzgewächse mit unscheinbaren 4- bzw. 5zähl. Blüten; Blätter einfach, meist wechselständig; Blütenboden becherförmig, unterständ. Fruchtknoten. Bekannteste Gatt. ist der ↗ Kreuzdorn. Zur Gatt. *Hovenia* gehört *H. dulcis,* der Japanische Mahagoni (urspr. Japan, Korea, China), ein kleiner Baum, dessen Fruchtstandachse gegessen wird, der aber v. a. seines Holzes wegen sehr geschätzt ist. Eine der 8 Arten der Gatt. *Paliurus* ist *P. spina-christi,* der Christdorn (S-Europa, Asien); dieser Busch mit characterist. Bedornung wird häufig als Hecke gepflanzt. Die dt. Bez. der Gatt. *Phylica,* die Kapmyrte, bezieht sich auf ihren myrtenart. Habitus; einige Arten werden als Zimmerpflanzen kultiviert. Der Rindenbast einer Art der dornlosen, kletternden Sträucher der Gatt. *Ventilago* (Tropen) dient in Indien zur Herstellung v. Netzen u. Seilen; die Wurzelrinde gilt als Heilmittel. In den Tropen u. Subtropen sind die ca. 100 Arten der Gatt. *Ziziphus* verbreitet; *Z. jujuba* wird v. a. in Asien angebaut; ihre Steinfrüchte mit fleischigem Exokarp *(Chinesische Datteln)* werden gegessen, die Blätter können an Seidenraupen verfüttert werden; sie ist eine der Wirtspflanzen der Lackschildlaus.

Kreuzfrosch, *Cacosternum capense,* Art der ↗ Ranidae.

Kreuzgang, Lokomotionstyp quadruper Tetrapoden, wobei jeweils die diagonal gegenüberliegenden Extremitäten gleichzeitig od. fast gleichzeitig abgehoben u. aufgesetzt werden. ↗ Gangarten. Ggs.: ↗ Paßgang.

kreuzgegenständig ↗ dekussierte Blattstellung.

Kreuzkraut, das ↗ Greiskraut.

Kreuzkümmel, *Cuminum,* monotyp. Gatt. der Doldenblütler; einjähr. Kraut mit fein gefiederten Blättern. Seit dem Altertum wird die Pflanze im Mittelmeerraum kultiviert; heute ist der Anbau in Mitteleuropa erloschen, während die Früchte in Asien ein weitverbreitetes Gewürz sind u. einen Anteil des Curry-Pulvers darstellen.

Bei K vermißte Stichwörter suche man auch unter C und Z.

Kreuzlabkraut, *Galium cruciata,* ↗ Labkraut.

Kreuzlähme, i.w.S. verschiedenartige Schwäche- u. Lähmungszustände des Hinterteils der Haustiere (bes. bei Dackeln); i.e.S. *Mal de Caderas,* in Mittel- und S-Amerika vorkommende, tödl. verlaufende Erkrankung bei Pferden u. Eseln; hervorgerufen durch *Trypanosoma equinum,* Überträger sind Bremsen.

Kreuzotter, *Vipera berus,* Art der Vipern; bis 85 cm lange (Weibchen etwas größer als Männchen), kurzschwänzige Giftschlange; in weiten Teilen Europas (nördl. Verbreitungsgrenze bei 67° n.Br.; südl. bis NW-Spanien, N-Italien, N-Balkanländer; in Mitteleuropa sporadisch, im S mehr im Gebirge, bis 3000 m) u. den gemäßigten Zonen Asiens verbreitet; bevorzugt Heiden, Hochmoore, lichte Wälder mit Bodenvegetation, Kahlschläge, feuchte Wiesen. 5 Kopfschilder deutl. größer als die anderen; Pupille senkrecht; Rückenschuppen gekielt. Färbung oberseits grau, dunkelbraun, schwarz („Höllenotter"); Weibchen oft heller – gelb- od. rotbraun („Kupferotter") –, mit (selten undeutl.) dunklem Zickzackband; Flanken mit je 1 dunklen Fleckenreihe; unterseits grau(braun) bis schwärzl.; Schwanzspitze gelb-orange. Ernährt sich hpts. v. Mäusen, Eidechsen, Fröschen. Das nach dem Biß nicht sofort tödl. Giftbiß geflohene Beutetier wird mit Hilfe des hervorragenden Geruchssinns aufgespürt; nur kleinere Tiere werden festgehalten u. sofort verschlungen. Paarung Apr./Mai; Weibchen bringt im Aug./Sept. 4–18 Junge (ca. 17 cm lang, 4 g schwer) mit bereits funktionsfähigen Giftzähnen zur Welt. Verbreitetste Giftschlange Europas (neben der ↗ Aspisviper einzige dt. Giftschlange); Biß kann bes. für Kinder lebensgefährl. sein. Okt.–März Winterruhe, oft gesellig. Nach der ↗ Roten Liste „stark gefährdet". □ Embryonalentwicklung, □ Giftzähne, B Europa XI, B Reptilien III.

Kreuzschnäbel, *Loxia,* Gatt. der Finken mit gekreuztem Schnabel, der sich zur Aufnahme v. Koniferensamen eignet; bewohnen die Nadelwälder Europas, Asiens u. N-Amerikas; als Nahrungsspezialisten folgen sie dem Angebot an Zapfen u. unternehmen als soziale Vögel ausgedehnte Wanderungen; in manchen Jahren massenhaftes Auftreten. Auch die im Zshg. mit dem ↗ Waldsterben verstärkte Zapfenbildung geschädigter Nadelbäume führte lokal zur Zunahme von K.n. Brüten zu jeder Jahreszeit; das hoch in Nadelbäumen gelegene Nest enthält 3–4 Eier. Die Jungen besitzen zunächst einen ungekreuzten, geraden Schnabel u. werden mit im Kropf der Eltern aufgeweichten Zapfensamen gefüt-

Kreuzschnäbel
Fichtenkreuzschnabel
(Loxia curvirostra)

Kreuzung
Zwei K.en werden als *reziprok* bezeichnet, wenn das Geschlecht der Eltern vertauscht ist, als *äquivalent,* wenn andere, beliebige Merkmale vertauscht sind. ↗ Diallele K.en u. zyklische K.en werden zur Ermittlung der ↗ Kombinationseignung zweier K.spartner durchgeführt. Als *Rück-K.* wird die K. eines F_1-Bastards mit einem seiner Elterntypen bezeichnet. Rück-K.en werden im Rahmen v. Konvergenz- u. Verdrängungszüchtung (↗ K.züchtung) durchgeführt sowie zur genet. Analyse unbekannter Genotypen.

tert. Das Männchen des 16 cm großen Fichtenkreuzschnabels (*L. curvirostra,* B Finken) ist überwiegend rot gefärbt, das Weibchen graugrün; der Ruf ist ein hartes „gipp gipp". Der viel seltenere, in nord. Kiefernwäldern lebende Kiefernkreuzschnabel (*L. pytyopsittacus,* B Europa V) besitzt in Anpassung an seine Nahrung einen kräftigeren Schnabel. Der eine doppelte weiße Flügelbinde tragende Bindenkreuzschnabel (*L. leucoptera*) bevorzugt Zirbelkiefern- u. Lärchenwälder, erscheint in Mitteleuropa nur sehr selten.

Kreuzspinnen, *K. i.w.S.,* Sammelbez. für Arten der Gatt. *Araneus,* z.B. die ↗ Gartenkreuzspinne.

Kreuzung, Paarung bzw. Vereinigung genetisch unterschiedl., aber nah verwandter verschiedengeschlechtl. Individuen bzw. Gameten; führt in der Folgegeneration zum ↗ Bastard. Interspezifische K.en werden meist durch ↗ Inkompatibilität der Gameten od. andere ↗ Isolationsmechanismen verhindert. Die Verteilung des ungleichen Erbguts auf die Nachkommen folgt bei K. den ↗ Mendelschen Regeln (B). K.en führen zu Neukombination der Gene bzw. deren Allele u. erweitern so die genet. Variabilität einer Population. In der Genetik geben K.sexperimente Aufschluß über den ↗ Erbgang bestimmter Merkmale sowie den Genotyp bestimmter Individuen. K. ist neben der Auslese (↗ Auslesezüchtung) die wichtigste Methode der Züchtung (↗ K.züchtung, ↗ Hybridzüchtung).

Kreuzungssterilität *w* [v. lat. sterilitas = Unfruchtbarkeit], die Erscheinung, daß sich Kreuzungspartner trotz Vorhandenseins funktionsfähiger Gameten nicht fruchtbar kreuzen lassen, verursacht durch Unverträglichkeit der Gameten (↗ Inkompatiblität 3). Etwas anderes ist die ↗ Bastardsterilität.

Kreuzungszüchtung, *Kombinationszüchtung,* ↗ Züchtung mit dem Ziel, auf verschiedene Elternformen verteilte Erbanlagen durch ↗ Kreuzung zu einem neuen Genotyp zu kombinieren u. durch Auslese u. weitere Kreuzungen erbl. konstante Populationen zu erzeugen, die homozygot für die neukombinierten Erbanlagen sind. Genet. Grundlage der K. ist die 3. ↗ Mendelsche Regel (Rekombinationsgesetz), nach der bei di- u. polyhybriden Erbgängen die Merkmalskombinationen in der 2. Filialgeneration unabhängig aufspalten u. genotypische Neukombinationen auftreten. Es ist dabei auch mögl., daß Neukombinationen Merkmale hervorbringen, die bei keinem der Eltern vorhanden waren. Generell wird K. vereinfacht durch Verwendung v. Eltern, die bezügl. der zu kombinierenden Merkmale homozygot sind, d.h., es sollten

Methoden der Kreuzungszüchtung

a) Die Kombination der Erbanlagen für zwei verschiedene, monogen od. oligogen bedingte Merkmale: Bei autogamen Pflanzen wird nach der *Stammbaummethode (Pedigreemethode, Linienzüchtung)* nach Kreuzung v. Vertretern verschiedener ↗Linien, die jeweils eines der zu kombinierenden Merkmale besitzen, die maximale genet. Varianz in der 2. Filialgeneration für den Beginn der Auslese der gewünschten Merkmalskombination genutzt; mit den ausgelesenen Individuen werden neue Linien (i. e. S.) begründet, innerhalb derer weitere züchter. Maßnahmen durchgeführt werden, da zunächst für die gewünschten Merkmale meist noch Heterozygotie vorliegt. Die sog. *Ramsch-* od. *Populationsmethode*, die sich v. a. für autogame Pflanzen, deren Großanbau kostengünstig ist, eignet, nutzt die automat. Zunahme an Homozygoten bei freiem Abblühen u. beginnt erst mit der 4. od. 5. Filialgeneration mit der Auslese, in der u. U. schon Homozygotie für die gewünschte Merkmalskombination vorliegen kann. Bei der K. allogamer, meist heterozygoter Pflanzen werden entweder auf die entspr. Merkmale selektierte u. auf ihre ↗Kombinationseignung überprüfte Einzelpflanzen gekreuzt (sog. *Pärchenzüchtung*), od. es werden *Bestandeskreuzungen* durchgeführt, aus deren Nachkommenschaft die geeigneten Pflanzen ausgelesen werden. Die Auslese beginnt in der 1. Filialgeneration, da schon hier die gewünschten Merkmalskombinationen auftreten können. In der Tierzucht werden im Rahmen der K. die gewünschten Kombinationstypen aus einer Kreuzungsnachkommenschaft ausgelesen u. durch Inzucht konsolidiert; die Rinderzucht führte z. B. durch Kreuzung zw. hitzeresistenten indischen Zebus u. eur. Kulturrassen zu tropentaugl. Fleischrassen. – b) Die Kombination verschiedener, ein einziges quantitatives Merkmal gleichsinnig beeinflussender Gene (*Transgressionszüchtung*): Die Vereinigung v. auf verschiedene Eltern verteilten Polygenen kann Genotypen hervorbringen, die die elterl. Leistungsfähigkeit übertreffen (*Transgression*). Transgression läßt sich jedoch nicht generell voraussagen, u. es müssen meist viele Testkreuzungen durchgeführt werden, um Transgression zu erzielen. Als günstig hat sich erwiesen, möglichst heterogenes Ausgangsmaterial zu verwenden, also z. B. Kreuzungspartner aus geogr. entfernten Entstehungsgebieten zu wählen. – c) Die Kombination der Erbanlagen eines Merkmals mit den Erbanlagen eines Merkmalskomplexes; die Kombination der Erbanlagen für zwei verschiedene polygen bedingte Merkmale: Im Rahmen der *Rückkreuzungsmethode* werden Bastarde der 1. Filialgeneration mit einem Elter gekreuzt (*Rückkreuzung*). Diese Methode wird bei der sog. *Verdrängungszüchtung* eingesetzt, die sich bes. eignet, wenn ein monogen bedingtes Merkmal mit einem Merkmalskomplex kombiniert werden soll (z. B. die Krankheitsresistenz einer Getreide-Landsorte mit den Eigenschaften einer krankheitsanfälligen Hochertrags-Sorte). Dazu werden die negativen Merkmale der resistenten Linie (schlechter Ertrag) durch wiederholte Rückkreuzung mit dem ertragreichen Elter verdrängt. In der Nachkommenschaft wird jeweils auf Resistenz ausgelesen, v. den Resistenten werden diejenigen erneut rückgekreuzt, die den besten Ertrag aufweisen. Bei der *Konvergenzzüchtung*, die zwei polygen bedingte Merkmale zu vereinigen sucht, werden Kreuzungsnachkommen in zwei Serien mit dem jeweils anderen Elter mehrmals gekreuzt, so daß sich dessen Polygene anhäufen. Die Merkmale der so entstandenen verbesserten Linien werden in einer abschließenden Kreuzung kombiniert.   D. W.

Vertreter reiner Linien od. ↗Inzuchtlinien verwendet werden. Neuerdings können in der Pflanzenzüchtung auch durch Züchtung v. Haploiden u. deren anschließende Diploidisierung (↗Diploidie) gewonnene homozygote Pflanzen eingesetzt werden (*Haploidenzüchtung,* ↗Haploidie). Je nach Zuchtziel bzw. genet. Grundlage der zu kombinierenden Merkmale wird K. nach verschiedenen Methoden durchgeführt (vgl. Kleindruck).

Kreuzwirbel, *Kreuzbeinwirbel, Sakralwirbel,* zw. den unteren Rückenwirbeln u. den Schwanzwirbeln gelegene ↗Wirbel (↗Wirbelsäule, ☐). Die K. haben über Querfortsätze (Sakralrippen) engen Kontakt zum Ilium (↗Darmbein) des ↗Beckengürtels (☐). Diese Verbindung überträgt bei der Fortbewegung den Vorschub v. den Hinterextremitäten auf den Rumpf. – Amphibien besitzen einen K., Reptilien i. d. R. zwei. Bei Säugern tritt ein *Kreuzbein* als Verschmelzungsprodukt der beiden (echten) K. und bis zu drei weiterer benachbarter Wirbel auf. Letztere haben keinen Kontakt zum Becken u. werden als *unechte K.* (Pseudosakralwirbel) bezeichnet. Bei Vögeln wird ein *Synsacrum* gebildet, aus den hinteren Brustwirbeln, den Lenden- und K.wirbeln und den vorderen Schwanzwirbeln. Das Synsacrum ist fest an den Beckengürtel gefügt u. kann teilweise Verschmelzungszonen mit ihm aufweisen. Die Bildung dieses großen, starren Skelettbereichs wird als Rumpfstabilisierung in bezug auf das aktive Fliegen angesehen. Fische besitzen keine K., da ihre Wirbelsäule nicht mit dem Beckengürtel in Verbindung steht.

Kribralteil *m* [v. lat. cribrum = Sieb], das ↗Phloem od. der Siebteil des ↗Leitbündels.

Kriebelmücken [v. dt. kribbeln], *Gnitzen, Simuliidae, Melusinidae,* Fam. der Mücken mit insgesamt ca. 1000, in Europa ca. 30 Arten. Die K. sind v. gedrungener, fliegenähnl. Gestalt, meist schwarz gefärbt („Schwarze Fliegen") u. je nach Art 2 bis 6 mm groß. Die kurzen Fühler bestehen aus 9 bis 11 Gliedern, die Komplexaugen stoßen nur bei den Männchen an der Stirnregion zus. Die Weibchen der meisten Arten sind Blutsauger mit kurzen, kräftigen, borstenförm. Stechrüsseln. Der Brustabschnitt ist stark gewölbt u. trägt ein Paar Flügel, die in der Ruhe dachförmig über den Hinterleib gelegt werden. Neben einigen Arten, die auch v. Pflanzensäften leben, ernähren sich die K. meist v. Säugetierblut, das sie an bes. dünnhäut. Stellen saugen. Ein injiziertes Speichelsekret anästhesiert die Einstichstelle u. verhindert die Blutgerinnung. Bei vielen K. wie z. B. bei der Golumbacer (Kolumbatscher) Mücke (*Melusina golumbaczensis = Simulium columbaczense*) ist dieser Speichel stark giftig u. führt zu Schwellungen, Blutergüssen u. starken Schmerzen. Befal-

Kriebelmücke
(*Simulium spec.*)

Kriechbewegung

lenes Vieh kann innerhalb weniger Stunden an Erstickungsanfällen sterben. (In Rumänien starben 1923 nach einem Massenauftreten der Golumbacer Mücke 1600 Haustiere.) Auch dem Menschen können die K. gefährl. werden: bes. in trop. Gebieten kommt die Übertragung der Filarien eines parasit. Fadenwurms vor, der die *Onchocercose* (↗ Flußblindheit) verursacht. Die Blutmahlzeit ist zur Entwicklung der Eier notwendig; sie sind nur ca. 0,3 mm groß u. werden in Gelegen zu ca. 100 Stück in od. an Fließgewässer gelegt, in denen die Larven ausschl. leben. Mit Hilfe v. Spinndrüsen überziehen sie das Substrat mit Geweben, auf denen sie sich festhalten u. spannerraupenartig bewegen können, od. sie lassen sich am 1 bis 2 m langen Sicherheitsfaden frei im Wasser flottieren. Die Mundgliedmaßen der Larven sind zu reusenart. Borstenfächern umgebildet, die, gg. den Wasserstrom gestellt, Detritus filtrieren (□ Bergbach). Die Larve verpuppt sich in einem gesponnenen, tütenförm., am Substrat befestigten Gehäuse.
Kriechbewegung, 1) durch Setzungsvorgänge, Abrundung u. Vergrößerung der Schneekristalle hervorgerufene, hangabwärts gerichtete Gleitbewegung der Schneedecke; verursacht den für schneereiche Steillagen typ. Haken- od. Säbelwuchs v. Bäumen u. Sträuchern u. führt nicht selten zur Entwurzelung od. zum Bruch v. Gehölzen. 2) ↗ Fortbewegung.
Kriechrasen ↗ Agropyro-Rumicion crispi.
Kriechstendel, *Netzblatt, Goodyera,* Gatt. der Orchideen mit ca. 100 Arten. Bei uns nur *G. repens* mit eiförm., netznervigen Blättern, die einander rosettenartig genähert sind; der einseitswend. Blütenstand wird v. weißl. Blüten mit zusammenneigenden Blütenblättern gebildet. Als Moderhumuspflanze zeigt der K. eine im Moos kriechende Grundachse u. tritt in Fichten- und v. a. Kiefernwäldern auf. Nach der ↗ Roten Liste „gefährdet".
Kriechtiere, *Reptilia,* die ↗ Reptilien.
Kries, *Johannes Adolf* von, dt. Arzt und Physiologe, * 6. 10. 1853 Roggenhausen (Westpr.), † 30. 12. 1928 Freiburg i. Br.; nach Tätigkeit bei H. v. Helmholtz in Berlin und C. Ludwig in Leipzig seit 1880 Prof. in Freiburg i. Br.; Arbeiten zur Physiologie der Sinnesorgane, Muskel- u. Kreislaufphysiologie u. über experimentelle Psychologie (Erkennungszeiten für Tastempfindungen, Gehör- und Lichtreize, Farbensehen: K.sche Zonentheorie, psychophys. Grundgesetz); ferner Studien zur Logik. K. formulierte die Theorie der funktionellen Duplizität von Zapfen u. Stäbchen der Retina (↗ Netzhaut).
Krill *m* [v. norw. kril = Fischbrut], 1) *K.*

Krill
Euphausia superba nimmt im antarkt. Ökosystem eine Schlüsselstellung ein. Er ist Hauptkonsument der Phytoplanktonproduktion u. ist seinerseits Hauptnahrung großer Fleischfresser, wie Krabbenfresserrobben, Adélie-Pinguine u. a. Seevögel, großer Fische u. der Wale; er ist also mittleres Glied einer sehr kurzen Nahrungskette.

Kriebelmücken
Die Bedeutung der K. liegt in der Schädigung des Viehs; auch leichter Befall führt schon zum Rückgang des Milchertrags. Neben der gefürchteten Golumbacer Mücke befällt auch die K. *Wilhelmia equina* Großsäuger.

kristall- [v. gr. krystallos = Eis, (Eis-ähnliches =) Bergkristall].

i. w. S., Whalaat, Sammelbez. für die massenhaft auftretenden, marinen Kleinlebewesen, die den Bartenwalen als Nahrung dienen, bes. Kleinkrebse (u. a. Leuchtkrebse) u. Ruderschnecken. 2) *K. i. e. S., Euphausia superba,* ca. 6 cm langer, garnelenart. Krebs aus der Ord. ↗ *Euphausiacea,* Hauptnahrung der Bartenwale. Er kommt v. a. in den Meeren der südl. Hemisphäre vor u. ist bes. häufig im atlant. Teil der Südmeere. Der K. ernährt sich v. dem reichen Phytoplanktonangebot der antarkt. Meere u. ist selbst ein Planktonkrebs, der mit seinen kräft. Pleopoden ununterbrochen schwimmt; die Thorakopoden bilden einen Filterkorb. Unter günst. Bedingungen tritt der K. in riesigen Schwärmen auf, die sich auch in tiefen Meeren in den oberen Wasserschichten bis 200 m Tiefe aufhalten. Seitdem der Walfang zurückgeht, werden verstärkt Versuche unternommen, den K. direkt für die menschl. Ernährung nutzbar zu machen. Dort, wo große Schwärme auftreten, ist der Fang wirtschaftl. möglich. Ein Problem ist jedoch noch die Tatsache, daß die Cuticula des K.s viel Fluor enthält, das nach dem Tod, auch beim Einfrieren, schnell in die Muskulatur übertritt u. damit die Tiere ungenießbar macht. Die gesamte Entwicklung des K.s findet im freien Wasser statt. In den abgelegten Eiern entwickelt sich, während sie absinken, der Nauplius, der mit dem Aufsteigen beginnt. Die weitere Entwicklung führt über mehrere Metanauplius-, Calytopis- und Furcilia-Stadien. Nach 2-3 Jahren ist der K. geschlechtsreif u. lebt ca. 4 Jahre.
Kristallkegel, *Kristallkörper, Conus,* ein bei Krebsen u. Insekten v. vier K.bildungszellen (Semperzellen) abgeschiedener hyaliner Körper als Lichtbrechungskörper im Ommatidium des ↗ Komplexauges (□).
Kristallkörper, 1) Mikrobiol.: *Parasporalkörper, Proteinkristall,* ein Protoxin, das eng verbunden mit der ↗ Endosporen-Bildung in Zellen v. ↗ *Bacillus thuringiensis* (ca. 19 Varietäten) entsteht u. zur biol. Schädlingsbekämpfung eingesetzt wird. Der K. ist fast ausschl. aus Protein aufgebaut, das sich aus Untereinheiten zusammensetzt u. sich bei den verschiedenen Varietäten (Serotypen) serolog. unterscheidet. Unter natürl. Bedingungen wird nach Aufnahme mit dem Futter das Protoxin im alkal. Intestinaltrakt des Wirtsinsekts (z. B. Lepidopteren) in ein membranaktives Toxin umgewandelt (Delta-Endotoxin), das

Bei K vermißte Stichwörter suche man auch unter C und Z.

primär das Darmepithel angreift, die Mitochondrien schädigt u. die Atmung stört. Die Larve nimmt bereits wenige Min. nach der Vergiftung keine Nahrung mehr auf u. paralysiert anschließend. Die primäre Schädigung kann somit schneller als bei chem. Insektiziden eintreten. ☐ Endosporen. **2)** Zool.: der ↗ Kristallkegel.

Kristallschicht, reflektierende Zellschicht unter den Leuchtzellen der Leuchtorgane von ↗ Leuchtkäfern. ↗ Leuchtorganismen.

Kristallschnecken, *Vitrea,* Gatt. der Glanzschnecken, Landlungenschnecken mit flachem, bis 4 mm breitem, farblos-grünl., transparentem Gehäuse, das eng gewunden u. sehr eng genabelt ist; die 4 mitteleur. Arten leben an feuchten Stellen unter Laub, Moos u. Steinen. Die Gemeinen K. *(V. crystallina)* sind in Sümpfen u. nassen Wiesen verbreitet, oft zus. mit *V. contracta,* die weniger feuchte Standorte bevorzugt.

Kristallstiel, stabförm., konzentr. geschichteter, gallertiger Enzymträger im Magen vieler pflanzenfressender Weichtiere (Urmützenschnecken, einige Mittelschnecken, Muscheln), der der Sortierung u. Verdauung der Nahrungspartikel dient. Er entsteht im Stielsack, der urspr. wohl ein vom Magen ausgehender, vom Mitteldarm abgegliederter, bewimperter Blindsack war. Durch die Bewimperung (Cilienepithel) wird der K. in Rotation um die Längsachse versetzt (Rotationsgeschwindigkeit bei 20 °C ca. 10 U/Min.); sein in den Magen reichendes Ende wird aufgelöst od. abgerieben (bei den Muscheln am Magenschild); dabei werden die Verdauungsenzyme (Mucoproteide, Lipasen, Amylasen) freigesetzt; die Zuwachsrate beträgt ca. 0,1 mm/Min. ▣ Darm, ▣ Verdauung I.

Kristallwasser ↗ Bodenwasser.

Kristallzellen, 1) bestimmte Pflanzenzellen, deren Lumen vollständig v. Kristallen (in Form v. Sand, Drusen, Raphiden od. Einzelkristallen) gefüllt ist. **2)** Semperzellen im Ommatidium (↗ Komplexauge); **3)** Zellen, die die Kristallkegel im Leuchtorgan v. ↗ Leuchtorganismen (☐) aufbauen.

kritische Dichte, die Populationsdichte v. Tieren (meist Insekten), die zu größeren Schäden an Pflanzenbeständen führt.

kritische Distanz *w,* ↗ Distanz, bei deren Unterschreitung durch einen Gegner od. Raubfeind Flucht- od. Vermeidungsversuche in einen Gegenangriff umschlagen. Die k. D. ist Teil der „Flucht-oder-Kampf-Reaktion" vieler Tiere (↗ Aggression). Ihre Größe hängt v. der Tierart, aber auch v. der Art der Bedrohung u. a. Umständen ab. Die Annäherung an die k. D. läßt sich am Ausdrucksverhalten des Tieres ablesen; dies wird z. B. von Dompteuren ausgenutzt. ↗ Individualdistanz.

S. A. S. Krogh

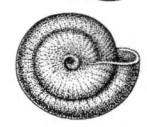

Kristallschnecken
Gemeine Kristallschnecke *(Vitrea crystallina),* 4 mm ⌀

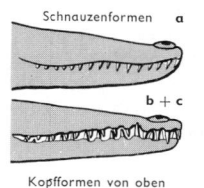

Schnauzenformen **a**

b + c

Kopfformen von oben

a b c

Krokodile
Schnauzen- und Kopfformen (v. oben);
a Alligator, **b** Echtes Krokodil, **c** Gavial

krit- [v. gr. krinein = sichten, sondern, urteilen, entscheiden; davon: kritikos = urteilsfähig, entscheidend; kritêrion = entscheidendes Kennzeichen; krisis = Entscheidung, Trennung, Urteil].

Krogh, *Schack August Steenberg,* dän. Physiologe, * 15. 11. 1874 Grenå (Jütland), † 13. 9. 1949 Kopenhagen; seit 1916 Prof. in Kopenhagen; Arbeiten zur Atmungsphysiologie, Regulation der Kapillarerweiterungen u. zum Grundumsatz; erhielt 1920 den Nobelpreis für Medizin.

Krohnia *w* [ben. nach dem Zoologen A. Krohn], ↗ Eukrohnia.

Krohnitta *w* [ben. nach dem Zoologen A. Krohn], Gatt. der ↗ Chaetognatha aus der Ord. Aphragmophora.

Krokodile [Mz.; v. gr. krokodeilos = Krokodil], Panzerechsen, *Crocodylia,* Ord. der Reptilien mit den 3 rezenten Fam. ↗ Alligatoren, ↗ Gaviale u. Echte K. mit insgesamt 8 Gatt. und 21 Arten. 1,5 bis über 7 m lang; leben – oft zahlr. beisammen – meist in Ufernähe v. Süßgewässern trop. u. subtrop. Gebiete (Leisten-K. vorwiegend Brack- u. Meerwasserbewohner); kommen meist nur zur Eiablage od. zum Sonnen (bei Hitze oft mit weit geöffnetem Maul liegend) an Land, wo sie sich auch hochbeinig fortbewegen u. nur wenig vom Wasser entfernen. Echsenähnlich; Hautpanzer bedeckt langgestreckten Körper mit rechteckigen, kräftigen, z. T. verknöcherten Hornschildern; Bauchschilder kleiner. Flacher Kopf mit stark verlängertem Schnauzenteil; Zähne stehen in tiefen Höhlungen (Alveolen) im Kieferknochen; mit ihnen wird die Beute ausschl. ergriffen u. festgehalten. Augen klein, Pupille senkrecht, halbdurchsichtige Nickhaut neben oberem u. unterem Lid; haben als einzige Reptilien ein Außenohr (Trommelfell liegt hinter großem Hautlappen verborgen); Ohr- u. Nasenöffnungen beim Tauchen verschließbar; breite, fleischige, dem Mundboden fest angefügte Zunge. Die im K.-Magen häufig vorkommenden, abgerundeten Steine lassen aufgrund neuerer Untersuchungen vermuten, daß sie der Gleichgewichtsstabilisierung dienen. Langer, muskulöser Ruderschwanz seitl. stark abgeflacht, mit hohem, an der Wurzel doppeltem, gezähntem Schuppenkamm; fast lautloses Schwimmen durch seitl. Schlängelbewegungen des Schwanzes; Gliedmaßen liegen dabei nach hinten dem Körper an. Niedere, zur Bauchseite eingelenkte Extremitäten gut entwickelt (vorn 5 bis zur Wurzel gespaltene Finger, hinten 4 durch Spannhäute verbundene Zehen; die 3 inneren jeweils mit kräftigen Krallen. Männchen mit unpaarem Begattungsorgan. Stimme der Jungen quäkend, im Alter dumpf brüllend. Ernähren sich v. a. von Fischen, Wasservögeln u. Säugetieren (Antilopen, Zebras, Wasserböcken, jungen Flußpferden, Büffeln, Hyänen, Löwen usw.), Jungtiere auch v. Insekten u. Wür-

Bei K vermißte Stichwörter suche man auch unter C und Z.

Krokodilmolche

Krokodile

Gattungen der Echten K.:
Krokodile i. e. S. (*Crocodylus*)
Stumpfkrokodile (*Osteolaemus*)
Sunda-Gaviale (*Tomistoma*)

Krokodile

Wichtige Arten der K. i.e.S. (Gatt. *Crocodylus*) mit Angabe v. Länge u. Verbreitung:
Australien-Krokodil (*C. johnsoni*), 3 m;
N-Australien
Beulenkrokodil (*C. moreletii*), 2,5 m;
SO-Mexiko bis O-Guatemala
Leistenkrokodil (*C. porosus*), über 7 m;
S-Indien bis N-Australien
Neuguinea-Krokodil (*C. novaeguineae*), 3 m; Neuguinea, Sulu-Archipel, Philippinen
Nilkrokodil (*C. niloticus*), über 6 m; Afrika, Madagaskar
Orinoko-Krokodil (*C. intermedius*), 7,2 m; Orinoko- u. Amazonas-Flußgebiete
Panzerkrokodil (*C. cataphractus*), 4 m; W-Afrika
Spitzkrokodil (*C. acutus*), 7,2 m; S-Florida bis NW-Südamerika u. Antillen
Sumpfkrokodil (*C. palustris*), 5 m; Indien, Sri Lanka

Krokus (*Crocus*)

mern. Nur große Einzeltiere weniger Arten fallen auch Menschen an. Weibchen verscharrt 20–100 weiße, gänseeigroße, hartschalige Eier (Oberfläche porös) in gelegentl. fast meterhohe Nisthügel aus Blattwerk od. in eine Sandgrube; manche Weibchen bewachen während der gesamten Brutdauer das Gelege. Jungtiere (ca. 30 cm lang) schlüpfen nach mehreren (beim Nil-K. 11–14) Wochen u. suchen sofort das Wasser auf, wachsen jährl. ca. 30 cm; nach 6–8 Jahren geschlechtsreif; Höchstalter v. über 100 Jahren wird angenommen. Das für Handtaschen u. Schuhe begehrte K.-Leder führte zu einer rücksichtslosen Verfolgung durch den Menschen; heute werden K. in Farmen der USA u. in SO-Asien herangezogen. – Die rezenten Fam. der K. sind seit der oberen Kreidezeit (Gaviale seit dem späten Alttertiär) bekannt. – Bei der Fam. der Echten K. (*Crocodylidae;* 3 Gatt. mit 13 Arten) liegt der große 4. Unterkieferzahn in einer seitl. offenen Furche des vorderen Oberkiefers, so daß er auch bei geschlossenem Maul sichtbar bleibt; der 5. Oberkieferzahn ist bes. stark entwickelt. Zu den größten K.n gehört das Nil-K. (*Crocodylus niloticus*, B Afrika I, B Reptilien II); einst in ganz Afrika beheimatet, ist es jetzt stellenweise, am Nil etwa unterhalb der 2. Nilstromschnelle, ausgerottet; Färbung bronzegrün mit kleinen, schwarzen Flecken, unterseits schmutziggelb. Während die Gatt. *Crocodylus* 11 Arten umfaßt, darunter das Leisten-K. (*C. porosus,* B Australien I), haben die beiden anderen jeweils nur 1 Art: Das kurzschnauzige Stumpf- od. Zwerg-K. (*Osteolaemus tetraspis;* Gesamtlänge 1,8 m) lebt im trop. W-Afrika; meist schwarz gefärbt mit gelbroten Querbändern, unterseits schwarzgelb gefleckt; jagt bes. Weichschildkröten u. Krabben. Der Sunda-Gavial (*Tomistoma schlegelii;* Gesamtlänge 5 m) aus SO-Asien ist olivgrün bis braun gefärbt u. hat eine lange, keilförm. Schnauze. *H. S.*

Krokodilmolche, *Tylototriton,* Gatt. der ↗Salamandridae. [der ↗Schleichen.
Krokodilschleichen, *Gerrhonotus,* Gatt.
Krokodilteju *m* [v. Tupi-Guarani tejú], *Dracaena guianensis,* ↗Schienenechsen.
Krokodilwächter, *Pluvianus aegyptius,* zu den Brachschwalben gehörender, 20 cm großer Watvogel, der an den Sandbänken großer Flüsse u. Seen in Mittel- und N-Afrika lebt; hält sich auch bei u. auf Krokodilen auf; ernährt sich v. ihren Hautparasiten u. warnt mit scharfen Rufen (↗Ektosymbiose). 2–3 Eier, werden mit Sand bedeckt u. zeitweise v. der Sonnenhitze ausgebrütet. B Afrika I.
Krokus *m* [v. gr. krokos = Safran], *Safran,*

Crocus, Gatt. der Schwertliliengewächse mit etwa 80 Arten, v. a. im Mittelmeergebiet. Verbreitungsschwerpunkte sind der Balkan u. Kleinasien. *C. sativus* (B Kulturpflanzen IX) war im MA ein begehrtes Gewürz u. Aphrodisiakum. Die Pflanze stammt aus Vorderasien, wo sie schon früh kultiviert wurde; wird heute nur noch in den Mittelmeerländern u. in der UdSSR angebaut. Der K. blüht im Ggs. zu den meisten unserer Zuchtformen erst im Herbst. Als Gewürz verwendet man die orangeroten Narbenäste der blauvioletten Blüte, die sehr mühsam zu ernten sind (150 000 bis 200 000 Narben ergeben 1 kg Trockenmasse). Nur 1 g Safran färbt 1 l Wasser noch deutl. gelb. Der gelbrote Farbstoff ist das mit Glucose veresterte Carotinoid ↗*Crocin* (↗Crocetin). Safran riecht aromatisch u. schmeckt süßl.-würzig. Der Geschmack rührt einerseits vom Gehalt an äther. Ölen (0,4–1,3%, Hauptbestandteil Safranal, ferner Cineol u. Pinen), andererseits vom Bitterstoff *Pikrocrocin* (Pikrocin, Safranbitter) her. Der Gehalt an Pikrocrocin beträgt in frischem Zustand ca. 4%, der Bitterstoff spaltet aber bei der Lagerung in Safranol u. Glucose auf. Safran gilt als teuerstes Gewürz der Erde. Der Frühjahrsblüher *C. albiflorus* (Frühlings-K., Weißblütiger Safran, B Europa XX) ist eine mittel- und südeur. Gebirgspflanze der montanen bis subalpinen (alpinen) Stufe. Die myrmekochore Art wächst in Bergwiesen u. -weiden auf nährstoffreichen u. frischen Böden. Durch Kreuzung entstanden zahlr. Gartenformen, die in Größe u. Farbvariabilität die Wildformen übertreffen.

Kromdraai, westl. Johannesburg (S-Afrika) gelegener Fundort (1938) v. Schädel- u. Extremitätenfragmenten sowie Einzelzähnen des *Australopithecus* (*Paranthropus*) *robustus* (↗Australopithecinen); Alter: frühes Altpleistozän, ca. 1,5–1,7 Mill. Jahre.
Kronblätter ↗Blüte.
Kronenauffang, *Kronenverlust* ↗Interzeption.
Kronenbasilisken, *Laemanctus,* Gatt. der ↗Basiliscinae.
Kronenlattich, *Willemetia, Calycocorsus,* Gatt. der Korbblütler mit nur 2 Arten in Mitteleuropa bzw. Vorderasien. Bei uns nur der Gemeine K. (*W. stipitata*), eine zieml. seltene, in montanen Flach- u. Quellmooren u. an Bachufern wachsende, ausdauernde, Milchsaft führende Pflanze mit einfachen, überwiegend grundständ. Blättern u. mittelgroßen, goldgelben Blütenköpfen.
Kronenquallen, die ↗Tiefseequallen.
Kronenschnecken, *Melongenidae,* Fam. der Stachelschnecken mit birn- od. spin-

Bei K vermißte Stichwörter suche man auch unter C und Z.

delförm., mittel- bis sehr großem Gehäuse; das Gewinde ist meist abgeflacht, die Mündung weit mit einem Siphonalkanal. An den Schultern der Umgänge werden oft Höcker od. Stacheln ausgebildet. Die K. sind carnivor u. leben auf Sand u. Schlamm im flachen, auch brackigen Wasser trop. u. subtrop. Küsten, oft in der Mangrove. Einige werden an Muschelkulturen schädl., bes. die häufigen Arten der Gatt. *Melongena.* Die Riesen-K. *(Pugilina proboscidifera)* des W-Pazifik mit 60 und die Austr. Riesen-K. *(Syrinx aruanus)* mit 70 cm Gehäusehöhe sind die größten Schnecken.

Kronentrauf, der Teil des v. den Baumkronen zunächst aufgefangenen Niederschlagswassers, das zu Boden tropft.

Kronenwurzeln, Bez. für die bei der ↗ Bestockung der Gräser aus den Bestockungsknoten hervorgehenden, zieml. kräftigen Wurzeln.

Kronröhre, *Blüten-K.,* Bez. für den röhrig gebauten Teil der Blüte einiger Pflanzen-Fam., der v. den miteinander verwachsenen Blütenblattabschnitten gebildet wird; trägt häufig für die Bestimmung wicht. Merkmale.

Kronwicke, *Coronilla,* Gatt. der Hülsenfrüchtler mit über 20 Arten (v. a. S-Europa). In Dtl. am häufigsten ist die giftige Bunte K. *(C. varia),* eine Staude mit 15–20blüt. Dolden aus Blüten mit weißer Krone, rötl. Fahne u. violetter Schiffchenspitze; in Kalkgebieten auf Halbtrockenrasen, in Wald- u. Gebüschsäumen. In S-Dtl. selten ist die Strauchwicke (*C. emerus,* östl. u. südl. Mittelmeergebiet), ein gelbblühender Strauch, der auch als Gartenpflanze kultiviert wird.

Kropf, 1) Zool.: *Ingluvies,* a) als Futterbehälter u. der Nahrungsvorverdauung dienende bruchsackart. Ausdehnung des Oesophagus einiger Körnerfresser unter den Vögeln (z. B. Taube, Huhn). Bei der Nahrungsaufnahme erfolgt die K.füllung erst nach der Magenfüllung. Die Entleerung wird bei Wirbeltieren über den Nervus vagus, bei Wirbellosen wahrscheinl. über den N. recurrens gesteuert. Eine Besonderheit einiger Vogel-K.e (Eulenpapagei, Schopfhuhn) bilden hornige Reibplatten zur mechan. Zerkleinerung der Nahrung. b) Erweiterter Mittelteil des Vorderdarms vieler Insekten, der als Nahrungsspeicher dient; bei Bienen ist der K. die ↗ Honigblase. B Darm, B Wirbeltiere I. **2)** Medizin: *Struma,* a) durch Unterfunktion der Schilddrüse hervorgerufene Wucherung des Drüsenbindegewebes, die in vielen Gegenden mit iodarmem Trinkwasser (Schwarzwald, Alpenländer) auftritt.

Kropfgazelle, *Gazella subgutturosa,* in den Wüstengebieten Asiens bis zur Mon-

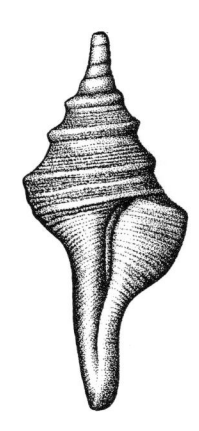

Kronenschnecken
Australische Riesen-Kronenschnecke *(Syrinx aruanus),* etwa 70 cm hoch

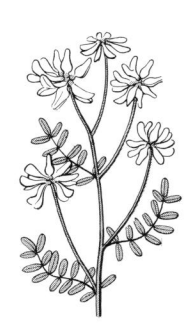

Kronwicke *(Coronilla)*

Kröten
Erdkröte *(Bufo bufo),* bis 12 cm

golei vorkommende Gazelle (Kopfrumpflänge ca. 1,2 m); der Name bezieht sich auf die kropfart. Anschwellung der Kehle bei den männl. K.n zur Paarungszeit.

Kropfmilch, *Taubenmilch,* weißl. dickflüssiges Sekret der Kropfepithelien der Tauben beiderlei Geschlechts, das nach dem Schlüpfen der Jungen unter dem Einfluß v. Prolactin produziert wird u. diesen als Nahrung dient. Die K. besteht zu 25–30% aus Fett, 10–15% Protein, 5% Lecithin, enthält jedoch keine Kohlenhydrate.

Kropfnoxen [Mz.; v. lat. noxa = Schaden], in Pflanzen (z. B. Kohl) auftretende schwefelhalt. Verbindungen (z. B. Thiouracil), die den normalen Ablauf der Thyroxinsynthese hemmen (Thyreostatika) u. daher Kropfbildung bewirken können.

Kropfsammler, Bienen der Über-Fam. ↗ *Apoidea,* die den gesammelten Pollen verschlucken u. im Nest wieder herauswürgen; hierzu die Maskenbienen (Gatt. *Hylaeus,* Fam. ↗ Seidenbienen) u. die Holzbienen (Gatt. *Xylocopa,* Fam. ↗ Apidae).

Kröten, *Bufonidae,* umfangreiche, alte Fam. der ↗ Froschlurche (↗ Amphibien) mit den 3 einheimischen Arten Erdkröte, Kreuzkröte u. Wechselkröte (s. u.). Die überwiegende Mehrzahl der Arten gehört der Gatt. *Bufo* an; i. d. R. mittelgroße bis große (2 bis 23 cm), unscheinbar, seltener bunt gefärbte Froschlurche mit auffällig warziger Haut, großen ↗ Parotoiddrüsen, einem ↗ Bidderschen Organ u. einem arciferen Schultergürtel (☐ Froschlurche). Sie laichen in stehenden od. langsam fließenden Gewässern u. geben den Laich in paarigen Schnüren ab. – Die Gatt. *Bufo* ist wahrscheinl. ein paraphylet. Taxon. K. sind nahezu weltweit verbreitet; sie fehlen urspr. in Austr., wo inzwischen der ↗ Aga zur Schädlingsbekämpfung eingeführt wurde, in Neuseeland u. in Neuguinea. Sie haben ihren Ursprung auf dem Südkontinent Gondwanaland. Nach dem Aufbrechen der Kontinente (↗ Kontinentaldrifttheorie) bildeten sie 2 große Ausbreitungs- u. Radiationszentren: Das 1. Evolutionszentrum ist Afrika. Seine Nachfahren sind in Afrika geblieben u. haben außer der Gatt. *Bufo* mit den Panther-K. u. ihren Verwandten (*B.-regularis*-Gruppe) sowie den Kap-K. u. ihren Verwandten *(B. rosei, B. carens, B. gariepensis* u. a.*)* einige weitere Gatt. gebildet, wie *Didynamipus,* die ↗ Baum-K. *Nectophryne* u. die lebendgebärende ↗ *Nectophrynoides.* Das 2. Evolutionszentrum der K. ist S-Amerika. Von hier führte eine erste Ausbreitungswelle nordwärts über den interamerikan. Isthmus in den Süden N-Amerikas, v. der die *B.-vallice*ps-Gruppe mit der Golf-K. u. die in Mittel-Amerika endemische Gatt.

Bei K vermißte Stichwörter suche man auch unter C und Z.

Kröten

Crepidophryne Reste sind. Nachfahren dieser Ausbreitungswelle überschritten die Beringstraße u. wurden in O-Asien durch Klima-Abkühlung in die indomalaiische Region abgedrängt. Hier entstanden in einem neuen Radiationszentrum K. mit v. der Gatt. *Bufo* abweichender Biologie, wie die ↗Baum-K. der Gatt. *Pedostibes*, ↗Zirp- od. Bach-K. *(Ansonia),* die Urwald-K. *(Cacophryne),* die Philippinen-K. *(Pelophryne),* die sehr große Eier legt u. wahrscheinl. kein freies Larvenstadium hat, u. die sog. falsche K. od Schwimm-K. *(Pseudobufo subasper),* eine große (15 cm), aquatische K. Eine 2. Ausbreitungswelle führte ebenfalls über den interamerikan. Isthmus zur Entstehung der Mehrzahl der nordamerikan. K. mit der Nord-K. u. ihren Verwandten (*B.-boreas*-Gruppe) u. der amerikan. K. u. ihren Verwandten (*B.-americanus*-Gruppe). Nachfahren dieses nordamerikan. Radiationszentrums überqueren ein zweites Mal die Beringstraße u. gelangten als *B.-viridis*-Gruppe bis nach Europa und N-Afrika. Die südamerikan. K. haben auch auf dem Kontinent eine umfangreiche Radiation durchgemacht. Neben zahlr. Arten der Gatt. *Bufo* entstanden die Gatt. *Dendrophryniscus, Melanophryniscus, Oreophrynella* u.a. sowie die ↗Stummelfußfrösche, die manchmal als eigene Fam. *(Atelopodidae)* geführt werden, aber, wie die echten K., ein Biddersches Organ besitzen. *Dendrophryniscus* u. *Melanophryniscus* sind kleine (2 bis 4 cm) Frösche, die an Stummelfußfrösche erinnern, aber nicht bunt sind. *Dendrophryniscus* lebt auf Bäumen u. pflanzt sich in Bromelien fort. In S-Amerika leben auch die größten Arten, der ↗Aga u. die Kolumbian. Riesen-K. *B. blombergi,* die 23 cm Länge erreicht u. erst 1951 entdeckt wurde.

Die 3 einheimischen K. gehören verschiedenen Gruppen an. Die unscheinbar graubraun gefärbte Erd-K. *(Bufo bufo,* fr. *B. vulgaris,* bis 15 cm) bewohnt ganz Eurasien bis Japan. Sie gehört zu den ersten Laichern im Frühjahr, die gleichzeitig mit od. kurz nach den Grasfröschen im März od. April zu immer den gleichen Teichen u. Tümpeln wandert. Da sie dabei oft auf den durch die Frühjahrssonne angewärmten Straßen sitzen bleibt, gehört die Erd-K. zu den am meisten durch den Straßenverkehr gefährdeten Amphibien. Oft hört man den Befreiungsruf der Männchen, seltener den leisen Paarungsruf, der nicht der Anlockung der Weibchen dient: die Tiere finden einander optisch, oft schon während der Laichwanderung. Da Laich u. Larven der Erd-K. giftig sind, pflanzt sich die Art auch in Fischteichen erfolgreich fort. Die beiden anderen Arten gehören zur *B.-viridis*-Gruppe. Die nach der ↗Roten Liste „gefährdete" Kreuz-K., *B. calamita* (bis 9 cm), ist meist grünl. und an einem gelben Längsstrich auf der Rückenmitte erkennbar; sie springt nicht, sondern rennt bei Gefahr weg. Die „stark gefährdete" Wechsel-K., *B. viridis* (bis 9 cm), ist weißl. mit scharf abgesetzten grünen Flecken. Die Kreuz-K. ist die westl. Art, die v. Spanien bis W-Rußland, aber nicht in Italien u. auf dem Balkan, vorkommt, auch in England. Die Wechsel-K. ist eine östl. Art, die v. Rußland bis Dtl., auch in Italien u. in den Balkanländern verbreitet ist. Beide Arten sind wärmeliebend u. ziehen trockene, sandige Lebensräume vor. Ihre laut trillernden Rufe hört man in warmen Frühsommernächten. Die Kreuz-K. lebt auf den Friesischen Inseln sogar in Dünen u. laicht in brackigem Wasser. – K. können v. a. aus ihren großen Parotoiddrüsen beträchtl. Mengen gift. Sekrete absondern (↗K.gifte). Wirtschaftl. Bedeutung haben die K. v. a. als Vertilger v. Schnecken, Insekten u. a. Schädlingen. B Amphibien I, II. *P. W.*

Krötenechsen, *Phrynosoma,* Gatt. der ↗Leguane.

Krötenfisch, 1) *Antennarius scaber,* ↗Fühlerfische; 2) *Thalassophryne maculosa,* ↗Froschfische.

Krötenfliege, *Lucilia bufonivora,* ↗Fleischfliegen.

Krötenfrösche, *Pelobatidae,* Fam. der ↗Froschlurche mit einer einheimischen Art, der ↗Knoblauchkröte. Die meisten K. haben senkrechte Pupillen. Sie sind eine alte Fam., die wahrscheinl. an vielen Stellen v. moderneren Fröschen verdrängt wurde u. heute disjunkt mit 3 U.-Fam. in Eurasien u. N-Amerika verbreitet ist. Die U.-Fam. *Pelobatinae* enthält 2 Gatt.: die eur. *Pelobates* mit der Knoblauchkröte u. ihren Verwandten u. die amerikan. Schaufelfüße der Gatt. *Scaphiopus* (Messerfuß) mit 6 Arten. Die Schaufelfüße haben wie die Knoblauchkröten einen scharfen, schaufelart. Höcker an den Füßen u. können sich damit schnell rückwärts eingraben. Einige Arten leben in heißen, ariden Gebieten u. verbringen einen großen Teil des Jahres unterirdisch. Bei starken Regenfällen erscheinen sie in großen Mengen u. laichen sofort an ephemeren Tümpeln. Ei- u. Larvalentwicklung dauern bei manchen Arten nur 15 bis 20 Tage; wenn die Gewässer schneller eintrocknen, werden die Larven kannibalistisch u. erreichen so, daß die kräftigsten sich in dem versiegenden Wasser weiter entwickeln können. Fossil sind *Pelobatinae* auch von O-Asien bekannt. Die U.-Fam. *Pelodytinae* ist rezent nur durch eine Gatt., die ↗Schlammtaucher mit 2 Arten,

---

Kröten

Einige Arten und Gattungen:

Mitteleuropa:
Erdkröte *(Bufo bufo)*
Kreuzkröte *(B. calamita)*
Wechselkröte *(B. viridis)*

Nordafrika:
Berberkröte *(Bufo mauretanicus)*

Afrika:
Bergbachkröte *(Bufo preussi)*
Kapkröte *(B. rosei),* nur 2 cm
Pantherkröte *(B. regularis)*
Zipfelkröte *(B. superciliaris)*
↗Baumkröte *(Nectophryne)*
lebendgebärende Kröte (↗*Nectophrynoides)*
Zwergkröte (↗*Mertensophryne)*

Nordamerika:
Amerikanische Kröte *(Bufo americanus)*
Coloradokröte *(B. alvarius)*
Eichenkröte *(B. quercicus)*
Nordkröte *(B. boreas)*
Salzkröte *(B. b. halophilus)*
Präriekröte *(B. cognatus)*

Süd- und Mittelamerika:
↗Aga *(Bufo marinus)*
↗Goldkröte *(B. periglenes)*
Golfkröte *(B. valliceps)*
Kolumbianische Riesenkröte *(B. blombergi)*
Rokokokröte *(B. paracnemis)*
Sandkröte *(B. arenarum)*
Baumkröte *(Dendrophryniscus)*
Costa-Rica-Kröte *(Crepidophryne* (= *Crepidius) epioticus*
Schwarzkröte *(Melanophryniscus)*
↗Stummelfußfrösche *(Atelopus)*

Fortsetzung S. 143

vertreten, eine in W-Europa, die andere im S-Kaukasus. Fossil sind *Pelodytinae* auch aus N-Amerika bekannt. Die Vertreter der U.-Fam. *Megophryinae* besiedeln mit ca. 6 Gatt. und über 40 Arten SO-Asien, China u. den indomalaiischen Bereich; am bekanntesten sind die ↗Zipfelfrösche der Gatt. *Megophrys*. Fossil sind *Megophryinae* auch aus Europa u. N-Amerika bekannt.

Krötengifte, gift. Sekrete aus den Hautdrüsen v. ↗Kröten, zu deren Inhaltsstoffen digitalisartig wirkende ↗*Bufadienolide* (☐), ↗*Bufotenine* (☐) u. biogene Amine (z. B. Adrenalin, Noradrenalin, Catecholamine, Dopamin u. Epinin) zählen u. die für Kröten nicht nur ein Abwehrmittel gg. natürl. Feinde, sondern v. a. Schutz gg. Befall durch Mikroorganismen sind. K., die am längsten bekannten Tiergifte, wurden schon im Altertum als Heilmittel verwendet u. dienen auch heute noch in O- und SO-Asien zur Behandlung v. Herzwassersucht u. Altersherzen (↗Herzglykoside). ↗Batrachotoxine (☐), ↗Farbfrösche.

Krötenkopfagamen, *Phrynocephalus,* Gatt. der Agamen mit über 30 Arten in den Trockengebieten SW- u. Mittelasiens; Gesamtlänge 10–25 cm. Kurzer, rundl. Kopf u. Körper flach; Trommelfell mit Schuppen bedeckt, lange Wimpernschuppen, teilweise verengte Nasenlöcher (Schutz gg. Sand od. Staub); Beine dünn; können sich rasch u. gut eingraben. Ernähren sich v. a. von Insekten, eine Art auch v. Blättern u. Früchten. Meist eierlegend; Hochgebirgsarten lebendgebärend. Die Himalaja-K. *(P. theobaldi)* wurde bis in 5400 m Höhe gefunden; sie ist damit das höchstlebende Reptil der Erde.

Krötenottern, *Causus,* Gatt. der Vipern mit 4 „urtümlichen" Arten im trop. und südl. Afrika, oft in Gewässernähe lebend. Die 60–90 cm langen, bodenbewohnenden K. haben große Kopfschilder, runde Pupillen und z. T. 10–20 cm lange Giftdrüsen; Giftwirkung nicht sehr groß u. für den Menschen nur selten tödlich. Nachtaktiv; ernähren sich hpts. v. Kröten u. Fröschen; Weibchen legen 12–15 Eier, Jungtiere schlüpfen nach ca. 15 Wochen. Bekannteste u. in Zentralafrika verbreitetste Art ist die Pfeilotter *(C. rhombeatus)* mit einem schwarzbraunen, pfeilförm. Winkelband am Hinterkopf; auf graubraunem Körper schwarze Rückenflecken.

Krötenschnecken, die ↗Froschschnekken.

Krötentest, die ↗Galli-Mainini-Reaktion.

Krummdarm, *Ileum,* unterster Teil des ↗Dünndarms der höheren Wirbeltiere; ↗Darm.

Krummhals, *Lycopsis,* Gatt. der Rauhblattgewächse mit 2 einjähr. Arten, die sich v.

Kröten (Fortsetzung)
Südostasien:
  Großohrkröte
  (Bufo macrotis)
  Schwarznarbenkröte *(B. melanosticus)*
  ↗Baumkröte
  (Pedostibes)
  Philippinenkröte
  (Pelophryne)
  Schwimmkröte
  (Pseudobufo)
  Urwaldkröte
  (Cacophryne)
  Zirpkröte
  (Ansonia)

Krötenfrösche
Unterfamilien und Gattungen:
Megophryinae
  Megophrys
  (↗Zipfelfrösche und Verwandte)
  Leptobrachium
  Scutiger (= *Oreolax* = *Aelurophryne,* ↗Schildfrösche)
  ↗*Vibrissaphora*
Pelobatinae
  Pelobates (Messerfuß, Schaufelkröte, ↗Knoblauchkröte)
  Scaphiopus
  (Schaufelfuß)
Pelodytinae
  Pelodytes

Krüppelfußartige Pilze
Wichtige Gattungen:
↗Schnitzlinge
(Simocybe)
↗Stummelfüßchen
(Krüppelfüße, *Crepidotus*)

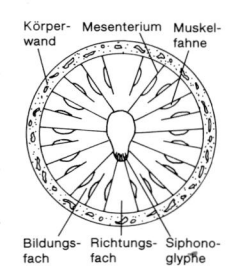

Körper- Mesenterium Muskelwand fahne

Bildungs- Richtungs- Siphonofach fach glyphe

Krustenanemonen
Schemat. Querschnitt durch eine Krustenanemone mit Anordnung der Septen

Krustenanemonen

der Ochsenzunge *(Anchusa)* ledigl. durch die gekrümmte Röhre ihrer Blütenkrone unterscheiden. Der in Hackfrucht-Unkraut-Ges. wachsende Acker-K., *L. arvensis (Anchusa arvensis),* ist eine borstig behaarte Pflanze mit lanzettl., wellig gezähnten Blättern u. in beblätterten Doppelwickeln stehenden, himmelblauen Blüten mit weißen Schlundschuppen.

Krummholzgürtel, *Krummholzstufe,* Vegetationsgürtel im Bereich der alpinen Waldgrenze (↗alpine Baumgrenze, ↗Höhengliederung) oberhalb des Stammwaldes, beherrscht von niederwüchs. Gehölzen mit niederliegenden od. bogig aufsteigenden Ästen *(Krummholz, Knieholz)* und strauchähnl. Verzweigung. Bestände, deren Wuchshöhe die mittlere winterl. Schneehöhe übersteigt, können noch dem Wald zugerechnet werden. Derartig hohes Krummholz findet sich v. a. als Ersatzvegetation im Bereich anthropogener Walddepression. In den nördl. Kalkalpen wird die Krummholzvegetation fast ausschl. von der Latsche *(Pinus mugo* ssp. *mugo)* beherrscht, deren schwer zersetzl. Nadelstreu die Bildung des sauren ↗Tangelhumus begünstigt. Der K. umfaßt hier einen Bereich von etwa 300 Höhenmetern; allerdings wurde er in jahrhundertelangen Weidebetrieb an leichter zugängl. Stellen vielfach aufgerissen od. völlig beseitigt.

Krummseggenrasen ↗Caricetea curvulae.
Krümmungsbewegungen ↗Bewegung.
Krunodiplophyllum *s* [v. gr. krounos = Quelle, diplous = doppelt, phyllon = Blatt], Gatt. der ↗Scapaniaceae.

Krüppelfußartige Pilze, *Crepidotaceae* Sing., Fam. der Blätterpilze (wichtige Gatt. vgl. Tab.), deren Vertreter kleine, höchstens mittelgroße Fruchtkörper mit meist seitl., seltener zentral gestielten od. ungestielten Hüten ausbilden. Das Sporenpulver ist ocker, hell-, ton- bis rotbraun gefärbt. Vorkommen oft auf Holz- od. Pflanzenresten.

Krustenanemonen, *Zoantharia,* Ord. der ↗Hexacorallia mit ca. 300 Arten. Die größte Art ist *Isozoanthus giganteus* mit 19 cm Länge bei einem ⌀ von 2 cm. K., die meist flächige, krustenförm. Kolonien bilden, scheiden kein eigenes Skelett ab. Sie sezernieren einen Schleim, in dem Fremdpartikel festkleben u. der als eine Art Skelett v. der Epidermis umwachsen wird. Die Polypen sind nur 1–2 cm groß. Die Kolonien besiedeln feste organ. und anorgan. Unterlagen bes. in den Uferzonen. Einzelpolypen stecken einfach im Sand. Charakterist. ist die Neubildung v. Mesenterien, die, im Ggs. zu den Seerosen, nur in 2 von einem Richtungsfach getrennten Zwischenfächern erfolgt. Die meisten K. kommen in

Bei K vermißte Stichwörter suche man auch unter C und Z.

Krustenechsen

subtrop. und trop. Meeren vor, nur einige Arten auch im Mittelmeer u. den nördl. Meeren. *Parazoanthus axinellae* (gelbe K.) lebt im Mittelmeer u. a. auf Schwämmen der Gatt. *Axinella* u. auf *Microcosmus. Epizoanthus arenaceus* (graue K.) auf Schneckenschalen, Manteltieren u. Hornkorallen. Interessant ist die Lebensweise v. *Epizoanthus incrustatus* (Nordsee). Sie bildet ihre Krusten v. a. auf den Schneckengehäusen v. Einsiedlerkrebsen. Dabei wird das Haus vollständig überwachsen u. aufgelöst, so daß der Krebs schließl. nur in der Kruste der *Epizoanthus*-Kolonie sitzt. Arten der Gatt. *Mammillifera* bilden scheibenförm. Kolonien. Sie werden v. dem Einsiedlerkrebs *Paguropsis typica* mit dem 4. Abdomenbeinpaar gepackt u. wie eine Hose über den Hinterleib gezogen. Spezielle Dornen halten die Kolonie. *Palythoa toxica*, eine Art trop. Meere, produziert das hochgiftige *Palytoxin*.

Krustenechsen, Helodermatidae, Fam. der Waranartigen mit nur 2 Arten (vgl. Spaltentext) im SW N-Amerikas. Die einzigen gift. Echsen; mit paarigen Giftdrüsen am Hinterrand des Unterkiefers; spezielle Giftzähne fehlen; Gift gelangt zus. mit dem Speichel in den Mundraum u. entlang v. Längsfurchen an mehreren Kieferzähnen in die Bißwunde; rasche Wirkung auf das Zentralnervensystem der Beute; Biß auch für Menschen gelegentl. tödlich. Körper plump, walzenförmig; am Rücken große perlart. Höckerschuppen, v. Hautknochenplättchen unterlegt; breiter Kopf mit abgerundeter Schnauze u. kleinen Augen; Geruchssinn ausgezeichnet, eine breite, vorn gespaltene Zunge führt Duftstoffe dem ↗Jacobsonschen Organ im Munddach zu; kräftiger, rundl. Schwanz dient als Fettspeicher; kann nicht abgeworfen werden. Beine kräftig, mit je 5 Fingern u. Zehen, diese mit Krallen. Dämmerungs- u. nachtaktiv, tagsüber meist in Erdhöhlen lebend. Ernähren sich v. nestjungen Vögeln u. Nagetieren, Echsen- sowie Vogeleiern. Fortpflanzung durch 3–12 längl. Eier, die in feuchte Erdlöcher abgelegt werden; Jungtiere (etwa 20 cm lang) schlüpfen nach ca. 30 Tagen.

Krustenflechten, krustige od. firnisartige Überzüge bildende ↗Flechten, mit der gesamten Thallusunterseite lückenlos mit dem Substrat verwachsen; hierzu auch die Flechten, deren Lager ins Substrat eingesenkt ist. B Flechten II.

Kryal s [v. *kryo-], ↗Kryon.

Kryobiologie w [v. *kryo-], beschäftigt sich mit der Einwirkung v. sehr niedrigen Temp. auf Organismen, Gewebe u. Zellen. ↗Anabiose, ↗Frostresistenz, ↗Gefriertrocknung, ↗Konservierung, ↗Kryofixierung.

kryo- [v. gr. kryos = Eiskälte, Frost].

Kryofixierung
Der K. bedient man sich v. a. in der elektronenmikroskop. Ultrastrukturforschung u. Histochemie (↗Gefrierätztechnik) sowie, mit weniger hohen Ansprüchen an die Strukturerhaltung u. weniger tiefen Temperaturen (CO_2-Eis), in der histopatholog. Schnelldiagnose, z. B. bei Operationsmaterial.

Krustenechsen
Dem Gila-Tier (*Heloderma suspectum*, Gesamtlänge bis 60 cm) begegnet man v. a. im Gila-Becken in Arizona; es bewohnt die Wüsten v. SO-Utah bis NW-Mexiko u. hat auf dunkler Grundfärbung eine rosafarbene Streifenfleckung; kann über 2 Jahre Trockenheit u. Hunger überstehen (B Nordamerika VIII). Länger u. spitzer ist der Schwanz der gelbgefleckten Skorpions-K. (*H. horridum*, Gesamtlänge bis 80 cm); sie lebt in den trockenen Wäldern W-Mexikos.

krypto- [v. gr. kryptos = verborgen].

Kryobionten [Mz.; v. *kryo-, gr. bioōn = lebend], Organismen, die in od. auf dem Schnee leben. Neben pflanzl. Organismen (*Kryophyten*, ↗Kryoflora) gibt es auch tierische, wie Rädertierchen (*Philodina*), Springschwänze (*Isotoma*, ↗Gleichringler) u. Dipteren (*Chionea*, ↗Stelzmücken). *Kryophile* Organismen bevorzugen Eis u. Schnee als Lebensraum. ↗Kryon.

Kryofixierung [v. *kryo-, lat. fixus = fest, haltbar], Konservierung v. Zellen od. Gewebestückchen unter lebensgetreuer Erhaltung all zellulären Substrukturen u. Enzymaktivitäten durch blitzschnelles Abkühlen ($\geq 10000\,°C/s$) auf Temperaturen v. -190 bis $-270°C$. Zur K. werden entweder sehr kleine Gewebestückchen (maximal 1 mm³) in flüss. Stickstoff, Helium od. Propan eingeschossen, mit dem Kühlmittel durch eine Düse beschossen od. auf hochglanzpolierte, einseitig vom Kühlmittel bespülte Metallfolien aufgefroren, od. es werden Zellsuspensionen in das Kühlmittel eingesprüht u. dadurch zum schockart. Erstarren gebracht. Zellschädigungen durch Phasenentmischung u. Eiskristallbildung verhindert man durch Durchtränkung der Proben mit Frostschutzmitteln (Glycerin) u. Schockgefrieren unter Tiefsttemperaturen.

Kryoflora w [v. *kryo-], die sich auf längere Zeit unverändert bleibenden Altschneedecken (Hochgebirge) od. Eiszonen (Polarregionen) entwickelnde Algenflora; besteht meist aus einzelligen Arten; die K. ist gattungsarm. Man unterscheidet zw. Meeres-K. und Süßwasser-K. Im Süßwasserbereich sind es v. a. Grünalgen der Gatt. *Chlamydomonas, Chlorella, Ankistrodesmus; Chlamydomonas nivalis* verursacht durch carotinoidhalt. Dauersporen Rotfärbung des Schnees („Blutschnee", ↗Blutregen); im arkt. Bereich sind es insbes. ↗Kieselalgen, die den Schnee braun färben. ↗Kryokonitlöcher.

Kryoklastik w [v. *kryo-, gr. klaein = (zer-)brechen], die ↗Frostsprengung.

Kryokonitlöcher [v. *kryo-, gr. konis = Staub], durch Sonneneinstrahlung entstandene Schmelzlöcher (bis 60 cm tief, ⌀ wenige cm) in dem durch Sublimation der Luftfeuchtigkeit gebildeten Eisstaub (*Kryokonit*) der Polarzonen; häufig Lebensräume (Kleinbiotope) für Algen (u. a. *Chlamydomonas nivalis* u. verschiedene Kieselalgen) sowie für Wimper-, Räder- u. Bärtierchen. Die Organismen ertragen ein gewisses Durchfrieren des Biotops u. werden bei Schneeschmelze aktiv.

Kryon s [v. *kryo-], Lebensgemeinschaft im Bereich v. Gletschern u. ihrer Abflüsse. Der entspr. Biotop wird *Kryal*, das Ökosystem (einschl. der Firnschneefelder) *Kryo-*

Bei K vermißte Stichwörter suche man auch unter C und Z.

zön genannt. Man unterscheidet das *Eu-K.:* Biozönose auf dem Gletscher (z. B. Gletscherfloh, ↗ Gleichringler), *Meta-K.:* Biozönose in Gletscherabflüssen (z. B. die Zuckmückenlarve *Diamesa*), *Hypo-K.:* Biozönose im mittleren u. unteren Bereich der Gletscherabflüsse (z. B. Larven v. Zuckmücken, Köcherfliegen, Eintagsfliegen, Steinfliegen u. a., ↗ Bergbach, ☐). ↗ Kryobionten.

kryophil [v. *kryo-, gr. philos = Freund], ↗ Kryobionten.

Kryophyten [Mz.; v. *kryo-, gr. phyton = Gewächs], ↗ Kryobionten.

Kryoplankton *s* [v. *kryo-, gr. plagkton = das Umhergetriebene], kleine Organismen, die lange Zeit im Jahr in gefrorenem Zustand (↗ Anabiose) im Eis od. Schnee existieren; zu ihnen gehören u. a. viele Algen, einige Fadenwürmer, Bärtierchen u. die Stelzmücken-Gatt. *Chionea.*

Kryosphäre *w* [v. *kryo-, gr. sphaira = Kugel], ↗ Klima.

Kryoturbation *w* [v. *kryo-, lat. turbatio = Verwirrung], *Mikrosolifluktion,* Mischung v. Bodenmaterial durch Frosteinwirkung. Zu Eislinsen od. Kammeis gefrierendes Bodenwasser hebt Teile des Oberbodens an, die beim nachfolgenden Tauen sacken u. dabei kleinräumig gemischt werden. Bei tiefgefrorenen Hangböden entsprechend kühler Klimate kann der aufgetaute Oberboden auf dem noch gefrorenen Untergrund ins Rutschen geraten u. so teilweise od. ganz verlagert werden (↗ Bodenfließen). Böden der arkt. od. subarkt. Region (↗ arktische Böden) werden bei Dauerfrost (Permafrost, ↗ Permafrostböden) od. beim Auftauen nach extremen Frösten auf unterschiedl. Weise gemischt. Die K. wird dabei durch auffällige Musterbildungen an der Oberfläche sichtbar (↗ Frostböden). ↗ Bodenentwicklung.

Krypten [Mz.; v. gr. kryptē = Gewölbe], Anatomie: Einsenkungen, Einbuchtungen (v. a. bei Schleimhäuten), z. B. ↗ Darm-K.

Kryptendarm [v. gr. kryptē = Gewölbe], Sammelbez. für die ↗ Lieberkühnschen Krypten des ↗ Darms.

Kryptobiose *w* [v. *krypto-, gr. biōsis = Leben], die ↗ Anabiose.

Kryptofossilien [Mz.; v. *krypto-, lat. fossilis = ausgegraben], nannte Schidlowski 1970 Fossilien des ultramikroskop. Bereichs zur Unterscheidung v. größeren Mikrofossilien.

Kryptogamen [Mz.; v. *krypto-, gr. gamos = Hochzeit], *Cryptogamia, blütenlose Pflanzen,* veraltete systemat. Bez. für alle Pflanzengruppen bis auf die Samenpflanzen, die in dieser systemat. Einteilung als *Phanerogamen* bezeichnet wurden (vgl. Spaltentext).

Kryptogamen
1735 hatte ↗ Linné sein als „Sexualsystem" sehr bekannt gewordenes ↗ künstl. System der Pflanzen veröff. Hierbei stellte er 23 Klassen v. *Blütenpflanzen* (= Phanerogamen) die *„Cryptogamia"* als 24. Klasse gegenüber, zu denen er nicht nur die damals noch wenig bekannten Farne, Moose, Algen u. Pilze rechnete, sondern auch einige Höhere Pflanzen mit schwer erkennbaren Blüten *(Ficus, Lemna)* u. sogar Tiergruppen wie Schwämme u. Korallen. Die Unterscheidung der beiden Gruppen erfolgte also urspr. aufgrund des Mangels od. Verborgenseins der Geschlechtsorgane einerseits (Kryptogamen) u. deren deutl. Hervortreten andererseits (Phanerogamen). Mit der Zunahme an systemat. Wissen ordnete man später alle Pflanzengruppen, bei denen die Entwicklung neuer Individuen aus meist einzelligen Keimen (Sporen) erfolgt, zu den K. (*= Sporenpflanzen)* u. trennte v. ihnen die samenbildenden Pflanzen als Blütenpflanzen od. Phanerogamen ab. Doch ist heute auch der Blütenbegriff anders definiert (↗ Blüte). So empfiehlt es sich heute, diese Einteilung ganz fallenzulassen, da sie sich in keiner Weise mit phylogenet. Gesichtspunkten in Einklang bringen läßt.

Kryptorchismus
Kryptorchismus u. a. Formen des Hodenhochstands treten bei 4% der neugeborenen Knaben auf. Meist erfolgt im Laufe des 1. Lebensjahres dann doch noch der Descensus spontan od. nach Medikamentengabe; ansonsten ist eine Operation angezeigt.

Kryptogamengürtel [v. *krypto-, gr. gamos = Hochzeit], *Kryptogamenstufe,* Bereich in der nivalen Hochgebirgsstufe (↗ Höhengliederung) bzw. in der ↗ arktischen Zone, in dem sich nur noch Moose, Flechten u. Algen (↗ Kryptogamen) entwickeln. ↗ Europa.

Kryptomerie *w* [v. *krypto-, gr. meros = Teil], Bez. für das Phänomen, daß bestimmte Gene (auch im homozygoten Zustand) erst dann phänotyp. wirksam werden, wenn sie mit bestimmten anderen Genen (sog. *Komplementärgenen*) durch Kreuzung in einem Individuum zusammentreffen.

Kryptonephridien [Mz.; v. *krypto-, gr. nephridios = Nieren-], ↗ Malpighi-Gefäße, deren Enden mit der Darmwand des Rektums verwachsen sind *(Kryptonephrie);* sie dringen dabei zw. Peritoneum u. Darmepithel ein, um vermutl. die Wasseraufnahme zu erleichtern. K. finden sich v. a. bei Käfern u. Raupen.

Kryptopentamerie *w* [v. *krypto-, gr. pente = 5, meros = Teil], anatom.-morpholog. Bez. bei Käfern mit 5 Tarsengliedern, bei denen das 4. winzig ist und zw. den Seitenlappen des 3. Gliedes verborgen ist; K. entspricht der Pseudotetramerie. Sie findet sich bei allen danach ben. *Pseudotetramera* (Bockkäfer, Blattkäfer, Rüsselkäfer u. Verwandte).

Kryptophyten [Mz.; v. *krypto-, gr. phyton = Gewächs], Lebensformengruppe v. ausdauernden kraut. Pflanzen, die ungünst. Jahreszeiten (Winter, sommerl. Dürre, Lichtmangel) mit Hilfe v. ↗ Erneuerungsknospen überstehen, die in der Erde *(Geophyten),* im Sumpfboden *(Helophyten)* od. am Gewässergrund *(Hydrophyten)* überdauern.

Kryptopleurie *w* [v. *krypto-, gr. pleura = Rippen], Verdrängung der Pleuren eines Insekten-Segments durch starkes seitl. Herabziehen des Tergits; findet sich v. a. am Prothorax v. Heuschrecken u. allen polyphagen Käfern.

Kryptopterus *m* [v. *krypto-, gr. pteron = Flosse], Gatt. der ↗ Welse.

Kryptorchismus *m* [v. *krypto-, gr. orchis = Hode], *Kryptorchidismus, Bauchhoden:* der ↗ Hoden (☐) bleibt in der Bauchhöhle liegen – wichtigste Form des *Hodenhochstands* (Maldescensus testis: Descensus testiculorum gar nicht od. nur unvollständig abgelaufen), die zu Hodenatrophie u. damit Sterilität führt.

Kryptosternie *w* [v. *krypto-, gr. sternon = Brust], Einwachsen eines Sterniten nach innen ins Thoraxsegment durch dichtes Aneinanderrücken der Coxen der Beine bei Insekten; das Sternit ist innen als Sternalgrat erhalten.

Bei K vermißte Stichwörter suche man auch unter C und Z.

Kryptotypus

Kryptotypus *m* [v. *krypto-, gr. typos = Typ], ↗Pluripotenz, ↗Typus.

Kryptozoikum *s* [v. *krypto-, gr. zōikos = Tier-], Großabschnitt (Äon, Superära) der ↗Erdgeschichte; Zeit des „verborgenen" od. wenig bekannten Tierlebens, die dem ↗Präkambrium entspricht. Ggs.: Phanerozoikum. B Erdgeschichte.

Kryptozoit *m* [v. *krypto-, gr. zōein = leben], der ↗Hypnozoit.

K-Selektion *w* [v. lat. selectio = Auswahl], ↗Selektion.

K-Strategen [Mz.; v. gr. stratēgos = Heerführer], ↗Strategien, ↗Selektion.

Kubaspinat, *Claytonia perfoliata,* ↗Portulakgewächse.

Kuboid *s* [v. lat. cubus = Würfel, gr. -eidēs = -ähnlich], *Os cuboideum,* das ↗Würfelbein. [schaben.

Küchenschabe, *Blatta orientalis,* ↗Haus-

Küchenschelle, Kuhschelle, *Pulsatilla,* Gatt. der Hahnenfußgewächse mit ca. 30 Arten auf der nördl. Hemisphäre. Der Name leitet sich v. den glockenförm., oft nickenden, bis 6 cm breiten Blüten ab. Bei der Fruchtreife wachsen die Griffel zu langen, federartig behaarten Flugorganen aus. In der subalpinen Stufe wächst auf kalkhalt. Weiden die Alpen-K. *(P. alpina);* die bis 50 cm hohe, weißblühende Pflanze ist eine Charakterart der Ord. Seslerietalia. Auf Silicatmagerrasen derselben Stufe gedeiht die nach der ↗Roten Liste „vom Aussterben bedrohte" bronzefarben behaarte Frühlings-K. *(P. vernalis).* In der kollinen bis montanen Stufe findet man die „gefährdete", violett blühende Gewöhnliche K. *(P. vulgaris,* B Europa XIX*);* sie bevorzugt kalkhalt., extrem trockene Standorte (Charakterart der Ord. Brometalia). Die Züchtung ergab zahlr. Schnittblumen u. Steingartenpflanzen.

Küchenzwiebel ↗Lauch.

Kuckucke, *Gauche, Cuculidae,* Fam. der Kuckucksvögel mit 40 Gatt. u. 128 Arten in allen Erdteilen, fehlen ledigl. in den arkt. Regionen u. einigen Wüstengebieten. 14–70 cm groß, meist unauffällig grau, braun u. schwarz gefärbt; schlank u. langschwänzig, meist mit gutem Flugvermögen; die nördl. Arten sind ausgesprochene Langstreckenzieher. Von den 4 Zehen kann die äußere nach hinten gewendet werden. Ernähren sich v. Kerbtieren u. halten sich meist im Baumbereich auf, einige Arten, wie der nordamerikan. Erd- od. Rennkuckuck *(Geococcyx californianus,* B Nordamerika III), auch am Boden. Die K. fressen auch stark behaarte Raupen, die v. den meisten anderen Vögeln gemieden werden; die zunächst im Magen verbleibenden Haare werden später wieder ausgewürgt. Kennzeichnend ist oft die

krypto- [v. gr. kryptos = verborgen].

Küchenschelle
(Pulsatilla)

Kuckucke
Mönchsgrasmücke füttert Jungkuckuck

Kuckucksbienen
K. mit ihren Wirten:
Buckelbienen *(Sphecodes spec.),* Fam. ↗Schmalbienen) bei Sandbienen *(Andrena,* Fam. ↗Andrenidae)
Kegelbienen *(Coelioxys spec.),* Fam. ↗Megachilidae) bei Blattschneiderbienen *(Megachile spec.,* Fam. ↗Megachilidae)
Fleckenbienen *(Crocisa spec.),* Trauerbienen *(Melecta spec.)* (Fam. ↗Apidae) bei Pelzbienen *(Anthophora spec.,* Fam. ↗Apidae)
Wespenbienen *(Nomada spec.,* Fam. ↗Andrenidae) bei Sandbienen *(Andrena spec.,* Fam. ↗Andrenidae)
Schmarotzerhummeln *(Psithyrus spec.,* Fam. ↗Apidae) bei ↗Hummeln *(Bombus)*

Stimme; relativ tiefe, mit einem U-Laut erklingende Rufe tragen recht weit. Etwa 50 Arten sind Brutparasiten; sie bauen keine eigenen Nester, sondern legen ihre Eier in die Nester anderer Vogelarten; je nach Ausprägungsgrad des ↗Brutparasitismus brüten sie nicht u. füttern auch die Jungen nicht; dies wird v. den Wirtseltern – i. d. R. Sperlingsvögeln – besorgt. Der Ani *(Crotophaga ani)* u. weitere *Crotophaga*-Arten, die Mittel- u. S-Amerika bewohnen, leben gesellig u. brüten sogar gemeinsam. Amerikan. Regen-K. *(Coccyzus)* legen die Eier in die Nester fremder Vögel, evtl. nur bei Verlust des eigenen dürftigen Nestes, brüten dann aber selbst u. ziehen ihre Jungen auf. Diese verschiedenen Parasitierungsstufen geben eine Vorstellung davon, wie der Brutparasitismus in der Evolution entstanden sein könnte. Bes. gut untersucht sind die Verhältnisse bei unserem einheim., 33 cm großen Kuckuck *(Cuculus canorus,* B Europa X). Das Männchen ist grau mit schwarz-weiß gesperberter Unterseite, die Weibchen grau od. braun. Von April bis Sept. übersommern die Vögel in Wäldern, Moorgebieten, Kulturland u. Gebirgen. Sie sind polygam; die Weibchen beobachten die potentiellen Wirtsvögel u. legen jeweils 1 Ei in mehrere Nester, wobei sie oft ein Wirtsvogelei entfernen. Die relativ kleinen Eier ähneln in ihrer Färbung – genet. bedingt – häufig stark den Wirtsvogeleiern (B Vogelei I). Bei etwa 90 der 130 in Dtl. heim. Singvogelarten wurden Kuckuckseier gefunden, bes. bevorzugte Wirte sind Bachstelze, Baumpieper, Zaunkönig u. Teichrohrsänger. Der frischgeschlüpfte Jungkuckuck verhindert Nahrungskonkurrenz, indem er Wirtseier u. Stiefgeschwister aus dem Nest wirft. Der grellrote Sperrachen stellt einen überoptimalen Fütterungsauslöser dar. Das Gewicht steigt v. anfangs 3 g auf ca. 100 g an, bis der Jungkuckuck nach 21–23 Tagen das Nest verläßt. Auch danach bettelt er noch sehr auffällig u. wird dann nicht nur v. den Stiefeltern, sondern auch v. anderen Vögeln gefüttert. Der 39 cm große, eine Kopfhaube tragende Häherkuckuck *(Clamator glandarius)* besiedelt offenes Gelände in S-Europa; seine bevorzugte Wirtsvogelart ist die Elster. Der nah verwandte asiat. Koromandel-Häherkuckuck *(Clamator coromandus,* B Asien VII) parasitiert v. a. bei Häherlingen. Bei den Spornkuckucken *(Centropus),* die in offenen Gebieten Afrikas, S-Asiens u. Australiens beheimatet sind, treiben beide Eltern Brutpflege. *M. N.*

Kuckucksbienen, Bienen verschiedener Fam. (vgl. Tab.), die bei anderen solitären Bienen Brutparasitismus betreiben.

Kuckucksrüßler, *Lasiorhynchites sericeus,* ↗Stecher.

Kuckucksspeichel, Kot der Larven der ↗Schaumzikaden.

Kuckucksstendel, die ↗Waldhyazinthe.

Kuckucksvögel, Cuculiformes, Vogel-Ord. mit den Fam. ↗Kuckucke *(Cuculidae)* u. ↗Turakos *(Musophagidae).* Die Verwandtschaft der beiden äußerl. sehr verschiedenen u. in sich geschlossenen Fam. läßt sich aus dem gleichart. Mauserverlauf ableiten.

Kudu *m* [v. afr. koedoe, wahrscheinl. Xhosa iqudu], *Schraubenantilope,* 1) *Großer K., Tragelaphus strepsiceros,* stattl. afr. Antilope, Kopfrumpflänge 190–240 cm, Schulterhöhe ca. 160 cm; Grundfärbung grau-braun mit 6–10 senkrechten weißen Streifen; Hörner schraubenförm. gedreht, Hals- u. Rückenmähne. Der Große K. lebt in seinem Verbreitungsgebiet (südl. der Sahara) in kleinen Rudeln in lichten Waldungen u. dichten Buschlandschaften in der Nähe v. Wasserstellen. B Antilopen, B Afrika VII. 2) *Kleiner K., T. imberbis,* Kopfrumpflänge 110–140 cm, Schulterhöhe 100 cm; äußerl. ähnl. dem Großen K., ohne Halsmähne; bewohnt hpts. trockene Dornbuschgebiete in O-Afrika.

Kuehneotheriidae [Mz.], † Säugetier-Fam. der Ord. *Symmetrodonta* († Infra-Kl. ↗*Pantotheria*). Heutiger Kenntnis nach basieren die K. auf dem einzigen Genus *Kuehneotherium* Kermack, das als geolog. ältester Repräsentant (Obertrias) der U.-Kl. *Theria* anzusehen ist. Die Belege bestehen überwiegend aus isolierten Zähnen. Wahrscheinl. hatten die K. eine doppelte Unterkiefergelenkung; Molaren mit trianguläre Anordnung der Primärhügel; sie gestatteten engen Zahnschluß (Occlusion) u. seitl. Bewegungsfreiheit beim Kauen; Unterkiefer ohne Processus angularis. — Evtl. können die oberjurass. Gatt. *Tinodon* u. *Eurylambda* den K. zugeordnet werden.

Kuehneromyces *m* [ben. nach dem frz. Mykologen R. Kuehner, * 1903, v. gr. mykēs = Pilz], ↗Stockschwämmchen.

Kugelasseln, Sphaeromidae (= Sphaeromatidae), Fam. der *Flabellifera,* Asseln, die sich bei Gefahr wie Rollasseln u. Saftkugler ventral einkrümmen u. zu einer Kugel zusammenrollen können. Ihr Pleon besteht aus nur 3 Teilen: Das 1. Segment ist unter dem Tergit des 7. Pereiopodensegments verborgen, der 2. Teil besteht aus den verschmolzenen Segmenten 2 und 3, und der 3. Teil ist das Pleotelson. Vorwiegend marine Asseln, einige auch im limn. Grundwasser. Die bekannteste Gatt. ist *Sphaeroma* mit vielen Arten; die meisten sind Pflanzenfresser, einige bohren in Holz. *S. hookeri,* 10 mm lang, ist häufig in der Ostsee u. in Brackwassertümpeln u. verträgt Wasser mit sehr geringem Salzgehalt. Die Tiere können, mit der Bauchseite nach oben, schwimmen. Meist halten sie sich jedoch am Ufer, oft sogar oberhalb der Wasserlinie, unter angespültem Tang od. ähnlichem auf, v. dem sie sich ernähren. Auch ei- u. embryonentragende Weibchen können sich einkugeln; sie haben im Bereich des Marsupiums Eindellungen an der Bauchseite, die die Embryonen aufnehmen. *Caecosphaeroma burgundum* bewohnt die Gewässer einiger südeur. Höhlen.

Kugelbauchmilben, Vertreter der Gatt. *Pyemotes (*↗*Trombidiformes),* deren Weibchen an Larven v. Hautflüglern, Schmetterlingen u. Käfern saugen. Am bekanntesten ist die Mottenmilbe *P. herfsi* (Männchen 0,2 mm, Weibchen 0,3 mm). Die Weibchen saugen an den Larven der Kleidermotte u. schwellen dabei auf 1 mm an (Physogastrie). Gleichzeitig reifen die Gonaden. Die Eier entwickeln sich im Muttertier; nach 12 Tagen werden geschlechtsreife Tiere geboren. Die Männchen verbleiben auf der Mutter, stechen sie an u. leben v. ihren Körpersäften. Ragt der Vorderkörper eines Weibchens aus der Geburtsöffnung, wird dieses v. einem Männchen mit den Hinterbeinen gepackt, herausgezogen u. sofort begattet. Begattete Weibchen suchen einen neuen Wirt.

Kugelblaualgenartige, die ↗Chroococcales.

Kugelblume, *Globularia,* Gatt. der ↗Kugelblumengewächse.

Kugelblumengewächse, Globulariaceae, Fam. der Braunwurzartigen mit rund 30 Arten in 2 Gatt. Hpts. im Mittelmeergebiet beheimatete, ausdauernde Kräuter od. (Halb-)Sträucher mit wechselständ., ganzrand. Blättern u. in kopfigen Rispen bzw. Ähren stehenden Blüten; diese sind zwittrig, mehr od. weniger zygomorph, mir röhriger, 5spalt. Krone und haben 4, in der Krone ansetzende Staubblätter. Der oberständ. Fruchtknoten besteht aus einem Fruchtblatt mit einer einzigen Samenanlage. Die Frucht ist ein einsamiges, in den Kelch eingeschlossenes Nüßchen. In Europa ledigl. die Kugelblume *(Globularia),* v. der einige Arten bisweilen auch als Zierpflanzen gezogen werden. Die Gewöhnl. K. *(G. elongata)* besitzt eine grundständ. Rosette aus spatelförm. Blättern sowie meist violettblaue Blüten mit herausragenden Staubblättern in kugeligen Köpfchen. Sie wächst in sonnigen, lückigen Kalkmagerrasen u. an stein. Hängen. Hier sind v. der montanen bis zur alpinen Stufe auch die Herzblättrige K. *(G. cordifolia)* u. die Nacktstengelige K. *(G. nudicaulis)* zu finden.

Kugeldistel, *Echinops,* Gatt. der Korbblüt-

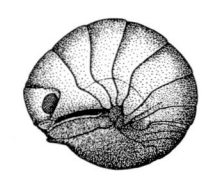

Kugeldistel

Kugelasseln
Sphaeroma rugicauda, eingerollt

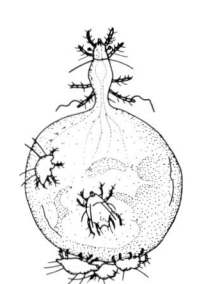

Kugelbauchmilben
Weibchen von *Pyemotes herfsi* (vollgesogen) mit Nachkommen

Kugelblumengewächse
Gewöhnl. Kugelblume *(Globularia elongata)*

Bei K vermißte Stichwörter suche man auch unter C und Z.

Kugelfischartige

Große Kugeldistel (Echinops sphaerocephalus)

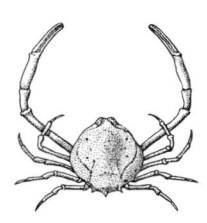

Kugelkrabbe (Myropsis quinquespinosa)

Kugelfische
Weißflecken-Kugelfisch, Maki-Maki *(Arothron hispidus),* bis 50 cm groß; beliebter Aquarienfisch

Kugelfischverwandte
Unterordnungen und wichtige Familien:
Drückerfischartige *(Balistoidei)*
↗ Dreistachler *(Triacanthidae)*
↗ Drückerfische *(Balistidae)*
↗ Kofferfische *(Ostraciontidae)*
Kugelfischartige *(Tetraodontoidei)*
↗ Kugelfische *(Tetraodontidae)*
↗ Igelfische *(Diodontidae)*
↗ Mondfische *(Molidae)*

ler mit über 100, insbes. im Mittelmeerraum u. in Vorderasien heim. Arten. Ausdauernde, meist hohe, distelart. Pflanzen mit fiederspalt. oder gelappten, dornig gezähnten Blättern u. kugelförm., aus zahlr. 1blütigen Köpfchen bestehenden Gesamtblütenständen. Die Blüten sind zwittrig u. besitzen eine röhrig-trichterförm. Krone mit 5spalt. Saum. Die weißl.-bläul. blühende, bis 3 m hohe Große K. *(E. sphaerocephalus)* mit 4–8 cm breiten Infloreszenzen wird bei uns vereinzelt als Zier- od. Bienenfutterpflanze kultiviert. Sie wächst gelegentl. auch verwildert in Trocken- u. Wärmegebieten, an Schuttplätzen, Dämmen od. Ufern.

Kugelfischartige, *Tetraodontoidei,* U.-Ord. der ↗ Kugelfischverwandten.

Kugelfische, *Tetraodontidae,* Fam. der Kugelfischverwandten mit ca. 15 Gatt. u. knapp 100 Arten. Meist untersetzt gebaute, rundl., 6–90 cm lange Fische mit schuppenloser, oft aber mit kleinen Stacheln besetzter Haut, die sich bei Gefahr durch Schlucken v. Luft od. Wasser in eine sehr dehnbare, dünnwand. Magenausstülpung kugelförm. aufblähen können. Haben in beiden Kiefern jeweils 2 Zahnplatten. Leben meist in trop. Meeren v. a. im Küstenbereich (u. a. Korallenriffe), einige Arten auch im Süßwasser. Viele K. sind giftig *(↗ Tetrodotoxin),* gelten in Japan aber nach Zubereitung durch bes. Fugu-Köche als Delikatesse *(↗ Fischgifte,* Spaltentext). Hierzu gehören der bis 15 cm lange, bräunl., weißgemusterte indopazif. Spitzkopf-K. *(Canthigaster margaritatus),* der bis 45 cm lange Nil-K. *(Tetraodon fahaka),* der vor dem Dammbau überall im Nil vorkam u. heute auf den Oberlauf beschränkt ist, der südostasiat. Fluß-K. *(T. fluviatilis)* u. der thailänd. Kamm-K. *(Carinotetraodon somphongsi),* bei dem während der Revierverteidigung ein häut. Rücken- u. Bauchkamm aufschwellen kann. Die beiden letzten, ca. 15 cm langen Arten sind beliebte Aquarienfische.

Kugelfischverwandte, *Tetraodontiformes,* fr. *Plectognathi,* den Barschartigen Fischen nahestehende Ord. der Knochenfische. Haben meist spitzen Kopf mit winzigem Maul, kleine Schuppen, einzelne bewegl. Knochenplatten od. starren Knochenpanzer, zahlr. Schleimdrüsen, kleine spaltart. Kiemenöffnung, weit hinten stehende Rücken- u. Afterflosse, oft reduzierte 1. Rückenflosse u. Bauchflossen, nur 14–30 Wirbel u. oft eine Schwimmblase ohne Verbindungsgang zum Darm. Viele sind prächt. gefärbt u. leben v. a. in Korallenriffen. 2 U.-Ord. (vgl. Tab.): Drückerfischartige *(Balistoidei),* die wenige, stark miteinander verwachsene Wirbel u. meist Knochenplatten in der Haut haben, u. Kugelfischartige *(Tetraodontoidei)* mit schnabelart. verschmolzenen Zähnen, unvollständ. verknöchertes Skelett u. stets fehlende Bauchflossen.

Kugelfliegen, *Acroceridae, Henopidae, Oncodidae, Cyrtidae,* Fam. der Fliegen mit insgesamt ca. 250, in Mitteleuropa nur wenigen Arten. Die K. haben einen gedrungenen, fast kugeligen, oft pelzig behaarten Körper mit buckeliger Brust u. kleinem Kopf. Auffallend sind die Thorakalschüppchen, die die Halteren vollständig bedecken. Die Imagines ernähren sich v. Nektar, den sie mit dem Rüssel während des lautlosen Rüttelfluges aus der Blüte saugen. Die Larven ernähren sich parasitoid v. Spinnen od. fressen in deren Gelegen Eier.

Kugelhefe ↗ Mucorales.

Kugelkäfer, 1) *Sphaeridae* (fr. *Sphaeriidae),* Fam. der U.-Ord. *Myxophaga;* winzige, kugel. Käfer (0,6–1 mm), die im Uferschlamm v. Gewässern leben; bei uns nur der seltene Ufer-K. *Sphaerius acaroides.* **2)** *Gibbium psylloides,* ↗ Diebskäfer. **3)** Schlamm-K., ↗ Trüffelkäfer *(Liodidae).*

Kugelkrabben, *Leucosiidae,* Fam. der ↗ *Brachyura (Oxystomata);* meist kleine Krabben mit rundl., fast kugel. Körper. Dazu gehören die kleinen (ca. 1 cm) Arten der Gatt. *Ebalia,* die im Mittelmeer in 30 bis 1000 m Tiefe auf Sedimentböden vorkommen, u. die Kugelkrabbe *Ilia nucleus* (2,5 cm), in 10 bis 40 m Tiefe.

Kugelmuscheln, *Sphaeriidae,* Fam. der Kleinmuscheln, kleine Süßwassermuscheln mit dünner, zerbrechl. Schale; sie bilden Bruttaschen an den Kiemenblättern, in denen sich etwa ein Dutzend Jungmuscheln entwickelt. Die in der Holarktis u. Afrika verbreiteten K. leben in u. am feuchten Rand v. Gewässern; die Gemeinen K. *(Sphaerium corneum)* klettern auch zw. Wasserpflanzen. Am größten sind die Fluß-K. *(S. rivicola),* bis 22 mm lang. Beide Arten sind nach der ↗ Roten Liste „stark gefährdet" bzw. „vom Aussterben bedroht". K. sind auch die Häubchenmuscheln *(Musculium lacustre),* die sumpfige, stehende Gewässer bevorzugen.

Kugelmycel *s* [v. gr. *mykēs* = Pilz], pilzähnl. Sproßmycel, das aus Ketten kugelförm. Sproßzellen besteht (↗ Sprossung); oft in Submerskulturen v. normalerweise fädigen Pilzen gebildet (z. B. *Aspergillus-, Mucor*-Arten), die jedoch als Oberflächenkulturen ein echtes ↗ Mycel bilden.

Kugelorchis *w* [v. gr. *orchis* = Hode], *Traunsteinera,* Gatt. der Orchideen mit 2 Arten; bei uns nur *T. globosa* (= *Orchis g.*), eine Art, die in eur. Gebirgen weit verbreitet ist. Die rötl., gespornten Blüten mit vorn leicht verbreiterten Perigonblättern bilden einen dichten, kugel. Blütenstand. Man findet die nach der ↗Roten Liste „gefährdete" K. in montanen Kalkmagerrasen.

Kugelpilz, Gatt.-Bez. für einige Pilze aus der Fam. *Xylariaceae,* z. B. Kohliger K. (Holzkohlenpilz, ↗ *Daldinia concentrica*) od. ↗ *Hypoxylon*-Arten.

Kugelschnecken, *Akera,* Gatt. der *Akeridae,* marine Kopfschildschnecken mit eiförm., dünnschaligem Gehäuse, das den Eingeweidesack umschließt, jedoch nicht den übr. Weichkörper aufnehmen kann; es wird v. breiten Fußlappen (Parapodien) bedeckt, mit deren Hilfe die K. kopfaufwärts schwimmen können. *A. bullata,* bis 6 cm lang, lebt in u. auf Mudd v. Norwegen bis ins Mittelmeer; sie ernährt sich v. sich zersetzenden Pflanzen u. legt im Frühjahr bis 18 000 Eier in einem Gelege. – Gelegentl. werden auch die ↗ Apfelschnecken als K. bezeichnet.

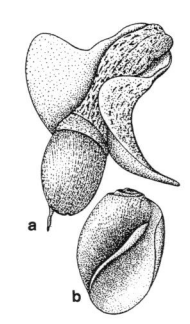

Kugelschneller, *Sphaerobolus,* Gatt. der ↗ *Sphaerobolaceae* (Kugelschnellerartige Pilze).

Kugelschötchen, *Kernera,* Gatt. der Kreuzblütler mit 2 Arten in den Gebirgen Mittel- und S-Europas. Das Felsen-K. *(K. saxatilis),* eine ausdauernde, borstl. behaarte Pflanze mit einfachen Blättern, kleinen weißen, in äst. Blütenständen angeordneten Blüten und kugel. Früchten (Name), wächst zerstreut an sonn. Kalkfelsen der subalpinen u. alpinen Stufe.

Kugelsoral [v. gr. soros = Gefäß], ↗Sorale.

Kugelspinnen, *Haubennetzspinnen, Theridiidae, Theridionidae,* artenreiche Fam. der Webspinnen (ca. 1500 Arten, heimisch ca. 60), deren Vertreter in allen Klimazonen der Erde verbreitet sind; manche Arten sind Kulturfolger, z. B. die ↗Gewächshausspinne. K. sind klein (2–5 mm, selten bis 12 mm), der kugel. Hinterleib (Name!) ist nicht für alle Arten charakteristisch. Manche tropischen K. haben ein schlank ausgezogenes od. mit Stacheln besetztes Opisthosoma. K. bauen Gewebedecken, die je nach Lebensweise in der Vegetation mit einem Gewirr v. Fäden nach oben verankert sind od. Spannfäden mit Leim zum Boden hin aufweisen. Es werden entweder Fluginsekten od. am Boden laufende Insekten gefangen. Einige Arten sind auf Ameisen als Nahrung spezialisiert. Zur Überwältigung der Beute „wirft" die Spinne mit Hilfe eines Borstenkamms am 1. Tarsalglied Leimsekret aus speziellen Spinndrüsen über die Beute. So werden auch wehrhafte Gegner vor dem Giftbiß stillgelegt. Typisch sind auch Schlupfwinkel aus Spinnseide in der Nähe des Netzes, welche die Form eines Fingerhuts haben. Dort bewacht das Weibchen auch den Eikokon u. bei vielen Arten die Jungen. Brutpflege bis hin zu Mund-zu-Mund-Fütterung u. Aussaugen der Mutter ist innerhalb der Fam. der K. entwickelt worden. Riefenplatten am Hinterende des Prosomas u. Chitinleisten am Vorderrand des Opisthosomas bilden bei vielen Arten das Stridulationsorgan der Männchen. Für *Steatoda bipunctata* ist die Bedeutung der Stridulation während der Balz nachgewiesen (↗Fettspinne). Zu den K. gehören u. a. die ↗Schwarze Witwe, deren Giftbiß gefürchtet ist, sowie die ↗Diebsspinnen *(Argyrodes).* Einige heimische Gatt. vgl. Spaltentext.

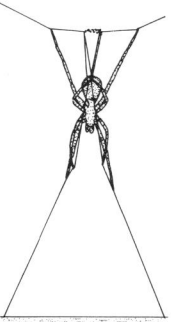

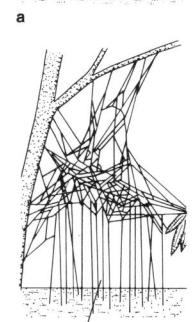

Kugelspringer, *Symphypleona,* U.-Ord. der ↗Springschwänze. Körper durch verwachsene u. blasig aufgetriebene Hinterleibssegmente kugelförmig; die meist unter 1 mm kleinen Tierchen leben auf dem Boden, auf der Vegetation od. Baumrinde, die sie benagen. Die meisten Arten mit gutem Sprungvermögen. Hierher v. a. die Fam. *Sminthuridae, Dicyrtomidae* (Spinnenspringer) u. *Neelidae* (Zwergspinner). Auf Luzernefeldern wurde K. gelegentlich der Luzernefloh *(Sminthurus viridis)* schädlich. *Allacma fusca,* braun glänzend, häufig auf veralgten Baumstubben. *Sminthurides aquaticus* (Wasser-K.), lebt auf der Wasseroberfläche stehender Gewässer, wo er Wasserlinsen benagt. Die Männchen haben eine Klammerantenne, mit der sie sich vor der Spermatophorenablage z. T. tagelang vom Weibchen umhertragen lassen, indem sie sich an deren Antennen festklammern. Die Spinnenspringer umfassen z. T. bunt gezeichnete kleine K. mit langen Fühlern u. Beinen, z. B. *Dicyrtomina minuta.* Die Zwergspringer

Kugelschnecken
a schwimmendes Tier, b Gehäuse

Kugelspinnen
a Weibchen der Gatt. *Episinus* in Lauerstellung; b Bodennetz einer Kugelspinne

---

Kugelspinnen

Einige Gattungen mit heimischen Vertretern:

Dipoena: nur wenige mm groß, Gebüschbewohner, spezialisierte Ameisenfresser.

Enoplognatha: Bewohner offener Stellen, Netz meist in Bodenvertiefungen.

Episinus: Vegetationsbewohner, charakterist. längl. dreieckiges Opisthosoma; Netz besteht aus einem Querfaden, an dem die Spinne hängt, und 2 nach unten verlaufenden, mit Leimtropfen versehenen Fangfäden, welche die Spinne mit den Vorderbeinen spannt.

Euryopis: weben keine Netze, laufen schnell u. geschickt.

Robertus: kleine Bewohner der obersten Bodenschicht, unter Falllaub u. Rinde.

Teutana: kleine Spinnen mit deutlich braun/schwarz/weiß gemustertem Hinterleib, die häufig in Gebäuden leben.

Theridion: Vegetationsbewohner, mit vielen Arten in Mitteleuropa vertreten; hierher auch die ↗Gewächshausspinne.

Bei K vermißte Stichwörter suche man auch unter C und Z.

Kugelwanzen
sind sekundär in tiefere Bodenschichten eingedrungene blinde, etwa 0,5 mm große K., die ihr Sprungvermögen abgebaut haben.

Kugelwanzen, *Plataspidae,* Fam. der Wanzen mit weltweit ca. 400 Arten, in Mitteleuropa nur 1 Art: *Coptosoma scutellatum,* ca. 4 mm groß, mit blau bis grün schimmerndem Körper, saugt Pflanzensäfte hpts. an Schmetterlingsblütlern.

Kuh, das erwachsene weibl. Tier bei Rindern (nach dem 1. Kalben; ↗ Färse), Elefanten, Giraffen, Hirschen u. a.

Kuhantilopen, *Alcelaphinae,* etwa rothirschgroße afr. Antilopen mit Hörnern bei beiden Geschlechtern; U.-Fam. der Hornträger mit 2 Gatt.-Gruppen, den ↗ Gnus *(Connochaetini)* u. den Eigentl. K. *(Alcelaphini)* mit den ↗ Leierantilopen (Gatt. *Damaliscus*) u. den K. i. e. S. (Gatt. *Alcelaphus*); letztere werden z. T. als mehrere Arten (nach Haltenorth als 15 U.-Arten) von *A. buselaphus* (Kuhantilope od. Hartebeest; Kopfrumpflänge 175–245 cm, Körperhöhe 110–150 cm; einfarbig gelbl. braun bis rotbraun) aufgefaßt (B Afrika II). Allen Formen gemeinsam ist der große, schmale u. lange Kopf, der stark abfallende Rücken sowie der Paßgang. K. leben in Trupps von 5 bis 30 Tieren in offenen Steppen u. lichten Buschlandschaften; ihre Hauptnahrung sind Gräser. Das Verbreitungsgebiet der K. erstreckt sich über fast ganz Afrika südl. der Sahara. Die Nordafr. Kuhantilope *(A. b. buselaphus)* wurde vor mindestens 50 Jahren ausgerottet.

Kuhauge, das ↗ Ochsenauge.

Kuhblume ↗ Löwenzahn.

Kuhbohne, *Vigna sinensis* ssp. *sinensis,* ↗ Hülsenfrüchtler.

Kühlzentrum, wichtigstes Zentrum für die ↗ Temperaturregulation bei Säugetieren; umfaßt die Region des Nucleus supraopticus und N. paraventricularis (vordere Hypothalamus-Region im Zwischenhirn). T Hypothalamus.

Kuhmaul, *Gomphidius glutinosus,* ↗ Gelbfüße.

Kühn, Alfred, dt. Zoologe, * 22. 4. 1885 Baden-Baden, † 22. 11. 1968 Tübingen; seit 1914 Prof. in Freiburg i. Br., 1918 Berlin, 1920 Göttingen, seit 1937 Dir. am Kaiser-Wilhelm-Inst. für Biol. in Berlin-Dahlem, 1951–58 Dir. des Max-Planck-Inst. in Tübingen. Arbeiten zur Genetik u. Entwicklungsphysiologie, insbes. bei Insekten. Schrieb mit dem bis zu seinem Tode in 17 Aufl. erschienenen „Grundriß der allg. Zoologie" (Leipzig, 1922) ein „klassisches" Werk für das biol. Grundstudium an der Univ.

Kuhn, Richard Johann, dt.-östr. Biochemiker, * 3. 12. 1900 Wien, † 31. 7. 1967 Heidelberg; Prof. in Zürich u. Heidelberg; grundlegende Arbeiten über die Chemie der Carotinoide, Enzyme u. Vitamine (Vitamine B_2, B_6 u. Pantothensäure); erhielt 1938 den Nobelpreis für Chemie.

Kühne, Wilhelm Friedrich, dt. Physiologe, * 28. 3. 1837 Hamburg, † 10. 6. 1900 Heidelberg; Schüler von E. Du Bois-Reymond, E. Hoppe-Seyler, E. Brücke und C. Ludwig; seit 1869 Prof. in Amsterdam, 1871 Heidelberg; Arbeiten zur Muskel- u. Verdauungsphysiologie; isolierte (1876) das Trypsin aus Pankreassaft, entdeckte die motorische Endplatte des Muskels.

Kuhpilz, *Suillus bovinus,* ↗ Schmierröhrlinge.

Kuhpocken, *Rinderpocken,* durch das Kuhpockenvirus (↗ Pockenviren) hervorgerufener, milde verlaufender Hautausschlag bei Rindern, bes. stark an Euter u. Hodensack; kann auch auf den Menschen übertragen werden; häufigste Ansteckung der Rinder durch gg. Pocken geimpfte Menschen. ↗ Pocken.

Kuhpockenvirus ↗ Pockenviren.

Kuhrochen, *Rhinoptera,* Gatt. der ↗ Adlerrochen.

Kuhschelle, die ↗ Küchenschelle.

Küken, *Kücken,* Junges beim Geflügel (außer Tauben) bis etwa zur 10. Woche.

Kükenthal, Willy, dt. Zoologe, * 4. 8. 1861 Weißenfels a. d. Saale, † 20. 8. 1922 Berlin; Schüler v. E. Haeckel; nach Studienaufenthalt an der Zool. Station Neapel u. Expedition nach Spitzbergen 1893–94 Forschungsreisen in den Malaiischen Archipel; seit 1890 Prof. in Jena, 1898 in Breslau und Dir. des Zool. Inst. und Museums, 1918 Berlin; arbeitete bes. über Wale u. Coelenteraten. Schuf den „klassischen", später von E. Matthes fortgeführten „Leitfaden für das Zool. Praktikum" (1898), begr. das „Handbuch der Zoologie".

Kulan *m* [kirgis.], *Equus hemionus kulan,* ↗ Halbesel.

Kulm *m* [ben. nach den Culm-Districts in Devonshire/Engl.], eine unterkarbon. (Schiefer-)Fazies der variszischen Geosynklinalen mit allochthonen, klastischen Gesteinen (kieselig-tonige Grauwacken) mit nekton. u. plankton. Fauna, meist Radiolarien, Cephalopoden, Muscheln u. Conodonten.

Kultur, 1) in der Biol. und Medizin planmäßige künstl. Anzucht v. Mikroorganismen (z. B. Bakterien-K.en) u. Viren sowie von pflanzl., tier. und menschl. Zellen, Geweben od. Organismen, deren Wachstum u. Vermehrung unter kontrollierten Bedingungen (z. B. Nahrungsmilieu, Licht, Temp., Feuchtigkeit, Druck, CO_2-Gehalt) beobachtet werden. Die K. dient diagnostischen (Bakterien-K.), industriellen (z. B.

R. J. Kuhn

Kuhantilopen
Einige U.-Arten der Kuhantilopen i. e. S. *(Alcelaphus buselaphus)*:
Kaama
(A. b. caama)
Kongoni
(A. b. cokii)
Lelwel-Hartebeest
(A. b. lelwel)
Lichtensteins Hartebeest
(A. b. lichtensteini)
Tora
(A. b. tora)
Westafrikanische Kuhantilope
(A. b. major)

kultur- [v. lat. cultura = Bearbeitung, Pflege, Anbau, Veredlung].

Kulturhefen, Antibiotika) u. Forschungszwecken. Kulturmethoden vgl. Tabelle. **2)** in der Land- und Forstwirtschaft Bez. für einen durch Saat oder Pflanzung entstandenen Bestand an ↗Kulturpflanzen. **3)** In der Sozial- und Kulturanthropologie (Völkerkunde) wird K. als auf den Menschen beschränktes und für ihn typ. Phänomen definiert. In diesem Sinne versteht man unter K. alle erworbenen u. traditionellen Verhaltensweisen eines Volkes od. die Summe u. Festlegung aller Denk-, Gefühls- u. Aktionsnormen, bes. auch der Wertvorstellungen u. Zielsetzungen (Moral u. Ethik), die den Rahmen für das gegenseit. Verstehen innerhalb einer Gesellschaft bilden. In die Aktionsnormen eingeschlossen sind die Produkte der „materiellen K.", wie Kleidung, Behausung, Werkzeuge, Waffen, Gebrauchsgegenstände, in den Bereich der Denk- u. Gefühlsnormen gehören u. a. Kunst, Wiss. und Religiosität. K. als auf den Menschen beschränkte Eigenschaft wird als abhängig betrachtet v. der Fähigkeit zum abstrakten, symbolischen ↗Denken u. von der Entwicklung einer Symbol-↗Sprache (u. später Schrift), durch die K. übermittelt wird. In dieser Sicht stellt K. im Ggs. zur ↗Natur die selbstgeschaffene („künstliche") Welt des Menschen dar, sei es als seine „Geisteswelt", sei es als seine materielle Welt, die er durch Manipulation der Natur geschaffen hat. – Die Humanbiol., die nach den Voraussetzungen für die ↗kulturelle Evolution des Menschen u. nach der „Funktion" (dem ↗Adaptationswert) von K. fragt, bevorzugt eine allgemeinere Definition von K., die es ermöglicht, ihre Anfänge schon im Bereich des Tierreichs mit einzubeziehen. Sie basiert dabei auf einer Definition, die einer der Väter der K.anthropologie, E. B. Tylor, gegeben hat. Tylor versteht unter K. all die Fähigkeiten u. Gewohnheiten, die v. Menschen als Mitgl. einer Gesellschaft erworben werden. Darauf aufbauend, definiert der Biologe Th. ↗Dobzhansky (1983) K. als die Gesamtheit an Information u. Verhaltensmuster, die v. Individuum zu Individuum (also horizontal innerhalb einer Generation) u. von Generation zu Generation (also vertikal) durch Instruktion (Lehren, ↗Information und Instruktion) u. ↗Lernen bzw. (und) durch Vorbildung und Nachahmung weitergegeben, tradiert wird. In diesem weiteren Sinn ist K. demnach sozial bestimmtes erlerntes Verhalten. K. ist daher an ein ausgeprägtes Lernvermögen u. an enge Sozialkontakte gebunden u. daher nur bei solchen Organismen zu erwarten, die in einem hochentwickelten ↗Gehirn (↗Cerebralisation) über die nötige Speicherkapazität verfügen, also bei höher entwickelten Wirbeltieren

Bei K vermißte Stichwörter suche man auch unter C und Z.

Kultur
Kulturen von Mikroorganismen (Verfahren und Methoden, Auswahl):
Rein-K. (Einspor- oder ↗Einzell-K.en)
Misch-K.
Nährböden-(Agar-)K. (Plattenverfahren, ↗Kochsches Plattengußverfahren)
Flüssigkeits-K. (Decken- oder Submers-K.)
Stich-K.
↗Hängetropfen-K.
statische K.
↗kontinuierliche K.
↗Anreicherungs-K.
↗Selektiv-K.

Kultur
Traditionenbildung kennt man z. B. in der Ausbildung lokaler ↗Dialekte des ↗Gesangs bei solchen Singvogelarten, bei denen dieser vom Jungvogel gelernt wird; ferner in der Ausbildung durch Tradition bestimmter Brutplätze od. Überwinterungsquartiere. Verbreitet ist Traditionenbildung bei Affen. Ein bekanntes Beispiel ist die „Erfindung" eines Rotgesichtsmakaken, ihm in freier Wildbahn angebotene Kartoffeln im Meer zu waschen, was in seiner Population durch Nachahmung rasch zur Tradition wurde. Auch der Einsatz v. Werkzeugen (Stöckchen) zum „Herausfischen" v. Termiten aus ihren Bauten bei Schimpansen ist eine erlernte Verhaltensweise, die in bestimmten Populationen tradiert worden ist (↗Lernen). Die sonst im Tierreich beobachteten Fälle v. ↗Werkzeuggebrauch (B Einsicht) sind in den meisten Fällen angeboren, beruhen also auf genet. Information, u. gehören daher nicht hierher, da K. auf Informationsgewinn durch Lernen beruht. Freilich gibt es angeborene Grundlagen für „K.fähigkeit", so ererbte Lernkapazitäten u. Lerndispositionen.

kulturelle Evolution

(manchen Vögeln, unter den Säugetieren v. a. Affen) u. beim Menschen. Letzterer mußte auf der K.stufe der Naturvölker, also vor der Entwicklung eines zusätzl. Informationsspeichers in Form v. Geschriebenem, das gesamte bislang angesammelte K.gut in jeder Generation neu lernen u. im ↗Gedächtnis behalten. Die starke Entwicklung des menschl. Gehirns lieferte dafür die nötige Speicherkapazität, die lange Jugendphase im engen Sozialkontakt (↗Jugendentwicklung: Tier-Mensch-Vergleich) sowie die Möglichkeit, ein relativ hohes Lebensalter zu erreichen (über das Erlöschen der sexuellen Fortpflanzungsfähigkeit hinaus), schufen reichlich Zeit u. Gelegenheit, Information v. Gruppenmitgliedern zu erwerben und (oder) an sie weiterzugeben. – Im Tierreich ist K. im weiteren Sinne nach dieser Definition auf soziallebende Arten beschränkt, die durch ↗Nachahmung von einem erfahrenen Vorbild lernen können (Modellernen, ↗Lernen) u. bei denen sich die Generationen überlappen, so daß Traditionen entstehen können (vgl. Spaltentext). Viele ↗Anpassungen des Menschen an bestimmte Umweltbedingungen od. Funktionen sind durch kulturelle Evolution erfolgt. Inwieweit auch ethische u. moralische Aspekte der K. des Menschen, z. B. ↗Altruismus, ihre Wurzeln im Tierreich u. eine genet. Komponente haben, untersucht die ↗Soziobiologie (↗Bioethik). ↗K.envergleich.

Lit.: *Campbell, B. G.*: Entwicklung zum Menschen. Stuttgart 1972. *Dobzhansky, Th., Boesinger, H.*: Human Culture – A Moment in Evolution. Columbia. Univ. Press New York 1983. *Osche, G.*: Die Sonderstellung des Menschen in biol. Sicht; in: *Siewing, R.*: Evolution. Stuttgart 1985. G. O.

Kulturanthropologie *w* [v. gr. anthrōpos = Mensch, logos = Kunde], beschäftigt sich mit den verschiedenen vom Menschen selbst geschaffenen Umwelten, den zugehörigen typ. menschl. Verhaltensweisen u. den biol. Grundlagen dafür. ↗Anthropologie.

Kulturbiozönöse *w* [v. gr. bios = Leben, koinos = gemeinschaftlich], Lebensgemeinschaft in einem *Kulturbiotop*, d. h. Landschaftsteil, der dem Einfuß des Menschen ständig ausgesetzt ist, z. B. Siedlungsgebiet, Feld, Wiese, Weide, Garten, bewirtschafteter Wald, Fischteich. Kulturbiotope bieten oft einseit. Lebensbedingungen. ↗Monokultur, ↗biozönotische Grundprinzipien.

Kulturböden, *Kultosole,* anthropogene Böden, ↗Bodentypen (T).

kulturelle Evolution *w* [v. lat. evolvere (Part. Perf. evolutus) = entwickeln]; im Ggs. zur biol.-genet. ↗Evolution der Organismen beruht die k. E. des Menschen auf seiner Fähigkeit, nicht angeborenes, son-

KULTURPFLANZEN I–II

Weizenanbaugebiete
Reisanbaugebiete

Stärkeliefernde Pflanzen

Weizen (*Triticum aestivum*)
Roggen (*Secale cereale*)
Gerste (*Hordeum vulgare*)
Hafer (*Avena sativa*)

Mais (*Zea mays*)
Maniok, Cassava (*Manihot esculenta*)
Batate, Süßkartoffel (*Ipomoea batatas*)
Taro (*Colocasia esculenta*)

Yams, Yamswurzel (*Dioscorea batatas*)
Kartoffelpflanze (*Solanum tuberosum*)
Brotfruchtbaum (*Artocarpus communis*)
Sagopalme (*Metroxylon sagu*)

1 Rispenhirse, Millet (*Panicum miliaceum*)
2 Mohrenhirse, Durrha-Hirse (*Sorghum bicolor*)
3 Reis (*Oryza sativa*)

Buchweizen (*Fagopyrum esculentum*)

Reismelde (*Chenopodium quinoa*) (Andenhochland)

© FOCUS

Zuckerrübenanbaugebiete
Zuckerrohranbaugebiete

Zuckerpalme
(Arenga pinnata, A. saccharifera)

Zuckerahorn
(Acer saccharum)

Zuckerrohr
(Saccharum officinarum)

Zuckerrübe
(Beta vulgaris ssp. vulgaris var. altissima)

Zuckerliefernde Pflanzen

Von den Pflanzen, aus denen man Zucker gewinnt, haben vor allem die Zuckerrübe und das Zuckerrohr wirtschaftliche Bedeutung.

Futterpflanzen

Viele Pflanzen, die dem Menschen unmittelbar als Nahrung dienen, sind daneben auch Futterpflanzen. Andererseits gibt es auch ganz spezielle Futterpflanzen; einige von ihnen werden unten gezeigt.

Weißklee
(Trifolium repens)

Wiesenklee, Rotklee
(Trifolium pratense)

Schwedenklee, Bastardklee
(Trifolium hybridum)

1 Futterrübe, Runkelrübe
(Beta vulgaris ssp. vulgaris var. crassa)
2 Weiße Rübe, Stoppelrübe, Wasserrübe
(Brassica rapa var. rapa)
3 Kohlrübe, Steckrübe
(Brassica napus var. napobrassica)

Wiesenlieschgras
(Phleum pratense)

Lolch, Weidelgras, Raygras
(Lolium spec.)

Saatplatterbse
(Lathyrus sativus)

Saatwicke, Futterwicke
(Vicia sativa)

Hülse

Luzerne
(Medicago sativa)

© FOCUS

KULTURPFLANZEN III

Fett liefernde Pflanzen (Ölpflanzen)

Die aus den Samen oder Früchten dieser Pflanzen gewonnenen Pflanzenfette und fetten Öle spielen eine große Rolle für die menschliche und tierische Ernährung und dienen auch medizinischen und technischen Zwecken.

Kokospalme
(*Cocos nucifera*)

Ölpalme
(*Elaeis guineensis*)

1 Erdnuß
(*Arachis hypogaea*)
2 Raps
(*Brassica napus* var. *napus*)

Ölbaum
(*Olea europaea* ssp. *europaea*)

Mandelbaum
(*Prunus dulcis, Amygdalus communis*)

Paranuß
(*Bertholletia excelsa*)

Pekannuß
(*Carya illinoensis*)

Walnuß
(*Juglans regia*)

Sojabohne
(*Glycine max*)

Sesam
(*Sesamum indicum*)

Sonnenblume
(*Helianthus annuus*)

Baumwolle (*Gossypium spec.*)

Sheabutterbaum
(*Butyrospermum parkii*)

© FOCUS

Gemüse und Salate (z. T. Gewürze) liefernde Pflanzen

KULTURPFLANZEN IV

Mohrrübe, Karotte (*Daucus carota* ssp. *sativus*)

Pastinak (*Pastinaca sativa*)

Schwarzwurzel (*Scorzonera hispanica*)

Topinambur (*Helianthus tuberosus*)

Knollen-Sellerie (*Apium graveolens* var. *rapaceum*)

Radieschen (*Raphanus sativus* var. *sativus*)

Rettich (*Raphanus sativus* var. *niger*)

Spargel (*Asparagus officinalis*)

Küchenzwiebel (*Allium cepa*) — rotschalig, weißschalig

Schalotte (*Allium ascalonicum*)

Knoblauch (*Allium sativum*)

Schnittlauch (*Allium schoenoprasum*)

Porree, Küchenlauch (*Allium porrum*)

Mangold (*Beta vulgaris* ssp. *vulgaris* var. *vulgaris*)

Rote Bete, Rote Rübe (*Beta vulgaris* ssp. *vulgaris* var. *conditiva*)

© FOCUS

KULTURPFLANZEN V

Grünkohl
(*Brassica oleracea* var. *sabellica*)

Rosenkohl
(*Brassica oleracea* var. *gemmifera*)

Kopfsalat
(*Lactuca sativa* var. *capitata*)

Chicorée, Salatzichorie
(*Cichorium intybus* var. *foliosum*)

Blumenkohl
(*Brassica oleracea* var. *botrytis*)

Spinat (*Spinacia oleracea*)

Kohlrabi
(*Brassica oleracea* convar. *acephala* var. *gongylodes*)

Gemüse und Salate liefernde Pflanzen

1 Rotkraut, Rotkohl
(*Brassica oleracea* var. *capitata* f. *rubra*)
2 Weißkohl
(*Brassica oleracea* var. *capitata* f. *alba*)
3 Gartenerbse
(*Pisum sativum* ssp. *sativum*)
4 Gartenbohne
(*Phaseolus vulgaris* var. *vulgaris*)
5 Saubohne, Dicke Bohne
(*Vicia faba*)
6 Linse (*Lens culinaris*)
7 Artischocke (*Cynara scolymus*)
8 Gurke (*Cucumis sativus*)

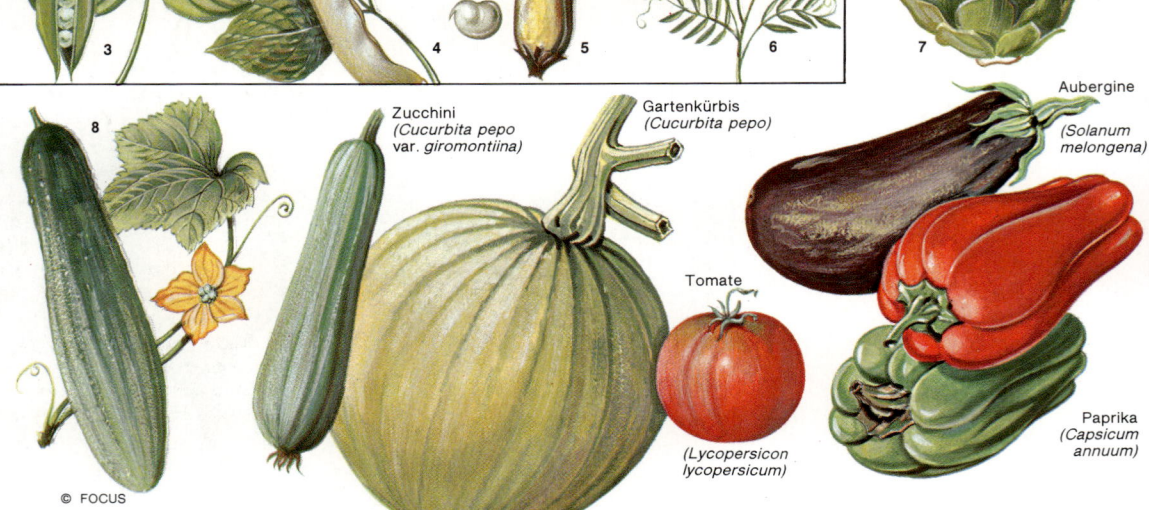

Zucchini
(*Cucurbita pepo* var. *giromontiina*)

Gartenkürbis
(*Cucurbita pepo*)

Aubergine
(*Solanum melongena*)

Tomate
(*Lycopersicon lycopersicum*)

Paprika
(*Capsicum annuum*)

© FOCUS

dern durch Erfahrung bedingtes Verhalten v. einem erfahrenen Artgenossen durch Nachahmung zu übernehmen. Wenn durch Nachahmung Erfahrungen u. Erlerntes über Generationengrenzen hinweg weitergegeben werden, spricht man v. *Traditionenbildung*. Traditionenbildung ist auch v. einigen sozialen Tieren bekannt, so v. Affen u. Vögeln (etwa ↗ Gesangs-Traditionen, ↗ Dialekt-Bildung). Beim Menschen kann man unter ↗ *Kultur* die Gesamtheit der v. Generation zu Generation weitergegebenen, erlernten Verhaltensweisen u. Fähigkeiten verstehen. Zum Informationsfluß durch *Vererbung* v. Genen kommt bei der k.n E. also der Informationsfluß durch *Lernen* hinzu. Während genet. Information jeweils nur v. den Eltern auf ihre Kinder weitergegeben (vererbt) werden kann, ist Informationsfluß durch Lernen zw. allen Mitgliedern einer Population möglich. Auch kann erlernte Information rascher u. durch unmittelbare Erfahrung abgewandelt werden, im Ggs. zur „zufälligen" Mutation der Erbsubstanz (Gene). Auf diesem Unterschied beruht der viel schnellere Verlauf der k.n E. im Vergleich zur biol.-genet. Evolution. Wichtig für die k. E. des Menschen wird eine weitere Steigerung der Informationsweitergabe durch Entwicklung einer erlernten *Symbolsprache* (↗ Sprache) u. später der *Schrift*, die eine Konservierung v. anwachsendem Wissen ermöglicht u. es v. der Speicherkapazität des Gehirns unabhängig macht. Die k. E. des Menschen führt u. a. auch zur Entwicklung einer materiellen Kultur, für die der schon bei einigen Tieren vorkommende ↗ Werkzeuggebrauch u. die auf den Menschen beschränkte Herstellung v. Geräten die Grundlage abgibt. Werkzeuge stellen gewissermaßen „Organe nach Bedarf" dar, die in der k.n E. des Menschen eine der ↗ adaptiven Radiation im Tierreich vergleichbare Differenzierung erfahren, während eine körperl. Spezialisierung vermieden wird. Der Mensch kann dadurch ein wandlungsfähiger „offener Ökotyp" bleiben. Im Ggs. zum Tier paßt er seine biol. Eigenschaften nicht mehr der Umwelt an, sondern adaptiert die Umwelt durch „Manipulation" (z. B. Rodung v. Wäldern, Bekleidung u. Feuer) an seine Bedürfnisse. Seit dem Neolithikum manipuliert er (zunächst unbewußt) selbst die Evolution seiner Haustiere (↗ Haustierwerdung) u. ↗ Kulturpflanzen. Die k. E. hat in geogr. getrennten Populationen zur Ausbildung verschiedener Kulturen geführt, deren unterschiedl. Sitten, Religionen u. nicht zuletzt Sprachen zu einer gewissen Abgrenzung (vergleichbar den ↗ Isolationsmechanismen) führen, ein Vorgang, den Erikson als *Scheinartbil-*

kultur- [v. lat. cultura = Bearbeitung, Pflege, Anbau, Veredlung].

Kulturensammlung
Die Aufbewahrung (Konservierung) erfolgt auf festen Nährböden (z. B. Schrägagarröhrchen) bei Zimmer- od. tieferen Temp., als Sporensuspension, im flüss. Stickstoff eingefroren (Gefrierkonservierung) od. gefriergetrocknet. Typenkulturen für Vergleichszwecke werden in int. K.en aufbewahrt u. können v. dort bezogen werden, z. B. v. der American Type Culture Collection (ATCC), der Dt. Sammlung v. Mikroorganismen (DSM) od. dem Centraalbureau voor Schimmelcultures (CBS) in den Niederlanden.

dung (Pseudospeziation) bezeichnet hat. Trotz starker kultureller Spezialisierung ist der ↗ Mensch ab *Homo sapiens* stets nur eine einzige biol. Art gewesen u. geblieben. Die biol.-genet. Differenzierung beschränkte sich auf die Ausbildung verschiedener Rassen (↗ Menschenrassen, ↗ Rassenbildung). *G. O.*

kulturelle Ritualisierung w [v. lat. ritualis = das religiöse Brauchtum betr.], analoger Vorgang zur stammesgeschichtl. Ritualisierung v. Verhaltenselementen in der menschl. Kultur: urspr. praktischen Zwecken dienende Gegenstände verändern ihre Funktion hin zu Schmuck- od. Zeichenaufgaben u. verändern sich im Lauf der Geschichte dabei bis zur Unkenntlichkeit.

Kulturensammlung, *Stamm-K., Stammsammlung,* Sammlung v. Reinkulturen lebender Mikroorganismen für wiss. und ind. Zwecke (vgl. Spaltentext).

Kulturenvergleich, Methode der ↗ Humanethologie, die dem Gedanken beruht, daß sich angeborene Verhaltenselemente erkennen lassen, indem man das Verhaltensrepertoire vieler Kulturen vergleicht. Verhaltensweisen, bes. soziale Signale, die überall vorkommen, ohne daß ihre Form durch äußere Notwendigkeiten erzwungen wird, werden als vermutl. erblich bedingt betrachtet. Z. B. konnte der ↗ Augengruß als arttypisches menschl. Verhalten identifiziert werden, außerdem viele Elemente des Verhaltens v. Kleinkindern u. in der Eltern-Kind-Interaktion.

Kulturflüchter, *hemerophobe Arten,* Tierod. Pflanzenarten, die nur außerhalb des engeren menschl. Kulturbereichs gedeihen können u. deshalb bei zunehmender Kultivierung allmähl. verschwinden. Ggs.: ↗ Kulturfolger; ↗ hemerophil.

Kulturfolger, *Kulturbegleiter, synanthrope Arten,* Tier- od. Pflanzenarten, die v. a. im menschl. Kulturbereich günst. Entwicklungsmöglichkeiten vorfinden u. deshalb im Gefolge des Menschen v. a. als Unkräuter, Ruderalpflanzen od. Pflanzenschädlinge eine weitere Verbreitung gefunden haben (↗ hemerophil). Ggs.: ↗ Kulturflüchter. ↗ Adventivpflanzen.

Kulturhefen, *Reinzuchthefen,* industriell verwendete ↗ Hefen, z. B. ↗ Back-, ↗ Wein-, ↗ Bier- u. Futterhefen (↗ Eiweißhefe), die urspr. von Wildtyp-Hefen abstammen, sich aber vom Wildtyp unterscheiden; diese durch Selektion od. spezielle Zuchtverfahren gewonnenen Rassen u. Stämme besitzen bes. Eigenschaften, die für die Herstellung v. Lebens- u. Genußmitteln wichtig sind, z. B. schnelles, kräft. Wachstum od. Gärvermögen, hohe Alkoholverträglichkeit, Ausscheidung bes. Aromastoffe.

Bei K vermißte Stichwörter suche man auch unter C und Z.

kulturindifferent [v. lat. indifferens = gleichgültig], Bez. für Arten, die durch das Vordringen der menschl. Kultur weder gefördert noch beeinträchtigt werden. Der Begriff ist nur bis zu einer gewissen Intensität des menschl. Eingriffs sinnvoll, weil sich z. B. in den Betonlandschaften der Städte u. in weitgehend unkrautfreien Monokulturen kaum noch indifferente Arten finden.

Kulturlandschaft, Landschaft, die das Gepräge menschl. Siedlungs- u. Bodenkultur trägt. Ggs.: Naturlandschaft. ↗ Europa.

Kulturmedium [lat. medium = Mittel] ↗ Nährmedium.

Kulturpflanzen, durch unbewußte Auslese od. bewußte züchter. Arbeit aus Wildarten hervorgegangene *Nutzpflanzen,* die sich durch genet. und morpholog. Merkmale v. ihren Wildformen unterscheiden u. vom Menschen durch planmäßige ↗ Kultur erhalten werden. Genet. Basis der K.entstehung sind reine Punktmutationen, somat. Mutationen, Chromosomenmutationen (B Mutationen) u. Polyploidisierung, wobei ↗ Autopolyploidie u. ↗ Allopolyploidie eine gleichermaßen wicht. Rolle spielen. Solche Mutationen liefern das Grundmaterial für eine ↗ Selektion (B II), die in erster Linie von menschl. Wertvorstellungen geprägt ist; sie bilden das natürl. oder durch künstl. Hilfsmittel (Steigerung der Mutationsrate, ↗ Kreuzungszüchtung, Behandlung mit Colchicin) erweiterte Ausgangsmaterial einer vom Menschen gelenkten Evolution. Da sich die Wertvorstellungen der ackerbauenden Menschen, abgesehen v. Modeströmungen, im Laufe der Jtt. währenden Gesch. der ↗ Domestikation (↗ Pflanzenzüchtung) v. Wildarten kaum geändert haben, gibt es eine Reihe regelmäßig auftretender Eigenschaften, die man (nach Schwanitz) als typ. K.merkmale bezeichnen kann. Dazu gehören: 1. Die starke Größenzunahme der gesamten Pflanze (↗ Gigaswuchs), insbes. jedoch die Vergrößerung der genutzten Organe. 2. Die Abnahme der Anzahl reproduktiver Organe bei gleichzeitig überproportionaler Zunahme ihrer Größe u. ihres Gewichts. Diese Entwicklung kann bis zur völligen Samenlosigkeit v. Früchten (Banane, Citrus-Arten) od. Füllung (Verlaubung) v. Blüten u. damit zu einem vollständ. Verlust der Reproduktionsfähigkeit führen. Solche Pflanzen müssen vegetativ vermehrt werden. 3. Der Verlust v. Bitter- u. Giftstoffen. Diese Stoffe haben bei der Wildpflanze i. d. R. Fraßschutz-Funktion; ihr Verschwinden bei der Wildpflanze muß deshalb mit einem höheren Schutz- u. Pflegeaufwand erkauft werden. 4. Zeitl. Synchronisation: Verschwinden des Keimverzugs, höhere, aber gleichart. Entwicklungsgeschwindigkeit, gleichzeit. Fruchtreife. Diese Eigenschaften ermöglichen einen planmäßigen Anbau u. eine rationale Ernte. 5. Formenmannigfaltigkeit. Sie entspringt dem menschl. Bedürfnis nach Vielfalt u. Abwechslung. (Neben zahllosen Obstsorten gibt es etwa 3000 Tulpen- u. 5000 Rosensorten; in einer einzigen ↗ Genbank für Reis liegen 12000 Sorten.) Wichtigste K. sind mit großem Abstand die *Nahrungspflanzen,* einschl. der *Gewürz-* u. *Genußmittelpflanzen.* Daneben haben jedoch auch *Zierpflanzen, Industrie-* u. *Futterpflanzen* eine wirtschaftl. kaum zu überschätzende Bedeutung. (Herkunft, Anbau u. Verwendung vgl. bei den einzelnen Arten bzw. Gatt.) Während bei den wichtigsten Nahrungspflanzen der Menschheit (Reis, Weizen, Mais) die Züchtung bereits bis zu kaum noch überbietbaren Hochertragssorten (HY-Sorten, high yield varieties; ↗ Weizen) vorangetrieben ist, deren erstaunl. und qualitativ hochwertige Erträge allerdings mit einem hohen Aufwand u. Düngung erkauft werden müssen, bleiben bes. bei den traditionellen trop. Nahrungspflanzen, v. a. bei den mehrjähr. Arten, noch große Aufgaben für die moderne Züchtungsforschung. Vordringl. ist dabei v. a. die Steigerung des Gehalts an essentiellen ↗ Aminosäuren (↗ essentielle Nahrungsbestandteile), denn hier bestehen die größten Lücken bei der Nahrungsversorgung (↗ Ernährung). Zu gedämpften Hoffnungen berechtigen v. a. die Bemühungen um Übernahme bakterieller ↗ nif-Gene (u. damit die Fähigkeit zur Stickstofffixierung, ↗ Knöllchenbakterien) in den Genbestand v. wichtigen Kulturpflanzen. B 152–156, 160–166.

Lit.: Brücher, H.: Tropische Nutzpflanzen. Berlin, Heidelberg, New York 1977. *Esdorn, I., Pirson, H.:* Die Nutzpflanzen der Tropen und Subtropen in der Weltwirtschaft. Stuttgart ²1973. *Franke, W.:* Nutzpflanzenkunde. Stuttgart ²1981. *Rehm, S., Espig, G.:* Die Kulturpflanzen der Tropen und Subtropen. Stuttgart ²1984. *Schütt, P.:* Weltwirtschaftspflanzen. Berlin u. Hamburg 1972. *Schwanitz, F.:* Die Entstehung der Kulturpflanzen. Berlin 1957.
A. B.

Kulturrassen, *Zuchtrassen,* die unter dem Einfluß des Menschen durch künstl. Auslese entstandenen hochleistungsfähigen Haustier- u. Pflanzenrassen (↗ Haustiere, ↗ Haustierwerdung, ↗ Kulturpflanzen), die in landw. hochentwickelten Ländern die Grundlage der landw. Produktion bilden. K. sind meist anspruchsvoller u. weniger widerstandsfähig als ↗ Landrassen. ↗ Cultivar, ↗ Rasse.

Kulturröhrchen, röhrenförm. Glasgefäß zur Kultur v. Mikroorganismen; ähnelt einem Reagenzglas, hat aber einen glatten Rand u. stärkeres Glas. K. werden mit Wat-

kultur- [v. lat. cultura = Bearbeitung, Pflege, Anbau, Veredlung].

Kulturpflanzen
Die ältesten K. (Einkorn, Mais, Gerste, Reis) sind zweifellos aus Sammelpflanzen hervorgegangen, wenn auch in vielen Fällen die Ausgangsarten heute nicht mehr eindeutig auszumachen sind. Dieser Prozeß der K.entstehung ist bis in die jüngste Geschichte der K. zu verfolgen *(primäre K.).* Daneben gibt es eine Reihe v. Pflanzen, die erst nach einer längeren „Karriere" als Unkraut- od. Ruderalart den Übergang zur Kulturpflanze vollzogen haben *(sekundäre K.);* bekanntestes Beispiel dafür ist der Roggen, dessen urspr. Rolle als Unkraut in Weizenfeldern in manchen Gegenden noch heute zu erkennen ist.

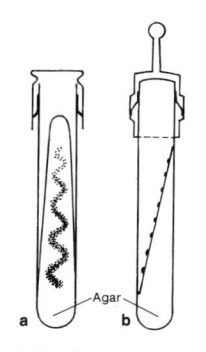

Kulturröhrchen
K. mit Schrägagarkultur, **a** verschlossen mit einfacher Metallkappe (Bakterienkolonie in Aufsicht), **b** verschlossen mit Kapsenberg-Verschluß (Bakterienkolonie in Seitenansicht)

Bei K vermißte Stichwörter suche man auch unter C und Z.

testopfen, Zellstoffstopfen od. Metallverschlüssen (z. B. Kapsenberg-Verschluß, Aluminiumhülsen) verschlossen.

Kultursteppe, Schlagwort für die einförm., intensiv bewirtschaftete u. von Maschineneinsatz geprägte Zwecklandschaft; häufig auch für Sozialbrache u. aufgegebene Flächen verwendet. Gemeinsames Merkmal mit den eigtl. ↗ Steppen ist ledigl. das Fehlen v. Bäumen.

Kulturvarietät w [v. lat. varietas = Mannigfaltigkeit], ↗ Sorte.

Kümmel m [v. lat. cuminum (gr. kyminon) = Kümmel], *Carum*, Gatt. der Doldenblütler mit 25 Arten (Eurasien, in N-Amerika eingebürgert). Der Gewürz-K. *(C. carvi)* ist ein 2jähr. Kraut mit doppelfiederteiligen Blättern; weiße od. rötl. Blüten in Dolden; die Früchte – sie enthalten u. a. das äther. Öl *Carvon* – dienen als Gewürz; das aus ihnen extrahierte *K.öl* findet in der Branntwein- u. Likörherstellung Verwendung. Der K. wächst wild auf nährstoffreichen Wiesen u. an Wegrainen, v. a. in den Mittelgebirgen. [B] Kulturpflanzen VIII.

Kümmerwuchs, die ↗ Hyposomie.

Kumpan m [v. altfrz. compaing = Gefährte, Genosse], von K. Lorenz mit seiner klass. Publikation „Der Kumpan in der Umwelt des Vogels – der Artgenosse als auslösendes Moment sozialer Verhaltensweisen" (1935) in die Ethologie eingeführter, auf J. von Uexküll zurückgehender, heute unübl. Begriff. Mit K. bezeichnet Lorenz einen Sozialpartner, auf den das Tier (da ihm die dazu nötige ↗ Einsicht fehlt) nicht als auf eine einheitl. Entität reagiert, sondern der in verschiedenen ↗ Funktionskreisen jeweils spezif. Reaktionen bewirkt.

Kumulation w [Ztw. *kumulieren*; v. spätlat. cumulatio = Vermehrung, Anhäufung], allg.: Anreicherung. a) K. von Stoffen in Organismen, ↗ Akkumulierung (↗ Abbau). b) Strahlenbiol.: Summationseffekt bei mehrmal. Einwirkung v. ionisierender Strahlung auf den Organismus. c) Umweltbiol.: das Zusammenwirken bzw. die Überlagerung v. ↗ Immissionen in industriellen Ballungsgebieten.

Kumys m [aus einer Turksprache], *Kumyß, Kimiz,* homogenes, leicht-schäumendes, alkohol. Sauermilchgetränk mit leichtem Hefegeschmack, beheimatet in den Steppen Zentralasiens; urspr. aus Stutenmilch hergestellt. Auch heute noch, v. a. in der UdSSR, aus Stutenmilch u. ihr angeglichene magere Kuhmilch (Zusatz v. Molkeproteinen) durch gleichzeitige Milchsäure- und alkohol. Gärung produziert (vgl. Tab.). K. enthält 0,7–1,8% Milchsäure, 0,5–2,5% Äthanol und CO_2. Wegen der guten Bekömmlichkeit, leichten Verdaulichkeit u. des hohen Vitamingehalts bes. für Diätku-

Kumpan
Mit der Arbeit „Der Kumpan in der Umwelt des Vogels" (1935) begründet K. Lorenz die Analyse sozialer Beziehungen unter Tieren mit modernen Methoden. Er schreibt: „Für die meisten Vögel können wir getrost annehmen, daß der Artgenosse in jedem Funktionskreise im Sinne Uexkülls ... in der Umwelt des Subjekts ein anderes Umweltding darstellt. Die eigenartige Rolle, die so der Artgenosse in der Umwelt der Vögel spielt, hat J. von Uexküll treffend als die des ‚Kumpanes' bezeichnet."

Kumys
Herstellung:
1. Pasteurisieren der Milch u. Abkühlen auf 26–28 °C
2. Zugabe der Hefe- u. Milchsäurekulturen (ca. 30%)
3. Rühren zur Luftsättigung (für Hefewachstum)
4. Bebrüten bis zu einem pH-Wert von 4,7–4,5 (ca. 6 h)
5. Rühren zur Luftsättigung
6. Abfüllen in Kronkorkenflaschen
7. Lagerung 2 h bei 20 °C
8. Kühllagerung bei 4 °C

Kulturen:
Mischkulturen v. Hefen:
z. B. Arten aus den Gatt. *Torula, Kluyveromyces, Candida* u. *Brettanomyces*
Milchsäurebakterien: *Lactobacillus* (z. B. *L. bulgaricus, L. acidophilus*)
Streptococcus (z. B. *S. lactis, S. thermophilus*)
Hefen u. Milchsäurebakterien werden getrennt kultiviert u. im Verhältnis 1 : 1 der Milch zugesetzt

ren bei Magen-Darm-Erkrankungen empfohlen.

Kundebohnenmosaik-Virusgruppe, *Comovirusgruppe* (Como von engl. <u>co</u>wpea <u>mo</u>saic), Pflanzenviren mit zweiteil. RNA-Genom (relative Molekülmasse $2,4 \cdot 10^6$ und $1,4 \cdot 10^6$). Für eine Infektion sind beide RNAs erforderl.; sie besitzen eine ca. 120 Nucleotide lange poly(A)-Sequenz am 3'-Ende u. ein kovalent gebundenes Polypeptid am 5'-Ende. RNA-2 enthält die Information für die zwei Hüllproteine, RNA-1 wahrscheinl. für eine Polymerase. Viruspartikel (isometrisch, ⌀ ca. 28 nm) treten in 3 Komponenten auf mit einem RNA-Gehalt von 0, 25 und 37%. Krankheitssymptome sind Mosaik u. Scheckungen; die Wirtskreise sind zieml. eng; einige Viren werden durch Käfer (bes. Blattkäfer) übertragen.

Kuneiforme s [v. lat. cuneus = Keil, forma = Gestalt], *Cuneiforme, Os cuneiforme,* das ↗ Keilbein 2).

Kunstdünger, industriell hergestellte Mineral-↗ Dünger.

künstliche Besamung, ugs. Bez. *künstliche Befruchtung,* 1) künstl. Übertragung v. Sperma anstelle einer natürl. ↗ Begattung; weit verbreitet in der Nutzviehzucht, da k. B. keinen phys. Kontakt zw. den Elterntieren erfordert u. die Erhöhung der Nachkommenschaft ausgewählter Vatertiere ermöglicht. Beim Rind z. B. wird in Besamungsstationen das ↗ Ejakulat des Zuchtbullen in einer künstl. Scheide aufgefangen. Der Samen läßt sich bei niedriger Temp. 10–14 Tage ohne Verlust der Funktionsfähigkeit aufbewahren u. reicht für 10–15 ↗ Besamungen (durch Einspritzen in die Geschlechtswege brünstiger Kühe) aus. 2) Besamung *in vitro* („im Glase"), wird seit langem in der Fischzucht angewandt, wo man die Spermien u. Eier durch Abstreifen (vorsicht. Herausdrücken) gewinnt u. anschließend vermischt. Eine solche ↗ extrakorporale Insemination ist heute auch bei Säugern möglich. Beim ↗ embryo transfer in der Nutztierzucht benutzt man jedoch i. d. R. bereits besamte Eier od. Furchungsstadien. 3) Beim Menschen: ↗ Insemination.

künstliches System, *künstliche Klassifikation,* die Gruppierung v. Arten ohne Rücksicht auf ihre verwandtschaftl. (genealogischen) Beziehungen aufgrund weniger auffälliger Merkmale, z. B. nach Wuchsform u. Lebensdauer (Kräuter, Stauden, Sträucher, Bäume), nach Lebensraum u. Fortbewegungsorganen (Land-, Luft- u. Wassertiere) od. nach dem Blut (Tiere ohne Blut, Bluttiere, warmblütig, wechselwarm). Ein bes. konsequent konstruiertes k. S. ist das „Sexualsystem", in dem ↗ Linné das ge-

Bei K vermißte Stichwörter suche man auch unter C und Z.

KULTURPFLANZEN VI

Maulbeerbaum
(Morus spec.)

Feigenbaum
(Ficus carica)

Obst liefernde Pflanzen

1 Dattelpalme *(Phoenix dactylifera)*
2 Banane *(Musa paradisiaca)*
3 Mangobaum *(Mangifera indica)*
4 Sapotillbaum, Breiapfelbaum *(Manilkara zapota)*

Zuckermelone
(Cucumis melo)

Wassermelone
(Citrullus lanatus)

Ananas
(Ananas comosus)

Acajoubaum,
Cashewnuß
*(Anacardium
occidentale)*

5 Apfelsine, Orange *(Citrus sinensis)*
6 Grapefruit *(Citrus paradisi)*
7 Mandarine *(Citrus reticulata)*
8 Saure Zitrone *(Citrus limon)*

Tamarinde
*(Tamarindus
indica)*

© FOCUS

KULTURPFLANZEN VII

Obst liefernde Pflanzen

Süßkirsche (*Prunus avium*)

Pflaume (*Prunus domestica*)

Melone (*Carica papaya*)

Avocadobirne (*Persea americana*)

Pfirsich (*Prunus persica*)

Birne (*Pyrus communis*)

Apfel (*Malus sylvestris*)

Aprikose (*Prunus armeniaca*)

Himbeere (*Rubus idaeus*)

Erdbeere (*Fragaria spec.*)

1 Rote Johannisbeere (*Ribes rubrum*)
2 Weiße Johannisbeere (*Ribes rubrum*); Kulturform

Stachelbeere (*Ribes uva-crispa*)

Schwarze Johannisbeere (*Ribes nigrum*)

Mispel (*Mespilus germanica*)

© FOCUS

KULTURPFLANZEN VIII

Gewürzpflanzen

1 Rosmarin *(Rosmarinus officinalis)*
2 Salbei *(Salvia officinalis)*

Zitronenmelisse *(Melissa officinalis)*

Meerrettich *(Armoracia rusticana)*

Ingwer *(Zingiber officinale)*

Lorbeer *(Laurus nobilis)*

Chinesischer Zimt *(Cinnamomum aromaticum)*

Majoran *(Majorana hortensis, Origanum majorana)*

Pfefferminze *(Mentha piperita)*

Galgant *(Alpinia officinarum)*

Gewöhnlicher Dost *(Origanum vulgare)*

Estragon *(Artemisia dracunculus)*

Gartenkerbel *(Anthriscus cerefolium)*

Süßdolde *(Myrrhis odorata)*

Fenchel *(Foeniculum vulgare)*

Anis *(Pimpinella anisum)*

Weißer Senf *(Sinapis alba)*

Kümmel *(Carum carvi)*

Dill *(Anethum graveolens)*

Petersilie *(Petroselinum crispum)*

© FOCUS

KULTURPFLANZEN IX

Muskatnußbaum (*Myristica fragrans*)

Safran (*Crocus sativus*)

Echte Vanille (*Vanilla planifolia*)

Kapernstrauch (*Capparis spinosa*)

Pfeffer (*Piper nigrum*)

1 Kardamom (*Elettaria cardamomum*)
2 Koriander (*Coriandrum sativum*)

Nelkenpfeffer Pimentbaum (*Pimenta dioica*)

Gewürznelkenbaum (*Syzygium aromaticum* Eugenia caryophyllata)

Genußmittel liefernde Pflanzen

Hopfen (*Humulus lupulus*)

Weinrebe (*Vitis vinifera* ssp. *vinifera*)

Teestrauch (*Camellia sinensis*)

Matebaum (*Ilex paraguariensis*)

Kaffeestrauch (*Coffea arabica*)

Colabaum (*Cola acuminata*)

Betelnußpalme (*Areca catechu*)

Kakaobaum (*Theobroma cacao*)

Tabak (*Nicotiana tabacum*)

Bauerntabak (*Nicotiana rustica*)

Kaffeeanbaugebiete
Tabakanbaugebiete

KULTURPFLANZEN X

Arzneimittelpflanzen (Heilpflanzen)

Tollkirsche *(Atropa belladonna)*

Stechapfel *(Datura stramonium)*

Roter Fingerhut *(Digitalis purpurea)*

Hochwirksame Arzneipflanzen

Aus diesen Pflanzen werden Wirkstoffe, vor allem Alkaloide, gewonnen, die man zur Herstellung von Arzneimitteln verwendet. Viele von ihnen haben eine beruhigende, aber auch narkotisierende Wirkung. Die zu den Nachtschattengewächsen gehörenden Arten Tollkirsche, Stechapfel, Bilsenkraut und Tollkraut, aber auch Schlafmohn und Rauwolfia enthalten Inhaltsstoffe dieser Art. Herzwirksame Substanzen (Herzglykoside) sind u.a. in Fingerhut und Strophanthus vorhanden.

Cocastrauch *(Erythroxylon coca)*

Bilsenkraut *(Hyoscyamus niger)*

Mohn, Schlafmohn *(Papaver somniferum)*

Übrige Arzneipflanzen

Die Kenntnisse über die Verwendungsmöglichkeiten von Arzneipflanzen wurden durch die schnellen Fortschritte der organischen Chemie und der Synthetisierungstechnik der pharmazeutischen Industrie in den letzten Jahrzehnten in den Hintergrund gedrängt. Wegen der vielfältigen Nebenwirkungen mancher synthetischer Arzneimittel hat das Interesse an den Heilpflanzen und ihren Inhaltsstoffen wieder stark zugenommen (Phytotherapie).

Wermut *(Artemisia absinthium)*

Chinarindenbaum *(Cinchona pubescens)*

Koloquinte *(Citrullus colocynthis)*

Echter Eibisch, Stockmalve *(Althaea officinalis)*

Bärlapp *(Lycopodium clavatum)*

Süßholz, Lakritzpflanze *(Glycyrrhiza glabra)*

© FOCUS

KULTURPFLANZEN XI

Kalabarbohne (*Physostigma venenosum*)

Jaborandistrauch (*Pilocarpus pennatifolius*)

Seifenbaum (*Sapindus saponaria*)

Rauwolfia (*Rauvolfia serpentina*)

Asphodill (*Asphodelus albus*)

Tollkraut (*Scopolia carniolica*)

Brechnußbaum (*Strychnos nux-vomica*)

Brechwurzel (*Cephaelis ipecacuanha*)

Echte Kamille (*Matricaria chamomilla*)

Senegawurzel (*Polygala senega*)

Sandelholzbaum, Sandelbaum (*Santalum album*)

Faulbaum (*Rhamnus frangula*)

Weißer Germer (*Veratrum album*)

Thymian (*Thymus vulgaris*)

Baldrian (*Valeriana officinalis*)

Rizinus (*Ricinus communis*)

© FOCUS

KULTURPFLANZEN XII

Baumwollpflanze (*Gossypium spec.*)

Baumwollanbaugebiete

Parakautschukbaum (*Hevea brasiliensis*)

Guttaperchabaum (*Palaquium gutta*)

Fasern, Kautschuk und verwandte Stoffe liefernde Pflanzen

Kapokbaum (*Ceiba pentandra*)

Gummiakazie (*Acacia senegal*)

Parapiassavepalme (*Leopoldinia piassaba*)

Raphiapalme, Bastpalme (*Raphia farinifera*)

Carnaubapalme (*Copernicia cerifera*)

Manilahanf, Faserbanane (*Musa textilis*)

Flachs, Faserlein (*Linum usitatissimum*)

Hanf (*Cannabis sativa*)

Jute (*Corchorus capsularis*)

Sisalhanf, Sisalagave (*Agave sisalana*)

samte Pflanzenreich in 24 „Klassen" allein aufgrund der Zahl u. Anordnung der Staubblätter u. Stempel eingeteilt hat. Ggs.: ↗ natürliches System.

Kunthsches Gesetz, (A. Kunth 1869/70), bezeichnet die Regelmäßigkeit der ontogenet. Septeneinschaltung bei ↗ Rugosa (†Tetrakorallen); diese erscheinen im Querschnitt bilateralsymmetr. und auf der Außenseite (Epithek) fiedrig angeordnet.

Kupfer s [v. lat. cyprum, cuprum = Kupfer (ben. nach der Insel Zypern, gr. Kypros)], chem. Zeichen Cu, chem. Element, Mineralstoff, der in Organismen in Form der Kationen Cu^+ und Cu^{2+} in kleinen Mengen erforderl. ist (↗ essentielle Nahrungsbestandteile) u. daher zu den Spurenelementen gerechnet wird; in höheren Dosen ist K. toxisch (T Schwermetalle). Unter oxidierenden Bedingungen geht metallisches K., das zu den Halbedelmetallen zählt, in Lösung (z.B. aus K.besteck od. -gefäßen durch Einwirkung säuerl. Speisen), worauf die Bildung des unlösl., jedoch giftigen K.carbonats ($CuCO_3$; Grünspan) zurückzuführen ist. K. ist Bestandteil mancher Proteine (K.proteine), worauf die essentielle physiolog. Wirkung des K.s beruht; K.proteine sind meist blau u. enthalten oft sowohl Cu^+ als auch Cu^{2+}. Bes. häufig ist K. Bestandteil v. Oxidoreductasen, wie Ascorbatoxidase, Cytochromoxidase, Tyrosinoxidase, sowie v. organspezif. Proteinen (sog. Cuprine), wie Cerebrocuprin, Erythrocuprin u. Hepatocuprin. Weitere Vertreter v. K.proteinen sind ↗ Coeruloplasmin, ↗ Hämocyanin (↗ Atmungspigmente) u. ↗ Plastocyanin.

Kupferbrand, Hopfenkrankheit, bei der die Blätter kupferfarbig werden u. abfallen; hervorgerufen durch die Spinnmilbe *Epitetranychus althaeae* („Rote Spinne").

Kupferglucke, *Gastropacha quercifolia,* ↗ Glucken.

Kupferkopf, *Agkistrodon contortrix,* ↗ Dreieckskopfottern.

Kupferstecher, *Pityogenes chalcographus,* ↗ Borkenkäfer.

Kupfersulfat s [v. lat. sulphur = Schwefel], *Kupfer(II)-sulfat,* $CuSO_4$, als Pentahydrat ($CuSO_4 \cdot 5H_2O$) auch als *Kupfervitriol, Blaues Vitriol* od. *Blaustein* bezeichnet; wichtigstes Kupfersalz, das z. B. als Fungizid u. Algizid, als Zusatz zu Düngemitteln u. Futtermitteln, zur Herstellung v. Pigmenten, Konservierung v. Holz u. Tierbälgen Verwendung findet.

Kupffersche Sternzellen [ben. nach dem dt. Anatomen K. W. v. Kupffer, 1829–1902], Bindegewebszellen der Leber der Wirbeltiere mit kurzen Fortsätzen in die Lichtungen der Kapillaren der Leberläppchen, die der Phagocytose v. Bakterien u.a. patholog. Blutbestandteilen wie auch der Speicherung dieser Partikel dienen. Damit sind sie Bestandteil des Abwehrsystems des Körpers.

kupieren [v. frz. couper = abschneiden], a) unvollständ. Amputieren bzw. Stutzen v. Ohren, Schwanz (bei Hunden) od. der Flugfedern (z. B. bei Hausgänsen); b) Kürzen der Triebe bei Obstbäumen.

Kürbis m [v. lat. cucurbita, curbita = Kürbis], *Cucurbita,* Gatt. der Kürbisgewächse mit rund 25, aus dem trop. Amerika stammenden Arten. Meist 1jähr., niederliegende od. mit mehrspalt. Ranken kletternde, krautige Pflanzen mit wechselständ., ungeteilten od. handförm. gelappten Blättern u. in deren Achseln stehenden, i. d. R. monözischen Blüten mit trichterförm., 5(4–7)spalt. Krone. Die in Größe, Form u. Farbe sehr unterschiedl. gestalteten Früchte sind fleischige Beeren mit derber Schale, festem Fleisch und zahlr. abgeflachten, spitzovalen Samen. *C. pepo,* der Garten-K. (B Kulturpflanzen V), und *C. maxima,* der Riesen-K. mit bis 10 cm breiten, goldgelben Blüten, werden seit dem 16. Jh. auch in den nördl. gemäßigten Breiten als Nahrungs-(Öl-), Zier- od. Futterpflanzen angebaut (vgl. Spaltentext).

Kürbisgewächse, *Cucurbitaceae,* Fam. der Veilchenartigen mit etwa 90 Gatt. u. rund 700, überwiegend in den Tropen u. Subtropen beheimateten Arten. Niederliegende od. mit Ranken kletternde, kraut. Pflanzen mit wechselständ., i. d. R. ungeteilten bis handförm. gelappten Blättern u. meist weißen, gelben od. grünl., mon- oder diözischen Blüten. Diese stehen einzeln od. zu mehreren in den Achseln der Blätter, sind 5zählig u. radiär, mit einer glockigen od. trichter- bis radförm. Krone, deren Zipfel bisweilen faserig zerschlitzt sind. Die 5 Staubblätter können in unterschiedl. Maße miteinander verwachsen sein (z. B. zu scheinbar 3 Staubblättern od. zu einer zentralen „Staubblattsäule"), wobei die Staubbeutel sehr unterschiedl. gestaltet sein können. Der unterständ. Fruchtknoten wird überwiegend zu einer beerenart., ein- ac bis vielsam. Frucht mit einer meist saft. Innen- u. Mittelschicht sowie einer mehr od. weniger derben, bisweilen auch recht harten Außenschicht. Ausmaß u. Gewicht dieser Frucht können sehr groß sein; oft enthält sie auch die für die Fam. charakterist. Bitterstoffe (↗ *Cucurbitacine*). Viele K. liefern Früchte, die als Obst od. Gemüse seit langem eine wicht. Rolle in der menschl. Ernährung spielen u. daher sowohl in den trop. und subtrop. als auch in den gemäßigten Zonen angebaut werden. Bedeutende Nahrungspflanzen sind: ↗ Kürbis (*Cucurbita*), ↗ *Citrullus,* ↗ *Cucumis,*

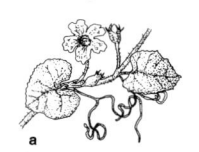

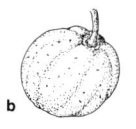

Kürbisgewächse

Kürbis
Garten-Kürbis (*Cucurbita pepo),* **a** Blätter u. Blüte, **b** Frucht

Kürbis
Der Garten-K. (*Cucurbita pepo)* besitzt eine Vielzahl v. Varietäten mit kleinen bis zieml. großen, rundl.-abgeflachten bis gurkenförm. Früchten. Zahlr. Sorten werden als Gemüsepflanzen kultiviert. Hierzu gehören u. a. *C. pepo* var. *melopepo* und *C. pepo* var. *giromontiina* (B Kulturpflanzen V) als gurkenart. Früchte in jungem, unreifem Zustand (ca. 20 cm lang) geerntet u. als „Zucchini" gekocht, gebraten od. gefüllt verzehrt werden. Der Riesen-K. (*C. maxima)* bringt z. T. riesige, bisweilen zentnerschwere, überwiegend kugelige, etwas abgeflachte Früchte hervor, die süßsauer als Kompott gegessen od. zu Marmelade verarbeitet werden. Die Samen v. *C. pepo* wie auch *C. maxima* u. anderer K.-Arten enthalten bis etwa 30% fettes Öl, das in manchen Ländern auch als Speiseöl verwendet wird. Verschiedene, meist ungenießbare Sorten von *C. pepo* und *C. maxima* mit glatter od. warziger, weißer, gelber, orangefarbener, grüner od. aber gemusterter Oberfläche werden ihrer Schönheit u. Haltbarkeit wegen als Zierkürbisse geschätzt (z. B. *C. maxima* var. *turbaniformis).*

Bei K vermißte Stichwörter suche man auch unter C und Z.

Kürbisspinne

↗Chayote *(Sechium edule)* u. ↗*Acanthosicyos*. Meist in grünem, noch unreifem Zustand geerntet, werden auch die Früchte einer Reihe anderer K. als Gemüse genossen. Hierzu gehören die bis über 1 m langen, schlangenförm. gebogenen Früchte der Schlangengurke *(Trichosanthes cucumerina* var. *anguina)*, die längl. bzw. breit-eiförm., warzig-stachel. Früchte der Balsambirne *(Momordica charantia)* bzw. des Balsamapfels *(M. balsamina)* sowie die noch jungen Früchte der Schwammgurke *(Luffa cylindrica)* u. des Flaschenkürbis *(Lagenaria vulgaris,* auch *L. sicerarla).* Die bis 40 cm langen Früchte der in den Tropen weltweit kultivierten Schwammgurke besitzen in reifem Zustand ein stark entwickeltes Gefäßbündelnetz, das nach Reinigung den harten, rauhen *Luffa-Schwamm* ergibt, der als Badeschwamm zur Hautpflege benutzt wird. Die flach-kugeligen bis flaschenförm., bisweilen mit einem langen, gebogenen Hals bzw. mit Einschnürungen versehenen Früchte des Flaschenkürbis zeichnen sich in reifem Zustand durch eine verholzte, flüssigkeitsundurchläss. Rinde aus u. werden daher in den Tropengebieten Afrikas u. Asiens seit alters her zu außen oft schön verzierten Flaschen (Kalebassen), Näpfen u. anderen Gefäßen verarbeitet. *Telfairia pedata*, der in O-Afrika heim. Talerkürbis, besitzt bis 1 m lange und 30 cm breite Früchte, deren flache, talerförm., mandelartig schmeckende Samen gekocht od. geröstet verzehrt od. wegen ihres Ölgehalts ausgepreßt werden. Das Öl dient Speisezwecken od. zur Herstellung v. Seife u. Kerzen. Einige K. werden auch ihrer vielgestalt., schön gefärbten Früchte wegen als Zierkürbisse kultiviert (↗Kürbis). Die im Mittelmeerraum u. Vorderasien heim. Spritzgurke *(Ecballium elaterium)* zeichnet sich wie auch die in den trop. Anden heim. *Cyclanthera explodens* durch einen bes. Verbreitungsmechanismus aus: Lösen sich die eiförm., rauhhaarig-stachel. Früchte der Spritzgurke vom Stengel, so werden durch die dabei entstehende Öffnung Fruchtsaft u. Samen oft meterweit herausgespritzt (↗Explosionsmechanismen). Bei *C. explodens* rollt sich die eine Hälfte der reifen Frucht plötzl. rückwärts ein u. schleudert so ihre Samen heraus. Von den K.n sind lediglich. 2 Arten der ↗Zaunrübe *(Bryonia)* in Mitteleuropa heimisch. N. D.

Kürbisspinne, *Araneus cucurbitinus*, 4–6 mm große, häufige Radnetzspinne mit grüner od. gelber Färbung, oft mit rotem Fleck an den Spinnwarzen, beim Männchen Vorderkörper u. Beine schwarz u. braun gemustert. Das Netz (⌀ ca. 10 cm) hat etwa 30 Radien u. wird teils nur als Halbkreis angelegt. Ein Unterschlupf wird nicht gebaut. Lebensraum ist die Strauchschicht, v. a. an sonnigen Waldrändern. Reife Tiere treten im Sommer auf.

Kurols, *Leptosomatidae*, Fam. der Rakenvögel mit einer einzigen Art *(Leptosomus discolor)*, deren Sonderstellung vermutl. mit dem Inselvorkommen auf Madagaskar u. den Komoren zusammenhängt. Im Ggs. zu den Racken ausgeprägter Geschlechtsdimorphismus, die Außenzehe ist drehbar. 50 cm groß, lebt auf Bäumen u. jagt Insekten sowie Eidechsen u. Chamäleons. Ruft klagend, wobei die Kehle aufgebläht wird.

Kurter [Mz.; v. lat. curtus = verstümmelt], *Kurtoidei*, U.-Ord. der Barschartigen Fische mit nur 1 Gatt. und 2 Arten. Schwarmbildende, hochrück., seitl. abgeflachte Süß- u. Brackwasserfische mit saumart. Afterflosse u. einer für Fische einmaligen, durch umgebildete Rippen gepanzerten Schwimmblase. Der v. Indien bis Indonesien in Gezeitenmündungen häuf. Indische K. *(Kurtus indicus)* wird bis 14 cm lang, der Australische K. *(K. gulliveri)* bis 60 cm. Das Männchen trägt die mit Fäden an einem Rückenhöcker befestigten Eier umher.

Kurthia w [ben. nach dem dt. Bakteriologen H. Kurth, 1860–1901], Gatt. grampositiver, obligat aerober, sporenloser Bakterien aus der Gruppe der coryneformen Bakterien (Einordnung umstritten). Die regelmäßig stäbchenförm. Zellen (0,8 × 3–8 µm) bilden Ketten od. lange Filamente; kokkoide Formen finden sich in alten Kulturen. Im Energiestoffwechsel werden verschiedene organ. Substrate veratmet. Die am häufigsten isolierte Art, *K. zopfii*, findet sich auf Fleisch u. Fleischprodukten (bei Zimmertemp.) sowie in Tierkot, der mit Erde in Berührung gekommen ist.

Kurtoidei [Mz.; v. lat. curtus = verstümmelt, gr. -eidēs = -ähnlich], die ↗Kurter.

Kuru-Krankheit [v. Papua kuru = zittern], *Kuru-Kuru, Lachkrankheit, Schüttelkrankheit*, eine durch eine slow-Virus-Infektion des Zentralnervensystems hervorgerufene, bei den Papua auf Neuguinea endem. Erkrankung (Inkubationszeit oft mehrere Jahre), die sich durch langsam fortschreitende Degeneration des Kleinhirns u. des extrapyramidal motorischen Systems manifestiert. Symptome sind Schwäche, Zittern, Schielen, Gangunsicherheit, Schluck- u. Sprachstörungen; führt nach 6–9 Monaten zum Tode; meist bei jungen Frauen.

Kurzflossenkalmar, *Illex*, Gatt. der Pfeilkalmare, die sehr gute Schwimmer sind u. jahrgangsweise in Schwärmen leben, die gemeinsam wandern u. Beute jagen: die jungen Tiere v. a. Leuchtkrebse *(Euphausiacea)*, die älteren Heringe u. Makrelen.

Kürbisgewächse
Wichtige Gattungen:
↗*Acanthosicyos*
↗Chayote *(Sechium edule)*
↗*Citrullus*
↗*Cucumis*
Cyclanthera
Ecballium
↗Kürbis *(Cucurbita)*
Lagenaria
Luffa
↗*Momordica*
Telfairia
Trichosanthes
↗Zaunrübe *(Bryonia)*

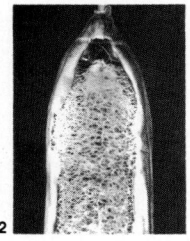

Kürbisgewächse
1 Spritzgurke *(Ecballium elaterium)*,
2 Frucht der Schwammgurke *(Luffa cylindrica)* mit ihrem Leitbündelnetz

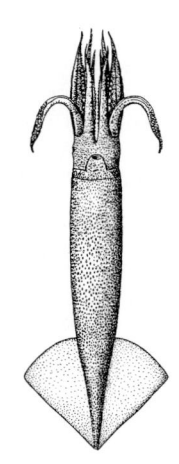

Kurzflossenkalmar *(Illex spec.)*, ♂ (bis 45 cm lang)

Bei K vermißte Stichwörter suche man auch unter C und Z.

l. illecebrosus im westl. N-Atlantik macht jahreszeitl. Wanderungen. Er wird ab etwa 24 cm Mantellänge geschlechtsreif u. laicht wahrscheinl. im tiefen Wasser des nordostam. Schelfs. Seine Hauptfeinde sind Dorsche, Makrelen u. Grindwale. In manchen Jahren ist der K. so zahlr., daß er als Dünger benutzt wird; 1979 wurden rund 180 000 t angelandet. Der Mittelmeer-K. *(I. coindeti)* wird 25 cm lang; die ♂♂ werden mit 10–14, die ♀♀ mit 16–22 cm Mantellänge geschlechtsreif; ein ♀ legt bis zu 12 000 Eier.

Kurzflügeligkeit, die ↗ Brachypterie; ↗ Flügelreduktion (☐).

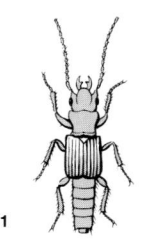

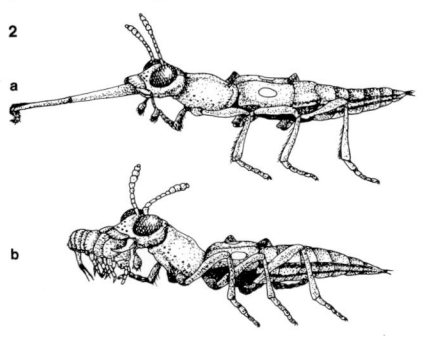

Kurzflügler
1 Die 5 mm lange, rote bis schwärzl. Art *Siagonium quadricorne* jagt hinter Laubbaumrinden Borkenkäfer. 2 *Stenus bipunctatus*, a mit vorgeschnellter Unterlippe („Zunge"), b mit gefangener Beute

Kurzflügler, *Raubkäfer, Staphylinidae,* Fam. der polyphagen Käfer; weltweit ca. 25 000 Arten, in Mitteleuropa mit 2000 Arten die artenreichste Käfer-Fam. Leicht an den stark verkürzten Flügeldecken (Elytren, ↗ Deckflügel) erkennbar, die den größten Teil des Hinterleibs unbedeckt lassen. Damit haben die Vertreter dieser Fam. eigentlich das wieder aufgegeben, was den evolutiven Fortschritt der Käfer allg. stark begünstigt hat, näml. die zu Elytren umgebildeten Vorderflügel, die in Verbindung mit der übrigen starken Panzerung des Körpers den Käfern eine sehr gute Trutzform lieferten. Der Grund der Kurzelytrigkeit liegt in der Lebensweise. Als Bodenräuber entgehen sie der Konkurrenz der ähnl. lebenden Laufkäfer dadurch, daß sie im wesentl. im Boden (Laufkäfer leben auf dem Boden) dem Beutejagen nachgehen. Da man im Boden zw. den Bodenpartikeln entweder sehr klein od. langgestreckt sein muß, haben sich die K. für letzteres „entschieden". Um langgestreckt u. gut bewegl. zu sein, mußten die Elytren verkürzt werden. Erst dadurch erhielt der Hinterleib seine Beweglichkeit wieder. Da viele K. fliegen können, müssen sie ihre Hinterflügel in bes. kunstvoller Weise unter die kurzen Flügeldecken zusammenfalten. – Die meisten Vertreter sind kleiner als 5 mm. Nur wenige Arten werden über 1 cm od. gar über 3 cm groß, wie bei uns der Moderkäfer, *Ocypus olens* (B Käfer I).

Kurzflügler
Manche Arten sind mit Ameisen od. außerhalb Europas mit Termiten vergesellschaftet (Symphilie). Bei uns sind dies v. a. Arten der Gatt. *Lomechusa, Atemeles, Zyras, Pella* od. *Myrmoecia.* Sie bieten ihren Ameisen Drüsensekrete an, die bei ihnen Pflegeverhalten auslösen. Die Sekrete werden oft über auffällige Haarbüscheln an den Abdominaltergiten abgegeben, was den Tieren (insbes. der Gatt. *Atemeles*) den Namen Büschelkäfer eingebracht hat.

Kurzgrassteppe

Meist sind sie schwarz od. dunkelbraun gefärbt; manche Arten (z. B. an Pilzen jagende *Oxyporus*-Arten) sind rot-schwarz gefärbt. Auch frei am Ufer laufende *Paederus*-Arten sind rot-schwarz od. metallisch blau. Rote Elytren bei sonst schwarzem Körper sind weit verbreitet (*Staphylinus-, Bryocharis-* od. *Bledius*-Arten). Der Zottige Raubkäfer od. Gelbhaar-Moderkäfer, *Emus hirtus* (bis knapp 3 cm groß), ist dicht zottig schwarz-gelb behaart u. sieht dadurch im Flug wie eine dicke Hummel aus (B Käfer I). Die meisten K. sind Räuber, die im wesentl. von anderen Insekten leben. Sie haben dazu einen prognathen Kopf mit z. T. sehr kräft., oft gezähnten Mandibeln. Die Arten der Gatt. *Stenus* sind tagaktive Räuber, die v. a. an Ufern v. Gewässern leben. Sie haben große vorgewölbte Komplexaugen u. fangen mit Hilfe einer durch Blutdruckerhöhung vorschnellbaren Unterlippe (Labium), an deren Spitze Klebdrüsen münden, v. a. Springschwänze (vgl. Abb.). Diese Zunge hat eine Reichweite v. fast der Hälfte der Körperlänge. *Stenus*-Arten haben auch einen bemerkenswerten Fluchtmechanismus, wenn sie einmal auf eine Wasseroberfläche geraten sind. Durch Abgabe eines Sekrets aus Drüsen der Hinterleibsspitze wird die Oberflächenspannung des Wassers verringert; dadurch wird der Käfer mit erstaunl. Geschwindigkeit vor dem sich ausbreitenden Sekret hergeschoben. Manche Arten sind Pollen- (fast alle Arten der Omaliinae) od. Pilzsporenfresser (die winzigen *Gyrophaena*-Arten). Die am Meeresufer lebenden *Bledius*-Arten betreiben sogar Brutfürsorge, indem sie u. ihre Larven Algen fressen. Die überwiegende Mehrzahl aller Arten sind typ. Bodenbewohner, die z. T. tief in der Spreu leben. Wenige Arten sind Blütenbesucher (die meist relativ langelytrigen Omaliinae), leben unter der Rinde (z. B. Arten der Gatt. *Nudobius* od. *Siagonium*) od. in Pilzen (*Gyrophaena* u. v. a.). Echte tief im Boden lebende u. daher oft blinde Arten gibt es bei uns nur selten (*Leptotyphlinae*). K. verteidigen sich oft mit Hilfe eines Sekrets einer Pygidialdrüse. B Insekten III.   *H. P.*

Kurzfühlerschrecken, *Caelifera,* U.-Ord. der ↗ Heuschrecken.

Kurzfußmolch, *Pachytriton brevipes,* Vertreter der Fam. *Salamandridae.* Der Chinesische K. (bis 25 cm) ist ein schlanker Gebirgsbewohner mit vollständ. Verwandlung; Larven u. Erwachsene leben ständig im Wasser.

Kurzgrassteppe, *Kurzgrasprärie,* nordam. Trockensteppe mit niederwüchs. harten, in weitem Abstand wachsenden Büschelgräsern (*Buchloe dactyloides, Botelona graci-*

Bei K vermißte Stichwörter suche man auch unter C und Z.

Kurzkeimentwicklung

lis) u. einzelnen, xerophyt. Zwergsträuchern. Wie alle Prärien ist auch die K. durch Beweidung oder ackerbaul. Nutzung vielfach stark verändert od. ganz vernichtet worden. Dies gilt auch für die entspr. Vegetationsformation in Zentralasien (↗Asien).

Kurzkeimentwicklung, Entwicklungstyp v. a. bei niederen Insekten: die Körpersegmente entstehen nacheinander (Sprossungswachstum der ↗Keimanlage).

Kurzkopffrösche, *Brevicipitinae,* U.-Fam. der ↗Engmaulfrösche (T).

Kurzkopfwespen, *Paravespula,* Gatt. der ↗Vespidae.

Kurzlibellen, die ↗Segellibellen.

Kurzschnabeligel, *Tachyglossus,* Gatt. der ↗Ameisenigel. [lenbär.

Kurzschnauzenbären, *Tremarctinae,* ↗Bril-

Kurzschröter, *Aesalus scarabaeoides,* ↗Hirschkäfer. [chyura.

Kurzschwanzkrebse, die Krabben, ↗Bra-

Kurzsichtigkeit, *Myopie,* ↗Brechungsfehler (☐). [↗Springschwänze.

Kurzspringer, *Hypogastruridae,* Fam. der

Kurzstielsandwespen, *Podalonia,* Gatt. der ↗Grabwespen (T).

Kurztagpflanzen ↗Blütenbildung (☐).

Kurztrieb, *Stauchsproß,* Bez. für solche Seitenzweige, die vielfach als Ausdruck einer Arbeitsteilung unter Stauchung der Internodien wenig in die Länge wachsen, daher gewöhnl. dicht büschelig od. rosettig beblättert sind (Beispiele: Lärche, Berberitze). Sie haben zudem fast immer eine mehr od. weniger kurze Lebensdauer. Nicht selten ist die Ausbildung der Blüten auf K.e beschränkt (Apfel, Ginkgo). Ggs.: ↗Langtrieb.

Kusimansen [Mz.; westafr. Sprache], *Crossarchus,* U.-Gatt. der ↗Ichneumons.

Kuskuse [Mz.; austr. oder malaiisch], *Phalanger,* Gatt. der austr. Kletterbeutler (Fam. *Phalangeridae*); ratten- bis katzengroße, nächtl. lebende Baumtiere mit Greifschwanz (unterseits mit quergerippter Schwiele) u. großen Nachtaugen. K. ernähren sich v. Blättern der Urwaldbäume und v. Kleintieren. Ihre Bewegungen sind langsam, zeitlupenartig. 6 Arten mit zus. 23 U.-Arten; z. B. Bären-K. *(P. ursinus),* Tüpfel-K. *(P. maculatus),* Woll-K. *(P. orientalis).*

Kuß ↗Humanethologie (☐).

Küstenfieber, die ↗Theileriosen.

Küstenmastkrautgesellschaften ↗Saginetea maritimae. [↗Schiffshalter.

Küstensauger, *Remora,* Gattung der

Küstenschnecken, *Ellobiidae,* Fam. der ↗Altlungenschnecken (T), mit eiförm. bis zylindr. Gehäuse, dessen innere Wände meist resorbiert werden; die Mündung ist durch Falten u. Zähne verengt, ihr Außenrand oft verdickt. Die Fußsohle ist bei einigen K. durch eine Furche quergeteilt. Die

Küstenschnecken
Wichtige Gattungen:
Cassidula
Ellobium
↗Höhlenschnecken *(Zospeum)*
↗Mausohrschnecken *(Ovatella)*
↗*Melampus*
↗*Pythia*
↗Zwergschnecken

Größenunterschiede sind beachtl.: die ↗Höhlenschnecken sind 1,5 mm, das philippin. ↗Midasohr wird 10 cm hoch. Die K. sind protandr. ☿; eine Furche verbindet Genitalöffnung u. Penis. Zu den K. gehören ca. 20 Gatt. (vgl. Tab.), die z.T. terrestr., z.T. in der Gezeitenzone u. an der Küste leben. [↗Felsenspringer.

Küstenspringer, *Halomachilis maritimus,*

Küstenvegetation, ↗azonale Vegetation der Meeresküsten. Den Standort der K. prägen das Salzwasser, die Gezeiten, d. h. die period. Überflutung, u. die Abtragung u. Anlandung v. Substrat durch Wind u. Wasser. An den offenen Küsten mit Brandung (↗Brandungszone) bilden sich Sandstrände, z.T. mit Dünen, od. Felsen u. Klippen; an geschützten Stellen wird Sand od. Schlick abgelagert (↗*Watt*). Unter den Pflanzen der K. sind an den Salzfaktor angepaßte ↗Halophyten (z.B. *Salicornia europaea*). Der mechan. Beanspruchung auf nicht festgelegten Dünen widerstehen Arten mit starker Ausläuferbildung (z.B. *Agropyron junceum*). – Die Zonation der K. ergibt sich aus Unterschieden in Überflutungshäufigkeit u. -dauer u. in der Körnung des Substrats. In der Kl. der ↗*Ammophiletea* wird die Vegetation v. Primär- u. Sekundärdünen eur. Sandküsten zusammengefaßt; auf Algenwällen findet man die Kl. ↗*Cakiletea maritimae;* entkalkte Tertiärdünen sind von Ges. der ↗*Corynephoretalia,* des *Empetrion nigri* (↗*Calluno-Ulicetalia*) u. des ↗*Salicion arenariae* besiedelt. Auf brandungsexponierten Felsen wachsen zahlr. Algenarten (z.B. die bis über 1 m lange Palmentang *Laminaria hyperborea*). – Schlick- u. Sandschlickflächen unterhalb der Mittelhochwasserlinie sind Standorte der Seegraswiesen (↗*Zosteretea*). Regelmäßig überflutet sind auch die Quellerwatten (↗*Thero-Salicornietea*) u. Schlickgras-Bestände (↗*Spartinetea*), nur gelegentl. überschwemmt die Salzrasen der ↗*Asteretea tripolii*. – Die Vegetation der trop. und subtrop. Sandstrände u. Dünenküsten ist physiognom. der holarktischen K. ähnlich. Geschützt, z.B. hinter Koralleninseln, treten hier *Küstenmangroven* auf. – Die K. hat einen bes. großen Flächenanteil auf kleinen Inseln.

Kusus [Mz.; austr.], nachtaktive, hpts. baumlebende Kletterbeutler Australiens; ratten- bis fuchsgroß. K. ernähren sich viel-

Kusus
Fuchskusu *(Trichosurus vulpecula)*

Bei K vermißte Stichwörter suche man auch unter C und Z.

seitig: Eucalyptusblätter, Rinde, Baumschößlinge, Eier, Kleintiere. Sie zählen zu den häufigsten Beuteltieren der austr. Region; wegen ihres weichen Fells (Pelzindustrie!) werden sie stark bejagt. Der Fuchskusu od. Beutelfuchs *(Trichosurus vulpecula)* u. der Hundskusu *(T. caninus)* haben einen buschigen Greifschwanz. Ein nackter, schuppiger Schwanz kennzeichnet den Schuppenschwanzkusu *(Wyulda squamicaudata)*.

Kutorginida [Mz.], (Kuhn 1949), † Brachiopoden-Ord. unsicherer Kl.-Zugehörigkeit mit bikonvexer kalkiger Schale. Genera: *Kutorgina, ?Schuchertina, ?Rustella, Yorkia*. Die K. haben sich wahrscheinl. unabhängig v. allen articulaten u. inarticulaten Stämmen entwickelt. Verbreitung: Unterkambrium, ?Mittelkambrium.

Kyarranus *m* [v. lat. rana = Frosch], Gatt. der austr. Südfrösche (↗ *Myobatrachidae*). 2 Arten kleiner bis mittelgroßer, kurzer, gedrungener Frösche im O Australiens mit direkter, terrestr. Entwicklung: die dotterreichen Eier werden in *Sphagnum*-Polstern abgelegt.

Kybernetik *w* [v. gr. kybernētikḗ = Steuermannskunst], von dem Mathematiker N. Wiener durch das Buch „Cybernetics" ins Leben gerufener Wissenschaftszweig für „Control and Communication in the Animal and the Machine" (Untertitel von Wieners Buch). Der engl. Ausdruck „Control" umfaßt im Deutschen die Begriffe der *Steuerung* und der *Regelung,* der Ausdruck „Communication" die Begriffe der *Signalübertragung* und der *Datenverarbeitung*. Als Fundamentalbegriff der K. gilt der Begriff der *Information* (↗ Information und Instruktion). Wieners Motiv für die Konzeption der K. entsprang aus der empir. Feststellung v. bis ins einzelne gehenden Analogien zw. den Information verarbeitenden Systemen in *Organismen* und in der *Technik*. Daraus erwuchs für ihn das Bedürfnis nach einem Begriffssystem für das Gemeinsame in den beiden Bereichen. Die Begriffe der K. sind daher im Idealfall abstrakt (enthalten also weder biol. noch techn. Bestimmungsstücke) u. lassen sich logisch od. mathematisch formulieren.

Kynologie *w* [v. gr. kyōn, Gen. kynos = Hund, logos = Kunde], Lehre v. den Hunden, ihren Rassen, Krankheiten, ihrer Zucht u. Dressur.

Kynurenin *s* [v. gr. kyōn = Hund, ouron = Urin], Abbauprodukt (↗ Exkretion) der Aminosäure Tryptophan (über *Formyl-K.*); wird bei den meisten Säugetieren über mehrere Zwischenstufen zu Nicotinsäureamid (einem Vitamin) umgewandelt; bei Insekten ist K. eine Vorstufe der Augenfarbstoffe (Ommochrome).

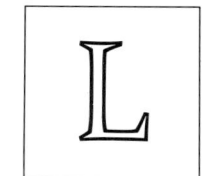

Kybernetik
Die führende Zeitschrift für die biol. Aspekte der K. (Biological Cybernetics) wurde in Tübingen begr. und wird seitdem vom dortigen Max-Planck-Inst. für Biologische K. redigiert.

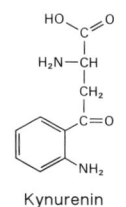

Kynurenin

labial- [v. lat. labium = Lippe], in Zss.: Lippen-.

L, 1) Symbol für die L-Konfiguration am ↗ asymmetr. C-Atom in organ. Verbindungen (☐ Glycerinaldehyd). **2)** Abk. für ↗ Leucin. **3)** L., Linn. (oft auch in Kapitälchen: LINN.), Abk. für ↗ Linné (Linnaeus) als Autor eines wiss. Namens (↗ binäre Nomenklatur).

Lab, das ↗ Labferment.

Labdrüsen, Drüsen im ↗ Labmagen der Wiederkäuer, die ↗ Labferment produzieren; ↗ Fundusdrüsen.

Labellen [Mz.; v. lat. labellum = kleine Lippe], paarige, meist polsterartig erweiterte, zum Auftupfen v. Flüssigkeit geeignete Gebilde am distalen Ende des Tupfrüssels vieler Dipteren (☐ Fliegen); entspr. den Lippentastern. ↗ Labellum.

Labellum *s* [lat., = kleine Lippe], **1)** Bot.: *Lippe,* das mediane, durch Drehung der Blüte in den meisten Fällen nach unten zeigende Blütenblatt des inneren Blütenblattkreises der Orchideen-Blüte; stets größer als die übrigen Blütenblätter, v. mannigfalt. Form u. häufig mit einem Sporn od. einer sackart. Höhlung versehen. **2)** Zool.: *Löffelchen,* kleiner, unpaarer löffelförm. Anhang am Ende der Zunge (Glossa) am Saugrüssel der Bienen. ↗ Labellen.

Labeo *m* [lat., = Dickmaul], Gatt. der ↗ Barben.

Labferment *s* [v. ahd. lab = Gerinnmittel, lat. fermentum = Sauerteig], *Lab, Rennin, Chymosin,* eine Proteinase mit pepsinähnl. Wirkung, die bes. im ↗ Labmagen, wahrscheinl. im Magen aller jungen Säugetiere während der Saugphase gebildet wird. L. entsteht über die höhermolekulare Vorstufe *Prorennin* durch autokatalyt. od. Pepsin-katalysierte Abspaltung eines N-terminalen Peptids. L. ist das Milchgerinnungsenzym; es spaltet Casein (↗ Milchproteine) spezif. an einer Peptidbindung, wodurch das für geronnene Milch charakterist. unlösl. Paracasein (relative Molekülmasse 22000) u. ein C-terminales Glykopeptid (8000) entstehen. L. findet bei der ↗ Käse-Zubereitung als Labessenz bzw. Labextrakt Verwendung.

Labialdrüse [v. *labial-*], Drüse im Unterlippenbereich des ↗ Insekten-Kopfes; fungiert meist als Speicheldrüse u. mündet im Hypopharynx aus. Bei Schmetterlingsraupen ist sie zu Spinndrüsen umgebildet. ↗ Coxaldrüsen. ☐ Insekten.

Labialganglion *s* [v. *labial-*, gr. gagglion = Geschwulst, Nervenknoten], *Ganglion labiale,* eines der 3 zu den Mundgliedmaßensegmenten gehörenden vorderen Ganglienpaare bei Insekten, die *Mandibular*- (Ganglion mandibulare), *Maxillarganglion* (Ganglion maxillare) und *L.* genannt werden. Sie verschmelzen bei höheren Insekten zu dem sog. ↗ Unterschlundganglion.

Bei K vermißte Stichwörter suche man auch unter C und Z.

Labialnieren

Labialnieren [v. *labial-], nephridienähnl. Exkretionsorgane im Kopf vieler Urinsekten u. Tausendfüßer. ↗Coxaldrüsen.

Labialpalpe w [v. *labial-, nlat. palpus = Fühler], *Labialtaster, Lippentaster, Palpus labialis,* Taster am Labium der ↗Insekten (☐); ↗Mundwerkzeuge.

Labialsegment s [v. *labial-, lat. segmentum = Abschnitt], 3. Kopfsegment des ↗Gnathocephalons; ↗Kopf (der Insekten).

Labialtaster [v. *labial-], die ↗Labialpalpe.

Labiatae [Mz.; v. lat. labium = Lippe], die ↗Lippenblütler.

Labidognatha [Mz.; v. *labid-, gr. gnathos = Kiefer], Gruppe der ↗Webspinnen.

Labidoplax w [v. *labid-, gr. plax = Platte], *L. digitata* (Familie *Synaptidae*), eine schlanke, bis 35 cm lange, rote Seewalze; lebt im Mittelmeer u. Atlantik in 10–600 m Tiefe im Schlamm eingegraben; bekannt geworden als Wirt der parasit. Schnecke ↗*Entoconcha*.

Labiduridae [Mz.; v. *labid-, gr. oura = Schwanz], Fam. der ↗Ohrwürmer.

Labiidae [Mz.], Fam. der ↗Ohrwürmer.

Labium s [lat., = Lippe], **1)** Bot.: die „Lippe" der Lippenblüte bei den ↗Lippenblütlern. **2)** *Unterlippe,* bei ↗Insekten (☐) die beiden verschmolzenen 2. Maxillen der ↗Mundwerkzeuge. ▣ Homologie, ▢ Gliederfüßer. **3)** Anatomie: lippenförm. Wulst, i. e. S. die Lippe.

Labkraut, *Galium,* Gatt. der Krappgewächse mit rund 300 weltweit verbreiteten Arten. Krautige Pflanzen mit eiförm. bis linealen, gegenständ. Blättern, zw. denen jeweils 1–4, den Blättern gleichende Nebenblätter stehen (scheinbar 4–10 quirlige Blätter). Die meist kleinen, weißen, gelben oder rötl. Blüten besitzen eine radförm., i. d. R. 4spaltige Krone u. stehen überwiegend trugdoldig angeordnet in den Achseln der oberen Blätter; oft Auftreten v. großen rispigen Gesamtblütenständen. Von den 25 in Mitteleuropa heim. Arten seien genannt: das klettenart. haftende, weißblühende Kletten-L. od. Klebkraut, *G. aparine* (in staudenreichen Unkrautfluren in Äckern u. Heckensäumen, an Ufern u. Schuttplätzen) sowie die ebenfalls weiß blühenden Arten Wald-L., *G. silvaticum* (in Laubmischwäldern, Gebüschen u. Waldrändern) u. Wiesen-L. oder Gemeines L., *G. mollugo* (in Fettwiesen u. Halbtrockenrasen, in Auenwäldern u. -gebüschen); das Echte L., *G. verum* (häufig in Kalkmagerrasen u. -weiden, an Böschungen u. Gebüschsäumen, ▣ Europa XIX) u. das Kreuz-L., *G. cruciata* (*Cruciata chersonensis*; in Unkrautsäumen v. Hecken, an Gräben sowie in Auenwäldern) blühen gelb.

Labkraut-Eichen-Hainbuchenwald ↗Galio-Carpinetum.

labial- [v. lat. labium = Lippe], in Zss.: Lippen-.

labid- [v. gr. labis, Gen. labidos = Zange, Haken].

Echtes Labkraut
(*Galium verum*)

Labkraut

Das Echte L. (*Galium verum*) u. andere Arten der Gatt. enthalten das die Milch gerinnen lassende ↗Labferment (Name!) u. werden in einigen Ländern zur Käseherstellung benutzt. Wurzeln u. Blüten mehrerer L.-Arten dienten fr. zudem zum Rot- bzw. Gelbfärben. Die das Glykosid Asperulosid u. andere Glykoside enthaltenden Arten *G. mollugo* (Wiesen-L.) und *G. aparine* (Klebkraut) werden auch in der Volksmedizin eingesetzt.

labr- [v. lat. labrum = Lippe].

Labkraut-Weiden, *Violion caninae,* Verb. der ↗Nardetalia.

Lablabbohne [v. arab. lablab = Winde], *Helmbohne, Dolichos lablab,* ↗Hülsenfrüchtler.

Labmagen, *Abomasus,* letzter Abschnitt des ↗Wiederkäuer-Magens (☐), in dem mittels Pepsinogen u. Salzsäure die eigtl. Verdauung des aus Vormägen im wesentl. in Form v. Protozoen u. Bakterien anfallenden Proteins erfolgt. Der L. ist dem monogastr. Magen der Nichtwiederkäuer homolog. ↗Labferment. ▣ Verdauung III.

Laboulbeniales [Mz.; ben. nach dem frz. Entomologen A. Laboulbène, 1825–98], Ord. der Schlauchpilze (U.-Kl. *Laboulbeniomycetidae*); die ca. 1500 Arten leben als obligate, hochspezialisierte Parasiten wirtsspezif. auf Arthropoden, vorwiegend Insekten (z. B. Käfer, Fliegen) u. Milben; die Tiere werden meist nicht wesentl. geschädigt. Der wenigzellige Thallus (i. d. R. eine 1–3 mm lange Borste, kein Mycel) sitzt mit einer Fußzelle auf dem Chitinpanzer des Wirts, aus dem er mit unscheinbaren Haustorien Nahrung herauslöst. Es gibt monözische u. diözische Arten. Der Fruchtkörper (↗Ascoma) ist ein Perithecium; das ↗Ascogon mit Trichogyne wird durch Spermatien befruchtet; es entstehen zartwandige Asci mit ein- bis mehrzelligen Ascosporen; die Dikaryophase wird durch die Fruchtkörperflüssigkeit ernährt. Die Ord. L. wird in 3 Fam. und zahlr. Gatt. unterteilt; die Arten leben überwiegend ektoparasit., meist in wärmeren Ländern. Ihre phylogenet. Stellung ist unbekannt. – Arten der Fam. *Ceratomycetaceae* wachsen vorwiegend auf wasserbewohnenden Insekten, z. B. *Zodiomyces vorticellarius* auf dem Kolbenwasserkäfer. Zur Fam. *Laboulbeniaceae* gehört die Art *Stigmatomyces baeri,* die auf der Stubenfliege parasitiert. Vorwiegend trop. Arten sind in der Fam. *Peyritschiellaceae* zusammengefaßt, z. B. *Trenomyces* (= *Dimeromyces*) *histophthorus,* der in Hühnermilben u. einigen anderen Milben endoparasit. mit einem Mycel im Fettgewebe wächst.

Labroidei [Mz.; v. *labr-], die ↗Lippfische.

Labrum s [lat., = Lippe], *Oberlippe,* unpaarer Anhang als vorderer Abschnitt der ↗Mundwerkzeuge der ↗Insekten (☐); vermutl. die umgebildete, jetzt unpaare Extremität des Prosocephalons der ↗Gliederfüßer (▢). ☐ Fliegen. ▣ Homologie.

Labrus m [v. *labr-], Gatt. der ↗Lippfische.

Laburnum s [lat., = breitblättr. Bohnenbaum], der ↗Goldregen.

Labyrinth s [*labyrinth-], **1)** L. organ, ↗Labyrinthfische. **2)** das Innenohr der Wirbeltiere, das als ↗Gehör- u. ↗Gleichgewichtsorgan fungiert; ↗mechanische Sinne.

Labyrinthfische [v. *labyrinth-], *Anabantoidei*, U.-Ord. der Barschartigen Fische mit ca. 30 Gatt. Kennzeichnendes Merkmal ist ein zusätzl. (akzessor.) Atmungsorgan, das *Labyrinthorgan:* jeweils ein Hohlraum oberhalb der Kiemen mit zahlr., vom 1. Kiemenbogen zusätzl. gebildeten Knochenlamellen, die mit respirator. Epithel überzogen sind; es dient den vorwiegend in schlammreichen Gewässern lebenden L.n zur Luftatmung; ohne die Möglichkeit, Luft zu schlucken, ersticken viele erwachsene L. Hierzu gehören: die meist kleinen, bunt gefärbten, südostasiat. L. i. e. S. *(Belontiidae)* mit vielen bekannten, oft Schaumnester bauenden ↗Aquarienfischen (B), wie ↗Kampffische, ↗Makropoden mit den Inselmakropoden *(Belontia),* Guramis; die Küssenden ↗Guramis *(Helostomatidae)* u. die Kletterfische *(Anabantidae)* mit dem bis 25 cm langen, vorwiegend nachtaktiven Kletterfisch (*Anabas testudineus,* B Fische IX) sauerstoffarmer Gewässer S- und SO-Asiens, der bei hoher Luftfeuchtigkeit große Strecken über Land schlängeln kann u. im feuchten Boden eingegraben längere Zeit überlebt. Die nah verwandten, sehr ähnl., mittel- u. südostafr. Buschfische *(Ctenopoma)* haben ein schwach entwickeltes Labyrinthorgan u. verlassen nie das Wasser.

labyrinthodont [v. *labyrinth-, gr. odontes = Zähne], *labyrinthzähnig, faltenzähnig,* heißen die kegelförm. Zähne v. *Crossopterygii* (↗Quastenflossern) u. ↗*Labyrinthodontia*. Mit Ausnahme der schmelzüberzogenen Spitze sind sie an der Außenseite gefurcht od. gestreift, u. das Dentin im Innern der hohen Basis weist eine v. der Pulpa ausgehende radial verlaufende mäandr. Fältelung auf, die durch ebenfalls wellige, radiale Streifen v. Zahnzement unterbrochen wird. Im Bereich der Schmelzkappe verliert sich die Labyrinthstruktur des Zahninnern.

Labyrinthodontia [Mz.; v. *labyrinth-, gr. odontes = Zähne], (H. v. Meyer 1842), *Labyrinthzähner,* nach Umfang u. Inhalt unterschiedl. interpretierte Zusammenfassung (U.-Kl., Ord. oder andere systemat. Kategorie) fossiler Gruppen v. Niederen Tetrapoden („Amphibien"), die sich auf den ↗labyrinthodonten Zahnbau stützt. Weitreichende, jedoch nicht deckende Übereinstimmung mit den *L.* ergibt sich aus der Zugrundelegung des flachen u. geschlossenen Schädelbaues *Stegocephalia* (sensu H. Huene 1956, Dachschädler). Z. T. konkurrierend, z. T. übergeordnet od. ergänzend tritt die Klassifizierung nach dem Bau der Wirbel hinzu, z. B. „Schnittwirbler" (*Temnospondyli* sensu Romer 1947). – Zu den *L.* gehören die meisten primitiven Tetrapoden des Paläozoikums u. der Trias. Ihre Gestalt ist salamanderähnl., mit kräftigem Ruderschwanz u. schwachen Beinen; Schädel flach u. geschlossen, nur v. Nasen- u. Augenlöchern durchbrochen, bestehend aus einer großen Zahl v. Knochen; Schnauze meist groß u. breit; anfangs mit einfachem, später doppeltem Hinterhauptshöcker; Wirbelkörper zweiteilig (apsidospondyl). – Vorfahren der *L.* sind die ↗Quastenflosser *(Crossopterygii)*. – Verbreitung: oberstes Devon bis Trias, Nachzügler bis Malm. – Beispiel einer Klassifizierung: U.-Kl. *L.* mit 4 Ord.: 1. Fischschädellurche *(Ichthyostegalia),* 2. Flossenfußlurche *(Plesiopoda),* 3. Schnittwirbler *(Temnospondyli),* 4. Vorreptilien *(Batrachosauria).*

Labyrinthorgan [v. *labyrinth-], akzessor. Atmungsorgan der ↗Labyrinthfische.

Labyrinthspinne [v. *labyrinth-], *Agelena labyrinthica,* über das gemäßigte Eurasien verbreiteter Vertreter der Trichterspinnen; erreicht 1,5 cm Länge u. kommt oft in besonntem Gebüsch vor; Hinterleib schwärzl. mit gelbbraunen Winkelflecken. Die Netze stellen eine große, waagerechte u. dreieckige Decke dar, die in einer gekrümmten, nach hinten offenen Wohnröhre endet.

Labyrinthula w [v. *labyrinth-], Gatt. der ↗Netzschleimpilze.

Labyrinthulomycetes [Mz.; *labyrinth-, gr. mykēs = Pilz], die ↗Netzschleimpilze.

Labyrinthversuch [v. *labyrinth-], Versuchsanordnung, in der ein Tier es lernen muß, durch ein System verzweigter Wege (Labyrinth) ein vom Start aus nicht erkennbares Ziel aufzusuchen. Durch die dort gegebene Belohnung wird das ↗Lernen des richtigen Wegs bewirkt.

Labyrinthzähner [v. *labyrinth-], die ↗Labyrinthodontia.

lac, Abk. für ↗Lactose.

Lacaze-Duthiers [lakasdütje], Henri de, frz. Zoologe, * 15. 5. 1821 Montpezat-de-Querzy, † 21. 7. 1901 Landsitz Las-Fos (Dordogne); seit 1854 Prof. in Lille, 1865 Paris; Arbeiten über äußere Geschlechtsorgane v. Insekten und anatom. entwicklungsbiol. Untersuchungen an marinen Muscheln, Schnecken, Brachiopoden, Ascidien u. Korallen. Gründer der Zool. Stationen Roscoff (1872) u. Banyuls-sur-Mer (1881). B Biologie III.

Lacazella w [ben. nach H. de ↗Lacaze-Duthiers], ↗Brachiopoden-Gatt. der *Articulata (= Testicardines),* die durch eine bes. Form der Brutpflege gekennzeichnet ist: die Larven entwickeln sich an den umgestalteten zwei mittleren Tentakeln.

Laccaria w [v. *lacc-], die ↗Bläulinge 1).

Laccasen [Mz.] ↗Phenoloxidasen.

---

labyrinth- [v. gr. labyrinthos = (Höhlen, Bergwerke, Bauwerke mit) gewundene(n) Irrgänge(n)].

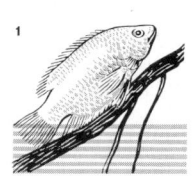

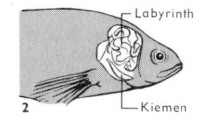

Labyrinthfische
1 Kletterfisch außerhalb des Wassers,
2 freigelegtes Labyrinthorgan (Labyrinth)

Labyrinthversuch
Die Schwierigkeit eines Labyrinths richtet sich nach der Zahl der geforderten Entscheidungen; das einfachste Labyrinth hat T- oder Y-Form u. nur eine Verzweigung. Als Maß für die Lernleistung dient die Zahl der Durchgänge, die das Tier benötigt, um den richtigen Weg zu erlernen, bzw. die Zahl der Richtungsänderungen, die es in einem immer komplexer werdenden L. höchstens durchzuführen imstande ist. Der L. hat bes. im ↗Behaviorismus eine große Rolle gespielt.

lacc- [v. mlat./it. lacca = Lack].

Lacciferidae

Lacciferidae [Mz.; v. *lacc-, lat. -fer = -tragend], Fam. der ↗Schildläuse.

Lacerta w [lat., = Eidechse], Gatt. der Echten ↗Eidechsen.

Lacertidae [Mz.; v. lat. lacerta = Eidechse], die Echten ↗Eidechsen.

La Chapelle-aux-Saints [laschapeloßã̱], Fundort (S-Fkr., Dordogne) des 1908 von M. Boule aus einer Höhle geborgenen vollständ. Skeletts eines alten männl. ↗Neandertalers; wahrscheinl. handelt es sich um eine Bestattung; dazu Steinwerkzeuge des ↗Moustérien u. eine jungpleistozäne Säugetierfauna.

Lächeln, freundl. beschwichtigendes mimisches Signal des Menschen, das bereits beim Säugling angeborenermaßen auftritt (sogar bei taubblinden Kindern) u. im ↗Kulturenvergleich überall in derselben Form gefunden wird. Wesentl. für die Signalwirkung sind die bei leicht geöffnetem Mund gehobenen Mundwinkel, verbunden mit einer entspannten Augenbrauenstellung u. kurzen Blickwechseln. Bei Menschenaffen gibt es ein ähnl. mimisches Signal mit derselben Funktion, aber kleinen Ausdrucksunterschieden: So zeigen Schimpansen bei ihrem „Lächeln" die Zähne nicht; das menschl. Lächeln wird der sichtbaren Zähne wegen v. ihnen daher leicht als aggressive Mimik fehlinterpretiert.

Lachen, aus der Sicht der ↗Humanethologie ein mimisches u. akustisches soziales Signal des Menschen, das die Gruppenmitglieder verstärkt aneinander bindet, gg. Gruppenfremde aber aggressiv gemeint sein kann bzw. sich gg. ein Individuum richten kann. Direkte Analogien zum menschl. L. sind bei Tieren nicht bekannt. Die humanethol. Interpretation des L.s kann die kulturelle u. bewußtseinsmäßige Rolle des L.s oder gar des Humors im menschl. Leben nicht deuten; sie beschränkt sich auf die Untersuchung der stammesgesch. Basis dieses Verhaltens.

Lachender Hans, *Dacelo gigas*, ↗Eisvögel.

Lachesis w [ben. nach der myth. Parze L. (bestimmt das Lebenslos)], der ↗Buschmeister.

Lachnidae [Mz.; v. gr. lachnē = wolliges, krauses Haar], die ↗Baumläuse.

Lachnospira w [v. gr. lachnē = wolliges, krauses Haar, speira = Windung], Gatt. gramvariabler, obligat anaerober, mit Geißeln bewegl. Bakterien in der Gruppe der gramnegativen anaeroben Stäbchen (taxonomische Einordnung unsicher). Die leicht gekrümmten, stäbchenförmigen Zellen (0,4–0,6 × 2–4 µm) vergären verschiedene Zucker, Cellobiose, Pektin u. a. organische Substrate in einer gemischten Säuregärung. *L. multiparis* kommt im Pansen v. Rindern u. a. Wiederkäuern vor, in hoher Anzahl bei pektinreicher Nahrung (16–31% der gesamten Anaerobier).

lacc- [v. mlat./it. lacca = Lack].

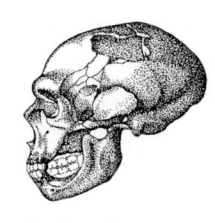

La Chapelle-aux-Saints

Schädel eines alten Neandertaler-Mannes v. La Chapelle-aux-Saints

Lachse

Die 6 Arten der Gatt. Pazifische L. (*Oncorhynchus*) haben sehr kleine Schuppen u. eine breite Afterflosse; sie leben v. a. im Küstenbereich des nördl. Pazifik v. Taiwan über das nördl. Eismeer bis San Francisco; alle laichen in asiat. und am. Flüssen. Bei der höchstens 160 km langen Laichwanderung wächst dem bis 75 cm langen Männchen des Buckel-L.s (*O. gorbuscha*) ein großer Buckel; große Wanderungen machen der bis 95 cm lange Kisutsch-L. (*O. kisutch*) u. der um 1,2 m lange Quinnat od. Königs-L. (*O. tschawytscha*, B Fische III), die im kanad. Yukon über 2000 km aufwärts ziehen. Alle L. sind wicht. Wirtschaftsfische; so dient der bis 1 m lange Keta-L. (*O. keta*) v. a. im nördl. Kanada als Wintervorrat für Menschen u. Hunde.

Lachsähnliche, *Salmonoidei*, U.-Ord. der Lachsfische mit 3 Fam.: L. i. e. S. (*Salmonidae*), ↗Ayus (*Plecoglossidae*) u. ↗Stinte (*Osmeridae*); mit typ. Fettflosse, stark reduzierten Ovidukten, gut ausgeprägter Seitenlinie u. ohne Fleischgräten; vorwiegend Süßwasserfische der nördl. Hemisphäre, auch marine Arten suchen zum Laichen Süß- od. Brackwasser auf. Die *Salmonidae* sind gute Schwimmer u. haben meist einen spindelförm. Körper, kleine Schuppen u. eine große Schwimmblase. Hierzu gehören zahlr., sehr geschätzte Speisefische, wie ↗Lachse, ↗Forellen, ↗Saiblinge, ↗Huchen, ↗Renken und ↗Äschen.

Lachse, die Gatt. *Salmo* u. *Oncorhynchus* der Lachsfische. Wirtschaftl. sehr bedeutender Edelfisch ist der bis 1,5 m lange u. bis 35 kg schwere Atlantische L. oder Salm (*Salmo salar*, B Fische III) des nördl. Atlantik, der zum Laichen als ↗anadromer Fisch (↗Fischwanderungen) in die Flüsse u. deren Quellbäche aufsteigt, südwärts in Amerika bis zum Hudson u. in Europa bis zum nordiber. Douro; dabei überwindet er Hindernisse durch meterhohe Sprünge. Große L. steigen meist in die Quellgebiete auf u. laichen v. Sept. bis Jan., in Mitteleuropa von Nov. bis Dez., in vom Rogner geschlagenen Laichgruben auf kies. Grund; kleine Formen laichen auch schon im Unterlauf. Die meisten L. sterben nach dem Ablaichen, nur 2–4% machen eine 2. oder 3. Laichwanderung. Die Jung-L. bleiben 1–2 Jahre in mitteleur. Flüssen, in nordeur. bis 5 Jahre, u. wandern dann als 10–20 cm lange Fische ins offene Meer. Nach einer 1–4jähr. Meeresphase steigen die herangewachsenen, silbrigen, sog. Blank-L., u. a. durch ihren Geruchssinn geleitet, in ihre Geburtsflüsse auf; v. a. die größeren Männchen bekommen ein auffälliges, unterseits rötl. Hochzeitskleid u. einen hakenförm. aufgebogenen Kiefer (Haken-L.); zudem wird ihr vorher orangerotes Kleid durch Fettverbrauch während der Wanderung ohne Nahrungsaufnahme heller. In einigen kanad. Seen gibt es reine Binnen-L., die aus den Geburtsflüssen nur bis in große Süßwasserseen ziehen u. hier geschlechtsreif werden. Die fr. weite Verbreitung der L. ist v. a. durch Gewässerverschmutzung, Überfischung u. Verbauungen stark reduziert; sie fehlen heute in vielen eur. Flüssen. – Pazifische L. vgl. Spaltentext. See-L. ↗Köhler.

Lachsfische, *Salmoniformes*, Ord. der Knochenfische mit 8 U.-Ord. (vgl. Tab.) und 37 Fam. Mit urspr. Schädelbau, Zähnen, die nur auf dem Kieferrand und z. T.

Lactat-Dehydrogenase

Lachsfische Unterordnungen:
- ↗Lachsähnliche *(Salmonoidei)*
- ↗Hechtlinge *(Galaxioidei)*
- ↗Hechtartige *(Esocoidei)*
- ↗Glasaugen *(Argentinoidei)*
- ↗Großmünder *(Stomiatoidei)*
- ↗Glattkopffische *(Alepocephaloidei)*
- Tiefseesalme *(Bathylaconoidei)*
- ↗Laternenfische *(Myctophoidei)*

auf der Zunge sitzen, weichstrahl. Flossen, schmalen Brustflossen, einer charakterist., strahlenlosen Fettflosse als hintere Rückenflosse, einer mit dem Darm verbundenen (physostomen) Schwimmblase u. rückgebildeten Oviducten. Sehr formenreich mit Süßwasser-, Meeres- u. Tiefseeformen. Zieml. „archaisch" ist bei der kleinen U.-Ord. Tiefseesalme *(Bathylaconoidei)* der Einbezug der vorderen Kiemendeckelstrahlen in den eigtl. Kiemendeckel.

Lacinia *w* [lat., = Zipfel], die Innenlade der 1. Maxille der ↗Insekten; ↗Mundwerkzeuge.

Laciniaria *w* [v. *lacin-], Gatt. der Schließmundschnecken, in Mitteleuropa nur durch die Faltenrandschnecken *(L. plicata)* vertreten, die bevorzugt an feuchten Felsen leben.

laciniat [v. *lacin-], bei Flechten: Thallus in kleine Läppchen gegliedert.

Lacinius *m* [v. *lacin-], Gatt. der ↗Phalangiidae.

Lacinularia *w* [v. *lacin-], Gatt. der ↗Rädertiere (Ord. *Monogononta,* Fam. *Flosculariidae*) mit mehreren sessilen Arten, die ein herzförmig-gelapptes Räderorgan besitzen. Sie bilden individuenreiche, kugelige, meist an Pflanzen haftende, seltener frei flottierende Kolonien von 100 und mehr radial in einer gemeinsamen Gallerthülle angeordneten Einzeltieren. In unseren Teichen u. Fließgewässern bes. im Herbst häufig: *L. flosculosa.*

Lackmus *s* [v. niederländ. lakmoes (eigtl. = Lackmoos)], *Liturm, Lacca musci,* aus Flechten hergestellter, chem. uneinheitl. ↗Flechtenfarbstoff, durch Säuren rot, durch Alkalien blau gefärbt (↗*L.papier).*

Lackmusmilch, Milch mit 2,5–7% ↗Lackmus-Tinktur als Farbindikator versetzt; dient zur Bestimmung v. lactoseverwertenden Bakterien. Nach einer Beimpfung der L. schlägt bei Säurebildung aus Lactose die Färbung v. blau (alkalisch) nach rot (sauer) um; Bakterien, die keine Lactose vergären, verursachen keinen Farbumschlag.

Lackmuspapier, mit einer Lösung v. ↗*Lackmus* getränktes u. getrocknetes Filtrierpapier, das u.a. zur qualitativen Bestimmung des pH-Wertes dient. [T] Indikator.

lacin- [v. lat. lacinia = Zipfel; davon: laciniatus = zipfelig, lacinula = Zipfelchen].

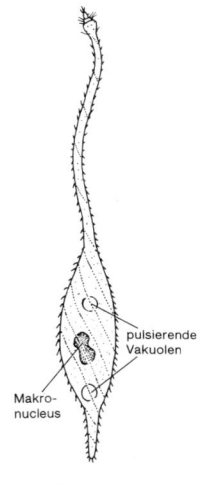

Lacrymaria

Lactat (Milchsäure)

$$HO-\overset{\text{COO}^\ominus}{\underset{\text{CH}_3}{C}}-H$$

NAD⊕ → NAD⊕
NADH₂ ← NADH₂

$$\overset{\text{COO}^\ominus}{\underset{\text{CH}_3}{C}}=O$$

Pyruvat (Brenztraubensäure)

Lactat-Dehydrogenase-Reaktion

lact-, lacto- [v. lat. lac, Gen. lactis = Milch, milchiger Saft].

Lackpilze, *Lacktrichterlinge,* die ↗Bläulinge 1).

Lackporlinge, *Ganoderma,* Gatt. der Nichtblätterpilze (Fam. *Ganodermataceae* od. auch *Poriaceae);* in Mitteleuropa ca. 5 Arten, in den Tropen etwa 50 Arten, die an verschiedenen Nutzpflanzen wachsen (z.B. Kaffee, Kakao, Tee, Kautschukbäume). Die bräunl., einjährigen od. ausdauernden, korkigen od. faserigen Fruchtkörper sitzen seitl. am Substrat od. sind gestielt. Hutoberseite u. Stiel (wenn vorhanden) sind v. einer glänzenden Kruste (Name!) aus dickwandigen, palisadenart. Zellen bedeckt. Die Poren an der Hutunterseite sind klein bis mittelgroß. Die bräunl. Sporen besitzen eine sehr dicke, *doppelte* Membran u. ein stacheliges Endospor. – An unterird. Holz od. morschen Baumstubben wächst mit langem, seitl. Stiel der sehr schöne Glänzende L. (*G. lucidum* Karst.) mit lackart., leuchtend-roter Hutoberseite (⌀ 5–30 cm). Häufig ist der bis 75 cm breite Abgeflachte L. (*G. applanatum* Pat.) als Saprophyt od. Parasit auf Laubhölzern; er ist oft v. Larven der Pilzfliege *(Agathomyia wankowiczi)* befallen.

Lackschildläuse, *Lacciferidae,* Fam. der ↗Schildläuse.

Lacktrichterlinge, die ↗Bläulinge 1).

lac-Operator *m* [v. lat. operator = Verrichter], ↗Lactose-Operon, ↗Operator.

lac-Operon *s* [v. lat. operare = ins Werk setzen], das ↗Lactose-Operon.

lac-Promotor *m* [v. mlat. promotor = Förderer], ↗Lactose-Operon.

lac-Repressor *m* [v. lat. repressor = Unterdrücker], ↗Lactose-Operon.

Lacrymaria *w* [v. lat. lacrima = Träne], artenreiche Gatt. der *Gymnostomata;* langgestreckte Wimpertierchen, die in Kopf, sehr dehnbaren Hals u. Rumpf gegliedert sind; leben räuberisch in nährstoffreichen Gewässern v. anderen Protozoen. Eine häufige Art ist *L. olor* (Schwanenhalstierchen), die mit gestrecktem Hals bis 1,2 mm lang ist; liegt bei der Nahrungssuche fest u. tastet mit dem Kopf nach Beute.

Lactalbumin *s* [v. *lact-, lat. albumen = Eiweiß], ein ↗Milchprotein, das für sich allein keine enzymat. Aktivität besitzt, das aber, verbunden mit Galactosyl-Transferase, deren Substratspezifität so modifiziert (Wirkung als sog. modifier), daß diese als Lactose-Synthetase wirkt u. die Übertragung des Galactose-Restes v. UDP-Galactose auf Glucose (statt auf N-Acetylglucosamin) unter Bildung v. ↗Lactose katalysiert. [linge.

Lactarius *m* [lat., = milchend], die ↗Milch-

Lactase *w* [v. *lact-], die ↗β-Galactosidase.

Lactat-Dehydrogenase *w* [v. *lact-], Abk.

Lactate

LDH, *Milchsäure-Dehydrogenase*, Enzym (↗Dehydrogenasen), das den letzten Schritt der ↗Glykolyse, die Bildung v. Milchsäure (Lactat) durch Hydrierung v. Brenztraubensäure (Pyruvat), katalysiert. L.-D. katalysiert auch die Umkehrreaktion (Name!). Bei Herzinfarkt u. Hepatitis ist der L.-D.-Spiegel erhöht (Diagnose!). ↗Isoenzyme (☐). ☐ 175. [↗Milchsäure.
Lactate [Mz.; v. *lact-], Salze u. Ester der
Lactation *w* [v. lat. lactare = Milch geben, säugen], die der Ernährung der Jungen dienende Produktion u. Absonderung v. Muttermilch (↗Milch) aus den ↗Milchdrüsen der Säugetiere u. des Menschen. Die Regulation der L. erfolgt über nahezu alle Hormonsysteme (T Hormone). Mit steigendem Östrogenspiegel vergrößert sich die Brustwarze, unter dem Einfluß v. Östrogen, Somatotropin u. den Steroidhormonen der Nebennierenrinde kommt es zur Ausbildung u. Entwicklung der Milchgänge. Prolactin (L.shormon), Somatotropin u. Corticosteroide steuern die eigtl. Milchbildung; unter der Wirkung v. Oxytocin erfolgt das (durch Kontraktion der glatten Muskulatur der Alveolen) Auspressen der Milch. Auslösend für die Oxytocinausschüttung ist der Saugreiz. Bei all diesen Regulationsvorgängen wirkt das Hormonsystem synergistisch, wahrscheinl. auch in Verbindung mit dem vegetativen Nervensystem. ↗Milchzeit.
Lactationshormon *s* [v. lat. lactare = Milch geben, gr. hormōn = antreibend], das ↗Prolactin.
Lactobacillaceae [Mz.; v. *lacto-, lat. bacillum = Stäbchen], Fam. der grampositiven, sporenlosen, stäbchenförm. Bakterien mit der Gatt. *Lactobacillus*; außerdem werden noch die Gatt. ↗*Erysipelothrix*, ↗*Listeria* u. ↗*Caryophanon* angegliedert; diese Einordnung ist aber unsicher. Die Arten der Gatt. *Lactobacillus* sind aufgrund ihrer typischen, kräft. Milchsäuregärung Vertreter der ↗Milchsäurebakterien u. werden wegen Unterschieden in Wachstum u. Stoffwechsel in 3 U.-Gatt. aufgeteilt (vgl. Tab.). Die Zellen sind lang, schlank bis kurz, fast kokkenförmig (Kokkenbacillen), oft in Ketten, i. d. R. unbeweglich, jung grampositiv, im Alter gramnegativ. Sie führen einen obligaten Gärungsstoffwechsel aus, auch die aerotoleranten Formen; Substrate sind hpts. Zucker. Einige Arten sind obligat anaerob. *Homofermentative* Lactobacillen bilden aus Glucose überwiegend Milchsäure (ca. 85%); *heterofermentative* scheiden dagegen nur ca. 50% der Endprodukte als Milchsäure aus u. zusätzlich Essigsäure, Formiat, Succinat, CO_2 u. Äthanol. Nährstoffansprüche, Vorkommen u. Bedeutung ↗Milchsäurebakterien.

lact-, lacto- [v. lat. lac, Gen. lactis = Milch, milchiger Saft].

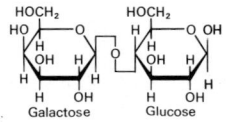

β-Lactose

Lactobacillaceae

Untergattungen u. einige Arten der Gatt. *Lactobacillus*:
Thermobacterium (homofermentativ, thermophil)
  L. acidophilus
  L. helveticus
  L. bulgaricus
  L. delbrueckii
Streptobacterium (homofermentativ, mesophil)
[Wachstum 15 °C, CO_2 von Gluconat; Ribose vergärt]
  L. casei
  L. plantarum
Betabacterium (heterofermentativ; CO_2 aus Glucose)
  L. fermentum
  L. cellobiosus
  L. buchneri

Lactobacillus *m* [v. *lacto-], Gatt. der ↗Lactobacillaceae.
Lactoflavin *s* [v. *lacto-, lat. flavus = goldgelb], das ↗Riboflavin.
lactogenes Hormon *s* [v. *lacto-, gr. gennan = erzeugen, hormōn = antreibend], das ↗Prolactin.
Lactoglobulin *s* [v. *lacto-, lat. globulus = Kügelchen], ein ↗Milchprotein.
Lactone [Mz.; v. *lacto-], innere (ringförmige) Ester v. Oxycarbonsäuren; diese Gruppierung kommt in vielen Naturstoffen vor (z. B. in den v. Zuckern abgeleiteten Säuren Ascorbinsäure, Glucuronsäure).
Lactose *w* [v. *lacto-], Abk. *lac*, *Lactobiose*, *Milchzucker*, ein aus β-Galactose und α- oder β-Glucose β-1,4-glykosid. aufgebautes Disaccharid; das wichtigste Kohlenhydrat der ↗Milch (in Frauenmilch 6–8%, in Kuhmilch 4–5%). L. bildet sich durch Übertragung des ↗Galactose-Rests v. UDP-Galactose auf ↗Glucose unter der katalyt. Wirkung v. *L.-Synthetase*, einer durch ↗Lactalbumin modifizierten Galactosyl-Transferase. Im Darm des menschl. u. tier. Säuglings wird L. unter der katalyt. Wirkung v. ↗β-Galactosidase (Lactase) hydrolyt. zu β-Galactose u. Glucose gespalten. Durch ↗Milchsäurebakterien wird L. zu Milchsäure (Lactat) abgebaut, worauf das Sauerwerden v. Milch beruht. In *Escherichia coli* sind die L. umsetzenden Enzyme im ↗*L.-Operon* vereinigt u. werden durch dessen Kontrollelemente reguliert.
Lactose-Operon *s* [v. *lacto-, lat. operare = ins Werk setzen], Abk. *lac-Operon*, ein etwa 5000 Basenpaare langer, inzwischen vollständig sequenzierter Abschnitt auf der DNA v. ↗*Escherichia coli*, der eine Gruppe von 3 benachbarten u. gemeinsam regulierten Genen umfaßt, die für Enzyme der ↗Lactose-Verwertung codieren. Die Gene codieren für die Enzyme β-*Galactosidase* (Abk. des Gens: lac Z; das Enzym katalysiert die Spaltung v. Lactose in Galactose u. Glucose), β-*Galactosid-Permease* (Abk. des Gens: lac Y; das Enzym ist ein Transportprotein, welches den Transport v. Lactose durch die Zellmembran katalysiert) und β-*Galactosid-Transacetylase* (Abk. des Gens: lac A; die Funktion des Enzyms ist bislang nicht eindeutig geklärt). Die 3 Gene werden in der Reihenfolge lac Z, lac Y, lac A in Form einer polycistronischen m-RNA transkribiert. Die Transkription wird einerseits durch den *lac-Repressor* (negative ↗Genregulation, B), andererseits durch den cAMP-CAP Komplex (positive Genregulation) gesteuert; der lac-Repressor wird v. dem nicht mehr zum L. gehörenden, aber direkt benachbarten lac-I-Gen codiert. In Abwesenheit des natürl. *Induktors* Allolactose (ein intrazelluläres

Umwandlungsprodukt der Lactose) od. eines künstl. Induktors, wie z. B. ↗ Isopropyl-β-thiogalactosid, bindet der in geringer Konzentration (10–20 Moleküle pro Zelle) vorliegende Repressor mit hoher Affinität (sehr geringe Dissoziationskonstante) an den *lac-Operator* u. verhindert dadurch die Transkription des L.s. Ein aktiver lac-Repressor besteht aus 4 ident. Untereinheiten (je 360 Aminosäuren); der lac-Operator umfaßt einen 35 Basenpaare langen DNA-Abschnitt, der z. T. mit dem lac-Z-Gen überlappt u. im wesentl. aus einer invertierten Sequenzwiederholung (engl. inverted repeat) besteht. Die Symmetrie der Operatorsequenz u. die symmetr. Tetramerstruktur des Repressors spielen für die wechselseit. Bindung u. damit für die Regulation des L.s eine entscheidende Rolle. Durch die Bindung eines Induktors an den lac-Repressor erfährt dieser eine allosterische Umlagerung (↗ Allosterie), wodurch seine Affinität zum lac-Operator stark vermindert wird u. RNA-Polymerase ungehindert am lac-Promotor mit der Transkription der Strukturgene beginnen kann. Allerdings findet auch nach Induktion eine effektive Transkription der Strukturgene des L.s erst statt, wenn im Medium keine od. nur wenig Glucose vorliegt, welche die Bakterienzellen als Kohlenstoffquelle (anstatt Lactose) verwerten könnten. Dieses als *Katabolitrepression* bezeichnete Phänomen beruht darauf, daß für die Transkription der Strukturgene der cAMP-CAP-Komplex als *Aktivator* (zusätzl. zur ↗ Derepression durch einen Induktor) vorliegen muß; die Synthese von cAMP (u. somit auch die Bildung des cAMP-CAP-Komplexes) durch das mit der Zellmembran assoziierte Enzym ↗ Adenylat-Cyclase wird durch niedrige Glucose-Konzentration im Medium stimuliert. Dadurch ist gewährleistet, daß Enzyme zur Verwertung v. Lactose als Kohlenstoffquelle erst dann synthetisiert werden, wenn der „Grundnährstoff" Glucose verbraucht ist u. nur noch „Luxusnährstoffe" wie Lactose im Medium vorhanden sind. G. St.

Lactotropin *s* [v. *lacto-, gr. tropē = Wendung], *lactotropes Hormon*, das ↗ Prolactin.

Lactuca *w* [lat., =], der ↗ Lattich.

Lacuna *w* [lat., = Vertiefung], ↗ Grübchenschnecke.

Ladanum *s* [v. gr. ladanon = oriental. Baumharz], ↗ Cistrose (☐).

Ladenburg, Albert, dt. Chemiker, * 2. 7. 1842 Mannheim, † 15. 8. 1911 Breslau; Prof. in Kiel u. Breslau; ermittelte 1879 die Konstitution des Atropins u. synthetisierte 1886 das Coniin u. Piperidin.

Ladyfisch [leˈdi-; v. engl. lady = Dame], *Albula vulpes,* ↗ Grätenfische.

Laelaptidae [Mz.; v. gr. lailaps = Sturmwind], Fam. der *Parasitiformes;* bekannteste Vertreter sind die ↗ Vogelmilbe, die ↗ Robbenmilbe u. die ↗ Lungenmilbe. *Typhlodromus* bewohnt die Domatien der Linden u. macht Jagd auf Spinnmilben. Die Vertreter der Gatt. *Haemogamasus* u. *Laelaps* leben in den Bauen v. Kleinsäugern.

Laemanctus *m* [v. gr. laimos = Kehle, agchein = zuschnüren], Gatt. der ↗ Basiliscinae.

Laeospira *w* [v. gr. laios = links, speira = Windung], ↗ Spirorbis.

Laetmonice *w* [v. gr. laitma = Meerestiefe, nikē = Sieg], Gatt. der ↗ Aphroditidae.

Laetoli, *Fußspuren von L.,* 1978 in 3,6–3,8 Mill. Jahre alten Vulkanaschen bei L. in O-Afrika (Tansania) entdeckte frühmenschl. Fußspuren; belegen eindeutig, daß die ↗ Australopithecinen bereits zweibeinig-aufrecht gehen konnten.

Laevaptychus *m* [v. lat. levis = glatt, gr. ptychēs = Falten], (Trauth 1927), relativ breiter ↗ Aptychus mit feinen Poren auf der Außen- u. Zuwachslinien auf der Innenseite; typ. für † *Aspidoceratidae* (↗ *Ammonoidea*). Verbreitung: oberer Dogger bis unterste Kreide, im Malm bes. häufig.

Laevicardium *s* [v. lat. levis = glatt, gr.

Laevicardium

Lactose-Operon

Durch Mutantenanalyse des L.s haben ↗ Jacob u. ↗ Monod in den 50er Jahren erstmals allg. Prinzipien der ↗ Genregulation postuliert *(Jacob-Monod-Modell)*, die später durch molekularbiol. Untersuchungen der einzelnen Komponenten des L.s verifiziert u. verfeinert werden konnten.

Lactose-Operon

1 Aufbau des Lactose-Operons (BP = Basenpaare). Das lac-I-Gen wird nicht mehr zum Lactose-Operon gerechnet. Das lac-I-Genprodukt, der *lac-Repressor*, ist jedoch maßgebl. an der Regulation des Lactose-Operons beteiligt. Die Kontrollregion u. der Abstand zum lac-I-Gen sind nicht maßstabsgerecht wiedergegeben.
2 Nucleotidsequenz der *Kontrollregion* des Lactose-Operons.

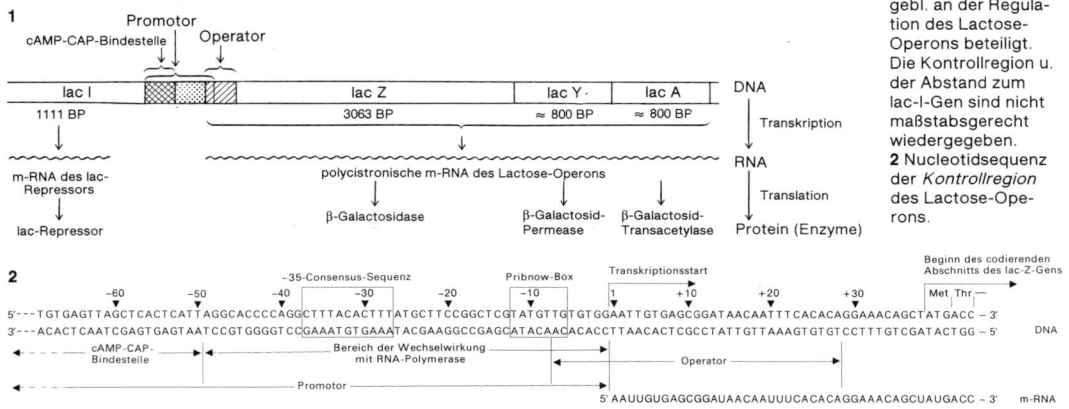

laevigat

kardia = Herz], Gatt. der Herzmuscheln mit glatten od. nur schwach radialgerippten Klappen. Die Norwegische Herzmuschel *(L. norvegicum)* wird 5 cm, die Lange H. *(L. oblongum)* 6 cm lang; beide Arten variieren in Form u. Farbe u. kommen im O-Atlantik, letztere auch im Mittelmeer vor.

laevigat [v. lat. levigatus = geglättet], bezeichnet ein glattes od. mit schwachen radialen Linien verziertes Ammoniten-Gehäuse (↗Ammonoidea).

La Ferrassie [laferaßi], 1909 entdeckter Fundort (S-Fkr., Dordogne) v. Gräbern eines männl. u. eines weibl. ↗Neandertalers u. 5 Kindern bzw. Feten; daneben Steinwerkzeuge des ↗Moustérien.

Lafoeidae [Mz.], Fam. der ↗*Thekaphorae-Leptomedusae* mit ungedeckelten Theken; niederwüchsige, v. a. epizoische Arten. *Lafoea dumosa* u. *Grammaria serpens* sind in der Nordsee sehr häufig; sie bilden Ansammlungen u. dicht gedrängten Gonophoren (Coppinien) aus. *L. dumosa* ist v. stacheligem Aussehen, *G. serpens* eine kriechende, zarte Kolonie meist auf anderen Polypenkolonien. *Hebella parasitica* aus dem Mittelmeer ist eine freie medusenbildende Art, die sich nicht selten an *Aglaophenia*-Stöcken hinaufwindet.

Lagebezeichnungen ↗Achse (☐).

Lageinformation, die ↗Positionsinformation.

Lagena *w* [v. *lagen-], Teil des Gehörorgans höherer Wirbeltiere: taschenähnl. Vertiefung am Boden des Sacculus, die als Sinnesendstelle die *Macula lagenae* besitzt; ↗mechanische Sinne. ☐ Gehörorgane, B mechanische Sinne II.

Lagenaria *w* [v. lat. lagoenaris = flaschenförmig], Gatt. der ↗Kürbisgewächse.

Lagenidiales [Mz.; v. *lagen-], Ord. der *Oomycetes* (Eipilze), die mikroskop. kleine, endobiotisch (in der Wirtszelle) lebende Parasiten umfaßt (ca. 30 Gatt. u. 50 Arten). Die einfachen Vegetationskörper sind ein- od. mehrzellig, meist ein kleiner verzweigter od. unverzweigter Faden. Die Zoosporen besitzen eine behaarte u. eine glatte Geißel. Bei der geschlechtl. Fortpflanzung können neben Antheridien u. Oogonien auch einfache Thalli untereinander konjugieren (vgl. Abb.). Sie kommen meist in wasserlebenden Organismen vor. *Lagenidium rabenhorstii* parasitiert in *Spirogyra*-Algen, *Olpidiopsis achlya* auf *Achlya* u. a. *Saprolegniaceae* (Niedere Pilze), *Myzocytium zoophthorum* in Rädertierchen u. *Lagena radicicola* in Getreidewurzeln. L. können in 3 Fam. unterteilt werden: *Olpidiopsidaceae, Sirolpidiaceae* u. *Lagenidiaceae.*

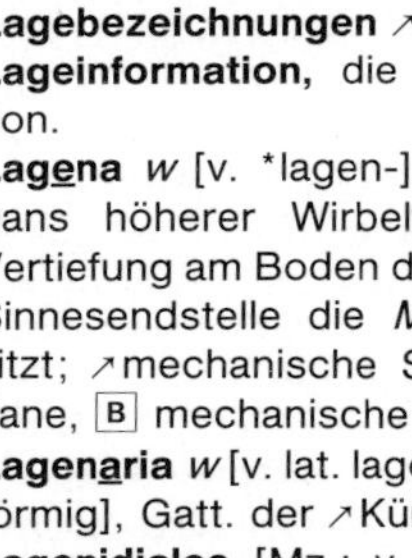

Lagenophrys *w* [v. *lagen-, gr. ophrys = Braue], Gatt. der *Peritricha,* Wimpertierchen mit rundl. Gehäuse, das einen komplizierten Verschluß trägt; leben symphoriontisch auf Bachflohkrebsen u. Wasserasseln.

Lagenostoma *s* [v. *lagen-, gr. stoma = Mund], Gatt.-Name für bestimmte Samen der ↗*Lyginopteridales.*

Lager, Bez. für Thallus, hpts. bei ↗Flechten gebräuchlich.

Lagerfäule, 1) Landw.: Krankheiten v. geernteten u. gelagerten Pflanzen od. Pflanzenteilen (Früchte, Knollen usw.); Ursache v. Zersetzungen u. Fäulnis des alternden Pflanzengewebes sind Mikroorganismen (Pilze, Bakterien); die Infektion erfolgt meist aus dem Boden vor od. während der Ernte (↗Trockenfäule, ↗Naßfäule, ↗Fruchtfäule; vgl. Tab.). 2) Holzwirtschaft: Zerstörung v. gelagertem Holz durch Pilzbefall (↗Braunfäule, ↗Weißfäule).

Lägerfluren, *Rumicion alpini,* Verb. der ↗Artemisietalia. [heit.

Lagerfußkrankheit, die ↗Halmbruchkrank-

Lagerheimia *w,* Gatt. der ↗Oocystaceae.

Lagerpflanzen, die ↗Thallophyten; Ggs.: ↗Kormophyten.

Lagerrand ↗lecanorin.

Lagerstroemia *w* [ben. nach dem schwed. Kaufmann M. v. Lagerström, 1696–1759], Gatt. der ↗Weiderichgewächse.

Lagesinn ↗Kinästhesie.

Lagg *m,* ↗Hochmoor.

Lagis *w* [v. *lag-], Gatt. der ↗Pectinariidae.

Lagisca *w* [v. *lag- (mit Diminutivsuffix)], Gatt. der ↗Polynoidae.

Lagomeryx, (Roger 1904), problemat. † Paarhufer-Gatt., deren Kenntnis sich v. a. auf geweihartige Schädelfortsätze stützt, die keine Rose ausbildeten, vermutl. mit Haut überzogen waren u. nicht gewechselt werden konnten; am Ende eines langen Stiels waren sie zu einem kurzarm. „Fangfächer" aufgegabelt. Diese u. die Besonderheiten des Gebisses nahmen einige Bearbeiter zum Anlaß, die Gatt. L., † *Procervulus* u. † *Climacoceras* in einer U.-Fam. *Lagomerycinae* zu vereinigen u. den Giraffen *(Giraffoidea)* anzuschließen, andere beließen sie bei den Hirschen *(Cervi-*

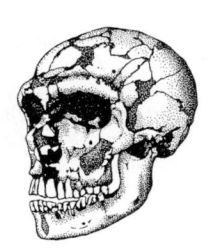

La Ferrassie
Schädel eines männl. Neandertalers v. La Ferrassie

Lagerfäule
Einige Erreger

Knollen-, Frucht- und Wurzelfäulen:
Phytophthora infestans
(Kraut- u. Knollenfäule der Kartoffel)
Fusarium-Arten
(Kartoffelknolle, Möhre, Apfel u. a.)
Rhizoctonia-Arten
(Kohl, Möhre u. a.)
Sclerotinia-Arten
(Kohl, Möhre)
Botrytis cinerea
(Kohl, Apfel u. a.)
Gloeosporium-, Monilia-, Pezicula-Arten
(Apfel-/Fruchtfäule)
Pectobacterium carotovorum (Möhre)

Holzfäulen:
Stereum-Arten
[Schichtpilze]
(Nadelholz, Weißfäule)
Gloeophyllum-Arten
[z. B. Zaunblättling]
(Nadelholz, Braunfäule)
Trametes versicolor
[Schmetterlingsporling]
Pholiota destruens
[Pappel-Schüppling]
Schizophyllum commune
[Spaltblättling]
(Laubholz, Weißfäule)
Trametes quercina
[Eichen-Wirrling]
(Laubholz, Braunfäule)
Xylaria hypoxylon
[Geweihpilz]
Hypoxylon fragiforme
[Kohlebeere]
(Laubholz, Verstokkung)

---

lagen- [v. lat. lagoena = Flasche].

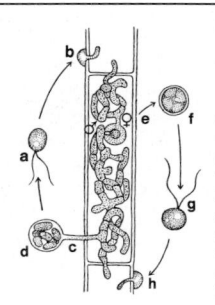

Lagenidiales
Lebenszyklus von *Lagenidium rabenhorstii:* a–d asexuelle, e–h sexuelle Fortpflanzung; a Zoospore, b Infektion, c Thallus mit Zoosporangium, d Schwärmblase, e Oogonium und Antheridium, f Dauerspore, g Zoospore, h Infektion

dae); auch eine Vereinigung von *L.* mit *Dicrocerus* hat Befürworter gefunden. Verbreitung: unteres bis mittleres Miozän v. Europa, oberes Miozän v. Asien.

Lagomorpha [Mz.; v. *lag-, gr. morphē = Gestalt], die ↗ Hasentiere.

Lagopus *m* [v. gr. lagōpous = Schneehuhn], die ↗ Schneehühner.

lag-Phase [läg; v. engl. lag = verzögern], ↗ mikrobielles Wachstum.

Lagriidae [Mz.; v. gr. lagaros = schlaff, wollig], die ↗ Wollkäfer.

Laguncularia *w* [v. lat. laguncula = Fläschchen], Gatt. der ↗ Combretaceae.

Lagune *w* [v. it. laguna = flache Meeresbucht], vom offenen Meer durch Nehrungen, Barren od. Riffe weitgehend abgetrennte Wasserbecken; auch als *Strandsee,* an der Ostsee als *Haff,* am Schwarzen Meer als *Liman* u. bei Atollen als *Innenbecken* bezeichnet.

Lagurus *m* [v. *lag-, gr. oura = Schwanz], *Hasenschwanzgras,* monotyp. Gatt. der Süßgräser (U.-Fam. *Pooideae*); das H. (*L. ovatus*) mit weichen, sammetart. Blütenähren ist ein beliebtes Ziergras, das in W-Europa, Kleinasien u. im Mittelmeergebiet beheimatet ist.

Lagyniaceae [Mz.; v. gr. lagynion = Fläschchen], Fam. der *Rhizochrysidales,* gelbbraune, rhizopodiale Algen, im Gehäuse lebend. *Lagynion,* 11 Arten, mit röhrenart. Gehäuse. Gehäuse auf Algenfäden festsitzend; in sauren Gewässern; bekannte Art *L. scherffelii. Chrysopyxis,* 12 Arten, gelbbraunes, unterschiedl. geformtes Gehäuse; sitzt mit zwei Fortsätzen auf Algenfäden fest; in Torftümpeln *C. inaequalis.*

Lähme, 1) septisch-pyämische Krankheit, die bei der Aufzucht v. Haustieren (u. a. durch Nabelinfektion) entstehen kann (Lämmer-L., Kälber-L.), wird meist durch Strepto- u. Diplokokken hervorgerufen. ↗ Fohlenlähme; 2) ↗ Kreuzlähme; 3) ↗ Marek-Lähme.

Laich *m* [Ztw. *laichen;* v. spätmhd. leich, eigtl. = Liebesspiel, Tanz], die in Streifen, Klumpen (*L.ballen*), Schnüren (*L.schnüre*) od. einzeln ins Wasser abgelegten, oft in Gallertsubstrat umhüllten Eier v. Schnecken, Fischen u. Amphibien, auch einiger Insekten. [T] Gelege, [B] Amphibien I, II.

Laichkraut, *Potamogeton,* Gatt. der ↗ Laichkrautgewächse.

Laichkrautartige, *Helobiae,* ältere Bez. für die meisten der hier als ↗ Alismatidae zusammengefaßten Pflanzensippen.

Laichkraut-Gesellschaften, *Laichkraut-Wiesen, Potamogetonion,* Verb. der ↗ Potamogetonetea.

Laichkrautgewächse, *Potamogetonaceae,* Fam. der *Najadales,* mit 2 Gatt. u.

lag- [v. gr. lagōs = Hase].

Hasenschwanzgras

H. (*Lagurus ovatus*), Pflanze u. Blattgrund

Laich

Freilaicher, wie die meisten Fische, entlassen die Eier frei ins Wasser. *Haftlaicher* heften die Eier mittels eines klebr. Sekrets an Gegenständen (*Krautlaicher* z. B. an Wasserpflanzen) an.

Laichperioden

Beispiele für Fischarten mit verschiedenen L.:
Frühjahrslaicher:
Seezunge, Schellfisch, Hering, Barsch, Groppe, Äsche
Sommerlaicher:
Petermännchen, Makrele, Karpfen
Herbstlaicher:
Hering, Wolfsfisch
Winterlaicher:
Forelle, Lachs, Scholle

Laichkrautgewächse
Laichkraut (*Potamogeton*)

Lakrimale

rund 100 Arten fast weltweit verbreitet. Außer dem Fischkraut (*Groenlandia densa*), das selten auch in Dtl. vorkommt (nach der ↗ Roten Liste „stark gefährdet"), gehören alle Arten zur Gatt. Laichkraut (*Potamogeton*). Die Fam. der L. wird teilweise weiter gefaßt u. enthält dann weitere Gatt., die aber im Ggs. zu den Süßwasserpflanzen der L. im Meer vorkommen. Zur Fam. gehören Schwimm- u. Tauchpflanzen, deren ähr. Blütenstände aus dem Wasser ragen. Eine Blütenhülle fehlt, ist aber durch 4 Staubblattanhängsel ersetzt. Die Blätter stehen im allg. (außer bei *Groenlandia densa*) wechselständig u. besitzen eine Scheide. Die Blattform variiert zw. linealisch u. rundlich. Viele Laichkräuter gehören zu den wicht. Arten der *Potamogetonetea* (Schwimmblattgesellschaften). In Dtl. kommen etwa 24 Arten vor, u. a.: das Kamm-L. (*P. pectinatus*) mit ästigem Stengel u. linealischen Blättern u. das Krause L. (*P. crispus*) mit welligen Blättern in nährstoffreichen, meist stehenden, oft etwas verschmutzten Gewässern. Das Durchwachsene L. (*P. perfoliatus*), Blätter rundl. mit herzförm. Grund, ist zirkumpolar verbreitet in meist stehenden, nährstoffreichen Gewässern (z. B. Gräben). Das Schwimmende L. (*P. natans*) mit großen, ellipt. Schwimm- u. linealischen Tauchblättern, kommt zirkumpolar in stehenden, oligo- u. mesotrophen Gewässern vor.

Laichperioden, jahreszeitl. festliegende, artspezif. Laichzeiten vieler Fische, ausnahmslos in Abhängigkeit v. der Wassertemp. u. der Tageslänge. In gemäßigten Zonen sind die meisten Fische Frühjahrslaicher (vgl. Tab.). ↗ Heringe laichen je nach Rasse im Frühjahr od. Herbst. Fische der Tropen u. der Tiefsee haben meist keine bestimmten Laichperioden.

Laichwanderungen, kleine bis viele 1000 km lange Wanderungen (↗ Fischwanderungen) zahlr. Meeres- u. Süßwasserfische zu bestimmten, meist dem eigenen Geburtsgewässer entspr. Laichgebieten. Weite L. unternehmen v. a. ↗ anadrome u. katadrome Wanderfische wie ↗ Lachs u. ↗ Aal, wobei sogar die Schranke zw. Süß- u. Salzwasser überwunden wird. Viele Meeresfische (z. B. ↗ Dorsche, ↗ Heringe, ↗ Makrelen, ↗ Schollen) suchen nach ausgedehnten Nahrungswanderungen jeweils bes., oft küstennahe Laichplätze auf, die für die heranwachsenden Jungfische optimale Lebensbedingungen bieten. Einige Fluß- u. Seefische ziehen zum Laichen flußaufwärts (z. B. Fluß-↗ Barbe, Plötze, See-↗ Forelle). Ausgefallene L. machen einige ↗ Ährenfische, wie der Grunion.

Lakrimale *s* [v. lat. lacrima = Träne], *Os lacrimale,* das ↗ Tränenbein.

179

Lakritzenwurzel [v. gr. glykyrrhiza über lat. liquiritia = Süßwurzel, Süßholz], Wurzel v. *Glycyrrhiza glabra*, ↗Hülsenfrüchtler.

Lakune w [v. lat. lacuna = Vertiefung, Lücke], *Lacuna*, anatomische Bez. für (oft mit Flüssigkeit gefüllte) Vertiefung od. Lücke, z. B. die *Lacunae laterales sinuum*, kleine seitl. Ausbuchtungen des Hirnsinus; in offenen ↗Blutkreisläufen (☐) die mit Hämolymphe od. Blut gefüllten Gewebespalten od. -lücken.

lakustrisch [v. lat. lacus = See], Bez. für Organismen, die in Seen leben.

Lamagazelle, Stelzengazelle, Dibatag, *Ammodorcas clarkei*, mittelgroße u. zierliche ostafr. Gazelle mit schlankem Hals u. langen Gliedmaßen (ähnl. ↗Gerenuk); Kopfrumpflänge 150–170 cm, Schulterhöhe 80–90 cm; Verbreitung auf Äthiopien u. Somalia beschränkt; niedriger Dornbusch mit freien Grasstellen wird als Lebensraum bevorzugt.

Lamantin m [v. span. la manatí = Seekuh], ↗Seekühe.

Lamarck, *Jean-Baptiste Antoine Pierre de Monet de*, frz. Naturforscher, * 1. 8. 1744 Bazentin (Somme); † 18. 12. 1829 Paris; an das Studium der Medizin, Meteorologie („Annuaire météorologique", 11 Bde., 1800–1810) u. Chemie schloß sich später eine bot. („Flore française", 3 Bde., 1778), schließl. zool. Ausbildung an (u. a. Schüler v. ↗Buffon); seinen eigtl. Ruhm verdankt er den zool. Arbeiten. Seit 1792 Prof. der Naturgeschichte der niederen Tiere am Jardin des Plantes, dem er zus. mit ↗Geoffroy Saint-Hilaire, ↗Cuvier u. Latreille zu seiner int. wiss. Bedeutung verhalf; seit 1779 Mitgl. der Pariser Akademie; prägte 1802 unabhängig v. ↗Burdach den Begriff „Biologie" sowie um 1794 die Begriffe „Wirbeltiere" u. „wirbellose Tiere" und systematisierte die letzteren (1809) erstmalig in Mollusken, Cirripedien, Anneliden, Crustaceen, Arachniden, Insekten, Vermes, „Strahltiere" (Echinodermen), Polypen u. Infusorien und beschrieb sie in seinem HW „Histoire naturelle des animaux sans vertèbres", 7 Bde., 1815–22. Ungeachtet der Unvollständigkeit u. Fehlerhaftigkeit dieser Klassifizierung leistete er damit einen entscheidenden Beitrag zur heutigen Systematik. – L. war Anhänger der Stufenleitertheorie des Lebendigen (↗Leibniz), „Scala naturae", in dem Sinne allerdings, daß die beobachteten Ähnlichkeiten u. Übergänge zw. verschiedenen Formen phylogenetisch begr. sind. Wegen dieser Ansichten, die die Kontinuität der Formen hervorhoben, wird L. als Begr. der Deszendenztheorie (↗Abstammung) angesehen („Philosophie zoologique", 2 Bde., 1809). Als Beweis für diese Vorstellungen dienten u. a. Funde fossiler Mollusken, an denen er Übergänge zu rezenten Formen entdeckte. Er stand damit in direktem Widerspruch zu der Ansicht v. der Diskontinuität der Arten, wie sie bes. von ↗Cuvier in seiner ↗Katastrophentheorie vertreten wurde. Die Ursachen für die Umgestaltung der Arten suchte er ganz in veränderten Umweltfaktoren zu finden, die zu neuen ↗Anpassungen „zwingen". Diese vitalist. Auffassung v. der „Vererbung erworbener Eigenschaften" (↗*Lamarckismus*), die – wie L.s phylogenetische Vorstellung überhaupt – den Menschen nicht einbezog, prägte dennoch die Vorstellung vieler Forscher auch noch im 20. Jahrhundert (↗Haeckel, ↗Driesch) u. nicht zuletzt von ↗Darwin selbst. B Biologie I–III.

K.-G. C.

J.-B. A. P. de Lamarck

Lamarckismus
Da die Molekularbiol. zeigen konnte, daß Veränderungen auf der Proteinebene nicht auf die Nucleinsäureebene übersetzt werden können u. auch sonst jede Evidenz für diese Form der ↗Evolution fehlt, wird der L. heute als Theorie für die Erklärung des evolutiven Wandels abgelehnt.

Lamarckismus, Bez. für die v. ↗Lamarck (1809) entwickelte Theorie über die Ursachen des evolutiven Wandels. Der L. erklärt die Anpassungen der Organe der Lebewesen an ihre Funktion u. Umwelt als „direkte" Anpassungen, die durch den besonderen „Gebrauch" oder auch durch den „Nichtgebrauch" (was zur Rückbildung führen soll; ↗Rudimente) zustande kommen soll. Danach soll es zu fortwährender ↗Anpassung durch „Vererbung erworbener Eigenschaften" kommen. Die Veränderungen können entweder direkt durch die Umwelt ausgelöst (Neo-L.) oder indirekt auf physiolog. Wege erreicht werden (echter L.). In beiden Fällen ist die Vererbung erworbener Eigenschaften Grundvoraussetzung. ↗Abstammung.

Lamas [Mz.; aus dem Quechua über span. llama], *Kleinkamele, Lama*, neuweltl. Gatt. der ↗Kamele (Fam. *Camelidae*); Kopfrumpflänge 120–220 cm, Körperhöhe 70–130 cm; Hals lang u. dünn, senkrecht getragen; kein Höcker. Im Ggs. zu den altweltl. Großkamelen (↗Dromedar, ↗Kamel) leben die L. außer in Steppen v. a. im Mittel- u. Hochgebirge, bis an die Schneegrenze. 2 Arten: das ↗Vikunja (*L. vicugna*) u. das selten gewordene ↗Guanako (*L. guanicoë*), die Stammform der beiden Haustierformen ↗Alpaka (*L. g. pacos*) u. Lama (*L. g. glama*, B Südamerika VI). Das Lama wurde wahrscheinl. schon v. den Vorgängern der Inkas im Hochland Perus als Haustier gehalten; noch heute ist es in unwegsamem Gelände als Tragtier unersetzlich. Es dient auch als Fleischlieferant; Wolle im Ggs. zu der des Alpaka v. geringerer Bedeutung.

Lambda-Phage m [v. *lambd-*, gr. phagos = Fresser], λ-*Phage*, temperenter ↗Bakteriophage, wurde nach seiner ersten Isolierung (1951) zu einem der klass. Untersuchungsobjekte v. Genetikern u. Molekularbiologen, so daß heute der Aufbau des Genoms u. die komplexe Regulation der

lambd- [v. gr. lambda (λ, Λ) = L, als gr. Zahlzeichen λ' = 30].

LAMBDA-PHAGE

Aufbau des Genoms und Transkription

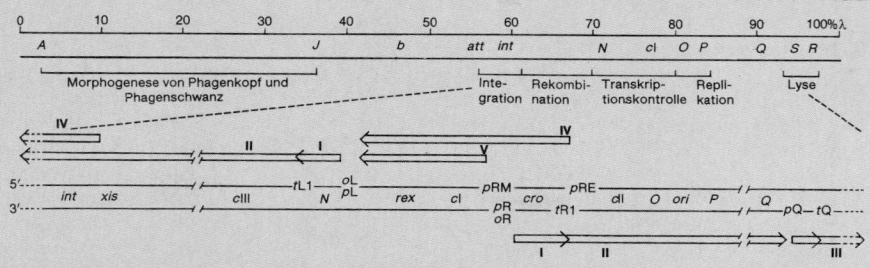

Die stufenweise Expression des Phagengenoms beginnt mit einer am Promotor pL initiierten, nach links gerichteten Transkription des Gens N sowie einer vom Promotor pR aus nach rechts verlaufenden Transkription des Gens cro. Diese sehr frühen („immediate early") Transkripte werden unter Einfluß des Wirtsproteins rho an den Terminatoren tL1 und tR1 terminiert (I). Erst die antiterminierende Aktivität des N-Genprodukts ermöglicht eine Transkription der Gene cIII bis int links von tL1 bzw. cII, O, P u. Q rechts von tR1 („delayed early") (II). Im Verlauf einer lytischen Infektion gelangen in der späten Transkriptionsphase durch die antiterminierende Aktivität des Q-Genprodukts die Gene S und R (deren Produkte zur Lyse der Zelle erforderl. sind) sowie die Hüllproteingene A bis J zur Expression (III). Für einen normalen lytischen Infektionsablauf ist zu diesem Zeitpunkt eine Repression der frühen Gene notwendig; dies bewirkt das cro-Protein, das durch Bindung an die Operatoren oR und oL die an den Promotoren pR und pL startenden Transkriptionen abschaltet. Eine zur Lysogenie führende Infektion erfordert 1. die Integration der Phagen-DNA in das Wirtsgenom (eine vom int-Genprodukt gesteuerte Reaktion) und 2. die Repression sämtl. am lytischen Infektionsweg beteiligter Genfunktionen; diese Kontrolle wird vom L.-Repressor, dem Produkt des cI-Gens, durch Bindung an die Operatoren oR und oL ausgeübt. Die nach Infektion einsetzende Repressorsynthese („establishment of repression") unterscheidet sich v. derjenigen, die nachher zur Aufrechterhaltung der Repression („maintenance of repression") in einer lysogenen Zelle erforderl. ist. In der Etablierungsphase findet eine intensive Repressorsynthese statt, die Transkription des cI-Gens beginnt am Promotor pRE (IV) und wird durch die cII- und cIII-Genprodukte aktiviert. Diese aktivieren gleichzeitig die Transkription des int-Gens (IV). Nach Lysogenisierung wird die Aufrechterhaltung der Repression ausschließl. durch den cI-Repressor kontrolliert. Die cI-Transkription beginnt dann am Promotor pRM (V), der dem cI-Gen direkt vorgelagert ist, u. wird durch den Repressor sowohl positiv als auch negativ reguliert (Autoregulation). Die autonome Replikation von L.-DNA verläuft in zwei Phasen: zuerst wird das Phagengenom als geschlossener Ring bidirektional repliziert. Die Replikation beginnt an einer spezif. Stelle (Replikationsursprung, engl. origin of replication = ori) u. benötigt die Produkte der Gene O und P. Während der späten Transkriptionsphase geht die Replikation in eine „rolling circle"-Replikation über, wodurch in Vielzahl aneinandergereihte (concatemere), lineare DNA-Moleküle gebildet werden. Diese werden durch enzymat. Spaltung an der cos-site (dabei Entstehung der kohäsiven Enden) in einzelne Genome zerlegt u. in Phagenköpfe verpackt.

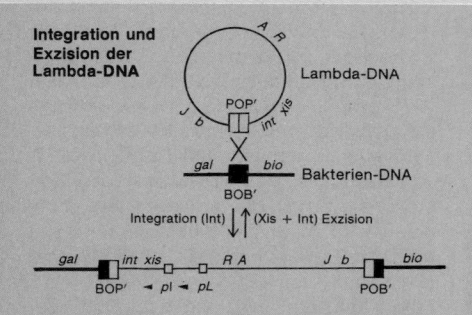

Integration und Exzision der Lambda-DNA

Die *Integration* der Lambda-DNA in das Bakteriengenom wird durch das int-Genprodukt (Int, Integrase) und verschiedene Wirtsproteine katalysiert. Dabei findet eine reziproke, sequenzspezif. Rekombination zw. der Integrationsstelle im Phagengenom (engl. attachment-site = att, POP') und einer spezif. Stelle im Wirtsgenom (BOB') statt. Das Crossing over erfolgt innerhalb der zentralen O-Region, die aus 15 Basenpaaren aufgebaut u. deren Sequenz in Phagen- u. Bakterien-DNA identisch ist (5'-GCTTTTTTATACTAA-3'). Die L.-DNA wird normalerweise an einer ganz bestimmten Stelle ins Bakteriengenom eingebaut, die zw. den Genen für den Abbau v. Galactose (gal-Operon, Galactose-Operon) und den Genen für die Synthese v. Biotin (bio-Operon) liegt. Es kann aber auch gelegentl. ein Einbau in andere Stellen des Wirtsgenoms erfolgen. Nach UV-Bestrahlung lysogener Bakterien wird das den lysogenen Zustand aufrechterhaltende L.-Repressorprotein durch das RecA-Protein des Wirts spezif. gespalten. Dieser od. andere Mechanismen der Prophageninduktion ermöglichen die Expression der für einen lytischen Zyklus benötigten Gene. Die Prophagen-DNA wird exakt aus dem Wirtsgenom herausgeschnitten (*Exzision*); dazu werden die Produkte des int- und des xis-Gens (Xis, Exzisionase) benötigt. Erfolgt ein ungenaues Herausschneiden der L.-DNA, so entstehen defekte, sog. spezialisierte transduzierende Phagen (specialized transducing phages), bei denen ein Teil der Phagen-DNA durch bakterielle DNA, die entweder rechts oder links von der Integrationsstelle (gal- bzw. bio-Operon) liegt, ersetzt ist. Die Expression der benachbarten Gene int und xis unterliegt einer sehr feinen Regulation. Zur Integration der L.-DNA wird nur das Int-Protein benötigt; in diesem Fall beginnt die durch das cII-Protein aktivierte Transkription des int-Gens am Promotor pI, der z. T. mit dem xis-Gen überlappt u. deshalb eine gleichzeitige Synthese von Xis verhindert. Nach Prophageninduktion beginnt die Transkription von int und xis am Promotor pL, und beide Proteine Int und Xis werden produziert. Die b-Region enthält Gene, die für einen lytischen Vermehrungszyklus nicht essentiell sind; sie trägt ein cis-wirksames Element, das die Synthese des Int-Proteins im lytischen Infektionsweg verhindert. In der integrierten Prophagen-DNA ist die b-Region jedoch vom int-Gen getrennt; dies ermöglicht die int-Genexpression bei Prophageninduktion.

Genexpression sehr genau bekannt sind (vgl. Abb.). Die Infektion des Wirtsbakteriums Escherichia coli führt entweder zur Produktion v. Nachkommenphagen u. Lyse der Wirtszelle (lytische Infektion, [B] Bakteriophagen II) oder nach Integration der Phagen-DNA in das Bakterienchromosom (vgl. Abb.) zur simultanen Vermehrung des Prophagen mit der Wirtszelle; dadurch entsteht eine lysogene, gg. nochmalige Infektion durch L.-P.n immune Bakterienzelle. Die Phagenpartikel bestehen aus einem isometr. Kopf u. einem Schwanz; sie enthalten eine lineare, doppelsträngige DNA (48 502 Basenpaare, [T] Desoxyribonucleinsäuren), deren Nucleotidsequenz vollständig bestimmt wurde. Die 5'-Enden der beiden DNA-Stränge werden von 12 Basen langen, komplementären Einzelstrangsegmenten gebildet (kohäsive Enden, engl.

Lambdotherium

cohesive od. sticky ends, cos-site, ↗Cosmide). Nach Injektion der L.-P.n-DNA in eine infizierte Bakterienzelle lagern sich die kohäsiven Enden zus., und durch eine Polynucleotidligase wird das Phagengenom zu einem ringförm. Molekül kovalent geschlossen. Gene mit verwandten Funktionen sind meist in Gruppen auf dem Genom zusammengefaßt. Die detaillierten Kenntnisse über den L.-P.n ermöglichen u. a. die gezielte Konstruktion v. Mutantenphagen, die als ↗Vektoren zur DNA-↗Klonierung, z. B. beim Aufbau einer ↗Genbank, verwendet werden. *E. S.*

Lambdotherium *s* [v. *lambd-, gr. thērion = Tier], (Cope 1880), sehr primitiver, den frühesten Pferdeartigen ähnl. † Unpaarhufer (Fam. *Brontotheriidae*) bis 70 cm Länge, ähnl. den Palaeotherien der Alten Welt; Gesichtsschädel lang, obere Molaren bunoselenodont, untere selenodont; Hand tetra-, Fuß tridactyl; Verbreitung: unteres Eozän v. N-Amerika.

Lambertsnuß [v. niederländ. lambert = Lombarde], *Lambertshasel, Corylus maxima,* ↗Hasel.

Lambis *w* [v. lat. lambere = lecken], die ↗Fingerschnecken.

Lamblia *w* [ben. nach dem böhm. Arzt W. D. Lambl, 1824–95], Gatt. der Geißeltierchen-Ord. ↗*Diplomonadina* (☐); verursacht die *Lamblienruhr* (Lambliasis, ↗Giardiasis).

Lamellaptychus *m* [v. *lamell-, gr. ptyx, Gen. ptychos = Falte], (Trauth 1927), schmaler, auf der Außenseite mit kräft., schief zur Mittellinie verlaufenden Falten versehener ↗Aptychus; charakterist. für die *Oppelidae* (↗*Ammonoidea*); Verbreitung: Dogger bis Unterkreide, im Malm bes. häufig.

Lamellaria *w* [v. *lamell-], Gatt. der ↗Blättchenschnecken.

Lamelle *w* [v. *lamell-], **1)** allg.: dünnes Blättchen od. Scheibe. **2)** Bot.: a) ↗Mittel-L.; b) Teil des Fruchtkörpers v. ↗Blätterpilzen (☐), an dem die Fruchtschicht (Hymenium) ausgebildet wird. [B] Pilze I.

Lamellenknochen ↗Knochen, ↗Bindegewebe.

Lamellenkörperchen, spezieller Typ der ↗Mechanorezeptoren.

Lamellenpilze, die ↗Blätterpilze.

Lamellenzähne, heißen die Backenzähne heutiger u. erdgeschichtl. jüngerer Elefanten, deren urspr. Höckerreihen sich phylogenet. zu einer Batterie hintereinanderliegender Schmelzfalten (Lamellen) erhöht haben. Die Innenräume sind v. Zahnbein, die äußeren Zwischenräume v. Zahnzement erfüllt.

Lamellenzahnratten, *Ohrenratten, Otomyinae,* auf Afrika beschränkte U.-Fam. der

lambd- [v. gr. lambda (λ, Λ) = L, als gr. Zahlzeichen λ' = 30].

Lambda-Phage
Mit dem L.-P.n verwandt sind einige *Coli-*Phagen (434, 81, 82, 21, 80) und der *Salmonella-*Phage P22, die deshalb auch gemeinsam als *lambdoide Phagen* bezeichnet werden. Je nach Verwandtschaftsgrad sind lambdoide Phagen zur gegenseit. Komplementation v. Genfunktionen befähigt. Außerdem können Gene bzw. Gengruppen untereinander durch Rekombination ausgetauscht werden; dies führt zur Entstehung v. Hybridphagen.

lamell- [v. lat. lamella = (dünnes) Blättchen].

Lamelle
Lamellen auf der Hutunterseite eines Parasolpilzes (*Macrolepiota procera* Sing.)

lamin- [v. lat. lamina = (dünnes) Stück Metall, Holz od. Marmor) Platte, Blech, Blatt].

Eigentl. ↗Mäuse (Fam. *Muridae*), mit 1 Gatt. (*Otomys*) u. 11 Arten (z. T. werden 2 Arten einer Gatt. *Parotomys* zugeordnet); Kopfrumpflänge 13–20 cm; Ohren relativ groß u. rund; Schneidezähne mit Längsfurchen, Backenzähne aus Querlamellen. Die L. bevorzugen offene Landschaften (Savanne, Steppe, Halbwüste) als Lebensraum; sie repräsentieren den gleichen Lebensformtyp wie die eur. Wühlmäuse (*Microtinae*). L. sind Nestflüchter; die Jungen (bei *O. denti* meist nur 1 pro Wurf) kommen voll behaart u. mit offenen Augen zur Welt.

Lamellibrachia *w* [v. *lamell-, lat. bracchium = Arm], Gatt. (Fam. *Lamellibrachiidae*) der *Afrenulata* (↗*Frenulata*), einer umstrittenen Kl. der ↗*Pogonophora* (Bartwürmer); etwa aalgroße, darmlose Meereswürmer, die 1969 nahe den Galapagosinseln als Bewohner vulkan. Tiefseeböden entdeckt wurden u. dort in aufrechten Röhren in der H_2S-reichen Atmosphäre am Rande v. Vulkanspalten leben.

Lamellibranchia [Mz.; v. *lamell-, gr. bragchia = Kiemen], *Lamellibranchiata,* die ↗Muscheln.

Lamellicornia [Mz.; v. *lamell-, lat. cornu = Horn], die ↗Blatthornkäfer 1).

Lamellisabella *w* [v. *lamell-, lat. sabella = feiner Sand, kleine Körnung], Gatt. der ↗*Pogonophora* (Bartwürmer), Ord. *Thekanephria*. *L. zachsi,* im Ochotskischen Meer 1933 erstmals gefunden, wurde anfangs als Sabellide (↗*Polychaeta*) angesehen, 1937 aber v. dem schwed. Zoologen K. E. Johansson als Vertreter eines neuen Tierstamms erkannt, den er wegen des stammestypischen, an der Kopfunterseite stehenden Tentakelbüschels *Pogonophora* (Bartträger) nannte.

Lamia *w* [lat., = Unholdin], Gatt. der ↗Bockkäfer ([T]).

Lamiales [Mz.; v. lat. lamium = Taubnessel], die ↗Lippenblütlerartigen.

Lamina *w* [lat., *lamin-], **1)** Bot.: die *Blattspreite;* ↗Blatt (☐). **2)** Zool.: allg. Bez. für eine dünne, flächenhaft ausgebreitete Lage (Schicht), z. B. von Skelettsubstanz. – Bei ↗Stromatoporen eine in Vielzahl vorhandene, meist etwas wellige Kalklage des Coenosteums parallel zur Oberfläche. Gröbere Elemente, gebildet aus einer Vereinigung deutl. pigmentierter L.e, heißen *Latilaminae;* sie entsprechen einer umweltbedingten Wachstumsperiode u. erwecken den Eindruck v. Schichtung; taxonom. bedeutungslos.

Lamina ganglionaris *w* [lat., v. *lamin-, gr. gagglion = Geschwulst (später: Nervenknoten)], erstes optisches Ganglion im ↗Lobus opticus (Augenlappen) der Gliederfüßer; ↗Gehirn.

laminal [v. *lamin-], ↗ flächenständig.

Lamina obscura w [lat., = dunkle Platte], (Müller-Stoll 1936), eine der dunklen, urspr. organischen Lamellen zw. hellen calcit. *Laminae pellucidae* im Rostrum v. ↗ Belemniten.

Laminaria w [v. *lamin-], Gatt. der ↗ Laminariales.

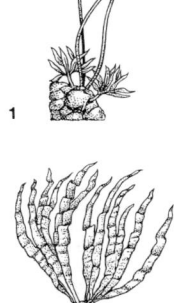

Laminariales [Mz.; v. *lamin-], Ord. der ↗ Braunalgen; die ca. 30 Gatt. mit etwa 100 Arten kommen vorwiegend in kälteren Meeren vor. Thallus in wurzelart. Rhizoid, stielförm. Cauloid u. blattähnl. Phylloid gegliedert; wächst mit interkalarer Meristemzone an der Basis des Phylloids; im Zentrum des Thallus (Medullarregion) kommunizierende Zellstränge zur Leitung der Assimilationsprodukte, an den perforierten Querwänden blasenart. erweitert (Trompetenzellen). Meist mit extrem heteromorphem Generationswechsel; der diözische Gametophyt ist (mikroskopisch) klein u. kurzlebig, die großen Sporophyten bilden den Hauptbestandteil der ↗ Tange; Zellwände mit hohem ↗ Alginsäure-Gehalt. Die Gatt. *Laminaria* ist mit ca. 30 Arten an den eur. Felsküsten weit verbreitet. *L. saccharina*, der Zuckertang, besitzt bandförm., nicht zerschlitztes, bis 4 m langes Phylloid u. kurzes, bis 15 cm langes Cauloid. Bei *L. digitata*, dem Fingertang, ist das Phylloid fingerartig geschlitzt, das relativ lange Cauloid glatt u. abgeflacht. Der Palmentang, *L. hyperborea*, besitzt ein rauhes, rundes, bis 1,5 m langes Cauloid u. ein zerschlitztes Phylloid. Zu den größten *L.* gehört *Nereocystis luetkeana;* das tauart. Cauloid trägt am Ende eine große Schwimmblase mit mehreren, bis 5 m langen Phylloiden; die Alge kann bis 100 m lang werden, die Phylloidfläche bis 80 m² betragen; tritt in größeren Beständen an der Küste Alaskas bis Kalifornien auf. Bis 70 m lang kann *Macrocystis pyrifera* werden, tägl. Zuwachsrate bis 2%; der Thallus besteht aus tauart. Cauloid, an dem einseitig zahlr. Phylloide mit basaler Schwimmblase ansitzen; kann 8–10 Jahre alt werden u. liefert pro Jahr u. Hektar bis 120 t Biomasse; zus. mit *Nereocystis luetkeana* wichtigste Kelpalge. *Postelsia palmaeformis*, die Meerespalme, lebt v. a. in der Brandungszone des Pazifik; trägt an einem stabilen, mehrere Dezimeter hohen Cauloid endständig mehrere Büschel flacher Phylloide. Die Gatt. *Lessonia* kommt mit 4 Arten in waldähnl. Beständen im Sublitoral der Südhalbkugel vor; das bis 4 m lange u. 10 cm dicke Cauloid ist z. T. verzweigt u. trägt endständig mehrere fächerart. zerschlitzte Phylloide. In nördl. Meeren weit verbreitet ist die Meersaite *(Chorda filum* und *C. tomentosa);* Thallus ungegliedert, stielrund, hohl u. behaart, bis 4 m lang und 2–6 mm dick. Die Gatt. *Alaria, Undaria, Ecklonia* u. *Eisenia* bilden seitl. am Cauloid sporangientragende Phylloide aus. Die 18 *Alaria*-Arten kommen bes. im N-Pazifik u. nördl. Eismeer vor; *A. esculenta* dient in Schottland u. Island als Nahrungsmittel u. Viehfutter. Die Gatt. *Ecklonia* (ca. 10 Arten) u. *Eisenia* werden zur Kelpgewinnung, *Undaria primatifida* bes. in Japan als Nahrungsmittel (Wakame) verwendet. [B] Algen III. *R. B.*

Laminariales
1 *Macrocystis pyrifera*, 2 *Nereocystis luetkeana*

Laminariales
Wichtige Gattungen:
Alaria
Chorda
Ecklonia
Eisenia
Laminaria
Lessonia
Macrocystis
Nereocystis
Postelsia
Undaria

Laminarin s [v. *lamin-], *Laminaran*, Assimilationsprodukt der ↗ Braunalgen; dextrinähnl. Polysaccharid, das aus Ketten v. 1,3-β-D-Glucopyranoseresten aufgebaut ist.

Lamine [Mz.], Gruppe v. hydrophoben Proteinen (relative Molekülmasse 60 000–80 000), die in der sog. Faserschicht des perinucleären Raums v. ↗ Kernhüllen vorkommen.

Laminin s [v. *lamin-], ein in der Basallamina v. Epithelien u. Endothelien vorkommendes Glykoprotein (relative Molekülmasse ca. 10^6) mit 14% Kohlenhydratanteil. Es ist aus 3 Polypeptidketten aufgebaut, die durch Disulfidbrücken zu einem kreuzförm. Molekül mit 1 langen und 3 kurzen Armen verbunden sind. L. besitzt spezif. Bindestellen für das Kollagen der Basallamina u. für Proteoglykane; es ist essentiell für Substratanhaftung u. Wachstum v. Epithelzellen.

Lamium s [lat., =], die ↗ Taubnessel.

Lamm, das Jungtier bei Schafen u. Ziegen im 1. Lebensjahr.

Lämmerkraut-Fluren, *Arnoseridion*, Verb. der ↗ Aperetalia spicae-venti.

Lammzunge, *Arnoglossus laterna*, ↗ Butte.

Lamnidae [Mz.; v. gr. lamna = gefräßiger Seefisch], die ↗ Makrelenhaie.

Lampanyctus m [v. gr. lampas = Lampe, nyx, gen. nyktos = Nacht], Gatt. der ↗ Laternenfische (i. e. S.).

Lampenbürstenchromosomen, eine spezielle Form der ↗ Chromosomen, die sich in der meiotischen Prophase v. Oocyten einer Reihe v. Wirbeltieren (am besten untersucht bei Amphibien) u. Fliegen (z. B. *Drosophila*) ausbildet u. durch seitl., bis 20 μm lange u. daher lichtmikroskop. sichtbare Schleifen charakterisiert ist. Durch die aus den Chromomeren austretenden Schleifen ähneln die L. den im 19. Jh. gebräuchl. Lampenbürsten, worauf die Bez. zurückzuführen ist. Die Schleifen der L. entsprechen entknäuelten Ausstülpungen des DNA-Strangs, wohingegen in der

Lampetia

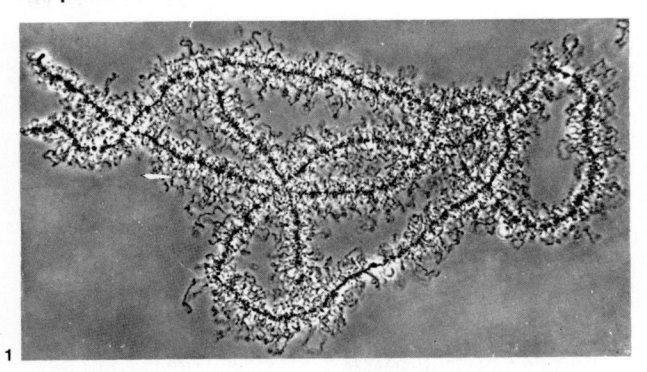

Lampenbürstenchromosomen

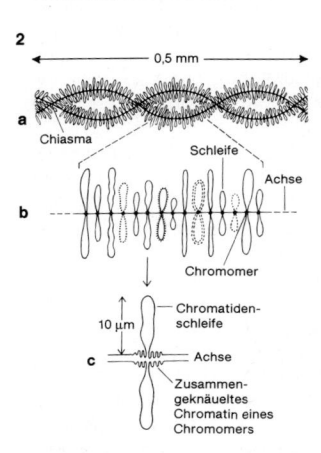

a Chiasma, Schleife, Achse
b Chromomer
c Chromatidenschleife, Achse, Zusammengeknäueltes Chromatin eines Chromomers — 10 μm

1 L. aus dem Oocytenkern eines Molches. Dargestellt ist ein Paar homologer Chromosomen während der Prophase der Meiose. 2 Schematische Ausschnitte aus einem L. (**a** gepaarte L., **b** Ausschnitt aus einem Chromosom, **c** Detailausschnitt des Chromosoms mit zwei Schwesterchromatiden). Im Chromomerenbereich, in dem die beiden Tochterchromomen dicht aufgeknäuelt sind, haben sich bei einem Lampenbürstenchromosom zwei seitliche, spiegelbildliche Schleifen entfaltet. Jede Schleife entspricht einem bestimmten DNA-Abschnitt, v. dem in jeder Zelle vier Kopien vorliegen, da die in 1 dargestellte Struktur aus zwei gepaarten homologen Chromosomen aufgebaut ist u. jedes Chromosom aus zwei Schwesterchromatiden besteht. Die Schleifen sind gewöhnl. mit der von ihnen synthetisierten RNA und angelagerten Proteinen besetzt.

lampro- [v. gr. lampros = leuchtend, glänzend, stattlich, prunkend].

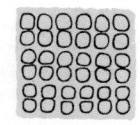

Lampropedia
Teil eines Täfelchens aneinanderliegender Zellen von *L. hyalina*, die durch Cellulose-Ausscheidungen zusammengehalten werden

Längsachse der L. die DNA zusammengeknäult ist. An den Schleifen wird bes. viel RNA synthetisiert (Transkription), die sich durch eine bes. hohe Lebensdauer auszeichnet, wodurch in Form von m-RNA exprimierte genet. Information v. der Oocyte auf die befruchtete Eizelle u. den Embryo weitergegeben werden kann. Dies gewährleistet, daß in der befruchteten Eizelle die Proteinbiosynthese beginnen kann, bevor die Transkription in Gang gekommen ist.
Lampetia *w* [v. gr. lampetēs = leuchtend], Gatt. der ↗Schwebfliegen.
Lampetra *w* [v. lat. lambere = saugen, gr. petra = Stein], Gatt. der ↗Neunaugen.
Lampra *w* [v. *lampro-], Gatt. der ↗Prachtkäfer.
Lampridiformes [Mz.; v. *lampro-, lat. forma = Gestalt], die ↗Glanzfische.
Lamproderma *s* [v. *lampro-, gr. derma = Haut], Gatt. der ↗Stemonitaceae.
Lampropedia *w* [v. *lampro-, gr. pedion = Feld], Gatt. in der Gruppe der gramnegativen, aeroben Kokken u. Kokkenbacillen (Einordnung unsicher). Die Bakterien besitzen kugelige bis stäbchenähnl. Zellformen (1,0–1,5 × 1,0–2,5 μm), die durch Cellulose in regelmäßigen Zellverbänden (Täfelchen) zusammenhaften (vgl. Abb.). Im aeroben Atmungsstoffwechsel werden organ. Substrate verwertet; *L.*-Arten kommen daher bes. in Gewässern vor, die mit organ. Stoffen belastet sind: im Plankton eutropher Seen u. Teiche, als Überzug auf Schlamm, im Abwasser; häufigste Art ist *L. hyalina*.
Lampropeltis *w* [v. *lampro-, gr. peltē = Schild], die ↗Königsnattern.
Lamprotornis *m* [v. gr. lamprotēs = Glanz, ornis = Vogel], Gatt. der ↗Glanzstare.
Lampyridae [Mz.; v. gr. lampyris = Glühwürmchen, Leuchtkäfer], Fam. der ↗Leuchtkäfer.
Lamziekte *w* [v. Afrikaans lamsiekte = Lähmkrankheit], ↗Botulismus.
Lanatoside [Mz.; v. lat. lanatus = mit Wolle bekleidet], im Wolligen ↗Fingerhut *(Digitalis lanata)* vorkommende ↗Herzglykoside. ↗Digitalisglykoside (T).
Landalgen, Algen, die sich an das Landod. Bodenleben (Bodenalgen) angepaßt haben. Bekannt ist *Fritschiella tuberosa*, deren heterotricher Thallus aus einem unterird. verzweigten Fadensystem u. aufrechten, aus dem Boden herausragenden Fäden besteht (☐ *Chaetophoraceae*). Große Bedeutung für die Fruchtbarkeit eines Bodens haben die Bodenalgen (↗Bodenorganismen); hierzu gehören Arten vieler luftstickstoffbindender Blaualgen (Cyanobakterien) der Gatt. *Nostoc, Anabaena, Cylindrospermum* u. a. sowie Grünalgen (u. a. *Chlorella, Trebouxia, Coccomyxa*), Kieselalgen u. Xanthophyceen.
Landasseln, Oniscidea, Oniscoidea, U.-Ord. der ↗Asseln, deren charakterist. Merkmale zu kleinen Stummeln reduzierte 1. Antennen u. das gegliederte Pleon sind, an dem nur das letzte Segment mit dem Telson verschmolzen ist; die Uropoden sind griffelförmig. Die ca. 1000 Arten verteilen sich auf mehrere Fam., die noch den Übergang vom Wasserleben (im Meer) zum Landleben zeigen. Urspr. Arten, wie die Strand- od. Klippenasseln *(Ligiidae)*, führen noch nicht fast amphib. Leben u. sind Kiemenatmer. Höher evolvierte Arten, wie Keller- u. Rollasseln *(Porcellionidae, Armadillidiidae)*, atmen atmosphär. Luft mit Hilfe sog. Trachealorgane od. besser Pleopoden-Lungen, verzweigten Einstülpungen an den Exopoditen der Pleopoden, wo Luft eindringen u. Sauerstoff durch das dünne Epithel vom Blut aufgenommen werden kann. Diese Organe werden auch als „weiße Körperchen" bezeichnet, weil sie am lebenden Tier aufgrund ihrer Füllung mit Luft als weiße Flecke zu erkennen sind. Auch bei solchen Luft atmenden Arten bleibt die Kiemenatmung noch z. T. erhal-

ten, u. zwar an den Endopoditen der Pleopoden. Diese müssen darum ständig v. einem dünnen Wasserfilm überzogen sein. Dazu dient bei den evolvierten L. ein Wasserleitungssystem aus offenen Längsrinnen v. a. am Bauch, v. dem man fr. annahm, daß es zur Aufnahme u. Weiterleitung v. Tautropfen diente. Aber nur die Strandasseln können durch Zusammenlegen zweier Pereiopoden Wasser aufnehmen u. zu den Kiemen leiten. Die echten L. sind dazu nicht in der Lage; sie trinken Wasser. Das Wasserleitungssystem dient bei ihnen gleichzeitig der Exkretion u. dem Feuchthalten der Kiemen. Die in dem System zirkulierende Flüssigkeit ist das Sekret der Maxillendrüsen, das als Exkret Ammoniak enthält. Dieses kann, wenn die Flüssigkeit in den offenen Rinnen zirkuliert, an die Luft abgegeben werden. Die ammoniakfreie Flüssigkeit gelangt dann zu den Kiemen, u. der Überschuß kann schließl. durch den After wieder aufgenommen werden. – Mit Ausnahme der ↗Wüstenassel (*Hemilepistus*, Fam. *Porcellionidae*), die dank bes. Anpassungen im Verhalten trockene Lebensräume bewohnen kann, sind L. trotz ihrer Anpassungen an das Landleben an feuchte Lebensräume gebunden. Ihre Cuticula besitzt keine Wachsschicht; in trockener Luft sind die Verluste durch Verdunstung daher groß. Deshalb sind die meisten Asseln auch nachtaktiv u. verbergen sich tagsüber unter Steinen od. Vegetation. Die meisten L. ernähren sich v. zerfallendem pflanzl. Material, v. a. von Fallaub, aber auch v. Holz, u. manche sind v. großer ökolog. Bedeutung als Zersetzer u. Humusbildner. – Viele L. besitzen Wehrdrüsen, die sie für räuber. Tiere wie Spinnen ungenießbar machen. Andere, wie die Rollasseln (*Armadillidiidae, Armadillidae*), können sich ventrad einkrümmen u. zu einer Kugel zusammenkrümmen. Die Ränder von Kopf u. Pleon passen dabei lückenlos aneinander, u. alle Extremitäten sind verborgen. Dadurch wird die Verdunstung herabgesetzt, u. die Tiere sind für optisch suchende Räuber schwer zu finden. Die Weibchen der Rollasseln haben ähnl. wie die Kugelasseln Eindellungen an der Bauchseite im Bereich des Marsupiums, die beim Einrollen die Embryonen aufnehmen. – L. sind die perfektesten Landkrebse. Dank ihrer direkten Entwicklung u. dem Marsupium (↗*Peracarida*) brauchen sie auch zur Fortpflanzung nicht – wie etwa die Landkrabben – das Meer aufzusuchen. Die eitragenden Weibchen scheiden eine Flüssigkeit ins Marsupium ab, in der sich die Eier wie in einem „tragbaren Aquarium" entwickeln können. Die L. sind möglicherweise diphyletisch. Die *Tylidae* zeigen Ähn-

Landasseln
Familien und wichtige Arten:
Ligiidae mit reiner Kiemenatmung.
Die Strandassel *Ligia oceanica*, mit 30 mm größte eur. L., besiedelt felsige Meeresküsten; tag- u. nachtaktiv oberhalb der Wasserlinie; sieht sehr gut u. flieht bei Gefahr auch ins Wasser, wo sie es lange aushält.
Die Sumpfassel, *Ligidium hypnorum* (bis 10 mm), lebt ähnl. amphibisch in Erlenbrüchen.
Trichoniscidae mit reiner Kiemenatmung.
Trichoniscus pusillus in der Laubstreu v. Wäldern, in Mitteleuropa nur als parthenogenet. Rasse.
Armadillidiidae mit Pleopoden-Lungen an den ersten beiden Pleopodenpaaren.
Die Rollassel *Armadillidium vulgare* (bis 17 mm) lebt in viel trockeneren, sandigen Biotopen als Mauer- u. Kellerasseln.
Armadillidae mit 5 Paar Pleopoden-Lungen.
Die Rollassel *Armadillo officinalis* (bis 19 mm) lebt in den Mittelmeerländern, bei uns in Gewächshäusern.

Porcellionidae mit Pleopoden-Lungen, Geißel der 2. Antennen mit 2 Gliedern.
Die Kellerassel, *Porcellio scaber* (bis 18 mm), ist ähnl. häufig u. lebt an ähnl. Orten wie die Mauerassel. Sie u. die Wüstenassel *Hemilepistus* haben Pleopoden-Lungen an den ersten beiden Pleopodenpaaren, die Gatt. *Porcellium* hat solche Organe an allen Pleopoden.

Oniscidae ohne Pleopoden-Lungen, aber mit spezialisierten, gerillten Flächen an den Exopoditen der Pleopoden zur Luftatmung; Geißel der 2. Antennen mit 3 Gliedern.
Die Mauerassel, *Oniscus asellus* (bis 18 mm), ist eine der häufigsten L.; lebt in Kellern, Gewächshäusern, Komposthaufen, an Mauern u. ä. Orten.

Tylidae mit Pleopoden-Lungen, die sich zentral an den Unterseiten der Pleopoden mit einem od. mehreren Stigmen öffnen.
Tylos latreillei (bis 13 mm) lebt an den Meeresküsten des Atlantik u. Mittelmeeres, *Helleria brevicornis* (bis 20 mm) weit entfernt v. Küsten in Wäldern der Mittelmeerländer.

lichkeiten mit den *Valvifera*, was nahelegt, sie als eigene U.-Ord. *Tyloidea* v. den *Oniscidea* abzutrennen. Ihre Pleopoden-Lungen sind anders gebaut als die der *Porcellionidae* u. *Armadillidiidae*, u. ihre Uropoden bilden Klappen, die einen Teil der Pleopoden bedecken können. *P. W.*

Landbau, landw. Erzeugung pflanzl. und tier. Produkte.

Landböden, terrestrische Böden, ↗Bodentypen ([T]).

Landbrücke, landfeste Verbindung zw. Kontinenten od. Kontinent u. Insel; erlaubt den Austausch v. Landfaunen; sog. *Korridore* sind im Ggs. zu *Filterbrücken* (z.B. Panama-Isthmus) relativ breit u. für viele Formen gangbar; Ausbreitungsschranke für Meerestiere. ↗Brückentheorie, ↗Inselbrücke, ↗Inselbiogeographie.

Landdeckelschnecken, *Pomatiasidae*, Fam. der Über-Fam. *Littorinoidea*, terrestr., wärmeliebende Mittelmeerschnecken mit kreisel- bis eikegelförm. Gehäuse, das durch einen außen verkalkenden Deckel verschlossen werden kann. Die Augen liegen auf kurzen Fortsätzen am Grunde der Fühler; der ovale Fuß ist längsgefurcht. Kiemen fehlen; sie werden funktionell durch die gefäßreiche, faltige Wand der Mantelhöhle ersetzt, in der auch ein Osphradium (das linke) liegt. Die L. sind getrenntgeschlechtl., die ♂♂ meist kleiner als die ♀♀. Zu den L. gehören 6–8 Gatt.; die einzige mitteleur. Art ist die ↗Kreismundschnecke.

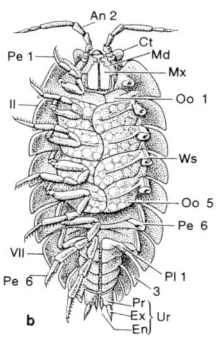

Landasseln

Kellerassel (*Porcellio scaber*), **a** Dorsal-, **b** Ventralansicht. An Antenne, Ct Cephalothorax, En Endopodit, Ex Exopodit, Md Mandibel, Mx Maxilliped, Oo Oostegit, Pe Pereiopode, Pl Pleopode, Pr Protopodit, Ur Uropode, Ws Wasserleitungssystem

Landegel

Landegel, die ↗ Haemadipsidae.

Landeinsiedlerkrebse, *Coenobitidae,* Fam. der ↗ Anomura (Mittelkrebse). L. der Gatt. *Coenobita* sind Krebse, die den echten Einsiedlerkrebsen (Fam. *Paguridae*) in der Gestalt fast völlig gleichen, auch wie diese ihren weichen, asymmetr. Hinterleib in Schneckenschalen verbergen, aber terrestr. leben. Sie besiedeln die Küsten trop. Meere, wo sie in den Dünen, in Mangroven od. auch weiter im Landesinnern meist nachtaktiv sind. Als Anpassung an das Landleben haben sie die Kiemenatmung fast völlig aufgegeben. Statt dessen ist die weiche Haut ihres Hinterleibs stark gerunzelt u. durchblutet. Da diese feucht gehalten werden muß, nimmt der L. einmal tägl. etwas Wasser in seine Schale auf. Das Meer wird fast nur zur Fortpflanzung aufgesucht. Den Eiern, die wie bei anderen *Decapoda* (Zehnfußkrebsen) an den Pleopoden getragen werden, entschlüpft im Wasser eine pelagische Zoëa-Larve, die sich wie bei den ↗ Einsiedlerkrebsen über eine Glaucothoe entwickelt. Diese geht zum Bodenleben über, u. das darauffolgende Stadium bezieht ein kleines Schneckenhaus. Die Jungtiere bleiben zunächst noch in der Spritzwasserzone. Die Adulten, die je nach Art 1 bis 5 cm Carapax-Länge erreichen, suchen neue Schneckenschalen sowohl am Ufer als auch im Landesinneren, können also in den Schalen v. Meeres- od. Landschnecken stecken. L. sind Allesfresser. Zu den L.n gehört auch der ↗ Palmendieb *(Birgus latro),* der nur noch als Jungtier eine Schneckenschale trägt, später aber ein symmetr., hart sklerotisiertes Pleon entwickelt.

Landkärtchen, Gitterfalter, Netzfalter, *Araschnia levana,* eurasiat. verbreiteter ↗ Fleckenfalter; Name aufgrund der fein strukturierten Zeichnung der Flügel-Unterseiten. Das L. tritt in 2 unterschiedl. gefärbten Saisonformen (↗ Saisondimorphismus) auf, die Linné noch als verschiedene Arten beschrieb; Entstehung nach Umweltfaktor Tageslänge determiniert, nicht genet. fixiert, daher eigtl. ein Saisondiphänismus: im Frühjahr fliegt die Form *levana,* gelbbraun mit schwarzen Flecken u. Binden auf den Flügeln, Spannweite um 35 mm; im Sommer erscheint die etwas größere Form *prorsa,* schwarz mit weißer Binde u. Fleckung. Die Falter fliegen im Flachland u. Mittelgebirge in jahrweise wechselnder Häufigkeit in hochstaudenreichen Auwäldern, Waldlichtungen, Schlägen u. halbschattigen feuchten Laubwäldern; saugen bevorzugt an Doldenblütlern, Disteln, Dost u. a. Hochstauden; perlschnurart. Eigelege an Brennessel, daran leben die typ. schwarzen ↗ Dornraupen gesellig; die Herbstpuppe überwintert.

Landkrabbe *(Cardisoma armatum)*

Landeinsiedlerkrebse
Die fr. vertretene Auffassung, daß die L. den Einsiedler-Habitus konvergent zu den echten Einsiedlerkrebsen entwickelt haben, die Einsiedlerkrebse also di- oder polyphyletisch sind (↗ Anomura, ↗ Einsiedlerkrebse), hat sich nicht bestätigt; auch die L. gehören zu den *Paguroidea.*

Landkartenflechte, *Rhizocarpon geographicum* (u. verwandte Arten v. ähnl. Aussehen), Krustenflechte mit gelbem bis gelbgrünem Lager u. schwarzen Apothecien, landkartenähnl., durch schwarze Vorlagerlinien durchzogene u. begrenzte Bestände bildend, eine der charakteristischsten Arten auf Silicatgestein, weltweit verbreitet, bis in arkt. bzw. antarkt. und nivale Regionen. ▣ Flechten I.

Landkrabben, 1) *Gecarcinidae,* Fam. der ↗ Brachyura. Etwa 20 Arten terrestr. lebender Krabben, die tief ins Landesinnere vordringen u. das Meer nur zur Fortpflanzung aufsuchen. Sie bleiben Kiemenatmer, aber ihre Kiemen sind verkürzt u. so abgestützt, daß sie in der Luft nicht zusammenfallen. Außerdem ist die Innenwand der Branchiostegite reich durchblutet u. kann Sauerstoff aus atmosphär. Luft aufnehmen. In jeden Kiemenraum ragt ein umfangreicher Perikardial-(Lymph-)sack, der durch sein dünnes Integument Feuchtigkeit an den Kiemenraum abgeben kann. Da die L., wie andere Krebse, keine Wachsschicht in der Cuticula haben, verlieren sie in trockener Luft viel Wasser durch Verdunstung. Der Wasserverlust wird dadurch ersetzt, daß die Tiere sich auf feuchtes Substrat setzen. Ihre Perikardialsäcke können ventral herausgepreßt werden. Sie besitzen hygroskop. Haare, mit deren Hilfe Wasser aufgenommen werden kann. Feuchtes Substrat finden die L. in ihren selbstgegrabenen Höhlen, die bei manchen Arten bis 2 m tief in den Boden gehen. – L. bewohnen die Tropen u. Subtropen. *Cardisoma guanhumi* lebt v. Florida bis Brasilien. Diese rotbraune Krabbe mit mächt. Scheren erreicht 11 cm Carapax-Breite u. 500 g Gewicht. Sie besiedelt Felder u. Wälder u. geht auch auf Hügel, oft bis zu 8 km weit vom Meer entfernt. Diese Krabben verbringen einen großen Teil des Tages in ihren Höhlen, die bis zum Grundwasser vordringen. Nachts kommen sie heraus, entfernen sich aber kaum mehr als 2 m v. ihrer Höhle, wahrscheinl., weil sie territorial sind u. es erbitterte Kämpfe gibt, wenn eine Krabbe ein fremdes Territorium betritt. Sie sind vorwiegend Pflanzenfresser, die auf jedes Blatt u. jede Frucht losrennen, die in ihren Bereich fällt, aber auch auf Pflanzen klettern u. Blätter u. Früchte abschneiden. So können sie auf Tomatenfeldern lästig werden. Aber auch Aas wird angenommen u. schnell u. restlos beseitigt. *Gecarcinus* (bis 9 cm Carapax-Breite) mit Arten in S-Amerika u. Afrika ist am besten ans Landleben angepaßt. Die Vertreter dieser Gatt. sind Luftatmer, die ihre Kiemenhöhle durch

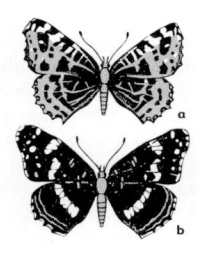

Landkärtchen
a Frühjahrs-,
b Sommerform

Heben u. Senken der Branchiostegite ventilieren können. Ihre Höhlen gehen nur 30 bis 40 cm tief in den Boden. *Gecarcioidea* (bis 7,5 cm) im indopazif. Raum ist sogar tagaktiv. – 2) Als L. werden zuweilen auch andere terrestr. Krabben bezeichnet, die jedoch nie so vollständig ans Landleben angepaßt sind wie die echten L. Dazu gehören die ↗ Rennkrabben *(Ocypodidae)* u. manche ↗ Felsenkrabben *(Grapsidae)*.

P. W.

Landlungenschnecken, *Stylommatophora,* Ord. der Lungenschnecken, die terrestr. leben u. entsprechende Anpassungen zeigen: Atmung über die gefäßreiche Wand der Lungenhöhle (= erweiterte Mantelhöhle), Schutz gg. Verdunstung durch Sekretion v. körperbedeckenden Schleimen u. (meist) das Gehäuse, innere Befruchtung, Bildung v. Eikapseln od. Ovoviviparie. Am Kopf inserieren 2 Paar Fühler, v. denen das obere, einstülpbare die Linsenaugen trägt (Ommatophoren = Augenträger), während das untere, kleinere mit Tast- u. Chemorezeptoren bestückt ist. Bei Gefahr ziehen sich die L. mit dem Spindelmuskel in das Gehäuse zurück u. verschließen die Mündung mit dem Mantelwulst, da sie keinen Dauerdeckel haben (wie die Vorderkiemer). In längeren Kälte- od. Trockenperioden wird ein Zeitdeckel gebildet (↗ Deckel). Einige Fam. haben ein reduziertes od. kein Gehäuse (z. B. Schnegel, Wegschnecken); dem entspricht die Reduktion des Eingeweidesackes: dessen innere Organe sind sekundär wieder in den Rückenteil des Kopffuß-Bereichs einbezogen worden. Diese L. sind daher äußerl. nicht mehr spiralig, sondern scheinsymmetrisch (doch liegen Atem- u. Genitalöffnungen nur rechts!). – Die L. sind ☿. Sie bevorzugen feuchte Lebensräume, es gibt aber auch Wüstenschnecken. Schnegel können bis 80%, Weinbergschnecken bis 50% Wasserverlust einige Tage überleben. Färbung u. Zeichnung sind meist unscheinbar, die Mehrzahl der Arten ist klein. Hauptfeinde sind Insekten, Vögel u. Insektenfresser, u. auch der Mensch verzehrt einige mittlere u. große Arten (Achat-, Schnirkel-, Weinbergschnecken u. Verwandte). Nacktschnecken können bei Massenvorkommen in Pflanzenkulturen schädl. werden; einige Arten übertragen Infektionen u. Parasiten (z. B. den Kleinen Leberegel). Zu den L. gehören mindestens 15 000 Arten, die nach dem Bau v. Niere u. Harnleiter meist auf 4 U.-Ord. (vgl. Tab.) verteilt werden.

K.-J. G.

Landolphia w [ben. nach dem frz. Kapitän J.-F. Landolphe, 1765–1825], Gatt. der ↗ Hundsgiftgewächse.

Landpflanzen, i. e. S. die durch einen ge-

Landkrabben
Alle L. müssen zur Fortpflanzung das Meer aufsuchen. Paarung u. Entwicklung der Eier finden auf dem Land in den Wohnhöhlen der Krabben statt. Die Weibchen v. *Cardisoma guanhumi* wandern dann in Vollmondnächten, also bei Springtiden, in großen Scharen zum Meer, um die schlüpfreifen Zoëa-Larven abzuschütteln. *Gecarcioidea* wandert zu Beginn der Regenzeit zum Meer, zuerst die Männchen, dann die Weibchen. Begattung u. Eiablage finden auch in der Nähe des Meeres statt. Die Eier werden wie bei allen *Decapoda* an den Pleopoden getragen, u. die Weibchen setzen sich zum Abschütteln der Larven ins flache Wasser. Die Entwicklung erfolgt wie die anderen ↗ Brachyura. Die Jungtiere kommen oft in solchen Massen ans Ufer, daß der Strand rot erscheint. Sie bleiben zuerst noch in der Spritzwasserzone u. gehen erst, wenn sie größer werden, weiter ins Landesinnere.

Landlungenschnecken
Unterordnungen:
↗ Orthurethra
↗ Mesurethra
↗ Heterurethra
↗ Sigmurethra

Landpflanzen

meinsamen, funktionell zu verstehenden Merkmalskomplex charakterisierten Moose, Farn- u. Samenpflanzen. Die Eroberung des Landes durch die Pflanzen begann im Obersilur vor etwa 400 Mill. Jahren (evtl. bereits im Mittelsilur), ausgehend v. wasserlebenden Vorfahren. Dieser „Schritt aufs Land" erforderte v. den Pflanzen bes. strukturelle u. physiolog. Anpassungen, denen die L. durch den Bautyp des ↗ Kormus genügten. Zwar zählen die Moose nicht zu den eigentlichen ↗ Kormophyten, doch besitzen sie einen ähnlichen „Bauplan" mit Kormus-analogen, z. T. auch wohl -homologen Ausbildungen: So zeigen die Moose vielfach eine Gliederung in „Sproßachse" u. „Blättchen"; da sie krautig bleiben u. Wasser v. a. über die „Blättchen" aufnehmen, haben sie dagegen keine Wurzeln, sondern ledigl. Rhizoide; Cutin (nicht Suberin) u. Polyphenole sind nachgewiesen; Spaltöffnungen kommen nur bei einigen Sporophyten vor, die eigentliche Moospflanze besitzt – wenn überhaupt – nur nicht regulierbare Atemöffnungen; wenn Leitelemente vorhanden sind, so nur als einfache wasserleitende Hydroid- u. als assimilatleitende Leptoid-Zellen. Die typische Kormus-Gestalt fehlte allerdings noch den ältesten u. ursprünglichsten L., den Psilophyten des Obersilurs u. Unterdevons (z. B. ↗ *Cooksonia;* L. natur erkennbar an Cuticula, Spaltöffnungen u. Tracheiden). Diese frühen Formen bestanden nur aus assimilierenden „Sproßachsen" (Telomen) mit end- oder seitenständigen Sporangien u. einem Rhizom mit Rhizoiden; Blätter u. Wurzeln waren also noch nicht vorhanden. Dieser Aufbau aus stielrunden Telomen bedeutete einerseits ein günst. Oberflächen-Volumen-Verhältnis u. eine entspr. geringe Verdunstung, setzte aber andererseits dem Wachstum gewisse Grenzen, da die (photosynthetisch aktive) Oberfläche bei zunehmendem Volumen langsamer anwächst (mit der 2. Potenz des Radius) als das Volumen (3. Potenz). Daher kam es spätestens mit der Entwicklung der Baumform, die im Mittel- u. Oberdevon konvergent bei Farnen, Bärlappen u. Schachtelhalmen erreicht wurde, zur Differenzierung in tragende Sproßachsen u. assimilierende flächige Blätter (↗ Telomtheorie). Die Evolution der Baumform war darüber hinaus an die Ausbildung eines positiv geotrop wachsenden Wurzelsystems gebunden, das mit dem Kronenwachstum Schritt hielt. Im *generativen Bereich* zeichnen sich die L. durch Entwicklungen aus, die zunehmend eine vom Wasser unabhängige Reproduktion ermöglichten: die Gametangien (Antheridien, Archegonien) u. Sporangien sind

Landplanarien

schützende, mehrzellige Gebilde; die Zygote entwickelt sich im Archegonium zum Embryo (↗Embryophyta); die Meiosporen werden v. einer dauerhaften Sporopollenin-Wand umgeben; bei den Farnen besteht eine Tendenz zur neotenischen Reduktion des poikilohydren Gametophyten u. zur Heterosporie, die bei den Samenpflanzen dann zur Samen- u. Pollenkornbildung (konvergent allerdings auch bei den Samenbärlappen erreicht) und schließl. zur Pollenschlauchbefruchtung führt. – Die Ahnen der L. werden wegen des gemeinsamen Vorkommens v. Stärke, Cellulose u. Chlorophyll a und b unter den Grünalgen vermutet; Übergangsformen zw. diesen u. den Psilophyten als den ersten echten L. sind allerdings nicht bekannt. Aus den Psilophyten haben sich dann vermutl. nicht nur die Farnpflanzen u. damit auch die Samenpflanzen, sondern ebenfalls die Moose entwickelt; darauf weisen neben biochem. Gemeinsamkeiten (Cutin) u. a. auch die neuerdings von einigen Psilophyten bekannten Gametophyten hin. Ökolog. sind die L. von ausschlaggebender Bedeutung: Sie prägen das Klima entscheidend u. haben überhaupt erst ein Landleben der Tiere ermöglicht. Die Zusammensetzung der Vegetation war dabei im Laufe der Erdgeschichte sehr unterschiedl., wobei die Moose stets eine untergeordnete Rolle gespielt haben: Die Psilophyten herrschen bis zum Mitteldevon vor, die Farnpflanzen überwiegen vom Oberdevon bis etwa Unterperm, die Nacktsamer vom Operperm bis etwa Unterkreide, u. ab der oberen Unterkreide schließlich dominieren die Bedecktsamer, die heute mit rund 250 000 Arten vertreten sind. – Neben diesen L. i. e. S. besiedeln auch verschiedene Niedere Pflanzen (bestimmte Algen, v. a. aber Pilze u. Flechten) den Lebensraum Land. Sie haben allerdings die kleinwüchsige thallöse Wuchsform nie verlassen u. erreichen keine mit den L. i. e. S. vergleichbare komplexe Anpassung an das Landleben. V. a. im generativen Bereich finden sich aber durchaus parallele Tendenzen zur Erreichung einer vom Wasser unabhängigen Reproduktion (z. B. Übergang Isogamie–Anisogamie–Oogamie–Siphonogamie). Vegetationsbestimmend werden unter den landlebenden Thallophyten nur die Flechten in extrem kalten Gebieten. *V. M.*

Landplanarien [Mz.; v. lat. planus = flach, platt], terrestr. Strudelwürmer der Ord. ↗*Tricladida*, bisher häufig als eigene U.-Ord. *Terricola* den U.-Ord. *Maricola* (Meeresplanarien) u. *Paludicola* (Süßwasserplanarien) gegenübergestellt. Da sich die Abgrenzungen inzwischen als weniger deutl. herausgestellt haben, werden neuerdings keine U.-Ord. mehr geführt u. die *Terricola, Maricola* u. *Paludicola* nicht mehr als systemat., sondern als ökolog. Einheiten betrachtet. – L. sind vorwiegend Bewohner des trop. Regenwaldes, kommen aber auch in Mitteleuropa unter Laub, Rinde u. in feuchtem Boden vor. Fam.: *Rhynchodemidae, Geoplanidae, Bipaliidae.*

Landrassen, *Naturrassen, Primitivrassen,* hpts. durch natürl. Auslese entstandene Haustierrassen. L. stammen i. d. R. aus abgelegenen u./od. wenig günst. Lebensräumen u. sind deshalb genügsamer u. widerstandsfähiger, aber weniger leistungsfähig als ↗Kulturrassen. Aus L. hervorgegangen u. deren Vorzüge z. T. noch bewahrt haben die stärker v. Menschen züchterisch beeinflußten leistungsfähigeren *Veredelten* L. od. *Übergangsrassen.*

Landraubtiere, *Fissipedia,* größte U.-Ord. der Raubtiere (Ord. *Carnivora*), die alle landlebenden Raubtiere umfaßt (vgl. Tab.). Den L.n gegenübergestellt werden die Wasserraubtiere od. ↗Robben (U.-Ord. *Pinnipedia*).

Landschaftsökologie, *Landschaftsbiologie, Geobiozönologie,* Lehre v. den komplexen Beziehungen zw. den landschaftl. und den standörtl. Faktoren. Erkenntnisse über die biol. bzw. ökol. Gegebenheiten der durch den Menschen veränderten Kulturlandschaft können auch in diesem künstl. System zu einer Verbesserung der Lebensbedingungen der beteiligten Organismen (z. B. des Menschen) beitragen.

Landschaftspflege, a) i. e. S. Maßnahmen zur Erhaltung u. zum Schutz der freien Landschaft. L. soll die Ausgewogenheit zw. den Nutzungsansprüchen des Menschen u. einem möglichst natürl. Landschaftsbild gewährleisten u. bereits eingetretene Schäden durch Rekultivierung od. Sanierung wieder beseitigen. b) i. w. S. alle Aktivitäten zur Verbesserung der ökolog. Situation eines Gebiets.

Landschaftsschutzgebiete, wertvolle Gebiete (z. B. Seeufer, Wald-, Heide-, Mittelgebirgslandschaften), in denen die Leistungsfähigkeit des Naturhaushalts gewährleistet, schwere Schäden verhindert od. behoben u. ihr Aussehen (Eigenart, Vielfalt) sowie der Erholungswert der Landschaft erhalten bleiben sollen. Im Ggs. zu ↗Naturschutzgebieten sind in diesen Landschaftsräumen Veränderungen zulässig; sie dürfen jedoch keine nachhalt. Eingriffe bedeuten. Ein bes. Schutz od. Pflegemaßnahmen stehen im öffentl. Interesse. Die hierfür erforderl. Gebote u. Verbote sind im allg. durch Rechtsverordnungen festgelegt. In der BR Dtl. gibt es z. Z. ca. 5000 Landschaftsschutzgebiete.

Landraubtiere
Familien:
↗Marder (*Mustelidae*)
↗Kleinbären (*Procyonidae*)
Katzenbären (↗Katzenbär) (*Ailuridae*)
Großbären (*Ursidae*; ↗Bären)
↗Schleichkatzen (*Viverridae*)
↗Hyänen (*Hyaenidae*)
↗Hunde (*Canidae*)
↗Katzen (*Felidae*)

Landschaftsschutzgebiete

Landschaftsschutzgebiete in der BR Deutschland (Fläche in km^2, in Klammern %-Anteil an der Landesfläche)

Schleswig-Holstein	3267	(20,8)
Hamburg	165	(21,9)
Niedersachsen	8557	(18,1)
Bremen	101	(25,0)
Nordrhein-Westfalen	15168	(44,5)
Hessen	10484	(49,7)
Rheinland-Pfalz	9651	(48,6)
Baden-Württemberg	6127	(17,1)
Bayern	12116	(17,1)
Saarland	1086	(42,2)
Berlin (West)	90	(18,7)
Bundesgebiet	66812	(26,9)

Landschildkröten, *Testudinidae,* Fam. der ↗Halsberger-Schildkröten mit ca. 40 Arten in fast allen wärmeren u. gemäßigten Teilen der Erde (bes. in Afrika; Ausnahme Austr., Ozeanien); bewohnen Orte mit dichtem Pflanzenbewuchs (Buschwälder, Savannen), seltener Wüsten u. Steppen. Kiefer zahnlos, Schnabel mit scharfen Hornscheiden; Augenlider können geschlossen werden (Ggs. Schlangen); Geruchssinn gut entwickelt; mit gewölbtem, verknöchertem Rückenpanzer (Carapax) u. – durch eine Brücke verbunden – flacherem Bauchpanzer (Plastron); Zehen bis zum Nagelglied unbeweglich miteinander verwachsen (Klumpfuß), vorn meist mit 5, hinten stets mit 4 Krallen. Allesfresser (Würmer, Nacktschnecken, Insekten od. Aas bzw. Kot), ernähren sich jedoch hpts. vegetarisch (Pflanzenteile aller Art). Sehr wärmebedürftig; in der kühleren Zeit Winterruhe in selbstgegrabenen Erdlöchern; einige Tropenarten halten eine sommerl. Ruhezeit. Schwerfällige Bewegungen. Vermehrung durch Eier (2–20 Stück), werden in selbstgegrabenen Löchern im Boden abgelegt. – Am artenreichsten (ca. 26) die Gatt. Eigentliche L. (*Testudo;* mit 12 U.-Gatt.). In Aussehen (Panzer olivbraun bis braungelb, Hornplatten dunkel gemustert) u. Lebensweise einander sehr ähnl. die 3 eur. Vertreter der U.-Gatt. *Testudo:* Griechische L. (*T. hermanni;* Panzerlänge bis 20 cm; B Mediterranregion III) u. die etwas größere Maurische L. *(T. graeca);* erstere aber mit über der Schwanzregion geteiltem Randschild des Rückenpanzers, horn. Endnagel am Schwanz u. ohne kegelförm. Hornschuppe beiderseits der Schwanzwurzel auf der Hinterseite des Oberschenkels; beide leben im Mittelmeerraum in verschiedenen Regionen (*T. hermanni* v. Balkan westl. bis O-Spanien; *T. graeca* S-Spanien, N-Afrika, SW-Asien, SO-Europa). Weibchen legt im Juli 12 weiße, taubeneigroße Eier; Jungtiere (ca. 4 cm lang) schlüpfen im Herbst od. folgenden Frühjahr. *T. graeca* häufiger im Tierhandel, wärmebedürftiger als die relativ selten gewordene *T. hermanni.* In S-Griechenland u. nach Sardinien verschleppt, lebt die Breitrandschildkröte (*T. marginata;* bis 35 cm lang); Rückenpanzer (bei älteren Tieren fast schwarz) mit nach oben aufgebogenem Vorder- u. Hinterrand. Bei der Madagass. Strahlenschildkröte (*T. radiata;* U.-Gatt. *Asterochelys*) gehen auf dunklem Rückenpanzer (Länge bis 40 cm) v. der Mitte jedes Schildes helle Linien aus; wegen des schmackhaften Fleisches Bestand rückläufig; streng geschützt. Mit ähnl. Muster auf braunem Grund die südafr. Schnabelbrustschildkröte (*T. angulata;* U.-Gatt. *Chersina;* bis 25 cm lang); Bauchpanzer erscheint vorn verlängert; ernährt sich wie vorige Art ausschl. von Pflanzenstoffen. Im trop. S-Amerika leben als Vertreter der U.-Gatt. *Chelonoidis* u. a. die Wald- (*T. denticulata*) u. die Köhlerschildkröte (*T. carbonaria*); beide bis 50 cm lang, mit schwarzen Hornschildern; v. a. in feuchten Waldgebieten. Hierzu gehört – aber völlig isoliert – auch die schwarze Galapagos-Riesenschildkröte (*T. elephantopus;* Panzerlänge bis 1,2 m, über 200 kg schwer; B Südamerika VIII); heute nur noch auf wenigen Inseln (z. B. Albemarle); mit ihrem langen Hals erreicht sie auch noch das Laub niedriger Bäume u. höhere Kaktussprosse. In den Savannen der Hochebenen Afrikas weit verbreitet ist die Pantherschildkröte (*T. pardalis;* bis 65 cm lang); bei der Nahrungssuche unternimmt sie oft weite Wanderungen. In den heißen Wüsten u. Steppen im südl. N-Amerika leben – statt der Gatt. *Testudo* – die Gopherschildkröten (*Gopherus*); dämmerungsaktiv, verbringen Mittagsstunden u. Trockenzeit in selbstgegrabenen Erdhöhlen. Die Gelenkschildkröten (Gattung *Kinixys;* 20–30 cm lang) bewohnen mit 3 Arten Mittel- u. S-Afrika, bevorzugt in Gewässernähe, wo sie z. T. auch schwimmend auf Nahrungssuche gehen; hinteres Drittel des Rückenpanzers mit bewegl. Scharnier, so daß dieser gg. Bauchpanzer herabklappbar u. nach hinten fest verschließbar ist; einige L.-Gatt. – wie die Wasserschildkröten – mit Analblasen. Ein fast quadratisches 1. Wirbelschild haben die 10–20 cm langen Flachschildkröten (Gatt. *Homopus*) mit der schön rot, gelb u. grün gefärbten Areolen-Flachschildkröte (*H. areolatus*) S-Afrikas. Zu den kleinsten L. gehört die madagass. Spinnenschildkröte (*Pyxis arachnoides;* Panzerlänge bis 10 cm) mit einer strahlenförm. hellen Zeichnung auf konzentrisch gefurchten Rückenschildern. Die bis 15 cm lange Spaltenschildkröte (*Malacochersus tornieri*) lebt an Felshängen in über 1000 m Höhe in O-Afrika; mit biegsamem, sehr flachem Rückenpanzer; schlüpft in enge Gesteinsspalten, verankert sich dort mit den bekrallten Füßen, bläst sich stark auf u. kann dann kaum aus dem Versteck herausgezogen werden; ernährt sich v. a. von Sukkulenten. – Größter fossiler Vertreter der L. war die indische Riesen-L. (*Colossochelys atlas;* über 6 m lang) aus dem Jungtertiär. *H. S.*

Landschnecken, Sammelbez. für landlebende Schnecken, die überwiegend zu den Landlungen-, seltener zu den Vorderkiemerschnecken gehören (z. B. ↗*Cochlostoma,* ↗Kreismundschnecke). Von was-

Landschildkröten

Gattungen:

Eigentl. Landschildkröten *(Testudo)*
Flachschildkröten *(Homopus)*
Gelenkschildkröten *(Kinixys)*
Gopherschildkröten *(Gopherus)*
Spaltenschildkröten *(Malacochersus)*
Spinnenschildkröten *(Pyxis)*

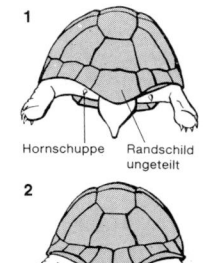

Landschildkröten

1 Maurische L. *(Testudo graeca),* **2** Griechische L. *(T. hermanni)* von hinten

Landsorten

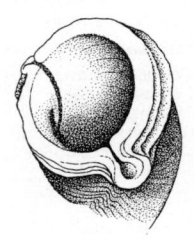

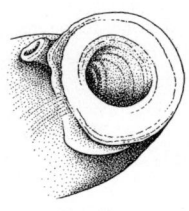

Landschnecken
Atemgruben und -röhren bei terrestr. Vorderkiemern

Landwirtschaft
Man unterscheidet verschiedene *Betriebsstrukturen:* den Vollerwerb, den Zuerwerb (das nicht ausreichende Einkommen erfordert eine Nebentätigkeit im nichtlandw. Bereich) u. den Nebenerwerb (Lebensgrundlage ist ein nichtlandw. Hauptberuf). *Betriebsmittel* sind die Arbeit u. das Kapital, das unter der Bezeichnung landw. Inventar Maschinen, Fahrzeuge, Geräte, Vieh, Vorräte u. Bargeld umfaßt. Betriebe mit *intensiver* Wirtschaftsweise erzielen durch hohen Kapital- u. Arbeitseinsatz hohe Flächenerträge; Voraussetzung sind ↗ Bodenfruchtbarkeit u. geeignetes Klima. Zur Absatzsicherung ist ein genügend großer Markt erforderl., wie er in dicht besiedelten, hochentwickelten Gebieten besteht. Dagegen findet man in dünn besiedelten Gebieten häufiger Betriebe mit *extensiver* Wirtschaftsweise; die Einsparung v. Kapital u. Arbeit macht den geringeren Flächenertrag wett.

serlebenden Vorfahren abstammend, sind sie physiolog. den variableren Lebensbedingungen an Land angepaßt (Körper speichert Wasser), bevorzugen feuchtwarmes Wetter, können aber auch extreme Kälte- u. Trockenperioden überstehen – zurückgezogen in das Gehäuse, das die meisten haben u. das durch den ↗ Deckel verschlossen wird. Um die Atmung bei geschlossenem Deckel zu ermöglichen, haben die Mündungsränder vieler Vorderkiemer Gruben od. Röhren, die Zeitdeckel der ↗ Landlungenschnecken sind an bestimmten Stellen siebart. durchbrochen; der Herzschlag wird herabgesetzt (bei der Kreismundschnecke von ca. 53 auf 2–3, bei der Weinbergschnecke von 36 auf 4 pro min); der Sauerstoffverbrauch geht stark zurück (bei der Weinbergschnecke auf 1/50).

Landsorten, im Ggs. zu den modernen Hochzuchtsorten ein genetisch uneinheitl. und meist ertragsschwaches Sortengemisch einer ↗ Kulturpflanze. L. sind i. d. R. durch jahrhundertelangen Anbau an die ökolog. Bedingungen ihres Entstehungsgebiets sehr gut angepaßt u. bieten durch die große Streuung ihrer Eigenschaften ein Höchstmaß an Ertragssicherheit. Die Erhaltung und züchter. Nutzung dieses wertvollen, aber vielerorts bedrohten Genbestands ist eine der wichtigsten Aufgaben der ↗ Genbanken u. der modernen Züchtungsforschung.

Landsteiner, *Karl,* östr.-am. Bakteriologe u. Serologe, * 14. 6. 1868 Wien, † 26. 6. 1943 New York; seit 1908 Prof. in Wien, ab 1923 in den USA; entdeckte 1901 das AB0-System der menschl. ↗ Blutgruppen u. 1940 zus. mit A. Wiener den ↗ Rhesusfaktor; erhielt 1930 den Nobelpreis für Medizin.

Landwanzen, *Geocorisae,* U.-Ord. der ↗ Wanzen.

Landwechselwirtschaft, im Ggs. zum Wanderfeldbau die wechselweise Nutzung eines Gebiets als Acker, Grünland od. Waldland, wozu in den gemäßigten Breiten die ↗ Feld-Gras-Wechselwirtschaft u. die ↗ Feld-Wald-Wechselwirtschaft zählen.

Landwirtschaft, jede Art der planmäßigen ↗ Bodennutzung zur Gewinnung pflanzl. und tier. Erzeugnisse. Die landw. Kulturarten sind die *Grasnutzung* (Wiesen u. Weiden), der *Hackbau* (Kartoffel, Rüben, ↗ Hackfrüchte), ↗ *Ackerbau* (Getreide), ↗ *Gartenbau* (Obst, Gemüse, Wein), die *Oasenkulturen* in N-Afrika (Datteln) u. die *Waldnutzung.* Die angebauten Kulturen sind abhängig v. den jeweils herrschenden Standortsbedingungen wie ↗ Boden u. ↗ Klima. – Nach dem Intensitätsgrad unterscheidet man verschiedene *Bodennutzungssysteme:* ↗ Gras- u. Weidewirtschaften, ↗ Feld-Gras-Wechselwirtschaft, Körner- u. Feldwirtschaften (↗ Dreifelderwirtschaft), ↗ Fruchtwechselwirtschaften u. freie Wirtschaften. In den Tropen ist heute noch teilweise der Wanderackerbau üblich (↗ Afrika); andererseits gibt es dort große ↗ Plantagen. – Die *Nutzviehhaltung* kann vorteilhaft mit der Bodennutzung verknüpft werden: der Futterpflanzenbau (↗ Futterbau) ist eine Kultur mit geringem Arbeitsaufwand, u. die anfallenden Wirtschafts- ↗ Dünger (Stallmist, ↗ Jauche) können zur Erhöhung der Erträge des Ackerbaus eingesetzt werden. Als Nutztiere werden v. a. das Rind als Milch- u. Mastvieh, das Schwein als Mastvieh sowie bei extensiver Wirtschaftsweise das Schaf gehalten. Das Prinzip der Verknüpfung v. Nutztierhaltung (↗ Nutztiere) u. Ackerbau wird durch den in der ↗ Massentierhaltung vorherrschenden Einsatz importierter Futtermittel durchbrochen, wobei zusätzl. Umweltbelastungen durch Stall- u. Siloabwässer entstehen. – Urspr. war in den heutigen Industrieländern die L. die unmittelbare Lebensgrundlage der Bevölkerung. Um 1800 lebten in Dtl. noch 80% der Bevölkerung v. der L. Um die wachsende Bevölkerung mit Nahrungsmitteln zu versorgen, mußten die Flächenerträge ständig gesteigert werden. Dies war nur durch ↗ Bodenverbesserung (Melioration), Intensivierung der Wirtschaftsweise, Einsatz v. Kunstdünger u. Pflanzenschutzmitteln, durch die Zucht leistungsfähigerer Nutzpflanzensorten (↗ Kulturpflanzen) und Bodenreformen (↗ Flurbereinigung) möglich (↗ Monokulturen). Die Mechanisierung u. Spezialisierung der Betriebe in Zshg. mit der wirtschaftl. bedingten Landflucht (hohe Industrielöhne, hoher Lebensstandard in den Städten) führte zu einem ständigen Rückgang der landw. Bevölkerung. – Konnte fr. davon ausgegangen werden, daß eine ordnungsgemäße L. auch ↗ Landschaftspflege bedeutete, lassen sich die vielfält. negativen Folgen der Modernisierung heute nicht mehr übersehen: Ausräumung der Landschaft durch Flurbereinigungen mit Verarmung der natürl. Tier- u. Pflanzenwelt sowie Nachlassen der Bodenfruchtbarkeit durch ↗ Bodenerosion, ↗ Humus-Abbau u. Bodenvergiftung, Gefährdung des ↗ Grundwassers durch Überdüngung, Pflanzenschutzmittel u. Abwässer aus der Massentierhaltung. (In den Tropen spielt auch die ↗ Desertifikation eine große Rolle.) Auch die landw. Erzeugnisse werden zwangsläufig mehr u. mehr mit Rückständen chem. Stoffe belastet u. gefährden auf Dauer die gesunde Ernährung der Bevölkerung. – Eine Folge der ökolog. und umweltpolit. begründeten Kritik an der modernen L. ist die Neubelebung des ↗alternativen Landbaus. S. M.

Landwirtschaftslehre, Sammelbegriff für alle Wiss., die sich mit der ↗Landwirtschaft befassen; sie wird in *Erzeugungs-* u. *Wirtschaftslehre* gegliedert. Erstere umfaßt Acker- u. Pflanzenbaulehre (mit Bodenkunde, Düngerlehre, Pflanzenzucht, Pflanzenkrankheiten, Obst- u. Gemüsebau), Tierzuchtlehre (mit Rassenkunde, Fütterungslehre, Milchwirtschaft), techn. Fächer (Maschinenkunde, Bauwesen, Kulturtechnik) u. Hilfswissenschaften (Botanik, Zoologie, Physik, Chemie, Meteorologie, Geologie). Zur Wirtschaftslehre gehören landw. Betriebslehre (mit Buchführung, Beratungslehre, Schätzungswesen, Landarbeitslehre und Sozialökonomik des Landbaus (mit Agrarpolitik, Agrarsoziologie, Marktlehre, Genossenschaftswesen, Agrargeschichte, Agrargeographie, Landwirtschaftsrecht). Zu den Begründern der L. zählen vor allem A. Thaer u. J. N. v. Schwerz. Die Ertragslehre wurde gefördert durch J. v. Liebig mit Entwicklung der Pflanzenernährungslehre u. durch O. Kellner mit Entwicklung der Fütterungslehre. Die Wirtschaftslehre förderten bes. J. H. v. Thünen, T. v. d. Goltz und F. Aereboe.

Langarmaffen, die ↗Gibbons.

Langbeinfliegen, *Dolichopodidae,* Fam. der Fliegen mit insgesamt ca. 3500, in Mitteleuropa einigen 100 Arten. Die L. sind schlanke, seitl. abgeflachte, metallischgrünl. glänzende Insekten mit ca. 5 mm Körperlänge u. langgestreckten, oft bizarr gestalteten Beinen. Der Geschlechtsapparat der Männchen ist bei den meisten Arten stark vergrößert. Die L. fliegen selten; auffällig ist die schief zur Körperlängsachse verlaufende Fortbewegung; sie leben räuberisch v. kleinen Insekten.

Längen-Breiten-Index, Abk. *LBI,* Anthropometrie: mit 100 multiplizierter Quotient aus größter Breite u. Länge eines menschl. Schädels bzw. Kopfes.

Längen-Höhen-Index, Abk. *LHI,* Anthropometrie: mit 100 multiplizierter Quotient aus größter Höhe (Basion-Bregma) u. Länge eines menschl. Schädels bzw. Kopfes.

Längenwachstum, 1) bei Pflanzen: ↗Streckungswachstum; 2) bei Tieren u. Mensch: ↗Wachstum; ↗Kind (☐).

Langerhanssche Inseln [ben. nach dem dt. Pathologen P. Langerhans, 1847–88], epitheliale Zellen im Bindegewebe der Bauchspeicheldrüse (↗Pankreas) der Wirbeltiere, die in den β-Zellen das ↗Insulin und in den α-Zellen dessen Antagonisten, das ↗Glucagon, bilden (⬜B Hormone); werden in ihrer Gesamtheit *Inselorgan* genannt.

Langbeinfliege *(Dolichopus spec.)*

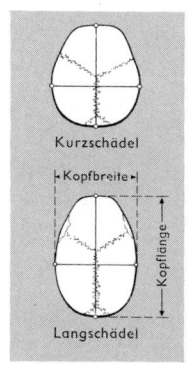

Längen-Breiten-Index
Berechnung nach der Formel:
$$\frac{\text{Kopfbreite} \times 100}{\text{Kopflänge}}$$
Indexwerte für Schädel bzw. Kopf (in Klammern), bezogen auf den männl. menschl. Schädel
unter 75: Langschädel oder *Dolichokrane*
(unter 76: Langkopf oder *Dolichokephale*)
75–79,9: Mittellangschädel oder *Mesokrane*
(76–80,9: Mittellangkopf oder *Mesokephale*)
ab 80: Kurzschädel oder *Brachykrane*
(ab 81: Kurzkopf oder *Brachykephale*)

Langfingerfrösche, *Arthroleptinae,* U.-Fam. der ↗*Ranidae,* manchmal auch zu den ↗*Hyperoliidae* gestellt. 4 nahe verwandte Gatt.: *Arthroleptis, Coracodichus, Schoutedenella* und *Cardioglossa.* Die Männchen mancher Arten haben stark verlängerte 3. Finger (manchmal bis 3mal so lang wie die übr. Finger). Die L. sind kleine Frösche des Waldbodens u. der Savannen Afrikas. Der Höhlenfrosch *(A. troglodytes)* lebt in Höhlen u. unter Steinen. Alle L. haben eine direkte Entwicklung mit Ausnahme der Herzzüngler *(Cardioglossa),* die noch freischwimmende Larven haben.

Langflügelfledermaus, *Miniopterus schreibersi,* zu den ↗Glattnasen rechnende, schmalflügelige Fledermaus S-Europas, S-Asiens u. Afrikas.

Langfühlerschnecken, *Bithynia,* Gatt. der *Bithyniidae,* im Süß- u. Brackwasser der Paläarktis verbreitete Mittelschnecken mit eikegel. Gehäuse u. verkalktem Deckel. Die Großen L. *(B. tentaculata,* 11 mm hoch) leben in stehenden u. langsam fließenden Gewässern, ernähren sich v. Detritus u. werden v. Fischen verzehrt („Schleischnecken"); die Eier werden in Gallertbändern abgelegt. Die Runden L. *(B. leachi,* 6 mm hoch) bevorzugen kleine, pflanzenreiche Gewässer des Tieflands.

Langfühlerschrecken, *Ensifera, Locustoidea,* U.-Ord. der ↗Heuschrecken.

Langhals-Schmuckschildkröten, *Deirochelys,* Gatt. der ↗Sumpfschildkröten.

Langhornbienen, *Eucera,* Gatt. der ↗Apidae.

Langhorn-Blattminiermotten, die ↗Langhornminiermotten.

Langhornböcke, *Monochamus,* Gatt. der ↗Bockkäfer; mit sehr langen Fühlern (3–4fache Körperlänge), braun mit weißl. Flecken, ca. 25–32 mm groß. Bei uns 3 Arten: Schusterbock *(M. sutor)* u. (nach der ↗Roten Liste „potentiell gefährdete") Schneiderbock *(M. sartor),* beide Arten auf Fichte u. Tanne; Bäckerbock *(M. galloprovincialis,* „gefährdet") auf Kiefer. Alle Arten nagen auf frisch gefällten Stämmen einen Eitrichter in die Rinde, in den 1 Ei gelegt wird. Die Larven fressen zunächst unter der Rinde u. dringen dann ins Holz ein; nach 2jähr. Entwicklung Verpuppung im Holz (oberflächennah). Die Käfer nagen sich durch ein kreisrundes Loch nach außen. Durch den Fraß im Holz können die Larven beträchtl. Schäden hervorrufen.

Langhornminiermotten, *Langhorn-Blattminiermotten, Lyonetiidae,* in Mitteleuropa artenarme, weltweit verbreitete Schmetterlingsfam. mit meist sehr kleinen Faltern, Spannweite unter 10 mm, Fühler fast ebenso lang wie lanzettl. Vorderflügel, an der Basis zu Augendeckeln erweitert; flie-

Langhornmotten

gen abends; Larven meist Blattminierer, Puppe in Gespinst. Beispiele: die Schlangenminiermotte *(Lyonetia clerkella)*, eurasiat., häufig, Flügel glänzend weiß., 8 mm spannend, Außenfeld braun gezeichnet, mehrere Generationen im Jahr, Raupe in schmalen schlangenförm. Gangminen in Blättern v. Obstbäumen, Weißdorn, Birken u. a. Gehölzen, Verpuppung außerhalb der Mine in silbrig weißem röhrenförm. Gespinst. Wirtschaftl. Bedeutung hat die Kaffeemotte *(Leucoptera coffeella);* Raupen können in Kaffeeplantagen große Schäden bis zum Kahlfraß anrichten.

Langhornmotten, *Adelidae,* Schmetterlingsfam. mit etwa 200 Arten, bei uns ca. 25 Vertreter; Falter höchstens mittelgroß, auffällig sind die v. a. beim Männchen sehr langen Fühler, Saugrüssel gut entwickelt, Flügel mit metall. Schimmer; die L. umschwirren im Sonnenschein in den Sommermonaten Büsche u. Blüten; die Raupen miniieren anfangs in Blättern, Blüten od. Samen, leben dann in flachem Sack am Boden u. fressen Fallaub u. organische Reste, Überwinterung im Larvenstadium. Beispiel: *Adela viridella,* Flügel messingglänzend blaugrün, um 16 mm Spannweite, an Buchen u. Eichen, Raupe in längl. braunem Sack.

Langhornmücken, *Macroceridae,* Fam. der Mücken mit nur ca. 30 Arten in Mitteleuropa. Die mit den ↗ Pilzmücken verwandten L. sind schlank, mittelgroß u. haben körperlange, 16gliedr. Fühler; die Larven leben unter Steinen u. Laub.

Langkäfer, *Langkopfkäfer, Brenthidae,* Fam. der polyphagen Käfer aus der Verwandtschaft der Rüsselkäfer; im wesentl. tropische Fam. mit ca. 1800 weltweit, in S-Europa mit nur 2–3 Arten aus den Gatt. *Amorphocephalus* (SO-Europa) u. *Eupsalis* (Kreta, S-Spanien) vertreten. Die Käfer sind schlank u. lang gestreckt mit rüsselförmig verlängertem Kopf (B Käfer II); an der Spitze kleine, aber kräft. Mandibeln, die beim Männchen meist wesentl. stärker ausgebildet sind. Die Tiere leben unter Rinde od. im Holz oft in Bohrgängen ihrer Larven. Viele Arten im trop. Bereich können recht groß werden. So ist das Männchen v. *Eutrachelus temmincki* aus Java über 7 cm lang.

Langkeimentwicklung, Entwicklungstyp v. a. bei höheren Insekten: die Körpersegmente entstehen nicht durch Sprossung (↗ Kurzkeimentwicklung), sondern (fast) gleichzeitig durch seriale Unterteilung des ↗ Blastoderms. [der ↗ Vespidae.

Langkopfwespen, *Dolichovespula,* Gatt.
Langkopfzikaden, die ↗ Laternenträger.
Langohrfledermäuse ↗ Glattnasen; B Europa XI.

Langschnabeldelphine

Der noch wenig erforschte Rauhzahndelphin *(Steno bredanensis)* lebt in wärmeren Gebieten des Atlantik u. des Indik. *Sotalia fluviatilis* (Amazonas-Sotalia) ist Süßwasserbewohner im Amazonas (↗ Flußdelphine). Der Guayana-Delphin *(S. guianensis)* kommt in Buchten u. Häfen der O-Küste S-Amerikas vor. Zur Gatt. *Sousa* rechnet man 6 Arten, Küsten- u. Brackwasserbewohner, z. B. den westafr. Kamerunfluß-Delphin *(S. teuszi)* u. den Chines. Weißen Delphin *(S. sinensis).*

Langhornmotte *(Adela viridella)*

langsame Viren ↗ slow-Viren.
Langschnabeldelphine, *Stenidae,* recht urspr. Fam. der Delphinartigen (Überfam. *Delphinoidea*) mit nur teilweise verschmolzenen 1. und 2. Halswirbeln; Gesamtlänge 1–2,4 m; Kopf längl. mit schnabelförm. Kiefern; 3 Gatt. mit ca. 9 Arten (vgl. Spaltentext).
Langschnabeligel, *Zaglossus,* Gatt. der ↗ Ameisenigel.
Langschwänze, die ↗ Grenadierfische.
Langschwanzeidechsen, *Takydromus,* Gatt. der Echten ↗ Eidechsen.
Langschwanzkatze, der ↗ Baumozelot.
Langschwanzkrebse, *Macrura,* Vertreter der U.-Ord. *Reptantia* der ↗ *Decapoda* (Zehnfußkrebse) mit einem langen und kräft. Pleon; zusammenfassende Bez. für ↗ *Palinura* u. ↗ *Astacura.*
Langschwanzsalamander, Langschwanzmolch, *Eurycea longicauda,* ↗ Wassersalamander.
Langtagpflanzen ↗ Blütenbildung (☐).
Langtrieb, Bez. für solche Seitenzweige, die mit längeren Internodien auswachsen (↗ Kurztrieb); ihr Wachstum ist i. d. R. nicht begrenzt, so daß sie zur Vergrößerung des Pflanzenkörpers beitragen.
Languren [Mz.; Hindi lāgūr, wahrsch. v. Sanskrit lāṅgūlin = mit (langem) Schwanz], *Presbytis,* bekannteste Gatt. der südasiatischen Schlankaffen (Fam. *Colobidae*); Kopfrumpflänge 40–80 cm, Schwanzlänge 50–100 cm; schlanker Körperbau, hohe Gliedmaßen u. lange schmale Hände mit kleinem Daumen. Die Fellfärbung der L. ist meist einheitl., oberseits bräunl. oder grau, unterseits heller. 4 U.-Gatt. Die größten L. sind die ind. ↗ Hulmans (U.-Gatt. *Semnopithecus*). Rötl. Gesichtsfärbung haben die Purpurgesichts-L. (U.-Gatt. *Kasi;* 2 Arten, südwestl. Indien bzw. Ceylon). Nach ihren auffallenden Haarschöpfen sind die Kappen-L. (U.-Gatt. *Trachypithecus;* ca. 7 Arten) Hinterindiens u. der Großen Sundainseln ben. Bunte Gesichtszeichnung und bes. Haartrachten kennzeichnen die Insel-L. (U.-Gatt. *Presbytis* i. e. S.), die in zahlr. Arten und U.-Arten über ganz Indonesien verbreitet sind.
Langusten [Mz.; v. lat. locusta = Heuschrecke, Languste über okzit. langosta], Stachelhummer, *Palinuridae,* Fam. der ↗ *Palinura,* z. T. große (bis 60 cm Länge), hummerart. Krebse, die sich v. den echten

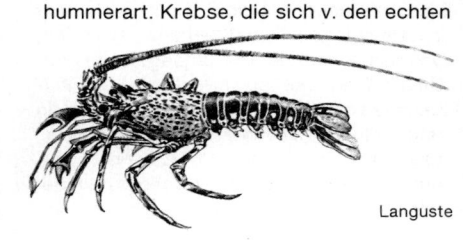

Languste

Hummern v. a. dadurch unterscheiden, daß ihre Pereiopoden keine Scheren bilden. Die Europäische L., *Palinurus elephas* (bis 45 cm u. 8 kg), lebt im östl. Atlantik u. Mittelmeer. Ähnlich sind in N- und S-Amerika Arten der Gatt. *Panulirus.* L. leben auf fels. Grund, viele auch auf Korallenriffen, wo sie sich in vorgefundenen Höhlen verbergen. Sie sind Fleisch- u. Aasfresser, die sich v. Schnecken, Muscheln, Seesternen u. ä. ernähren. Bei Gefahr versuchen sie mit ihren harten, langen 2. Antennen zu schlagen. Außerdem können sie durch Aneinanderreiben der Grundglieder der Antennen stridulieren u. ein knarrendes Geräusch erzeugen. Ob dies auch für die innerartl. Kommunikation v. Bedeutung ist, ist noch unbekannt. Die Westindische L., *Panulirus argus,* macht regelmäßige Wanderungen; große Mengen v. Tieren wandern im Herbst direkt hintereinander u. auf „Tuchfühlung" miteinander nach S, wobei Entfernungen bis 130 km zurückgelegt werden. Die Paarung findet im Frühjahr statt. Ein Weibchen kann über 50 000 Eier, angeheftet an die Pleopoden, tragen. Ihnen entschlüpft die pelagische Phyllosoma-Larve, die sich innerhalb v. 6 bis 8 Monaten zur kleinen L. entwickelt. – L. sind in wärmeren Meeren v. ähnlicher wirtschaftl. Bedeutung wie die Hummer im N. In der Subantarktis sind Arten der Gatt. *Jasus* (bis 60 cm) verbr. Speisekrebse, z. B. die Kap-L., *J. lalandei.*

Langwanzen, *Bodenwanzen, Lygaeidae, Myodochidae,* mit den Feuerwanzen verwandte Fam. der Wanzen (Landwanzen) mit insgesamt ca. 2000, in Mitteleuropa über 100 Arten. Die L. sind 5 bis 15 mm groß, nicht immer schlank gebaut, einige Arten lebhaft rot u. schwarz, sonst dunkel gefärbt. Das Auftreten v. kurz- u. langflügeligen Arten ist häufig, auch flügellose kommen vor. Sie sind gute Läufer u. ernähren sich je nach Art räuberisch od. von Pflanzensäften. Häufig sind bei uns die Ritterwanzen (Gatt. *Spilostethus*), ca. 11 mm lang u. auffällig schwarz, rot u. weiß gefärbt. Dunkel gefärbt mit hellen Rändern ist die ca. 4 mm große L. *Geocoris grylloides.* Die Tannenwanze *(Gastrodes abietum)* wird ca. 7 mm groß, der Vorderkörper ist dunkel gefärbt; auffallend sind die verdickten Vorderschenkel. In S- und Mittelamerika wird die L. *Blissus leucopterus* bei Massenbefall an Zuckerrohr-, Mais-, Reisu. Haferplantagen schädlich.

Langzungen-Fledermäuse, *Glossophaginae,* U.-Fam. der ⁊ Blattnasen.

Laniatores [Mz.; v. lat. laniator = Fleischer], U.-Ord. der Weberknechte mit ca. 1500 meist tropisch verbreiteten Arten; hart chitinisierter Körper, der wie die Extremitäten oft bestachelt ist; das 2. Laufbeinpaar ist lang, die Pedipalpen sind als Raubbeine ausgebildet. Ihre Lebensweise ist fast völlig unbekannt. In Ameisen- u. Termitenbauten kommen blinde Arten vor; sonst leben sie in Moos, unter Rinde u. Steinen u. in Höhlen.

Lanice w, Gatt. der ⁊ Terebellidae.

Laniidae [Mz., v. lat. lanius = Schlächter], die ⁊ Würger (Vögel).

Lanistes m [v. lat. lanista = Fechtmeister], mit den Apfelschnecken verwandte Gatt. der Fam. *Ampullariidae,* Mittelschnecken mit linksgewundenem, gedrückt-kugel. Gehäuse u. conchinösem Deckel; leben amphibisch im Süßwasser des tropischen Afrika.

Lanius m [lat., = Schlächter], Gatt. der ⁊ Würger.

Lannea w, Gatt. der ⁊ Sumachgewächse.

Lanolin s [v. lat. lana = Wolle, oleum = Öl], *Wollfett, Wollwachs,* v. den Talgdrüsen v. Schafen abgegebenes, fettart. Sekret, das sich in deren Wolle festsetzt u. aus dieser gewonnen werden kann. Zunächst erhält man ein gelbl.-braunes, unangenehm riechendes Rohprodukt, bestehend aus einem Gemisch v. Estern, wobei als Fettsäuren bes. Palmitinsäure, Cerotinsäure, Capronsäure, Ölsäure, Lanocerinsäure, Myristinsäure u. Lanopalmitinsäure sowie als Alkohole v. a. Cholesterin, Lanosterin, Agnosterin, Cetylalkohol u. Cerylalkohol auftreten. Durch Oxidation erhält man das reine wasserfreie Wollwachs, eine lichtgelbe, durchscheinende, salbenart. Masse mit guten Emulgator-Eigenschaften, die nur schwer ranzig wird. L. eignet sich als Salbengrundlage u. wird u. a. in der Ind. als Fettungs- u. Rostschutzmittel verwendet.

Lanosterin s [v. lat. lana = Wolle, gr. stear = Fett], *Lanosterol, Kryptosterin,* ein tetracycl. Triterpenalkohol, Vorstufe des Cholesterins u. a. Steroid-Derivate, die in veresterter Form (⁊ Lanolin) Bestandteil des Wollfettes ist.

Lansium s [ind.], Gatt. der ⁊ Meliaceae.

Lantana w [nordit., = Schneeball], Gatt. der ⁊ Eisenkrautgewächse.

Lanthanotidae [Mz.; v. gr. lanthanein = verborgen sein, ōtes = Ohren], die ⁊ Taubwarane.

Lantien, *Lantian, Mensch von L.,* früher ⁊ *Homo erectus* aus China, gefunden 1964 zus. mit Geröll- u. Abschlaggeräten bei Gongwangling (Provinz Schansi); Gehirnvolumen des Oberschädels ca. 780 cm^3; dazu Mandibelfund 1963 bei Chenchiawo, 10 km nordwestl. v. Lantien. Alter des L.menschen aufgrund der Säugetierbegleitfauna: unteres Mittelpleistozän, ca. 700 000 Jahre.

Lanugo w [Mz. *Lanugines;* lat., =], das ⁊ Flaumhaar 1).

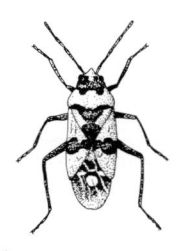

Langwanzen
Ritterwanze *(Spilostethus spec.)*

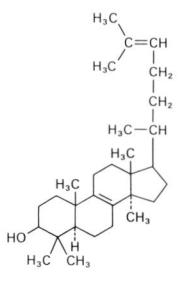

Lanosterin

Laniatores
Einige Gattungen:
Cosmetus
Gonyleptes
Mitobates
Nuncia
Phalangodes

Vertreter der *Laniatores*

Lanzenfarn

Lanzenfarn, *Polystichum lonchitis,* ↗Schildfarn.

Lanzenfische, *Alepisauridae,* Fam. der U.-Ord. Laternenfische; bis 1,8 m lange, schlanke, zwittr. Lachsfische der Tiefsee mit riesiger segelart. Rückenflosse, kleiner Fettflosse, spitzer, dolchart. bezahnter Schnauze u. papierdünnen Skeletteilen. Die sehr gefräßigen L. werden v. a. an Langschnüren v. der Meeresoberfläche bis in Tiefen unter 500 m gefangen; in ihrem dehnbaren Magen sind zahlr. vorher unbekannte Tiefseetiere entdeckt worden.

Lanzenottern, Sammelbez. für 2 Gatt. der Grubenottern; Kopf dreieckig (ähnl. einer Lanzenspitze) mit kleinen Schuppen u. ↗Grubenorgan; ohne Schwanzklapper; meist lebendgebärend; alle sehr giftig. – Amerikanische L. (Gatt. *Bothrops*); ca. 60 Arten; meist Bodenbewohner in Mittel- u. weiten Teilen S-Amerikas, ernähren sich v. a. von verschiedenen Säugetieren (z. B. Mäusen, Ratten, Hörnchen, Kaninchen). Bes. gefürchtet die v. Mexiko bis S-Brasilien verbreitete Gewöhnliche L. (*B. atrox;* ca. 2 m lang); braun od. grau mit hellen, schwarz gerandeten Rautenflecken; bevorzugt feuchte Lebensräume (oft in Zukkerrohr- u. Bananenplantagen); rasch blut- u. gewebezersetzendes Gift wirkt ohne Behandlung meist tödl.; hohe Fortpflanzungsrate (1 Weibchen kann bis ca. 70 Junge zur Welt bringen). Nicht weniger gefährl. die in den Savannen von S-Brasilien bis N-Argentinien sehr häufige Jararaca (*B. jararaca;* bis 1,5 m lang); rotbraun mit dunklen Flecken; Giftzähne über 2 cm lang. Die kleinere Argentinische L. (*B. ammodytoides*) mit aufgeworfener Schnauzenspitze erreicht den 50. Breitengrad u. ist damit die am weitesten südwärts vertretene Schlange. – Asiatische L. (Gatt. *Trimeresurus*) mit ca. 25 Arten in O-Asien u. im indoaustr. Raum; ca. ⅘ der Arten Baum- u. Buschbewohner, viele mit Greifschwanz; ernähren sich v. a. von kleinen Säugetieren, Vögeln, Echsen u. Lurchen. Bekannteste Vertreter: Die grüne Bambusotter (*T. gramineus*) in den trop. Regenwäldern u. die im Ggs. zu ihr bodenbewohnende, sehr gift. Habu-Schlange (*T. flavoviridis;* bis 1,6 m lang) v. den Riu-Kiu-Inseln.

Lanzenratten, *Hoplomys,* Gatt. der ↗Stachelratten.

Lanzenseeigel, 1) *L. i. w. S., Cidaroida,* einzige Ord. der primitiven Seeigel-U.-Kl. *Perischoechinoidea* mit rezenten Repräsentanten, die im Ggs. zu den übrigen regulären Seeigeln nur 1 Füßchen je Ambulacralplatte u. dementsprechend nur 1 Paar Poren je Platte haben (☐ Seeigel). Auf den Interambulacralplatten steht je 1 großer Primärstachel, umgeben v. vielen

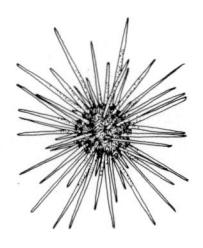

Lanzenseeigel *(Cidaris)*

Lanzettfischchen
Adulte L. *(Branchiostoma lanceolatum)* halten sich in etwa 10 m Tiefe auf. Sie können schwimmen, leben aber überwiegend rückwärts eingegraben im Sand.

kleinen Sekundärstacheln. Die L. bewegen sich mit den Primärstacheln stelzend voran u. sind dabei relativ schnell: 4 cm/s (die meisten anderen Seeigel brauchen für diese Strecke 1 Min.!). Bei einigen Arten kommt Brutpflege vor: die Jungtiere entwickeln sich auf der Körperoberfläche der Mutter zw. den Stacheln. Rezent ca. 140 Arten in 2 Fam., *Cidaridae* u. *Psychocidaridae;* fossil ab Obersilur. 2) *L. i. e. S., Lanzenigel, Cidaris;* die rezente Art *C. cidaris* hat einen ⌀ bis 6,5 cm, bis 13 cm lange Stacheln u. lebt im Mittelmeer u. Atlantik zw. 30 u. 1800 m Tiefe. Die bekannteste fossile Art ist *Plegiocidaris coronata* aus dem Weißen Jura (Oxford).

Lanzenskinke, *Acontias,* Gattung der ↗Schlankskinkverwandten.

Lanzettfischchen, *L. i. e. S., Branchiostoma, Amphioxus,* Gatt. der ↗*Branchiostomidae* (*L. i. w. S.*) mit 6 Arten; bis 8 cm lange, lanzettförm., flache Chordatiere ohne Schädel (↗Schädellose) mit weißlich durchscheinendem Körper; kommen in den Küstenzonen aller warmen Meere eingegraben im Sand („Amphioxussand") u. Schill, halbsessil als Filtrierer lebend vor; gekennzeichnet durch paarige Gonaden u. symmetrische, hinter dem Peribranchialporus endigende Metapleuralfalten. Der Körperbau der L. spiegelt modellhaft den urspr. Chordatentyp wider (↗Chordatiere, B). An europäischen Küsten (Ausnahme Ostsee) lebt *B. lanceolatum,* besonders häufig bei Helgoland, der Doggerbank u. im Kattegat.

Lanzettschnecke, *Limapontia capitata,* Schlundsackschnecke ohne Rückenanhänge, mit seitl. Falten (Parapodien) u. schmaler Fußsohle; Anus auf der Rückenmitte; etwa 6 mm lang; ernährt sich v. Hydropolypen u. lebt in Mittelmeer, O-Atlantik u. Nordsee.

Lanzettstück, median liegende, v. Seitenplättchen umgebene, lanzenförm. Platte in den Ambulacralfeldern von † Knospenstrahlern (↗*Blastoidea*) zum Schutz der unterlagernden ↗Hydrospiren.

Laodicea *w* [ben. nach dem gr. Frauennamen Laodikē], Gatt. der ↗Thekaphorae-Leptomedusae; ↗*Cuspidella*.

Laomedea *w* [ben. nach dem gr. Frauennamen Laomēdeia], Gatt. der ↗Campanulariidae (☐).

Laonome *w* [ben. nach dem gr. Frauennamen Laonomē], Gatt. der Ringelwurm-(Polychaeten-)Fam. *Sabellidae;* L. *kröyeri* auf Schlammböden in Nordsee u. westl. Ostsee.

Laothoe w [ben. nach Laothoē, Geliebte des trojan. Königs], Gatt. der Schwärmer; ⁊ Pappelschwärmer.

Lapemis w [anagrammat. v. gr. pēlamis = Thunfischart], Gatt. der ⁊ Seeschlangen.

Laphria w [v. gr. Laphria = Beiname der Jagdgöttin Artemis], Gatt. der ⁊ Raubfliegen.

La-Plata-Delphin, *Stenodelphis blainvillei,* einzige Art der L.e (Fam. *Stenodelphidae*); ⁊ Flußdelphine.

Laportea w [ben. nach dem frz. Entomologen F.-L. de Laporte, 19. Jh.], Gatt. der ⁊ Brennesselgewächse.

Lappenfarn, *Thelypteris,* mit ca. 500 Arten wichtigste Gatt. der *Thelypteridaceae* (Ord. ⁊ *Filicales*); Rhachis mit 2 Leitbündeln, Sorus von nierenförm. Indusium od. vom eingerollten Blattrand eingehüllt, alle Haare einzellig. In Mitteleuropa nur 3 Arten: der Buchenfarn (*T. phegopteris;* Standortansprüche ähnlich Eichenfarn [⁊ *Gymnocarpium*], mit dem er meist zus. vorkommt), der Berg-L. (*T. limbosperma;* in Bergmischwäldern auf sauren, feuchten Böden, auch in Erlenbruch- u. Eichenwäldern) u. der Sumpf-L. (*T. palustris;* in Bruchwäldern auf sauren, torfigen Böden; nach der ⁊ Roten Liste „gefährdet").

Lappenkrähen, *Callaeidae,* Fam. neuseeländ. Sperlingsvögel mit 3 Gatt. und je 1 Art (vgl. Spaltentext). Dunkles Gefieder, fleischige, orangerote Hautlappen an der Schnabelwurzel.

Lappenmuscheln, die ⁊ Hufmuscheln.

Lappenpittas [v. Telugu pitta = Vogel], *Philepittidae,* Fam. der Schreivögel mit 4 Arten auf Madagaskar. Die beiden gedrungenen Arten der Gatt. *Philepitta* sind ausschl. Bewohner v. Bäumen, wo sie Früchte suchen. Die Pseudo-Nektarvögel *(Neodrepanis)* erbeuten Insekten u. nehmen mit dem gekrümmten Schnabel auch Blütennektar auf.

Lappenrippenquallen, die ⁊ Lobata.

Lappenrüßler, *Otiorrhynchus,* Gatt. der ⁊ Rüsselkäfer.

Lappentaucher, *Podicipediformes,* Ord. gut tauchender u. schwimmender Wasservögel mit 1 Fam. *(Podicipedidae)* und 19 drossel- bis entengroßen Arten. Weit hinten eingelenkte Beine, dadurch an Land aufrechter Gang u. recht unbeholfen, Füße mit Schwimmlappen längs der Zehen, spitzer Schnabel, oft lebhaft gefärbtes, sehr dichtes Gefieder, Geschlechter gleich. Bewohnen eutrophe Binnengewässer der ganzen Erde; nur die Gatt. *Podiceps* ist kosmopolitisch, die anderen kommen nur

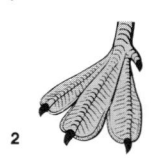

1

2

Lappentaucher
1 Haubentaucher *(Podiceps cristatus),* **2** Fuß des Haubentauchers

Lappenkrähen

Der 45 cm große Huia *(Heteralocha acutirostris),* dessen beide Geschlechter in Anpassung an die arbeitsteilige Ernährungsweise unterschiedl. Schnabelformen besaßen, ist ausgerottet. Auch die beiden anderen Arten, der 25 cm große Neuseeland-Lappenstar *(Creadion carunculatus)* u. die 40 cm große Lappenkrähe *(Callaeas cinerea),* auf Neuseeland „Kokako" gen., sind bestandsgefährdet. Sie leben im Waldesinnern u. suchen am Boden Kerbtiere, Früchte u. junge Blätter.

in Amerika vor. Beim Wechsel vom Brutkleid in das unscheinbare Ruhekleid sind sie durch gleichzeit. Verlust der Schwungfedern für einige Zeit flugunfähig. Bauen i. d. R. Schwimmnester aus faulendem Pflanzenmaterial, wo auch die Begattung stattfindet; vor Verlassen des Nestes decken sie die 3–10 anfangs noch weißen Eier ([B] Vogeleier II) zu. Die Jungen klettern den Eltern ins Rückengefieder; schwimmen können sie vom ersten Tag an, tauchen nach einigen Wochen. Die Nahrung besteht aus Fischen u. anderen Wassertieren; verschlucken regelmäßig arteigene Federn; evtl. zum Schutz der Magenwand gg. Verletzung durch Fischgräten. – Der mit 48 cm Länge größte einheim. L. ist der Haubentaucher *(Podiceps cristatus,* [B] Europa VII); er besiedelt größere stehende Gewässer mit einem Schilfgürtel. Sommers mit rostfarbener Federkrause um den Hals u. schwarzer zweispitziger Federhaube. Taucht meist etwa 5 m tief, gelegentl. bis über 20 m. Ausgeprägtes territoriales Verhalten; quorrenderRuf; die Paare führen auffällige u. komplizierte Balzzeremonien auf dem Wasser auf. Beide Partner bebrüten abwechselnd die 2–6 (meist 4) Eier. Erst nach 10–11 Wochen sind die Jungen selbständig. Der seltenere, 43 cm große Rothalstaucher (*P. grisegena,* nach der ⁊ Roten Liste „gefährdet") bevorzugt mehr verlandete Gewässer. Der 30 cm große schwarzbraune Schwarzhalstaucher *(P. nigricollis)* besitzt zwar ein weites Verbreitungsgebiet, ist aber „stark gefährdet". Im Brutkleid leicht kenntl. an den goldgelben Ohrbüscheln; brütet oft kolonieweise, gern im Verband mit Möwen u. Seeschwalben, v. deren Warn- u. Abwehrverhalten er profitiert. Der kleinste Taucher der Alten Welt ist der 27 cm große Zwergtaucher *(P. ruficollis);* liegt beim Schwimmen wie ein Korken auf dem Wasser; brütet auch auf verlandenden Gewässern kleinsten Ausmaßes u. entgeht damit v. a. der Konkurrenz des Haubentauchers. Klare hohe Triller; während der Balz trillern Männchen u. Weibchen im Duett. Noch kleiner (20 cm Länge) ist der im trop. Amerika lebende Domingo-Zwergtaucher *(P. dominicus).* Der Titicacataucher *(Centropelma micropterum)* lebt nur auf dem Titicaca-See; er besitzt Stummelflügel u. ist flugunfähig. Erst 1974 wurde der Kapuzentaucher *(P. gallardoi)* entdeckt; er bewohnt mit etwa 200 Exemplaren Seen auf argentin. Hochflächen; hochspezialisiert in der Ernährung, ist er auf das Vorkommen kleiner Wasserschnecken in *Myriophyllum*-Beständen angewiesen. *M. N.*

Lappula w [v. lat. lappa = Klette], der ⁊ Igelsame.

Lapsana

Lapsana w [v. gr. lapsanē, lampsanē = eßbare Pfl., wohl Ackersenf], der ↗Rainkohl.

La Quina [-kina; Dep. Charente, S-Fkr.], Bestattungsplatz einer Neandertalersippe, an dem 1908–21 unter einem Felsdach Schädel u. Skelettfragmente v. etwa 20 Individuen zus. mit Steinwerkzeugen der ↗Moustérien ausgegraben wurden; Alter (^{14}C-Methode): 35 250 ± 530 Jahre.

Lar m [v. lat. Lar = röm. Schutzgottheit], *Hylobates lar*, ↗Gibbons (T).

Lärche, *Larix,* Gatt. der Kieferngewächse (U.-Fam. *Laricoideae*) mit 12 nordhemisphär. verbreiteten Arten; sommergrüne Bäume, ♀ Zapfen bei Reife nicht zerfallend, Pollenkörner ohne Luftsäcke. – Die bis 40 m hohe, raschwüchsige Europäische L. (*L. decidua,* B Europa XX), die einzige in Europa heimische Art, besiedelt als sehr frostresistentes Licht- u. Pionierholz im wesentl. die subalpine Stufe der Alpen u. Karpaten (maximal bis 2400 m) u. bildet v. a. in den kontinentalen Zentral- u. den Südalpen (in ersteren zus. mit der Zirbel-Kiefer) die Waldgrenze. Sie wird ferner in tieferen Lagen oft standortsfremd forstl. kultiviert. Das rötl. verkernende *Holz* ist sehr harzreich (liefert „Venezian. Terpentin"), daher dauerhaft u. findet als Möbel- und v. a. Bauholz (auch im Schiffsbau) Verwendung. In NO-Rußland, Sibirien bis O-Asien bildet die sehr nahe verwandte Sibirische L. (*L. sibirica,* B Asien I) ausgedehnte Wälder, die im N u. im Gebirge oft die Waldgrenze halten. Von den 8 asiat. L.n-Arten sei nur die vielfach in Gärten kultivierte Japanische L. *(L. kaempferi)* genannt. Eine wegen ihres wertvollen, sehr harten Holzes wicht. nordamerikanische Art ist die Westamerikanische L. *(L. occidentalis).* B Nordamerika I.

Lärchen-Arvenwälder ↗Rhododendro-Vaccinion.

Lärchenkäfer, *Laricobius erichsoni,* ↗Derodontidae.

Lärchenkrebs, weltweit verbreitete typ. Pilzkrankheit der Eur. Lärche u. a. Lärchen-Arten; die Jap. Lärche ist in Europa weitgehend resistent. An Ästen u. Stämmen treten lokale Deformationen od. offene Wunden auf *(Baumkrebs),* verursacht durch *Lachnellula willkommii* (= *Dasyscypha w., Trichoscyphella w.)* aus der Fam. ↗Hyaloscyphaceae. Am Rande der Krebswunden u. auf der Rinde abgestorbener Zweige entwickeln sich die orangeförm. Fruchtkörper (Apothecien, ⌀ 1–4 mm). Der Pilz dringt durch Wunden sowie Narben abgefallener Knospenschuppen u. Nadeln in das lebende Rindengewebe ein; zunächst entstehen lokal beschränkte Nekrosen, im weiteren Verlauf können junge Triebe absterben *(Zweigspitzendürre).*

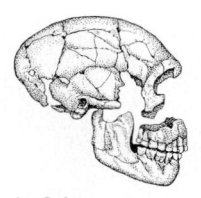

La Quina
Neandertaler-Schädel v. La Quina

1

2

Lärche

1 Wuchsform der Europäischen L. *(Larix decidua).* 2, rechts: Langtrieb im Frühjahr mit ♂ Blüte, „blühendem" ♀ Zapfen (unter jener), reifem ♀ Zapfen (Mitte) u. Kurztrieben mit austreibenden Nadeln (unten); links: Langtrieb im Sommer mit reifem ♀ Zapfen u. Kurztrieben mit gebüschelten Nadeln.

Laricoideae

Gattungen:
Goldlärche
(↗*Pseudolarix*)
↗Lärche *(Larix)*
↗Zeder *(Cedrus)*

Lärchenminiermotte, *Coleophora laricella,* ↗Sackmotten.

Lärchenpilze, Begleitpilze (Mykorrhizapilze) v. Lärchen (vgl. Tab.); einige Arten sind streng an Lärchen gebunden; oft mit leuchtend hell-gelber bis orange-gelber Färbung.

Lärchenpilze

Mykorrhizapilze:

Goldröhrling (*Suillus grevillei* Sing)
Grauer Lärchenröhrling (*S. aeruginascens* Snell)
Rostroter Lärchenröhrling (*S. tridentinus* Sing)
Hohlfußröhrling (*Boletinus cavipes* Kalchbr.)
Lärchenschneckling (*Hygrophorus lucorum* Kalchbr.)

Lärchen-Reizker (*Lactarius porninsis* Roll.)
Lärchen-Ritterling (*Tricholoma psammopus* Quel.)
Fleckender Lärchen-Schmierling (*Gomphidius maculatus* Fr.)

Auf Lärchen:

Lärchenschwamm [Lärchenporling] (*Laricifomes* [*Fomitopsis*] *officinalis* Kotl. u. Pouz.)

Lardizabalaceae [Mz.; ben. nach dem span. Naturforscher M. Lardizabal y Uribe, 18. Jh.], *Fingerfruchtgewächse,* Fam. der Hahnenfußartigen mit 9 Gatt. und ca. 36 Arten. Disjunkte Verbreitung: Himalaya, China, Japan u. in den chilen. Anden. Meist Lianen mit handförm. geteilten Blättern, die gegenständ. angeordnet sind. Ihre meist traub. Blütenstände entspringen in den Achseln v. Schuppenblättern am Grunde der Zweige. Die 3- bis 6zählige Blütenhülle umschließt bei einigen Gatt. 6, in 2 Kreisen angeordnete Honigblätter. Die L. sind gewöhnl. einhäusig. *Akebia quinata* (Akebie) ist die bekannteste Zimmerpflanze unter den L. An Drähten gezogen, blüht sie im Mai braunlila. Die 2 cm großen, duftenden, karpellaten Blüten am Grunde der Traube öffnen sich erst nach den kleineren staminaten Blüten an der Spitze. Die Akebia ist in China u. Japan zu Hause; dort ißt man auch die fleischigen Früchte. Verschiedene Arten sind reich an Saponinen u. werden in Chile als Fischgifte verwendet.

large bodies [lardsch bodis; engl., = große Körper], die ↗Involutionsformen.

Larici-Cembretum s [v. lat. larix = Lärche, cembra = aus dem Zimmertal (Südtirol)], Assoz. des ↗Rhododendro-Vaccinion.

Laricobius m [v. lat. larix = Lärche, gr. bios = Leben], Gatt. der ↗Derodontidae.

Laricoideae [Mz.; v. lat. larix, Gen. laricis = Lärche], U.-Fam. der Kieferngewächse mit 3 Gatt.; die Nadelblätter stehen sowohl an Langtrieben als auch gebüschelt an den mehrere Jahre weiterwachsenden Kurztrieben. Enge Beziehungen bestehen v. a. zur U.-Fam. *Abietoideae,* wobei im ostasiat. Raum noch heute Bindeglieder existieren: so zeigen die Gatt. *Cathaya* (U.-Fam. *Abietoideae*) u. *Pseudolarix* (U.-Fam. *Laricoideae*) Merkmale beider Gruppen.

Laridae [Mz.; v. gr. laros = Möwe], die ↗Möwen.

Larix w [lat., =], die ↗Lärche. [frösche.

Lärmfrosch, *Eupsophus,* Gatt. der ↗Südl

Larosterna w [v. gr. laros = Möwe, sternon = Brust], Gatt. der ↗Seeschwalben.

Lartet [lartä], *Édouard,* frz. Paläontologe, * 15. 4. 1801 Saint-Guiraud (Gers), † 28. 1. 1871 Seissan (Gers); seit 1868 Prof. in Paris; machte als erster den Fund eines Pliopithecus (fossiler Affe), erforschte v. a. die Höhlen in SW-Fkr.

Lartetia w [ben. nach E. ↗Lartet], ↗Brunnenschnecken.

Larus m [v. gr. laros = Möwe], Gatt. der ↗Möwen.

Larvacea [Mz.; v. *larv-], die ↗Copelata.

Larvaevoridae [Mz.; v. *larv-, lat. vorare = verschlingen], die ↗Raupenfliegen.

Larvalentwicklung [v. *larv-], durch ↗Larven gekennzeichnete ↗Entwicklung v. Tieren, die mit der ↗Metamorphose endet. Sie kann im Vergleich zum Adultstadium (↗adult) sehr lang sein (Eintagsfliege, Maikäfer, 17-Jahreszikade *Tibicen septendecim* in den USA). Vorteile der L. sind: 1. Larve u. Adultus haben unterschiedl. ↗ökologische Nischen u. konkurrieren daher nicht miteinander; 2. bei sessilen od. wenig bewegl. Adulten Ausbreitung durch Abdriften (↗Drift) oder aktive Bewegung der Larven (z. B. Ascidien, Seeigel); 3. früher Nahrungserwerb durch die Larve erlaubt „billige" Eier u. damit erhöhte Eizahlen; 4. bei Insekten Vermeiden der schwierigen ↗Häutung der Flügel (Ausnahme ↗Subimago der Eintagsfliegen). – Abgeleitete (urspr.) wasserlebende Formen können larvale Stadien in den Eihüllen durchlaufen (Übergang zur ↗direkten Entwicklung, Präadaptation zum Landleben); andererseits können auch Larven fortpflanzungsfähig werden (↗Neotenie).

Larvalhormon, das ↗Juvenilhormon.

Larvalparasiten [v. *larv-, gr. parasitos = Schmarotzer], Parasiten, die nur als Larve im Wirt leben, z. B. entomophage Fadenwürmer (↗Mermithiden), Raupenfliegen, ↗Dasselfliegen, parasitoide Hautflügler.

Larva migrans w [lat., =], *Wanderlarve,* Helminthen- od. Insekten-Larve, die im ↗Fehlwirt od. ↗Transportwirt wandert, z. B. die des Hundehakenwurms od. der Pferdemagenbremse (↗*Gasterophilidae*) unter der Haut des Menschen („Hautmaulwurf").

Larven [v. *larv-], Jugendstadien von tier. Organismen, die während der postembryonalen ↗Entwicklung (↗Jugendentwicklung) im Körperbau vom Adultus abweichen, indem ihnen außer den voll entwickelten Geschlechtsorganen (Gonaden) weitere Organe des ausgewachsenen (adulten) Organismus entweder noch fehlen (z. B. Flügel od. Extremitäten bei Insekten), in Anpassung an eine andersartige Lebensweise anders gebaut sind (z. B. Mundteile v. Schmetterlingsraupe u. Schmetterling) od. als larveneigene Organe neu hinzukommen (z. B. Kiemen v. Amphibien-L.). Solche larveneigenen Bildungen sind um so auffallender, je abweichender die Lebensweise der Larve gegenüber dem Erwachsenen ist. Bei relativ geringer Abweichung im Körperbau geht der Übergang zum Adulten über eine mehr od. weniger direkte Entwicklung (Turbellarien, Ringelwürmer). Bei starker Abweichung muß eine ↗Metamorphose erfolgen, die bei radikalem Umbau, wie bei der Puppe der holometabolen Insekten (↗Holometabola), als „katastrophale Metamorphose" bezeichnet wird. Bei solchen L. finden sich vielfach die späteren Adultorgane als ↗Imaginalscheiben im Körperinnern schon angelegt (z. B. *Phoronis,* Nemertinen, holometabole Insekten, Stachelhäuter) u. werden typische Larvalorgane bei der Umwandlung abgebaut (z. B. Schwanz der Kaulquappe beim Frosch). L.formen sind bei vielen Tiergruppen verbreitet. Man unterscheidet *primäre* v. *sekundären* L.formen. Diese Unterscheidung ist eine phylogenetische u. basiert auf der Ansicht, daß alle *Metazoa* im Meer entstan

larv- [v. lat. larva = Gespenst, Maske], in Zss. meist: (Insekten-)Larve.

Larven
Einige wichtige L.formen im Tierreich:

Acanthocephala:
 Acanthor, Cystacanthus
Amphibien:
 Kaulquappe
Bandwürmer:
 Oncosphaera, Coracidium, Lycophora-Larve, Metacestoda
Enteropneusten:
 Tornaria
Krebstiere:
 Nauplius, Metanauplius, Zoëa
Cirripedia:
 Cypris
Decapoda:
 Mysis, Megalopa, Phyllosoma
Euphausiacea:
 Calyptopis, Furcilia, Cyrtopia
Stomatopoda:
 Antizoëa, Pseudozoëa, Synzoëa

Moostierchen:
 Cyphonautes
Nesseltiere:
 Planula, Actinula, Arachnactis
Phoronida:
 Actinotrocha
Ringelwürmer:
 Metatrochophora, Nectochaeta
Saugwürmer:
 Miracidium, Oncomiracidium, Diporpa, Cercarium, Metacercarium, Redia
Schnurwürmer:
 Pilidium (Fechterhutlarve), Schmidtsche Larve
Schwämme:
 Parenchymula, Amphiblastula, Sterroblastula
Sipunculida:
 Planctosphaera, Pelagosphaera

Spinnentiere
Pantopoda:
 Protonymphon
Xiphosura:
 „Trilobitenlarve"
Stachelhäuter
Haarsterne:
 Doliolaria
Schlangensterne:
 Ophiopluteus
Seegurken:
 Auricularia, Pseudodoliolaria, Pentactula
Seeigel:
 Echinopluteus
Seesterne:
 Bipinnaria, Brachiolaria
Strudelwürmer:
 Goettesche Larve, Müllersche Larve
Weichtiere:
 Veliger, Veliconcha, Pediveliger
Trilobiten:
 Protaspis
urspr. Spiralier:
 Trochophora

LARVEN I – II

Larvenform   adultes Tier

Wenige Furchungsarten leiten über zu den verschiedenen stammestypischen Larvengruppen, in deren Metamorphose sich erst der ganze Fächer der Formenvielfalt öffnet.

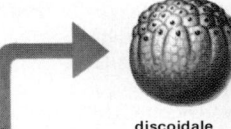

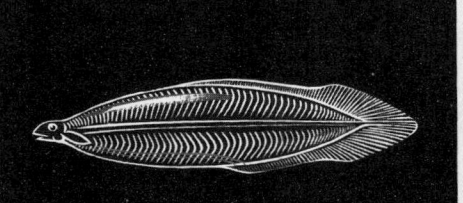

discoidale Furchung

Glasaal   Aale

Fisch- und Amphibienlarve zeigen in den Kiemenspalten noch ihre nahe Verwandtschaft an.

total inäquale Furchung

Kaulquappe   Frösche

Die Larven so verschiedener Stämme wie Ringelwürmer, Moostierchen und Mollusken lassen sich von der allen Spiraliern gemeinsamen Wimpernschopflarve (Trochophora) herleiten.

Im Ei sind noch alle Anlagen des erwachsenen Tieres verborgen.

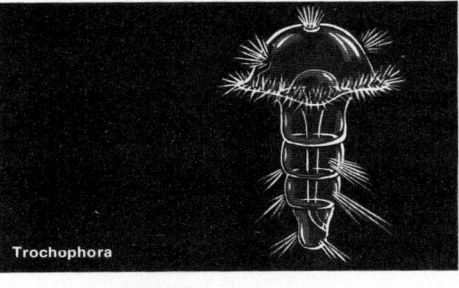

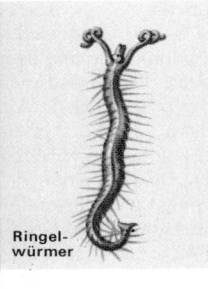

Spiralfurchung

Trochophora   Ringelwürmer

Die bilateralsymmetrische Pluteuslarve der Echinodermen zeugt noch davon, daß deren Vorfahren nicht radiärsymmetrisch gebaut waren.

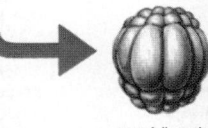

total äquale Furchung

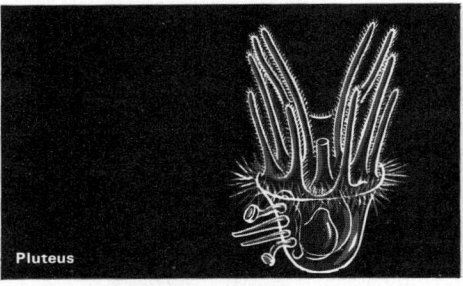

Pluteus   Seeigel

Superfizielle Furchung und segmental gegliederte, hochspezialisierte Larven sind charakteristisch für die meisten Arthropoden.

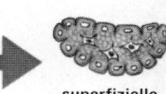

superfizielle Furchung

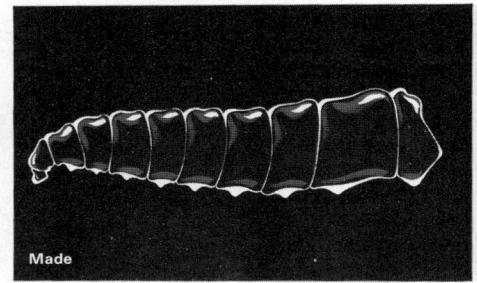

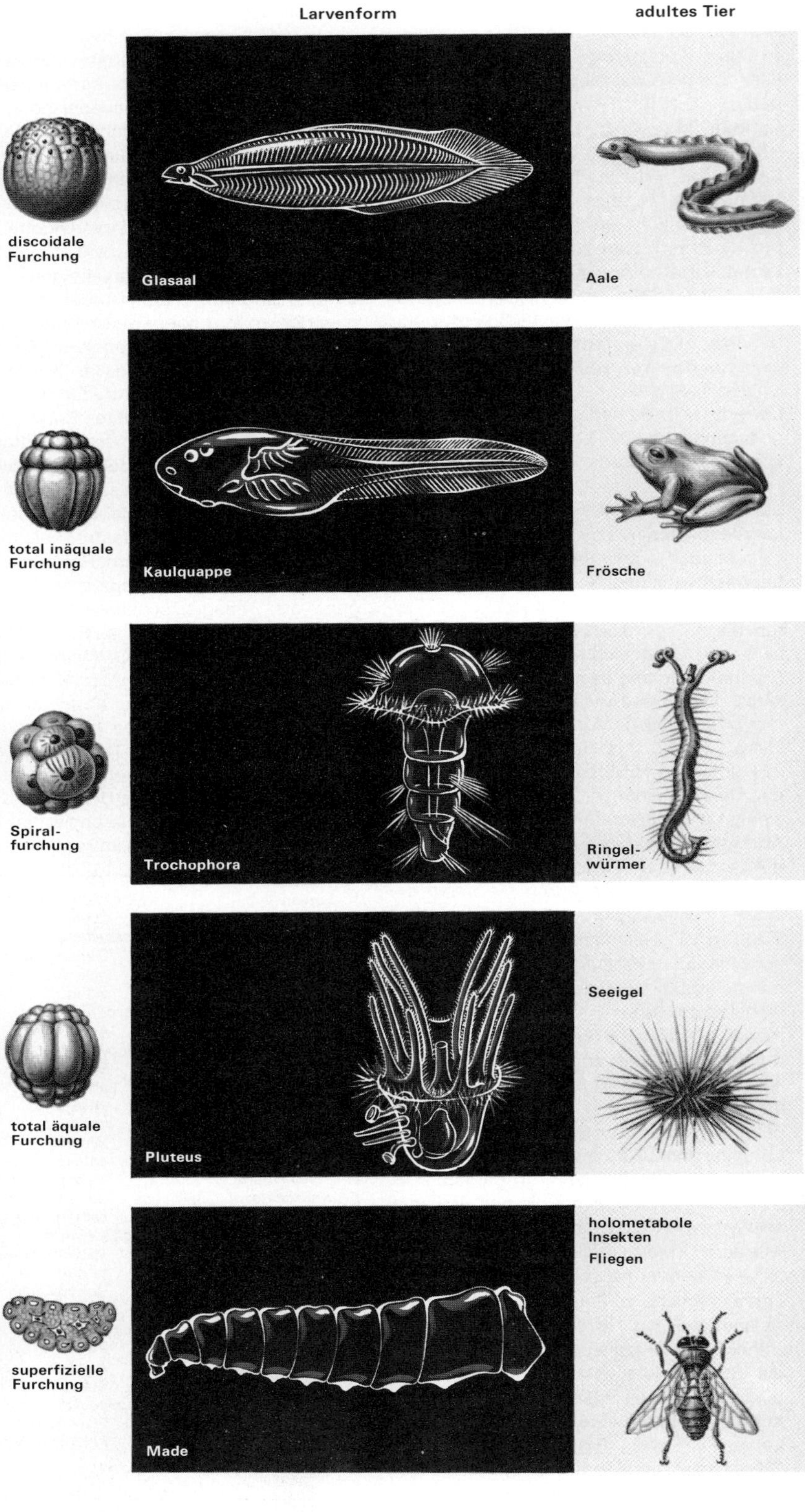

Made   holometabole Insekten Fliegen

© FOCUS/HERDER

Larven sind selbständige, normalerweise noch nicht fortpflanzungsfähige Jungtiere, die sich durch den Besitz spezifischer und transitorischer Larvalorgane vom adulten Individuum unterscheiden.

Häufig sind die Larvenformen verschiedener Tiergruppen einander viel ähnlicher als die erwachsenen Tiere. Oft geben erst ihre Morphologie und Metamorphose einen Hinweis auf eine stammesgeschichtliche Verbindung zwischen jenen.

In ihrer Typenmannigfaltigkeit bieten Larvenstadien manche Vorteile gegenüber einer direkten Entwicklung: Auf einem sehr frühen Entwicklungsstadium zur Eigenernährung fähig, ersparen sie der Elterngeneration eine Versorgung der Eier mit einem großen Nährstoffvorrat. Damit kann eine größere Eiproduktion und eine gesteigerte Vermehrungsrate erreicht werden. Als freilebende Tiere unterliegen sie dem Selektionsdruck der Umwelt und können so selbständig durch Anpassung neue Lebensräume und Nahrungsreservoire erschließen. Das versetzt sie in die Lage, der Nahrungskonkurrenz der Elterngeneration auszuweichen. Gleichzeitig kann die Besiedlung extremer Biotope Schutz vor Feinden bieten und die Überlebenschance beträchtlich erhöhen.

Die Larven vieler *Wassertiere* sind infolge ihrer Kleinheit vielfach geradezu prädestiniert dazu, die Aufgabe der Artverbreitung zu übernehmen. Häufig treten auch mehrere der aufgezählten Selektionsvorteile gekoppelt auf. Viele Würmer, Schnecken, Muscheln, Moostierchen, Stachelhäuter und größere Krebse können sich meist allein durch Verdriftung ihrer bizarr geformten planktontischen Schwebelarven über weite Räume ausbreiten. Bei vielen *Parasiten* kann eine Verbreitung nur noch über die Larven, die einzig verbliebenen freilebenden Stadien, erfolgen. Bei *Süßwasser-* und *Landtieren* kommt den Larven dagegen in reinerer Ausprägung die Überbrückungsfunktion zu. Deshalb zeigen sie in erhöhtem Maße eine hohe Spezialisierung auf bestimmte Lebensbereiche, wie die zeitweilig parasitierenden Larven einiger Muscheln und zahlreicher Insekten und wie die räuberischen *Libellenlarven* und die fischähnliche *Kaulquappe*, beide als gewandte Schwimmer an kurzfristiges Wasserleben angepaßt, wo sie vor den klimatischen Fährnissen des Landlebens Schutz finden. *Mückenlarven* leben teilweise als Planktonfresser in verschmutzten nahrungsreichen Gewässern.

Die keilförmig plumpen *Fliegenmaden* sind anderseits geradezu für das Wühlen in faulender Nahrung eingerichtet, ebenfalls ein Biotop, das mehr Nahrung und weniger Feinde bietet als der Lebensraum der Fliege. Die *Aallarve* schließlich findet in ihrer glasklaren Durchsichtigkeit wirksamen Schutz vor Räubern, wenn sie als wehrloser Jungfisch die weiten Strecken von den Laichplätzen im Sargassomeer bis zu den großen Strömen der Kontinente zurücklegt. Die blattförmige Körpergestalt macht den *Glasaal* gleichzeitig zu einem gewandten Hochseeschwimmer.

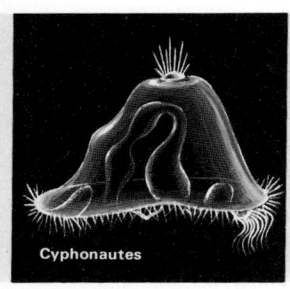

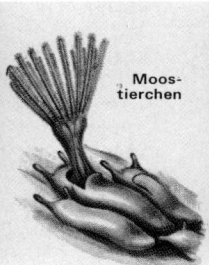

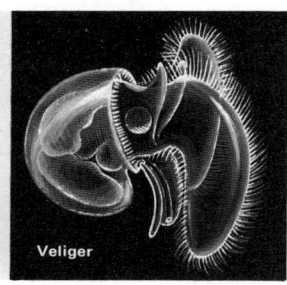

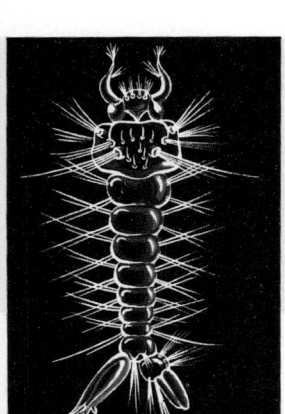

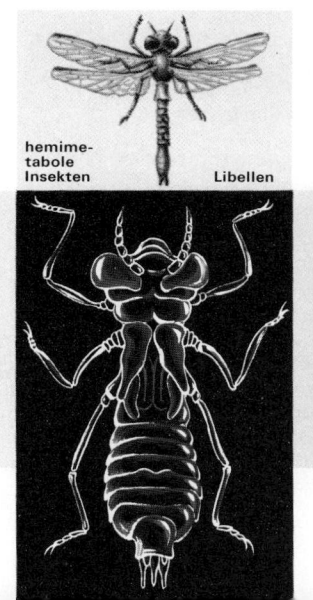

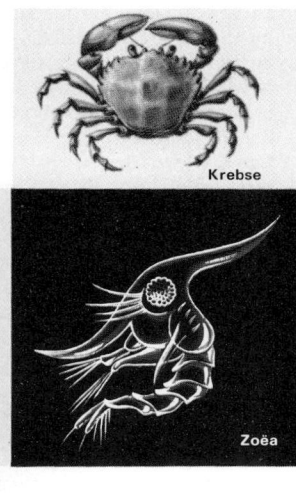

Cyphonautes

Moostierchen

Veliger

Schnecken

hemimetabole Insekten

Libellen

Krebse

holometabole Insekten

Mücken

Zoëa

Larvenroller

den sind u. dabei der urspr. Lebenszyklus eine ↗indirekte Entwicklung mit einem Wechsel zw. einer pelagischen Larve u. einem benthonischen Adultus ist (primärer pelago-benthonischer Lebenszyklus nach Jägersten). Er ist bei ca. 80% aller marinen Tiere u. in fast allen Tierstämmen verbreitet. Die in einem solchen urspr. Zyklus notwendigerweise auftretende Larve wird *Primärlarve* genannt. Hierher gehören z. B. die L.formen der Schwämme, Hohltiere, die Trochophora der Ringelwürmer, die Veliger der Weichtiere, aber auch der Nauplius der Krebstiere u. a. Dieser Begriff der Primärlarve ist scharf zu trennen von dem, der häufig für frisch aus dem Ei geschlüpfte Insekten-L. (Erstlarve, Larvenstadium 1) verwendet wird. Letzterer ist ein rein ontogenet., ersterer ein phylogenet. Begriff. Als Primär-L. werden unglücklicherweise oft auch phylogenet. ursprüngliche L.typen innerhalb einer Tiergruppe bezeichnet. Innerhalb der Gruppen mit pelago-benthonischem Zyklus besteht ein Trend, die pelagische Phase zu verkürzen, was oft mit der Herausbildung einer lecithotrophen Larve, d. h. einer Larve mit großem Dottervorrat, korreliert ist. Dies ermöglicht eine reduzierte Nahrungsaufnahme u. damit eine Verkürzung der L.phase. Am Ende einer solchen Reihe steht der völlige Verlust des L.stadiums, also eine ↗direkte Entwicklung (z. B. bei Rippenquallen od. *Chaetognatha*). Wenn in Gruppen mit einem solchen direkten Entwicklungszyklus erneut eine Larve evolviert wird, spricht man v. einer *Sekundärlarve* (z. B. bei Chordatieren, Insekten). ↗Insekten-L., ↗Metamorphose, ↗Entwicklung (☐), ↗Neotenie, ↗Generationswechsel. B 198–199. H. P.

Larvenroller, *Paguma,* Gatt. der ↗Palmenroller.

Larvenschwein, auf Madagaskar vorkommende U.-Art der ↗Buschschweine.

larviform [v. *larv-, lat. forma = Gestalt], *larvenförmig,* deskriptive Bez. für neotene (↗Neotenie) od. pädomorphe Adultstadien bei Gliederfüßern.

Larviparie *w* [Bw. *larvipar*; v. *larv-, lat. parere = gebären], Bez. für die Eigenschaft einiger lebendgebärender Tiere (i. d. R. Adulte, manchmal auch pädogenet. Larven), Larven zur Welt zu bringen; L. ist eine spezielle Form der ↗Viviparie, bei der z. B. bei Insekten die Primär-↗Larven ihre Eihülle bereits im Mutterleib verlassen. Wenn sie es erst kurz nach der Eiablage tun, spricht man v. *Ovoviviparie.* (Kommt auch bei Reptilien u. Amphibien vor.)

Larvizide [Mz.; v. *larv-, lat. -cida = -töter], Schädlingsbekämpfungsmittel, die speziell gg. Insektenlarven angewendet werden.

larv- [v. lat. larva = Gespenst, Maske], in Zss. meist: (Insekten-)Larve.

lasi- [v. gr. lasios = dicht behaart, zottig, wollig].

Larven
Primäre u. sekundäre L. haben jeweils ein für die Tiergruppe spezif. Aussehen u. daher auch eigene Namen (T 197). So heißt die frühe Larve der Hohltiere *Planula;* wenn sie bereits Tentakel vor dem Sich-Festsetzen ausgebildet hat, wird sie Actinula-Larve genannt. *Ephyra* ist die Larve der Medusengeneration der *Scyphozoa* (↗Strobilation), *Actinotrocha* die der *Phoronida,* Trochophora die der Ringelwürmer, Nauplius die Primärlarve der Krebstiere usw. Details siehe bei den einzelnen Tiergruppen.

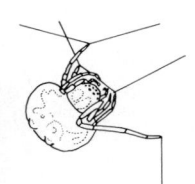

Lassospinne mit Leimschleuder

Lastträger (*Xenophora spec.*)

Larynx *m* [v. gr. larygx = Kehle, Schlund], der ↗Kehlkopf.

Lasallia *w,* die ↗Pustelflechte.

Laserkraut [v. lat. laser = harziger Saft eines afr. Doldenblütlers], *Laserpitium,* Gatt. der Doldenblütler mit ca. 30 Arten; bei uns heimisch: Breitblättriges L. (*L. latifolium),* bis 1,5 m große Pflanze; Blätter bis 1 m lang, aus breit eiförm., feingesägten Fiederblättchen zusammengesetzt; Dolde 20–40strahlig, Blüten weiß; Vorkommen in trockenen Wäldern u. Hochstaudenfluren. Hallers L. (*L. halleri),* bis 50 cm hoch, sehr fein zerteiltes Blatt; Grundachse mit Faserschopf; in stein., bodensauren Magerrasen der Zentralalpen.

Laserpitium *s,* das ↗Laserkraut.

Lasiocampidae [Mz.; v. *lasi-, gr. kampē = Raupe], die ↗Glucken.

Lasioderma *s* [v. *lasi-, gr. derma = Haut], Gatt. der ↗Klopfkäfer.

Lasiommata *w* [v. *lasi-, gr. ommata = Augen], Gatt. der ↗Augenfalter, dazu das ↗Braunauge u. der ↗Mauerfuchs.

Lasiorhynchites *m* [v. *lasi-, gr. rhygchos = Rüssel], Gatt. der ↗Stecher.

Lasius *m* [v. *lasi-], Gatt. der ↗Schuppenameisen.

Laspeyresia *w* [ben. nach dem dt. Schmetterlingsforscher J. H. Laspeyres, 1769–1809], Gatt. der ↗Wickler, z. B. der ↗Apfelwickler.

Lassa-Fieber [ben. nach dem nigerian. Ort Lassa], durch das *Lassa-Virus* (↗Arenaviren) hervorgerufene trop. Infektionserkrankung, Inkubationszeit 3–17 Tage; Verlauf mit schwerem Fieber, Gelenkschmerzen, Mundgeschwüren, Blutungen, Pneumonie, Flüssigkeitsverlust; hohe Todesrate meist 4–6 Tage nach Ausbruch der Erkrankung; Therapie mit Immunserum.

Lassospinnen, *Bolaspinnen,* Radnetzspinnen der Gatt. *Cladomela* (Afrika), *Dicrostichus* (Austr.) u. *Mastophora* (Amerika), deren Radnetz bis auf wenige Fäden reduziert ist. Sie hängen nachts an einem Querfaden u. halten einen anderen, mit einem Leimtropfen endenden Faden mit den Krallen eines Beines. Diese „Bola" wird bei *Cladomela* u. *Dicrostichus* v. Zeit zu Zeit geschwungen u. zufällig festhaftende Beute gefressen, während *Mastophora* gezielt nach Beute werfen soll. Hauptbeute sind Nachtfalter. Für *Mastophora* ist nachgewiesen, daß der Leimtropfen eine Substanz enthält, die den Sexuallockstoff einer bestimmten Nachtfalterart imitiert u. dadurch die Männchen anlockt (aggressive Mimikry).

Lastträger, *Xenophoridae,* Fam. der Flügelschnecken *(Stromboidea)* mit gedrückt-kegel. Gehäuse (meist unter 10 cm ⌀), an das Fremdkörper wie Steine, Korallenteile, Schnecken- u. Muschelschalen angekittet werden. Die Kopffühler sind lang; an ihrer Basis liegen auf Vorwölbungen Augen; der Fuß ist durch eine Querfurche unterteilt. Die L. sind Bandzüngler mit wohlentwickeltem Kristallstiel. Sie leben im flachen Wasser trop. u. gemäßigter Meere; nur 1 Gatt. *Xenophora* mit 25 Arten.

latent [*latent-], versteckt, nicht hervortretend. ↗Latenz.

latente Gene, Gene, die sich nicht phänotypisch manifestieren. ↗Epistase, ↗Komplementärgene.

latente Homoplasie *w* [v. *latent-, gr. homo- = gleich-, plasis = Bildung], (Nopcsa 1923), verborgene ↗Parallelentwicklung.

Latente-Nelkenvirus-Gruppe, *Carlavirus-Gruppe* (Carla von engl. *ca*rnation *la*tent), Pflanzenviren mit einzelsträngiger RNA (relative Molekülmasse $2{,}7 \cdot 10^6$). Viruspartikel sind schwach gewellte Stäbchen mit helikaler Symmetrie (Länge 600–700 nm, ⌀ ca 17 nm). Vielfach treten und. keine Symptome auf; die Wirtskreise sind eng; viele Viren sind nichtpersistent durch Blattläuse übertragbar.

latente Virusinfektion ↗Virusinfektion.

Latenz *w* [v. *latent-], **1)** scheinbares Fehlen v. Lebensäußerungen *(Scheintod)*, Ausdruck einer erhebl. Herabsetzung des intermediären Stoffwechsels (↗Dauerstadien, ↗Kältestarre, ↗Anabiose). **2)** *L.zeit,* in der Reizphysiologie die Zeit zw. der Reizsetzung u. der erkennbaren Reaktion, z. B. bei der Muskelkontraktion.

Latenzeier, die ↗Dauereier.

Latenzgebiet, ein ↗Areal, in dem eine Spezies in schwankender, aber niedriger Populationsdichte auftritt. ↗Permanenzgebiet.

Latenzlarve, Insektenlarve, die ihre Entwicklung kurzzeitig unterbricht, weil sie z.B. eine ↗Diapause od. ↗Quieszenz durchmacht.

Latenzzeit, 1) *Latenzperiode,* die ↗Inkubationszeit; **2)** ↗Bakteriophagen (☐). **3)** ↗Latenz 2).

Lateradulata [Mz.; v. lat. late = breit, radula = Schabeisen]; 1967 gliederte U. Lehmann unter Außerachtlassung der Endoceratiden u. Actinoceratiden die Kl. der *Cephalopoda* (↗Kopffüßer) in die beiden U.-Kl.: *Lateradulata* (= ↗*Nautiloidea*) u. *Angusteradulata* (= ↗*Ammonoidea* u. ↗*Coleoidea*). Die Radula v. *Nautilus* u. wenigen fossilen Verwandten, v. denen sie bekannt ist, verfügt mit 13 Zähnchenreihen über relative Breite gegenüber derjenigen v. *Angusteradulata* mit 7 bis 9 Zähnchenreihen.

lateral [*lateral-], seitwärts gelegen, im Ggs. zu ↗median. ☐ Achse.

latent- [v. lat. latens, Gen. latentis = unsichtbar, verborgen, versteckt].

lateral- [v. lat. lateralis = die Seite betr., seitlich; mlat. auch: einer Seitenlinie angehörig].

Laternenfische
Wichtige Familien der *Myctophoidei:*
Barrakudinas *(Paralepididae)*
↗Bombay-Enten *(Harpodontidae)*
↗Eidechsenfische *(Synodontidae)*
↗Fadensegelfische *(Aulopidae)*
Grünaugen *(Chlorophthalmidae)*
Lanzenfische *(Alepisauridae)*
L. i. e. S. *(Myctophidae)*
Laternenzüngler *(Neoscopelidae)*
Perlaugen *(Scopelarchidae)*
↗Säbelzahnfische *(Evermannellidae)*
Spinnenfische *(Bathypteroidae)*

laterale Inhibition *w* [v. *lateral-, lat. inhibitio = Hemmung], *laterale Hemmung, Umfeldhemmung,* in der Neurophysiologie eine durch eine bes. Verschaltung v. Nervenzellen bewirkte ↗Hemmung, bei der jedes Neuron, sobald es erregt wird, seine Nachbarneurone über seitl. (laterale) Verbindungen hemmt (inhibiert). ↗Kontrast.

Lateralgeotropismus *m* [v. *lateral-, gr. gē = Erde, tropē = Wendung], ↗Tropismus.

Lateralherzen, muskulös angeschwollene Regionen der vorderen Ringgefäße der Oligochaeten, die mittels rhythm. Kontraktionen das Blut in den lateralen Hauptstamm pumpen, wo es v. vorne nach hinten fließt. Der Regenwurm besitzt 5 Paare von L., *Tubifex* 1 Paar.

Lateralisorgane, die ↗Seitenlinienorgane.

Laterallobus *m*, fester Bestandteil der trilobaten primären ↗Lobenlinie v. ↗*Ammonoidea* (Symbol „L"); der L. liegt auf der Naht des Jugendgehäuses (umbonal) od. dicht daneben (submbonal); er kann als einziger ↗Protolobus im Laufe der Ontogenese seine Lage verändern u. auf die Flanke wandern.

Lateralsattel, Element der primären ↗Lobenlinie v. ↗*Ammonoidea* zw. Extern- u. Laterallobus.

Laterit *m* [v. lat. later = Ziegelstein], ↗Latosole.

Laterne des Aristoteles, der schon von Aristoteles als Laterne beschriebene (Name!) ↗Kauapparat (kompliziertes Kiefergerüst mit 5 Zähnen) der ↗Seeigel. B Verdauung III.

Laternenangler, *Linophryne arborifer,* ↗Tiefseeangler.

Laternenfische, 1) *Myctophoidei,* U.-Ord. der Lachsfische mit 15 Fam. (vgl. Tab.), formenreichste Gruppe der Tiefseefische, umfassen aber auch Oberflächenfische; mit Fettflosse, meist brustständ. Bauchflossen u. Leuchtorganen, ohne Schwimmblase. – Zur Fam. L. i. e. S. *(Myctophidae)* gehören ca. 150 Arten; meist um 10 cm lange Tiefseefische mit auffäll. Leuchtorganen in artspezif. Anordnungen, v.a. im Schwanzbereich sehr helle, plattenförm. Leuchtdrüsen, die blitzart. aufleuchten können. Viele Arten steigen nachts von ca. 800 m Tiefe zur Wasseroberfläche auf. Gut untersucht ist der im Mittelmeer u. Atlantik häufige, 10 cm lange L. (*Myctophum punctatum,* B Fische IV), ein Schwarmfisch, bei dem sich Männchen u. Weibchen durch die Anordnung der Leuchtorgane unterscheiden. Die auch im N-Atlantik vorkommende Art *Lampanyctus leucopsarus* ist wicht. Beutetier des Dorsches. Der 25 cm lange Laternenzüngler (*Neoscopelus macrolepidotus*) aus der Fam. *Neoscopelidae* hat zusätzlich Leuchtorgane auf

Laternenträger

der Zunge; er steigt nachts oft zur Wasseroberfläche auf. Meist in Tiefen um 100 m in allen warmen u. gemäßigten Meeren leben die wenigen Arten der bis 60 cm langen Fadensegelfische *(Aulopidae, Aulopodidae);* sie haben eine große segelart. Rückenflosse mit einzelnen, fadenart. verlängerten vorderen Strahlen. Die Grünaugen *(Chlorophthalmidae)* sind meist 30 cm lange, schlanke Bodenfische der Tiefsee mit großen, hochstehenden, grünl. glänzenden Augen. Auf schlamm. Böden der Tiefsee sind die schlanken Spinnenfische *(Bathypteroidae)* heimisch; kennzeichnend sind einzelne lange Strahlen an verschiedenen Flossen. Vorwiegend in Tiefen unter 3000 m kommen die sehr schlanken, dünnknochigen, meist unter 30 cm, doch bis 1 m langen Barrakudinas *(Paralepididae)* vor; ihr Maul ist mit zahlr. kleinen Zähnen bewehrt. Von der Oberfläche bis in Tiefen von 3000 m sind die meist kleinen, großmäul. Perlaugen *(Scopelarchidae)* verbreitet; sie besitzen Teleskopaugen u. neben zahlr. kleinen, spitzen Zähnen im Unterkiefer auch lange, zurücklegbare Zähne. Zur Fam. Speerfische *(Anotopteridae)* gehört nur der bis ca. 1 m lange, sehr schlanke, seltene Speerfisch *(Anotopterus pharao);* die kleine Fettflosse ist seine einzige Rückenflosse. 2) *Anomalopidae,* artenarme Fam. der U.-Ord. Schleimköpfe. Kleine, hochgebaute, vorwiegend an der Oberfläche lebende Fische mit scharfen Dornenstacheln in der Rücken- u. Afterflosse u. einem bandförm., v. Leuchtbakterien erfüllten Leuchtorgan unter jedem Auge, das durch bes. Blenden od. durch innere Drehbewegung schlagart. auf- u. abgeblendet werden kann. Da es scheinwerferart. nach vorn gerichtet ist, dient es wahrscheinl. dem nächtl. Beutefang. L. sind v.a. aus dem Gebiet um Indonesien bekannt. ↗ Leuchtorganismen (☐). T. J.

Laternenträger, Leuchtzikaden, Leuchtzirpen, Langkopfzikaden, Fulgoridae, Fam. der Zikaden (Kleinzikaden) mit insgesamt ca. 6500, aber nur wenigen Arten in Mitteleuropa. Die L. erreichen eine Körpergröße von 9 bis 90 mm; dem entfernt einer Laterne ähnelnden, auffällig verlängerten Stirnbereich wurde irrtüml. eine Leuchtfähigkeit zugesprochen. Die 2 Paar Flügel sind stark geädert u. werden in der Ruhe dachförmig übereinander gelegt. Der Hinterleib einiger südam. und ostasiat. Arten ist mit auffälligen Wachsfäden od. -büscheln versehen; in China deshalb fr. zur Wachsgewinnung gezüchtet. Die meisten Arten (vgl. Spaltentext) sind nachtaktiv u. ernähren sich v. Pflanzensäften.

Laternenzüngler, *Neoscopelus macrolepidotus,* ↗ Laternenfische 1).

Lathyro-Fagetum
Eine Untergesellschaft mit stärker ozean. Charakter sind die Bärlauch-reichen frischen Kalkbuchenwälder *(L.-F. allietosum)* im westl. Mitteleuropa, z.B. in niederschlagsreichen Teilen des nordwestdt. Berglands. Sie kommen meist an Schatthängen mit frischen, nährstoffreichen, sehr lockeren Mullböden zur Ausbildung. Die nahezu lückenlose Frühjahrskrautschicht wird hier vom Bärlauch *(Allium ursinum)* beherrscht.

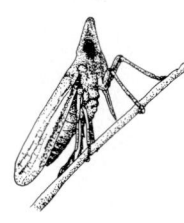

Europäischer Laternenträger *(Fulgora europaea)*

Laternenträger
Der Große L. *(Fulgora laternaria,* [B] Insekten I) wird bis 9 cm groß u. erreicht eine Flügelspannweite v. 13 cm; der Europäische L. *(Fulgora europaea)* mit grünl., schwarz gezeichneten Flügeln wird nur ca. 10 mm groß. Eigenartige raspel- und sägeförm. Anhängsel am Stirnfortsatz besitzen die Feuergesichter (Gatt. *Dryops*).

lati- [v. lat. latus = breit].

Laternula *w* [v. lat. lanterna = Lampe], Gatt. der *Laternulidae* (U.-Ord. *Anomalodesmacea*), marine Muscheln mit perlweißer, dünner, zerbrechl. Schale; die knapp 10 Arten sind ☿ u. beherbergen die Eikapseln oft in den Kiemen.

Lates *m* [v. gr. latos = Nilbarsch], Gatt. der ↗ Glasbarsche.

Latex *m* [lat., = Flüssigkeit, Saft], aus verschiedenen Bäumen u. Sträuchern zur ↗ Kautschuk-Bereitung gewonnener Milchsaft. ↗ Hevea ([T]).

Lathraea *w* [v. gr. lathraios = verborgen], die ↗ Schuppenwurz.

Lathridiidae [Mz.; v. gr. lathridios = heimlich, versteckt], die ↗ Moderkäfer.

Lathyro-Fagetum *s* [v. gr. lathyros = Platterbse, lat. fagus = Buche], *Platterbsen-Buchenwald,* Assoz. der Mull-Buchenwälder oder Waldmeister-Buchenwälder (U.-Verb. ↗ *Asperulo-Fagion*). Frischer Kalkbuchenwald auf skelettreichen, oberflächl. entkalkten, trotz Hanglage stabilen Rendzinen u. Pararendzinen der submontan-montanen Höhenstufe, z. B. der Schwäb. und Fränk. Alb. Kennzeichnend für diese „typischen", in der Terminalphase auch v. Natur aus hallenartig ausgebildeten Buchenwälder sind optimales Gedeihen der Rotbuche *(Fagus sylvatica)* bei guter Naturverjüngung, das fast völlige Fehlen einer Strauchschicht sowie eine große Zahl anspruchsvoller Mullbodenarten in der Krautschicht. Viele v. ihnen sind Geophyten u. bestimmen mit anderen Frühblühern den Frühjahrsaspekt der Wälder im März/April. Die zu diesem Zeitpunkt gut entwickelte blühende Krautschicht verschwindet zu großen Teilen, sobald sich das dichte Kronendach schließt u. nur noch wenig Licht bis auf den Waldboden vordringt.

Lathyrus *m* [v. gr. lathyros =], ↗ Platterbse.

Latia *w* [v. *lati-], Gatt. der *Latiidae,* Wasserlungenschnecken mit napfförm. Gehäuse unter 10 mm Länge; die sich nach rechts öffnende Lungenhöhle ist nach hinten verlängert. Wenige Arten in langsam fließenden Bächen Neuseelands.

Latiaxis *m* [v. *lati-, lat. axis = Saum der Schnecken], Gatt. der Korallenschnecken mit spindelförm. Gehäuse, das mit Leisten u. Stacheln besetzt ist und ca. 5 cm hoch wird. Zahlr. Arten, die an Korallen des Indopazifik leben.

Laticauda *w* [v. *lati-, lat. cauda = Schwanz], Gatt. der ↗ Seeschlangen.

Latilamina *w* [v. *lati-, lat. lamina = Blatt], ↗ Lamina.

Latimeria chalumnae *w* [ben. nach der Entdeckerin M. Courtenay-Latimer, * 1907, Fluß Chalumna, vor dessen Mündung das 1. Exemplar im Dez. 1938 gefangen

Lattich

Latimeria chalumnae

wurde], (J. L. B. Smith 1939), einziger rezenter ↗Quastenflosser (Ord. *Crossopterygii*, U.-Ord. Hohlstachler, *Coelacanthini*), die bis zur Entdeckung von L. seit dem Ende der ↗Kreide-Zeit für ausgestorben gehalten wurden. L. gilt als ↗lebendes Fossil u. als die zool. Sensation des 20. Jhs. Nach dem 2. Weltkrieg hat die Wiss. große Anstrengungen unternommen, um weiterer u. besser erhaltener Exemplare habhaft zu werden. 1952 gelang im Seegebiet der Komoren-Inseln nordwestl. von Madagaskar der Fang eines zweiten Tieres. Wegen Fehlens der vorderen Rückenflosse ordnete Smith es irrtüml. einer eigenen Gatt. zu (*Malania anjouanae*). Inzwischen weiß man, daß L. im Seegebiet der Komoren heimisch ist u. den dortigen Eingeborenen als wenig geschätzter Speisefisch unter dem Namen „Kombessa" längst vertraut war. L. erreicht über 170 cm Länge u. ein Gewicht bis 78 kg; Farbe stahlblau, Körper mit großen, derben Schuppen bedeckt. – L. ist die nächste lebende Verwandte der † unmittelbaren Vierfüßer-Vorfahren (U.-Ord. *Rhipidistia*, Überfam. ↗*Osteolepiformes*), gehört jedoch selbst nicht in die Vorfahrenreihe.

Lit.: *Millot, J., Anthony, J.:* Anatomie de Latimeria chalumnae. Bd. I. Ed. Centre nat. Rech. scient. Paris 1958. *Smith, J. L. B.:* Vergangenheit steigt aus dem Meer. Stuttgart 1957.

Latirus *m*, Gatt. der Tulpenschnecken mit festem, hochgetürmtem Gehäuse u. knotigen Umgängen; Spindel mit 2–3 Falten. Zahlr. Arten, die sich v. Ringelwürmern u. Muscheln ernähren u. im Flachwasser trop. und subtrop. Meere leben.

latisellat [v. *lati-, lat. sella = Sattel], heißen nach Branco (1879) ↗Anfangskammern devon. bis triad. ↗*Ammonoidea*, deren Prosutur über einen hohen, breiten Außensattel u. einen flachen Innensattel verfügt; beide werden getrennt durch einen lateral gelegenen Lobus (A-Form), z.T. durch einen zusätzl. Seitenlobus (B-Form). Schindewolf erkannte 1959 bei *Imitoceras* einen l.en Typ, dessen Externsattel eine schwache „Depression" aufweist.

Latonia *w* [v. lat. Latonia = Beiname der Göttin Diana], (H. v. Meyer), großwüchsiger † Froschlurch aus dem oberen Miozän v. Öhningen mit großer Ähnlichkeit zu den rezenten Scheibenzüngler-Gatt. *Alytes* u. *Discoglossus*. Typus-Art: *L. seyfriedi* H. v. Meyer 1845.

Latosole [Mz.; v. lat. later = Ziegel, solum = Boden], *Oxisole, Ferralsole,* typische Böden der Tropen u. Subtropen. Bei hohem Gehalt an Eisenoxiden sind sie kräftig rotbraun *(Roterden),* bei geringem gelb gefärbt *(Gelberden).* Im feuchtwarmen Klima der Tropen entwickeln sich die Böden auf silicatischem Ausgangsgestein anders als in außertrop. Gebieten. Die L. sind nach Jahrmillionen ungestörter Entwicklung meist tiefgründig (mehrere 10 Meter) verwittert. Silicate wurden ausgewaschen (Desilifizierung), ebenso der größte Teil der Nährstoffionen (Ca, Mg, K), während sich Fe- und Al-Oxide anreicherten (Ferrallitisierung). In den eisenoxidreichen Roterden kann sich der Oberboden verfestigen *(Laterit).* Statt des dreischicht. Montmorillionits entstand überwiegend *Kaolinit* als zweischichtiges Tonmineral mit geringer ↗Austauschkapazität. Organ. Stoffe werden schnell zersetzt. Huminstoffe tragen also ebenfalls nur wenig zur Nährstoffspeicherung bei. L. sind nährstoffarm u. schwer zu kultivieren. [B] Bodentypen.

Latrodectus *m* [v. lat. latro = Räuber, gr. dēktēs = beißend], die ↗Schwarze Witwe.

Latrunculiidae [Mz.; v. lat. latrunculus = Spielsteinchen], Schwamm-Fam. (U.-Kl. *Ceractinomorpha);* Kennzeichen: Styln u. Diskorhabden. Bekannteste Art *Latrunculia magnifica,* v. krustenförmiger bis klumpiger Gestalt, in 150–600 m Tiefe im Atlantik.

Latsche *w,* U.-Art der Berg-↗Kiefer.

Latschen-Gesellschaften, *Legföhren-Gesellschaften,* lichte Bestände aus krummwüchsigen Kieferngebüschen in den mitteleur. Hochgebirgen; auf sauer verwitterndem Untergrund der Ord. der *Vaccinio-Piceetalia* (↗ *Vaccinio-Piceetea*), auf basisch verwitterndem Untergrund der Kl. der ↗ *Erico-Pinetea* zugehörig.

Lattich *m* [v. lat. lactuca = L.], *Lactuca,* Gatt. der Korbblütler mit rund 100 weltweit verbreiteten Arten. Krautige, milchsaftführende Pflanzen mit kleinen bis mittelgroßen, rispig angeordneten Köpfen aus gelben od. blauvioletten Zungenblüten; in Mitteleuropa etwa 7 Arten. Der selten in lückigen Unkrautfluren, an Wegen, Schuttstellen, Hecken u. a. wachsende Gift-L. *(L. virosa)* ist eine aus dem Mittelmeergebiet stammende, 1–2jähr., bis fast 2 m hohe, gelbblühende Pflanze mit bläul.-grünen, dornig gezähnten Blättern. Ihr in größeren Mengen für Mensch u. Weidetiere gift. Milchsaft enthält als wirksame Substanzen v.a. die Bitterstoffe *Lactucin* u. *Lactucopicrin;* zudem wurden geringe Mengen ei-

Lattich
1 Gift-L. *(Lactuca virosa);* 2 **a** Garten-L. *(L. sativa),* **b** seine Abart, der Kopf- od. Gartensalat *(L. sativa* var. *capitata)*

Lattichfliege

nes atropinartig wirkenden Alkaloids gefunden. Eingedickt u. getrocknet, war der Milchsaft des Gift-L.s früher als „Lactucarium" wegen seiner zentral-beruhigenden Wirkung offizinell. Auch der ebenfalls in lückigen Unkrautfluren zu findende Wilde L. oder Stachel-L. *(L. serriola)* u. der wahrscheinl. von ihm abstammende Garten-L. *(L. sativa)* enthalten, wenn auch in geringeren Mengen, in ihrem Milchsaft Lactucopicrin. *L. serriola* fällt zudem insbes. durch die senkrechte, in Nord-Süd-Richtung weisende Stellung seiner Blätter auf („Kompaß-L.", ☐ Kompaßpflanze). Der Garten-L. *(L. sativa)* ist eine uralte Kulturpflanze, die bereits in der Antike wegen ihrer großen Beliebtheit als Salatpflanze in mehreren Kulturformen angebaut wurde. Heute kennt man weit über 100 Sorten, die sich in vielfält. Hinsicht (Form, Farbe u.a.) unterscheiden u. in fast allen Ländern der gemäßigten Zonen gezüchtet werden. Wichtige Kulturformen des Garten-L.s: der Kopfsalat *(L. sativa* var. *capitata,* B Kulturpflanzen V), bei dem sich die ungeteilten, blasig-runzeligen Blätter der grundständ. Blattrosette zu einem dichten Kopf zusammenschließen (z. B. beim sog. Buttersalat oder beim Eissalat); der Schnitt- od. Blattsalat *(L. sativa* var. *crispa),* mit aufrecht stehenden, sich nicht zusammenschließenden Blättern; der Römische Salat *(L. sativa* var. *longifolia),* mit recht langen, einen lockeren, eiförm.-längl. Kopf bildenden Blättern. Eine bes. Spielart des Garten-L.s ist der Spargelsalat *(L. sativa* var. *angustana),* bei dem die geschälten Sproßachsen ein spargelart. Gemüse liefern.

Lattichfliege, *Phorbia gnava,* ↗Blumenfliegen.

Laub, Bez. für das gesamte Blätterkleid der Laubhölzer.

Laubbaum ↗Laubhölzer.

Laubblatt, Bez. für die grünen, nur der Photosynthese dienenden Folgeblätter aller höheren Pflanzen, gewöhnl. als *Blatt* bezeichnet. Ausgenommen sind dabei die Nieder-, Hoch-, Hüll-, Vor- u. Tragblätter. Im engeren, ugs. Sinn werden nur die Blätter mit deutl. entwickelter Spreite als L. bezeichnet, bes. aber die der Holzgewächse. ↗Blatt.

Laube, Bez. für verschiedene Fische: 1) die ↗Ukelei; 2) See-L., die ↗Mairenke; 3) Zwerg-L., das ↗Moderlieschen; 4) Afrikanische L.n, *Engraulicypris,* Gatt. der ↗Bärblinge.

Laubenvögel, *Ptilonorhynchidae,* Fam. der Sperlingsvögel, ca. 25 cm groß, v. den nahe verwandten ↗Paradiesvögeln durch Fehlen der Schmuckfedern unterschieden. 17 Arten, die in Austr. und Neuguinea leben. Schnabel bei den meisten Arten kräf-

Laubfrösche
Unterfamilien, Gattungen und Arten (Artenzahl in Klammern):
Süd- u. Mittelamerika
Phyllomedusinae (↗Makifrösche) (47)
Hemiphractinae (↗*Hemiphractus*) (5)
Amphignathodontinae (↗Beutelfrösche) (ca. 50)
Hylinae
↗*Allophryne* (1)
Aparasphenodon (2)
Aplastodiscus (1)
Argenteohyla (1)
Calyptahyla (1)
Corythomantis (1)
Hyla (ca. 200), z. B.
  H. faber (Schmied)
  H. geographica
  H. boans (Riesen-L.)
Ololygon (47)
↗*Osteocephalus* (6)
↗*Osteopilus* (3)
↗*Phrynohyas* (Gift-L.) (6)
↗*Phyllodytes* (4)
Plectrohyla (= *Cauphias*) (10)
Pternohyla (2)
Ptychohyla (6)
Smilisca (6)
Sphaenorhynchus (10)
Trachycephalus (3)
Triprion (= *Diaglena*) (2)
Nordamerika
Acris (↗Grillenfrösche) (2)
Hyla (15), z. B.
  H. crucifer (Wasserpfeifer)
  H. cinerea (Grüner L.)
  H. regilla (Pazifik-L.)
  H. versicolor (Grauer L.)
  H. squirella (Eichhörnchen-L.)
Limnaoedus (1)
Pseudacris (Chorfrösche) (7)
Europa
Hyla (2)
  H. arborea (L. i. e. S.)
  H. meridionalis (Mittelmeer-L.)

Laubenvögel
Der Flecken-Laubenvogel *(Chlamydera maculata)* vor seiner Laube auf dem geschmückten Vorplatz

tig. Die Männchen bauen am Boden mehr od. weniger kunstvolle, laubenart. Balznester, die niemals als eigtl. Nest dienen. Die oft reich verzierten Kostruktionen sind in ihrer Ausführung recht unterschiedl.; es sind tunnelart. Gebilde, richtige Türme, einfache, geschmückte Tennen od. dekorierte Gärten; zusätzl. werden diese Nester mit Blumen, Beeren, Steinchen, Blättern, Schneckenhäusern u.a. verziert. Entspr. der Gestaltung unterscheidet man die Tennenbauer, Gärtnervögel, Reisigturmbauer, Laubengangbauer u.a. Anders als bei den Paradiesvögeln lenkt das Männchen das Interesse des Weibchens nicht auf körpereigene Schmuckpartien, sondern auf äußere auffallende Gegenstände. Dadurch kann das Gefieder schlichtfarben bleiben, u. die Gefahr vor Feinden ist verringert. Das eigtl. Nest ist napfförmig u. wird vom Weibchen gebaut, das sich auch alleine um die Jungenaufzucht kümmert. Die Katzenvögel (Gatt. *Ailuroedus*) errichten als ursprünglichste L. noch keine Lauben; ihre Balz besteht in langen Verfolgungsflügen; die Stimme klingt miauend.

Laubfall, der ↗Blattfall.

Laubfärbung ↗Herbstfärbung.

Laubflechten, *Blattflechten,* überwiegend flächig wachsende ↗Flechten mit mehr od. weniger ausdifferenzierter Unterseite, mit Haftorganen an der Unterlage festgewachsen od. lose aufliegend, können (z. B. mit dem Messer) als Ganzes abgehoben werden (im Ggs. zu den Krustenflechten). B Flechten II.

Laubfreund, *Collybia dryophila,* ↗Rüblinge.

Laubfrösche, *Hylidae,* Fam. der ↗Froschlurche mit vorwiegend baumlebenden Arten, deren wichtigstes morpholog. Merkmal interkalare Knorpel zw. den letzten u. vorletzten Finger- u. Zehengliedern sind. Sehr umfangreiche Fam. mit mehreren 100 Arten, die ihren Ursprung auf dem Südkontinent hat. L. fehlen in Afrika, auf Madagaskar u. im indomalayischen Gebiet, die Australischen L. werden heute als eigene Fam. ↗*Pelodryadidae* abgetrennt, die sich v. den *Hylidae* jedoch nur in der Verbreitung unterscheidet. Die *Hylidae* haben ihre größte Vielfalt in S-Amerika mit 4 U.-Fam., v. denen die ↗Beutelfrösche, die *Hylinae* u. die ↗Makifrösche die bekanntesten sind. In einer reichen Radiation haben sie den gesamten Kontinent mit fast 300 Arten besiedelt u. in Mittelamerika ein zweites, kleineres Radiationszentrum gebildet. Ein- od. zweimal konnte der interamerikan. Isthmus überschritten werden, so daß sich in N-Amerika ein weiteres Radiationszentrum bilden konnte. Einer der hier entstandenen Arten gelang es, die Beringstraße zu überschreiten; v. ihr stammen der Japanische u. die beiden Europäischen L. ab. – L. sind eine sehr vielgestalt. Gruppe. Neben Kleinstformen wie *Hyla decipiens* (15 mm) gibt es Riesenformen wie *H. boans* (bis 130 mm). Ihre Haut ist meist glatt, seltener warzig, bei vielen Arten leuchtend grün, bei anderen braun od. hübsch gemustert od. rindenfarbig, kryptisch. Manche Arten sondern gift. Hautsekrete ab, bes. in der Gatt. *Phrynohyas*, deren Schleim auf der Haut brennt und z. B. andere im gleichen Terrarium gehaltene Frösche tötet. Baumlebende Arten haben meist verbreiterte Finger- u. Zehenenden. Boden- od. wasserlebende Arten wie die nordamerikan. ↗Grillen- u. Chorfrösche haben diese verloren; sie ähneln Miniatur-Wasserfröschen. Bes. spezialisierte Kletterer sind die ↗Makifrösche. Absonderl. Formen sind die ↗Panzerkopffrösche der Gatt. *Aparasphenodon* u. *Triprion* mit hart verknöcherter Kopfhaut. Sie bewohnen Baumhöhlen, deren Eingang sie mit ihrem harten Kopf tagsüber verschließen. Fast alle Arten sind nachtaktiv. – Die meisten L. suchen zur Fortpflanzung das Wasser auf. Es sind unterschiedl. Brutpflegemechanismen entwickelt worden. Der Schmied *(Hyla faber)* – so gen. wegen seines metallisch hämmernden Rufes –, *H. boans* u. a. bauen Schlammnester am Rand v. Teichen od. Bächen, in denen die Eier vor Freßfeinden geschützt sind. Die Larven werden später vom Regen ins angrenzende Gewässer gespült. Die ♂♂ verteidigen diese Nester; mit spitzen Daumenrudimenten können sie einander tödl. verletzen. Andere Arten bleiben zeitlebens auf Bäumen. Sie legen ihre Eier an Blätter, v. wo die Larven ins Wasser fallen, od. sogar in Bromelien-Blattachseln, in denen sich bei der Gatt. *Phyllodytes* u. bei *Hyla bromeliacia* das gesamte Leben abspielt. Die ↗Beutelfrösche schließl. tragen ihre Eier auf dem Rücken. – Die Europäischen L. sind *Hyla arborea* in Mitteleuropa, It., Kleinasien u. der südl. UdSSR bis zum Kasp. Meer sowie *H. meridionalis* in Spanien, S-Fkr., auf den Balearen, Kanaren u. in N-Afrika. Die Rufe beider Arten unterscheiden sich deutlich. *H. arborea* ist wärmeliebend u. beginnt Ende Mai mit den weit hörbaren Rufkonzerten. Mehrfach im Sommer werden, v. a. nach warmen Sommerregen od. -gewittern, kleine rundl. Gelege v. 30 bis 100 weißl. Eiern an Stengel v. Wasserpflanzen gelegt; Kaulquappen mit auffallend hohen Flossensäumen. Außerhalb der Fortpflanzungszeit auf Bäumen od. Sträuchern. In den letzten Jahren nimmt der Bestand des Laubfrosches an vielen Stellen in Dtl. aus noch ungeklärten Gründen rapide ab (nach der ↗Roten Liste „stark gefährdet"). Die Afrikan. und Südostasiat. Baumfrösche, die ↗*Hyperoliidae* und ↗*Ruderfrösche,* sind nicht mit den L.n verwandt, haben aber konvergent ganz ähnliche Gestalten entwickelt. [B] Amphibien I, II. *P. W.*

Laubgehölze, die ↗Laubhölzer.

Laubheuschrecken, *Tettigonioidea,* Über-Fam. der ↗Heuschrecken mit 6 Fam. (vgl. Tab.).

Laubhölzer, *Laubgehölze,* Bez. für die den ↗Bedecktsamern angehörenden Bäume *(Laubbäume),* Sträucher u. Halbsträucher, deren Blätter eine flächige Spreite entwickeln, im Ggs. zu den den ↗Nacktsamern angehörenden Nadelhölzern. Je nach Dauer der Beblätterung sind die Laubholzarten immergrün (z. B. Stechpalme) od. laubwerfend (sommergrün). Die L. verteilen sich ungleichmäßig auf die verschiedenen Fam. der Bedecktsamer. So gibt es bei den Hahnenfuß-, Steinbrech- u. Nelkengewächsen nur wenige od. gar keine L., bei den Weiden-, Buchen- u. Birkengewächsen sind dagegen alle Vertreter L. In weiten Gebieten sind L. die beherrschende Wuchsform der natürl. Vegetation.

Laubkäfer, 1) die ↗Blattkäfer; 2) Gruppe der ↗Blatthornkäfer.

Laubmischwälder, mesophytische L., ↗Querco-Fagetea.

Laubmoose, *Musci,* Kl. der ↗Moose mit 5 U.-Kl. (vgl. Tab.) und insgesamt ca. 16 Ord. Der Thallus der L. ist entweder fädig verzweigt u. bildet filzige Überzüge (Protonema-Moose) od. stengelartig aufrecht mit blattart. Auswüchsen. Die Moossporen keimen zu fädigen, verzweigten jungen Gametophyten (↗Protonema) aus; dabei werden zuerst chloroplastenreiche Chloronemazellen gebildet, später chloroplastenärmere Caulonemazellen mit schräggestellten Querwänden. Aus letzteren gehen die „Moosknospen" hervor, die mit Scheitelzellen zu aufrechten „Stämmchen" auswachsen u. dichte Polster bilden können. Antheridien u. Archegonien stehen in dichten Gruppen (Moosblüten) an Enden der Haupt- od. Seitentriebe. Die Antheridien u. auch der Sporophyt wachsen mit zweischneid. Scheitelzelle. Das Sporangium

Laubmoose

Laubfrösche

1 Eur. Laubfrosch *(Hyla arborea),*
2 *Hyla geographica,*
3 *Sphaenorhynchus* (rufend)

Laubheuschrecken

Familien:

↗Eichenschrecken *(Meconematidae)*
↗Heupferde *(Tettigoniidae)*
Sägeschrecken *(Sagidae)*
(↗Heuschrecken)
↗Sattelschrecken *(Ephippigeridae)*
↗Schwertschrecken *(Conocephalidae)*
↗Sichelschrecken *(Phaneropteridae)*

Laubmoose

Unterklassen:

↗Andreaeidae
↗Bryidae
↗Buxbaumiidae
↗Polytrichidae
↗Torfmoose *(Sphagnidae)*

Laubsänger

(Sporogon) besteht aus einem zentralen sterilen Zellkomplex (Columella), der auch als Wasserspeicher dient; diesen umgibt der Sporenraum, der nach außen v. einer mehrschicht. Sporangienwandung abgeschlossen wird. Typisch für die L. ist das ↗Peristom, das am oberen Teil des Sporenraums aus Zellwänden abgestorbener Zellen hervorgeht u. diesen bei Sporenreife verschließt. Die Zellwandreste werden erst nach Abwurf des Sporangiumdeckels sichtbar. Aufgrund der Zellwandtextur sind sie zu hygroskop. Bewegungen befähigt. Die Ausbildung des Peristoms ist u. a. ein wichtiges systemat. Merkmal. Vegetative Vermehrung erfolgt durch Regeneration v. Thallusbruchstücken od. bei einzelnen Arten auch durch „Brutkörper" – Zellkomplexe, die sich am Thallus bilden können u. abgestoßen werden. B Moose.

Laubsänger, *Phylloscopus,* Gatt. der Grasmücken; kleine, lebhafte, insektenfressende Singvögel, unscheinbar gefärbt, bräunl.-grüner Rücken, helle Unterseite; Geschlechter gleich, 9–12 cm groß, die knapp 50 Arten unterscheiden sich weniger durch das Aussehen (Farbton, Flügelbinden, Augenstreifen), als vielmehr durch die Stimme. Bauen backofenförm. Nester aus Gras, Moos u. Federn mit seitl. Eingang, zw. der Bodenvegetation gut verborgen. 4–7 Eier, weiß od. braun gefleckt; Bebrütung der Eier u. Fütterung der Jungen überwiegend durch das Weibchen. Insektenfresser, die oft weite Strecken ins Winterquartier zurücklegen. Bis nach S-Afrika zieht der Fitis (*P. trochilus,* B Europa IX, B Rassen- und Artbildung); er bewohnt buschreiche Wälder u. dringt bis in den äußersten N Skandinaviens vor; der Gesang ist eine weiche, wohltönende, abfallende Tonreihe. Stimml. hiervon sehr verschieden ist als Zwillingsart der Zilpzalp od. Weiden-L. (*P. collybita,* B Rassen- und Artbildung); sein Gesang ist ein stereotypes „zilp zalp"; er erscheint in den mitteleur. Brutgebieten bereits Mitte März, einige Vögel überwintern sogar; bevorzugt Wälder u. Parks mit höheren Bäumen als der Fitis. Lichte Buchenwälder besiedelt der gelbbrüstige Wald-L. (*P. sibilatrix*); sein schwirrender Gesang wechselt mit klagenden Flötentönen ab. Grauer gefärbt ist der weiter südl. verbreitete Berg-L. (*P. bonelli*); Bergwälder, v. a. Kiefern u. Lärchen an Südhängen, sind sein Lebensraum; sein lockerer Gesangstriller ist langsamer gereiht als beim Wald-Laubsänger.

Laubschnecken, *Hygromiinae,* U.-Fam. der *Helicidae,* kleine bis mittelgroße Landlungenschnecken mit braunem, oft behaartem Gehäuse; meist Wald- u. Heckenbe-

Laubschnecken
Rötliche Laubschnecke *(Perforatella incarnata)*

Lauch
Wichtigste kultivierte Arten:
Knoblauch
(Allium sativum)
Küchenlauch, Porree
(A. porrum)
Küchenzwiebel
(A. cepa)
Perlzwiebel
(A. ampeloprasum f. *holmense)*
Schalotte
(A. ascalonicum)
Schnittlauch
(A. schoenoprasum var. *schoenoprasum)*

Lauch
Zahlr. Zier-L.-Arten haben Eingang in unsere Gärten gefunden, so z. B. der aus Turkestan stammende Blauzungen-L. *(A. karataviense);* er hat zwei breite zungenförm. Blätter u. lila bis weiße Blüten. *A. moly,* der Gold-L., besitzt gelbe Blüten, ebenso wie der Gelbe Hänge-L. *(A. flavum).* Weitere schöne Schnittblumen sind die violetten Blütenstände von *A. pulchellum,* dem Schön-L., u. die schneeweißen Blüten von *A. neapolitanum* mit dunklen Staubbeuteln.

wohner Europas, v. a. in Mitteleuropa zahlr. U.-Arten bildend. In Mitteleuropa v. a. durch die Rötlichen L. *(Perforatella incarnata)* vertreten: kugeliges, gelbbraunes Gehäuse von ca. 11 mm ⌀, Nabel eng, Mündung gelippt; im Bestand gefährdet. Weitere L. ↗ *Euomphalia,* ↗Haarschnecken.

Laubstreu, das äußerl. noch unveränderte Laub, das sich auf der Bodenoberfläche ansammelt. ↗Bodenentwicklung, ↗Bodenorganismen (☐).

Laubwaldzone, *Laubwaldgürtel, nemorale Zone,* Gebiet der laubwerfenden, sommergrünen Wälder; gekennzeichnet durch eine relativ lange Vegetationszeit ohne ausgeprägte Trockenperioden u. eine mäßig kalte, 3–4 Monate dauernde Winterzeit. Sommergrüne *Laubwälder* finden sich fast ausschl. auf der N-Hemisphäre, im O von ↗Nordamerika (B), in ↗Europa (B) u. im östl. ↗Asien (B).

Laubwürger, *Vireolaniidae,* auch als U.-Fam. der ↗Vireos betrachtete Gruppe v. Singvögeln mit seitl. zusammengedrücktem Schnabel; Insektenfresser, Vorkommen in Mittelamerika.

Laubwurm, Larve des Springwurmwicklers *Sparganothis pilleriana,* ↗Wickler.

Lauch, *Allium,* Gatt. der Fam. Liliengewächse (U.-Fam. *Alloideae*) mit ca. 300 Arten auf der gesamten N-Halbkugel, mit Schwerpunkt in Zentralasien. In dieser Gatt. sind Arten mit einem doldenart., mehr od. weniger kugeligen, lockeren bis dichten Blütenstand zusammengefaßt, der v. mehreren häutigen Hüllblättern umgeben wird. Viele Arten werden als Gemüse-, Gewürz- od. Zierpflanzen kultiviert. Zu den wildwachsenden Arten zählt der Allermannsharnisch *(A. victorialis);* die eurasiat., subalpine bis alpine Pflanze bevorzugt frische steinige Böden; wegen ihrer weißl. Blüten auf hohen kräft. Stengeln wird sie gern in Ziergärten gepflanzt. In der kollinen u. montanen Stufe gedeiht auf frischen tiefgründ. Böden der Bär-L. *(A. ursinum);* er bildet meist große Herden im Alno-Padion (Hartholzaue) u. in feuchten Fagion- u. Carpinion-Gesellschaften; sein durchdringender knoblauchart. Geruch ist auf den Inhaltsstoff ↗Allicin zurückzuführen. Der Schlangen-L. *(A. scorodoprasum)* wächst ebenfalls in Auewäldern, charakterist. sind die sitzenden Zwiebeln im Blütenstand u. die flachen markigen Blätter. Im Ggs. hierzu hat der Weinbergs-L. *(A. vineale)* röhrenförm. Blätter; sein Blütenstand bringt fast nur noch sitzende Zwiebeln hervor, selten langgestielte Blüten; er wächst hpts. in warmen Weinbergen; die Ausbreitung erfolgt beim Durchhacken des Weinbergs: dadurch werden die Tochterzwiebeln verteilt; er ist eine wärmeliebende Charakterart der Weinbergs-L.-Gesellschaft (Geranio-Allietum). Der Schnitt-L. (*A. schoenoprasum,* B Kulturpflanzen IV) existiert in 2 Varietäten: var. *alpinum* wächst in sickerfeuchten Steinschutthalden der alpinen Stufe (Thlaspion rotundifolii) u. in Kalkflachmooren (Caricion davallianae); var. *schoenoprasum* ist die kultivierte Gewürzpflanze. Sie besitzt nur kleine unterird. Zwiebeln, bestockt sich aber reichl. durch Tochterzwiebeln. Die ständig nachwachsenden röhrigen Oberblätter sind v. a. im Frühjahr wegen ihres hohen Vitamin-C-Gehalts von 40–60 mg pro 100 g eßbarer Substanz v. Bedeutung. Der Knob-L. (*A. sativum,* B Kulturpflanzen IV) ist eine sehr alte Kulturpflanze, die in Zentralasien beheimatet ist, galt schon in der Antike als Gewürz- u. Heilpflanze. Er hat keine Schalenzwiebeln (im Ggs. zur Küchenzwiebel). Die „Zehen" stellen die Achselknospe u. ihre kollateralen (seitl.) Beiknospen die sie scheidig umschließenden weißen derben Blätter dar. Diese Blätter stehen infolge Sproßstauchung dicht nebeneinander rings um die Achse. Das eigtl. Speicherorgan der Zehe ist ein v. einem Hüllblatt umgebenes Niederblatt, das selbst den Vegetationspunkt umschließt. Der 50 bis 70 cm hohe, bis zur Mitte beblätterte Blütenstiel trägt an Stelle v. Blüten oft Brutzwiebeln (B asexuelle Fortpflanzung II). Wicht. Inhaltsstoffe sind u. a. Allicin (bakteriostatisch, Cholesterin-Spiegel senkend), MATS (Methylallyl-Trisulfid, ein Antithrombotikum), ferner Garlicin, Allistatin, Cystein u. die Vitamine A, B_1, B_2 und C. Speicherkohlenhydrat ist nicht Stärke, sondern eine Inulin-ähnliche Substanz. Die Welternte betrug 1978 2,1 Mill. t., wichtigste Produktionsländer sind China, Thailand, Spanien u. Ägypten. Weitere Gewürzpflanzen sind Schalotte (*A. ascalonicum,* B Kulturpflanzen IV) u. die echte Perlzwiebel *(A. ampeloprasum* f. *holmense).* Schalotten sind Tochterzwiebeln, die rund um eine Hauptzwiebel stehen u. von einer gemeinsamen rötl.-braunen Schale umgeben sind. Die Perlzwiebel hingegen sind bis zu kirschgroße silbrig-weiße Brutzwiebeln, die in den Achseln abgestorbener Zwiebelblätter entstehen; sie besitzen keine braune Schale. Die unechten Perlzwiebeln sind die Brutzwiebeln vom Küchen-L. oder Porree (*A. porrum,* B Kulturpflanzen IV). Sie entwickeln sich am Grunde des dicken Scheinsprosses des Winter-L.s, wenn dessen Blütenstiel abgeschnitten wird. Der Porree besitzt anstelle einer eigtl. Zwiebel eine scheibenförm. gestauchte Achse, aus der viele sproßbürt. Wurzeln entspringen. Als Wildart unseres heutigen Porrees wird der im Mittelmeergebiet beheimatete *A. ampeloprasum* genannt. Die Küchenzwiebel (*A. cepa,* B Kulturpflanzen IV) wird als Gewürz u. als Gemüse verwendet. Ihre Heimat ist Mittelasien. Obwohl sie zweijährig in Kultur gehalten wird, ist sie eine ausdauernde Art, die sich vegetativ u. generativ fortpflanzt. Im ersten Jahr entwickelt sich aus dem Samen die sog. Steckzwiebel. Diese wird im Winter frostfrei gelagert u. im nächsten Frühjahr erneut gepflanzt. Danach bilden sich neue sproßbürt. Wurzeln u. neue Blätter jeweils innerhalb der alten Blätter; auf diese Weise entsteht der schalenförm. Aufbau (Blatt). Dabei verdickt sich das Unterblatt u. übernimmt Speicherfunktion, während das Oberblatt das umgebende ältere Blatt durchbricht u. ergrünt. Inhaltsstoffe der Küchenzwiebel sind das tränenreizende Propanethialsulfoxid, Allicin und organ. Sulfide. Die Zwiebel enthält 8,5 mg Vitamin C pro 100 g. *B. Le.*

Lauchfliege, *Phorbia antiqua,* ↗ Blumenfliegen.

Lauchkraut, die ↗ Knoblauchrauke.

Lauchmotte, *Acrolepia assectella,* ↗ Plutellidae.

Lauchöle, aus ↗ Lauch-Gewächsen gewonnene Öle, in denen bas. Gemische enzymat. gebildeter Derivate schwefelhalt. Aminosäuren enthalten sind, die den typ. Geruch u. Geschmack der Lauch-Gewächse bedingen. ↗ Allicin.

Laudanosin *s* [v. ↗ Laudanum], *N-Methyl-1,2,3,4-tetrahydro-Papaverin,* in geringer Menge im ↗ Opium vorkommendes ↗ Isochinolin-Alkaloid (T Alkaloide), das unter Dehydrierung in ↗ Papaverin übergeht. L. ist wesentl. giftiger als Papaverin u. ruft in höheren Dosen Starrkrampf hervor.

Laudanum *s* [mlat., = Opiumtinktur, v. gr. ladanon = Harz der Cistrose], *Opiumtinktur,* Bez. für ↗ Opium in alkohol. Lösung.

Lauderia *w,* Gatt. der *Centrales* (Ord. der Kieselalgen); häufig im Meeresplankton.

Laufantilopen, die ↗ Pferdeböcke.

Laufbeine, *Schreitbeine,* normale, langgestreckte Form der Extremitäten bei ↗ Gliederfüßern ( ).

laufen ↗ Fortbewegung, ↗ Gangart.

Laufflöter, *Orthonyx,* ↗ Timalien.

läufig, hitzig, heiß, nennt man Hündinnen in der Brunst (meist zweimal im Jahr).

Laufkäfer, *Carabidae,* Fam. der adephagen ↗ Käfer mit über 25000, in Mitteleuropa über 700 Arten. Die Vertreter dieser weltweit verbreiteten Fam. sind auch in Mitteleuropa sehr verschieden groß: von 1,3 mm *(Tachys bistriatus)* bis fast 6 cm *(Procerus gigas).* Die meisten Arten haben einen charakterist. schlanken Habitus mit kräft. langen Laufbeinen. Bei vielen Arten sind

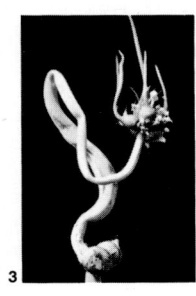

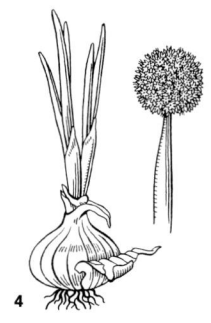

Lauch

1 Bärlauch *(Allium ursinum)*; **2** Schnittlauch *(A. schoenoprasum)*; **3** Knoblauch *(A. sativum),* Pflanze mit Brutzwiebeln; **4** Küchenzwiebel *(A. cepa)* mit Blüte

Laudanosin

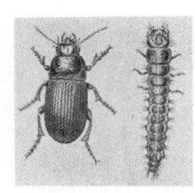

Laufkäfer

Laufkäfer
Getreidelaufkäfer
(Zabrus tenebrioides),
rechts Larve

Laufkäfer
Die besiedelten Biotope sind entspr. dem Artenreichtum der L. sehr vielfältig. Es gibt ausgesprochene Waldtiere (viele *Carabus-, Pterostichus-, Molops-, Abax*-Arten), Feld- u. Wiesentiere *(Amara, Harpalus, Anisodactylus),* Uferbewohner *(Bembidion, Elaphrus, Chlaenius, Nebria, Dyschirius).* Viele Arten sind Spezialisten der Gebirge, wie viele der kleinen *Trechus*-Arten. In Höhlen gibt es z. T. eine hochspezialisierte Carabidenfauna aus der Gruppe der *Trechini* (Aphaenops, Anophthalmus), die hellgelbbraun gefärbt, blind u. mit langen Tasthaaren versehen sind. Solche Arten finden sich v. a. in den Höhlen S-Europas. Aber auch im nördl. Alpengebiet haben Vertreter der Gatt. *Orotrechus* (S-Kärnten) od. *Arctaphaenops* (Zentralalpen, Dachstein) die Eiszeit in Höhlen überdauert. Eine reiche Höhlen-Carabidenfauna weisen die Pyrenäen u. die Balkangebiete auf. – Wegen der z. T. recht spezif. Lebensraumansprüche sind die L. beliebte Objekte ökolog. Freilanduntersuchungen, da sie geeignete Standortanzeiger u. Anzeiger für die „Güte" eines Habitats bei Naturschutzgebiete betreffenden Fragen sind.

beim Männchen die Vordertarsen gegenüber denen der Weibchen deutl. verbreitert. Einige Arten – bei uns aus den Gatt. *Scarites, Dyschirius, Clivina* u. der Kopfkäfer (*Broscus cephalotes,* B Käfer I) – sind gute Gräber, die sich z. T. unterirdische Gänge mit verbreiterten Vorderschienen od. kräftigen Mandibeln anlegen. Alle Arten haben lange schlanke Fühler (B Homologie) u. meist kräftige, zugespitzte Beißmandibeln, wie sie für Räuber typisch sind. Färbung meist schwarz od. dunkelbraun, einige Arten aber auch metall. blau od. grün. Die meisten Arten sind nachtaktiv u. feuchtigkeitsliebend; einige Artengruppen sind auch tagaktiv, wie die Vertreter der uferbewohnenden Gatt. *Bembidion, Elaphrus* u. einige wenige *Carabus*-Arten. (Die ausschl. tagaktiven ↗Sand-L. bilden eine eigene Fam.: *Cicindelidae.*) Alle Arten sind Räuber, die v. a. andere Insekten, aber auch Schnecken u. kleinere Regenwürmer jagen. Zur Nahrungsaufnahme wird auf die gepackte Beute viel Verdauungssaft gespuckt (↗extraintestinale Verdauung) u. wieder aufgesaugt. Dieser Saft wird auch bei Störung einem Gegner od. Feind entgegengespuckt. Manche Arten (v. a. der Gatt. *Harpalus, Amara, Zabrus,* in S-Europa bes. *Ditomus* u. *Carterus*) nehmen auch pflanzl. Kost, meist in Form ölhalt. Samen (Grassamen, Samen v. Kreuzblütlern od. in abgeblühten Distelblütenständen), zu sich. Auch die Nüßchen der Erdbeeren werden gelegentl. von *Pterostichus vulgaris* abgefressen; dabei entstehen zuweilen Löcher in den Erdbeerfrüchten. – Die L. haben z. T. hochentwickelte Abwehrdrüsen in Form v. Pygidialdrüsen am Hinterleibsende. Die hierin enthaltenen chem. Abwehrstoffe sind z. T. sehr gut untersucht. Diese ↗Wehrsekrete können bei Gefahr gezielt auf einen Feind gespritzt werden. Bei *Carabus*-Arten kann dies bis auf 1 m Entfernung erfolgen u. verursacht einen unangenehmen haftenden Geruch (Metacryl- u. Tiglinsäure). Andere Arten haben Isovalerian- u. Isobuttersäure *(Omophron),* Chinone, Ameisensäure, Alkane, Salicylaldehyd u. a. Besonders effektiv ist der sog. Explosionsmechanismus der ↗Bombardierkäfer (□) u. ↗Fühlerkäfer. – Die meisten Arten legen ihre Eier einfach in die Erde. Manche betreiben Brutfürsorge, indem sie die Eier in einer Erdhöhle bewachen *(Pterostichus, Abax, Molops)* od. gar den Junglarven Nahrung bringen (Grassamen bei Arten der Gatt. *Harpalus, Amara* (?), *Ditomus* u. *Carterus.* Vom Lebensformtyp her kann man bei uns die L. in Größenklassen einteilen u. jeweils groben Lebensräumen zuordnen. Die „Großräuber" stellen die Arten der Gatt. *Carabus;*

sie sind mit über 400 Arten über die Holarktis verbreitet und zw. 20 und 65 mm groß. Bekannte Arten bei uns: Der ca. 4 cm große schwarze, ledrig gerunzelte Leder-L. *(Carabus coriaceus),* der größte deutsche L. Bronzefarben mit längl. Kettenstreifung auf den Flügeldecken ist der auf Feldern u. Wiesen verbreitete Ketten-L. od. Körnerwarze *(C. cancellatus).* Ebenfalls in offenem Gelände lebt der v. a. im Frühjahr aktive Gold-L. *(C. auratus),* auch Goldschmied, Goldhenne od. Feuerstehler gen. (B Käfer I); er ist metall. grün, Elytren mit Längsrippen. Ähnl. sieht der allerdings nur in montanen Wäldern verbreitete *C. auronitens* aus. An das Leben am od. im Wasser angepaßt ist der nach der ↗Roten Liste „stark gefährdete" Schwarze Gruben-L. *(C. variolosus),* Elytren mit großen grubigen Vertiefungen; er und seine Larve gehen in Gebirgsbächen bei uns (S-Dtl.) z. T. unter Wasser der Nahrungssuche nach. Nahezu alle *Carabus*-Arten sind flugunfähig u. neigen extrem zur Bildung v. Lokalformen. Zu den Großräubern zählen auch die ↗Puppenräuber der Gatt. *Calosoma* (B Käfer I). Die nächste Größenklasse bilden Arten von 10 bis etwa 20 mm Länge. Hierher gehören die Schaufelkäfer, Schaufelläufer der Gatt. *Cychrus,* die als ausgesprochene Schneckenspezialisten gelten; sie haben einen stark verengten Kopf u. Halsschild, lange schaufelförm. spitze Mandibeln („cychrisiert"), die den Käfern ermöglichen, in die Öffnung eines Schneckenhauses mit dem Kopf einzudringen u. den Schneckenkörper zu packen u. nach einem „Giftbiß" langsam herauszuziehen. In Wäldern verbreitet sind die artenreichen Gatt. *Pterostichus, Molops* u. *Abax,* die meist schwarz, gelegentl. auch bronzefarben *(P. cupreus)* sind; sie haben auf den Elytren Längsstreifen mit 2–3 feinen Härchen; einige Arten bewachen ihre Eier in Bruthöhlen. Die ökolog. Entsprechung in offenem Gelände stellen die meist etwas kleineren Arten (8–15 mm) der Gatt. *Poecilus, Harpalus* u. *Amara* dar, von denen letztere nicht selten auch Pflanzensamen fressen. Bekannt ist der nach der ↗Roten Liste heute „stark gefährdete" Getreide-L. *(Zabrus tenebrioides,* B Käfer I), der fr. durch Benagen der Getreidekörner als Schädling galt; er ist schwarzbraun u. etwa 15 mm groß. – Ausgesprochene „Kleinräuber" sind L. bis ca. 10 mm Körpergröße. Hierher gehören die an Ufern lebenden zahlr. Arten der Ahlenläufer *(Bembidion),* die Ufer-L. oder Raschkäfer *(Elaphrus),* od. in Wäldern die Eilkäfer *(Notiophilus).* Im Schilfgürtel v. Gewässern lebt der merkwürdige, etwa 7 mm große Halskäfer *(Odacantha melanura);* sein

Name kommt v. dem stark verengten Halsschild; Elytren braungelb, hinteres Viertel angedunkelt. Ausgesprochener Nahrungsspezialist ist der etwa 8 mm große Krummhornkäfer *(Loricera pilicornis),* der mit Hilfe langer Borsten an der Fühlerbasis eine Art Fangkorb besitzt, den er blitzartig über Springschwänze stülpt. Wenig L.-ähnlich sind die Bodentunnelgräber der Gatt. *Scarites,* v. denen es an den südeur. Sandküsten ausgesprochene Riesen (bis über 4 cm) gibt, bzw. die kleinen *Dyschirius*-Arten, die an den Küsten z. T. den Kurzflüglern der Gatt. *Bledius* nachstellen. Eine Ausnahme unter den L.n ist der bis über 10 cm große ↗ Gespenst-L. H. P.

Laufmilben, *Trombidiidae,* Fam. der *Trombidiformes* mit weichem Körper; Erwachsene u. Nymphen leben räuberisch, die Larven parasitieren an Insekten od. Landsäugetieren; hierher gehören u. a. die ↗ Erntemilben u. die ↗ Samtmilbe.

Laufspinnen, die ↗ Philodromidae.

Laufspringer, *Entomobryidae,* Fam. der arthropleonen ↗ Springschwänze; relativ große Urinsekten (bis 6 mm) mit gutem Sprungvermögen; Körper meist beschuppt od. mit dicht bewimperten Keulenborsten; Abdominaltergit IV viel länger als III. Häufig im Laub od. unter Steinen. Gelegentl. sieht man in der niederen Vegetation bunt gezeichnete, mit langen Fühlern versehene Vertreter der Gatt. *Orchesella* u. *Entomobrya.* Sehr häufig sind auch einige Arten der silbrig beschuppten Gatt. *Tomocerus* u. *Lepidocyrtus.* Der mit Ameisen vergesellschaftete, etwa 1,2 mm große *Cyphoderus albinus* hat sein Sprungvermögen verloren.

Laufvögel, flugunfähige Vögel mit rückgebildeten Flügeln u. Brustmuskeln u. kräftig entwickelten Hinterbeinen, stammen v. flugfähigen Vorfahren ab; gutes Laufvermögen. 4 Ord. (vgl. Tab.).

Laugen, alkalisch reagierende, wäßrige Lösungen v. ↗ Basen; bes. die wäßrigen Lösungen der starken Basen Natriumhydroxid (Natronlauge) u. Kaliumhydroxid (Kalilauge). Auch für die Lösungen der Salze starker Basen mit den Anionen schwacher Säuren verwendet man häufig die Bez. L. (z. B. Sodalauge, Bleichlauge).

Laugung, *Leaching, Bioleaching,* Auslaugung (↗ Extraktion) eines Stoffes aus festen Gemengen durch bestimmte Lösungsmittel; in der Natur sind es Stoffwechselprodukte v. Organismen, z. B. Wurzelausscheidungen oder Gärungsendprodukte (Säuren); biotechnolog. Bedeutung hat die ↗ mikrobielle L. von Erzen.

Lauraceae [Mz.; v. *laur-], die ↗ Lorbeergewächse. [gen.

Laurales [Mz.; v. *laur-], die ↗ Lorbeerarti-

laur- [v. lat. laurus = Lorbeer; davon abgeleitet: laurinus = Lorbeer-].

Lauria cylindracea

Laufvögel

Ordnungen:
↗ Kasuarvögel *(Casuariiformes)*
↗ Kiwivögel *(Apterygiformes)*
↗ Nandus *(Rheiformes)*
↗ Strauße *(Struthioniformes)*

Läuse

Ordnungen und Unterordnungen:
Pflanzenläuse *(Stenorrhyncha)*
↗ Aleurodina (Mottenläuse, Mottenschildläuse)
↗ Blattläuse *(Aphidina)*
↗ Psyllina (Blattflöhe, Springläuse)
↗ Schildläuse *(Coccina)*
Tierläuse *(Phthiraptera)*
↗ Anoplura (Echte Läuse)
↗ Elefantenläuse *(Rhynchophthirina)*
↗ Haarlinge (Kieferläuse, Federlinge, *Mallophaga)*
↗ Staubläuse *(Psocoptera)*
↗ Zoraptera (Bodenläuse)

Laurate [Mz.; v. *laur-], ↗ Laurinsäure.

Laurencia *w* [ben. nach dem frz. Naturforscher M. de la Laurencie, 19. Jh.], Gatt. der ↗ Rhodomelaceae.

Laurentia *w* [ben. nach dem St.-Lorenz-Strom (frz. St-Laurent), Kanada], (E. Suess 1909), paläogeogr. Bez. für eine alte, schon im Präkambrium bestehende Landmasse (Urkontinent, Kraton) im Bereich der heutigen Nordamerikan. Tafel; oft als Synonym für ↗ „Kanadischer Schild" verwendet.

Laurerscher Kanal [ben. nach dem dt. Arzt J. F. Laurer, 1798–1873], als rudimentäre Vagina gedeuteter Gang im weibl. Geschlechtssystem v. Saugwürmern; steht bei einigen ↗ Aspidobothrea mit dem Exkretionskanal in Verbindung, während er in den anderen Fällen entweder blind im Parenchym endet od. auf der Körperoberfläche mündet u. dann der Kopulation dienen kann, im allg. aber ledigl. überschüssiges Sperma abgeben soll.

Lauria *w,* Gatt. der Puppenschnecken mit 4 mm hohem, eiwalzenförm. Gehäuse mit gelipptem Mundsaum. *L. cylindracea* lebt v. a. in W-Europa in Wäldern, an Felsen u. Mauern; nach der ↗ Roten Liste „gefährdet".

Laurinsäure [v. *laur-], eine gesättigte ↗ Fettsäure, $H_3C-(CH_2)_{10}-COOH$; als Glycerid weit verbreitet, kommt bes. in den Samenfetten der Lorbeergewächse u. im Palmkernöl u. Kokosfett, daneben aber auch in Butter u. Wachsen vor. Die Salze u. Ester der L. heißen *Laurate.* T Fettsäuren.

Laurus *w* [lat., = Lorbeer], der ↗ Lorbeerbaum.

Läuse, Sammelbez. für verschiedene Ord. (vgl. Tab.) meist kleiner Insekten, die sich v. Pflanzensäften od. Blut ernähren. B Parasitismus II.

Läusekraut, *Pedicularis,* Gatt. der Braunwurzgewächse mit ca. 250 (600?), überwiegend in den zentralasiat. Hochgebirgen beheimateten Arten. Meist ausdauernde Pflanzen mit fiederschnitt. Blättern u. in beblätterten Ähren od. Trauben stehenden Blüten, deren 2lipp. Krone eine helmförm. Oberlippe besitzt. Die Frucht ist eine zusammengedrückte, schief eiförm. Kapsel. L. ist ein Halbschmarotzer, der seinen Wirtspflanzen (vorzugsweise Gräsern, aber auch anderen Moor- u. Wiesenpflanzen) Wasser u. Nährsalze, bisweilen aber auch organ. Verbindungen entzieht. In Mitteleuropa etwa 10 heim. Arten, u. a. das blaßrosa bis purpurn blühende Wald-L., *P. silvatica* (in Flach- u. Quellmooren, in Binsen-Ges. od. feuchten Borstgrasrasen), das braunrot blühende Gestützte L., *P. recutita* (in gras- u. staudenreichen Riesel- u. Quellfluren sowie im lichten, subalpinen

Lausfisch

Hochstaudengebüsch), das bleich gelb blühende Vielblättrige L., *P. foliosa* (in alpinen u. subalpinen Naturgrashalden), sowie das nach der ⊅ Roten Liste „vom Aussterben bedrohte", gelb blühende Karlszepter, *P. sceptrum-carolinum* (in Flachmooren u. Moorwiesen, in Verlandungsbeständen u. an Ufern). [B] Polarregion I.

Lausfisch, *Phtheirichthys lineatus,* ⊅ Schiffshalter.

Lausfliegen, *Hippoboscidae,* mit den ⊅ Fledermausfliegen verwandte Fam. der Fliegen. Von den insgesamt ca. 150 Arten kommen in Mitteleuropa etwa 25 vor. Die L. sind 5 bis 10 mm groß, der gedrungen wirkende, bräunl. gefärbte Körper ist v. einer zähen, lederart. Cuticula umgeben. In Anpassung ihrer ektoparasit. Lebensweise weichen die L. in ihrem Erscheinungsbild u. Körperbau erhebl. von der typ. Fliegengestalt ab: Die oft langen, spinnenartig wirkenden Beine sind zum Festhalten im Haar- od. Federkleid des Wirtes mit Krallen u. Klauen versehen. Das eine Paar Flügel ist je nach Art gut ausgebildet od. völlig reduziert. Parallel zur Flügelreduktion sind bei vielen Arten die Augen zurückgebildet. Die Fühler liegen, wenn überhaupt vorhanden, versenkt in Gruben des kleinen Kopfes. Die L. ernähren sich vom Blut ihrer Wirte – Säugetiere u. Vögel, die sie meist durch direkten Kontakt zw. den Wirtsarten, aber auch fliegend od. laufend erreichen. Die Wirtsspezifität ist unterschiedl. ausgeprägt, bei Säugetieren als Wirt meist enger als bei Vögeln. Auch Menschen werden befallen, wenn auch nur vorübergehend. Zur Verdauung des Wirtsblutes benötigen die L. endosymbiont. Bakterien, die in einem komplizierten Vorgang auf die Nachkommen übertragen werden. Die L. gehören mit den Fledermausfliegen zur Gruppe der *Pupipara,* da sich die Larven sofort nach der Geburt auf dem Wirt od. am Boden verpuppen (Pupiparie). Die meist wenigen Larven schlüpfen im Körper der Mutter u. werden dort durch Futtersaftdrüsen ernährt. – Häufig sind bei uns die noch voll geflügelte Pferde-L. *(Hippobosca equina),* die Mauersegler-L. *(Crataerhina pallida)* mit zurückgebildeten Flügeln u. die Hirsch-L. *(Lipoptena cervi),* die ihre Flügel bei Erreichen des Wirtes abwirft. Gänzl. ungeflügelt ist z. B. die Schaf-L. *(Melophagus ovinus),* fälschl. auch Schafzecke gen. Zu weiteren L. mit ihren Wirten vgl. Tab.

Läuslinge, die ⊅ Haarlinge.

Lautäußerung, Erzeugung v. Lauten, die i. w. S. der ⊅ Kommunikation dienen (⊅ Signal) od. die zumindest einen Ausdruck für den Zustand eines Tieres bilden (⊅ Ausdrucksverhalten). Man unterscheidet zwischen L.en, die mechan. erzeugt werden,

Läusekraut (Pedicularis spec.)

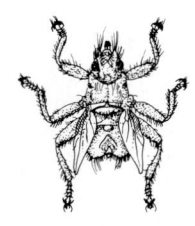

Mauersegler-Lausfliege (Crataerhina pallida)

Lausfliegen

Wichtige Arten mit ihren Wirten:
Gemsenlausfliege *(Melophagus ruficaprinus),* auch auf Steinbock
Hirschlausfliege *(Lipoptena cervi),* auf Rot- u. Schwarzwild
Mauerseglerlausfliege *(Crataerhina pallida),* auch auf Schwalben
Pferdelausfliege *(Hippobosca equina),* auch auf Rindern u. Hunden
Schafausfliege („Schafzecke", *Melophagus ovinus),* weltweit auf Schafen
Taubenlausfliege *(Lynchia maura, Pseudolynchia maura),* nur auf Tauben

u. solchen, die unter Ausnutzung der Luftströme bei der Atmung entstehen. Mechan. erzeugte L.en treten bei Gliedertieren häufig auf, z. B. Klopfgeräusche durch das Schlagen v. Körperteilen gg. den Untergrund (Klopfkäfer), durch bes. Fluggeräusche od. durch ⊅ Stridulation (Aneinanderreiben von bes. gestalteten Körperteilen). Vereinzelt werden L.en auch durch schwingende Membranen hervorgebracht, z. B. bei Zikaden u. Fischen. Mechanisch erzeugte L.en bei höheren Wirbeltieren sind z. B. das Trommeln der Spechte, die Drohung durch Stampfen mit den Hufen usw. L.en von Vögeln u. Säugetieren benutzen meist den Strom der Atemluft (⊅ Syrinx, ⊅ Kehlkopf); man unterscheidet zw. einfachen *Rufen* u. ⊅ *Gesang.* ⊅ Bioakustik.

Läuterung, *Erdünnerung,* erste forstl. Pflegemaßnahme in einem jungen Waldbestand (Dickung) mit dem Ziel starker Stammzahlverminderung; entfernt werden aus der Oberschicht alle deutl. erkennbaren minderwert. Schaftformen, unerwünschte Holzarten u. Gefahrenträger (Negativauslese).

Lavandinöl [v. it. lavanda = Lavendel], ⊅ Lavendelöl.

Lavandula *w* [it. lavanda =], der ⊅ Lavendel.

Lävane [Mz.; v. lat. laevus = links], *Laevane,* v. einer Reihe v. Bakterien (z. B. *Streptococcus salivarius, Bacillus subtilis,* vielen fluoreszierenden u. phytopathogenen Pseudomonaden u. *Enterobacter*) enzymat. unter Wirkung einer extrazellulären *Lävansucrase* aus Saccharose gebildete ⊅ Fructane (n · Saccharose → Lävan + n · Glucose). ⊅ Froschlaichgärung.

Lavatera *w* [ben. nach dem schweiz. Naturforscher J.H. Lavater, 1611–91], Gatt. der ⊅ Malvengewächse.

Lavendel *m* [v. it. lavanda = L.], *Lavandula,* Gatt. der Lippenblütler mit 20–30, von den Kanar. Inseln über das Mittelmeergebiet bis nach Vorderindien verbreiteten Arten. Stauden, Halbsträucher od. kleine Sträucher mit meist ganzrauh, mehr od. weniger dicht behaarten, aromat. duftenden Blättern u. zu oft lang gestielten Scheinähren vereinigten, blauen od. violetten Blüten. Bekannteste Art ist der aus dem westl. Mittelmeergebiet ([B] Mediterranregion I) stammende Echte L., *L. angustifolia* (*L. officinalis*), ein bis 60 cm hoher Halbstrauch mit lineal-lanzettl., silbriggrauen Blättchen an aufrechten Zweigen u. von Juni bis Aug. erscheinenden, kleinen blau-violetten Blüten. Seit langem in Mitteleuropa als Gartenpflanze geschätzt, wird er insbes. in S-Fkr. wegen des v. den Drüsenhaaren des Blütenkelchs produzierten ⊅ L.öls in großem Umfang angebaut. Neben dem L.öl wird auch das vom Großen Speik *(L. latifolia)* erzeugte *Spiköl* sowie das aus ertragreichen, in zunehmendem Maße kultivierten Hybriden, *L. hybrida.(L. angustifolia × L. latifolia)*, gewonnene *Lavandinöl* genutzt. In der Volksmedizin schreibt man dem Echten L. u. a. eine beruhigende, krampflösende Wirkung zu. Zudem wird L. zur Bekämpfung äußerer Parasiten u. von Kleidermotten eingesetzt.

Lavendelöl, *Oleum Lavandulae,* charakterist. süß-blumig duftendes ↗ätherisches Öl, das durch Destillation od. Extraktion aus den frischen, vor der vollständ. Entfaltung gesammelten Blüten des Echten Lavendels *(Lavandula angustifolia)* gewonnen wird. L. enthält 30–60% Ester (hpts. Linalylacetat), 25–45% freie Alkohole (v. a. Linalool), 1,5–3% Aldehyde u. Ketone sowie Spuren v. Lactonen, Phenolen u. a. Ätherische Öle anderer Lavendel-Arten sind das *Spiköl* (aus *L. latifolia*) u. das *Lavandinöl* (aus Kreuzungen von *L. angustifolia* und *L. latifolia*), die sich vom echten L. durch eine etwas andere Zusammensetzung, bes. durch einen (qualitätsmindernden) geringeren Estergehalt, unterscheiden. L. findet Verwendung bei der Herstellung v. Seifen, Parfüms, Cremes usw. und als volksmed. Heilmittel.

Laveran [lawrã], *Charles Louis Alphonse,* frz. Arzt, * 18. 6. 1845 Paris, † 18. 5. 1922 ebd.; entdeckte 1880 als Militärarzt in Algier im Blut v. Malariakranken den Erreger der ↗Malaria *(L.scher Halbmond)*; erhielt 1907 den Nobelpreis für Medizin.

Lavoisier [lawºasie], *Antoine Laurent* de, frz. Chemiker, * 26. 8. 1743 Paris, † 8. 5. 1794 ebd. (guillotiniert); Privatgelehrter in Paris; Begr. der Chemie als Wiss.; führte quantitative Meßmethoden (Waage) ein, widerlegte die Phlogistontheorie u. deutete den Verbrennungsvorgang als Oxidation; reformierte die chem. Nomenklatur u. stellte eine neue Liste der Elemente auf.

Lävopimarsäure [v. *laev-, lat. opimus = fett], Diterpensäure aus Koniferenharz; ↗Harze, ↗Resinosäuren.

lävotrop [v. *laev-, gr. tropē = Wendung], *leiotrop,* linksgewunden (z. B. bei Schneckenhäusern od. Windepflanzen), linksdrehend (↗Spiralfurchung). Ggs.: dexiotrop.

Lävulinsäure [v. *laev-], *4-Oxopentansäure, γ-Ketovaleriansäure,* beim Kochen mit Salzsäure gebildetes Abbauprodukt v. Hexosen; Zwischenprodukt bei organ. Synthesen; das Calcium-Salz wird zu therapeut. Calciumpräparaten verwendet. Das Derivat ↗δ-*Amino-L.* ist Schlüsselprodukt bei der Biosynthese der Porphyrine.

Lävulose *w* [v. *laev-], veraltete Bez. für ↗Fructose.

Lawsonia *w* [ben. nach dem schott. Botaniker I. Lawson, † 1747], Gatt. der ↗Weiderichgewächse.

Lazarusklapper, *Spondylus gaederopus,* ↗Klappermuschel.

Lazeration *w* [v. lat. laceratio = das Zerreißen], bes. Form der ↗Knospung bei manchen Seerosen (z. B. *Aiptasia, Metridium, Sagartia*): kleine Teile der Fußscheibe schnüren sich ab u. regenerieren zu einem vollständigen Polypen.

LD$_{50}$ ↗Dosis.

LDH, Abk. für die ↗Lactat-Dehydrogenase.

LDL, Abk. für *l*ow *d*ensity *l*ipoprotein, ↗Lipoproteine (T), ↗Endocytose.

Leaching *s* [litsching; v. engl. leach = auslaugen], ↗Laugung, ↗mikrobielle Laugung.

Leading Strang *m* [liding; engl., = Führung, Leitung], ↗Replikation.

Leakey [liki], *Louis Seymour Bazett,* brit. Paläontologe, * 7. 8. 1903 Kabete (Kenia), † 1. 10. 1972 London; 1945–61 Museumskurator in Nairobi (Kenia); bewies zus. mit seiner Frau Mary durch bedeutende Funde v. Schädeln fossiler Menschen u. Menschenaffen in Ostafrika (u. a. Olduvai in Tansania), daß der Mensch weit älter ist, als bis dahin angenommen wurde.

Leander *m* [ben. nach lat. Leander, myth. Geliebter der Hero], Gatt. der *Palaemonidae,* ↗Natantia.

Lebachia *w* [ben. nach der Stadt Lebach (Saarland)], Gatt. der ↗Voltziales.

Leben, eine Seinsform der irdischen Materie. Es tritt stets nur in Form eines hoch komplex organisierten Verbandes ihrerseits ebenfalls komplexer Strukturen (Organellen, Organe) auf, durch deren geregeltes Zusammenwirken (Synorganisation) das Phänomen Leben als neue Systemeigenschaft mögl. ist. Die Systemeigenschaft Leben ist daher mehr als die Summe ihrer Teile, die isoliert nicht längere Zeit lebensfähig sind. Leben läßt sich durch folgende Eigenschaften gegenüber der unbelebten Materie charakterisieren: 1) *Individualisierung:* Leben existiert nur in Form abgegrenzter Gebilde (Individuen), wobei die ↗*Zelle* die kleinste lebens- u. vermehrungsfähige Einheit, den Elementarorganismus, darstellt. Zellen können nur durch Teilung aus einer Mutterzelle od. durch Verschmelzung v. zwei od. mehr Zellen (bei der ↗Befruchtung od. der Bildung v. Syncytien) entstehen („Omnis cellula e cellula", R. Virchow 1855). Wir kennen zwei Grundformen der Zellorganisation: a) die ↗Protocyte (ohne Zellkern) der ↗Prokaryoten (Bakterien mit Cyanobakterien) als die ursprünglichste Organismenform und b) die ↗Eucyte (mit Zellkern) der ↗Eukaryoten (alle nicht prokaryot. Lebewesen) als die höherentwickelte. Der Grundbau der Zelle ist bei allen Prokaryoten bzw. Euka-

Echter Lavendel *(Lavandula angustifolia)*

A. L. de Lavoisier

$$\begin{array}{c} COOH \\ | \\ CH_2 \\ | \\ CH_2 \\ | \\ C=O \\ | \\ CH_3 \end{array}$$

Lävulinsäure

läv- [v. lat. laevus = links].

Leben

Leben

Merkmale des Lebendigen

Die Lebewesen unterscheiden sich v. unbelebter Materie durch:
chemischen Aufbau
zelluläre Organisation
Stoff- und Energiewechsel
Reizbarkeit
zweckmäßigen Bau in Anpassung an Lebensweise und Umwelt
Fähigkeit zur Fortpflanzung und Vererbung
Fähigkeit zur Selbstorganisation bei Wachstum und Individualentwicklung
Fähigkeit zur Ansammlung von genet. Information in einem Informationsspeicher (Genom) durch Mutation und Selektion (biol. Evolution)
Aufrechterhaltung der Individualität durch Homöostase
Differenzierung in disjunkte Arten (Spezies), die voneinander durch ↗ Isolationsmechanismen genetisch gesondert sind.

ryoten gleich. Diese weitgehende ↗ Homologie spricht dafür, daß alle Lebewesen auch einen gemeinsamen Ursprung haben u. sich in einer langen ↗ Evolution zu der heutigen Mannigfaltigkeit entwickelt haben. Neben einzelligen Lebewesen (Protisten) gibt es mehrzellig organisierte Pflanzen- u. Tiergruppen, deren Körper aus unterschiedl. differenzierten Körperzellen (↗ Somazellen) besteht, die Gewebe u. Organe aufbauen. – 2) *Chemisch* ist lebende Substanz durch energiereiche Makromoleküle charakterisiert, v. a. durch ↗ Nucleinsäuren u. ↗ Proteine, wobei letztere auch als ↗ Enzyme im Stoffwechsel v. Bedeutung sind. Daneben sind u. a. ↗ Lipide (in der Zellmembran), ↗ Polysaccharide als Strukturpolysaccharide (z. B. als Bausteine der Cellulose u. des Chitins od. als Mucopolysaccharide in der Interzellularsubstanz) u. als Speicherpolysaccharide (Stärke, Glykogen) sowie Phosphate als Energieüberträger für Lebewesen v. charakterist. ↗ Biomoleküle (↗ Bioelemente). Die Proteine sind als Heteropolymere (↗ Biopolymere) bei allen Lebewesen aus denselben 20 proteinogenen ↗ Aminosäuren zusammengesetzt, wobei die riesige Zahl der unterschiedl. Kombinationsmöglichkeiten bei der Zusammenstellung der Sequenz eines Proteins Grundlage der biochem. ↗ Mannigfaltigkeit der Lebewesen ist (↗ Information und Instruktion). – 3) *Stoffwechsel, Energiefluß und Homöostase:* Der Aufbau u. die Erhaltung der komplexen Organisation der lebendigen Substanz, die sich durch einen sehr hohen Ordnungsgrad (stoffl. Ungleichverteilung) auszeichnet, ist nur in einem energetisch offenen System mögl. (↗ Entropie). Lebende Systeme sind daher offene Systeme, die mit ihrer Umwelt in Stoff- u. Energieaustausch stehen. Jedes Lebewesen ist daher in ein ↗ Ökosystem einbezogen u. auf eine Umwelt angewiesen, der es Stoffe u. Energie entnehmen kann. Der durch Enzyme gesteuerte ↗ Stoffwechsel besteht aus einem energieverbrauchenden Baustoffwechsel (Anabolismus), der mit einem Energie aus Molekülen freisetzenden Betriebsstoffwechsel (Katabolismus) über ↗ energiereiche Verbindungen, wie ↗ Adenosintriphosphat (ATP) als „universelles Wechselgeld" der Zelle, verbunden ist. ↗ Energie wird primär v. der grünen Pflanze im Prozeß der ↗ Photosynthese durch Absorption v. Sonnenlicht gewonnen u. von diesen zur Primärproduktion v. lebender (energiereicher) Substanz verwendet. Diese dient weiteren Gliedern der Nahrungskette, also Tieren, als Energie- u. Stoffquelle. Während Energie nur einmal in einem Energiefluß (↗ Energieflußdiagramm) durch die Glieder der Nahrungskette geführt werden kann u. schließlich als Wärme verlorengeht, werden die durch ↗ Exkretion u. ↗ Abbau toter organ. Substanz anfallenden anorgan. Stoffe in einem Stoffkreislauf (recycling) immer wieder genutzt. Trotz des ständigen Material- u. Energieflusses im Stoffwechselgeschehen des Individuums bleiben dessen Systemeigenschaften durch komplizierte Rückkoppelungsmechanismen (kybernetisches System, ↗ Feedback) weitgehend stabil (↗ Homöostase). Das offene System „Lebewesen" befindet sich also in einem Zustand des ↗ dynam. Gleichgewichts (Fließgleichgewicht, steady state; ↗ Entropie) u. kann nur so dem thermodynam. Gleichgewicht, als dem Zustand des Todes (E. Schrödinger), entgehen. – 4) *Informationsträger – Funktionsträger:* Leben beruht auf dem Zusammenwirken v. Nucleinsäuren als Informationsträgern u. Proteinen als Funktionsträgern. Alle Lebewesen (Pro- u. Eukaryoten) benutzen doppelsträngige ↗ Desoxyribonucleinsäuren (DNA) als Träger der genet. Information, die als Gesamtheit der ↗ Gene das ↗ Genom u. damit die „Legislative" (M. Eigen) bilden. Nucleinsäuren liefern die Information für ihre eigene Synthese (bei der ↗ Replikation) u. für die Synthese der verschiedenen Proteine (↗ Informationsstoffwechsel). Diese stellen die Funktionsträger der Lebewesen, die „Exekutive", dar. Sie sorgen u. a. durch Stoffwechsel (an dem die Nucleinsäuren nicht teilhaben) für den Energiegewinn u. sind als Enzyme für die Synthese der Nucleinsäuren bei deren Replikation u. für die Synthese anderer biogener Moleküle notwendig. – 5) *Fortpflanzung:* Die Fortpflanzungsfähigkeit der Lebewesen (↗ Fortpflanzung) beruht auf der Fähigkeit der Erbsubstanz (DNA) zur ident. Verdoppelung (Replikation) u. der Fähigkeit der Zelle, sich zu teilen (↗ Mitose). Durch die ident. Replikation der DNA wird die Weitergabe der in ihr gespeicherten Information auf die nächste Generation gesichert (↗ Vererbung). Bei einzell. Lebewesen bedeutet jede Zellteilung eine (↗ asexuelle) Fortpflanzung. ↗ Sexuelle Fortpflanzung beruht auf der Verschmelzung v. Geschlechtszellen (Gameten) u. erlaubt Neukombination v. Erbanlagen, kommt jedoch nicht bei allen Lebewesen vor. Leben kann sich nur in Kontinuität erhalten. Der Informationsfluß in der Generationenfolge darf nicht abreißen; geschieht dies, so ist eine Art unwiederbringlich ausgestorben. – 6) *Wachstum – Differenzierung – Tod:* Lebende Systeme zeigen ↗ Wachstum u. ↗ Differenzierung, wobei die „Selbstorganisation" in der Individual-↗ Entwicklung (Ontogenese) „zielgerichtet" nach dem vorliegenden „Erbprogramm", also informationsgesteuert (teleonomisch), erfolgt. Die Individualentwicklung führt bei Mehrzellern über den Prozeß des ↗ Alterns letztl. zum natürl. ↗ Tod. Lebewesen sterben u. schaffen dadurch „Lebensraum" für jeweils neue Generationen, was eine unabdingbare Voraussetzung für Evolution u. damit für den Erwerb neuer ↗ Anpassungen in einer sich wandelnden (Um-)Welt darstellt. Nur Einzeller sind „potentiell unsterblich" (Begriff von A. Weismann), da jede Zelle bei der Mitose in ihren Tochterzellen aufgeht. – 7) *Mutation, genetische Variabilität und Einzigartigkeit:* „Fehler" bei der Replikation der Erbsubstanz führen zu Erbänderungen (↗ Mutation) u. damit zu veränderten Eigenschaften. Durch Mutationen u. Rekombination im Verlauf der sexuellen Fortpflanzung entsteht erbliche (genetische) ↗ Variabilität, die wegen der großen Zahl der Gene (↗ Desoxyribonucleinsäuren) u. der vielfältigen Kombinationsmöglichkeiten dazu führt, daß in einer (Mendel-)Population jedes Individuum bezügl. Genotyp u. Phänotyp einzigartig (ein Unikat) ist. Während die Atome u. Elementarteilchen der Physik jeweils konstante Merkmale haben (isoreagent sind), besteht eine ↗ Art (Spezies) v. Lebewesen nicht aus ident., sondern aus lauter voneinander verschiedenen, einzigart. Individuen. Dies erfordert in der Biol. ein „Populationsdenken" (E. Mayr) im Ggs. zum „typologischen Denken" des Essentialismus (↗ idealistische Morphologie). – 8) *Evolution – Artenmannigfaltigkeit – Anpassung:* Nur die Individuen einer Art stehen jeweils in einem Fortpflanzungszusammenhang (↗ Genfluß) u. können bei zweigeschlechtl. Arten ↗ genet. Information kombinieren. Leben tritt daher nur in Form v. Individuen auf, die jeweils bestimmten Arten (Spezies) zugehören. Die Artenmannigfaltigkeit (↗ Diversität) ist ein Produkt der ↗ biol. Evolution. Dabei kommt es durch ↗ Mutation u. ↗ Selektion zum Erwerb v. (genetischer) Information für Eigenschaften, die ↗ Anpassungen (Adaptationen) an die jeweils arttyp. Umweltbedingungen u. Funktionen darstellen. Die Strukturen v. Lebewesen sind Funktionsstrukturen, die für die Aufrechterhaltung des Lebens und die Fortpflanzung „dienlich" sind. Lebewesen sind „zweckmäßig" organisiert. Die Frage „wozu?" ist in der Biol. daher legitim u. identisch mit der Frage nach dem Selektionsdruck, der zur Ausbildung einer „funktionierenden" Struktur (z. B. Organ, Verhaltensweise, Stoffwechselprozeß) geführt hat. In der biologisch-genet. Evolution der Lebewesen kommt es daher durch Selektion zur Ansammlung v. „wertvoller" Information (↗ Adaptationswert) in einem Informationsspeicher (Genom). Dadurch u. durch die Funktionalität der programmgesteuerten Strukturen v. Lebewesen unterscheidet sich die biol. ↗ Evolution grundsätzl. von Evolutionsvorgängen im unbelebten Bereich, z. B. der Evolution des Kosmos (atomare Evolution, ↗ Atom; ↗ chemische Evolution). Die physikal. Welt ist eine Welt der Quantitäten u. Massenwirkungen, die belebte Welt ist dagegen durch Qualitäten charakterisiert (E. Mayr). – 9) *Reizbarkeit:* Lebewesen (schon die Einzeller) können über Rezeptoren physikal. und chem. Reize aus der Umwelt empfangen u. dank eines ererbten od. eines erlernten (↗ Lernen) Verhaltensprogramms darauf reagieren. – 10) *Motilität:* Lebewesen verfügen im allg. über Beweglichkeit (Motilität). Diese tritt auch innerhalb der Zelle (Plasmaströmung u. a.; ↗ Chloroplastenbewegungen) auf. Bewegungsvorgänge (↗ Bewegung, ↗ Fortbewegung) beruhen bei allen Eukaryoten v. der ↗ amöboiden Bewegung der Einzeller bis zur ↗ Muskel-Bewegung der Vielzeller auf der Interaktion der Proteine Actin u. Myosin.

Entstehung des Lebens: Älteste (unsichere) Lebensspuren finden sich in Form fossilisierter „Bakterien" in Gesteinen mit einem Alter von ca. 3,4 bis 3,5 Mrd. Jahren (☐ Mikrofossilien). Als sichere ↗ Lebensspuren gelten sog. Stromatolithen (aus Lamellen aufgebaute Kalkknollen, wie sie in ähnl. Form heute durch ↗ Cyanobakterien gebildet werden) aus der ↗ Fig-Tree-Serie, die ca. 3 Mrd. Jahre alt sind. – Hypothesen über die Entstehung erster Lebewesen (Biogenese) gehen v. einer abiogenen Entstehung (↗ abiotische Synthese, ↗ Miller-Experiment) organ. Moleküle in der „Ursuppe" aus (↗ chemische Evolution, B), der als entscheidender Schritt zum Leben die Entstehung v. Molekülen mit der Fähigkeit zur Autoreduplikation folgte, was die Existenz v. Nucleinsäuren voraussetzt, die die Information für ihre Selbstvermehrung u. gleichzeitig für die Synthese v. Enzymproteinen, die wiederum diese Autoreduplikation (Selbstverdoppelung) der Nucleinsäuren steuern, enthalten. Ein derartig koadaptiertes System wird als ↗ Hyperzyklus" bezeichnet (M. Eigen). – ↗ Viroide, ↗ Bakteriophagen u. ↗ Viren als Nucleinsäure-Genome, die *nicht* in Zellen organisiert sind, stellen keine Vorstufen der zellulären Organisation dar, sondern sind erst später entstanden. Dafür spricht, daß sie keinen eigenen Stoffwechsel besitzen u. zu ihrer Vermehrung auf die Proteine v. Zellen, in denen sie parasitieren, angewiesen sind. – Die Lebenserscheinun-

Leben

Literatur über das Leben und seinen Ursprung:

Eigen, M., Schuster, P.: The Hypercycle. A principle of natural self-organization. Berlin, Heidelberg 1979. *Kaplan, B. W.:* Der Ursprung des Lebendigen. Stuttgart 1978. *Küppers, O. L.:* Molecular Theory of Evolution. Outline of a Physico-Chemical Theory of the Origin of Life. Berlin, Heidelberg 1983. *Mayr, E.:* Die Entwicklung der biol. Gedankenwelt (bes. S. 42–54 und 467–469). Berlin, Heidelberg 1984. *Mayr, E.:* Evolution u. die Vielfalt des Lebens (bes. die Kapitel: „Typologisches Denken kontra Populationsdenken", S. 34–40, u. „Die Unterschiede zw. kosmischer u. organischer Evolution", S. 80–103). Berlin, Heidelberg 1979. *Oparin, A. J.:* Das Leben, seine Natur, Herkunft und Entwicklung. Stuttgart 1963. *Rahmann, H.:* Die Entstehung des Lebendigen. Stuttgart 1980.

LEBENDE FOSSILIEN

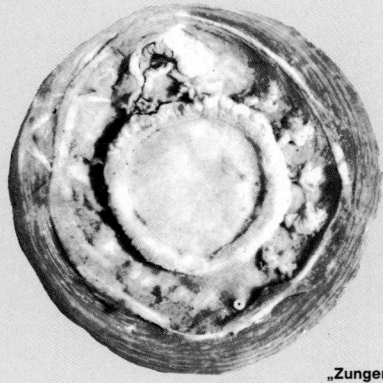

Beispiele für lebende tierische Fossilien

Urschnecke *(Neopilina)*
Rezent: Erste lebende Vertreter 1952 entdeckt. Vorkommen: Tiefsee (unter 3500 m), Pazifik. Bis heute 4 Arten bekannt.
Fossil: Ähnliche Formen der Gattung *Pilina* bereits im Silur (vor 450 Millionen Jahren).
Die Gattung *Neopilina* stellt heute die einzigen Vertreter einer eigenen Klasse (wie die Schnecken, Tintenfische u. a.), *Monoplacophora*, innerhalb der Mollusken.

„Zungenmuschel" *(Lingula anatina)*
(und wenige verwandte Arten)
Rezent: Wenige, ausschließlich sessil lebende marine Arten; im Niedrigwasser (bis ca. 30 m Tiefe).
Nahe verwandt die Gattung *Crania* in Tiefen von 40–500 m.
Fossil: Schalen der Gattungen *Lingula* und auch *Crania* sind seit dem frühen Silur (vor etwa 450 Millionen Jahren) bekannt. *Lingula* und *Crania* sind keine Muscheln, sondern Vertreter einer eigenen Tierklasse, der Armfüßer *(Brachiopoda)*. Diese waren einst reich entwickelt (man kennt fossil über 10 000 Arten), sind heute jedoch nur noch schwach (rezent ca. 280 Arten) vertreten.

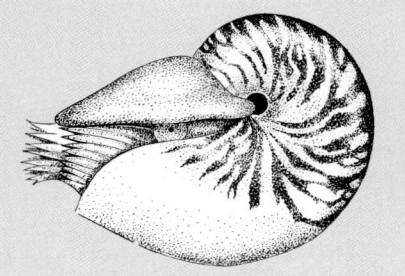

Perlboot *(Nautilus)*
Rezent: Nur 6 Arten – auf den südwestlichen Pazifik beschränkt. Einzige rezente Kopffüßer mit Außenschale (ähnlich den ausgestorbenen Ammoniten). Bilden eine eigene Unterklasse *(Tetrabranchiata)* der heutigen Tintenfische.
Fossil: Bis in die Jurazeit; mit etwas primitiveren Formen bis ins Perm zurückreichend (also 150–200 Millionen Jahre).

Quastenflosser *(Latimeria chalumnae)*
Rezent: Erst 1938 entdeckt. Inzwischen mehrere Exemplare. Nur in den Gewässern um die Komoren in 150–800 m Meerestiefe. Einziger lebender Vertreter der urtümlichen Fischgruppe der Quastenflosser *(Crossopterygii)*, aus deren Untergruppe *Rhipidistia* im Devon die Tetrapoden hervorgegangen sind.
Fossil: Entsprechende Formen seit der Triaszeit bekannt (vor 180–200 Millionen Jahren). Die Crossopterygier galten ab der Kreidezeit (vor ca. 80 Millionen Jahren) als ausgestorben, da man in jüngeren Schichten keine Fossilien mehr fand.

Schwertschwänze *(Xiphosura)*
Rezent: Drei, jeweils auf bestimmte Meeresgebiete beschränkte Gattungen, z. B. *Limulus*.
Fossil: In der heutigen Ausbildungsform seit der Jurazeit (vor 175 Millionen Jahren) bekannt *(Mesolimulus)*. Die *Xiphosura* bilden eine eigene Klasse der *Chelicerata*, ebenso wie die heute reich entwickelten Skorpione und Spinnen.

Brückenechse *(Sphenodon punctatus)*
Rezent: Nur diese eine Art. In der Verbreitung beschränkt auf einige kleine Inseln vor Neuseeland. Heute einziger Vertreter einer eigenen, urtümlichen Reptiliengruppe (Ordnung *Rhynchocephalia*).
Fossil: Ähnliche Form (Gattung *Homoeosaurus*) bereits aus der Jurazeit bekannt (vor ca. 150 Millionen Jahren). Im Erdmittelalter waren *Rhynchocephalia* reich differenziert und weit verbreitet.

gen u. ihre Gesetzmäßigkeiten werden v. der ↗Biologie untersucht; die Frage, ob ↗extraterrestrisches Leben auf anderen Planeten mögl. ist u. existiert, ist Gegenstand der ↗Kosmobiologie.

In der *Philosophie* unterscheidet N. Hartmann *in der realen Welt* 4 rein ontolog. begründete Schichten des realen Seins (Seinskategorien), das Anorganische (die unbelebte Materie), das Organische (die Lebewesen), das Seelische u. das Geistige. Er betont, daß diese 4 Schichten jeweils aufeinander ruhen (Schichtenbau der realen Welt). Daher gelten die Gesetze der anorgan. Welt (Physik, Chemie) auch im Bereich des Lebendigen, doch ist jede neue Schicht (u. daher auch das Leben gegenüber dem Unbelebten) durch das Wirksamwerden neuer Gesetzlichkeiten (Systemeigenschaften) charakterisiert. Daher kann Biol. als Naturwiss. betrieben werden, muß jedoch die „Eigengesetzlichkeiten" der neuen Systemeigenschaft unter der Kategorie „Leben" gebührend berücksichtigen. ↗Leib-Seele-Problem, ↗Vitalismus-Mechanismus. *G. O.*

Lebendbau, *lebender Verbau, Lebendverbau, Grünverbau,* Arbeitsgebiet der Landschaftspflege, das sich mit der Befestigung instabiler Böden mit Hilfe lebender Pflanzen befaßt, oft unter Zuhilfenahme techn. Mittel.

lebende Fossilien, *Dauerformen, Dauertypen,* von Ch. Darwin zunächst für den *Ginkgo*-Baum (↗Ginkgoartige) geprägter Begriff, der sich auf alle sog. „Dauergattungen" anwenden läßt. Man versteht darunter heute lebende Vertreter v. Gattungen, die sich über viele Jahrmillionen (zumindest) morpholog. nahezu nicht verändert und so urspr. erhalten haben. Sie gleichen daher weitestgehend fossil erhaltenen Arten. Da ihre Verwandten entweder längst ausgestorben sind od. sich seit ihrer Trennung evolutiv so weitgehend verändert haben, daß sie heute in eigene, oft artenreiche Klassen od. Ordnungen gestellt werden müssen, nehmen l. F. häufig eine isolierte Stellung im System ein; sie sind u. U. einzige Vertreter einer eigenen Ordnung od. gar Klasse. Ein weiteres Kennzeichen vieler l.r F. ist ihre reliktäre Verbreitung; viele besiedeln ein nur noch beschränktes Areal, sind also Reliktendemismen (↗Endemiten). Ein typ. Beispiel für die gen. Eigenschaften von l.n F. bietet die ↗Brückenechse *(Sphenodon punctatus):* Morpholog. sehr ähnl. Formen *(Homoeosaurus)* sind fossil aus dem Jura (vor ca. 150 Mill. Jahren) erhalten. Die Brückenechse ist einzige rezente Art einer eigenen Ordnung, der *Rhynchocephalia* (↗Schnabelköpfe), u. stellt eine Schwe-

Lebendbau
L.methoden werden heute u. a. angewandt bei der Ufersicherung u. Ufergestaltung an Still- u. Fließgewässern (Wildbäche, Kanäle, Flüsse, Seen), bei der Befestigung v. Lawinenrunsen, Vermurungen, Schutthalden, bei der Begrünung von künstl. Böschungen (z. B. im Straßenbau), bei der Sicherung u. Begrünung industrieller Halden u. Entnahmestellen, bei der Festlegung v. Dünen. Lebende Pflanzen sind in vielen Fällen totem Material überlegen, weil sie bei richtiger Anlage mit zunehmendem Alter weniger Pflege bedürfen u. ihre Funktion dabei besser erfüllen: sie zerteilen Luft- u. Wasserströmungen, mildern den Aufprall des Niederschlagswassers, festigen den Boden durch zähe Wurzelsysteme u. entwässern als „lebende Pumpen" durch ihre Transpiration.

Lebensansprüche

stergruppe der artenreichen *Squamata* (mit Eidechsen, Schlangen u. a.) dar. Heute kommt die Brückenechse als Reliktendemit nur noch auf einigen kleinen Inseln vor Neuseeland vor. – Die Mehrzahl der l.n F. hat unter Bedingungen überlebt, die über viele Jahrmillionen relativ konstant geblieben sind, wie etwa die Tiefsee, alte Urwaldgebiete, manche Inseln. Unter solchen Umständen überwog die stabilisierende ↗Selektion u. hat zur Konsolidierung des Merkmalgefüges geführt. Die Besonderheit der l.n F. wird deutl., wenn man bedenkt, daß in der Jurazeit, in die manche l. F. zurückreichen, der „Urvogel" *Archaeopteryx* lebte u. sich in der Zwischenzeit die gesamte Evolution in die heute so arten- u. formenreichen Vögel vollzog. Die Aufspaltung der Säugetiere in die heutigen Ordnungen fand am Ende der Kreidezeit u. am Anfang des Tertiärs in der relativ kurzen Zeitspanne v. 20–30 Mill. Jahren statt, die l. F. „unverändert" überdauerten. *G. O.*

lebender Stein, *Synanceja verrucosa,* ↗Steinfische.

Lebende Steine ↗Lithops.

lebendgebärend ↗Viviparie.

Lebendgebärer, bei Knochenfischen v. a. Arten der Fam. Lebendgebärende Zahn-↗Kärpflinge mit der Gatt. L. i. e. S. *(Poecilia);* außerdem ↗Aalmutter, einige ↗Halbschnäbler, die nordpazif. Brandungsbarsche *(Embiotocidae)* u. die ↗Rotbarsche; bei Knorpelfischen die meisten ↗Haie u. viele ↗Rochen. ↗Viviparie.

Lebendkeimzahl ↗Keimzahl.

Lebendverbau, der ↗Lebendbau.

Lebendverbauung; Mikroorganismen des Bodens (↗Bodenorganismen), wie Algen, Pilze, Bakterien (einschl. der Actinomyceten) u. a., begünstigen die Aggregatbildung (T Gefügeformen) im Boden (↗Bodengare), indem sie die anorgan. Bodenteilchen mit Zwischenprodukten des mikrobiellen Abbaus – hpts. Polysaccharide u. Polyuronide – verkleben u. die Bodenkrümel umspannen. Da diese nur eine kurze Lebensdauer haben, sind die auf diese Weise gebildeten Aggregate nur so lange beständig, wie die Lebenstätigkeit der Organismen anhält. Ein laufender Anfall v. Vegetationsrückständen bewirkt daher eine ständig hohe biol. Aktivität u. Aggregatstabilität. Diese Arbeit der Mikroorganismen läßt sich durch keine Art der Bodenbearbeitung ersetzen. – Die L. ist nicht zu verwechseln mit ↗Lebendbau.

Lebensalter ↗Lebensdauer.

Lebensansprüche, *Lebensbedürfnisse,* Ansprüche, die Mensch, Tier u. Pflanze an die Umwelt stellen. Sind ein od. mehrere für die Art notwendige Umweltfaktoren (↗abiotische Faktoren, ↗biotische Fakto-

215

Lebensbaum

ren) nicht vorhanden, so kann der Organismus nicht od. nicht optimal gedeihen. Es gibt Arten, die nur ganz eng begrenzte Umweltbedingungen tolerieren: ↗stenöke Arten (im Ggs. zu ↗euryöken Arten), wie z. B. Salzpflanzen (↗Halophyten) od. viele Tiere, die in Fließgewässern (↗Fließwasserorganismen, ↗Bergbach) leben; sie haben bezügl. eines od. vieler Faktoren eine geringe ↗ökologische Potenz u. vertragen dementsprechend nur eine kleine ↗ökologische Valenz. ↗Pejus.

Lebensbaum, 1) Bot.: *Thuja,* Gatt. der Zypressengewächse mit 2 nordam. und 4 ostasiat. Arten (im Tertiär auch in Europa – z. B. Pliozän v. Frankfurt – vertreten); immergrüne Bäume mit in der Jugend nadel-, später schuppenförm. Blättern (B Blatt III), ♀ Zapfen mit wenigen, z.T. sterilen, sich dachziegelartig überdeckenden

Lebensbaumzypresse
Zweig der L. *(Chamaecyparis)* mit ♀ Zapfen

Lebensbaum
a Zweig des L.s *(Thuja)*, b Zweig mit ♀ Zapfen

Schuppenpaaren (vgl. die ähnl. ↗Lebensbaumzypresse). Der Riesen-L. (*T. plicata;* Höhe bis 70 m) ist im ozean. beeinflußten westl. Nordamerika (B Nordamerika II) charakterist. Bestandteil der Lorbeer-Nadelwälder u. wird ebenso wie der im atlant. Nordamerika beheimatete Abendländ. L. (*T. occidentalis;* liefert das „Weiße Zedernöl", Laub giftig) in Mitteleuropa oft kultiviert. Ebenfalls ein beliebter Zierbaum ist der aus Ostasien stammende Morgenländ. L. (*T. orientalis,* oft als eigene Gatt. *Biota* abgetrennt; Samenschuppen blaubereift, auffällig gehörnt). B Asien III. **2)** Anatomie: die ↗Arbor vitae; B Gehirn.

Lebensbaumzypresse, auch *Weißzeder, Scheinzypresse, Chamaecyparis,* Gatt. der Zypressengewächse mit 6 Arten in N-Amerika und O-Asien; allg. sehr ähnl. dem ↗Lebensbaum, aber ♀ Zapfen mit schildförm., wie Klappen schließenden Schuppen. *C. nootkatensis* („Nutkazypresse") und *C. lawsoniana* („Oregonzeder") sind wichtige, gutes Bauholz liefernde Bäume der Nadelwälder des pazif. N-Amerika und sind in Europa beliebte Ziergehölze (v. a. letztere mit zahllosen Kultursorten). In Japan u. auf Taiwan gedeiht die wegen ihres dauerhaf-

ten, zähen Holzes auch forstl. intensiv kultivierte *C. obtusa* („Feuerzypresse") v. a. in Höhen zwischen 500 und 1000 m.

Lebensdauer, allg. Bez. für die Zeitspanne v. der Geburt bis zum Tod eines Organismus, wozu gelegentl. auch die Dauer embryonaler Entwicklungszeiten od. metabolisch inaktiver Dauerstadien (v. Pflanzen u. Tieren) gerechnet werden. Der Begriff *Lebensalter* wird entweder synonym verwendet, od. es werden typische „Lebensalter" (als Alternsstadien), wie Jugend, Reife, Seneszenz, hervorgehoben, wobei das *physiolog.* oder *biol. Lebensalter* des Individuums nicht mit dem *chronolog. Lebensalter,* das ledigl. die „gelebte Zeitspanne" angibt, übereinzustimmen braucht. (Ein 70jähriger kann „Arterien wie ein 40jähriger haben".) Man unterscheidet bei Untersuchungen v. Überlebensraten in Populationen eine *mitt-*

Lebensdauer

Durchschnittliche L. einiger Organismen (in Jahren; Angaben in der Lit. stark schwankend)

Pflanzen:			
Bakterien (Sporen)	300 bis über 1000	Schollen	50–70
Bohnen (Samen)	5–8	Hecht, Karpfen, Stör	50 bis über 100
Buche	500–1000	Frösche	10–20
Eibe	1000–3000	Eidechsen, Schlangen	20–30
Eiche	500–1300	Blindschleiche	über 30
Fichte	300–500	Molche	30–40
Flechten	1 bis über 1000	Krokodile	50–60
Getreide (Samen)	1–4	Schildkröten	50–300
Grannenkiefer	bis 4900	Schwalbe	6–10
Kiefer	300–600	Wellensittich	10–14
Linde	600–1000	Singvögel, Amsel, Star	bis 20
Mammutbaum	3000–4000	Kanarienvogel	bis 25
Pappel	400–600	Kuckuck	bis 40
Pilze (Sporen)	40	Strauß	30–40
Tanne	300–500	Krähen, Tauben	30–45
Ulme	300–600	Kraniche, Gänse	bis über 60
Zeder	bis 1000	Storch, Uhu	bis 70
Zypresse	bis 2000	Kakadus, Papageien	70–85
		Greifvögel	bis über 100
Tiere:		Mäuse	1–1,5
Eintagsfliegen als Imagines	einige Stunden bis Tage	Maulwurf	2–3
		Goldhamster	3
Honigbiene (Arbeiterin)	4–8 Wochen	Wanderratte	3–5
		Hermelin	5–7
Honigbiene (Königin)	3–5	Meerschweinchen	7
Käfer	5–10	Iltis	6–8
Ameise (Königin)	10–15	Waschbär	6–8
Spinnen	1–20	Igel	8–10
Flußkrebs	15–20	Feldhase, Eichhörnchen	8–12
Hummer	40–50	Reh, Wildschwein, Wildkatze	10–12
Termiten	30–60	Fledermäuse	12–15
Regenwürmer	5–20	Hausschaf	15
Blutegel	20–30	Wolf	12–16
Bandwürmer (im Menschen)	30–50	Haushund, Biber	15–25
		Damhirsch	20–25
Wegschnecken	1–3	Hauskatze	20–30
Gartenschnecke	5–10	Steinbock	30
Süßwassermuscheln	10 bis über 60	Hausrind	30
Perlmuschel	bis über 100	Löwe	bis 30
Guppy	3–5	Schimpanse	bis über 35
Hering	15–20	Braunbär	30–40
Aal (in Gefangenschaft)	bis über 50	Hauspferd	40–50
		Nashörner	50
		Elefant (in Gefangenschaft)	60

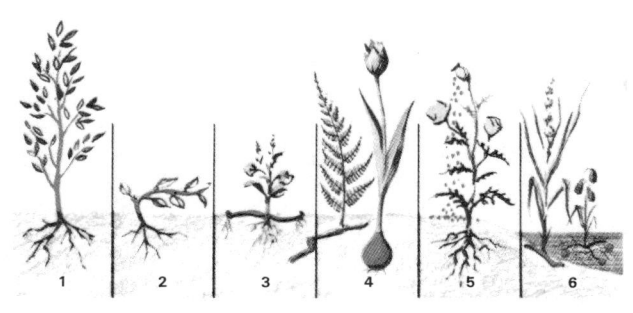

lere L., bis zu der 50% der Population überlebt haben, v. einer *maximalen L.*, die entweder die L. des letzten Mitglieds der untersuchten Population angibt od. als *potentielle L.* die genet. determinierte, maximal mögliche L. der Art kennzeichnet. Die potentielle L. ist zumindest bei Primaten u. wahrscheinl. auch bei anderen Säugern an die Dauer der Zeitspanne bis zum Erreichen der ↗Geschlechtsreife geknüpft u. dieser umgekehrt proportional. Eine gesicherte Erklärung hierfür gibt es bisher nicht. ↗Altern, ↗Altersgliederung (☐).

Lebensformen

Die Gliederung v. *Raunkiaer* (1905) richtet sich ausschl. nach der Lage der Erneuerungsknospen während der durch Kälte od. Trockenheit bedingten Vegetationsruhe:

Phanerophyten: Knospen höher als 25-50 cm über dem Boden (Bäume u. Sträucher)

Chamaephyten: Knospen 1-25 cm (z. T. bis 50 cm) über dem Boden (Zwergsträucher)

Hemikryptophyten: Knospen unmittelbar an der Erdoberfläche befindlich („Erdschürfpflanzen")

Kryptophyten: bei den ↗*Geophyten* befinden sich die Knospen im Boden, bei den ↗*Helophyten* im Sumpfboden, bei den *Hydrophyten* (↗Wasserpflanzen) am Gewässergrund

Therophyten: nur als Same überdauernd, Entwicklungszyklus innerhalb einer einzigen Vegetationsperiode durchlaufend

Das System wird häufig benutzt zur Kennzeichnung v. Klimagürteln, Vegetationsgebieten u. Vegetationseinheiten, ist aber nur in Gebieten mit period. Vegetationsruhe voll brauchbar.

Lebensformen, Gruppe v. Organismen unterschiedl. systematischer Stellung, die infolge ähnl. Lebensbedingungen gleichart. Anpassungserscheinungen aufweisen. **1)** Bot.: der bekannteste Versuch einer Klassifizierung von L. stammt v. Raunkiaer (vgl. Spaltentext). Müller-Dombois und Ellenberg (1974) haben als Grundlage für die Formationsgliederung der Erde ein umfassenderes System der Gestalttypen erarbeitet. **2)** Zool.: bei Tieren beziehen sich L. z. B. auf gleiche Bewegungsweisen (Wurmgestalt, Fischgestalt, Maulwurfgestalt), gleiche Ernährungs-

Lebensformen
1 Phanerophyten,
2 Chamaephyten,
3 Hemikryptophyten,
4, 6 Kryptophyten,
5 Therophyten

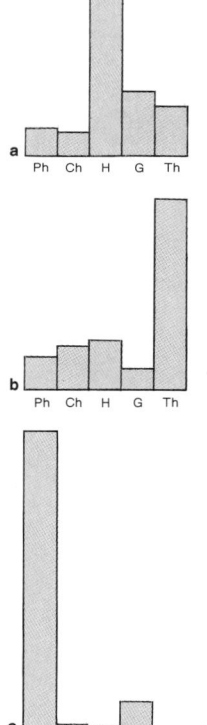

Lebensformspektren
a Belgien (feuchtgemäßigtes Klima), **b** El Golea, Sahara (trockenwarmes Klima), **c** Yangambi, Zaïre (feuchtwarmes Klima).
Ph Phanerophyten,
Ch Chamaephyten,
H Hemikryptophyten,
G Geophyten,
Th Therophyten

weise (Strudler) od. einen gleichen Aufenthaltsort (Plankton). ↗Lebensformtypus.

Lebensformspektren, geben für bestimmte Gebiete od. Vegetationseinheiten an, wieviel Prozent der gesamten Artenzahl auf die einzelnen ↗Lebensformen entfallen. Man erhält damit charakterist. Werte für die einzelnen Klimazonen od. auch für bestimmte Pflanzen-Ges. Ein Bild v. den tatsächl. herrschenden Lebensformen u. die Möglichkeit des Vergleichs nahe verwandter Ges. bieten diese Spektren nur dann, wenn die Mengenverhältnisse der einzelnen Arten berücksichtigt werden. – In den Tropen mit ihrem gleichmäßig feuchtwarmen Klima überwiegen bei weitem die Phanerophyten, in Trockengebieten der warmen Zonen mit schroffer u. langer Trockenzeit die Therophyten, in Gebieten mit feuchtgemäßigtem Klima die Hemikryptophyten (vgl. Abb.).

Lebensformtypus, *Lebensformtyp*, generalisierter Funktions- u. Bautyp nicht näher verwandter Arten mit annähernd gleicher Lebensweise, der durch eine Reihe gemeinsam auftretender charakterist. Merkmale gekennzeichnet ist. Der den jeweiligen L. bezeichnende Merkmalskomplex kann einzelne Organe, Körperteile od. die Gesamterscheinung betreffen (↗Eidonomie, ↗Gestalt). Im letzten Fall ist der L. zugleich auch ein *Gestalttyp*, z. B. Hai u. Delphin als „schnellschwimmende Beutejäger" (B Konvergenz). – Die ↗Ähnlichkeit (Übereinstimmung) der Angehörigen desselben L. im betreffenden Merkmalskomplex ist eine *Anpassungsähnlichkeit,* z. B. an gleiche Bewegungs- od. Ernährungsweise (vgl. Spaltentext). Sie beruht auf unabhängig voneinander erworbenen gleichart. Differenzierungen, da die v. verschiedenen Arten in gleicher Funktion eingesetzten Merkmale ähnl. Selektionsbedingungen unterlagen. Merkmalsausprägungen bei verschiedenen Taxa näherten sich auf diese Weise konvergent der „Ideallösung" für bestimmte Leistungen (Aufgaben, Funktionen) an. – Verschiedene Arten, die in verschiedenen Arealen (allopatrisch) gleichart. Differenzierungen v. Merkmalen in Anpassung an die gleiche Lebensweise entwickelten, haben im äußersten Fall unabhängig voneinander weitgehend gleiche ↗ökologische Nischen gebildet (↗Stellenäquivalenz), z. B. die ↗Ameisenfresser (vgl. auch ↗Beuteltiere). Ähnlichkeiten bei Angehörigen desselben L. können auf Homologien beruhen, z. B. die beim L. Ameisenfresser ausgebildeten starken Krallen (Klauen), die einem Fingernagel homolog sind. Die Umgestaltung des Nagels zur Kralle erfolgte jedoch bei Ameisenbär u. Schuppentier unabhän-

Lebensgemeinschaft

Lebensformtypen
Beispiele für Lebensformtypen:
1) *Schaufelgraber* (Maulwurfstyp); sie sind gekennzeichnet durch einen walzenförmigen Körper mit kurzen, seitwärts ragenden Extremitäten, zur Grabschaufel ausgebildeten Vorderextremitäten, guten Geruchssinn. Das Sehvermögen ist im Zshg. mit der unterird. Lebensweise reduziert. Zu den Schaufelgrabern gehören Maulwurf u. Goldmull, aus zwei verschiedenen Familien der Insektenfresser, der Beutelmull, ein Vertreter der Marderbeutler, die Blindmaus, ein Nagetier.
2) *Schnellschwimmende Beutejäger*; diese Tiere weisen generell eine strömungsgünstige, etwa laminar-spindelförm. Gestalt auf, der Kopf läuft vorn spitz zu, ein abgesetzter Hals fehlt, als Antrieb dient eine halbmondförm. Schwanzflosse. Dazu gehören Haie (Knorpelfische), Schwertfische (Knochenfische), Delphine (Säuger), die ausgestorbenen Ichthyosaurier (Reptilien) u. i. w. S. auch die Pinguine (Vögel). B Konvergenz.
3) *Aasfressende Vögel*; characterist. sind: Hakenschnabel, nackter Hals, Krallen, große Schwingen für lange Gleitflüge in der Thermik. Zu diesem L. zählen die afr. Geier u. die südam. „Geier" mit dem bekannten Kondor. Letztere gehören, wie man erst seit wenigen Jahren weiß, nicht zu den Geiern, sondern zu den Störchen, haben also einen den Geiern entsprechenden Merkmalskomplex unabhängig von diesen erworben, als sie in S-Amerika stellenäquivalente ökologische Nischen zu den afr. Geiern bildeten.

gig voneinander, d. h. konvergent. Somit liegt, exakt gesagt, eine ↗Homoiologie vor. Beruht die Übereinstimmung nicht auf Homologien, so liegt nur ↗Konvergenz vor, z. B. bei den Grabschaufeln des Maulwurfs u. der Maulwurfsgrille. – Während ein ↗Organisationstypus (systemat. Typus) auf Homologien beruht – wobei die homologen Merkmale ganz verschiedenen Bau u. Funktion haben können – und somit stammesgesch. nah verwandte Arten repräsentiert, beruht ein L. auf Konvergenzen. Daher sagt die oft große äußere Ähnlichkeit der Angehörigen desselben L. nichts über deren Verwandtschaft untereinander aus. – Abgrenzung des L.: Tiere, die konvergent eine Merkmalsübereinstimmung in Form einer ähnl. Warntracht entwickelt haben, gehören nicht zu einem L. Es handelt sich dabei um ↗Mimikry.   *A. K.*

Lebensgemeinschaft, die ↗Biozönose.

Lebenskraft, „*vis vitalis*", eine mangels physikal. oder chem. Erklärungsmöglichkeiten v. den ↗Vitalisten postulierte, allen Lebewesen innewohnende u. sie damit v. der unbelebten Natur abhebende Eigenschaft. Die Vorstellung v. einer L. wurde im wesentl. im 19. Jh. überwunden, doch tauchte sie – in abgewandelter Form – im Neovitalismus (↗Driesch) noch einmal in den dreißiger Jahren unseres Jh.s auf.

Lebensmittel, nach dem L.gesetz „alle Stoffe, die dazu bestimmt sind, in unverändertem od. zubereitetem od. verarbeitetem Zustand v. Menschen gegessen od. getrunken zu werden, soweit sie nicht überwiegend zur Beseitigung, Linderung od. Verhütung v. Krankheiten bestimmt sind". Zu den L.n gehören die *Nahrungs-* u. die *Genußmittel.*   [rung.

Lebensmittelkonservierung ↗Konservie-
Lebensmittelvergiftung ↗Nahrungsmittelvergiftungen.

Lebensraum, der ↗Biotop.

Lebensspuren; 1) Amorphe od. kristallisierte organ. Substanzen (z. B. Bitumen, Graphit) in präkambr. Gesteinen werden als Beweis für frühzeitl. Leben i. S. von L. in Anspruch genommen, ferner Chemo-↗Fossilien, manchmal auch Kalkstate, titanfreie Eisenerze u. Phosphatmineralien.
2) L. i. S. von *Spurenfossilien* (Ichnofossilien): Strukturen in Sedimentgesteinen, die auf Lebensäußerungen organ., aber meist nicht exakt bestimmbarer Urheber zurückzuführen sind. Dazu zählen Bewegungsspuren, Fraßspuren u. a. Häufig wird eine ökolog. Gliederung (nach Seilacher 1953/54) verwendet: a) *Domichnia* = Wohnbauten, b) *Fodinichnia* = Freßbauten, c) *Pascichnia* = Weidespuren, d) *Cubichnia* = Ruhespuren, e) *Repichnia* = Kriechspuren. ↗Ichnologie.

Leber, *Hepar,* Zentralorgan des Stoffwechsels der Wirbeltiere u. des Menschen, das phylogenet. ebenso wie die Bauchspeicheldrüse (↗Pankreas) als entodermale – u. daher mit Coelomepithel bedeckte – Aussackung des ↗Darms entstanden ist. Funktionell ähnl. Organe kommen als ↗Mitteldarmdrüsen od. Hepatopankreas bei zahlr. Wirbellosen vor. Die möglicherweise ursprünglichste Form der L. ist in der sackförm. Ausstülpung des Darms v. *Amphioxus* (Lanzettfischchen, B Chordatiere) zu sehen, die mit ihrer ventralen Lage u. dem venösen Pfortadersystem bereits den anatom. Verhältnissen „höherer" Wirbeltiere entspricht. Funktionell ist dieses Gebilde allerdings noch kaum leberähnl., sondern eher ein Ort der Enzymproduktion u. erinnert damit mehr an die Bauchspeicheldrüse. Alle Wirbeltiere besitzen dann eine voll funktionsfähige L., die einen beträchtl. Raum in der Bauchhöhle einnimmt (die menschliche L. wiegt etwa 1500 g). Die L. ist mit dem Magen durch einen Teil des ventralen Mesenteriums verbunden u. bei den Säugern eng an das Zwerchfell angeheftet. Innerhalb der verschiedenen Arten, aber auch Individuen zeigt sie eine durchaus abweichende Form, insbes. in der Ausbildung der *L.lappen* (Lobi hepatis). Die L. des Menschen besitzt einen großen rechten u. einen kleinen linken Lappen. Bauelement der (Säuger-)Leber ist das *L.läppchen* (Lobulus hepatis). Es besteht aus mehr od. weniger stark verwachsenen Lobuli, die wiederum aus polyedrisch (etwa hexagonal) angeordneten, zu einer *Zentralvene* (Vena centralis) orientierten Zellen zusammengesetzt sind. Innerhalb der Lobuli verzweigen sich die vom Darm kommenden Portalgefäße außerordentl. stark zu kapillaren Sinusoiden, so daß i. d. R. immer eine Epithelzelle v. mindestens einem Kapillargefäß berührt wird u. dessen herantransportierte Stoffe aufnehmen kann. In den Sinusoiden liegen die sog. ↗*Kupfferschen Sternzellen.* Insgesamt ergibt sich so die schwammartige Struktur der L. Neben der gewalt. Oberflächenvergrößerung der Austauschfläche ermöglichen die kapillaren Sinusoide eine beträchtl. Blutspeicherung (beim Menschen bis zu 20% der Gesamtblutmenge, ↗Blutspeicher). Metabolite aus den *L.zellen* werden in die Zentralvene aufgenommen u. von dort in die *L.vene* (Vena hepatica) transportiert. Versponnen mit den in die Lobuli eintretenden Pfortaderästen sind Arteriolen der *L.arterie* (Arteria hepatica), die den Sauerstoff für den oxidativen Stoffwechsel bereitstellen, ferner die in die Oberfläche einer jeden einzelnen L.zelle eingesenkten *Gallenkapillaren,* die

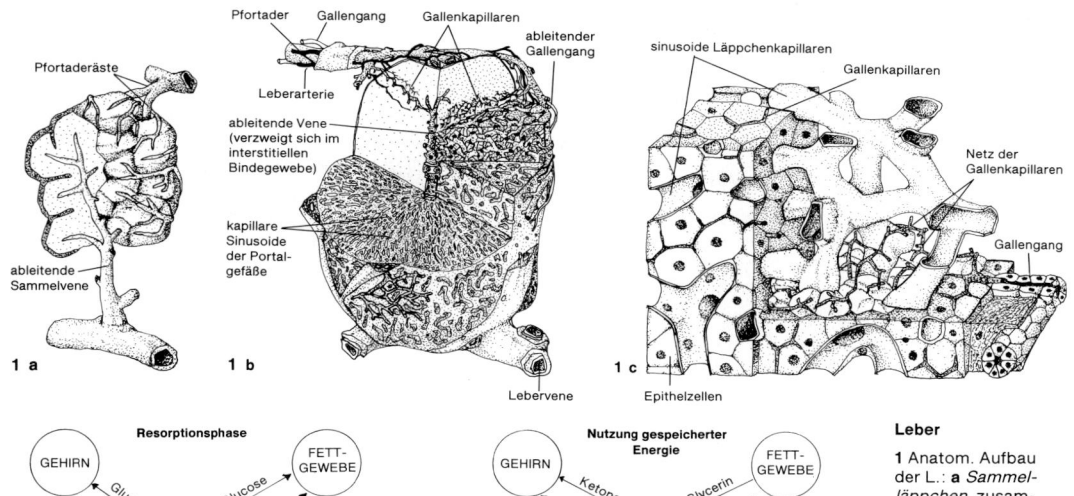

Leberblümchen

die Produkte der Gallensekretion aufnehmen u. über ampullär aufgeweitete Sammelröhrchen den kleinen Gallengängen u. schließl. der Gallenblase zuführen bzw. über den Gallengang (Ductus choledochus) direkt in den Dünndarm abgeben (↗Gallenblase, ↗Gallensäuren). – Die Lage der L. innerhalb des ↗Blutkreislaufs (☐) bietet die anatom. Voraussetzungen dafür, daß sämtl. resorbierten Nahrungsbestandteile über ein venöses *Pfortadersystem* zur u. durch die L. gelangen. Sie ist damit eine primäre Auffang-, Verteilungs- u. Speicherstelle der Verdauungsprodukte. Generell können alle Nahrungsbestandteile kürzere od. längere Zeit in der L. gespeichert werden. Quantitativ von bes. Bedeutung sind Kohlenhydrate, die als ↗Glykogen gespeichert werden, um bei Bedarf in die Blutbahn zu gelangen (gesteuert durch die Hormone ↗Insulin u. ↗Adrenalin; B Hormone), daneben bildet sie ein Depot für Vitamine (Vit. B_{12}, Vit. A) u. Hormone. Zahlr. Synthesen sind in der L. lokalisiert. Sie ist während der Embryogenese ein Blutbildungsorgan; diese Fähigkeit erlischt aber nach dem 6. Fetalmonat. In der Erwachsenen-L. werden Erythrocyten abgebaut. Synthetisiert werden ferner ↗Galle (ca. 1 l/Tag beim Menschen), ↗Harnstoff (↗Harnstoffzyklus), ↗Harnsäure (↗Exkretion), Plasmaproteine (Albumine, α- und β-Globuline, Fibrinogen, Prothrombin, Gerinnungsfaktoren), Ketonkörper, Cholesterin, Phosphatide. Innerhalb des Proteinstoffwechsels sind bes. die ↗Gluconeogenese aus Proteinen u. die Des- u. Transaminierung v. Proteinen hervorzuheben. Bei L.schädigungen (z. B. ↗Hepatitis) treten die entspr. Transaminasen ins Serum über; ihr Anstieg im Blut ist daher v. hoher diagnost. Bedeutung. Schließl. werden endogene u. exogene Substanzen in der L. entgiftet (↗Biotransformation, ↗Entgiftung, ↗endoplasmatisches Reticulum). Diese mannigfalt. metabolischen Leistungen gehen mit einer beträchtl. Wärmeproduktion einher, weswegen die L. nicht unerhebl. an der Aufrechterhaltung der Körpertemp. der Homoiothermen (↗Homoiothermie) beteiligt ist. B Darm, B Verdauung I, B Wirbeltiere I. K.-G. C.

Leberbalsam ↗Ageratum.

Leberblümchen, *Hepatica*, Gatt. der Hahnenfußgewächse mit 6 Arten in Asien u. N-Amerika. Die Gatt. unterscheidet sich v.

Leber

1 Anatom. Aufbau der L.: **a** *Sammelläppchen*, zusammengesetzt aus mehr od. weniger verwachsenen Lobuli. Auf ihnen aufgelagert (und zw. sie eindringend) ist das Kapillarnetzwerk der L.-Pfortader, das die über den Darm resorbierten Stoffe heranführt. Eine ableitende Sammelvene verläßt das Sammelläppchen. **b** *Lobulus* (Einzelläppchen). Der schwammart. Aufbau ist hier deutl. erkennbar: zw. den Zellsträngen ordnen sich die kapillaren Sinusoide der Portalgefäße radiär zur ableitenden Vene. Die Pfortader wird v. der L.arterie (die die Sauerstoffversorgung sichert) u. den Gallengängen begleitet (Glissonsche Trias). Alle Gefäße erfahren im Innern des Lobulus eine gewalt. Oberflächenvergrößerung durch Kapillarbildung. **c** Ausschnitt aus dem schwammigen L.epithel eines Lobulus, der das Kapillarnetz der Portalgefäße u. das Netz der Gallenkapillaren zeigt; letztere münden in die Gallengänge.
2 Einbettung der L. in den Gesamtorganismus: **a** Substratfluß u. -umwandlung während der Resorptionsphase. **b** Substratfluß u. -umwandlung während der Nutzung gespeicherter Energie.

Leberbouillon

der Gatt. *Anemone* durch ganzrand. Hochblätter, die dicht unterhalb der Blüte einen Scheinkelch bilden. Bei uns nur *H. nobilis* (*H. triloba*), das Dreilappige L.; die 5–15 cm hohe Pflanze besitzt meist blaue (selten rosa od. weiße) Blüten, die im zeitigen Frühjahr erscheinen; ihre Blätter sind im Umriß dreieckig u. bis zur Hälfte in 3 Lappen eingeschnitten; die myrmekochore Art bevorzugt sommerwarme Kalkbuchen- u. Eichenwälder auf lockeren Lehmböden. B Europa XII.

Leberbouillon, *Leberbrühe,* Nährmedium mit Zusatz v. pulverisiertem (Schweine-) Lebergewebe bzw. Leberstückchen, deren reduzierende Substanzen ein geeignetes Milieu für obligate ↗Anaerobier schaffen. L. dient zur Anreicherung u. Kultivierung v. Clostridien u. a. Anaerobiern u. ist zum Nachweis v. Anaerobiern bei Fleisch u. Fleischwaren vorgeschrieben.

Leberegel, 1) Kleiner L., ↗*Dicrocoelium (dendriticum);* 2) Großer L., ↗*Fasciola (hepatica).*

Leberegelschnecken, allg. Bez. für alle Schnecken, die Zwischenwirte v. Leberegel-Stadien sind. In Mitteleuropa insbes. die Kleine Schlammschnecke (↗*Galba*: Großer Leberegel), ↗Heideschnecken u. ↗*Zebrina* (Lanzettegel). L. i. w. S. sind die für den Menschen gefährl. Überträger der ↗Schistosomiasis: ↗*Australorbis* in Westindien, ↗*Biomphalaria* in Ägypten u. S-Amerika, ↗*Bulinus* in Afrika (alle Fam. Tellerschnecken), ↗*Oncomelania* (Über-Fam. Kleinschnecken) u. a. in O-Asien. Die L. werden durch Trockenlegen ihrer Lebensräume, chem. und biol. bekämpft.

Lebermoose, *Hepaticae,* Kl. der ↗Moose mit 6 Ord. (vgl. Tab.). Die Thalli der L. sind blattartig od. flächig gestaltet u. meist dorsiventral gebaut. Sie wachsen mit einer 2-, 3- oder 4schneidigen Scheitelzelle. Die meisten L. enthalten in einigen Zellen membranumschlossene „Ölkörper" (tropfenförm. Zusammenballungen v. Terpenen). Diese Ölkörper kommen nur bei den L.n vor. B Moose.

Leberpilz, *Leberreischling, Ochsenzunge, Fistulina hepatica* Fr., Nichtblätterpilz (Porlinge, Fam. *Fistulinaceae*) mit dickfleischigem, dunkelblutrotem bis dunkelbraunem, saftigem, konsolen- oder zungenförm., jung genießbarem Fruchtkörper (10–30 [40] cm breit), der v. Baumstämmen od. Stubben waagerecht absteht. An der Unterseite befinden sich dichtgedrängt kurze, 0,5–1 mm lange Röhren. Der Sporenstaub ist hellbräunlich. Der L. wächst hpts. an lebenden Laubhölzern, bes. Eichen, u. verursacht eine ↗Braunfäule (T).

Leberstärke, das ↗Glykogen.

Lebertran, *Oleum Jecoris,* aus frischen Le-

Leberblümchen (Hepatica)

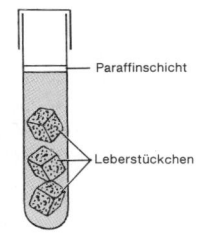

Paraffinschicht
Leberstückchen

Leberbouillon
Tarozzibouillon
(Zusammensetzung, g/l aqua dest.)
Leberpulver 50,0
(od. -stückchen)
D(+)Glucose 10,0
(u./od. Pepton 10,0)
Di-Natriumhydrogenphosphat 2,0
pH: 7,6

Lebermoose
Ordnungen:
↗ Anthocerotales
↗ Calobryales
↗ Jungermanniales
↗ Marchantiales
↗ Metzgeriales
↗ Sphaerocarpales

Lebertran
100 g Lebertran enthalten etwa 99,9 g Fett (davon 85% Glyceride ungesättigter Fettsäuren), 850 mg Cholesterin, 26 mg Vitamin E, 26 mg Vit. A und 0,2 mg Vit. D.

bern v. Dorsch, Schellfisch, Kabeljau u. anderen *Gadus*-Arten gewonnenes wärme- u. sauerstoffempfindl. Öl. L.-Emulsionen mit Zusatz v. Geschmackskorrigenzien werden aufgrund ihres Vitamin-A-Gehalts bei Nachtblindheit, Keratomalazie u. Epithelschäden u. wegen ihres Vitamin-D-Gehalts als Stärkungsmittel zur Rachitis-, Osteoporose- u. Osteomalazie-Prophylaxe verwendet.

Lecanactis *w* [v. *lecan-, gr. aktis = Strahl], Gatt. der ↗Opegraphaceae.

Lecanidiales [Mz.; v. *lecan-], Ord. teilweise lichenisierter Ascomyceten (Umgrenzung noch sehr unklar) mit 3 Fam., bedeutend v. a. die *Rhizocarpaceae,* die auch zu den *Lecanorales* gestellt werden. Die nicht lichenisierten Glieder der Ord. sind entweder Saprophyten auf Rinde, Holz u. Blättern od. Parasymbionten.

Lecaniidae [Mz.; v. *lecan-], die ↗Napfschildläuse.

Lecanora *w* [v. *lecanor-], Gatt. der *Lecanoraceae,* Krustenflechten mit lecanorinen Apothecien u. einzell. Sporen; Apothecienscheiben u. Thallus sehr unterschiedl. gefärbt, Thallus mitunter effiguriert, so bei der auf Mauern, Dachziegeln usw. häufigen blaßgrünl. *L. muralis.* Bekannte Vertreter z. B. die Gesteinsflechten *L. polytropa* (gelbgrün), *L. badia* (braun), *L. atra* (weißgrau mit schwarzen Scheiben), *L. rupicola* (grauweiß, bereifte Scheiben) u. die Rindenflechten der *L. subfusca*-Gruppe mit grauweißem Lager u. braunen Scheiben. Weltweit 400 Arten, z. Z. jedoch Abtrennung zahlr. Gruppen v. dieser heterogenen Sammelgattung.

Lecanoraceae [Mz.; v. *lecanor-], Fam. der *Lecanorales,* Flechten mit rein krustigem, krustig-effiguriertem, schuppigem, od. kleinstrauchigem Lager, lecanorinen, biatorinen od. lecideinen Apothecien, meist freien Paraphysen, Asci mit bestimmter Apikalstruktur u. einzell. farblosen Sporen. Fr. auch Sippen mit mehrzell. Sporen u. nur Gruppen mit lecanorinen Apothecien enthaltend. Weltweit, v. a. in kühleren Gebieten, hpts. Gesteins- u. Rindenbewohner. Bedeutendste Gatt. ist ↗*Lecanora.* Die Gatt. *Squamarina* mit meist weißl. bis blaßgrünen Gesteins- u. Erdflechten trockener, kontinentaler Gebiete wird heute auch in eine eigene Fam. gestellt.

Lecanorales [Mz.; v. *lecanor-], Ord. fast durchweg lichenisierter Ascomyceten; die wenigen nicht lichenisierten, saprophytisch od. parasymbiontisch lebenden Arten wohl v. Flechten abstammend. Polyphylet. Gruppe, fr. auch die jetzt abgetrennten Ord. *Peltigerales, Pertusariales* u. *Teloschistales* mit umfassend. In derzeit. Fassung noch über 5000 Arten enthaltend, zweitgrößte Ord. der *Ascomycetes*. Krusten-, Laub- u. Strauchflechten mit offenen, runden Apothecienscheiben, meist deutl. entwickeltem Gehäuse u. meist amyloiden, dickwandigen Asci. Je nach Auffassung werden den *Lichinineae* alle übrigen *L.* als U.-Ord. *Lecanorineae* gegenübergestellt od. weitere U.-Ord. unterschieden (vgl. Tab.). Die *Lichinineae* (2 Fam., 250 Arten) umfassen hpts. kleine, dunkel gefärbte Flechten unterschiedl. Wuchsform mit Cyanobakterien als Symbionten. Die Apothecien besitzen porenartig verengte od. weit offene Scheiben, die Asci sind nicht amyloid, die Sporen sind einzellig. Cyanobakterien enthalten unter den *L.* noch die *Collemataceae, Coccocarpiaceae* u. *Pannariaceae,* deren systemat. Stellung z. Z. unklar ist; sie werden auch bei den *Lecanorineae* untergebracht. Die *Lecanorineae* enthalten den Kern der *L.* und umfassen Krusten-, Laub- u. Strauchflechten mit biatorinen, lecideinen u. lecanorinen Apothecien, meist einzelligen, farblosen Sporen, fast durchweg protococcoiden Grünalgen, hpts. *Trebouxia, Pseudotrebouxia.* Viele Arten sind soredös. In die Gruppe gehören einige der bekanntesten Flechten. Die Gliederung ist stark im Fluß. Die Zahl der Fam. (bisher ca. 8) wird sich deutl. erhöhen. Die *Cladoniineae* (4 Fam., ca. 500 Arten) sind durch die Differenzierung des Thallus in ein krustiges od. kleinblättriges Basallager u. in vertikale, solide od. hohle Strukturen (Podetien, Pseudopodetien) gekennzeichnet. Die Apothecien sind biatorin, selten lecidein, die Sporen farblos, meist einzellig bis querseptiert. Die Algen gehören zur Gatt. *Trebouxia.* Die weiteren U.-Ord. haben jeweils nur eine Familie.

lecanorin [v. *lecanor-], Bez. für Flechtenapothecium mit Thallusrand (= Lagerrand), d. h., der Apothecienrand wird v. Thallusgewebe gebildet, enthält Algen u. ist wie das Lager gefärbt. ↗biatorin, ↗lecidein.

Lecanorineae [Mz.; v. *lecanor-], U.-Ord. der ↗Lecanorales.

Lecanorsäure [v. *lecanor-] ↗Flechtenfarbstoffe, ↗Flechtenstoffe.

Leccinum *s* [v. it. leccino = Rotkappe], die ↗Rauhfußröhrlinge.

Lechriodus *m* [v. gr. lechrios = schräg, odous = Zahn], Gatt. der Austral. Südfrösche, ↗Myobatrachidae.

Lecidea *w* [v. gr. lekis = Schüssel], eine in herkömml. Fassung sehr artenreiche, aber auch sehr unnatürl. Gatt. der ↗*Lecideaceae,* Krustenflechten mit einzell. farblosen Sporen u. lecideinen u. biatorinen Apothecien, auch in Mitteleuropa artenreich vertreten. Nach Aufteilung des größ-

lecan- [v. gr. lekanē = Schüssel, Becken; lekanion = Schüsselchen].

lecanor- [v. gr. lekanē = Schüssel, Becken, hōra = Schönheit, Anmut].

Lecanorales
Unterordnungen und wichtige Familien:
Lichinineae
 ↗ Lichinaceae
Lecanorineae
 ↗ Lecideaceae
 ↗ Lecanoraceae
 ↗ Parmeliaceae
 ↗ Ramalinaceae
Cladoniineae
 ↗ Stereocaulaceae
 ↗ Cladoniaceae
 ↗ Baeomycetaceae
 ↗ Siphulaceae
Umbilicariineae
 ↗ Umbilicariaceae
Acarosporiineae
 ↗ Acarosporaceae
Fam. unsicherer Stellung
 ↗ Collemataceae
 ↗ Coccocarpiaceae
 ↗ Pannariaceae
Huiliaceae
Micareaceae

lecith- [v. gr. lekithos = Eigelb].

ten Teiles der Arten in zahlr. Gatt. umfaßt *L.* heute nur noch gesteinsbewohnende Arten mit schwarzen lecideinen Apothecien u. bestimmter Ascusstruktur. Verbreitet z. B. *L. fuscoatra.*

Lecideaceae [Mz.; v. gr. lekis = Schüssel], sehr heterogene Flechten-Fam. der *Lecanorales,* gesteins-, rinden-, holz-, moos- u. bodenbewohnende Krustenflechten mit protococcoiden Grünalgen als Symbionten u. biatorinen od. lecideinen Apothecien, in bisheriger Fassung rund 1500 Arten, v. a. in den unnatürl. Gatt. ↗*Lecidea* (800 Arten, mit einzelligen, farblosen Sporen), *Catillaria* (300, mit zweizelligen, farblosen Sporen), *Bacidia* (400, mit spindel- bis nadelförm., querseptierten Sporen), *Toninia* (80, mit schuppigem Lager, querseptierten Sporen), *Lopadium* (70, mit mauerförmig vielzelligen, farblosen Sporen), *Megalospora* (25, mit großen, dickwandigen farblosen Sporen, tropisch). In neuester Zeit wurden bzw. werden diese Gatt. fast alle in kleinere, natürlicher umgrenzte Gatt. aufgegliedert u. einer Vielzahl verschiedener Fam. zugeordnet. *Rhizocarpon* wird den *Rhizocarpaceae* bzw. den *Lecanidiales* (auch den *Lecanorales*) zugeordnet. Ein Teil der *Lecidea-*Arten (mit schwarzbraunem Hypothecium u. kräftigem Excipulum) wird in den *Huiliaceae* abgetrennt, Arten v. *Lecidea, Catillaria* u. *Bacidia* mit randlosen, gewölbten Apothecien mit reduziertem Excipulum werden in der Gatt. *Micarea (Micareaceae)* vereinigt. In heutiger Fassung enthalten die *L.* nur noch Arten mit schwarzen Apothecien mit braun bis schwarz pigmentiertem Rand, Asci bestimmter Struktur u. einzelligen, farblosen Sporen, durchweg Gesteinsbewohner. Von den erwähnten Gatt. verbleibt nur noch *Lecidea* in der Familie.

lecidein [v. ↗*Lecidea*], Bez. für Flechtenapothecium mit Eigenrand, d. h., der Apotheciumrand wird v. Fruchtkörpergewebe gebildet, enthält keine Algen u. ist tiefschwarz gefärbt. ↗biatorin, ↗lecanorin.

Lecithine [Mz.; v. *lecith-], die ↗Phosphatidyl-Choline.

Lecithoepitheliata [Mz.; v. *lecith-, gr. epi = auf, thēlē = Brustwarze], Ord. der Strudelwürmer mit den beiden Fam. *Gnosonesimidae* u. *Prorhynchidae;* Kennzeichen: gerader Darm, 4 Paar Markstränge, männl. Geschlechtsapparat mit Penis-Stilett, getrennte männl. u. weibl. Geschlechtsöffnungen; bei einigen Arten Ausbildung eines Ductus genitointestinalis. Systemat. Stellung zw. *Archoophora* u. *Neoophora:* in den Ovovitellarien entstehen Oocyten u. Dotterzellen, wobei die letzteren die Eizelle wie ein Follikel umgeben.

Lecithoma *s* [v. *lecith-], der ↗Dottersack.

Lecithus

Lecithus *m* [v. *lecith-], *Vitellus*, der ↗ Dotter.

Lecksucht, *Nagekrankheit, Allotriophagie,* krankhafte Sucht v. überwiegend stallgehaltenen Rindern, Ziegen, Pferden, Schweinen u. a., Gegenstände wie Wände, Krippen u. a. gierig zu belecken u. zu benagen; meist bei Jungtieren; verursacht durch Stoffwechselstörungen infolge Mangels an Mineralstoffen, Vitaminen u. Spurenelementen.

Lécluse [leklühs] ↗ Clusius.

Lectine [Mz.; v. gr. lektos = gesammelt, ausgelesen], *Lektine, Phyt(o)hämagglutinine,* eine Gruppe lösl. Proteine, bes. Glykoproteine meist pflanzl. Ursprungs, die bestimmte Zuckerreste spezif. binden, gegenüber diesen aber keine enzymat. Aktivitäten besitzen. Aufgrund des multimeren Aufbaus (di-, tetra- u. hexamer) sind L. in der Lage, Glykoproteine u. Glykolipide bzw. Zellen, die diese an ihrer Oberfläche mit den entspr. Zuckerresten zur Außenseite orientiert enthalten, vernetzend zu binden u. dadurch zu fällen (agglutinieren, ↗ Agglutinine). Durch die Erythrocyten-agglutinierenden Eigenschaften v. Pflanzenextrakten wurden L. entdeckt. Heute sind über 50 verschiedene L. bekannt u. in ihrer Struktur z. T. eingehend untersucht. In der Zellbiol. sind L. v. Bedeutung zum Nachweis v. Zucker enthaltenden Makromolekülen in ↗ Membranen.

Lectotypus *m* [v. gr. lektos = ausgelesen, typos = Typ], ein im Ggs. zum ↗ Holotypus erst nachträglich (bisweilen mehrere Jahrzehnte nach der urspr. Namengebung u. Beschreibung einer neuen Art) festgelegter Typus. ↗ Nomenklatur.

Lecythidaceae [Mz.; v. gr. lēkythos = Ölflasche, Krug], Fam. der ↗ Lecythidales.

Lecythidales [Mz.; v. gr. lēkythos = Ölflasche, Krug], nur die Fam. *Lecythidaceae* (Deckeltopfbäume) umfassende Ord. der *Dilleniidae* mit etwa 20 Gatt. (vgl. Tab.) und rund 450 trop., insbes. in den Regenwäldern S-Amerikas heim. Arten. Kleine bis sehr große Bäume mit spiralig an den Zweigenden stehenden Blättern u. oft großen, radiären od. zygomorphen, einzeln od. in Trauben stehenden Blüten, die auch direkt dem Stamm entspringen können (Cauliflorie). Die weiß, gelb, rosa od. rot gefärbte Blütenkrone besteht aus 4–6 freien od. zu einer Röhre verwachsenen Kronblättern; die meist zahlr., oft weit herausragenden Staubblätter sind in einem od. mehreren Kreisen angeordnet. Aus dem aus 2–6 Fruchtblättern bestehenden Fruchtknoten entwickelt sich eine Deckelkapsel, Beere od. Steinfrucht. Die relativ großen Samen sind mit einer oft sehr harten Schale versehen. Bekannteste u. wirtschaftl. wichtigste Art ist die ↗ Paranuß (*Bertholletia excelsa*). *Couroupita guianensis,* der aus S-Amerika stammende Kanonenkugelbaum, wird in den Tropen wegen seiner stammbürtigen, etwa 10 cm großen, duftenden, gelben u. roten Blüten u. seiner kugeligen roten, bis 20 cm breiten Früchte als Zierpflanze gezogen. Die etwa 40, teils strauchigen Arten der südam. Gatt. *Lecythis* zeichnen sich durch ihre großen, außen holzigen Deckelfrüchte aus, die z. T. als Töpfe benutzt werden. Verschiedene *L.*-Arten besitzen ein sehr hartes Holz, das als Bauholz u. zur Herstellung v. Werkzeugen benutzt wird. Zudem werden die ölhalt., mandelartig schmekkenden Samen („Sapucajanüsse") einer ganzen Reihe v. Arten gern gegessen. Bes. Beliebtheit erfreuen sich dabei die mit einem großen fleischigen Arillus ausgestatteten „Paradiesnüsse" von *L. zabucajo.* Sie enthalten ca. 50% fettes Öl („Paradiesnußöl").

Lecythis *w* [v. gr. lēkythos = Ölflasche, Krug], Gatt. der ↗ Lecythidales.

Leda *w* [ben. nach der Geliebten des Zeus], frühere Bez. der Muschel-Gatt. ↗ Nuculana.

Leder, die durch Gerben haltbar gemachte Haut v. Wirbeltieren; die Rohhaut wird v. Haaren, Oberhaut (Epidermis) u. Unterhaut (Subcutis) befreit u. die zurückbleibende L.haut (Corium) mit ↗ Gerbstoffen behandelt, wobei es zu einer Vernetzung der Hautfasermoleküle kommt. – Aus Gründen des Artenschutzes sollten Häute v. manchen wildlebenden Tieren (z. B. Kro-

---

lecith- [v. gr. lekithos = Eigelb].

Lecythidales

Wichtige Gattungen der *Lecythidaceae:*
↗ *Barringtonia*
Couroupita
Lecythis
↗ *Paranuß*
(*Bertholletia*)

Lectine

Die biol. Funktion der L. liegt wahrscheinl. in der Zelladhäsion u. Zellerkennung, wie z. B. bei der Erkennung der symbiont. ↗ Knöllchenbakterien durch die Zellen der Wurzelhaare bei Leguminosen u. bei der spezif. Interaktion zw. Pollenkörnern u. den Stigmazellen pflanzl. Blütenstände, durch welche die Befruchtung ausgelöst wird. Einige in pflanzl. Samen vorkommende L. sind für tier. Organismen hochgiftig; sie wirken gleichzeitig als Vorratsproteine u. als Schutz vor Freßfeinden.

Einige Lectine

Bezeichnung	Herkunft	Aufbau u. relative Molekülmasse	Spezifität für Zuckerreste
Weizenkeim-Agglutinin	Weizen (*Triticum vulgare*)	Dimer 36 000	N-Acetyl-D-glucosaminyl-
Concanavalin A	Schwertbohne (*Canavalia ensiformis*)	Tetramer 104 000	D-Mannosyl-, D-Glucosyl-
Phytohämagglutinin	Garten-Bohne (*Phaseolus vulgaris*)	heterogen	N-Acetyl-D-galactosaminyl-
Soja-Lectin	Sojabohne (*Glycine max*)	Tetramer 120 000	N-Acetyl-D-galactosaminyl-, D-Galactosyl-
Dolichos-Lectin	Pferdebohne (*Dolichos biflorus*)	Tetramer 110 000	N-Acetyl-D-galactosaminyl-
Lens-Lectin	Linse (*Lens culinaris*)	Tetramer 52 000	D-Mannosyl-, D-Glucosyl-
Arachis-Lectin	Erdnuß (*Arachis hypogaea*)	Tetramer 110 000	D-Galactosyl-(1,3)-N-Acetyl-galactosaminyl-, D-Galactosyl-
Ulex-Lectin I	Eur. Stechginster (*Ulex europaeus*)	?	L-Fucosyl-
Pisum-Lectin	Garten-Erbse (*Pisum sativum*)	Tetramer 50 000	D-Mannosyl-, D-Glucosyl-
Helix-Lectin	Weinbergschnecke (*Helix pomatia*)	Hexamer 78 000	N-Acetyl-D-galactosaminyl-

kodilen, Schlangen) nicht mehr zu L. verarbeitet werden.

Lederberg [le¹derberg], *Joshua*, am. Biologe, * 23. 5. 1925 Montclair (N. J.); Prof. in Madison u. Stanford; zeigte zus. mit Tatum durch Kreuzungsversuche mit Bakterienstämmen, daß Bakterien sich auch geschlechtl. vermehren können; wies 1952 nach, daß Bakteriophagen DNA v. einem auf ein anderes Bakterium übertragen können (Transduktion); erhielt 1958 zus. mit G. W. Beadle u. E. L. Tatum den Nobelpreis für Medizin.

Lederfaden, die Gatt. ↗ *Scytonema* der Cyanobakterien.

Lederhaut, das ↗ Corium 1); ↗ Haut (☐).

Lederkoralle, *Thelephora palmata*, ↗ Erdwarzenpilze.

Lederkorallen, die ↗ Weichkorallen.

Lederschildkröten, *Dermochelyidae*, Fam. der Halsberger-Schildkröten mit nur 1 Art (*Dermochelys coriacea*, B Asien VII); Panzerlänge bis 2 m, Gewicht bis 600 kg (größte aller rezenten Schildkröten); lebt meist einzeln in allen wärmeren Meeren (Pazifik, Ind. Ozean; gelegentl. im Mittelmeer, an der engl. und frz. Atlantikküste). Kopf groß, läßt sich – wie die Extremitäten – nicht unter Panzer zurückziehen; Oberkiefer mit 2 tiefen Einschnitten u. jederseits einem großen hakenförm. Vorsprung. Panzer besteht aus zahlr. kleinen, mosaikähnl. Knochenplatten, v. einer dicken, lederart. Haut bedeckt; 7 Rücken-, 5 Bauchlängskiele; Rückenpanzer längsgestreckt, dunkelbraun, gelbl. gefleckt; Bauchpanzer gelbbräunl.; Weichteile braungelb, hellgefleckt; Vorderextremitäten großflächig (Spannweite bis 3 m), ohne Krallen am Vorderrand, auch Hintergliedmaßen flossenartig verbreitert. Nahrung: Meerestiere (z. B. Fische, Quallen, Schnecken, Stachelhäuter), seltener Meerespflanzen. Weibchen verscharrt 90–150 Eier in selbstgegrabene Löcher im Küstensand. Wirtschaftl. Bedeutung gering, da Fleisch ungenießbar.

Lederschwamm, *Chondrosia reniformis*, ↗ Chondrosiidae.

Lederseeigel, *Echinothuridae*, Fam. der Seeigel mit ca. 50 rezenten Arten in ca. 10 Gatt.; z.T. sehr farbenprächtig; überwiegend in der Tiefsee, dort bis 30 cm groß. Die Skelettplatten überlappen sich dachziegelartig u. sind gegeneinander verschiebbar; deshalb erscheint die Körperwand lederartig. L. können sich stark abflachen, wenn sie die in die Leibeshöhle vorspringenden Muskelsepten kontrahieren. Wegen all dieser für Seeigel einzigart. Merkmale werden die L. in eine eigene Ord. *Echinothurida (Lepidocentroida)* gestellt, die mit den ↗ Diadem-Seeigeln die Überord. *Diadematacea* bildet.

Lederwanzen, die ↗ Randwanzen.

Lederzecken, *Saumzecken, Argasidae*, Fam. der *Parasitiformes*, deren Vertreter fast alle temporäre Blutsauger sind; das Gnathosoma ist so unter dem Rücken eingezogen, daß es v. oben nicht sichtbar ist; die Tiere sitzen tagsüber in Spalten u. ä. Schlupfwinkeln u. befallen nachts ihre Wirte (Kleinsäuger, Vögel, Schlangen u. Fledermäuse). Berüchtigte Vogelparasiten sind die Persische L. sowie die ↗ Taubenzecke.

Ledo-Pinion s [v. gr. lēdos = Cistrose, lat. pinus = Kiefer], *Hochmoorwälder, Kiefern-Bruchwälder, Kiefern-Moorwälder*, U.-Verb. der Fichtenwälder u. verwandter Ges. (*Vaccinio-Piceion*). Nährstoffarme Bruchwälder des östl. Mitteleuropa, mit lockerer, schlecht gedeihender Baumschicht, der im NO Europas und in höheren Gebirgslagen die Fichte (*Picea abies*) beigemischt ist. Im nordwestl. Mitteleuropa gelangt hingegen die Moorbirke (*Betula pubescens*) zur Dominanz (↗ *Betulion pubescentis*). Der naßsaure Standort läßt trotz guter Lichtversorgung nur eine dürft. Strauchschicht aus Faulbaum (*Frangula alnus*) und Eberesche (*Sorbus aucuparia*) aufkommen. In der Krautschicht gedeihen hingegen üppig verschiedene *Vaccinium*-Arten. Auch der Randwälder sonst baumloser Hochmoore werden häufig v. Kiefern gebildet. Im kontinentalen Klima NO-Europas u. des Alpenvorlands, wo anhaltende sommerl. Trockenperioden für eine bessere Durchlüftung der oberen Torfschichten sorgen, schließen sich die Kiefernbestände über den gesamten Moorbereich zu Hochmoorwäldern zus., im Alpenvorland, aber auch im Schwarzwald in Form des Bergkiefern-Moorwaldes (*Vaccinio-Mugetum*), in NO-Europa in Form des Waldkiefern-Moorwaldes (*Vaccinio-Pinetum sylvaticae*). In v. Natur aus waldfreien Hochmooren führen Entwässerungsmaßnahmen zu einer vollständ. Bewaldung v. den Rändern aus.

Ledum s [v. gr. lēdon, lēdos = Cistrose], der ↗ Porst.

Leea w [ben. nach dem schott. Botaniker J. Lee, 1730–99], Gatt. der ↗ Weinrebengewächse.

Leerblütigkeit, *Kenanthie*, Bez. für das Fehlen sämtl. Fortpflanzungsorgane, d. h. der Staub- u. Fruchtblätter, in den Blüten; bei vielen Zuchtformen ist L. mit einer Vermehrung der Blütenkronblätter verbunden.

Leerdarm, *Jejunum*, der auf den Zwölffingerdarm folgende obere Abschnitt des ↗ Dünndarms der Wirbeltiere. ↗ Darm.

Leerfrüchtigkeit, *Kenokarpie*, Bez. für die ↗ Fruchtbildung mit unterdrückter Samenbildung.

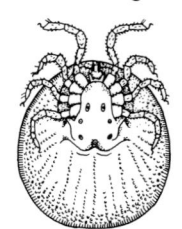

Leerfrüchtigkeit

Lederzecken

Lederzecke der Gatt. *Argas*

Leerfrüchtigkeit

Viele Kulturpflanzen wie Banane, Ananas, Brotfruchtbaum, bestimmte Apfelsinen- u. Weinsorten werden geradezu auf eine Unterdrückung der Samenbildung gezüchtet. Eine Vermehrung solcher Pflanzen kann dann aber nur über Ableger, Stecklinge od. Pfropfung erfolgen.

Leerlaufhandlung, die Ausführung eines normalerweise v. Außenreizen abhängigen Verhaltens ohne Außenreize, nur aufgrund extremer innerer Bedingungen. Man nimmt an, daß eine L. die Folge einer starken Erhöhung der ↗ Bereitschaft ist, so daß sich das betreffende Verhalten auch ohne Außenreize in der Verhaltenssteuerung durchsetzt (↗ doppelte Quantifizierung). Die L. bildet danach einen Extremfall eines v. Außenreizen u. inneren Bedingungen abhängigen Verhaltens; das Gegenteil wäre z. B. eine nur durch Außenreize ausgelöste Panik. Es ist allerdings kaum mögl., die Abwesenheit jedes, auch noch so inadäquaten Außenreizes zu beweisen. Z. B. kann ein Vogel, der im Käfig in die Luft hinein nach Insekten schnappt, doch ein Stäubchen gesehen haben, so daß die angestaute Bereitschaft zur Nahrungssuche das Verhalten auslöste. Das beste Beispiel für eine L. wurde v. Webervögeln beschrieben, die komplizierte Nestbaubewegungen ausführen, ohne Gras, Äste od. irgendein Ersatzobjekt zur Verfügung zu haben.

Leerlaufzyklen, *futile cycles,* Stoffwechselwege, die bei gleichzeitigem Vorkommen v. synthetisierenden wie abbauenden Enzymen vorkommen (vgl. Spaltentext).

Leersia *w* [ben. nach dem dt. Apotheker J. D. Leers, 1727–74], Gatt. der Süßgräser (U.-Fam. *Oryzoideae*) mit ca. 15 hpts. in den Tropen verbreiteten Rispengräsern. Der Wilde Reis od. die Reisquecke *(L. oryzoides)* ist ein ausdauerndes, ca. 0,5–1 m hohes Gras mit langen Ausläufern an feuchten Stellen in S- und Mitteleuropa, N-Amerika u. Vorderasien; häufiges Unkraut der Mais- u. Reisfelder. Blüte mit 3 Staubblättern, kleistogam; Hüllspelzen fehlen; Zugvogelverbreitung.

Leeuwenhoek [lewenhuk], *Antony van,* niederländ. Naturforscher, * 24. 10. 1632 Delft, † 26. 8. 1723 ebd.; fertigte mehr als 200 Mikroskope an (Vergrößerungen bis 270fach) u. entdeckte damit – in wiss. planloser Weise – eine Fülle v. Neuem aus dem Tier- u. Pflanzenreich: beschrieb Wimper- u. Geißeltierchen, entdeckte Räder- u. Moostierchen, beobachtete die Blutbewegung durch die Kapillaren im Schwanz der Kaulquappe u. entdeckte dabei die Blutkörperchen (zus. eine wicht. Stütze der Harveyschen Theorie des Blutkreislaufs); entdeckte die parthenogenet. Fortpflanzung der Blattläuse, beschrieb den Unterschied v. monokotyledonem u. dikotyledonem Stamm, ferner die Tüpfel der Pflanzen, die quergestreifte Muskulatur, die Herzmuskulatur, die Muskulatur der Insekten u. den Glaskörper des Auges. Von bes. Bedeutung waren seine Beobachtungen v. Säugerspermien einschl. denen des Men-

Leerlaufzyklen
Für die Leber, in der glykolytische wie auch gluconeogenetische Enzyme vorliegen, können L. zwischen Pyruvat u. Phosphoenolpyruvat, Fructose-1,6-diphosphat u. Fructose-6-phosphat sowie Glucose-6-phosphat u. Glucose angenommen werden. Man postuliert aber, daß ↗ Glykolyse u. ↗ Gluconeogenese unabhängig voneinander ablaufen, wobei während der Gluconeogenese die Pyruvatkinase, Phosphofructokinase u. Glucosekinase u. während der Glykolyse die Phosphoenolpyruvat-Carboxykinase, Fructosediphosphatase u. Glucose-6-phosphatase inhibiert sind. Dies erfordert eine intrazelluläre Regulation, die verhindert, daß die potentiellen L. unter ATP-Verbrauch „leerlaufen".

A. van Leeuwenhoek

Legionellaceae
Einige Arten u. Krankheiten beim Menschen:
Legionella pneumophila (Legionellose [Legionärskrankheit, Pontiac-Fieber])
L. (Fluoribacter) bozemanii (Lungenentzündung)
L. (Tatlockia) micdadei (Legionärskrankheit)
L. longbeachae (Lungenentzündung)
L. (Fluoribacter) dumoffii (Lungenentzündung)

schen. Die Interpretation ihrer Feinstruktur machten ihn zus. mit ↗ Hartsoeker, ↗ Leibniz u. ↗ Boerhaave zum führenden Vertreter der Präformationstheorie (↗ Entwicklungstheorien, ↗ animalcules).

Legeapparat, der ↗ Eilegeapparat.
Legebatterie ↗ Massentierhaltung.
Legebohrer, *Legeröhre,* der ↗ Eilegeapparat.
Legföhre, U.-Art der Berg-↗ Kiefer.
Leghämoglobin *s* [v. *legum-, gr. haima = Blut, lat. globus = Kugel], *Legoglobin,* ein mit dem roten Blutfarbstoff ↗ Hämoglobin strukturell verwandtes, jedoch pflanzl. Chromoprotein, das aus 2 Hämproteinen aufgebaut ist u. die rote Farbe der stickstoffixierenden Wurzelknöllchen v. Leguminosen bedingt (↗ Knöllchenbakterien). Die Funktion des L.s besteht im kontrollierten Sauerstofftransport (O_2) zur ↗ Bakteroiden-Oberfläche der Wurzelknöllchen, wobei für die Stickstoffixierung einerseits genügend O_2 zum Energiegewinn durch Atmung bereitgestellt wird u. andererseits ein Schutz der O_2-empfindl. Nitrogenasen vor zu hohem Gehalt an freiem O_2 gewährleistet wird. Die Synthese von L. in den Wurzelknöllchen wird durch die Wirtspflanze genetisch kontrolliert.

Legimmen ↗ Hautflügler.
Legionärskrankheit, eine durch das Bakterium *Legionella pneumophila* (↗ *Legionellaceae*) hervorgerufene Lungenentzündung, die erstmals im Sommer 1976 epidemisch in Philadelphia nach einem Veteranentreffen der American Legion beobachtet wurde; Symptome sind Muskel- u. Kopfschmerzen, trockener Husten, Fieber bis 41 °C, Verwirrtheit, Atemnot; hohe Todesrate; Therapie mit Antibiotika.

Legionellaceae [Mz.; v. lat. legio = Legion], Fam. der gramnegativen, aeroben Stäbchen und Kokken mit (vorerst) nur einer Gattung *Legionella*. Die meist begeißelten Zellen sind stäbchenförmig (0,3–0,9 $\times$ 2–20 µm u. länger), kurz plump, z. T. pleomorph, können aber auch Filamente bilden. Im obligat aeroben Stoffwechsel werden Aminosäuren als Kohlenstoff- u. Energiequelle genutzt (Kohlenhydrate können nicht verwertet werden). *L. pneumophila* (z. Z. 10 Serotypen) wurde erst 1976/77 mit einer Silberimprägnierung (nach Dieterle) im Gewebe Kranker entdeckt u. als Ursache der ↗ Legionärskrankheit u. des Pontiac-Fiebers erkannt. Bakterien, die *L. pneumophila* ähnl. waren, wurden fr. als *Legionella*-ähnliche-Organismen (L-like-organisms, L.L.O.) bezeichnet. In den letzten Jahren sind jedoch eine Reihe weiterer Arten (über 20) beschrieben u. die Aufteilung in 2 weitere Gatt., *Tatlockia* u. *Fluoribacter,* vorgeschlagen worden (vgl. Tab.). Pathogene u. nicht-pathogene Arten von *L.* finden sich in Oberflächenwasser (bes. thermisch belastete Seen u. Flüsse), Schlamm, Kühlwasser, Klimaanlagen (bes. in Kondenswasser), Zisternen u. feuchten Böden. *L. pneumophila* wurde auch aus einer Algen-Bakterien-Matte (in 45°C warmem Abwasser) isoliert, wo sie mit Cyanobakterien (*Fischerella*-Arten) zusammenlebte.

legit [lat., = hat gesammelt], Abk. *leg.*, kennzeichnet in naturkundl. Sammlungen in Verbindung mit dem Eigennamen den Sammler eines Fundstücks.

Legousia w, der ↗Frauenspiegel.

Leguane [Mz.; v. einer karib. Sprache (Haiti) über span. el iguano = Eidechse], *Iguanidae*, Fam. der Echsen mit ca. 50 Gatt. (vgl. Tab.) u. über 700 Arten; bilden mit den Agamen u. Chamäleons die Zwischen-Ord. *Iguania;* fast ausschl. in Amerika u. auf den vorgelagerten Inseln (v. Brit.-Kolumbien bis S-Argentinien) verbreitet (zudem 7 Arten auf Madagaskar, 1 auf Fidschi- u. Tongainseln); v. unterschiedl. Größe (0,1–2,2 m lang; Tropentiere oft wesentl. größer als die im äußersten N oder S lebenden L.); Baum- (seitl. zusammengedrückter Körper) od. Bodenbewohner (abgeplattet). Mit bewegl. Augenlidern, gutem Sehvermögen, kurzer, dicker Zunge, pleurodonten (an der Innenseite der Kieferknochen sitzenden) Zähnen, 4 Gliedmaßen u. oft sehr langem Schwanz; manche leuchtend bunt gefärbt, viele mit Kopfhelmen, Kehlanhängen od. Rückenkämmen; häufig Farbwechsel, der im allg. von Außentemp. u. Stimmung abhängt. L. ernähren sich v. a. von Insekten bzw. Blättern u. Früchten; meist eierlegend. Bei der Balz häufig Nickbewegungen; Drohgebärden sind Aufrichten auf die Beine, des Nacken- u. Rückenkamms; bei abgeflachtem Körper wird dem Angreifer die Breitseite dargeboten u. der Rachen aufgesperrt. Meist sehr beweglich; klettern, schwimmen gut; Eier u. Fleisch genießbar. L. sind erdgeschichtl. aus dem oberen Jura bekannt. – Größte Art der Fam. ist der Grüne L. (*Iguana iguana*; bis 2,2 m groß, Schwanz ¾ der Gesamtlänge; beheimatet in den trop. Regenwäldern Mittelamerikas sowie im nördl. S-Amerika, eingewandert auf die Kleinen Antillen u. Jungferninseln; vorzugsweise auf Bäumen (bis in 20 m Höhe) an Flußufern lebend; mit Kehlsack u. Schenkelsporen; Rückenkamm beim Männchen bis 8 cm hoch; schlägt mit peitschenart. Schwanz treffsicher zu; Weibchen legt ca. 30 Eier im Boden ab, Jungtiere schlüpfen nach 8–10 Wochen; lebt v. a. von Pflanzenkost; tagaktiv; beliebtes Terrarientier. Während die Arten der Gatt. Taub-L. (*Holbrookia*) kein Trommelfell u. keine Ohröffnung haben, ist die ↗Meerechse (*Amblyrhynchus cristatus*) der Galapagosinseln ([B] Südamerika VIII) die einzige meerbewohnende Echse. In den Trockengebieten im SW der USA leben die Wüsten-L. (Gatt. *Dipsosaurus*); sie nehmen neben Insekten u. Pflanzennahrung auch Aas zu sich; der kurzköpfige *D. dorsalis* (Körperlänge bis 15 cm) verträgt Temp. bis +47°C u. ist damit eines der wärmebedürftigsten Reptilien; auf den Hinterbeinen laufend, erreicht er bei der Flucht eine Geschwindigkeit v. 25 km/h. Auch die etwas kleineren, bedächtigen Krötenechsen (Gatt. *Phrynosoma*) sind mit ca. 15 Arten Wüstenbewohner; ihr flacher, krötenähnl. Körper ist mit verteidigungswirksamen Hornfortsätzen bedeckt; aus den Augenlidern können Blutströpfchen hervortreten, die sie auf Angreifer verspritzen u. deren Bindehaut reizen; Beine abgespreizt, Schwanz kurz; tagsüber oft im Sand vergraben, nur Augen u. Maul ragen heraus; mit – gg. Sandkörner – verschließbaren Nasenlöchern; lebendgebärend. Die verhältnismäßig kleinen Kielschwänze (Gatt. *Tropidurus*) sind meist bodenbewohnende L.; leben in Mittel- u. S-Amerika in verschiedenart. Biotopen, u. a. auf Lichtungen im Amazonasgebiet, aber auch an Mauern od. Telegrafenstangen; ohne Schenkelsporen; sehr wärmeliebend; Inselformen auf den Galapagosinseln. Auf S-Amerika beschränkt bleiben die naheverwandten Stachelschwanz-L. (Gatt. *Hoplocercus*); im Ggs. zu den ↗Dornschwanz-L.n mit ungleichen Rückenschuppen; *H. spinosus* (Gesamtlänge bis 14 cm; braun, Männchen mit dunklen u. hellen Querbinden am Rücken sowie Schenkelsporen) verbirgt sich tagsüber in den südbrasilian. lichten Baumsavannen in Wohnröhren; verzehrt neben Termiten Heuschrecken u. Käfer. Eine weitere bekannte Gatt. bilden die bodenwohnenden Glattkopf-L. (*Leiocephalus*), die auf den Großen u. Kleinen Antillen leben; Rückenkamm verläuft bis auf den langen Schwanz. 3 weitere L.-Gatt. (Basilisken, Helmleguane, Kronenbasilisken) werden in der U.-Fam. ↗*Basiliscinae* zusammengefaßt.
H. S.

Leguane

Wichtige Gattungen:
Amblyrhynchus (↗Meerechse)
↗*Anolis* (Saumfinger)
Basilisken (*Basiliscus*, U.-Fam. ↗*Basiliscinae*)
↗*Callisaurus*
↗Chuckwallas (*Sauromalus*)
Crotaphytus
↗Dornschwanzleguane (*Urocentron*)
↗Drusenköpfe (*Conolophus*)
↗Erdleguane (*Liolaemus*)
Glattkopfleguane (*Leiocephalus*)
Helmleguane (*Corytophanes*, U.-Fam. ↗*Basiliscinae*)
Iguana
Kielschwänze (*Tropidurus*)
Kronenbasilisken (*Laemanctus*, U.-Fam. ↗*Basiliscinae*)
Krötenechsen (*Phrynosoma*)
↗Stachelleguane (*Sceloporus*)
Stachelschwanzleguane (*Hoplocercus*)
Taubleguane (*Holbrookia*)
↗Wirtelschwanzleguane (*Cyclura*)
Wüstenleguane (*Dipsosaurus*)

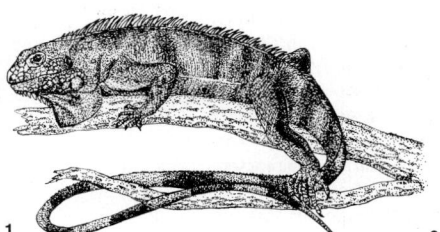

Leguane

1 Grüner Leguan (*Iguana iguana*), **2** Krötenechse (*Phrynosoma spec.*)

Legumelin

legum- [v. lat. legumen = Hülsenfrucht].

G. W. von Leibniz

Die 3 Prinzipien der Weltordnung von *G. W. von Leibniz*:

Die Fülle des Universums („Es gibt nichts Neues unter der Sonne")

Die lückenlose Kontinuität („Natura non facit saltus")

Die hierarchische Ordnung der Dinge („Scala naturae")

Legumelin s [v. *legum-], ein Albumin aus Hülsenfrüchten.

Legumen s [v. *legum-], die ↗ Hülse.

Legumin s [v. *legum-], ein häufig in Hülsenfrüchten vorkommendes Globulin mit hohem Arginin- u. Lysingehalt.

Leguminosae [Mz.; v. *legum-], *Leguminosen*, die ↗ Hülsenfrüchtler.

Lehm, durch Eisenoxide gelbl. gefärbtes Verwitterungsprodukt silicatreicher Gesteine; enthält neben Tonanteilen sand. Material; weniger plast. als Ton. Durch Entkalkung wird ↗ Geschiebemergel zu *Geschiebe-L.*, ↗ Löß zu *Löß-L.* ↗ Bodenarten (☐), ↗ Fingerprobe (☐).

Lehmannia w, Gatt. der Schnegel, ↗ Baumschnegel.

Lehmboden ↗ Lehm; ↗ Bodenarten (☐).

Lehmwespen, *Odynerus,* Gatt. der ↗ Eumenidae.

Leibeshöhle, Körperhohlraum der *Metazoa*, kann als aus dem ↗ Blastocoel hervorgegangene, ohne epitheliale Auskleidung gekennzeichnete *primäre L.* oder als v. einem mesodermalen Epithel begrenzte *sekundäre L.*, als ↗ Coelom, vorliegen. Bei den ↗ Gliederfüßern verschmelzen in der Ontogenese primäre u. sekundäre L. zu einem Mixocoel *(tertiäre L.)*

Leibeshöhlentiere, die ↗ Coelomata.

Leibeshöhlenträchtigkeit, *extrauterine Gravidität,* bei Säugern die Entwicklung v. Placenta u. Embryo in Körperhohlräumen anstelle des Uterus; je nach dem Ort der Einnistung unterscheidet man Eierstockod. Eileiterträchtigkeit (L. i. w. S.) und Bauchhöhlenträchtigkeit (L. i. e. S.). Beim Menschen spricht man v. Eileiter- bzw. Bauchhöhlenschwangerschaft. Leibeshöhlenträchtigkeit führt unbehandelt zu lebensgefährl. Blutungen.

Leibniz, *Gottfried Wilhelm* Frh. von, dt. Philosoph, Mathematiker, Physiker u. Diplomat, * 1. 7. 1646 Leipzig, † 14. 11. 1716 Hannover; nach jurist. u. philosoph. Studium in Leipzig u. Jena, das er bereits mit seinem 15. Lebensjahr begann, im Dienst des Kurfürsten v. Mainz; Reisen nach Paris, Engl., Rom, Wien; seit 1676 Bibliothekar u. Rat am Hof v. Hannover; regte die Gründung der Akademien der Wiss. in Berlin, Dresden, Wien u. Petersburg an, gelangte aber nur in Berlin durch Unterstützung der Königin Sophie Charlotte zum Erfolg. L. darf als führender u. universalster Denker seiner Epoche angesehen werden, dessen Erkenntnisse auch die Weiterentwicklung der Biol. im 18. Jh. entscheidend beeinflußten. Er war neben Hartsoeker, Boerhaave u. Leeuwenhoek Vertreter der Animalculisten (↗ animalcules) innerhalb der Präformationstheorie, die er zu einem allg. philosoph. Gedankengebäude (Präformismus) erweiterte. Seine Ideen von der „Gradation" – Stufenleiter des Lebendigen u. Unbelebten – sowie seine Vorstellungen von Entwicklungsprozessen in der Natur, eine Abkehr von der bis dahin vorherrschenden statischen Betrachtung bedeuteten, formulierte er in den „drei Prinzipien der Weltordnung" (vgl. Spaltentext).

Das Leib-Seele-Problem

Das Leib-Seele-Problem gehört zu den wichtigsten das Selbstverständnis des Menschen betreffenden Fragen. Der Mensch findet sich in der Welt als ein materiell Seiendes in Raum und Zeit vor. Er unterliegt biologisch bedingten Bedürfnissen (↗ Mensch und Menschenbild) und ist einem phasenhaften Entwicklungsgang zwischen Zeugung und Tod unterworfen. Sein Organismus enthält eine Vielzahl von materiellen Strukturen und Vorgängen (↗ Leben). Aber er weiß dieses alles, weil er ein Bewußtsein von sich selber besitzt. In ihm gehören zwei Momente unauflöslich zusammen: Ich bin ich, und ich bin mir in meiner Materialität gegeben und in ihr anwesend. Der Akt, in dem wir um uns wissen, ist selber aber kein materielles Geschehen, obwohl er mit solchen Vorgängen, vor allem im Gehirn lokalisierten, verbunden ist. Das Selbstbewußtsein unterscheidet sich selbst in seinem Wissen aktiv von allen anderen Menschen und Din-

Der Mensch besitzt ein Bewußtsein von sich selber:
Ich bin ich
Ich bin mir in meiner Materialität gegeben und in ihr anwesend

gen, aber auch vom eigenen Organismus. Gerade dadurch wird der Mensch erst in den Stand gesetzt, ihn als „seinen" Leib zu erkennen. Er entdeckt dabei in sich eine Einheit in der Verschiedenheit: Die Einheit des einen und ganzen Menschen in der Verschiedenheit von Geist und Materie, welche der Mensch selber ist. Damit erscheint das Leib-Seele-Problem in seiner Eigenart.

Es muß die Frage gelöst werden, wie die Einheit des Menschen gedacht werden kann, ohne die genannte Verschiedenheit aufzulösen. Dafür ist der dualistische Versuch ungeeignet, der Leib und Seele als zwei Substanzen versteht, die im Menschen nur lose verbunden sind und wegen ihrer Verschiedenheit eigentlich nicht zueinander gehören und sich im Tode voneinander trennen. Genauso ungeeignet sind Auffassungen, welche die Einheit des Menschen auf Kosten des Unterschiedes von Geist und Materie betonen, indem z. B.

der Geist als Epiphänomen materieller Vorgänge verstanden oder einfach mit ihnen identifiziert wird (Materialismus, Physikalismus).

Die Unterschiedenheit des Geistes von allen materiellen Prozessen und Strukturen leuchtet über das schon angesprochene Selbstbewußtsein hinaus vor allem an folgenden Phänomen auf: Der Mensch verhält sich nie nur zu bestimmten, einzelnen Seienden in seiner Welt. Er ist vielmehr auf das Ganze der Wirklichkeit bezogen. Er fragt nach dessen Ursprung und Sinn. Auch lebt er faktisch in allen Situationen seines Lebens aus einem Sinnverständnis dieses Ganzen, sei es nun ein wahres oder falsches, ein oberflächliches oder tiefes. Alle Religionen, aber auch die Kunst, artikulieren ein solches Verständnis des Ganzen. Auch die Wissenschaften, obwohl sich ihre Forschungen heute auf immer engere Ausschnitte beziehen, sind untergründig von der Frage nach dem Ganzen bestimmt, die in allen Einzelfragen anwesend ist. Die Philosophie erhebt die Frage nach dem Ganzen zu thematischem Bewußtsein. Wichtig ist auch, daß der Mensch sich dem anderen Menschen, aber auch den übrigen Seienden in der Welt um ihrer selbst willen zuzuwenden vermag. Sie gehen für ihn nicht darin auf, biologisch bedeutsame Anmutungsqualitäten für seine Selbst- und Arterhaltung zu sein.

Sodann wird Geist in den schöpferischen Leistungen des Menschen sichtbar: Er überzieht die Welt mit einem Netz von ihm selbst hervorgebrachter Gegenstände, Verhaltensweisen und Bedeutungsmuster, angefangen vom primitiven Faustkeil bis zu den höchsten Äußerungen der Kunst. Die genannten Äußerungen des menschlichen Wesens können niemals auf rein materiell zu definierende Zusammenhänge zurückgeführt werden. Alle Versuche, dies zu tun, verlieren den phänomenologisch faßbaren Gehalt der geistigen Leistung des Menschen in seiner Eigentümlichkeit aus dem Blick. Das zeigt sich vor allem daran, daß die Voraussetzung der materialistischen Erklärung der geistigen Tätigkeit des Menschen ihre Verwechslung mit Funktionen ist. Mit einer solchen Definition z. B. des geistigen Erkennens ist nämlich nicht nur dessen materialistische Bestimmung bereits vorweggenommen und damit ein logischer Zirkel eingeführt, sondern auch der Blick auf die akthafte Eigenart des Erkennens verstellt. Man übersieht dann z. B. die aus dem geistigen Vollzug selbst sich ergebende Forderung seiner Ausrichtung auf Wahrheit und seine Bedingtheit durch eine ursprüngliche Erschlossenheit des Seins, die in alle einzelnen Erkenntnisakte eingeht. Man verfehlt dann auch den Zusammenhang des Erkennens mit metabiologischen Interessen, deren Ausbildung Akte der Freiheit voraussetzt. Es ist auch nicht zu vergessen, daß geistige Akte mit ihren Gehalten der sinnlichen Wahrnehmung entzogen sind. Sie können auch nicht empirisch objektiviert werden, da sie keine Ausdehnung in Raum und Zeit besitzen und daher weder meßbar noch teilbar sind. Alle diese Phänomene verweisen uns auf ihre Immaterialität.

Allerdings ist folgendes nicht zu vergessen: Der menschliche Geist ist durchgängig materiell bedingt. Sinnes- und Sprachorgane, das Gehirn, Ernährung, Schlaf, ein gewisses Maß organischer Gesundheit usw. bilden Voraussetzungen, ohne welche das geistige Leben des Menschen nicht möglich ist. Die materiellen Momente des menschlichen Seins sind also als dessen tragende und ermöglichende Basis anzusprechen. Damit ist aber erst eine Seite ihrer ontologischen Rolle bestimmt. Sie muß nämlich auch als das Medium verstanden werden, in welchem sich der Geist zur Erscheinung bringt. Als diese Erscheinung – und nicht nur als das Ordnungsgefüge des Organismus – ist der menschliche Leib zu bestimmen. Leibphänomene sind solche, in denen Geist und Materie aneinander teilhaben, Geist in Materie anwesend wird und Materie, ihn tragend, zugleich für ihn durchsichtig wird.

Was gemeint ist, kann an der menschlichen Sprache exemplarisch verdeutlicht werden. Sprechen heißt vor allem, seine Welt zu artikulieren. Diese ist das Sinngefüge, in welchem der Mensch das Ganze der Wirklichkeit auslegt, und zwar im Wechselverhältnis zwischen diesem Gesamthorizont und den in der Welt vorfindlichen einzelnen Seienden und Geschehnissen. Der Mensch wendet sich in der Sprache auch an andere Menschen, um ihnen eine sinnvolle Mitteilung zu machen. Dabei schwingt in größerer oder geringerer Tiefe immer sein Weltverständnis im Ganzen mit. Die Welt verstehend an ihren wirklichen oder vermeintlichen Sinn auszulegen vermag nur der Geist als das für Sein und Sinn eröffnete Verstehen. Es vermag sich niemals ohne einen Einsatz der Freiheit zu aktualisieren (↗Freiheit und freier Wille). Sie ist auch anwesend, wenn wir andere ansprechen oder uns ihnen gegenüber verschließen, indem wir stumm bleiben. Freiheit mit ihrer schöpferischen Potenz ist auch anwesend, wenn wir die materielle Ordnung der Laute beim Sprechen so hervorbringen, wie es der Sinn des Wortes und der Rede verlangt. Daher

Leichenfliegen

zeigt sich uns im Sinngebilde des Wortes und der Rede in durchaus materiellen Gebilden der Geist in seinen ursprünglichen Leistungen so, daß die Materie Bedingung der Möglichkeit dieser Leistungen ist und zugleich als dasjenige erscheint, worin der Geist sich vollzieht, was ihm nur gelingen kann, wenn er sich im Verfügen über Materie zugleich auf deren Strukturen und Gesetze einläßt. Ähnliches ließe sich an anderen Leibphänomenen zeigen, z. B. an der Selbsterhaltung des Menschen, Essen und Trinken, Sexualität, Aggressivität, im Grunde in der ganzen Breite der Kultur mit Technik, Kunst, Wissenschaft und Religion, da sie von der Grundgestalt des Menschen, nämlich jener gegenseitigen Teilhabe von Geist und Materie aneinander bestimmt ist, die wir Leib genannt haben. Kultur ist eine Ausweitung und Verlängerung der so verstandenen Leibsphäre des Menschen.

Von hier aus vermögen wir zum Begriff der Seele vorzustoßen. „Seele" meint im Anschluß vor allem an Aristoteles und Thomas von Aquin das Bewegungsprinzip, durch das Organismen ihre lebendige Einheit und Ganzheit verwirklichen. Der Akt, durch welchen die Seele den Organismus aktualisiert, liegt vor allen Bewußtseinsakten und darf nicht mit ihnen verwechselt werden. Dennoch liegt auf der Hand, daß jenes Verwirklichungsprinzip eines lebendigen Organismus im Menschen die Prinzipien der geistigen Vermögen umschließen muß, von denen oben die Rede war. Wäre der Geist nämlich nicht Seele, also in einer allen bewußten geistigen Akten vorhergehenden Weise im Organismus des Menschen anwesend, so könnten die genannten Leibphänomene, auch die bewußt vom Menschen hervorgebrachten, nicht mehr verstanden werden. Der bewußte Ausdruck in Sprache, Tanz oder Gestik setzt die seinsmäßige Einigung von Geist und Materie im Leib des Menschen voraus. Das ist der Sinn der aristotelisch-thomistischen Theorie von der Seele als Formkraft des Leibes *(forma corporis).* Sie ist von allen bisher aufgetretenen Theorien am ehesten in der Lage, das Leib-Seele-Problem mit seinem Doppelaspekt zu verstehen, der Einheit des Menschen, welche aus der Unterschiedenheit von Geist und Materie zusammenwächst. Dabei braucht nicht bestritten zu werden, daß manche Einzelheiten dieser Theorie besonders im Hinblick auf die Ergebnisse der modernen Genetik und der Gehirnforschung präzisiert werden müssen.

Der Begriff der Seele

Lit.: *Seifert, J.:* Das Leib-Seele-Problem in der gegenwärt. philos. Diskussion, Darmstadt 1979. *Schulte, R.:* Leib u. Seele, in: Christl. Glaube in moderner Gesellschaft, VI, Freiburg i. Br. 1980 S. 6 ff. *Hengstenberg, H. E.:* Philos. Anthropologie. Salzburg ⁴1980. *Scherer, G.:* Sinnerfahrung u. Unsterblichkeit. Darmstadt 1985. *Specht, R., Rentsch, Th.:* Beitrag Leib-Seele-Verhältnis, in: Histor. Wörterbuch der Philosophie, Bd. 55 S. 186–206. Darmstadt 1980.

Georg Scherer

Leichenfliegen, *Sarcophaga,* Gatt. der ↗ Fleischfliegen.

Leichengifte ↗ Cadaverin.

Leichenstarre, *Totenstarre, Rigor mortis,* Muskelstarre bei einer Leiche, die durch Anreicherung saurer Metaboliten (v. a. Milchsäure) aufgrund des Stillstands der Blutzirkulation u. einer infolge Mangels an ATP irreversiblen Verknüpfung v. Actin u. Myosin nach dem Tod eintritt; beginnt meist 2 bis 12 Std. nach Eintritt des Todes, löst sich nach 2 bis 6 Tagen.

Leierantilopen, *Halbmondantilopen, Damaliscus,* Gatt. der Eigentl. ↗ Kuhantilopen; Abgrenzung der L.-Arten unsicher. Th. Haltenorth unterscheidet nur 2 Arten, ↗ Buntbock *(D. dorcas)* u. Leierantilope *(D. lunatus);* letztere ist mit 9 U.-Arten über Afrika südl. der Sahara verbreitet, darunter Hunters Leierantilope *(D. l. hunteri),* Korrigum *(D. l. korrigum),* Sassaby *(D. l. lunatus)* u. Topi *(D. l. topi).* Ausgewachsene Männchen der ostafr. Topis kennzeichnen ihr Revier durch stundenlanges Ausharren auf einem erhöhten Punkt.

Leierfische, *Callionymoidei,* U.-Ord. der Barschartigen Fische mit 1 Fam. und ca. 50 Arten; mit langgestrecktem Körper, großem, abgeflachtem Kopf, nach oben gerichteten Augen u. breiten, kehlständ. Bauchflossen; geschlechtsreife Männchen sind prächt. gefärbt; leben meist am Boden der Küstenbereiche des N-Atlantik, des Ind. Ozeans u. des östl. Pazifik. Hierzu gehört der v. norweg. bis span. Küsten verbreitete, bis 30 cm lange Gestreifte L. *(Callionymus lyra),* bei dem das Männchen eine leuchtend blaue, gelb gestreifte, große Rückenflosse hat.

Leierherzigel, *Brissopsis lyrifera,* ein bis 7 cm großer rötl. ↗ Herzseeigel aus der Fam. *Brissidae,* der bis 20 cm tief im Schlick eingegraben in Atlantik, Nordsee u. Mittelmeer lebt (↗ Herzigel).

Leierhirsch, *Cervus (Rucervus) eldi,* ↗ Zakkenhirsche.

Leierschwänze, *Menuridae,* Fam. südaustr. Sperlingsvögel mit 2 Arten; fasanengroße Urwaldvögel, deren Männchen einen leierart. geformten Schwanz haben; beim 1,3 m großen Pracht-Leierschwanz *(Menura novaehollandiae,* B Australien III) entfallen 70 cm auf die kräftig gemusterten Schwanzaußenfedern; diese sind beim sel-

Leierschwänze
Pracht-Leierschwanz
(Menura novaehollandiae)

ten gewordenen Schwarz-Leierschwanz *(M. alberti)* schwarz. Bei der Balz kommt außer dem Schwanz die melod. Stimme zur Geltung; es werden auch die verschiedensten Geräusche imitiert. In das umfangreiche Nest aus Ästen in Bodennähe legt das Weibchen das einzige dunkel gefärbte Ei.

Leimbildner, das ↗ Kollagen.

Leimgürtel, *Klebgürtel,* ↗ Fanggürtel.

Leimkraut, *Silene,* Gatt. der Nelkengewächse mit über 400 Arten, bes. im Mittelmeergebiet verbreitet (auch Europa, z. T. trop. Gebirge). Die kraut. oder halbstrauch. L.-Arten besitzen z. T. oberwärts am Stengel klebr. Drüsenhaare (dt. Name). In Dtl. u. a. heimisch: *S. vulgaris* (Taubenkropf) mit aufgeblasenem Kelch und *S. nutans* (Nickendes L.), beide weißblühend, z. B. in Magerrasen; *S. acaulis* (Stengelloses L.), rotblühend, eine niedr. Polsterpflanze alpiner Steinrasen.

Lein, *Linum,* Gatt. der Leingewächse mit ca. 200 Arten in gemäßigten u. subtrop. Gebieten; Kräuter od. Stauden; Blüten 5zählig; blau, rot, gelb od. weiß. Der einjähr. Kultur-L. oder Flachs *(L. usitatissimum,* B Kulturpflanzen XII) ist ein 60–100 cm hohes Kraut mit längl., ungestielten Blättern. Blüten mit hellblauen od. weißen Kronblättern, die bereits am Mittag abfallen. Gefächerte Fruchtkapseln mit 10 Samen, die reich an Schleimstoffen u. Fetten sind. Stammt wohl von *L. bienne* ab, der wie alle Wildarten der Gatt. mehrjähr. ist. L. ist seit ca. 8000 Jahren in Kultur (Ägypten, Babylonien, Phönizien, Israel), heute weltweiter Anbau. Man unterscheidet nach dem gewünschten Ernteprodukt 2 Zuchttypen: den *Öl-L.,* dessen Samen einen bes. hohen Fettgehalt haben, u. den *Faser-L.* Im Rindengewebe des Stengels liegen in Bündeln 3–10 cm lange Sklerenchymfasern. Um die einzelnen Fasern zu isolieren, sind folgende Schritte notwendig: *Rösten:* Die Mittellamellen der Sklerenchymfaserbündel werden durch Bakterien, Pilze od. chemisch aufgelöst; anschließend werden die Stengel geklopft u. gebrochen *(Brechen, Schwingen)* u. so die Faserbündel v. anderen Pflanzenteilen getrennt. Beim *Hecheln* werden die Faserbündel über ein Nagelbrett gezogen u. gleichgerichtet; die dabei gewonnenen Fasern sind gut verspinnbar, schwierig anfärbbar. *Bleichen* der Gewebebahnen durch Sonne u. Wasser od. Chlorbleiche. Reinleinen besteht nur aus L.garn, bei Halbleinen ist Schuß od. Kette aus Lein. ↗ *L.öl* wird durch Kalt- od. Warmpressen der gemahlenen L.samen gewonnen. Der Wiesen-L. *(L. catharticum)* ist ein bis 30 cm hohes, gabeläst. Kraut; Blätter gegenständig, längl.; kleine, weiße, in lockeren Ris-

Leimkraut
Taubenkropf *(Silene vulgaris)*

Lein
Kultur-L. oder Flachs *(Linum usitatissimum)*

Gewöhnliches Leinkraut *(Linaria vulgaris)*

pen hängende Blüten; Vorkommen in Kalkmagerrasen, Moorwiesen.

Leinblatt ↗ Thesium.

Leindotter, *Camelina,* Gatt. der Kreuzblütler mit ca. 10 eurasischen Arten. Bekannteste Art ist *C. sativa,* der Öl- od. Saatdotter, eine bis 1 m hohe, i. d. R. 1jähr. Pflanze mit längl.-lanzettl. bis pfeilförm., sitzenden Blättern, kleinen gelben Blüten in reichblüt., traubigen Blütenständen sowie kleinen birnenförm. Früchten mit ölhalt. Samen. Der Öldotter ist eine uralte Kulturpflanze, die schon in prähist. Zeit genutzt wurde. Ein Anbau in größerem Umfang erfolgte jedoch erst im 15. Jh.; heute ist er, zumindest in Mitteleuropa, stark zurückgegangen. Das aus den Samen (Fettgehalt bis ca. 35%) gepreßte Öl schmeckt etwas süß, ist schnell trocknend u. wird sowohl zu Speisezwecken (bes. in S- und O-Europa) als auch zur Herstellung v. Schmierseife u. Firnis verwendet. Der Preßkuchen dient als Viehfutter.

Leingewächse, *Linaceae,* Fam. der Storchschnabelartigen mit 13 Gatt. u. 300 Arten, v. a. in gemäßigten Zonen. Holzpflanzen u. Kräuter; Blätter klein, wechselständig; Blütenstand cymös; radiäre, zwittr. Blüten, deren Kronblätter schnell welken; Kapselfrucht. Artenreichste Gatt. ist der ↗Lein *(Linum).* Die Gatt. *Hugonia* (32 Arten, trop. Afrika, Indonesien) umfaßt Sträucher u. Kletterpflanzen mit großen, gelben Blüten; Teile des Blütenstands zu Kletterhaken umgebildet; Pflanzenteile einiger Arten v. regionaler Bedeutung in der Volksmedizin.

Leinkraut, *Linaria,* Gatt. der Braunwurzgewächse mit rund 150, überwiegend in den Mittelmeerländern heim. Arten. 1jähr. Kräuter od. Stauden mit lineal-lanzettl. Blättern u. meist in endständ. Trauben stehenden Blüten, bei denen der Schlund der gespornten, 2lipp. Blütenkrone durch den Gaumen der 3lapp. Unterlippe verschlossen wird. Die Frucht ist eine mit Klappen aufspringende Kapsel. In Mitteleuropa zu finden ist v. a. das verbreitet in sonn. offenen Unkrautfluren (v. a. an Bahnanlagen, Schuttplätzen u. Wegen) wachsende Gewöhnliche L. *(L. vulgaris,* B Europa XVIII) zu finden; es besitzt bis 3 cm lange gelbe Blüten mit orangefarb. Gaumen u. fällt bisweilen durch die Bildung v. ↗Pelorien (abnormal strahlig gewachsenen Endblüten, ☐ Atavismus) auf, die auch an dieser Pflanze zum ersten Mal beobachtet wurden. Zerstreut in offenen, sonnigen, alpinen od. subalpinen Steinschuttfluren u. im Schotter der Alpenflüsse wächst das dunkelviolett blühende Alpen-L. *(L. alpina).* B Alpenpflanzen.

Leinkuchen, fett- u. proteinreicher Rück-

Leinöl

stand (Ölkuchen) bei der Gewinnung v. ↗Leinöl; hervorragendes Futtermittel für Mast- u. Milchvieh.

Leinöl, in den Samen des ↗Leins *(Linum)* zu 38–44% enthaltenes Öl mit hohem Anteil mehrfach ungesättigter Fettsäuren. L. besteht aus einem Glyceridgemisch mit 40–62% Linolensäure, 16–25% Linolsäure, 14–16% Ölsäure und 10–15% Palmitin- bzw. Stearinsäure. Aufgrund der vielen ungesättigten Fettsäuren erfolgt an der Luft Autoxidation des L.s („trocknendes Öl") zu festem polymerem *Linoxyn,* dem wesentl. Bestandteil aller Ölfarbenanstriche u. des Linoleums. Neben der vielseitigen techn. Verwendung dient L. als Speiseöl u. in Form von pharmazeut. Präparaten zur Behandlung von Ekzemen, Brandwunden, Milchschorf, Psoriasis usw. sowie als mildes Abführmittel.

Leinölsäure, die ↗Linolsäure.

Leiobunum *s* [v. *leio-, gr. bounos = Hügel], Gatt. der ↗Phalangiidae.

Leiocassis *w* [v. *leio-, lat. cassis = Helm], Gatt. der ↗Stachelwelse.

Leiocephalus *m* [v. *leio-, gr. kephalē = Kopf], Gatt. der ↗Leguane.

Leioceras *s* [v. *leio-, gr. keras = Horn], (Hyatt 1867), *Lioceras* (Bayle 1878), † Ammoniten-Gatt. *(↗Ammonoidea),* die charakterisiert ist durch scheibenförm., hochmündige, sehr involute u. engnabelige Schalen mit sehr feiner, enger, an der Naht gegabelter Berippung, Externseite mit Hohlkiel; oft in Schalenerhaltung überliefert. Typus-Art: *L. opalinum* (Reinecke 1818), Leitfossil für den Dogger.

Leioclema *s* [v. *leio-, gr. klēma = Schößling], Gatt. der † Ord. *Trepostomata,* ↗Moostierchen.

Leiodidae [Mz.; v. *leio-], die ↗Trüffelkäfer.

Leiolepis *w* [v. *leio-, gr. lepis = Schuppe], Gatt. der ↗Agamen.

Leiolopisma *s* [v. *leio-, gr. lopos = Schale], Gatt. der ↗Skinke.

Leiopelmatidae [Mz.; v. *leio-, gr. pelmata = Sohlen, Schuhe], *Neuseeländische Urfrösche,* ganz urtümliche Fam. der ↗Froschlurche, die v. manchen Autoren aufgrund v. Primitivmerkmalen, 9 Wirbeln u. freien Rippen, mit den ↗*Ascaphidae* N-Amerikas vereinigt werden. 3 Arten in den feuchten Bergwäldern Neuseelands: *Leiopelma hochstetteri, L. archeyi* und *L. hamiltoni.* Fortpflanzungsbiol. nicht primitiv: terrestrische Eier werden in feuchtem Moos abgelegt; aus ihnen schlüpfen fertige Jungfrösche.

Leiothrix *w* [v. *leio-, gr. thrix = Haar], Gatt. der ↗Timalien.

leiotrop [v. gr. laios = links, tropos = Richtung] ↗lävotrop.

leio- [v. gr. leios = glatt, eben, flach].

Leiste
Der L.nkanal ist wie der Nabel eine der natürl. Schwachstellen der Bauchwand, durch die bei starkem Druck (Lasten heben, Lachen, Niesen, Husten usw.) ein *Bruch* (Hernie) austreten kann. Ein *L.nbruch* (Hernia inguinalis) ist eine Form des Eingeweidebruches.

Leistenpilze
Gattungen:
Cantharellus (Pfifferlinge)
Craterellus (↗Trompeten, Kraterellen)
Pseudocraterellus
Gomphus* (↗Schweinsohr)
*auch eigene Fam. *(Gomphaceae)*

Leipoa *w* [v. gr. leipein = verlassen, ōa = Eier], Gatt. der ↗Großfußhühner.

Leishmania *w* [ben. nach dem schott. Mediziner Sir W. B. Leishman (lischmᵉn), 1865–1926], Gatt. der Ord. ↗*Protomonadina* (Fam. ↗*Trypanosomidae*), Geißeltierchen, die parasit. bei Säugetieren in weißen Blutkörperchen u. a. Zellen des reticulo-endothelialen Systems (amastigote Form) leben. In den Überträgern (↗Mottenmücken der Gatt. *Phlebotomus* u. *Lutzomyia*) tritt die promastigote Form auf. 4–5 Artenkomplexe werden beim Menschen aufgrund des klin. Bildes u. der Verbreitung unterschieden: *L. donovani* ↗Kala-Azar, *L. tropica* ↗Orientbeule, *L. brasiliensis* ↗Espundia, *L. mexicana* ↗Uta, *L. aethiopica.*

Leishmaniose *w, Leishmaniasis,* Erkrankung des Menschen durch parasitäre Geißeltierchen der Gatt. ↗*Leishmania,* z. B. das Dum-Dum-Fieber (↗Kala-Azar).

Leiste, *L.nbeuge, Inguinalregion, Regio inguinalis,* bei Säugern u. Mensch unterer, ventraler Teil der Bauchwand im Bereich Becken-Oberschenkel. – Der Boden der Bauchhöhle wird u. a. durch das *L.nband* (Inguinalband, Ligamentum inguinale) gebildet, eine sehnenart. Faserschicht. Durch dieses L.nband zieht der *L.nkanal* (Canalis inguinalis). Er ist bei Männern die Verbindung v. der Bauchhöhle zum Hodensack, durch die der Hodenabstieg (↗Hoden) erfolgt u. die Samenstränge verlaufen. Bei Frauen zieht durch den L.nkanal das Mutterband, das die Gebärmutter an der Bauchwand befestigt.

Leistenpilze, *Leistlinge, Cantharellaceae,* Fam. der Nichtblätterpilze *(Aphyllophorales,* od. auch eigener Ord. *Cantharellales)* mit aufrechtem, weichem bis ledrigem Fruchtkörper, dessen zentral bis seitl. Stiel allmähl. in den Hut übergeht od. tief trichterförm. ausgebildet ist; das Hymenium überkleidet an der Außenseite des Fruchtkörpers niedrige, dicke u. stumpfrandige, an Lamellen erinnernde Leisten od. erhabene Längsrunzeln, od. es ist ganz glatt; das Sporenpulver ist weiß od. blaßgelb. L. kommen meist im Wald auf dem Erdboden, bisweilen auch auf alten Baumstubben vor. Viele sind ausgezeichnete Speisepilze. Die bekannteste Gatt. sind die Pfifferlinge *(Cantharellus);* von den ca. 65 Arten kommen etwa 7 in Mitteleuropa vor. Geschätzter, schmackhafter Speisepilz ist der Echte Pfifferling od. Eierschwamm *(C. cibarius* F., B Pilze III), der herdenweise in Nadelwäldern vorkommen kann; er ist aber auch im Laubwald zu finden. Eßbar sind auch der Trompetenpfifferling *(C. infundibuliformis* Scop.) u. der Goldstielige Pfifferling (Herrennagele, *C. lutescens* Pers.). Ähnl.

einer Herbst-Trompete (↗Trompeten), aber mit deutl. gegabelten Leisten, ist der Schwarzgraue Pfifferling (*C. cinereus* Pers.).

Leistlinge, die ↗Leistenpilze.

Leistungsrassen, hochgezüchtete landw. Nutztierrassen, die bes. viel Milch, Fleisch, Eier od. Wolle produzieren.

Leistungszuwachs, *Leistungsstoffwechsel, Arbeitsumsatz,* Energiebedarf eines Organismus, der über den des Ruhestoffwechsels hinausgeht (↗Energieumsatz) u. ihn zu verschiedensten Arbeitsleistungen befähigt. Er kann bei fliegenden Insekten den 50–100fachen Wert der ↗Stoffwechselintensität des Ruhestoffwechsels annehmen. Beim Menschen kann auf Dauer maximal ein L. ertragen werden, der den ↗Grundumsatz um das Vierfache übersteigt, jedoch können kurzfristig sportl. Leistungen zu einer Erhöhung um das 15- bis 20fache des Grundumsatzes führen.

Leitart, *Charakterart,* ↗Assoziation.

Leitbündel, *Gefäßbündel, Faszikel,* Bez. für die strangförmig zusammenliegenden beiden Komplexe an ↗Leitungsgeweben bei den Farn- u. Samenpflanzen. Das L. ist meist v. einer *L.scheide* aus stärkereichen interzellularfreien Parenchymzellen (Stärkescheide) od. aus interzellularfreien Sklerenchymzellen (Sklerenchymscheide) umgeben. In der Pflanze bilden die L. ein zusammenhängendes, in sich verzweigtes *L.system.* Bei den Holzgewächsen verschmelzen die L. der Sproßachse miteinander zu einem *L.zylinder,* bei den kraut. Samenpflanzen sind sie durch Grundgewebe voneinander getrennt u. bilden ein *L.rohr.* Im mikroskop. Schnitt heben sie sich durch ihre engen Elemente u. durch das Fehlen v. ↗Interzellularen schon bei schwacher Vergrößerung v. den übrigen, weniger dichten Gewebearten ab u. zeigen meist einen kreisförm. bis ellipt. Querschnitt. In den L.n treten die beiden Komplexe an Leitungsgewebe gruppenweise geordnet auf. Die Stränge aus den Siebröhren mit den Geleitzellen (nur bei den Angiospermen) bzw. den Siebzellen, den Parenchymzellen u. den Festigungselementen (↗Bastfasern) bilden den *Siebteil (Bastteil, Phloëm),* die Stränge aus Tracheiden, Tracheen einschl. der Parenchymzellen u. der weiteren Festigungselemente (Holzfasern) bilden den *Gefäßteil (Holzteil, Xylem)* des L.s. Der Gefäßteil ohne zusätzl. Festigungselemente u. der Siebteil ohne Festigungselemente werden auch *Hadrom* bzw. *Leptom* gen. Die L. differenzieren sich aus den *Prokambiumsträngen (L.initialen)* in der jungen Sproßspitze, die sich ihrerseits aus dem Urmeristem des Vegetationskegels in charakterist. Beziehung zu den exogenen Blattanlagen entwickeln. Je nach Anordnung u. Ausbildung der Sieb- u. Gefäßstränge unterscheidet man radiale, konzentrische u. kollaterale L. Das *radiale L.* enthält mehrere Gefäß- u. Siebteile, die auf dem meist kreisrunden Bündelquerschnitt etwa wie die Speichen eines Rades u. miteinander abwechselnd angeordnet sind. Radiale L. sind typisch für die Wurzel. In Sproßachsen kommen sie nur in den Stengeln einiger Lycopodienarten vor. Beim *konzentrischen L.* wird entweder ein Gefäßstrang v. einem röhrenförm. Siebstrang umgeben (konzentrisches L. mit Innenxylem, *hadrozentrisches L.*) od. ein Siebstrang konzentrisch v. einem röhrenförm. Gefäßstrang eingeschlossen (konzentrisches L. mit Innenphloëm, *leptozentrisches L.*). Konzentrische L. mit Innenxylem finden sich bei den meisten Farnen, konzentrische L. mit Innenphloëm in einigen Erdsprossen u. in Sproßachsen einiger Monokotyledonen. Das *kollaterale L.* enthält einen Gefäßstrang u. meist nur einen Siebstrang, wobei der Siebteil, bezogen auf die Sproßachse, stets außen u. der Gefäßteil innen, im Blatt entspr. unten u. oben, liegen. Ist beiderseits des Gefäßstrangs je ein Siebteil vorhanden (bei den Nachtschatten- und Kürbisgewächsen), spricht man v. *bikollateralen L.n.* Wird bei der Ausdifferenzierung des kollateralen L.s

Leitbündel

Leitbündel 1 Das typische L. der Samenpflanzen (Spermatophyta) ist ein offenes (d. h. mit faszikulärem Kambium), kollaterales Bündel mit Innenxylem u. Sklerenchymscheiden um Phloëm (Siebteil) u. Xylem (Holzteil). 2 L.typen: **a** *kollaterales* L. (Regelfall), **b** *bikollaterales* L. (z. B. bei Kürbisgewächsen), **c** *konzentrisches* L. mit Innenxylem *(hadrozentrisch)* (z. B. bei Farnen), **d** *konzentrisches* L. mit Innenphloëm *(leptozentrisch)* (z. B. Rhizome von Monokotyledonen). 3 Konzentrisches L. des Adlerfarns (*Pteridium aquilinum*) mit Innenxylem. 4 Anordnung der L. in der Sproßachse einer Liane (Osterluzei, *Aristolochia*), ein L.rohr bildend.

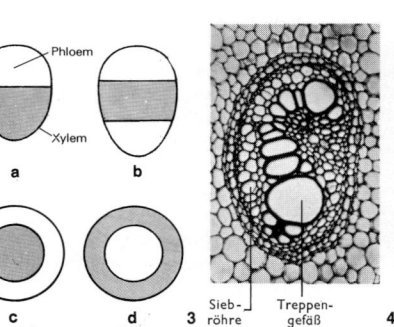

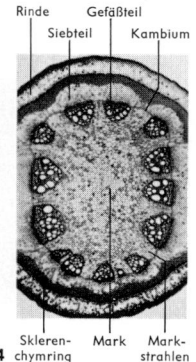

231

Leitbündelinitialen

das meristemat. Gewebe des Prokambiumstrangs völlig aufgebraucht, so grenzen Sieb- u. Gefäßteil eng aneinander, u. man spricht v. einem *geschlossenen kollateralen L.* Diese liegen v. a. in den Blättern u. dann in der Sproßachse der Monokotyledonen vor. Bleibt dagegen ein Teil des Prokambiumstranggewebes als *faszikuläres Kambium (L.kambium)* zw. Sieb- u. Holzteil erhalten, spricht man v. einem *offenen kollateralen L.* Letztere sind die typ. L. der Sproßachsen von Gymnospermen u. von dikotylen Angiospermen. ↗Leitungsgewebe. ⓑ Blatt I, ⓑ Sproß und Wurzel.

H. L.

Leitbündelinitialen ↗Leitbündel, ↗Sproßachse.

Leitbündelkambium ↗Leitbündel.

Leitbündelring, Bez. für die ringförm. Anordnung der ↗Leitbündel im Querschnitt durch eine Dikotyledonen-Sproßachse im Ggs. zur *zerstreuten* Anordnung im Querschnitt durch eine Monokotyledonen-Sproßachse. Räuml. bilden die Leitbündel beim L. einen Zylindermantel.

Leitbündelrohr, Bez. für die Gesamtheit der zylindr. angeordneten, durch kleinere u. größere ↗Blattlücken durchbrochenen u. damit netzartig miteinander verbundenen ↗Leitbündel kraut. Sproßachsen mit Ausnahme der Monokotyledonen. ↗Leitzylinder.

Leitbündelscheide ↗Leitbündel.

Leitelemente, Bez. für die zellulären Elemente der verschiedenen ↗Leitungsgewebe, z. B. Tracheenglieder, Tracheiden, Siebröhrenglieder, Siebzelle.

Leitenzyme, Enzyme, die für bestimmte Zellfraktionen od. Zellorganellen charakterist. sind u. daher als Maß für deren Reinheit od. für die Verunreinigung mit diesen herangezogen werden; z. B. sind Succinat-Dehydrogenase u. Cytochromoxidase L. für Mitochondrien, so daß Spuren v. Mitochondrien in nicht mitochondrialen Fraktionen mit Hilfe der Aktivitätsmessung dieser Enzyme nachgewiesen werden können.

Leitermoos, *Climacium dendroides,* ↗Climaciaceae.

Leitformen, Arten mit hoher Präsenz u. Konstanz in einem Biotop; neben den Charakterarten kennzeichnen sie eine ↗Biozönose.

Leitfossilien [v. lat. fossilis = ausgegraben], Organismen – vorwiegend Tiere, untergeordnet auch Pflanzen u. ↗Lebensspuren –, mit denen sich das relative Alter der sie umschließenden Gesteine ermitteln läßt (↗Geochronologie). L. erfüllen ihren Zweck um so besser, je vollkommener sie folgenden Anforderungen entsprechen: 1. leicht erkennbar, 2. häufig, 3. kurzlebig, 4. räuml. (horizontal) weit verbreitet.

Leitgewebe, das ↗Leitungsgewebe.
Leithaare ↗Deckhaar.
Leithia *w* [ben. nach dem brit. Paläontologen Leith-Adams], (Lydekker 1895), † Gatt. jungpleistozäner Riesenschläfer (Ober-Fam. *Gliroidea*) v. den Inseln Sizilien u. Malta; Fragen der stammesgesch. Herkunft u. zeitl. Einstufung sind noch nicht befriedigend gelöst. Typus-Art: *Myoxos melitensis* Leith-Adams 1863.

Leithorizont, *Leitbank,* bes. auffällige Schicht eines Gesteinsverbandes, die aufgrund gleichbleibender petrographischer u./od. paläontolog. Merkmale über größere Bereiche erkennbar ist u. dem Geologen die stratigraphische Orientierung im Gelände erleichtert.

Leitparenchym *s* [v. gr. para = bei, neben, egchyma = das Eingegossene], ↗Leitungsgewebe.

Leitpflanzen ↗Bodenzeiger, ↗Assoziation.

Leittier, Individuum in einer Herde, einem Rudel od. einer Gruppe, das die Bewegungen des Kollektivs lenkt; meist ein dominantes od. hochrangiges Individuum, evtl. auch ein Tier mit bes. Kenntnissen (älteres Männchen bei Pavianen). Da die Rolle des L.s nicht immer fest ist u. sich sozial sehr verschieden auswirken kann, wird der Begriff heute wenig benutzt. ↗Tiergesellschaft.

Leittrieb, *Leitzweig,* Bez. für den Haupttrieb eines Baumes nach erfolgtem ↗Erziehungsschnitt.

Leitungsgewebe, *Leitgewebe,* pflanzl. ↗Dauergewebe, deren Zellen dem Transport v. Bau- u. Betriebsstoffen u. von Wasser u. den darin gelösten Mineralsalzionen dienen. Eine Ausbildung von besonderen L.n wurde notwendig bei der Entwicklung großer Vegetationskörper. So haben die großen Tange *(Laminariales)* ein Assimilate leitendes, siebröhrenähnliches L. ausdifferenziert (ⓑ Algen III). Die zunehmende Erhebung solch großer Pflanzenkörper in den Luftraum während der Stammesgeschichte der landbewohnenden Kormophyten war aber nur mögl. mit der Erfindung besonderer L. mit sehr auffälligen Zellformen, da der Ersatz großer Mengen verdunsteten Wassers gewährleistet u. der Bedarf schnelleren Austausches v. Bau- u. Betriebsstoffen zw. den Organen befriedigt werden müssen. Die Zellen der L. sind i. d. R. langgestreckt. Tüpfel in ihren Querwänden erleichtern zunächst den Transport, u. mit Schrägstellen dieser Querwände u. damit Vergrößerung der Verbindungsflächen sowie mit Vergrößerung der Tüpfel zu Löchern wird er weiter verbessert. In der einfachen Ausführung spricht man v. *Leitparenchym* (↗Grundgewebe), das z. B. bei den Moo-

---

Leitenzyme

Zellkerne:
NAD-Pyrophosphorylase
Cytosol:
Enzyme der Glykolyse
Mitochondrien:
Cytochromoxidase,
Monoaminoxidase,
Succinat-, Glutamat- u. Isocitrat-Dehydrogenase
Lysosomen:
saure Phosphatase,
Arylsulfatase,
β-Glucuronidase,
Hydrolasen
Peroxisomen:
Katalase,
D-Aminosäureoxidase
Golgi-Apparat:
UDPG-N-Acetylglucosamin-Galactosyl-Transferase,
UDP-Diphosphatase,
ADPase
Endoplasmatisches Reticulum:
Glucose-6-Phosphatase,
NADH-Oxidasen
Plasmamembran:
5'-Nucleotidase

Leitfossilien

Die Entdeckung der L. als Zeitmarken hat sich um 1800 etwa zugleich in Dtl., Engl. und Fkr. durch E. F. v. Schlotheim, W. Smith u. G. Cuvier vollzogen u. „ist selbst eine wichtige Leitmarke in der Geschichte der Geologie" (H. Hölder 1960).

sen und noch in Form der Markstrahlen für den Quertransport in der Sproßachse der höheren ⁊ Landpflanzen sorgt. Bei den fortgeschritteneren Formen unterscheidet man die Siebzellen u. -röhren für die Leitung organ. Stoffe u. die Tracheiden u. Tracheen für die Wasserleitung u. den daran gebundenen Mineralsalztransport. Die primitivere *Siebzelle*, die bei den Farnpflanzen u. Gymnospermen vorkommt, ist langgestreckt u. an den zugespitzten Enden über relativ einfach gebaute *Siebfelder* eng mit ihresgleichen verbunden. Die fortentwickelte *Siebröhre* der Angiospermen stellt eine kontinuierl. Röhre aus langgestreckten Zellen mit schräg stehenden u. siebartig durchbrochenen Querwänden dar, den *Siebröhrengliedern*. Die Siebröhren sind v. einer Längsreihe an ⁊ *Geleitzellen* begleitet. Dagegen gibt es zu den Siebzellen nur kaum erkennbare *Geleitzellenäquivalente*. Da Siebzelle u. Siebröhrenglied im ausdifferenzierten Zustand ein stark maschenartig aufgelockertes Plasma ohne Tonoplast u. ohne Zellkern besitzen, wird die physiolog. Steuerung des kernlosen Plasmas durch die Geleitzellen bzw. -äquivalente übernommen. Siebröhrenglied u. die entspr. Geleitzellen gehen aus einer gemeinsamen Mutterzelle hervor. Die Cellulosewände v. Siebzelle u. Siebröhrenglied verholzen nicht, da die Stoffleitung unter Druck erfolgt (⁊ Druckstromtheorie), wie die die Siebelemente anstechenden Blattläuse zeigen. Bei den wasserleitenden Elementen unterscheidet man die einfacheren Tracheiden u. die „fortschrittlichen" Tracheen. Im Ggs. zu den stets lebenden Siebelementen stellen sie im Funktionszustand nur noch die verholzten Zellwände abgestorbener Zellen dar, deren Lumen mit Wasser gefüllt ist. Die *Tracheiden* sind stark verlängerte, einzelne Zellen, die mit meist reich getüpfelten, steilen Schrägwänden aneinander anschließen. Die *Tracheen* gehen dagegen als ein durchgehendes Rohr aus Längsreihen bisweilen recht kurzer, aber oft weitlumiger Zellen, den *Tracheengliedern*, hervor, bei denen die sie zunächst trennenden Querwände teilweise od. vollständig aufgelöst werden. Untereinander u. mit den Nachbargeweben stehen die Wasserleitelemente durch ⁊ *Tüpfel* v. oft kompliziertem Bau in Verbindung. Die meisten Farnpflanzen u. Gymnospermen sowie urspr. Angiospermen besitzen ausschl. Tracheiden, die höheren Angiospermen haben neben Tracheiden die weiterentwickelten Tracheen. Da das Wasser in den Leitbahnen vornehml. durch den durch Wasserverdunstung entstehenden Transpirationssog bewegt wird, sind folgerichtig die

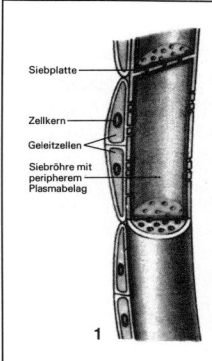

Leitungsgewebe
1 *Siebzellen* und *Siebröhren*: Ein kontinuierl. *Siebröhrensystem*, bestehend aus langgestreckten Zellen mit siebartig durchbrochenen Querwänden (*Siebröhrengliedern*), ist nur bei den Angiospermen entwickelt. Bei den Farnpflanzen u. Gymnospermen sind dagegen nur langgestreckte *Siebzellen* vorhanden, die an beiden Enden zugespitzt u. deren Querwände nur zum Teil durchbrochen sind (*Siebfelder*). Siebröhrenglieder u. Siebzellen sind lebend u. enthalten Cytoplasma, Plastiden u. Mitochondrien. Bei den Angiospermen sind die Siebröhrenglieder kernlos; sie werden jedoch von kernhalt. *Geleitzellen* begleitet.
2 *Tracheiden* und *Tracheen* sind tote Zellen bzw. Zellstränge. Die Tracheiden (s. u.) bestehen aus langgestreckten Zellen mit oft steilen, reich getüpfelten Querwänden. Die Tracheen dagegen entstehen aus Längsreihen v. Einzelzellen, die oft nur wenig gestreckt, jedoch sehr breit sind (*Gefäßglieder*, **a, b**). Zwischen ihnen werden die Querwände mehr od. weniger vollständig aufgelöst (**c**). Tracheen gibt es im wesentl. nur bei den Angiospermen, seltener auch bei anderen Kormophyten (z. B. beim Adlerfarn, *Pteridium aquilinum*). Manchmal werden als Gefäße nur die Tracheen bezeichnet.
3 Hoftüpfeltracheide (**a**) u. Schraubentracheide (**b**).

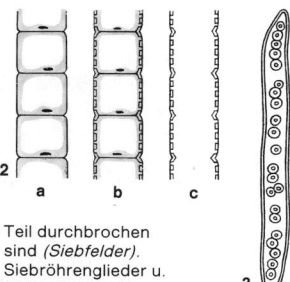

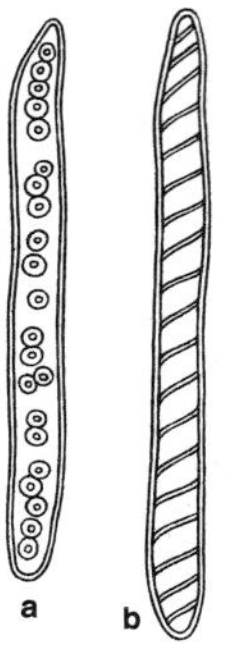

Zellwände gewöhnl. durch auffällige, sehr verschiedenartig gestaltete u. verholzte Wandverdickungen ausgesteift. Dadurch werden sie gg. ein Kollabieren geschützt. Man unterscheidet nach Art der Wandversteifungen *Ring-, Schrauben-, Netz-* u. *Tüpfeltracheiden* bzw. *-tracheen*. Die beiden ersteren Formen sind noch dehnungsfähig u. werden in noch wachsenden u. sich streckenden Organteilen als *Primanen* des Holzteils der Leitbündel angelegt. Neben der Wasserleitung übernehmen die Tracheiden u. Tracheen aufgrund ihrer Wandversteifungen u. Verholzung bedeutende Festigungsaufgaben der v. ihnen durchsetzten Organe u. Organsysteme, speziell aber der ⁊ Sproßachse. Die Leitelemente für die Bau- u. Betriebsstoffe u. die der Wasserleitung treten nur selten vereinzelt auf, sondern sie sind jede für sich i. d. R. mit Parenchymzellen u. Festigungselementen zu strangförm. Verbänden, den *Leitsträngen*, vereinigt, die sich ihrerseits zu ⁊ *Leitbündeln* paaren. *H. L.*

Leitzylinder, *Leitbündelzylinder, Fibrovasalzylinder,* Bez. für die Gesamtheit der zylindr. angeordneten und seitl. miteinander verschmolzenen ⁊ Leitbündel der meisten Holzgewächse (mit Ausnahme vieler Lianen). Die Geschlossenheit des L.s ent-

Lejeuneaceae

steht bereits durch eine seitl. Verschmelzung der Prokambiumstränge. ↗ Leitbündelrohr.

Lejeuneaceae [Mz.; ben. nach dem belg. Arzt A. L. S. Lejeune (l°schöhn), 1779 bis 1858], Fam. der ↗ *Jungermanniales*, mit ca. 2000 Arten die größte Fam. der Lebermoose; v. a. trop. oder subtrop. Rindenmoose. Die Thalli sind sehr unterschiedl. gebaut; bei der Gatt. *Aphanolejeunea* sehr zart mit reduzierten Blättchen, die im trop. SO-Asien beheimatete Art *Metzgeriopsis pusilla* ist ein ausgesprochenes Protonema-Moos. Mehrere Gatt., wie *Leptolejeunea, Ceratolejeunea* u. a., besitzen in ihren Blättchen große, in Form u. Inhalt v. den übrigen Zellen abweichende Ocellen. In Europa kommen nur wenige Arten vor, so v. der Gatt. *Lejeunea* nur 6, u. a. *L. cavifolia* u. im hohen Norden *L. alaskana.* Von der Gatt. *Cololejeunea*, die in Indonesien weit verbreitet ist, kommen auch nur 3 Arten vor, v. denen *C. calcarea* und *C. rossettiana* hygro- bis mesophytische Bewohner v. Kalkstein sind. Auf Neuguinea besiedeln verschiedene Arten u. a. der Gatt. *Odontolejeunea, Microlejeunea* u. *Cololejeunea* die Flügeldecken v. großen, flugunfähigen pflanzenfressenden Rüsselkäfern. Bei der Gatt. *Colura* sind die Seitenblätter zu kompliziert gebauten Wassersäcken umgewandelt.

Leloir [l°l°ar], *Luis Federico,* frz.-argentin. Biochemiker, * 6. 9. 1906 Paris; seit 1941 Prof. in Buenos Aires; klärte die Biosynthesereaktionen v. Polysacchariden auf u. wies als Coenzyme bei diesen Reaktionen Nucleotide (↗ Nucleosiddiphosphatzucker) nach; erhielt 1970 den Nobelpreis für Chemie.

Lemanea *w* [ben. nach dem frz. Botaniker D. S. Leman, 1781–1829], Gatt. der ↗ Nemalionales. [haie 2].

Lemargo *m, Somniosus rostratus*, ↗ Dornhai.

Lemminge [Mz.; dän./norw.], 1) *Lemmini,* Gatt.-Gruppe der Wühlmäuse (U.-Fam. *Microtinae*) mit 4 Gatt. u. insgesamt 13 Arten; häufigste Kleinsäuger des hohen N, mit dichtem Pelz u. gedrungener Gestalt; Kopfrumpflänge 8–14 cm; lange Grabkrallen an den Vorderfüßen. L. halten keinen Winterschlaf; sie halten sich über die Wintermonate fast ausschl. unter der Schneedecke auf. Für Eisfüchse, Vielfraße, Schnee-Eulen u. Greifvögel sind die L. die wichtigsten Beutetiere. – Die Halsband-L. (Gatt. *Dicrostonyx*; 5 Arten) sind über N-Asien u. das arkt. N-Amerika bis Grönland verbreitet; ihr im Sommer graubraunes Fell ist im Winter rein weiß; sie haben nur über Winter Doppelkrallen an der 3. und 4. Zehe der Vorderfüße. Im östl. N-Amerika leben die Lemmingmäuse od. Moor-L. (Gatt.

lemn- [v. gr. lemna = Wasserlinse].

L. F. Leloir

Lemnetea

Ordnung und Verbände:
Lemnetalia
 Lemnion minoris
 Lemnion paucicostatae

Lemnetea

Neben den klimat. Gegebenheiten bestimmt der Nährstoffgehalt des Wassers die Artenzusammensetzung der Pflanzenges., so daß sich verschiedene Assoz. unterscheiden lassen. Bei günst. Lebensbedingungen ist das Wachstum der Wasserlinsendecken auffallend rasch. Durch vegetative Vermehrung kann es zu einer Verdoppelung der Individuenzahlen innerhalb von 25 Std. kommen. Generative Vermehrung läßt sich hingegen nur sehr selten beobachten. Die Ausbreitung der Pflänzchen erfolgt bes. durch Vögel.

Synaptomys; 2 Arten) in Mooren u. Feuchtwiesen. Der subarkt. verbreitete Waldlemming *(Myopus schisticolor)* bevorzugt Höhen von 600 bis 2400 m und gräbt seine Gänge unter der Moosdecke; starke Vermehrung führt etwa alle 10 Jahre zu örtl. begrenzten Wanderungen. Ausgedehnte Massenwanderungen führen nur die Echten L. (Gatt. *Lemmus;* 5 auffallend bunt gefärbten Arten in N-Europa, -Asien u. -Amerika) bes. in den sog. „Lemmingjahren" durch. Der in Skandinavien verbreitete Berglemming (*L. lemmus,* B Europa III) wandert alljährlich z. Z. der Schneeschmelze in sein Sommergebiet u. bereits ab Aug. zurück in sein Überwinterungsgebiet; in günst. Jahren können sich die Weibchen des 1. Wurfs und z. T. auch noch die des 2. Wurfs bereits in ihrem Geburtsjahr fortpflanzen; hierauf beruhen die alle 3–4 Jahre stattfindenden Massenwanderungen der Berglemmings, bei denen sehr viele Tiere umkommen; die Lebensdauer des Berglemmings beträgt nur etwa 1,5 Jahre. – 2) Mull-L., *Ellobiini,* Gatt.-Gruppe asiat. Wühlmäuse mit 1 Gatt. (*Ellobius*) und 2 Arten mit unterird. Lebensweise. Der Nördl. Mull-Lemming *(E. talpinus)* bewohnt Steppen u. Halbwüsten der Mongolei. – 3) Steppen-L., *Lagurus,* Gatt. der Eigentl. Wühlmäuse (*Microtini*) mit 1 Art im mittleren Westen N-Amerikas u. 2 altweltl. Arten, die halbtrockene Wermutsteppen von der Ukraine bis in die Mongolei bewohnen.

H. Kör.

Lemmus *m* [v. norw. lemming], Gatt. der Wühlmäuse, ↗ Lemminge.

Lemna *w* [gr., = Wasserlinse], Gatt. der ↗ Wasserlinsengewächse.

Lemnaceae [Mz.; v. *lemn-], die ↗ Wasserlinsengewächse.

Lemnanura [Mz.; v. *lemn-, gr. an- = ohne, oura = Schwanz], *Lemmanura,* ↗ Froschlurche.

Lemnetea [Mz.; v. *lemn-], *Wasserlinsendecken,* Kl. der Pflanzenges. mit 1 Ord. (*Lemnetalia*) und 2 Verb. (vgl. Tab.). Kosmopolit., artenarme Schwimmpflanzenges. aus Vertretern der Fam. *Lemnaceae.* Die winzigen, frei an der Oberfläche v. Stillgewässern driftenden Pflänzchen sind wärmebedürftig u. meiden daher höhere Gebirgslagen und arkt. Regionen. Verhältnismäßig reichhaltig sind die L. hingegen in atlant. und submediterran geprägten Gebieten Europas ausgebildet. Hier finden sich zuweilen auch Farne trop. Verwandtschaftskreises ein, wie der Schwimmfarn *(Salvinia natans)* od. der Große Algenfarn *(Azolla filiculoides),* so z. B. in den Gewässern der milden Oberrheinebene.

Lemnisken [Mz.; v. gr. lēmniskos = Band] ↗ Acanthocephala.

Lemongrasöl [lemen-; v. engl. lemon = Zitrone] ↗ Cymbopogon.

Lemoniidae [Mz.], die ↗ Herbstspinner.

Le Moustier [ləmuⁿtie], Fundort (Dép. Dordogne, S-Fkr.), an dem 1908 unter einem Felsdach das fast vollständige Skelett einer jungen Neandertalerfrau („Jüngling", *Moustier-Mensch*) zusammen mit Steinwerkzeugen des ↗ Moustérien ausgeraben wurde.

Lemuren [Mz.; v. lat. lemures = Nachtgeister, Seelen der Toten], 1) i. w. S. die *L.artigen* (*Lemuriformes*), Teil-Ord. der ↗ Halbaffen (*Prosimiae*) mit 3 Fam.: ↗ Fingertiere, ↗ Indris u. Eigentl. L. Heutige Verbreitung: Madagaskar („Insel der L.") u. Komoren; im fr. Tertiär gab es L.-Verwandte auch in Europa u. Amerika. – 2) i. e. S. nur die *Eigentl. L.* oder *Makis* (Fam. *Lemuridae*) mit 2 U.-Familien (vgl. Tab.); Kopfrumpflänge 11–50 cm, Schwanzlänge 12–70 cm; viele mit fuchsähnl. verlängerter Schnauze. Zu den nachtaktiven Katzenmakis (U.-Fam. *Cheirogaleinae*) rechnen 3 Gatt.: die sich hpts. v. Insekten ernährenden Zwergmakis (*Microcebus*; 2 Arten) mit dem kleinsten Vertreter der ↗ Herrentiere (Mausmaki, *M. murinus*; Kopfrumpflänge 11 cm), der Gabelstreifige Katzenmaki (*Phaner furcifer*; Gesamtlänge 60 cm) u. die in Gestalt u. Bewegungen eichhörnchenähnl. Echten Katzenmakis (*Cheirogaleus*; 3 Arten; Kopfrumpflänge 14 cm). – Bei den „Charaktertieren Madagaskars", den z. T. tagaktiven Mittelgroßen L. (U.-Fam. *Lemurinae*) unterscheidet man 3 Gatt., die sog. Halbmakis (*Hapalemur*; 2 Arten), die Wieselmakis (*Lepilemur*; 2 Arten) u. die Echten Makis (*Lemur*; 6 Arten), zu denen der Katta (*L. catta*, B Afrika VIII), der Mohrenmaki (*L. macaco*, B Afrika VIII) u. die größte L.art, der Vari (*L. variegatus*; Gesamtlänge 120 cm), gehören.

Lemuria w [ben. nach den Lemuren Madagaskars], *Lemurenkontinent*, (P. L. Slater 1874), Name für eine alte Festlandsmasse, die aus paläozoogeograph. Erwägungen heraus Teile S-Afrikas, Madagaskars, die Inselgruppen der Komoren, Seychellen, Malediven, Lakkadiven u. Ceylon sowie die Dekhanhalbinsel Vorderindiens umfaßt haben u. etwa an der Wende Paläogen/Neogen (ca. 30 Mill. Jahre vor heute) bis auf die heutigen Reste im Ind. Ozean versunken sein soll. Hauptstütze dieser Hypothese war die Verbreitung der heute auf Madagaskar u. die Komoren beschränkten ↗ Lemuren (Halbaffen). Im Lichte der modernen ↗ Kontinentaldrifttheorie (☐) u. Plattentektonik war diese Landmasse Teil des alten ↗ Gondwanalands. Die urspr. paläogeograph. Position Madagaskars in diesem Block ist derzeit unbekannt. In der Geophysik wird mit einer Abdrift des Dekhan-Blocks gg. Ende der Trias (180 Mill. Jahre vor heute) u. Madagaskars gg. Ende der Kreide (65 Mill.) gerechnet. Zoogeograph. Argumente sprechen eher gg. diese hohen Alter.

Lemuridae [Mz.; v. lat. lemures = Nachtgeister, Seelen der Toten], die Eigentlichen ↗ Lemuren.

Lende, *L.nregion, Lumbus, Regio lumbalis*, bei Säugern u. Mensch die Rückenpartie zw. den untersten Rippen u. dem Darmbeinkamm.

Lendenmuskel ↗ Hüftmuskeln.

Lendenwirbel, *Lumbalwirbel, Vertebrae lumbales*, untere Rückenwirbel (Dorsalwirbel) der Säuger u. des Menschen, der Krokodile u. einiger Eidechsen. L. tragen im Ggs. zu ↗ Brustwirbeln keine Rippen od. fest angewachsene unbewegl. Rippenrudimente, die als Querfortsätze erscheinen; die eigtl. Querfortsätze sind reduziert. – Bei Säugern liegt die Zahl der L. zwischen 3 (Schnabeltier) und 9 (Erdferkel); nur Wale haben bis über 30 L. Der Mensch weist normalerweise 5 L. auf, ihre Zahl kann aber um 1 erhöht od. vermindert sein, indem entweder 1 L. mit den ↗ Kreuzwirbeln zum Kreuzbein verschmolzen ist (*Sakralisation*) od. 1 Kreuzwirbel frei geblieben u. zu einem L. geworden ist (*Lumbalisation*). ↗ Wirbelsäule (☐).

Leng, *L.fische, Molva*, Gatt. der Dorsche i. e. S., Körper langgestreckt mit saumart. After- und 2. Rückenflosse. Der bis 2 m lange, nordostatlant. gewöhnl. L. (*M. molva*, B Fische II) lebt meist in einer Tiefe um 350 m; er wird erst mit 8–10 Jahren geschlechtsreif; große Weibchen legen bis 60 Mill., etwa 1 mm große, freischwebende Eier pro Laichperiode. Noch schlanker ist der bis 1,5 m lange, unterseits bläul., großäugige, ebenfalls nordostatlant. Blau-L. (*M. dipterygia*); er besiedelt v. a. die Schelfabhänge zw. 400 und 1500 m Tiefe.

lenitischer Bezirk [v. lat. lenitas = Gelassenheit, Ruhe], der durch langsamfließendes od. stehendes Wasser u. Pflanzenbestände gekennzeichnete Uferbereich v. Gewässern. Ggs.: lotischer Bezirk.

Lenok, *Brachymystax lenok*, bis etwa 50 cm langer Lachsfisch sibir. Flüsse mit kleinem Maul, in einigen Gebieten wicht. Nutzfisch.

Lens w [lat., = Linse], 1) Bot.: die ↗ Linse; 2) Zool.: die Linse des ↗ Linsenauges.

Lensia w [v. lat. lens = Linse], Gatt. der ↗ Calycophorae (T).

Lentibulariaceae [Mz.; v. lat. lens, Gen. lentis = Linse, tubulus = kleine Röhre], die ↗ Wasserschlauchgewächse.

Lentinellus m [v. lat. lentus = zähe], die ↗ Zählinge.

Lendenwirbel
Gelegentl. treten beim Menschen ungewöhnl. lange, nicht fest mit den L.n verschmolzene Rippenrudimente auf; sie werden als Lendenrippen bezeichnet u. können zu Nierenbeschwerden führen.

Lemuren
Unterfamilien, Gattungen und Arten der L. i. e. S. (Fam. *Lemuridae*):

U.-Fam. Katzenmakis
(*Cheirogaleinae*)
  Zwergmakis
  (*Microcebus*)
    Mausmaki
    (*M. murinus*)
    Coquerels Zwergmaki (*M. coquereli*)
  Echte Katzenmakis
  (*Cheirogaleus*)
    Büschelohriger
    Katzenmaki
    (*C. trichotis*)
    Mittlerer Katzenmaki (*C. medius*)
    Großer Katzenmaki (*C. major*)
  Phaner
    Gabelstreifiger
    Katzenmaki
    (*P. furcifer*)

U.-Fam. Mittelgroße
Lemuren (*Lemurinae*)
  Halbmakis
  (*Hapalemur*)
    Grauer Halbmaki
    (*H. griseus*)
    Breitschnauzenhalbmaki
    (*H. simus*)
  Echte Makis (*Lemur*)
    Katta (*L. catta*)
    Vari (*L. variegatus*)
    Mohrenmaki
    (*L. macaco*)
    Schwarzkopfmaki
    (*L. fulvus*)
    Mongozmaki
    (*L. mongoz*)
    Rotbauchmaki
    (*L. rubriventer*)
  Wieselmakis
  (*Lepilemur*)
    Kleiner Wieselmaki
    (*L. ruficaudatus*)
    Großer Wieselmaki
    (*L. mustelinus*)

Lentinus

Lentinus *m* [v. lat. lentus = zähe], die ↗Sägeblättlinge.

Lentiviren [Mz.; v. lat. lentus = langsam], U.-Fam. *Lentivirinae* der ↗Retroviren.

Lentizellen [v. lat. lenticula = Linse] ↗Kork.

Leocarpus *m* [v. gr. leios = glatt, karpos = Frucht], Gatt. der *Physaraceae* (Blasenstäublinge), Schleimpilze, deren Sporangien 2 Membranen besitzen, die äußere glänzend – wie lackiert aussehend –, von knorpel. Konsistenz, innen mit Kalkkörnchen besetzt, die innere Membran farblos zart. Das Capillitium besteht aus 2 Systemen; eines bildet ein Netzwerk v. starren farblosen Fäden, das andere ist grob verzweigt u. besitzt braune Kalkkörnchen. Die Sporen sind stachelig. – Häufig findet sich das Löwenfrüchtchen (Gebrechl. Glanzstäubling), *Leocarpus fragilis* Rostaf., an Blättern, Moosen, Sträuchern, Gräsern. Das Plasmodium ist zitronen-orangegelb gefärbt; die braunen, glänzenden, kugeligen od. eiförmigen, meist gestielten Sporangien (2–4 mm lang) stehen gehäuft, aneinandergedrängt wie Insekteneier.

Leonardo da Vinci [-wintschi], it. Maler, Zeichner, Bildhauer, Architekt, Musiker, Forscher u. Ingenieur, * 15. 4. 1452 Vinci bei Empoli, † 2. 5. 1519 Schloß Cloux bei Amboise; als universaler Geist der bedeutendste Vertreter u. Vollender der Hochrenaissance in ihrer Verbindung v. Kunst u. Wiss. u. ihrem Streben nach allseitiger menschl. Vervollkommnung. Wesentl. für sein Werk sind eine für seine Zeit neue Hinwendung zur Naturbeobachtung, zu Erfahrung u. Experiment. L., der überwiegend in Florenz u. Mailand arbeitete, gilt als der Begr. der experimentellen Naturwiss.; seine Studien erstrecken sich auf den Gesamtbereich der Naturwiss., insbes. Anatomie (u. a. Studien v. Muskeln, Knochen, Herz u. Kreislauf) u. Embryologie, Geographie u. Kartographie, Geometrie u. Optik. Die Pläne u. Konstruktionen L.s als Techniker u. Ingenieur (z. B. Panzer, Flugzeuge, Aufzüge) eilen ihrer Zeit weit voraus. Es gibt kaum ein Gebiet der Technik, in dem sich L. nicht versucht hätte.

Leontideus *m* [gr., = junger Löwe], Gatt. der ↗Tamarins.

Leontodon *m* [v. gr. leōn = Löwe, odōn = Zahn], ↗Löwenzahn.

Leontopodium *s* [v. gr. leontopodion = Löwenfuß (eine Pfl.)], das ↗Edelweiß.

Leonurus *m* [v. gr. leōn = Löwe, oura = Schwanz], der ↗Löwenschwanz.

Leopard *m* [v. gr. leopardos = L.], Panther, *Panthera pardus,* die am weitesten über Afrika u. Asien verbreitete Großkatze (B Afrika V); Kopfrumpflänge 1–1,5 m, Schulterhöhe etwa 70 cm, Schwanzlänge 60–90 cm; Rumpf schlank u. langgestreckt; Fellfärbung gelbl.-braun mit zahlr. schwarzen rosettenförm. Flecken (Somatolyse). Schwärzlinge (sog. „Schwarze Panther", B Asien VI) treten gehäuft bei Java-L. *(P. p. melas)* u. Indischem L. *(P. p. fusca)* auf. Der L. stellt außer an das Vorkommen v. Wasser u. genügend Beutetieren keine bes. Ansprüche u. besiedelt daher in zahlr. U.-Arten (vgl. Tab.) recht unterschiedl. Lebensräume (z. B. Trockensavannen, Regenwälder, Hochebenen). Mit Ausnahme der Paarungszeit (Tragzeit: 3 Monate, Wurfgröße: 2–3) leben L.en einzeln u. verhalten sich standorttreu. Sie ruhen am Tage in einem Bodenversteck od. in der Astgabel eines Baumes u. jagen hpts. abends u. nachts. Beutetiere werden am Boden angeschlichen, in raschem Sprung gegriffen u. durch Nackenbiß getötet. L.en sind gewandte Kletterer u. können selbst große Beutetiere zum Verzehren auf einen Baum schleppen. Durch den einst intensiven Handel mit L.enfellen sind einige U.-Arten selten geworden od. gar ausgestorben. ↗Schnee-L.; Jagd-L. ↗Gepard. See-L. ↗Südrobben.

Leopardenhai, *Triakis semifasciata,* ↗Marderhaie.

Leopardfrosch, *Rana pipiens,* ↗Ranidae.

Leopardkatze, die ↗Bengalkatze.

Leopardnatter, *Elaphe situla,* Art der Kletternattern; bis ca. 1 m lang, oberseits grau- bis gelbbraun gefärbt, mit großen rotbraunen, schwarz gerandeten Flecken od. Längsstreifen; Flanken dunkel kleinfleckig; unterseits rahmfarben, dunkel gefleckt; in S-Italien, den Balkanländern u. auf einigen Mittelmeerinseln beheimatet; bevorzugt sonniges, felsiges, verhältnismäßig flaches, mit einigen Sträuchern bewachsenes Gelände; ernährt sich hpts. v. Mäusen, nestjungen Vögeln u. Eiern. Weibchen legt 2–5 (7) Eier unter Steine u. in Erdgänge. Weitgehend Bodenbewohnerin,

Leopard
Unterarten von *Panthera pardus*:

Asien
- Amur-L. *(P. p. orientalis)*
- Chinesischer L. *(P. p. japonensis)*
- Hinterindischer L. *(P. p. delacouri)*
- Indischer L. *(P. p. fusca)*
- Java-L. *(P. p. melas)*
- Ceylon-L. *(P. p. kotiya)*
- Nepal-L. *(P. p. pernigra)*
- Kaschmir-L. *(P. p. millardi)*
- Belutschistan-L. *(P. p. sindica)*
- Mittelpersischer L. *(P. p. dathei)*
- Nordpersischer L. *(P. p. saxicolor)*
- Kaukasus-L. *(P. p. ciscaucasica)*
- Kleinasiatischer L. *(P. p. tulliana)*
- Sinai-L. *(P. p. jarvisi)*

Afrika
- Nordafrikanischer L. *(P. p. pardus)*
- Eritrea-L. *(P. p. antinorii)*
- Ostafrikanischer L. *(P. p. suahelica)*
- Sansibar-L. *(P. p. adersi)*
- Zentralafrikan. L. *(P. p. shortridgei)*
- Südafrikanischer L. *(P. p. melanotica)*
- Uganda-L. *(P. p. chui)*
- Kamerun-L. *(P. p. reichenowi)*
- Westafrikanischer Wald-L. *(P. p. leopardus)*
- Kongo-L. *(P. p. ituriensis)*

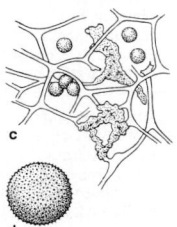

Leocarpus Löwenfrüchtchen *(L. fragilis)*: a Sporangien, b aufgebrochenes Sporangium, c Capillitium u. Sporen, d vergrößerte Spore

Leonardo da Vinci

klettert aber gut. Okt.–Apr. Winterruhe. Eine der schönsten eur. Schlangen.

Leopardus *m* [v. gr. leopardos = Leopard], Gatt. der Kleinkatzen, ↗ Ozelotverwandte.

Leotia *w* [v. gr. leiotēs = Glätte], *Gallertkäppchen*, Gatt. der Erdzungen (*Geoglossaceae*, auch bei den ↗ *Bulgariaceae* eingeordnet), Schlauchpilze v. gallertart. Konsistenz; der Fruchtkörper ist in einen schlankeren Stiel u. den sporentragenden Teil gegliedert, der mehr od. weniger lappig, hutähnl. abgeflacht, kopf- od. trompetenförmig aussieht. Die etwa 7 *L.*-Arten kommen oft gesellig in feuchten Laub- u. Nadelwäldern vor. Häufig findet man das 4–7 cm hohe, eßbare Grüngelbe Gallertkäppchen (*L. lubrica* Pers. = *L. gelatinosa* Hill) gesellig auf feuchtem, lehm. Boden.

Lepadogaster *w* [v. gr. lepas = Muschel, gastēr = Magen], Gatt. der ↗ Schildbäuche.

Lepas *w* [gr., = einschalige Muschel], Gatt. der ↗ Rankenfüßer.

Leperditia *w*, (Rouault 1851), † Gatt. extrem großer (über 20 mm langer) Muschelkrebse (Ostracoden) mit dicken, etwa ungleichklappigen glatten u. glänzenden Schalen, die auf Schichtflächen dichte Pflaster bilden können. Typus-Art: *L. britannica;* Verbreitung: unteres Ordovizium bis oberes Devon, kosmopolitisch.

Lepetellidae [Mz.], *Tiefseenapfschnecken,* Fam. der Altschnecken mit napf- oder kegelförm. Gehäuse unter 10 mm ⌀; mit großer Nackenkieme u. sekundären Mantelkiemen od. ohne Kiemen. Fächerzüngler mit modifizierter Reibzunge, die sich wahrscheinl. von Mikroorganismen ernähren. 3 Gatt. mit wenigen Arten, die z.T. unter 9500 m Tiefe leben.

Lepetidae [Mz.], Fam. der Altschnecken mit napf- oder kegelförm. Gehäuse unter 10 mm Länge, mit hufeisenförm. Schalenmuskel u. zu einer Nackengrube reduzierter Mantelhöhle; Augen, Kiemen u. Osphradien fehlen. ⚥ Balkenzüngler, die in arkt. und antarkt. Meeren leben; 4 Gatt. mit wenigen Arten.

Lepidium *s* [v. gr. lepidion = Gartenkresse], die ↗ Kresse.

Lepidobatrachus *m* [v. *lepido-*, gr. batrachos = Frosch], Gatt. der ↗ Hornfrösche.

Lepidocarpaceae [Mz.; v. *lepido-*, gr. karpos = Frucht], die ↗ Samenbärlappe.

Lepidochelys *w* [v. *lepido-*, gr. chelys = Schildkröte], Gatt. der ↗ Meeresschildkröten.

Lepidosirenidae [Mz.; v. *lepido-*, gr. Sei-Unterkleid], Gatt. der *Ischnochitonidae,* kosmopolit. verbreitete Käferschnecken. *L. cinereus* (ca. 22 mm lang) lebt vorwiegend im Gezeitenbereich v. Atlantik, Nord-

lepidodendr- [v. gr. lepis, Gen. lepidos = Schuppe, dendron = Baum], in Zss.: Schuppenbaum-.

Leotia
Grüngelbes Gallertkäppchen (*L. gelatinosa* Hill)

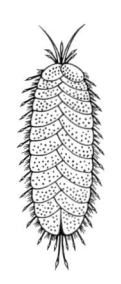

Lepidonotus squamatus

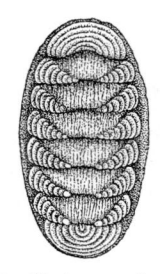

Lepidopleurus cajetanus, Mittelmeer, 3 cm lang

lepido- [v. gr. lepis, Gen. lepidos = Schuppe, Schale, Hülse, auch Schuppenhaut].

und westl. Ostsee an Steinen u. Muschelschalen, v. denen sie den Algenbewuchs abschabt; Körperfärbung richtet sich nach dem Substrat. Die ♂♂ werden mit 4, die ♀♀ mit 6 mm reif; erwachsene ♀♀ legen ca. 1500 Eier pro Jahr.

Lepidodendraceae [Mz.; v. *lepidodendr-*], die ↗ Schuppenbaumgewächse.

Lepidodendrales [Mz.; v. *lepidodendr-*], die ↗ Schuppenbaumartigen.

Lepidodendron *s* [v. *lepidodendr-*], Gatt. der ↗ Schuppenbaumgewächse.

Lepidoderma *s* [v. *lepido-*, gr. derma = Haut], Gatt. der ↗ Didymiaceae.

Lepidolaenaceae [Mz.; v. *lepido-*, lat. laena = Wollmantel], Fam. der ↗ *Jungermanniales* mit nur 2 Gatt., die im patagon.-austr. Bereich vorkommen; die Gatt. *Lepidolaena* v.a. in Neuseeland, die Gatt. *Gackstroemia* mit *G. magellanica* ist eine Charakterart des südl. S-Amerika.

Lepidomenia *w* [v. *lepido-*, gr. mēn = Mond], Gatt. der *Lepidomeniidae,* Furchenfüßer mit Kalkschuppen, deren Länge zum Hinterende zunimmt, Radula zweizeilig; ⚥. 2 Arten, v. denen *L. hystrix* im westl. Mittelmeer vorkommt.

Lepidonotus *m* [v. *lepido-*, gr. nōtos = Rücken], Gatt. der Ringelwurm-(Polychaeten-)Fam. *Polynoidae* (Ord. *Phyllodocida*). *L. squamatus,* bis 5 cm lang, 15–30 mm breit, 12 Paar Elytren; lebt auf Hartböden im Gezeitenbereich u. tiefer; Nordsee, westl. Ostsee.

Lepidophloios *m* [v. *lepido-*, gr. phloios = Rinde], Gatt. der ↗ Schuppenbaumgewächse.

Lepidophyma *s* [v. *lepido-*, gr. phyma = Gewächs (am Körper)], Gatt. der ↗ Nachtechsen.

Lepidopleurus *m* [v. *lepido-*, gr. pleura = Rippen, Seite], Gatt. der *Lepidopleuridae,* kleine Käferschnecken ohne od. mit sehr kleinen, ungeschlitzten Insertionsplatten; weltweit mit ca. 50 Arten verbreitet. *L. asellus* (unter 15 mm lang), in Mittelmeer, Atlantik u. Nordsee auf sand.-steinigen Böden, lebt v. Kieselalgen.

Lepidoptera [Mz.; v. *lepido-*, gr. pteron = Flügel], die ↗ Schmetterlinge.

Lepidopteris *w* [v. *lepido-*, gr. pteris = Farn], Gatt. der ↗ Peltaspermales.

Lepidopterologie *w* [v. *lepido-*, gr. pteron = Flügel, logos = Kunde], Wiss. v. den Schmetterlingen.

Lepidorhombus *m* [v. *lepido-*, gr. rhombos = Rochen, Butt], Gatt. der ↗ Butte.

Lepidosaphes *m* [v. *lepido-*, gr. saphēs = deutlich], Gatt. der ↗ Deckelschildläuse.

Lepidosauria [Mz.; v. *lepido-*, gr. sauros = Eidechse], die ↗ Schuppenkriechtiere.

Lepidosirenidae [Mz.; v. *lepido-*, gr. Seirēn = Sirene], Fam. der ↗ Lungenfische.

Lepidospermae

Lepidospermae [Mz.; v. *lepido-, gr. sperma = Same], die ↗Samenbärlappe.

Lepidostrobus m [v. *lepido-, gr. strobos = Wirbel], Gatt.-Name für bestimmte Zapfen der ↗Schuppenbaumgewächse.

Lepidoziaceae [Mz.; v. *lepido-, gr. zeia = Dinkel, Spelt], Fam. der ↗Jungermanniales mit 3 Gatt., deren Arten überwiegend auf der Südhalbkugel verbreitet sind. In Europa kommen v. der Gatt. *Lepidozia* nur 3 Arten vor, wovon *L. reptans* eines der häufigsten Lebermoose ist. Auf sauren Rohhumusböden v. Nadelwäldern tritt mitunter *Bazzania trilobata* auf. Zu den kleinsten Lebermoosen gehört *Zoopsis argentea*.

Lepidurus m [v. gr. lepis = Schuppe, oura = Schwanz], Gatt. der ↗Notostraca.

Lepiota [Mz.; v. gr. lepion = Schüppchen], die ↗Schirmlinge.

Lepismatidae [Mz.; v. gr. lepismata = Schuppen], Fam. der Urinsekten, ↗Silberfischchen.

Lepisosteidae [Mz.; v. gr. lepis = Schuppe, osteon = Knochen], die ↗Knochenhechte.

Lepisosteiformes [Mz.; v. gr. lepis = Schuppe, osteon = Knochen, lat. forma = Gestalt], Ord. der ↗Knochenfische.

Lepista w [lat., = Trinknapf], die ↗Rötelritterlinge. [barsche.

Lepomis m [v. *lepo-], Gatt. der ↗Sonnen-

Leporidae [Mz.; v. lat. lepores = Hasen], die ↗Hasenartigen.

Leporinae [Mz.; v. lat. leporinus = Hasen-], die ↗Hasenartigen i. e. S.

Leporinus m [lat., = anmutig], Gatt. der ↗Salmler.

Leporipoxviren [Mz.; v. lat. lepus = Hase, engl. pocks = Pocken], Gatt. *Leporipoxvirus* der ↗Pockenviren.

Lepra w [gr., =], Aussatz, Hansen-Krankheit, durch den Hansen-Bacillus *Mycobacterium leprae* (↗Mykobakterien) hervorgerufene chron. Infektionserkrankung in den Tropen u. Subtropen. Inkubationszeit zw. 9 Monaten und ca. 15 Jahren. Die L. manifestiert sich an Haut u. Schleimhäuten als zunächst vielfältige flächige Hautveränderungen mit deutl. Pigmentierung, später knotige granulomatose Geschwüre. Bei Befall der Nerven treten Lähmungen, Muskelentzündungen u. Sensibilitätsstörungen auf. Der Nachweis erfolgt durch Abstriche aus verdächt. Hautarealen. Etwa 80% der L.-Infektionen werden überwunden, Therapie u. a. mit Sulfonen. Der Krankheitsverlauf führt unbehandelt zu extremen Gewebsverstümmelungen u. Verlust v. Gliedern.

leprös [v. lat. leprosus = aussätzig], **1)** Botanik: Flechtenlager mehlig aufgelöst; ohne differenzierte Lagerstrukturen; l.e Flechten *(Krätzflechten)* leben hpts. an

lepido- [v. gr. lepis, Gen. lepidos = Schuppe, Schale, Hülse, auch Schuppenhaut].

lepo- [v. gr. lepos = Rinde, Schuppe].

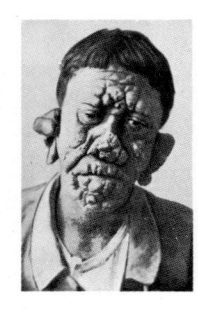

Lepra
Leprakranker; z. Z. gibt es mindestens 10 Mill. Leprakranke auf der Erde.

lept-, lepto- [v. gr. leptos = fein, zart, dünn, schmal, klein].

nicht beregneten Standorten; sie sind häufig nur steril bekannt. **2)** Medizin: die ↗Lepra betreffend.

Leptaena w [v. *lept-], (Dalman 1828), zur Fam. *Strophomenidae* gehörende † Brachiopoden-Gatt. mit flacher, grob punctater, konkav-konvexer Schale, die durch eine breite Umbiegung (Schleppe) zur Armklappe hin sehr voluminös erscheint. Typus-Art: *L. rugosa* Dalman 1828; Verbreitung: mittleres Ordovizium bis Devon, kosmopolitisch.

Leptailurus m [v. *lept-, gr. ailouros = Kater, Katze], Gatt. der Kleinkatzen ↗Serval.

Leptauchenia w [v. *lept-, gr. auchēn = Nacken], (Leidy 1856), zur † Infra-Ord. *Oreodonta* Osborn 1910 gehörende Paarhufer-Gatt. aus dem Tertiär N-Amerikas. Die Tiere waren klein, kurzschädelig u. im Skelettbau ähnl. der gleichzeitig in Europa zahlr. vertretenen Gatt. ↗ *Cainotherium*; Gebiß mit 44 Zähnen, Molaren wurzeloshypsodont. Verbreitung: Oberoligozän bis Untermiozän v. N-Amerika.

Leptidae [Mz.; v. *lept-], die ↗Schnepfenfliegen.

Leptidea w [v. *lept-], Gatt. der ↗Weißlinge. [käfer.

Leptinidae [Mz.; v. *lept-], die ↗Pelzfloh-

Leptinotarsa w [v. *lept-, gr. tarsos = Flügel], Gatt. der Blattkäfer, ↗Kartoffelkäfer.

Leptinus m [v. *lept-], Gatt. der ↗Pelzflohkäfer.

Leptobos m [v. *lepto-, lat. bos = Rind], (Rütimeyer 1878), einem † Seitenzweig der Fam. *Bovidae* (↗Hornträger) zugeordneter primitiver, großwüchsiger Repräsentant der Rinderartigen aus dem Ältestpleistozän (Villafranchium) v. Europa u. dem Postvillafranchium v. Asien.

Leptobrachium s [v. *lepto-, lat. bracchium = Arm], Gatt. der ↗Krötenfrösche.

Leptobryum s [v. *lepto-, gr. bryon = Moos], Gatt. der ↗Bryaceae.

Leptocephalus m [v. *lepto-, gr. kephalē = Kopf], Larve der ↗Aale.

Leptoceridae [Mz.; v. *lepto-, gr. keras = Horn], die ↗Cypselidae.

Leptocorisa w [v. *lepto-, gr. koris = Wanze], Gatt. der ↗Randwanzen.

Leptodactylidae [Mz.; v. *lepto-, gr. daktylos = Finger], die ↗Südfrösche.

Leptodactylodon m [v. *lepto-, gr. daktylos = Finger, odōn = Zahn], Gatt. der ↗Ranidae.

Leptodactylus m [v. *lepto-, gr. daktylos = Finger], Gatt. der ↗Südfrösche.

Leptodeira w [v. *lepto-, gr. deira = Hals], Gatt. der ↗Trugnattern.

Leptodemus m [v. *lepto-, gr. dēmos = Volk], ↗Kinorhyncha.

Leptodora w [v. *lepto-, gr. dora = Haut], einzige Gatt. (mit nur 1 Art, *L. kindtii*) der

Haplopoda (U.-Ord. der ⁊Wasserflöhe). Große (bis 18 mm), langgestreckte, deutl. segmentierte, vollkommen durchsicht. Tiere, die keinerlei Ähnlichkeit mit anderen Wasserflöhen haben. Die 6 Paar Thorakopoden sind einästige Stabbeine, die zus. einen Fangkorb bilden. Der Vorderkopf ist verlängert u. trägt ein riesiges Komplexauge. Vom Carapax ist beim ♂ nur ein kleines Rudiment vorhanden, beim ♀ bildet er einen rucksackart. Eibehälter. Sommer- u. Wintereier; aus den Wintereiern schlüpft ein Metanauplius. Räuberisch, ernähren sich v. anderen Planktonkrebsen. Im Plankton v. Seen u. langsam fließenden Flüssen Eurasiens und N-Amerikas.

Leptogium *s* [v. gr. leptogeios = mit dünnem Boden], Gatt. der ⁊Collemataceae.

Leptoglossum *s* [v. *lepto-, gr. glōssa = Zunge], die ⁊Adermooslinge.

Leptolejeunea *w* [v. *lepto-, ben. nach dem belg. Arzt A. L. S. Lejeune (lᵒschöhn), 1779–1858], Gatt. der ⁊Lejeuneaceae.

Leptom *s* [v. *lepto-], veraltete Bez. für den Siebteil des ⁊Leitbündels, allerdings in seiner exakten Definition unter Ausschluß der mechan. Elemente, der Bastfasern.

Leptomedusae [Mz.; v. *lepto-, gr. Medousa = schlangenhaarige Gorgone], artenreiche, ausschl. marine U.-Ord. der ⁊*Hydrozoa*; Medusengeneration mit flachen Schirmen. *L.* bilden die Gonaden an den Radiärkanälen u. besitzen oft statische Organe. Die entspr. Polypen werden als ⁊*Thekaphorae* bezeichnet (vgl. dort die Fam.). Ein typ. Vertreter der *L.* ist ⁊*Obelia* (☐).

Leptomeninx *w* [v. *lepto-, gr. mēnigx = Haut], die „weiche" Hirnhaut; ⁊Hirnhäute.

Leptomicrurus *m* [v. *lepto-, gr. mikros = klein, oura = Schwanz], die ⁊Korallenschlangen.

Leptomitales [Mz.; v. gr. leptomitos = feinfädig], Ord. der Eipilze, niedere Pilze (ca. 20 Arten), die saprophyt. im Wasser (submers) auf faulenden Substraten oder in stark eutrophierten Gewässern wachsen. Charakterist. sind die regelmäßig eingeschnürten, aber nicht septierten Hyphen; sie gehen meist v. einer Basalzelle aus u. sind ästig verzweigt. Im Oogon entwickelt sich nur eine einzige, v. Periplasma umgebene Oospore. Bei der ungeschlechtl. Fortpflanzung werden längl. bis birnenförm., zweigeißelige, meist diplanet. Zoosporen (wie bei den *Saprolegniales*) ausgebildet. Die *L.* werden in 2 Fam. eingeteilt: die *Leptomitaceae* besitzen keine speziell ausgebildete Verankerung, die *Rhipidiaceae* sind dagegen mit einer bes. Basalzelle im Substrat verankert. Zur ersten Fam. gehört *Leptomitus lacteus,* ein „echter" ⁊Abwasserpilz, der in Abwässern

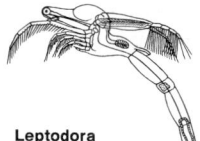

Leptodora
L. kindtii (♂), 1 cm lang

Leptospira
Einige Serotypen (Serovars) von *L. interrogans,* die verursachten Krankheiten u. häufigsten Wirtsorganismen:
L. i. icterohaemorrhagiae
(⁊Weilsche Krankheit, Ratten)
L. i. canicola
(⁊Canicolafieber, Hunde)
L. i. grippotyphosa, L. i. saxkoebing, L. i. sejroe, L. i. australis u. a.
(⁊Feld-, Schlammod. Erntefieber, Feldmäuse)
L. i. pomona
(Schweinehüterkrankheit, Schweine)
L. i. icterohaemorrhagiae, L. i. bataviae (Reisfeldleptospirose, Mäuse, Ratten)
Die Infektion des Menschen geschieht durch direkten Kontakt mit den Wirtstieren od. indirekt durch mit tier. Harn verseuchtes Wasser.

zu Massenentwicklung kommen kann; es bildet sich ein 2–15 cm langer, büschelig flutender Pilzrasen aus – ein weißl.-graubräunl. gefärbtes, reichl. verzweigtes Mycel (Hyphen-$\varnothing$ 10–50 µm), mit Einschnürungen der Hyphen; jedes Glied 100–300 µm lang. Die Zoosporen entwickeln sich endständig. Er wächst an Holz, Steinen u. Substanzen in stark verschmutzten, bes. mit Sulfitablaugen belasteten Gewässern, Abwassergräben und Rieselfeldern.

Leptonychotes *m* [v. *lept-, gr. onyx, Gen. onychos = Kralle], Gatt. der ⁊Südrobben.

Leptopelis *w* [v. *lepto-, gr. pelis = Becken], Gatt. der ⁊Hyperoliidae.

Leptoplana *w* [v. *lepto-, gr. planēs = umherschweifend], Strudelwurm-Gatt. der Ord. ⁊*Polycladida*, ca. 1,6 cm lang.

Leptopsammia *w* [v. *lepto-, gr. psammos = Sand], Gatt. der Steinkorallen; *L. pruvoti* ist eine häufige, leuchtend gelbe, niedrig-rasenförm. Korallenkolonie (Höhe 8 cm) des Mittelmeeres (kann auch solitär leben); lebt an überhängenden Felswänden u. in Höhlen zw. 10 und 50 m Tiefe.

Leptopterus *m* [v. *lepto-, gr. pteron = Flügel], Gatt. der ⁊Blauwürger.

Leptoptilos *m* [v. *lepto-, gr. ptilon = Feder], die ⁊Marabus.

Leptoscyphus *m* [v. *lepto-, gr. skyphos = Becher], Gatt. der ⁊Lophocoleaceae.

Leptosomatidae [Mz.; v. gr. leptosōmos = schmalleibig], die ⁊Kurols.

Leptospermum *s* [v. *lepto-, gr. sperma = Same], Gatt. der ⁊Myrtengewächse.

Leptospira *w* [v. *lepto-, gr. speira = Windung], Gatt. der Spirochäten; sehr kleine flexible, helikale Stäbchen-Bakterien ($0{,}1–0{,}25 \times 4–12$ µm u. länger) mit 12–24 seilart. Primärwindungen u. typischen hakenförm. Krümmungen an den Enden; sie lassen sich lichtmikroskop. nur im Dunkelfeld od. im Phasenkontrastverfahren erkennen. Die Bewegung der *L.* erfolgt durch Rotation um die Längsachse u. quirlendes Hin- u. Herschlagen der Enden. Im chemoorganotrophen, obligat aeroben Stoffwechsel werden langkettige Fettsäuren (mit 15 C-Atomen u. mehr) u. Fettalkohole als Energiequelle (Atmung) u. Kohlenstoffquelle genutzt. Es werden 2 Arten unterschieden: *L. interrogans*-Stämme (alle pathogenen Leptospiren) mit ca. 180 verschiedenen Serotypen (Serovars, vgl. Tab.) und *L. biflexa*-Stämme (alle apathogenen, freilebenden Leptospiren) mit mehr als 60 Serotypen. *L. interrogans* lebt in warmblüt. Tieren (Ratten, Hunde, Mäuse, Schweine usw.), die den Erreger im Urin ausscheiden; durch Hautdefekte, seltener durch intakte Schleimhäute, dringen die Leptospiren in den Wirtsorganismus ein u.

Leptospirosen

verursachen verschiedene ↗ Leptospirosen. *L. biflexa* kann aus Süßwasser (Leitungswasser, Teiche, Tümpel) u. marinen Gewässern isoliert werden.

Leptospirosen [Mz.; v. *lepto-, gr. speira = Windung], Gruppe von meldepflicht. Infektionskrankheiten bei Säugern u. Mensch, die durch Leptospiren (↗ *Leptospira*, [T]) hervorgerufen werden (z. B. das Batavia- od. Reisfeld-Fieber bei Hund, Katze, Schwein, Rind u. a.); meist v. Nagetieren verbreitet. Symptome: Fieberschübe, abwechselnd mit fieberfreien Perioden, Gliederschmerzen, Reizung der oberen Atemwege, Ikterus u. a.

Leptosporangiatae [Mz.; v. *lepto-, gr. sporos = Keim, aggeion = Gefäß], *Filices leptosporangiatae, leptosporangiate Farne*, U.-Kl. (bzw. Organisationsstufe) der ↗Farne, v. a. charakterisiert durch die nur eine einschicht. Wandung bildenden Leptosporangien.

Leptosporangien [Mz.; v. *lepto-, gr. sporos = Keim, aggeion = Gefäß], ↗Farne.

Leptostraca [Mz.; v. *lept-, gr. ostrakon = Schale der Krebse], einzige rezente Ord. der *Phyllocarida*, einer Über-Ord. der *Malacostraca*. Diese Krebstiere unterscheiden sich v. allen anderen *Malacostraca* durch den Besitz eines zweiklappigen Carapax, der durch einen Adductor geschlossen werden kann u. den Thorax u. einen Teil des Pleons umgibt, ferner durch blattfußart. Pereiopoden, 7 Pleonsegmente u. ein als Furca ausgebildetes Telson. Wegen dieser Merkmalskombination wurden sie im vergangenen Jh. in die Nähe der *Phyllopoda* gestellt. Der Besitz eines Kaumagens, die charakterist. Segmentzahl u. die Lage der Geschlechtsöffnungen weisen sie jedoch als *Malacostraca* aus. Der zweiklappige Carapax u. die blattfußart. Pereiopoden sind wahrscheinl. Primitivmerkmale, ihre spezielle Ausbildung u. die direkte Entwicklung dagegen Synapomorphien der *L*. Der Besitz eines 7., extremitätenlosen Pleonsegments – wahrscheinl. der Rest des urspr. beinlosen Abdomens (↗Krebstiere) – u. einer Furca sind ebenfalls Primitivmerkmale, die bei allen anderen *Malacostraca*, den *Eumalacostraca*, verschwunden sind. – Die *L*. enthalten nur

lept-, lepto- [v. gr. leptos = fein, zart, dünn, schmal, klein].

Leptostraca
Nebalia bipes (bis 11 mm) ist häufig in flachem Wasser bis 200 m Tiefe an beiden Seiten des Atlantik. *Nebaliopsis typica* (bis 40 mm) ist bathypelagisch u. ernährt sich wahrscheinl. von plankt. Eiern. Die Entwicklung von *N. bipes* ist direkt; die Eier werden in der Carapax-Kammer getragen, bis die Jungtiere fertig entwickelt sind.

Leptostraca
Bauplan eines Leptostraken *(Nebalia bipes)*; zur Sichtbarmachung des Körpers ist die linke Schalenklappe entfernt

1 Fam. *(Nebaliidae)* mit wenigen Gatt. (vgl. Spaltentext). Die meisten Arten leben an od. in der Nähe des Bodens, manche in bis zu 6000 m Tiefe. Mit ihren kräft. Pleopoden können sie schwimmen, aber auch weiches Sediment aufwirbeln. Die blattart. Thorakopoden dienen als Filterbeine, der Carapax als Filterkammer. Die Erzeugung eines Filter- u. Atemwasserstroms erfolgt wie bei den ↗ *Anostraca* durch ständ. metachrone Schlagwellen der Thorakopoden. Mit Hilfe des bewegl. Rostrums u. der Augenstiele wird der Wasserstrom in die Filterkammer geleitet, u. die ausfiltrierten Partikel strömen in einer ventralen Nahrungsrinne nach vorn zum Mund. Daneben können auch größere Partikel, Organismen, Aas, auch Artgenossen mit den Mandibeln gepackt u. gefressen werden.

Leptotän *s* [v. *lepto-, gr. tainia = Band], Stadium von Prophase I der ↗Meiose.

Leptothrix *w* [gr., = feinhaarig], Gatt. der Scheidenbakterien; die stäbchenförm., gramnegativen Zellen (0,6–1,5 × 3–12 μm) bilden Ketten innerhalb einer Scheide od. kommen einzeln bis kurzkettig, freischwimmend (mit polaren Geißeln) vor. Die Scheiden sind normalerweise durch Eisen- od. Manganoxide bräunl. gefärbt. Die strikt aeroben Bakterien veratmen organ. Substrate; ob bei der Oxidation v. Eisen- bzw. Manganverbindungen auch Energie gewonnen wird, ist noch ungeklärt (↗ eisenoxidierende Bakterien). *L*. lebt in stehenden od. langsam fließenden, bes. eisen- und manganhalt. Gewässern. Wichtigste Art ist *L. ochraceae* (Ockerbakterium); möglicherweise handelt es sich nur um eine Standortvariation v. ↗ *Sphaerotilus*.

Leptotrichia *w* [v. gr. leptothrix, Gen. -trichos = feinhaarig], Gatt. der ↗ *Bacteroidaceae* mit 1 Art *L. buccalis* (früher: *Leptothrix b.*, 1853); ein anaerobes, gramnegatives, unbewegl. Stäbchen-Bakterium; die Zellen sind gerade od. leicht gekrümmt (0,8–1,5 × 5–15 μm) u. können in älterer Kultur Filamente bilden. Im Gärungsstoffwechsel werden Kohlenhydrate abgebaut, Glucose hpts. zu Milchsäure (im Unterschied zu *Bacteroides* u. *Fusobacterium*). *L. buccalis* findet sich fast ausschl. im Mundraum des Menschen, bes. in den Zahnplaques; sie wurde bereits von A. v. ↗Leeuwenhoek entdeckt u. in seinem Brief an die Royal Society of London (1683) aufgezeichnet.

Leptotrochila *w* [v. *lepto-, gr. trochilia = Rolle], Gatt. der ↗ *Dermateaceae* ([T]).

Leptotyphlopidae [Mz.; v. *lepto-, gr. typhlōps = blind], die ↗Schlankblindschlangen.

leptozentrisch [v. *lepto-, gr. kentron = Mittelpunkt], Bez. für ↗Leitbündel, bei denen der Holzteil den Siebteil konzentrisch umgibt. Ggs.: ↗hadrozentrisch.

Leptura w [v. *lept-, gr. oura = Schwanz], Gatt. der ↗Blütenböcke.

Leptyphantes m [v. *lept-, gr. hyphantos = Weber], *Lepthyphantes*, Gatt. der ↗Baldachinspinnen.

Lepus m [lat., = Hase], *Echte Hasen*, artenreichste (ca. 22) Gatt. der Hasenartigen i. e. S. (U.-Familie *Leporinae*); hierzu z. B. ↗Esel-, ↗Feld-, ↗Kap-, ↗Schnee-, ↗Schneeschuhhase.

Lerchen, *Alaudidae*, weltweit verbreitete Singvogel-Fam. mit etwa 20 Gatt. und 75 Arten; meist unscheinbar braungrau gefärbte Bodenvögel der offenen Landschaften u. Steppen (Kulturfolger); Geschlechter bis auf wenige Ausnahmen gleich gefärbt; breite Flügel; der variationsreiche u. wohltönende Gesang wird i. d. R. im Flug vorgetragen; die nach hinten gerichtete Zehe trägt meist eine lange, spornart. Kralle; die L. bewegen sich auf dem Boden nicht hüpfend, sondern laufend fort; der Schnabel ist an eine aus Insekten u. Sämereien gemischte Nahrung angepaßt. Das aus Halmen u. Grasblättern gebaute, gut getarnte Nest liegt in einer ausgescharrten Bodenvertiefung u. enthält 3–6 gefleckte Eier; oft werden 2 Bruten pro Jahr aufgezogen. Außerhalb der Brutzeit sind die L. gesellig. Während die im N lebenden Arten Zugvögel sind, bleiben die südl. Arten auch im Winter im Brutgebiet. Die in Mitteleuropa häufigste Art ist die 18 cm große Feldlerche (*Alauda arvensis*, B Europa XVI); sie bewohnt Felder, trockene Wiesen u. Brachland u. trifft bereits Ende Jan. im Brutgebiet ein; im minutenlang andauernden Fluggesang werden auch andere Vögel nachgeahmt. Die durch eine spitze Federhaube gekennzeichnete Haubenlerche (*Galerida cristata*) besiedelt Ödland, Kultursteppen sowie in Ortschaften die noch wenig bewachsenen Neubaugebiete; im Winter kommt sie auch abseits der Brutgebiete an Straßen vor. Seltener u. nach der ↗Roten Liste „stark gefährdet" ist die 15 cm große Heidelerche (*Lullula arborea*), die ein schwarz-weißes Flügelabzeichen u. einen auffallend kurzen Schwanz besitzt; bewohnt Heide, Waldlichtungen u. baumbestandenes, sand. Kulturland, singt auch nachts. Die in N- und SO-Europa vorkommende Ohrenlerche (*Eremophila alpestris*) ist die einzige auch nach N-Amerika vorgedrungene Lerche; sie besitzt eine schwarz-gelbe Kopfzeichnung u. Feder„ohren"; überwintert regelmäßig an der Nord- u. Ostseeküste.

Lerchensporn, *Corydalis*, Gatt. der Erdrauchgewächse mit ca. 320 Arten in Eurasien u. N-Amerika. Myrmekochore Frühblüher mit 3zähl. oder doppelt 3zähl. Blättern; Pseudomonokotylie. Der Hohle L. *(C. cava)* mit hohler Wurzelknolle, ohne Niederblätter, wächst in Auwäldern u. im Geranio-Allietum. Der Feste L. *(C. solida)* mit voller Wurzelknolle u. Niederblättern wächst selten in Hainbuchenwäldern u. ebenfalls im Geranio-Allietum.

Lernaea w, Gatt. der ↗Copepoda (T).

Lernaeocera w [v. gr. Lerna = Sumpf in Argolis (mit gefürchteter Schlange), keras = Horn], Gatt. der ↗Copepoda (T).

Lerndisposition, erbliche, angeborene Grundlage der individuellen Lernvorgänge, die sowohl die inhaltl. und ontogenet. Lernmöglichkeiten als auch die Grenzen der *Lernfähigkeiten* bestimmt. Die L. bildet die genet. vorgegebene *Reaktionsnorm*, innerhalb derer durch Umweltfaktoren bestimmt wird, welche Lernvorgänge tatsächl. stattfinden. Diese Reaktionsnorm beschreibt sowohl allg. Merkmale der Lernfähigkeit eines Tieres (Kapazität, Generalität der Verknüpfungsmöglichkeiten usw.) als auch Eigenschaften ganz spezif. Lernvorgänge, z. B. ↗Prägungen. Bei vielen Wirbellosen existieren spezifische L.en, während die allg. Verknüpfungsmöglichkeiten minimal sind: Bienen lernen opt. und olfaktor. Merkmale einer Futterquelle sehr gut, und sie lernen auch den Weg dorthin aufgrund v. Geländemarken u. einer Richtungsmessung anhand des Sonnenstandes (↗Bienensprache). In anderen Funktionskreisen des Verhaltens (Feindabwehr) lernen sie jedoch kaum, und auch das Lernen bei der Futtersuche ist an bestimmte Reizkonstellationen geknüpft. So merken sich die Bienen eine Blütenfarbe nur beim Anflug, nicht aber, wenn sie bereits auf der Blüte sitzen. Für Wirbeltiere ist dagegen eine stammesgeschichtl. Höherentwicklung der allg. Lernfähigkeit typisch, die es mögl. macht, erfahrungsbedingt immer mehr Sinneseingänge u. Handlungen zu verknüpfen. ↗Lernen.

Lernen, Veränderung der Verhaltenssteuerung aufgrund individueller ↗Erfahrung, im Unterschied zur Reifung v. Verhalten durch Änderungen v. Organen od. der inneren (z. B. Hormone) u. äußeren Bedingungen des Verhaltens. L. besteht in der selektiven Aufnahme v. Information (↗Information u. Instruktion) aus der Umwelt in den Speicher des Zentralnervensystems (↗Gehirn), wodurch dessen Funktionen verändert werden. Es dient der individuellen ↗Anpassung des Verhaltens an die Erfordernisse der Umwelt u. bildet in diesem Sinne neben der stammesgeschichtl., genetischen Anpassung den zweiten, wesentl. Einfluß auf tierische Verhaltensmerkmale. Man unterscheidet dabei *obligatorisches L.*, das zur

Lerchen
1 Feldlerche *(Alauda arvensis)*, **a** singende Lerche beim Auffliegen; 2 Haubenlerche *(Galerida cristata)*

LERNEN

Zwei klassische Versuche der Lernforschung führen zur Bildung und zur Löschung eines bedingten Reflexes (a) und zur Bildung einer neuen, bereitschaftsabhängigen Verhaltensweise durch bedingte Appetenz und bedingte Aktion (b). a) zeigt die klassische Konditionierung, b) die instrumentelle oder operante Konditionierung in einer Skinner-Box.

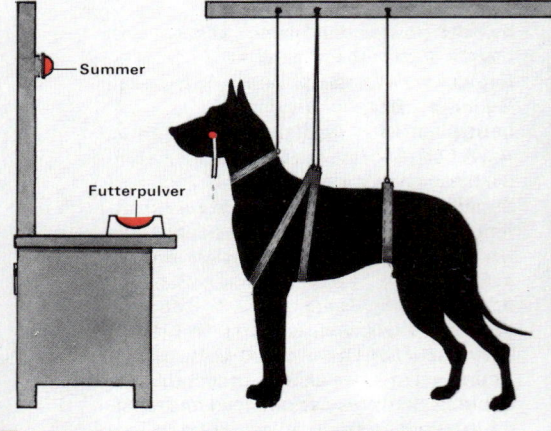

a) Ein Hund, dem operativ der Gang einer Ohrspeicheldrüse nach außen verlegt wurde, wird nach dem Aufwachen aus der Narkose und einer Hungerzeit mit einem geruchlosen Pulver gefüttert. Dieser *unbedingte Reiz* löst über einen angeborenen Reflex das Speicheln aus. Als neutraler Reiz dient ein Summton, die Reaktionsstärke wird an der Zahl der abgesonderten Speicheltropfen gemessen. Im *Konditionierungs*-Experiment (unten) dauert der Summton 5 s und beginnt immer 2 s, bevor das Futter geboten wird. Bei jedem 10. Versuch gibt man kein Futter, sondern mißt die Reaktion auf den Summton allein. In diesem Fall wird nach 30 Versuchen die maximale auslösende Wirkung des Summens erreicht. Es ist zu einem *bedingten Reiz* für die Speichelabsonderung geworden; dadurch wurde ein neuer *bedingter Reflex* geschaffen. Wird nun in jedem Experiment nur noch der bedingte Reiz (ohne Futter) gegeben, so setzt eine *Extinktion* der bedingten Verknüpfung ein. Im dargestellten Extinktionsexperiment war der Hund darauf konditioniert, das 30 s dauernde Ticken eines Metronoms mit Speicheln zu beantworten. Die Stärke der Reaktion wird nach jeder Reizung (ohne Futter) gemessen. Bereits nach der 8. Darbietung ist der bedingte Reflex gelöscht, der bedingte Reiz löst das Speicheln nicht mehr aus.

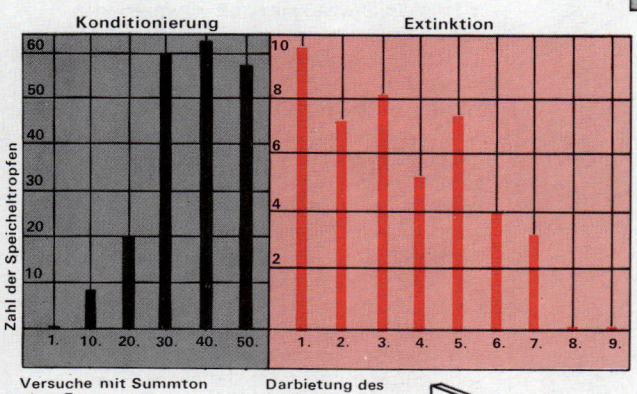

b) Eine hungrige Taube muß zuerst lernen, daß auf ein Klicken des Futterautomaten hin ein Korn in der Futterschale liegt, das sie aufpicken kann. Es entsteht als Vorbereitung für das Experiment eine von der Bereitschaft zur Nahrungssuche (Hunger) abhängige bedingte Appetenz. Dann wird die Scheibe über der Futterschale so geschaltet, daß auf jedes Picken hin ein Korn in die Futterschale fällt. Jedes zufällige Picken (das bei einer hungrigen Taube leicht vorkommen kann) wird dann belohnt. Unten sind die Resultate zweier Tauben aufgezeichnet; jedes Picken ergibt einen Ausschlag des Ereignisschreibers. Das erste Tier erreicht nach der ersten, das zweite nach der dritten Handlung die maximale Pickgeschwindigkeit. Das neue Verhalten kann also sehr schnell entstehen. Es setzt sich aus einer *bedingten Appetenz* zusammen, durch die die Scheibe mit dem Antrieb zur Futtersuche verknüpft wird, und aus einer *bedingten Aktion*, durch die das Picken gegen die Scheibe als Futtersuchverhalten zugeordnet wird. Letztere bedingte Aktion steht angeborenen Futtersuchbewegungen sehr nahe und unterscheidet sich von ihnen nur durch die Ausrichtung und Einzelheiten der Ausführung. Man spricht bei einer solchen Versuchsanordnung von einer *Skinner-Box*. Sie bildet das Instrument zur Untersuchung der operanten oder instrumentellen Konditionierung in der psychologischen Lerntheorie.

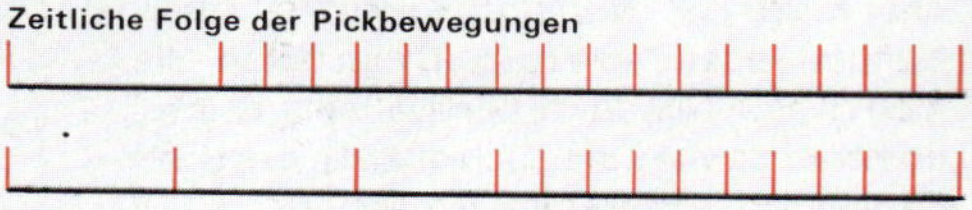

Ausbildung arttyp. Verhaltensmerkmale nötig ist, u. *fakultatives L.,* das umweltabhängig v. Fall zu Fall auftritt. Z. B. ist die Sexualprägung (das -L. eines Bildes vom Sexualpartner) bei vielen Vögeln obligatorisch, das Erkennen des individuellen Partners beruht dagegen auf fakultativem L. Weibl. Rhesusaffen müssen in ihrer eigenen Kindheit Erfahrung mit einer „richtig" pflegenden Mutter haben, sonst können sie später ihr eigenes Junges nicht richtig pflegen; in diesem Sinne ist die Jugenderfahrung Voraussetzung obligatorischen L.s. Viele Anteile des Pflegeverhaltens entstehen aber durch fakultatives L., z. B. bevorzugtes Futter, noch geduldete Entfernung des Kindes usw. Die Auswertung der Erfahrung beim L. erfolgt durch mehrere verschiedene Funktionen des Zentralnervensystems, die v. a. bei Wirbeltieren untersucht wurden:

a) ↗ *Habituation,* reizspezif. Ermüdung eines Verhaltens, das mehrfach ausgelöst wurde, ohne zu Verstärkung od. Löschung zu führen. Z. B. habituieren Vögel an die Schreckschüsse, durch die sie v. Obstbäu-

Lernen

men vertrieben werden sollen, wenn auf die Geräusche nie eine echte Bedrohung folgt. Um L. handelt es sich, weil nicht die Fluchtbereitschaft insgesamt ermüdet, sondern nur in bezug auf den spezif. Reiz. Andere Reize (ein Raubvogel) lösen die Fluchtreaktion noch in voller Stärke aus. Trotzdem unterscheidet sich die Habituation als einfachste Form des L.s v. allen anderen Formen, weil keine neue Verknüpfung entsteht, sondern eine bestehende an Wirkung verliert (aber nicht gezielt gelöscht wird, das wäre Extinktion). – b) ↗ *bedingter Reflex*, Verknüpfung eines vorgegebenen unbedingten Reflexes, bes. eines Schutzreflexes (Lidschlußreflex, Abwehrreflexe), mit anderen als den angeborenermaßen auslösenden Reizen durch eine zeitl. verbundene Wahrnehmung des unbedingten u. des bedingten Reizes. Dabei muß der neu verknüpfte Sinneseingang dem unbedingten, bisher auslösenden Reiz in einer kurzen Zeitspanne vorangehen; dann kann er nach Bildung des bedingten Reflexes diesen auch allein auslösen. Man spricht von der Kontiguität der beiden Reize. Es muß also eine Funktion des Zentralnervensystems geben, die zeitl. zusammenhängende Eingänge demselben Ausgang (Reflex, Reaktion, Verhalten) zuschalten kann. Eine bes. Motivation (hohe ↗Bereitschaft od. Bereitschaftsänderung, Belohnung od. Strafe) ist dazu unnötig. – Eine andere bereitschaftsunabhängige Form des L.s ist das *motorische L.*, durch das sich zeitl. zusammenhängende Bewegungselemente verknüpfen u. als Sequenz „einschleifen". – c) *einfache, bereitschaftsabhängige Verknüpfungen* (bedingte Appetenz, bedingte Aktion, bedingte Hemmung u. bedingte Aversion), durch die entweder eine neue Wahrnehmung mit einer Handlung verknüpft wird, weil der Wahrnehmung positive od. negative Erfahrungen folgen, od. durch die eine bestehende Handlungsbereitschaft zu einem neuen Verhalten führt, weil dieses belohnt wurde. Die ↗ *bedingte Appetenz* entsteht, wenn einer Reizsituation eine Antriebsbefriedigung folgt. Eine ↗ *bedingte Aktion* entsteht, wenn ein Verhaltenselement zu einer Antriebsbefriedigung führt, die vorher nicht mit diesem Verhalten verbunden war. Z.B. lernen viele Zootiere das „Betteln" (↗Bettelverhalten), weil ein zufälliges Verhalten, wie das Zusammenschlagen der Pfoten bei Affen, v. Besuchern mit Futter belohnt wurde. Folgt dagegen auf ein Verhaltenselement eine schlechte Erfahrung (führt es zu steigender Fluchtbereitschaft od. Angst), so kommt es zu einer ↗ *bedingten Hemmung*. Z.B. läßt sich das Weggehen eines Hundes vom Fuß des Führers

Habituation spielt eine äußerst wicht. Rolle, da sie dafür sorgt, daß die große Zahl irrelevanter Reize aus den Sinneseingängen herausgefiltert wird.

Motorisches Lernen führt zu erstaunlich koordinierten Verhaltensleistungen, wie Tanz od. Klavierspiel beim Menschen. Bei Rennmäusen wurde nachgewiesen, daß sie Wege in ihrem Revier lediql. aufgrund der Bewegungsfolgen speichern können u. so bei Bedrohung sehr schnell ihren Unterschlupf erreichen. Wird der gewohnte Weg verlegt, sind sie verwirrt u. leicht zu greifen.

Beispiel für *bedingte Appetenz:* neugeborene Huftiere (Zicklein, Pferdefohlen) suchen aufgrund einer angeborenen Reaktion im Winkel zw. Bein u. Bauch der Mutter nach dem Gesäuge. Manchmal tun sie dies am Ansatz des Vorderbeins anstatt beim Hinterbein. Sobald sie aber einmal durch Trinken belohnt wurden, lernen sie schnell, nur an der richtigen Stelle zu suchen.

abdressieren, wenn dieser auf jede Tendenz dazu strafend reagiert. Dadurch wird nicht die Situation neben dem Führer für den Hund negativ, aber es wird die Verhaltenstendenz des Weglaufens unter Hemmung gesetzt. Wird dagegen eine Reizsituation mit schlechten Erfahrungen verbunden, kommt es zu einer ↗ *bedingten Aversion*. Z.B. scheuen Pferde häufig diejenigen Orte, an denen sie irgendwann einmal erschreckt wurden.

Die gen. vier einfachen bereitschaftsabhängigen Lernformen verbinden sich häufig miteinander. So lernt ein Tier in der ↗Skinner-Box (bei der sog. operanten oder ↗instrumentellen Konditionierung) i.d.R., sowohl eine neue Reizsituation zu benutzen als auch ein neues Verhalten auszuführen (bedingte Appetenz u. bedingte Aktion) ([B] 242). I.d.R. bleibt v. der angeborenen Verhaltenssequenz nur die innere Bereitschaft erhalten, der neue Ein- u. Ausgänge zugeordnet wurden. Das Verhalten wirkt gänzlich erlernt. Fr. wurde angenommen, zu solchen Lernleistungen könne es nur durch *Instinktreduktion* kommen, indem angeborene Verknüpfungen zuvor verschwinden. Heute ist nachgewiesen, daß vorgegebene, angeborene Verknüpfungen durchaus mit einer ↗ *Lerndisposition* zu neuen Verknüpfungen gleichzeitig vorkommen. Dies ist für das Menschenbild bedeutsam: Die ungeheure Lernfähigkeit des Menschen läßt nicht darauf schließen, daß das Kind ohne angeborene Fähigkeiten zur Welt kommt. Diese werden aber in einem langen u. komplexen Lernprozeß in die erwachsene Verhaltenssteuerung aufgenommen u. sind später nur noch in Ausnahmefällen nachweisbar. Allerdings spielen bei den höchstentwickelten Tieren u. beim Menschen höhere Lernfähigkeiten eine wicht. Rolle, die nicht nur einfache bereitschaftsabhängige Verknüpfungen schaffen können: d) *L. aus* ↗ *Einsicht*, zielbedingtes Neukombinieren v. Verhaltenselementen ohne vorherige Erfahrung, z.B. im Fall eines Schimpansen, dem es nach einigem „Nachdenken" gelingt, eine zu hoch gehängte Banane zu erreichen, indem er eine Kiste darunter schiebt ([B] Einsicht). Das Tier mußte die ↗Engramme der Kiste u. der Raumverhältnisse neu kombinieren, um sein Ziel zu erreichen, d.h., es mußte seine Umwelt in diesen Aspekten innerl. repräsentieren u. sein Verhalten „hypothetisch" ablaufen lassen. Solches L. aus ↗Einsicht kommt bei Vögeln u. Säugetieren bruchstückhaft od. in speziellen Fällen vor (Raum-↗Intelligenz), in größerem Umfang nur bei Primaten, vielleicht nur bei Menschenaffen. Beim Menschen ist die Fähigkeit zur zentralnervösen

Lernen

Repräsentation der Umwelt u. des eigenen Selbst sehr hoch entwickelt, wahrscheinl. liegen sogar mehrere Repräsentationsebenen unterschiedl. Abstraktionshöhe (↗Abstraktion) vor, durch die eine umfangreiche Begriffsbildung möglich wird. – e) *L. durch ↗ Nachahmung,* die Fähigkeit, ein lediglich wahrgenommenes Verhalten ohne Zerlegung in einzelne Lernschritte selbst zu reproduzieren. Diese Fähigkeit tritt in speziellen Fällen (Nachahmung v. Lauten bei Vögeln) weitverstreut auf; eine allg. Nachahmungsfähigkeit ist nur von Affen, bes. von Menschenaffen, u. vom Menschen etwa nach Vollendung des 1. Lebensjahres bewiesen. Bekannt wurde das Beispiel der jap. Makaken, bei denen ein Tier es lernte, Süßkartoffeln vor dem Verzehren im Meer zu waschen. Dieses Verhalten breitete sich durch Nachahmung aus u. wurde zu einer ↗Tradition (↗Kultur). Von der Nachahmung muß die weitverbreitete *Stimmungsübertragung* od. *soziale Anregung* unterschieden werden, bei der ein Tier vom Sozialpartner zur Ausführung des gleichen Verhaltens angeregt wird. So lernten es Kohlmeisen in England, die Verschlüsse v. Milchflaschen aufzuhacken, die morgens vor die Häuser gestellt wurden, um an die Sahne heranzukommen. Das Hacken nach Nahrung ist Kohlmeisen angeboren; durch das Beobachten v. Artgenossen wurden die Tiere lediglich angeregt, es am selben Ort in derselben Weise auszuführen; es entstand eine neue bedingte Appetenz. Das meiste tier. Verhalten, das wie Nachahmung wirkt, kommt ähnl. zustande. – Das L. erfordert auch eine Fähigkeit zur Löschung ungeeigneter od. ungünstiger Verknüpfungen, zur ↗ *Extinktion*. Wenn z. B. ein Vogel an einer Futterstelle, die den Winter über Futter enthielt, nichts mehr findet, fliegt er die Stelle nach einigen Versuchen nicht mehr an. Die Nichtbelohnung wirkt ähnl. wie eine Bestrafung u. bewirkt eine bedingte Hemmung des erlernten Verhaltens. Diese Extinktion ist vom *Vergessen* zu unterscheiden: Daß die Verknüpfung noch existiert, aber gehemmt wurde, läßt sich z. B. durch erneute Belohnung nachweisen. Dann tritt das gelernte Verhalten viel schneller wieder auf als beim urspr. Lernprozeß. Unter Vergessen versteht man dagegen die lediglich zeitabhängige (nicht erfahrungsabhängige) Schwächung einer Verknüpfung. Die hier zugrundegelegte, systemtheoret. ausgerichtete etholog. *Lerntheorie* unterscheidet sich v. der älteren psycholog. Lerntheorie, die auf der Untersuchung v. *Konditionierungen* beruht. Die klass. ↗Konditionierung nach Pawlow führt zu einem bedingten Reflex ([B] 242),

Lernen

Die *physiolog. Grundlagen* des L.s sind noch weitgehend unbekannt; es muß sich aber um materielle Änderungen im Zentralnervensystem handeln, also um Informationsspeicherung im sog. Langzeit-↗Gedächtnis. Diskutiert wurden biochem. Speicherungsformen, analog dem genet. Code, in Form v. Nucleotidsequenzen in Nucleinsäuren, Aminosäuresequenzen in Proteinen o. ä. Die Alternative liegt in der Änderung v. Verknüpfungsstrukturen zw. einzelnen Nervenzellen, in der Änderung v. Synapseneigenschaften, in der Neubildung od. im Abbau v. ↗Synapsen u. ganzen Neuronen usw. Heute wird diese zweite Vorstellung allg. bevorzugt. Bei Versuchen an der Meeresschnecke *Aplysia* wurde festgestellt, daß Habituation u. bedingte Reflexe durch Empfindlichkeitsänderungen des präsynapt. Teils einer Synapse zustande kommen, durch die die Signalübertragung verstärkt bzw. gehemmt wird. Diese Änderungen sind mit Konzentrationsänderungen der Neurotransmitter verbunden. Aus der Entwicklung des opt. Systems v. Katzen u. a. Tieren weiß man, daß das räumliche L. auch mit dem selektiven Abbau ganzer Nervenzellen einhergeht. Dieses selektive Verschwinden überflüss. Verbindungen u. Zellen scheint in der Ontogenese der Wirbeltiere eine große Rolle zu spielen u. erfüllt, da es v. der Informationsaufnahme aus der Umwelt abhängt, die Definition des L.s. Besondere, schwer umkehrbare Lernprozesse wie die ↗Prägung könnten bevorzugt auf solchen Vorgängen beruhen.

während die instrumentelle od. operante Konditionierung zu einer bedingten Aktion od. zu einer Verhaltensänderung führt, die bedingte Appetenz u. bedingte Aktion umfaßt. Auch bedingte Aversionen u. Hemmungen wurden in der *Skinner*-Box, dem Instrument der Konditionierungsforschung, untersucht. Die psycholog. Lerntheorie bildet die Basis des ↗Behaviorismus, einer früher der Verhaltensforschung entgegenstehenden wiss. Schule. Heute lassen sich biol. und psycholog. Lerntheorie vereinen.
Bei hochentwickelten Wirbeltieren, für deren Verhaltensontogenese das L. entscheidend ist, finden sich Verhaltensweisen, die die Lernmöglichkeiten in der Jungenentwicklung fördern. Hierzu zählt das Neugierverhalten, durch das unbekannte Reize aktiv aufgesucht u. exploriert werden, das Erkunden (↗Erkundungsverhalten), das die Entdeckung neuer Reize u. Verhaltensmöglichkeiten fördert, u. das ↗Spielen. Bes. das Spielen beruht auf einer eigenen, komplexen Verhaltenssteuerung, die den aktiven Erfahrungserwerb optimal fördert. Wenn durch solche Verhaltensweisen Informationen gespeichert werden, die erst später benutzt werden (z. B. Jagdfähigkeiten bei kleinen Kätzchen), spricht man v. *latentem L.* Die latente L. fördert den Erwerb einer späteren Verhaltenssequenz, die es zur Zeit der urspr. Erfahrung noch nicht gibt. Enger Sozialkontakt u. lange Jugendphase (↗Jugendentwicklung: Tier-Mensch-Vergleich), wie sie für Menschenaffen u. Menschen typisch sind, ermöglichen einen umfangreichen Informationsgewinn durch Lernen. [B] 242.

Lit.: *Hassenstein, B.:* Instinkt, Lernen, Spielen, Einsicht. München 1980. *Changeux, J. P.:* Der neuronale Mensch. Reinbek b. Hamburg 1984.   *H. H.*

Leschenaultia *w* [ben. nach dem frz. Botaniker Lechenault de la Tour (lescheno de latur), 1773–1826], Gatt. der ↗Goodeniaceae.

Leserichtung; die durch vergleichend morpholog. Untersuchungen als homolog erkannten verschiedenen Ausbildungsformen eines bestimmten Organs bei verschiedenen Arten sind durch diese Homologisierung (↗Homologie, ↗Homologieforschung) im Sinne der Evolutionstheorie als durch Evolution aus einer Ahnenform hervorgegangen zu verstehen. Eine Entscheidung darüber, welche der verschiedenen Abwandlungsformen als ursprünglich (plesiomorph) u. welche als abgeleitet (apomorph) zu betrachten ist, ist damit noch nicht getroffen. Wenn man die verschiedenen Abwandlungsformen homologer Strukturen in einer „morphologischen

Reihe" anordnen will, die gleichzeitig einer stammesgeschichtl., phylogenet. Abwandlungsreihe entsprechen soll (mit der plesiomorphen Ausbildung am „Anfang" u. der apomorphen am „Ende" der Reihe), gilt es die L. festzulegen. Dazu bedarf es bestimmter L.skriterien. Diese können 1. durch fossiles Material geliefert werden, das etwas über die zeitl. Folge im Auftreten der verschiedenen Abwandlungsformen aussagt (beispielsweise bei der Umwandlung der Extremität der Pferdeartigen v. der Mehrzehigkeit zur Einzehigkeit). 2. können Rekapitulationen in der Keimesentwicklung (Ontogenie) dazu herangezogen werden (↗Biogenetische Grundregel, B). Die in der Ontogenese rekapitulierte Ausbildungsform ist gegenüber der ausdifferenzierten Form des ausgewachsenen (adulten) Organismus die ursprüngliche. 3. kann die Stellung der untersuchten Arten im natürl. System der Organismen (↗Systematik, ↗Klassifikation) zur L. vorzeigen. Die einzeligen Pferde lassen sich aufgrund ihrer Stellung im System der Vierfüßer mit jeweils mehrzehigen Extremitäten als Formen mit abgeleiteter (reduzierter) Zehenzahl erkennen. 4. Wenn sich zeigen läßt, daß beim Vergleich mehrerer Arten ein Lebensraumwechsel stattgefunden hat, dann sind die Arten in neu erschlossenen Lebensraum unter neue Selektionskräfte geraten u. ihre Merkmale als apomorph zu werten. Bei der Evolution der Pferdeartigen (B Pferde, Evolution) ist die Reduktion der Zehenzahl z. B. mit einem Lebensraumwechsel vom Wald zur Steppe verbunden. 5. Ob auch der Grad der Anpassung, gemessen am Energieaufwand beim Einsatz der untersuchten Struktur in der jeweiligen Umwelt, ein L.skriterium abgibt, dergestalt, daß geringerer Energieverbrauch bessere Anpassung u. damit „höheren" Entwicklungsgrad („apomorpher" Zustand) bedeutet („Ökonomieprinzip"), ist umstritten.

Lit.: *Ax, P.:* Das phylogenetische System. Stuttgart 1984. G. O.

Lespedeza *w* [ben. nach dem span. Gouverneur D. Lespédez (?), 18. Jh.], Gatt. der ↗Hülsenfrüchtler.

Lesquerella *w* [ben. nach dem schweiz. Botaniker L. Lesquereux (lekᵉrö), 19. Jh.], Gatt. der Kreuzblütler mit etwa 50, in den ariden Gebieten N-Amerikas (insbes. Texas) beheimateten Arten. Neuerdings wird v. a. *L. fendleri* als Ölpflanze kultiviert; ihre Samen enthalten bis zu 30% fettes Öl.

Lessivé *w* [lessiwe; frz., v. lessive = Waschen], die ↗Parabraunerde; [T] Bodentypen.

Lessivierung [v. ↗Lessivé], *Tonverlagerung*, ein Prozeß der ↗Bodenentwicklung.

Lessonia *w* [ben. nach dem frz. Mediziner R. P. Lesson, 1794–1849], Gatt. der ↗Laminariales.

Lestidae [Mz.; v. gr. lēstēs = Räuber], die ↗Teichjungfern.

Lestobiose *w* [v. gr. lēstēs = Räuber, biōsis = Leben], ↗Kleptoparasitismus.

letal [v. lat. letalis =], tödlich.

Letalallele [Mz.; v. *letal-, gr. allēlos = gegenseitig], die als ↗Letalfaktoren wirksamen Allele bestimmter Gene.

Letaldosis *w* [v. *letal-, gr. dosis = Gabe], *Dosis letalis*, ↗Dosis.

Letalfaktoren [v. *letal-], durch Mutation veränderte Gene od. Chromosomenabschnitte, deren Träger vor Erreichen der Fortpflanzungsfähigkeit absterben. L. werden unterschieden nach dem Grad der Penetranz (L. im strengen Sinn: alle Träger des Letalfaktors sterben; Sub-L.: mindestens 50% der Mutationsträger überleben), nach der Wirkungsphase (Zeitpunkt des Absterbens, z. B. bei Säugern embryonal, postembryonal od. juvenil, z. B. ↗Sichelzellenanämie des Menschen), nach der chromosomalen Lokalisation. *Dominante L.* bewirken auch bei ↗Heterozygotie den Tod des Trägers, *rezessive L.* nur bei ↗Homozygotie (↗Bürde). Rezessive L. haben heterozygot oft einen dominanten phänotyp. Effekt (z. B. kurzbeinige Dexter-Rasse der Kerry-Rindes: +/D: kurzbeinig, D/D: letal). ↗Erbkrankheiten, ↗Inzucht.

Letalität *w* [Bw. *letal*; v. *letal-], die Tödlichkeit einer Krankheit, Anteil der Todesfälle an der Gesamtzahl der Erkrankten.

Letalmutation *w* [v. *letal-, lat. mutatio = Veränderung], Gen- od. Chromosomenmutation, die zur Entstehung eines ↗Letalfaktors führt.

Letharia *w* [v. gr. lēthē = Vergessen], die ↗Wolfsflechte.

Lethrus *m* [v. gr. olethros = Verderben], Gatt. der ↗Mistkäfer.

Lettenkohle [v. dt. Letten = feuchtfette Schiefertone], minderwert. Kohle mit über 16% Aschebestandteilen aus dem ↗Keuper; stratigraph. auch als Bez. für den unteren Keuper (= L. od. L.nkeuper) verwendet.

Letternbaum, *Brosimum aubletii,* ↗Brosimum.

Leu, Abk. für ↗Leucin.

Leucandra *w* [v. *leuc-, gr. anēr, Gen. andros = Mann], Gatt. der ↗Grantiidae.

Leucaspius *m* [v. *leuc-, gr. aspis = Schild], die Fisch-Gatt. ↗Moderlieschen.

Leuchtbakterien, gramnegative, i. d. R. fakultativ anaerobe, halophile, meist marine Bakterien, die unter bestimmten Bedingungen Licht aussenden (↗Biolumineszenz). Die meisten Formen sind morphol. und physiol. den *Enterobacteria-*

Leuchtbakterien

letal- [v. lat. letalis = tödlich, todbringend].

leuc-, leuco-, leuko- [v. gr. leukos = leuchtend, glänzend, weiß].

Leuchtbakterien

Biolumineszenz:
Die Aussendung v. Licht (hν) durch die L. läuft in einem Nebenweg der Atmungskette ab:

$FMNH_2 + O_2 + RCHO$
$\downarrow$ Luciferase
$h\nu + FMN + RCOOH$

Reduziertes Flavinmononucleotid ($FMNH_2$) u. ein langkettiger, aliphatischer Aldehyd (RCHO, z. B. Tetradecanal) werden durch molekularen Sauerstoff (O_2) oxidiert; dabei entsteht ein angeregtes Flavinmononucleotidmolekül (FMN*), das unter Aussendung v. blaugrünem Licht (Wellenlängenmaximum bei ca. 490 nm) in den Grundzustand (FMN) übergeht. Aus dem Aldehyd entsteht die entspr. Säure (RCOOH). Im Unterschied zur ↗Biolumineszenz ([ ]) des Glühwürmchens (↗Leuchtkäfer) ist ATP nicht direkt an der Lichtaussendung beteiligt. ATP wird aber wahrscheinl. zur Bildung des Aldehyds aus der entspr. Säure benötigt. – Die Bedeutung der Biolumineszenz für die Bakterien ist noch nicht geklärt.

Leuchtgarnelen

Einige Leuchtbakterien

Photobacterium
(Fam. Vibrionaceae)
  P. phosphoreum
  P. leiognathi
  (= *P. mandapamensis*)
freilebend, Darmflora mariner Tiere u. Symbionten in Leuchtorganen v. Fischen (z. B. Anglerfisch)

Vibrio
(Fam. Vibrionaceae)
  V. fischeri
  (= *Photobacterium f.*)
freilebend, Darmflora mariner Tiere, Symbionten in Leuchtorganen v. Fischen
  V. harveyi
  (= *Beneckea h.* = *Lucibacterium h.*)
  V. splendidus
  (= *Beneckea splendida*)
  V. logei (= *Photobacterium l.*)

Xenorhabdus
(Fam. Enterobacteriaceae)
  X. luminescens
  (in Nematoden, Gatt. *Heterorhabditis*)

Alteromonas
(Gruppe der gramnegativen aeroben Stäbchen u. Kokken)
  A. hanedai

ceae ähnlich („marine Enterobacteriaceae"); anaerob führen sie oft eine gemischte Säuregärung (Butandiol- bzw. Ameisensäuregärung) aus. Das Leuchten findet jedoch nur unter aeroben Bedingungen statt u. wurde bereits um die Jahrhundertwende zum Nachweis der photosynthet. Sauerstoffentwicklung durch Grün- u. Rotalgen bei verschiedenfarbigem Licht genutzt. Die L. werden meist in 2 Gatt. eingeordnet: Arten der Gatt. *Photobacterium* besitzen entweder 1–3 einfache polare Geißeln oder 2–8 polare Geißeln mit Scheide, Arten v. *Beneckea* (bzw. *Lucibacterium*) haben neben einer bescheidenen dicken Geißel noch eine peritriche Begeißelung mit dünnen, einfachen Geißeln. Neuerdings wurden viele L. umbenannt u. neu eingeordnet (vgl. Tab.). L. lassen sich leicht aus Meer- od. Brackwasser bei tiefer Temp. ($4° - 6°C$) od. von in Salzwasser gelegten Salz- od. frischen Heringen isolieren. Sie sind allg. keine Fäulniserreger, u. obwohl sie Amine freisetzen, entwickeln sie keine tox. Substanzen. L. leben frei in marinen Habitaten, als Kommensalen auf der Oberfläche u. im Intestinaltrakt (wicht. ↗Darmflora mit hoher Chitinaseaktivität) mariner Tiere u. als Ekto- od. Endosymbionten in spezif. Leuchtorganen verschiedener Fische u. Kopffüßer (↗Leuchtsymbiose). ☐ Leuchtorganismen.

Leuchtgarnelen, 1) die ↗Euphausiacea; 2) ↗Natantia.

Leuchtheringe, *Searsiidae,* Familie der ↗Glattkopffische.

Leuchtkäfer, Käfer verschiedener systemat. Zugehörigkeit mit Leuchtvermögen; gehören zu den *Cantharoidea* (Weichkäferartigen, ↗Käfer, [T]) u. mit wenigen Gatt. auch zu den ↗Schnellkäfern *(Elateridae).* Allen Arten ist gemeinsam, daß sie als Larve u./od. Imago an unterschiedl. Körperstellen Leuchtorgane (↗Leuchtorganismen) aufweisen, die meist ein grünl. (bei *Photinus* z. B. $\lambda_{max} = 562$ nm) od. sogar ein rotes Licht bzw. beides aussenden (↗Biolumineszenz). Die Organe selbst sind durch modifiziertes Fettgewebe (↗Fettkörper) repräsentiert, das sich in spezialisierte lumineszierende Schichten u. in durch feine Tracheolen unterlegte Reflektorschichten differenziert. Wirksame Substanz ist bei allen L.n ein D-(−)Isomer des Benzthiazol-*Luciferins* (↗Luciferine). Dieses ist instabil u. wird durch Sauerstoff sofort zu einem Dehydroluciferin oxidiert. Die Leuchtreaktion erfolgt über die katalysierende Wirkung des Enzyms *Luciferase*, dessen Detailreaktionen noch heute (1985) restlos geklärt sind. Das Leuchtverhalten steht unter nervöser Kontrolle; seine biol. Funktion liegt in der Partnerfindung. Hierbei haben entweder beide Geschlechtspartner od. nur einer Leuchtorgane. Die einzelnen Arten unterscheiden sich nun einerseits in Zahl u. Anordnung der Leuchtorgane am Körper u. andererseits in den Leuchtrhythmen. Es existieren z. T. sehr komplexe Kommunikationsmuster zw. den Geschlechtspartnern, die einerseits der Artisolation dienen, andererseits eine Folge v. sexueller Selektion sind. Innerhalb der Käfer-Ord. sind leuchtende Vertreter mindestens zweimal unabhängig entstanden. Die bekanntesten sind einerseits die L. i. e. S. *(Lampyridae)* u. andererseits die südam. „Cucujos". Innerhalb der Gruppe *Cantharoidea* sind es die Fam. *Rhagophthalmidae* (SO-Asien), *Phengodidae* (N- und S-Amerika) u. die *Lampyridae* (weltweit). Angaben, daß *Drilidae* leuchtende Arten enthalten, beziehen sich auf die *Rhagophthalmidae.* Die frühere Behauptung, die Larve des einheim. *Homalisus* (↗Rotdeckenkäfer) leuchte, hat sich als nicht richtig erwiesen. – Beispiele für Vertreter von Leuchtkäfern: 1) *Lampyridae*, L. i. e. S., Johanniswürmchen, weltweit verbreitete, ca. 2000, in Mitteleuropa nur 3 Arten („Johanniskäfer": ihre Imagines erscheinen etwa um Johannis = 24. Juni) enthaltende Fam. der polyphagen Käfer. Während bei uns die Weibchen *(Glühwürmchen)* stets ungeflügelt u. larviform sind, ist dies bei vielen außereur. Vertretern nicht immer der Fall. Die mitteleur. Arten sind bräunl. gefärbt u. weichhäutig. Bei den Männchen ist der Kopf oft unter dem Halsschild verborgen. Zum Auffinden der Weibchen haben sie z. T. mächtige Komplexaugen. Großes Johanniswürmchen *(Lampyris noctiluca,* [B] Insekten III), Männchen 11–13 mm, flugfähig, ohne Leuchtorgane; Weibchen 16–18 mm, völlig flügellos, Leuchtorgane auf der Bauchseite auf dem 6. und 7. Sternit jeweils als breites Band, auf dem 8. Sternit rechts u. links als heller Fleck erkennbar. Die Weibchen sitzen im Juni/Juli am Boden u. halten die Bauchseite nach oben, während sie permanent leuchten; sie tun dies erst bei völliger Dunkelheit. Die Männchen fliegen, ohne selbst zu leuchten, auf der Suche nach diesem Weibchen-Leuchtmuster. Kleines Johanniswürmchen, *Phausis (Lamprohiza) splendidula,* Männchen 8–10 mm, geflügelt, Halsschild mit zwei großen, transparenten Fenstern, die den Augen auch den Blick nach oben gestatten, mit je einem Querband als Leuchtorgan auf dem 6. und 7. Sternit; Weibchen nur mit Resten v. Flügeln, also flugunfähig; Leuchtorgane als Punkte auf den Seitenteilen fast aller Sternite, die zusätzl. zu den beiden Querbändern auf Sternit 6 und 7 liegen. Die

Männchen fliegen ab Ende Juni (oft in Gruppen) an warmen Abenden selbst leuchtend auf der Suche nach Weibchen umher. Die Weibchen sitzen im Gras u. „zünden" ihre Leuchtorgane vermutl. erst dann, wenn sie leuchtende Männchen gesehen haben. Im Experiment konnte gezeigt werden, daß *Phausis*-Männchen in der Wahl des Leuchtmusters nicht so spezif. sind wie *Lampyris*-Männchen. Sie bevorzugen sogar flächengrößere u. hellere Attrappen vor den Leuchtmustern ihrer eigenen Weibchen (übernormaler Reiz). – *Phosphaenus hemipterus* ist bei uns relativ selten; beide Geschlechter sind flugunfähig; das Männchen besitzt aber noch Flügelstummel; nur das Männchen hat auf dem 7. Sternit ein breites Leuchtorgan. Auch die Larven der *Lampyridae* haben Leuchtorgane; über ihre Funktion ist bisher nur wenig bekannt. Während bei uns die Käfer vermutl. nichts mehr fressen, leben die Larven v. anderen Insekten und v.a. von Schnecken, die sie mit spitzen, dolchförm. Mandibeln über einen Giftbiß töten. In den Tropen gibt es viele Arten, bei denen auch die Käfer räuberisch leben. Berühmt ist hier ein Fall, daß Weibchen einer *Photuris*-Art durch Imitation des Leuchtmusters einer *Photinus*-Art deren Männchen anlockt, um sie dann zu fressen. – 2) *Phengodidae,* Fam. ausschl. amerikanischer L., deren Männchen verkürzte Elytren haben, dennoch aber gute Flieger sind und z.T. über körperlange, stark gefiederte Fühler haben. Die Weibchen sind stark larviform u. völlig flugunfähig. Während die Männchen nur selten u. schwach leuchten, haben die Weibchen z.T. Leuchtorgane über den ganzen Körper verteilt. Bes. auffällig ist das Weibchen v. *Phrixothrix* aus S-Amerika, das auf allen Körpersegmenten seitl. hellgrün leuchtende, am gesamten Kopf u. anschließenden Prothorax leuchtend rote Organe besitzt, so daß ein am Boden sitzendes Tier aussieht wie ein beleuchteter Zug mit vorgespannter hell leuchtender Dampflok („railroad-worm"). Die Larven leben als Räuber vorwiegend von Diplopoden. – 3) *Rhagophthalmidae,* Fam. ostasiatischer L., deren Männchen oft lange Elytren, aber keine so exzessiven Fühler wie die *Phengodidae* haben. Die Weibchen sind denen der *Phengodidae* ähnl. Hierher gehören z.B. die Gatt. *Diplocladon* (Malaysia), *Dioptoma* (Ceylon), *Rhagophthalmus* (SO-Asien) u. eventuell *Cydistus* (Türkei). – 4) *Schnellkäfer, Elateridae;* verschiedene Gatt. dieser Fam. aus dem südl. N-Amerika u. aus S-Amerika gehören zu den L.n. Am bekanntesten sind die „Feuerkäfer" od. „Cucujos" aus dem Tribus *Pyrophorini* mit der alten

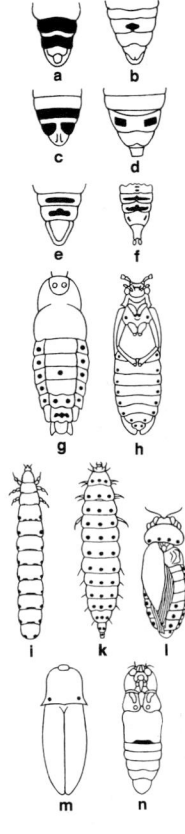

Leuchtkäfer
Lage der *Leuchtorgane* (dargestellt als schwarze Flecken) auf der Unterseite von L.n; in **a–f** ist nur die Hinterleibsspitze gezeichnet. *Lampyridae:* **a** *Photinus scintillans* (♂), NO-USA; **b** *Photinus scintillans* (♀); **c** *Luciola lusitanica* (♂), S-Europa; **d** *Luciola lusitanica* (♀); **e** *Photuris spec.* (♀), Amerika; **f** *Lampyris noctiluca* (♀), Europa; **g** *Phausis (Lamprohiza) splendidula* (♀), Europa; **h** *Harmatelia bilinea* (♂), Ceylon. *Phengodidae:* **i** *Phengodes spec.* (♀), O-USA. *Rhagophthalmidae:* **k** *Diplocladon hasselti* (♀), Malaysia; **l** *Dioptoma adamsi* (♂), Ceylon. *Elateridae:* **m, n** *Pyrophorus spec.,* Ober- u. Unterseite, S-Amerika.

Gatt. *Pyrophorus,* die heute mit ca. 100 Arten in etwa 17 Gatt. aufgeteilt wird. Die Leuchtorgane befinden sich meist in den Hinterwinkeln des Pronotums u./od. zw. Metasternum und 1. Abdominalsternit. Auch die Larven haben Leuchtorgane. Feuerkäfer dieser Fam. gibt es auch auf den Neuen Hebriden *(Photophorus bakewelli)* u. den Fidschiinseln *(P. jansoni).* Über Paarungsverhalten u. Einsatz der Leuchtorgane ist bei den Feuerkäfern nur wenig bekannt. Auch sie emittieren ein grünl., z.T. sehr helles Licht, so daß sie v. den Eingeborenen S-Amerikas als Lampe verwendet werden (☐ Cucuyo). B Käfer I–II.

Lit.: Lloyd, J. E.: Insect Bioluminescence. In: Herring, P.: Bioluminescence in action. Acad. Press, London 1978. H. P.

Leuchtkrebse, 1) die ↗ Euphausiacea; 2) Sammel-Bez. für einige andere Krebstiere, die ebenfalls zur Lichtproduktion fähig sind, wie manche ↗ Muschelkrebse, ↗ Copepoda, ↗ Mysidacea u. ↗ Natantia.

Leuchtmoos, *Schistostega pennata,* ↗ Schistostegales.

Leuchtorganismen, Sammelbez. für Bakterien (↗ Leuchtbakterien), Pilze (↗ Leuchtpilze), Pflanzen u. Tiere, die die Fähigkeit zur Lichterzeugung („kaltes Leuchten") besitzen (↗ Biolumineszenz). Entweder haben L. ein eigenes Leuchtvermögen, od. sie leben in Symbiose mit Leuchtbakterien (↗ Leuchtsymbiose). Mehrzellige L. besitzen entweder *Leuchtzellen* mit Leuchtgranula (Photocyten, an bestimmten Stellen konzentriert od. über den ganzen Körper verstreut), ein leuchtendes Sekret ausschüttende Drüsenzellen od. Leuchtorgane. Die *Leuchtorgane* können sehr verschieden gebaut sein (z.T. sogar innerhalb einer Art: die ↗ Wunderlampe, *Lycoteuthis diadema,* ein Kopffüßer besitzt 22 verschiedenfarbige u. -gestaltete Leuchtorgane). Manche Tiefseefische (z.B. ↗ Tiefseeangler) u. ↗ Kopffüßer besitzen Drüsenzellkomplexe, die leuchten können (od. Zellen, mit Leuchtbakterien), oft umgeben v. einer dunklen Pigmenthülle (äußere Schicht), einer wie ein Hohlspiegel wirkenden Reflektorschicht (innere Schicht) u. mit einer Sammellinse. Evtl. Farbstoffeinlagerungen in der Linse od. der Reflektorschicht lassen das normalerweise bläul. Licht rötl., grünl. oder gelbl. erscheinen. Das Leuchtorgan des ↗ Leuchtkäfers *Photuris* (zwei Laternen an der Unterseite des Hinterleibs) besteht aus einer lichtdurchläss. Schicht, einer lichtproduzierenden Gewebeschicht (geht aus ↗ Fettkörpern hervor) u. einer Zellschicht, die als Reflektor dient. Die Schichten sind v. vielen Tracheolen u. Nerven durchzogen. Jedes

Leuchtorganismen

Leuchtorganismen – Leuchtsymbiose

1 Lage der Leuchtorgane beim Kopffüßer *Pterygioteuthis*. **2** Lage der Leuchtorgane und Sexualdimorphismus beim Planktonkrebs (Ord. *Euphausiacea*) *Nematobrachion flexipes*, **a** Weibchen, **b** Männchen. **3** Kopffüßer *Euprymna morsei*: **a** Männchen mit geöffnetem Mantel, **b** Querschnitt durch Region der Leuchtorgane. **4** Tiefseeangler *Linophryne arborifera*: **a** Weibchen mit Leuchtorganen; **b** Längsschnitt durch den 1. Rückenflossenstrahl von *Linophryne arborifera* mit Bakterien-Leuchtorgan im Detail. **5** Querschnitt durch das Leuchtorgan vom Bootsmannfisch *(Porichthys)*.

Leuchtorganismen

Beispiele für Funktionen der Biolumineszenz:

Fortpflanzung:
Bei der trop. ↗Leuchtkäfer-Art *Photinus pyralis* sendet das Männchen alle 6 Sek. einen Blitz von 0,06 Sek. Dauer aus. Das Weibchen, das diesen Blitz registriert, sendet genau 2 Sek. danach ein Lichtsignal. Nur bei exakter Einhaltung der Zeiten erkennen sich Weibchen u. Männchen.

Beuteerwerb:
Die Larve der neuseeländ. Pilzmücke *Bolitophila luminosa* (das einzige Höhlentier mit der Fähigkeit zur Biolumineszenz) läßt v. der Decke der Höhle lange Schleimfäden herabhängen. Die vom Licht der Larve angelockten Insekten bleiben an den klebr. Fäden hängen u. werden gefressen.

Verteidigung:
Viele ↗Krebstiere (↗Muschelkrebse) u. einige ↗Kopffüßer stoßen Leuchtwolken aus, die einen Angreifer abschrecken.

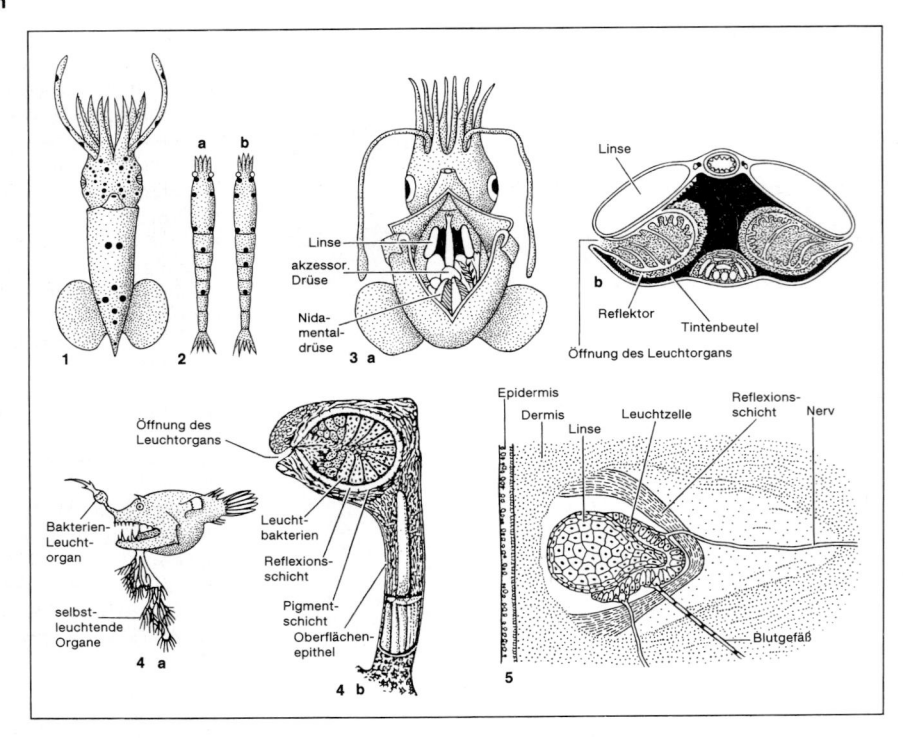

Leuchtorgan (Laterne) wird aus ca. 1000 Photocyten gebildet, wobei sich je 10 bis 16 zu einer Rosette gruppieren. Zwei bis drei aneinandergrenzende Photocyten bilden die kleinste physiolog. Funktionseinheit (sog. *Microsources*). Diese Microsources blitzen gruppenweise in bestimmter Folge nacheinander auf; Lichtdauer u. -intensität variieren. – Die Lichtintensität kann bei einigen Tierarten so groß sein, daß diese als „Leselämpchen" genutzt werden können (↗Leuchtkäfer, ↗Muschelkrebse, □ Cucujo). – Biolumineszenz ist in sehr vielen Tiergruppen verbreitet (in manchen bes. häufig: etwa 40% aller Kopffüßer besitzen Leuchtorgane). Im Laufe der Phylogenie ist sie wahrscheinl. über 30mal unabhängig voneinander entwickelt worden. Die Lichtentstehung beruht auf unterschiedl. chem. Reaktionen (↗Leuchtbakterien, □ Biolumineszenz). Es gibt verschiedene Leuchtsubstanzen (↗ *Luciferine*, □), u. fast jede Tierart hat ihre spezielle *Luciferase* (lichterzeugendes, eine Oxidation katalysierendes Enzym). Oft spielen noch andere Stoffe eine wicht. Rolle (z. B. Magnesiumsalze, Sulfate, ATP u. a.), so daß relativ komplizierte Reaktionen vorkommen. – Die Biolumineszenz dient der Arterkennung bei der Fortpflanzung (in der Fam. der ↗Laternenfische gibt es ca. 150 artspezif. Leuchtmuster), der Verteidigung, dem Beuteerwerb u. evtl. dem Sehen (bei Tiefseefischen liegen die Leuchtorgane häufig in der Nähe der Augen) sowie dem Schwarmzusammenhalt. Auch bei Erregung u. Schreck blitzen die Leuchtorgane mancher Tiere auf. – Die phylogenet. Entstehung bzw. Entwicklung der Leuchtorgane ist noch nicht eindeutig geklärt. ↗Meeresleuchten. *Ch. G.*

Leuchtpilze, Pilze, deren Fruchtkörper od. Mycel im Dunkeln leuchten (↗Biolumineszenz). Am bekanntesten ist die Lichtentwicklung der Rhizomorphen vom ↗Hallimasch; beim gift. Ölbaumpilz (*Omphalotus olearius = Clitocybe olearia*, ↗Kremplinge) geht die Biolumineszenz hpts. vom Hymenium der Blätter aus (bereits 1755 v. Battara unter dem Namen *Polymyces phosphoreus* beschrieben u. 1848 v. Tulasne eingehend untersucht). In Mitteleuropa kommen noch eine Reihe weiterer, weniger auffallender L. vor, z. B. einige ↗Helmlinge (*Mycena*-Arten). Intensive Lichterscheinungen zeigen trop. Pilze.

Leuchtqualle, *Pelagia noctiluca*, Vertreter der ↗Fahnenquallen, der im Mittelmeer u. in den wärmeren Teilen des Atlantik häufig ist. Ihr glockenförm. Schirm ist purpur bis braunrot gefärbt, trägt 8 dehnbare Tentakel u. erreicht einen ⌀ von 8 cm. Bei der Entwicklung ist das Polypenstadium unterdrückt (Ei–Planula–Ephyra–Meduse). Die oft in Schwärmen auftretenden Quallen leuchten bei mechan. Reizung stark; weder Zweck noch Chemismus dieses Vorgangs sind (1985) bekannt. □ 249.

Leuchtsardinen, *Maurolicus,* Gatt. der ↗ Großmünder.

Leuchtsymbiose w [v. gr. symbiōsis = Zusammenleben], bes. Form v. ↗ Biolumineszenz, die auf einer obligaten ↗ Endosymbiose mit Licht produzierenden Bakterien (↗ Leuchtbakterien) beruht. L.n gibt es nur im Meer, bei Kopffüßern, Knochenfischen u. bei Feuerwalzen. Die Leuchtbakterien leben bei Kopffüßern (v. a. *Sepioidea* u. *Myopsida*) u. bei Knochenfischen extrazellulär in schlauchförm. Einstülpungen der Körperoberfläche od. des Darmkanals, bei den ↗ Feuerwalzen im Cytoplasma bestimmter Zellen (↗ Mycetocyten). – Unter den Kopffüßern bilden die *Sepia*-Verwandten, z. T. mit Hilfe von akzessorischen Nidamentaldrüsen, *Leuchtorgane (Photophore)* v. unterschiedl. hohem Differenzierungsgrad aus. Bei *Rondeletiola minor* senkt sich das Leuchtorgan becherförmig in den Tintenbeutel ein; die das Becherinnere auskleidenden Muskelzellen bilden eine Art Reflektor; auch Männchen besitzen ein Leuchtorgan. Das perfekteste Leuchtorgan hat *Euprymna morsei*: Der Pigmentschirm (Tintenbeutel) wirkt durch Kontraktion als Abblendeinrichtung; vor der Lichtquelle befindet sich eine klare Linse; Blutgefäße u. Nerven versorgen das Organ. Die Besiedelung mit Leuchtbakterien der durch eine schlauchförm. Öffnung mit der Außenwelt in Verbindung stehenden Leuchtorgane geschieht bei den Kopffüßern aus dem Meerwasser. Wahrscheinl. dient das Leuchten dem leichteren Auffinden der Geschlechter sowie dem Zusammenhalt der Schwärme. – Als Lichtfallen zum Anlocken v. Beutetieren werden die symbiont. Leuchtorgane einiger Knochenfische gedeutet; z. T. ist ihre Funktion noch unbekannt. *Anomalops* (↗ Laternenfische) u. *Photoblepharon* tragen je ein bohnenförm. Leuchtorgan unterhalb des Auges, das v. einem Epithel aus Cornea-ähnl. Zellen überzogen wird; als Reflektor wirkt eine an Guanin-Kristallen reiche Zellschicht. Bei *Photoblepharon* dient eine lidartige, pigmentierte Hautfalte als Abblendeinrichtung. Bei *Anomalops* können Muskeln das Leuchtorgan so um die Längsachse drehen, daß bei Bedarf der leuchtende Organteil im dunklen Gewebe verborgen wird. Bei *Leiognathus* umzieht ein Leuchtorgan ringförmig den Oesophagus. Bei einigen Tiefsee-Anglerfischen (z. B. *Linophryne arborifera, Melanocetus johnsoni,* ↗ Tiefseeangler) sitzt ein bakterielles Leuchtorgan laternenartig auf dem umgestalteten ersten Rückenflossenstrahl. – Vergleichsweise einfach gebaut sind die Leuchtorgane der aus vielen Einzeltieren zusammengesetzten Feuerwal-

Leuchtqualle
(*Pelagia noctiluca*)

Leucin
(zwitterionische Form)

leuc-, leuco-, leuko-
[v. gr. leukos = leuchtend, glänzend, weiß].

zen: Um die Ingestionsöffnung eines jeden Einzeltieres liegen, ohne weitere Hilfseinrichtungen, 2 Ansammlungen v. Mycetocyten mit Leuchtbakterien. Hochentwickelt ist hier dagegen die Übertragungsweise der Symbionten auf die nächsten Wirtsgenerationen: Die Leuchtbakterien besiedeln zunächst einige Follikelzellen, die danach als Mycetocyten in den Embryo des geschlechtl. entstehenden Oozoids gelangen. Von hier aus werden die 4 Primärascidiozoide u. aus diesen die aus ihnen knospenden Ascidiozoide mit Leuchtbakterien versorgt. *H. Kör.*

Leuchtzikaden, *Leuchtzirpen,* die ↗ Laternenträger.

Leucin s [v. *leuc-], Abk. *Leu* oder *L,* in fast allen Proteinen enthaltene ↗ Aminosäure (B), die wegen ihrer hydrophoben Seitenkette zu den hydrophoben Aminosäuren gerechnet wird.

Leucin-Aminopeptidase w, im Sekret des Darmsaftes enthaltene Peptidase, die NH₂-endständige Aminosäuren (nicht nur Leucin) v. Peptiden u. Proteinen abspaltet.

Leuciscus m [v. gr. leukiskos = Weißfisch], Gatt. der ↗ Weißfische.

Leuckart, *Rudolf,* dt. Zoologe, * 7. 10. 1822 Helmstedt, † 6. 2. 1898 Leipzig; seit 1850 Prof. in Gießen, seit 1869 in Leipzig; war neben E. ↗ Haeckel, R. ↗ Hertwig und O. ↗ Bütschli maßgebl. an der Aufklärung des Lebens- u. Fortpflanzungsweise der Protozoen beteiligt; erkannte parasit. Protozoen als Krankheitserreger, beschrieb u. klassifizierte erstmalig die *Sporozoa* u. *Coccidia* u. schuf damit die Grundlage für die Klassifizierung der Haemosporidien (mit dem Malaria-Erreger); ferner Arbeiten über Coelenteraten u. Echinodermen (die er erstmalig richtig taxonom. unterschied), über Organisationsverhältnisse der Siphonophoren, Parthenogenese bei Insekten u. insbes. der verschiedensten Parasiten (Trichinen, Blasenwürmer, Pentastomiden, Acanthocephalen, Leberegel), die ihn zum Begr. der modernen Parasitologie machten. In der zool. Lehre tat er sich durch die (zus. mit Nitsche) Herausgabe der „Zool. Wandtafeln zum Gebrauch an Univ. und Schulen" (1877–91) hervor.

Leuckartiara w [ben. nach R. ↗ Leuckart], Gatt. der ↗ Pandeidae.

Leucobryaceae [Mz.; v. *leuco-, gr. bryon = Moos], *Weißmoose,* Fam. der *Dicranales* mit ca. 200 Arten, die vorwiegend in trop. und subtrop. Regionen verbreitet sind; die weiße Färbung beruht auf Totalreflexion des Lichts an lufterfüllten toten Zellen der Thallusoberseite; diese Zellen können große Wassermengen aufnehmen (Hyalocyten). Auf der N-Halbkugel in sauren Fichten- od. Buchenwäldern ist *Leuco-*

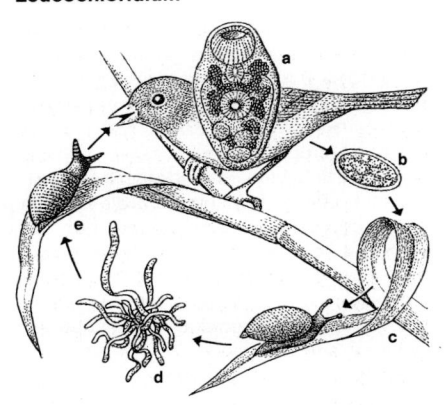

Leucochloridium

Leucochloridium
Entwicklungsgang des Saugwurms *L. macrostomum* mit der Bernsteinschnecke als Zwischenwirt u. Kleinvögeln als Endwirte **a** geschlechtsreife Saugwürmer in der Kloake des Vogels, **b** die Eier gelangen mit dem Vogelkot nach außen, **c** die Eier werden v. der Bernsteinschnecke mit der Nahrung aufgenommen, **d** in der Schnecke entwickeln sich die Sporocysten, **e** die reifen Brutschläuche werden vom Vogel aus den Schneckenfühlern gerissen.

bryum glaucum verbreitet u. bildet dichte wasserspeichernde Polster. *L. g.* ist getrenntgeschlechtl., der ♂ Gametophyt ist extrem klein („Zwergmännchen"). Vegetative Fortpflanzung durch bes. „Brutblätter" ist häufig. Arten von *L.* werden häufig zu Dekorationszwecken verwendet. Großes Wasserspeichervermögen besitzen auch die Arten der trop. Gatt. *Octoblepharum*.

Leucochloridium s [v. *leuco-, gr. chlōros = gelbgrün], Saugwurm-Gatt. der Ord. ↗ *Digenea*. *L. macrostomum* lebt als ca. 2 mm langer Adultus im Enddarm v. Singvögeln, mit deren Kot die Eier ins Freie gelangen. Die Eier enthalten bewimperte Miracidien, die aber erst dann schlüpfen, wenn die Eier bei der Nahrungsaufnahme einer Bernsteinschnecke der Gatt. *Succinea* in deren Darm gelangt sind. Die Miracidien durchdringen die Darmwände u. entwickeln sich in der Mitteldarmdrüse zu einem weit verzweigten Sporocystengeflecht aus 2–8 ca. 1 cm langen, grün od. braun gebänderten Keimschläuchen. Mit Hilfe peristalt. Bewegungen arbeitet sich je ein Keimschlauch in einen Augenfühler der Schnecke vor u. beginnt hier bei Tageslicht rhythmische Pulsationen (40–70mal pro Min.) durchzuführen. Dabei wird der Schneckenfühler gedehnt u. läßt so die auffällige Farbringelung des Keimschlauchs durchscheinen. Die Annahme liegt auf der Hand, daß durch Form, Farbe u. Bewegung der Keimschläuche ein opt. Reiz auf Vögel ausgeübt u. so die Möglichkeit des Gefressenwerdens beachtlich gesteigert wird *(Peckhamsche* od. *Angriffsmimikry)*. Hierdurch wird eine *Wirtskreiserweiterung* auf solche Vögel (Grasmücken, Rotkehlchen) erreicht, die normalerweise keine Schnecken, sondern Insekten u. deren Larven fressen. In den Sporocystenschläuchen entstehen, ohne daß Redien gebildet werden, bis zu ca. 300 schwanzlose Cercarien. Da diese wie auch die Miracidien keine freilebende Phase aufweisen, ist der Lebenszyklus von *L.* so vereinfacht,

Leucosoleniidae
Leucosolenia botryoides

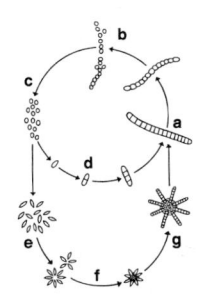

Leucothrix
Lebenszyklus von *Leucothrix*:
a Filament; **b** Zellen im Filament entwickeln sich zu Gonidien; **c** Gonidien; **d** Gonidien wachsen wieder zu einem Filament aus; **e** gleitend bewegl. Gonidien lagern sich sternförmig zus.; **f** es bildens sich Rosetten, die sich festsetzen; **g** die Zellen in der Rosette teilen sich u. bilden Filamente

daß die Aufgabe des bei den Digenen üblicherweise vorhandenen, hier aber fehlenden zweiten Zwischenwirts auf den ersten übertragen ist.

Leucochrysis w [v. *leuco-, gr. chrysis = goldenes Kleid], Gatt. der ↗ Rhizochrysidaceae.

Leucodontaceae [Mz.; v. *leuc-, gr. odous, Gen. odontos = Zahn], Fam. der *Isobryales* (U.-Ord. *Leucodontineae*) mit 3 Gatt.; Laubmoose wärmerer Regionen, die bei Trockenheit als Verdunstungsschutz Haupt- u. Nebentriebe einrollen können. *Leucodon sciuroides* ist eine Charakterart xerophyt. Rindenmoosgesellschaften; es vermehrt sich vegetativ, hpts. durch abgebrochene Nebentriebe. *Antitrichia californica* u. *Alsia abietina,* letztere vielfach einer eigenen Fam. *Cryphaceae* zugeordnet, kommen nur an der W-Küste N-Amerikas vor u. wurden als Verpackungsmaterial verwendet.

Leucojum s [v. gr. leukoion = weißes Veilchen], die ↗ Knotenblume.

Leuconia w [v. *leuco-], Gatt. der ↗ Grantiidae.

Leuconostoc s [v. *leuco-, Nostoc = willkürl. Bildung v. Paracelsus], Gatt. der ↗ *Streptococcaceae,* ↗ Milchsäurebakterien.

Leucontyp [v. *leuco-], ↗ Schwämme (B).

Leucorchis m [v. *leuc-, gr. orchis = Knabenkraut], das ↗ Weißzüngel.

Leucorrhinia w [v. *leuco-, gr. rhinia = Nasenlöcher], Gatt. der ↗ Segellibellen.

Leucosin s [v. gr. leukōsis = Weißfärbung], die ↗ Chrysose.

Leucosoleniidae [Mz.; v. *leuco-, gr. sōlēn = Röhre], Schwamm-Fam. der Ord. *Homocoela.* Bekannteste Art *Leucosolenia botryoides;* Ascontyp, bei dem die einzelnen Ascone durch Stolonen verbunden sein können, 1–8 mm hoch; Kosmopolit.

Leucosporidium s [v. *leuco-, gr. sporos = Keim], Gatt. der basidiosporogenen Hefen, die ein echtes Mycel mit Schnallen ausbilden können, an dem Chlamydosporen entstehen; *L.* ist die geschlechtl. Form einiger imperfekter Hefen, z. B. von *Torulopsis*-Arten.

Leucothea w [v. *leuco-, gr. thea = Göttin], Gatt. der ↗ Lobata.

Leucothrix w [v. gr. leukothrix = weißhaarig], Gatt. der Ord. ↗ *Leucotrichales* (Fam. *Leucotrichaceae*) der gleitenden Bakterien; strikt aerobe, chemoorganotrophe, marine Bakterien, die lange, farblose, unverzweigte Filamente bilden (∅ 2–3 μm, länger als 100 μm, manchmal 5000 μm = 5 mm), die in der Natur normalerweise an festem Substrat angeheftet sind und zopfart. Gebilde od. dichte Knäuel bilden. Typ. sind Rosettenbildungen der Filamente u.

Knoten, die beim Wachstum entstehen (weitere Merkmale ↗ Leucotrichales). Am häufigsten wächst L. als Epiphyt an verschiedenen makroskop. Algen, kann aber auch als Schädling an Crustaceen- u. Fischeiern u. in künstl. Wasseranzuchten, bes. von Hummern, auftreten. Nur 1 sichere Art, *L. mucor;* die weiteren Arten sind umstritten.

Leucotrichales [Mz.; v. gr. leukotriches = die Weißhaarigen], Ord. der gleitenden Bakterien (farblose Cyanobakterien, Kl. *Cyanomorphae,* auch bei den *Cytophagales* als Fam. *Leucotrichaceae* eingeordnet), deren Vertreter (vgl. Tab.) einen strikt aeroben, chemoorganotrophen Stoffwechsel besitzen u. keine Schwefeltröpfchen einlagern. Die kurzen zylindr. oder ovalen Zellen bilden farblose, gegliederte, unverzweigte Filamente, die cm-Länge erreichen können u. keine gleitende Bewegung besitzen. In natürl., wäßr. Biotopen sitzen die *L.* an festen Substraten. Die Verbreitung erfolgt durch „Gonidien", Einzelzellen, die sich aus den Filamentzellen durch Abbrechen entwickeln (wie Hormogonien der Cyanobakterien); sie entstehen hpts. an den Filamentspitzen u. können eine gleitende Bewegung aufweisen. Charakterist. für die *L.* ist auch das Vorkommen v. Filamentrosetten (↗ *Leucothrix).* Die wachsenden Filamente bilden oft Knoten. Bis auf das Fehlen der photosynthetischen Pigmente sind die *L.* den Cyanobakterien sehr ähnlich.

Leukämie *w* [v. gr. leukos = weiß, haima = Blut], *„Weißblütigkeit",* Überbegriff für bösart. Erkrankungen der weißen Zellen des blutbildenden Systems beim Menschen u. Haustieren (bes. Geflügel) als Folge einer Reifungsstörung der ↗ Blutbildung, die gekennzeichnet ist durch ungehemmte Vermehrung v. unreifen funktionsunfähigen leukocytären Vorstufen, die die normale Blutbildung im Knochenmark verdrängen. Die Entartung bzw. der Reifungsstopp kann praktisch auf jeder Reifungsstufe auftreten. Auslösende Ursachen können u.a. ionisierende Strahlen, bestimmte Chemikalien u. Chromosomenanomalien sowie (bis jetzt nur bei Tieren gesichert nachgewiesen) Viren sein. – Haupttypen der L. beim Menschen sind: a) Die *akute myeloische L.* (AML), die sich v. der myeloischen Reihe ableitet. Meist akuter dramat. Beginn mit Fieber, Abgeschlagenheit, Blutung u. schwerem Krankheitsgefühl. Die unreifen Vorstufen lassen sich im zirkulierenden Blut als Blasten nachweisen; in manchen Fällen bleiben die Blasten im Knochenmark (aleukämischer Verlauf). Sonderformen können sein: Promyelocyten-L., Erythro-L., myelomonocytoide L. b)

leuc-, leuco-, leuko- [v. gr. leukos = leuchtend, glänzend, weiß].

Leucotrichales

Wichtige Gattungen:
Alysiella
↗ *Herpetosiphon*
↗ *Leucothrix*
Simonsiella
Vitreoscilla

Leukoanthocyanidine
Flavan-3,4-diol

Die *akute lymphatische L.* (ALL), die sich meist von T-Lymphoblasten, selten von B- und 0-Zellen ableitet: meist im jugendl. Alter; klinisch ebenfalls durch raschen Verlauf gekennzeichnet. Diese L.n können unbehandelt in kurzer Zeit zum Tode führen; Todesursache sind nicht-beherrschbare Infektionen od. akute Blutungen als Folge des ↗ Thrombocyten-Mangels u. Störungen des Gerinnungssystems. Eine Therapie ist mit Cytostatika-Kombinationen mögl., wobei die ALL sich günstiger beeinflussen läßt als die AML, die überwiegend eine Erkrankung des höheren Lebensalters ist. Das Blutbild der Patienten zeigt bei der akuten L. ein Überwiegen v. Blasten (↗ blutbildende Organe) u. nur wenig reife segmentkernige Granulocyten. c) Die *chronisch-myeloische L.* (CML), eine langsam verlaufende, schleichend beginnende Erkrankung, die lange unerkannt bleiben kann. Symptome sind Lymphknoten- u. Milzvergrößerung; das Blutbild weist extrem hohe Leukocytenzahlen (bis zu mehreren 100000/mm^3) auf, wobei alle unreifen leukocytären Vorstufen im zirkulierenden Blut nachweisbar sind. Therapie mit Cytostatika. Wenn ein HLA (↗ HLA-System) kompatibler Spender vorhanden ist, kann durch eine Knochenmarkstransplantation bei der AML, ALL und CML eine Heilung erzielt werden (↗ Krebs). d) Die *chronisch-lymphatische L.* (CLL), die nach moderner Einteilung keine L. i. e. S. ist, sondern ein malignes Lymphom v. niedrigem Malignitätsgrad darstellt, in dessen Verlauf maligne Zellen in die Blutbahn ausgeschwemmt werden. Symptome sind: Lymphknotenvergrößerung, extreme Erhöhung der Leukocytenzahl, wobei überwiegend Lymphocyten auftreten. Chronischer, gutart. Verlauf. Therapie durch Bestrahlung u. ↗ Cytostatika. *H. N.*

Leukämieviren ↗ RNA-Tumorviren.

Leukismus *m* [v. *leuko-], Vorhandensein v. hellem Fell bzw. Gefieder bei normalerweise dunklen Tierarten, z.B. weiße Ziegen; im Ggs. zum ↗ Albinismus jedoch Haut u. Augen *mit* Pigmenten.

Leukoanthocyanidine [Mz.; v. *leuko-, gr. anthos = Blüte, kyanos = blauer Farbstoff], zu den ↗ Flavonoiden (☐) zählende pflanzl. Naturstoffe mit *Flavan-3,4-diol-*Grundgerüst, die bes. in Holz, Rinde u. Fruchtschalen weit verbreitet vorkommen. Die einzelnen L. unterscheiden sich in Zahl u. Stellung ihrer Hydroxylgruppen u. können unter Säureeinwirkung in Anthocyanidine (↗ Anthocyane) umgewandelt werden.

Leukoblasten [Mz.; v. *leuko-, gr. blastos = Keim], Sammelbegriff für Zellen, aus denen ↗ Leukocyten hervorgehen.

Leukocyten [Mz.; v. *leuko-, gr. kytos =

Leukoplasten

Höhlung (heute: Zelle)], *weiße Blutkörperchen, weiße Blutzellen,* kernhalt. Zellen des ↗Blutes mit Abwehrfunktion, umfassen ↗*Granulocyten,* ↗*Lymphocyten* u. ↗*Monocyten*; normalerweise sind im zirkulierenden Blut zw. 5000 und 11 000 Zellen/mm^3 vorhanden (☐ Blut). Bei ↗Entzündungen steigt die Zahl der L., vorwiegend der Granulocyten, an *(Leukocytose).* Das Verhältnis der L. untereinander wird im Differentialblutbild angegeben (prozentuale Verteilung der L.). ↗Blutbildung (☐), ↗Blutzellen (☐).

Leukoplasten [Mz.; v *leuko-, gr. plastos = geformt], farblose ↗Plastiden höherer Pflanzen; wegen des Fehlens v. Chlorophyllen sind L. Photosynthese-inaktiv u. übernehmen meist Speicherfunktion (Proteinoplasten: Speicherprotein; ↗Amyloplasten: Stärke; ↗Elaioplasten: Lipid). Die ebenfalls farblosen Plastiden meristemat. Zellen bilden als ↗*Proplastiden* eine eigene Kategorie.

Leukopterin s [v. *leuko-, gr. pteron = Flügel], weißer Pigmentstoff der Schmetterlingsflügel (Kohlweißling), chem. ein Pteridin, Exkretprodukt. ☐ Exkretion.

Leukosin s [v. gr. leukōsis = Weißfärbung], ein in kleinen Mengen in Getreidesamen vorkommendes Albumin, enthält v. a. Histidin, Arginin u. Lysin.

Leukotoxine [Mz.; v. *leuko-, gr. toxikon = (Pfeil-)Gift], Toxine, die bes. bei der ↗Agranulocytose entstehen u. die Leukocyten schädigen.

Leukotriene [Mz.; v. *leuko-, gr. tri- = drei-], von B. ↗Samuelsson, S. ↗Bergström und J. ↗Vane (Nobelpreis 1982) in ↗Leukocyten entdeckte Derivate der ↗Arachidonsäure mit 3 konjugierten Doppelbindungen (Name!), die durch enzymat. Oxidation aus Arachidonsäure gebildet werden (vgl. Abb.) und offensichtl. als chem. Vermittler bei Allergien u. Entzündungserscheinungen fungieren. In der physiolog. Wirkung unterscheidet sich *Leukotrien B$_4$ (LTB$_4$)* v. den schwefelhaltigen L.n *LTC$_4$, LTD$_4$* und *LTE$_4$*. LTB$_4$ regt Leukocyten zur Adhäsion an die Gefäßwände an u. ruft einen chemotakt. Effekt (↗Chemotaxis) hervor, so daß die Leukocyten entgegen dem LTB$_4$-Konzentrationsgradienten wandern. Die in ihren Eigenschaften dem ↗Histamin ähnl. schwefelhaltigen L. wirken stark bronchienverengend u. zeigen einen ausgeprägten Permeabilitätseffekt (ihre Wirkung kann bis zu 5000mal stärker sein als die des Histamins). Gemeinsam mit ↗Prostaglandin PGE$_2$ u. ↗Prostacyclin PGI$_2$ sind sie an der Bildung v. Ödemen beteiligt. Sie stellen auch die Bestandteile des Gemisches SRS-A („slow reacting substance of ana-

Bildung der Leukotriene aus Arachidonsäure

Arachidonsäure → Lipoxygenase → Dehydrase → LTA$_4$ (instabiles Epoxid)

Hydrolase → LTB$_4$
Glutathion-S-Transferase → LTC$_4$
GGTP → LTD$_4$
Dipeptidase → LTE$_4$

Leukocyten

Normales Differentialblutbild:

Lymphocyten	30%
neutrophile Granulocyten	50–60%
eosinophile G.	2–3%
basophile G.	1%
Monocyten	3–5%

Veränderungen des Differentialblutbildes lassen Rückschlüsse auf krankhafte Prozesse zu (z. B. ↗Eosinophilie, ↗Leukämien)

phylaxis") dar. Einige krankhafte Erscheinungen, z. B. manche Entzündungen u. Kontraktionsvorgänge, z. B. Asthma, werden durch L. verursacht. Überempfindl. Reaktionen, deren Urheber die L. sind, können mit Steroiden (Cortison) behandelt werden, da diese die hydrolyt. Freisetzung der Arachidonsäure aus den Phospholipiden der Zellmembranen unterdrücken u. damit auch die Bildung der Oxidationsprodukte verhindern.

Leukozidine [Mz.; v. *leuko-, lat. -cidus = tötend], v. phagocytierten Staphylokokken produzierte, Leukocyten schädigende Stoffe.

Leunakalk [ben. nach der urspr. Produktionsstätte: Leuna b. Merseburg], Kalkdünger, der als Nebenprodukt in der chem. Industrie anfällt; enthält 70–75% Kalk (CaCO$_3$).

Leunasalpeter, fr. Bez. für *Ammonsulfatsalpeter*, einen Mineraldünger aus ↗Ammoniumnitrat u. ↗Ammoniumsulfat.

Leuresthes w [v. *leur-, gr. esthēs = Kleid], Gatt. der ↗Ährenfische.

Leurocristin s [v. *leur-, lat. crista = Kamm], das *Vincristin* (↗Vincaalkaloide).

Leurognathus m [v. *leur-, gr. gnathos = Kiefer], Gatt. der ↗Bachsalamander.

Levallois s [l^{e}valºa; nach Levallois-Perret, Vorort v. Paris], *Levalloisien,* Geräteindustrie mit symmetr. geformten ↗Abschlag-

Levallois
Levallois-Schildkern mit Abschlägen

geräten, die v. einem speziell vorbereiteten schildkrötenförm. Steinkern (sog. Schildkern) so abgespalten werden, daß sich Retuschen weitgehend erübrigen. Vorkommen im jüngeren Mittel- bis mittleren Jungpleistozän Europas, Afrikas u. W-Asiens, zeitlich parallel zum ↗Acheuléen u. ↗Moustérien.

Levanteotter [v. it. levante = Morgenland], *Vipera lebetina*, ↗Vipern.

Levator *m* [lat., =], *Heber, Musculus levator*, ein Muskel, der etwas stützt u. hält od. nach oben zieht. Aus den Kiemenbogenhebern (M. levatores arcuum) entstand stammesgesch. der ↗Kapuzenmuskel der Säuger.

Leveillula *w*, Gatt. der ↗Echten Mehltaupilze; auf Leguminosen parasitiert *L. leguminosarum*, auf Tomaten *L. taurica*.

Levene [l^{e}win], *Phoebus*, russ.-am. Chemiker, * 25. 2. 1869 Sagar (Rußland), † 6. 9. 1940 New York; seit 1891 in den USA; isolierte u. identifizierte die Kohlenhydrat-Komponente v. Nucleinsäuren; wies nach, daß es Ribose enthaltende Nucleinsäuren (Ribonucleinsäuren) gibt u. solche, die Desoxyribose aufweisen (Desoxyribonucleinsäuren); klärte den Aufbau der Nucleinsäuren aus kettenartig aneinandergereihten Nucleotiden auf.

Levisticum *s* [spätlat., =], ↗Liebstöckel.

Levkoje *w* [v. gr. leukoion = weißes Veilchen], *Matthiola*, Gatt. der Kreuzblütler mit etwa 50 Arten v.a. im Mittelmeergebiet, Vorder- u. Zentralasien sowie S- und O-Afrika. Bekannteste Art ist die an den nordmediterranen u. atlant. Felsenküsten heim. *M. incana*, ein bis 1 m hoher Halbstrauch mit längl.-lanzettl., graufilzig behaarten Blättern u. in endständ. Trauben stehenden, rotvioletten, nach Nelken duftenden Blüten. Bereits im Altertum bekannt, wird sie seit dem 16. Jh. auch in Mitteleuropa als 1–2jähr., im Frühsommer blühende Gartenzierpflanze od. Schnittblume kultiviert. Dabei unterscheidet man zw. Sommer-, Herbst- u. Winter-L. mit einfachen od. gefüllten, weißen, creme- od. rosafarb., purpurnen u. violetten Blüten.

Lewisia *w* [ben. nach dem am. Forscher M. Lewis (lu̱iß), † 1809], Gatt. der ↗Portulakgewächse.

Leydig-Zellen [ben. nach dem dt. Zoologen F. v. Leydig, 1821–1908], 1) die ↗Leydig-Zwischenzellen. 2) große Drüsenzellen in der Epidermis v. Urodelen (Schwanzlurchen), v.a. bei den Larven.

Leydig-Zwischenzellen, liegen im ↗Hoden (☐) außerhalb der Samenkanälchen um die Blutkapillaren herum; ihr glattes endoplasmat. Reticulum ist stark entwickelt; bei manchen Arten enthalten sie große Kristalle. Angeregt durch das v. der Hypo-

leuc-, leuco-, leuko- [v. gr. leukos = leuchtend, glänzend, weiß].

leur- [v. gr. leuros = weit, eben, breit, glatt].

L-Form

Einige Bakterien-Gatt., v. denen L-Formen erhalten wurden:

Agrobacterium
Bacillus
Bordetella
Brucella
Clostridium
Haemophilus
Neisseria
Proteus
Pseudomonas
Salmonella
Shigella
Staphylococcus
Streptobacillus
Vibrio

Levkoje *(Matthiola incana)*

physe ausgeschüttete ↗luteinisierende Hormon, produzieren sie Androgene (Testosteron) u. sind dadurch für die Ausbildung der Geschlechtsmerkmale verantwortl. Die entspr. Testosteron-Produzenten im Ovar sind die *Theca-interna-Zellen*.

L-Form, *L-Phase* (*L* = Abk. v. Lister-Inst. in London), durch unregelmäßiges Wachstum vergrößerte Zellform (↗Involutionsformen), v. E. Klieneberger-Nobel (1935) in Kulturen v. *Streptobacillus moniliformis* entdeckt u. benannt. L-F.en können spontan aus der Wildform entstehen; in hyperton. Nährlösung runden sie sich zur Kugelform ab. Ursache für die Formveränderungen ist die durch Mutation verlorene Fähigkeit, eine Zellwand auszubilden (morphologisch *A*-Typ gen.) oder die gestörte Synthese des Mureins, die zu Zellwanddefekten führt (morphologisch als *B*-Typ bezeichnet). Im Unterschied zu *Protoplasten*, die auch keine, u. *Sphaeroplasten*, die Teile einer Zellwand besitzen, können sich L-F.en unter geeigneten Bedingungen (z.B. in einem serumreichen Medium) auf verschiedene Weise vermehren (z.B. durch Zweiteilung, Knospung, Abschnürung kleiner Plasmateile). Auf festen Nährböden bilden sie (wie Mycoplasmen) Kolonien v. typ. „Spiegeleiform" (L-Kolonien), charakterist. sind auch Flexibilität u. Filtrierbarkeit der Zellen durch bakteriendichte Filter, bedingt durch das Fehlen einer starren Zellwand. – Die Bildung von L-F.en kann auch experimentell, z.B. durch Einwirkung subletaler Dosen v. Penicillin auf die Wildform, ausgelöst werden. Zellen, die sich leicht wieder zur Wildform umwandeln (revertieren), sind *instabile L-F.en* (meist B-Typen); *stabile L-F.en* haben dagegen die Fähigkeit zur erneuten Bildung einer normalen Bakterienform (nahezu) verloren (meist A-Typen). – L-F.en sind bedeutend resistenter gg. zellwandwirksame Antibiotika (z.B. Penicillin) u. scheinen z.T. leichter der körpereigenen Abwehr (Phagocytose) zu entgehen als die entspr. zellwandbesitzenden Bakterien. Inwieweit diese Eigenschaften bei Infektionen bzw. für die Pathogenität v. Bedeutung sind, ist noch umstritten.

LH, Abk. für ↗luteinisierendes Hormon.

L-Horizont ↗Bodenhorizonte (☐).

Li, chem. Zeichen für ↗Lithium.

Lialis *w*, Gatt. der ↗Flossenfüße (☐).

Lianen [Mz.; v. frz. lier = binden, über liane], i.w.S. Bez. für *Kletterpflanzen*, die im Boden wurzeln u. im Wettstreit um das Licht an anderen Gewächsen, auch an Felsen u. Mauern, emporklettern u. so ihre Blätter ans Licht bringen, ohne selbst einen materialaufwend. Stamm auszubilden. Kennzeichnend für L. ist das i.d.R. inten-

Lianen

Rankenpflanzen:
1 Erbse, **2** Wilder Wein; *Schlingpflanzen:* **3** *Asarina (Maurandya)*, **4** linkswindende Bohne, **5** rechtswindender Hopfen

Libellen

Wichtige Familien:
U.-Ord. Großlibellen (Ungleichflügler, *Anisoptera*)
⤻ Edellibellen (*Aeschnidae*)
⤻ Falkenlibellen (*Corduliidae*)
⤻ Flußjungfern (Keiljungfern, *Gomphidae*)
⤻ Segellibellen (Kurzlibellen, *Libellulidae*)
⤻ Quelljungfern (*Cordulegasteridae*)

U.-Ord. Kleinlibellen (Gleichflügler, *Zygoptera*)
⤻ Prachtlibellen (*Agriidae, Calopterygidae*)
⤻ Schlanklibellen (*Agrionidae, Coenagrionidae*)
⤻ Teichjungfern (*Lestidae*)

W. F. Libby

lichen-, licheno-, lichin- [v. gr. leichēn = Flechte].

---

sive Streckungswachstum der Sproßachse. Letzteres hat kein od. nur ein geringes sekundäres Dickenwachstum, aber auffallend weite u. lange Gefäße im Holzteil, so daß genügend Wasser für das Blattwerk (trotz geringem Achsendurchmesser) transportiert werden kann. Nach Art des Festhaltens an der Unterlage unterscheidet man 4 Typen: 1. *Rankenpflanzen,* die mit ihren ⤻ Ranken sich anbietende Stützen auf Berührungsreize hin umfassen, z. B. Wicke, Erbse, Weinrebe (☐ Blatt, ☐ Haftorgane); 2. *Wurzelkletterer,* die sproßbürtige ⤻ Haftwurzeln ausbilden, z. B. Efeu; 3. *Spreizklimmer,* die mit rückwärtsgerichteten Seitentrieben, Haaren, Stacheln od. Dornen ein Zurückrutschen vom Geäst der Trägerpflanze vermeiden, z. B. Brombeere, Rose, Klebkraut; 4. *Winden-* od. *Schlingpflanzen,* die L. i. e. S., die mit den kreisenden Wachstumsbewegungen der sich verlängernden Sproßachse entspr. Stützen umwinden.

Lias *m* [meist abgeleitet v. engl. layers (Ausdr. engl. Steinbrecher) = Schicht], *Schwarzer* od. *Unterer Jura,* untere Serie od. Epoche des ⤻ Jura (☐). **B** Erdgeschichte.

Liasis *w,* Gatt. der ⤻ Pythonschlangen.

Liatris *w* [v. gr. leios = glatt, iatros = Arzt], Gatt. der ⤻ Korbblütler.

Libby, *Willard Frank,* am. Chemiker, * 17. 12. 1908 Grand Valley (Colo.), † 8. 9. 1980 Los Angeles; Prof. in Berkeley, Chicago u. Los Angeles; Mitentdecker des Tritiums; führte 1947 die Altersbestimmung mit Hilfe des radioaktiven Kohlenstoffs ^{14}C (Radiocarbonmethode) ein; erhielt 1960 den Nobelpreis für Chemie.

Libellen [Mz.; v. lat. libella = Waage], *Odonata,* Ord. der Insekten mit insgesamt ca. 3700, in Mitteleuropa etwa 100 heimischen Arten in den 2 U.-Ord. Groß-L. (Ungleichflügler, Drachenfliegen, Teufelsnadeln, *Anisoptera*) u. Klein-L. (Gleichflügler, Wasserjungfern, *Zygoptera*). Von einer 3. U.-Ord., den *Anisozygoptera,* ist außer 1 Art in Japan nur noch fossiles Material erhalten. – Der Körper der Imagines weist die für Insekten typische Gliederung in Kopf, Brustabschnitt u. Hinterleib auf u. erreicht je nach Art eine Körperlänge von 1,7 bis 13 cm u. eine Flügelspannweite von 2 bis 14 cm. Aus dem Oberkarbon sind fossile Formen einer verwandten Ord., der Ur-L. *(Protodonata),* mit über 70 cm Spannweite bekannt. Der sehr bewegl. Kopf der L. trägt kurze Fühler; Oberkiefer u. Unterkiefer der Mundwerkzeuge sind bezahnt (wiss. Name!). Der größte Teil des Kopfes wird v. den riesigen Komplexaugen eingenommen, die bei den Groß-L. oft am Scheitel zusammenstoßen, während sie bei den Klein-L. seitl. am Kopf etwas herausragen. Die L. gehören damit zu den am besten sehenden Insekten. Die beiden hinteren Abschnitte der 3gliedr. Brust enthalten die mächtige Flugmuskulatur, die direkt auf die 2 Paar großen, meist glasklaren, stark geäderten Flügel wirkt, die zur Versteifung im Querschnitt zickzackartig ausgeformt sind. Bei den Klein-L. sind Vorder- u. Hinterflügel in etwa gleich gestaltet; sie sind an der Basis schmal u. verbreitern sich gleichmäßig nach außen. In der Ruhe werden sie über dem Hinterleib zusammengeklappt. Die Hinterflügel der Groß-L. erreichen ihre breiteste Stelle schon kurz außerhalb der Basis u. sind damit größer als die Vorderflügel; in der Ruhe tragen sie die Flügel seitl. vom Körper abgespreizt. Durch die direkte Flugmuskulatur (⤻ Flugmuskeln) können alle L. Vorder- u. Hinterflügel unabhängig voneinander bewegen; trotz der relativ niedr. Flügelschlagfrequenz von ca. 30/s sind bes. die Groß-L. sehr gewandte u. rasante Flieger, die Geschwindigkeiten bis 100 km/h erreichen. Jedes Brustsegment trägt 1 Paar Beine, mit denen die L. kaum laufen können; sie dienen eher zum Festhalten auf der Unterlage u. zum Beutefang. Der lange, sehr schmale, aus 10 Segmenten bestehende Hinterleib ist durch Pigmente, Interferenzerscheinungen u./od. Wachsbereifung meist bunt-metallisch glänzend gefärbt. Am 9. Hinterleibssegment mündet auf der Bauchseite die Geschlechtsöffnung des Männchens; da seine Kopulationsorgane am 2. und 3. Hinterleibssegment sitzen, müssen diese vor der eigtl. Kopulation erst mit Samen gefüllt werden. Nach einer artspezif. Balz packt das Männchen mit Zangen am letzten Hinterleibssegment das Weibchen hinter dem Kopf (Groß-L.) od. am Brustabschnitt (Klein-L.). Nachdem das Männchen durch Umbiegen des Hinterleibs sein Kopulationsorgan mit Samen gefüllt hat, legt das Weibchen seinen Hinterleib nach unten um u. erreicht so mit seiner Geschlechtsöffnung zw. 8. und 9. Hinterleibssegment das Kopulationsorgan des Männchens. Dieses häufig beobachtbare *Kopulationsrad* bleibt über einen längeren Zeitraum bestehen. Die Eiablage erfolgt bald darauf je nach Art in Pflanzen, in od. auf Gewässern. Die L. durchlaufen eine unvollständige Entwicklung (Hemimetabolie). Die Larven leben in stehenden od. fließenden Gewässern mit artspezif. Wohnbezirken z. B. im Schlamm, zw. Pflanzen od. im freien Wasser. Sie ernähren sich wie die Imagines räuberisch. Der Kopf trägt dazu eine aus der umgebildeten Unterlippe bestehende ↗Fangmaske (☐), mit der aus einer Lauerstellung heraus blitzschnell die Beute ergriffen werden kann. Mit 3 Paar Beinen können die Larven gut laufen; bei den älteren der 7 bis 15 Larvalstadien (Nymphen) sind schon die Flügelanlagen sichtbar. Der noch kurze Hinterleib trägt bei den Larven der Klein-L. 3 blattförm., steife, spitz zulaufende, pyramidenförmig angeordnete Anhänge, die neben der Atmung (Tracheenkiemen) auch als Waffe dienen können. Die Groß-L. besitzen keine äußeren Kiemen, der Gasaustausch erfolgt über den Enddarm (Rektalkiemen), der mit Hilfe der Hinterleibsmuskulatur mit Wasser gefüllt u., zur Flucht auch stoßweise, wieder entleert werden kann. Bei allen L.larven spielt aber auch die Hautatmung eine bedeutende Rolle. Die letzte Häutung erfolgt außerhalb des Wassers an einem Pflanzenstengel od. ähnlichem. Viele L., bes. Arten der Fließgewässer, gelten nach der ↗Roten Liste als „gefährdet". Zu den Fam. der L. vgl. Tab. ▣ Insekten I, ▣ Homonomie.

G. L.

Libellulidae [Mz.; v. lat. libella = Waage], die ↗Segellibellen.

Libocedrus w [v. gr. libos = Tropfen, kedros = Zeder], *Flußzeder, Schuppenzeder*, in ihrer systemat. Umgrenzung problemat. Gatt. der ↗Zypressengewächse mit 6–13 überwiegend im pazif. Raum verbreiteten Arten. Die bis 40 m hohe Kaliforn. F. *(L. bzw. Calocedrus od. Heyderia decurrens)* besiedelt in den kaliforn. Küstengebirgen Höhen zw. 600 und 2100 m. An den Hängen der chilen. Anden u. in den S-Kordilleren Argentiniens wächst die dort auch forstl. angebaute Chilen. F. *(L. bzw. Austrocedrus chilensis).*

Libralces m [v. gr. libros = dunkel, lat. alces = Elch], (Azzaroli 1952), vermutl. die Stammform des rezenten ↗Elchs *(Alces alces)*, die ihre Geweihschaufeln auf zunächst langen, im Laufe der Stammesgesch. sich allmähl. verkürzenden Stangen trug; keine Augensprossen, Praemolaren kräftig, M_1 und M_2 noch mit Spuren einer „Palaeomeryx"-Falte. Taxonom. Inhalt u. zeitl. Einstufung der Gatt. umstritten. Verbreitung: Ältest- bis (?) Jungpleistozän von W- und Mitteleuropa bis N-Italien, Asien.

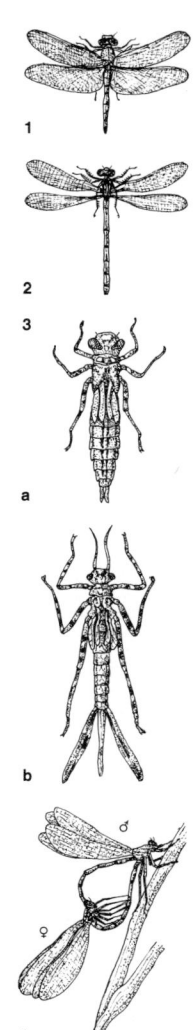

1
2
3
a
b
♂
♀
4

Libellen
1 Großlibelle, 2 Kleinlibelle; 3 Larve **a** der Großlibellen, **b** der Kleinlibellen; 4 Kopulationsrad bei Kleinlibellen

Liceales
Wichtige Familien und Gattungen:
 Liceaceae
  Licea
↗ Lycogalaceae
  Lycogala
↗ Reticulariaceae
  Reticularia
  Enteridium
↗ Cribrariaceae
  Cribraria
  Dictydium
↗ Tubulinaceae
  Tubifera

Libypithecus m [v. gr. Libys = libysch, nordafr., pithēkos = Affe], (Stromer v. Reichenbach 1920), † Primate aus dem Jungpliozän (Astium) des nordafr. Natrontals (Wadi Natrun) v. der Gestalt eines mittelgroßen Makaken mit kräft., an das Bodenleben angepaßten Extremitäten u. einem Hundsaffen-ähnl. Gehirn. Taxonom. wurde er sowohl als Makak (Fam. *Cercopithecidae*) wie auch als Schlankaffe (Fam. *Colobidae*) gedeutet. Kraniolog. hat Simons (1970) enge Beziehungen zu *Dolichopithecus* aus dem frz. Jungpliozän erkannt, der ein primitiver Pavian sein soll. Die Begleitfauna weist einen Lebensraum mit Baumbestand am See aus.

Libytheidae [Mz.; v. gr. Libys (?) = libysch, thea = Anschauen], die ↗Schnauzenfalter.

Libytherium s [v. gr. Libys = libysch, nordafr., thērion = Tier], (Pomel 1893), zu den *Sivatheriinae* (↗Giraffen) gehörende † Gatt. großer Kurzhalsgiraffen mit brachyodonten Zähnen u. flachen, verbreiterten Schädelfortsätzen ähnl. ↗ *Sivatherium.* Verbreitung: Oberpliozän v. N-Afrika.

Liceales [Mz.; v. mlat. licea = Palisade], Ord. der Schleimpilze mit ca. 14 Gatt. (vgl. Tab.) und 50 Arten, die kein echtes Capillitium, höchstens ein Pseudocapillitium besitzen. Bei der entwicklungsmäßig einfachsten Fam., den *Liceaceae* (Nacktstäublinge), sitzen die Sporangien meist einzeln; ihre Membran ist hornartig, nicht häutig. Sie enthalten kein Capillitium u. keine Columella, doch meist ein fädiges Pseudocapillitium. Die Gatt. *Licea* bildet dunkelbraune, kugelige Sporangien aus; *L. pulsatilla* wächst auf faulem Holz.

Lichanura w [v. gr. lichanos = Zeigefinger, oura = Schwanz], die ↗Rosenboas.

Lichenes [Mz.; v. gr. leichēnes =], die ↗Flechten.

Lichenes imperfecti [Mz.; v. *lichen-, lat. imperfectus = unvollkommen], Flechten, die bisher nie mit reifen Fruchtkörpern gefunden wurden; ihre systemat. Stellung im Pilzsystem ist daher zweifelhaft od. (wenn auch keine sonstigen systemat. relevanten Merkmale gefunden wurden) völlig offen; z. B. *Cystocoleus, Siphula, Thamnolia, Normandina.*

Lichenin s [v. *lichen-], *Flechtenstärke, Moosstärke,* unverzweigtes, celluloseähnl., aus 60–200 Glucoseresten aufgebautes Polysaccharid, dessen Zuckerreste zu 30% β-1,3- und zu 70% β-1,4-glykosidisch miteinander verknüpft sind. L. kommt zus. mit dem stärkeähnl. *Iso-L.,* das aus etwa 40 α-1,3- bzw. α-1,4-glykosidisch verknüpften Glucoseeinheiten aufgebaut ist, in vielen Flechten vor, bes. in ↗Isländisch Moos (über 50%). Das stark quel-

lichenisiert

lende Polysaccharidgemisch dient als Reserve- u. Gerüstsubstanz u. kann durch Säuren u. Enzyme (z. B. *Lichenase*) zu Glucose hydrolysiert werden. L. wird als Schleimdroge u. Expektorans verwendet.

lichenisiert [v. *lichen-], Pilz durch Symbiose mit einer Alge od. Alge durch Symbiose mit einem Pilz an der Bildung einer Flechte beteiligt.

Lichenologie w [v. *lichen-, gr. logos = Kunde], *Flechtenkunde,* Wissenschaftszweig, der sich der Erforschung der ↗Flechten widmet; umfaßt heute viele bedeutende Forschungsrichtungen, aktuell bes. Ökologie, Ökophysiologie, Stoffwechselphysiologie der Symbionten, Chemie der Inhaltsstoffe.

Lichenometrie w [v. *licheno-, gr. metrein = messen], Verfahren zur Altersbestimmung undatierter Unterlagen (hpts. Gletschermoränen, kulturhist. Objekte) mit Hilfe v. Flechten. Die Methode macht sich das geringe Wachstum bzw. das hohe Alter v. Flechten zunutze, darf aber nicht unkrit. angewandt werden. Bei bekannter Wachstumsrate einer Flechtenart kann aus der Größe eines Flechtenlagers auf das Alter der besiedelten Unterlage geschlossen werden.

Lichenopora w [v. *licheno-, gr. poros = Öffnung], marine Gatt. v. Moostierchen aus der U.-Ord. *Rectangulata;* bildet bis 3 mm große kreisförm. Kolonien, die flach wie eine Flechte (Name!) auf Korallen, Muschelschalen u. Algen wachsen.

Lichina w [v. *lichin-], Gatt. der *Lichinaceae,* Flechten mit zwergstrauchigem, bis 2 cm hohem, schwärzl. Lager (7 Arten), hpts. Küstenflechten; *L. confinis* in der Litoralzone der Küsten ganz Europas, *L. pygmaea* an westeur. Küsten.

Lichinaceae [Mz.; v. *lichin-], Fam. der *Lecanorales,* polyphylet. Flechtengruppe, 23 Gatt., ca. 230 Arten, mit meist schwärzl., schwarzgrünem od. dunkel rotbraunem, krustigem, blättrigem od. strauchigem, gelatinösem Lager, mit Cyanobakterien. Gesteinsflechten an meist zeitweise sickerfeuchten Orten, so z. B. *Ephebe* mit strähnigem, schwärzl. Lager. ↗ *Lichina.*

Lichinineae [Mz.] ↗Lecanorales.

Licht, i. e. S. die vom menschl. ↗Auge (↗L.sinnesorgane) wahrnehmbare elektromagnet. Strahlung (↗elektromagnet. Spektrum, ☐) natürl. oder künstl. Ursprungs, etwa zw. 390 und 760 nm Wellenlänge (λ). Dieser Bereich des *sichtbaren L.s* wird begrenzt v. der kurzwelligen ultravioletten Strahlung (λ < 390 nm, ↗Ultraviolett) und der langwelligen infraroten Strahlung (λ > 760 nm, ↗Infrarot). I. w. S. wird auch der Infrarot-, Ultraviolett- u. Röntgenbereich als L. bezeichnet. Das sichtbare L.

lichen-, licheno-, lichin- [v. gr. leichēn = Flechte].

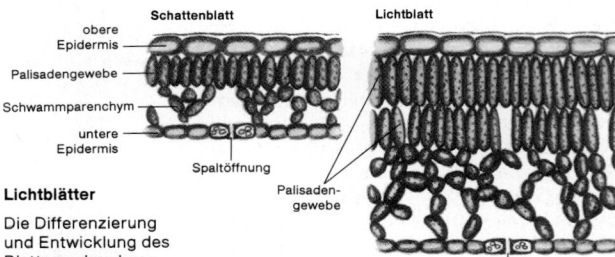

Lichtblätter

Die Differenzierung und Entwicklung des Blattgewebes kann durch Licht (modifikativ) beeinflußt werden. So beobachtet man z. B. an Blättern der Buche *(Fagus),* die während der Differenzierung dem Licht ausgesetzt waren *(Lichtblätter, Sonnenblätter),* daß das Palisadenparenchym sich stärker ausbildet als in solchen Blättern, deren Entwicklung im Schatten erfolgte *(Schattenblätter).*

kann z. B. durch ein Prisma in die *Spektralfarben* Violett, Blau, Blaugrün, Gelb, Orange u. Rot zerlegt werden; jeder ↗Farbe entspricht ein Wellenlängenbereich (B Farbensehen). Die Rekombination aller Spektralfarben ergibt weißes L. Alle Lebensprozesse auf der Erde hängen v. der Energie des Sonnen-L.s direkt (↗Photoautotrophie) od. indirekt (↗Heterotrophie, ↗Chemoautotrophie) ab. ↗L.faktor; ↗Energieflußdiagramm (☐).

Lichtatmung, die ↗Photorespiration.

Schattenblatt — obere Epidermis, Palisadengewebe, Schwammparenchym, untere Epidermis, Spaltöffnung

Lichtblatt — Palisadengewebe, Spaltöffnung

Lichtblätter, *Sonnenblätter,* Bez. für die dorsiventralen Blätter der äußeren Laubkrone vieler Laubbaumarten, die bei hohem Lichtgenuß längere Palisadenzellen, manchmal sogar in mehreren Schichten, ein größeres Schwammparenchym u. höheren Proteingehalt aufweisen als die dünneren *Schattenblätter* im Innern der Laubkrone od. auf deren Nordseite.

Lichtfaktor, wichtiger abiot. Faktor, der aufgrund der unterschiedl. Intensität, spektralen Zusammensetzung u. zeitl. Einwirkung des ↗Lichts auf die Organismen spezifisch wirksam wird. Pflanzl. und tier. Organismen sowie der Mensch können mit Hilfe v. ↗Pigmenten od. ↗Photorezeptoren bestimmte Strahlungsanteile des Lichts absorbieren. Dabei wird die der Wellenlänge entspr. Energiemenge auf die absorbierende Substanz übertragen u. für *photochemische Prozesse* nutzbar gemacht. Die biol. relevanten photochem. Prozesse laufen im Wellenlängenbereich zwischen 300 und 1100 nm (also auch z. T. im Infrarot- u. Ultraviolettbereich) ab.

1) Bot.: a) Licht kann v. Pflanzen in unterschiedl. Weise genutzt werden. *Licht als Energieträger:* hier wird die auftreffende Strahlungsenergie durch Photosynthese-Pigmente absorbiert u. im Rahmen der Photosynthese in chem. Energie umgewandelt. – *Licht als Informationsträger:* hier wird durch Licht ein in der Zelle bereits vorliegendes Energiepotential freigesetzt. Licht kann durch Variation u. Kombination folgender Größen als Informationsträger wirksam werden: 1. spektrale Zusammensetzung, 2. Intensität, 3. Dauer der Licht-

einwirkung, 4. Richtung des Lichteinfalls, 5. Schwingungsebene eines Lichtstrahls (Polarisation). Licht steuert Stoffwechselprozesse (Intensität der ↗Photosynthese; ↗Photorespiration; ↗Lichtkompensationspunkt; Biosynthesen von Chlorophyllen, Carotinoiden, Anthocyanen u. a.), Entwicklungsvorgänge (↗Lichtkeimer; ↗Photomorphogenese, ↗Phytochrom, ↗Photoperiodismus) u. Bewegungsabläufe (Phototropismus, Phototaxis, Photonastie, Polarotropismus, Photokinese, Photodinese, Chloroplastenbewegungen u. a.). b) Zentrale Bedeutung kommt dem *Licht als Standortfaktor* für die lokale Vegetationsdifferenzierung zu. Die Pflanzen passen sich mit ihrem Stoffwechsel, in ihrer Entwicklung u. in ihrer Ausgestaltung an die vorherrschende Quantität u. Qualität des Strahlungsangebots auf ihrem Wuchsort an (vgl. Spaltentext). — Licht wirkt je nach „Veranlagung" der Samen keimungsbeschleunigend (↗Lichtkeimer) bis keimungshemmend (↗Dunkelkeimer). 2) Zool.: Für die meisten Tiere u. für den Menschen ist Licht ein lebenswicht. Faktor. Sie besitzen Lichtenergie absorbierende ↗Sehfarbstoffe, die in Plasmabezirken, Augenflecken (bei Einzellern) od. Rezeptorzellen (Photorezeptoren, Lichtsinneszellen) lokalisiert sind (↗Lichtsinn, ↗Lichtsinnesorgane). Licht beeinflußt z. B. die *Aktivität* vieler Tiere. Es gibt *tagaktive* (z. B. viele Käfer, Hautflügler, Tagfalter, Eidechsen, Vögel, Säugetiere u. a.), *dämmerungsaktive* (z. B. manche Fledermäuse, viele Wildtiere) u. *nachtaktive* Tiere (z. B. Nachtfalter, Eulen, Fledermäuse). Nicht alle Tiere lassen sich aber eindeutig in eine dieser drei Gruppen einordnen. Lichtabhängige Verhaltensweisen treten z. B. in Form der tagesperiod. Vertikalwanderungen bei Rädertierchen, Wasserflöhen u. Ruderfußkrebsen in Gewässern auf. So wandern z. B. bestimmte Wasserflöhe *(Daphnia magna)* abends bei ↗Dämmerung aus einer bestimmten Tiefe aufwärts bis zur Wasseroberfläche; bei Dunkelheit sinken sie wieder ab, u. morgens wandern sie in einen Helligkeitsbereich, in dem sie tagsüber bleiben. *Orientierung* nach dem Licht (↗Phototaxis) findet sich auch bei Einzellern (↗Euglenophyceae, ☐), einigen Insekten (z. B. Bienen, Ameisen), vielen Vögeln u. a., die mit Hilfe des Lichts (z. T. des UV-Lichts) bestimmte Orte auffinden (Licht-↗Kompaßorientierung) bzw. — bei Bienen — farbige Blüten erkennen können (↗Farbensehen, ↗Bienenfarben). Der ↗Lichtrückenreflex beruht ebenfalls auf einer Orientierung nach dem Licht. — Für viele Tiere ist Licht ein *Zeitgeber* (↗Chronobiologie, B); so löst z. B. eine be-

Lichtfaktor
Das standörtl. sehr unterschiedl. Lichtangebot (relativer ↗Lichtgenuß) wird v. einem breiten Spektrum v. Lichtpflanzen (↗Heliophyten) u. ↗Schattenpflanzen ausgenützt. Das relative Lichtgenußminimum ist ein entscheidender Faktor der Vegetationsentwicklung. In den progressiven Sukzessionsreihen machen ↗Lichthölzer wie Zitterpappel u. Hängebirke (Lichtgenußminimum ca. 11%) den Anfang. Sie können sich in ihrem eigenen Schatten nicht mehr verjüngen u. werden schließl. v. ↗Schatthölzern wie Stiel-Eiche (Lichtgenußminimum ca. 4%) od. Buche (ca. 1,6%) verdrängt. Die Ausbildung v. Lianen u. Gefäß-↗Epiphyten ist als „Flucht" aus dem Schatten der Bäume zu verstehen. — In den Laubwäldern ändert sich die Beschattung des Bodens sehr stark mit der Jahreszeit. Im Frühjahr vor der Belaubung ist der relative Lichtgenuß am höchsten; er nimmt mit wachsender Belaubung rasch ab. Die Bodenvegetation ist in ihrem Entwicklungsrhythmus diesen Lichtverhältnissen angepaßt. Viele Laubwaldarten entwickeln sich nur im Frühjahr (↗Frühlingsgeophyten), andere nutzen die hellere Zeit im Herbst.

stimmte krit. Helligkeit den morgendl. Vogel-↗Gesang (☐) aus, bestimmte Tageslängen führen bei vielen Vogelarten zum Beginn des Vogelzugs od. auch über eine hormonale Steuerung zur Aktivierung der Keimdrüsentätigkeit. Auch der Eintritt der ↗Diapause vieler Insekten wird durch die Tageslänge bestimmt. — Manche Arten entwickeln sich zu verschiedenen Jahreszeiten (Tageslängen!) zu unterschiedl. Morphen, so z. B. Kleinzikaden od. das Landkärtchen *Araschnia levana* (↗Saisondimorphismus). — Ständig in Dunkelheit od. extremer Lichtarmut lebende Tiere (z. B. Höhlenbewohner, Tiefseefische) zeigen spezielle morpholog. Anpassungen (↗Höhlentiere, ↗Tiefseefauna). In Lichtarmut lebende Tiere besitzen oft eine geringe ↗Lichttoleranz u. sind äußerst UV-empfindlich. Auch der bei verschiedenen Tieren auftretende physiolog. ↗Farbwechsel ist vielfach lichtabhängig.

W. H. M./Ch. G.

Lichtfang, Anlocken u. Fangen v. Tieren mittels einer Lichtquelle (oft mit hohem UV-Anteil), meist Fang v. nachtaktiven, fliegenden Insekten (z. B. mit Hilfe einer hinter ein aufgespannstes weißes Tuch aufgestellten Lampe). Die Insekten fliegen auf das Licht zu u. bleiben auf dem Tuch sitzen, v. dem sie leicht abgesammelt werden können. Lichtquellen werden auch unter Wasser benutzt, um z. B. Fische od. (mittels gelben Lichts) Wasserflöhe anzulocken.

Lichtgenuß, genauer: *relativer L.,* der Quotient aus der Beleuchtungsstärke am Pflanzenstandort u. der gleichzeitig ermittelten am unbeschatteten Freistandort. ↗Lichtfaktor.

Lichthölzer, *Lichtholzarten,* Baumarten, deren Blätter einen relativ hohen ↗Lichtkompensationspunkt besitzen u. daher zu ihrem Gedeihen im Ggs. zu den *Schatthölzern (Schattholzarten)* stets reichlich Licht bedürfen. Ihre Krone kann niemals bes. dicht u. damit stark schattend werden. Als Kriterium dient die niedrigste relative Beleuchtungsstärke (in % der Freilandshelligkeit) im Innern der Krone. Typische L. sind Birke, Lärche, Wald- u. Bergkiefer, Weiden u. Pappeln mit einem minimalen Lichtgenuß von 10–20%.

Lichtkeimer, Bez. für Pflanzenarten, deren Samen bei geeigneter Feuchte und Temp. Licht erhalten müssen, damit sie keimen können (↗Keimung). Die Untersuchung der wirksamen Spektralbereiche des Lichts ergab die Beteiligung des ↗Phytochrom-Systems. Z. T. kann die Lichtwirkung durch Verabreichung v. Gibberellinsäure (↗Gibberelline) ersetzt werden. Ggs.: ↗Dunkelkeimer.

Lichtkompensationspunkt, *L. der Photo-*

Lichtmikroskop

synthese: Beleuchtungsstärke, bei der die O_2-Produktion (bzw. der CO_2-Verbrauch) der ↗Photosynthese gerade die O_2-Aufnahme (bzw. die CO_2-Produktion) der Atmung kompensiert (↗Nettophotosynthese = 0), äußerl. also kein Gaswechsel feststellbar ist. Der L. liegt bei Schattenpflanzen bzw. Schattenblättern wesentl. niedriger als bei Lichtpflanzen; erstere benötigen deshalb wesentl. geringere Lichtintensitäten, um den Bereich des Stoffgewinns zu erreichen.

Lichtmikroskop *s* [v. gr. mikros = klein, skopos = Seher], Gerät zur Erzeugung vergrößerter Abbilder kleiner, mit dem bloßen Auge nicht sichtbarer Strukturen. Im Ggs. zum ↗Elektronenmikroskop ([B]) benutzt man zur Abbildung im L. sichtbares Licht. ↗Mikroskop.

Lichtnelke, 1) *Lychnis,* Gatt. der Nelkengewächse, mit ca. 10 Arten in Eurasien verbreitet. Einheimisch in Dtl.: *L. flos-cuculi* (Kuckucks-L., Kuckucksnelke), mit stark zerschlitzten, fleischfarbenen Blüten u. a. auf Feuchtwiesen; häufig v. Schaumzikaden befallen. Blätter von *L. coronaria* wurden in der Antike als Lampendochte verwendet (gr. lychnos = Leuchte).
2) *Melandrium,* Gatt. der Nelkengewächse, mit ca. 80 Arten auf der N-Halbkugel, in S-Afrika u. den Anden verbreitet. Bei uns einheimisch: *M. rubrum* (Rote L.), rotblühend, zweihäusig, z. B. in feuchten Wiesen u. Wäldern. *M. album* (Weiße L., Nachtnelke), zweihäusig mit duftenden, weißen Blüten, u. a. an Ruderalstandorten; Forschungsobjekt des Genetikers C. E. ↗Correns bei seinen Versuchen zur ↗Geschlechtsbestimmung.

Lichtorgel, Gerät zur Feststellung des Lichtpräferendums (Vorzugsbereichs) einer Tierart; meist eine langgestreckte Kammer, in der ein Licht-↗Gradient v. dunkel bis sehr hell erzeugt wird; die Tierart hält sich am meisten in dem Bereich auf, deren Lichtintensität sie bevorzugt.

Lichtpflanzen, *Sonnenpflanzen,* die ↗Heliophyten.

Lichtreaktion *w,* **1)** ↗Pupillenreaktion. **2)** Teilreaktion der ↗Photosynthese ([B]), die unter dem unmittelbaren Einfluß v. Licht abläuft u. zur Freisetzung v. molekularem Sauerstoff nach der Gleichung:
$2H_2O + 2NADP^+ \xrightarrow{Licht} 2NADPH + 2H^+ + O_2$
führt. Durch die L. entsteht molekularer Sauerstoff (im Ggs. zu früheren Lehrmeinungen) nicht durch photolyt. Spaltung v. Kohlendioxid, sondern durch Photolyse v. Wasser. Ggs.: ↗Dunkelreaktionen (↗Calvin-Zyklus).

Lichtrückenreflex, der Pimärorientierung dienender ↗Dorsalreflex zur Einstellung einer bestimmten Körperlage im Raum, wobei der Rücken stets dem einfallenden Licht zugewandt wird. Für die Auslösung des L.es sind die Lichteinfallsrichtung u. Lichtintensität maßgebl. Mit Hilfe des L.es allein od. in Zusammenwirken mit den stat. Organen können im Wasser lebende Tiere (Lichteinfall i. d. R. von oben) eine normale Schwimmlage einnehmen. Den L. besitzen viele im Wasser lebende Gliederfüßer, einige Amphibien u. Fische. Werden Fische einem seitl. Lichteinfall ausgesetzt, so nehmen sie in Abhängigkeit v. der Lichtintensität eine mehr od. weniger ausgeprägte Schräglage (bis 50°) ein. Nach Entfernen der stat. Organe erfolgt vollständ. Körperausrichtung zur Einfallsrichtung des Lichtes hin. Dies führt bis zum Schwimmen in Rückenlage bei Lichteinfall v. unten.

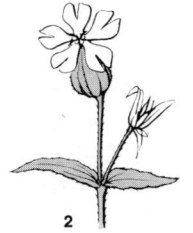

Lichtsättigung, obere Grenze der Beleuchtungsstärke, oberhalb derer die CO_2-Aufnahme u. damit auch die Nettophotosynthese der Pflanzen nicht mehr zunehmen (vgl. Spaltentext).

Lichtsinn, die Fähigkeit v. Organismen, auf ↗Licht zu reagieren. Der L. ist nicht an das Vorhandensein spezif. Sinnesorgane gebunden. Viele Einzeller u. Pflanzen reagieren auf Lichteinfall, ohne daß v. diesen bes. Lichtsinnesorgane bekannt sind. Bei Regenwürmern u. Weichtieren können die ganze od. bestimmte Teile der Körperoberfläche lichtempfindl. reagieren. Dieser *Haut-L.* ist auch v. einigen Krebsen u. niederen Wirbeltieren bekannt. Die entspr. lichtempfindlichen Areale liegen bei einigen Fischen im Gehirn (↗Epiphyse) u./od. an der Schwanzwurzel. Die höchsten Leistungen des L.s sind an das Vorhandensein bes. ↗Lichtsinnesorgane (↗Auge, ↗Komplexauge, ↗Linsenauge) gebunden.

Lichtsinnesorgane, bei den meisten Tiergruppen u. beim Menschen vorhandene, i. d. R. sehr komplexe Organe mit der Fähigkeit, auf ↗Licht zu reagieren (↗Lichtsinn). Die Energie einfallender Lichtstrahlen wird v. den ↗Sehfarbstoffen der rezeptiven Zellen (↗Netzhaut) absorbiert u. in elektr. Impulse umgewandelt. Die L. mit den höchsten Leistungen besitzen Sehzellen mit unterschiedl. Hell-Dunkel- (Duplizitätstheorie) wie auch spektraler Empfindlichkeit (↗Farbensehen). Darüber hinaus sind diese meist paarig angeordnet (↗binokulares Sehen) u. verfügen über sog. Hilfsstrukturen, die der Bündelung einfallender Lichtstrahlen u. der Anpassung an unterschiedl. Lichtintensitäten dienen. ↗Auge, ↗Komplexauge, ↗Linsenauge.

Lichttoleranz, Fähigkeit v. Organismen, Lichteinwirkungen zu ertragen. Viele Arten können nur innerhalb bestimmter Licht-

---

Lichtnelke
1 Kuckucks-L. *(Lychnis flos-cuculi);*
2 Weiße L. oder Nachtnelke *(Melandrium album)*

Lichtsättigung
Unter natürl. Bedingungen wird L. bei C_4-Pflanzen (↗Photosynthese) meist nicht erreicht; bei C_3-Pflanzen liegt sie zw. ca. 5 kLx (Schattenpflanzen) und etwa 80 kLx (Lichtpflanzen). C_4-Pflanzen sind also bei voller Sonnenbestrahlung hinsichtl. der Strahlenausnutzung den C_3-Pflanzen überlegen.

intensitätsbereiche leben od. müssen Schutzeinrichtungen (z. B. Pigmente gg. die UV-Strahlung) od. bestimmte Verhaltensweisen (z. B. Nachtaktivität) besitzen. *Euryphote* Arten vertragen größere Lichtintensitätsunterschiede, *stenophote* nur relativ kleine. ↗Lichtfaktor.

Licmophora *w* [v. gr. likmophoros = Korbträger], marine Gatt. der Kieselalgen (Ord. *Pennales*), mit charakterist. keilförmigen Zellen.

Lid, Augen-L., *Palpebra,* Hautfalte, die das ↗Linsenauge (☐ Auge) zum Schutz vor Lichteinfall u. als mechan. Schutz der Hornhaut verschließen kann. Der L.rand trägt die ↗Wimpern u. mehrere Arten v. Drüsen. Beim Menschen ist das Ober-L. größer als das Unter-L. u. reicht bei Asiaten am nasenseit. Augenwinkel weiter nach unten als bei Europäern; so erscheint bei geöffnetem Auge die ↗Mongolenfalte. Die ↗Nickhaut wird oft als 3. Lid bezeichnet.

Lidblasenfrosch, *Physalaemus,* ↗Südfrösche.

Lidmücken, Netzmücken, *Blepharoceridae,* Fam. der Mücken mit ca. 30 Arten in Mitteleuropa. Die Imagines sind ca. 10 mm groß u. von schlanker Gestalt mit langen Beinen. Die Komplexaugen sind oft in zwei Bereiche mit Einzelaugen unterschiedl. Größe aufgeteilt. Die L. ernähren sich meist räuberisch, einige Arten aber auch v. Nektar. Die Eier werden an Steine in kalten Bergbächen geklebt, die Larven sind an die Lebensweise in stark strömendem Wasser (↗Grenzschicht, ☐) angepaßt (☐ Bergbach): An der Bauchseite des flachen Körpers sitzen 6 Saugnäpfe, die einen festen Sitz auch an Steinen unter Wasserfällen garantieren; sie gehören zu den perfektesten Haftorganen, die die Natur kennt. Durch abwechselndes Lösen dieser kompliziert gebauten, v. kolbenförm. Muskeln bedienten Saugnäpfe können sich die Larven der L. fortbewegen; sie ernähren sich v. Algen, die sie v. den Steinen abweiden. Die Imago schlüpft nach 4 Larvenstadien u. Verpuppung unter Wasser; dabei gehen viele zugrunde.

Lidschlußreaktion, Lidschlußreflex, Lidreflex, reflexiv ausgelöstes Schließen der Augenlider (↗Lid). Die L. erfolgt mehr od. weniger regelmäßig zur Verteilung des Tränenfilms auf dem Augapfel (dient der „Entspiegelung" des opt. Systems) wie auch als Schutzreflex bei plötzl. stark ansteigenden Lichtintensitäten („Blenden") u. zum Schutz vor eindringenden Fremdkörpern.

Lieberkühnsche Krypten [ben. nach dem dt. Anatomen J. N. Lieberkühn, 1711–56, v. gr. kryptos = versteckt], *Lieberkühnsche Drüsen, Glandulae intestinales,* röhren-

Lid
Ein *Hagelkorn* (Chalazion) ist eine Verstopfung der Drüsen im L.rand,
ein *Gerstenkorn* (Hordeolum) ist eine Entzündung dieser Drüsen

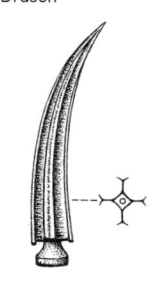

Liebespfeil
L. der Gartenschnirkelschnecke, ca.
5 mm lang, rechts im Querschnitt

J. von Liebig

Liebstöckel
(*Levisticum officinale*)

förm. Einsenkungen von etwa 0,3–0,5 mm Tiefe an der Basis der Dünndarmzotten (↗Darm); Bildungsort v. Darmepithelzellen, die anschließend zur Spitze der Darmzotten hinaufwandern u. dort abgestoßen werden (Lebensdauer einer Zelle im Duodenum des Menschen etwa 2 Tage). Während dieser Zeit differenzieren sich die Zellen u. sind bes. Träger v. Verdauungsenzymen.

Liebesgras, *Eragrostis,* Gatt. der Süßgräser (U.-Fam. *Eragrostoideae*) mit ca. 300 Arten mit Rispen in allen wärmeren Ländern, bes. im trop. Afrika. Wichtigste Art ist der Tef *(E. tef),* der als Getreide bes. in Äthiopien in Höhen von 1300 bis 2800 m seit mindestens 2000 Jahren kultiviert wird. Die nur ca. 1 mm großen Körner ergeben das poröse säuerl. Nationalbrot „injera" der Äthiopier. Die Stammform dieser Kulturpflanze ist das zentralafr. Sammelgetreide *E. pilosa.*

Liebespfeil, dolchförm. Kalkgebilde, das in Pfeilsäcken am ♀ Genitalsystem der Heideschnecken, *Helicidae* u. *Ariophantidae* v. der Pfeildrüse sezerniert wird. Der L. ist artcharakterist.; er wird beim Liebesspiel in die Körpermuskulatur des Partners gestoßen u. scheint diesen zu stimulieren. ☐ Geschlechtsorgane.

Liebig, *Justus* Frh. v., einer der vielseitigsten u. bedeutendsten dt. Chemiker, * 12. 5. 1803 Darmstadt, † 18. 4. 1873 München; seit 1824 Prof. in Gießen, ab 1852 in München., Mit-Begr. der Agrar-Wiss.; gilt als Schöpfer der modernen Düngelehre u. der Agrikulturchemie; erarbeitete die heute noch gebräuchl. analyt. Methoden, erbrachte reiche Erkenntnisse über zahlr. organische Verbindungen (z. B. Knallsäure, Aldehyde, Säuren, Chloral); viele seiner Entdeckungen wurden industriell verwertet (z. B. Backpulver u. Fleischextrakt). Aus seiner Schule sind jene Chemiker hervorgegangen, die die stürmische Entwicklung der modernen Chemie um die Jahrhundertwende brachten (z. B. Kekulé, A. W. Hofmann, Fresenius). B Biologie I–III.

Liebstöckl, „Maggikraut", *Levisticum officinale,* Art der Doldenblütler; bis 2 m hohe, ausdauernde Staude mit blaßgelben Blüten in großen Doppeldolden. Alle Pflanzenteile enthalten zu 0,85–1,7% ätherische Öle; frische Fiederblätter als Würze. Anbau in Europa seit dem 8. Jh.; die Wildform ist nicht sicher bekannt, stammt vermutl. aus dem Orient.

Lieschen, Lieschblätter, den ♀ Blütenstand (Kolben) des ↗Mais umgebende Hüllblätter (5 bis 10); verbleiben auch während des Abblühens an der Pflanze; dienen als Ausgangsmaterial für Zigarettenpapier.

Lieschgras [v. westgerm. liska = Binse,

Lieskeella

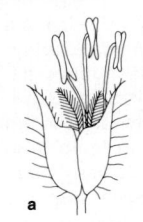

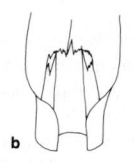

Lieschgras
Wiesenlieschgras (*Phleum pratense*), **a** Ährchen, **b** Blattgrund mit Blatthäutchen

lign- [v. lat. lignum = Holz, Baum].

Riedgras], *Phleum,* Gatt. der Süßgräser (U.-Fam. *Pooideae*) mit ca. 12 Arten in den gemäßigten Gebieten der N- und S-Halbkugel; Scheinährengräser mit „stiefelknechtartigen" Ährchen: die Hüllspelzen sind breit stumpf mit einer seitl. aufgesetzten Grannenspitze. Das auf der N-Halbkugel wachsende Wiesen-L. *(P. pratense)* mit bis 17 cm langer Scheinähre u. spitzem Blatthäutchen ist ein weidefestes gutes Futtergras der Fettweiden.

Lieskeella w, Gatt. der ↗Scheidenbakterien.

Lieste ↗Eisvögel.

Ligamente [Mz.; v. lat. ligamenta = Bänder], **1)** die ↗Bänder; **2)** ↗Muscheln.

Ligand *m* [v. lat. ligare = verbinden], **1)** der ↗Agonist 2); **2)** ↗Komplexverbindungen.

Ligasen [Mz.; v. lat. ligare = binden], 6. Hauptklasse der ↗Enzyme ([T]), bes. an Synthesereaktionen beteiligt; katalysieren z. B. die Bildung der Bindungen C–O, C–S, C–N und C–C; jedoch auch von O–P bei ↗DNA-Ligase.

Ligia *w* [ben. nach der Sirene Ligeia], Gatt. der ↗Landasseln.

Ligidium *s* [ben. nach der Sirene Ligeia], Gatt. der ↗Landasseln.

Lignifizierung *w* [v. *lign-, lat. -ficatio = -machung], die Verholzung pflanzl. Zellwände durch Einlagerung v. ↗Lignin, ↗Cellulose u. a. für Holz charakterist. Stoffe sowie die dadurch bedingte Verfestigung der betreffenden Gewebe u. Pflanzenteile. ↗Holz.

lignikol [v. *lign-, lat. -cola = -bewohnend], im Holz lebend, z. B. Bockkäfer, Borkenkäfer, Holzwespen u. a.

Lignin *s* [v. *lign-], *Holzstoff,* einer der Hauptinhaltsstoffe des ↗Holzes u. daher mengenmäßig einer der am häufigsten (neben ↗Cellulose) vorkommenden Naturstoffe. L. stellt chem. ein aus Phenylpropaneinheiten durch dehydrierende Polymerisation aufgebautes hochmolekulares, dreidimensionales Netzwerk dar u. wirkt als der eigtl. Stützbaustoff der verholzten Pflanzenteile. In reinem Zustand ist es ein weißes, amorphes Pulver. Die Synthese des L.s nimmt ihren Ausgang v. den aromat. Aminosäuren Phenylalanin u. Tyrosin, die in mehreren Schritten zu den Zimtsäurederivaten Cumarsäure, Ferulasäure u. Sinapinsäure bzw. zu den entspr. Zimtaldehyden u. Zimtalkoholen umgewandelt werden. Unter der katalyt. Wirkung v. Peroxidasen werden diese zu Radikalen dehydriert, die als die eigtl. reaktionsfähigen Phenylpropaneinheiten aufzufassen sind, welche sich anschließend spontan u. ohne weitere Beteiligung v. Enzymen zum L. polymerisieren. Dieser Prozeß läuft stochastisch ab, weshalb die einzelnen Phenylpropaneinheiten im L. zufallsmäßig verteilt sind. Aus diesem Grunde, aber auch wegen der verschiedenen Verknüpfungsmöglichkeiten u. der unterschiedl. Anteile einzelner Phenylpropaneinheiten ist L. chemisch kein einheitl. Stoff; hinzu kommen unterschiedl. Polymerisationsgrade, da diese lediglich durch die Verfügbarkeit der Phenylpropaneinheiten begrenzt sind. Die relativen Anteile der drei Bausteintypen sind charakterist. für verschiedene Pflanzengruppen: Laubholz-L. enthält überwiegend Sinapineinheiten, Nadelholz-L. vor-

Lignin
Reaktionen, die zur Bereitstellung der L.-Monomeren führen. PAL = Phenylalanin-Ammonium-Lyase, TAL = Tyrosin-Ammonium-Lyase

Lignin-Monomere

	Zimtsäuren R₁=–COOH	Zimtaldehyde R₁=–CHO	Zimtalkohole R₁=–CH₂OH	
$R_2=R_3=R_4=H$	Zimtsäure			
$R_3=OH$ $R_2=R_4=H$	p-Cumarsäure	p-Cumaraldehyd	p-Cumarylalkohol ⟶⟶	Gramineenlignin
$R_3=OH$ $R_2=OCH_3$ $R_4=H$	Ferulasäure	Ferulaaldehyd (Coniferylaldehyd)	Coniferylalkohol ⟶⟶	Nadelholzlignin
$R_3=OH$ $R_2=R_4=OCH_3$	Sinapinsäure	Sinapinaldehyd	Sinapylalkohol ⟶⟶	Laubholzlignin

Ligustrum

Lignin
Ausschnitt aus der Struktur des Nadelholzlignins. Das Schema zeigt die Verknüpfung von 16 Phenylpropaneinheiten (davon 14 Coniferylalkoholeinheiten, 1 Cumarylalkoholeinheit und 1 Sinapylalkoholeinheit) u. ihre unterschiedl. Verknüpfungsarten. Die Größe der wiedergegebenen Struktur entspricht etwa dem 20. Teil eines Ligninmoleküls. Aufgrund der räuml. gerichteten Vierbindigkeit der Kohlenstoffatome des C_3-Seitenketten u. durch weitere Quervernetzungen (im Schema aus Übersichtsgründen nicht eingezeichnet) resultiert eine *dreidimensionale Netzwerkstruktur*.

wiegend Coniferyleinheiten, u. Gramineen-L. (bes. in Stroh enthalten) weist hohe Anteile v. Cumaryleinheiten auf. Der Abbau von L. erfolgt durch die Weißfäule des Holzes od. v. in den Boden gelangenden Holzteilen ausschl. durch Mikroorganismen, größtenteils durch Pilze (Basidiomyceten). Gute L.-Abbauer sind Schmetterlingsporling *(Polystictus versicolor),* Schichtpilze (z. B. *Stereum hirsutum*) u. Hallimasch *(Armillaria mellea).* Aus dem Pilz Phanerochaete chrysosporium ist ein L.-abbauendes Enzym *(Ligninase),* ein Sauerstoff-bindendes Hämprotein, isoliert worden. Aufgrund seiner Struktur wird L. auch enzymat. außerordentl. langsam abgebaut (Halbwertszeit im Boden je nach Luftzufuhr 10–20 Jahre); es ist daher die Hauptquelle für den Humus des Bodens. L. fällt großtechn. als Nebenprodukt bei der Herstellung v. Zellstoff an u. gelangt als lösl. L.sulfonsäure in Gewässer; es trägt so erhebl. zur organ. Umweltverschmutzung v. Gewässern bei (z. B. im Rhein 0,2–1,8 mg L./l, was 20% der organ. Gesamtverschmutzung entspricht).   H. K.

Ligninase *w* [v. *lign-], ↗ Lignin.

Lignit *m* [v. *lign-], (A. Brongniart 1807), frühere Bez. für das Holz der Braunkohle; heute als *Xylit* bezeichnet, weil im Engl. unter *lignite* die gesamte Braunkohle verstanden wird.

Lignivoren [Mz.; v. *lign-, lat. vorare = verschlingen], die ↗ Xylophagen.

Lignocerinsäure [v. *lign-, lat. cera = Wachs], *Tetracosansäure,* gesättigte Fettsäure mit 24 C-Atomen, die u. a. als Acylkomponente v. Cerebrosiden, Sphingomyelinen u. Triglyceriden aus Samenfetten (z. B. Erdnußöl) vorkommt; auch in Bakterien- u. Insektenwachsen.

Ligula *w* [lat., = Züngleín], **1)** Bot.: *Blatthäutchen,* a) ↗ Absorptionsgewebe; b)

Gewöhnlicher Liguster *(Ligustrum vulgare)*

Ligusterschwärmer

Raupe des L.s *(Sphinx ligustri)* in typ. „Sphinx"-Haltung

$$\text{COOH} - (CH_2)_{22} - CH_3$$

Lignocerinsäure

Bez. für das häutige Blattanhängsel an der Grenze zw. Blattscheide u. Blattspreite der Gräser, das der Sproßachse eng anliegt; seine Ausgestaltung ist ein wicht. Bestimmungsmerkmal. **2)** Zool.: durch Verschmelzung der Glossae u. Paraglossae entstandenes unpaares, zungenförm. Gebilde am Praementum der Unterlippe (Labium) mancher Insekten (↗ Mundwerkzeuge). **3)** Bandwurm-Gattung der Ord. *Pseudophyllidea; L. intestinalis,* postlarval bis 1 m lang in der Leibeshöhle v. Süßwasserfischen, adult in Möwen u. a. Wasservögeln.

Liguster *m* [v. lat. ligustrum = L.], *Ligustrum,* vorwiegend in O-Asien heim. Gatt. der Ölbaumgewächse mit ca. 50 Arten. Sträucher od. kleine Bäume mit gegenständ., ungeteilten, teils immergrünen Blättern u. in rispigen Blütenständen angeordneten kleinen, weißen oder gelbl. Blüten mit 4zipfliger, stieltellr- bis radförm. Krone. Die Frucht ist eine kugelige oder längl.-eiförm. Beere. In Europa ist lediql. *L. vulgare,* der Gewöhnl. L. (Rainweide), heimisch (B Europa XIV). Der bis 5 m hohe Strauch besitzt lanzettl., derbe, oberwärts dunkelgrüne Blätter sowie erbsengroße, glänzend schwarze Beeren u. wächst in sonn. Gebüschen, in lichten Wäldern (an Waldrändern) u. in Kalkmagerweiden. Er wird häufig auch in Gärten kultiviert u. eignet sich dort, wie die meisten Liguster-Arten (z. B. der aus Japan stammende Eiblättrige L., *L. ovalifolium*), wegen seines schnellen, dichten Wuchses bes. gut für Hecken. *L. lucidum,* eine ebenfalls bei uns kultivierte, ostasiat. L.-Art, ist die natürl. Wirtspflanze der Wachsschildlaus *(Coccus pelae),* die wegen des v. ihr abgeschiedenen, bes. in der chin. Heilkunde wicht. Wachses in China jedoch v. a. auf *Fraxinus chinensis* (↗ Esche) gezogen wird.

Ligusterschwärmer, *Sphinx ligustri,* paläarktisch weit verbreiteter und mit bis 120 mm Spannweite einer der größten einheim. ↗ Schwärmer; Vorderflügel braun mit schwarzen Längsstrichen, Vorderrand heller, Hinterflügel u. Abdomen schwarz-rosa gebändert, Flugzeit bei uns ab Mai bis in den Sommer, in Mischwäldern, Parks u. Gärten, Falter besuchen gerne in der Dämmerung Blüten; Raupe grün mit 7 lila weißgesäumten Schrägstreifen, Horn gelbschwarz, sitzt oft in charakterist. „Sphinx-Stellung", d. h. mit erhobenem Vorderkörper, an Zweigen der Wirtspflanzen, v. a. Ölbaumgewächse wie Liguster, Esche, Schneeball; Puppe überwintert im Boden.

Ligusticum *s* [lat., ↗ Liebstöckel], Gatt. der Doldenblütler mit *L. porteri,* einer in Mexiko als Fischgift verwendeten Pflanze.

Ligustrum *s* [lat., =], der ↗ Liguster.

Liguus

Liguus *m,* Gatt. der *Bulimulidae,* Landlungenschnecken mit hoch eikegelförm. Gehäuse bis 7,5 cm Höhe, bunt gebändert; wenige Arten, in Westindien an Bäumen lebend.

Lilaeaceae [Mz.], Fam. der *Najadales* mit der einzigen Art *Lilaea scilloides,* eine Sumpfpflanze des westl. Amerika und Austr.; Standort: seichte, zeitweise austrocknende Gewässer; grasart. einjähr. Kräuter mit komplizierten Blütenständen; je 2 ♀ Blüten u. eine Ähre mit ♂ und ♂ Blüten je Blattachsel.

Liliaceae [Mz.; v. spätlat. liliaceus = Lilien-], die ↗ Liliengewächse.

Liliales [Mz.; v. *lili-], die ↗ Lilienartigen.

Liliatae [Mz.; v. *lili-], ältere Bez. für die ↗ Einkeimblättrigen Pflanzen.

Lilie [v. *lili-], *Lilium,* Gatt. der Liliengewächse mit ca. 75 Arten, meist in den Gebirgen der gemäßigten Breiten. L.n sind Zwiebelpflanzen mit schmal lanzettl. Blättern. Der Blütenstiel trägt trichterförm. Blüten; der Blütenstand ist eine Traube od. doldenartig. L.n sind sehr alte Kulturpflanzen, die bereits auf über 2000 Jahre alten Bauwerken dargestellt sind. Das Symbol wurde wahrscheinl. v. Kreuzfahrern übernommen, die die Madonnen-L. *(L. candidum)* aus Syrien od. der Türkei mitbrachten. Im MA war sie Sinnbild für Reinheit u. Unschuld u. vielfach auf Marienbildern zu finden. Auch als Heilpflanze war die weißblühende, bis 1,5 m hohe L. sehr begehrt. Ihre Blätter enthalten *L.nöl,* das für Salben verwendet wurde. In Öl eingelegte Blätter waren wertvolles Verbandmaterial für Brandwunden. *L. candidum* heißt auf hebräisch „Susan"; davon leitet sich der Name „Susanne(a)" ab. Die nach der ↗ Roten Liste „gefährdete" Feuer-L. *(L. bulbiferum)* war ebenfalls bereits im MA in Kultur, jedoch ähnl. wie der Türkenbund *(L. martagon)* von weit geringerer Bedeutung als die Madonnen-L. Die Feuer-L. ist gelegentl. in Bergwiesen des Alpenvorlandes u. in den Alpen verwildert. In Kärnten war sie fr. stellenweise in Getreidefeldern sehr häufig. Heute findet man die Art nur noch selten, da die Gartenform sich deutl. von den Wildformen entfernt hat u. kaum mehr verwildert. Diese 3 Arten bildeten die Ausgangsbasis, als 1830 mit der ersten Importwelle asiatische L.n nach Europa kamen. Sie waren jedoch schwer kultivierbar, u. erst die zweite Welle um 1860–80 brachte der Züchtung u. dem Handel einen enormen Aufschwung. Die meisten Zucht-L.n stammen aus Japan u. China, obwohl die Monsunregengebiete v. Burma, Szechuan u. Yünnan einen großen Artenschatz beheimaten. 1901 tagte die erste L.nkonferenz in England. In Amerika bildeten die sog. *Pazifik-L.n* der W-Küste die Ausgangsformen für die L.nzucht. Sie sind zum größten Teil Endemiten u. durch häufiges Sammeln vom Aussterben bedroht. Mit dem Aufkommen der Hybridisierungstechnik wurden asiat. mit am. Arten gekreuzt. Dies bedeutete den Durchbruch der L.nzucht in Amerika. Zu Beginn des 2. Weltkriegs kam der Import aus Japan zum Erliegen. Der hohe Bedarf an „Oster-L.n" (jede Familie zog zu Ostern eine L. als Topfpflanze) führte zu einem weiteren Aufschwung der L.nzucht in Amerika. Bis heute hat die L. in den angloam. Ländern eine größere Bedeutung als bei uns. Die bekanntesten der zahlr. Zuchtformen sind die Tiger-L. *(L. tigrinum,* B Asien III) mit orangeroten, dunkelrot gefleckten Blüten, die Königs-L. *(L. regale)* mit trompetenförm. weißen Blüten u. gelben Staubfäden u. die Goldband-L. *(L. auratum);* letztere hat weiße Blüten mit goldgelbem Mittelstreifen, karminroten Punkten u. dunkelroten Staubbeuteln. *B. Le.*

lili- [v. lat. lilium = Lilie].

Lilie

1 Feuer-L. *(Lilium bulbiferum),* 2 Türkenbund *(L. martagon),* 3 *Harlequin Hybrids*

Lilienartige

Wichtige Familien:
↗ Agavengewächse *(Agavaceae)*
↗ Amaryllisgewächse *(Amaryllidaceae)*
↗ Liliengewächse *(Liliaceae)*
↗ Pontederiaceae
↗ Schwertliliengewächse *(Iridaceae)*
↗ Taccaceae
↗ Xanthorrhoeaceae
↗ Yamsgewächse *(Dioscoreaceae)*

Lilienartige [v. *lili-], *Liliales, Liliiflorae,* Ord. der Einkeimblättrigen Pflanzen; vielgestalt. Formenkreis mit zahlr. Fam. (vgl. Tab.). Die Abgrenzung der Ord. ist umstritten. L. sind ausschl. Landpflanzen, größtenteils krautig mit parallelnervigen Blättern (nur bei *Tacca* Netznervatur). Die meist zwittrigen, pentacycl. Blüten weisen im allg. keine Gliederung in Kelch- u. Kronblätter auf. Die drei Fruchtblätter sind zu einem ein- od. dreifächrigen Fruchtknoten verwachsen, der i.d.R. viele Samenanlagen enthält. Von der urspr. ↗ Blütenformel *P3+3 A3+3 G($\underline{3}$) einiger Liliengewächse gibt es innerhalb der Ord. zahlr. Abwandlungen durch Reduktion der Staubblätter auf 3, zu zygomorphen Blüten u. unterständ. Fruchtknoten. Die Blüten sind meist insektenbestäubt.

Liliengewächse [v. *lili-], *Liliaceae,* Fam. der Lilienartigen mit ca. 220 Gatt. (vgl. Tab.) u. etwa 3500 Arten in gemäßigten bis trop. Breiten. Hpts. ausdauernde Kräuter mit Zwiebeln, Knollen od. Rhizomen u. meist grundständ. Blättern. Es überwiegen radiäre Blüten mit der Blütenformel *P3+3 A3+3 G($\underline{3}$). Aus dem oberständ. (selten mittelständ.) dreifächrigen Fruchtknoten mit zentralwinkelständ. Samenanlagen entwickelt sich eine Kapsel od. eine Beere, manchmal eine Nuß. Zu den L.n gehören zahlr. Zier- u. Gartenpflanzen, z.B. Lilien u. Tulpen, aber auch wicht. Nahrungs- u. Gewürzpflanzen, wie Lauch, Zwiebel (Gatt. *Allium*) u. Spargel *(Asparagus).* Die Fam. ist in zahlr. U.-Fam. gegliedert. – Zur U.-Fam. *Melanthioideae* zählen Sippen mit vorwiegend Rhizomen u. einem beblätterten Stengel sowie Kapselfrüchten. Hierzu ge-

Liliengewächse

hören u. a. die Gatt. Beinbrech *(Narthecium)*, Simsenlilie *(Tofieldia)* u. Germer *(Veratrum)*. Die Gatt. *Amianthium* mit 12 Arten ist durch *A. muscaetoxicum* bekannt, deren Samen ein Fliegengift enthalten. Ebenfalls gift. Samen hat *Schoenocaulon officinale;* sie fanden fr. gegen Würmer u. Ungeziefer Verwendung („Läusesamen"); ihre Wirkung beruht v. a. auf den Alkaloiden Sabadillin u. Veratrin; die Gatt. *Schoenocaulon* hat ihren Schwerpunkt in N- und Mittelamerika. In feuchten Wäldern im atlant. Teil N-Amerikas wächst die Gatt. *Uvularia* mit 5 Arten; *U. grandiflora* (Zäpfchenkraut) ist mit ihren glöckchenförm. orangegelben Blüten eine beliebte Steingartenpflanze für nicht zu sonnige Stellen. Bezeichnend für die U.-Fam. *Asphodeloideae* sind ein knollig verdicktes Rhizom od. fleischige Wurzeln, grundständ. Blätter u. terminale Blütenstände. Hierzu gehören u. a. die wicht. Gatt. Asphodill *(Asphodelus)*, Paradieslilie *(Paradisea)*, Taglilie *(Hemerocallis)*, Aloe u. Graslilie *(Anthericum)*; ferner die Gatt. Steppenkerze *(Eremurus)* aus den Hochsteppen W- und Zentralasiens mit 30 Arten; eine Höhe von 3 m kann der Blütenschaft von *E. spectabilis* erreichen; diese Pflanze ist ebenso häufig in unseren Staudengärten zu finden wie die kleinere Art *E. olgae;* selbst sie besitzt noch etwa 300 Einzelblüten an dem aus der Mitte der Blattrosette emporragenden Infloreszenzschaft. Aus der Gatt. *Chlorophytum* mit ca. 100 Arten in den Tropen ist *C. comosum* (Schopfartige Grünlilie) eine wegen ihrer hohen Widerstandsfähigkeit weit verbreitete Topfpflanze; an den lang herabhängenden Blütentrieben befinden sich am apikalen Ende an Stelle der kleinen Einzelblüten Achselknospen, die zu ansehnl. Jungpflanzen austreiben; die Spielart *variegatum* hat weißgestreifte Blätter. In O-Asien beheimatet ist die Gatt. *Hosta* (Funkie, Trichterlilie). Die Abgrenzung der Arten ist umstritten, da es zahlr. Kulturformen gibt. Bes. bevorzugt für Rabatteneinfassungen wird *H. plantaginea* (Wegerichartige Funkie) mit einseitswendig hängenden, weißen Blüten in endständ. Trauben u. breiten ovalen Blättern, die durch ihre vertieften, nach hinten bogenförmig verlaufenden Nerven hervorstechen. Als Handelspflanze ist v. der nur aus 2 Arten bestehenden Gatt. *Phormium* der Neuseeländ. Flachs (*P. tenax*, B Australien IV) v. gewisser Bedeutung. Er ist in Neuseeland u. auf der Insel Norfolk beheimatet u. hat bittere Wurzeln, die zur Behandlung der Syphilis verwendet wurden. Die bis 3 m langen, 12 cm breiten Blätter besitzen kräft. Bastfasern, die hpts. zu Tauwerk verarbeitet werden, da sie gg. Seewasser unempfindl. sind. In unseren Gärten häufig anzutreffen ist die in Afrika bis Madagaskar heimische subtrop. bis trop. Gatt. Fackellilie *(Kniphofia)* mit 70 Arten; ihr Name leitet sich v. dem bis 1 m hohen kräft. Blütenstand ab, dessen lange dichte Traube oben rote Knospen trägt, die sich unten beim Aufblühen zu gelben glockenförm. Blüten entfalten; *K. uvaria* ist die Stammform zahlr. Gartensorten. Zu den Sukkulenten zählen die beiden Gatt. *Gasteria* u. *Haworthia* mit je ca. 80 Arten, beide in Afrika beheimatet. Die Blätter sind bei *H.* in einer Rosette, bei *G.* zweizeilig zu einem Fächer angeordnet u. meist dickfleischig u. derbhäutig. Einige *H.*-Arten haben lichtdurchlässige Fenster an abgestumpften Blattenden (↗Fensterblätter). – Die U.-Fam. *Wurmbaeoideae* od. *Anguillarieae* zeichnet sich durch eine Knolle mit 2 Triebknospen aus. Hierzu gehört die aus dem trop. Afrika u. Asien stammende Gatt. *Gloriosa;* in Europa trifft man gelegentl. einige kletternde Vertreter dieser Gatt. als Kübelpflanzen; ihre großen, sehr grazil wirkenden, erst gelben, dann scharlachroten, am Rande welligen Blüten wirken sehr ansprechend. Zur gleichen U.-Fam. gehört die Gatt. Herbstzeitlose *(Colchicum)*. Die U.-Fam. *Lilioideae* mit den bekannten Gatt. Tulpe *(Tulipa)*, *Fritillaria* (Schachblume u. Kaiserkrone), Faltenlilie *(Lloydia)*, Gelb-

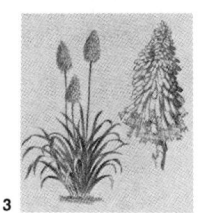

Liliengewächse	
Wichtige Gattungen:	
Agapanthus	↗Knotenfuß *(Streptopus)*
↗ *Aloe*	↗Lauch *(Allium)*
Amianthium	↗Lilie *(Lilium)*
↗Asphodill *(Asphodelus)*	↗Maiglöckchen *(Convallaria)*
Aspidistra	↗Mäusedorn *(Ruscus)*
↗Beinbrech *(Narthecium)*	Meerzwiebel *(Urginea)*
Calochortus	↗Milchstern *(Ornithogalum)*
Chlorophytum	Paradieslilie *(Paradisea)*
Danaë	*Phormium*
↗Einbeere *(Paris)*	↗Schattenblümchen *(Maianthemum)*
Erythronium	*Schoenocaulus* *(Schoenocaulon)*
Fackellilie *(Kniphofia)*	↗Simsenlilie *(Tofieldia)*
↗Faltenlilie *(Lloydia)*	↗Spargel *(Asparagus)*
Fritillaria (↗Kaiserkrone, ↗Schachblume)	↗Stechwinde *(Smilax)*
Galtonia	Steppenkerze *(Eremurus)*
Gasteria	↗Sternhyazinthe *(Scilla)*
↗Gelbstern *(Gagea)*	↗Taglilie *(Hemerocallis)*
↗Germer *(Veratrum)*	↗Träubelhyazinthe *(Muscari)*
Gloriosa	↗Tulpe *(Tulipa)*
↗Graslilie *(Anthericum)*	*Uvularia*
Haworthia	↗Weißwurz *(Polygonatum)*
↗Herbstzeitlose *(Colchicum)*	
Hosta	
↗Hyazinthe *(Hyacinthus)*	

Liliengewächse

1 Steppenkerze *(Eremurus)*, **2** *Hosta* (Funkie, Trichterlilie), **3** Fackellilie *(Kniphofia)*, rechts Blütenstand, **4** *Gloriosa*,

Fortsetzung nächste Seite

Liliengewächse

stern *(Gagea)* u. Lilie *(Lilium)* ist nur auf der nördl. Halbkugel verbreitet u. besitzt als Überdauerungsorgane Zwiebeln. Die Gatt. *Calochortus* mit etwa 40 Arten kommt aus N-Amerika; *C. pulchellus* und *C. nutalii* sind als „Mormonentulpe" bekannt. Der überwiegende Teil der Gatt. *Erythronium* mit 20 Arten hat dieselbe Verbreitung; der Hundszahn (Zahnlilie, *E. dens-canis*), eine beliebte Steingartenpflanze mit weißen od. hellgelben Blüten, stammt hingegen aus S-Europa bis Asien. – Zur U.-Fam. *Scilloideae* mit Zwiebeln mit häutigen Niederblättern gehören ca. 30 Gatt., u. a. Sternhyazinthe *(Scilla)*, Milchstern *(Ornithogalum)*, Träubelhyazinthe *(Muscari)* u. Hyazinthe *(Hyacinthus)*. Die Gatt. Meerzwiebel *(Urginea)* ist von S-Afrika bis ins Mittelmeergebiet verbreitet; *U. maritima* mit 15 cm großer Zwiebel wächst an Sandstränden; ihre Zwiebel ist als Scillae bulbus offizinell u. enthält u. a. das ⁊ Herzglykosid Scillarenin (☐ Bufadienolide); sie wurde häufig als Rattengift verwendet. Die wichtigste der 3 südafr. Arten der Gatt. *Galtonia* ist *G. candicans;* sie ist als Zierpflanze mit weißen Blüten auf bis zu 1 m hohem Blütenschaft unter dem Namen Riesenhyazinthe bekannt geworden. – In der nach der artenreichen Gatt. *Allium* (Lauch) benannten U.-Fam. *Allioideae* sind Zierpflanzen mit einer durch Hüllblätter abgesetzten Scheindolde auf langem Blütenschaft zusammengefaßt. Hierher gehört auch die aus Kapland stammende Gatt. *Agapanthus* (B Afrika VI), die aufgrund ihrer leuchtend blauen od. weißen Dolden als Kübelpflanze geschätzt wird. – Eine Beerenfrucht u. Rhizome sind Kennzeichen der U.-Fam. *Asparagoideae*. Wichtigste Gatt. sind Spargel *(Asparagus)*, Mäusedorn *(Ruscus)*, Maiglöckchen *(Convallaria)*, Schattenblümchen *(Maianthemum)*, Weißwurz *(Polygonatum)*, Einbeere *(Paris)* u. Knotenfuß *(Streptopus)*. Auch die anspruchslosen Zimmerpflanzen der Gatt. *Aspidistra* (Schildblume od. Schusterpalme) mit 8 Arten im ostasiat. Raum gehören in diese Verwandtschaft; die unscheinbaren violetten Blüten der am häufigsten kultivierten *A. elatior* (B Asien V) entwickeln sich nur selten in Bodennähe in den Achseln v. Niederblättern. Der Alexandrinische Lorbeer der monotyp. Gatt. *Danaë*, *D. racemosa*, hat lanzettförm. Phyllokladien in den Achseln schuppenförm. Stengelblätter als Assimilationsorgane; dieser manchmal kultivierte Strauch stammt aus Syrien u. Iran. – Die U.-Fam. *Smilacoideae* nimmt mit ihrer Netznervatur u. zweireihigen Blattanordnung eine Sonderstellung ein; v. a. kletternde Sträucher u. Halbsträucher der artenreichen Gatt. Stechwinde *(Smilax)*. B. Le.

Liliengewächse
5 Hundszahn *(Erythronium denscanis)*, **6** *Galtonia candicans*, **7** *Agapanthus*, **8** *Aspidistra* (Schildblume, Schusterpalme)

lili- [v. lat. lilium = Lilie].

Liliidae [Mz.; v. *lili-], U.-Kl. der ⁊ Einkeimblättrigen Pflanzen mit den 2 Ord. ⁊ Lilienartige u. ⁊ Orchideenartige.

Liliiflorae [Mz.; v. *lili-, lat. flores = Blüten], die ⁊ Lilienartigen.

Lilioceris w [v. *lili-, gr. keras = Horn, Fühler], Gatt. der ⁊ Hähnchen.

Lilium s [lat., =], die ⁊ Lilie.

Lima w [lat., = Feile], Gatt. der ⁊ Feilenmuscheln.

Limacella w [v. *limac-], die ⁊ Schleimschirmlinge. [gel.

Limacidae [Mz.; v. *limac-], die ⁊ Schne-

Limacina w [v. *limac-], Gatt. der *Limacinidae* (= *Spiratellidae*), Hinterkiemerschnecken mit äußerem Gehäuse (unter 10 mm Länge) u. Dauerdeckel; der rechte Fühler ist größer als der linke; ohne Augen u. Kiemen. *L.* schwimmt mit paarigen, flossenart. Parapodien; sie ernährt sich v. Diatomeen u. Dinoflagellaten; einige der 8 kosmopolit. Arten treten gelegentl. in Massen auf; dienen Fischen (Hering, Makrele) u. Walen als Nahrung. ☐ 265.

Limacodidae [Mz.; v. spätgr. leimakódēs = wiesenartig], die ⁊ Schildmotten.

Limacoidea [Mz.; v. *limac-], Über-Fam. der *Sigmurethra* mit 7 Fam. (T 265), weltweit verbreitete Landlungenschnecken mit Gehäusen v. sehr verschiedener Form; diese können rückgebildet sein zu einer plattenart. Struktur (Schnegel) od. ganz fehlen *(Trigonochlamydidae)*; der Mantel kann Lappen bilden, die ein vorhandenes Gehäuse teilweise od. völlig einschließen, od. ist zu einem Mantelschild reduziert.

Limanda w [v. frz. limande = Rotzunge], Gatt. der Plattfische, ⁊ Kliesche.

Limande w [frz., =], *Rotzunge, Microstomus kitt*, meist um 30 cm langer, rotbrauner Plattfisch aus der Fam. Schollen, an fels., nordwesteur. Küsten, mit kleinem Maul; v. a. in Schottland wicht. Nutzfisch.

Limapontia w [v. *limac-, gr. pontios = Meer-], Gatt. der Schlundsackschnecken, herbivore Hinterkiemer ohne Kiemen u. Rückenanhänge; Rhinophoren zu niedrigen Vorwölbungen reduziert; gelb u. dunkelbraun pigmentiert; in Felstümpeln u. auf Salzwiesen der eur. Küsten leben 3 Arten (unter 8 mm lang).

Limax
Schwarzer Schnegel *(L. cinereoniger)*

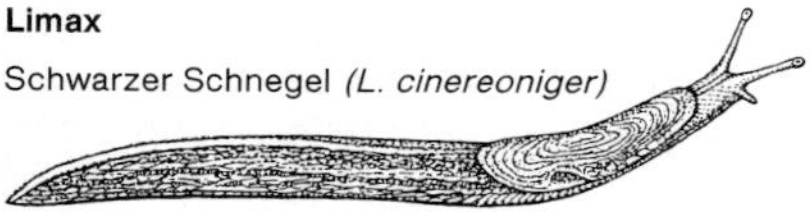

Limax m [*limax-], Gatt. der Schnegel mit zu einer Platte abgeflachtem Gehäuserest, der vom Mantel überwachsen ist; die Atemöffnung liegt rechts hinter der Mantelmitte; das Rückenhinterende ist gekielt, der Mantelschild konzentr. gestreift; ♀ ohne Spermatophoren. Der Schwarze Schnegel *(L. cinereoniger),* gelegentl. über 20 cm lang, ist die größte Nacktschnecke Mitteleuropas; seine Oberseite ist schwarzgrau, die Fußsohle farbl. längsdreigeteilt; in Wäldern. 20 cm lang wird auch der Große Schnegel *(L. maximus),* grau bis braun, seitl. längsgebändert, manchmal gefleckt; Fußsohle einheitl. hellgrau; weitverbreitet in Wäldern u. Hecken; bei der Paarung hängen die Partner umschlungen an einem Schleimfaden. Der nach der ↗Roten Liste „vom Aussterben bedrohte" Bier- od. Kellerschnegel *(L. flavus)* ist gelbl., wird 10 cm lang u. lebt auch in Gärten u. feuchten Gebäuden, wo er Vorräte des Menschen verzehrt. Verwandt ist der Pilzschnegel *(Malacolimax tenellus),* ca. 4 cm, in Wäldern N- und Mitteleuropas. Alle Arten treten auch in Farb- u. Mustervarianten auf; die Lebenserwartung der großen Arten liegt bei 5 Jahren.

Limax-Amöben [Mz.; v. *limax-, gr. amoibē = die Wechselhafte, Bez. für die ↗Nacktamöben der kosmopolit. Gatt. *Hartmanella, Acanthamoeba* u. *Naegleria;* Bakterienfresser an Kahmhäuten. Bestimmte Stämme können bei badenden Menschen über den Nasen-Rachen-Raum ins Gehirn eindringen u. zu einer gefährl. Hirnhautenzündung führen.

Limbaholz [westafr. Sprache?], *Limba, gelbes Mahagoni,* Holz von *Terminalia superba,* ↗Combretaceae. ⊤ Holz.

limbisches System [v. lat. limbus = Streifen, Gürtel], Sammelbez. für die stammesgeschichtlich alten Teile des Endhirns der Säugetiere u. des Menschen (↗Telencephalon, ↗Gehirn, B) u. die davon abstammenden subcorticalen Strukturen. Dieser v. Broca (↗Broca-Zentrum) eingeführte Begriff dient der Bez. jener Teile des Zentralnervensystems, die dieses System ausmachen u. nahezu ringförmig (Limbus) um den ↗Hirnstamm angeordnet sind. Diese bilden eine Art Randzone zw. Hirnstamm/Hypothalamus u. Neocortex. Lange Zeit wurde dem l. S. eine Riechfunktion zugeschrieben u. dieses dann als *Rhinencephalon* bezeichnet. Von MacLean wurde in neuerer Zeit der Begriff l. S. in Zshg. mit der Theorie eingeführt, daß die Strukturen dieses Systems die neuronalen Korrelate der Ausdrucksmechanismen u. Gestaltung des affektiven Verhaltens der Säuger enthalten. – Über die funktionelle Bedeutung des l. S.s ist nur sehr wenig bekannt. Die Ursache hierfür liegt zum einen in der Komplexität der neuronalen Strukturen des l. S.s, zum anderen darin, daß die Prinzipien der neuronalen Steuersysteme für das Verhalten der Tiere weitestgehend un-

limac-, limax- [v. lat. limax, Gen. limacis (gr. leimax, Gen. leimakos) = Wegschnecke].

Limacina, Gehäuse- ⌀ 4 mm

Limacoidea
Familien:
↗ Glanzschnecken *(Zonitidae)*
↗ Glasschnecken *(Vitrinidae)*
Helicarionidae *(↗ Helixarion)*
↗ Schnegel *(Limacidae)*
↗ Systrophiidae
Trigonochlamydidae
Urocyclidae

limn-, limno- [v. gr. limnē = See, Teich, Sumpf].

bekannt sind. Bes. Bedeutung spricht man dem l. S. im Bereich der Emotionen, Assoziationen, des Bewußtseins, Gedächtnisses u. der Sprache zu. In der Anatomie wird der Begriff weniger verwendet, da keine Einigkeit über die morpholog. Abgrenzung dieses Hirnbereichs besteht u. ebenso die afferenten wie efferenten Verbindungen des l. S.s untereinander wie auch mit dessen Nachbarstrukturen bisher nur z. T. bekannt sind. Bemerkenswert ist jedoch, daß das l. S. über stark entwickelte Faserstränge reziprok mit dem ↗Hypothalamus verbunden ist (☐ hypothalamisch-hypophysäres System), weshalb angenommen wird, daß dieser der Kontrolle des l. S.s unterliegt. Insgesamt gesehen, sind l. S., Hypothalamus u. oberes Mittelhirn neuroanatomisch in Form multipler Erregungskreise organisiert, denen bes. Bedeutung als neuronale Korrelate im Bereich der Emotionen zugeschrieben werden. Weiterhin kommunizieren neocorticale Strukturen und l. S. miteinander über Assoziationsfelder.

Limenitis *w* [gr., = Hafenbewohnerin], Gatt. der ↗Fleckenfalter; z. B. ↗Eisvogel.

Limette *w* [frz., = süße Zitrone], *Citrus limetta,* ↗Citrus.

limicol [v. lat. limicola = Schlammbewohner], im Schlamm lebend, z. B. Schnecken, Muscheln, Ringelwürmer; auch gesagt v. Watvögeln *(Limicolen).*

Limicolen [Mz.; v. lat. limicola = Schlammbewohner], die ↗Watvögel.

Limidae [Mz.; v. lat. lima = Feile], die ↗Feilenmuscheln.

Limifossor *m* [v. lat. limus = Schlamm, fossor = Gräber], Gatt. der Schildfüßer mit postoralem, geteiltem Fußschild; 2 Arten vor der Pazifikküste N-Amerikas.

limitierende Faktoren, *begrenzende Faktoren,* urspr. in der Stoffwechselphysiologie alle Faktoren, die nicht in sättigender Konzentration vorliegen; i. w. S. fungieren als l. F. z. B. CO_2 und Licht bei der Photosynthese v. Pflanzen od. Phosphate für Mikroorganismen in Gewässern. Speziell in der Populationsbiol. sind l. F. Umweltfaktoren, die die Individuendichte v. Populationen begrenzen od. regulieren, wie z. B. Nahrungsangebot, Nistmöglichkeiten u. a. (↗dichteabhängige Faktoren) od. z. B. strenge Winter, starke Regenfälle usw. (↗dichteunabhängige Faktoren).

Limnadia *w* [v. *limn-], Gatt. der ↗Muschelschaler.

Limnaea *w* [v. gr. limnaios = im Sumpf lebend], veraltete Bez. für ↗Lymnaea.

Limnaeameer, *Lymnaeameer,* auf das ↗Littorinameer folgende regressive Phase der nacheiszeitl. Gesch. der Ostsee *(Limnaeazeit,* ca. 2000 bis 500 n. Chr.) mit

Limnaoedus

teilweiser Aussüßung; ihre Sedimente sind gekennzeichnet durch die Schnecke *Lymnaea* (= „*Limnaea*") *ovata*. In der folgenden Myazeit (nach der Muschel *Mya [Arenomya] arenaria*) entstand die Ostsee in ihrer heutigen Form.

Limnaoedus *m* [v. *limn-, gr. aoidos = Sänger], Gatt. der ↗ Laubfrösche.

Limnatis *w* [gr., = Seebewohnerin], Gatt. der Blutegel-Fam. *Hirudinidae*; *Limnatis nilotica*, bis 10 cm lang, lebt in Pfützen u. Quellen im Mittelmeerraum, befällt Pferde u. Menschen u. saugt an den Schleimhäuten v. Rachen, Nasenhöhle u. Oesophagus.

Limnias *w* [v. *limn-], Gatt. der Rädertiere (Fam. ↗ *Flosculariidae*), mit mehreren sessilen Arten, die in sauberen stehenden Süßgewässern überaus häufig auf Wasserpflanzen vorkommen; sie bauen ein durchscheinendes u. geringeltes röhrenförm. Gehäuse, aus dem nur das zweilappige Räderorgan hervorschaut.

limnikol [v. *limn-, lat. -cola = -bewohner], Bez. für Organismen, die im Süßwasser leben.

Limnion *s* [gr., = Tümpel], Bez. für die Freiwasserzone in Seen, unterteilt in ↗ Epi-, ↗ Meta- u. ↗ Hypolimnion.

limnisch [v. *limn-], *lakustrisch*, Bez. für Organismen (und die sich aus diesen ggf. bildenden Sedimente), die im Süßwasserbereich vorkommen.

Limnobenthos *s* [v. *limno-, gr. benthos = Tiefe], Sammelbezeichnung für die Organismen, die im Süßwasser die Bodenzone besiedeln.

Limnobiidae [Mz.; v. gr. limnobios = im See/Sumpf lebend], die ↗ Stelzmücken.

Limnobios *m* [gr., = im See/Sumpf lebend], Sammelbez. für die Organismen des Süßwassers.

Limnocharitaceae [Mz.; v. gr. limnocharēs = sich des Sumpfes erfreuend], Fam. der Froschlöffelartigen, mit 3 Gatt. und 12 Arten in den Tropen verbreitet; ein- bis mehrjähr. Sumpfkräuter; junge Blätter linealisch u. untergetaucht, folgende gestielt mit eiförm. Spreite; die Blüten bilden einen dold. Blütenstand; oft sind nektarbildende Staminodien entwickelt. *Limnocharis flava* wird in S-Asien als Nahrungspflanze angebaut.

Limnodrilus *m* [v. *limno-, gr. drilos = Regenwurm], Ringelwurm-(Oligochaeten-) Gatt. der Fam. *Tubificidae*. *L. hoffmeisteri*, weltweit verbreitet, euryök; ähnl. wie *Tubifex tubifex* massenhafte Vermehrung in stark verschmutzten Gewässern, was offenbar darauf zurückzuführen ist, daß Nahrungskonkurrenten (andere Oligochaeten) u. Hauptfeinde (Fische, Egel) fehlen bzw. bereits abgestorben sind.

limn-, limno- [v. gr. limnē = See, Teich, Sumpf].

Limnias

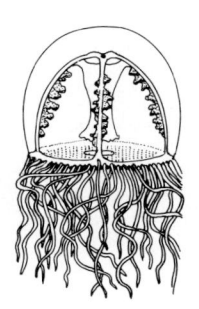

Limnohydroidae
Gonionemus spec.

Limnodromus *m* [v. *limno-, gr. dromos = Lauf], Gatt. der ↗ Schnepfenvögel.

Limnodynastes *m* [v. *limno-, gr. dynastēs = Herrscher], Gatt. der Austral. Südfrösche, ↗ *Myobatrachidae*.

Limnohydroidae [Mz.; v. *limno-, gr. hydroeidēs = wasserartig], U.-Ord. der ↗ *Hydroidea*, deren ca. 45 Arten in Schelfgebieten, Brack- u. Süßwasser leben. Die Polypen sind solitär u. bodenlebend; sie haben kein steifes Periderm; sind Tentakel vorhanden, haben sie ein Lumen, das mit dem Gastralraum in Verbindung steht. Die Tentakel der zugehörigen Medusen (*Limnomedusae*) sind ebenfalls hohl; die Gonaden sitzen am Mundrohr od. den Radiärkanälen; manche Arten bilden Statocysten aus, die in den Schirm eingeschlossen sind. Neben der ↗ Süßwasserqualle gehört hierher die im Atlantik u. Mittelmeer häufige Qualle *Gonionemus vertens* ($\varnothing$ 2 cm). Die Tiere sitzen am Tag meist in Seegraswiesen, die Tentakel nach oben gekehrt. Um Nahrung zu fischen, schwimmen sie gg. die Oberfläche, drehen sich um 180° u. lassen sich langsam sinken; dabei breiten sich die vielen Randtentakel aus. Der Polyp ist kaum ½ mm groß; er sitzt in einer Schleimhülle auf dem Untergrund u. streckt seine ca. 2 mm langen Tentakel (3–5) über den Boden; an seiner Körperwand können neben Medusen auch Frusteln entstehen. *Olindias phosphorica* ist ebenfalls ein Bewohner der Seegraswiesen; die gelbl. od. blaurosa gefärbte Qualle erreicht 5 cm $\varnothing$.

Limnokrene *w* [v. *limno-, gr. krēnē = Quelle], Quellsee; die Quelle bildet zunächst einen kleinen See, bevor das Wasser abfließt.

Limnologie *w* [v. *limno-, gr. logos = Kunde], *Binnengewässerkunde Süßwasserökologie*, befaßt sich mit Struktur u. Funktion von Süßwasser-Ökosystemen einschließl. des ↗ Grundwassers (biogene Stoffkreisläufe, ↗ Seetypen, ↗ Flußregionen, ↗ Bergbach). Die L. wird meist neben terrestrischer u. mariner Ökologie dem Gesamtgebiet der Ökologie zugeordnet, seltener (in der Hydrologie) nur auf den unbelebten Aspekt bezogen (Ggs. Limnobiologie) od. auf stehende Binnengewässer begrenzt (Ggs. Potamologie). Neben der theoretischen L. hat die angewandte L. (↗ Abwasserbiologie, Abwasserreinigung, Trinkwasseraufbereitung, ↗ Gewässerschutz, ↗ Fischereibiologie) heute große Bedeutung erlangt. Da in allen Gewässern ein Komplex von klimat., geol., physikochem. und biol. Faktoren wirksam ist, ergibt sich eine Aufgliederung der L. in *Limnophysik, Limnochemie, Limnozoologie, Limnobotanik* u. *Limnobakteriologie*.

Limnomedusa w [v. *limno-, gr. Medousa = schlangenhaarige Gorgone], Gatt. der ↗Südfrösche.

Limnomedusae [Mz.], Bez. für die Medusen der ↗Limnohydroidae.

Limnophilidae [Mz.; v. *limno-, gr. philos = Freund], Fam. der ↗Köcherfliegen.

Limnopithecus m [v. *limno-, gr. pithēkos = Affe], gibbongroße ↗Dryopithecinen aus dem Untermiozän O-Afrikas mit langen, gestreckten Oberarmknochen, die auf eine vorwiegend schwinghangelnde Fortbewegungsweise hindeuten.

Limnoplankton s [v. *limno-, gr. plagktos = umherschweifend], das ↗Plankton des Süßwassers.

Limnoria w [v. *limno-, lat. ora = Küste], Gatt. der ↗Bohrasseln.

Limnostygal s [v. *limno-, gr. stygos = Abscheu], Lebensraum des v. Grundwasser durchflossenen Lückensystems der Uferböden stehender Süßgewässer, dessen Lebensgemeinschaft als Limnostygon bezeichnet wird.

Limodorum s [v. gr. leimodorōn = eine Pfl.], der ↗Dingel.

Limone w [v. arab. līm über it. limone = Zitrone], Citrus limon, ↗Citrus.

Limonen s [v. frz. limo = Zitrone], p-Menthadien, zitronenartig riechendes, licht-, luft-, wärme-, alkali- u. säureempfindl. monocycl. Monoterpen, das leicht zu ↗Karvon autoxidiert. L. ist Bestandteil zahlr. ↗ätherischer Öle, z.B. (+)-L. in Pomeranzenschalenöl, Zitronenöl (↗Citrusöle) u. Kümmelöl, (−)-L. in Pfefferminzöl u. Fichtennadelöl u. das Racemat (±)-L. (Dipenten) in Neroliöl, Terpentinöl u. Muskatnußöl. Bei ↗Termiten wirkt L. als Alarm-Pheromon.

Limoniidae [Mz.; v. gr. leimōnios = Wiesen-], die ↗Stelzmücken.

Limonium s [v. gr. leimōnion = Wiesenblume], die ↗Strandnelke.

Limopsis w [v. lat. limax = Wegschnecke, gr. opsis = Aussehen], Gatt. der Limopsidae (U.-Ord. Reihenzähner), kosmopolit. Meeresmuscheln mit kleiner, ovaler bis schiefovaler Schale mit Borsten; Fadenkiemer, die meist in tiefen u. kalten Wasser leben.

Limosa w [v. lat. limosus = schlammig], Gatt. der ↗Schnepfenvögel.

Limosella w [v. lat. limosus = schlammig], das ↗Schlammkraut.

Limulus m [lat., = leicht schielend], Gatt. der Pfeilschwanzkrebse (↗Xiphosura) mit der einzigen Art L. polyphemus (Königskrabbe, Atlant. Schwertschwanz); erreicht mit Schwanz 60 cm Länge u. lebt an der atlant. Küste N-Amerikas; tritt zur Fortpflanzungszeit in ungeheuren Mengen auf. L. ist seit dem Jura bekannt u. gilt als ↗„lebendes Fossil". ☐ Gliederfüßer; B lebende Fossilien.

lin-, lina-, lino- [v. gr. linon bzw. lat. linum = Lein, Flachs (ahd. līn = Flachs)].

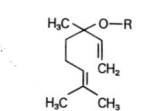

Linalool
Linalool: R=H
Linalylacetat: R=COCH₃

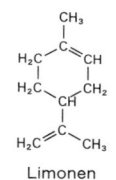

Limonen

Linamarin

Lotaustralin

Linamarin
Linamarin und Lotaustralin

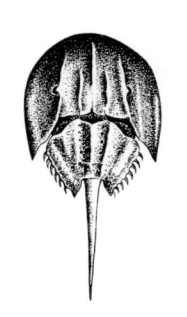

Limulus polyphemus (Königskrabbe)

Linaceae [Mz.; v. *lina-], die ↗Leingewächse.

Linalool s [Kw. v. *lin- u. Alkohol], Koriandrol, nach Maiglöckchen riechender, gg. Luft, Wärme u. Säuren empfindl. acycl. Monoterpenalkohol, der in vielen ↗äther. Ölen, z.B. Bergamottöl, Linaloeöl, Melissenöl, Rosenöl, Thymianöl u. Zimtöl, vorkommt. L., das heute vorwiegend synthet. gewonnen wird, findet ebenso wie seine Ester (↗Linalylacetat) in der Parfümerie Verwendung.

Linalylacetat s [v. *lina-, gr. aloē = Aloe, lat. acetum = Essig], in äther. Ölen, bes. ↗Lavendelöl, aber auch Zitronenöl, Orangenblütenöl, Jasminöl usw. vorkommender bergamotteartig riechender Essigsäure-Ester des ↗Linalools (☐), der heute meist synthet. hergestellt wird. Weitere gebräuchl. Linalool-Ester sind Linalylformiat (Rosenduft), Linalylpropionat (Bergamotte-Lavendel-Maiglöckchen-Geruch) u. Linalylvalerianat (riecht blumig-fruchtig).

Linamarin s [v. *lina-, lat. amarus = bitter], Phaseolunatin, Acetoncyanhydrin-β-glucosid, ein in Leinsamen, Maniok, Kautschukbaum u. Mond-↗Bohne (Phaseolus lunatus) vorkommendes ↗cyanogenes Glykosid. L. wird durch ein Begleitenzym, die Linase (fr. Linamarase), in Glucose, Aceton u. ↗Blausäure (sehr giftig!) gespalten. Mit der Nahrung (bes. bei Maniok) aufgenommenes L. wird durch Stoffwechselreaktionen abgebaut, wobei jedoch für die Schilddrüse schädl. Thiocyanat entsteht. Eine Entgiftung der Nahrung läßt sich durch vorheriges Kochen erreichen. Ein weiteres, zus. mit L. in Leinsamen auftretendes cyanogenes Glykosid ist Lotaustralin (Methyläthylketoncyanhydringlucosid). L. und Lotaustralin konnten auch bei einigen Schmetterlingen nachgewiesen werden, die anscheinend in der Lage sind, diese cyanogenen Glykoside selbst zu synthetisieren. Ihre Funktion liegt vermutl. in einer Schutzwirkung. Beim weibl. Falter des Gemeinen Blutströpfchens (Zygaena filipendulae, ↗Widderchen) machen sie 2% des Gesamtgewichts aus, während sie beim Männchen fehlen. Nach der Eiablage wird das Weibchen „ungiftig", u. man findet L. und Lotaustralin in besonders hoher Konzentration in den Eiern dieser Insekten u. später in der Hämolymphe der Raupen u. Puppen.

Linaria w [v. *lina-], das ↗Leinkraut.

Linckia w [ben. nach dem dt. Naturforscher J. H. Linck, 1674–1734], Gatt. von Seesternen, die nahezu keinen Rumpf (Scheibe) haben u. fast nur aus den Armen bestehen (☐ Seesterne). Sie besitzen eine bes. hohe Regenerationsfähigkeit (auch als asexuelle Fortpflanzung): sogar ein ein-

Lincomycin

Lincomycin
Lincomycin:
$R_1 = OH$ und $R_2 = H$
Clindamycin:
$R_1 = H$ und $R_2 = Cl$

Linde
Wuchsformen **1** der Winter-L., **2** der Sommer-L.; **3** Blatt, Blüte u. Frucht

Lindengewächse
Blüte der Zimmerlinde (Sparmannia africana)

zelner Arm kann einen vollständ. Seestern über ein sog. Kometen-Stadium regenerieren (☐ Seesterne). – L. ist die bekannteste Gatt. der v. a. in trop. und subtrop. Flachwasser vorkommenden Fam. *Ophidiasteridae* (fr. = *Linckiidae*), deren ca. 20 rezente Gatt. sehr stark gefärbt sind; *L. laevigata* ist sogar leuchtend blau.

Lincomycin *s,* Antibiotikum aus Kulturen v. *Streptomyces lincolnensis* mit Wirkung gg. grampositive Bakterien. L. bindet an die 50S-Untereinheit der 70S-Ribosomen u. hemmt dadurch die bakterielle Protein-Biosynthese. Größere therapeut. Bedeutung als L. hat sein halbsynthet. Derivat *Clindamycin,* das sich durch bessere u. raschere Resorption sowie ein breiteres Wirkungsspektrum auszeichnet.

Lindan *s* [ben. nach dem niederländ. Chemiker T. van der Linden], ↗ Hexachlorcyclohexan.

Linde, *Tilia,* in der nördl. gemäßigten u. subtrop. Zone (insbes. in O-Asien) heimische Gatt. der Lindengewächse mit 20–30 sehr formenreichen, schwer gegeneinander abzugrenzenden Arten. Sommergrüne Gehölze mit wechselständ., 2zeilig angeordneten Blättern mit (oft schief-)herzförm., mehr od. weniger behaarter Spreite. Nebenblätter sind knospenschuppenartig ausgebildet u. fallen frühzeitig ab. Die relativ kleinen, weißl.- bis grünl.-gelben, zwittrigen Blüten sind 5zählig, radiär mit zahlr. in Büscheln vor den Kronblättern angeordneten Staubblättern. Wenige bis viele bilden zus. einen Blütenstand, dessen Achse mit einem großen, flügelartig ausgebildeten Hochblatt verwachsen ist. Letzteres dient als primitives Flugorgan zur Verbreitung des zur Reifezeit im Ganzen abfallenden Fruchtstandes. Die Frucht ist eine kugel- bis birnenförm. Nuß. Charakterist. für L. sind die in fast allen Teilen vorkommenden Schleimbehälter. Der Bast verschiedener Arten wurde fr. vielfältig genutzt (Herstellung v. Matten, Säcken, Seilen, Schuhen usw.). In Mitteleuropa verbreitete Arten sind die Sommer-L. (Großblättrige L.), *T. platyphyllos (T. grandifolia)*, u. die Winter-L. (*T. cordata*, ⒷEuropa XI). Die Sommer-L. ist in den westl. Gebieten Europas, in krautreichen Ulmen-Ahorn-Eschen-Schluchtwäldern sowie in Buchen-Linden-Bergwäldern anzutreffen. Sie wird 20–30 (40) m hoch, besitzt eine breit-eiförm. Krone, bis 12 cm lange, unterseits weißl. behaarte sowie Blütenstände mit 2–5 Blüten. Die vom Atlantik bis zum Ural verbreitete Winter-L. wächst in sommerwarmen Eichen-Hainbuchen-, Eichen-Auen- sowie Ahorn-Hangwäldern. Ihre Krone ist schmaler als die der Sommer-L., die Blätter sind unterseits mit rostbraunen Haarbüscheln besetzt, u. die Blütenstände umfassen 5–11 Blüten. Die Europäische L. *(Tilia × vulgaris)* gilt als Bastard der beiden zuvor gen. Arten. L.n spiel(t)en im Volksbrauchtum eine wicht. Rolle u. wurden daher oft in die Nähe v. Siedlungen gepflanzt (Dorf-L.). Sie sind auch geschätzte Zierbäume an Straßen, Alleen, Plätzen u. in Parks. Ihr fein strukturiertes, gut zu bearbeitendes *Holz* (Dichte ca. 0,5 g/cm³) ist weißl. bis gelbl.-bräunl. gefärbt u. wird u. a. zur Herstellung v. Möbeln u. Musikinstrumenten, zum Schnitzen (Holzplastiken) u. als Blindholz verwendet. Die stark süß duftenden Blüten sind im Frühsommer eine wicht. Bienenweide; sie liefern zudem den aromat. schmeckenden, äther. Öl, Gerbstoff, Saponin u. viel Schleim enthaltenden L.blütentee, der in der Volksmedizin v. a. als schweißtreibendes u. fiebersenkendes Heilmittel bei Erkältungskrankheiten benutzt wird.

Lindengewächse, *Tiliaceae,* Fam. der Malvenartigen mit rund 400, überwiegend in den Tropen, jedoch auch in den gemäßigten Zonen heim. Arten in etwa 41 Gatt. Bäume od. Sträucher, seltener Kräuter od. Halbsträucher mit wechselständ., 2zeilig angeordneten, einfachen, behaarten Blättern sowie meist hinfälligen Nebenblättern. Die radiären, 5(4)zähligen, i. d. R. zwittrigen Blüten stehen in rispigen Blütenständen u. besitzen neben einer grünl.-, gelb- od. weißgefärbten Krone meist zahlr., büschelig angeordnete Staubblätter, die zus. mit dem oberständ., aus 2 bis vielen Fruchtblättern bestehenden Fruchtknoten einen sog. ↗ Androgynophor bilden können. Die Frucht ist gewöhnl. eine mehrfächerige Kapsel od. Schließfrucht. Bezeichnend für die L. sind neben den stets 2fächerigen Staubbeuteln die im Parenchymgewebe oft vorhandenen Schleimbehälter. Wichtigste Gatt. der L. in den gemäßigten Zonen ist die ↗ Linde. Die Jute (↗ *Corchorus*) ist eine in den Tropen weltweit angebaute Faserpflanze v. großer wirtschaftl. Bedeutung. Ein beliebter Zierstrauch ist die aus S-Afrika stammende Zimmerlinde (*Sparmannia africana*, ⒷAfrika VII), die wegen ihrer weich behaarten, herzförm. Blätter u. weißen Blüten bei uns seit langem im Zimmer kultiviert wird; die gelbbraunen Staubblätter reagieren auf Berührungsreize.

Lindenschwärmer, Zackenschwärmer, *Mimas tiliae,* paläarkt. verbreiteter Vertreter der Schwärmer, Spannweite um 70 mm, Flügel variabel braun bis olivgrün gefärbt u. mit dunklem Mittelband, Außenrand der Vorderflügel gebuchtet; fliegt v. Mai–Juni nicht selten in Parks, Alleen u. Laubwäldern; Wirtspflanzen der grünen, weiß gezeichneten Raupe sind Laubhölzer, v. a.

Linde; der L. überwintert als Puppe in der Erde um den Stamm der Futterpflanze.
Lindernia w [ben. nach dem dt. Botaniker F. B. v. Lindern, 1682–1755], das ↗Büchsenkraut.
Linderol s [ben. nach dem schwed. Botaniker L. Linder, 1676–1723], ↗Borneol.
Linearmoleküle [v. lat. linearis = Linien-], *lineare Makromoleküle, Fadenmoleküle,* die durch lineare Verknüpfung v. Monomerbausteinen aufgebauten Makromoleküle, z. B. die Nucleinsäuren u. Proteine, im Ggs. zu den verzweigt (z. B. Glykogen) od. dreidimensional vernetzt (z. B. Lignin) aufgebauten Makromolekülen.
Lineatriton m [v. lat. linea = Linie, Schnur, ben. nach dem Meeresgott Triton], Gatt. der ↗Schleuderzungensalamander.
Lineus m [v. lat. linea = Linie, Schnur], Schnurwurm-Gatt. der Ord. *Heteronemertini. L. ruber,* 10–20 cm lang, 2–5 mm breit, Kopf spatelförmig vom Körper abgesetzt u. mit 3–4 Augen an den Seiten, rotbraun, oliv od. grün; unter Steinen, auf Schlamm u. in Algen vom Eulitoral bis tiefer. Nordsee, westl. Ostsee, Atlantik, Mittelmeer.
Linguatula w [v. lat. lingua = Zunge], der ↗Nasenwurm.
Linguatulida [Mz.], die ↗Pentastomiden.
Lingula w [lat., = Zünglein], (Bruguière 1797), inarticulate ↗Brachiopode mit einer zungenförm. (irreführende Bez. *„Zungenmuschel"*), dünnen hornig-phosphatigen Schale u. langem, wurmart. Stiel. Typus-Art: *L. anatina* Lamarck 1801. Verbreitung: Ordovizium bis heute; eine der langlebigsten Gatt. der Erdgeschichte („lebendes Fossil"). ☐ Brachiopoden; B lebende Fossilien.
Linie, Pflanzenzüchtung: a) i. e. S. die Einzelnachkommenschaft eines Selbstbefruchters, die durch die nach Mutterpflanzen getrennte Aussaat der Samen gewonnen wird. Einzelnachkommenschaften werden allgemeiner auch als *Stämme* bezeichnet. b) i. w. S. eine sich geschlechtl. fortpflanzende Population mit bestimmten Merkmalen, die durch Auslese erhalten bleiben; in der Tierzucht (↗Hybridzüchtung) eine innerhalb einer Rasse in mäßiger ↗Inzucht gehaltene Population. Sog. *reine L.n,* die aus genotypisch gleichen Individuen bestehen, entstehen durch fortgesetzte Inzucht od. Selbstbefruchtung. ↗Inzuchtlinie.
Linienzüchtung, allg. die Züchtung mit ↗Linien, v. a. Auslese durch mehrere Generationen einer Linie (Pedigree- od. *Stammbaumzüchtung*); L. ist z. B. eine der im Rahmen der ↗Kreuzungszüchtung angewandten Methoden. ↗Hybridzüchtung.
Linin s [v. *lin-*], das ↗Achromatin.
Linkshändigkeit ↗Händigkeit.

Lindenschwärmer (Mimas tiliae)

C. von Linné

lin-, lina-, lino- [v. gr. linon bzw. lat. linum = Lein, Flachs (ahd. lîn = Flachs].

Linnaea w [ben. nach dem schwedischen Naturforscher C. v. ↗Linné], das ↗Moosglöckchen.
Linné (Linnaeus), *Carl* von, schwed. Naturforscher, * 23. 5. 1707 Råshult (Småland), † 10. 1. 1778 Uppsala; zunächst Studium der Med. in Lund, wandte sich aber sehr bald der Bot. zu; bereiste 1732 Lappland, lehrte in Falun Mineralogie, weitere Reisen nach Holland (1735), dort Promotion, Engl. (1736) u. Paris (1738), praktizierte in Stockholm als Arzt u. war in der Zeit Mitbegründer u. erster Präs. der schwed. Akademie der Wiss.; seit 1741 Prof. der Med., 1742 auch Prof. der Bot. in Uppsala u. Dir. des Bot. Gartens, den er grundlegend reformierte u. ihm ein naturhist. Museum angliederte; 1762 in den Adelsstand erhoben. L. beschloß selbst, „die Bot. zu reformieren", u. tat dies gründl., indem er erstmalig eine klar definierte hierarchische Gliederung des Organismenreiches und nicht nur des Pflanzenreiches schuf. Er verwandte dabei die Prinzipien des enkaptischen Systematisierens (enkaptische Hierarchie, ↗Klassifikation). Seine Klassifizierung fußt auf den schon in der ma. Scholastik herangezogenen u. definierten Begriffen „differentia" u. „proprium", die die Artunterschiede u. -eigentümlichkeiten charakterisieren. Von den zahlr. früheren Systematisierungsversuchen beeinflußten insbes. die Arbeiten v. J. ↗Ray, der sich mit der Einführung v. Doppelbezeichnungen für Gatt. u. Arten bereits der ↗binären Nomenklatur näherte, u. J. P. de ↗Tournefort seine eigenen Bemühungen. Umständl. Artdiagnosen, wie sie bisher zur Charakterisierung v. Tieren u. Pflanzen notwendig waren, wurden durch die konsequente Einführung einer binären Nomenklatur, die mit einem einzigen Adjektiv eine Art zu charakterisieren suchte, überflüssig gemacht. Jede Kombination aus Gattungsnamen u. (meist auf eine bestimmte Eigenschaft hinweisendem) ↗Epitheton durfte daher nur einmal verwandt werden. In seinem Buch „Species plantarum" (1753), in dem diese Regeln erstmalig durchgehend angewandt wurden, ist daher auch die Priorität der Pflanzennamen eindeutig festgelegt. L. teilte die Pflanzen in 24 Klassen ein u. ordnete sie nach Zahl u. Stellung der Staubgefäße (künstl. Sexualsystem); wie diese Klassen betrachtete er *alle* höheren taxonom. Einheiten als „künstlich" (weil ihre Kategorisierung nach willkürl. Regeln erfolgte) gegenüber den „natürlichen" Merkmalen der Gattung; in letzteren unterschied er 26 „natürliche Kennzeichen", gemäß den Buchstaben des Alphabets, mit denen „der Schöpfer die Pflanze gezeichnet hat" (↗künstliches System, ↗natürli-

Linognathus

ches System). In der Systematisierung des Tierreiches ging er konsequent v. der bisher geltenden u. noch auf aristotelischem Gedankengut beruhenden Ord. nach Lebensräumen ab und ließ nur anatom. u. physiolog. Kriterien zur Artdiagnose gelten. Bes. bemerkenswert ist, daß er den ↗Menschen in das System mit einbezog u. ihn als Gatt. *Homo* in die Ord. der Primaten einreihte. Insgesamt war aber das L.sche Tiersystem erhebl. weniger differenziert, es mußte auch auf einem ungleich geringeren Fundus an Vorarbeiten aufbauen als das pflanzl. System. L.s System, das sich v. älteren Ansätzen durch einfachere Handhabung abhob, war – u. das ist eines seiner wesentlichsten Merkmale – offen für die Integration neu entdeckter u. zu beschreibender Formen. Es war aber auch der Versuch, die Konstanz u. die Diskontinuität der Organismen ordnend zu erfassen u. festzuschreiben u. damit noch weit entfernt v. einem phylogenet. System. L. war einer der eifrigsten Verfechter der Vorstellung v. der Unveränderlichkeit der Arten u. sprach demgemäß auch den ihm wohlbekannten Varietäten jegliche erbl. Komponente ab. Einzig Hybridisierungen sollten innerhalb v. Gattungen zu neuen Arten führen, eine Vorstellung, die erst durch die Bastardisierungsversuche v. K. F. ↗Gärtner widerlegt wurde.
WW „Systema naturae, sive regna tria naturae systematice proposita", Leiden 1735, 7 Bde. „Flora lapponica", Amsterdam 1737. „Genera plantarum", Leiden 1737. „Philosophia botanica, in qua explicantur fundamenta botanica", Stockholm 1751. „Species plantarum", Stockholm 1753, 3 Bde. B Biologie I. K.-G. C.

Lin̲o̲gnathus *m* [v. *lino-, gr. gnathos = Kiefer], Gatt. der ↗Anoplura.

Linol̲e̲nsäure [v. *lino-], *Octadecatriensäure*, $C_{18}H_{30}O_2$, ungesättigte Fettsäure mit 3 cis-Doppelbindungen; spielt im menschl., tier. u. pflanzl. Organismus zus. mit ↗Linolsäure beim Lipoidaufbau eine wichtige Rolle. Vom Säugetierorganismus können L. und Linolsäure nicht synthetisiert werden, weshalb beide zu den essentiellen ↗Fettsäuren (T) zählen.

Lin̲o̲lsäure [v. *lino-], *Octadecadiensäure, Leinölsäure,* $C_{18}H_{32}O_2$, ungesättigte ↗Fettsäure (T) aus höheren Pflanzen, Tieren u. dem menschl. Organismus mit 2 cis-Doppelbindungen. Das Glycerid der L. findet sich in trocknenden u. halbtrocknenden Ölen. ↗Linolensäure.

Linophryne *w* [v. *lino-, gr. phrynē = Kröte], Gatt. der ↗Tiefseeangler.

Linopteris *w* [v. *lino-, gr. pteris = Farn], Gatt.-Name für bestimmte Beblätterungsformen der ↗*Medullosales*.

lin-, lina-, lino- [v. gr. linon bzw. lat. linum = Lein, Flachs (ahd. līn = Flachs].

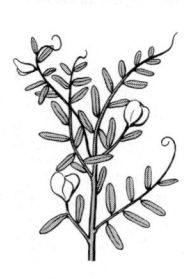

Linse *(Lens culinaris)*

Linolensäure

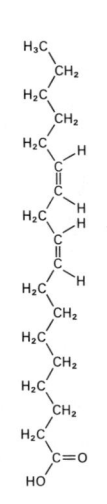

Linolsäure

Linsangs [Mz.; malaiisch], zu den Zibetkatzen (U.-Fam. *Viverrinae*) rechnende Schleichkatzen. 1) Afrikanische L., Gatt. *Poiana,* mit nur einer Art, dem Pojana (*P. richardsoni*; Kopfrumpflänge 33 cm, Schwanzlänge 38 cm), der in 3 U.-Arten die Waldgebiete v. Liberia, S-Kamerun u. Äquatorialafrika bewohnt. 2) Asiatische L., Gattung *Prionodon* (Kopfrumpflänge 30–38 cm, Schwanzlänge 25–32 cm) mit 2 Arten (Flecken-L., *P. pardicolor;* Bänder-L., *P. linsang*), weit verbreitet: v. östl. Himalaya bis Malaysia u. den Großen Sundainseln; im Ggs. zu den übrigen Zibetkatzen ohne Duftdrüsen.

Linse, 1) Augen-L., ↗Auge, ↗L.nauge. 2) *Lens culinaris,* Art der Hülsenfrüchtler; Anbau in S-Europa, Mittelasien, Indien, Lateinamerika. Einjähr. Kraut mit gefiederten Rankenblättern; Blüten blaßblau, dunkel geadert; selbstbestäubend; Hülsen etwas gebläht, enthalten 1–3 Samen mit ca. 26% Proteingehalt (T) Hülsenfrüchtler). Die L. wird seit der Steinzeit in warmen Gegenden kultiviert u. stammt aus dem Orient. B Kulturpflanzen V.

Linsenauge, konvergent entstandenes ↗Lichtsinnesorgan v. höheren Tintenfischen u. Wirbeltieren (einschl. Mensch). Beide L.ntypen ähneln sich in ihrem funktionellen Aufbau, sind phylogenet. jedoch unterschiedl. entstanden. Beim L. der Wirbeltiere entwickelt sich die Retina (↗Netzhaut) u. das diese umgebende Pigmentepithel als becherförm. Vorstülpung des Zwischenhirns, so daß die Sehzellen dem Pigmentepithel zugekehrt u. damit vom einfallenden Licht abgewandt sind (*inverses* Auge). Bei den Tintenfischen hingegen wird die Retina vom hinteren Teil einer v. der Epidermis abgeschnürten Blase gebildet, d. h., die Sehzellen richten ihre rezeptiven Außenglieder nach der Augenblase, liegen also *evers* (dem Licht zugewandt) wie in einem Sinnesepithel des Integuments (B Netzhaut). Die Retina des Tintenfisch-L.s gleicht in ihrem Aufbau den Retinulae der Ommatidien des ↗Komplexauges (B). In diesem Fall aber verschmelzen die Rhabdomere v. je 4 Sehzellen zu einem Rhabdom. Durch die Anordnung der Mikrovilli in den Rhabdomeren können Tintenfische mit ihren L.n im Ggs. zu den Wirbeltieren polarisiertes Licht wahrnehmen. Die Sehzellen des Wirbeltierauges, bestehend aus Stäbchen u. Zapfen, sind im Unterschied zu den Tintenfischen v. Ganglienzellen u. bipolaren Zellen innerviert, die zudem untereinander mit amakrinen Zellen (multipolare Nervenzellen mit kurzen Fortsätzen) u. Horizontalzellen verschaltet sind. Bei Wirbeltieren entspricht die ↗Iris (Regenbogenhaut) dem vorderen

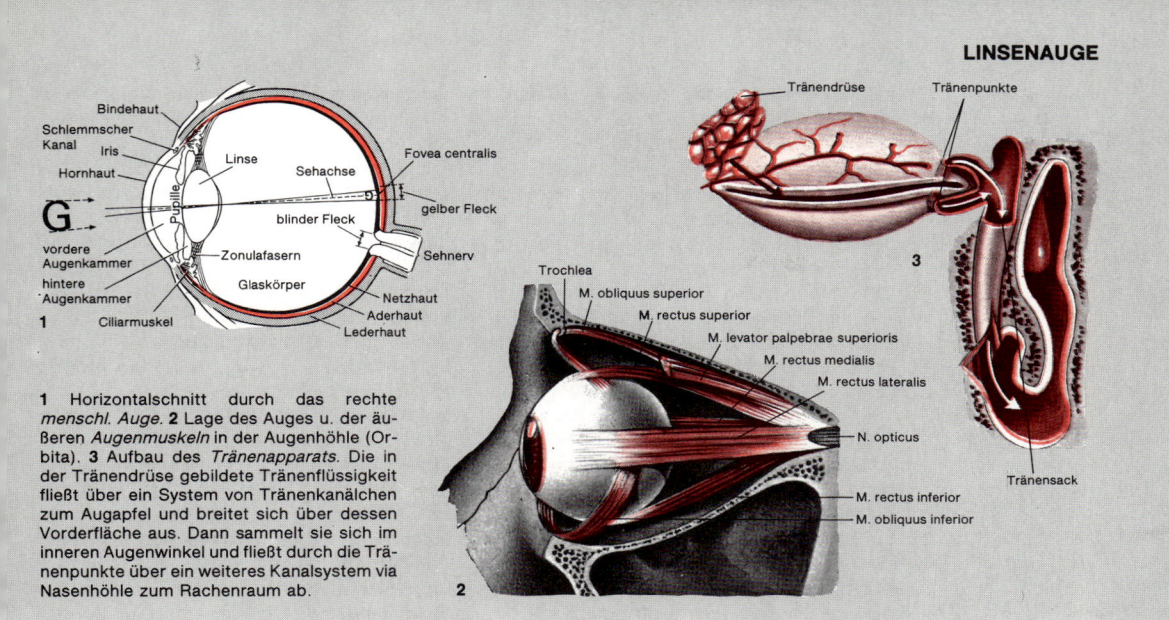

LINSENAUGE

1 Horizontalschnitt durch das rechte menschl. Auge. **2** Lage des Auges u. der äußeren *Augenmuskeln* in der Augenhöhle (Orbita). **3** Aufbau des *Tränenapparats*. Die in der Tränendrüse gebildete Tränenflüssigkeit fließt über ein System von Tränenkanälchen zum Augapfel und breitet sich über dessen Vorderfläche aus. Dann sammelt sie sich im inneren Augenwinkel und fließt durch die Tränenpunkte über ein weiteres Kanalsystem via Nasenhöhle zum Rachenraum ab.

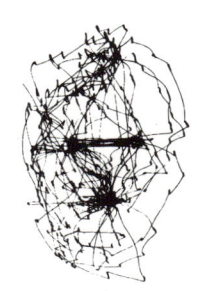

Linsenauge
Aufzeichnung der Blicksprünge *(Saccaden)* einer Versuchsperson bei mehrminütigem Betrachten der Photographie eines Gesichts

Rand des ↗*Augenbechers*, bei den Tintenfischen einer Epidermisfalte. Die Augenlinse schnürt sich bei den Wirbeltieren als Bläschen v. der Epidermis ab, während sie bei den Tintenfischen, wo diese zudem zweigeteilt ist, eine cuticulare Ausscheidung der vorderen Wand der Augenblase sowie der urspr. Epidermis darstellt. Die die Linse überlagernde Cornea (Hornhaut) besteht bei den Wirbeltieren aus einer transparenten Stelle der Epidermis, bei den Tintenfischen stellt diese eine durchsicht. Hautfalte dar, die sich über die Irisfalte legt. Das L. von Tiefsee-Tintenfischen kann einen ⌀ von 40 cm erreichen. – Das L. (↗Auge, □) der *Wirbeltiere* besteht aus dem nahezu radiärsymmetr. Augapfel (s. u.) u. den Hilfseinrichtungen, die der Bewegung u. dem Schutz des Auges dienen. Zu diesen zählen die äußere Augenmuskulatur, das Augen-↗Lid u. die Tränendrüse. Das menschliche L. wird durch 6 äußere *Augenmuskeln* bewegt, deren motor. Nervenfasern über 3 ↗Hirnnerven (□) zum Hirnstamm ziehen. Die Nervenzellen dieser Fasern sind im Hirnstamm zu Kerngebieten gruppiert, deren Erregung v. a. durch die blickmotor. Zentren des Hirnstamms kontrolliert werden. Beim Betrachten größerer Gegenstände, beim Lesen wie auch dem freien Umherschweifen der Augen (↗Bildwahrnehmung) werden diese nicht kontinuierl., sondern in Blicksprüngen *(Saccaden)* bewegt. Eine Saccade kann wenige Winkelminuten bis zu vielen Graden betragen. Die mittlere Geschwindigkeit bei einem solchen „Sprung" beträgt 200–400°/s, kann aber auch Werte von 600°/s erreichen. In den Tränendrüsen wird ständig *Tränenflüssigkeit* produziert, die ein Ultrafiltrat der Blutflüssigkeit darstellt. Durch den Lidschlag wird diese ständig gleichmäßig auf Hornhaut u. ↗Bindehaut (Conjunctiva) verteilt (↗Lidschlußreaktion). Ein Teil der Tränenflüssigkeit verdunstet, der Rest fließt durch den Tränenausgang in die Nasenhöhle ab. Die Tränenflüssigkeit hat mehrere Funktionen: 1) „Entspiegelung" des opt. Systems, 2) Schutz v. Hornhaut u. Bindehaut vor Austrocknung, 3) „Schmiermittel" zw. Lid u. Augapfel; 4) beim Eindringen v. Fremdkörpern wird durch erhöhte Tränensekretion eine Augenspülung bewirkt; 5) sie enthält gg. Krankheitserreger wirksame Enzyme u. besitzt damit einen gewissen Infektionsschutz, 6) Bedeutung als emotionales Ausdrucksmittel. – Der *Augapfel* (Bulbus oculi) besitzt eine nahezu kugelförm. Gestalt u. ist in die *Augenhöhle* (Orbita) eingelagert. Seine Wand besteht aus 3 Schichten. Außen befindet sich die derbe undurchsicht. *Lederhaut* (Sclera), die im vorderen Teil des Augapfels die lichtdurchläss. ↗*Hornhaut* (Cornea) bildet. An die Lederhaut schließt sich die gefäßreiche ↗*Aderhaut* (Chorioidea) an, die im vorderen Augenabschnitt in die *Regenbogenhaut* (↗Iris, □) u. den *Ciliarkörper* (Corpus ciliare) mit der *Ciliarmuskulatur* übergeht. Die Aderhaut dient der Ernährung der angrenzenden Zellschichten, der Ciliarkörper reguliert den Krümmungsradius der Linse (↗Akkommodation, □). Die Iris trennt die zw. Cornea u. Linse liegende vordere *Augenkammer* v. der zw. Iris u. *Augenlinse* (Lens) befindlichen hinteren Augenkammer. Das Zentrum der Iris bildet die *Pupille* (Pu-

Linsenfloh

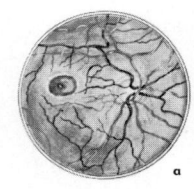

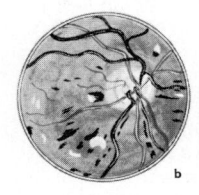

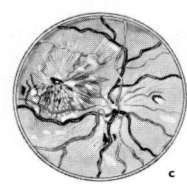

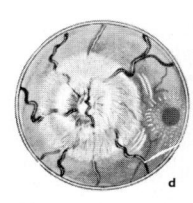

Linsenauge
Augenhintergrund: **a** normaler A.; **b** A. bei Zuckerkrankheit, **c** bei Nierenerkrankung, **d** bei Sehnervenschwellung (Hirntumor, Hirnhautentzündung u. a.)

lio- [v. gr. leios = glatt, eben, flach].

lip-, lipo- [v. gr. lipos = Fett, Öl].

pilla) od. das Sehloch, deren Weite durch die glatte Irismuskulatur veränderbar ist (⟶Iris, ☐; ⟶Pupillenreaktion). Die Pupille kann als kreisrunde (Mensch) od. ovale Öffnung (Katze, Eule) od. als schmaler Spalt (Reptilien) ausgebildet sein. Die Cornea, die mit ⟶ *Kammerwasser* gefüllten Augenkammern, die Linse, Iris sowie der Glaskörper bilden den *dioptrischen Apparat,* der häufig Abbildungsfehler (⟶Astigmatismus, ⟶Aberration) aufweist. Die dritte Wandschicht des Augapfels ist die innere Augenhaut, die sich aus Pigmentepithel u. ⟶ *Netzhaut* (Retina) zusammensetzt. Das Pigmentepithel schiebt sich mit Zellausstülpungen zw. die Rezeptorzellen der Retina u. dient der Ernährung dieser Zellen. Die Netzhaut ist aufgebaut aus den Schichten der Photorezeptoren, den *Stäbchen* u. *Zapfen,* u. den ableitenden Nervenzellen, deren Axone den *Sehnerv* bilden, der im ⟶ *blinden Fleck* den Augapfel durchdringt u. als Nervus opticus zum Hirn zieht (☐ Hirnnerven). Den größten Teil des Augeninnenraums füllt der gallertart. *Glaskörper* (Corpus vitreum) aus, der, wie die auch vor diesem liegende, mit den Zonulafasern am Ciliarkörper aufgespannte Linse, zu 98–99% aus Wasser besteht u. kolloid gelöste Substanzen enthält. Bei älteren Menschen kann es infolge v. Wasserverlust in der Linse zu einem Ausflocken dieser Kolloide kommen *(grauer Star),* was zu einem völligen Verlust des Sehvermögens führen kann. Durch Augenspiegelung kann der *Augenhintergrund* (Fundus oculi) direkt durch die lichtbrechenden Strukturen des L.s beobachtet werden. Hierbei sind Venen u. Arterien der Aderhaut sowie deren Verzweigungen, der blinde Fleck wie auch die Zone des schärfsten Sehens (*Fovea centralis,* ⟶gelber Fleck) direkt sichtbar. Das Bild des Augenhintergrunds verändert sich signifikant in Abhängigkeit v. verschiedenen Krankheiten u. kann somit zur Diagnose herangezogen werden. ⟶Brechungsfehler (☐) des L.s beruhen meist auf einer patholog. Veränderung des Augapfels, insbes. auf einer Verkürzung od. Verlängerung desselben. Bes. Leistungen des L.s sind die Fähigkeit zur ⟶Hell-Dunkel-Adaptation, zur ⟶Akkommodation (☐), des zeitl. und räuml. ⟶Auflösungsvermögens (T) sowie des ⟶binokularen Sehens. ⟶Blickfeld, ⟶Gesichtsfeld. H. W.

Linsenfloh, *Linsenkrebschen, Chydorus sphaericus,* ⟶Wasserflöhe.

Linseninduktion w [v. lat. inductio = Einführen], ⟶Induktion der Augenlinse durch die Augenblase. B Induktion. [fer.

Linsenkäfer, *Bruchus lentis,* ⟶Samenkäfer.

Linsenplakode w [v. gr. plakōdēs = platt, blättrig], ⟶Plakoden.

Linsenregeneration w [v. mlat. regenerare = wieder erzeugen], Ersatz einer verlorenen Augenlinse; bei Amphibien auf verschiedene Weisen möglich: 1. Wolffsche L. beim Molch: Bildung der neuen Linse aus Zellen am dorsalen Irisrand. 2. Bei der Kaulquappe von *Xenopus* (Krallenfrosch) erfolgt die L. aus Material der Cornea.

Linum s [lat., =], der ⟶Lein.

Linyphiidae [Mz.; v. gr. linyphos = Leinweber], die ⟶Baldachinspinnen.

Lioceras s [v. *lio-, gr. keras = Horn], (Bayle 1878), ⟶Leioceras.

Liodidae [Mz.; v. spätgr. leiōdēs = wie glatt], *Leiodidae,* die ⟶Trüffelkäfer.

Lioheterodon m [v. *lio-, gr. heteros = anders, odōn = Zahn], Gatt. der ⟶Wolfszahnnattern.

Liolaemus m [v. *lio-, gr. laimos = Kehle, Schlund], die ⟶Erdleguane.

Liopsetta w, Gatt. der ⟶Schollen.

Liostomum s [v. *lio-, gr. stoma = Mund], Gatt. der *Hirudinea-*(Egel-)Familie ⟶ *Erpobdellidae;* Erdbewohner.

Liparis [v. gr. liparos = fett], Gatt. der ⟶Scheibenbäuche.

Lipasen [Mz.; v. *lip-], Enzym-Untergruppe der Esterasen (⟶Ester) bzw. ⟶Hydrolasen (T), durch die Esterbindungen der ⟶Fette hydrolytisch gespalten werden; L. finden sich bes. in Pankreas, Darmwand u. Leber, aber auch in Lunge, Gehirn, Muskeln, pflanzl. Samen u. Früchten. ⟶Enzyme.

Liphistius m [v. *lip-, gr. histion = Gewebe], *Lipistius,* Gatt. der ⟶Mesothelae.

Lipid-Bilayer [-bileier; v. *lip-, lat. bis = doppelt, engl. layer = Schicht], *Lipid-Doppelschicht,* die ⟶bimolekulare Lipidschicht; ⟶Membran.

Lipid-Carrier-Proteine, Gruppe v. Proteinen, die den Transport v. Lipiden durch Membranen, z. B. v. Mitochondrien, bewirken. ⟶Membran, ⟶Carrier 1).

Lipide [Mz.; v. *lip-], Sammelbez. für die chem. sehr heterogene Klasse der weitgehend wasserunlösl., dagegen in organ. Lösungsmitteln wie Chloroform, Benzol u. Äther gut lösl. Verbindungen in Zellen u. Organismen. Sie werden in *neutrale* u. *polare L.* eingeteilt. Zu den ersteren gehören die ⟶Fette, das ⟶Cholesterin, Steroid-⟶Hormone u. fettlösl. ⟶Vitamine, zu den polaren L.n (auch *Lipoide* gen.) die ⟶Glyko-L. und Phosphatide (⟶Phospho-L.). Die neutralen L. bilden in Wasser Fettkügelchen bzw. Öltröpfchen; die Fette i. e. S. sind Reservestoffe bzw. Energiespeicher u. werden daher als *Reserve-L.* bezeichnet. Dagegen bilden Phosphatide aufgrund ihrer Polarität die für ⟶Membranen charakterist. Lipid-Doppelschicht; auch Glyko-L. u. Cholesterin sind am Aufbau v. Membranen beteiligt. Sie bilden daher zus. mit den Phospho-L.en die Gruppe der *Struktur-L.* ☐ Membran, ⓑ 275.

Lipidmembran ↗Membran.

Lipizzaner, nach dem 1580 gegr., ehem. östr. Hofgestüt in Lipizza bei Triest (Istrien, heute Jugoslawien) bezeichnete edle Warmblutpferderasse, die heute auch in der Span. Hofreitschule in Wien weitergezüchtet wird.

Lipmann, *Fritz Albert,* dt.-am. Biochemiker, * 12. 6. 1899 Königsberg; seit 1939 in den USA, Prof. in Boston, Ithaca (N. Y.) u. New York; grundlegende Arbeiten zum Stoffwechsel (bes. der Kohlenhydrate), über „energiereiche Verbindungen" (wie ATP), B-Vitamine u. zur Proteinsynthese; entdeckte 1947 das Coenzym A; erhielt 1953 zus. mit H. A. Krebs den Nobelpreis für Medizin.

Lipoamid *s, Liponamid, Liponsäureamid,* das Amid der ↗Liponsäure mit der ε-Aminogruppe eines Lysinrests eines Enzymproteins; L. hat als Cofaktor bei der oxidativen ↗Decarboxylierung (☐) von α-Ketosäuren, wie Brenztraubensäure, eine wichtige Funktion.

Lipoblasten [Mz.; v. *lipo-, gr. blastos = Keim] ↗Fettzellen.

Lipocaic factor [-kaïk fäkt^{e}r; engl., v. *lipo-, gr. kaiein = brennen], das ↗Lipokain.

Lipochondrien [Mz.; v. *lipo-, gr. chondros = Körnchen], *Lipoproteingranula,* cytoplasmatische, v. einer einfachen Membran umhüllte Organellen mit hohem Lipidgehalt, oft in der Nähe des Golgi-Apparats gelegen.

Lipochrome [Mz.; v. *lipo-, gr. chrōma = Farbe], Bez. für fettlösl. Naturfarbstoffe, bes. die ↗Carotinoide.

Lipofuscin *s* [v. *lipo-, lat. fuscus = dunkelbraun], protein- und cholesterinhalt., lipophiler bräunl. Farbstoff, der sich – histolog. nachweisbar – in Zellen bes. des alternden Körpers (↗Altern) in Form v. Granula (↗Alterspigment) anreichert (v. a. in Schilddrüse, Herzmuskel u. Nervensystem).

Lipoide [Mz.; v. gr. lipōdēs = fettartig], die fettähnl., jedoch im Ggs. zu den ↗Fetten polare Reste enthaltenden ↗Lipide; Hauptvertreter der L. sind die ↗Glykolipide u. ↗Phospholipide. ☐ Membran, ⓑ Lipide.

Lipoidose *w* [v. *lipo-], *Lipoidspeicherungskrankheit,* Sammelbez. für verschiedene Störungen im Stoffwechsel der Lipoide; dabei kommt es zu Ablagerungen v. Lipoiden in Geweben, bes. im reticuloendothelialen System. Es werden unterschieden: *Cholesterin-L., Cerebrosid-L.* (↗Gauchersche Krankheit), *Phosphatid-L.* u. *Gangliosid-L.*

Lipizzaner bei einer Courbette

F. A. Lipmann

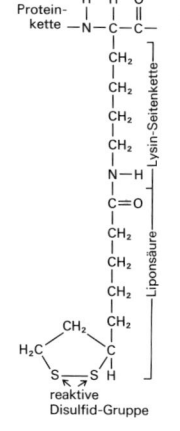

Lipoamid

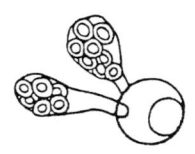

Lipomyces
Zelle mit 2 Asci, in denen die Ascosporen zu erkennen sind

Lipokain *s* [v. *lipo-, gr. kaiein = brennen], *Lipocaic factor, lipotroper Pankreasfaktor, L-Faktor,* aus Pankreas isoliertes Polypeptid-Hormon, das als Aktivator der Fettverwertung in der Leber wirkt.

Lipolyse *w* [v. *lipo-, gr. lysis = Auflösung], die hydrolyt. Spaltung v. ↗Fetten in ↗Glycerin u. ↗Fettsäuren unter der katalyt. Wirkung v. ↗Lipasen.

Lipomyces *m* [v. *lipo-, gr. mykēs = Pilz], Gatt. der Echten Hefen (U.-Fam. *Lipomycetoideae*); die knospenden Zellen besitzen i.d. R. eine Polysaccharidhülle; die Asci enthalten 1–16 ovale, dunkle Ascosporen. L. kann nicht gären. Bemerkenswert ist der hohe Fettgehalt (bis 30% der Trockenmasse); *L. lipofer* könnte z. B. als Fettproduzent aus Abfallstoffen (Melasse u. a. zuckerhaltige Rückstände) eingesetzt werden.

Liponsäure [v. *lipo-], *Thioctansäure,* Abk. *Lip* oder *Lip(S$_2$),* ein Wasserstoff u. Acylgruppen übertragendes ↗Coenzym bei oxidativen ↗Decarboxylierungen u. als solches Wuchsstoff für bestimmte Mikroorganismen. Unter Wasserstoffaufnahme v. den Substraten (Pyruvat od. α-Ketoglutarat) wird bei der oxidativen Decarboxylierung die zykl. Disulfidgruppe von L. in die beiden SH-Gruppen v. Dihydro-L. umgewandelt. Zur Übertragung der entspr. Acylreste werden diese vorübergehend an die freie SH-Gruppe des C_6-Atoms in Form des energiereichen Thioesters gebunden. Die Carboxylgruppe von L. liegt meist amidartig an Enzymproteine gebunden vor (↗Lipoamid, ☐).

Liponsäureamid, das ↗Lipoamid.

Lipopalingenese *w* [v. *lipo-, gr. paliggenesia = Erneuerung], (S. S. Buckman 1900), die ↗Abbreviation.

lipophil [v. *lipo-, gr. philos = Freund], organ. Lösungsmittel, speziell Öle u. Fette, bevorzugt anziehend bzw. bindend od. mit diesen bevorzugt mischbar bzw. in diesen lösl.; auf molekularer Ebene bes. die Eigenschaft apolarer Moleküle (↗apolar) u. Molekülgruppen, mit organ. Molekülen des umgebenden Mediums (z. B. mit dem Inneren v. ↗Membran-Systemen) hydrophobe Wechselwirkungen od. sogar hydrophobe Bindungen auszubilden. Weitgehend synonym mit ↗hydrophob. Ggs.: lipophob.

lipophob [v. *lipo-, gr. phobos = Haß], organ. Lösungsmittel u. speziell Öle u. Fette abstoßend bzw. mit diesen nur wenig mischbar od. lösl. Weitgehend synonym mit ↗hydrophil. Ggs.: lipophil.

Lipopolysaccharid *s* [v. *lip-, gr. polys = viel, sakcharon = Zucker], Abk. *LPS,* charakterist. Bestandteil der komplexen äußeren Wandschicht (äußere Membran) gramnegativer Bakterien (↗Bakterienzellwand,

Lipoproteine

Lipopolysaccharid

Phospholipidschicht der Zellwand

[Diagramm mit Strukturkomponenten: P-GlcN-GlcN-P, Ä-P-KDO-KDO, KDO, Ä-P-P-Hep, Hep-Hep-P, Gal-Glc, Gal, GlcNAc-Glc, Glc-Gal, Rha, Abe-Man, mit Bereichen I, II, III]

L. von *Salmonella typhimurium*:

I *Lipoid-A-Region*, mit phosphorylierten (P = Phosphat) Glucosamin-(GlcN-) Disacchariden, verestert mit langkettigen Fettsäuren (~, 12–16 C-Atome), die die äußere Schicht der Lipiddoppelschicht der äußeren Zellwandmembran bilden (↗ Bakterienzellwand, ☐).

II *Kern-Oligosaccharid*-Region, mit den typischen 2-Keto-3-desoxy-octonsäuren (KDO), die noch über Phosphatbrücken (Phosphorsäureester, P) mit Äthanolamin (Ä) verbunden sein können, dazu Heptosen (Hep) u. eine kurze Zuckerkette aus Glucose (Glc), Galactose (Gal) und N-Acetylglucosamin (GlcNAc).

III *O-spezifische Seitenketten*, zusammengesetzt aus sich wiederholenden Oligosaccharid-Einheiten, z. B. Galactose (Gal), Glucose (Glc), Rhamnose (Rha), Mannose (Man) u. Abeose (Abe). – Sind die O-Seitenketten des L.s ausgebildet, so sind die Kolonien der Bakterien rund, gewölbt u. glänzend = Glattform (*S*-[smooth-]*Form*). Defektmutanten, die entweder keine O-spezifischen Seitenketten mehr ausbilden od. zusätzlich auch Teile der Kernregion nicht mehr synthetisieren können, haben unregelmäßig begrenzte Kolonien mit gekörnter Oberfläche = Rauhform (*R*-[rough-]*Form*).

☐). Das L. v. Salmonellen kann in 3 Abschnitte unterteilt werden (vgl. Abb.): 1. die innere, lipophile *Lipoid-A-* oder *Lipid-A-Region*, 2. die mittlere *Kern-Oligosaccharid*-Region (*Core*) und 3. die äußere, hydrophile Region der *O-spezifischen Ketten*, die aus vielen (bis 40) ident., sich wiederholenden Einheiten besteht. Die L.-Moleküle werden in der Zelle an der Cytoplasmamembran synthetisiert u. trägergebunden nach außen transportiert. – L. fungiert direkt od. indirekt als Permeabilitätsbarriere, trägt zur Stabilität der Zelle bei u. schützt gg. eine Reihe v. Antibiotika, Gifte u. Detergentien sowie (z. T.) gg. Abwehrmechanismen des Wirts während einer Infektion; in vielen Fällen ist es Anheftungsstelle für spezif. ↗ Bakteriophagen. Das Lipoid A ist das ↗ Endotoxin u. Pyrogen der gramnegativen Bakterien. Die äußeren Zuckerketten wirken als hitzestabile *O-Antigene*; ihre Struktur u. Zusammensetzung bestimmen überwiegend die serolog. Spezifität der Bakterien u. sind Grundlage des ↗ *Kauffmann-White-Schemas* zur Differenzierung der Salmonellen. Die L.e der ↗ *Enterobacteriaceae* sind sehr ähnl. aufgebaut; andere gramnegative Bakterien-Fam. können jedoch einen stark abweichenden L.-Aufbau besitzen.

Lipoproteine [Mz.; v. *lipo-, gr. prōtos = erster], chem. Verbindungen zw. Lipiden u. Proteinen. Bes. gut untersucht sind die L. des Blutplasmas (☐ Blutproteine), unterteilt in die ↗ Chylomikronen u. in die L. sehr niedriger, niedriger u. hoher Dichte (vgl. Tab.). Sie sind aufgebaut aus einem Kern hydrophober Lipide, der v. polaren Lipiden u. einer äußeren Schale v. Apoproteinen *(Apo-L.)* umgeben ist, wobei die einzelnen Komponenten durch apolare Bindungen, d. h. nicht kovalent, zusammengehalten werden. Bisher sind 8 Typen (AI, AII, B, CI, CII, CIII, D und E) von Apo-L.n bekannt. Die Synthese der Plasma-L. erfolgt in Leber u. Darm; sie dienen dem Transport v. Fetten, Cholesterin u. anderen Lipiden in den Körperflüssigkeiten, speziell im Plasma, aber auch der Einschleusung v. Lipiden in Zellen bestimmter Zielorgane. Z. B. wird Cholesterin durch Bindung an LDL-L. (vgl. Tab.) und dessen über einen spezif. Rezeptor vermittelte Endocytose an den coated pits (↗ coated vesicles) in Nichtleberzellen eingeschleust (↗ Endocytose). Der erbl. bedingte Mangel an LDL-L.-Rezeptor führt zu verminderter Cholesterin-Einschleusung u. dadurch zu erhöhten Cholesterinkonzentrationen im Blut (erbl. *Hypercholesterinämie*), was aufgrund der dadurch bedingten Arteriosklerose meist zum Tod der betreffenden Individuen bereits im ju-

Lipoproteine

Lipoproteine des Plasmas	Dichte (g/cm³)	Apolipoproteine
Chylomikronen	< 0,94	A, B, C
VLDL (von engl. *very low density lipoproteins*)	0,940–1,006	B, C, E
LDL (*low density lipoproteins*)	1,006–1,063	B
HDL (*high density lipoproteins*)	1,063–1,210	A

gendl. Alter führt. In der äußeren Membran v. Bakterien (↗ Bakterienzellwand, ☐) kommt ein L. vor, das sich durch kovalente Bindung dreier Fettsäurereste an ein N-terminales Cystein ableitet, während gleichzeitig die ε-Aminogruppe eines C-terminalen Lysinrests in der Peptidoglykanschicht (↗ Murein) kovalent verankert ist. Da die N-terminal gebundenen Fettsäurereste in die Lipiddoppelschicht der äußeren Membran integriert sind, fungiert dieses L. als Brücke zw. der äußeren Membran u. der Peptidoglykanschicht.

Liposcelidae [Mz.; v. *lipo-, gr. skelos = Schenkel], Fam. der ↗ Psocoptera.

Liposomen [Mz.; v. *lipo-, gr. sōma = Körper], künstl. hergestellte (Phospho-)Lipid-Vesikel, die bei Dispergierung (etwa durch Ultraschall) von z. B. Phospholipiden in Wasser entstehen. Man unterscheidet multilamellare (⌀ 0,1–5 μm) von unilamellaren Vesikeln verschiedener Größe (0,02–0,05 μm bzw. um ca. 1 μm). L. zeigen

lip-, lipo- [v. gr. lipos = Fett, Öl].

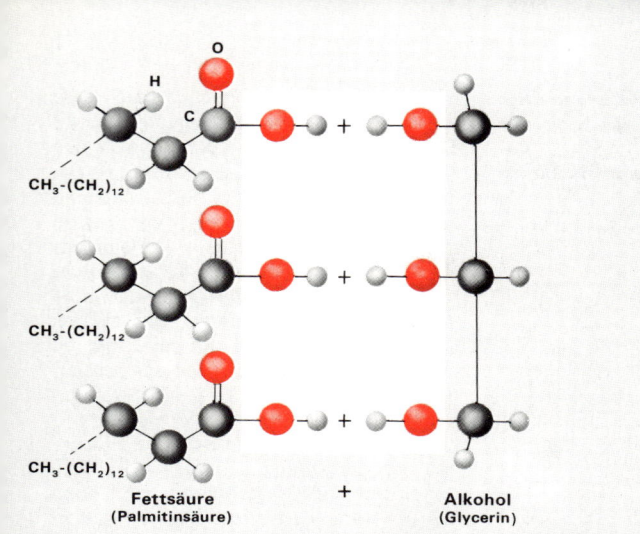

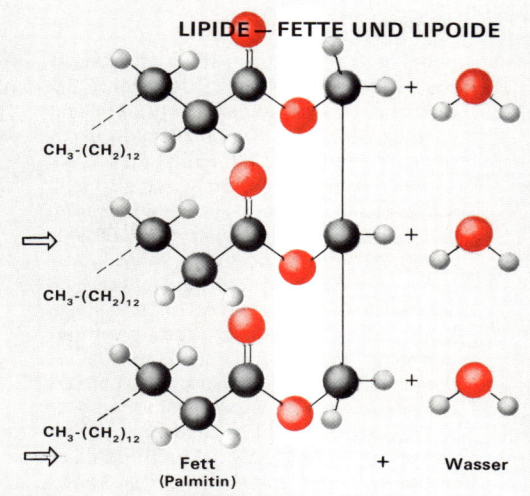

LIPIDE – FETTE UND LIPOIDE

Fettsäure (Palmitinsäure) + **Alkohol (Glycerin)** ⇒ **Fett (Palmitin)** + **Wasser**

Zur Gruppe der Lipide gehören die Fette und andere Stoffe, die den Fetten in ihren physikalischen und physiologischen Eigenschaften ähneln (Lipoide). Fette kommen als Reservestoffe in pflanzlichen und tierischen Organismen vor (pflanzliche und tierische Fette) und bilden einen wesentlichen Bestandteil der tierischen Nahrung.

Fette entstehen durch Veresterung des dreiwertigen Alkohols *Glycerin* mit drei *Fettsäuren* (Abb. oben). Am Aufbau der natürlichen Fette sind praktisch nur Fettsäuren mit einer geraden Anzahl von Kohlenstoffatomen beteiligt. Zu den in der Natur häufigsten Fettsäuren gehören: die *Palmitinsäure* ($C_{15}H_{31}COOH$), die *Stearinsäure* ($C_{17}H_{35}COOH$) und die *Ölsäure* ($C_{17}H_{33}COOH$). Fettsäuren, die wie die Ölsäure eine oder mehrere Doppelbindungen zwischen den Kohlenstoffatomen der Kohlenstoffkette aufweisen, heißen *ungesättigt*. Entsprechend spricht man von *ungesättigten Fetten*. *Gesättigte Fette*, deren Fettsäuren nur Einfachbindungen zwischen den Kohlenstoffatomen enthalten, haben einen höheren Schmelzpunkt als ungesättigte Fette. Die *Linolsäure* (mit 2 Doppelbindungen) und die *Linolensäure* (mit 3 Doppelbindungen) sind weitere Beispiele für ungesättigte Fettsäuren.

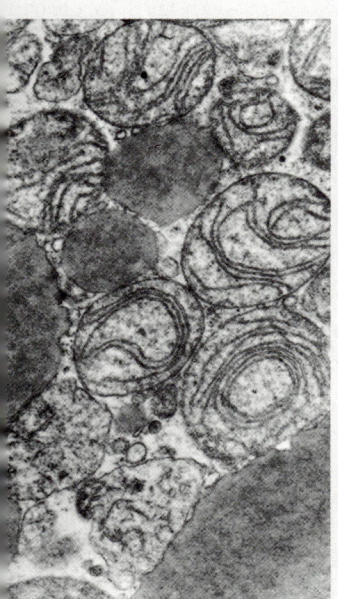

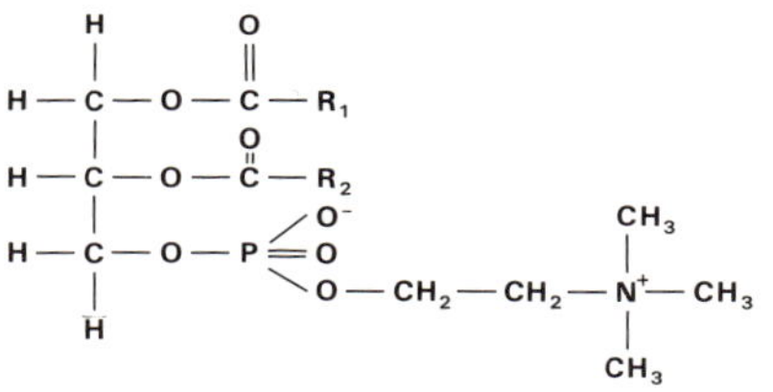

hydrophile Gruppe

Lecithin-Molekül (Ausschnitt)

Fettzellen sind mit Fetttröpfchen gefüllt (Abb. oben) und finden sich bei den Tieren vorwiegend unterhalb des Unterhautbindegewebes und in unmittelbarer Umgebung der Eingeweide. Die Fettzellen haben einen niedrigen Stoffwechsel, das Fettgewebe ist nur schwach durchblutet.

Phospholipide (Phosphatide) sind in allen Zellen vertreten. Physiologisch bedeutsam ist das *Lecithin* (Abb. rechts), bestehend aus Glycerin, zwei Fettsäuren und Phosphorsäure. An die Phosphorsäure ist noch die Base *Cholin* gebunden. Aufgrund seiner zwei fettlöslichen *(lipophilen)* Kohlenstoffketten und dem wasserlöslichen *(hydrophilen)* Phosphat-Cholin-Rest orientiert sich das Lecithinmolekül in charakteristischer Weise in Grenzflächen zwischen Wasser und Fett. Lecithin ist am Aufbau der das Zellplasma umgebenden Membranen beteiligt.

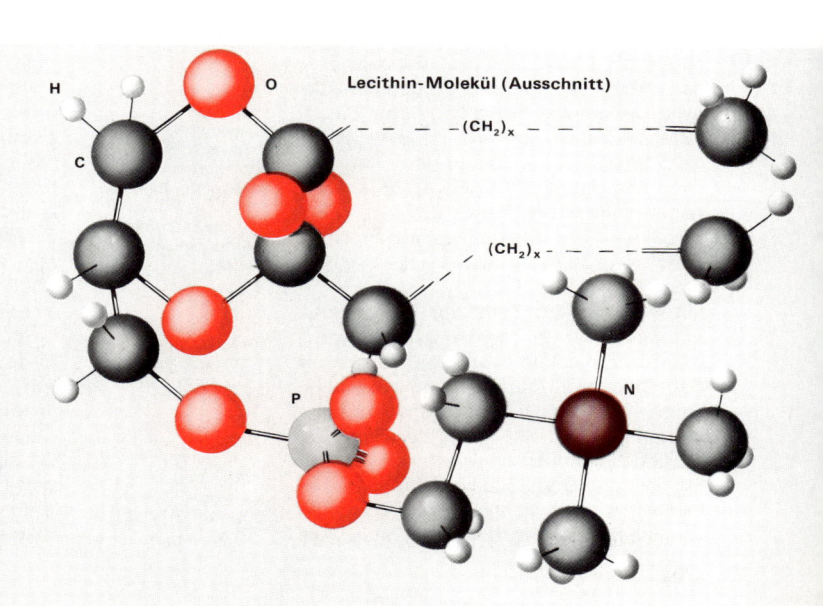

Lipotes

physikochem. Eigenschaften, die denen biol. ↗Membranen sehr ähnl. sind. Bei Membranrekonstituierungen (Herstellung künstl. Membranen aus bestimmten Membranproteinen u. -lipiden) setzt man L. als Modellmembranen ein. So lassen sich biol. Mechanismen, wie z. B. Zellerkennung, Zell-Zell-Wechselwirkungen od. Phänomene des aktiven Transports, reproduzierbar u. isoliert vom übrigen Zellstoffwechsel untersuchen. L. können möglicherweise in Zukunft als „Vehikel" für Medikamente in der med. Therapie eingesetzt werden, indem solche Drogen in das L.lumen eingeschlossen werden, wo sie nicht metabolisiert werden können u. außerdem keine unerwünschten Nebeneffekte für den Gesamtorganismus entstehen. Solche „geladenen" L. könnten über die Blutbahn an bestimmte Zielorgane gelangen. Die spezif. Absorption u. Verteilung eines Medikaments würde nicht mehr v. seinen eigenen physikochem. Eigenschaften, sondern v. den leichter zu manipulierenden der L. abhängen. Durch spezif. Antikörperbesetzung z. B. könnten die L. auf ein bestimmtes Zielorgan „programmiert" werden. In der Praxis sind die Schwierigkeiten, L. zu bestimmten Zielorganen zu dirigieren, noch längst nicht überwunden, da solche L. meist in der Leber landen, wo sie umgehend eliminiert werden. ☐ Membran.
Lipotes *m* [v. *lipo-], Gatt. der ↗Flußdelphine.
lipotrop [v. *lipo-, gr. tropos = Richtung], 1) Neigung, sich an Fette od. Lipoide anzulagern (bezogen auf chem. Verbindungen); 2) einer Verfettung (z. B. der Leber) entgegenwirkend (z. B. ↗Cholin).
Lipotropin *s* [v. *lipo-, gr. tropos = Richtung], *lipotropes Hormon*, Abk. *LPH*, Polypeptidhormon des Hypophysenvorderlappens ([T] Adenohypophyse) mit 91 Aminosäureresten (β-L., relative Molekülmasse ca. 10000), das über das System der Adenylat-Cyclase den Fettabbau bewirkt. L. ist zudem – und das ist vielleicht seine wichtigere Bedeutung – Vorstufe der Hormone MSH (↗Melanotropin) und ACTH (↗adrenocorticotropes Hormon) sowie der ↗Endorphine (☐) und Enkephaline; diese gehören daher zur „L.-Gruppe". ↗Hormone ([T]).
Lippen, 1) Bot.: Teile der Lippenblüte, ↗Lippenblütler. **2)** Zool.: a) *Labia*, paarige, leicht vorgewölbte fleischige Wülste als Begrenzung der Mundöffnung bei Säugetieren u. Mensch. In die L. ziehen mehrere Muskeln, deren wichtigster der Ringmuskel (Musculus orbicularis oris) ist, dessen Enden sich in den Mundwinkeln überkreuzen. Die L. sind wichtig für die Nahrungsaufnahme, das Sprechen u. die Mimik. Die

lip-, lipo- [v. gr. lipos = Fett, Öl].

Lippenblütler
Wichtige Gattungen:
↗ Andorn *(Marrubium)*
↗ Basilienkraut *(Ocimum)*
↗ Bergminze *(Calamintha)*
↗ Bohnenkraut *(Satureja)*
↗ Brunelle *(Prunella)*
↗ Coleus
↗ Dost *(Origanum)*
↗ Drachenmaul *(Horminum)*
↗ Gamander *(Teucrium)*
↗ Gundelrebe *(Glechoma)*
↗ Günsel *(Ajuga)*
↗ Helmkraut *(Scutellaria)*
↗ Hohlzahn *(Galeopsis)*
Hyptis
↗ Immenblatt *(Melittis)*
↗ Katzenminze *(Nepeta)*
Lagochilus
↗ Lavendel *(Lavandula)*
↗ Löwenschwanz *(Leonurus)*
↗ Majoran *(Majorana)*
↗ Melisse *(Melissa)*
↗ Minze *(Mentha)*
Monarda
Perilla
Physostegia
Pogostemon
↗ Rosmarin *(Rosmarinus)*
↗ Salbei *(Salvia)*
↗ Schwarznessel *(Ballota)*
↗ Taubnessel *(Lamium)*
↗ Thymian *(Thymus)*
↗ Wolfstrapp *(Lycopus)*
↗ Ysop *(Hyssopus)*
↗ Ziest *(Stachys)*

L.haut ist eine Übergangshaut ohne Haare u. Drüsen. Die L. erscheinen rötl., da ihr Epithel sehr dünn ist u. das Blut des feinen Kapillarsystems durchschimmert. – Bei Elefanten, Tapiren, Schweinen u. vielen Insektenfressern ist die Ober-L. gemeinsam mit der Nase zu einem Rüssel (↗Elefanten) ausgewachsen. Nagetiere, Hasenartige, Katzenartige u. Kamelartige haben eine medial gespaltene Ober-L. Bei einigen Säugern ist die Ober-L. auf das Ergreifen od. Abreißen v. Pflanzenteilen spezialisiert (Nashörner, L.bär). b) Bez. für die nichtmuskulösen, unbeweg., v. Hornschuppen überzogenen Kieferränder der Eidechsen; sie weisen sog. *L.drüsen* auf, die zu den Speicheldrüsen gehören u. von denen alle bei Reptilien auftretenden Giftdrüsen abzuleiten sind. c) bei Insekten Teile der ↗Mundwerkzeuge.
Lippenbär, *Melursus ursinus*, in 2 U.-Arten in Waldgebieten Indiens *(M. u. ursinus)* u. Ceylons *(M. u. inornatus)* lebender Großbär (Kopfrumpflänge 140–180 cm, Schulterhöhe 60–90 cm); Fellfarbe schwarz mit weißer, hufeisenförm. Zeichnung auf der Brust. Die langen, sichelförm. Krallen dienen dem Aufbrechen v. Termitenbauten, die rüsselförm. Schnauze mit langer Unterlippe (Name!) u. riemenförm. Zunge der Aufnahme v. Termiten u.a. Kerbtieren als Nahrung; daneben ernähren sich L.en v. Baumfrüchten u. Zuckerrohr. [B] Bären, [B] Asien VI.
Lippenblüte ↗Lippenblütler.
Lippenblütler, *Labiatae*, Fam. der Lippenblütlerartigen mit etwa 200 Gatt. (vgl. Tab.) u. rund 3000, fast weltweit verbreiteten, bes. zahlr. jedoch im Mittelmeergebiet u. Vorderasien vertretenen Arten. Größtenteils Kräuter od. Halbsträucher mit oft vierkant., durch Kollenchym versteiften Stengeln u. i. d. R. kreuzgegenständigen, ganzrand. bis fiederlapp. Blättern sowie in blattachselständ. Scheinquirlen stehenden Blüten *(Lippenblüten)*. Diese sind meist zwittrig, 5zählig u. stark dorsiventral, mit einer nach oben hin mehr od. weniger erweiterten, röhrenförm. Blütenkrone mit 2(1)lipp. Saum. Letzterer besteht bei den Gatt. der gemäßigten Zonen überwiegend aus einer 2zipfl., oft helmförm. Ober- und 3zipfl. Unterlippe; bei trop. Gatt. häufig aus einer 4zipfl. Ober- sowie 1zipfl. Unterlippe. Der Krone eingefügt sind 4 (2) oft ungleich lange Staubblätter. Aus dem oberständ., aus 2 verwachsenen Fruchtblättern bestehenden, 4fächerigen Fruchtknoten gehen 4 einsamige Teilfrüchte (Klausen) hervor. Bei den L.n haben sich z. T. hoch spezialisierte, an die Blütenbesucher (Insekten u. Kolibris) bes. angepaßte Bestäubungsmechanismen entwickelt (z. B. ↗Salbei). Cha-

rakterist. sind zudem äther. Öle absondernde Drüsenhaare u. -schuppen. Ihretwegen werden viele aromat. duftende L. als Heil- u. Gewürz- od. Duftpflanzen genutzt (↗Basilien- u. ↗Bohnenkraut, ↗Minze, ↗Majoran u. ↗Melisse, ↗Thymian, ↗Lavendel, ↗Salbei u. v. a.). Zahlreiche L. werden auch der hübschen Blätter u. Blüten wegen als Zierpflanzen kultiviert (u. a. ↗Lavendel, ↗*Coleus* u. die aus N-Amerika stammende Gelenkblume, *Physostegia virginiana*, mit rosafarb. Blüten in langen 4kant. Scheinähren). Aus den Blättern v. *Pogostemon cablin* (Patschulipflanze), einem auf den Philippinen heim., weißblühenden Halbstrauch, gewinnt man das *Patschuliöl*, einen wertvollen Grundstoff für die Parfümherstellung. Die v. Indien bis nach China u. Japan verbreitete Duft- u. Zierpflanze *Perilla frutescens* wird auch wegen ihrer ölreichen Samen angebaut; *Perillaöl* dient als Speise- u. Brennöl sowie zur Herstellung v. Lacken, Druckerschwärze, Kunstleder u. a. Aus *Lagochilus inebrians* (Zentralasien) wird von alters her ein berauschender, sehr bitterer Tee zubereitet, der zudem als beruhigendes, krampflösendes u. blutstillendes Volksheilmittel gilt. Vielseitige med. Verwendung finden auch die als Tee verwendeten Blätter einiger Arten der nordam. Gatt. *Monarda* (Goldmelisse, z. B. *M. mollis* und *M. didyma*) sowie anderer L.-Arten (↗Minze u. a.). Die im wärmeren Amerika heim. Gatt. *Hyptis* besitzt die einzigen baumförm. L.-Arten, z. B. *H. membranacea* mit einer Höhe bis 15 m; *H. spicigera* wird der eßbaren, stark ölhalt. Samen wegen bisweilen angebaut; *H. glaziovii* besitzt v. Ameisen bewohnte, blasenförm. angeschwollene Internodien (↗Ameisenpflanzen). N. D.

Lippenblütlerartige, Lippenblütige, Lamiales, Ord. der Asteridae mit 5 Fam. u. über 6000 Arten in fast 300 Gatt. Wichtigste Fam. sind die ↗Eisenkrautgewächse *(Verbenaceae)*, die ↗Lippenblütler *(Labiatae)* u. die ↗Wassersterngewächse *(Callitrichaceae)*.

Lippenknorpel, am Schädel v. Haien (Selachier) seitl. des Oberkiefers gelegene kleine Knorpelstücke; dienen vermutl. der Festigung des Mundrandes.

Lippenmünder, die ↗Cheilostomata.

Lippennattern, Fimbrios, Gatt. der ↗Hökkernattern.

Lippensoral ↗Sorale.

Lippentaster, Labialpalpus, Palpus labialis, zwei- od. dreigliedr. Taster am Labium der Insekten; ↗Mundwerkzeuge. ☐ Insekten.

Lippenzähner, Exodon, Gatt. der ↗Salmler.

Lippfische, Labroidei, U.-Ord. der Barschartigen Fische, mit ca. 700 Arten sehr formenreiche, oft farbenprächt. Gruppe vorwiegend in warmen Meeren verbreiteter Fische; haben meist vorstülpbares Maul mit wulst. Lippen, kräft. Zähne auf den Kiefern, manchmal 2 größere Dolchzähne zum Knacken hartschal. Beutetiere u. zu Mahlplatten verschmolzene Schlundknochen; gewöhnl. kleiner als 30 cm, Geschlechter oft verschieden. Größte Fam. sind die Eigtl. L. *(Labridae)* mit ca. 60 Gatt. und 600 Arten; meist mit langgestrecktem Körper, zahnlosem Gaumen, Schwimmblase, sackförm. Magen ohne Pylorusanhänge, einteil., stachel- u. weichstrahl. Rückenflosse; leben oft gruppenweise an küstennahen Felsen od. zw. Korallenriffen; viele L. haben ein auffäll. Brutverhalten, u. zahlr. Arten graben sich zum Schlafen in den Sandboden ein. – An eur. Küsten v. Norwegen bis ins Mittelmeer kommen vor: der bis 35 cm lange Kuckucks-L. *(Labrus ossifagus,* B Fische I), der etwas größere Gefleckte L. *(L. bergylta)* u. der gedrungene, vorwiegend dunkelbraune, bis 20 cm lange Klippenbarsch *(Ctenolabrus rupestris)* mit einem schwarzen Fleck oben am Schwanzstiel; er dringt bis ins Schwarze Meer vor. – Zahlr. kleine, tropische L. v. a. der Gatt. *Labroides* putzen größeren Fischen die Haut, indem sie deren Außenparasiten od. kranke Hautstellen (selbst im Maul u. Kiemenbereich) abweiden (↗Putzsymbiose). Ein gut untersuchter Putzerfisch ist die schlanke, längsgestreifte, bis 10 cm lange Meerschwalbe *(L. dimidiatus)* des Indopazifik u. des Roten Meeres (☐ Auslöser). – Wirtschaftl. genutzt wird der westatlant., bis 90 cm lange Austernfisch *(Tautoga onitis)*. Abweichend gestaltete L. sind die karib. Rasiermesserfische *(Hemipteronotus)* mit abgerundetem Kopf u. messerart. dünnem Körper u. die indopazif. Vogelfische *(Gomphosus)* mit schnabelart. Vorderkopf u. kleinem endständ. Maul. – Mehrere prächtig gefärbte L. sind beliebte Aquarienfische, z. B. der bis 25 cm lange Meerjunker *(Coris julis)* mit einem leuchtend roten, blau gesäumten Längsband; v. ihm ist Geschlechtsumkehr v. Weibchen zu Männchen bekannt; der bis 16 cm lange, rotbraune Weißmaul-L. *(Crenilabrus mediterraneus)* u. der auf grünem Grund bläul. längsgestreifte, bis 35 cm lange Spitzschnauzen-L. *(C. tinca);* die 3 Arten sind im O-Atlantik u. im Mittelmeer heimisch. – Eine weitere bekannte Fam. der L. sind die ↗Papageifische *(Scaridae)*.

Lippia *w* [ben. nach dem frz. Botaniker A. Lippi, 1678–1703], Gatt der ↗Eisenkrautgewächse.

Liptozönose *w* [v. gr. leiptos = verlassen, koinos = gemeinsam], (Davitašvili 1947), in der ↗Biostratonomie Bez. für eine Ge-

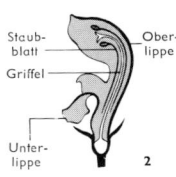

Lippenblütler
1 Weiße Taubnessel *(Lamium album),*
2 Blütenlängsschnitt,
3 Stengelquerschnitt

Lippenblütler
Scharlachmonarde *(Monarda didyma)*

Liquidambar

Listeria
Einige Arten von *Listeria:*
L. monocytogenes (menschliche u. tierische Listeriose; viele *L.m.*-ähnl., nicht-pathogene Formen werden auch als *L. innocua* bezeichnet)
L. (Murraya) grayi (Kaninchendarm, Fäkalien, in der Natur)
L. murrayi [Murraya grayi, U.-Art *murray]* (Boden, verwesendes Pflanzenmaterial)

Listeria
Listeria monocytogenes kann akute u. septische Erkrankungen *(Listeriosen)* verursachen, bes. wenn die Widerstandskraft herabgesetzt ist. Sehr gefährl. ist die *Neugeborenen-Listeriose,* die den Tod, Frühgeburt od. Spätschäden beim Kind verursachen kann; die Infektion erfolgt v. der Mutter od. bei der Geburt durch Keime aus der Vagina. Bei älteren Kindern u. Erwachsenen treten viele Krankheitsformen auf, v. a. Meningitis, Encephalitis u. grippeähnl. Erkrankungen; Therapie mit Antibiotika, z. B. Ampicillin. Die Infektion kann durch engen Kontakt mit Haustieren u. Vieh erfolgen, bei denen *L.* weit verbreitet ist; sie kann möglicherweise auch v. verseuchten Böden ausgehen.

278

sellschaft abgestorbener Organismen einschl. ihrer Lebensspuren; nach Einbettung in das Sediment ↗ Grabgemeinschaft genannt.
Liquidambar *w* [v. lat. liquidus = flüssig, arab. amber = Ambra], Gatt. der ↗ Zaubernußgewächse.
Liquor *m* [lat., = Flüssigkeit], **1)** Pharmazie: Abk. *Liq.,* Arzneimittel in flüss. Form. **2)** Anatomie: Flüssigkeit in bestimmten Körperhohlräumen (↗ Körperflüssigkeiten), z. B. *L. cerebrospinalis,* die ↗ Cerebrospinalflüssigkeit.
Lirellen [Mz.; v. lat. lira = Furche], langgestreckte, mitunter verzweigte Fruchtkörper, lippenartig einen Spalt (Fruchtkörperöffnung) umgebend, hpts. bei lichenisierten Ascomyceten, z. B. bei den Schriftflechten u. *Opegrapha.*
lirellokarp [v. lat. lira = Furche, gr. karpos = Frucht], mit lirellenförm. Apothecien.
Liriodendron *s* [v. gr. leirion = Lilie, dendron = Baum], Gatt. der ↗ Magnoliengewächse.
Liriope *w* [ben. nach der Nymphe Leiriopē], Gatt. der ↗ Trachymedusae.
Liriopeidae [Mz.; ben. nach der Nymphe Leiriopē], *Liriopidae,* die ↗ Faltenmücken.
Lispa *w* [v. gr. lispos = glatt], Gatt. der ↗ Blumenfliegen.
Lissamphibia [Mz.; v. gr. lissos = glatt, amphibios = im Wasser und zu Lande lebend], Sammelbez. für die rezenten ↗ Amphibien (Blindwühlen, Schwanzlurche u. Froschlurche), mit der diese als wahrscheinl. monophyletische Gruppe den verschiedenen fossilen Amphibien gegenübergestellt werden.
Lissemys *w* [v. gr. lissos = glatt, emys = Schildkröte], Gatt. der Echten ↗ Weichschildkröten.
Listera [ben. nach dem engl. Arzt M. Lister, 1638–1711], das ↗ Zweiblatt.
Listeria *w* [ben. nach dem engl. Chirurgen J. Lister, 1827–1912], Gatt. der grampositiven, sporenlosen, stäbchenförm. Bakterien (unsichere Angliederung); die kokkenförmigen, bewegl. Stäbchen (0,5–1 × 2 µm) können auch Ketten u. Fäden bilden. Sie leben aerob, mit chemoorganotrophem Stoffwechsel; Blut im Medium u. eine niedrige O_2-Konzentration mit erhöhtem CO_2-Gehalt (5–10%) verbessern das Wachstum; die Vermehrung kann noch bei 5°–10°C erfolgen. *L.*-Arten sind in der Natur weit verbreitet, in Fäkalien v. Mensch u. Tier, in mit Fäkalien verunreinigtem Wasser u. Boden, auf Pflanzen u. Silage. Ein fakultativer Parasit in Mensch u. Tier ist *L. monocytogenes* (vgl. Spaltentext).
Listeriosen ↗ Listeria.
Listriodon *m* [v. gr. listrion = Löffel, odōn = Zahn], (H. v. Meyer 1846), zur Familie

Suidae Gray 1821 gehörende † Schweine-Gatt., in der die Schnauze der Tiere zu einem Rüssel – ähnl. dem Tapir – verlängert war. Die Fundumstände u. kräftige Laufbeine deuten an, daß sie nicht die dichten Wälder, sondern Savannen u. Galeriewälder bewohnten. Verbreitung: Miozän v. Europa u. Asien.
Listspinne, *Dolomedes fimbriatus,* ↗ Dolomedes.
Litchi *w* [v. chin. li chi], Gatt. der ↗ Seifenbaumgewächse.
Lithistida [Mz.; v. *lith-,* gr. histēmi = ich stehe], *Steinschwämme,* innerhalb der U.-Kl. *Tetractinomorpha* als eigene Ord. geführt od. zur Ord. *Desmophorida* gerechnet. Kompaktes Skelett, insofern vierstrahlige Sklerite sich an den Enden wurzelartig verzweigen (Desmen, ↗ *Desmophorida*) u. mit benachbarten Skleriten dicht verhaken. Die *L.* waren zus. mit den *Hexactinellida* Riffbauer der Jura- u. Kreidezeit, sind aber schon seit dem Kambrium bekannt. Wenn auch artenärmer, so doch heute noch weltweit v. a. in Tiefen von 100 bis 350 m verbreitet.
Lithium *s* [v. *lith-],* chem. Zeichen Li, silberweißes, leichtes Alkalimetall, das in allen Urgesteinen (in Form v. Verbindungen), in vielen Mineralwässern, im Meerwasser u. im Boden vorkommt. Pflanzen nehmen es z. T. aus dem Boden auf u. speichern es in alten Blättern. Einige *L.*salze werden u. a. zur Behandlung v. manisch-depressiven Psychosen verwendet.
Lithium-Effekt *m* [v. ↗ Lithium], in der Embryologie globale Änderung der frühen Musterbildung durch Li^+-Ionen, z. B. beim Seeigel Umwandlung (fast) der ganzen Blastula in Entoderm (↗ Exogastrulation). Die physiolog. Grundlagen dieser Reaktion sind unbekannt.
Lithobiontik *w* [v. *litho-,* gr. bioōn = lebend], die ↗ Geomikrobiologie.
Lithobius *m* [v. *litho-,* gr. bios = Leben], Gatt. der ↗ Hundertfüßer.
Lithocholsäure [v. *litho-,* gr. cholos = Galle], *3α-Hydroxycholansäure,* bei einigen Säugetieren (z. B. Rind, Kaninchen, Schaf u. Ziege) u. beim Menschen vorkommende ↗ Gallensäure (☐).
Lithocolletis [v. *litho-,* gr. kollētos = angeklebt], Gatt. der ↗ Gracilariidae.
Lithodidae [Mz.; v. gr. lithōdēs = steinähnlich], die ↗ Steinkrabben.
Lithodomus *m* [v. gr. lithodomos = Maurer], veralteter Gatt.-Name der ↗ Steindattel (eine bohrende Meeresmuschel).
Lithodytes *m* [v. *litho-,* gr. dytēs = Taucher], Gatt. der ↗ Südfrösche. Eine Art *(L. lineatus)* im amazon. Regenwald, die auffällig den ↗ Farbfröschen *Phyllobates femoralis* und *P. pictus* ähnelt (↗ Batessche

Mimikry?) u. in den Nestern der ⁊Blattschneiderameisen *(Atta cephalotes)* lebt; Beziehung zu diesen Ameisen noch unbekannt; Fortpflanzung nur im Terrarium beobachtet; fertigen, wie andere Südfrösche, Schaumnester.

Lithoglyphus *m* [v. *litho-, gr. glyphos = in Stein gehauen], ⁊Steinkleber (Schnecke).

Lithophaga *w* [v. *litho-, gr. phagos = Fresser], die ⁊Steindattel (Muschel).

Lithops *w* [v. *lith-, gr. opsis = Aussehen], *Lebende Steine,* Gatt. der Mittagsblumengewächse, mit ca. 80 Arten sukkulenter Pflanzen in S-Afrika verbreitet; jeweils nur 1 Blattpaar zur selben Zeit vorhanden, dieses bis auf einen Spalt verwachsen. Die Pflanzen sind in der Natur bis auf die lichtdurchläss. Oberseite im Boden versenkt (⁊Fensterblätter); häufig in Sukkulentensammlungen. Die Bez. „Lebende Steine" wird z. T. auch auf verwandte Gatt. angewendet.

Lithoptera *w* [v. *litho-, gr. pteron = Flügel], Gatt. der ⁊Acantharia.

Lithospermo-Quercetum *s* [v. gr. lithospermon = Steinsame, lat. quercetum = Eichenwald], *Eichen-Elsbeerenwald, Steppenheidewald,* Assoz. der Flaumeichen-Wälder *(⁊Quercetalia pubescentis).* Niedrige, krummwüchsige, wärmeliebende Trockenwälder, in denen die dominierende Flaumeiche *(Quercus pubescens)* mit Traubeneiche *(Q. petraea),* Feldulme *(Ulmus campestris),* Feldahorn *(Acer campestre)* u. Elsbeere *(Sorbus aria)* vergesellschaftet ist. Die lichte Baumschicht läßt Lebensraum für eine bunte Fülle seltener Trockenrasen- u. Saumarten mit submediterranem od. subkontinentalem Verbreitungsschwerpunkt. Bestände des *L.* finden sich in Mitteleuropa nur als isolierte, inselart. Vorkommen auf kalkreichen Böden in bes. trocken-warmen Lagen, so z. B. an südexponierten Steilhängen des Schweizer Jura oder am südl. Oberrhein. Auf diesen ökolog. Grenzstandorten ist eine forstl. Nutzung heute nicht mehr v. Interesse. In früherer Zeit wurden die Bestände hingegen häufig als Niederwald zur Brennholzbeschaffung bewirtschaftet. Wegen ihrer Seltenheit und ihres ungewöhnl. florist. Reichtums an gefährdeten Arten sind die Bestände des *L.* als bes. schützenswert anzusehen.

Lithospermum *s* [v. gr. lithospermon =], der ⁊Steinsame.

Lithosphäre *w* [v. *litho-, gr. sphaira = Kugel], der bis ca. 1200 km Tiefe reichende Gesteinsmantel der Erde, besteht aus dem Mantel (Pedosphäre), der Erdkruste u. dem oberen Teil des Erdmantels (Magmazone).

Lithotelmen [Mz.; v. *litho-, gr. telma =

Lithops
L. lesliei; die Blüten stehen in einer v. zwei Blättern gebildeten Spalte

3-1I · 0-1C · 4P · 3M
3-2I · 1C · 4P · 3M

Zahnformel der *Litopterna*

lith-, litho- [v. gr. lithos = Stein, Gestein, Fels].

lito- [v. gr. litos = glatt, schlicht, einfach].

litor-, littor- [v. lat. litus (littus), Gen. litoris (littoris) = Ufer, Strand, Küste; litoralis = Ufer-, Strand-, Küsten-].

Tümpel], *rock-pools,* zu den Mikrogewässern zählende kleine Tümpel, die sich in Felsvertiefungen der Spritzwasserzone v. Bächen, Seen u. des Meeres bilden; enthalten charakterist. Organismen. ⁊Phytotelmen, ⁊Technotelmen.

Liththamnion *s* [v. *litho-, gr. thamnion = kleiner Busch], Gatt. der ⁊Corallinaceae.

Litocarpia *w* [v. *lito-, gr. karpos = Frucht], Gatt. der ⁊Plumulariidae.

Litocranius *m* [v. *lito-, gr. kranion = Schädel], ⁊Gerenuk.

Litopterna [Mz.; v. *lito-, gr. pterna = Schuhsohle], (Ameghino 1889), umfangreiches Taxon † Paarhufer aus dem Känozoikum S-Amerikas. Von Ameghino urspr. den *Perissodactyla* zugeordnet, werden sie heute meist als Nachkommen der † *Condylarthra* betrachtet und zus. mit diesen den Urhuftieren *(† Protungulata)* zugeordnet. Im Schädelbau ähnl. den *Condylarthra,* Zahnformel vgl. Randspalte, Molaren niederkronig, bunoseleno- bis lophodont, Extremitäten digitigrad. Beispiel: ⁊*Macrauchenia.* Verbreitung: Paleozän bis Pleistozän v. S-Amerika.

Litoraea *w* [v. *litor-], Biotoptyp der Ufer, der Küsten, Überschwemmungsgebiete, Flachmoore u. Sümpfe; die an sie angepaßten Pflanzen- u. Tierarten, auch verschiedener Erdteile, haben viele Gemeinsamkeiten.

Litoral *s* [v. *litor-], *L.zone, Uferzone,* der durchlichtete Bereich des ⁊Benthals v. Seen u. Meeren bis zur Kompensationsstufe, in der soviel organ. Substanz aufgebaut wie auch abgebaut wird. Bei Seen untergliedert man das L. in: 1) das *Epi-L.,* die oberste, v. Wasser völlig unbeeinflußte Zone; 2) das *Supra-L.,* die Spritzwasserzone; 3) das *Eu-L.,* die im Bereich der Wasserstandsschwankungen liegende, ständig untergetauchte Zone; hier sind die Organismen an die stark wechselnden Wasserbewegungen angepaßt, indem sie mehr od. weniger fest an Steine verankert sind od. im Sand leben; 4) das *Infra-L.,* die mit Höheren Pflanzen bewachsene Zone; man kann sie je nach Pflanzenbewuchs weiter untergliedern in den Röhrichtgürtel, den Schwimmblattgürtel, den Gürtel der submersen Wasserpflanzen u. die unterseeischen Wiesen; 5) das *Litoriprofundal* (Schalenzone), das zum Profundal überleitet. – Im Meer untergliedert man das L. in das Supra-L., den Strand, das Eu-L., die Gezeitenzone u. das Sub-L., das bis zum Kontinentalrand reicht. ☐ Meeresbiologie.

Litorella *w* [v. *litor-], Gatt. der ⁊Wegerichgewächse.

Litorelletea [Mz.; v. *litor-], *Strandlings-Flachwasserrasen, Strandlings-Gesellschaften,* Kl. der Pflanzengesellschaften

Litoria

mit mehreren Ord. in den boreal-gemäßigten Breiten NO-Amerikas, Mitteleuropas und O-Asiens. Die Unterwasserwiesen aus niedrigen, schmalblättrigen Rosettenpflanzen (Gatt. *Litorella, Isoëtes, Subularia, Lobelia,* verschiedene *Juncus*-Arten) besiedeln den kiesig-sand., mitunter auch schlamm. Uferbereich klarer, nährstoffarmer u. saurer Seen. Am häufigsten u. weitesten in Europa verbreitet ist der Nacktbinsenrasen *(Eleocharietum acicularis).* Auf den Bodensee beschränkt, kommt in der sommerlichen überfluteten Brandungszone die Strandschmielen-Gesellschaft *(Deschampsietum rhenanae)* vor. Sämtl. Strandlingsgesellschaften Europas sind selten u. durch Eutrophierung, Uferverbau u. Wassersport stark gefährdet.

Litoria *w* [v. *litor-], fr. *Hyla,* Gatt. der Austral. Laubfrösche, ↗ Pelodryadidae.

Littoridina *w* [v. *littor-], Gatt. der *Hydrobiidae,* kleine Schnecken im Süß- u. Brackwasser von S- und des östl. N-Amerika.

Littorina *w* [v. *littor-], Gatt. der Strandschnecken mit kugel- bis kegelförm., meist unter 4 cm hohem Gehäuse; der Spindelrand der Mündung ist oft verdickt; mit Dauerdeckel. Getrenntgeschlechtlich mit Sexualdimorphismus; der Penis inseriert hinter dem rechten Fühler; innere Befruchtung. Kosmopolitisch, meist in der Gezeitenzone u. auf Hartsubstrat, sich vom Algenaufwuchs ernährend. An der dt. Küste ist die Gewöhnliche Strandschnecke *(L. littorea)* häufig; an exponierten Stellen mit bes. dickwand. Gehäuse; ihre Eier entwickeln sich planktisch in hutförm. Gallertmassen. Die Stumpfen Strandschnecken *(L. obtusata* u. *mariae)* haben einen abgeflachten Apex; sie leben v.a. an Tangen *(Fucus);* die gallert. Gelege werden an den Thalli des Wohnplatzes angeklebt. Die Felsstrandschnecke *(L. saxatilis)* besiedelt die Hochwasserlinie u. den nach oben angrenzenden Streifen; sie ist lebendgebärend (ovovivipar). Zahlr. weitere Arten (insgesamt unter 100) haben ihren Verbreitungsschwerpunkt an trop. Küsten.

Littorinameer *s* [v. *littor-], *(Litorinameer),* transgressive marine Phase im Wärmeoptimum (↗ Atlantikum) der nacheiszeitl. Gesch. der Ostsee (ca. 5500 bis 2000 v. Chr., *Littorinazeit*), deren Sedimente geprägt sind durch die Gewöhnliche Strandschnecke ↗ *Littorina littorea;* der Salzgehalt erreichte seinen höchsten Wert. ↗ Ancylussee, ↗ Limnaeameer.

Littorinoidea [Mz.; v. *littor-], Überfam. der Mittelschnecken mit 6 bzw. 5 Fam. (vgl. Tab.) mit kreisel- bis hochkegelförm. Gehäuse, selten über 4 cm hoch; Oberfläche meist glatt, seltener knotig; mit Dauerdeckel, der bei einigen *L.* verkalkt; der Fuß ist

litor-, littor- [v. lat. litus (littus), Gen. litoris (littoris) = Ufer, Strand, Küste; litoralis = Ufer-, Strand-, Küsten-].

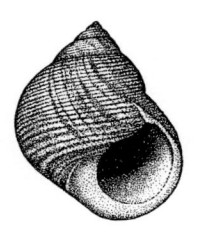

Littorina littorea, 2,5 cm hoch

Littorinoidea
Familien:
Chondropomatidae
Eatoniellidae
Lacunidae (↗ Grübchenschnecke)
Pomatiasidae (↗ Kreismundschnecke)
↗ Strandschnecken *(Littorinidae)*
[*Assimineidae:* jetzt zu den ↗ Kleinschnecken gestellt]

median längsgefurcht. Bandzüngler; die einzige Kieme in der Mantelhöhle wird bei terrestr. *L. (Pomatiasidae)* reduziert.

Lituites *m* [v. lat. lituus = Krummhorn], (Bertrand 1763), Nautilide *(*↗ *Nautiloidea)* mit anfängl. planspiral gewundener und später stabförmig weiterwachsender Schale; Mündung mit Ventralausschnitt und 2 Seitenohren. Verbreitung: unteres bis mittleres Ordovizium des nördl. Europa.

Lizzia *w,* Gatt. der ↗ Bougainvilliidae.

L-Ketten, *light chains,* die „leichten" Polypeptidketten (relative Molekülmasse jeweils ca. 25000) der ↗ Immunglobuline (☐, T̄). Abgesehen von den variablen Bereichen kommen die L. in 2 Formen vor, die mit κ und λ bezeichnet werden; etwa 65% der im menschl. Serum vorhandenen IgG-, IgA- und IgM-Moleküle besitzen 2 L. vom κ-Typ, die restl. 35% vom λ-Typ.

Llano *m* [ljano; span., = Ebene], natürliche, v. einzelnen Bäumchen od. kleinen Baumgruppen (Matas) durchsetzte Savannenlandschaft am Unterlauf des Orinoco. Das Aufkommen eines geschlossenen Waldes wird durch eine Lateritkruste im Boden („Arecife") verhindert, die während einer zurückliegenden Periode hohen Grundwasserstandes entstanden ist. Tiefergelegene Teile des L.s werden während der Regenzeit regelmäßig überschwemmt u. sind deshalb v. reinem Grasland bedeckt. ↗ Südamerika.

Lloydia *w,* die ↗ Faltenlilie.

Loa *w* [aus einer Sprache Angolas], Gatt. der ↗ Filarien, mit *L. loa,* der Wanderfilarie, ♀ 70 mm, ♂ 35 mm lang; Erreger der ↗ Loiasis.

Loasaceae [Mz.; südam.], *Blumennesselgewächse,* Fam. der Veilchenartigen mit 15 Gatt. u. 250 fast ausschl. in den Tropen u. Subtropen Amerikas beheimateten Arten. Meist mit Borsten od. Brenn- bzw. Hakenhaaren bedeckte Kräuter (seltener Sträucher od. Lianen) mit ganzrand. bis fiederspalt. Blättern u. oft großen, schön gefärbten Blüten. Letztere einzeln stehend od. zu zymösen Blütenständen angeordnet, zwittrig, radiär und i.d.R. 5zählig mit meist freien, sehr vielgestalt. Kronblättern. Von den oft zahlr. Staubblättern sind die inneren oft zu Nektarschuppen umgewandelt, die ein großes, farb. Nektarium bilden können. Der meist aus 3–5 verwachsenen Fruchtblättern bestehende Fruchtknoten wird zu einer oft stark ölhalt. Samen enthaltenden Kapsel od. Schließfrucht. Etliche *L.* werden ihrer auffälligen Blüten wegen als Zierpflanzen kultiviert. Hierzu gehören Arten der Gatt. *Loasa* u. *Eucnide* (z.B. die gelbblühende *E. bartonioides*) sowie verschiedene Arten v. *Mentzelia,* wie etwa die

Lobeliaceae

nordam. *M. decapetala* mit großen gelbl.-weißen, wohlriechenden Blüten, die sich nachts öffnen. Die Samen einiger *Mentzelia*-Arten werden von nordam. Indianern auch zu Mehl verarbeitet.

Lobaria [v. *lob-], Gatt. der ↗*Lobariaceae*; ↗Lungenflechte.

Lobariaceae [Mz.; v. *lob-], Fam. der *Peltigerales* mit 3 Gatt.: *Lobaria* (60 Arten), *Pseudocyphellaria* (200), *Sticta* (200); meist große Laubflechten mit beiderseits berindetem Lager, biatorinen u. lecanorinen Apothecien, septierten, reif braunen Sporen u. Cyanobakterien *(Nostoc)* od. protococcoiden Grünalgen (dann oft zusätzl. *Nostoc* in Cephalodien); v. a. in humiden Gebieten, hpts. Südhalbkugel u. Gebirge der Tropen. *Sticta* (in Mitteleuropa 4 nach der ↗Roten Liste sehr gefährdete Arten) mit Cyphellen; *Pseudocyphellaria* mit Pseudocyphellen auf der Lagerunterseite. ↗Lungenflechte.

Lobata [Mz.; v. *lob-], *Lappenrippenquallen*, Ord. der Rippenquallen mit seitl. zusammengedrücktem Körper, ohne Tentakeltaschen. In der Entwicklung wird zunächst ein Stadium durchlaufen, das einer ↗Seestachelbeere gleicht (↗*Cydippea*-Stadium); dann wächst die Schlundebene stärker als die Tentakelebene, die Tentakeln werden verkürzt, der Mund wird schlitzförmig, u. neben den Mundwinkeln entstehen 2 große Schwimmlappen. Sie tragen jeweils 2 der 8 Wimperplättchenreihen. In den Mundwinkeln stehen 4 stark bewimperte Fortsätze, die der Nahrungsaufnahme dienen. *L.* sind Planktonfresser. Neben der Fortbewegung mit den Wimperplättchen können sie mit Hilfe der Lappen schwimmen. Viele Arten treten oft in großen Schwärmen auf (vgl. Spaltentext).

lob-, lobo- [v. gr. lobos = (eigtl. Hülse, Schote) Lappen, auch: Leberlappen, Ohrläppchen; davon latinisiert: lobaris = zum Lappen gehörig, lobatus = gelappt, läppig].

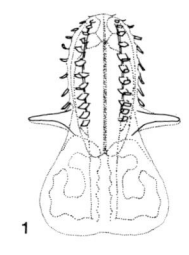

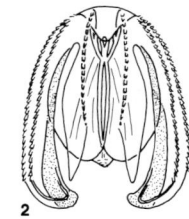

Lobeliaceae [Mz.; ben. nach M. ↗Lobelius], *Lobeliengewächse*, Fam. der Glockenblumenartigen mit rund 1200 vorwiegend trop. bis subtrop. Arten in etwa 30 Gatt. Fast weltweit verbreitete, insbes. in N- und S-Amerika zahlr. vertretene, Milchsaft führende Kräuter od. Holzgewächse mit wechselständ., meist ungeteilten Blättern u. 5zähligen, zygomorphen u. um 180° gedrehten (resupinierten) Blüten. Letztere stehen in Trauben od. einzeln (seltener) u. besitzen eine meist weißl., blau, rot od. violett gefärbte Krone aus einer oft gebogenen Röhre u. einem 2lipp., 5spalt. Saum. Die 5 Staubblätter der oft proterandrischen Blüten zeichnen sich durch zu einer Röhre verklebte Staubbeutel aus, deren Pollen durch den hindurchwachsenden Griffel emporgeschoben wird. Der meist unterständ., 2–3blättrige Fruchtknoten ist i. d. R. gefächert u. besitzt zahlr. Samenanlagen. Die Frucht ist eine Kapsel od. Beere. *L.* sind sehr eng mit den ↗Glockenblumengewächsen verwandt, v. denen sie sich allerdings durch ihre zygomorphen Blüten, verklebte Staubbeutel u. das Vorhandensein v. Alkaloiden unterscheiden, durch die viele Vertreter der Fam. sehr giftig sind. Bekannteste Gatt. der *L.* ist *Lobelia*, die mit über 350 Arten in den gemäßigten und subtrop. Zonen heim. Lobelie. Viele ihrer Arten werden der schönen Blüten wegen als Zierpflanzen kultiviert. Zu nennen ist bes. die meist blau blühende *L. erinus*, B Afrika VII), eine niedrige, dichtwüchsige, aus S-Afrika stammende Staude, die bei uns als 1jähr. Balkon- u. Gartenzierpflanze gezüchtet wird. *L. cardinalis* (östl. N-Amerika) besitzt in langen, lockeren Trauben stehende, scharlachrote Blüten. Manche Lobelien-Arten werden ihres Alkaloidgehalts wegen auch als Heilpflanzen genutzt. Hierzu gehört v. a. die bläul.-weiß blühende, nordam. Art *L. inflata*, deren Blätter (wie auch die Blätter einiger anderer Arten) fr. von den Indianern als Tabak (indian tobacco) verwendet wurden. Sie enthält neben anderen Alkaloiden das sehr gift. *Isolobinin* sowie ↗*Lobelin*. Bes. bemerkenswert sind in den ostafr. Hochgebirgen lebende Schopfbaum-Lobelien (z. B. *L. telekii*), die mit ihren dicken, unverzweigten, mehrere Meter hohen u. meist dicht beblätterten Stämmen sehr den ebenfalls dort wachsenden Riesensenecien (↗Greiskraut) ähneln. Einzige auch in Mitteleuropa heim. Lobelien-Art ist die nach der ↗Roten Liste „vom Aussterben bedrohte" Wasser-L. *(L. dortmanna)*. Sie besitzt in einer grundständ. Rosette stehende, lineale Blätter sowie weißl.-bläul.

Lobata

1 *Deiopea kaloktenota*, 2 *Mnemiopsis leidyi*

Lobata
Wichtige Arten:

Bolina hydatina:
im Mittelmeer, mit relativ kleinen Lappen; evtl. nur eine Form der nächsten Art.

Bolinopsis infundibulum:
weit verbreitet in Atlantik, Nordsee u. Mittelmeer; bis 15 cm lang; Nahrungserwerb mit den großen Schwimmlappen, die Wasserbereich „einschließen"; die Beute wird mit Hilfe v. Wimpern zu den Tentakeln gebracht, dort mit Colloblasten festgehalten u. zum Mund geführt. Bei dieser Art ist Dissogonie die Regel. Die nur 1 mm großen Jungtiere gleichen einer Seestachelbeere.

Deiopea kaloktenota:
im Mittelmeer; die 5 cm hohe Rippenqualle hat die Form einer langgestreckten Birne; die Lappen sind körperlang; vollkommen durchsichtig, mit relativ geringer Wimperplättchenzahl.

Leucothea (= Eucharis) multicornis:
häufige, zart braunrosa gefärbte Rippenqualle des Mittelmeers, die bis 20 cm Länge erreicht; auf der Oberfläche mit vorstreckbaren Warzen, die mit Colloblasten besetzt sind. Beute wird v. Warze zu Warze weitergegeben bis zum Mund. Andere Arten leben im Atlantik u. Pazifik.

Mnemiopsis leidyi:
ca. 10 cm lange Art der am. Atlantik-Küste mit großen Lappen; sehr tolerant gg. Salzgehalt- u. Temperaturschwankungen (bis kurz vor dem Einfrieren schlagen die Wimperplättchen!); erzeugt ein intensives, hellgrünes Meeresleuchten. Bei Massenauftreten kann sie in Austernkulturen schädl. werden, da sie die Larven frißt.

Lobelie

lob-, lobo- [v. gr. lobos = (eigtl. Hülse, Schote) Lappen, auch: Leberlappen, Ohrläppchen; davon latinisiert: lobaris = zum Lappen gehörig, lobatus = gelappt, läppig].

Lobelin

Blüten u. lebt z.T. untergetaucht in seichten, stehenden Gewässern N- und NW-Europas. [B] Afrika III.

Lobelie w [ben. nach M. ↗Lobelius], *Lobelia*, Gatt. der ↗Lobeliaceae.

Lobelie w [ben. nach M. ↗Lobelius], *Lobelia inflata*, das sich strukturell vom Piperidin ableitet. L. wirkt anregend auf die Atmung u. wird als Analeptikum für das Atemzentrum bei Asthma, Kollaps, Gas- u. Narkotikavergiftungen u. allg. Erstickungsgefahr gegeben. L. muß injiziert werden, da es auf oralem Wege rasch abgebaut u. damit unwirksam wird. Außerdem ist L. als Tabakentwöhnungsmittel in Gebrauch: es verstärkt die Wirkung des Nicotins, wodurch Brechreiz u. Ekelgefühle hervorgerufen werden sollen. Weitere strukturell ähnl. gebaute, aber anders wirksame *Lobelia-Alkaloide* sind *Lobelanin, Lobelanidin, Lobinin* u. *Isolobinin*.

Lobelius, *Matthias*, niederländ. Botaniker, * 1538 Rijssel, † 3. 3. 1616 Highgate bei London; Verfasser mehrerer großer ↗Kräuterbücher, die die Beschreibung v. über 2000 vornehml. westeurop. Arten u. Klassifizierung nach ihrer Blattform u. ihrem Habitus enthalten; Linné benannte nach ihm die Gatt. *Lobelia*.

Lobendrängung [v. *lob-], *Septendrängung*, Verringerung der Abstände zw. den letzten ↗Lobenlinien bzw. ↗Septen v. Ammoniten (↗Ammonoidea) als Hinweis auf das Erreichen des Wachstumsendes.

Lobenlinie

1 Drei Altersstadien einer Lobenlinie (schematisch): **a** *Prosutur* mit den Loben E, L und I; **b** *Sekundärsutur* mit zusätzl. *Adventivlobus* (A_1); **c** jüngere Sekundärsutur mit 2. Adventivlobus (A_2) und 1. *Umbilicallobus* (U) auf der Nabelkante. **2a** Ammonitengehäuse mit schemat. Lobenlinie; sichtbar ist der *Laterallobus* (L); **b** Ansicht der Externseite mit *Externlobus* (E). **3** Die 3 Grundtypen der Lobenlinie: **a** *goniatitisch*: Sättel u. Loben ungespalten (Paläozoikum); **b** *ceratitisch*: Sättel glatt, Loben gespalten (Trias); **c** *ammonitisch*: Sättel u. Loben gespalten (Jura bis Kreide). E Externlobus, L Laterallobus, I Internlobus, A Adventivlobus, U Umbilicallobus, Lo Lobus, Sa Sattel. – Dünne Pfeile bezeichnen die adorale Richtung, Doppelstriche die Medianlinie, einfache Linien die Nabel-(Umschlag-)Kante.

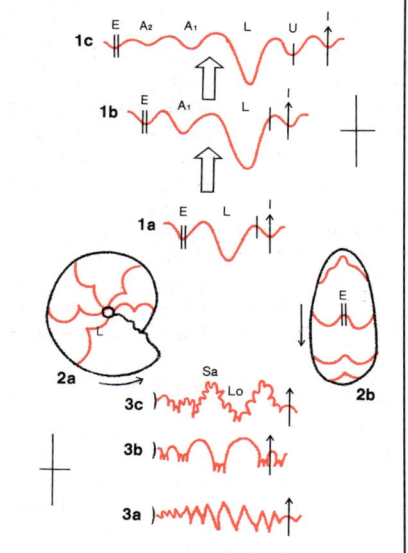

Lobenformel [v. *lob-], (Noetling 1905), gibt die Gestaltung der ↗Lobenlinie v. Kopffüßern, insbes. v. ↗Ammonoidea, mit Hilfe v. Symbolen (Buchstaben u. Zahlen) an. Da *Sättel* u. *Loben* sich gegenseitig bedingen, beschränkt sich die L. auf Nennung der Loben u. zur weiteren Vereinfachung auf die Loben einer Seite. Deren Identität wird aus der Primärsutur abgeleitet. Bei den älteren Goniatiten sind das die 3 *Protoloben*: I (Internlobus), L (Laterallobus) und E (Externlobus). Höher differenzierte Lobenlinien entstehen durch Einschaltung neuer Loben *(Metaloben)*: Zwischen I und L schalten sich in der Nähe des Nabels (Umbilicus) die sogenannten *Umbilicalloben* (U) ein, zwischen L und E die *Adventivloben* (A).

Lobenlinie [v. *lob-], *Sutur*, auf Anbrüchen, Anschliffen od. ↗Steinkernen v. Kopffüßer-Gehäusen sichtbare, meist gewellte od. gezackte Schnittlinie eines ↗Septums. Gg. die Mündung gerichtete Wellenberge heißen *Sättel* (z. B. Externsattel, Internsattel), Wellentäler heißen *Loben* (Chr. L. v. Buch 1829, 1849). Deren Amplituden nehmen laterad zu; deshalb erreicht die L. erst nahe der Naht zw. Septum u. Gehäuse ihre typ. Ausgestaltung. Von der ↗Anfangskammer bis zur Mündung läßt sich die Ontogenese der L. schrittweise verfolgen. Das 1., die Anfangskammer abschließende Septum bildet die *Prosutur* (Schindewolf 1927); es folgt die L. der 1. ↗Luftkammer, die *Primärsutur* (Schindewolf 1927); alle weiteren L.n heißen *Sekundärsuturen* (Schindewolf 1955). Sowohl ontogenet. als auch phylogenet. nimmt die Verfältelung bzw. Zerschlitzung der L. meist zu. ↗Nautiloidea bewahren eine einfache L. Bei den ↗Ammonoidea sind 3 Grundtypen zu unterscheiden: 1. die *goniatitische* L. (Sättel u. Loben ganzrandig), 2. die *ceratitische* L. (Sättel ganzrandig, Loben geschlitzt), 3. die *ammonitische* L. (Sättel u. Loben geschlitzt). Durch sekundäre Vereinfachung der ammonitischen L. können *pseudoceratitische* od. *pseudogoniatitische* L.n entstehen. – Viele Bearbeiter sehen in der Analyse der L.n, ausdrückbar in einer ↗Lobenformel, nicht nur ein wicht. Kriterium zur Bestimmung, sondern auch zur Ermittlung der Verwandtschaft von † Kopffüßern.

Lobites *m* [v. *lob-], (Mojsisovics 1875), Gatt. kleinwüchsiger ↗Ceratiten mit involuter, gedrückt-kugelförm. (subgloboser) Schale, deren schwache Rippen über die Externseite hinweglaufen; Lobenlinie goniatitisch. Verbreitung: mittlere bis obere ↗alpine Trias.

Lobodontinae [Mz.; v. *lobo-, gr. odontes = Zähne], die ↗Südrobben.

Lobophyllia w [v. *lobo-, gr. phyllon = Blatt], Gatt. der ↗Mäanderkorallen.

Lobopodium s [v. *lobo-, gr. podion = Füßchen], 1) lappen- od. sackförm. Ausstülpung an ventrolateralen Rumpfsegmenten bei als hypothet. angenommenen Vorläufern der ↗Gliederfüßer, die Vorstufe v. ↗Extremitäten sind. 2) ↗Pseudopodien.

Lobularia w [v. *lob-], ↗Silberkraut.

Lobus m [v. *lob-], 1) Anatomie: allg. Bez. für lappenförm. Abschnitte, z.B. von Organen; 2) bei Kopffüßern: Teile der ↗Lobenlinie; 3) bei Ostracoden: meist dorsal gelegene, gerundete Aufwölbung der Schalenoberfläche.

Lobus opticus m [v. *lob-, gr. optikos = zum Sehen gehörig], *optischer Nerv, Augennerv*, Teil des Gehirns bei Gliederfüßern mit Lateralaugen (Komplexaugen, Stemmata), der die Axone der Lichtsinneszellen aufnimmt, auf sekundäre Neurone verschaltet u. zum Protocerebrum (↗Oberschlundganglion, ↗Gehirn, ☐) weiterleitet. Er besteht aus 3 Verschaltungszonen (Neuropile): *Lamina ganglionaris* (1. optisches Ganglion, Ganglienplatte), *Medulla externa* (2. optisches Ganglion) u. *Medulla interna* (3. optisches Ganglion). Letztere kann zweigeteilt sein in Lobula u. eigentliche Medulla interna (so bei Zweiflüglern). Bei höheren Krebstieren schließt sich ein 4. optisches Ganglion an: *Lamina terminalis*. Bei Augenreduktionen finden sich oft nur insgesamt 2 solcher Ganglien.

Lobus palpebralis m [v. *lob-, lat. palpebralis = Lider-], Augendeckel v. ↗Trilobiten.

Lochauge, *Lochkameraauge*, ↗Kameraauge, ↗Auge.

Löcherbiene, *Heriades truncorum*, ↗Me-

Löcherpilze ↗Porlinge.   [gachilidae.

Löchertrüffel, *Pseudotuberaceae*, Fam. der ↗Echten Trüffel, deren Vertreter dauernd unterird. (hypogäisch) wachsen; die Fruchtkörper werden becherförmig, z.B. als kleine Hohlkugeln mit Öffnung, angelegt u. entwickeln sich erst später zur Trüffelform. Die hasel- bis walnußgroßen Fruchtkörper enthalten zeitlebens hohle Kammern (*Kavernen*, unterste Stufe der Trüffel-Bautypen, ↗Speisetrüffel). Die keul. oder zylindr. Asci im Hymenium werden nur durch ein einfaches Epithecium geschützt. Die Unterscheidung der Gatt. (z.B. *Geopora, Geoporella, Gyrocratera*) u. Arten erfolgt hpts. durch die Sporenskulpturen u. die Erscheinungszeit. L. kommen hpts. in Nadelwäldern vor; wirtschaftl. haben sie kaum Bedeutung.

Lochfraß, charakteristisches Fraßbild mancher Schmetterlingsraupen u. Käferlarven (↗Blattkäfer) an Blättern. ☐ Bodenorganismen.

Lochottern, die ↗Grubenottern.

Lochriea w, (Scott 1942), urspr. als natürl. ↗Conodonten-Gesellschaft (Conodonten-Apparat) aus dem Unterkarbon von N-Amerika beschrieben, deren Einzelelemente auf die Gatt. *Hindeodella, Spathognathodus, Neoprioniodus* u. *Prioniodella* zu beziehen seien. 1973 machten Melton u. Scott unter dem Namen *L. wellisi* ca. 70 mm lange *Amphioxus*-ähnl. Fossilreste bekannt, die sie für die eigtl. Conodontenträger (↗*Conodontochordata*) hielten.

Lochschnecken, *Lochnapfschnecken, Schlitz-* od. *Schlitznapfschnecken, Schlüssellochschnecken, Fissurellidae*, Fam. der Altschnecken mit napf- od. schildförm. Gehäuse, das dorsal eine Ausströmöffnung hat; der Apex ist nach hinten eingerollt od. reduziert; kein Dauerdeckel. Der Schalenmuskel ist hufeisenförmig. Die L. erscheinen äußerl. bilateralsymmetr.; viele können den Mantelrand weit über das Gehäuse legen. Die Organe der Mantelhöhle sind paarig; die linke Niere ist sehr klein, nur die rechte Gonade ist vorhanden, das Herz hat 2 Vorhöfe. Getrenntgeschlechtl. mit äußerer Befruchtung u. Entwicklung über freischwimmende Larven. Fächerzüngler, die unterhalb der Gezeitenzone vom Aufwuchs u. Detritus leben. Etwa 21 Gatt. (vgl. Tab.), v. denen *Fissurella* bes. artenreich entlang der pazif. Küste S-Amerikas auftritt. *F. maxima* an der peruan.-chilen. Küste erreicht 10 cm Länge; die anderen Arten sind höchstens halb so lang.

Lockdrüsen, v.a. bei Insekten vorhandene Drüsen (↗Duftorgane), welche Duftstoffe (Sexuallockstoffe) zur Anlockung v. Geschlechtspartnern abgeben. ↗Pheromon-Drüsen, ↗Mandibeldrüsen, ↗Dufoursche Drüse.

Lockstoffe ↗Sexuallockstoffe, ↗Pheromone.

Locktracht, in Form u. Farbe auffällige Tracht eines tier. Räubers (z.B. ↗Fangschrecken), um Beutetiere, die Objekte ähnlicher Form u. Farbe (z.B. Blätter) aufsuchen wollen, zu täuschen u. zu fangen.

Loculoascomycetes [Mz.; v. lat. loculus = Örtchen, Kästchen, gr. askos = Schlauch, mykētes = Pilze], Gruppe der Schlauchpilze mit bituniкатем Ascus (= ↗*Bitunicatae*) mit einer Ord. ↗*Dothideales*, od. auch in mehrere Ord. unterteilt (↗*Eutunicatae*).

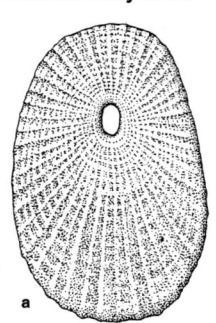

Loculoascomycetes

Lochschnecken
a *Diodora graeca*, Gehäuse in Aufsicht, Gehäuselänge 25 mm, Mittelmeer.
b Lochschnecke von der Seite; der Pfeil zeigt den austretenden Wasserstrom an.

Lochschnecken
Wichtige Gattungen:
↗ *Diodora*
↗ *Emarginula*
  Fissurella
↗ *Megathura*
↗ *Scutus*

Locus

Locus *m* [Mz. *Loci*; lat., = Ort], *Genlocus*, der ↗Genort.

Locusta *w* [*locust-], Gatt. der ↗Feldheuschrecken, ↗Wanderheuschrecken.

Locustella *w* [v. *locust-], die ↗Schwirle.

Locustoidea [Mz.; v. *locust-], *Ensifera*, U.-Ord. der ↗Heuschrecken.

Lodde *w*, *Mallotus villosus*, ↗Stinte.

Lodderomyces *m*, Gatt. der Echten Hefen (U.-Fam. *Saccharomycoideae*), deren Vertreter sich durch Sprossung (multipolar) vermehren u. auch ein Pseudomycel bilden können; die Ascosporen sind oval (1–2). L. hat einen (schwachen) Gärungsstoffwechsel.

Lodiculae [Mz.; lat., = kleine gewebte Decken], die Schwellkörper der ↗Grasblüte (☐); werden als reduzierte Perigonblätter gedeutet u. dienen dem Öffnen der ↗Blüte (B). ↗Ährchen (☐), ↗Süßgräser.

Lodoicea *w*, ↗Seychellenpalme.

Loeb, *Jacques*, dt.-am. Biologe, * 7. 4. 1859 Mayen, † 11. 2. 1924 Hamilton (Bermudas); Prof. in Chicago, Berkeley u. New York; Mit-Begr. der modernen Experimentalbiologie; Arbeiten zum Tropismus; entdeckte die künstl., chem. auslösbare Parthenogenese bei Mollusken- u. Seeigeleiern.

Loewi, *Otto*, dt.-am. Pharmakologe, * 3. 6. 1873 Frankfurt a.M., † 25. 12. 1961 New York; seit 1909 Prof. in Graz, ab 1939 in New York; erhielt für die Erforschung (1921) der chem. Übertragung der Nervenimpulse durch Acetylcholin 1936 zus. mit H. H. Dale den Nobelpreis für Medizin.

Löffelchen ↗Labellum 2).

Löffelfliegen, *Lispa*, Gatt. der ↗Blumenfliegen.

Löffelhund, *Löffelfuchs, Otocyon megalotis*, hochbein. Wildhund mit bes. großen Ohren (Name!), der die Buschsteppen S- und O-Afrikas bewohnt; Kopfrumpflänge 50–60 cm, Schulterhöhe 35–40 cm; Fellfarbe graubraun. Durch sein Insektenfresser-ähnliches Gebiß (46–50 kleine, spitze Zähne) unterscheidet sich der L. von allen anderen Hundeartigen; seine Hauptnahrung sind Insekten u. kleinere Wirbeltiere. L.e leben meist paarweise in selbstgegrabenen Erdbauen u. sind hpts. nachtaktiv.

Löffelkraut, *Cochlearia*, Gatt. der Kreuzblütler mit 25, auf der N-Halbkugel heim., vorzugsweise Meeresufer u. Salzstellen besiedelnden Arten. Kräuter od. Stauden mit ungeteilten, meist etwas fleisch. Blättern, traubig angeordneten kleinen weißen od. violetten Blüten u. kugel- bis eiförm. Früchten (Schötchen). Bes. zu nennen ist das nach der ↗Roten Liste „gefährdete" Echte L. (*C. officinalis*), eine an den Küsten u. an Salzstellen des Binnenlandes zu findende Salzwiesenpflanze mit löffelförm.

locust- [v. lat. locusta = Heuschrecke].

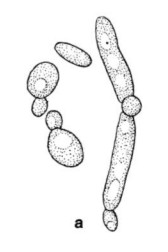

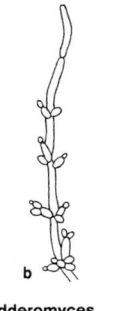

Lodderomyces
a sprossende Zellen von *L. elongisporus*, b Pseudomycel

Gewöhnlicher Löffler (*Platalea leucorodia*)

Echtes Löffelkraut (*Cochlearia officinalis*)

Blättern u. weißen Blüten. Das salzig-kresseartig schmeckende Kraut enthält neben Gerb-, Bitter- u. Mineralstoffen viel Vitamin C und das Senfölglykosid Glucocochlearin, aus dem durch Myrosinase das flücht. Butylsenföl freigesetzt wird. Es wurde fr. als Salat u. Würze sowie als insbes. gg. Skorbut wirksame Heilpflanze geschätzt u. angebaut. Zudem galt das Echte L. als sog. Sodapflanze, aus der durch Veraschung Natriumcarbonat gewonnen wurde.

Löffler, *Friedrich August Johannes*, dt. Hygieniker, * 24. 6. 1852 Frankfurt a. d. Oder, † 9. 4. 1915 Berlin; seit 1888 Prof. in Greifswald, ab 1913 in Berlin; entdeckte 1884 den Diphtheriebacillus (*Klebs-L.-Bacillus*, ↗Diphtheriebakterien), die Erreger des Schweinerotlaufs (1882, ↗ *Erysipelothrix*) u. der Rotzkrankheit der Pferde (*Pseudomonas mallei*); entwickelte neue Verfahren der Bakterienzüchtung (auf Nährböden) u. -färbung.

Löffler, große langbeinige, wasserbewohnende Vögel aus der Fam. der Ibisvögel mit löffelart. verbreiterter Schnabelspitze; „schlabbern" bei der Nahrungssuche mit dem Schnabel kleine Fische, Insekten, Schnecken u.a. aus Wasser u. Schlamm. Der 86 cm große weiße L. (*Platalea leucorodia*) nistet kolonieweise in den Niederlanden, SO-Europa (z. B. Neusiedler See, Donaudelta) und S-Spanien. Baut die Nester auf umgebrochenen Schilfstengeln, niedrigen Weiden od. Erlen. Bereits bei den frischgeschlüpften Jungvögeln ist der Löffelschnabel zu erkennen. Die Altvögel sind an dem gelben Brustband u. einer Federhaube kenntlich. Lebensraumvernichtung u. übermäßige Moskitobekämpfung bedrohen den Bestand des mittel- und südam. Rosalöfflers (*Ajaja ajaja*, B Nordamerika VI).

Loganiaceae [Mz.; ben. nach J. Logan, engl. Gouverneur in Pennsylvania, 1674 bis 1736], die ↗Brechnußgewächse.

logistische Kurve [v. gr. logistikē = Rechenkunst], ↗Populationswachstum.

log-Phase, Abk. für *logarithmische Phase*, ↗mikrobielles Wachstum.

Lohblüte, *Hexenbutter, Drachendreck, Fuligo septica* (ca. 50 Synonyme; Linné, 1753: *Mucor septica*), Schleimpilz (Fam. *Physaraceae*) mit sattgelbem Plasmodium auf Moderholz, toten Pflanzenresten, Kompost, bes. auf Gerberlohe. Im gelben bis rötl., braunen, kissen- oder polsterförm. Fruchtkörper sind die Sporangien in Lagern vereinigt (Äthalien, ⌀ 10–50 [–300] mm und 5–20 mm dick), von dicker, kalkhalt., zerbrechl., weißgrauer, gelbl.-bräunl. „Rinde" bedeckt. Das fädige Capillitium enthält Netzknoten mit Kalkablagerungen. Das Sporenpulver ist schwarzbraun bis violett gefärbt; die Sporen besitzen feine Stacheln. Lohblüte kommt in vielen Standortmodifikationen mit abweichender Färbung vor.

Lohkrankheit, *Lohekrankheit,* patholog. Veränderung der Wurzel- u. Stammrinde bei einigen Obstbäumen (v. a. *Pirus malus* u. *Prunus cerasus*) durch abnorme Steigerung der Lentizellenbildung. Es entstehen so zahlr. und ausgebreitete Füllkorkpolster dicht nebeneinander, so daß diese miteinander verschmelzen, die Epidermis in zusammenhängenden, größeren Fetzen abstoßen u. einen großen Teil des Zweigumfangs bekleiden. In trockener Luft zerfallen diese Auftreibungen in ein lohefarbenes, rotgelbes od. braunes Pulver.

Lohmann-Reaktion [ben. nach dem dt. Biochemiker K. Lohmann, 1898–1978], die Regeneration v. Kreatinphosphat durch ATP in Muskelzellen:
ATP + Kreatin $\rightleftharpoons$ Kreatinphosphat + ADP.

Loïasis *w* [v. afr. loa], *Loaiasis, Loa-Loa-Infektion,* Befall des Menschen mit dem Fadenwurm (Filarie) *Loa loa,* in Regenwaldgebieten Afrikas. Die adulten Würmer wandern aktiv durch das Unterhautbindegewebe u. sind nur manchmal in Schleimhäuten ertastbar od. unter der Augenbindehaut („eye-worm", „Augenwurm") sichtbar. Sie erzeugen Mikro-↗Filarien, die tags ins periphere Blut wandern u. dort v. tagaktiven Bremsen (Tabaniden), z. B. der Mangrovenfliege *Chrysops* (↗Bremsen), beim Stich aufgenommen werden. Sie wachsen im Fettgewebe der Fliege zum infektionsfähigen 3. Larvenstadium heran, gelangen in den Hämolymphraum der Stechborstenscheide, werden bei deren Platzen auf die Haut des Endwirts geleert u. wandern ein. Krankheitserscheinungen (z. B. ↗Kamerunbeule) v. a. allergisch u. mehr quälend als bedrohlich. ↗Filariasis.

Loiseleuria *w* [ben. nach dem frz. Botaniker J. L. A. Loiseleur-Deslongchamps (lŏasᵉlö̱r-delö̱schā̱), 1774–1849], die ↗Alpenazalee.

Lokalform *w* [v. lat. localis = örtlich], *Gautypus, Natio,* in der Systematik Bez. für nur lokal auftretende Untereinheit einer Unterart.

Lokomotion *w* [v. lat. loco = von der Stelle, motio = Bewegung], die ↗Fortbewegung.

lokulizid [v. lat. loculus = Fach, -cidus = zerhauen], ↗fachspaltig.

Lolch *m* [v. lat. lolium = Lolch], *Lolium,* Gatt. der Süßgräser (U.-Fam. *Pooideae*) mit ca. 400 Arten in Eurasien und N-Afrika; Ährengräser mit abgeplatteten Ährchen mit nur 1 Hüllspelze, die mit der Schmalseite zur Ährenachse stehen. Der Ausdauernde L., Engl. Raygras *(L. perenne),* hat unbegrannte Deckspelzen u. gelbe Staubbeutel u. ist ein wertvolles Futtergras der Fettwiesen und Hauptbestandteil vieler Grasansaaten; er wird durch Tritt gefördert. Ebenfalls ein gutes Futtergras ist der Vielblüt. L., Italien. Raygras *(L. multiflorum)* mit begrannter Deckspelze u. roten Staubbeuteln, der v. a. an Ruderalstandorten wächst. Der Taumel-L. *(L. temulentum)* ist ein seltenes Getreideunkraut (nach der ↗Roten Liste „vom Aussterben bedroht"); sein Samen führt durch einen Alkaloid-haltigen (Temulin) Pilz *(Endoconidium temulentum)* zu Mehlvergiftungen (Symptome u. a. Schwindel, daher Name!). B Kulturpflanzen II.

Loligo *w* [v. lat. lolligo = Tintenfisch], Gatt. der ↗Kalmare.

Lolium *s* [lat., =], der ↗Lolch.

Lomavegetation *w* [v. gr. lōma = Saum, mlat. vegetare = grünen], Nebelvegetation im küstennahen Bereich der peruan. Wüste. Der dichte, keineswegs wüstenhafte Kräuterteppich steht unter dem Einfluß der Garua-Nebel, die sich über der kalten, aufsteigenden Meeresströmung bilden u. im Küstenbereich niederschlagen. Das Maximum des Tauniederschlags liegt zw. 400 und 600 m Höhe; hier spielen neben vielen Annuellen u. Geophyten vereinzelt auch noch Holzgewächse eine größere Rolle. ↗Südamerika.

Lomentaria *w* [v. lat. lomentum = Waschmittel], Gatt. der ↗Rhodymeniales.

Lonchaeidae [Mz.; v. *lonch-], Fam. der Fliegen mit nur wenigen Arten in Mitteleuropa; 3 bis 4 mm groß, grünmetall. gefärbt, Flügel gefleckt; die Larven einiger Arten treten als Forstschädling in Weiß-↗Tannen *(Abies alba)* auf, andere sind bedeutend als Vertilger der Larven v. Borkenkäfern u. anderen Holzschädlingen.

Lonchocarpus *m* [v. *lonch-, karpos = Frucht], Gatt. der Hülsenfrüchtler mit ca. 150 Arten (trop. Amerika, Afrika); die Pflanzen enthalten das Kontakt- u. Fraßgift Rotenon u. liefern Fischgift.

Lonchopteridae [Mz.; v. *lonch-, gr. pteron = Flügel], Fam. der Fliegen mit ca. 12 Arten in Mitteleuropa; 2 bis 4 mm groß, mit auffällig langen Beinen; die *L.* leben in Gewässernähe, ihre Larven auf feuchtem Waldboden.

Longidorus *m* [v. lat. longus = lang, gr. dory = Lanze], Gatt. phytophager Fadenwürmer aus der U.-Ord. *Dorylaimina* (↗Dorylaimus, T).

Lonicera *w* [ben. nach dem dt. Botaniker A. Lonitzer (Lonicerus), 1528–86], die ↗Heckenkirsche.

Lopadium *s* [v. gr. lopadion = kleiner Tiegel], Gatt. der ↗Lecideaceae.

Lopadorhynchidae [Mz.; v. gr. lopas =

Lolch
Blütenstand des Ausdauernden Lolches od. Engl. Raygrases *(Lolium perenne)*

lonch- [v. gr. logchē = Lanze, Speer, Spieß].

Lopha

loph-, lopho- [v. gr. lophos = Helmbusch, Federbusch, Schopf].

Lophocalyx
L. philippinensis, Knospung

Lophodermium
Wichtige Arten:
L. laricinum (an faulenden Lärchennadeln)
L. juniperinum (auf Wacholdernadeln oder Zweigen)
L. pinastri (Erreger der Kiefernnadelschütte)

Tiegel, Schüssel, rhygchos = Schnauze, Rüssel], Ringelwurm-(Polychaeten-)Fam. der *Phyllodocida;* namengebende Gatt. *Lopadorhynchus,* 2–20 mm lang, abgeplattet, pelagisch.

Lopha w [v. *loph-], Gatt. der *Ostreidae,* ↗ Hahnenkammaustern.

Lophalticus m [v. *loph-, gr. altikos = sprungfähig], Gattung der ↗ Säbelzahnschleimfische.

Lophelia w [v. *loph-], weltweit verbreitete Gatt. der Steinkorallen tieferer Hartböden. *L. prolifera* bildet an der norweg. und westschwed. Küste lange Korallenbänke in 60–2000 m Tiefe. *L. pertusa* (Augenkoralle) lebt auch im Mittelmeer.

Lophiiformes [Mz.; v. gr. lophia = Mähne, Rückenflosse], die ↗ Armflosser.

Lophiodon m [v. gr. lophia = Mähne, odōn = Zahn], (Cuvier 1822), † Gatt. tapiroider Urformen der Unpaarhufer, die jedoch osteolog. auf Konvergenz beruhende engere Beziehungen zu Nashörnern als zu Tapiren aufweisen; sie wurzeln in paleozänen ↗ *Condylarthra* W-Europas. Bewohner trop.-feuchter Biotope; fossil häufig in der Braunkohle des Geiseltals bei Halle. Lectogenotypus: *L. tapirotherium* Desmarest 1822. Verbreitung: Eozän von W-Europa bis zum Schwarzen Meer.

Lophira w [v. *loph-], Gatt. der ↗ Ochnaceae.

Lophius m [v. gr. lophia = Mähne, Rückenflosse], Gatt. der ↗ Armflosser.

Lophocalyx w [v. *lopho-, gr. kalyx = Hülle, Kelch], Schwamm-Gatt. der ↗ *Hexasterophorida; L. philippinensis,* bes. Kennzeichen: ungeschlechtl. Fortpflanzung durch Knospung.

Lophocoleaceae [Mz.; v. *lopho-, gr. koleos = Scheide], Fam. der *Jungermanniales* mit etwa 5 Gatt., Lebermoose, die vorwiegend in trop. Zonen verbreitet sind; geben flüchtige äther. Inhaltsstoffe mit terpentinart. Geruch ab. In Europa kommen v. der Gatt. *Chiloscyphus* 2 Arten vor, v. der Gatt. *Lophocolea* ist *L. heterophylla* oft auf faulendem Holz od. Hirnschnitten v. Nadelhölzern zu finden. Nur auf der S-Halbkugel kommt die diözische Gatt. *Tetracymbaliella* vor, ebenso die Gatt. *Leptoscyphus,* die in den südam. Anden bis in 3700 m Höhe zu finden ist.

Lophodermium s [v. *lopho-, gr. derma = Haut], Gatt. der ↗ *Hypodermataceae* mit zahlr. Arten (vgl. Tab.), auch bei den *Phacidiaceae* eingeordnet; Schlauchpilze, die ihr Apothecium in od. unter der Epidermis höherer Pflanzen ausbilden, mit schwarzem Deckgewebe *(Clypeus),* das vor dem Aufbrechen bläschenförmig aussieht. Die Sporen sind fadenförmig.

lophodont [v. *loph-, gr. odontes = Zähne], *zygodont, jochzähnig,* Backenzahntyp herbivorer Säuger, bei dem die Höcker durch kammart. Schmelzleisten (Joche) verbunden sind.

Lophomonas w [v. *lopho-, gr. monas = Einheit], Gatt. der ↗ Hypermastigida.

Lophophor m [v. *lopho-, gr. -phoros = -tragend], in allg. paarweise vorhandener, Tentakel-tragender Arm der *Tentaculata* (☐ Brachiopoden, ☐ Moostierchen, ☐ *Phoronida*), ↗ *Pterobranchia* u. ↗ Graptolithen (☐).

Lophophora w [v. *lopho-, gr. phoros = tragend], Gatt. der ↗ Kakteengewächse.

Lophophorata [Mz.], *Tentaculata,* Stamm der ↗ Deuterostomier mit 3 Kl., den ↗ Moostierchen *(Bryozoa),* Hufeisenwürmern (↗ *Phoronida*) u. Armfüßern (↗ Brachiopoden), die sich durch den gemeinsamen Besitz eines ↗ Lophophors auszeichnen, der als zweiarm. Ausstülpung des Mesosomas die Mundöffnung, nicht den After umgibt (↗ *Kamptozoa*).

Lophophore w [v. *lopho-, gr. phoros = tragend], paarige, nahe der Mundöffnung gelegene, fleischige Tentakelbasis v. ↗ Moostierchen, ↗ Brachiopoden u. ↗ Graptolithen (☐).

Lophopoda [Mz.; v. *lopho-, gr. podes = Füße], U.-Kl. der ↗ Moostierchen.

Lophopteryx w [v. *lopho-, gr. pteryx = Flügel], Gatt. der ↗ Zahnspinner.

Lophopus m [v. *lopho-, gr. pous = Fuß], Gatt. der *Phylactolaemata* (Süßwasser-Moostierchen), bildet gallert. Kolonien, einige mm bis wenige cm groß. Namengebend für die Fam. *Lophopodidae,* zu der außerdem die Gatt. *Lophopodella* u. ↗ *Pectinatella* gehören. Junge Kolonien können sich langsam fortbewegen (wie ↗ *Cristatella,* deshalb bisweilen zur Fam. *Cristatellidae* gestellt).

Lophornis m [v. *loph-, gr. ornis = Vogel], Gatt. der ↗ Kolibris.

Lophotidae [Mz.; v. gr. lophōtos = mit Helmbusch versehen], die ↗ Schopffische.

lophotrich [v. *lopho-, gr. triches = Haare] ↗ Bakteriengeißel (☐).

Lophoziaceae [Mz.; v. *lopho-, gr. zeia = Dinkel, Spelt], Fam. der Laubmoos-Ord. *Jungermanniales;* hierzu gehört die auf torf. Böden vorkommende Art *Gymnocolea inflata,* die sich v.a. vegetativ (durch Brutkörper) fortpflanzt.

Lophyridae [Mz.; v. gr. lophyros = einen Helmbusch tragend], die ↗ Diprionidae.

Lora w [v. lat. lura, lora = Schlauch], *Bela,* Gatt. der Schlitzturmschnecken. Die Kleine Treppenschnecke *(L. turricula)* mit turmförm., bis 18 mm hohem Gehäuse hat kantige Umgänge mit kräft. Axialrippen; an den nordatlant. Küsten, in der Nordsee auf schlicksand. Böden.

Loranthaceae [Mz.; v. lat. lorum = Riemen, gr. anthos = Blume], die ↗Mistelgewächse.

Lorbeerartige, *Laurales*, Ord. der *Magnoliidae* mit 8 Fam. (vgl. Tab.). Die L.n stehen der primitiven Ord. der *Magnoliales* sehr nahe. Ein urspr. Merkmal der Ord. ist der einspurige Blattknoten, d. h., im Holz tritt nur eine Lücke für das Leitbündel des Blattes auf. Dies ist sonst nur v. den Gymnospermen bekannt (Angiospermen i. d. R. mit 3 Blattspursträngen). *Austrobaileya* ist die einzige Angiospermen-Gatt., bei der Geleitzellen unabhängig v. Siebröhreninitialen entstehen können. Die Fam. *Chloranthaceae* hat noch tracheenloses Holz. Die weiteren wichtigen Fam. *Monimiaceae* und *Lauraceae* (Lorbeergewächse) umfassen überwiegend immergrüne Hartlaubgewächse.

Lorbeerbaum, *Lorbeer*, *Laurus*, Gatt. der Lorbeergewächse mit 2 Arten. Der Echte L. (*L. nobilis*) ist ein bis 12 m hoher Strauch od. Baum aus dem Mittelmeergebiet, dessen immergrüne ganzrandige ledrige Blätter getrocknet als Gewürz verwendet werden (B Kulturpflanzen VIII). Die gelbl., zierlichen Blüten stehen in kleinen Dolden. Die blauschwarzen Beeren enthalten bis zu 30% Fett und äther. Öle. In den Blättern sind 1–3% äther. Öle (zu ca. 50% Cineol) enthalten. Destilliertes *Lorbeeröl* wird u. a. zum Einreiben verwendet. Das weißl. Lorbeer-Holz eignet sich für Drechselarbeiten. Als Zierpflanze wird der L. in Kübeln gezogen. Im Altertum Apollo geweiht, ist der L. noch heute Symbol für Ruhm u. Sieg.

Lorbeergewächse, *Lauraceae*, Fam. der Lorbeerartigen mit etwa 32 Gatt. (vgl. Tab.) u. rund 2500 Arten, in den Tropen u. Subtropen v. a. in Brasilien und SO-Asien verbreitet. Die Blätter der Bäume, Sträucher u. einiger parasit. lebender Lianen sind meist wechselständig, ungeteilt u. ganzrandig. Die risp. radiäre Blüte kann monoklin od. diklin sein. Ihre Blütenorgane sind hpts. in 3zähligen Wirteln angeordnet; 3 oder 4 Staubblattkreise, v. denen die 2 innersten zu Staminodien reduziert sein können, werden v. Perigonblättern umschlossen. Im pseudomonomeren Fruchtknoten entwickelt sich ein großer Embryo. Die Keimblätter übernehmen die Nährstoffspeicherung. Bes. wegen der zahlr. Ölzellen in fast allen Pflanzenteilen sind viele Gatt. Gewürzpflanzen (z. B. Lorbeerbaum u. Zimtkassie) od. Nutzhölzer (z. B. Rosenholz u. Eisenholz).

Lorbeerwälder, immergrüne, von breitblättrigen, halb-sklerophyllen Bäumen u. Sträuchern beherrschte Pflanzenformation in Sommerregengebieten der gemäßigten Zone. Von den eigtl. Hartlaubwäldern (↗Hartlaubvegetation) unterscheiden sich die L. durch größere, weniger xeromorph gebaute, lorbeerähnl. Blätter u. die reiche Krautvegetation der Bodenschicht. Epiphyten u. Lianen fehlen allerdings weitgehend. Urspr. waren L. vor allem in O-Asien weit verbreitet; weitere Vorkommen liegen in S-Afrika, Chile u. auf den Kanar. Inseln.

Lorbeerartige
Wichtige Familien:
↗ Calycanthaceae
Chloranthaceae
↗ Hernandiaceae
↗ Lorbeergewächse
(Lauraceae)
↗ Monimiaceae

Blüte des Lorbeerbaums (*Laurus nobilis*)

Lorbeergewächse
Wichtige Gattungen:
↗ Avocadobirne (*Persea*)
↗ Campherbaum (*Cinnamomum*)
↗ Lorbeerbaum (*Laurus*)
↗ Nelkenzimt (*Dicypellium*)
↗ Sassafras
Zimtbaum (↗Zimt)
Zimtkassie (↗Zimt)

Lorchelpilze
Wichtige Familien, Unterfamilien und Gattungen:
Rhizinaceae
(↗Wurzellorcheln)
Rhizina
Discinaceae
(↗Scheibenlorcheln)
Discina
Helvellaceae
(↗Echte Lorcheln)
Gyromitroideae
(↗Mützenlorcheln)
Gyromitra
Helvelloideae
(↗Sattellorcheln)
Helvella
Morchellaceae
(↗Morcheln)
Disciotis
Mitrophora
Morchella
Verpa

Lorchelpilze, *Helvellales*, Ordnung der Schlauchpilze (operculate Discomyceten), oft auch als Fam. *Helvellaceae* bei den ↗Becherpilzen *(Pezizales)* eingeordnet, v. denen sie sich entwicklungsphysiolog. ableiten (↗Morcheln). Die Fruchtkörper (Apothecien) erreichen den höchsten Differenzierungsgrad unter den Schlauchpilzen. Bei *Helvella* (↗Sattellorcheln) z. B. trägt der gefurchte Stiel eine flache Fruchtscheibe, bei den Morcheln ist über dem Stiel eine glockenförm. Fruchtschicht ausgebildet, die durch Quer- u. Längsrippen in große u. kleine Gruben gegliedert ist. Fast alle L. leben saprophyt. auf dem Erdboden, bes. zw. Laubstreu u. faulenden Holzresten, auf vermodernden Stubben u. alten Brandstellen; sie wachsen auch zw. Bauschutt u. an festgetretenen Straßen- u. Wegrändern; bei den *Rhizinaceae* (Wurzellorcheln) gibt es auch parasit. Formen. Die wirtschaftl. Nutzung ist begrenzt; größere Arten werden als Delikatesse gegessen (↗Morcheln, ↗Mützenlorcheln, ↗Sattellorcheln). Es gibt nur wenige gift. Formen; zu den giftigsten gehört die Frühjahrslorchel (*Gyromitra esculenta*, ↗Mützenlorcheln). Die meisten L. werden in den nördl. gemäßigten Zonen gefunden, einige auch in arkt. und subtrop. Breiten, auf der Südhalbkugel nur wenige Arten. Die fast 100 bekannten Arten (Europa ca. 40) werden in 12–16 Gatt. eingeordnet (Fam. und Gatt. vgl. Tab.).

Lorenz, *Konrad*, östr. Verhaltensforscher, * 7. 11. 1903 Wien. Nach Studium der Medizin u. Zoologie seit 1940 Prof. in Königsberg, 1949 Gründung einer Station für vergleichende Verhaltensforschung in Altenberg (Niederöstr.), 1950 Leiter der Forschungseinrichtung für Verhaltensphysiologie (Max-Planck-Ges.) auf Schloß Buldern (Westf.), 1955 stellvertretender, 1961–73 leitender Dir. des nach seinen Plänen v. der Max-Planck-Ges. gegründeten Inst. für Verhaltensphysiologie in Seewiesen (Obb.), derzeit Leiter der tiersoziolog. Abt. am Inst. für vergleichende Verhaltensforschung der östr. Akademie der Wiss. in Grünau (Oberöstr.) u. Altenberg. Mit-Begr. der vergleichenden Verhaltensforschung; untersuchte u. a. die ontogenet. und phylogenet. Grundlagen des instinktiven Verhaltens der Tiere (bes. bei Dohlen, Kolkraben

Lorenzinische Ampullen

K. Lorenz

u. Graugänsen) u. zeigte Ähnlichkeiten zw. tier. und menschl. Verhalten auf; gab Definitionen zahlr. etholog. Begriffe. Verschiedene populärwiss. Bücher (u. a. „Das sog. Böse – zur Naturgesch. der Aggression", 1963; „Über tier. und menschl. Verhalten", 1965) machten seine Arbeiten einer breiten Öffentlichkeit bekannt. L. erhielt 1973 zus. mit K. v. Frisch und N. Tinbergen den Nobelpreis für Medizin.

Lorenzinische Ampullen ↗magnetischer Sinn.

Loricariidae [Mz.; v. lat. loricarius = Panzer-], die ↗Harnischwelse.

Loricata [Mz.; v. lat. loricatus = gepanzert], die ↗Käferschnecken.

Loricifera [Mz.; v. lat. lorica = Panzer, -fer = -tragend], Gruppe sehr kleiner Meerestiere (0,2–0,3 mm) aus der Verwandtschaft der ↗Nemathelminthes. Bereits 1974 bei Untersuchungen der Sandlückenfauna an der Küste v. North Carolina (USA) in einzelnen Exemplaren gefunden und anfängl. als Larven von Priapulida angesehen, wurden sie erst 1983 als selbständiger neuer Tierstamm beschrieben u. in der Folge als gar nicht seltene Vertreter der Sandlückenfauna (Psammon) auch an vielen anderen Küsten angetroffen. Etwa 10 Arten sind bis heute bes. aus dem Sublitoral circumatlant. Küsten, vereinzelt auch aus der Gezeitenregion u. aus größeren Meerestiefen v. Atlantik u. Pazifik bekannt, allerdings nur eine Art bis jetzt genauer untersucht (Nanaloricus mysticus). Der Körper der L. ist im Querschnitt ungefähr drehrund und deutl. in 3 Abschnitte gegliedert: einen becherförm. Rumpf und, in diesen einstülpbar, einen kurzen Halsabschnitt (Thorax) sowie einen stachelbewehrten Kopf (Introvert) mit kegelförm. Mundconus. Der Rumpf trägt einen derben Panzer aus 6 gegeneinander bewegl., längs angeordneten Cuticulaplatten (Name!), die je an ihrem freien Vorderrand in einige spitze Zacken auslaufen u. so eine Zackenkrone um den Thoraxansatz bilden. Der schwach cuticularisierte Hals zeigt andeutungsweise eine äußere Segmentierung u. trägt an seinem hinteren Segment zwei Kränze feiner Cuticulaschuppen mit je einem beweg. Stachel, während der Kopf mit 9 Reihen zumeist rückwärts gerichteter, teils gegliederter Stacheln besetzt ist, analog zu ähnl. Bildungen bei den Kinorhyncha als Skaliden bezeichnet. Die Mundöffnung an der Spitze des Mundconus ist von 8 starren, rückziehbaren Stiletten umgeben. Im eingestülpten Introvert legen sich die Skaliden über dem Mundkegel zus. und verschließen die Einstülpöffnung. An Sinnesrezeptoren findet sich neben den gut innervierten Stachelkränzen v. Kopf u. Hals im hinteren Bereich der dorsalen u. lateralen Rumpfpanzer-Platten je eine Gruppe als Sinnesrezeptoren gedeuteter Zellen mit je einem von 6–9 Mikrovilli umstandenen Cilium. Unregelmäßig über den Rumpf verteilt, durchbrechen die Mündungen zahlr. Hautdrüsen die Cuticula. Anatomie: Die Körperwand aus Cuticulapanzer und – anscheinend zellulärer – Epidermis umschließt eine (primäre?) Leibeshöhle, welche durch ein muskulöses Querseptum zw. Rumpf u. Thorax unterteilt wird, aber in ihrer ganzen Länge vom Darm u. einer Anzahl quergestreifter Muskelstränge – bes. den kräft. Retraktormuskeln v. Mund u. Introvert – durchzogen wird. Der endständ. Saugmund führt in einen cuticularisierten Mundkanal, in den zwei Speicheldrüsen einmünden. Der kräftig muskulöse Pharynx dient als Saugpumpe; er besitzt ein dreikant. Lumen u. eine einschicht. Wand aus Myoepithelzellen mit radiär angeordneten, quergestreiften Myofibrillen (↗Fadenwürmer). Der anschließende, cilienfreie Darm ist ungegliedert u. mündet über den endständ. After nach außen. Der Exkretion u. Ionenregulation dient ein Protonephridien-

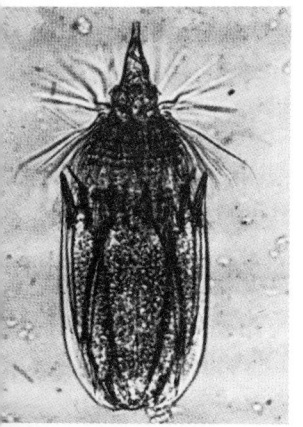

Loricifera

1 Nanaloricus mysticus: **a** adultes Tier, **b** Larve. **2** Bauplan der Loricifera: **a** adultes Weibchen (Ventralansicht), **b** Larve (Ventralansicht)

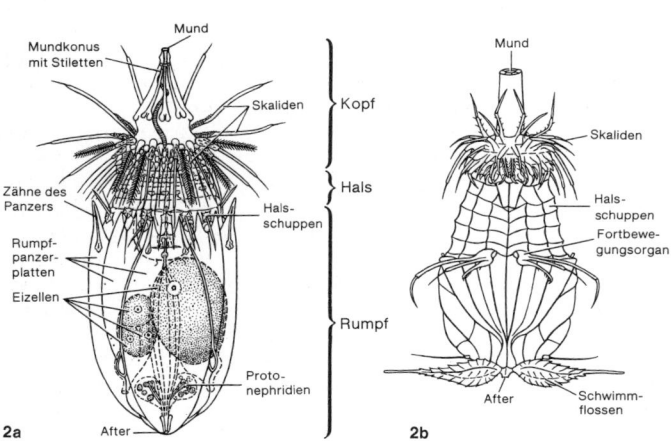

paar mit anscheinend beidseits je mehreren Terminalzellen u. paarigen, am Hinterende mündenden Ausleitungskanälen. Das Nervensystem besteht aus einem großen dorsalen Ganglion im Introvert, von dem aus einerseits die Skaliden innerviert werden u. das nach ventral einen Bauchmarkstrang entsendet, welcher, beginnend mit einem subpharyngealen u. endend mit einem caudalen Ganglion, eine Reihe v. Ganglienanschwellungen aufweist, die u. a. die Rumpfsinnesorgane innervieren. Die L. sind getrenntgeschlechtlich; sackförm. Ovarien mit nur wenigen großen Eiern od. Hoden füllen die Körperhöhle beidseits des Darms fast aus. Die Entwicklung verläuft über mehrere Larvenstadien, welche bis auf die Körperproportionen u. eine etwas geringere Bestachelung, ebenso eine schwächere Rumpfpanzerung bereits den erwachsenen Tieren gleichen, allerdings anders als diese mit Hilfe zweier paddelförm. Flossen am Hinterende frei zu schwimmen u. mit einem Paar zu dreiäst. Kriechklauen umgewandelter Skaliden an der Hals-Rumpf-Grenze sich an Sandkörnern fortzuhakeln vermögen *(Higginssche Larve)*. Im Zuge ihrer Metamorphose scheint sich die Larve mehrfach zu häuten (↗Fadenwürmer, ↗*Priapulida*). Die erwachsenen Tiere leben – meist wohl an Sandkörnern festgeheftet – in den Lückensystemen mariner Schill- u. Grobsandböden v. der Gezeitenzone bis hinab zu Tiefen von 8000 m. *Verwandtschaft:* In ihrer Körpergliederung, dem Besitz eines Septums zw. Introvert u. Rumpf u. dem vorstreckbaren Mundkegel erinnern die L. stark an die Larven mancher *Nematomorpha* (↗Saitenwürmer). Ein gleicherweise stachelbewehrtes Introvert, ein ähnl. gebautes Nervensystem u. Längsstränge quergestreifter Muskulatur trifft man auch bei den ↗*Kinorhyncha* an, ebenso bei den Larven der *Priapulida,* die zudem ebenfalls Protonephridien besitzen u. einen Rumpfpanzer aus vergleichbaren Cuticulaplatten, welche im Laufe der Metamorphose gehäutet werden. Larvale Häutungen u. v. a. die charakterist. Pharynxstruktur bilden eine enge Parallele bei den Fadenwürmern. Die systemat. Einordnung der L. in diesen Verwandtschaftsbereich scheint infolgedessen berechtigt. Eine mögl. Zuordnung zu einer dieser Gruppen bleibt jedoch vorerst strittig. Nach Ansicht ihres Erstbeschreibers, R. M. Kristensen, bilden die L. eine Geschwistergruppe der *Kinorhyncha* u. stellen ein Bindeglied zw. diesen u. den *Priapulida* dar, mit denen sie möglicherweise monophyletischen Ursprungs sind.

Lit.: *Higgins, R. P., Kristensen, R. M.:* New Loricifera from Southeastern United States Coastal Waters. Smithsonian Contr. Zool. 1985. *Kristensen, R. M.:* Loricifera, a New Phylum with Aschelminth Characters from the Meiobenthos. Z.zool.Syst.Evolut.Forsch. 21 (1983). *P. E.*

Loris [Mz.; v. mittelniederländ. loeris = Clown], 1) ↗Papageien. 2) *Lorisidae,* Fam. der Halbaffen, 5 Arten in Afrika u. Asien (vgl. Tab.); Kopfrumpflänge 25–38 cm; kurze, spitze Schnauze u. große Augen (Nachttiere!). L. sind Greifkletterer des Tropenwaldes; ihre Klammerhände u. -füße haben weit entgegenstellbare Daumen und 1. Zehen. Die Bewegungen der Loris sind langsam und ähneln denen der Faultiere; ihre Ernährung ist vielseitig (Allesfresser).

Löslichkeit, *Solubilität,* die Eigenschaft v. festen od. gasförm. Stoffen, sich in Flüssigkeiten *(Lösungsmitteln)* aufzulösen, bzw. von Flüssigkeiten, sich mit anderen Flüssigkeiten homogen zu vermischen. Für alle Stoff-Lösungsmittel-Paare gibt es eine obere Grenze der L., die bei der sog. *Sättigungskonzentration* des gelösten Stoffs im Lösungsmittel erreicht wird. Die L. ist meist temperaturabhängig u. steigt gewöhnl. mit der Temp. an; in seltenen Fällen nimmt sie mit steigender Temp. ab od. ist temperaturunabhängig. Die L.en mancher Stoffe in bestimmten Lösungsmitteln sind extrem gering (z. B. Fett in Wasser, Salze u. polar aufgebaute Verbindungen in organ. Lösungsmitteln). Obwohl auch hier geringe Rest-L.en nachweisbar sind, werden diese Stoffe als (in den betreffenden Lösungsmitteln) unlösl. bezeichnet. ↗Konzentration 1).

Löß *m* [v. alemann. lösch = locker, lose], gelblichgraues staubfeines Lockergestein. L. besteht zu ca. 60–80% aus Schluff sowie zu etwa gleichen Teilen aus Ton u. Feinsand (↗Bodenarten, [T]); die mineral. Bestandteile sind Quarz (ca. 50%), Kalk (ca. 15%), Feldspäte (ca. 15%), Glimmer u. Tonminerale. L. entstand während der Eiszeiten, als starke Winde das Feinmaterial aus den vegetationsarmen Sander- u. Schotterflächen der Urstromtäler ausbliesen u. in den glazialen Randgebieten ablagerten (äolisches Sediment). Rezente L.bildungen findet man im trockenkalten N-China. Die L.lager erreichen in Dtl. eine Mächtigkeit bis zu 40 m (Kaiserstuhl), in China von 100 m und mehr. Bei Erosion entstehen steil abbrechende Wände od. tief eingeschnittene Hohlwege. L. verwittert durch Kalkauswaschung zu gelbbraunem *L.lehm,* wobei sich im Untergrund der Kalk in unregelmäßigen, manchmal puppenähnl. geformten („Lößkindel") od. an Fossilien (↗Pseudofossilien) erinnernden Konkretionen ablagern kann. Auch Schwarzerden entwickelten sich aus L. Die L.böden zählen zu den fruchtbarsten Böden.

Loris

1 Plumplori *(Nycticebus coucang),*
2 Potto *(Perodicticus potto)*

Loris

Arten:

Afrika:

↗Bärenmaki *(Arctocebus calabarensis)*
2 U.-Arten
↗Potto *(Perodicticus potto)*
5 U.-Arten

Asien:

Schlanklori *(Loris tardigradus)*
6 U.-Arten
Plumplori *(Nycticebus coucang)*
10 U.-Arten
Kleiner Plumplori *(N. pygmaeus)*

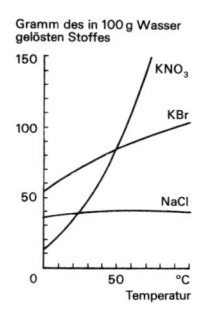

Löslichkeit

Löslichkeitskurven einiger Salze

Lösung

Lösung

Lösungstypen:

1 L. v. Gasen in Gasen (z. B. Luft, Leuchtgas), unbegrenzt mischbar
2 L. v. Gasen in Flüssigkeiten (z. B. Luft oder Kohlendioxid in Wasser), Löslichkeit sinkt mit steigender Temp. u. steigt bei Druckerhöhung
3 L. v. Gasen in festen Stoffen (bes. Wasserstoff in Metallen)
4 L. v. Flüssigkeiten in Flüssigkeiten (z. B. Alkohol in Wasser)
5 L. v. festen Stoffen (z. B. Legierungen)
6 L. v. festen Stoffen in Flüssigkeiten (z. B. Kochsalz od. Zucker in Wasser, Alkohol u. a.), wird im allg. Sprachgebrauch als L. verstanden, in Wiss. u. Technik der wichtigste Lösungstyp

Angabe des Gehalts (der Stärke od. Konzentration) einer L. durch:

1 *Massenprozente:* Anzahl Gramm gelöster Substanz in 100 g L.
2 *Volumenprozente:* Anzahl cm^3 (bzw. ml) gelöster Substanz in 100 cm^3 (bzw. 100 ml) L.
3 Angabe der Menge des gelösten Stoffes, die in 100 Massenteilen des reinen Lösungsmittels gelöst wurde
4 Angabe des Mischungsverhältnisses
5 molare Konzentration *(Molarität):* Anzahl Mole gelöster Substanz in 1 l L.
6 *Molalität:* Anzahl Mole gelöster Substanz in 1000 g Lösungsmittel
7 normale Konzentration *(Normalität):* Anzahl Grammäquivalente gelöster Substanz in 1 l L.

Lösung, Gemenge mehrerer Stoffe in veränderl. Mengenverhältnissen, aber einheitl. Zustandsform. Durch den L.svorgang kann das L.smittel (↗ Löslichkeit) sich abkühlen *(L.skälte)* od. erwärmen *(L.swärme).* L.en haben einen erniedrigten Gefrierpunkt, einen erhöhten Siedepunkt u. eine höhere Dichte als das L.smittel. Die Angabe des Gehaltes (der Stärke od. Konzentration) einer L. kann nach verschiedenen Gesichtspunkten erfolgen (vgl. Tab.).

Lota *w* [lat., = Aalrutte], die ↗ Quappen.

lotischer Bezirk [v. mlat. lotus = lautus = gewaschen], *torrentikoler Bezirk,* Bereich sehr heftiger Wasserströmungen u. -turbulenzen wie im ↗ Bergbach, in Sturzbächen od. in ↗ Brandungszonen. Die hier lebenden Tiere (↗ Fließwasserorganismen) haben einen hohen Sauerstoffbedarf und besitzen morphologische Anpassungen (□ Bergbach) an die starken Wasserbewegungen (↗ Grenzschicht). Ggs.: ↗ lenitischer Bezirk.

Lotka-Volterra-Gleichungen, von A. J. Lotka (1925) und V. Volterra (1926) aufgestellte Gleichungen, die ein *Räuber-Beute-System* mathemat. beschreiben. Da bei diesem Modell *(Volterra-Prinzip)* v. einem abgeschlossenen System ausgegangen wird (also keine auf Räuber u. Beute wirkende Umwelteinflüsse berücksichtigt werden), beschreibt es nur einen stark vereinfachten Grenzfall. Es gründet sich auf zwei einfache Annahmen: 1) Die Geburtenrate des Räubers wird mit zunehmender Beutezahl größer; 2) mit zunehmender Räuberzahl steigt die Sterberate der Beutetiere an. Sind zu wenig Beutetiere vorhanden, können nicht mehr so viele Räuber ernährt werden – ihre Zahl nimmt ab, u. die Beutetierpopulation kann sich wieder erholen usw. – Gäbe es in einem bestimmten Gebiet keinen Räuber (z. B. Füchse), so würde die Population der Beutetiere (z. B. Mäuse) in der Zeit *t* nach folgender Differentialgleichung anwachsen: $dN_1/dt = r_1 N_1$, wobei r_1 die Vermehrungsrate der Mäuse und N_1 die Ausgangszahl der Mäuse ist. Gäbe es in diesem Gebiet andererseits keine Mäuse u. nur Füchse, so würde die Zahl der Füchse (N_2) in der Zeit *t* schließl. auf Null sinken: $dN_2/dt = -r_2 N_2$. Da aber Füchse u. Mäuse zusammenleben, regulieren sie gegenseitig ihren Bestand. Die Vermehrungsrate der Mäuse r_1 nimmt mit wachsender Zahl der Füchse ab, u. zwar um $k_1 N_2$, die Vermehrungsrate der Füchse r_2 erhöht sich um $k_2 N_1$ (k_1 = Verteidigungskoeffizient des Beutetiers, k_2 = Angriffskoeffizient des Räubers). In obige Gleichungen eingesetzt, ergibt sich: $dN_1/dt = (r_1 - k_1 N_2) N_1$ und $dN_2/dt = (-r_2 + k_2 N_1) N_2$. Aus den beiden Gleichungen geht hervor, daß im abgeschlossenen Räuber-Beute-System ein Gleichgewichtszustand zw. den beiden Arten erreicht wird, weil sich beide gegenseitig beschränken. Die Populationsdichten beider Arten schwanken periodisch (phasenverschobene Oszillationen) um einen Mittelwert („Räuber-Beute-Schwingungen"), d. h., die Durchschnittszahlen bleiben konstant. – In der Praxis können diese Überlegungen wichtig sein: Werden näml. Beute u. Räuber gleichmäßig dezimiert (z. B. durch chem. Schädlingsbekämpfung), so wächst evtl. nach der Störung die Anzahl der Beutetiere schneller an als jene der Räuber, weil der Räuber, abgesehen v. seiner Dezimierung (die ihn u. U. schwerer getroffen hat als die Beute, da er eine geringere Dichte aufweist), auch noch zu wenig Nahrung hat. Eine zu geringe Räuberdichte vermag über einen langen Zeitraum die Beute nicht mehr zu kontrollieren. *Ch. G.*

Lotosblume [v. gr. lōtos = Lotos, Steinklee], 1) *Ägyptische L.,* ↗ Seerose; 2) *Indische L.,* ↗ Nelumbo.

Lotsenfisch, *Naucrates ductor,* ↗ Stachelmakrelen.

Lotten, *Lohden,* die ein Sympodium aufbauenden Langtriebe der Weinrebe; verholzen gg. Ende der Vegetationsperiode, tragen im Normalfall die Blütenstände.

Lotus *m* [v. gr. lōtos = Lotos, Steinklee], der ↗ Hornklee. [ceae.

Lotuspflaume, *Diospyros lotus,* ↗ Ebena-

Louping ill [v. schott.-altnorw. to loup = sich drehen], v. Arboviren hervorgerufene, durch Zecken übertragene Krankheit des Gehirns u. Rückenmarks bei Schafen in bestimmten Gebieten der Brit. Inseln; Symptome: Schlafsucht, Krämpfe u. a.

Lovenjidae [Mz.; ben. nach schwed. Zoologen S. L. Lovén, 1809–95], Fam. der ↗ Herzseeigel (T).

Lovénsche Larve *w* [ben. nach dem schwed. Zoologen S. L. Lovén, 1809–95], die ↗ Trochophora-Larve.

Löwe, *Panthera leo,* neben dem Tiger die größte lebende Großkatze; Kopfrumpflänge bis 2 m, Schulterhöhe bis 1 m; Fell kurzhaarig, einfarbig hell- bis dunkelockerbraun; Schwanz 90–100 cm lang, mit schwarzer Endquaste; ausgewachsene Männchen mit Nacken- u. Schultermähne. Früher war der L. in mehreren U.-Arten über ganz Afrika (außer Zentralsahara u. Regenwald) sowie v. Kleinasien bis Indien verbreitet. Der südafr. Kap-L. *(P. l. melanochaita)* ist seit 1865, der nordafr. Berber-L. *(P. l. leo)* seit 1920 u. der Pers. L. *(P. l. persica)* seit 1930 ausgerottet; einziges außerafr. Vorkommen ist heute eine Restpopulation von ca. 100 Tieren des Ind. L.n *(P. l. goojratensis)* im vorderind. Schutzgebiet

Gir-Forst. In Afrika südl. der Sahara unterscheidet man heute 4 U.-Arten: Massai-L. *(P. l. massaicus;* O-Afrika), Senegal-L. *(P. l. senegalensis;* W-Afrika), Katanga-L. *(P. l. bleyenberghi;* Katanga (Zaïre), Angola, Simbabwe), Transvaal-L. *(P. l. krugeri;* Krüger-Nationalpark/S-Afrika). – Als Lebensraum bevorzugen L.n offenes od. licht bewaldetes Grasland, im Gebirge bis über 3000 m Höhe. Im Ggs. zu den meisten anderen Großkatzen leben L.n in festen Fam.-Verbänden mit Rangordnung; ein Rudel besteht aus 1 od. mehreren (gegenüber den Weibchen stets ranghöheren) Männchen u. mehreren Weibchen u. Jungtieren. Kein Revierverhalten; L.n-Rudel streifen nachts oft viele km weit durch die Savanne; während der Tageshitze ruhen sie unter Bäumen u. Büschen. Gejagt wird meist in der Nacht, in ungestörten Gebieten auch am Tage. Das Beutetier (z. B. Antilope, Gazelle, Zebra) wird angeschlichen, aus kurzer Entfernung angesprungen u. sofort getötet. Hpts. jagen die Löwinnen; an der Mahlzeit beteiligen sich alle Rudelmitglieder. L.n sind polygam; die Fortpflanzung ist an keine bestimmte Jahreszeit gebunden. Mittlere Tragzeit 105 Tage; Wurfgröße 2–4. L.njunge kommen in einem Versteck, in trockenem Gras od. zw. Felsen zur Welt; sie werden nach 6–7 Monaten entwöhnt u. jagen die ersten 2 Jahre gemeinsam mit der Mutter. Mit etwa 3 Jahren sind L.n ausgewachsen; sie können bis 30 Jahre alt werden. L.n stehen am Ende der Nahrungskette u. haben keine natürlichen Raubfeinde. ↗Höhlenlöwe; ↗Seelöwen. B Afrika III.   H. Kör.

Löwenäffchen, *Leontideus,* Gatt. der ↗Tamarins.   [↗Leocarpus.
Löwenfrüchtchen, *Leocarpus fragilis,*
Löwenmaul, *Antirrhinum,* Gatt. der Braunwurzgewächse mit über 30, überwiegend in N-Amerika u. dem Mittelmeerraum heim. Arten. Kräuter, Stauden od. Halbsträucher mit ungeteilten Blättern u. in endständ. Trauben stehenden, 2lipp. Blüten. Die Blütenkrone besteht aus einer vorn am Grunde ausgeweiteten Röhre, einer 2teiligen Oberlippe mit zurückgeschlagenem Rand u. einer 3teiligen Unterlippe mit einem den Schlund der Blütenkrone verschließenden „Gaumen". Die Frucht ist eine 2fächerige Kapsel. Bekannteste Art ist das aus dem westl. Mittelmeergebiet stammende Große od. Garten-L., *A. majus* (B Mediterranregion III), eine bis 80 cm hohe Staude mit schmallanzettl. Blättern und 2–4 cm langen, rötl.-purpurnen Blüten in dichten, endständ. Trauben. Ihm entstammt eine Vielzahl v. Kultursorten mit weißen, gelben, orangefarbigen, roten, purpurnen od. violetten u. braunroten, ein-

Löwe
Kopf eines männl. Löwen

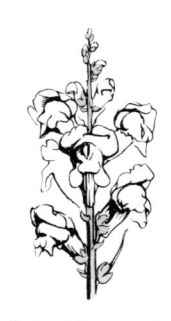

Garten-Löwenmaul
(Antirrhinum majus)

Löwenzahn
Der in der Volksmedizin u. a. als Blutreinigungs- u. Magenmittel geschätzte Gemeine L. *(Taraxacum officinale)* enthält in seinem weißen Milchsaft als Hauptwirkstoff das bittere, stark harntreibende u. die Gallensekretion fördernde *Taraxacin.* Die fleischige, im Herbst bes. inulinreiche Wurzel des Gemeinen L.s wurde fr. auch bisweilen geröstet als Kaffee-Ersatz verwendet.

od. mehrfarbigen Blüten, die als Gartenzierpflanzen sehr beliebt sind. In offenen Unkrautfluren gehackter Äcker, in Weinbergen u. Brachen wächst das Acker-L. *(A. orontium)* mit in lockerer Traube stehenden, 1–2 cm langen rosafarb. Blüten. B rudimentäre Organe.
Löwenschwanz, Wolfskraut, Herzgespann, *Leonurus,* Gatt. der Lippenblütler mit etwa 10, überwiegend aus Vorder- u. Zentralasien stammenden Arten. Kräuter mit kahlen od. weich flaumig bis zottig behaarten Blättern u. weißl. oder rosafarb. kleinen Blüten, die in mehr od. weniger kugeligen, vielblüt., zu vielen übereinander stehenden, beblätterten Scheinquirlen angeordnet sind. Der in Eurasien heim., nach der ↗Roten Liste „vom Aussterben bedrohte" Andorn-L. *(L. marrubiastrum)* besitzt eiförm.-lanzettl., grob gesägte Blätter sowie blaßrosa Blüten u. wächst in Unkrautges. an Wegen, Waldrändern u. Schuttplätzen. Der als „gefährdet" eingestufte, im gemäßigten Asien heim. Gewöhnl. L. *(L. cardiaca)* besitzt handförm. gelappte Blätter u. wächst in staudenreichen Unkrautges., an Wegen, Mauern u. Zäunen.
Löwenzahn, Bez. für zwei verschiedene, in ihrem Habitus recht ähnliche Gatt. der Korbblütler. 1) *Taraxacum,* Kuhblume, auf der N-Halbkugel verbreitete, bes. in den west- u. zentralasiat. Gebirgen heim. Gatt. mit rund 100, durch überwiegend parthenogenet. Vermehrung (↗Apomixis) z.T. sehr formenreichen Sammelarten und zahlr., mehr od. weniger abweichenden, schwer zu unterscheidenden Kleinarten. Ausdauernde, reichl. Milchsaft führende Rosettenpflanzen mit längl.-lanzettl., meist buchtig bis schrotsägeförm. eingeschnittenen Blättern u. einzeln auf hohlen Stengeln sitzenden Blütenköpfen. Diese aus zahlr. gelben Zungenblüten bestehend u. von 2 Reihen von Hüllblättern umgeben (schließen sich bei Einbruch der Nacht od. schlechtem Wetter). Die Früchte besitzen einen aus zahlr. gezähnelten, weißen bis bräunl. Borsten bestehenden Pappus. In Mitteleuropa ist v. a. der in der gemäßigten Zonen heute weltweit verbreitete Wiesen-L. oder Gemeine L., *T. officinale* (B Europa XVI), zu finden. Er wächst verbreitet in Fettwiesen u. -weiden sowie in Unkrautfluren v. Äckern u. Wegrändern u. wird als Wildsalat sowie als ein gg. vielerlei Leiden wirksames Heilmittel geschätzt. *T. bicorne* (Zentralasien) u. *T. hybernum* (Mittelmeergebiet) enthalten größere Mengen an Kautschuk, weswegen sie zeitweilig sogar angebaut wurden. 2) *Leontodon,* Gatt. mit ca. 60, in Europa, Zentralasien u. dem Mittelmeergebiet heim. Arten. Habitus im

Löwenzahnspinner

Löwenzahn
1 Pflanze *(Taraxacum officinale);* a Knospe, b aufgeblüht, c Fruchtstand; 2 Längsschnitt durch den Blütenstand; 3 einzelne Zungenblüte; 4 Fruchtstand

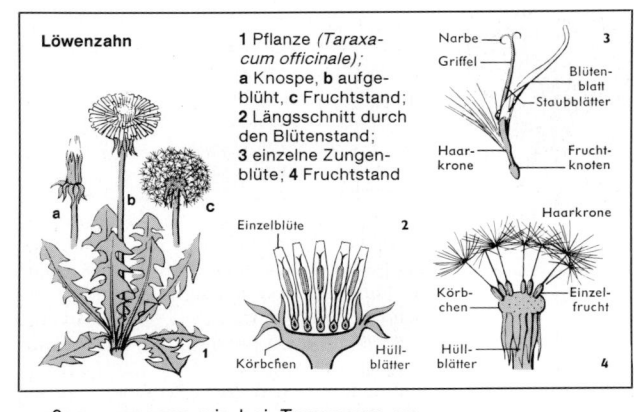

großen u. ganzen wie bei *Taraxacum,* unterscheidet sich jedoch v. a. durch das Vorhandensein federiger Borsten im Pappus der Früchte. Häufigste Art ist der verbreitet in Fettweiden, Parkrasen und Tret-Ges. auftretende Herbst-L. *(L. autumnalis)* mit meist verzweigten Stengeln u. unterseits rötl. gestreiften Randblüten. Ebenfalls in Fettwiesen u. -weiden, aber auch in Halbtrockenrasen, Moor- od. Naßwiesen sowie in Schotterfluren (Hochgebirge) zu finden ist das Rauhe Milchkraut *(L. hispidus). L. saxatile (L. saxatilis),* der Hundslattich, ist zieml. selten u. wächst in lückigen Rasen, an Wegen, Ufern u. in Brachen.

Löwenzahnspinner, Lemonia taraxaci, ↗ Herbstspinner.

Loxembolomeri [Mz.; v. *lox-, gr. embolon = Pfropf, Pflock, meros = Teil, Glied], bei v. Huene (1956) ein Taxon der *Batrachomorpha,* das den karbon. ↗ Stegocephalen (sensu Watson = ↗ *Embolomeri*) nahesteht. Nominatgatt.: *Loxomma* aus dem schott. Unterkarbon.

Loxia w [v. *lox-], die ↗ Kreuzschnäbel.

Loxoceminae [Mz.; v. *loxo-, gr. kēmos = Maulkorb], ↗ Riesenschlangen.

Loxodes m [v. gr. loxoeidēs = schief], Gatt. der *Gymnostomata,* lanzettförm., abgeflachte Wimpertierchen mit schnabelartig zur Bauchseite gekrümmtem Vorderende. Häufigste Art ist *L. rostrum,* ein bis 250 μm großer Bewohner verschmutzter Gewässer, der v. Bakterien u. Algen lebt.

Loxodonta w [v. *lox-, gr. odontes = Zähne], Gatt. der ↗ Elefanten.

Loxosoma s [v. *loxosom-], Gatt. solitärer ↗ *Kamptozoa* ([T]), mit charakterist. muskulösem Saugnapf an der Stielbasis anstelle einer Klebdrüse.

Loxosomatidae [Mz.; v. *loxosom-], Fam. der ↗ *Kamptozoa* ([T]) mit zahlr. solitär lebenden Arten, die sich durch Knospung später sich ablösender Tochterindividuen am Kelch des Mutterzoids vegetativ fortpflanzen.

Loxosomella w [v. *loxosom-], Sammel-

lox-, loxo- [v. gr. loxos = schief, schräg, seitwärts gebogen].

loxosom- [v. gr. loxos = krumm, schräg, sōma = Körper].

gatt. der ↗ *Kamptozoa* ([ ]) mit einer größeren Zahl solitärer Arten, die durch den Besitz einer persistierenden (U.-Gatt. *Loxocalyx*) od. nach dem Festsetzen degenerierenden (U.-Gatt. *Loxosomella s.str.*) Klebdrüse an der Stielbasis gekennzeichnet sind.

L-Phase ↗ L-Form.

LSD, Abk. für ↗ Lysergsäurediäthylamid.

LTH, Abk. für luteotropes Hormon, ↗ Prolactin.

Lubomirskiidae [Mz.], Schwamm-Fam. der *Haplosclerida,* eigens für *Lubomirskia baicalensis* aus dem ↗ Baikalsee ([T]) geschaffen, jedoch in ihrer Gültigkeit angezweifelt.

Lucanidae [Mz.; v. lat. lucus = Hain], die ↗ Hirschkäfer.

Lucernaria w [v. lat. lucernarius = Lampen-], Gatt. der ↗ Stauromedusae.

Luchse, *Lynx,* Gatt. der Kleinkatzen; hochbeinig, kurzer Schwanz, Ohrspitzen mit Haarpinsel, Backenbart. Der Nordluchs *(L. lynx;* Kopfrumpflänge 85–110 cm, Schulterhöhe 50–75 cm, Schwanzlänge 12 bis 17 cm; Grundfärbung gelbl.-grau bis zimtfarben, Fleckenmuster unterschiedl. stark ausgeprägt, Schwanzspitze schwarz; [B] Europa V) ist in mehreren U.-Arten über die nördl. Waldgebiete Europas (O-Europa, N-Skandinavien), Asiens u. N-Amerikas verbreitet; in Dtl. wurde er wegen seines begehrten Fells u. als angebl. „Jagdschädling" ausgerottet. Der Süd- od. Pardelluchs *(L. l. pardinus;* Spanien, Portugal) wird z. T. auch als eigene Art *(L. pardina)* aufgefaßt. In N-Amerika ist der Polar- oder Kanadaluchs *(L. l. canadensis,* [B] Nordamerika I) heimisch; an seine südl. Verbreitungsgrenze schließt das Vorkommen des kleineren Rotluchses („Bobcat", „Wildcat", *L. rufus;* Kopfrumpflänge 65 bis 95 cm, Schulterhöhe 50–60 cm) an; diese häufigste Wildkatze der USA ist weniger an den Wald gebunden als der Nordluchs. – L. sind standorttreue Einzelgänger, die ausgedehnte Reviere bewohnen; sie benutzen feste Wechsel, Markierungsplätze u. Ruhelager. L. jagen hpts. in der Dämmerung (ausgezeichnetes Seh- u. Hörvermögen) nach Beute (Säugetiere v. Maus- bis Rehgröße, Vögel, Amphibien, Reptilien); Da ihnen vorwiegend schwache u. kranke Tiere zum Opfer fallen, tragen L. zur Gesunderhaltung des Wildbestandes bei. – Einer eigenen Gatt. gehört der ↗ Wüstenluchs an.

Luchsfliegen, *Stilettfliegen, Therevidae,* mit den ↗ Raubfliegen verwandte Fam. der Fliegen mit insgesamt ca. 500, in Mitteleuropa ca. 30 Arten. Die Imagines sind mittelgroß, oft pelzig behaart; die sehr schlanken Larven mancher Arten werden zuweilen an Kieferpflanzungen schädlich.

Luchsspinnen, *Scharfaugenspinnen, Oxy-*

opidae, Fam. der Webspinnen mit ca. 300 bes. in den Tropen verbreiteten Arten; tagaktive Räuber mit großen Augen, die ihre Beute im Sprung überwältigen; der flache Eikokon wird zw. Zweigen od. ähnlichem befestigt u. bewacht. In Mitteleuropa sind 3 Arten aus der Gatt. *Oxyopes* bekannt, die alle niedrige Vegetation, z. B. Heiden, bewohnen.

Lucibacterium *s* [v. lat. lux = Licht], Gatt. der ↗Leuchtbakterien.

Lucifer [*lucifer-], Gatt. der ↗*Natantia;* sehr schlanke, durchsichtige, kleine (1 cm) Garnelen mit stark verlängertem Kopf; Pereiopoden 4 und 5 reduziert, pelagisch in allen Tiefen, ohne Leuchtorgane.

Luciferase *w* [v. *lucifer-], in den Leuchtorganen der Leuchtkäfer u. anderer zur Lumineszenz fähigen Organismen (↗Leuchtorganismen) vorkommendes Enzym, das in Ggw. von molekularem Sauerstoff die Oxidation v. Luciferin bzw. Luciferyladenylat katalysiert, wobei ein optisch angeregtes Oxidationsprodukt entsteht, das unter Emission v. Lichtquanten in den Grundzustand übergeht u. so ↗Biolumineszenz (☐) verursacht.

Luciferine [Mz.; v. *lucifer-], bei ↗Biolumineszenz-Reaktionen (☐) umgesetzte chem. Verbindungen aus verschiedenen ↗Leuchtorganismen, die sich je nach Herkunft in ihrer chem. Struktur unterscheiden (vgl. Abb.) u. verschiedenen Typen v. Biolumineszenz-Systemen angehören.

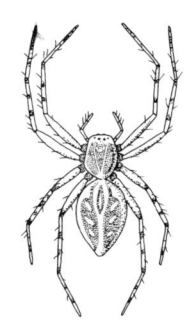

Luciferine

1 L. der Leuchtkäfer (Fam. *Lampyridae);*
2 L. vom Coelenteraten-Typ (gefunden bei Coelenteraten, Krebsen, Tintenfischen u. Fischen);
3 L. vom Diplocardia-Typ (gefunden bei Borstenwürmern);
4 L. der Dinoflagellaten

Luciferyladenylat *s* [v. *lucifer-, gr. ádēn = Drüse], ausschl. bei den v. ↗Luciferase katalysierten ↗Biolumineszenz-Reaktionen (☐) der ↗Leuchtkäfer entstehende aktivierte Verbindung, die sich unter Verbrauch v. ATP aus ↗Luciferin bildet u. ein gemischtes Anhydrid zw. der Carboxylgruppe des Luciferins u. AMP darstellt.

Lucilia *w* [v. lat. lucere = glänzen], Gatt. der ↗Fleischfliegen.

Luchsspinnen
Oxyopes spec.

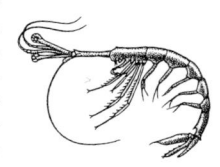

Lucifer acestra

lucifer- [v. lat. lux, Gen. lucis = Licht, -fer = -tragend].

Lucina *w* [ben. nach Lucina, Beiname der Iuno als Geburtsgöttin], Gatt. der Mondmuscheln (U.-Ord. Verschiedenzähner), Meeresmuscheln mit rundl., konzentrisch gestreiften Klappen, über die vom Wirbel eine Furche zum Ventralrand verläuft; der Klappenrand ist gezähnelt; Weichbodenbewohner warmer u. trop. Meere.

Luciocephaloidei [Mz.; v. lat. lucius = Hecht, gr. kephalē = Kopf], die ↗Hechtkopffische.

Lückenhaftigkeit der Fossilüberlieferung, meint die schon von C. Darwin selbst geäußerte Erwartung, daß paläontolog. Dokumentation v. Natur aus zu lückenhaft sei, um der Evolutionstheorie entscheidende Beweismittel liefern zu können. Insbes. das (anfängl.) Ausbleiben der erhofften Bindeglieder zw. hochrangigen Taxa (z. B. Fische – Amphibien, Reptilien – Vögel) wurde als Beweis für die L. d. F. angesehen, u. die fehlenden (verbindenden) Glieder wurden deshalb negativ *missing links* gen. In der heutigen Bez. *connecting links* (↗additive Typogenese) drückt sich bereits eine Richtigstellung übertriebener Skepsis aus. – Die kalkulierbare L. d. F. hat geolog. und anatom. Ursachen: 1. Sedimentgesteine, in denen die Masse der Fossilien gefunden wird, weisen ihrer Natur nach zeitl. und somit dokumentar. Lücken auf (↗Erdgeschichte). 2. Fossile Tiefseesedimente sind selten zugängl. überliefert. 3. Fossilwerdung (↗Fossilisation) bedingt i. d. R. Substanzverlust u. die gänzl. Auslöschung skelettloser Organismen. Bes. günstige Erhaltungsweisen u. ausgefeilte Präparationsmethoden haben jedoch schon oft zu unerwarteter Kenntniserweiterung geführt. Die Zukunft läßt eine beträchtl. Einengung bestehender Lücken erhoffen.

Lückenzähne, heißen bei den Raubtieren *(Carnivora)* die im Ober- u. Unterkiefer bei Zahnschluß auf Lücke stehenden Prämolaren vor der Brechschere aus $\frac{P4}{M1}$.

Lucké-Virus ↗Herpesviren.

Ludwig, *Carl Friedrich Wilhelm,* dt. Physiologe, * 29. 12. 1816 Witzenhausen, † 24. 4. 1895 Leipzig; seit 1846 Prof. in Marburg, 1849 Zürich, 1855 Wien, 1885 Leipzig; neben J. ↗Müller einer der bedeutendsten Physiologen des 19. Jh., begr. die experimentelle u. kausalanalyt. Richtung der physiolog. Forschung, die mit physikal.-chem. Methoden u. quantitativer Analyse arbeitet; zahlr. fundamentale Arbeiten auf allen Gebieten der Physiologie (Hydromechanik des Blutkreislaufs, Lymphgefäßsystem, Gasaustausch u. Partialdruckverhältnisse der Blutgase, Stoffwechsel des tätigen u. ruhenden Muskels, Filtrationstheorie der

Ludwigia murchisonae
Harnbereitung, vasomotor. Zentrum, Entdeckung der sekretor. Nerven an der Speicheldrüse u. a.); erfand das Kymographion u. führte damit die graphische Aufzeichnung v. Meßergebnissen ein; zus. mit E. W. ⌐Brücke, E. ⌐Du Bois-Reymond und H. v. ⌐Helmholtz widerlegte er die Vorstellung vom Vitalismus. HW „Lehrbuch der Physiologie des Menschen", 2 Bde. Leipzig 1852–56.

Ludwigia murchisonae w, (Sowerby), zu den † *Hildoceratacae* gehörender scheibenförm. Ammonit (⌐*Ammonoidea*) mit deutl. abgesetztem Kiel; Leitfossil des Dogger β.

Lufeng, *Hominoidenfunde von L.* (Prov. Yünnan, S-China), vollständ. Schädel u. Skelettreste v. ⌐*Ramapithecus* u. ⌐*Sivapithecus*, welche auf verwandtschaftl. Beziehungen zum Orang-Utan hindeuten; Alter: Obermiozän, ca. 6–9 Mill. Jahre.

Luffa w [v. arab. lūfah = Schwammkürbis], ⌐Kürbisgewächse.

Luft ⌐Atmosphäre.

Luftalgen, *aerophytische Algen,* Algen, die in der freien Atmosphäre leben u. aus dieser Wasser (Regen, Nebel) aufnehmen. Wachsen häufig auf Schattenseiten v. Felsen od. Bauwerken, so z. B. *Trentepohlia aurea*, die goldgelbe Überzüge bildet, od. verschiedene Blaualgen (Cyanobakterien), z. B. *Gloeocapsa, Chroococcus, Nostoc* u. a., die schwarzgrüne Beläge bilden. Auf der Wetterseite v. Bäumen gedeiht häufig die Grünalge *Pleurococcus vulgaris*.

Luftatmung, Aufnahme v. Luftsauerstoff durch Haut, Lungen, Tracheen od. abgewandelte Kiemen (Landasseln); L. kommt auch bei sekundär zur aquatischen Lebensweise zurückgekehrten Säugern, Schnecken u. Insekten vor. ⌐Atmung, ⌐Atmungsorgane.

Luftgewebe, das ⌐Aerenchym.

Lufthyphe w [v. gr. hyphē = Gewebe], ⌐Luftmycel.

Luftkammer, v. Gehäusewand u. Septen (Kammerscheidewänden) umschlossener Teil des ⌐Phragmocons v. Cephalopoden; bei *Nautilus* u. *Spirula* enthalten die L.n nachweislich Luft mit vermindertem Sauerstoffgehalt.

Luftkapillaren [v. lat. capillus = Haar], Teil der Vogellunge; ⌐Atmungsorgane (B III).

Luftknollen, Sproßknollen hpts. bei epiphytischen trop. Pflanzen (Orchideen; ⌐Ameisenpflanzen, ☐); dienen der Wasserspeicherung, teilweise auch der Assimilation. Als „Luftkartoffeln" finden die L. von *Dioscorea bulbifera* (⌐Yams) Verwendung.

Luftmycel s [v. gr. mykēs = Pilz], Pilzfäden (*Lufthyphen*) od Bakterienfilamente (z. B. bei Nocardien u. Streptomyceten), die über die Oberfläche des Substrats in den Luftraum wachsen u. vorwiegend der Vermehrung dienen (*reproduktives* Mycel); an ihm bilden sich Konidienträger mit Konidien u./od. Sporangienträger mit Sporangien od. Stolonen. Das L. entwickelt sich vom Substratmycel aus, das direkt dem Substrat aufliegt od. innerhalb des Substrats wächst u. auch das L. ernährt.

Luftpflanzen, die ⌐Phanerophyten.

Luftplankton, das ⌐Aeroplankton.

Luftröhre, *Trachea*, bei den luftatmenden Wirbeltieren ein biegsames, vor der Speiseröhre liegendes Verbindungsrohr zw. ⌐Kehlkopf u. ⌐Lunge, das sich in Höhe des 5. Brustwirbels in 2 Äste (Stamm-⌐Bronchien) teilt. Die beim Menschen etwa 12 mm weite und 12 cm lange L. wird durch 15–20 eingelagerte, dorsal geöffnete hufeisenförm. Knorpelspangen (*Trachealknorpel*) gestützt u. dauernd offengehalten. Zur Reinigung u. Vorwärmung der Atemluft dient ein mit Flimmerzellen ausgekleidetes Schleimhautepithel (⌐Flimmerepithel). Der Flimmerstrom erfolgt in Richtung des Kehlkopfes, so daß eingeatmete Staubteilchen sowie Schleim herausbefördert werden (⌐Hustenreflex). ☐ Kehlkopf; B Atmungsorgane I, III.

Luftröhrenwurm, *Syngamus trachea*, parasit. Fadenwurm, Erreger der Rotwurmseuche beim Geflügel; ⌐*Strongylida*.

Luftsäcke Teil der Vogellunge; ⌐Atmungsorgane (B III); B Wirbeltiere I.

Luftsackmilbe, *Cytodites nudus*, Vertreter der *Sarcoptiformes*, lebt als Endoparasit in Bronchien, Lungen u. Luftsäcken v. Hühnervögeln; ihre Nahrung ist seröse Flüssigkeit, die mit den zu einem Saugrohr umgebildeten Mundwerkzeugen aufgesogen wird. Die Milben sind 0,6 mm groß, eiförmig u. haben keine Klammer- od. Stützorgane. Stärkere Beschwerden bei den befallenen Tieren treten erst bei Massenvermehrung auf.

Luftsproß, oberird. Sproß einer Landpflanze bzw. sich über die Wasseroberfläche erhebender Sproß einer Wasserpflanze.

Luftverschmutzung, *Luftverunreinigung*, liegt nach der WHO-Definition vor, „wenn sich ein luftverunreinigender Stoff od. mehrere luftverunreinigende Stoffe od. Gemische dieser Stoffe in solchen Mengen u. so lange in der Außenluft befinden, daß sie für Menschen, Tiere, Pflanzen und/oder Materialien schädl. sind, zur Schädigung beitragen od. das Wohlbefinden od. die Besitzausübung unangemessen stören können". – Die luftverunreinigenden Stoffe können natürlichen (z. B. Vulkanismus, Staubstürme, Brände, Aerosole v. Ozeanen u. Seen, Pollenstäube, Fäulnisprozesse, Stoffwechselprodukte der Organis-

Luftverschmutzung
Zur Reinhaltung der Luft wurden in der BR Dtl. vom Gesetzgeber Vorschriften erlassen, die unter der Bez. „Technische Anleitung zur Reinhaltung der Luft" *(TA-Luft)* die Grenzwerte für Emissionen u. Immissionen einiger Substanzen bestimmen. Ferner enthält die TA-Luft Angaben über Meßmethoden u. Berechnung der Schornsteinhöhen.

Luftverschmutzung

Herkunft der luftverschmutzenden Substanzen

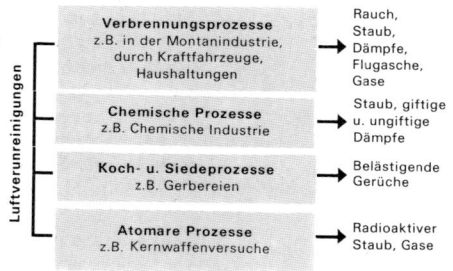

Luftverunreinigungen		
Verbrennungsprozesse z.B. in der Montanindustrie, durch Kraftfahrzeuge, Haushaltungen	→	Rauch, Staub, Dämpfe, Flugasche, Gase
Chemische Prozesse z.B. Chemische Industrie	→	Staub, giftige u. ungiftige Dämpfe
Koch- u. Siedeprozesse z.B. Gerbereien	→	Belästigende Gerüche
Atomare Prozesse z.B. Kernwaffenversuche	→	Radioaktiver Staub, Gase

men) od. anthropogenen Ursprungs (insbes. durch Verbrennungsprozesse aller Art; *L. i. e. S.*) sein. Die wesentl. Quellen der anthropogenen L. sind Industrie, Verkehr, Haushalt u. Kleingewerbe, die eine Vielzahl luftverunreinigender Stoffe (über 300) emittieren (vgl. Abb. und Tab.). ⊿ *Emissionen* sind die festen, flüssigen od. gasförm. luftverunreinigenden Stoffe, die beim Verlassen der Anlage in die Atmosphäre gelangen. Die ausgestoßenen Emissionen werden v. den Luftströmungen mehr od. minder weit transportiert *(Transmission)* u. wirken als ⊿ *Immissionen* auf Organismen, belebte u. unbelebte Substrate ein. Bei bestimmten Wetterlagen (z. B. Inversion, Windstille) kann die rasche Verteilung der Schadstoffe vermindert werden, so daß im Bereich v. Großstädten u. Industriegebieten gesundheitsgefährdende Konzentrationen erreicht werden können (⊿ *Smog*). – Unter den gasförm. Schadstoffen ist zw. primären u. sekundären L.en zu unterscheiden. *Primäre L.en* entsprechen in ihrer Zusammensetzung den emittierten Substanzen; dazu gehören u. a. ⊿ Kohlenmonoxid (CO), ⊿ Kohlendioxid (CO_2, ⊿ Glashauseffekt, ⊿ Klima), Kohlenwasserstoffe (C_2H_4, C_mH_n), ⊿ Schwefeldioxid (SO_2, ⊿ saurer Regen), Schwefelwasserstoff (H_2S), ⊿ Stickoxide (NO_x), Chlor (Cl_2), Fluorwasserstoff (HF), Fluorchlorkohlenstoffverbindungen ($CFCl_3$ = Freon 11, CF_2Cl_2 = Freon 12 als Treibgas für Aerosole u. Sprays (☐ Aerosol) u. Kühlflüssigkeit in Kühlschränken). *Sekundäre L.en* gehen durch physikal. oder chem. Vorgänge aus emittierten Substanzen hervor; dazu zählen u. a. die ⊿ *Photooxidantien* Ozon und *Peroxyacetylnitrat* (PAN). Sehr stabile Verbindungen gelangen mit der Zeit durch Luftaustauschprozesse in höhere Luftschichten (⊿ Ozonschicht). Die Luft enthält außer gasförm. Verunreinigungen auch Schwebeteilchen in fester od. flüssiger Form (⊿ *Aerosol*). Staubförm. Abgasbestandteile (z. B. Flugasche, Ruß, Zementstäube, Hüttenstäube u. a.) treten durch sichtbare Verschmutzungseffekte deutlicher in Erscheinung. Infolge v. Lichtentzug, Ätzschäden u. ver-

Luftverschmutzung

L. in der BR Dtl. (in Millionen t pro Jahr bzw. in %; Stand 1982) nach Zusammensetzung und Herkunft (Umweltbundesamt 1984)

CO	8,2
Kraft- u. Heizwerke	0,4%
Industrie	13,6%
Haushalte	21,0%
Verkehr	65,0%
NO_x als NO_2	3,1
Kraft- u. Heizwerke	27,7%
Industrie	14,0%
Haushalte	3,7%
Verkehr	54,6%
SO_2	3,0
Kraft- u. Heizwerke	62,1%
Industrie	25,2%
Haushalte	9,3%
Verkehr	3,4%
C_xH_x (org. Verb.)	1,6
Kraft- u. Heizwerke	0,6%
Industrie	28,0%
Haushalte	32,4%
Verkehr	39,0%
Staub	0,7
Kraft- u. Heizwerke	21,7%
Industrie	59,7%
Haushalte	9,2%
Verkehr	9,4%

mindertem Gasaustausch durch Verschluß v. Spaltöffnungen kann das Wachstum der Pflanzen erhebl. beeinträchtigt werden. Schwermetallhalt. Stäube (Blei, Zink, Kupfer, Chrom, Nickel, Cadmium u. a.), die bei der Verhüttung v. Erzen u. Schrott, bei chem. Prozessen der Metallveredelung (galvanisieren, beizen) u. als Metallzusätze von organ. Verbindungen (z. B. Blei im Benzin, Additive für Schmieröle) freigesetzt werden, beeinträchtigen nicht nur das Wachstum u. die Erträge der land- und forstwirtschaftl. Kulturen, sondern können über mineral. und biol. Mechanismen angereichert u. gespeichert werden u. direkt od. indirekt über die Nahrungskette letztl. den Menschen erreichen u. akute od. chronische Schäden hervorrufen (⊿ Blei, ⊿ Cadmium, ⊿ Itai-Itai-Krankheit, ⊿ Minamata-Krankheit, ⊿ Schwermetalle, ☐). Zahlr. Methoden u. Verfahren wurden entwickelt, um die L. zu verhindern od. wenigstens zu verringern, so z. B. Verfahren zur Abtrennung v. Stäuben (Trocken-, Naß- u. Elektro-⊿ Filter, ☐) sowie von gas- oder dampfförm. Substanzen (Auswaschen, Kondensation) aus Gasströmen. Ferner können Abgase durch direkte od. katalytische Oxidation (z. B. katalytische Nachverbrennung von Autoabgasen, „Katalysatorauto") unschädl. gemacht werden. Auch Änderungen v. Produktionsprozessen können zur Emissionsverminderung beitragen. Schornsteinerhöhung verlagert lediglich die Probleme. ⊿ Waldsterben. *W. H. M.*

Luftwurzeln, Bez. für Wurzeln, die im Ggs. zu den normal im Erdreich wachsenden u. dort verbleibenden Wurzeln wenigstens z. T. oberird. angelegt sind; i. d. R. sproßbürtige Adventivwurzeln (⊿ Adventivbildung, ☐), die entspr. ihrer Hauptaufgabe als ⊿ Atemwurzeln, ⊿ Haftwurzeln od. ⊿ Stelzwurzeln beschrieben werden. L. sind bes. bei ⊿ Epiphyten verbreitet, bei denen sie neben der Befestigung die Wasser- u. Mineralsalzaufnahme z. T. aus dem Luftraum (Stäube u. Regen nutzend) bewerkstelligen. Bei der Orchideen-Gatt. *Taeniophyllum* sind die L. bandartig abgeflacht u. chlorophyllhaltig; sie übernehmen hier zusätzl. die Funktion der völlig reduzierten Blätter.

Lügensteine, *Beringersche L., Würzburger L.,* v. dem Würzburger Prof. der Medizin Adam Beringer (1667–1740) in seiner „Lithographica Wirceburgensis" (1726) veröff. „Figurensteine", die auf Bestellung v. Kollegen angefertigt u. in Muschelkalksteinbrüchen zur bewußten Irreführung u. Bloßstellung Beringers versteckt worden waren. Dieser bemühte sich später, das Werk zurückzukaufen. – Die L. gelten heute als „lustiges" Beispiel v. Fossilfäl-

Lugolsche Lösung

schungen, v. denen Fachleute auch heute nicht verschont bleiben. ↗Piltdown-Mensch.

Lugolsche Lösung [ben. nach dem frz. Arzt J. G. Lugol, 1786–1851], wäßr. Iod-Kaliumiodid-Lösung aus 1 Teil Iod, 2 Teilen Kaliumiodid u. 97 Teilen Wasser; als Desinfektionsmittel u. zur ↗Gram-Färbung.

Lullula w, Gatt. der ↗Lerchen.

Lumachelle w [-kelle, frz. lümaschäl], (C. F. Naumann 1854), überwiegend aus Mollusken- u. Brachiopodenschalen bestehender fester Kalkstein mit großem Porenvolumen; deshalb günst. Speichergestein für Erdgas und -öl; gelegentl. übersetzt als „Schalenbreccie".

Lumb, Brosme brosme, bis 90 cm langer Dorschfisch der nordatlant. Küsten mit einem Kinnfaden u. einer langen, saumart. Rückenflosse. [↗Lendenwirbel.

Lumbalwirbel [v. lat. lumbus = Lende], die

Lumbricidae [Mz.; v. *lumbric-], Ringelwurm-Familie mit 10 Gatt. (vgl. Tab.); 2–60 cm lange, meist regenwurmart. Formen; 8 paarige Borsten pro Segment, kein oesophagealer Kaumagen, jedoch intestinaler Kropf u. intestinaler Muskelmagen; Kalkdrüsen; im allg. 2 Paar Hoden im 10. und 11. Segment; 1 Paar Ovarien im 13. Segment, männl. Geschlechtsöffnungen im 15. Segment. Meist terrestrisch, einige amphibisch od. limnisch.

Lumbriclymene w [v. *lumbric-, gr. klymenos = berühmt], Gatt. der Ringelwurm-(Polychaeten-)Fam. ↗Maldanidae.

Lumbricobdella w [v. *lumbric-, gr. bdella = Blutegel], Gattung der Hirudinea-Familie ↗Erpobdellidae, Erdegel mit rückgebildetem hinterem Saugnapf.

Lumbriconereis w [v. *lumbric-, gr. Nērēis = Nereide], Gatt. der ↗Lumbrineridae.

Lumbriculidae [Mz.; v. *lumbric-], Fam. der Ringelwürmer (U.-Kl. Oligochaeta) mit 15 Gatt. (vgl. Tab.); klein und relativ kurz, jedoch mit zahlr. Segmenten; mitteleur. Formen haben das Aussehen v. Regenwürmern. Jedes Segment im allg. mit 4 Borstenpaaren; kein Kaumagen; 1 bis 4 Paar Hoden im 6.–10. oder im 9.–11. Segment, 1–3 Paar Ovarien im 9.–12. Segment; ungeschlechtl. Vermehrung durch ↗Architomie, doch ohne Kettenbildung; limnisch. Bekannte Art Lumbriculus variegatus, bis 8 cm lang, lebt auf Schlammoberflächen oder zw. den faulenden Blättern v. Waldtümpeln.

Lumbricus m [lat., = Regenwurm], Ringelwurm-Gatt. der Fam. ↗Lumbricidae. Bekannte Arten: L. terrestris, der Gemeine Regenwurm (↗Gürtelwürmer, ☐), 9–30 cm lang, weit verbreitet, bevorzugt lehmige Böden (↗Bodenorganismen, ☐; ↗Bodenentwicklung, ↗Bioturbation). L. rubellus,

lumbric- [v. lat. lumbricus = Regenwurm].

Lumbricidae
Wichtige Gattungen:
↗ Allolobophora
Bimastus
↗ Dendrobaena
↗ Eisenia
↗ Eiseniella
Helodrilus
↗ Lumbricus
Octoclasium

Lumbriculidae
Wichtige Gattungen:
Agriodrilus
Bythonomus
Lamprodrilus
Lumbriculus
Rhynchelmis
Styloscolex
Teleuscolex

bis 15 cm lang, in humusreichen Böden mit mittlerem Feuchtigkeitsgehalt u. in vermodernden Stubben. L. Badensis, bis 60 cm lang bei einem ⌀ von 10–12 mm, wird bis 20 Jahre alt u. behält zeitlebens seine Wohnröhre in sauren Böden bei; ist auf den Südschwarzwald beschränkt, wo er Standorte besetzt, die L. terrestris nicht besiedelt. ↗Regenwürmer. ☐ Fortbewegung; B Ringelwürmer.

Lumbrineridae [Mz.; v. *lumbric-, gr. Nērēis = Nereide], Fam. der Ringelwürmer (Kl. Polychaeta); Kennzeichen: Prostomium ohne Antennen u. Palpen, 2 vordere Segmente ohne Parapodien, Parapodien einästig, 4 Paar Kiefer und 1 Mandibel; grabend u. überwiegend carnivor, keine pelag. Larven. Wichtigste Gatt.: Lumbrineris (= Lumbriconereis), Ophiuricola.

Lumen s [lat., = Licht], Hohlraum (lichte Weite) röhrenförm. Organe u. Zellen, z. B. Darm-L., Gefäß-L., Zell-L.

Lumineszenz [v. lat. lumen = Licht], Emission v. Licht, die ohne therm. Energie („kaltes Licht") nach quantenhafter Anregung entsteht. L. ist der Oberbegriff für ↗Fluoreszenz u. ↗Phosphoreszenz. Je nach Art der Energiequelle, die zur Anregung führt, unterscheidet man u. a. zwischen ↗Bio-L., ↗Chemi-L. und Elektro-L.

Lumineszenzmikroskopie [v. lat. lumen = Licht], die ↗Fluoreszenzmikroskopie.

Lumisterin s [v. lat. lumen = Licht, gr. stear = Fett], bei der photochem., durch UV-Licht bewirkten Bildung v. ↗Calciferol entstehendes Nebenprodukt, dessen Dihydroderivat eine dem Nebenschilddrüsen-Hormon ähnl. Wirkung hat. ☐ Calciferol.

Lummen [Mz.], zu den ↗Alken gehörende Vögel, z. B. die Gryllteiste (Cepphus grylle); ↗Trottellumme.

Lump m [v. engl. lump = Klumpen], Cyclopterus lumpus, der ↗Seehase (Fisch).

Lumpenus m, Gatt. der ↗Schleimfische.

Lunaria w [v. lat. lunaris = Mond-], das ↗Silberblatt.

Lunario-Acerion s [v. lat. lunaris = Mond-, acer = Ahorn], Eschen-Ahornwälder, Eschen-Ahorn-Schatthangwälder, auch „Schluchtwälder", Verb. der mesophyt. Laubmischwälder (Fagetalia sylvaticae, ↗Querco-Fagetea). Diese äußerst produktiven, arten- u. strukturreichen Laubwaldges. finden sich in mild-ozean., regenreichem Klima auf Standorten mit lokal anhaltend hoher Luftfeuchtigkeit u. guter Wasserversorgung der Böden. In Abhängigkeit v. den Bodenverhältnissen lassen sich verschiedene Assoz. unterscheiden: An NW- bis O-exponierten Steilhängen sowie in Schluchten mit feinerdearmen Kalkschuttböden siedelt v. der submontanen bis in die montane Stufe der Eschen-Ahorn-Schatthangwald *(Phylliti-Aceretum)*. Die Krautschicht setzt sich aus einzelnen Felsspaltenpflanzen neben feuchtebedürft. Hochstauden u. Farnen zus. Auf tiefgründigeren u. feinerdereichen Hangfußböden stockt hingegen der Ahorn-Eschen-Hangfußwald *(Aceri-Fraxinetum)*. Die Böden sind gleichmäßig gut durchfeuchtet u. durch außergewöhnl. intensive Stickstoffmineralisation gekennzeichnet, so daß das Nährstoffangebot demjenigen v. gut versorgten Ackerböden entspricht. Die Bestände gehören entspr. zu den schnellwüchsigsten Waldges. Mitteleuropas. Etwas trockenere, ebenfalls sehr fruchtbare Mullböden der Hangfüße u. Talsohlen ermöglichen schließl. die seltene Ausbildung des Lerchensporn-Eschen-Ahorn-Talsohlenwaldes *(Corydali-Aceretum)*, der durch seinen bunten Reichtum an Frühlingsgeophyten auffällt. Derart. Bestände sind als „Kleebwälder" v. der Schwäb. Alb beschrieben.

Lun_a_rperiodizität *w* [v. lat. lunaris = Mond-], period. Abhängigkeit der Entwicklungs- u. Sexualvorgänge verschiedener Organismen vom Stand des Mondes (Mondphase). Aus der Überlagerung v. Gezeitenzyklus u. Tidenhubzyklus (vgl. Spaltentext) ergibt sich im Küstenbereich ein Muster sich rhythm. ändernder Umweltbedingungen, an die sich die Küstenbewohner anpassen mußten. Zusätzl. zur Gezeitenrhythmik sind die Lebewesen der jahreszeitl. Änderung des tägl. Licht-Dunkel-Wechsels ausgesetzt ([T] Chronobiologie). Mit den Mondphasen ändert sich die Störlichtsituation in der tägl. Dunkelperiode. Die geophysikal. Zyklen prägen durch ihre Periodizität die Sexual- u. Entwicklungszyklen vieler Meeresbewohner. Bes. in den zahlr. Fällen äußerer Besamung, bei denen die Gameten einfach ins Wasser entlassen werden, ist die zeitl. Koordination v. entscheidendem Vorteil für das Überleben der Population. Die vorausschauende Einstellung auf sich rhythm. ändernde Umweltbedingungen hat zur Evolution endogener Rhythmen geführt, die als physiol. Uhren fungieren (↗Chronobiologie). – *Endogene lunare Rhythmen* sind bei vielen marinen Organismen nachgewiesen worden. Bei Populationen der Mücke *Clunio* (↗Zuckmücken) wird der Abschluß des Entwicklungszyklus endogen durch ein circadianes ($\approx$ 24 h) u. ein circa-semilunares ($\approx$ 15 d) Zeitmeßsystem über die äußeren Zeitgeber an die Springniedrigwasserzeit angepaßt. Endogene lunare Rhythmen der Gametenfreisetzung wurden beim marinen Polychaeten ↗*Platynereis megalops* u. bei der Braunalge *Dic-*

Lunarperiodizität
Die L. hat eine tägl. (lundiane = 24,8 h) und eine monatl. (lunare, synodische = 29,5 d) Komponente. Sonne u. Mond üben durch Gravitation einen Tiden (Gezeiten) induzierenden Einfluß auf die Erde aus. Durch seine Nähe kontrolliert der Mond den zeitl. Verlauf des Tidenhubs. Die Konstellation v. Sonne-Erde-Mond moduliert die Amplitude. Ebbe- u. Flutwellen finden sich auch in der festen Erdkruste u. in der Atmosphäre. An gezeitenstarken Küsten bilden Ebbe u. Flut einen halbtäg. Zyklus v. etwa 12,4 Stunden. Hoch- u. Niedrigwasserstände treten daher i. d. R. zweimal täglich auf u. verschieben sich v. Tag zu Tag um eine Differenz zw. Sonnen- u. Mondtag, d. h. um durchschnittl. 48 Minuten. Der Tidenhub des halbtäg. Gezeitenzyklus ändert sich parallel zum Mondphasenwechsel u. erreicht 1–2 Tage nach Voll- u. Neumond Höchstwerte (Springtiden) u. an den Tagen nach Halbmond Tiefstwerte (Nipptiden), d. h. durchschnittl. alle 14,75 Tage.

Lunge
Oberflächenvergrößerung in den L.n der Wirbeltiere
Man schätzt, daß etwa 300 Millionen L.nbläschen (Alveolen) in der *menschlichen L.* den Gasaustausch bewerkstelligen. Jedes dieser Bläschen hat einen $\varnothing$ von 200 µm. Die gesamte Austauschfläche ist etwa 100 m^2 groß. Zum Vergleich: Die Gesamtoberfläche der roten Blutkörperchen (↗Erythrocyten) beträgt etwa 3500 m^2.

tyota dichotoma (↗Dictyotales) gefunden. Vermutl. werden auch die lunaren Fortpflanzungsrhythmen des ↗Palolowurms *(Eunice viridis)* vor Samoa u. des vor der kaliforn. Küste lebenden Fisches Grunion *(Leuresthes tenuis, ↗Ährenfische)* durch physiolog. Uhren u. die äußeren Zeitgeber auf den Tag genau gesteuert. Die Synchronisation der Befruchtungsbereitschaft von männl. und weibl. Organismen mit äußerer Besamung war offensichtl. ein entscheidender Fortschritt in der Evolution zur Verbesserung der Überlebenschancen der Populationen. Auch beim Menschen gibt es Hinweise auf lunarperiod. Prozesse. Möglicherweise war der ↗Menstruationszyklus der Frau in frühen Stadien der menschl. Evolution eng an äußere Zeitgeber gekoppelt. Bei männl. Säugern findet die Spermienreifung auf dem Weg durch die mäanderartig gewundenen Samenleiter im Nebenhoden (Epididymis) statt. Trotz artspezif. sehr verschiedener Länge der Kanäle (7 bis 70 m) dauert die Reifung immer etwa 15 Tage. Bei vielen Säugern wird die sexuelle Aktivität photoperiod. gesteuert. Lunarperiod. Phänomene sind experimentell nur schwer nachweisbar. *E. W.*

Lun_a_tia *w* [v. lat. lunatus = halbmondförmig], Gatt. der ↗Bohrschnecken.

Lun_a_tum *s* [v. lat. lunatus = halbmondförmig], das ↗Mondbein.

Lunge, Pulmo, Atmungsorgan der landbewohnenden od. sekundär ins Wasser zurückgekehrten Tiere u. des Menschen. Phylogenet. ist die L. ebenso wie die ↗Schwimmblase aus seitl. Ausstülpungen des Vorderdarms abzuleiten (denen bei Vögeln noch Luftsäcke angegliedert werden, [B] Atmungsorgane III), mit dem sie über eine mehr od. weniger lange, mit Knorpelspangen gestützte ↗Luftröhre in Verbindung bleibt (☐ 298). Eine Steigerung der Leistungsfähigkeit der L. wird durch Zunahme der inneren Oberfläche erreicht. – Die L. besteht beim *Menschen* aus dem rechten u. linken *L.nflügel* (Pulmo dexter bzw. Pulmo sinister). Der rechte L.nflügel setzt sich aus 3, der linke aus 2 *L.nlappen* (Lobi pulmonales) zus., die vom *L.nfell* (Teil des Brustfells, ↗Brust) überzogen werden. Die oberen kuppelförm. *L.nspitzen* (Apex pulmonis) reichen einige cm über das Schlüsselbein hinaus, die

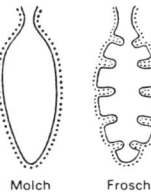

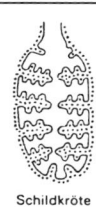

Molch   Frosch   Schildkröte   Säuger

Lungenatmer

Lunge

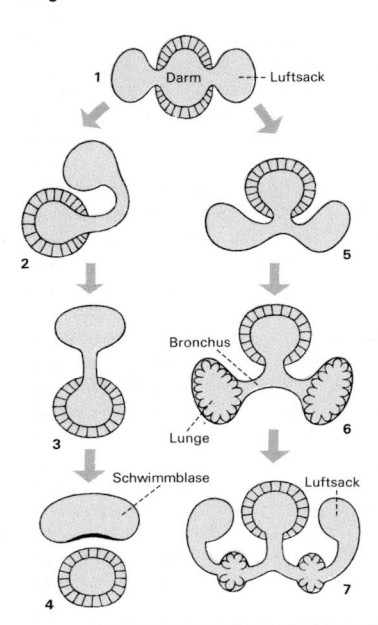

Stammesgeschichtliche Ableitung von *Schwimmblase* (links) und *Lunge* (rechts) aus seitlichen Ausstülpungen des Vorderdarms, die zu Luftsäkken geworden waren (1). Nur der rechte Luftsack wird zur Schwimmblase, der linke reduziert (2). Die dorsad, über den Darm verlagerte Schwimmblase bleibt bei einem Teil der Fische (Karpfen, Hecht, Forelle, Hering) zeitlebens durch einen Gang *(Ductus pneumaticus)* mit dem Darm verbunden (3). Bei anderen (Flußbarsch, Stichling, Dorsch, Seepferdchen) wird der Gang zurückgebildet und die Schwimmblase dadurch zu einem geschlossenen Sack, in dem ein gasbildendes Epithel entsteht (4). Die Lungen werden ventrad verlagert (5) und bleiben über einen unpaaren Gang, die *Luftröhre (Trachea),* mit dem Vorderdarm verbunden (6). Die Luftröhre geht in die beiden Hauptlungenäste *(Bronchien)* über. Bei den Vögeln werden den Lungen Luftsäcke angegliedert (7).

breiten unteren Flächen ruhen auf dem ↗Zwerchfell. Zw. den beiden L.nflügeln liegt das ↗Herz ([B]); hier treten auch die ↗*Bronchien* u. Blutgefäße (☐ Blutkreislauf) in die L. ein. Die Bronchien spalten sich in ↗*Bronchiolen* u. diese in die winzigen ↗*Alveolen* (L.nbläschen, Alveoli pulmonis) auf. Diese sind v. einem dichten Netz feinster Blutgefäße (↗Blutkapillaren) umsponnen; hier findet der Gasaustausch statt (↗Blutgase, ☐). Zur Atemmechanik ↗Atmung (☐). ↗Atmungsorgane ([B] I, III).

Lungenatmer ↗Atmung.

Lungenbläschen, die ↗Alveole; ↗Lunge; ☐ Blutgase; [B] Atmungsorgane I.

Lungenegel, Saugwürmer der Gatt. *Paragonimus,* befallen die Lunge v. Mensch u. Säugern u. erzeugen tuberkuloseart. Symptome (↗*Paragonimose).*

Lungenfell ↗Brust 1).

Lungenfische, *Dipnoi,* Ord. der ↗Fleischflosser mit 2 Fam., 3 Gatt. und nur 6 rezenten Arten; werden manchmal auch als eigene U.-Kl. der ↗Knochenfische zusammengefaßt; vom Devon bis zur Ggw. sind etwa 45 fossile Gatt. bekannt. Haben stets Kiemen u. Lungen, eine unsegmentierte Chorda mit direkt aufsitzenden, weitgehend knorpeligen Wirbelbögen, einen schwach verknöcherten Schädel, der fest mit dem Kieferbogen verbunden ist (↗Autostylie), ein Quetschgebiß aus Zahnplatten im Gaumen u. Unterkieferbereich, über den Lippenrand nach innen verlagerte, vordere Nasenöffnungen als unechte ↗Choanen, einen Darm mit Spiralfalte, ein Herz mit teilweise ausgebildeten Scheidewänden zur Trennung v. arteriellem u. venösem Blut, paarige ↗Flossen in Form v. Archipterygien u. einen v. den unpaaren Flossen gebildeten, durchgehenden Flossensaum. Die meist paarigen sackförm., gut durchbluteten Lungen entsprechen morpholog. den Schwimmblasen, doch sind sie ventrale Schlundausstülpungen. Trotz der Ausbildung v. Lungen sind die L. nicht die „Ahnen" der Landwirbeltiere. – Die einzige rezente Art der Fam. *Ceratodidae* ist der bis 1,8 m lange Australische Lungenfisch (*Neoceratodus forsteri,* [B] Fische IX) aus den Flüssen im südöstl. Queensland, der mit großen Rundschuppen und kräft. paarigen Flossen seinen Ahnen aus dem Erdmittelalter sehr ähnl. ist; seine unpaare Lunge liegt oberhalb des Darms; die aus den 7 mm dicken Eiern schlüpfenden Jungtiere haben keine äußeren Kiemen; trotz Lungenatmung sind diese L. auch in Trockenzeiten auf Wasserpfützen angewiesen. Zur Fam. *Lepidosirenidae* gehören 4 Arten der Afrikanischen L. *(Protopterus)* u. der Südamerikanische Lungenfisch *(Lepidosiren paradoxa,* [B] Fische XII); sie haben einen aalförm. Körper mit kleinen, in der Haut liegenden Schuppen, fadenförm. paarige Flossen, in denen die Seitenstrahlen mindestens auf einer Seite reduziert sind, u. paarige, beiderseits neben dem Vorderdarm liegende Lungen u. amphibienähnl. Larven mit äußeren Kiemen u. Haftorganen; sie können Trockenzeiten tief in austrocknendem Schlamm eingegraben überleben. Der bis 1 m lange, seltene Südamerikanische Lungenfisch ist im Stromgebiet des Amazonas u. Río Paraná v. a. in sauerstoffarmen Sümpfen verbreitet. Flaches Wasser langsamfließender mittelafr. Flüsse od. Sümpfe besiedeln die Afrikanischen L. In Trockenzeiten graben sich ein u. bilden eine Kapsel aus Schleim u. Schlamm mit einem Atemloch, in der sie jahrelang überleben können; bis 1 m lange Westafrikanische L. (*Protopterus annectens,* [B] Fische IX) wurden nach 4 Jahren Trockenschlaf stark abgemagert wieder aktiv. Der häufige, ostafr., bis 1,8 m lange Leopard-L. *(P. aethiopicus)* wird wirtschaftl. genutzt. T. J.

Lungenflechte, 1) L. i. w. S., Sammelbez. für alle Arten der Laubflechten-Gatt. *Lobaria,* die mit 5 Arten auch in Mitteleuropa heimisch ist. 2) L. i. e. S., *Lobaria pulmonaria,* eine der größten Laubflechten, besitzt ein hellbraunes, feucht grünes Lager mit grubig gegliederter Oberfläche (☐ Flechten). Sie kommt in Mitteleuropa heute fast nur noch in den Mittelgebirgen u. den Alpen vor (nach der ↗Roten Liste „stark gefährdet"), hpts. an alten Bäumen, bemoostem Silicatfels. Wurde fr. gegen Lungenkrankheiten verwendet (Ähnlichkeit der L. mit der Oberfläche einer Lunge). ⁊ *Lobariaceae.*

Lungenkraut, *Pulmonaria,* Gatt. der Rauhblattgewächse mit ca. 12, in Eurasien verbreiteten, z. T. sehr ähnl. und weniger häuf. Bastardierung oft nur recht schwer unterscheidbaren Arten. Stauden mit kriechendem Wurzelstock, ganzrand., weich behaarten, bei mehreren Arten silberfleckigen Blättern u. in beblätterten Doppelwickeln stehenden Blüten mit trichterförm., anfangs karminroter, später meist violetter bis blauer Krone. Bekannteste Art ist das in krautreichen Laubmischwäldern heim., von März bis Mai blühende Echte L. (Gewöhnl. od. Geflecktes L.), *P. officinalis (P. maculosa),* mit herzförm., weiß gefleckten Blättern. Sein Kraut enthält Schleim- u. Gerbstoff sowie Kieselsäure u. Saponin u. wurde fr. wegen seiner auswurffördernden, adstringierenden Wirkung als Volksheilmittel ggl. Leiden der oberen Luftwege u. der Lunge angewendet. Das in krautreichen Laub- u. Nadelmischwäldern sowie Auenwäldern wachsende Dunkle L. *(P. obscura)* besitzt ungefleckte Blätter.

Echtes Lungenkraut *(Pulmonaria officinalis)*

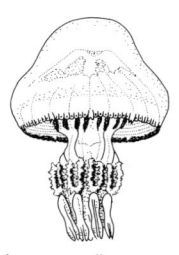

Lungenkreislauf ⁊ Blutkreislauf (☐); ⁊ Herz (B).

Lungenmilbe, *Pneumonyssus,* 0,6–1,5 mm großer Vertreter der *Laelaptidae,* der in den Verzweigungen der Bronchien v. Affen lebt; ernährt sich v. zerstörten Zellen u. Lymphe, nicht v. Blut.

Lungenpfeifen, *Parabronchien,* in der Vogellunge parallel zueinander verlaufende Luftkanäle, die die sekundären vorderen u. hinteren Bronchien verbinden (besonders beim Huhn ausgeprägt). ⁊ Atmungsorgane (B III).

Lungenqualle, *Rhizostoma pulmo,* im Mittelmeer lebende ⁊ Wurzelmundqualle; erreicht 60 cm Durchmesser; gelb gefärbt, mit blauen Randlappen u. Saugkrausen. B Hohltiere III.

Lungenqualle *(Rhizostoma pulmo)*

Lungenschnecken, *Pulmonata,* U.-Kl. der Schnecken mit der charakterist. Gliederung: Kopf, Fuß, Eingeweidesack u. Mantel. Der Körper ist durch die ⁊ Torsion asymmetr., die Anatomie entspricht weitgehend der der ⁊ Vorderkiemerschnecken. Die einteilige Schale (Gehäuse, Schnekkenhaus) ist wie Eingeweidesack u. Mantel spiralig gedreht, und zwar meist rechtsgewunden (regelmäßige Ausnahmen: Schließmundschnecken); ein Dauerdeckel fehlt (Ausnahme: *Amphibola*), doch bilden manche L. eine Schließplatte, andere bei ungünst. Lebensbedingungen Zeitdeckel (Epiphragmen). Mehrfach parallel sind in einigen Verwandtschaftsgruppen napfförm. Gehäuse entstanden, od. das Gehäuse ist reduziert bis auf einen Rest unter dem Mantel od. ist völlig verschwunden. Die Schalenstruktur am ältesten Teil (Apex) ist oft verschieden v. der jüngerer Umgänge; einige L. stoßen den Apex ab u. bilden einen sekundären Verschluß (z. B. *Rumina*). In Anpassung an das Luftleben ist die Mantel- zur Lungenhöhle umgestaltet: anstelle der Kiemen trägt die Wand dieser Höhle blutbahnführende Leisten (Trabekeln), über die respiriert wird; Gruppen, die ins Wasser zurückgekehrt sind, können sekundäre Kiemen entwickeln. Als Torsionsfolge öffnen sich Anus u. Exkretionsgänge im Bereich der Lungenhöhle, der Anus neben der Atemöffnung (Pneumostom). Die ⁊ Chiastoneurie ist nur bei einigen altertüml. Arten erhalten (z. B. ⁊ *Chilina*); die meisten sind durch Verkürzung der Konnektive u. Konzentration der Ganglien im Kopf geradnervig (euthyneur) geworden (⁊ Geradnervige). Der Vorhof liegt vor der Herzkammer. Am Dach der Mundhöhle wird meist eine sichelförm. Platte der „Kiefer") gebildet, gg. die die Reibzunge Pflanzenteile pressen u. abraspeln kann; die Radula hat zahlr. Zähne (z. B. Weinbergschnecken 25–27 000); der Mittelzahn ist klein, Seiten- u. Randzähne sind größer u. meist gleichförm.; fleischverzehrende L. haben sichelförm. Zähne. Die L. sind ☿; Bau u. Funktion des Genitalsystems sind kompliziert u. nur in einigen Fällen im einzelnen aufgeklärt (☐ Geschlechtsorgane). Keimzellen entstehen in der Zwitterdrüse u. werden durch den Zwittergang weitergeleitet in Gänge, die mit zahlr. Anhangsdrüsen ausgestattet sind. Selbstbefruchtung wird meist vermieden; oft sind Kopulationshilfsorgane vorhanden (⁊ Liebespfeil). Der Penis wird rückgebildet u. funktionell durch die Penisscheide ersetzt. Das befruchtete Ei wird v. mehreren Hüllschichten umgeben; die Entwicklung erfolgt in der Eikapsel bis zum Kriechstadium. Die Lebenserwartung liegt im allg. bei 2–5 Jahren, Weinbergschnecken sollen über 20 Jahre alt werden. Die ca. 16 000 Arten werden auf 4 Ord. (vgl. Tab.) verteilt. K.-J. G.

Lungenschnecken
Ordnungen:
⁊ Altlungenschnecken *(Archaeopulmonata)*
⁊ Wasserlungenschnecken *(Basommatophora)*
⁊ Landlungenschnecken *(Stylommatophora)*
⁊ Hinteratmer *(Soleolifera)*

Lungenseuche, *Pleuropneumonie,* durch das Bakterium *Mycoplasma mycoides* verursachte, ansteckende Lungen-Brustfell-Entzündung bei Rindern, in Afrika u. Asien sehr verbreitet, kommt in Mitteleuropa nicht mehr vor; Symptome: Fieber, Husten, Atembeschwerden u. a., häufig tödlich.

Lungenwürmer, Sammelbez. für Fadenwürmer aus den Fam. *Metastrongylidae* u. *Dictyocaulidae* (⁊ *Dictyocaulus*), parasit. in Trachea u. Bronchien v. Huftieren. ⁊ *Strongylida*; ⁊ Lungenwurmseuche.

Lungenwurmseuche, *Metastrongylose,* Befall v. Lunge, Atemwegen od. Lungengefäßen mit Fadenwürmern der Fam. *Metastrongylidae,* verursacht in Rinder-, Schaf- u. Ziegenherden hohe wirtschaftl. Schäden u. betrifft auch viele andere Säuger (z. B. Hund, Katze, Schwein, Pferd, Igel u. Wildtiere). Krankheitserscheinungen: Bronchitis, Tracheitis, Lungenentzündung, Emphysem. Am wichtigsten sind die direkt übertragenen *Dictyocaulosen* (↗ *Dictyocaulus*) u. die *Protostrongylinosen,* bei denen Schnecken Zwischenwirte sind. Menschen werden in SO-Asien vom Rattenlungenwurm *Angiostrongylus* befallen; Folge ist Hirnhautentzündung.

Lunja, Bez. für die proteinreichen Keimlinge der ↗ Sojabohne; ein Gemüse der ostasiat. Küche.

Lunulae [Mz.; lat., = kleine Halbmonde], charakterist. Schlitze in der Schale v. ↗ Sanddollars.

Lunulariaceae [Mz.; v. lat. lunula = kleiner Halbmond], Fam. der *Marchantiales* mit 1 Gatt. und nur 1 weltweit verbreiteten diözischen Art, *Lunularia cruciata,* dem „Mondbechermoos". Der marchantiaähnl. Thallus trägt halbmondförm. Brutbecher. Die *L.* bevorzugen stickstoffreiche, basiphile Böden u. kommen häufig auf Blumentöpfen u. in Parkanlagen vor.

Lunulites *m* [v. lat. lunula = kleiner Halbmond], fossile Gatt. der U.-Ord. *Anasca;* ↗ Moostierchen.

Lupine *w* [v. *lupin-], *Lupinus,* Gatt. der Hülsenfrüchtler mit ca. 200 Arten. Kräuter u. Halbsträucher mit Verbreitungsschwerpunkt im westl. N-Amerika. Blüten quirlig in verlängerten Blütentrauben, Blätter 5- bis mehrzählig gefingert; Stickstoffsammler; behaarte Hülsen mit rundl. Samen, die bis zu 38% Protein enthalten ([T] Hülsenfrüchtler). Die im Mittelmeergebiet verbreiteten, einjähr. Arten *L. albus* (Weiße L.), *L. luteus* (Gelbe L.) und *L. angustifolius* (Schmalblättrige L.) sind nach der seit 1932 erfolgreichen Züchtung v. alkaloidarmen, ungift. Sorten (sog. *Süß-L.n*) bedeutende Futterpflanzen; daneben werden sie zur ↗ Gründüngung angebaut. Die Vielblättrige L. (*L. polyphyllus,* westl. N-Amerika, [B] Nordamerika II) ist eine mehrjähr., blaublühende Art; als Gartenzierpflanze auch in anderen Blütenfarben; zweifarb. Sorten: *Russel-L.n;* die Art wird häufig als Rohbodenpionier gesät.

Lupinenalkaloide [Mz.], Gruppe v. bitteren, giftigen ↗ Chinolizidinalkaloiden (☐), die in Lupinenarten (Bitterlupinen), Besenginster u. Goldregen vorkommen. Zu den L.n, deren Biosynthese v. der Aminosäure Lysin ausgeht, zählen *Lupinin, Lupanin, Cytisin* u. *Spartein.*

lupin- [v. lat. lupinus = vom Wolfe, wolfs-; Wolfsbohne, Lupine].

luteo- [v. lat. luteus = goldgelb].

Vielblättrige Lupine *(Lupinus polyphyllus)*

Lupinenalkaloide
Lupinin

Lutein

Lupinenkrankheit, die ↗ Lupinose.
Lupinin *s,* ↗ Lupinenalkaloide.
Lupinose *w, Lupinenkrankheit,* bei Schafen, Ziegen u. Rindern auftretende Erkrankung nach Verfütterung v. Lupinen (nicht bei „Süßlupinen"); durch die ↗ Lupinenalkaloide wird die Leber angegriffen. Symptome: Gelbsucht, Krämpfe, Verdauungs- u. Bewußtseinsstörungen, manchmal tödl.
Lupinus *m* [lat.; *lupin-], die ↗ Lupine.
Lupulon *s* [v. mlat. lupulus = Hopfen], β-*Lupulinsäure,* β-*Hopfenbittersäure,* Bestandteil der Harzfraktion v. ↗ Hopfen; die im Bier enthaltenen ↗ Bitterstoffe sind durch Licht- u. Lufteinwirkung gebildete Isomerisierungs- u. Oxidationsprodukte des L.s.
Lurche [Mz.; v. niederdt. lork = Kröte], die ↗ Amphibien.
Luria, *Salvador Edward,* it.-am. Mikrobiologe, * 13. 8. 1912 Turin; seit 1940 in den USA, zuletzt Prof. an der Stanford Univ. in Palo Alto (Calif.); Arbeiten zur Strahlenbiologie u. Bakteriengenetik; erhielt für seinen Beitrag zur Klärung des Vermehrungszyklus v. Bakteriophagen u. ihres Genoms 1969 zus. mit M. Delbrück und A. D. Hershey den Nobelpreis für Medizin.
Luria *w* [v. lat. lura = Schlauch], Gatt. der ↗ Porzellanschnecken, meist als U.-Gatt. zu *Cypraea* gestellt.
Luscinia *w* [lat., = Nachtigall], Gatt. der ↗ Drosseln; ↗ Blaukehlchen, ↗ Nachtigall.
Lutein *s* [v. *luteo-], *Blattxanthophyll,* in freier od. veresterter Form vorkommendes sauerstoffhalt. Carotinoid (Xanthophyll, ↗ Carotinoide), das mit *Zeaxanthin* isomer ist. Das gelbe L. gehört mit Carotin u. Chlorophyll zu den verbreitetsten Blattfarbstoffen u. ist an der ↗ Herbstfärbung der Blätter beteiligt. Es kommt aber auch in allen grünen Pflanzenteilen vor sowie in Pollen und zahlr. gelben u. roten Blüten u. Früchten. Auch viele niedere Pflanzen (z. B. Algen) enthalten L. ([T] Algen). Im Tierreich findet man L. als gelbes Pigment in Vogelfedern, im Eidotter (zus. mit Zeaxanthin) u. im Gelbkörper. L. besitzt keine Provitamin-A-Aktivität, kommt jedoch in Form seines Dipalmitats *Helenien* in der Retina vor u. fördert dort die ↗ Hell-Dunkel-Adaptation.
luteinisierendes Hormon [v. *luteo-], Abk. *LH, zwischenzellenstimulierendes Hormon, interstitialzellenstimulierendes Hormon* (Abk. *ICSH*), *Prolan B, Lutropin, Gonadotropin II,* globuläres Glykoprotein-Hormon mit einem Kohlenhydratanteil von etwa 16% (relative Molekülmasse 16 000–20 000) und 2 Untereinheiten, wobei die Alphakette mit der des Thyreotropins identisch ist. Im Hypophysenvorderlappen ([T] Hormone) gebildet, wirkt es auf die Gonaden u. stimuliert im männl. Ge-

schlecht die Testosteronbildung in den Leydigschen Zwischenzellen des Hodens u. im weibl. Geschlecht die Östrogenbildung. u. infolge einer vermehrten Östrogenproduktion den Follikelsprung (↗ Ovulation) im Ovar sowie die Umwandlung des Follikels zum ↗ Gelbkörper („Gelbkörperbildungshormon", „Gelbkörperreifungshormon"). Die Ausschüttung wird durch ein hypothalamisches Releasing Hormon (LH-RH, „Lulberin"; ⊤ Hypothalamus) gesteuert, das auch für die Freisetzung des ↗follikelstimulierenden Hormons (FSH) sorgt. Orale Kontrazeptiva auf Östrogen- u. Gestagenbasis hemmen die Freisetzung von LH (und FSH) im Hypothalamus, so daß Follikelreifung u. Ovulation unterbunden sind (↗ Ovulationshemmer, ↗ Menstruationszyklus).

Luteolin s [v. *luteo-], in Blättern, Blüten u. Stengeln des Färberwau (Färberreseda, ↗ Resedagewächse) vorkommender, zu den ↗ Flavonen (⊤) zählender gelber Pflanzenfarbstoff; diente fr. als wicht. Gelbfarbstoff zum Färben von tonerdegebeizter Wolle u. Seide.

luteotropes Hormon [v. *luteo-], *Luteotropin, Luteohormon, luteomammotropes Hormon*, das ↗ Prolactin.

Luteo-Virusgruppe [v. *luteo-], die ↗ Gerstengelbverzwergungs-Virusgruppe.

Lutianus m [wohl v. malaiisch lutjang = ein Fisch], Gatt. der Barschfische, ↗ Schnapper.

Lutra w [lat., =], die ↗ Fischotter.

Lutraria w [v. lat. lutra = Fischotter], Gatt. der Trogmuscheln, Meeresmuscheln mit dünnschal., ellipt. Klappen, die an beiden Enden klaffen; innen mit sehr tiefer Mantelbucht, in die die Siphonen jedoch nicht ganz retrahiert werden können; mit ca. 30 Arten weitverbreitet. *L. lutraria*, bis 13 cm lang, lebt im Mittelmeer auf schlicksand. Böden.

Lutreola w [v. lat. lutra = Fischotter], die ↗ Nerze. [die ↗ Otter.

Lutrinae [Mz.; v. lat. lutra = Fischotter],

Lutropin s, das ↗ luteinisierende Hormon.

Luxurieren s [v. lat. luxuriare = geil, üppig wachsen], genetisch od. modifikativ bedingte Steigerung in Wüchsigkeit u. Vitalität eines Organismus, die z. B. bei F$_1$-Bastarden nach bestimmten Kreuzungen (↗ Hybridzüchtung) vorkommt (Bastardwüchsigkeit, ↗ Heterosis) od. durch günst. Lebensbedingungen bewirkt wird, z. B. bei Tieren in den Tropen. [gen.

Luxusbildungen, die ↗ atelischen Bildun-

Luzerne w [v. frz. luzerne = L.], Arten der Gatt. *Medicago*, ↗ Schneckenklee.

Luzernefloh, *Sminthurus viridis*, ↗ Kugelspringer.

Luzernenausschlag, die ↗ Kleekrankheit.

luteo- [v. lat. luteus = goldgelb].

luzula-, luzulo- [v. lat. lucere = glänzen, leuchten, über it. luzuola u. frz. luzule = Luzerne].

Luzernenmosaik-Virusgruppe, Pflanzenvirusgruppe mit dem Luzernenmosaik-Virus (engl. alfalfa mosaic virus) als einzigem Vertreter. Das Genom besteht aus 3 einzelsträngigen RNAs (RNA-1 bis -3, relative Molekülmassen 1,1, 0,8 und 0,7 · 10^6). Die Hüllprotein-m-RNA (RNA-4, relative Molekülmasse 0,3 · 10^6) wird ebenfalls in Partikel verpackt. Für die Infektiosität ist neben den 3 Genom-RNAs das Hüllprotein der RNA-4 erforderlich. Die Hüllproteine vieler Viren der Tabakstrichel-Virusgruppe können ebenfalls das Genom des Luzernenmosaik-Virus aktivieren. Viruspartikel treten in verschiedenen Formen auf (bacillenförmig 18 × 58 nm (B), 18 × 48 nm (M), 18 × 36 nm (Tb) u. ellipsoid 18 × 28 nm (Ta)) u. enthalten jeweils verschiedene RNAs: RNA-1 in B, RNA-2 in M, RNA-3 in Tb und RNA-4 (2 Moleküle) in Ta. Der Wirtsbereich ist groß; Symptome: Mosaik, Scheckung u. Ringflecken; Übertragung nichtpersistent durch Blattläuse.

Luzula w [v. *luzula-], die ↗ Hainsimse.

Luzulo-Abietetum s [v. *luzulo-, lat. abies = Tanne], ↗ Weißtannenwälder.

Luzulo-Fagion s [v. *luzulo-, lat. fagus = Buche], *Hainsimsen-Buchenwälder, Moder-Buchenwälder*, U.-Verb. der Buchenwälder (↗ *Fagion sylvaticae*) mit der wesentlichen Assoz. des *Luzulo-Fagetum*. Artenarme, in Mitteleuropa weit verbreitete Buchenwälder nährstoffarmer, saurer Böden mit reicher Gliederung in verschiedene, lokalklimat. bedingte Ausbildungsformen, aber ohne eigene Charakterarten: Sämtl. säurezeigende Arten der lückigen Krautschicht finden sich auch in anderen hageren Waldges. Während sich in montaner-submontaner Höhenlage hallenart. Buchenwälder ausbilden, wird in den tieferen Lagen die Traubeneiche *(Quercus petraea)* konkurrenzfähig, so daß sich hier Eichen-Buchen-Mischwälder einstellen. In den mitteleur. Tieflagen wären die Wälder des L. von Natur als landschaftsbeherrschend. Durch landw. Nutzung u. Überführung in Fichtenforste sind sie jedoch stark zurückgedrängt worden. Im NO der Schweiz hat demgegenüber die Bewirtschaftung als Niederwald lichte u. stark ausgehagerte Eichen-Buchen-Mischwälder entstehen lassen. Wo diese überkommene Wirtschaftsform aufhört, setzt sich verstärkt wieder die Buche durch.

Luzulo-Quercetum s [v. *luzulo-, lat. quercetum = Eichenwald], Assoz. der ↗ Quercetea robori-petreae.

Lwoff, *André*, frz. Mikrobiologe, * 8. 5. 1902 Allier (Hautes-Pyrénées); 1859–68 Prof. in Paris, seither Dir. eines Inst. für Krebsforschung in Villejuif; erhielt 1965 zus. mit F. Jacob und J. L. Monod den No-

Lyasen

belpreis für Medizin für den Nachweis v. Regulatorgenen, welche die Aktivität v. anderen Genen fördern od. hemmen.

Lyasen [Mz.; v. gr. lyein = auflösen], die 4. Hauptklasse der ↗Enzyme ([T]), in der Enzyme zusammengefaßt werden, die Additionsreaktionen an $>C=C<$, $>C=O$ und $>C=N$–Doppelbindungen bzw. die Umkehrreaktionen, näml. die *ly*tischen (daher die Bez.) Abspaltungsreaktionen entspr. Atome od. Atomgruppen unter Ausbildung v. Doppelbindungen, katalysieren.

Lycaena w [v. gr. lykaina = Wölfin], Gatt. der ↗Bläulinge, fr. viele Arten umfassend, heute nur noch einige ↗Feuerfalter.

Lycaenidae [Mz.], die ↗Bläulinge.

Lycaon m [v. gr. lykaōn = wolfsartiges Tier Äthiopiens], ↗Hyänenhund.

Lycastis w [ben. nach dem gr. Frauennamen Lykastē]. Gatt. der Ringelwurm-Fam. *Nereidae.* Die beiden Arten *L. vitabunda* und *L. terrestris* leben terrestr. in tonhalt. Sanden auf Sumatra.

Lycastopsis w [ben. nach dem gr. Frauennamen Lykastē, v. gr. opsis = Aussehen], Gatt. der Ringelwurm-Fam. *Nereidae. L. raunensis* lebt terrestr. in schlamm. Uferzonen indones. Süßgewässer; bewegt sich mit Hilfe der Parapodien nach Art der Tausendfüßer. *L. amboinensis* lebt im feuchten Humus, der sich in den Blattscheiden v. Kokospalmen ansammelt.

Lychnis w [v. gr. lychnos = Leuchte], die ↗Lichtnelke.

Lychniskida [Mz.; v. gr. lychniskos = kleiner Leuchter], (Schrammen 1902, ex *Lychniskophora* Schrammen 1902), Ord. der Glasschwämme (Kl. ↗Hexactinellida) mit einem Skelett aus Sechsstrahlern, die *Lychnisken* ausbilden (laternchenart. Diagonalverstrebungen anstelle einfacher Knotenpunkte). Verbreitung: ? Trias, Jura bis heute; nur aus Europa bekannt.

Lycidae [Mz.; v. *lyco-], die ↗Rotdeckenkäfer.

Lycium s [v. gr. lykion = dornige Pfl. aus Lykien], der ↗Bocksdorn.

Lycodes m [v. gr. lykōdēs = wolfsartig], Gatt. der ↗Aalmuttern.

Lycodontinae [Mz.; v. gr. lykodontes = Wolfszähne], die ↗Wolfszahnnattern.

Lycogalaceae [Mz.; v. *lyco-, gr. gala = Milch], Fam. der *Liceales* (Echte Schleimpilze), mit einer Gatt. *Lycogala* (bei uns 3 Arten); auch (meist) in der Fam. ↗*Reticulariaceae* eingeordnet. — Auf faulem Holz, bes. Stubben, findet sich sehr häufig der Blutmilchpilz (Blutmilchstäubling, Wolfsblut), *Lycogala epidendrum* Fr., der durch sein korallenrotes Plasmodium auffällt. Die Fruchtkörper (Äthalien, 2–15 mm) sind rundl., polsterförmig sitzend, herdig u. bei

lyco- [v. gr. lykos = Wolf; auch eine Spinne].

lycopod- [v. gr. lykos = Wolf, pous, Gen. podos = Fuß, podion = Füßchen], in Zss.: Bärlapp-.

Lycopin

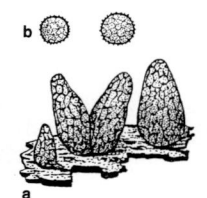

Lycogalaceae
Lycogala conicum;
a Äthalien, **b** Sporen

der Reife grau, graugrün bis dunkelbraun gefärbt, außen warzig. Sie besitzen ein verzweigt-röhriges Pseudocapillitium mit querrunzeliger Oberfläche. Eine Columella ist nicht vorhanden. Die rundl. Sporen ($\varnothing$ 5–7 μm) weisen eine feinwarzige od. netzartige Oberfläche auf.

Lycomarasmin s [v. *lyco-, gr. marasmos = Welken], v. *Fusarium lycopersici* gebildetes, zu den ↗Marasminen zählendes einfaches Peptid, das bes. bei Tomaten als ↗Welketoxin wirkt.

Lycoperdaceae [Mz.; v. *lyco-, gr. perdesthai = furzen], die ↗Weichboviste.

Lycopersicon s [v. gr. lycopersikon = ägypt. Pfl. mit gelblichem Saft], die ↗Tomate.

Lycophora-Larve [v. *lyco-, gr. phoros = tragend], Larve der bisher als *Cestodaria* (↗Bandwürmer, [T]) zusammengefaßten Plattwurm-Gruppen *Amphilinidea* u. *Gyrocotylidea*, die neuerdings vielfach als eigene Kl. den Kl. ↗*Monogenea* u. *Cestoda* innerhalb der Über-Kl. *Cercomeromorpha* (Hakenplattwürmer) zur Seite gestellt werden. Kennzeichen: bewimpert od. unbewimpert; Hinterende mit 10 Sichelhaken, v. denen 2 aberrant gestaltet sein können; in der hinteren Körperhälfte 12 Penetrationsdrüsen, die jedoch rostral münden.

Lycopin s [v. *lyco-, gr. pous = Fuß], *Di-karoten, ψ,ψ-Carotin*, zu den ↗Carotinoiden zählender, weit verbreiteter roter Pflanzenfarbstoff, der z.B. für die rote Farbe v. Tomaten, Hagebutten u. anderen Früchten verantwortl. ist, aber auch in Butter, Serum, Leber usw. vorkommt. Biosynthese: ☐ Carotinoide.

Lycopodiales [Mz.], die ↗Bärlappartigen.

Lycopodiatae [Mz.], die ↗Bärlappe.

Lycopodiella w, Gatt. der ↗Bärlappartigen.

Lycopodites m, Sammel-Gatt. für fossile (Karbon bis Quartär) ↗Bärlappartige.

Lycopodium s, Gatt. der ↗Bärlappartigen.

Lycopsida [Mz.; v. *lyco-, gr. opsis = Aussehen], die ↗Bärlappe.

Lycopsis w [v. gr. lykopsis = färbende Ochsenzunge], der ↗Krummhals.

Lycopus m [v. *lyco-, gr. pous = Fuß], ↗Wolfstrapp.

Lycoridae [Mz.; ben. nach der Nereide Lykōrias], die ↗Nereidae.

Lycoriidae [Mz.; ben. nach der Nereide Lykōrias], die ↗Trauermücken.

Lycosa w [v. *lyco-], Gatt. der ↗Wolfspinnen, ↗Tarantel.   [nen.

Lycosidae [Mz.; *lyco-], die ↗Wolfspin-

Lycoteuthis w [v. *lyco-, gr. teuthis = Tintenfisch], die ↗Wunderlampe (eine Tintenschnecke).

Lyctidae [Mz.; v. gr. lygē = Schatten, Dunkel], die ↗Splintholzkäfer. [↗Pamphiliidae.]

Lydidae [Mz.; v. gr. Lydos = lydisch], die

Lyell, Sir *Charles,* brit. Geologe, * 14. 11. 1797 Kinnordy (Forfarshire), † 22. 2. 1875 London; 1831–33 Prof. in London, danach Privatgelehrter; berühmt geworden durch sein Buch „Principles of Geology" (3 Bde. London 1830–33), die 12 Aufl. erlebte u. in dem er – wie schon der Untertitel: „Ein Versuch, die früheren Änderungen der Erdoberfläche anhand heute wirkender Ursachen zu erklären" andeutet – das ↗ Aktualitätsprinzip in die Geologie einführte u. die bis dahin herrschende Lehre v. den katastrophenart. Veränderungen der Erde im Lauf ihrer Geschichte ablöste. Diese neue Vorstellung hatte großen Einfluß auf die Entstehung der Deszendenztheorie (↗ Darwin). B Biologie I, III.

Lygaeidae [Mz.; v. gr. lygaios = dunkel, finster], die ↗ Langwanzen.

Lyginopteridales [Mz.; v. gr. lyginos = aus Weiden geflochten, pteris = Farn], auf das Karbon beschränkte, recht heterogene Ord. der ↗ Farnsamer; überwiegend kleine Bäumchen od. Spreizklimmer mit Wedelblättern vom Typ *Sphenopteris* (d. h. Fiederchen an der Basis eingezogen, mit welligem Rand u. Fiedernervatur). Charakterist. Merkmal sind die Samenanlagen vom *Lagenostoma*-Bautyp (Samenanlagen radiär, v. einer Cupula umgeben; Nucellus mit Integument verwachsen, bildet apikal einen umgekehrt trichterförm. Salpinx als Pollenauffangorgan [B Farnsamer]). Die pollenbildenden Organe (z. B. *Crossotheca*) sind typ. Synangien u. stehen an umgewandelten Megaphyllen; die Stämmchen (z. B. *Lyginopteris,* ⌀ 3–4 cm) zeigen sekundäres Dickenwachstum u. axilläre Verzweigung. Entdeckt wurden die *L.* und damit die Farnsamer überhaupt durch den Nachweis der Zusammengehörigkeit v. *Sphenopteris*-Wedeln, *Lyginopteris*-Stämmen u. *Lagenostoma*-Samen durch Oliver u. Scott (1904).

Lygodium *s* [v. gr. lygōdēs = weidenartig], Gatt. der ↗ Schizaeaceae.

Lygosominae [Mz.; v. gr. lygos = Gerte, soma = Körper], die ↗ Schlankskinkverwandten.

Lymantria *w* [v. gr. lymantērios = schädigend], Gatt. der ↗ Trägspinner; bedeutende Arten: ↗ Nonne *(L. monacha)* u. ↗ Schwammspinner *(L. dispar).*

Lymantria-Typ [v. ↗ Lymantria] ↗ Geschlechtsbestimmung.

Lymantriidae [Mz.; v. gr. lymantērios = schädigend], die ↗ Trägspinner.

Lymexylonidae [Mz.; v. gr. lymē = Verderben, xylon = Holz], die ↗ Werftkäfer.

Lymnaea *w* [v. *lymn-], frühere Bez. *Limnaea,* Gatt. der Schlammschnecken, Wasserlungenschnecken mit spiralig gewundenem Gehäuse v. sehr variabler Gestalt; Mündungsrand scharf; die Lungenhöhle nimmt den größten Teil der Endwindung ein. Die Spitzhorn-Schlammschnecke *(L. stagnalis)* wird 6 cm hoch; sie bevorzugt pflanzenreiche, ruhige Gewässer, doch leben abweichende Formen auch in der Brandungszone mitteleur. Binnenseen; die Gehäuseoberfläche ist mehr od. weniger hornbraun, oft mit Hammerschlagstruktur; in vielen Populationen scheint Selbstbefruchtung der ☿ Tiere üblich zu sein; holarktisch verbreitet; kann Zwischenwirt v. Trematodenlarven sein.

Lymnaeameer [v. *lymn-], das ↗ Limnaeameer.

Lymnaeidae [Mz.; v. *lymn-], die ↗ Schlammschnecken.

Lymnocryptes *m* [v. *lymn-, gr. kryptos = versteckt], Gatt. der ↗ Bekassinen.

Lymphadenitis *w* [v. *lymph-, gr. adēn = Drüse], *Lymphknotenentzündung,* entzündl. Lymphknotenschwellung bei meist bakteriellem Infekt mit Rötung, Schwellung u. Druckschmerz der Lymphknoten; Sonderform bei ↗ Tuberkulose u. Syphilis (↗ Geschlechtskrankheiten).

lymphatische Organe [v. *lymph-], Organe, die der Produktion und evtl. immunologischen Prägung v. Abwehrzellen (↗ Makrophagen, ↗ Immunzellen) in mehrzell. Organismen dienen. Während über das Spektrum derart. Abwehrfunktionen, bes. ↗ Immunreaktionen, bei den meisten wirbellosen Tieren noch wenig bekannt ist u. spezielle Organe zur Bildung v. Abwehrzellen im weitesten Sinne nur bei einigen Ringelwürmern, Kopffüßern („weißer Körper"), Krebsen, Skorpionen u. Insekten (↗ Fettkörper) beschrieben sind, besitzen die Wirbeltiere, bes. die Säuger u. der Mensch, ein hochkompliziertes System solcher l.r O., so den *lymphat. Rachenring,* bestehend aus den ↗ Mandeln (↗ Gaumen-, ↗ Zungen- u. ↗ Rachenmandeln), die sog. *Payerschen Plaques* im Endabschnitt des Dünndarms (Ileum) u. das lymphat. Gewebe des *Wurmfortsatzes* („Blinddarm") als Organe der Lymphocyten-Vermehrung u. -Prägung, die ↗ Lymphknoten als Lymphocyten-Vermehrungsstellen u. Filterstationen im ↗ Lymphgefäßsystem, die ↗ *Milz,* bei Vögeln auch die *Bursa Fabricii* (↗ Lymphocyten, ☐), als Differenzierungsorgane der antikörperproduzierenden sog. B-Lymphocyten (Plasmazellen, Gedächtniszellen) sowie den ↗ Thymus als Produktionsstätte der T-Lymphocyten, die, ausgestattet mit membrangebundenen ↗ Antikörpern, Fremdzellen unmittelbar abzutöten vermögen (Killerzellen), zudem auch als Helferzellen bei der Prägung u. Anregung von B-Lymphocyten zur Produktion v. Antikörpern mitwirken. Alle l.n O. des Wirbel-

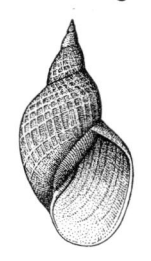

Lymnaea stagnalis (Spitzhorn-Schlammschnecke)

lymn- [v. gr. limnē = stehendes Wasser, Sumpf; limnaios = im Sumpf oder See lebend].

lymph-, lympho- [v. lat. lympha = klares Wasser].

Lymphdrüsen

tierorganismus zus. bilden das ↗ *Immunsystem,* das über die fortwährend ausgesandten Lymphocyten den gesamten Organismus ständig auf Fremdkörper, bes. Fremdproteine, hin kontrolliert u. im Falle v. deren Auftreten in einem Regelkreis die spezielle „Berufsausbildung" der einzelnen Abwehrzellen, deren Vermehrung u. die Aktivierung u. Steuerung der Abwehrmechanismen überwacht. ↗ Lymphocyten (☐), ↗ Immunglobuline.   P. E.

Lymphdrüsen ↗ Lymphknoten.

Lymphe w [v. *lymph-], bei Wirbellosen sehr uneinheitl. gebrauchter Begriff ganz allg. für interzelluläre Gewebs- u. Leibeshöhlenflüssigkeiten (↗ Körperflüssigkeiten), die bei Tieren mit geschlossenem ↗ Blutkreislauf (☐) von anderer chem. Zusammensetzung sind als das ↗ Blut, bei Organismen ohne spezielles Gefäßsystem od. mit offenem Kreislauf in unterschiedl. Maße Blutfunktionen (Transport v. Nährstoffen u. Atemgasen) erfüllen können u. dann auch als ↗ *Hämo-L.* bezeichnet werden. In der L. können mancherlei freie Zellen, namentlich solche des Abwehrsystems, flottieren. Bei Wirbeltieren dagegen u. beim Menschen ist die L. eindeutig als eine Flüssigkeitsfraktion (↗ Flüssigkeitsräume) des Körpers definiert, die aufgrund des Blutdrucks aus dem Kapillarnetz als Ultrafiltrat des Blutes in die Gewebslücken austritt u. sich im Drainagesystem der L.kapillaren sammelt, um über die größeren *Lymphgefäße* (↗ Lymphgefäßsystem) wieder in den Blutkreislauf zurückgeführt zu werden. Die L. transportiert gleichzeitig manche gelösten Abfallstoffe (Harnstoff), ebenso auch eingedrungene Bakterien, geschädigte u. absterbende Zellen aus dem Gewebe ab, und besonders die aus der Darmschleimhaut zurückströmende *Darm-L.* (↗ Chylus) dient als Vehikelflüssigkeit für einen Großteil der resorbierten Nährstoffe, v.a. Lipide. Im Prinzip setzt sich die L. aus den gleichen Bestandteilen wie das Blutplasma zus., jedoch – mit Ausnahme der Mineralstoffe – in anderen Mengenverhältnissen. So ist sie ärmer an gelösten Proteinen (1–5% gegenüber 7–8% im Blut), dagegen reicher an Harnstoff (bis zu 0,06% gegenüber maximal 0,02% im Blut) und v.a. an Lipiden (2,5–6% gegenüber geringen Spuren im Blut). Bei der Passage durch die ↗ *Lymphknoten* wird der L. ein Großteil der Abfallstoffe entzogen, in erster Linie alle geformten Fremdkörper wie Bakterien, geschädigte od. abbaureife Leukocyten usw., die v. reticulären „Uferzellen" (reticuläres ↗ Bindegewebe, ↗ reticulo-endotheliales System, ↗ Makrophagen) abgefangen u. phagocytiert werden. Im gleichen Zuge wird die L.

lymph-, lympho- [v. lat. lympha = klares Wasser].

Lymphgefäßsystem
1 *Lymphbahnen* beim Menschen; **2** Lage der wichtigsten *Lymphknoten,* die Hauptlymphgefäßstämme münden in die Schlüsselbeinvenen (AL Achsellymphknoten, BL Brustlymphgang, Da Darm, LL Leistenlymphknoten, mL mesenteriale Lymphknoten, Schv Schlüsselbeinvenen); **3** Lymphknoten im Detail

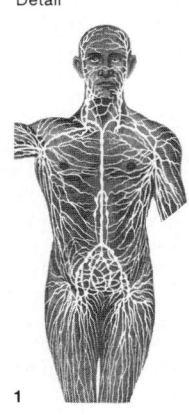

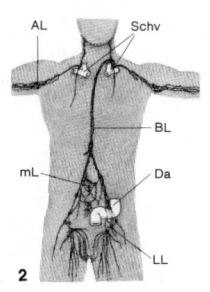

aber mit ↗ Lymphocyten, den Trägern der humoralen Abwehrmechanismen des Körpers (↗ Antikörper), angereichert.   P. E.

Lymphfollikel [Mz.; v. *lymph-, lat. folliculus = Säckchen], *Lymphknötchen, Lymphkörperchen, Lymphonoduli, Noduli (Folliculi) lymphatici,* dichte, makroskopisch sichtbare Ansammlungen v. ↗ Lymphocyten im reticulären ↗ Bindegewebe vieler Organe, bes. der Darmschleimhaut, zuweilen auch in – v.a. mehrschichtige – Epithelien einwandernd (↗ Mandeln). L. sind selbst keine Organe; sie entstehen entweder einzeln auf lokale Reize hin als vorübergehende Bildungen (Solitärfollikel, Lymphonoduli solitarii) od. treten als permanente Strukturelemente ↗ lymphatischer Organe in Form größerer Aggregate aus zahlr. solchen Follikeln (Lymphonoduli aggregati) auf. In einem frühen Funktionsstadium erscheinen sie als homogene Zellhaufen (Primärknötchen), in fortgeschrittenem Stadium dagegen besitzen sie einen zellärmeren Zentralbereich (Reaktionszentrum), der v. einem dichteren „Lymphocytenwall" umgeben ist (Sekundärknötchen). In den L.n erfahren vordem noch undifferenzierte Lymphocyten durch den Kontakt mit vorgeprägten Gedächtnis- u. Helferzellen (↗ Immunzellen) ihre Aufgabenprägung zur Bildung spezif. Antikörper, z.B. zur Abwehr einer akuten Infektion; zugleich findet in den L.n eine mitotische Vermehrung bereits geprägter Lymphocyten statt.

Lymphgefäße, die Gefäße des ↗ Lymphgefäßsystems.

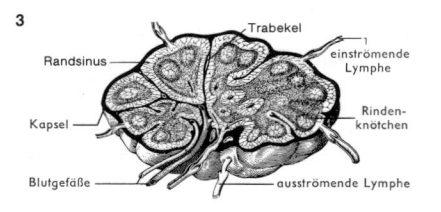

Lymphgefäßsystem, nur bei Tieren mit hohem Blutdruck, den Wirbeltieren, u. beim Menschen ausgebildeter, kein Blut führender Anteil des geschlossenen Kreislaufsystems, der einerseits der Gewebsdrainage dient, andererseits aber auch an den Abwehrfunktionen des Körpers beteiligt ist. Ein solches L. existiert bei den übrigen Tiergruppen nicht (vgl. Spaltentext). Das L. von Wirbeltieren u. Mensch ist in erster Linie ein Drainagesystem, das die infolge des Blutdrucks aus den Blutkapillaren in das umgebende Gewebe austretende Flüssigkeit (↗ *Lymphe*) sammelt u. in den ↗ Blutkreislauf zurückführt. Es beginnt mit blind endenden feinen *Lymphkapillaren,* die nirgends in offener Verbindung mit Gewebslücken stehen, sondern eine allseits geschlossene Endothelwand besitzen. Sie durchziehen als dicht verzweigtes Netz v. Drainageröhren alle Organe u. Gewebe, ganz bes. die Darmschleimhaut (Chylusgefäße, ⬜ Darm), fehlen aber im Zentralnervensystem, in Leber, Milz u. Knochenmark. Durch ihre endotheliale Wand nehmen sie aus Gewebsspalten Flüssigkeit auf u. leiten diese weiter in größere *Lymphgefäße* von venenähnlichem Wandbau. Die letzteren vereinigen sich nach und nach zu zwei Hauptlymphstämmen und münden schließl. im Bereich niedersten venösen Blutdrucks (bzw. größten venösen Unterdrucks) in die großen Körpervenen. Beim Säuger sammelt sich bes. die mit resorbierten Lipiden angereicherte u. daher milchig trübe Lymphe aus den Lymphgefäßen des Darms (↗ *Chylus*) im ↗ *Brustlymphgang* (Brustmilchgang, Ductus thoracicus), der weiterhin noch die Lymphgefäße aus der unteren Körperhälfte u. der gesamten linken Körperseite aufnimmt u. den Lymphstrom in die linke Vena subclavia (Schlüsselbeinvene) einleitet, während sich die Lymphe aus dem rechten Vorderkörper über einige kleinere Sammelgefäße in die rechte Schlüsselbeinvene ergießt. Entspr. seinem Ursprung aus blind endenden Kapillaren ist der Lymphfluß träge u. wird hpts. durch Körperbewegungen u. die Pulswellen parallel zu den Lymphgefäßen verlaufender Arterien in Gang gehalten, wobei ein Rückströmen der Lymphe durch Ventilklappen in den Lymphgefäßen verhindert wird. – Bei Amphibien, Reptilien u. manchen Vögeln treiben sog. *Lymphherzen* den Lymphstrom voran – rhythmisch pulsierende Lymphgefäßabschnitte mit quergestreifter Ringmuskulatur u. Ventilklappen, die v.a. an den Einmündungen der Lymphgefäße in größere Venen ausgebildet sind. In das L. eingebaut finden sich allenthalben im Wirbeltierkörper ↗ *Lymphknoten*, die im Rahmen der Abwehrfunktionen des Lymphsystems als Filter- u. Entgiftungsstationen wirken. ⬜ Blutkreislauf. P. E.

Lymphherzen ↗ Lymphgefäßsystem.
Lymphknötchen, die ↗ Lymphfollikel.
Lymphknoten, *Lymphonodi, Nodi lymphatici,* fälschl. auch *Lymphdrüsen* gen., Organe konstanter Struktur bei Wirbeltieren u. Mensch, die, in die Lymphwege eingebaut, als Filter- u. Entgiftungsstationen für die ↗ Lymphe wirken. Sie sind stecknadelkopf- bis maximal haselnußgroß, etwa bohnenförmig u. von einer derben Bindegewebskapsel umgeben, die nach innen in ein „Fachwerk" aus Bindegewebsbälkchen (Trabekeln) übergeht, in dessen Lücken sich ein Schwammwerk retikulären ↗ Bindegewebes ausbreitet. Die Maschen des Zellretikulums sind v. ↗ Lymphocyten dicht

Lymphgefäßsystem
Etwas irreführend wird das primitive Flüssigkeits-Zirkulationssystem vieler digener (↗ *Digenea*) Saugwürmer auch als L. bezeichnet. Hierbei handelt es sich jedoch nur um ein bis mehrere, von flachen Parenchymzellen ausgekleidete isolierte Längsgefäßstämme mit zahlr. blind endenden Seitenästen, die Darm, Gonaden u. Saugnäpfe umspinnen u. wohl ausschl. deren Nährstoffversorgung dienen (↗ Lymphe).

Lymphocyten
Vereinfachtes Schema der L.-Wechselwirkungen (gestrichelt: stimulierende Wirkung, gepunktet: hemmende, regulierende Wirkung)
Die *Bursa Fabricii* ist ein am Enddarm bei Vögeln lokalisiertes lymphoides Organ, das unreife L. in die sog. B-Lymphocyten umwandelt. Bei Säugern vermutet man, daß diese Funktion u.a. von lymphoiden Zellen des Darms (Peyerische Plaques) übernommen wird (*Bursa-Äquivalent*). Nach neueren Befunden lassen sich B-Lymphocyten in vitro auch aus Knochenmarksstammzellen züchten.

besiedelt (*lymphoretikuläres Gewebe,* ↗ lymphatische Organe), die bes. in der Peripherie des L.s Sekundärknötchen (↗ Lymphfollikel), zentral aber homogene Markstränge bilden. Von der Konvexseite her münden zahlreiche Lymphgefäße (↗ Lymphgefäßsystem) in den L. ein. Aus ihnen ergießt sich die Lymphe in das Zellretikulum u. sickert über lymphocytenfreie Gewebsspalten unterhalb der Kapsel u. entlang der Trabekel (Rand- u. Trabekelsinus), um über ein ableitendes Lymphgefäß im konkaven „Hilus" des bohnenförm. Organs wieder abzufließen. Vom Hilus her treten auch die versorgenden Blutgefäße in den L. ein. Die Uferzellen der Rand- u. Trabekelsinus fangen Fremdkörper (abgestorbene u. geschädigte Leukocyten, Bakterien usw.) und sonstige Abfallstoffe aus der durchströmenden Lymphe ab u. phagocytieren diese. Gleichzeitig kommen Lymphocyten mit den in der Lymphe mitgeführten ↗ Antigenen in Kontakt u. können die hieraus gewonnene Prägung als Information zur Produktion v. ↗ Antikörpern innerhalb der Lymphfollikel an andere Lymphocyten weitergeben (↗ Immunzellen). Solcherart geprägte Lymphocyten werden mit der Lymphe aus dem L. ausgeschwemmt. – L. treten beim Säuger gehäuft in Schenkel- und Achselbeugen, im Halsbereich, in den großen Drüsen, entlang des Darms, der Aorta u. ihrer Hauptabzweigungen sowie entlang der großen Venenstämme auf. ⬜ 304. P. E.

Lymphoblast *m* [v. *lympho-, gr. blastos = Keim, Trieb], Lymphocyt, der nach Kontakt mit einem Antigen aktiviert wurde und 11–16 µm groß wird. [↗ Arenaviren.
Lymphocytäres Choriomeningitis-Virus
Lymphocyten [Mz.; v. *lympho-, gr. kytos = Höhlung (heute: Zelle)], *Lymphzellen,* Gruppe der ↗ Leukocyten, ca. 7–9 µm große weiße Blutkörperchen, die im mikroskop. Bild als etwa erythrocytengroße Zellen mit einem schmalen Plasmasaum um den runden Kern erkennbar sind (⬜ Blutzellen). Ihr Anteil an den Leukocyten liegt zw. 20 und 55%. Die L. bilden einen Teil des ↗ Immunsystems (↗ Immunzellen). Sie entstammen urspr. dem Knochenmark, vermehren sich aber später zugleich in allen

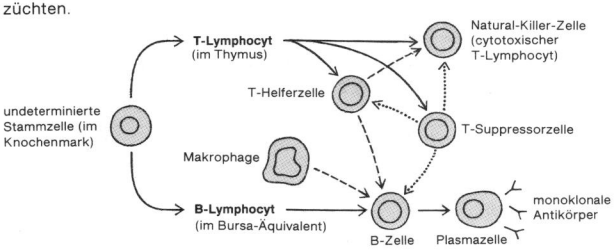

Lymphogranuloma inguinale

↗lymphat. Organen. Ein Teil der Zellen erfährt im ↗Thymus eine Differenzierung u. Spezialisierung, die zu den sog. *T-Lymphocyten* führt (☐ 305). Diese lassen sich in die sog. *Natural-Killer-*(NK)*Zellen,* die *T-Helferzellen* (Inducer) und die *T-Suppressorzellen* unterteilen. Die NK-Zellen können direkt ohne Antikörper od. Komplementvermittlung cytotoxisch wirken *(cytotoxische T-Lymphocyten).* Die T-Helferzellen wirken aktivierend auf die B-Lymphocyten (s. u.), die für die Produktion zirkulierender Antikörper verantwortl. sind, sowie auf die NK-Zellen. Die T-Suppressorzellen (regulator T-cells) modulieren bzw. supprimieren die ↗Immunantwort (d. h. die B-Zellen) u. dämpfen die Aktivität der NK- u. der Helferzellen. Die funktionelle Lebensdauer der Suppressor-T-Lymphocyten, die in der Milz, im Thymus, im Knochenmark u. in den Lymphknoten vorliegen, beträgt ca. 60 Tage. Die *B-Lymphocyten* werden aus unreifen L., im sog. *Bursa-Äquivalent,* gebildet. Nach Kontakt mit einem Antigen differenzieren sie sich nach Interaktion mit ↗Makrophagen zu *Plasmazellen* u. produzieren typische, speziell gg. das jeweilige ↗Antigen gerichtete ↗Antikörper (↗Immunglobuline). Diese Zellen stellen spezialisierte Klone dar, die jeweils nur auf ein bestimmtes Antigen reagieren. Einige der B-Zellen bilden sich zu kleinen L. zurück u. werden zu sog. *Gedächtniszellen.* Die verschiedenen L. lassen sich immunolog. durch ↗monoklonale Antikörper genau nachweisen. Das Verhältnis von T-Helfer- und T-Suppressorzellen beträgt 2:1; von diesem Gleichgewicht hängt die Fähigkeit der L. zur Immunreaktion ab. Charakterist. für die T-Lymphocyten ist weiterhin, daß sie in der Lage sind, Schafs-Erythrocyten zu binden. Zellen, die nicht die Eigenschaften der T- und B-Zellen aufweisen, werden als *Null-Zellen* bezeichnet. Ihr Anteil an den L. beträgt ca. 10%, ihre Funktion ist noch nicht völlig geklärt; nach neueren Befunden zeigen einige Null-Zellen NK-Zellen-Aktivität, ohne aber die für die NK-Zellen typ. Antigene zu exprimieren. – Die Differenzierung der L. ist für die Diagnostik v. Erkrankungen v. zunehmender Bedeutung. Aus dem Verhältnis der einzelnen L.-Subpopulationen zueinander lassen sich Störungen des Immunsystems, z. B. bei angeborenen Defekten, Tumoren, Infekten (↗Immundefektsyndrom), ↗Autoimmunkrankheiten, näher charakterisieren. Von großer Bedeutung ist die T-Zell-Analyse bei der Überwachung v. Patienten nach Herz-, Nieren- od. Knochenmarks-↗Transplantationen zur Frühdiagnose v. Abstoßungsreaktionen. ↗Lymphokine. *H. N.*

Lymphogranuloma inguinale *s* [v. *lympho-, lat. granulum = Körnchen, inguen, Gen. inguinis = Leistengegend], ↗Geschlechtskrankheiten.

Lymphokine [Mz.; v. *lympho-, gr. kinein = bewegen], *Lymphocyten-Mediatoren, Interleukine,* Mediator-Substanzen (mit häufig mitogener Aktivität), die die ↗Lymphocyten-Aktivität beeinflussen. L. sind durch ihre biol. Aktivität charakterisiert (z. B. Anregung von B-Zellen zur Proliferation) u. werden v. sensibilisierten Lymphocyten freigesetzt, nachdem diese dem sensibilisierenden Antigen ausgesetzt wurden. Das an die Makrophagenmembran gebundene Antigen wird dabei den T-Helferzellen präsentiert (↗Immunzellen) und v. deren T-Zell-Antigen-Rezeptor erkannt. Wichtige Vertreter der L. sind: MIF (Makrophagen-Inhibitions-Faktor), hemmt die Makrophagenwanderung in *vitro;* der Makrophagen-aktivierende Faktor; ↗Interferon induziert in infizierten Zellen die Synthese eines antiviralen Proteins.

Lymphonodi [Mz.; v. *lympho-, lat. nodi = Knoten], die ↗Lymphknoten.

Lymphonoduli [Mz.; v. *lymph-, lat. nodulus = Knötchen], die ↗Lymphfollikel.

Lymphsystem *s,* besteht aus dem ↗Lymphgefäßsystem u. den ↗lymphatischen Organen. [phocyten.

Lymphzellen [Mz.; v. *lymph-], ↗Lymphocyten.

Lynen, *Feodor Felix Konrad,* dt. Biochemiker, * 6. 4. 1911 München, † 6. 8. 1979 München; Prof. (seit 1947) u. Dir. (seit 1954) des Max-Planck-Inst. für Zellchemie in München; grundlegende Arbeiten u. a. über den Phosphatkreislauf, die aktivierte Essigsäure (Acetyl-Coenzym A) u. den Multienzymkomplex der Fettsäuresynthase; erhielt 1964 für seine Arbeiten über Mechanismus u. Regulierung des Cholesterin- u. Fettsäurestoffwechsels zus. mit K. Bloch den Nobelpreis für Medizin.

Lyngbya *w,* Gatt. der *Oscillatoriales* (Fam. *Oscillatoriaceae* oder LPP-Gruppe [*Lyngbya, Phormidium, Plectonema*] der Sektion III, T Cyanobakterien), fädige Cyanobakterien ohne Heterocysten, über 100 Arten (vgl. Tab.)., einige mit Gasvakuolen in den Zellen. Die Trichome sind mit einer festen dünnen Scheide umgeben; die geraden od. schraubig gewundenen Fäden wachsen einzeln od. zu Büscheln, Rasen, Polstern od. Flocken vereinigt, auch innerhalb anderer Cyanobakterien-Matten. L.-Arten leben meist submers in stehenden Gewässern (Süß-Brackwasser), im Meer, auch in Thermen; einige Arten sind aerophytisch.

Lynx *m* u. *w* [v. gr. lygx = Luchs], die ↗Luchse.

Lyonetiidae [Mz.; ben. nach dem niederländ. Entomologen P. Lyonet, 1707–87], die ↗Langhornminiermotten.

---

lymph-, lympho- [v. lat. lympha = klares Wasser].

F. F. K. Lynen

Lyngbya
Einige Arten u. Vorkommen:
L. limnetica (planktisch u. mit anderen Cyanobakterien in Süß- u. Meerwasser)
L. contorta (planktisch in Seen)
L. thermalis (in Thermen)
L. aestuari (in stehenden, auch marinen Gewässern, festsitzend od. freischwimmend, auch Thermen od. Antarktis)

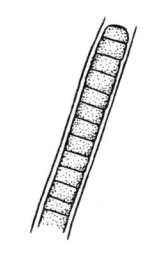

Lyngbya-Faden mit Scheide

Lyon-Hypothese [laiᵉn-], die v. der amerikan. Wissenschaftlerin M. Lyon 1961 erstmals postulierte Hypothese zur Kompensierung des ↗Gendosis-Effekts für Gene des X-Chromosoms. Nach der L.-H. wird durch die Inaktivierung eines der beiden X-Chromosomen in Zellen weibl. Säuger die gleiche Gendosis von X-chromosomalgebundenen Genen erreicht wie in den Zellen männl. Organismen, die nur *ein* X-Chromosom besitzen. Die L.-H. läßt sich cytolog. durch die Bildung v. ↗Barr-Körperchen belegen; genet. wird die mosaikart. Verteilung von unterschiedl. Allelen X-chromosomal-gebundener Gene in den Zellen heterozygoter weibl. Organismen als Beweis für die L.-H. gewertet (z. B. gelbschwarze Fellfleckung bei weibl. Katzen). Bei XXX-Frauen werden zwei der Geschlechtschromosomen inaktiviert, was an der Bildung v. zwei Barr-Körperchen erkennbar wird; bei männl. Säugern ist die Inaktivierung eines X-Chromosoms beim ↗Klinefelter-Syndrom (XXY-Situation, ↗Chromosomenanomalien) zu beobachten. – Inzwischen konnte gezeigt werden, daß die Inaktivierung eines X-Chromosoms nicht sofort zu Beginn der Entwicklung eines weibl. Säugers erfolgt u. daß die Inaktivierung verschiedene Gene des betroffenen X-Chromosoms unterschiedl. stark erfaßt: für die Ausbildung eines normalen weibl. Phänotyps scheint in frühen Embryonalstadien Aktivität zweier X-Chromosomen nötig od./u. eine andauernde oder zeitl. begrenzte partielle Aktivität auch des inaktivierten X-Chromosoms.

Lyonsia *w*, Gatt. der *Lyonsiidae* (U.-Ord. *Anomalodesmacea*), Muscheln mit dünnen, zerbrechl., längl.-zugespitzten Klappen, die am Hinterende etwas klaffen; stecken senkrecht im Sediment, mit Byssusfäden verankert; v. a. in kalten Meeren.

lyophil [v. *lyo-, gr. philos = Freund], Eigenschaft v. Kolloiden, sich leicht in einem Lösungsmittel zu lösen (z. B. Seife in Wasser). Ggs.: lyophob.

Lyophilisation *w* [v. *lyo-, gr. philos = Freund], die ↗Gefriertrocknung.

lyophob [v. *lyo-, gr. phobos = Haß], Eigenschaft v. Kolloiden, sich gegenüber einem Lösungsmittel abstoßend u. daher schwer lösl. zu verhalten. Ggs.: lyophil.

Lyophyllum *s* [v. *lyo-, gr. phyllon = Blatt], die ↗Raslinge.

Lyriocephalus *m* [v. gr. lyrion = kleine Lyra, kephalē = Kopf], Gatt. der ↗Agamen.

Lyrurus *m* [v. gr. lyra = Leier, oura = Schwanz], Gatt. der ↗Rauhfußhühner.

Lys, Abk. für ↗Lysin.

Lysandra *w* [ben. nach dem gr. Feldherrn Lysandros], Gatt. der ↗Bläulinge.

Lysapsus *m* [v. *lys-, gr. hapsos = Verbindung, Gelenke], Gatt. der ↗Harlekinfrösche.

Lysaretidae [Mz.; v. *lys-, gr. aretē = Tugend], Ringelwurm-(Polychaeten-)Fam. (Ord. *Eunicida*); Prostomium mit 3 Antennen, keine Palpen, Parapodien einästig, blattartig verbreiterte Dorsalcirren, keine Ventralcirren, keine Kiemen, Kieferapparat bei Parasiten meist reduziert u. abgewandelt. Freilebend, Kommensalen, Ektoparasiten. Bekannte Gatt. ↗*Halla*, ↗*Iphitime*, ↗*Oenone*.

Lyse *w* [Bw. *lytisch;* v. *lys-], allg.: Lösung, Auflösung; Loslösung verbundener chem. Gruppen z. B. durch Wasser (= Hydrolyse), speziell Auflösung *(Lysis)* v. Blutkörperchen nach Zerstörung ihrer Membran oder v. bakteriellen Zellwänden nach Infektion durch ↗Bakteriophagen (B II), wobei lytisch wirkende Enzyme (Lysozyme) wirksam sind, sowie als Folgereaktion der ↗Antigen-Antikörper-Reaktion. ↗Autolyse, ↗Bakteriolyse, ↗Cytolyse, ↗Hämolyse.

Lysergsäure [v. *lys-, frz. ergot = Mutterkorn], u. a. im *Ipomoea*-Harz enthaltene tetracycl. Indolverbindung, die zus. mit der stereoisomeren *Iso-L.* den Grundkörper der Ergotalkaloide (↗Mutterkornalkaloide) bildet. L. dient auch als Ausgangsverbindung für das synthet. Derivat ↗*L.diäthylamid (LSD).*

Lysergsäurediäthylamid, Abk. *LSD,* ein nicht natürl. auftretendes Derivat der ↗*Lysergsäure* (☐), 1943 von A. Hofmann entdeckt, das stärkste u. spezifischste der Halluzinogene (↗Drogen und das Drogenproblem). Bereits kleinste Mengen (25–100 µg) reichen aus, um Rauschzustände hervorzurufen, die vom subjektiven Gefühl der Offenbarung u. Bewußtseinserweiterung bis zum „horror trip" mit wahnsinnsähnl. Reaktionen reichen. Ursache dafür ist die Eigenschaft des LSDs, als Antagonist zu den Neurotransmittern ↗Dopamin u. ↗Serotonin zu wirken. Außer den nachteiligen Folgen des Gebrauchs von L. als Rauschmittel vermutet man auch eine teratogene Wirkung von L., so daß sich anfängl. Hoffnungen auf therapeut. Anwendungsmöglichkeiten in der Psychiatrie nicht erfüllt haben.

Lysianassidae [Mz.; v. *lys-, gr. anassein = herrschen], Fam. der ↗Flohkrebse, die ausschl. marin v. a. in der Arktis u. Antarktis mit z. T. recht großen Arten vorkommt; einige Arten auch in der Dt. Bucht. Die *L.* haben sehr scharfe Mandibeln u. ernähren sich räuberisch u. von Aas. Zuweilen befallen sie in Massen zu lange am Meeresgrund liegende Fischnetze u. skelettieren die in ihrer Bewegungsfreiheit eingeschränkten Fische.

---

lyo- [v. gr. lyein = (auf-)lösen, frei lassen, trennen, zerstören].

lys-, lyso- [v. gr. lysis (vgl. *lyo-) = (Auf-)Lösung, Trennung].

Lysergsäure
R = OH: Lysergsäure,
R = N(C₂H₅)₂: LSD

Lysidice

Lysidice w [ben. nach einem gr. Frauennamen], Gatt. der Ringelwurm-Fam. ↗ *Eunicidae* mit Arten, die im Stillen Ozean lunarperiodisch auftreten.

lysigen [v. *lys-, gr. gennan = erzeugen], Bez. für die Entstehungsweise luft- od. sekreterfüllter Interzellularräume (↗ Interzellularen) durch Auflösen entspr. Zellen od. Zellgruppen. Beispiele: hohle Stengel vieler Gräser, Doldengewächse u. Schachtelhalme, Sekretbehälter der Rautengewächse. Ggs.: ↗rhexigen, ↗schizogen.

Lysimachia w [gr., wohl =], der ↗ Gelbweiderich.

Lysimeter s [v. *lys-, gr. metron = Maß], Bez. für Apparate, die zur Messung der Wasserverdunstung des bewachsenen od. unbewachsenen Bodens (↗ Evapotranspiration) od. zur Messung der Wasserversickerung u. damit der Nachfüllung des Grundwasserkörpers dienen. Dazu werden in das Erdreich niveaugleich eingelassene Behälter mit möglichst ungestörten Bodenproben des umgebenden Geländes einschl. der natürl. Vegetation gefüllt u. der Wasserverlust wiegend („wiegendes" L.) od. über Druck- od. Flüssigkeitsstandsänderungen („schwimmendes" L.) gemessen.

Lysin s [v. *lys-], α,ϵ-*Diaminocapronsäure*, Abk. *Lys* oder *K*, in fast allen Proteinen (bes. in tierischen) enthaltene essentielle (↗ essentielle Nahrungsbestandteile) Aminosäure, die wegen ihrer basischen Seitenkette zu den basischen Aminosäuren gerechnet wird. L. wird durch spezielle ↗ Fermentations-Prozesse großtechn. gewonnen (Jahresproduktion ca. 20 000 t) u. findet Verwendung als Futtermittelzusatz u. zur Aufwertung L.-armer pflanzl. Nahrungsproteine. [B] Aminosäuren.

Lysine [Mz.; v. *lys-], vom Körper gebildete ↗ Abwehrstoffe, die ins Blut eingedrungene Bakterien (Bakterio-L.) oder blutgruppenfremde Blutkörperchen (Hämo-L.) auflösen (lysieren).

Lysobacteraceae [Mz.; v. *lyso-, gr. baktērion = Stäbchen], Fam. der *Cytophagales*, gleitende Bakterien mit einer Gatt. *Lysobacter;* die gedrungenen Zellen haben abgerundete Enden u. bilden keine Fruchtkörper od. Myxosporen, enthalten nie flexirubin-ähnl. Farbstoffe, bilden jedoch häufig grün-gelbe, braune bis schwarze Farbstoffe, die ins Medium diffundieren. Sie können andere Mikroorganismen (Cyanobakterien, Algen) enzymat. lysieren.

Lysogenie w [v. *lyso-, gr. genea = Geburt, Erzeugung], ↗ Bakteriophagen.

Lysolecithine [Mz.; v. *lyso-, gr. lekithos = Eigelb], Phosphatidyl-Choline, in denen der C_2-Acylrest durch Phospholipasen hy-

lys-, lyso- [v. gr. lysis (vgl. *lyo-) = (Auf-)Lösung, Trennung].

$$\begin{array}{c} COO^\ominus \\ | \\ {}^\oplus H_3N-C-H \\ | \\ CH_2 \\ | \\ CH_2 \\ | \\ CH_2 \\ | \\ CH_2 \\ | \\ NH_3^\oplus \end{array}$$

Lysin (zwitterionische Form)

Lysosomen

Die häufigsten Enzyme in L., geordnet nach den v. ihnen abgebauten Stoffen

Abbau von:
Proteinen
Phosphoprotein-Phosphatase
Kathepsin
Kollagenase

Nucleinsäuren
saure DNase
saure RNase
saure Phosphatase

Lipiden
Phospholipasen
Esterasen

Strukturpolysacchariden
β-Glucuronidase
β-Galactosidase
α-Mannosidase
Hyaluronidase
Muramidase (Lysozym)

Speicherpolysacchariden (Glykogen)
α-Glucosidase

drolyt. abgespalten ist. Sie kommen in Geweben nur in geringen Konzentrationen vor. In hohen Konzentrationen bewirken sie die Auflösung v. Membranen (Name!); z. B. bewirkt die in Bienen- u. Schlangengift enthaltene Phospholipase A die Bildung von L.n, was zur Auflösung v. Erythrocytenmembranen u. so zur Hämolyse führt.

lysosomale Speicherkrankheiten [v. *lyso-, gr. sōma = Körper], rezessiv vererbte, sehr schwere Krankheiten beim Menschen; beruhen auf dem Defekt lysosomaler Enzyme, die nun bestimmte körpereigene Substanzen, ihre natürl. Substrate, nicht mehr abbauen können, so daß sich diese in großen Vakuolen im Cytoplasma anhäufen. Bei einem Defekt, der den Abbau v. Mucopolysacchariden betrifft, spricht man v. *Mucopolysaccharidosen,* beim unvollständ. Abbau v. Sphingolipiden (Sphingomyelin, Cerebroside, Ganglioside) v. *Sphingolipidosen.* Die Krankheitsbilder bei l.n S. sind meist sehr komplex u. sind durch schwere Entwicklungsstörungen gekennzeichnet.

Lysosomen [Mz.; v. *lyso-, gr. sōma = Körper], von einer einfachen Biomembran umgebene Zellorganelle mit katabolischen Eigenschaften; ihre Gesamtheit wird *lytisches Kompartiment* gen. L. wurden erst in den 50er Jahren dieses Jh. von C. R. de ↗ Duve u. Mitarbeitern entdeckt u. zunächst durch den Besitz einer „sauren" Phosphatase charakterisiert. Mittlerweile sind ca. 60 lysosomale Enzyme (meist Glykoproteine, darunter Glykosidasen, Proteinasen, Nucleasen, Phosphatasen, Lipasen u. a.) bekannt, deren pH-Optima im sauren pH-Bereich liegen – eine Anpassung an den intralysosomalen pH-Wert von 4,5–5,0, für dessen Aufrechterhaltung wahrscheinl. eine energieverbrauchende Protonenpumpe verantwortl. ist. Die sog. *primären* L. haben in der Zelle die Aufgabe, selektiv mit Endocytosevesikeln zu fusionieren (↗ Endocytose, ☐) u. deren Inhalt hydrolyt. abzubauen (Fusionsvesikel = *sekundäre* L.). Nicht immer ist das endocytierte Material restlos abbaubar. Solche Restmaterial enthaltenden L. (*Residualkörper*) werden bei Protozoen exocytiert. Bei langlebigen tier. Zellen (z. B. Muskel-, Nervenzellen) kommt es jedoch zu einer Anhäufung solcher Residualkörper (sog. Lipofuscingranula od. ↗ Alterspigment). Die Fusion mit primären L. kann von manchen intrazellulären Parasiten, die durch Endocytose in die Wirtszellen eindringen, umgangen werden (z. B. „erzwungene" Endocytose v. *Plasmodium*). Endocytierte ↗ Malaria-Parasiten etwa bleiben in ihren Endocytosevesikeln von einer lysosomalen Attacke verschont. L. entstehen ähnl. wie Sekretionsvesikel,

d. h., die Proteine der L.-Membran u. der Matrix werden am rauhen ↗endoplasmat. Reticulum (ER) synthetisiert, in den ER-Zisternen u. im ↗Golgi-Apparat (☐) glykosyliert u. im distalen Golgi-Bereich als Vesikel abgeschnürt. Wie dabei zw. lysosomalen u. sekretorischen Proteinen, die ebenfalls am rauhen ER gebildet werden, unterschieden wird, ist nicht endgültig geklärt. Offenbar spielen phosphorylierte Mannose-Reste in den Oligosaccharidseitenketten der Proteine bei der Sortierung eine Rolle. ↗Autophagosom, ↗Autolyse. B Zelle. B. L.

Lysozym s [v. *lyso-, gr. zymē = Sauerteig], *Endolysin, Muramidase,* ein weitverbreitetes Enzym, durch das die Zellwand bes. von grampositiven Bakterien (↗Bakterienzellwand, ☐) aufgelöst wird, indem es die Hydrolyse v. ↗Murein an der glykosid. Bindung zw. den N-Acetylmuraminsäure-(NAM-) und N-Acetylglucosamin-(NAG-) Einheiten katalysiert, wodurch es zur Lyse von Bakterien (↗Bakteriolyse) kommt. Auch glykosid. Bindungen v. ↗Chitin werden von L. hydrolysiert. L. kommt u. a. in Körperflüssigkeiten wie Speichel, Tränen, Nasenschleim (worin es von A. ↗Fleming erstmals als bakteriolyt. Agens beobachtet wurde) u. im Eiklar vor, aber auch in Pflanzen, Bakterien u. speziell in phageninfizierten Bakterien, codiert durch ein phagenspezif. L.-Gen. Durch seine bakteriolyt. Eigenschaften wirkt L. in Geweben u. Körperflüssigkeiten als Schutz vor bakterieller Infektion. Tierisches und menschl. L. ist aus 129 Aminosäuren aufgebaut, deren komplizierte, u. a. durch 4 Disulfidbrücken u. viele Wasserstoffbrücken zusammengehaltene dreidimensionale Struktur durch Röntgenstrukturanalyse so genau bekannt ist, daß die Zuordnung des aktiven Zentrums u. die Enzym-Substrat-Interaktion bis zu atomaren Einzelheiten (vgl. Abb.) verstanden sind. Wie bei anderen hydrolyt. wirksamen Enzymen (z. B. ↗Chymotrypsin, ☐; ☐ aktives Zentrum) wird auch die drei-

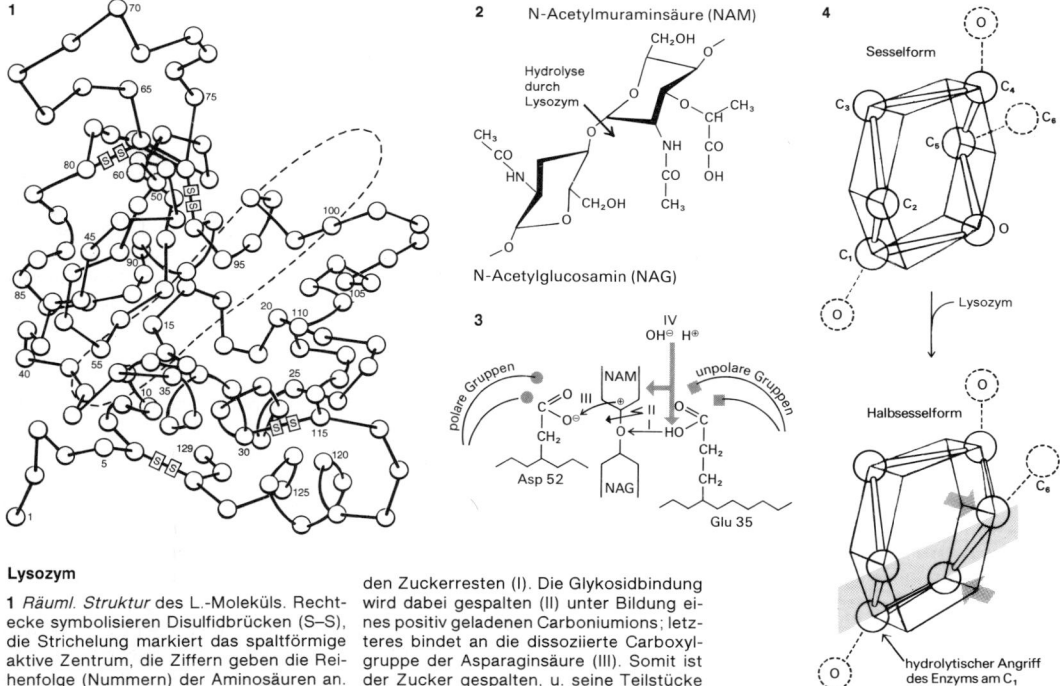

Lysozym

1 *Räuml. Struktur* des L.-Moleküls. Rechtecke symbolisieren Disulfidbrücken (S–S), die Strichelung markiert das spaltförmige aktive Zentrum, die Ziffern geben die Reihenfolge (Nummern) der Aminosäuren.
2 Das *Substrat* des L.s: Polysaccharide z. B. der Bakterienzellwand, bestehend aus *N-Acetylglucosamin-* und *N-Acetylmuraminsäure*-Einheiten.
3 *Molekularer Wirkungsmechanismus* des L.s: Ein NAM- und ein NAG-Zuckerrest der Bakterienzellwand (vgl. 2) liegen eng benachbart zu zwei Aminosäuren (Glutaminsäure 35 und Asparaginsäure 52) des aktiven Zentrums des L.s. Dies führt zu einer Dissoziation des H⁺ von der nicht peptidgebundenen Carboxylgruppe (COOH) der Glu mit anschließender Bindung an den glykosidischen Sauerstoff (O) zw. den beiden Zuckerresten (I). Die Glykosidbindung wird dabei gespalten (II) unter Bildung eines positiv geladenen Carboniumions; letzteres bindet an die dissoziierte Carboxylgruppe der Asparaginsäure (III). Somit ist der Zucker gespalten, u. seine Teilstücke sind an die beiden Aminosäuren gebunden. Wasser (H⁺-, OH⁻-Ionen) vollendet die Spaltung, indem es die Substratspaltstücke v. ihren Bindungsstellen verdrängt (IV). Danach fällt das L. von der Bakterienzellwand ab u. kann eine weitere Stelle „durchlöchern".
Neben den hier gezeigten Wechselwirkungen unmittelbar zw. dem aktiven Zentrum u. der Spaltstelle des Substrats sind auch Interaktionen zw. entfernteren Positionen des L.s und des Substrats v. Bedeutung. Dies ist u. a. aus der Beobachtung zu schließen, daß längerkettige Substrate (z. B. hexameres NAG) viel rascher hydrolysiert werden als die kürzerkettigen (z. B. tetrameres NAG).
4 *Deformation der energet. stabileren Sesselform* v. N-Acetylmuraminsäure (NAM) zur energiereicheren u. daher reaktionsfähigen Halbsesselform während der Bindung im aktiven Zentrum v. Lysozym. Das C-Atom 5 und der Ringsauerstoff werden in Pfeilrichtung bewegt, wodurch die vier hervorgehobenen Ringatome in einer Ebene der Halbsesselform liegen.

dimensionale Struktur des L.s durch einen Spalt, in dem das aktive Zentrum liegt, in zwei Hälften geteilt.

Lyssa w [gr., =], die ↗Tollwut.

Lyssavirus s [v. gr. lyssa = Tollwut], ↗Rhabdoviren.

Lyssenko, *Trofim Denissowitsch,* sowjet. Züchtungsforscher, * 29. 9. 1898 Karlowka (Ukraine), † 20. 11. 1976 Moskau; erfand die Methode, durch Vernalisation während der Keimung Winter- in Sommerweizen zu verwandeln. Er versuchte, gestützt auf J. W. Mitschurin u. eigene Versuche, durch eine Theorie der „Vererbung v. durch Umwelteinflüsse erworbenen Eigenschaften" dem dialekt. Materialismus eine wiss. Grundlage für die direkte, erbl. fixierbare Einflußnahme auf Lebewesen (also auch den Menschen) zu geben. Er will bei Pfropfbastarden die Mischung des Erbgutes v. Unterlage u. Reis bei beiden Sorten nachgewiesen haben (vegetative Hybridisation). Dieser Versuch konnte nicht bestätigt werden. Seine Theorie, deren Verbreitung bes. durch Stalin gefördert wurde, u. die über viele Jahre der Entwicklung der biol. Forschung in der UdSSR hemmte, wird heute allg. abgelehnt.

Lythraceae [Mz.; v. gr. lythron = Mordblut], die ↗Weiderichgewächse.

Lythrum s, der ↗Weiderich.

Lyticum s [v. gr. lytikos = auflösend], Gatt. obligat endosymbiont. Bakterien in *Paramecium*-Arten (Pantoffeltierchen); die stäbchenförmigen bis spiraligen Zellen (0,6–0,8 × 3,0–5,0 µm) besitzen eine peritriche Begeißelung u. scheiden lösl. Toxine aus, die sensitive *Paramecium*-Stämme abtöten. *L. flagellatum* wurde fr. Lambda (-Faktor) und *L. sinuosum* Sigma(-Faktor) genannt (Kappa-Faktor ↗Killer-Gen).

lytisch [v. gr. lytikos = lösend], ↗Lyse.

Lytoceratida [Mz.; v. gr. lytos = gelöst, kerata = Hörner], (Hyatt 1889), † Ord. überwiegend evoluter ↗*Ammonoidea* (T, ▢) mit rundl. Windungsquerschnitt, meist skulpturlos. Verbreitung: Lias (Sinémurium) bis Oberkreide, weltweit.

Lytta w [gr., = Raserei], Gatt. der ↗Ölkäfer.

```
        H   O
         \ //
          C
          |
    HO — C — H
          |
    HO — C — H
          |
     H — C — OH       D-Lyxose
          |           (lineare Form)
         CH₂OH
```

Lyxose w, aus 5 Kohlenstoffatomen aufgebautes Monosaccharid (Aldopentose).

mäander- [v. gr. Maiandros = (windungsreicher) Fluß in Kleinasien; heute der Büyük Menderes in der Türkei].

Mäanderkoralle

Macchie

Gehölze der Macchie:
Dornginster *(Calicotome spinosa)*
Cistrosen *(Cistus spec.)*
Zedern-Wacholder *(Juniperus oxycedrus)*
Phönizischer Wacholder *(Juniperus phoenicea)*
Myrte *(Myrtus communis)*
Erdbeerbaum *(Arbutus unedo)*
Baumheide *(Erica arborea)*
Mastixstrauch *(Pistacia lentiscus)*
Lorbeerliguster *(Phillyrea latifolia)*
Immergrüner Schneeball *(Viburnum tinus)*
Stein-Eiche *(Quercus ilex)*
Kermes-Eiche *(Quercus coccifera)*

M, Abk. für ↗Methionin.

M., in der Anatomie Abk. für *Musculus* (↗Muskel).

Mäander m [*mäander-], in die Paläontologie von R. Richter (1928) eingeführte Bez. für gewundene Fährten *(Helminthoidea):* „geführte Mäander".

Mäanderkorallen [v. *mäander-], *Hirnkorallen, Neptunsgehirne,* Gruppe der ↗Steinkorallen mit massiven Stöcken in Form v. Halbkugeln od. halben Eiern. Nur der gewölbte Teil trägt Polypen, der flache Teil liegt dem Untergrund auf. Die Knospung erfolgt intratentakulär, die Mundscheiben werden nicht getrennt, so daß bandförm. Mundscheiben entstehen. Unter den gewundenen Polypenreihen mit mehreren Mundöffnungen bildet sich ein Skelett, das durch „Straßen" u. „Grate" gekennzeichnet ist. Da Kalkteile benachbarter Polypenreihen verwachsen können, ergeben sich sphär. Gebilde, die Ähnlichkeit mit Säugerhirnen haben. Die bekanntesten M. sind die Neptunsgehirne i. e. S. (Gatt. *Diploria*), die kugelige Kolonien von ca. 50 cm ⌀ bilden. Die größten M. gehören zur Gatt. *Lobophyllia;* aus dem Roten Meer ist ein Stock von 6,6 m ⌀ und 3 m Höhe bekannt. Die Gatt. *Platygira* erreicht am Großen Barriereriff ca. 1,5 m ⌀. Eine kleine Riffart ist *Manicina (Maeandra) areolata* mit halbeiförmigen, 10 cm langen Knollen; zu Beginn des Wachstums ist sie kelchförmig (oberer ⌀ 13 mm), wächst dann in die Breite u. bricht vom Stiel ab; die Kolonie liegt lose auf sand. Grund hinter dem Riff u. kann v. starken Wellen fortgetragen werden.

Mabuya w [indian.-span.], Gattung der ↗Schlankskinkverwandten.

Macaca w [v. einer afr. Sprache über port. macaco], die ↗Makaken.

Macadamia w [ben. nach dem austr. Naturforscher J. Macadam, † 1865], Gatt. der ↗Proteaceae.

Macaedium s [v. gr. maza = getrockneter Teig, lat. aedes = Gebäude], *Mazaedium,* pulvrige Masse aus Sporen, zerfallenen Paraphysen u. Asci, bedeckt die Apothecien der ↗coniokarpen Flechten bzw. verwandter Ascomyceten. ↗*Caliciales*.

Macaranga w, Gatt. der ↗Wolfsmilchgewächse.

Macchie w [makkiᵉ; v. it. macchia = Gebüsch], *Macchia, Maquis,* offene, v. sklerophyllen Arten beherrschte Strauchformation des Mittelmeergebiets (↗Mediterranregion, B), urspr. nur auf wenigen, bes. flachgründigen Hängen angesiedelt, heute infolge jahrhundertelanger Holznutzung, Beweidung u. regelmäßiger Brände großflächige Ersatzvegetation der urspr. Steineichen-Wälder. (Die entspr. Gebüschformation des kaliforn. Winterregengebiets wird als ⌐ *Chaparral* bezeichnet.) Bei häufigen Bränden u. intensiver Beweidung verschwinden die wenigen Baumarten, u. es entsteht die niedrige, weithin offene ⌐ *Garigue*. ⌐Europa.

Maccullochella w, Gatt. der ⌐Zackenbarsche.

Macellicephala [Mz.; v. lat. macer = mager, gr. kephalē = Kopf] ⌐Polynoidae.

Machaeridia [Mz.; v. gr. machairidion = kleines Opfermesser], † Klasse 5–10 cm langer problemat. ⌐Fossilien v. hülsen- oder wurmförm. bilateralsymmetrischer Gestalt mit 2 oder 4 Reihen v. Platten, die aus Einkristallen v. Calcit mit deutl. Spaltbarkeit bestehen. Seit Withers (1926) meist Stachelhäutern (⌐ *Homalozoa*) zugeordnet. Manche Bearbeiter sahen Beziehungen zu den ⌐Rankenfüßern *(Cirripedia)* od. einer unbekannten Gruppe v. Mollusken. Verbreitung: Ordovizium bis Perm.

Machairodontidae [Mz.; v. gr. machaira = Messer, odontes = Zähne], *Machaerodontidae*, (Woodward 1898), *echte Säbelzahnkatzen*, † Fam. relativ plumper, katzenart. Raubtiere bis Löwen-Größe, die sich v. den übrigen Katzen (Fam. *Felidae*) deutl. unterscheiden; deshalb wird angenommen, daß sie eine lange Eigenentwicklung durchlaufen haben u. keine phylogenet. Einheit bilden; ihre Systematik ist strittig. Charakterist. sind die abgeflachten, dolchart. Eckzähne des Oberkiefers bei Reduktion der Unterkiefereckzähne, die ausgeprägt schneidende Funktion der ⌐Brechschere, kräft. Nackenmuskulatur und deutl. kräftigere Vorder- als Hinterextremitäten. *M.* werden heute eher als Aasfresser denn als Raubjäger beurteilt. Verbreitung: Eozän bis Jungpleistozän (evtl. Frühholozän), zeitweise in Eurasien, N- und S-Amerika, im Pleistozän in Dtl. (z.B. Mauer, Süßenborn, Steinheim), der ČSSR u. Ungarn nachgewiesen (Gatt. *Machairodus, Epimachairodus* u. *Homotherium*).

Machilidae [Mz.; v. lat. machila = kleine Maschine], Fam. der ⌐Felsenspringer.

Macis w [v lat. maccis = Muskatblüte], *Mazis*, Gewürz, das aus dem Samenmantel der zu den ⌐Muskatnußgewächsen gehörenden Muskatnuß gewonnen wird.

Macleod [mäklaud], *John James Rickard*, britischer Physiologe, * 6. 9. 1876 Cluny (Perthshire), † 16. 3. 1935 Aberdeen; Prof. in Cleveland (Ohio), Toronto u. Aberdeen; arbeitete über den Kohlenhydratstoffwechsel u. die Zuckerkrankheit; mitbeteiligt an dem Nachweis (1921) der blutzuckersenkenden Wirkung des Insulins; erhielt 1923 zus. mit F. G. Banting den Nobelpreis für Medizin.

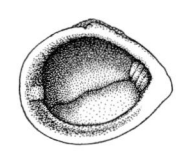

Macoma baltica, 2 cm lang

J. J. R. Macleod

macr-, macro- [v. gr. makros = lang, langdauernd; groß].

Maclura w [ben. nach dem am. Naturforscher W. Maclure, 1763–1840], Gatt. der ⌐Maulbeergewächse.

Macoma w, Gatt. der Plattmuscheln mit rundl.-dreieckigen, leicht bauchigen Klappen v. weißer, gelber od. rosa Färbung, oft dunkler konzentr. gestreift; graben sich meist nur flach ein u. pipettieren die Nahrung mit dem Einströmsipho auf; vorwiegend in kalten Meeren verbreitet. Die Baltische Plattmuschel od. Rote Bohne *(M. baltica)*, bis 3 cm lang, hat ein zugespitztes Klappenhinterende; sie ist in der Dt. Bucht sehr häufig u. Leitform einer Zönose im sand. bis schlicksand. Boden (bis ca. 15 m Tiefe), nach O dringt sie bis zum Bottn. Meerbusen vor; wicht. Nahrung für Fische, bes. Plattfische; leere Schalen zeigen oft kreisrunde Löcher der ⌐Bohrschnecken.

Macracanthorhynchus m [v. *macr-, gr. akantha = Stachel, rhygchos = Rüssel], Gatt. der ⌐Archiacanthocephala.

Macrargus m [v. *macr-, gr. argos = träge], Gatt. der ⌐Baldachinspinnen.

Macrauchenia w [v. gr. makrauchēn = langhalsig], (Owen 1840), † Gatt. steppenbewohnender ⌐ *Litopterna* (Huftiere) v. kamelart. Habitus; der eigenart. Schädel trug vermutl. einen kurzen Rüssel; Widerristhöhe bis ca. 1,8 m. Verbreitung: Pleistozän von S-Amerika.

Macrobiotus m [v. *macr-, gr. biōtos = lebend], Gatt. der ⌐Bärtierchen (Ord. *Eutardigrada*). *M. hufelandi*, ein häufiger Bewohner v. Moospolstern bes. auf Dächern, ist mit 1,2 mm Körperlänge die größte bekannte Tardigradenart.

Macrocephalidae [Mz.; v. gr. makrokephalos = langköpfig], Fam. der ⌐Wanzen.

Macrocephalites m [v. gr. makrokephalos = langköpfig], (v. Zittel 1884), † Gatt. meist aufgeblähter, involuter, großwüchsiger ⌐ *Ammonoidea* mit an der Naht spaltenden Gabelrippen, die gleichmäßig über die gerundete Externseite hinwegziehen. Verbreitung: oberer Jura (unteres Callovium), weltweit. *M. macrocephalus* (v. Schloth.) ist Leitfossil des Dogger ε bzw. Malm 1.

Macroceridae [Mz.; v. *macro-, gr. keras = Horn], die ⌐Langhornmücken.

Macrochaeta w [v. *macro-, gr. chaitē = Borste], Gatt. der Ringelwurm-(Polychaeten-)Fam. *Cirratulidae. M. clavicornis* mit Augen, alle 4 Kiemensegmente mit Borsten; leuchtet; in Algen an Felsen und zw. den Rhizoiden v. Laminarien, Nordsee. *M. helgolandica*, Augen fehlen, die beiden vorderen Kiemensegmente borstenlos; Sandbewohner, Nordsee.

Macrocheira w [v. gr. makrocheir = langhändig], Gatt. der ⌐Seespinnen.

Macrochelidae [Mz.; v. *macro-, gr. chelē

Macroclemys

= Schere, Klaue], *Düngermilben,* Fam. der *Parasitiformes,* deren Vertreter v. a. auf altem Kot, in Komposthaufen u. Frühbeeten leben.

Macroclemys w [v. *macro-, gr. klemmys = Schildkröte], Gatt. der ↗ Alligatorschildkröten.

Macrocystis w [v. *macro-, gr. kystis = Blase], ↗ Laminariales.

Macrodasys w [v. *macro-, gr. dasys = zottig], Gatt. der ↗ *Gastrotricha* (Fam. *Macrodasyoidae*) mit einer Anzahl ausschl. im Meer lebender Arten.

Macrodiplophyllum s [v. *macro-, gr. diploos = doppelt, phyllon = Blatt], Gatt. der ↗ Scapaniaceae.

Macrogastra w [v. *macro-, gr. gastēr = Bauch, Magen], fr. *Iphigena,* Gatt. der Schließmundschnecken mit rötl.- bis schwarzbraunem, spindelförm. Gehäuse; mit 6 Arten in Mitteleuropa vertreten, die in feuchten Wäldern am Boden, an Felsen u. Bäumen leben. In Dtl. weitverbreitet sind die Bauchige Schließmundschnecke *(M. ventricosa),* mit 19 mm Höhe die größte Art, die Gefältelte Schließmundschnecke *(M. plicatula),* bis 14 mm, und die Mittlere Schließmundschnecke *(M. lineolata),* bis 16 mm.

Macrogenioglottus m [v. *macro-, gr. geneion = Kinn, glōtta = Zunge], *M. alipioi,* merkwürdiger großer (bis 130 mm), bunter, krötenart. Frosch in den Bergwäldern S-Brasiliens, in dem man fr. einen Übergang v. den Kröten zu den Südfröschen sah, der jedoch heute zu den *Odontophrynini* in der U.-Fam. *Telmatobiinae* der ↗ Südfrösche gestellt wird. Sehr verborgene Lebensweise; ernährt sich ausschl. von Regenwürmern u. Schnecken. Fortpflanzung bei starken Regenfällen u. Gewittern an Tümpeln u. Pfützen, wobei ein dumpfer, weit hörbarer, nebelhornart. Ruf ertönt; fertigt keine Schaumnester.

Macroglossum s [v. *macro-, gr. glōssa = Zunge], Gatt. der ↗ Schwärmer, das ↗ Taubenschwänzchen.

Macrolepiota w [v. *macro-, gr. lepis = Schuppe], die ↗ Riesenschirmlinge.

Macromitrium s [v. *macro-, gr. mitrion = Mützchen], Gatt. der ↗ Orthotrichaceae.

Macromonas w [v. *macro-, gr. monas = Einheit], ↗ schwefeloxidierende Bakterien.

Macropetalichthyida [Mz.; v. *macro-, gr. petalon = Blatt, ichthys = Fisch], (Moy-Thomas 1939), obwohl jüngeres Synonym v. *Petalichthyida* Jaekel 1911, häufig verwendetes Nomen für eine Ord. der † Panzerfische *(↗ Placodermi)* mit aboral relativ verlängertem Kopfschild u. dorsal liegenden Augen. Typische Gatt.: *Macropetalichthys* u. *Lunaspis.* Verbreitung: unteres bis oberes Devon.

Macrogastra ventricosa (Bauchige Schließmundschnecke)

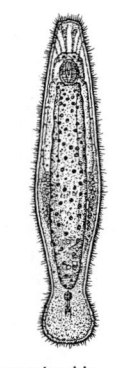

Macrostomida

Macrostomum appendiculatum

macr-, macro- [v. gr. makros = lang, langdauernd; groß].

Macropipus m, Gatt. der ↗ Schwimmkrabben.

Macropis m [v. *macro-, gr. ōps, Gen. ōpos = Auge], Gatt. der ↗ Melittidae.

Macroplea w [v. *macr-, gr. hopla = Waffen], Gatt. der ↗ Schilfkäfer.

Macropodia w [v. gr. makropous = langfüßig], Gatt. der ↗ Seespinnen.

Macropodidae [Mz.; v. gr. makropous = langfüßig], die ↗ Kängeruhs.

Macropodus m [v. *macro-, gr. pous, Gen. podos = Fuß], die ↗ Makropoden.

Macroprotodon m [v. *macro-, gr. prōtos = erster, odōn = Zahn], ↗ Kapuzennatter.

Macropus m [v. gr. makropous = langfüßig], Gatt. der ↗ Kängeruhs.

Macrorhamphosidae [Mz.; v. *macro-, gr. rhamphos = Schnabel], die ↗ Schnepfenfische.

Macroscelididae [Mz.; v. *macro-, gr. makroskelēs = langschenkelig], die ↗ Rüsselspringer.

Macroscincus m [v. *macro-, gr. skigkos = oriental. Eidechsenart], Gatt. der ↗ Riesenskinkverwandten.

Macrosteles m [v. *macro-, gr. stēlē = Säule], Gatt. der ↗ Zwergikaden.

Macrostomida [Mz.; v. *macro-, gr. stoma = Mund], Ord. der Strudelwürmer; Kennzeichen: Pharynx simplex, gerader, bewimperter Darm, nur 1 Paar Markstränge, primär männl. und weibl. Geschlechtsöffnung getrennt; Spermium aflagellat. Bekannte Arten: *Macrostomum appendiculatum, Microstomum lineare.*

Macrostylidae [Mz.; v. *macro-, gr. stylos = Pfeiler, Stütze], Fam. der ↗ Asseln; blinde Tiefseebewohner. *Macrostylis galatheae* wurde im Philippinengraben in fast 10 000 m Tiefe gefunden u. ist die Assel mit dem größten Tiefenvorkommen.

Macrothylacia w [v. *macro-, gr. thylakos = Sack, Beutel], Gatt. der ↗ Glucken.

Macrotrichia [Mz.; v. *macro-, gr. triches = Haare], ↗ Haare 2).

Macrouroidei [Mz.; v. *macro-, gr. oura = Schwanz], die ↗ Grenadierfische.

Macrozamia w [v. *macro-, gr. azania = Piniennüsse], in Austr. beheimatete Gatt. der ↗ *Cycadales* ([T]).

Macrozoarces m [v. *macro-, gr. zōarkēs = das Leben erhaltend], Gatt. der ↗ Aalmuttern.

Macrura w [v. *macr-, gr. oura = Schwanz], Sammelbezeichnung für die langschwänz. Gruppen der *Decapoda* (Zehnfußkrebse), umfaßt die ↗ *Palinura* u. ↗ *Astacura.*

Mactra w [v. gr. maktra = Backtrog], Gatt. der Trogmuscheln mit dünnen, leicht bauchigen Klappen; zahlr. Arten. Die Gemeine Trogmuschel, Narrenkappe, Strahlenkörbchen *(M. corallina cinerea),* bis 6 cm lang, ist vom Wirbel aus strahlenförm. gezeichnet; sie ist v. S-Norwegen bis zu den Kanaren verbreitet, auch in der Dt. Bucht auf schlicksand. Boden.

Macula w [Mz. *Maculae;* lat., = Fleck], allg.: fleckförm. Bezirk, z. B. bei einem Organ. 1) bei manchen ↗Trilobiten: Paar kleiner glatter Felder zu beiden Seiten der Mittelfurche des Hypostoms; ihre Funktion ist ungeklärt, wahrscheinl. Lichtsinnesorgane. 2) bei höheren Fischen: *M. sacculi, M. lagenae,* Hörfleck, Sinnesfleck im Innern des Labyrinths. 3) im Linsenauge: *M. lutea,* der ↗gelbe Fleck.

Maculinea w [v. lat. macula = Fleck], Gatt. der ↗Bläulinge.

Madagaskarigel, die ↗Tanreks.

Madagaskarkleiber, *Hypositidae,* Singvogel-Fam. mit 1 Art *(Hypositta corallirostris),* die auch zu den ↗Blauwürgern gerechnet wird. Häufiger Klettervogel in den östl. Urwäldern Madagaskars mit leuchtend rotem, an der Spitze hakig gebogenem Schnabel; klettert wie ein Kleiber Baumstämme hinauf.

Madagaskarmungos, *Galidiinae,* auf Madagaskar beschränkte, recht ursprüngliche U.-Fam. der Schleichkatzen *(Viverridae);* 4 Gatt. mit je 1 Art; Kopfrumpflänge 25–28 cm, Schwanzlänge 20–30 cm; Grundfärbung grau bis braun, z.T. gestreift; Krallen nicht rückziehbar, Gebärmutter doppelt, nur 1 Paar Zitzen. Die M. leben in Wäldern, z. T. auch in der Savanne, u. ernähren sich v. kleineren Wirbeltieren, Wirbellosen u. Früchten.

Madagaskarnattern, *Lioheterodon,* Gatt. der ↗Wolfszahnnattern.

Madagaskarratten, *Nesomyinae,* U.-Fam. der Wühler (Fam. *Cricetidae);* auf Madagaskar endemisch lebende, großohrige Nagetiere; 7 Gatt. mit 15 Arten, die z.T. auch als U.-Arten aufgefaßt werden. Die kleineren Arten bilden die Gatt. der Inselmäuse *(Macrotarsomys;* 2 Arten). Rattengröße erreichen die Inselratten (Gatt. *Nesomys;* 3 Arten). Bilchähnlich sehen die Bilchschwänze (Gatt. *Eliurus;* 5 Arten) aus. Das Votsotsa *(Hypogeomys antimena;* Kopfrumpflänge 30–35 cm) ähnelt in Körpergröße u. Lebensweise dem eur. Kaninchen.

Madagaskarstrauße [ben. nach der Insel Madagaskar], *Aepiornithidae* (Bonaparte 1853), *Aepyornithidae,* auf Madagaskar beschränkte † straußenart. Laufvögel mit stärker reduziertem Flügelskelett als bei den *Struthiones;* Femora noch pneumatisiert, Rippen ohne Haken, Fuß relativ kurz u. dreizehig; mehrere Gatt. und Arten. Verbreitung: Pleistozän u. Holozän, angebl. 1649 ausgerottet. *Aepiornis (Aepyornis) maximus* Geoffroy-Saint-Hilaire 1851 bis od. über 3 m hoch; seine dickschaligen Eier erreichten über 30 cm Länge und 8 l Inhalt (entspr. ca. 180 Hühnereiern); gilt als Urbild des legendären Vogels Rock. Die höchst unvollkommen belegte Gatt. *Stromeria* Lambrecht 1929 aus dem Unteroligozän Ägyptens wird ebenfalls den M.n zugeordnet u. als der Stammgruppe nahestehende Form angesehen. Nächste lebende Verwandte der M. sind die afr. Strauße *(Struthiones).*

Madagassische Subregion [ben. nach der Insel Madagaskar], *Madagassis,* eine biogeogr. Subregion der ↗Äthiopis; umfaßt Madagaskar (die drittgrößte Insel der Erde) mit den Inselgruppen der Komoren, Seychellen u. Maskarenen. Wohl seit dem Erdmittelalter v. Afrika durch die 350 km breite Straße v. Mozambique getrennt, ist die M. S. durch eine typ. Flora u. Fauna charakterisiert. Die auf der langen Isolation der M.n S. beruhende biogeogr. Sonderstellung äußert sich zum einen im Fehlen zahlr. in Afrika z.T. artenreich u. weit verbreiteter Gruppen, zum anderen im Auftreten v. Endemismen (↗Endemiten), d. h. von Taxa, die ausschl. auf die M. S. beschränkt sind. Von den Pflanzenarten sind 85% endemisch, darunter die ↗*Didiereaceae,* die kakteenähnl. Habitus konvergent entwickelt haben (↗Sukkulenz). – Tierwelt. Die überwiegende Mehrzahl der madagass. Tiere weist enge Beziehungen zu Afrika auf, von woher die M. S. wesentlich besiedelt worden ist. Trotzdem fehlen zahlr. in Afrika verbreitete Tiergruppen, die Madagaskar nach seiner Isolation nicht mehr erreicht haben (vgl. Tab.). Andererseits finden sich in der M.n S. Vertreter einiger Tiergruppen, die ansonsten nur in der ↗Neotropis (S-Amerika) vorkommen, so z. B. 2 Gatt. *(Chalarodon, Hoplurus)* mit 7 Arten von Leguanen *(Iguanidae)* und 1 Art der Schienenschildkröten *(Podocnemis madagascariensis).* Auch die Madagass. Haftscheiben-Fledermäuse haben ihre nächsten Verwandten in der Neotropis. Zahlr. auf die M. S. beschränkte Vogel- und Säugetiergruppen haben dort eine bes. reiche artl. Differenzierung erfahren (↗adaptive Radiation, ⬚) und durch ↗Konvergenz (⬚) ↗Lebensformtypen entwickelt, wie sie in anderen geogr. Regionen durch Vertreter völlig anderer Tiergruppen, die jedoch in der M.n S. fehlen, vertreten sind (ökologische ↗Stellenäquivalenz). Das gilt innerhalb der Säugetiere v.a. für a) die ↗Halbaffen *(Prosimiae),* die in der M.n S. mit nur dort vorkommenden Fam. (Lemuren, Indris u. Fingertier) mit insgesamt 10 Gatt. und 20 Arten vertreten sind und die in der M.n S. fehlende Affen *(Simiae)* "ersetzen" (Madagaskar daher die „Insel der ↗Lemuren"). Bes. interessant ist das ↗Fin-

Madagassische Subregion

Madagaskarstrauße
Rekonstruktion des Riesenstraußes *Aepiornis maximus*

Madagassische Subregion

Beispiele für auf Madagaskar *fehlende* Tiergruppen, die in Afrika weit verbreitet sind:

Amphibien:
  Kröten
  (Bufonidae)

Reptilien:
  Agamen
  (Agamidae)
  Warane
  (Varanidae)

Säugetiere:
  Unpaarhufer
  (Perissodactyla)
  Paarhufer
  (Artiodactyla)
  Elefanten
  (Elephantidae)
  Hundeartige
  (Canidae)
  Katzenartige
  (Felidae)
  Affen *(Simiae)*

Vögel:
  Kraniche *(Gruidae)*
  Trappen *(Otididae)*
  Spechte *(Picidae)*
  Finkenvögel
  (Fringillidae)
  Turakos *(Musophagidae)*
  Mausvögel *(Colii)*

Auf Madagaskar *beschränkte* Vogelgruppen (Endemismen):

Stelzenrallen *(Mesitornithidae),* 3 Arten
Lappenpittas *(Philepittidae),* 4 Arten
Blauwürger *(Vangidae),* 14 Arten
Erdracken *(Brachypteraciidae),* 5 Arten
Kurols *(Leptosomatidae),* 1 Art

Made

gertier *(Daubentonia madagascariensis),* das mit einem dünnen, verlängerten Mittelfinger im Holz lebende Insektenlarven herausangelt u. so die ökolog. ↗Planstelle der in der M.n S. fehlenden Spechte vertritt. b) die ↗Tanreks *(Tenrecidae),* eine urspr. Gruppe von Insektivoren, die mit ca. 30 Arten in 10 Gatt. nur in der M.n S. vorkommt. Darunter finden sich Arten v. Spitzmaus- u. Igelhabitus (Borstenigel), Maulwurf-ähnliche, grabende Formen *(Oryzoryctes talpoides)* u. mit Schwimmhäuten versehene, Otter-ähnliche Gatt. *(Limnogale).* c) Schleichkatzen *(Viverridae)* vertreten mit 11 Arten in der M.n S. die dort fehlenden hunde- und katzenart. Raubtiere. 3 U.-Fam., die Madagaskarmungos *(Galidiinae),* Ameisenschleichkatzen *(Euplerinae)* und die Fossas *(Cryptoproctinae),* sind ganz auf Madagaskar beschränkt, wobei die ↗Fossa od. Frettkatze *(Cryptoprocta ferox)* mit einer Körperlänge von 80–90 cm (dazu noch 80 cm Schwanz) das größte in der M.n S. lebende Raubtier ist ([B] Afrika VIII). d) Die ↗Madagaskarratten *(Nesomyinae)* sind als eigene U.-Fam. mit allen 7 Gatt. ganz auf die M. S. beschränkt u. vertreten die dort fehlenden Wühlmäuse *(Microtinae)* und echten Mäuse *(Muridae).* e) Auf Madagaskar beschränkt sind auch die (Madagass.) ↗Haftscheiben-Fledermäuse *(Myzopodidae).* Unter den *Vögeln* haben die ↗Blauwürger *(Vangidae),* mit 14 Arten in 9 Gatt., Meisen-, Würger- und Kleiber-ähnliche (z. B. *Hyposita)* Typen entwickelt. Ausgestorben sind vor einigen hundert Jahren die ↗Madagaskarstrauße *(Aepyornithidae* mit 4 Arten in 2 Gatt.), flugunfähige Riesenvögel, die bis über 3 m hoch und 500 kg schwer waren u. fossil auch aus dem Unteroligozän Ägyptens bekannt sind. Eine reiche Entfaltung haben in der M.n S. unter den *Reptilien* die ↗Chamäleons *(Chamaeleonidae)* erfahren; über die Hälfte ihrer ca. 80 Arten lebt dort, darunter Riesenformen mit 75 cm Länge *(Chamaeleo oustaleti* und *C. verrucosus).* Die *Gliedertiere* haben in der M.n S. ebenfalls zahlr. endemische Gruppen entwickelt. Von den 1024 dort lebenden Laufkäfer- (Carabiden-)Arten sind ca. 92% endemisch; die 210 von Madagaskar bekannten Maikäferartigen *(Melolonthinae)* kommen nirgendwo anders vor; dasselbe gilt für die madagass. Pseudoskorpione. ↗Äthiopis, ↗Afrika, [B] Afrika VIII.

Lit.: Battistini, R., Richard-Vindaro, G.: Biogeography and Ecology in Madagaskar. Junk Publ. The Hague 1972. *G. O.*

Made, fußlose (apode), gelegentl. auch kopflose (acephale) Larve v. holometabolen ↗Insekten. ☐ Fleischfliegen, ☐ Fliegen.

madrepor- [v. it. madrepora (aus madre = Mutter, poro = Pore) = Sternkoralle].

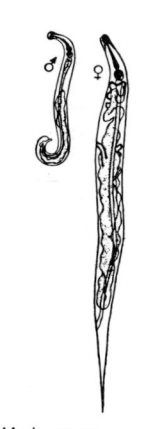

Madenwurm *(Enterobius vermicularis)*

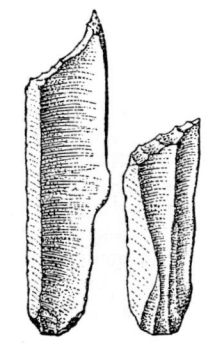

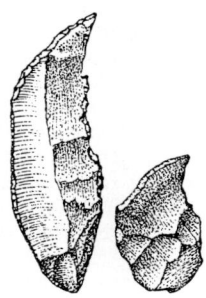

Magdalénien

Kantenstichel des Magdalénien, unten „Papageienschnabel"

Madeirawein [-deɪra; ben. nach der Insel Madeira], *Anredera baselloides,* ↗Basellaceae.

Madenhackerstare, Madenhacker, *Buphagus,* Gatt. afrikan. ↗Stare mit 2 Arten, dem Rotschnabelmadenhacker (*B. erythrorhynchus,* [B] Afrika IV) in O-Afrika u. dem in seiner Verbreitung westl. daran angrenzenden Gelbschnabelmadenhacker (*B. africanus);* 22 cm groß, unscheinbar bräunl. gefärbt, sind mit dem kurzen kräft. Schnabel, den spitzen Krallen u. den verfestigten Schwanzfedern an eine spezialisierte Nahrungssuche angepaßt: klettern auf großen Weidetieren, z.B. Rindern, Zebras, Nashörnern, Büffeln u. Elefanten, umher u. picken aus der Haut Zecken u. Fliegenmaden ([B] Symbiose). In dieser ↗Putzsymbiose profitieren die Weidetiere durch die Beseitigung v. Ektoparasiten als potentiellen Krankheitsüberträgern sowie durch die lauten Warnrufe der M., die ihrerseits wohl einen gewissen Schutz genießen.

Madenkrankheit, die ↗Fliegenlarvenkrankheit

Madenwurm, *Enterobius* (fr. *Oxyuris*) *vermicularis,* ein Vertreter der Fadenwurm-Ord. ↗Oxyurida; ♂ 2–6 mm, ♀ 8–13 mm; einer der verbreitetsten Parasiten des Menschen, jedoch zieml. harmlos (↗Enterobiasis). Nächstverwandte Arten kommen bei Menschenaffen vor, z. B. *E. anthropopitheci* beim Schimpansen u. *E. lerouxi* beim Gorilla; weitere Arten bei anderen Primaten u. hörnchenartigen Nagetieren. ☐ Fadenwürmer.

Mädesüß ↗Spierstaude.

Mädesüß-Uferfluren ↗Filipendulion.

Madoquini [-kini-; v. Amharisch mědaqqwa], die ↗Dikdiks.

Madrepora *w* [v. *madrepor-], die Gatt. ↗Acropora. [↗Steinkorallen].

Madreporaria [Mz.; v. *madrepor-], die

Madreporenkalk, die Kalkskelette der ↗Steinkorallen *(Madreporaria),* die den Hauptanteil der Korallenriffe bilden. ↗Kalk.

Madreporenplatte [v. *madrepor-], *Siebplatte,* die siebartig durchbrochene Kalkplatte bei Stachelhäutern; über die M. kommuniziert das ↗Axocoel (und indirekt damit das gesamte ↗Ambulacralgefäßsystem) mit dem umgebenden Meerwasser; bes. gut ausgebildet bei ↗Seeigeln u. ↗Seesternen.

Maeandra *w* [v. gr. maiandros = Windung], Gatt. der ↗Määnderkorallen.

Maedi, anzeigepflicht. chron. Lungenentzündung bei Schafen, mit tödl. Verlauf, verursacht durch RNA-Viren.

Magdalénien *s* [magdalenjä̃; ben. nach der Grotte de la Madeleine bei Tursac/S-Fkr., Dep. Dordogne], Kulturstufe der jüngeren ↗Altsteinzeit W-Europas; typisch papageienschnabelförm. Stichel, daneben Kratzer u. abgestumpfte Klingen sowie Knochengeräte (Harpunen, Nähnadeln), teilweise mit Ornamenten und figürl. Ritzzeichnungen versehen; zahlr. ⁊ Felsmalereien u. sog. Venusstatuetten.

Magellanfuchs [mageljan-; v. *magellan-], der ⁊ Andenschakal.

Magellania w [v. *magellan-], Brachiopoden-Gatt. aus der Fam. *Terebratellidae* (⁊ *Terebratella*); *M. venosa* ist mit 8 cm Länge, 7 cm Breite und 5 cm Dicke der größte *rezente* Brachiopode (Vergleich: *Productus giganteus* †, bis 30 cm breit).

Magellanischer Zimt [mageljan-; v. *magellan-], wird aus der Rinde der zu den ⁊ *Winteraceae* gehörenden *Drimys winteri* gewonnen.

Magelonidae [Mz.; ben. nach der schönen Magelone (spät-ma. frz. Romangestalt)], Fam. der Ringelwürmer (Kl. *Polychaeta*) mit nur 1 Gatt. *(Magelona)*; Kennzeichen: fadenförmig, langgestreckt, Peristomium mit 2 langen Tentakeln; Parapodien zweiästig, keine Kiemen; vorstülpbare, unter dem Oesophagus liegende Schlundtasche; Nahrungserwerb als Taster. Leben in selbstgebauten Grabgängen u. bilden pelagische Larven aus.

Magen, *Gaster, Stomachus, Ventriculus,* erweiterter Teil des Verdauungstraktes (B Verdauung I–III) zw. Schlundröhre u. ⁊ Darm (B), der der Vorratshaltung, mechan. Zerkleinerung, Sterilisierung und chem. Aufarbeitung der Nahrung dient. – Im Tierreich sind M. mit unterschiedl. Funktion vielgestaltig ausgeprägt. Beim Regenwurm findet sich ein einfacher ⁊ Muskel-M., in dem die mit Erde aufgenommenen organ. Bestandteile zerrieben werden. Egel haben einen aus 11 Blinddärmen bestehenden M., in dem das aufgenommene Blut gespeichert wird. Bei Schnecken (B Weichtiere) ist der mit einem Cilienepithel ausgekleidete Mitteldarm zu einem M. erweitert, in den die ⁊ Mitteldarmdrüse einmündet. Bei vielen Muscheln liegt in einer M.tasche ein ⁊ Kristallstiel, der stärke- u. glykogenabbauende Enzyme freisetzt. Bei den höheren Krebsen findet sich ein vorderer, mit Chitinzähnen besetzter ⁊ Kau-M. (☐ Malacostraca, B Gliederfüßer I), in dem mit mahlenden Bewegungen die Nahrung zerkleinert wird, u. ein hinterer Teil (⁊ Pylorus), in den mittels eines Klappensystems nur kleine Nahrungsteilchen aus der Cardia gelangen, die dort chem. völlig aufgeschlossen werden. Bei Spinnen ist ein muskulöser ⁊ Saug-M. ausgebildet u. ein sich anschließender Verdauungs-M. (B Gliederfüßer II). Insekten haben eine kropfart. Erweiterung des Vorderdarms, die als Reservoir dient u. aus der durch einen Sphinkter die Nahrung portionsweise an den Darm abgegeben wird (☐ Insekten). Bei Bienen wird dieser Teil des Verdauungstrakts *Honig-M.* oder ⁊ *Honigblase* genannt. Bei anderen Insekten schließt sich an den ⁊ Oesophagus ein chitinöser Kau-M. an. Viele ⁊ Stachelhäuter (B) verdauen ihre Nahrung extraintestinal mit einem ausgestülpten M. – Der typische M. als Bildungsort eigener, v.a. proteolytischer Enzyme (Proteasen), die in einem stark sauren Milieu (infolge von Salzsäureproduktion) wirksam sind, ist erst für die Wirbeltiere charakteristisch. Er fehlt ledigl. bei einigen niederen Fischen (Rundmäulern) u. auch Karpfen. Je nach Ernährungsweise ist der M. unterschiedlich ausgeprägt. Amphibien besitzen einen weiten innen gefalteten M., Schlangen einen langgestreckten, erweiterungsfähigen M. und Krokodile einen mit harten Sehnenscheiben versehenen muskulösen Kau-M. Bei Vögeln ist der hinter dem ⁊ Drüsen-M. liegende Kau-M. mit festen Reibplatten aus erhärtetem Sekret ausgekleidet. Mit der Nahrung aufgenommene Steinchen vervollständigen bei Körnerfressern die Zerkleinerung der Nahrung. – Der *Säuger-M.* wird am proximalen u. distalen Teil durch Schließmuskeln *(Sphinkter)* v. den zuführenden u. abführenden Abschnitten des Verdauungstrakts getrennt. Er gliedert sich in 4 Regionen: Schlund-, Cardiadrüsen- (⁊ Cardia), ⁊ Fundusdrüsen- und Pylorusdrüsenabschnitt (⁊ Pylorus). Der M.ausgang liegt auf der rechten Körperseite. Bei Fleischfressern (einschl. des Menschen) bilden alle Abschnitte eine einheitliche M.höhle; Körnerfresser verwenden die ersten drei Abschnitte als Sammel-M., bei Blattfressern (Wiederkäuern) ist der Sammel-M. in Pansen u. Netz-M. unterteilt u. dient dem fermentativen Aufschluß der Nahrung (⁊ Wiederkäuer-M.). Die *M.schleimhaut* unterscheidet sich deutl. von der Auskleidung der Darmabschnitte. Sie besteht im Ggs. zu dem Plattenepithel des Oesophagus aus einem Zylinderepithel, das mit einer Reihe v. Drüsen ausgestattet ist. Die *Hauptzellen* im Fundus- und Pylorusabschnitt sezernieren Propepsin (Pepsinogen), das durch die aus den ⁊ Belegzellen abgesonderte 0,3%ige Salzsäure in das proteolytisch wirksame ⁊ Pepsin gespalten wird. Die Belegzellen bilden ferner den ⁊ Intrinsic factor, die *Nebenzellen* Schleim. Andere M.drüsen produzieren Lipasen od. auch das milchabbauende ⁊ Labferment. Die im M. erfolgende Vorverdauung der Nahrung zu einem homogenen, halbflüss. Brei, dem *Chymus,* findet ihren Abschluß im ⁊ Dünndarm, wo die Hauptverdauung u. Resorption der Nah-

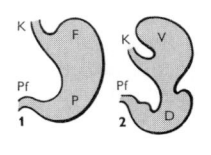

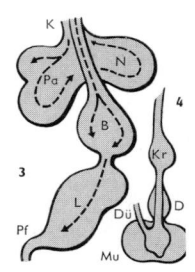

---

magellan- [ben. nach dem port. Seefahrer F. de Magalhães (magaljãᵉsch) – span.: Magallanes (magaljanes), dt.: Magellan (mageljan)-, 1480–1521].

Magelonidae
Magelona, ca. 2 cm Länge (juvenil)

Magen
Magenformen:
1 Mensch, 2 Hamster, 3 Rind, 4 Vogel (Körnerfresser)

K Kardia (Eingang), F Fundusdrüsenabschnitt, P Pylorusdrüsenabschnitt, Pf Pförtner (Ausgang), V Vorratsmagen, D Drüsenmagen (Verdauungsmagen), N Netzmagen, Pa Pansen, B Blättermagen, L Labmagen, Kr Kropf, Dü Dünndarm, Mu Muskelmagen

Magen

Magen-Sekretion

Die *Fundusdrüse* sezerniert in den *Nebenzellen* M.schleim, in den *Hauptzellen* Pepsinogen und in den *Belegzellen* Salzsäure. Die Salzsäure aktiviert das Pepsinogen zum Pepsin.
In den Belegzellen werden H^+-lonen aus Wasser und reduzierten Coenzymen aktiv in den Canaliculus gepumpt. Die freien OH^--lonen werden mit CO_2 in Hydrogencarbonationen (HCO_3^-) überführt. Die Reaktion wird durch das Enzym Carboanhydrase (CA) katalysiert. Hydrogencarbonationen werden gg. Cl^--lonen ausgetauscht u. diese aktiv in den Canaliculus transportiert.
Der M. ist nicht unempfindl. gegenüber der von ihm produzierten Salzsäure und den durch sie aktivierten proteolyt. Enzymen (Proteasen). Nur dadurch, daß das Pepsin als inaktive Vorstufe (Pepsinogen) gebildet u. erst im Schutz des Speisebreis durch Salzsäure aktiviert wird, ist ein Schutz vor Selbstverdauung möglich. Gegen die eigene Salzsäure hilft eine ständig neu sezernierte alkalische Schleimschicht, die die Salzsäure im Bereich des M.epithels neutralisiert. Bei überschießender

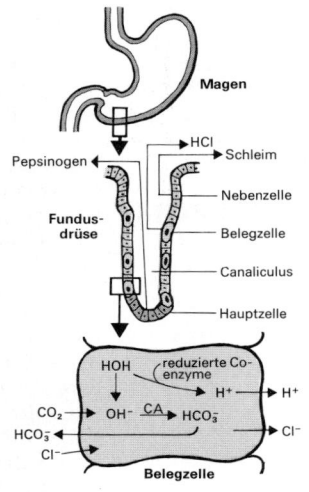

Salzsäureproduktion, die beim Menschen viele organ. und psych. Ursachen haben kann, wird die M.schleimhaut mehr od. weniger stark beschädigt. Ein *M.geschwür*, das sich bis zum M.durchbruch ausweiten kann, ist die Folge.

Magen

Der *M. des Menschen* liegt unter dem Zwerchfell im linken Oberbauch. Aus der Speiseröhre (Oesophagus) gelangt die Nahrung durch den *M.mund* (Cardia) in den M. Von hier aus wölbt sich der *M.grund* (Fundus ventriculi) nach oben, abwärts folgt der *M.körper* (Corpus ventriculi). Den Übergang zum Darm bildet ein ringförm. Muskel, der *M.pförtner* (Pylorus). – Einige Daten (Durchschnittswerte): Länge 30 cm, ⌀ 14 cm, Leergewicht 300 g, Inhalt 2750 cm³.
1 M. aufgeschnitten, mit Darstellung des Schleimhautreliefs; **2** Oberfläche der M.schleimhaut u. Schnitt durch die M.wand.

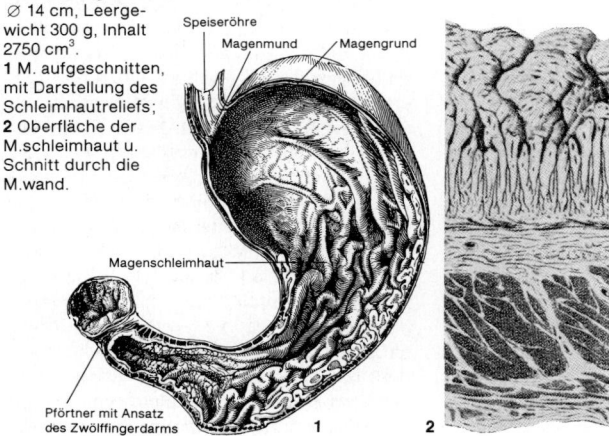

rungsbestandteile erfolgen. – Die M.funktion wird nervös u. humoral gesteuert. Parasympathisch wird der M. durch den Nervus vagus, dessen Reizung eine Zunahme der motor. und sekretor. Aktivität bewirkt, sympathisch durch den Nervus splanchnicus mit entgegengesetzter Wirkung versorgt. Afferente sympathische Bahnen melden Schmerzempfindungen, über afferente parasympathische Bahnen wird das ↗Erbrechen ausgelöst. Die Nerven versorgen drei sich kreuzende Muskelschichten, durch die wellenförm. Kontraktionsbewegungen hervorgerufen werden (*M.peristaltik*), die den Nahrungsbrei vermischt mit den Verdauungsenzymen in Richtung Pylorus drängen. Beim erwach-

senen Menschen faßt der Magen 2,5–3 l. Die Verweildauer der Nahrung im M. ist je nach Konsistenz sehr unterschiedl. und schwankt zw. 1 und etwa 8 Stunden. Bei sog. schwerverdaul. Speisen beträgt die Dauer des Aufenthalts mehr als 3 Stunden. ↗Hunger, ↗Verdauung. *L. M.*

Magenbremsen, *Magendasseln, Magenfliegen,* die ↗Gasterophilidae.

Magenbrütender Frosch ↗Rheobatrachus.

Magendie [masᴄhãdi], François, frz. Physiologe, * 6. 10. 1783 Bordeaux, † 7. 10. 1855 Sannois bei Paris; Lehrer von C. ↗Bernard, seit 1831 Prof. in Paris (Collège de France); arbeitete vivisektorisch über nahezu alle Gebiete der Physiologie, bes. Resorption der Nahrungsstoffe aus dem Darm, Bewegung des Chylus, Elastizität der Gefäße, Entstehung der Herztöne (Systole, Diastole), Nervenbahnen (Entdecker der Cerebrospinalflüssigkeit) und machte damit die frz. Physiologie des 19. Jh. weltberühmt. WW „Leçons sur les phénomènes physiques de la vie" (4 Bde., Paris 1836–38). „Leçons sur les fonctions et les maladies de système nerveux" (4 Bde., Paris 1835 bis 1838).

Magensäure, 0,3%ige Salzsäure im ↗Magen der Wirbeltiere, die i. d. R. in den hinteren Magenabschnitten – bei Säugern v. den Belegzellen der Fundusregion – produziert wird (☐ Magen). Sie dient als Sterilans gegenüber mit der Nahrung aufgenommenen Bakterien u. liefert das saure Milieu für das bei pH 1,5–2,5 optimal wirksame proteolytische (proteinspaltende) Enzym ↗Pepsin.

Magenscheibe, wegen seiner Form u. Lagebeziehung von Landois 1864 geprägte Bez. für ein Organ der Echten Läuse (*Anoplura*), das erstmals von R. Hooke („Micrographia", 1665) bei der Kopflaus (*Pediculus capitis*) beschrieben wurde. Man hielt die M. für eine Verdauungsdrüse, bis Sikora (1919) das Organ als ↗Mycetom erkannte.

Magenschild, bei den Muscheln ein fester Teil der Magenwand, gebildet aus Mikrovilli der Epithelzellen mit einer dazwischenliegenden Matrix, die aus chitinähnl. Verbindungen u. Enzymen besteht (saure Phosphatasen, Carboxylesterasen, Aminopeptidasen). Der M. schützt die Magenwand vor harten Partikeln u. der Spitze des rotierenden ↗Kristallstiels. ▣ Darm.

Magenstein, 1) ↗Bezoarsteine; **2)** der ↗Gastrolith, ↗Flußkrebse.

Magenstiel, *Mundstiel, Manubrium,* frei in den Schirmraum einer Meduse hängende Fortsetzung des Gastralraums, an deren Ende sich der Mund befindet.

Magenwürmer, Sammelbez. für parasit. Fadenwürmer (↗Magenwurmkrankheit),

v. a. der Fam. *Trichostrongylidae* (↗ *Strongylida*), z. B. *Haemonchus*.

Magenwurmkrankheit, *Trichostrongylose,* Befall des Magens od. Darms mit Fadenwürmern der Fam. *Trichostrongylidae* (z. B. *Haemonchus, Ostertagia, Nippostrongylus*), häufig bei Wiederkäuern, Schweinen, Pferden, Wild, Ratten u. Vögeln. Krankheitserscheinungen sind Abmagerung, struppiges Haarkleid, Blutarmut u. Durchfälle; Tod nur nach sehr massivem Befall. Infektion direkt durch Larven des 3. Stadiums, die aus Kot in das umgebende Gras wandern u. mit ihm oral aufgenommen werden.

Magerrasen, nährstoffarme, nicht od. nur sehr schwach gedüngte, teilweise natürl. Grasfluren unterschiedl. Standorte (vgl. Tab.).

Maggipilz [ben. nach der v. dem Schweizer J. Maggi, 1846–1912, erfundenen Würze], *Lactarius helvus* Fr., ↗ Milchlinge.

Magilidae [Mz.], veralteter Name der ↗ Korallenschnecken.

Magna-Form [v. lat. magnus = groß], Modifikationsform der Amöbe ↗ *Entamoeba (histolytica);* ↗ Amöbenruhr.

Magnamycin *s* [v. lat. magnus = groß, gr. mykēs = Pilz], das ↗ Carbomycin.

Magnesium *s* [v. gr. magnēsios = Magnetstein], chem. Zeichen Mg. chem. Element (Erdalkalimetall); Mineralstoff, der in Form v. Mg^{2+} nur in kleineren Mengen für Zellen od. Organismen erforderl. ist (↗ essentielle Nahrungsbestandteile) u. daher teilweise zu den Spurenelementen gerechnet wird. Mg^{2+} ist Bestandteil bzw. Aktivator vieler Enzyme (Phosphatasen, ATP-abhängige Phosphoryl-Transferasen wie Hexokinase, Phosphofructokinase u. Myokinase, DNA- und RNA-Polymerasen) bzw. Enzymsysteme. Bei allen ATP-abhängigen Enzymreaktionen wird ATP als Mg^{2+}/ATP-Komplex umgesetzt. Struktur u. Funktion v. Ribosomen sind von Mg^{2+} abhängig. In grünen Pflanzen ist Mg^{2+} Bestandteil des ↗ Chlorophylls, weshalb die Chlorophyllbildung bzw. die Ergrünung v. Pflanzen von Mg^{2+} abhängig ist. Der tier. und menschl. Körper bestehen zu ca. 0,05% aus Mg^{2+}, wovon etwa 60% im Skelett u. 1% in extrazellulären Flüssigkeiten enthalten sind. ↗ Elektrolyte (☐).

Magnetbakterien, *magnetotaktische Bakterien,* eine Reihe bewegl. Bakterien unterschiedl. Morphologie (Kokken, Stäbchen, Spirillen), die sich nach dem Magnetfeld der Erde orientieren (*Magnetotaxis* ↗ magnetischer Sinn); sie kommen in Süß- u. Salzwasser vor. Die Zellen enthalten ungewöhnl. viel Eisen (bis 3% der Trockenmasse) in Form mehrerer hintereinanderliegender Grana aus Magnetit (Fe_3O_4),

Magerrasen
Borstgras-M.:
↗ *Nardetalia*
Hochgebirgs-M.:
↗ *Caricetea curvulae,*
↗ *Elynetea,* ↗ *Seslerietea variae*
Kalk-M.: ↗ *Festuco-Brometea*
Schwermetallrasen:
↗ *Violetea calaminariae*
Silicat- und Sand-M.:
↗ *Sedo-Scleranthetea*

Magnetfeldeffet
Neuere Forschungen über die M. in biol. Systemen zeigten u. a. eine Magnetfeldabhängigkeit v. lichtinduzierten Elektronenübertragungsreaktionen bei photosynthet. Bakterien. Die magnet. Beeinflußbarkeit v. Elektronenübertragungsprozessen u. anderen Reaktionen zw. Radikalen, wie sie als Teilschritte der Stoffwechselreaktionen biol. Zellen weit verbreitet sind, läßt vermuten, daß der Schlüssel zum Verständnis des magnet. Sinns höherer Lebewesen in eben diesen Reaktionen zu suchen ist. – Bei Untersuchungen (an Wachteln) ist nur in der Netzhaut (Retina) u. im Pinealorgan vorkommenden Enzyms Hydroxy-Indol-O-Methyl-Transferase (HIOMT) zeigte sich eine deutl. Abhängigkeit der HIOMT-Aktivität in Retina u. Pinealorgan v. einem Magnetfeld. – Beim Menschen wurde jüngst eine Beeinflussung der Dämmerungssehschärfe durch Magnetfeldänderungen nachgewiesen.

magnet- [v. gr. magnēs, Gen. magnētos = Magnetstein].

sog. *Magnetosomen* (magnetischer Sinn), die einen kleinen Dauermagneten bilden *(Biomagnetismus),* so daß M. mit einem Magneten isoliert werden können. M. von der Nordhalbkugel richten sich nach dem magnet. Nordpol, M. von der Südhalbkugel haben eine entgegengesetzte Polarität. In der Natur dient diese Magnetfeldorientierung der allg. anaeroben od. semiaeroben Bakterien möglicherweise zum Auffinden (u. Einhalten) v. Zonen mit geringen Sauerstoffkonzentrationen, Sedimenten od. Habitaten in der Nähe v. Sedimenten.

Magnetfeldeffekt, Beeinflussung v. Lebensvorgängen durch das Magnetfeld der Erde; dies kann sich beziehen auf das Verhalten v. Molekülen, insbes. auf solche mit Dipolcharakter, auf chem. Reaktionen, Wachstumsvorgänge bei Pflanzen, Verteilung v. Mikroorganismen (↗ Magnetbakterien) u. auf die Orientierung v. Tieren im Raum (↗ magnetischer Sinn).

Magnetfeldorientierung ↗ magnetischer Sinn; ↗ Magnetbakterien.

magnetischer Sinn, Fähigkeit v. Organismen, sich mit Hilfe des Magnetfeldes der Erde zu orientieren *(Magnetfeldorientierung, Magnetotaxis).* Über einen m. S. verfügen vermutl. Lebewesen aller Organisationsstufen (Bakterien, Algen, höhere Pflanzen, Protozoen, Plattwürmer, Insekten, Weichtiere u. Wirbeltiere), jedoch ist dieser Sinn bisher erst bei wenigen Spezies überzeugend nachgewiesen worden. Hinzu kommt, daß bisher kein Fall bekannt ist, wo sich Tiere ausschl. mit Hilfe des m. S.s orientieren; stets werden weitere Sinneswahrnehmungen zur Orientierung mit verrechnet (z. B. Schwerkraft, Sonnen- u. Sternenlicht, Geruch, Infraschall, Luftdruck, UV- u. Lichtpolarisation). Die genauen Perzeptionsmechanismen des Erdmagnetfeldes sind bisher weitestgehend unbekannt, scheinen aber nach unterschiedl. Methoden zu erfolgen. Am besten untersucht ist der zugrundeliegende Mechanismus bei ↗ *Magnetbakterien* aus dem Bodenschlamm v. Gewässern, die im Freiwasser den Magnetfeldlinien entlang zum Magnetpol hinunter zum Schlamm schwimmen. Die Bakterien sind zu klein, als daß sie dem Schwerefeld folgend nach unten sinken könnten. Als Rezeptoren enthalten die Bakterien 10–20gliedrige Ketten v. membranumhüllten, 50 nm großen Magnetit-(Fe_3O_4-)Würfeln, sog. *Magnetosomen.* Vermutl. wird das mechan. Drehmoment bei der Abweichung der Dipolrichtung der Magnetosomen v. der Richtung des Außenfeldes zur Steuerung der Schwimmbewegung verwendet. Bei Wachstum auf eisenfreiem Medium verschwinden die Magnetitkristalle u. die Fä-

Magnetosomen

higkeit zur Magnetfeldorientierung. – Haie u. Rochen verfügen über Empfänger mit höchster elektrorezeptor. Empfindlichkeit (*Lorenzinische Ampullen*). Mit Hilfe dieser ↗elektr. Organe, die noch Spannungsgradienten von 10^{-8} V/cm wahrnehmen können, sind diese Tiere in der Lage, sich im Erdmagnetfeld mittels der beim Schwimmen im Seewasser od. durch Meeresströmung induzierten elektr. Felder zu orientieren. Bienen zeigen bei der Anlage des Schwänzeltanzes (↗Bienensprache, ☐) nicht nur eine Ausrichtung nach der Schwerkraft, sondern auch eine zusätzl. nach dem Magnetfeld der Erde. Über die entspr. Rezeptoren herrscht noch Unklarheit, jedoch wurden in neuerer Zeit aus dem Abdomen dieser Insekten ebenfalls Magnetitkristalle isoliert. Dieses Material fand sich auch im Gehirn v. Thunfischen, Delphinen u. Vögeln. Eine Anordnung dieser Magnetitkristalle, ähnl. wie bei den Magnetbakterien, wurde in einer Ausbuchtung des Siebbeins v. Thunfischen gefunden. In dieser nervös sehr stark innervierten Region befinden sich $85 \cdot 10^6$ Kristalle mit einer Länge von $5 \cdot 10^{-7}$ mm. Nach Berechnungen sollen die Tiere mit Hilfe dieser Magnetitansammlungen in der Lage sein, noch Feldstärkeunterschiede von $1-100 \cdot 10^{-9}$ Tesla zu registrieren u. die Richtung der Feldlinien bis auf wenige Bogensekunden genau wahrzunehmen. Ähnl. Magnetitansammlungen wurden bei einigen Zugvögeln entlang des Riechnervs, in der Nähe des Riechkolbens, in einem Gewebe zw. den Augen u. einigen Hirnarealen gefunden. Wie Experimente zeigten, sollen sich die Vögel mit Hilfe dieser Magnetitanhäufungen entweder an der Richtung od. der Neigung der Feldlinien des Erdmagnetfeldes orientieren. Tauben richten sich ebenfalls nach dem erdmagnet. Feld, jedoch benutzen diese die Neigung, nicht aber die Polarität des Magnetfeldes. Da bisher noch keine Ansammlungen magnet. Substanzen gefunden wurden u. Tauben darüber hinaus nur bei Tageslicht auf Magnetfelder reagieren, wird für diese Tiere eine Beteiligung der Lichtsinnesorgane u./od. des Pinealorgans (Zirbeldrüse) bei der Wahrnehmung des Magnetismus diskutiert (↗Brieftaube). Obwohl bei vielen Tieren der eindeut. Nachweis der Magnet- ↗Kompaßorientierung gelang, konnten bisher keine eigtl. magnetischen Sinnesorgane gefunden werden. Es fehlt bis heute der Nachweis, daß bei Inaktivierung der jeweil. Strukturen eine Wahrnehmung des Erdmagnetfeldes nicht mehr möglich ist.

H. W.

Magnetosomen [Mz.; v. gr. sōma = Körper] ↗magnet. Sinn, ↗Magnetbakterien.

Magnolienartige
Familien:
↗ Annonaceae
↗ Canellaceae
↗ Degeneriaceae
↗ Himantandraceae
↗ Magnoliengewächse (*Magnoliaceae*)
↗ Muskatnußgewächse (*Myristicaceae*)
↗ Winteraceae

magnol- [ben. nach dem frz. Botaniker P. Magnol (manjol), 1638–1715].

magnetotaktische Bakterien, die ↗Magnetbakterien.

Magnetotaxis *w* [v. gr. taxis = Anordnung], ↗magnetischer Sinn.

Magnocaricion *s* [v. lat. magnus = groß, carex = Riedgras], *Großseggengesellschaften, Großseggenrieder, Großseggensümpfe,* Verb. der ↗*Phragmitetea;* landwärts an den Röhrichtgürtel v. Stillgewässern anschließende, überflutungsfeste Bestände aus hochwüchs. Seggen; je nach Differenz u. Dauer der Seespiegelschwankungen sowie Nährstoffangebot stellen sich unterschiedl. Ausbildungsformen ein. Die größten Wasserspiegelschwankungen erträgt das Steifseggenried (*Caricetum elatae*). Die mächtigen, säulenförm. Horste von *Carex elata* gedeihen v. a. an meso-eutrophen Seen SO-Europas u. des Alpenvorlandes. Im nordöstl. Mitteleuropa herrschen auf entspr. Standorten die Rasen des Schlankseggenrieds (*Caricetum gracilis*) vor. Der mittelbare Uferbereich nährstoffarmer Seen wird v. den lockeren u. niedrigen Rasen des Schnabelseggenrieds (*Caricetum rostratae*) eingenommen. In der traditionellen bäuerl. Bewirtschaftung waren die Großseggenrieder als Streuwiesen v. Bedeutung. Sie wurden im Herbst bei Niedrigwasser gemäht, um das harte, trockene Stroh als Einstreu in den Ställen zu nutzen. Diese Nutzung ist heute durch die moderne Stallhaltung überflüssig geworden. Die Bestände sind entspr. durch Verbuschung, aber auch durch Eutrophierung u. Trockenlegung gefährdet u. schützenswert.

Magnoliaceae [Mz.; v. *magnol-]. die ↗Magnoliengewächse.

Magnoliales [Mz.; v. *magnol-], die ↗Magnolienartigen.

Magnolien [Mz.; v. *magnol-], *Magnolia*, Gatt. der ↗Magnoliengewächse.

Magnolienartige [v. *magnol-], *Magnoliales,* Ord. der *Magnoliidae,* umfaßt 7 Fam. (vgl. Tab.) mit sehr vielen urspr. Bedecktsamer-Merkmalen. Auftretende Primitivmerkmale sind: a) an verlängerter Blütenachse (Hinweis auf Sproßnatur) spiralig angeordnete Blütenorgane, diese in größerer u. nicht festgelegter Anzahl; b) keine Differenzierung der Blütenhülle in Kelch u. Krone; c) Staub- u. Fruchtblätter verraten häufig ihre Entstehung durch phylogenet. Abwandlung v. Blättern: primitive Staubblätter sind nicht in Staubbeutel u. -faden gegliederte, blattart. Organe mit auf der Oberfläche entstehenden Pollensäcken; die Ränder der Fruchtblätter sind oft nur teilweise verwachsen. In dieser Ord. kommen fast nur Holzgewächse vor. Als Wasserleitelemente treten vermehrt die für Bedecktsamer primitiven Tracheiden auf, bei einigen Arten sogar ausschließlich. Für viele Vertreter der M.n sind Ölzellen charakteristisch.

Magnoliengewächse [v. *magnol-], *Magnoliaceae*, eine sehr ursprüngliche Fam. der Magnolienartigen, mit 12 Gatt. und ca. 220 Arten schwerpunktmäßig in der gemäßigten bis trop. Zone SO-Asiens, aber auch vom südöstl. N-Amerika bis nach Brasilien verbreitet. Das heutige Areal stellt nur ein reliktäres Vorkommen dar: im wärmeren Tertiär besiedelten die M. die gesamte N-Halbkugel – sie gehörten zur „arktotertiären Flora" (↗arktotertiäre Formen, T). Das hohe Alter der Fam. wird durch viele Fossilfunde aus der Kreidezeit belegt. Die Arten der M. sind Bäume od. Sträucher mit wechselständ., einfachen Blättern. Oft sind Nebenblätter vorhanden, die bei der Gatt. *Magnolia* einen Knospenschutz bilden. Die Blüten zeigen im allg. sehr primitive Merkmale (☐ Blüte): die Blütenorgane sitzen spiralig an langgestreckter Blütenachse; ihre Anzahl ist oft groß u. unbestimmt. Es gibt keinerlei Verwachsungen der Blütenorgane untereinander; die Blütenhülle ist häufig nicht in Kelch u. Krone gegliedert. Oft sind die Staubblätter nur undeutl. in Staubbeutel u. -faden differenziert, die Fruchtblattränder im oberen Teil unverwachsen. Die meisten M. zeichnen sich durch ungeteilte Blätter u. eine aus fleisch. Außenschicht (Sarkotesta) u. verholzter Innenschicht bestehende Samenschale aus. Die Frucht öffnet sich bei der Reife; deshalb zeigt der Same selbst Anpassungen an die Verbreitung durch Tiere. Eine Ausnahme bildet die Gatt. *Liriodendron*, die mit jeweils 1 Art in Asien u. Amerika vorkommt: ihre Blätter sind vierspitzig gelappt, als Verbreitungseinheit dienen die geflügelten Teilfrüchte. Einige Vertreter der M. erfreuen sich dank ihrer auffälligen Blüten in Gärten u. Parks großer Beliebtheit. Bes. bekannt sind Arten der Gattung *Magnolia* (Magnolien, B Asien V), z. B. die sehr frühblühende Sternmagnolie (*M. stellata*). Ebenfalls weit verbreitet ist der nordam. Tulpenbaum (*Liriodendron tulipifera*, B Nordamerika V), der ein wertvolles Nutzholz liefert.

Magnoliidae [Mz.; v. *magnol-], *Polycarpicae*, U.-Kl. der Zweikeimblättrigen Pflanzen mit 9 Ord. (vgl. Tab.), mit vielen ursprünglichen Merkmalen. Interessanterweise treten aber auch innerhalb dieser U.-Kl. schon Entwicklungslinien bis zu sehr abgeleiteten Formen auf. Das Gynözeum besteht meist aus mehreren Fruchtblättern – daher der Name *Polycarpicae* –, die untereinander nicht verwachsen sind. Die Blütenorgane sind häufig spiralig angeordnet u. in großer, nicht genau festgelegter An-

magnol- [ben. nach dem frz. Botaniker P. Magnol (manjol), 1638–1715].

Magnoliengewächse
1 Blüte einer Magnolie *(Magnolia)*,
2 Blüte des Tulpenbaumes *(Liriodendron tulipifera)*

Magnoliidae
Ordnungen:
↗Hahnenfußartige *(Ranunculales)*
↗Illiciales
↗Lorbeerartige *(Laurales)*
↗Magnolienartige *(Magnoliales)*
↗Mohnartige *(Papaverales)*
↗Osterluzeiartige *(Aristolochiales)*
↗Pfefferartige *(Piperales)*
↗Schlauchblattartige *(Sarraceniales)*
↗Seerosenartige *(Nymphaeales)*

zahl vorhanden. Die auffäll. Blütenhülle ist oft nicht in Kelch u. Krone gegliedert. Ein hoher Anteil der Arten sind Holzgewächse, es kommen aber auch Kräuter vor. Die Früchte sind häufig primitive Einblattfrüchte (Balgfrüchte). In chem. Hinsicht sind die M. durch Alkaloide der Phenylalanin-Gruppe gekennzeichnet.

Magnus, *Rudolf,* dt. Physiologe u. Pharmakologe, * 2. 11. 1873 Braunschweig, † 25. 7. 1927 Pontresina; seit 1908 Prof. in Utrecht; neben Arbeiten zur Nierenphysiologie und Darmresorption (Methode des überlebenden Darmes, umgestülpter Darmsack) bes. Forschungen über die Funktion des Zentralnervensystems (Stellreflexe, Stehreflexe und ihre Beziehungen zum Labyrinth). HW „Körperstellung" (Berlin 1924).

Magnus-Phänomen, von Magnus-Phänomen, ↗Interferenz 3).

Magot *m* [v. frz. magot = Affe (ben. nach Gog u. Magog, Apok. 20,8)], Berberaffe, *Macaca sylvana,* hpts. in den Atlasländern N-Afrikas beheimatete Makaken-Art; Kopfrumpflänge 60–70 cm, Stummelschwanz. Bevorzugter Lebensraum der M.s ist gehölz- u. buschbestandenes Kalksteingelände mit Wasserstellen. M.s sind gesellig lebende Tagtiere; sie laufen auf Hand- u. Fußsohlen u. können gut klettern. – Einzige in Europa wildlebende Affen sind die auf dem Felsen v. Gibraltar lebenden M.s („Gibraltaraffen"). Fossilreste M.-artiger Affen sind v. mehreren Stellen Europas bekannt (im Pleistozän auch in Dtl. u. bis nach Ungarn nachgewiesen; Verbreitung: Obermiozän bis rezent in N-Afrika u. Europa, Oberpliozän bis rezent in Asien). Ungewiß ist, ob die Gibraltaraffen urspr. v. diesen abstammen; sicher ist, daß ihr Bestand schon mehrmals nach zahlenmäßigem Rückgang mit M.s aus N-Afrika aufgefrischt wurde. B Mediterranregion I.

Mahagoni *s* [aus einer Sprache Jamaikas über span. mahogani], *M.holz,* wertvolle Nutzhölzer der Zedrachgewächse (↗*Meliaceae),* meist rötl. oder gelb u. geflammt gemasert; für Luxusmöbel, Klaviere, Schiffsbauten u. a.

Mahlzähne, die ↗Backenzähne.

Mähne, bei Säugetieren (v. a. Huftieren, Raubtieren) auf bestimmte Körperregionen beschränkte, bes. lange Körperbehaarung, die Schutzfunktion haben u./od. Ausdrucksmittel sein kann. Eine Nakken-M. findet sich bei Unpaarhufern (z. B. Pferden). Auch über den Rücken erstreckt sich die M. bei Nilgauantilope u. Nyala. Eine Bauch-M. trägt der Yak. Erdwolf u. Streifenhyäne können ihre M. sträuben. Bei Mantelpavian u. Löwe ist die M. auf das männl. Geschlecht beschränkt.

Mähnenratte

Mähnenratte, *Lophiomys imhausi,* etwa igelgroße, ostafr. Ratte mit langen, aufrichtbaren Rückenhaaren (Name!), buschigem Schwanz u. auffallender Schwarzweißzeichnung.
Mähnenrobbe, *Otaria byronia,* ↗Seelöwen.
Mähnenschaf, der ↗Mähnenspringer.
Mähnenspringer, *Mähnenschaf, Ammotragus lervia,* einziger Vertreter der Gatt. *Ammotragus,* die systematisch zw. den Schafen (Gatt. *Ovis*) u. den Ziegen (Gatt. *Capra*) steht; Kopfrumpflänge 130 bis 165 cm, Schulterhöhe 75–100 cm (Weibchen kleiner); lange Hals- u. Brustmähne; beide Geschlechter mit Hörnern. Der M. kommt in 6 U.-Arten in fels. Wüsten- u. Halbwüsten N-Afrikas vor; durch starke Bejagung droht seine Ausrottung. Weibl. M. leben in kleinen Trupps. Zur Paarungszeit liefern sich die sonst einzeln lebenden Böcke harte Rivalenkämpfe. 1950 wurden M. als Jagdwild in den USA eingebürgert.
Mähnenwolf, *Chrysocyon brachyurus,* vom Aussterben bedrohte Art der ↗Kampfüchse i.w.S.; Kopfrumpflänge ca. 1 m, Schulterhöhe 87 cm, der „schönste" Wildhund S-Amerikas (B Südamerika IV), hochbeinig u. von braunroter Fellfärbung; lebt einzeln in den Trockenbuschwäldern u. Savannen v. Mittelbrasilien bis nach N-Argentinien.
Mahonie w [ben. nach dem am. Botaniker B. MacMahon (mᵃkmᵉn), 1775–1816], *Mahonia,* Gatt. der ↗Sauerdorngewächse.
Mähweide, Dauergrünfläche, auf der ein regelmäßiger Wechsel v. Mahd u. Beweidung stattfindet.
Maianthemum s [v. lat. Maius = Mai, gr. anthemon = Blume], das ↗Schattenblümchen.
Maifisch, *Alosa alosa,* ↗Alsen.
Maiglöckchen, *Convallaria,* eurasiat. Gatt. der Liliengewächse mit der einzigen Art *C. majalis.* Aus dem Rhizom bilden sich im Frühjahr nach einigen schuppenförm. Niederblättern zwei 10–20 cm lange, breite Laubblätter. Der Blütenstand ist eine einseitswend. Traube mit 5–10 glockenförmigen, nickenden Blüten. Die Blätter u. das Rhizom enthalten die *Convallariaglykoside* (v.a. ↗ *Convallatoxin,* ☐), die als ↗Herzglykoside v. Bedeutung sind. Das M. wächst in sommerwarmen Eichen- u. Buchenwäldern v.a. der Tieflagen, aber auch in subalpinen Hochgrasfluren (Calamagrostion). B Europa IX.
Maikäfer, *Melolontha,* Gatt. der Blatthornkäfer; 2–3 cm große Käfer mit braunen, schwach längsgerippten Flügeldecken; Halsschild rotbraun bis schwärzlich. Die Seiten der Bauchsegmente haben scharf begrenzte, dreieckige, weiße Haarflecken. Fühler mit lamellenartig einseitig stark ver-

Mähnenspringer (Ammotragus lervia)

Maiglöckchen (Convallaria majalis)

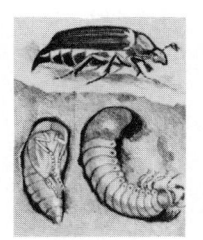

Maikäfer
Maikäfer *(Melolontha)* mit Engerling (rechts) und Puppe (links)

längerten letzten Gliedern; dieser Fühlerfächer (B Homologie) besteht beim Männchen aus 7, beim Weibchen aus 6 Gliedern; beim Männchen meist zweimal so lang wie die Geißel, beim Weibchen höchstens gerade so lang. Das letzte Hinterleibstergit („Pygidium") ist in eine mehr od. weniger lange Spitze verlängert. Bei uns 3 Arten: Feld-M. (*M. melolontha* = *M. vulgaris*), Wald- od. Roßkastanien-M. (*M. hippocastani*) und der nach der ↗Roten Liste „vom Aussterben bedrohte" *M. pectoralis.* Die beiden ersten Arten waren zumindest in früheren Jahren überall häufig, bes. der Feld-M. war stellenweise ein gefürchteter Schädling. Durch intensive Bekämpfung, Änderung der Bewirtschaftung u. wohl auch weitere nicht bekannte Ursachen (40jähriger Wechselzyklus?) sind die M. heute vielerorts geradezu eine Rarität, die sogar in der Lokalpresse Erwähnung findet – was nicht ausschließt, daß es an einigen Stellen gelegentl. wieder zu einem vermehrten Auftreten kommt. Beide Arten machen in grasigen Böden eine mehrjährige Entwicklung als Larve *(Engerling)* durch, wo sie v.a. von Wurzeln verschiedener Pflanzen, bevorzugt jedoch v. Löwenzahn, leben u. dadurch zumindest früher oft großen Schaden anrichteten (manchmal weit über 100 Engerlinge pro m²). Bei Massenvermehrung kam es alle 4 Jahre, in wärmeren Gebieten alle 3 Jahre, in kühleren alle 5 Jahre zu sog. „M.jahren", die nicht überall synchron abliefen. Die ausgewachsene Larve verpuppt sich nach 3–5 Jahren bereits im Herbst, u. der frisch geschlüpfte Käfer überwintert. Im Frühjahr gräbt er sich in höhere Bodenschichten bis dicht unter die Oberfläche. Ab Ende April verlassen die Käfer den Boden, um in der Dämmerung ihre Fraßbäume (mit Vorliebe Eichen, aber auch andere Laubhölzer, selten sogar Nadelbäume) anzufliegen. Die Käfer fressen dort die Blätter, u. hier findet auch die Begattung statt. Das Weibchen wühlt sich wieder in den Boden (bis 50 cm tief), um 10–30 Eier abzulegen. Danach fliegt es zurück zum Fraßbaum, um dann erneut noch ein- od. zweimal auf diese Weise Eier zu legen. – Der Wald-M. tritt im Jahr etwas früher auf (ab Mitte April). Er ist auch, wie der Name sagt, etwas häufiger im Wald anzutreffen. Seine Larvalentwicklung verläuft ähnl. wie beim Feld-M. B Insekten III, B Käfer I. *H. P.*
Maikong m, *Cerdocyon thous,* ↗Waldfüchse.
Maillard-Reaktion [majar-; ben. nach dem frz. Biochemiker L. C. Maillard, 1878 bis 1936], zw. reduzierenden Zuckern u. Aminosäuren ablaufende Reaktion, die beim Erhitzen od. bei längerer Lagerung v. pro-

tein- und kohlenhydrathalt. Lebensmitteln beobachtet wird u. zur Bildung brauner pigmentart. Substanzen *(Melanoide)* führt. Die durch die M.-R. hervorgerufene Bräunung tritt z. B. beim Backen, Braten u. Rösten, aber auch als unerwünschte Reaktion bei übermäßiger Sterilisation v. Fleisch- u. Milchprodukten, bei ungünstig gelagerten Lebensmitteln usw. auf. Da bei der M.-R. auch essentielle Aminosäuren umgesetzt werden, wirkt sie sich auf den Proteingehalt der betreffenden Nahrungsmittel wertmindernd aus.

Mainas [Mz.; v. Hindi mainā] ↗ Stare.
Maipilz, *Mairitterling, Calocybe gambosa* Donk, ↗ Schönkopf-Ritterlinge.
Mairenke, *Seelaube, Chalcalburnus chalcoides,* bis 30 cm langer, wirtschaftl. bedeutender Karpfenfisch der unteren Donau u. v. a. südruss. Seen u. Flüsse; v. der sehr ähnl., etwas kleineren Ukelei *(Alburnus alburnus,* B Fische XI) durch kleinere Schuppen unterschieden.
Mais *m* [v. Karib. mahiz über span. maíz], *Kukuruz, Welschkorn,* engl. *(Indian) corn, Zea,* Gatt. der Süßgräser (U.-Fam. *Andropogonoideae*) mit 2–3 Arten. Der M. *(Zea mays)* ist ein einjähr., 1,5–2,5 m hohes breitblättriges ↗ Getreide mit markhalt. einfachem Stengel. Das Blatthäutchen ist ca. 5 mm lang u. stark zerschlitzt. Die ♂ Ährchen sind 2blütig u. stehen in einer endständ. Rispe, die ♀ Blütenstände sind blattachselständige, v. Hochblättern (Lieschen) umgebene Kolben. Die einblüt. Ährchen stehen zu zweit an reduzierten Ästchen. Der M. ist proterandrisch (♂ blühen zuerst) u. wird durch Wind fremdbestäubt. Die *M.körner* stehen in 8–24 Reihen. Ihnen fehlt der Kleber, u. das Endosperm ist in mehl- u. hornart. Teil gegliedert, Stärkekörner einfach, polyedrisch. Der M. bestockt nicht u. hat an den bodennahen Knoten viele sproßbürt. Wurzeln. – Der M. ist nur aus Kultur bekannt (älteste Funde von ca. 5000 v. Chr. in Mexiko), seine Heimat ist vermutl. Mexiko od. Mittelamerika. Er stammt möglicherweise v. dem nahe verwandten mexikan. Gras *Teosinte (Zea mexicana)* ab. Die Abstammung ist jedoch noch nicht endgültig geklärt; eine weitere Erklärungsmöglichkeit für die Entstehung ist die Kreuzung einer *Tripsacum*-Art mit einer inzwischen ausgestorbenen *Zea*-Art der Anden. Die Spanier brachten den M. um ca. 1500 nach Europa; er wurde aber erst im 17. Jh. angebaut. Man kennt heute zahlr. Varietäten. Nach Körnermerkmalen unterscheidet man 6 kultivierte Hauptvarietäten: Der Zahn-M. oder Pferdezahn-M. (var. *dentiformis*) hat an den 4 Seiten horniges, in der Mitte weiches Endosperm u. wird bes. in den USA ange-

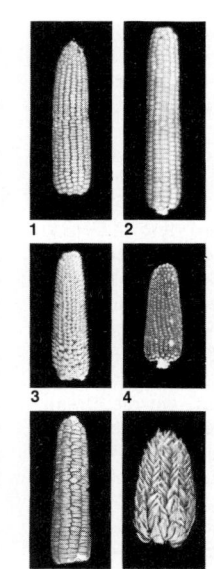

Mais
1 Pferdezahn-M. *(Zea mays* var. *dentiformis):* dominiert in Amerika, 95% der Anbaufläche, auch in der UdSSR und Rumänien, ertragreichste Varietät, 2–6 m hoch. 2 Hart-M. *(Z. m.* var. *indurata):* bes. in Europa, bes. als Hybridmais (Kreuzung aus Hart- und Pferdezahn-M.). 3 Puff-M. *(Z. m.* var. *everta):* fast nur in den USA, als „Knusper-Nahrung" geröstet im Handel. 4 Zucker-M. *(Z. m.* var. *saccharata):* feucht geerntet, wie grüne Erbsen als Gemüse, auch konserviert. 5 Stärke-M. *(Z. m.* var. *amylacea):* nur in trop. Klima. 6 Spelz-M. *(Z. m.* var. *tunicata):* als wahrscheinl. älteste Kulturform, nur zu Studienzwecken angebaut

baut. Der Hart-M. oder Stein-M. (var. *indurata*) besitzt ein hornart. Endosperm. Zucker-M. (var. *saccharata*) ist eine seit ca. 150 Jahren bekannte Mutation, bei der das obere Endosperm Zucker, das untere Amylodextrin enthält; er ist Gemüse-M. u. ein gutes Viehfutter. Der Stärke-M. oder Weich-M. (var. *amylacea*) hat ein weiches mehliges Endosperm u. wird v. a. in S-Amerika angebaut. Wachs-M. (var. *ceratina*) mit wächsernem Endosperm durch Amylopektin-Speicherung hat eine hohe Quellfähigkeit u. wird daher für Klebstoffe u. für Pudding benutzt; Anbau bes. in den USA. Der Puff-M., Perl-M. oder Reis-M. (var. *everta = microsperma*) hat außen ein horniges, innen ein mehliges Endosperm u. platzt daher in siedendem Fett gut auf. Die Hauptanbaugebiete des M. sind der corn-belt (M.gürtel) der USA zw. 37° und 43° n.Br., Argentinien, Brasilien, UdSSR, Indien, China und S-Afrika. Für die Kultur reichen 500–700 mm Niederschläge aus, das Temp.-Optimum liegt bei 30 °C, Frost verträgt M. nicht. Die Ernte erfolgt v. Hand durch Ausbrechen der Kolben u. Entfernen der Lieschen, zunehmend verwendet man vollautomatische sog. M.picker (ca. 50% der Weltproduktion in den USA). Ein Nachtrocknen der Körner auf ca. 15% Wassergehalt ist nötig. M. ist das wichtigste Futtergetreide; nach Produktion steht es nach Weizen an 2. Stelle. Heute wird oft *Hybrid-M.* angebaut (☐ Hybridzüchtung): Die Kreuzung zweier reinerbiger niedr. ↗ Inzuchtlinien ergibt durch den ↗ Heterosis-Effekt (↗ Luxurieren der Bastarde) eine ca. 3–4(6) m hohe 1. Tochtergeneration (F_1). Da dieses Korn zu wertvoll ist, nimmt man erst das F_2-Korn als Saatgut; jedoch muß das Saatgut jedes Jahr neu gekauft werden; Eigennachbau ist nicht möglich. Durch Hybrid-M. werden die Erträge um bis zu 36% gesteigert. – M. wird als Gemüse, Tortilla (M.fladen) und M.polenta (Brei) gegessen. Ausschl. Ernährung von M. führt jedoch zur Vitamin-B-Mangelerkrankung ↗ Pellagra. M.protein, bis zu 9,5% im Korn, ist arm an essentiellen Aminosäuren, bes. Lysin u. Tryptophan. Die opaque-2-Mutanten sind um ca. 100% lysinreicher. M. ist ein wertvolles Tierfutter zur Mast, zur Silage u. für Grünfutter. Er dient zur M.stärke-, M.gries- und M.mehlherstellung u. für Cornflakes. Die Indianer Amerikas

Mais (Körnermais) Erntemenge (in Mill. t) und Hektarerträge (in Klammern; in Dezitonnen/ ha) der wichtigsten Erzeugerländer für 1982	Welt	452,7 (35,4)	Jugoslawien	11,1 (49,6)
	USA	213,3 (72,1)	Frankreich	10,4 (64,2)
	VR China	60,4 (32,6)	Argentinien	9,6 (30,3)
	Brasilien	21,9 (17,4)	Südafrika	8,3 (17,8)
	Rumänien	12,6 (41,2)	Ungarn	7,9 (68,6)
	Mexiko	12,2 (19,5)		
	UdSSR	12,0 (28,8)		

Maisbeulenbrand

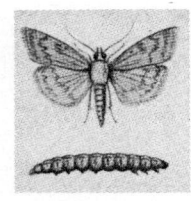

Maiszünsler (Ostrinia nubilalis) mit Raupe

Makaken
Wichtige Arten:
↗ Bärenmakak *(Macaca arctoides)*
↗ Bartaffe *(M. silenus)*
Hutaffe *(M. sinica)*
Javaneraffe *(M. irus)*
↗ Magot *(M. sylvana)*
↗ Rhesusaffe *(M. mulatta)*
Rotgesichts-M. *(M. fuscata)*
↗ Schweinsaffe *(M. nemestrina)*

Bartaffe (Macaca silenus)

hatten zahlr. M.gottheiten (Fruchtbarkeitssymbol), die Griffel des M. wurden v. den brasilian. Indianern als Rauschdroge geraucht. Die Lieschen werden für Zigarettenpapier verwendet; fr. gewann man aus den Halmen durch Auskochen Kerzen- u. Bohnerwachs. [B] Kulturpflanzen I, [B] Isoenzyme. A. S.

Maisbeulenbrand, *Maisbrand, Beulenbrand,* Krankheit des Maises, verursacht durch den Brandpilz *Ustilago maydis (= U. zeae).* An allen wachsenden Pflanzenteilen, bes. an Kolben u. Rispen, entstehen beulenart. bis faustgroße Gebilde, in denen sich Mrd. Brandsporen entwickeln. Nach Aufreißen der Haut, die die Brandbeulen umschließt, werden die reifen Brandsporen ausgestäubt u. können erneut junges Gewebe infizieren (Lokalinfektion). Die Überwinterung erfolgt als Brandspore an Ernterückständen im Boden, so daß im Frühjahr Keimlinge infiziert werden. Schutz vor Infektionen u. die Bekämpfung des Pilzes erfolgen durch Resistenzzüchtungen, Fruchtwechsel, Beseitigung der Ernterückstände und chem. Beizung sowie eine chem. Bekämpfung der Fruchtfliege, deren Verletzungen der Pflanze die Infektion erleichtern. Der heute weltweit verbreitete M. war urspr. in Amerika beheimatet u. wurde seit Mitte des 19. Jh. in Mitteleuropa beobachtet.

Maische *w* [v. mhd. meisch = Maische, Brei], *Maisch,* 1) zucker- od. stärkehaltige Gemische, deren Inhaltsstoffe in eine lösl. Form überführt werden, damit eine alkohol. Gärung ablaufen kann. Zur Branntweinproduktion enthält die unfiltrierte Flüssigkeit die aufgeschlossenen Rohstoffe (z. B. Kartoffel, Getreide, Mais), Darrmalz od. stärkeauflösende Enzympräparate; beim ↗ Bier ([☐]) ist die M. das mit Wasser versetzte geschrotete Darrmalz; bei der ↗ Wein-Herstellung besteht die M. aus den durch Mahlen od. Quetschen zerkleinerten Trauben (vor der Kelterung). 2) zuckerhaltige Gemische, die nicht anschließend vergoren werden (z. B. Fruchtpülpe) od. die für andere Gärungen bzw. Fermentationen vorgesehen sind (z. B. Essigsäureherstellung).

Maisrost, Krankheit des Maises, verursacht durch den Rostpilz *(Puccinia maydis (= P. sorghi),* hpts. in den Tropen u. Subtropen.

Maiszünsler, *Hirsezünsler, Ostrinia (Pyrausta) nubilalis,* mit Ausnahme von Austr. weltweit in Maisanbaugebieten verbreiteter Zünsler, gefährdete zu Anfang unseres Jh.s, aus Europa eingeschleppt, den Maisanbau in den USA („european corn borer"); Flügel beim Weibchen strohgelb, beim Männchen zimtbraun, beide mit rostfarbener Zeichnung, Spannweite bis 30 mm; Falter fliegen in ein bis mehreren Generationen ab dem Frühsommer, Eiablage nachts an Blattunterseite der Wirtspflanzen: neben Mais auch Hopfen, Hanf, Hirse u. a. Die graubraune Larve mit dunklem Kopf und schwärzl. Warzen frißt zunächst äußerlich, später bohrt sie sich ins Innere u. frißt stengelabwärts weiter; Überwinterung u. Verpuppung in Stengelbasis. Der M. richtet durch Fraßschäden (Abknicken der Triebe) u. sekundären Pilzbefall z. T. erhebliche Schäden an.

Maivogel, *Euphydryas maturna,* ↗ Scheckenfalter.

Maiwurm, *Meloe,* Gatt. der ↗ Ölkäfer.

Majidae [Mz.; ben. nach der Nymphe Maia], die ↗ Seespinnen.

Majoran *m* [v. spätgr. mezourana über mlat. maiorana], *Majorana,* Gatt. der Lippenblütler mit 6, v. a. im östl. Mittelmeergebiet heim. Arten. Flaumig bis filzig behaarte Kräuter od. Halbsträucher mit kleinen, mehr oder weniger ganzrand. Blättern u. in kleinen, köpfchenförm., dicht beblätterten Scheinähren stehenden, sehr kleinen, meist weißen bis blaßlila Blüten. Bekannteste Art ist der würzig duftendes äther. Öl *(M.öl)* enthaltende Echte M. (Wurstkraut), *M. hortensis (Origanum majorana,* [B] Kulturpflanzen VIII). Bereits in der Antike als vielseit. Volksheilmittel u. Gewürzpflanze geschätzt, wird er heute in vielen Ländern der N-Halbkugel v. a. zur Verfeinerung v. Würsten, Braten u. Soßen verwendet.

Majorana *w,* der ↗ Majoran.

Makaira *w,* Gatt. der ↗ Marline.

Makaken [Mz.; v. afr. Sprache über port. macaco = Affe], *Macaca,* vielgestaltige, über weite Teile Asiens verbreitete Gatt. der Meerkatzenartigen *(Cercopithecidae);* mit den Pavianen verwandt, aber kleiner (Kopfrumpflänge 36–76 cm, Schwanzlänge 0–60 cm); starke Augenbrauenwülste, lange Eckzähne, auffallende Gesäßschwielen. Im Ggs. zu den oft kontrastreich gefärbten afr. Meerkatzen (Gatt. *Cercopithecus)* sind die M. meist einfarbig gelbl.- od. olivbraun u. tragen Haarbüscheln im Gesicht bzw. auf dem Kopf (z. B. Hutaffe, *M. sinica;* Javaneraffe, *M. irus = M. fascicularis).* Die M. sind vorwiegend Bewohner der Tropen u. Subtropen (Indien, Ceylon, SO-Asien, Indonesien, Philippinen, China, Japan; N-Afrika); im Pliozän u. Pleistozän waren sie über ganz Eurasien verbreitet. M. sind Allesfresser und hpts. tagaktiv, boden- u. baumlebend. Die genaue Artenzahl der M. (12–19) ist umstritten; zu ihnen gehören so bekannte Arten wie ↗ Rhesusaffe *(M. mulatta),* ↗ Magot *(M. sylvana,* Gibraltaraffe) u. ↗ Schweinsaffe *(M. nemestrina).* Durch Beobachtung ihres ausgeprägten

Sozialverhaltens wurden bes. die Rotgesichts- od. Japan-M. *(M. fuscata)* bekannt, die nördlichste Affenart der Erde; sie geben erlernte Verhaltensweisen (z. B. das Waschen v. Süßkartoffeln vor dem Verzehr) an Gruppenmitglieder weiter (Traditionsbildung; ↗Kultur, ↗Lernen). – Einer eigenen Gatt. *(Cynopithecus)* wird der auf Celebes lebende Schopfmakak *(C. niger)* zugeordnet.

Makapan, Höhlen v. Makapansgat limeworks (N-Transvaal, Südafrika), 1947 entdeckte Fundstelle von *Australpithecus africanus* (= „*A. prometheus*"; ↗Australopithecinen); Alter: Pliozän, ca. 3 Mill. Jahre.

Makassar s [ben. nach der Stadt M. auf Celebes], *M.-Ebenholz,* das Ebenholz v. *Diospyros celebica,* einer Art der ↗*Ebenaceae.* [B] Holzarten.

Makassaröl [ben. nach der Stadt Makassar auf Celebes], ↗Annonaceae.

Makibären, *Bassaricyon,* Gatt. der ↗Kleinbären.

Makifrösche, *Greiffrösche, Phyllomedusinae,* U.-Fam. der Laubfrösche, die extrem an die arboricole Lebensweise angepaßt sind u. sich v. anderen Laubfröschen durch senkrechte Pupillen unterscheiden. 3 Gatt.: *Pachymedusa* mit 1 Art *(P. dacnicolor)* in Mexiko, *Agalychnis* (Rotaugenfrösche) mit 8 Arten in Mittelamerika u. *Phyllomedusa* (= *Pithecopus*) mit mehr als 30 Arten in S-Amerika. – *P. dacnicolor* ist ein großer (ca. 100 mm), plumper Frosch, der in den Buschsteppen Mexikos auch während der Trockenzeit aktiv ist; bei Regen werden Eimassen an Blätter od. Äste über Teichen od. an die Teichränder gelegt. Die Gatt. *Agalychnis* enthält kleine (40 mm) bis große (100 mm) Arten, die die trop. Regen- u. Nebelwälder Mittelamerikas bewohnen; sie haben stark verbreiterte Finger- u. Zehenenden u. unterschiedl. entwickelte Spannhäute. *A. spurelli* kann diese wie ein Flugfrosch zum Gleitfliegen benutzen. Wegen der auffällig bunten Färbung – oberseits tagsüber grün, nachts braun, an den Seiten blau od. orange, leuchtend orangen Füßen u. Händen u. einer tiefroten Iris – sind einige Arten, bes. *A. callidryas,* beliebte Terrarientiere. Zur Fortpflanzung werden Eier an Blätter über Tümpeln abgelegt. Die Arten der Gatt. *Phyllomedusa* sind die eigentl. Greif- oder M. mit Arten zw. 30 und 120 mm. Viele haben die verbreiterten Finger- u. Zehenenden u. die Spannhäute ganz zurückgebildet u. können mit ihren kräft. Fingern u. Zehen, die opponierbar sind, selbst an dünnsten Zweigen klettern. Urspr. sind sie Regenwaldbewohner; viele leben in den obersten Gipfeln der Bäume, wo sie während der tägl. Ruhe – alle M.

sind nachtaktiv – stundenlang v. der Sonne beschienen werden, ohne einzutrocknen. Solche Arten, v. a. aber die im semiariden Chaco in Argentinien lebende Art *P. sauvagei,* verreiben jeden Morgen vor der tägl. Ruhe ein aus Hautdrüsen ausgeschiedenes Wachs über ihrer Körperoberfläche u. reduzieren damit den Wasserverlust (Verdunstung) auf Werte, die denen v. Reptilien gleichen. Außerdem sparen sie Wasser, indem sie einen Teil ihrer Exkrete als Harnsäurekristalle abgeben. *P. sauvagei* kann auch während der Trockenzeit aktiv sein, ihr reicht das mit der Nahrung (z. B. Insekten) aufgenommene Wasser. Die meisten M. legen ihre Eier zu Beginn der Regenzeit über Teichen od. Bächen ab, wobei sie ein od. mehrere Blätter tütenartig zusammenkleben. Jedes dieser Nester enthält neben 20 bis 100 Eiern zahlr. leere Eihüllen, die eine Art Wasserreservoir für die Embryonen darstellen. Der Name *Phyllomedusa* bezieht sich auf diese Gelege, die wie in Blättern eingewickelte Quallen (Medusen) aussehen. Die Larven schlüpfen in weit entwickeltem Zustand; sie können sich vom Gelege aus ins Wasser schnellen. Alle M. haben charakterist. Larven mit hohen Flossensäumen, die mit ständig undulierender Schwanzspitze schräg im Wasser stehen u. feinstes Geschwebe filtrieren, aber auch Pflanzenteile abnagen od. die Wasseroberfläche abseihen können. Auch diese M. sind wegen ihrer bedächtig kletternden Bewegungen u. ihrer z. T. bunten Farben, die nur erkennbar sind, wenn der Frosch aktiv ist, beliebte Terrarientiere, die sich leicht züchten lassen. *P. W.*

Makis [Mz.; v. madagass. maky], Bez. für zahlr. Halbaffen *(Prosimiae),* v. a. für Vertreter der ↗Lemuren (Fam. *Lemuridae).* Der Wollmaki *(Avahi laniger)* gehört zu den ↗Indris (Fam. *Indriidae),* der ↗Bärenmaki *(Arctocebus calabarensis)* zu den ↗Loris (Fam. *Lorisidae).* Eine eigene Fam. bilden die ↗Kobold-M. *(Tarsiidae).* – Die halbaffenähnl. Flatter-M. gehören in die Ord. der ↗Riesengleiter *(Dermoptera).*

Mako *m* [Maori], *Isurus oxyrhynchus,* ↗Makrelenhaie.

Makoré s [v. südafr. Sprache], *Afrikanischer Birnbaum, Afrikanisches Mahagoni,* fein strukturiertes, rötl. bis rotbraunes Holz des Afr. Birnbaums, *Tieghemella* (= *Mimusops*) *heckelii* (↗Sapotaceae); findet Verwendung u. a. für Furniere, Schreiner- u. Drechslerarbeiten, Parkettböden.

Makrelen [Mz.; v. altfrz. makerel = M.], *Scombridae,* Fam. der Makrelenartigen Fische mit 33 Gatt. Haben spindelförm., schnittigen Körper, spitze Schnauze mit kurzem Rostrum, zahlr. spitze Zähne, stachelstrahl., in eine Rinne zurückklappbare

Makifrösche
1 *Phyllomedusa marginata,* 2 *P. exilis,* 3 *P. burmeisteri*

Makrelenartige Fische

makro- [v. gr. makros = lang, langdauernd; groß].

makrogamet- [v. gr. makros = groß, gametēs = Gatte].

Makrelenartige Fische

Wichtige Familien:

↗ Fächerfische
(Istiophoridae)
↗ Haarschwänze
(Trichiuridae)
↗ Makrelen
(Scombridae)
↗ Schlangenmakrelen
(Gempylidae)
↗ Schwertfische
(Xiphiidae)

1. Rückenflosse, vorwiegend weichstrahl. 2. Rücken- u. Afterflosse, hinter denen jeweils eine Reihe kleiner Einzelflossen (Flösseln) stehen, kleine seitl. Vertiefungen für die Aufnahme der Brust- u. Bauchflossen beim schnellen Schwimmen, einen Knochenring um das Auge, kleine bis winz. Schuppen u. einen sackförm. Magen mit zahlr. Pylorusanhängen. M. leben pelagisch oft schwarmweise in allen gemäßigten u. warmen Meeren u. unternehmen z. T. große Nahrungs- u. Laichwanderungen; viele sind räuberisch. Bekannte Vertreter sind die ↗ Thunfische und v. a. die meist ca. 35 cm, doch bis 50 cm lange Europäische oder Eigtl. M. (*Scomber scombrus,* B Fische III), die zu beiden Seiten des Nordatlantik, im Mittelmeer u. Schwarzen Meer verbreitet ist; sie bevorzugt die Wasseroberfläche u. bildet große Schwärme; wegen ihres schmackhaften, rötl., fettreichen Fleisches ist sie ein wicht. Nutzfisch. Etwas südlichere Verbreitung hat die seltenere, um 30 cm lange Mittelmeer-M. (*Pneumatophorus colias,* B Fische VI). Wirtschaftl. bedeutend sind auch die bis 30 cm langen, indopazif. Zwerg-M. (Gatt. *Rastrelliger*). Ein beliebter Sportfisch ist die westatlant., bis 1,6 m lange Königs-M. (*Scomberomorus cavalla,* B Fische VI). Eigene Fam. bilden die ↗ Schlangen-M., ↗ Gold-M. und ↗ Stachel-M.

Makrelenartige Fische, *Scombroidei,* U.-Ord. der Barschartigen Fische mit 6 Fam. (vgl. Tab.) und ca. 60 Gatt. Charakterist. Kennzeichen sind ein Rostrum aus verwachsenen Oberkieferknochen (Prämaxillare u. Maxillare), eine deutlich gegabelte Schwanzflosse am meist dünnen Schwanzstiel, oft flache Vertiefungen für Brust- u. Bauchflossen, in die diese beim schnellen Schwimmen gelegt werden, u. kleine od. fehlende Schuppen. Meist sehr schnelle, ausdauernde Schwimmer, z. B. ↗ Thunfische u. ↗ Schwertfische.

Makrelenhaie, *Menschenfresserhaie, Isuridae, Lamnidae,* Fam. der Echten ↗ Haie mit 3 Gatt. Große, kräftige, stromlinienförm., ovovivipare Haie mit fast halbmondförm. Schwanz, großer 1. und kleiner 2. Rückenflosse, großen, scharfen Zähnen u. auffallend langen Kiemenspalten; schnelle Dauerschwimmer der Hochsee, die auch in Küstennähe vordringen, vorwiegend Fische jagen, aber auch Menschen angreifen. Hierzu gehören der sehr aggressive, bis 9 m lange ↗ Menschenhai i. e. S. od. Weißhai (*Carcharodon carcharias,* B Fische IV); der bis 4 m lange, ebenfalls als gefährl. geltende Mako (*Isurus oxyrhynchus,* B Fische IV) aus dem trop. und subtrop. Atlantik u. dem westl. Mittelmeer, dessen Körpertemp. höher als die des umgebenden Wassers ist, u. der bis 3,5 m lange Heringshai (*Lamna nasus,* B Fische III) aus dem nördl. Atlantik u. seinen Nebenmeeren; er jagt v. a. Heringe u. Makrelen; wird wirtschaftl. genutzt u. kommt als Kalbfisch od. Seestör in den Handel.

Makrelenhechte, *Scomberesocidae,* Fam. der Flugfische mit 4 Arten; schlanke Schwarmfische der Hochsee mit schnabelart. Kiefern, gegabelter Schwanzflosse u. Flösseln hinter der Rücken- u. Afterflosse. Im N-Atlantik, Mittelmeer u. als Irrgast in der Nordsee kommt der 40 cm lange Atlantische M. (*Scomberesox saurus,* B Fische III) vor.

Makroblast *m* [v. *makro-, gr. blastos = Keim, Trieb], kernhalt. Vorstufe des ↗ Erythrocyten im Knochenmark. ↗ Blutbildung.

Makrocyten [Mz.; v. *makro- gr. kytos = Höhlung (heute: Zelle)], 1) Erythrocyten mit einem (abnorm vergrößerten) ⌀ von ca. 8 μm, z. B. bei bestimmten Formen der Hämolyse u. Lebererkrankungen. 2) Überbegriff für Makrophagen u. Monocyten.

Makroevolution *w* [v. *makro-, lat. evolvere = entwickeln], ↗ additive Typogenese, ↗ Evolution.

Makrofauna *w* [v. *makro-], ↗ Bodenorganismen.

Makrofossilien [Mz.; v. *makro-, lat. fossilis = ausgegraben], mit dem freien Auge od. unter Verwendung einer Lupe erkenn- u. bestimmbare ↗ Fossilien; M. sind deshalb für die geolog. Geländearbeit bes. nützlich. Ggs.: ↗ Mikrofossilien.

Makrogamet *m* [v. *makrogamet-], der ↗ Megagamet.

Makrogametangium *s* [v. *makrogamet-, gr. aggeion = Gefäß], das ↗ Megagametangium.

Makrogametophyt *m* [v. *makrogamet-, gr. phyton = Gewächs], der ↗ Megagametophyt.

Makrogerontie *w* [v. *makro-, gr. gerōn, Gen. gerontos = alt], (H. Hölder 1952), relative Großwüchsigkeit (v. ↗ *Ammonoidea*) infolge schnellen Gehäusewachstums im Jugendstadium. Ggs.: ↗ Mikrogerontie.

Makroglia *w* [v. *makro-, gr. glia = Leim], ↗ Glia, ↗ Astrocyten.

Makrolidantibiotika, *Makrolide,* v. *Streptomyces*-Arten gebildete ↗ Antibiotika, die aus einem makrocycl. (12–18gliedrig) Lactonring, bas. Aminozucker u. Neutralzukkern aufgebaut sind. Ihr Wirkungsspektrum ist dem des Penicillins ähnlich (T Antibiotika), wobei M., die teilweise auch auf synthet. Wege gewonnen werden, auch oral u. bei penicillinresistenten Erregern wirksam sind. Von therapeut. Bedeutung sind ↗ Erythromycin, Oleandomycin u. Spiramycin; weitere M. sind ↗ Carbomycin, Methymycin, Pikromycin, Narbomycin,

Griseomycin, Angolamycin, Niddamycin, Tylosin u. a.

Makromeren [Mz.; v. *makro-, gr. meros = Teil] ↗Furchung.

makromolekulare chemische Verbindungen, *hochpolymere Verbindungen,* Stoffe, deren Moleküle *(Makromoleküle)* aus etwa 1000 u. mehr Atomen aufgebaut sind. Die relative Molekülmasse kann bis zu 1 Million betragen, bei Nucleinsäuren liegt sie z.T. noch erhebl. darüber. Man unterscheidet 3 Gruppen: a) *makromolekulare Naturstoffe* (z.B. Cellulose, Stärke, Glykogen, Chitin, Nucleinsäuren, Proteine, Kautschuk); b) *halbsynthetische m. ch. V.,* die aus makromolekularen Naturstoffen durch chem. Umformung gewonnen sind (z. B. Kunstfasern); c) *vollsynthetische m. ch. V.* (Kunststoffe), werden aus niedermolekularen Grundmolekülen durch Polymerisation, Polykondensation oder Polyaddition aufgebaut. – Der Aufbau dieser Verbindungen wurde 1926 v. Staudinger durch die Theorie aufgeklärt, daß die Bindungskräfte zw. den Grundbausteinen normale Bindungskräfte seien. Die Grundstrukturen sind entweder linear (↗Linearmoleküle), verzweigt (z.B. ↗Glykogen, ☐) od. dreidimensional vernetzt (z.B. ↗Lignin, ☐). Die zugrundeliegenden Ketten bestehen bei synthetischen m.n ch.n V. häufig aus langen Ketten von C-Atomen (z.B. Polyäthylen), können jedoch auch andere Elemente (z.B. Stickstoff, Sauerstoff, Schwefel, Phosphor) enthalten, was bei den makromolekularen Naturstoffen fast immer (Ausnahme: der ausschl. aus Kohlenstoffketten aufgebaute Kautschuk) zutrifft (z.B. Phosphor u. Sauerstoff bei Nucleinsäuren, Stickstoff bei Proteinen, Sauerstoff bei Polysacchariden). Die makromolekularen Naturstoffe sind aus monomeren Grundeinheiten (↗Monomere) aufgebaut. Die Sequenz der Grundeinheiten ist bei Nucleinsäuren u. Proteinen schriftartig, weshalb diese zu den informationstragenden m.n ch.n V. gezählt werden u. als solche in der lebenden Zelle ihre Funktion bes. in Form der Speicherung u. Weitergabe genet. Information ausüben (↗Informationsstoffwechsel).

Makronährstoffe, *Makronährelemente,* chem. Elemente, die sich bei Kultur v. höheren Pflanzen auf ↗Nährlösungen (Hydroponik, ↗Hydrokultur) in größerer Menge als notwendig erweisen: C, O, H, N, S, P, K, Ca, Mg; C, O und H werden als CO_2 und O_2 bzw. als H_2O aufgenommen; die anderen als Ionen aus dem Nährmedium (↗Knopsche Nährlösung). Normales Wachstum erfordert außerdem ↗Mikronährstoffe od. Spurenelemente (Hoaglands ↗A–Z-Lösung). ↗Ernährung, ↗essentielle Nahrungsbestandteile.

Makronucleus *m* [v. *makro-, lat. nucleus = Kern], *Großkern, Hauptkern,* bei Wimpertierchen u. manchen Foraminiferen vorkommender Kern, der ausschl. die vegetativen Vorgänge der Zelle steuert. Ggs.: Mikronucleus. ↗Kerndualismus. ☐ Glokkentierchen, ☐ Pantoffeltierchen.

Makrophagen [Mz.; v. *makro-, gr. phagos = Fresser], **1)** generelle Bez. für meist räuber. Großpartikelfresser aus verschiedenen Wirbellosengruppen, bes. für räuber. Formen der überwiegend als Planktonfiltrierer *(Mikrophagen,* Kleinpartikelfresser) lebenden Ruderfußkrebse (↗Copepoda). **2)** *Makrocyten,* Sammelbez. für eine Reihe amöboid bewegl. (↗amöboide Bewegung) und zur ↗Phagocytose größerer Partikel fähiger freier Zellen des Infektions- und Fremdkörperabwehrsystems (↗Antigene, ↗Immunzellen) verschiedener Metazoen. Bei Wirbeltieren u. Mensch sind dies Zellen des ↗reticulo-endothelialen Systems (RES), speziell die ↗*Histiocyten* (Gewebs-M.) u. die ↗*Monocyten* (Blut-M.). Beide vermögen neben Bakterien u. geschädigten od. als körperfremd erkannten Zellen auch allerlei nicht abbaubare Fremdkörper, wie Ruß- od. Kohlepartikel, zu phagocytieren und u.U. zu speichern (↗Lysosomen). Zudem bauen sie Antigenkomponenten der phagocytierten Stoffe in ihre ↗Glykokalyx ein, geben diese Antigeninformation auf einem bis jetzt nicht bekannten Weg an ↗Lymphocyten weiter u. regen so die Produktion spezif. ↗Antikörper an. Ungeachtet ihres gleichart. Aufgabenspektrums, entstammen Histio- u. Monocyten verschiedenen Zellpopulationen; die ersteren differenzieren sich aus ↗Fibrocyten (↗Bindegewebe) u. können als aktive Phagocyten in Bindegewebs- und ↗Epithel-Verbände eingebaut sein (↗Kupffersche Sternzellen d. Leber, Alveolar-Phagocyten der Lunge, Fremdkörper-Riesenzellen), sich aber auch aus diesen lösen u. frei im Gewebe umherkriechen, während Monocyten wahrscheinl. aus pluripotenten Stammzellen des Knochenmarks od. der Lymphocyten entstehen, überwiegend im strömenden Blut anzutreffen sind (ca. 3–5% der ↗Leukocyten) u. auf Fremdkörperreize hin die Gefäßwände durchwandern, um am Reizherd ihre Phagocytosetätigkeit zu entfalten. Dabei werden sie angelockt durch Signalstoffe, die am Reizherd v. ↗Mastzellen freigesetzt werden. ☐ Blutzellen.

Makrophanerophyt *m* [v. *makro-, gr. phaneros = auffallend, phyton = Gewächs], der ↗Megaphanerophyt.

Makrophyll *s* [gr. makrophyllos = langblättrig], *Megaphyll,* ↗Blatt (☐).

Makrophyten [Mz.; v. *makro-, gr. phyton

Makrophagen
Monocyt mit typischem bohnenförm. Kern, umgeben v. Erythrocyten

makro- [v. gr. makros = lang, langdauernd; groß].

Makropleura
= Gewächs], Bez. für alle mit bloßem Auge deutl. erkennbaren pflanzl. Organismen, im Ggs. zu den *Mikrophyten* (nur mit Lupe u. Mikroskop wahrnehmbar).
Makropleura w [Mz. *Makropleurae;* v. *makro-, gr. pleura = Seite, Rippen], *Makropleuralsegment,* auffällig vergrößertes Pleurenpaar eines Körpersegments bei ↗Trilobiten; in verschiedenen Fam. verbreitet; obwohl in unterschiedl. Position (meist in den 3 vorderen od. 4 hinteren Segmenten) anzutreffen, wird eine Beziehung zu Sexualorganen angenommen.
Makropoden [Mz.; v. *makro-, gr. podes = Füße], *Großflosser, Macropodus,* Gatt. der Labyrinthfische i. e. S. Hierzu der ostasiat., vorwiegend Reisfelder u. Abflußgräben bewohnende, bis 9 cm lange Paradiesfisch (*Macropodus opercularis,* B Aquarienfische II), der bereits 1869 als Aquarienfisch nach Europa gelangte; das Männchen baut ein großes Schaumnest. Nah verwandt sind die Insel-M. *(Belontia)* mit dem bis 13 cm langen, rötl. Ceylon-M. *(B. signata).*
Makroprothallium s [v. *makro-, gr. pro- = vor-, thallos = junger Zweig], das ↗Megaprothallium.
Makropterie w [Bw. *makropter;* v. *makro-, gr. pteron = Flügel], *Holopterie,* ↗Apterie; ↗Flügelreduktion.
makroskopisch [v. *makro-, gr. skopein = schauen], mit dem bloßen Auge ohne Lupe, Mikroskop usw. sichtbar u. erkennbar. Ggs.: mikroskopisch.
Makrosmaten [Mz.; v. *makro-, gr. osmē = Geruch], *Makrosmatiker, „Nasentiere",* Bez. für Wirbeltiere (v. a. Säugetiere) mit stark ausgeprägtem Geruchssinn (↗chemische Sinne) u. häufig weniger stark entwickeltem Sehvermögen. M. sind z. B. Insektenfresser *(Insectivora),* Nagetiere *(Rodentia),* Raubtiere *(Carnivora)* u. viele Huftiere *(Ungulata).* Die Nasenhöhle der M. weist eine durch Vorsprünge („Muscheln") u. Verästelungen hervorgerufene starke Oberflächenvergrößerung der Nasenschleimhaut (Riechepithel) auf. Bei vielen M. überzieht die Nasenschleimhaut zusätzl. einen Teil der äußeren Nase, der deshalb durch Schleimabsonderung stets feucht gehalten werden muß (z. B. Igel, Hunde, Rinder). Im Bereich des Vorderhirns sind bei M. die Riechlappen (Lobi olfactorii) u. die Riechkolben (Bulbi olfactorii) mächtig ausgebildet. – Im Ggs. zu den M. zeigen die *Mikrosmaten* (z. B. Primaten) einen erhebl. geringeren Differenzierungsgrad v. Nase u. Riechhirn mit entspr. schwächerem Riechvermögen; oft sind sie „Augentiere" mit hoch entwickeltem Sehvermögen. Als *Anosmaten* gelten die Wale *(Cetacea).*

makro- [v. gr. makros = lang, langdauernd; groß].

makrospor- [v. gr. makros = groß, sporos = Same].

Makrosporangium s [v. *makrospor-, gr. aggeion = Gefäß], das ↗Megasporangium. [↗Megasporen.
Makrosporen [Mz.; v. *makrospor-], die
Makrosporogenese w [v. *makrospor-, gr. genesis = Entstehung], die ↗Megasporogenese.
Makrosporophyll s [v. *makrospor-, gr. phyllon = Blatt], ↗Sporophyll.
MAK-Wert, Abk. für *maximale Arbeitsplatz-Konzentration,* die höchstzulässige Konzentration eines Arbeitsstoffes als Gas, Dampf od. Schwebstoff in der Luft am Arbeitsplatz, die nach dem gegenwärt. Stand der Kenntnis auch bei wiederholter u. langfristiger, i. d. R. tägl. 8stündiger Exposition, jedoch bei Einhaltung einer durchschnittl. Wochenarbeitszeit von 40 Stunden, im allg. die Gesundheit der Beschäftigten nicht beeinträchtigt u. diese nicht unangemessen belästigt. I. d. R. wird der MAK-Wert als Durchschnittswert über Zeiträume bis zu einem Arbeitstag od. einer Arbeitsschicht integriert. Bei der Aufstellung v. MAK-Werten sind in erster Linie die Wirkungscharakteristika der Stoffe be-

MAK-Wert
MAK-Werte einiger Arbeitsstoffe (Stand 1984); angegeben in der von den Zustandsgrößen Temp. und Luftdruck unabhängigen Einheit ml/m^3 (ppm) und in der von den Zustandsgrößen abhängigen Einheit mg/m^3 (bei 20°C und 1013 mbar).

Substanz	ppm|mg/m^3		
Acetaldehyd	50|90	Heptachlor	0,5
Aceton	1000|2400	Hexachlorcyclohexan	0,5
Acrylamid	0,3	Iod	0,1|1
Aldrin	0,25	Kohlendioxid	5000|9000
Ameisensäure	5|9	Kohlenmonoxid	30|33
Ammoniak	50|35	Kresol	5|22
Anilin	2|8	Kupfer (Staub)	1
Antimon	0,5	Lindan	0,5
Arsenwasserstoff	0,05|0,2	Lithiumhydrid	0,025
Äthanol	1000|1900	Magnesiumoxid (Feinstaub)	6
Bariumverbindungen	0,5	Mangan	5
p-Benzochinon	0,1|0,4	Methanol	200|260
Biphenyl	0,2|1	Methylisocyanat	0,01|0,025
Blei	0,1	Naphthalin	10|50
Bleitetraäthyl	0,01|0,075	Natriumhydroxid	2
Brom	0,1|0,7	Nitrobenzol	1|5
Butan	1000|2350	Nitroglycerin	0,05|0,5
Chlor	0,5|1,5	Ozon	0,1|0,2
Chlorbenzol	50|230	Parathion	0,1
chlorierte Biphenyle (Chlorgehalt 42%)	0,1|1	Phenol	5|19
Chloroform	10|50	Phenylhydrazin	5|22
Cyanide	5	Phosphor (Tetraphosphor)	0,1
Cyanwasserstoff	10|11	Phosphorwasserstoff	0,1|0,15
DDT	1	Pyridin	5|15
Diäthylamin	10|30	Quecksilber	0,01|0,1
Diäthyläther	400|1200	Salpetersäure	10|25
1,4-Dichlorbenzol	75|450	Salzsäure	5|7
Dieldrin	0,25	Schwefeldioxid	2|5
Eisenoxide (Feinstaub)	6	Schwefelkohlenstoff	10|30
Essigsäure	10|25	Schwefelsäure	1
Fluor	0,1|0,2	Schwefelwasserstoff	10|15
Fluorwasserstoff	3|2	Selenverbindungen	0,1
Formaldehyd	1|1,2	Silber	0,01
		Stickstoffdioxid	5|9
		Tetrachlormethan	10|65
		Toluol	200|750
		Triäthylamin	10|40
		Trichlorbenzol	5|40
		Trinitrotuluol	0,15|1,5
		Uranverbindungen	0,25
		Vanadium	0,1
		Wasserstoffperoxid	1|1,4
		Xylol	100|440
		Zinkoxid (Rauch)	5
		Zinnverbindungen (organ.)	0,1

rücksichtigt, daneben aber auch – soweit mögl. – prakt. Gegebenheiten der Arbeitsprozesse bzw. der durch diese bestimmten Expositionsmuster. Maßgebend sind dabei wiss. fundierte Kriterien des Gesundheitsschutzes, nicht die techn. u. wirtschaftl. Möglichkeiten der Realisation in der Praxis.

Malabarspinat [ben. nach der Malabarküste (SW-Indien)], *Basella alba*, ↗ Basellaceae.

Malachiidae [Mz.; v. gr. malachion = Weichtier], die ↗ Zipfelkäfer.

Malaclemys *w* [v. *malaco-, gr. klemmys = Schildkröte], die ↗ Diamantschildkröten.

Malacobdella *w* [v. *malaco-, gr. bdella = Egel], einzige Gatt. der Schnurwurm-Ord. *Bdellomorpha. M. grossa,* 3–5 cm lang, Männchen 8–10 mm breit, Weibchen 12–15 mm; weißgelblich, Körper flach, caudal mit Saugscheibe. Kommensale in der Mantelhöhle v. Muscheln wie *Arctica islandica, Mya arenaria* u. *M. truncata.*

Malacochersus *m* [v. *malaco-, gr. chersos = Land], Gatt. der ↗ Landschildkröten.

Malacodermata [Mz.; v. *malaco-, gr. derma = Haut], Über-Fam. der Käfer, in der Käfer-Fam. mit weicher Cuticula (Weichkäfer) zusammengefaßt wurden; umfaßte die *Cantharoidea* (*Lycidae, Lampyridae, Drilidae, Cantharidae*) und die *Melyridae, Malachiidae*. Heute sind die *M.* aufgelöst in die nicht näher verwandten *Cantharoidea* und *Cleroidea.*

Malacosoma *s* [v. *malaco-, gr. sōma = Körper], Gatt. der ↗ Glucken, dazu der ↗ Ringelspinner.

Malacosteidae [Mz.; v. *malaco-], Fam. der ↗ Großmünder.

Malacostraca [Mz.; v. *malaco-, gr. ostrakon = Schale], „höhere Krebse", U.-Kl. der ↗ Krebstiere; mit fast 20000 Arten größte u. formenreichste Krebsgruppe, die neben Kleinformen mit 1 bis wenigen mm Großformen wie Hummer u. Riesenkrabben hervorgebracht hat u. alle aquat. sowie einige terrestr. Lebensräume bis hin zu Halbwüsten besiedelt. – *M.* sind durch folgende Synapomorphien gekennzeichnet: Festgelegte Segmentzahl; 8 Thorakal- und 6 (7) Pleonsegmente, die paarigen Geschlechtsöffnungen liegen beim ♂ an den Basen des 8., beim ♀ an den Basen des 6. Thorakopodenpaares. Das Pleon besitzt primär 6 Extremitätenpaare (Pleopoden). Ein 7., beinloses Pleonsegment – wahrscheinl. der Rest des beinlosen Abdomens der Vorfahren (↗ Krebstiere) – wird zwar bei vielen Arten embryonal noch angelegt, ist aber nur bei den *Phyllocarida* (↗ *Leptostraca*) voll ausgebildet. Bei den *Eumalacostraca* verschmilzt es mit dem 6. Pleonsegment. Ebenso verschwindet bei ihnen die Furca, u. das letzte Extremitätenpaar, jetzt Uropoden gen., bildet zus. mit dem Telson einen Schwanzfächer. – Zum *Grundbauplan* der *M.* gehört ein Carapax, der jedoch mehrfach konvergent zurückgebildet worden ist. Er umfaßt nicht die Vorderkopfregion, die ein primär bewegl. Rostrum u. gestielte Augen trägt. Rostrum u. Augenstiele verschwinden bei *M.,* die den Carapax verloren haben. Die *Extremitäten* sind urspr. typische Spaltfüße, deren Protopodit in 3 Glieder, Praecoxa, Coxa u. Basis (Praecoxopodit, Coxopodit u. Basipodit), unterteilt ist (☐ Extremitäten, ☐ Gliederfüßer, ☐ Krebstiere). Thorakopoden u. Pleopoden sind immer unterschiedl. gestaltet. Die Thorakopoden können Schwimm-, Filter-, Lauf-, Grab- u. andere Beine sein, die Pleopoden sind primär Schwimmbeine. Die 1. Antennen dienen als Fühler u. haben oft 2, seltener 3 Geißeln. Die 2. Antennen dienen ebenfalls als Fühler; ihr Exopodit bildet häufig einen schuppenart. Anhang. Viele *M.* inkorporieren ein od. mehrere, im Extremfall alle Thorakomeren in den Kopf u. bilden so einen Cephalothorax; häufig werden ein od. mehrere Thorakopoden zu zusätzl. Mundwerkzeugen, den Maxillipeden; die übrigen Thorakopoden werden dann als Pereiopoden bezeichnet. In der *inneren Organisation* sind die *M.* komplizierter als die anderen Krebsgruppen. Ihr ektodermales Stomodaeum bildet einen Kau- u. Filtermagen (B Verdauung I, III). Dieser ist einfach

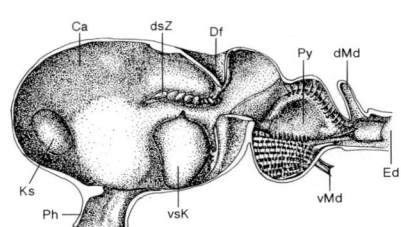

u. einheitl. bei den *Syncarida,* bei allen anderen dagegen in einen vorderen Kau- od. Cardia-Teil u. einen hinteren Filter- od. Pylorus-Teil untergliedert. Seitl. Falten bilden im vorderen Teil zahnart. Strukturen, im hinteren Teil beborstete Reusen. Zerkleinerte u. teilweise verdaute Nahrung passiert die Filter u. gelangt direkt in die Mitteldarmdrüsen, unverdaul. Material wird über Mitteldarm u. Enddarm ausgeschieden. Exkretionsorgane sind urspr. Maxillen- u. Antennen-Nephridien, meist jedoch nur ein Paar erhalten. Das Blutgefäßsystem ist kompliziert: Primär ist ein langgestrecktes Herz mit vielen Ostien- u. Seitenarterienpaaren sowie eine urspr. paarige Aorta descendens, die in ein Subneuralgefäß führt. Auch Sinnesorgane u.

Malacostraca

malaco-, malako- [v. gr. malakos = weich, zart].

Malacostraca

Überordnungen und Ordnungen:
Phyllocarida
  ↗ *Leptostraca*

Eumalacostraca:
Hoplocarida
  Stomatopoda
  (↗ Fangschreckenkrebse)
↗ *Syncarida*
  ↗ *Anaspidacea*
  ↗ *Bathynellacea*
Pancarida
  ↗ *Thermosbaenacea*
↗ *Eucarida*
  ↗ *Euphausiacea*
  ↗ *Decapoda*
↗ *Peracarida*
  ↗ *Spelaeogriphacea*
  ↗ *Mysidacea*
  Amphipoda
  (↗ Flohkrebse)
  ↗ *Cumacea*
  Tanaidacea
  (↗ Scherenasseln)
  Isopoda (↗ Asseln)

Malacostraca

Kaumagen eines Malakostraken. Ca Cardia, Df Dorsalfalte, trägt an der Spitze einen Zahn, dMd dorsaler Mitteldarmdivertikel, dsZ dorsale seitliche Zahnreihe, Ed Enddarm, Ks Krebsstein (Gastrolith), Ph Pharynx, Py Pylorus mit Filterborsten und -rinnen, vMd ventraler Mitteldarmdivertikel, vsK ventrale seitliche Kauplatte

Malaienbär

Nervensystem sind leistungsfähiger als bei anderen Krebsen. Die ↗Komplexaugen sind hoch entwickelt; bei vielen Arten besitzen sie eine normale Brechungsoptik, bei anderen jedoch eine Spiegeloptik. In den Augenstielen befinden sich je 4 Sehmassen – bei anderen U.-Kl. nur 2 – sowie X-Organ u. Sinusdrüse, die wichtige Hormone liefern (↗Augenstielhormone). Viele M., bes. unter den *Decapoda* u. Fangschreckenkrebsen, haben komplexe soziale Verhaltensweisen entwickelt u. können schnell u. differenziert reagieren. Sogar Sozialverbände sind unter den M. entstanden, bei den *Podoceridae* u. bei den Wüstenasseln. Viele M. sind v. großer ökolog. Bedeutung, z. B. der ↗Krill, andere Arten sind wirtschaftl. bedeutend als Speisekrebse. – Die M. gliedern sich in mehrere Über-Ord. (T 327), deren genaue Verwandtschaft noch nicht verstanden ist. Die *Phyllocarida* (↗ *Leptostraca*) besitzen eine Reihe v. Primitivmerkmalen u. werden als Schwestergruppe allen übrigen M., den *Eumalacostraca*, gegenübergestellt. Innerhalb dieser Gruppe sind die *Hoplocarida* mit den Fangschreckenkrebsen u. die *Syncarida* mit den *Anaspidacea* basale Gruppen u. vielleicht Schwestergruppen zu den jeweils übrigen. Von manchen Autoren werden sogar die *Hoplocarida* nicht zu den *Eumalacostraca* gestellt. B Atmungsorgane II, B Gliederfüßer I, ☐ Krebstiere.

P. W.

Malaienbär, *Biruang, Ursus (Helarctos) malayanus*, kleinster Großbär; Kopfrumpflänge 1–1,4 m, Schulterhöhe 70 cm; Fell kurzhaarig, braunschwarz mit weißl.-orangefarbigem hufeisenförm. Brustfleck. Verbreitung: Burma, Thailand, Indochina, Malaysia, Sumatra, Borneo und S-China. Der M. lebt in dichten Wäldern u. ist ein geschickter Baumkletterer. Die Nahrung des hpts. nachtaktiven M.en ist vielseitig (Früchte, Insekten, kleinere Wirbeltiere). Primitive Gebißmerkmale deuten auf die Abstammung des M.en vom miozänen *Ursavus* hin. B Bären.

Malakologie *w* [v. *malako-, gr. logos = Kunde]*, *Malakozoologie*, die Lehre v. den Weichtieren.

Malakophilen [Mz.; v. *malako-, gr. philos = Freund], Bez. für Pflanzen, deren Blüten an die Bestäubung durch Schnecken angepaßt sind.

Malakophyllen [Mz.; v. *malako-, gr. phyllon = Blatt], Bez. für weichblättrige Pflanzen, deren Blätter zur Überdauerung v. Trockenperioden mit einem dichten toten Haarfilz als Verdunstungsschutz ausgestattet sind. Ggs.: Sklerophyllen.

Malakozoologie *w* [v. *malako-, gr. zōon = Tier, logos = Kunde], die ↗Malakologie.

Malaria

Im Jahre 1945, während eines extrem heißen Sommers mit konstanten Temp. über 25 °C über die Dauer von 3 Wochen, gab es in SW-Dtl. eine M.epidemie. Mit dieser Hitzeperiode waren die Temp.-Ansprüche der M.erreger erfüllt. Weitere Voraussetzungen waren M.kranke (heimgekehrte Soldaten), die als Spender wirkten, und ausreichend Wassertümpel (Bombentrichter, Gewässer in den Rheinauen). Die *Anopheles* ist auch in Dtl. heimisch.

Malaria

Da jedes Parasitenstadium sein eigenes Antigenspektrum hat, zielt die Impfstoffentwicklung auf ein möglichst noch nicht durch Schizogonie vermehrtes Stadium od. auf ein Gemisch v. Antikörpern gg. alle Stadien hin. Probleme sind jedoch 1. die Gewinnung großer Mengen reiner Antigene, neuerdings realisierbar durch ↗Gentechnologie u. in vitro-Zucht der Parasiten; 2. Gewinnung großer Mengen antikörperhalt. Serums, realisierbar durch Hybridom-Technik (↗monoklonale Antikörper) u. Möglichkeit, bestimmte Affen (*Aotes*) mit menschl. Plasmodien zu infizieren; 3. Anwendung der Immunseren ohne Adjuvantien (z. T. krebserregend). Wirkungsvolle Eindämmung der M. ist nur durch Kombination aller verfügbaren Methoden zur Unterbrechung des Parasitenzyklus denkbar.

Malapteruridae [Mz.; v. *malako-, gr. pteron = Flosse, oura = Schwanz], die ↗Zitterwelse.

Malaria *w* [v. it. mala aria = schlechte Luft], *Sumpffieber, Wechselfieber, Helodes*, gefährlichste parasitäre Erkrankung des Menschen durch ↗*Haemosporidae* der Gatt. ↗*Plasmodium*, eine der häufigsten Tropenkrankheiten; Überträger sind weibl. ↗*Anopheles*-Mücken (↗Stechmücken). Vorwiegend tropisch-subtropisches Auftreten, Vordringen in gemäßigte Breiten wird gehindert durch Temp.-Ansprüche der Parasiten in der Mücke u. Unempfänglichkeit bestimmter Mücken-Arten. Etwa 200 Mill. Menschen sind weltweit dauererkrankt, auch heute noch ca. 1 Mill. Todesfälle jährlich, darunter sehr viele Kleinkinder, hpts. durch *P. falciparum*. Die akute Erkrankung ist gekennzeichnet durch ↗Fieber (☐), Kopfschmerz, Erbrechen; kann durch synchrone Vermehrung der Parasiten u. synchrones Zugrundegehen v. Erythrocyten in Schüben erfolgen, bei *P. vivax* und *P. ovale* (M. tertiana) im 48-Stunden-, bei *P. malariae* (M. quartana) im 72-Stunden-Abstand, bei *P. falciparum* (M. tropica) unregelmäßig. Spätschäden u. Tod hpts. durch Verklumpung v. Parasiten u. Erythrocyten in den Gefäßen v. Niere, Milz u. Gehirn. Wiedererkrankung nach Jahren (ohne Neuinfektion) ist auf ↗Hypnozoiten in der Leber zurückführbar. Die Bekämpfung der im Menschen lebenden Stadien erfolgt seit langem mit Chemotherapeutika (z. B. Chinin, Chloroquin, Primaquin), gg. die aber die Parasiten in vielen Ländern heute resistent geworden sind. Neueste Mittel (Mefloquin, Artemisin) werden daher nur noch gezielt u. sparsam eingesetzt. Seit Verfügbarkeit hochwirksamer Insektizide (z. B. DDT, Malathion) wird auch die Überträgermücke intensiv bekämpft, jedoch ist auch hier neben Umweltverseuchung Resistenzbildung hinderlich. Auch Zerstörung der Wohngewässer ist wirksam, ferner biol. Bekämpfungsversuche, z. B. durch Bakterien u. insektivore Fische. Natürlicher Schutz gegen M. tritt in Zusammenhang mit bestimmten ↗Blutgruppen (Duffy-Faktor) od. Blutanomalien (↗Thalassämie, ↗Sichelzellenanämie, Glucose-6-phosphat-Dehydrogenase-Mangel) auf. Säuglinge können geschützt sein 1. durch Zufuhr v. Antikörpern über die Placenta der Mutter, 2. durch Fehlen eines unentbehrl. Wachstumsfaktors des Parasiten (p-Aminobenzoesäure) bei reiner Milchnahrung. Immunität durch Antikörper beginnt sich in M.gebieten erst vom 6. Lebensjahr an aufzubauen, meist in Form v. ↗Infektionsimmunität; kann bei Mangelernährung u. Schwangerschaft wieder zu-

MALARIA

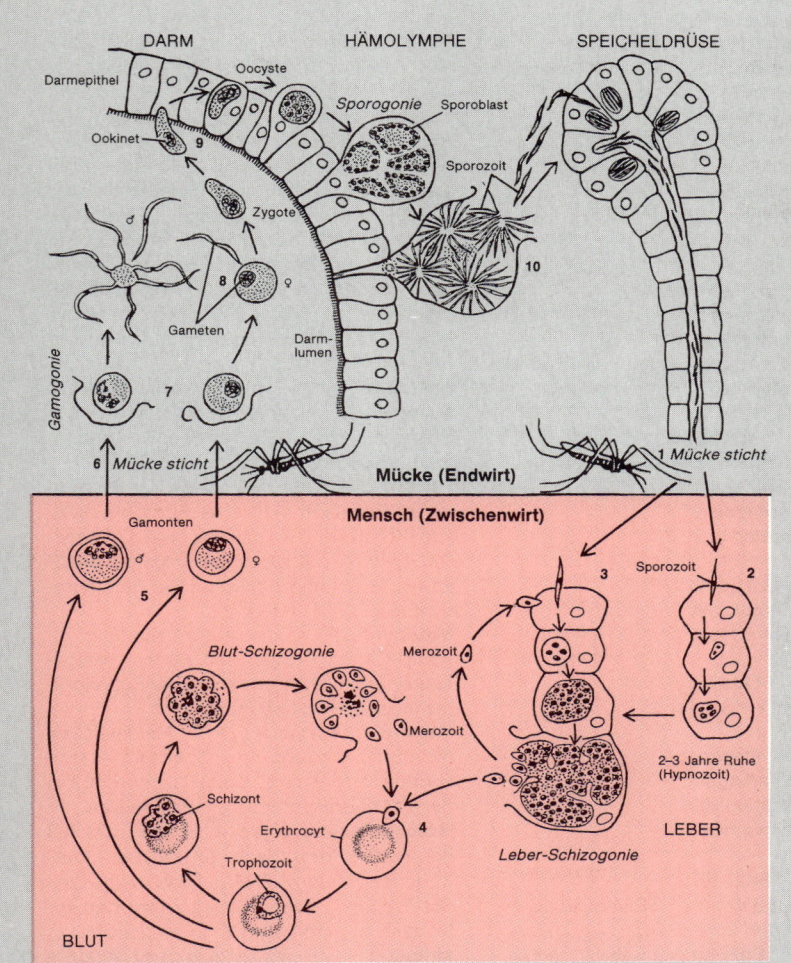

Entwicklungszyklus des Malariaerregers Plasmodium vivax in der Anopheles-Mücke und im Menschen

Die Mücke überträgt beim Stich mit dem Speichel *Sporozoiten* in das Blut des Menschen (**1**). Die Sporozoiten gelangen auf dem Blutweg in Leberzellen. Dort können sie unter Umständen über 2–3 Jahre unentwickelt bleiben (**2**, sog. *Hypnozoit*, bei *Plasmodium vivax, P. ovale*). Im allgemeinen treten sie jedoch gleich in eine ungeschlechtliche Vermehrung ein (**3**, exoerythrocytäre oder *Leber-Schizogonie*). Die entstehenden *Merozoiten* werden beim Platzen der Leberzelle frei und können entweder neue Leberzellen befallen (und sich dort erneut teilen), oder sie geraten ins Blut (**4**) und dringen in rote Blutkörperchen (Erythrocyten) ein (sog. *Trophozoit*). Durch ungeschlechtliche Vermehrung in den Blutkörperchen (erythrocytäre oder *Blut-Schizogonie*) entstehen wiederum Merozoiten, die erneut in Blutkörperchen eindringen und sich dort entweder wieder ungeschlechtlich vermehren oder zu Gametenbildnern (*Gamonten*) werden (**5**). Die Gamonten kommen bevorzugt im peripheren Blut vor und werden von der Mücke beim Stich eingesaugt (**6**). Im Mücken-Darmlumen werden die Gamonten aus den Blutkörperchen frei (**7**); die weiblichen Gamonten reifen wenig verändert zu weiblichen *Gameten* heran (**8**), in den männlichen entstehen um einen zentralen Restkörper 8 kleine längliche männliche Gameten (*Gamogonie*). Die aus der Verschmelzung der Gameten beider Geschlechter hervorgehende Zygote wird länglich und beweglich (*Ookinet*) und dringt aktiv in die Darmwand ein (**9**). Der Ookinet wächst zur *Oocyste* heran, in der zahlreiche *Sporoblasten* und später *Sporozoiten* entstehen (*Sporogonie*). Nach Platzen der inzwischen an die Darmaußenseite gerückten Oocyste (**10**) wandern die Sporozoiten durch die Hämolymphe zur Speicheldrüse, dringen in sie ein und geraten in den abführenden Gang – ein neuer Infektionszyklus kann beginnen. Malariaparasiten sind Haplonten, d. h., sofort nach der Zygotenbildung stellt eine Reduktionsteilung den haploiden Zustand wieder her.

sammenbrechen. – Vogel-M. *(P. praecox)* und Nagetier-M. *(P. berghei)* dienen als Modelle für menschliche M., z. B. bei Erprobung von Chemotherapeutika. An der Vogel-M. wurde erst 1943 die Schizogonie der Parasiten außerhalb der Erythrocyten entdeckt.   w. w.

Malariamoos ↗ Calymperaceae.
Malariamücke, die Gattung ↗ *Anopheles* (↗ Stechmücken); ↗ Malaria.
Malassezia *w* [ben. nach dem frz. Mediziner L. C. Malassez (malaßé), 1842–1909], ↗ Pityrosporum.
Malat-Dehydrogenase *w* [*mala-, lat. de- = weg-, gr. hydōr = Wasser, gennan = erzeugen], Enzym des Citratzyklus (☐), durch das Malat unter Übertragung v. zwei Wasserstoffatomen auf NAD^+ zu Oxalacetat umgewandelt wird.
Malate [Mz.; v. *mala-], die Ester u. Salze der ↗ Apfelsäure.
Malathion *s*, insektizid u. akarizid wirken-

$$\begin{array}{l} S-PS(OCH_3)_2 \\ | \\ CH-COOCH_2-CH_3 \\ | \\ CH_2-COOCH_2-CH_3 \end{array}$$

Malathion

malaco-, malako- [v. gr. malakos = weich, zart].

mal-, mala-, malo- [v. lat. malum = Apfel, malus = Apfelbaum].

der, für Warmblüter wenig tox. Thiophosphorsäureester (LD_{50}: 1200 mg/kg Ratte oral). Bei Warmblütern wird M. durch das Enzym *Carboxylester-Hydrolase* an den Carbonsäureestergruppen gespalten, wobei die wasserlösl. und ungiftige *M.säure* entsteht. Sensible Insekten sind dagegen zu diesem Abbau nicht befähigt, da ihnen das Enzym fehlt. M. wird in der Landw. sowie in malariagefährdeten Gebieten zur Bekämpfung der *Anopheles*-Mücke angewendet.
Malat-Synthase *w* [v. *mala-, gr. syntassein = zusammenordnen], *Malat-Synthetase*, ein Enzym des ↗ Glyoxylatzyklus (☐); ↗ Citratzyklus (☐).
Maldanidae [Mz.], *Clymenidae,* Fam. der Ringelwürmer (Kl. *Polychaeta*) mit mehreren Gatt. (T 330). Kennzeichen: zylindr. Körper mit verschieden langen Segmenten; Prostomium mit dem Peristomium verschmolzen u. nicht selten eine Kopfplatte

Maleïnsäure
mit großen Nuchalorganen bildend; Notopodien mit einfachen Borsten, Neuropodien mit gezähnten Haken; Bewohner v. Sand- u. Schlickröhren. Bekannteste Art: *Maldane sarsi,* 11 cm lang in zylindr. Röhre aus Schlick, Feinsand u. Foraminiferen.
Maleïnsäure [v. *mal-], cis-Äthylendicarbonsäure, ungesättigte Dicarbonsäure, stereoisomer mit der ↗Fumarsäure; ↗Cis-Trans-Isomerie (☐).
Maleïnsäurehydrazid, Abk. *MH,* ein synthet. Wachstumsregulator für Pflanzen, der wegen seiner wachstumshemmenden Wirkung zur Niederhaltung v. Gräsern, gg. sog. Geiztriebe bei Tabak u. Tomaten u. als Keimungshemmstoff bei Kartoffeln u. Zwiebeln angewandt wird. [scheln.
Malermuschel, *Unio pictorum,* ↗Flußmu-
Malletia *w* [v. engl. mallet (?) = Schlegel], Gatt. der *Malletiidae* (Ord. Fiederkiemer), kosmopolit. Muscheln in Weichböden der Tiefsee.
Malleus *m* [lat., = Hammer], **1)** Gatt. der ↗Hammermuscheln; **2)** der ↗Hammer, ein ↗Gehörknöchelchen (☐); **3)** der ↗Rotz (Krankheit u. a. der Einhufer).
Mallomonas *w* [v. gr. mallos = Flocke, Zotte, monas = Einheit], Gatt. der ↗Synuraceae.
Mallophaga [Mz.; v. gr. mallos = Flocke, Zotte, phagos = Fresser], die ↗Haarlinge.
Mallotus *m* [v. gr. mallōtos = langwollig, zottig], **1)** Gatt. der ↗Wolfsmilchgewächse. **2)** Gatt. der ↗Stinte.
Malm *m* [ben. nach einer engl. Bez. für kalk- u. phosphorsäurereichen Lehmboden im Gebiet v. Oxford], *Weißer Jura, Oberer Jura,* jüngste Serie bzw. Epoche des ↗Jura (☐). B Erdgeschichte.
Malmignatte *w* [malminjatte; frz. v. it. malo = böse, mignatta = Blutegel], die ↗Schwarze Witwe.
Maloideae [Mz.; v. *malo-], U.-Fam. der ↗Rosengewächse.
Malo-Lactat-Gärung [v. lat. malum = Apfel, lac, Gen. lactis = Milch], Umwandlung von ʟ-Apfelsäure (mit 2 Carboxylgruppen) in ʟ-Milchsäure (1 Carboxylgruppe) durch verschiedene Milchsäurebakterien (vgl. Tab.), bei der keine Energie gewonnen wird. Die M. vermindert durch die CO_2-Abspaltung den Säuregehalt in alkohol. Getränken (z. B. ↗Wein, Cidre, ↗Bier). Dieser „biologische Säureabbau" ist bei Rotweinen meist erwünscht, da er den Säuregehalt mildert u. die biol. Stabilität verbessert, so daß weniger geschwefelt werden muß. Der Säureabbau wird als Nachgärung mit bes. Stämmen (Reinkulturen) v. *Leuconostoc oenos* (= *Bacterium gracile*) ausgeführt. In Weißweinen wird die M. seltener gefördert, üblicherweise aber in Schweizer- u. Burgunder-Weinen. Ungeeignete

Maldanidae
Wichtige Gattungen:
Asychis
Euclymene
Lumbriclymene
Maldane
Nicomache
Praxillura
Rhodine

Maleïnsäurehydrazid

COO⊖
|
CH₂
|
COO⊖

Malonsäure: *Malonat*

COOH
|
CH₂
|
CHOH
|
COOH

ʟ-Apfelsäure

↓ Malo-Lactat-Enzym
↘ CO_2

CH₃
|
CHOH
|
COOH

ʟ-Milchsäure

Malo-Lactat-Gärung
Milchsäurebakterien (Auswahl), die eine M. ausführen:
Lactobacillus plantarum
L. casei
Leuconostoc oenos
L. mesenteroides
Pediococcus cerevisiae

M. Malpighi

mal-, mala-, malo- [v. lat. malum = Apfel, malus = Apfelbaum].

(Wild-)Stämme bilden neben Milchsäure eine Reihe unerwünschter Nebenprodukte, die zu fehlerhaften Weinen führen, z. B. den kratzigen „Milchsäurestich", der aber nicht durch Milchsäure, sondern bes. durch die Gärungsprodukte Acetoin u. Diacetyl entsteht. Oft läuft gleichzeitig eine Mannitgärung ab (Reduktion v. Fructose zu Mannit), die dem Wein einen süßl. Geschmack verleiht. Gefürchteter „Krankheitserreger" im Bier, der einen Milchsäurestich verursacht, ist *Pediococcus cerevisiae.* Die M. wurde bereits von L. Pasteur erkannt.
Malonate [Mz.; v. *malo-] ↗Malonsäure.
Malonsäure [v. *malo-], die vereinzelt in Pflanzen (z. B. Zuckerrüben) vorkommende Dicarbonsäure HOOC–CH_2–COOH; die Salze und Ester der M. sind die *Malonate.* In aktivierter Form als ↗Malonyl-Coenzym A (analog wie ↗Acetyl-Coenzym A aufgebaut) u. ↗Malonyl-ACP ist M. Zwischenprodukt bei der Fettsäuresynthese (☐ Fettsäuren).
Malonyl-ACP *s,* die durch Bindung an ↗Acyl-Carrier-Protein aktivierte ↗Malonsäure; Zwischenprodukt bei der Fettsäuresynthese (☐ Fettsäuren).
Malonyl-Coenzym A *s,* Abk. *Malonyl-CoA,* die durch Bindung an ↗Coenzym A aktivierte ↗Malonsäure; Zwischenprodukt bei der Fettsäuresynthese (☐ Fettsäuren).
Malonyl-Transacylase *w,* Enzym, das bei der Fettsäuresynthese die Malonyl-Übertragung v. Malonyl-CoA auf das ↗Acyl-Carrier-Protein des Fettsäuresynthetase-Komplexes katalysiert (☐ Fettsäuren).
Malpighi [-pigi], *Marcello,* it. Arzt, Anatom u. Physiologe, * 10. 3. 1628 Crevalcore bei Bologna, † 29. 11. 1694 Rom; seit 1656 Prof. in Bologna, Pisa u. Messina. Wird als Begr. der mikroskop. Anatomie angesehen, da er mit einfachen Mikroskopen (stark konvexe Glaslinsen, bis 180fache Vergrößerung) eine Fülle von tier. und pflanzl. Strukturen untersuchte (Gehirn, Netzhaut, Tastorgane, Bau der Nieren, Eingeweide, Nerven, Embryogenese des Huhnes im Ei). Entdeckte 1661 den Kapillarkreislauf des Blutes und 1665 die roten Blutkörperchen, ferner die pflanzl. Zelle (vor u. unabhängig v. ↗Hooke). Zahlreiche anatom. Strukturen tragen seinen Namen *(M.-Gefäße, M.-Körperchen).* WW „Anatomia plantarum" (London 1675–79). „Opera omnia" (London 1686, 2 Bde). B Biologie I.
Malpighiaceae [Mz.; ben. nach M. ↗Malpighi], Fam. der Kreuzblumenartigen mit 60 Gatt. und ca. 800 Arten; Kletterstäucher, Sträucher, Lianen, selten auch Bäume der Tropen u. Subtropen mit Verbreitungsschwerpunkt im trop. Amerika. Blätter einfach, gegenständig; ↗Blütenformel: * oder

↓ K5 C5 A10 G(3); Spaltfrüchte, Blüten in Trauben. Die Rinde einiger Arten der Gatt. *Banisteriopsis* wird bei Indianern S-Amerikas zu einem Halluzinationen hervorrufenden Getränk verarbeitet. Zur Gatt. *Malpighia* gehört *M. punicifolia*, eine Obstpflanze; Früchte (Barbadoskirschen) mit hohem Vitamin-C-Gehalt.

Malpighi-Gefäße [-pigi-; ben. nach M. ↗Malpighi], *Vasa malpighii*, ↗Exkretionsorgane (B) landlebender ↗Gliederfüßer, die in Form v. langen, dünnen, unverzweigten, distal blind endenden Schläuchen durch den Hinterleib weit ins Mixocoel ziehen u. an der Grenze zw. Mittel- u. Enddarm in den Verdauungskanal münden. Sie treten je nach Art in einer Zahl zwischen 2 und mehreren Hundert auf. Die Flüssigkeit in den M.n ist nahezu isoosmotisch zu der Hämolymphe, weicht aber, da sie vorwiegend durch Sekretion gebildet wird, in ihrer Ionenzusammensetzung v. dieser ab. Eine durch aktive Sekretion erzeugte hohe K^+- (oder Na^+-)Ionen-Konzentration im Lumen der M. sorgt für eine passive Nachdiffusion v. Wasser u. Anionen wie Cl^- und PO_4^{3-}. ↗Harnsäure, das wichtigste Exkret der meisten Insekten, wird gg. einen hohen Konzentrationsgradienten in den M.n angereichert u. liegt dort zunächst in Form ihrer lösl. Kaliumsalze vor. Erst im proximalen Gefäßabschnitt bzw. im Darm und insbes. im Rektum werden u. a. Zucker u. Aminosäuren, aber auch K^+-, Na^+-Ionen und v. a. Wasser in die Hämolymphe reabsorbiert, was zur Ausfällung der Harnsäure führt. Wasser und K^+- (bzw. Na^+-)Ionen können erneut zur Harnbildung in den M. verwendet werden (K^+-Zyklus). Eine effektivere Gestaltung dieser Wasser- u. Salzzirkulation bildet die kryptonephridiale (↗Kryptonephridien) Anordnung der M. bei Schmetterlingslarven, vielen Käfern u. beim Ameisenlöwen. Dabei sind die terminalen Enden der M. mit der Rektumwand verbunden u. bilden mit dieser eine physiolog. Einheit. Durch Poren in der sonst impermeablen M.-Membran werden K^+-Ionen u. in deren Gefolge Cl^--Ionen ins Innere der Gefäße transportiert, wobei gleichzeitig ein Wassereinstrom verhindert wird. Dadurch kann im posterioren Teil durch hohe osmot. Werte eine weitgehende Wasserrückresorption aus dem Kot erreicht werden. ↗Exkretion (B), B Gliederfüßer I–II, ☐ Insekten.

Malpighi-Körperchen [ben. nach M. ↗Malpighi] ↗Bowmansche Kapsel, ↗Niere.

Malpolon ↗Eidechsennatter.

Maltafieber [ben. nach der Insel Malta] ↗Brucellosen.

Maltageier, *Gyps melitensis*, pleistozäner Endemit der Mittelmeerinsel Malta, größer als der rezente Kuttengeier *(Aegypius monachus)*.

Maltase *w* [v. engl. malt = Malz], veraltete Bez. für α-↗Glucosidase, ein Enzym, das ↗Maltose in 2 Glucosemoleküle spaltet; bes. im Pankreas- u. Darmsaft u. im Blut des Menschen enthalten.

Maltol *s*, als Inhaltsstoff v. Pinaceen, z. B. in Lärchenrinde, vorkommendes γ-Pyronderivat.

Maltose *w* [v. engl. malt = Malz], *Malzzucker*, ein aus 2 Molekülen Glucose aufgebautes Disaccharid, das aus ↗Stärke durch enzymat. Abbau mittels ↗Diastase gewonnen wird. Auch in freier Form ist M. vereinzelt in höheren Pflanzen enthalten. Techn. gewonnene M. wird zur Bereitung v. Bier, Branntwein u. Sprit sowie als Zusatz v. Kräftigungsmitteln (Biomalz, Ovomaltine), Bienenfutter u. Nährbodensubstrat eingesetzt.

Malus *w* [lat., =], der ↗Apfelbaum.

Malva *w* [lat., =], die ↗Malve.

Malvaceae [Mz.; v. lat. malvaceus = malvenartig], die ↗Malvengewächse.

Malvales [Mz.; v. lat. malva = Malve], die ↗Malvenartigen.

Malve *w* [v. lat. malva], *Malva*, Gatt. der Malvengewächse mit rund 30 in Eurasien, N-Afrika und N-Amerika verbreiteten Arten. Behaarte Kräuter od. Halbsträucher mit oft rundl., mehr od. weniger handförm. gelappten Blättern u. einzeln od. zu mehreren in den Blattachseln stehenden, oft ziemheim. großen Blüten; diese radiär, 5zählig, mit einem i. d. R. 3blättrigen, am Grunde mit dem Innenkelch verwachsenen Außenkelch, keil- bis herzförm., in der Knospenlage gedrehten Kronblättern sowie zahlr., zu einer Röhre verwachsenen Staubblättern. Die Frucht ist rund, flach, in der Mitte eingedrückt u. zerfällt in reifem Zustand in zahlr. flache, nierenförm., 1samige Teilfrüchte. In sonn., lückigen bzw. staudenreichen Unkrautfluren Mitteleuropas wachsen u. a. die Wilde M. *(M. silvestris)* mit hell- od. dunkelpurpurnen, dunkler geaderten Blüten, die Gänse- oder Weg-M. *(M. neglecta)*, eine niederliegende Pflanze mit rosafarbenen bis weiß. Blüten, sowie die rosarot blühende Rosen-M. oder Siegmarswurz *(M. alcea)* mit tief gespaltenen Blättern. Alle 3 Arten enthalten insbes. in Blatt u. Blüte reichl. Schleimstoffe sowie u. a. auch Gerbstoff u. werden seit alters her als Heilmittel bei Husten sowie bei Entzündungen des Rachens, der oberen Luftwege u. des Magen-Darm-Kanals angewandt. Die rosa blühende, aus China stammende u. bei uns nur noch selten als Zier- od. Heilpflanze gezüchtete Quirl-M. *(M. verticillata)* gehört in ihrer Heimat zu den ältesten angebauten Gemüsearten.

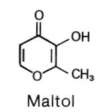

Maltol

Maltose

Wilde Malve
(Malva silvestris)

Malvenartige

Malvenartige, *Malvales (Columniferae),* Ord. der *Dilleniidae* mit 8 Fam. (vgl. Tab.), die etwa 230 Gatt. mit rund 2700 Arten umfassen. Meist Schleim produzierende Kräuter od. Holzgewächse mit wechselständ. Blättern u. oft großen, dekorativen Blüten; diese i. d. R. zwittrig u. strahlig, mit 5(4) freien od. nur wenig verwachsenen Kelch- u. Kronblättern (mit klappiger [Kelch] bzw. gedrehter [Krone] Knospenlage). Die Staubblätter sind in 2 Kreisen angeordnet, wobei die äußeren bisweilen entfallen, während die inneren durch Spaltung stark vermehrt sein können. Vielfach verwachsen die Filamente der Staubblätter an der Basis zu einer mehr od. weniger ausgeprägten Säule *(Columna),* wodurch ein Androphor entsteht. Ist der 2- bis vielfächerige, oberständ. Fruchtknoten beteiligt, so entsteht ein Androgynophor.

Malvenfalter, *Carcharodus alceae,* ↗Dickkopffalter ([T]).

Malvengewächse, *Malvaceae,* Fam. der Malvenartigen mit etwa 80 Gatt. und rund 1000, fast weltweit verbreiteten, insbes. in den Tropen heim. Arten. Kräuter, Stauden, (Halb-)Sträucher od. Bäume mit einfachen, häufig handförm. gelappten u. behaarten, wechselständ. Blättern sowie i. d. R. großen dekorativen Blüten; diese fast stets zwittrig, radiär u. 5zählig, oft mit einem den Kelch umgebenden Außenkelch u. mit freien od. am Grunde verwachsenen, in der Knospenlage gedrehten Kronblättern. Die in 2 Kreisen stehenden Staubblätter sind durch Spaltung oft stark vermehrt; ihre Filamente bilden eine mit der Krone verbundene, den 3- bis vielfächerigen Fruchtknoten bedeckende Röhre. Die Frucht ist meist eine Kapsel od. Spaltfrucht. Die Samen sind oft mit feinen, z. T. auch recht langen Haaren bedeckt. Characterist. für die M. ist der hohe Schleimgehalt aller Arten; zudem wird v. jungen, noch in Entwicklung begriffenen Blättern u. Blütenstielen häufig über Drüsenhaare Zuckersaft abgeschieden. Zu den M.n gehören viele beliebte Zierpflanzen. Es sind dies u. a. Arten der Gatt. ↗*Abutilon,* ↗Eibisch, ↗Malve u. ↗Roseneibisch sowie z. B. die aus dem Mittelmeergebiet stammende Sommer-Lavatere *(Lavatera trimestris),* eine ca. 1 m hohe, buschig wachsende Pflanze mit rundl. Blättern u. bis 10 cm breiten, weißen bis roten, dunkler geäderten Blüten. Wichtigste Nutzpflanze der M. ist die ↗Baumwollpflanze. Neben ihr gibt es noch eine Reihe weiterer, in allen Teilen der Welt als Faserpflanzen kultivierter M. (mit wirtschaftl. eher untergeordneter Bedeutung), von denen jedoch nicht die Samenhaare, sondern die relativ leicht zu isolierenden Bastfaserbündel genutzt werden (↗*Abutilon* u.

Malvenartige
Wichtige Familien:
↗ *Bombacaceae*
↗ *Elaeocarpaceae*
↗ Lindengewächse (Tiliaceae)
↗ Malvengewächse (Malvaceae)
↗ Sterculiaceae

Malvengewächse
Wichtige Gattungen:
↗ *Abelmoschus*
↗ *Abutilon*
↗ Baumwollpflanze (Gossypium)
↗ Eibisch (Althaea) Lavatera
↗ Malve (Malva)
↗ Roseneibisch (Hibiscus)

Malvengewächse
Sommer-Lavatere
(Lavatera trimestris)

mamill-, mammill- [v. lat. mamilla = Brustwarze].

↗Roseneibisch). Die jungen Früchte v. *Abelmoschus esculentus* (↗Abelmoschus), Okra, dienen als Gemüse.

Malz, mit Wasser bei ca. 15 °C zum Keimen gebrachte stärkehaltige ↗Gerste mit geringem Eiweißgehalt; ↗Bier.

Malzzucker, die ↗Maltose.

Mambas [Mz.; v. Zulu im-amba], *Dendroaspis,* Gatt. der Giftnattern mit 4 Arten, in Afrika beheimatet; schlanke Baumbewohner (Ausnahme: adulte Tiere der Schwarzen M.); schmalköpfig, Augen groß, Pupillen rund; Giftzahnpaar im Oberkiefer, große Unterkiefer-Vorderzähne; nervenschädigendes Gift (weiß, zähflüssig), kann ohne Gegenbehandlung rasch tödl. wirken; Schuppen glatt, in Schrägreihen. Der Paarung gehen gelegentl. Schein(Komment-)kämpfe voraus; Weibchen legt 8–15 weiße, ovale Eier in Termitenbauten od. Erdlöcher; Jungtiere (grün) schlüpfen nach ca. 2½–4 Monaten. M. erheben bei Erregung den Vorderkörper u. reißen drohend ihr Maul auf. Bes. gefürchtet die größte (bis 4,5 m lange) Giftschlange Afrikas, die angriffsfreudige, meist oliv- bis graubraune Schwarze M. (*D. polylepis,* [B] Afrika V), die gelegentl. auch zw. dichtem Buschwerk auf steinigen Hügeln anzutreffen ist; ernährt sich v. a. von kleinen Säugetieren (bes. Ratten, Klippschliefern), während die anderen grünen, ausschl. baumbewohnenden Arten — Jamesons M. (*D. jamesonii*), die bis 2 m lange, scheue, behende Schmalkopf-M. (*D. angusticeps*) in O-Afrika u. die westl. Grüne M. (*D. viridis*) – v. a. Vögel, deren Eier, Baumeidechsen u. -frösche verzehren.

Mamelonen [Mz.; v. frz. mamelon = Brustwarze], 1) zitzenart. Erhebungen auf Kolonien mancher ↗Stromatoporen mit zentralem Axialkanal; urspr. als Austrittsstellen der Pilae definiert, später in Verbindung gebracht mit ↗Astrorrhizae. 2) von ringförm. Vertiefungen (Acetabula) umgebene, halbkugelige Gelenkköpfe an Interambulacralplatten, auf denen sich Stacheln v. Seeigeln bewegen können.

Mamestra *w,* Gatt. der ↗Eulenfalter, dazu die ↗Kohleule.

Mamiania *w,* Gatt. der ↗Diaporthales.

Mamilla *w* [lat., =], die Brustwarze bzw. Zitze, ↗Milchdrüse. [len.

Mamillen [Mz.; v. *mamill-], die ↗Mammil-

Mamma *w* [lat., = Mutterbrust], ↗Milchdrüse.

Mammalia [Mz.; v. lat. mammalis = die Brüste betreffend], die ↗Säugetiere.

Mammea *w* [v. span. mamey = Mammeyapfel], Gatt. der ↗Hartheugewächse.

Mammey-Apfel *m* [v. span. mamey], *Mammeiapfel,* ↗Hartheugewächse.

Mammillaria w [v. *mammill-], Gatt. der ⟶ Kakteengewächse.

Mammillen [Mz., v. *mammill-], *Mamillen*, 1) die Warzen mancher ⟶ Kakteengewächse, entweder durch Auswachsen der Areolen od. der Podarien entstanden, die, außer bei M.bildung, bei Kakteen meist vereinigt sind. 2) Zellwandvorwölbungen mancher Moose an der Blattaußenseite.

Mammillifera w [v. *mammill-, lat. -fer = -tragend], Gatt. der ⟶ Krustenanemonen.

Mammologie w [v. lat. mamma = Mutterbrust, gr. logos = Kunde], die Säugetierkunde.

Mammonteus m [nlat., aus dem Jakutischen über russ. mamont], (Camper 1788), v. Osborn 1924 zu Unrecht eingeführtes u. später in der Lit. sehr verbreitetes Nomen zur Bez. der ⟶ Mammute; recte: ⟶ *Mammuthus*.

Mammotropin s [v. lat. mamma = Mutterbrust, gr. trepein = hinwenden], das ⟶ Prolactin.

Mammut s [aus dem Jakutischen über russ. mamont (mamut)], *Elephas primigenius* Blumenbach 1799 [als der gült. Name gilt derzeit *Mammuthus primigenius* (Blumenb.)]; † eiszeitliche ⟶ Elefanten-Art. „Mammut" als wiss. Nomen gilt für ein zygolophodontes ⟶ Mastodonten-Genus des Jungplio-/Altpleistozäns, dessen verbreitetste Art *Mammut borsoni* (Hays 1834) ist. Das M. gehört zu den bestbekannten fossilen Tieren überhaupt; der prähist. Mensch hinterließ naturgetreue Abb. und Skulpturen v. ihm, u. die ⟶ Permafrostböden Sibiriens und N-Kanadas bewahrten mehr od. weniger vollständige Kadaver, die genaue Kenntnisse über Skelett u. Weichteile vermittelt haben; Zähne u. Knochen des M.s finden sich in Flußschottern u. Löß der ⟶ Holarktis überaus häufig. Die Fülle des schon damals vorliegenden Materials ermöglichte ⟶ Cuvier die grundlegende Feststellung, daß die rezenten Elefanten sich taxonom. vom M. unterscheiden. – Die Körperhöhe des M.s wurde vielfach übertrieben; sie blieb i. d. R. unter derjenigen des Ind. Elefanten; 4,30 m Höhe, die ein Skelett v. Steinheim erreicht, bilden für das M. die Ausnahme, für das Alt-M. (*Mammuthus trogontherii*) jedoch die Regel. Ein dichtes Haarkleid, dessen urspr. Farbe nicht mit Sicherheit auszumachen ist, schützte in Gemeinschaft mit einer dicken Unterhautfettschicht vor der nord. Kälte. Der Rüssel endete in einem doppelten Greiforgan ähnl. wie beim Afr. Elefanten; die Ohren waren kleiner als beim Ind. Elefanten (☐ Allensche Proportionsregel); der behaarte Schwanz bildete eine Afterklappe. Die oft mediad zur Fastspirale gewundenen, 5 m Länge erreichenden Stoßzähne galten lange als Überspezialisierung (⟶ atelische Bildungen); ausgedehnte Abschürfungen deuten jedoch auf Nutzung als Schneepflug zum Freilegen der pflanzl. Winternahrung hin. Mit 27 Lamellen erreichen die letzten Molaren des M.s die höchste Spezialisierungsstufe aller Elefanten. Nahrungsreste zw. den Zähnen u. aus Mageninhalten geben Auskunft über den rein pflanzl. Speisezettel, in dem Gräser die wichtigste Rolle spielten. Verbreitung: jüngeres Pleistozän (evtl. bis ⟶ Allerödzeit) v. Eurasien und N-Amerika. Jahreszeitl. Wanderungen führten das M. in Europa bis S-Italien.

Mammutbaum, 1) *Riesen-M.,* ⟶ Sequoiadendron; 2) *Immergrüner M.,* ⟶ Sequoia.

Mammuthus m [nlat., v. frz. mammouth = ⟶ Mammut], (Burnett 1830), *Mammute*, Gatt.-Name für eine Entwicklungsreihe fossiler ⟶ Elefanten (Maglio 1970): *M. subplanifrons → M. africanavus → M. meridionalis → M. primigenius* (⟶ Mammut). Zeitweise wurden *M.* als Subgenera unterstellt: † *Parelephas* Osborn 1924, † ⟶ *Archidiskodon* Pohlig 1885 u. † *Metarchidiskodon* Osborn 1934. Verbreitung: Pliopleistozän v. Europa, Asien, Afrika, N- und ?S-Amerika.

Manakins [Mz.; v. niederländ. manneken = Männchen], die ⟶ Schnurrvögel.

Manatis [Mz.; v. karib. Sprache über span. manaté], *Trichechidae,* Fam. der ⟶ Seekühe.

Manayunkia w, Gatt. der Ringelwurm-Fam. *Sabellidae. M. aestuarina*, Brackwasserbewohner, der auch ins Süßwasser vordringt. Echte Süßwasserbewohner, die jedoch in marinen Reliktgewässern leben, sind *M. baicalensis* im Baikalsee und *M. caspica* im Kaspischen Meer.

Manca-Stadium [v. lat. mancus = unvollständig], erstes postembryonales Stadium bei den Asseln, Scherenasseln u. *Cumacea;* ihm fehlt noch das 8. Thorakopodenpaar, das nach der ersten Häutung entsteht.

Manculus m [v. lat. mancus = unvollständig], Gatt. der lungenlosen Salamander *(⟶ Plethodontidae)* mit dem Vierzehensalamander *(M. quadridigitatus),* Verbreitung von North-Carolina bis Florida u. Texas.

Mandarine w [v. Sanskrit mantrin (= Berater) über port. mandarim], ⟶ Citrus.

---

mamill-, mammill- [v. lat. mamilla = Brustwarze].

Mammut
a Skelett eines sibirischen M.s, b Rekonstruktion

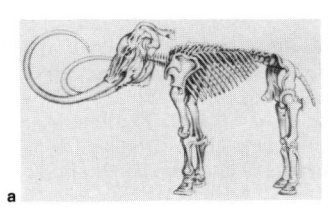

Mandel

Mandel w [v. gr. amygdalē über it. amandola = M.], Steinkern v. *Prunus amygdalus*, ↗Prunus.

Mandelate, die Salze der ↗Mandelsäure.

Mandelbaum, *Prunus amygdalus,* ↗Prunus.

Mandeln, *Tonsillen, Tonsillae,* lymphoepitheliale Organe; im hinteren Rachenraum um die Luft- u. Speiseröhre angeordnete lymphat. Abwehrorgane. Ihre Schleimhaut enthält Lymphfollikel, deren ↗Lymphocyten Krankheitserreger (Antigene) aufnehmen u. Antikörper gg. diese bilden. In die Tiefe der Lymphfollikel ziehende Einsenkungen (Krypten) vergrößern die Reaktionsoberfläche, an der Lymphocyten mit Antigenen in Kontakt kommen können. – Man unterscheidet die paarigen ↗Gaumen-M., die unpaare ↗Rachenmandel u. die unpaare ↗Zungenmandel.

Mandelöl, aus den Samen der Steinfrüchte des Mandelbaums *(↗ Prunus)* gewonnenes fettes Öl, das etwa 80% Ölsäure, 15% Linolsäure, 5% Palmitinsäure sowie geringe Mengen Myristinsäure enthält. M. ist eines der kostbarsten Öle u. wird in der Süßwaren-Ind., Pharmazie, Kosmetik u. als Schmieröl für Uhren u. feinmechan. Instrumente verwendet.

Mandelröschen, *Ziermandel, Prunus triloba,* Art der Gatt. *Prunus;* aus China stammender sommergrüner Strauch od. Baum; Blätter klein, eiförmig, doppelt gesägt; Blüten der Gartenform gefüllt, rosaweiß; etwas kälteempfindlich.

Mandelsäure, *Phenylglykolsäure,* α-*Hydroxyphenylessigsäure,* beim Erhitzen eines Extrakts v. bitteren Mandeln in Ggw. verdünnter Salzsäure entdeckte Arylcarbonsäure. Ihre Salze, die *Mandelate* (Ammonium-, Calcium- u. Natriummandelate), finden als Harnantiseptika Verwendung, Ester der M. dienen als Spasmolytika. Vom Nitril der M. (M.nitril) leitet sich das ↗*Amygdalin* ab.

Mandelweiden-Busch, *Salicetum triandrae,* Assoz. der ↗Salicetea purpureae.

Mandibel w [v. *mandibul-], 1) *Mandibula,* humanmed. Bez. für den Unterkiefer (des Menschen). 2) Oberkiefer der Krebstiere, Tausendfüßer u. Insekten *(Mandibulata).* ↗Mundwerkzeuge. ☐ Insekten, T Gliederfüßer; B Verdauung II.

Mandibeldrüse [v. *mandibul-], *Mandibulardrüse,* ein od. zwei Paar Drüsen, die an der Basis vieler aculeater Hautflügler münden. Insbes. bei Bienen sondern sie verschiedene Duftstoffe ab, die im Dienste des Paarungsverhaltens bei den Männchen stehen; sie setzen z. B. in Schwarmbahnen an markanten Stellen artspezif. Duftmarken. Die Weibchen benutzen diese Duftstoffe (vermutl. in Verbindung mit Stoffen anderer Drüsen) für die individuelle Markierung ihrer Nesteingänge.

Mandibellaute [v. *mandibul-], Art der Lauterzeugung bei manchen Feldheuschrecken; entsteht durch Aneinanderreiben der Mandibelkauflächen (Molae).

Mandibula w [*mandibul-], ↗Mandibel.

Mandibulare s [v. *mandibul-], *Mandibularknorpel, Unterkieferknorpel,* einziges Element jeder Unterkieferhälfte bei ↗Knorpelfischen *(Chondrichthyes);* bildet mit dem ↗Palatoquadratum (Oberkieferknorpel) das urspr. ↗Kiefergelenk. Auf dem M. entstanden stammesgesch. mehrere Ersatzknochen, u. a. ↗Dentale u. ↗Articulare.

Mandibularplatte [v. *mandibul-], *Lamina mandibularis,* bei den *Hemipteroidea* (↗Schnabelkerfe) unter den Insekten eine am Kopf abgeteilte Region an der Basis der Mandibelstechborste. ↗Mundwerkzeuge (der Insekten).

Mandibulartaster [v. *mandibul-], *Mandibeltaster, Palpus mandibularis,* Taster als Exopoditrest an der Mandibel der ↗Krebstiere.

Mandibulata [Mz.; v. *mandibul-], *Mandibeltiere,* artenreichste Gruppe der Gliederfüßer, die v.a. durch den Besitz der Mandibel (3. zu Mundwerkzeugen umgewandelte Kopfextremität) als monophylet. Taxon ausgezeichnet ist. Hierher gehören die Krebstiere, Tausendfüßer u. Insekten. ↗Gliederfüßer.

Mandragora w [gr., = Alraune (wahrsch. umgebildet aus pers. mardum-giā = Menschenpflanze], die ↗Alraune.

Mandrill m [aus einer westafr. Sprache], *Mandrillus sphinx,* zu den Backenfurchen- od. Stummelschwanzpavianen (Gatt. *Mandrillus*) gehörender Hundsaffe des westafr. Urwalds (Kamerun, Kongo), nächstverwandt dem ↗Drill; Kopfrumpflänge 80 cm, Schulterhöhe 50 cm (Weibchen kleiner); langer Gesichtsschädel mit Knochenwülsten beiderseits des Nasenrückens, v. längsgefurchter Haut überdeckt; starkes Gebiß. M.s sind Allesfresser, die in Trupps am Boden leben u. nachts Schlafbäume erklettern. Einzigartig unter den Säugetieren ist die leuchtend bunte Färbung (rot/blau) v. Gesicht u. Gesäßschwielen beim männl. M., die bei Erregung noch gesteigert wird. Gesichtsfärbung u. Mimik dienen als Drohsignal, das Präsentieren des Hinterteils als Demutsgebärde gegenüber Artgenossen. B Afrika V.

Mandschurisches Refugium, eines der großen klimat. begünstigten Glazialrefugien (↗Eiszeitrefugien), in dem die arktotertiäre Fauna u. Flora (↗arktotertiäre Formen) der holarktischen Region (↗Holarktis) die pleistozänen Eiszeiten überdauert haben. Das M. R. umfaßt Korea, die O-

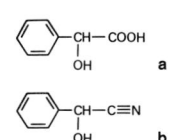

Mandelsäure
a Mandelsäure,
b Mandelsäurenitril

Mandrill *(Mandrillus sphinx)*

mandibul- [v. lat. mandibula = Kinnbacke, Kiefer].

und S-Mandschurei, den Ussuri-Bezirk u. die Halbinsel Shantung. Während der Eiszeiten war es noch um den Bereich des gesamten Gelben Meeres vergrößert, da dieses trockengefallen war (↗ eustatische Meeresspiegelschwankung). Nach der letzten Eiszeit (postglazial) nahm von M. R. der boreale Nadelwaldgürtel (↗Taiga) mit seinen Begleitpflanzen u. Tieren seinen Ursprung, weshalb man auch v. einem Mandschurischen (Ausbreitungs-) Zentrum spricht. ↗ Europa, ↗ Mongolisches Refugium.

Mangabeiragummi [v. Tupi mangaba], aus dem ↗Hundsgiftgewächs ([T]) *Hancornia speciosa* gewonnenes Produkt.

Mangaben [Mz.; v. afr. Sprache], *Cercocebus,* meerkatzenähnl., systemat. den Makaken nahestehende, langschwänzige afr. Hundsaffen; Kopfrumpflänge 38–88 cm, Schwanzlänge 43–76 cm; starke Überaugenwülste u. große Backentaschen. 4 Arten: Halsband- od. Rotkopf-M. (*C. torquatus;* Senegal bis Kongo), Mantel-M. (*C. albigena;* Kamerun, Gabun, bis W-Kenia u. Tansania), Schopf-M. (*C. aterrimus;* Zaïre, NO-Angola), Hauben-M. (*C. galeritus;* Kamerun bis Kenia). M. sind gesellige Baumbewohner, die zur Nahrungssuche auch auf den Boden kommen u. Schaden in Reisfeldern u. Kokosplantagen anrichten können.

Mangan s, chem. Zeichen Mn, chem. Element; in Form von Mn^{2+} Bestandteil mancher Enzyme (z. B. Arginase, Phosphotransferasen, Peptidasen). Mn^{2+} ist bei der Photosynthese an der Freisetzung v. Sauerstoff durch das Photosystem II beteiligt. M. wird zu den Spurenelementen gerechnet (↗essentielle Nahrungsbestandteile); der tägl. Mn^{2+}-Bedarf des Menschen ist 4 mg. Bei Pflanzen kann Mn^{2+}-Mangel zu ↗Chlorose od. ↗Dörrfleckenkrankheit führen.

Manganbakterien, die ↗manganoxidierenden Bakterien.

manganoxidierende Bakterien, *Manganbakterien,* verschiedene Bakterien-Arten (vgl. Tab.), die reduzierte Manganverbindungen (Mn^{2+}) zu unlösl. Mangandioxid (MnO_2, d. h. Mn^{4+}) direkt (spezifisch) od. indirekt (z. B. durch pH-Änderungen) oxidieren u. an od. in Kapseln od. extrazellulärem Schleimmaterial ablagern können. Oft werden auch gleichzeitig Eisenverbindungen oxidiert u. angelagert (↗Eisenbakterien, ↗eisenoxidierende Bakterien). M. B. kommen in manganhalt. (und eisenhalt.) Gewässern vor u. scheinen für die Bildung v. Manganknollen in Teilen der Ozeane mit verantwortl. zu sein. Der Stoffwechsel der M.n B. ist chemoorganotroph; ein Energiegewinn aus der Manganoxidation konnte noch nicht eindeutig nachgewiesen werden.

manganoxidierende Bakterien
Einige Gattungen, in denen m. B. vorkommen:
↗ *Leptothrix* (Scheidenbakterien)
Siderocapsa (kapselbildende Eisenbakterien, ↗ *Siderocapsaceae*)
↗ *Metallogenium* (*M. personata*)
↗ *Hyphomicrobium*
Pedomicrobium (knospende Bakterien)

Mangelia w, *Cythara,* Gatt. der *Cytharidae,* ↗Giftzüngler (Schnecken) mit eispindelförm. Gehäuse; 2 Arten (6 mm hoch) im Mittelmeer auf Weichböden.

Mangelkrankheit, 1) Überbegriff für Erkrankungen, die als Folge quantitativ od. qualitativ unzureichender Nahrungszufuhr entstehen, z. B. bei Vitaminmangel (↗Beriberi, ↗Skorbut u. a., ↗ *Vitamin-M.en*), bei verminderter Proteinzufuhr (↗ Eiweiß-M.); auch bei Darmerkrankungen, in deren Verlauf die Verdauung od. die Resorption gestört ist. 2) *Enzym-M.,* die ↗Enzymopathien.

Mangelmutante w [v. lat. mutare = wechseln], Organismus bzw. Population v. Organismen, die durch Mutation die Fähigkeit verloren haben, einen wesentl. Zellbaustein (z. B. eine Aminosäure) zu synthetisieren. Die Mutation bedingt meist den Defekt eines der Enzyme, die zur Synthese des entspr. Zellbausteins notwendig sind, weshalb M.n nur durch Zufuhr dieses Zell-

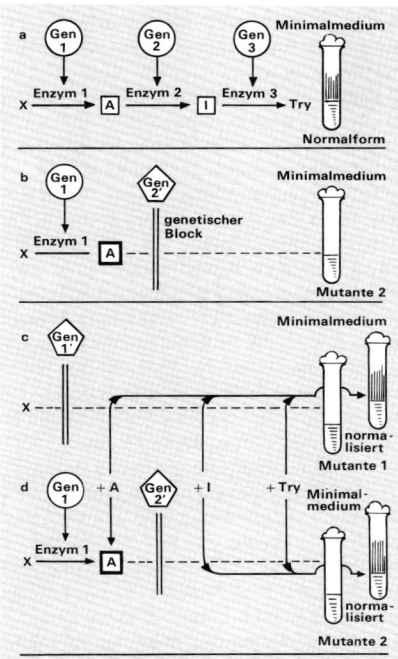

Mangelmutante

Ermittlung unbekannter Syntheseketten mit Hilfe von Mutanten. Beispiel: Tryptophan-Mangelmutanten vom *Schlauchpilz Neurospora crassa.* A = Anthranilsäure, I = Indol-3-glycerinphosphat, Try = Tryptophan.
a Biosynthesekette in der Normalform. Wachstum auf Minimalmedium.
b Anreicherung von Substanzen vor dem genetischen Block. In Mutante 2 liegt ein genetischer Block hinter A durch Mutation des Gens 2 zu 2'. A reichert sich an. Kein Wachstum auf Minimalmedium.
c + d Normalisierungsversuche durch Zufuhr mutmaßlicher Zwischenstufen der Tryptophansynthese (Normalisierung = Wachstum auf Minimalmedium). Mutante 1 mit genetischem Block vor A durch Mutation des Gens 1 zu 1' läßt sich durch A, I und Try normalisieren. Mutante 2 (vgl. b) läßt sich nicht durch A, aber durch I und Try normalisieren. A muß also in der Biosynthesekette vor I liegen.

Mangifera

bausteins od. eines seiner Vorläufer am Leben erhalten werden können. Säugetiere haben z. B. im Laufe der Evolution die Fähigkeit zur Synthese der essentiellen ↗Aminosäuren (T) u. vieler ↗Vitamine (↗essentielle Nahrungsbestandteile) verloren u. sind bezügl. dieser Stoffe als M.n aufzufassen. Mit Hilfe von M.n von Bakterien u. Pilzen, die durch Anwendung künstl. Mutagene leicht zugängl. sind, lassen sich biochem. Synthesewege aufklären. So wurde z. B. der postulierte Arginin-Syntheseweg (Ornithin–Citrullin–Arginin) durch die Existenz verschiedener Arginin-M.n des Schlauchpilzes *Neurospora* bestätigt, die je nach Mutationsort auch mit Citrullin od. Ornithin supplementiert werden können. ↗genetischer Block, ↗Mutation. B Genwirkketten I.

Mangifera *w* [v. port. mango = Mangobaum, lat. -fer = -tragend], Gatt. der Sumachgewächse, ↗Mangobaum.

Mangobaum [v. Tamili mankay über port. mango], *Mangifera indica,* Art der Sumachgewächse. Seit 4000 Jahren in Indien kultiviert, heute Anbau von mehr als 1000 Sorten in den gesamten Tropen u. Subtropen; Frucht *(Mangopflaume)* nach der Banane das wichtigste Tropenobst. Immergrüner, bis 30 m hoher Baum mit kugel. Krone; Blätter schmallanzettlich; risp. Blütenstand aus bis 3000 blaßgelben Blüten zusammengesetzt; gestielte, bis 25 cm lange und 2 kg schwere Steinfrucht mit ledr. Schale und saft., eßbarem Mesokarp; reich an Kohlenhydraten u. Vitaminen. Fruchtfleisch fest mit langem, flachem Kern verwachsen; es hat bei einigen Sorten einen ausgeprägten Harzgeschmack. Verwendung als Frischobst, Verarbeitung zu Marmelade, Getränken, Soßen (z. B. Mangochutney). B Kulturpflanzen VI.

Mangold, *Otto,* dt. Entwicklungsbiologe, * 6. 11. 1891 Auenstein b. Marbach (Nekkar), † 2. 7. 1962 Heiligenberg (Baden); seit 1923 am Kaiser-Wilhelm-Inst. für Biol. in Berlin-Dahlem, seit 1933 Prof. in Erlangen, 1937 Freiburg i. Br. (Nachfolger v. Spemann), seit 1946 Dir. eines Forschungs-Inst. in Heiligenberg; wichtige entwicklungsbiol. Forschungen an Amphibien (erste frühembryonale Wirbeltier-Chimären; Widerlegung der Vorstellung einer festen Determination der Keimblätter des Wirbeltier-Embryos), die die Basis zur Entdeckung des Organisator-Effekts durch Spemann legten; weitere Arbeiten zum Problem der Bilateralsymmetrie u. der Entwicklung v. Kopforganen u. Herzen.

Mangold *m* [v. mhd. managold], ↗Beta.

Mangostane *w* [v. malaiisch mangustan], *Garcinia mangostana,* ↗Hartheugewächse.

Mangrove *w* [v. Taino über port. mangue,

Mangrove
Wichtige Gattungen der Mangrove:
Rhizophora
Bruguiera
Ceriops
Kandelia
Sonneratia
Xylocarpus
Avicennia
Aegiceras
Uca (Winkerkrabben)
Periophthalmus (Schlammspringer)
Anopheles (Fiebermücke)

Mangobaum
Zweig des M.s *(Mangifera indica)* mit Mangopflaumen

engl. grove = Gehölz, über frz. mangrove = M.], trop. Gehölzformation im Gezeitenbereich der Meeresküsten. Die manchmal strauchigen, oft aber bis 20 m hohen Bestände werden zweimal am Tag v. Salzwasser überflutet u. fallen bei Niedrigwasser weitgehend trocken. Ökolog. muß man zw. der *Flußmündungs-M.* mit ihrem ausgeprägten Salinitätswechsel u. den *Küsten-M.n* unterscheiden, die einem Süßwassereinfluß ledigl. bei Regen ausgesetzt sind. Typ. für die M. sind hoch spezialisierte Baumarten mit Salzdrüsen *(Avicennia, Bruguiera, Sonneratia, Rhizophora)* u. einem fast undurchdringl. Gerüst aus Stelzbzw. ↗Atemwurzeln. Viele Arten zeigen außerdem (echte) Viviparie: bei ihnen wächst der Embryo der reifenden Samen noch auf der Mutterpflanze zu einem langen (bis 1 m), oft mit einer schwertart. Primärwurzel versehenen Keimling heran, der sich bei Ablösung v. der Mutterpflanze in den Schlick bohrt. Die Verbreitung der M. reicht vom äquatorialen Kerngebiet bis an die Grenze der warm-gemäßigten Zone, wobei mit zunehmender Breite eine deutl. Abnahme der Artenzahl eintritt, bis die M. schließl. von Salzwiesen od. Quellerrasen abgelöst wird. Die M. ist am reichsten im ind.-westpazif. Raum entwickelt, dagegen ist die sog. westliche M. an den atlant. Küsten Afrikas und S-Amerikas aus unbekannten Gründen wesentl. artenärmer. In jedem Fall aber wächst sie nur dort, wo der Küstensaum weder allzu starker Brandung noch der Wirkung kalter Meeresströmungen ausgesetzt ist. Die M. hat in der Vergangenheit durch starke Holznutzung (das Holz ist sehr widerstandsfähig gg. die Schiffsbohrmuschel Teredo) starke Einbußen erlitten; in jüngster Zeit wurden in einigen Ländern bedrohte Bestände unter Schutz gestellt.

Mangrovenfliege, *Chrysops dimidiata, C. dimidiatus,* ↗Bremsen.

Mangusten [Mz.; v. Marathi mangus über span. mangosta], die ↗Ichneumons.

Manicina *w,* Gatt. der ↗Mäanderkorallen.

Manidae [Mz.], die ↗Schuppentiere.

Manifestation *w* [v. lat. manifestatio = Offenlegung], **1)** Med.: Erkennbarwerden v. Krankheiten. **2)** Genetik: Sichtbarkeit bzw. Nachweisbarkeit der Wirkung eines Gens. ↗Phänotypus.

Manilahanf [ben. nach der philipp. Stadt Manila] ↗Bananengewächse; B Kulturpflanzen XII.

Manilkara *w* [v. malaiisch manilkāra], Gatt. der ↗Sapotaceae, ↗Ballotabaum.

Manini *m* [hawaiisch], *Acanthurus triostegus,* ↗Doktorfische.

Maniok *m* [v. Tupi manioch, mandioca über frz. manioc], *Cassava, Manihot esculenta,*

Art der Wolfsmilchgewächse; urspr. in Brasilien, heute auch Anbau in trop. Gebieten W-Afrikas, Indiens, Thailands u. Indonesiens. Strauchart. Pflanze, Blätter handförm. geteilt; Blütenstände in endständ. Rispen; alle Pflanzenteile werden v. Milchröhren durchzogen, deren Milch das gift. Blausäureglykosid ⁊ *Linamarin* enthält. Das Zellenzym Linase setzt daraus Blausäure frei. Nach dem Gehalt an Linamarin unterscheidet man süße M.-Sorten (unter 0,01% Linamarin) u. bittere. Die stärkereichen, bis 5 kg schweren Knollen entwickeln sich durch sekundäres Dickenwachstum aus Adventivwurzeln der Sproßbasis. Geerntet wird ca. 12 Monate nach Einbringen der Stecklinge. Den wenig lagerfähigen Knollen wird die aus Linamarin entwickelte Blausäure durch Erhitzen entzogen; Weiterverarbeitung zu Mehl. Reine Stärke, die *Tapioka*, wird mit Wasser aus den stark zerkleinerten Knollen gelöst, dann getrocknet. B Kulturpflanzen I.

Maniok
Blütenrispe u. Knolle des M.s *(Manihot esculenta)*

Maniola w [v. lat. maniolae = kleine Schreckgespenster], Gatt. der ⁊ Augenfalter, häufigster Vertreter das ⁊ Ochsenauge.

Manna [*manna], Bez. für verschiedene eßbare od. als Heilmittel verwendete, zuckerreiche (v. a. ⁊ Mannit enthaltende) Pflanzenteile od. tierische Ausscheidungen (Honigtau). Genutzt wurden bzw. werden: a) der bis zu 90% Mannit enthaltende Blutungssaft der Blumen- oder M.-⁊ Esche *(Fraxinus ornus)*, der durch Einschnitte in die Rinde gewonnen wird od. infolge des Stichs der M.zikade *(Tettigonia orni)* austritt („Eschen-M."); b) Thallusteile der ⁊ M.flechte; c) Früchte der Röhren-Kassie *(Cassia fistula)*, gen. „M.brot", „M.schoten", als Fruchtmus im Handel u. in der Heilkunde verwendet (⁊ Cassia); d) Ausscheidungen der Blätter des ⁊ Hülsenfrüchtlers *Alhagi maurorum* („M.klee", „Persisches M."); e) Balsammasse der im westl. N.-Amerika verbreiteten Zuckerkiefer *(Pinus lambertiana)*, sog. „Kalifornisches M."; f) Früchte des Flutenden Schwadens *(Glyceria fluitans)*, welche fr. in den osteur. Flußniederungen gesammelt wurden; g) „Sinaitisches M.": infolge des Einstichs bestimmter Insekten austretender Blutungssaft bei den Arten *Anabasis articulata, Artemisia* (Beifuß), *Haloxylon schweinfurthii, Salsola foetida;* h) stark zuckerhalt. Honigtau der M.schildläuse (⁊ Schmierläuse).

Mannaflechte [v. *manna], *Aspicilia (Lecanora) esculenta*, in Wüsten vorkommende, graue bis graubraune Krustenflechte aus dicken, knorpeligen, zusammenhängenden Schuppen, locker aufliegende, knollige Lager bildend; wird vom Wind zu großen Ansammlungen zusammengeweht; als Viehfutter verwendet; möglicherweise das bibl. Manna.

Mannane [Mz.; v. *manna], als Begleitstoffe der Cellulose (⁊ Hemicellulosen) in Pflanzen vorkommende Polysaccharide (Homoglykane), die aus β-1,4-glykosid. verknüpften ⁊ Mannose-Einheiten aufgebaut sind. ⁊ Hexosane.

Mannaschildläuse [v. *manna], *Trabutina mannipara* u. *Najococcus serpentinus*, Arten der ⁊ Schmierläuse.

Mannazucker [v. *manna], der ⁊ Mannit.

Mannia w, Gatt. der ⁊ Aytoniaceae.

Mannigfaltigkeit, in der Biol. meist im Sinne von *Arten-M*. Die Entstehung der Arten-M. im Verlaufe der Erdgeschichte untersucht die ⁊ Evolutionsbiologie. Die unterschiedl. Nutzung der Umwelt durch die M. an Arten erfaßt die Ökologie (⁊ ökologische Nische, ⁊ Diversität). Die ⁊ Systematik gliedert die M. an Arten in natürl. Gruppen, die vergleichende ⁊ Morphologie bemüht sich, die Übereinstimmungen in der M. der Organismen zu erfassen (⁊ Homologie).

Mannigfaltigkeitszentrum, das ⁊ Genzentrum.

$$\begin{array}{c} H_2C-OH \\ HO-C-H \\ HO-C-H \\ H-C-OH \\ H-C-OH \\ H_2C-OH \end{array}$$
D-Mannit

$$\begin{array}{c} HOCH_2 \\ H \quad O \quad H \\ OH \quad H \\ HO \qquad OH \\ H \quad H \end{array}$$
D-Mannose

Mannit m [v. *manna], *Mannazucker, Eschenzucker*, ein bes. im Saft der Manna-⁊ Esche, aber auch sonst in Pflanzen, Pilzen u. Algen weitverbreiteter 6wertiger, cycl. Alkohol (⁊ Hexite), der sich v. ⁊ Mannose ableitet u. durch Gärung v. Mannose techn. gewonnen wird. M. findet Verwendung als Zuckerersatz bei Diabetikern, als Abführmittel u. als Zusatz v. Bakteriennährböden.

Mannose w [v. *manna], Abk. *Man*, ein aus 6 Kohlenstoffatomen aufgebauter Aldehyd-Zucker (Aldohexose), der als Pflanzeninhaltsstoff vereinzelt in freier Form, bes. aber gebunden in Polysacchariden (z. B. ⁊ Mannane) vorkommt; bes. reichlich ist M. in ⁊ Manna enthalten.

Mannsschild, *Androsace*, Gatt. der Primelgewächse mit rund 100, urspr. wahrscheinl. aus O-Asien stammenden, heute in Eurasien u. dem westl. N-Amerika heim. Arten. Oft dichte Rasen od. Polster bildende Kräuter mit ganzrand. od. gezähnten, meist in grundständ. Rosette angeordneten Blättern sowie einzeln od. in Dolden stehenden, weißen oder rötl. Blüten mit trichter- bis stieltellerförm. Krone. Die Frucht ist eine kugelige Kapsel. Zur Gatt. gehören viele Gebirgspflanzen, wie z.B. das zerstreut in mageren Steinrasen der alpinen Stufe wachsende Zwerg-M. (Bewimpertes M.), *A. chamaejasme* (B Alpenpflanzen).

Mannstreu w, *Eryngium*, Gatt. der Doldenblütler mit ca. 230 Arten in gemäßigten u. warmen Zonen; Verbreitungsschwerpunkt

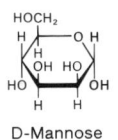

manna [v. hebr. man-hu = was ist das? od. manah = schenken. Nach der Bibel (Exodus 16) wundersame Speise der Israeliten während der Wüstenwanderung].

Manschette

in S-Amerika. Einjähr. Kräuter od. Sträucher; Blüten in walzl. Köpfchen; Hochblätter oft bewehrt. Die Feld-M. *(E. campestre)* kommt in Trocken- u. Halbtrockenrasen vor; nach dem Abblühen werden die trockenen Fruchtstände vom Wind verweht (Steppenläufer) u. so die Früchte verbreitet. Auf salzhalt. Sandböden der eur. Küsten findet sich die nach der ↗Roten Liste „stark gefährdete", vollkommen geschützte, sehr dekorative Stranddistel *(E. maritimum).* B Europa I.
Manschette, die ↗Armilla.
Manschettensoral ↗Sorale.
Mansonia w [ben. nach dem engl. Arzt P. Manson, 1844–1922], Gatt. der ↗Sterculiaceae.
Manta w [port., = Decke, Überwurf], *Manta birostris,* ↗Teufelsrochen.
Mantarochen, die ↗Teufelsrochen.
Mantel, 1) *Pallium,* Gewebe der ↗Weichtiere (B), das die dorsalen Teile des Körpers umhüllt u. Hartteile, wie Stacheln, Schuppen, Platten u. Schalen, bildet. Der M. besteht aus dem äußeren Epithel, Muskulatur u. Bindegewebe sowie Sinneszellen u. Nerven; zw. seinem Rand u. dem Fuß liegt die *M.rinne,* die sich (urspr. hinten) zu einer ↗*M.höhle* erweitert. Der M. wächst radial u. bestimmt damit die Zuwachsrichtung der Schale; sein Rand ist bei vielen Arten gefaltet, die Falten haben spezielle Funktionen (↗Muscheln, B). **2)** *Tunica,* ↗Mantelтiere.
Mantelaktinie w [v. gr. aktis = Strahl], *Adamsia palliata,* ↗Mesomyaria.
Mantelblätter, *Nischenblätter,* im Vergleich zu den normalen, assimilierenden Blättern bes. gestaltete, meist kurzlebige, Humus u. Wasser sammelnde Blätter einiger epiphyt. Farne, z. B. Geweihfarn-Arten.
Mantelgesellschaften, Bez. für verschiedene, mehr od. weniger lichtliebende Wald-Ges. zum Freiland hin abgrenzende oder „ummantelnde" Gebüsch-Ges. (↗Waldrand). Als wichtige Assoz. sind zu nennen: Das Felsenbirnen-Gebüsch (*Cotoneastro-Amelanchieretum,* ↗Berberidion) als M. des Flaumeichen-Waldes; das Schlehen-Liguster-Gebüsch (*Pruno-Ligustretum,* ↗Berberidion) als M. wärmeliebender Buchen- u. Flaumeichen-Wälder; der Brombeer-Schlehenbusch (*Carpino-Prunetum,* ↗Rubion subatlanticum) als M. des Eichen-Hainbuchenwaldes; der Traubenkirschen-Haselbusch (*Pado-Coryletum,* ↗Rubion subatlanticum) als M. des Hartholz-Auewaldes; der Mandelweidenbusch (*Salicetum triandrae,* ↗Salicetea purpureae) als M. des Weichholz-Auewaldes; die Grauweiden-Gebüsche (*Salicion cinereae,* ↗Alnetea glutinosae) als M. der Erlen-Bruchwälder.

Mannstreu
Stranddistel *(Eryngium maritimum)*

Manteltiere
Klassen:
↗ *Copelata*
↗ *Salpen (Thaliacea)*
↗ *Seescheiden (Ascidiacea)*

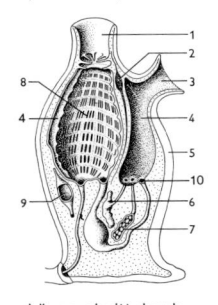

Längsschnitt durch eine Seescheide:
1 Einstromöffnung, 2 Ganglion, 3 Ausstromöffnung, 4 Peribranchialraum, 5 Mantel, 6 Hoden, 7 Ovar, 8 Kiemendarm, 9 Herz, 10 After

Mantelhöhle, erweiterter Abschnitt der Mantelrinne der Weichtiere (↗Mantel) mit den Öffnungen v. Darm, Nieren u. Gonaden; die M. fungiert als Atemhöhle (B Atmungsorgane II): Respiration über Kiemen oder (bei Luftatmern) durch leistenförm. Erhebungen der Wand („Lungenhöhle"). B Weichtiere.
Mantella, die ↗Goldfröschchen.
Mantelschnecke, *Myxas glutinosa,* zur Fam. Schlammschnecken gehörende Süßwasserlungenschnecke mit zartem, kugeligem, vom Mantel großenteils überdecktem Gehäuse (14 mm hoch); bewohnt pflanzenreiche, ruhige Gewässer N- und Mitteleuropas; nach der ↗Roten Liste „vom Aussterben bedroht".
Mantelsporen, die ↗Chlamydosporen.
Manteltiere, *Tunicata, Urochordata,* U.-Stamm der ↗Chordatiere mit den 3 Kl. ↗Seescheiden, ↗Salpen u. ↗ *Copelata;* marine, sessile, sackartige od. pelagisch lebende Nahrungsstrudler. In Anpassung an die sessile Lebensweise werden die ↗Chorda dorsalis u. das ↗Neuralrohr bei Adulten abgebaut bzw. reduziert (Ausnahme *Copelata*), der Mund (Ingestionsöffnung) führt in den ↗Kiemendarm, der sehr gut entwickelt sein kann, mit vielen hundert cilienbesetzten Kiemenbögen; Cilien erzeugen einen Wasserstrom, der Sauerstoff u. Nahrung (Geschwebe) bringt; der Kiemendarmboden bildet in einer Falte (↗Endostyl, Hypobranchialrinne) Schleim, der durch Wimpernschlag im Kiemendarm verteilt wird u. Nahrung festhält; Schleim u. Nahrung sammeln sich gegenüber (↗Epibranchialrinne, Dorsalorgan) u. werden v. dort dem verdauenden Darm-Teil zugeführt; das Wasser fließt in einen Peribranchialraum, der den Kiemendarm umgibt u. in den auch der Enddarm u. oft die Gonaden münden; die Abgabe erfolgt nach außen durch eine Egestionsöffnung. Blutbahnen sind bes. in der Kiemendarmwand (Respiration) entwickelt, antreibendes Organ für das Blut ist ein schlauchförm., ventrales Herz im Restcoelom (Perikard); die Blutstromrichtung ist umkehrbar. Der Körper ist mit gallertigem Mesenchym erfüllt; seine Epidermis scheidet eine mehr od. weniger mächtige (bei Seescheiden cellulosehaltige) Cuticula ab *(Mantel, Tunica).* M. sind fast ausnahmslos Zwitter; auch ungeschlechtl. Fortpflanzung ist mögl., die oft zur Bildung v. Kolonien führt (Synascidien, Feuerwalzen); ein Generationswechsel (↗Metagenese) kommt vor u. ist oft mit der Ausbildung verschiedener Morphen derselben Art verbunden. Die Larven der M. sind typische Schwanzlarven mit muskulösem Ruderschwanz, die frei im Plankton schwimmen,

sich dann festsetzen u. eine Metamorphose zum sessilen Tier durchmachen. B Chordatiere. [rium.

Mantelzone, (Wedekind), das ↗ Margina-
Mantidactylus *m* [v. gr. mantis = grüner Laubfrosch, daktylos = Finger], ↗ Goldfröschchen.

Mantidae [Mz.; v. gr. mantis = Gottesanbeterin], Fam. der ↗ Fangschrecken.

Mantipus *m* [v. gr. mantis = grüner Laubfrosch, pous = Fuß], Gatt. der ↗ Engmaulfrösche (T).

Mantis *w* [gr., = Gottesanbeterin], Gatt. der ↗ Fangschrecken; ↗ Gottesanbeterin.

Mantispidae [Mz.; v. gr. mantis = Gottesanbeterin], die ↗ Fanghafte.

Mantodea [Mz.; v. gr. mantis = Gottesanbeterin, ōdēs = -ähnlich], die ↗ Fangschrecken.

Manubrium *s* [lat., = Stiel, Griff], 1) Anatomie: handgriffartig geformter Organteil, z. B. der kraniale Teil des Brustbeins; 2) der Magenstiel der Medusen; 3) das proximale, unpaare Stück der Sprunggabel der ↗ Springschwänze; 4) ein längerer hebelart. Fortsatz an der Stigmenöffnung als Ansatz für den Stigmenschließmuskel bei vielen Insekten (↗ Stigma).

Manufakt *s* [v. lat. manu factus = handgemacht], das ↗ Artefakt.

Manul *m* [mongol.], *Felis (Otocolobus) manul*, in mehreren U.-Arten vom Kasp. Meer u. Iran bis nach SO-Sibirien u. Tibet vorkommende Kleinkatze; Kopfrumpflänge 50–65 cm, Schwanzlänge 21–31 cm; gedrungener Körperbau (kurzbeinig); Fell dicht u. langhaarig, Färbung variabel: hellgrau (Winter), ocker, rotbraun. Der M. bewohnt, angepaßt an rauhes Klima, die asiat. Steppen u. Hochsteppen bis in 4000 m Höhe. Seine Nahrung bilden v. a. Nagetiere, daneben Pfeifhasen u. Steppenhühner.

Manus *w* [lat., =], die ↗ Hand.

Mapping *s* [mäpping; engl., = Aufzeichnung], *Kartierung*, die Unterteilung eines Genoms, Gens od. DNA-Abschnitts in definierte, kleinere Abschnitte od. die Lokalisierung von RNA-Termini (Grenzen v. Strukturgenen, Start- u. Stoppstellen der Transkription sowie Prozessierungsstellen) auf dem Genom. Früher wurde hpts. die sog. *Rekombinationskartierung* durch Ermittlung der Rekombinationshäufigkeit zw. verschiedenen Orten auf einer Koppelungsgruppe durchgeführt; dabei wurde die Rekombinationshäufigkeit als Maß für den Abstand zw. zwei Genorten gewertet u. daraus auf die Anordnung der Gene zueinander geschlossen. Heute ist es mögl., das M. eines Genoms bzw. Genomabschnitts auf molekularer Ebene durchzuführen. Dazu wird der betreffende DNA-Abschnitt mit verschiedenen Restriktionsenzymen in parallelen Experimenten so gespalten, daß die relative Anordnung der jeweils entstehenden Restriktionsfragmente ermittelt werden kann; die DNA wird unterteilt in Restriktionsfragmente *(Restriktionskartierung).*

MAPs, Abk. für *M*icrotubule *A*ssociated *P*roteins, Mikrotubulus-assoziierte Proteine (↗ Mikrotubuli) mit stabilisierender Funktion. Man unterscheidet hochmolekulare MAPs (HMW-MAPs, relative Molekülmasse 250 000–350 000) u. mehrere Proteine der sog. τ-Faktors (55 000–65 000), die in vitro die Bildung ringförm. Tubulinaggregate verschiedener Komplexität induzieren. Mit Hilfe der ↗ Immunfluoreszenz-Methode können diese Proteine auch in vivo als Mikrotubulus-assoziiert nachgewiesen werden.

Marabu *(Leptoptilos)*

Marabus [Mz.; v. arab. murābit = Einsiedler über frz. marabout (-bu)], *Leptoptilos,* Gatt. aasfressender Störche der Tropen; in Anpassung an die Ernährungsweise sind ähnl. wie bei Geiern Kopf u. Hals fast kahl; jagen gelegentl. auch lebende Vögel, z. B. Flamingos. Mit dem mächtigen, keilförm. Schnabel wird die Bauchdecke toter Tiere aufgehackt. Ein nackter Hautsack am Hals dient bei der Balz als Schauapparat. Die M. leben in wildreichen Gebieten u. im Bereich menschl. Siedlungen; brüten in umfangreichen Nestern kolonieweise auf Bäumen od. Felsen. Die größte der 3 Arten ist der Ind. Marabu *(L. dubius)* mit einer Höhe von 1,50 m und einer Flügelspannweite von etwa 3 m. Der Javan. od. Sunda-Marabu *(L. javanicus)* kommt in Mittelindien bis Java u. Borneo vor. Der Afrikan. Marabu *(L. crumeniferus,* B Afrika I) legt seine 2–3 Eier zu Ende der Regenzeit ab, um seine Jungen in der aasreicheren Trockenzeit aufzuziehen; die Jungen verlassen nach 4–5 Monaten den Horst.

Maracujá *w* [marakuscha, ugs.: marakuja; brasilian.], ↗ Passionsblumengewächse.

Maral *m* [pers.], *Cervus elaphus maral,* U.-Art des ↗ Rothirsches.

Maränen ↗ Renken.

Maranta *w* [ben. nach dem it. Botaniker B. Maranta, † 1571], Gatt. der ↗ Pfeilwurzgewächse. [wächse.

Marantaceae [Mz.], die ↗ Pfeilwurzge-

Maras

Große Mara *(Dolichotis patagonum)*

Maras [Mz.; v. Araukanisch (?)], *Pampashasen, Dolichotinae,* U.-Fam. der Meerschweinchen i. w. S. (Fam. *Caviidae*) mit 2 Arten; reine Pflanzenfresser v. hasenähnl. Gestalt, die tiefe Erdhöhlen als Unterschlupf graben u. tagaktiv in Fam.-Gruppen leben. Die (Große) Mara, *Dolichotis patagonum* (Kopfrumpflänge 70–75 cm), lebt in der Buschpampa v. Zentral- und S-Argentinien. Die Kleine od. Zwergmara, *D.*

Marasmine

(Pediolagus) salinicola (Kopfrumpflänge etwa 45 cm), lebt in den wintertrockenen Buschwaldgegenden von S-Bolivien, Paraguay u. N-Argentinien, meist an Stellen ohne jegl. Grasnarbe.

Marasmine [Mz.; v. gr. marasmos = Schwächung], v. Pilzen produzierte phytotox. Aminosäurederivate, die bei Pflanzen Welkekrankheit (↗Welketoxine) hervorrufen. Zu den M.n gehören ↗ *Lycomarasmin*, die *Aspergillo-M. A* und *B* und das *Pyrenophora teres Toxin A*.

Marasmius *m* [v. gr. marasmos = Schwund], die ↗Schwindlinge.

Marattiales [Mz.; ben. nach dem it. Arzt G. F. Maratti, † 1777], Ord. der eusporangiaten Farne mit Entwicklungshöhepunkt im Permokarbon, rezent nur noch 7 trop. verbreitete Gatt. (vgl. Tab.). Wedelblätter groß (bis 9 m), an der Basis oft mit nebenblattart. „Aphlebien"; Sproßachse meist aufrecht u. mit kompliziert gebauter Siphonostele; die großen Eusporangien einzeln in Sori od. zu Synangien verwachsen; Gametophyten kräftig (bis 3 cm), mehrjährig, lebermoosähnlich, autotroph. Die rezenten Formen werden meist nach dem Bau der Sori bzw. Synangien in 4 Fam. eingeteilt (vgl. Tab.). – Entwickelt haben sich die M. vermutlich aus eusporangiaten ↗ *Coenopteridales*. Fossil treten sie erstmals im Karbon auf, wo sie mit bis 10 m hohen Baumfarnen zu den dominierenden Elementen der Steinkohlewälder gehörten. Die Stämme dieser als *Psaroniaceae* (bzw. *Asterothecaceae*) zusammengefaßten Fossilformen werden durch einen mächt., kompliziert gebauten Wurzelmantel gestützt und finden sich (v. a. im Unterperm) oft verkieselt (*Psaronius*- u. *Tietea*-Bautyp; wegen des im Anschliff gesprenkelten Aussehens – verursacht durch die Leitbündel – auch als „Star-Steine" bekannt u. im Handel; reine Abdrücke v. Stämmen werden als *Megaphyton* od. *Caulopteris* bezeichnet). Die großen Wedelblätter waren meist vom *Pecopteris*-Typ (Fiederchen ganzrandig, Basis nicht eingezogen, nur Mittelader tritt in die Lamina ein) u. trugen unterseits verschiedene Formen typ. M.-Synangien (z. B. *Asterotheca, Acitheca, Scolecopteris* usw.). Bereits im Perm begann mit dem Erlöschen der *Psaroniaceae* der Rückgang der heute nur noch durch isolierte Relikt-Gatt. vertretenen M.

Marbel *w*, die ↗Hainsimse.

Marburg-Virus [ben. nach Marburg/Lahn (1. Auftreten)], 1967 entdecktes, für Menschen u. verschiedene Affenarten äußerst virulentes Virus, verursacht eine akute, hämorrhagische Erkrankung mit Fieber, Erbrechen, Muskelschmerz, Diarrhoe, Leberschädigung u. hoher Letalität. Das M. ist

Marattiales
Systematik (Fam. und Gatt.) und Verbreitung der rezenten *Marattiales*:

Angiopteridaceae (Sori länglich, Sporangien frei)
  Angiopteris (100 paläotrop. Arten)
  Archangiopteris (4 südostasiat. Arten)
  Macroglossum (2 Arten auf Borneo u. Sumatra)

Marattiaceae s. str. (Sporangien zu längl. Synangien verwachsen)
  Marattia (60 pantrop. Arten)
  Protomarattia (1 Art in Indochina)

Christenseniaceae (Sporangien zu radiären Synangien verwachsen; Blätter handförmig, mit Netznervatur)
  Christensenia (1 Art in indomalayischen Raum)

Danaeaceae (Sporangien zu langgestreckten, in das Blattgewebe eingesenkten Synangien verwachsen)
  Danaea (32 neotrop. Arten)

Marchantiaceae
Gattungen:
Bucegia
Dumortiera
Marchantia
Monoselenium
Preissia
Wiesneriella

Marchantiaceae
Brunnenlebermoos *(Marchantia polymorpha)* mit gestielten Archegonienständen

mit dem ↗Ebola-Virus morpholog. eng verwandt; es besteht aber keine Antigenitätsverwandtschaft zw. beiden Viren. Die Viruspartikel sind stäbchenförmig mit sehr variabler Länge (130–14000 nm, Einheitslänge 790 nm, $\varnothing$ ca. 80 nm); sie bestehen aus Nucleocapsid und lipidhalt. Hülle mit Oberflächenfortsätzen (7–10 nm) u. enthalten als Genom eine einzelsträngige, nicht infektiöse RNA (relative Molekülmasse $4{,}2 \cdot 10^6$, Negativstrang-Polarität). Der natürl. Wirt des M. ist noch nicht bekannt. Die Übertragung erfolgt durch direkten Kontakt mit infizierten Menschen od. Tieren bzw. durch deren Blut, Speichel u. Urin.

Marchantia *w* [ben. nach dem frz. Arzt N. Marchant, † 1678], artenreiche Gatt. der ↗Marchantiaceae.

Marchantiaceae [Mz.; v. ↗Marchantia], Fam. der ↗*Marchantiales* mit ca. 6 Gatt.; hierzu gehören die höchstentwickelten Lebermoose, mit z. T. kompliziert gebauten Atemöffnungen; charakterist. sind die langgestielten schirmart. Gametangienträger. Die einfacher gebauten Gatt. *Dumortiera, Monoselenium* u. *Wiesneriella* besitzen keine Atemöffnung u. weisen keine Felderung der Thallusoberseite auf, auch fehlen ihnen meist Rhizoide. *Bucegia romanica* kommt als einzige Art ihrer Gatt. verstreut im subalpinen Bereich der Tatra u. Karpaten vor. *Preissia quadrata* bevorzugt kalkhalt., feuchtschattige Standorte. Von der artenreichen Gatt. *Marchantia* (ca. 65 Arten, alle getrenntgeschlechtlich) ist v. a. das Brunnenlebermoos *(M. polymorpha)* weltweit verbreitet. Es bevorzugt feuchte, nährstoffreiche Böden u. besitzt einen differenziert gebauten, dorsiventralen Thallus; die schüsselförm. Brutbecher besitzen einen $\varnothing$ bis 5 mm. Unter der oberen Epidermis liegt ein Assimilationsgewebe, bestehend aus Atemkammer mit chloroplastenreichen Assimilationszellen (↗Assimilatoren); darunter befindet sich ein parenchymatisches, u. a. reservestoffspeicherndes Gewebe. Aus der unteren Epidermis gehen einzellige Rhizoide u. mehrzellige Ventralschuppen hervor, die zur Wasser- u. Nährsalzaufnahme dienen. B Moose.

Marchantiales [Mz.; v. ↗Marchantia], Ord. der ↗Lebermoose mit 8 Fam. (vgl. Tab.); flächige Lebermoose mit hochdifferenziertem, dorsiventralem, dichotom verzweigtem Thallus. Auf der lichtzugewandten Seite gekammertes Assimilationsgewebe mit Atemöffnung, darunter Speichergewebe; Unterseite mit einzelligen Rhizoiden u. mehrzelligen Ventralschuppen zur Verankerung u. Wasseraufnahme; Epidermis mit dünner Cuticula. Morpholog. lassen sich 2 Thallustypen unterscheiden: der Flachthallus, dessen gesamte Unterseite mit Rhizoiden im Substrat verankert ist, u. der Rollthallus, mit Rhizoiden nur längs einer Mittellinie; rollt sich bei Trockenheit nach oben ein. [B] Moose.

Marchur *m* [pers., = Schlangenfresser], die ⁊ Schraubenziege.

Marcusenius *m*, Gatt. der ⁊ Nilhechte.

Marder, 1) *Mustelidae,* Familie der Raubtiere mit etwa 70 Arten. 5 U.-Familien: ⁊ Wieselartige *(Mustelinae),* ⁊ Honigdachse *(Mellivorinae),* ⁊ Dachse *(Melinae),* ⁊ Skunks *(Mephitinae),* ⁊ Otter *(Lutrinae).* Die M. sind die ursprünglichsten der heute lebenden Landraubtiere. Ihr Körper ist längl. u. gedrungen. Die Kopfrumpflänge der M. reicht von 13 cm (Mauswiesel, *Mustela nivalis*) bis 150 cm (Riesenotter, *Pteronura brasiliensis*); Männchen größer als Weibchen. Alle Gliedmaßen tragen 5 Zehen mit nicht zurückziehbaren Krallen. Letzterer oberer Vorbackenzahn u. unterer erster Backenzahn bilden die „Reißzähne"; Eckzähne lang. Den M.n fehlen Schlüsselbein u. Blinddarm. Charakterist. sind paarige Aftertaschen mit ⁊ Analdrüsen, deren stark riechendes flüssiges Sekret zur Feindabwehr u. zum Markieren dient. – **2)** Eigentl. od. Echte M., *Martes,* Gatt. der Wieselartigen mit 8 Arten (vgl. Tab.); alle Baumbewohner. [B] Europa X.

Marderbär, der ⁊ Binturong.

Marderhaie, *Glatthaie, Triakidae,* Fam. der Echten ⁊ Haie mit ca. 30 Arten. Meist um 1,5 m lange, stromlinienförm., oft stumpfzähn., harmlose Bodenhaie v. a. des Indopazifik, deren Embryonen durch eine placentaähnl. Verbindung zur Uteruswand ernährt werden. Auf lohfarbenem Grund dunkelgefleckt ist der kaliforn., 1,5 m lange Leopardenhai *(Triakis semifasciata);* an der westl. Atlantikküste ist der 1,5 m lange Glatte Hundshai *(Mustelus canis)* sehr häufig, u. an eur. Küsten kommt der bis 1,2 m lange Südl. Glatthai od. Grundhai *(M. mustelus)* vor. Eine eigene Fam. bilden die seltenen, schlanken, ca. 3 m langen Falschen Marderhaie *(Pseudotriakidae)* mit 2 kleinzähn. Tiefseearten.

Marderhund, *Waschbärhund, Nyctereutes procyonoides,* urspr. in O- und SO-Asien beheimateter Wildhund; Grundfärbung gelbl.-braun mit schwarzen Haarspitzen; Gestalt u. Gesichtszeichnung waschbärähnl. (engl. „Racoon Dog"); Kopfrumpflänge 50–60 cm, Schwanzlänge 15–25 cm. Der zw. 1927 und 1957 im eur. Teil Rußlands eingebürgerte M. breitete sich über O-Europa nach W aus u. erreichte 1962 Dtl. M.e bevorzugen feuchten Laub- u. Mischwald, sind hpts. dämmerungs- u. nachtaktiv u. ernähren sich v. kleineren Wirbeltieren, Insekten u. Pflanzenteilen. Der M. ist der einzige Wildhund, der (nur im N seines Verbreitungsgebiets) Winterschlaf hält.

Marchantiales
Familien:
⁊ *Aytoniaceae*
⁊ *Cleveaceae*
⁊ *Conocephalaceae*
⁊ *Exormothecaceae*
⁊ *Lunulariaceae*
⁊ *Marchantiaceae*
⁊ *Oxymitraceae*
⁊ *Targioniaceae*

Marder
Arten der Gatt. *Martes:*
⁊ Baummarder *(M. martes)*
⁊ Steinmarder *(M. foina)*
⁊ Zobel *(M. zibellina)*
⁊ Fichtenmarder *(M. americana)*
⁊ Fischermarder *(M. pennanti)*
Jap. Marder *(M. melampus)*
⁊ Buntmarder *(M. flavigula)*
Ind. Charsa *(M. gwatkinsi)*

Marek-disease-Virus [-disis-; engl. = Krankheit] ⁊ Herpesviren.

Marek-Lähme, Hühnerlähmung, nach dem ungar. Tierarzt J. Marek (1868–1952) ben., anzeigepflichtige chron. Infektionskrankheit des Nervensystems v. (meist jungem) Geflügel, hervorgerufen durch das Herpesvirus *Virus polyneuritidis gallinarum.* Symptome: u. a. Lähmung v. Flügeln u. Beinen, Tumorbildungen.

Marey [marä], *Étienne Jules,* frz. Physiologe, * 5. 3. 1830 Beaune (Côte d'Or), † 16. 5. 1904 Paris; seit 1869 Prof. in Paris (Collège de France). Erforschte mit Hilfe zahlr. selbsterfundener Registrierapparate *(M.sche Trommel,* Gerät für photographische Serienaufnahmen, Kardiograph) den Mechanismus der Körperbewegungen v. Mensch u. Tier, deren Puls, Blutdruck u. Herzarbeit; ferner Arbeiten zur tier. Wärme u. über elektrophysiolog. Fragen.

Margarinsäure, *Heptadecansäure,* unverzweigte, gesättigte Fettsäure mit ungerader Anzahl von Kohlenstoffatomen; $CH_3-(CH_2)_{15}-COOH$; frz. Autoren im 19. Jh. nannten die Verbindung wegen ihres Perlmutterglanzes „acide margarique" (v. margaritacé = perlmutterartig), wonach auch die Margarine ben. wurde.

Margaritana *w* [v. gr. margarítēs = Perle], veralteter Name der ⁊ Flußperlmuscheln.

Margaritifera *w* [lat., = perlentragende (Muschel)], ⁊ Flußperlmuscheln.

Margarodidae [Mz.; v. spätgr. margarṓdēs = perlenartig], Fam. der ⁊ Schildläuse.

Margelidae [Mz.; v. spätgr. margélidēs = Perlen], Fam. der ⁊ *Athecatae (Anthomedusae),* in der ein Teil der Medusen der ⁊ *Bougainvilliidae* zusammengefaßt wird.

Margelopsidae [Mz.; v. spätgr. margélis = Perle, opsis = Aussehen], Fam. der ⁊ *Athecatae (Anthomedusae)* mit pelagischen Polypen, die 2 Tentakelkränze tragen; die hochglockigen Medusen haben 4 Tentakelbüschel, Ocellen fehlen. *Margelopsis haeckeli* ist eine seltene Art der Nordseeküste (Glockenhöhe 2 mm). Die Eier entwickeln sich in der Glockenhöhle bis zum Actinula-Stadium. Die im Frühling auftretenden Medusen produzieren parthenogenetisch Subitaneier, die sich zu Schwimmpolypen entwickeln u. eine 2. Medusengeneration knospen; diese bilden wiederum parthenogenetisch Dauereier, die den Winter über liegen u. im Frühjahr zu Polypen werden. Medusen mit männl. Gonaden sind selten. Zu den *M.* gehören auch ⁊ *Pelagohydra.*

Margerite *w* [v. gr. margarítēs = Perle, über frz. marguerite], ⁊ Wucherblume.

marginal [v. lat. margo, Gen. marginis = Rand] ↗randständig.

Marginarium s [v. lat. margo, Gen. marginis = Rand], (Hill 1956), *Mantelzone, Randzone,* peripherer Teil eines Coralliten-Innenraums v. ↗*Rugosa,* der sich strukturell vom ↗Tabularium durch ↗Dissepimente od. eine verdickte Zone v. Skelettmaterial (↗Stereozone) unterscheidet. Ein M. kann auch bei einigen cerioiden ↗*Tabulata* ausgebildet sein.

Marginella w, Gatt. der ↗Randschnecken.

Maricola [Mz.; v. lat. mare = Meer, -cola = -bewohner], *Meerplanarien,* frühere U.-Ord. der ↗*Tricladida;* ↗Landplanarien.

Mariendistel, *Silybum,* Gatt. der Korbblütler mit 2 Arten im Mittelmeerraum u. Vorderasien. In Mitteleuropa wird vereinzelt *S. marianum* als Zier- od. Heilpflanze kultiviert. Die 1–2jähr., bis 150 cm hohe, ästig verzweigte Pflanze besitzt längl., buchtig gelappte, am Rande dorn., weiß gefleckte Blätter u. bis 5 cm lange, eiförm., von stachel. Hüllblättern umgebene Köpfe aus purpurnen Röhrenblüten. Ihre Früchte *(Marienkörner)* enthalten neben Bitterstoffen u. äther. Öl den die Leber schützenden Wirkstoff *Silymarin.*

Marienkäfer, *Coccinellidae,* Fam. der polyphagen Käfer, weltweit ca. 4500, in Mitteleuropa etwa 80 Arten. Die allg. bekannten Käfer haben vielfach lokal weitere dt. Namen wie Glückskäfer, Sonnenkälbchen, Herrgottskäfer u. a., die die Beliebtheit dieser kleinen bis mittelgroßen (1,5–12 mm), hochgewölbten, halbkugeligen Käfer bezeugen. Die meisten Arten sind oberseits sehr lebhaft rot, gelb oder bräunl. mit einem Flecken- u. Punktmuster gefärbt. Die Farben selbst verblassen nach dem Tod rasch; bei den Farbstoffen handelt es sich um Lycopin u. andere α- und β-Carotine. Insbes. die Zahl der auf den Flügeldecken (Elytren) vorhandenen Flecken diente oft der lat. Namensgebung u. hat natürl. nichts mit dem Alter der Käfer zu tun. Bemerkenswert ist hier die enorme Variabilität dieses Zeichnungsmusters bei einigen Arten (☐ Abart). Die Fühler sind kurz, an der Spitze meist keulig verdickt. Die Tarsen der Beine sind viergliedrig, wobei das 2. Tretergliedr in einen langen Lappen ausgezogen ist u. dadurch das 3. Glied in sich kaum noch sichtbar aufnimmt (pseudotrimer). Bei Störung u. Gefahr geben die Tiere aus den Gelenken zw. Schenkel u. Schiene der Beine eine orangefarbene oder gelbl. Flüssigkeit ab, die meist als Hämolymphe bezeichnet wird. Sie enthält das Gift *Coccinellin,* das zweifellos der Abwehr dient, auch wenn es nicht wenige Raubinsekten u. Vögel gibt, die dennoch M. fressen. Die auffällige Färbung ist in diesem Zshg. eine Warnfärbung. Die Käfer sind Blattlaus-, Schildlaus-, einige Arten auch Pilz- od. Pflanzenfresser. Die Eier werden meist im Frühjahr an den Aufenthaltspflanzen abgelegt. Die Larven sind ebenfalls oft auffällig gefärbt: meist blaugrau mit gelben, roten u. schwarzen Punkten. Sie laufen mit langen Beinen sehr flink auf Blättern u. Ästen umher, wo sie bei den räuber. Arten ebenfalls der Blattlaus- u. Schildlausjagd nachgehen. Verpuppung als Sturzpuppe; die Puppen selbst sind oft ebenfalls sehr lebhaft gefärbt. – Die M. unterteilt man in Pflanzenfresser *(Epilachninae)* u. Räuber *(Coccinellinae).* In Wärmegebieten oft nicht selten ist *Henosepilachna* (früher *Epilachna) argus,* 6–8 mm, bräunl.-rot mit 6 Punkten auf jeder Elytre; Larven u. Käfer fressen v. a. an Zaunrübe. Häufig ist auch *Subcoccinella vigintiquattuorpunctata* (Luzerne-M., 24-Punkt-M.), der gelegentl. sogar schädl. an Klee u. Luzerne auftritt, meist jedoch auf trockeneren Wiesen an Nelkengewächsen frißt. Die Mehrzahl der M. sind Räuber. Hierher gehört z. B.: 1) Siebenpunkt, *Coccinella septempunctata* (B Insekten III), 5–8 mm, rot mit 7 schwarzen Punkten auf beiden Flügeldecken zus., Halsschild schwarz mit weißen Makeln in den Vorderecken; er ist einer unserer häufigsten M. und ist eifriger Blattlausvertilger; eine Larve frißt in ihrem Leben etwa 600 Blattläuse. 2) Zweipunkt, *Adalia bipunctata,* 3,5–5,5 mm, sehr häufig, mit ähnl. Lebensweise. Bemerkenswert ist die enorme Farbvariation, die v. Flügeldecken rot mit je einem schwarzen Punkt über ausgedehntere Schwarzmusterung bis schwarz mit roten Punkten reicht (B Selektion I). Die einzelnen Farbmorphen basieren auf mindestens 3 allelomorphen Genen, die in unterschiedl. Weise rezessiv u. dominant sind. Rein rot mit wenig schwarz ist rezessiv. Die einzelnen Farbmorphen haben unterschiedliche Temp.-Überlebenschancen, so daß sich im Laufe des Jahres u. nach der Überwinterung als Käfer diese in wechselnden Häufigkeiten innerhalb einer Population finden (↗balancierter Polymorphismus). Käfer u. Larven sind eifrige Blattlausfresser. 3) *Anatis ocellata* ist mit 8–12 mm Länge unser größter M., der mit Vorliebe in Nadelwäldern v. Blattläusen lebt. 4) Bei uns überall häufig ist *Thea vigintiduopunctata,* 3–4,5 mm, hellgelb, mit 22 schwarzen Punkten auf beiden Elytren; wie alle *Psylloborini*-Arten Mehltaupilzfresser. 5) Überaus artenreich sind die sehr kleinen Vertreter der Gatt. *Scymnus,* die oft hochspezialisiert Jagd auf Schildläuse machen. 6) Spinnmilben werden v. winzigen (1,5 mm) *Stethorus punctillum* gefressen.   *H. P.*

Marihuana s [-chuana; mexikan.-span., aus Maria Juana], *„grass", „Kif"*, die amerikan. Anwendungsvariante (↗Haschisch) der Rauschdroge *Cannabis* (Ind. Hanf); das tabakartig aufgearbeitete Gemisch aus den getrockneten, fermentierten u. zerkleinerten weibl. Blütentrieben. ↗ Cannabinoide, ↗Drogen und das Drogenproblem. ↗Hanf.

Marillac [marijak], *Höhle von M.* (Dep. Charente/S-Fkr.), neben Werkzeugen des ↗Moustérien u. einer jungpleistozänen Säugetierfauna wurden hier 1934 und 1967 ein Unterkieferfragment sowie Schädelreste v. ↗Neandertalern gefunden.

marin [v. lat. marinus =], meerisch, dem Meer zugehörig. [fen.

Marinka w, *Schizothorax*, Gatt. der ↗Karp-

Mariotte-Fleck [mari̯ot-; ben. nach dem frz. Physiker E. Mariotte, 1620(?)–84], der ↗blinde Fleck.

Marisa w, Gatt. der *Ampullariidae*, Mittelschnecken trop. Süßgewässer. *M. cornuarietis*, mit scheibenförm. Gehäuse (ca. 3 cm ⌀) mit eingesenktem Apex, lebt amphibisch im nördl. S-Amerika; ernährt sich v. allem organ. Material, auch v. Gelegen der Schnecken, die ↗Schistosomiasis übertragen, u. ist daher zu deren biol. Bekämpfung weit verbreitet worden; beliebtes Labortier.

maritim [Hw. *Maritimität;* v. lat. maritimus = zum Meer gehörig], das Meer betreffend, unter dem Einfluß des Meeres stehend (z. B. Klima).

Mark, 1) Bot.: *M.gewebe*, Bez. für den Teil des ↗Grundgewebes im Kormus, der innerhalb des Leitbündelzylinders liegt, aus parenchymat. Zellen besteht u. als Speichergewebe dienen kann. Sekundär können diese Zellen auseinanderrücken (schizogen) od. zerreißen (rhexigen) u. so eine *M.höhle* entstehen lassen. 2) Anatomie: *Medulla*, Bez. für den oft weicheren, zentralen Bereich bestimmter Organe, der sich in funktioneller u. histolog. Hinsicht vom peripheren Organteil („Rinde") unterscheidet; z. B. ↗Knochen-M., ↗Rücken-M.

Marke, *Mechanoglyphe,* im Sinne von R. Richter paläontolog. Bez. für Abdrücke u. Spuren anorgan. Entstehung (z. B. Rippel-M.n, Roll-M.n, Schleif-M.n, Riesel-M.n). Ggs.: ↗Lebensspuren (↗Bioglyphe).

Marker, 1) *Gen-M., genetischer M.,* durch Mutation zu einem phänotypisch leicht erkennbaren Allel markiertes Gen; M. finden method. Anwendung als Bezugsgene z. B. bei der Erstellung v. Genkarten (↗Mapping), bei der Selektion v. Mutanten od. Allelkombinationen (↗CIB-Methode). ↗Markiergen. 2) chemische Verbindung, deren Position in Trennsystemen (↗Chromatographie, ↗Gelelektrophorese) als Bezugs-

punkt verwendet wird; z. B. werden bei der gelelektrophoret. Auftrennung v. DNA-Fragmenten unbekannter Kettenlänge DNA-Fragmente bekannter Kettenlänge als M. zur Kalibrierung eingesetzt. 3) radioaktives Isotop als M. in der Tracertechnik: ↗Indikator 2), ↗Isotope.

Markgallen, Pflanzengallen, die den Gallerzeuger völlig einschließen, z. B. Gallwespe *Neuroterus* in Schneeball *Viburnum.* ↗Gallen.

Markhöhle, 1) Bot.: ↗Mark. 2) Anatomie: von ↗Knochenmark erfüllter Hohlraum in Röhren-↗Knochen (B).

Markhor m [pers., = Schlangenfresser], die ↗Schraubenziege.

Markiergen, Entwicklungsbiol.: Gen, dessen Allele man zur Identifizierung der klonalen Nachkommen einzelner Zellen od. Zellgruppen in genet. ↗Mosaikbastarden od. ↗Chimären benutzt; sollte in möglichst vielen Zelltypen zellautonom exprimiert werden (z. B. durch Synthese bestimmter Pigmente od. leicht nachweisbarer Enzyme).

Markierung, 1) Biochemie: ↗Marker, ↗Isotope, ↗Indikator. 2) Zool.: Kennzeichnung v. Tieren durch den Menschen zur Wiedererkennung einzelner Individuen; markiert wird z. B. mit Ringen (bei Vögeln, ↗Beringung), Ohrkerben, Zehenamputationen, Färbung od. Mikrosendern (bei Säugetieren), Plastikmarken (bei Fischen), Papiermarken od. Farbtupfer (bei Fischen, Insekten); dient z. B. der Untersuchung v. Wanderungsverhalten und Lebensalter; Nutztiere werden z. T. mit Brandzeichen zur Eigentumskennzeichnung markiert. 3) Ethologie: ↗Markierverhalten.

Markierverhalten, i. e. S. die Kennzeichnung v. Reviergrenzen durch ↗Duftmarken aus Kot, Harn od. dem Sekret v. Duftdrüsen *(olfaktorisches M.).* Manche Autoren gebrauchen den Begriff M. i. w. S. und unterscheiden das olfaktorische M. als *Duftmarkieren* v. *optischem* u. *akustischem* M. Die Revierkennzeichnung durch Gesang u. Rufe ist für Vögel typisch, kommt aber auch bei Fröschen u. Säugetieren vor: Brüllaffen markieren die Grenzen ihres Gruppenreviers durch gemeinsamen Gesang. Optisches M. stellen die bei Vögeln häufigen Balzflüge dar, z. B. beim Baumpieper od. beim Grünfink. Auch die bunt gefärbten Männchen der Prachtlibellen markieren ihre Reviergrenzen, indem sie auffällig abfliegen. Duftmarken werden v. vielen Säugetieren benutzt, u. zwar nicht nur zur Kennzeichnung der Reviergrenzen, sondern auch am eigenen Körper od. zur Markierung des Sozialpartners. Auch bei Insekten gibt es aktives M.; z. B. „beduften" Sammelbienen Blüten, die Ertrag brin-

Markierverhalten

Markierverhalten
Bären hinterlassen beim Scheuern an Baumstämmen Hautsekrete als *Duftmarken* in ihrem Revier, dazu kommen *optische Marken* vom Wetzen der Krallen. Evtl. ist es einem Eindringling sogar mögl., an der Höhe der Marken über dem Boden die Größe des Rivalen einzuschätzen.

Marmosetten
Pinseläffchen
(Callithrix)

Marmorkegel
(Conus marmoreus)

Marschböden
Einteilung und Nutzung der Marschböden:
Salzmarsch:
in allen Horizonten wegen Überflutungen salzhaltig; Vegetation: Queller *(Salicornia),* Schlickgras *(Spatina)* u. andere Halophyten
Kalkmarsch:
in allen Horizonten mit kalkhalt. Sedimenten v. Meeresflora u. -fauna; sehr ertragreich; Weizenanbau
Kleimarsch:
entsalzt u. entkalkt mit beginnender Versauerung u. Verbraunung; ertragreicher Ackerboden, Verbesserung durch Dränung
Knickmarsch:
durch Tonverlagerung od. sedimentbedingt mit tonreichem G_o-Horizont; leicht vernässend, überwiegend Grünlandnutzung
Torfmarsch:
mit überschlicktem, fossilem Torfhorizont; vernässend, kaum Nutzung

gen, Ameisen markieren ihre Wege mit Drüsensekreten usw. ↗Territorialverhalten.
Markröhre, *Herzstreifen,* Bez. für das im Zentrum des Holzes liegende ↗Mark bei Bäumen mit sekundärem Dickenwachstum, das abgestorben ist u. dessen Zellen nur noch mit Luft angefüllt sind.
Markscheide, *Myelinscheide, Schwann-Scheide,* spezielle Glia-Zelle *(Schwann-Zelle),* die sich im Verlauf der Ontogenese mehrfach um ein ↗Axon wickelt, wodurch zw. Axon u. Schwann-Zelle eine Lipoproteinhülle (↗Myelin) ausgebildet wird. ↗Nervenzelle ([B] II).
Markstrahlen, die Verbindung zw. Mark u. Rinde der Pflanzen herstellende Grundgewebsstränge *(Markstrahlparenchym),* die den Stofftransport in radialer Richtung besorgen. ↗Grundgewebe, ↗Leitungsgewebe, ↗Holz, ↗Bast, ↗Dickenwachstum.
Markstrang, strangartig angeordnete Teile eines Nervensystems, die aus Leitungsbahnen u. diffus eingelagerten Perikaryen entstehen.
Markusfliege, *Bibio marci,* ↗Haarmücken.
Marline [Mz.], *Istiompax* u. *Makaira,* 2 Gatt. der ↗Fächerfische. Hierzu der bis 3,7 m lange Schwarze Marlin (*M. indica,* [B] Fische IV) des Ind. und Pazif. Ozeans u. der weltweit in trop. Meeren verbreitete, bis 4,6 m lange Blaue M. *(M. nigricans),* der in O-Asien wirtschaftl. bedeutend ist.
Marmorkatze, *Felis (Pardofelis) marmorata,* v. Nepal bis Indochina, auf Sumatra u. Borneo vorkommende Kleinkatze v. graubrauner bis gelbl.-grauer Grundfärbung u. auffallender Tüpfelzeichnung (Name!); Kopfrumpflänge 45–55 cm, Schwanzlänge ca. 50 cm; Rücken stets gewölbt („Bukkel"). Die seltene M. ist ein hpts. nachtaktives Waldtier; ihre Beute (Vögel, Kleinsäuger) jagt sie auf Bäumen u. am Boden.
Marmorkegel, *Conus marmoreus,* Kegelschnecke mit dickschaligem, bis 13 cm hohem Gehäuse, das auf weißem Grund ein dunkles, netzart. Muster trägt. Der M. lebt in Korallenriffen des Indopazifik u. ernährt sich vorwiegend v. anderen Kegelschnecken; sein Gift ist für Menschen gefährl. (↗Kegelschnecken).
Marmorkreisel, *Turbo marmoratus,* Turbanschnecke mit massivem Gehäuse bis 28 cm Höhe, letzter Umgang geschultert; die Mündung ist innen perlmuttrig, mit rundem, dickem Dauerdeckel („Katzenauge"); Oberfläche graugrün mit rötl. und hellen Spiralstreifen, oft stark bewachsen; lebt auf Hartböden des Indopazifik, ernährt sich v. Algen. Der M. wird gegessen, zur Perlmuttergewinnung gesammelt u. ist daher im Bestand gefährdet.
Marmorsalamander, *Ambystoma opacum,* ↗Querzahnmolche.

Marmosetten [Mz.; v. frz. marmouset = kleiner Junge], Gatt. *Callithrix,* neben den ↗Tamarins die zweite große Gruppe der im Blätterdach des südam. trop. Regenwaldes lebenden ↗Krallenaffen *(Callithricidae);* Kopfrumpflänge meist 20–25 cm, Schwanzlänge 30–35 cm; büschel- od. pinselartig. Ohrschmuck; Färbung variabel, Arten und U.-Arten daher schwierig abzugrenzen. Man unterscheidet folgende Artengruppen: Büscheläffchen, Pinsel- od. Seidenäffchen, Amazon. M., Silberäffchen, Zwergseidenäffchen (*C. pygmaea,* die kleinste Affenart: Kopfrumpflänge 16 cm, Schwanzlänge 18 cm). In Gefangenschaft wird weltweit am häufigsten das in O- u. Mittelbrasilien beheimatete Weißbüschel- (fälschl. auch Weißpinsel-)äffchen *(C. jacchus)* gehalten.
Marmota *w* [v. lat. mus montanus über it. marmontana, marmotto], die ↗Murmeltiere.
Marmotini [Mz.], die ↗Erdhörnchen.
Marone *w* [it., v. frz. marron = Eßkastanie], die Frucht der ↗Kastanie.
Maronen-Röhrling [v. frz. marron = Eßkastanie], *Marone, Braunhäuptchen, Xerocomus badius* Kühn, häufiger, eßbarer, schmackhafter Filzröhrling mit kastanien- bis schokoladenbraunem, jung filzig samtigem, alt od. naß etwas schmierigem Hut (4–15[20] cm); die Poren sind grüngelbl., das Fleisch weißl., mehr od. weniger blauend. Er kommt von Juli–Nov. hpts. im Nadelwald, bevorzugt auf Sandboden, vor.
Marellomorpha [Mz.; v. gr. morphē = Gestalt], (Beurlen 1934), U.-Kl. der † ↗Trilobitomorpha mit zu flachen Hörnern verlängertem Kopfschild; Rumpf mit zahlr. freien Tergiten u. kleinem Analsegment, 2 Paar Antennen, übrige Körperanhänge trilobitenartig. Verbreitung: mittleres Kambrium von N-Amerika.
Marrubium *s* [lat., =], der ↗Andorn.
Marschböden, *Schlick-, Klei-* od. *Polderböden,* unter dem Einfluß v. Ebbe u. Flut aus ↗Schlick entstandene Küstenböden. Der Profilaufbau gleicht dem eines typ. ↗Gleys mit oxidierenden u. reduzierenden Verhältnissen im Bereich des hoch anstehenden Grundwassers: A_h-G_o-G_r. Eisensulfide färben den reduzierenden Horizont graublau bis schwarz. [T] Bodentypen.
Marsh [ma:rsch], Othniel Charles, am. Paläontologe, * 29. 10. 1831 Lockport (N. Y.), † 18. 3. 1899 New Haven (Conn.); seit 1866 Prof. an der Yale-Univ.; umfangreiche Forschungen in den Rocky Mountains führten zur Beschreibung über 400 neuer Arten fossiler Tiere; Arbeiten zur Paläontologie der Dinosaurier (neben anderen Wirbeltieren); rekonstruierte nach seinen eigenen Funden die Evolution der Pferde.

Marsileaceae [Mz.; ben. nach dem it. Naturforscher Conte L. F. Marsili, 1658 bis 1730], die ↗Kleefarngewächse.

Marsileales [Mz.], Ord. der Wasserfarne mit den Fam. ↗Kleefarngewächse *(Marsileaceae)* u. ↗Pillenfarngewächse *(Pilulariaceae);* sumpfbewohnende, leptosporangiate heterospore Farne mit charakterist., umgewandelten Blatteilen entsprechenden Sporokarpien. Anatomie und Sporangienentwicklung weisen auf Beziehungen zu den ↗*Filicales* hin.

Marssonina *w* [ben. nach dem dt. Apotheker T. Marsson, 1816–92], Gatt. der Formord. *Melanconiales* (Fungi imperfecti); Vertreter dieser Pilze sind Erreger v. Blattu. Brennfleckenkrankheiten an Pflanzen (vgl. Tab.).

Marstoniopsis *w,* Schnecken-Gatt. der *Hydrobiidae* mit getürmt-kegelförm. Gehäuse u. schräg abgestutztem Apex. *M. steini* wird 3 mm hoch; sie lebt in Seen N- und Mitteleuropas; nach der ↗Roten Liste „vom Aussterben bedroht".

Marsupella *w* [v. *marsup-], Gatt. der ↗*Gymnomitriaceae*. [teltiere.

Marsupialia [Mz.; v. *marsup-], die ↗Beu-

Marsupiobdella *w* [v. *marsup-, gr. bdella = Egel], Blutegel-Gatt. der Fam. *Glossiphoniidae*. *M. africana*, 0,4 cm lang, auf Süßwasserkrabben im Kapland; bes. Kennzeichen: Bruttasche auf der Bauchseite.

Marsupium *s* [lat., *marsup-], der ↗Brutbeutel. [der.

Martes *w* [lat., = Marder], Gatt. der ↗Mar-

Martesia *w,* Gatt. der *Pholadidae,* Bohrmuscheln warmer Meere.

Marthasterias *w* [v. gr. asterias = sternförmig], Gatt. der *Asteriidae;* ↗Eisseestern.

Martin [ma:tin], *Archer John Porter,* engl. Chemiker, * 1. 3. 1910 London; seit 1959 Dir. der Abbotsbury Laboratories Ltd.; entwickelte (u. a. zur Auftrennung v. Aminosäuregemischen) die Verteilungs- u. Papierchromatographie (1944), konstruierte 1953 einen Gaschromatographen; erhielt 1952 zus. mit R. L. M. Synge den Nobelpreis für Chemie.

Märzenbecher, die ↗Knotenblume.

Masaridae [Mz.], Fam. der ↗Hautflügler.

Maschinentheorie, im ausgehenden 19. Jh. Schlagwort für mechanist. Theorien der Ontogenese. ↗Vitalismus–Mechanismus.

Masern, *Morbilli,* durch das *M.virus* (↗Paramyxoviren) hervorgerufene Infektionserkrankung des Menschen, meist zw. dem 5. und 7. Lebensjahr auftretend, mit hoher Ansteckungsrate; epidemisch. Die Infektion erfolgt durch Tröpfchen, die Inkubationszeit beträgt 8–14 Tage. Klin. Sym-

marsup- [v. gr. marsipos = Beutel, Sack, über marsypion, lat. marsupium = Geldbeutel].

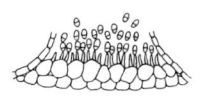

Marssonina
Acervulus von *M. rosae (Diplocarpon r.)* mit zweizelligen Konidien

Marssonina
Wichtige pflanzenpathogene Arten (in eckigen Klammern: sexuelle Form):
M. rosae [Diplocarpon rosae] (↗Sternrußtau an Rosen)
M. juglandis [Gnomonia leptostyla] (M.-Krankheit der Walnuß)
M. panattoniana (M.-Blattfleckenkrankheit auf Salat)

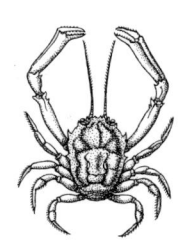

Maskenkrabbe *(Corystes cassivelaunus)*

ptome: zunächst unspezif. Vorläufersymptome wie Müdigkeit, Fieber, Abgeschlagenheit, Atemwegsinfekt (Prodromalstadium); dann Kopfschmerzen, Bindehautentzündung, sog. Kopliksche Flecken in der Mundschleimhaut, Fieber; am 4. Tag daran anschließend die typ. Hautveränderung mit kleinen bräunl. bis violetten Flekken an den Haarfollikel, Milz- u. Lymphknotenschwellung, Husten; am 7.–8. Tag Entfieberung. Komplikationen können auftreten in Form der M.encephalitis (3.–10. Tag nach Exanthembeginn). Eine Impfung mit Aktiv- u. Passivimpfstoff ist möglich ☐ Fieber.

Maserwuchs, *Maserbildung,* durch Wuchsanomalien (z. B. krummen Wuchs, Bildung v. Wundholz) od. durch Häufung ↗schlafender Augen v. a. bei Laubhölzern vorkommende Verkrümmung der Jahresringe im Stamm- u. Wurzelholz. Derartig gemaserte Hölzer *(Maserhölzer)* sind v. der Furnier- u. Pfeifen-Ind. (z. B. ↗Bruyère-Pfeifen v. *Erica arborea*) sehr begehrt.

Maske, relativ auffällige Zeichnung am Vorderkopf („Gesicht") v. Tieren. Der Kopf ist entweder großenteils dunkel gefärbt (z. B. beim Maskenwürger od. bei verschiedenen Hunderassen) od. mit einem schwarzen od. bunten Querband (z. B. bei Halfterfischen), mit Gesichtsflecken (z. B. bei Maskenbienen), dunklen Flecken um die Augen herum (z. B. beim Großen Panda) u. a. versehen. ↗Schutzanpassungen. [der ↗Seidenbienen.

Maskenbienen, *Hylaeus (Prosopis),* Gatt.

Maskenkrabben, *Maskenkrebse, Corystidae,* Fam. der ↗*Brachyura*. Die im Mittelmeer lebende *Corystes cassivelaunus* wird als M. bezeichnet, weil ihr Carapax ähnl. wie ein menschl. Gesicht gezeichnet ist (vgl. Abb.); der Carapax ist länger als breit. Das 3,5 cm lange Tier ist ein nachtaktiver Räuber; tagsüber gräbt es sich tief in den Sand ein u. atmet dann ähnl. wie die Sandkrebse, indem es die Antennen zu einem Atemrohr zusammenlegt u. den Atemwasserstrom in umgekehrter Richtung durch die Kiemenhöhlen treibt. [↗Blattläuse.

Maskenläuse, *Thelaxidae,* Familie der

Maskenschnecke, *Isognomostoma isognomostoma,* Vertreter der Fam. *Helicidae,* mit gedrückt-kugel. Gehäuse (11 mm ⌀), unten flach, sichelförm. Nabel; Lippe mit 1 basalen und 1 äußeren „Zahn"; braun mit langen Haaren; in mitteleur. Wäldern.

maskieren ↗Schutzanpassungen.

Maskulinisierung *w* [v. lat. masculinus = männlich], die ↗Virilisierung.

Mason-Pfizer-Virus ↗RNA-Tumorviren.

Maßanalyse, *Titrimetrie, Titrationsanalyse,* chem. Analyseverfahren zur quantitativen Bestimmung der Konzentration v. Stoffen

Massasauga

in ↗Lösungen. Der durch M. zu bestimmenden Lösung (z. B. einer Säure, eines Oxidationsmittels) werden steigende Mengen einer Maßflüssigkeit bekannter Konzentration *(Titer)* eines Reagens (z. B. einer Base, eines Reduktionsmittels) zugegeben, bis die Beendigung der betreffenden Reaktion erfolgt ist, was etwa durch den Farbumschlag eines Farb-↗Indikators ([T]) od. durch Beginn bzw. Aufhören einer ↗Fällungs-Reaktion (Trübung) zu erkennen ist. Aus dem Verbrauch der Maßflüssigkeit kann anschließend nach den Regeln der Stöchiometrie die Konzentration der zu bestimmenden Lösung errechnet werden. Die fr. vielfach angewandten Methoden der M. werden heute auch in der quantitativen Biol. zunehmend durch physikochem. Meßmethoden (z. B. ↗Absorptions- und ↗Extinktions-Messungen, Messung v. Radio-↗Isotopen) verdrängt.

Massasauga *w* [massaso-; ben. nach dem kanad. Fluß Missisauga], *Sistrurus catenatus,* ↗Zwergklapperschlangen.

Massenauslese ↗Auslesezüchtung.

Massenemigration, Beginn einer ↗Massenwanderung; ↗Emigration.

Massenhafte, *Polymitarcidae,* Fam. der ↗Eintagsfliegen.

Massentierhaltung, Haltung u. Züchtung einer großen Anzahl v. Nutztieren (z. B. Schweine, Hühner, Rinder) auf engstem Raum in fabrikähnl. Anlagen zugunsten rationeller Produktion v. Fleisch, Eiern, Milch. Die intensive Aufzucht ist oft mit der Verwendung v. Hormonen, ↗Antibiotika, Beruhigungsmitteln, Wachstumsstimulantien (Masthilfsmittel) u. a. verbunden. Da die Tiere sich in ihren Käfigen (bei Hühnern z. B. in Form v. *Legebatterien,* ↗Haushuhn) bzw. Stallungen häufig kaum bewegen können u. ihre natürl. Verhaltensweisen völlig ausgeschaltet (manchmal sogar abgezüchtet) werden, ist diese Art der Tierhaltung unter dem Gesichtspunkt des Tierschutzes kaum tragbar.

Massenvermehrung, *Gradation,* Gesamtheit der Vorgänge vor u. nach extremer Steigerung der ↗Populationsdichte. Die betreffende Art (z. B. Insekt) gerät durch ihren Nahrungsbedarf oft in Konkurrenz zum Menschen u. wird zum ↗Schädling. Benennung der Phasen des Vorgangs vgl. Abb. Konsequenterweise müßte die Gesamtheit der Faktoren, die eine Gradation bestimmen, *Gradozön,* u. die Lehre v. den Gradationen *Gradologie* gen. werden; diese Bez. werden aber oft allgemeiner auf den ↗Massenwechsel bezogen. M. des Menschen wird als ↗Bevölkerungsexplosion bezeichnet.

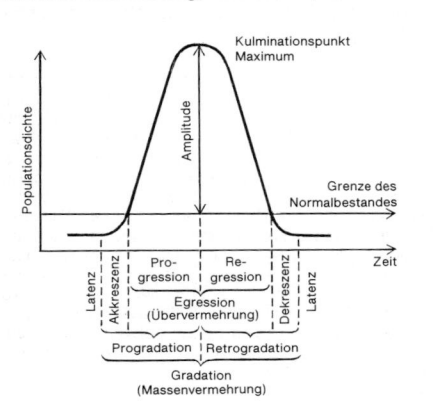

Massenwanderung, gleichzeit. Wandern großer Teile der Population v. Organismen, meist ohne Rückkehr; z. B. bei Wanderheuschrecken, Prozessionsspinner-Larven, Monarchfalter, Vögeln u. Lemmingen. Häufigste Ursachen sind Nahrungs- od. Raummangel und ungünst. Klima. Bei Wüstenheuschrecken ist Umwandlung v. der einzellebenden *solitaria*-Form zur sozialen Wanderform *(gregaria)* Voraussetzung der M. Nach Genuß v. Pflanzenknospen, die beim ersten Feuchtigkeitsanstieg vor dem Regen entstehen, reifen die Gonaden, u. es entsteht die *gregaria,* die nach Regen viele Nachkommen erzeugt. Maximal sind Schwärme bis zu 200 Mrd. Individuen (entspricht ca. 40 000 t) geschätzt worden.

Massenwechsel
Schema der verschiedenen Typen des M.s nach dem anfängl. Populationswachstum (K = Kapazitätsgrenze des Lebensraums)

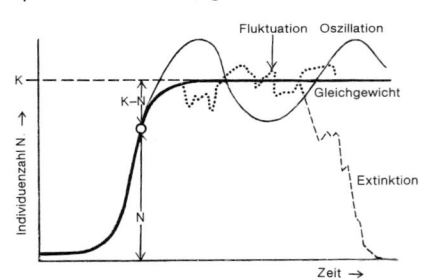

Massenwechsel, *Abundanzdynamik,* Änderung der ↗Populationsdichte in einem bestimmten Raum- und bestimmten Zeitabschnitt. Nach dem anfängl. ↗Populationswachstum kann die Populationsdichte auf annähernd konstantem Niveau bleiben (Populationsgleichgewicht), in unregelmäßige Schwankungen *(Fluktuationen)* od. regelmäßige *Oszillationen* (Wellen) übergehen; schließl. kann die Population auch wieder ausgelöscht werden *(Extinktion).* Vielfältige M.-Theorien haben versucht, den M. auf einzelne Faktoren (z. B. abiotische Faktoren, Nahrung, Parasiten) zurückzuführen. Realistischer ist, das Zusammenwirken vieler Faktoren (Demozön, Gradozön) für maßgebend anzusehen. ↗Massenvermehrung.

Schema einer Massenvermehrung

Massenwirkungsgesetz, sagt aus, daß eine chem. Reaktion bei einer bestimm-

Temp. (scheinbar) zum Stillstand kommt, wenn das Verhältnis aus dem Produkt der Konzentrationen der Endstoffe u. dem Produkt der Konzentrationen der Ausgangsstoffe einen bestimmten Wert erreicht hat; zum Beispiel:

$CO_2 + H_2 \rightleftharpoons CO + H_2O$. $\frac{[CO] \cdot [H_2O]}{[CO_2] \cdot [H_2]} = K$

Ist dieser Wert K (*Gleichgewichtskonstante*) erreicht, steht die Reaktion scheinbar still; Ausgangs- u. Endprodukte stehen im (dynamischen) *chem. Gleichgewicht*: die Geschwindigkeiten für die Hin- u. Rückreaktion sind gleich groß. Nach dem M. laufen in Natur u. Technik alle chem. Reaktionen ab. 1867 v. Guldberg u. Waage exakt formuliert. ↗ chem. Gleichgewicht.

Massenzuwachs, *Volumenzuwachs,* Zuwachs der Holzmasse v. Bäumen bzw. Waldbeständen; wird berechnet anhand der Höhe, der Grundfläche (oft in 1,3 m Höhe) u. der Form (Formzahl) des Baumstamms. Der M. steigt baumartentypisch bis zu einem Kulminationspunkt zwischen 60 (Pappel) und 160 (Eiche) Jahre an.

Maßholder *m* [v. ahd. mazzalra = Speisebaum], *Acer campestre,* ↗ Ahorngewächse.   [blümchen.

Maßliebchen, *Bellis perennis,* ↗ Gänse-

Massula *w* [Mz. *Massulae;* lat., = kleine Masse], aus zusammenhaftenden Sporen gebildete Sporenmasse (z.B. beim ↗ Algenfarn).

Mast, 1) *Mästung,* in der Landwirtschaft bestimmte Fütterungs- (Überernährung) und Haltungsverfahren von Schlachttieren zur Steigerung der Fleischgewinnung. **2)** Forstwirtschaft: die Samen u.a. von Buchen u. Eichen, fr. zur Mästung der in den Wald getriebenen Schweine. ↗ Buchel-M., ↗ Eichel-M. ↗ M.jahre.

Mastadenovirus *s* [v. *mast-, gr. adēn = Drüse], Gatt. der ↗ Adenoviren.

Mastax *w* [gr., = Mund], Kaumagen der ↗ Rädertiere *(Rotatoria).*

Mastdarm, *Rektum, Rectum,* letzter Teil des ↗ Dickdarms, der nach außen durch den Ringmuskel des Afters verschlossen wird. Bei Säugern ist der vordere Teil dehnungsfähig u. dient der Sammlung des eingedickten Kots, der dann auf Dehnungsreize durch den letzten, wenig erweiterungsfähigen Abschnitt über den After abgegeben wird. ↗ Darm, ☐ Geschlechtsorgane.

Mastigamoeba *w* [v. *mastig-, gr. amoibē = Wechselhafte], Gatt. der ↗ Geißelamöben.

Mastigocladus *m* [v. *mastig-, gr. klados = Zweig], Gatt. der *Stigonematales* (Sektion V, die heterocystenbildenden ↗ Cyanobakterien, fädige, verzweigte Formen (V- oder Y-förmig), die Heterocysten u. Hor-

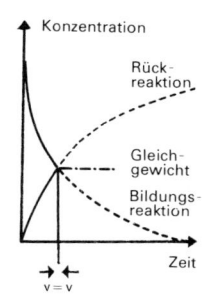

Konzentration
Rückreaktion
Gleichgewicht
Bildungsreaktion
Zeit
→ ←
v = v

Massenwirkungsgesetz
Einstellung des chemischen Gleichgewichts (Konzentration-Zeit-Diagramm), v = Reaktionsgeschwindigkeit

Mastigomycotina
Klassen:
↗ *Chytridiomycetes*
↗ *Hyphochytriomycetes*
↗ *Oomycetes*

mast- [v. gr. mastos = Mutterbrust, Zitze].

mastig- [v. gr. mastix, Gen. mastigos = Geißel, Peitsche].

mogonien ausbilden; daher werden die Vertreter neuerdings der Gatt. ↗ *Fischerella* zugeordnet (diese Einordnung ist nicht allg. anerkannt). Die *M.*-Arten sind weltweit verbreitet, z.B. *M. laminosus,* oft als blaue bis blaugrüne Gallerthäute v.a. in Thermen u. heißen Quellen; auch in warmen Schwefelquellen (50 °C), wenn die Sulfidkonzentration gering ist.

Mastigomycotina [Mz.; v. *mastig-, gr. mykēs = Pilz], frühere U.-Abt. der ↗ *Eumycota,* in der Pilzgruppen zusammengefaßt wurden (vgl. Tab.), deren Vertreter in ihrem Entwicklungszyklus bewegliche (ungeschlechtl.) Zoosporen ausbilden.

Mastigonemen [Mz.; v. *mastig-, gr. nēma = Faden], *„Flimmerhaare",* extrazelluläre Strukturen, die über den normalen ↗ Exocytose-Weg (☐ Endocytose) aus der Zelle ausgeschleust u. an die Oberfläche v. Geißeln (↗ Cilien, ☐) angeheftet werden. Manche M. tragen zusätzl. noch laterale Filamente unterschiedl. Länge. Man unterscheidet tubuläre (∅ ca. 20 nm) v. (dünneren) nicht-tubulären M. Die Anordnung u. Struktur der M. können als taxonomische und phylogenet. Merkmale (v.a. bei Algen) dienen. Eine Funktion der M. könnte die Erhöhung der Reibung beim Geißelschlag sein.

Mastigophora [Mz.; v. *mastig-, gr. -phoros = -tragend], die ↗ Geißeltierchen.

Mastigoproctus *m* [v. *mastig-, gr. prōktos = After], Gatt. der ↗ Geißelskorpione.

Mastix *w* [v. gr. mastichē = Harz des Mastixstrauches], aus verschiedenen Arten der Gatt. ↗ Pistazie gewonnenes, an der Luft gelbl. trocknendes, bitter schmeckendes Harz; verwendet als Lack u. Klebemittel (z.B. im *Mastisol:* rasch trocknende Lösung von M. in Benzin u. Chloroform zum Fixieren v. Verbänden; antiseptisch), zum Harzen des Weins u. im Orient zur Schnapsbereitung (Raki).   [zie.

Mastixstrauch, *Pistacia lentiscus,* ↗ Pista-

Mastjahre, Jahre maximaler Samenproduktion bei Baumarten mit unregelmäßiger Fruktifikation. ↗ Mast, ↗ Buchelmast, ↗ Eichelmast.

Mastjahre

Reicher Blütenansatz ist nur mögl., wenn im Spätsommer nach Bildung v. Kambium, Holz, Bast, Periderm u. vegetativen Knospen sowie nach der Auffüllung der Stärkedepots in Stamm u. Wurzeln noch ein Assimilatüberschuß verfügbar ist. Bei den meisten Bäumen ist daher nur in Abständen v. einigen Jahren reich. Samenansatz *(Vollmast)* möglich. Da dies v. der Photosyntheseaktivität der Vorjahre abhängt, ist die Häufigkeit auch standortabhängig. Bei uns rechnet man in kühleren Lagen mit Vollmasten bei Eiche in Abständen von 6–12 Jahren, für Fichte, Tanne u. Buche 5–6 Jahre, Ulme, Ahorn, Esche u. Linde 3–4 Jahre. Die Pionierhölzer Weide, Pappel, Birke u. Erle pflegen jährl. gut anzusetzen. Der Zuwachs in Jahren mit Vollmast bleibt gering. Durch die unregelmäßigen Abstände der Vollmasten wird vermieden, daß sich in den Samen parasitierende Insekten in ihrem Entwicklungszyklus auf die M. einstellen.

Mastkraut

Pfriemen-Mastkraut *(Sagina subulata)*

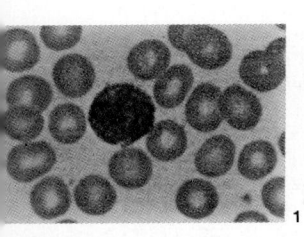

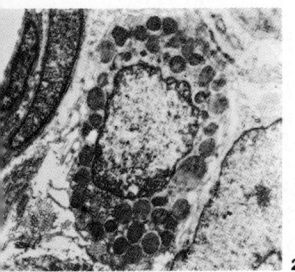

Mastkraut, *Sagina,* Gatt. der Nelkengewächse, mit ca. 30 Arten auf der N-Halbkugel u. in den Anden verbreitet. Das nach der ↗Roten Liste „stark gefährdete" Pfriemen-M. oder Sternmoos *(S. subulata)* wird gern zur Bodenbegrünung auf Friedhöfen verwendet, heimisch auf offenen Sandböden; zur Blütezeit mit weißen Sternchenblüten. Einheimisch ist auch *S. procumbens,* das Niederliegende M., z. B. häufig in Pflasterfugen.

Mastocembeliformes, die ↗Stachelaale.

Mastodonsaurus *m* [v. *mast-, gr. odōn = Zahn, sauros = Eidechse], (Jaeger 1828), zuerst beschriebener † Labyrinthodontier *(↗Labyrinthodontia),* größter Lurch der Erdgeschichte; Schädellänge bis 1,50 m, Gesamtlänge bis 5 m. M. gilt als Süßwasserbewohner, der auch in den Brackwasserbereich, insbes. das Mündungsgebiet v. Flüssen, vordrang. Lebte als inaktiver Räuber, der sich vorwiegend v. Fischen u. kleineren Sauriern ernährte. Zahlr. Bißspuren auf M.-Knochen beweisen, daß er v. (Land-)Sauriern gejagt wurde. Ein reiches Fundgut, das im Jahr 1977 beim Bau der Autobahn in Hohenlohe anfiel, hat die bis dahin lückenhaften Kenntnisse über *M.* bedeutend erweitert. – Verbreitung: oberster Muschelkalk bis unterer Keuper.

Mastodonten [Mz.; v. *mast-, gr. odontes = Zähne], *Mastodontoidea* Osborn 1921, *Zitzenzähner* [Name *Mastodon* v. Cuvier 1817], größte Landsäugetiere des Jungtertiärs; formenreiches Taxon (U.-Ord.) der Rüsseltiere *(Proboscidea);* Schneidezähne (= I) (Zahnformel vgl. Randspalte) können sowohl im Ober- wie im Unterkiefer als Stoßzähne entwickelt sein; Molaren relativ niedrig, bunodont oder zygolophodont; ähnl. den ↗Elefanten, Körper aber gestreckter, Schädel u. Extremitäten niedriger. – Entstehungszentrum der M. ist Afrika; als Ausgangsformen gelten die oligozänen Gatt. *Palaeomastodon* u. *Phiomia* (nicht ↗*Moeritherium*); deren Vorfahren sind unbekannt. Beide wanderten an der Wende zum Miozän nach Eurasien u. spalteten sich auf in eine zygodonte Gruppe (z. B. *Zygolophodon turicensis*), aus der auch Stegodonten u. Stegolophodonten hervorgegangen sind, u. eine bunodonte Gruppe (z. B. *Gomphotherium angustidens*), zu der die Platybelodonten, Tri-, Tetra- u. Pentalophodonten sowie die Stegotetrabelodonten gehören, die zu den Elefanten hinführten. – An der Wende Mio-/Pliozän wanderten *Gomphotherium*-artige u. *Zygolophodon*-Populationen über die Landbrücke Beringstraße nach N-Amerika ein. Letztere brachten einen kälteangepaßten Typus (Gatt. ↗Mammut) hervor, der dem eur. Mammut (Gatt. *Mammuthus*) nahe kommt. Angehörige der bunodonten Gruppe (*Stegomastodon, Cuvieronius, Haplomastodon*) wanderten über die plio-/pleistozäne mittelam. Landbrücke nach S-Amerika ein u. persistierten dort wahrscheinl. bis ins Holozän. – Verbreitung: alle Kontinente außer Austr. und Antarktis, zeitweise zw. Oligozän u. Altholozän.

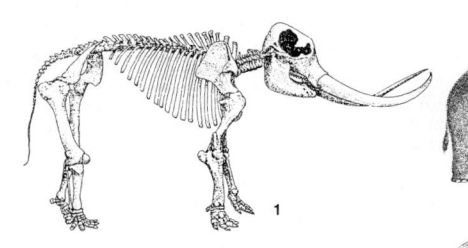

Mastophora *w* [v. *mast-, gr. -phoros = -tragend], Gatt. der ↗Lassospinnen.

Masturus *m* [v. *mast-, gr. oura = Schwanz], Gatt. der ↗Mondfische.

Mastzellen, *Allergiezellen,* träge, amöboid bewegl. (↗amöboide Bewegung), kleine Zellen des Abwehrsystems (↗Immunsystem, ↗Immunglobuline) der Wirbeltiere u. des Menschen mit stark basophil (Toluidinblau) anfärbbarem, granulareichem Plasma. M. sind zahlr. allenthalben im Bindegewebe *(Gewebs-M.),* seltener als *Blut-M.* im zirkulierenden Blut (basophile ↗Granulocyten, ca. 1–2% der ↗Leukocyten) anzutreffen (☐ Blutzellen). Sie differenzieren sich vermutl. aus pluripotenten Stammzellen im Knochenmark (☐ Blutbildung). Die M.-Granula enthalten die ↗Mediatoren ↗Heparin, ↗Histamin, ↗Bradykinin, eine Reihe weiterer, nicht genauer bekannter Wirkfaktoren u. bei manchen Tieren ↗Serotonin (↗Gewebshormone). Durch Kontakt mit Antigen-Antikörper-Komplexen werden die M. zur Exocytose ihrer Granula angeregt. Die Ausschüttung v. Histamin, Serotonin und evtl. Heparin wirkt auf die Gefäßwandmuskulatur u. die Kapillarendothelien u. verursacht lokale Gefäßerweiterungen u. eine Steigerung der Kapillarpermeabilität, wodurch Plasmaantikörper aus den Gefäßen in das umliegende Gewebe, also zum Reizherd, gelangen. Bradykinin u. andere Faktoren locken zudem weitere Zellen des Abwehrsystems (↗Granulocyten, ↗Makrophagen) chemotaktisch (↗Chemotaxis, ☐) an. Der bes. von Histamin u. Serotonin ausgehende Reiz verursacht die typ. *allergischen Reaktionen.* ↗Allergie.

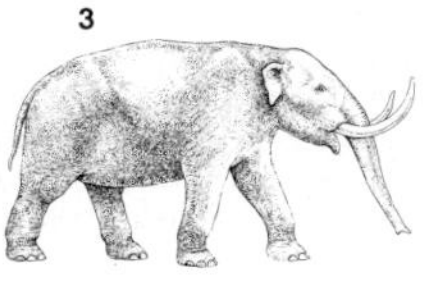

Matamata *w* [Tupi], *Chelus fimbriatus,* ↗Schlangenhalsschildkröten.

Mastzellen

1 *basophiler Granulocyt* zw. Erythrocyten (lichtmikroskop. Aufnahme), **2** *Gewebsmastzelle* (elektronenmikroskop. Aufnahme)

Mastodonten

Zahnformel:
$$\frac{1-0 I,\ 0 C,\ 0-3 P,\ 3 M}{1-0 I,\ 0 C,\ 0-2 P,\ 3 M}$$

1 Skelett v. *Mastodon* (ca. 3 m hoch), **2** *Gomphotherium* (Schulterhöhe ca. 3 m), **3** *Stegomastodon* (Höhe ca. 2,7 m)

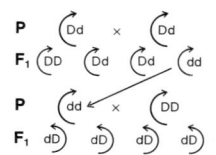

maternaler Effekt [v. lat. maternus = mütterlich], *maternal effect,* Ausprägung des Phänotyps der Filialgeneration (F$_1$) gemäß dem Genotyp der Mutter. Erfolgt über Moleküle od. supramolekulare Strukturen im Eicytoplasma, die meist nur die Frühentwicklung, gelegentl. aber auch spätere Stadien beeinflussen („Prädetermination"). Verbreitetes Phänomen, das jedoch nur bei entspr. Genotypen zu erkennen ist.

maternale Vererbung *w* [v. lat. maternus = mütterlich], *mütterliche Vererbung,* die ausschließliche od. vorwiegende Vererbung bestimmter mütterl. Gene u. der damit verbundenen Merkmale an die Nachkommenschaft einer Kreuzung; *maternal* vererbte Merkmale können auf den mütterl. Geschlechtschromosomen, auf dem Chondrom sowie auf dem Plastom (bei Pflanzen) codiert werden. ↗ cytoplasmatische Vererbung.

Mate-Tee [v. Quechua über am.-span. mate], *Mate,* Tee, der aus Blättern verschiedener am. Arten der ↗ Stechpalme gewonnen wird.

Mathildidae [Mz.], Fam. der Nadelschnecken mit turmförm. Gehäuse (meist unter 1 cm hoch); in der Tiefsee weitverbreitet.

Maticora *w,* Gatt. der ↗ Giftnattern.

Matjes-River-Mensch, ein *Homo sapiens sapiens,* benannt nach dem Fundort mit Bestattungen von 18 Individuen unter einem Felsdach oberhalb des Matjes River, (Kapprovinz/S-Afrika); Alter: Ende Pleistozän, ca. 10 000–11 000 Jahre.

Matoniaceae [Mz.; ben. nach dem engl. Arzt W. G. Maton, 1774–1835], heute auf Indonesien, Borneo u. Neuguinea beschränkte Fam. der *Filicales* mit den Gatt. *Matonia* (1 Art) u. *Phanerosorus* (2 Arten). Blätter handförm. geteilt; Sporangien mit schiefem Anulus, auf der Fiederchenunterseite in Sori zusammengefaßt. Phylogenet. Beziehungen bestehen v. a. zu den ↗ *Dipteridaceae,* aber auch zu den ↗ *Gleicheniaceae.* Ihren Entwicklungshöhepunkt hatten die *M.* im Mesozoikum (z. B. *Matonidium:* Oberjura bis Unterkreide; *Phlebopteris:* Obertrias bis Unterkreide).

Matricaria *w* [v. lat. matrix = Gebärmutter], die ↗ Kamille.

Matrix *w* [lat., = Gebärmutter; Mutterboden], **1)** der v. der inneren Membran umschlossene Raum v. ↗ Mitochondrien u. ↗ Chloroplasten ([B]); **2)** Wachstumszone od. Keimschicht, z. B. Haar-M., Nagel-M. (↗ Fingernagel).

Matrixpotential ↗ Bodenwasser.

Matrize *w* [v. lat. mater = Mutter], engl. *template,* auf molekularer Ebene die Makromoleküle DNA und RNA, durch deren Informationsgehalt in Form der Nucleotidsequenz die Synthese ident. (bei DNA- und RNA-Replikation) bzw. anderer Makromoleküle (bei der RNA-Synthese mit DNA als M., bei der Proteinsynthese mit m-RNA als M., bei der DNA-Synthese durch reverse Transkription mit RNA als M.) bestimmt wird. [↗ Ribonucleinsäuren.

Matrizen-RNA, die ↗ messenger-RNA; **matroklin** [v. lat. mater = Mutter, gr. klinein = neigen], Bez. für Merkmale, die ausschl. oder vorwiegend vom mütterl. Organismus vererbt werden. ↗ maternale Vererbung.

Matsutake [jap.], *Armillaria matsutake,* ein Armringpilz, der bes. in Japan als (teure) Delikatesse geschätzt wird.

Matten, Alpen-M., Alpine Rasen, Urwiesen, natürl. Hochgebirgsrasen oberhalb der Baumgrenze. Je nach Untergrund u. Tiefgründigkeit des Bodens lassen sich unterschiedliche Ges. feststellen, die entweder zur Kl. der Blaugras-Kalksteinrasen (↗ *Seslerietea variae*) od. zu den Krummseggenrasen bzw. der Sauerbodenalpenmatten (↗ *Caricetea curvulae*) gehören.

Matteuccia *w* [ben. nach dem it. Physiologen C. Matteucci (matteutschi), 1811–68], der ↗ Straußfarn.

Matthevia *w* (Walcott 1885), problemat. Fossil(ien) aus dem obersten Kambrium von N-Amerika in Gestalt v. subkonischen, „schwammigen" Kalkschalen, die im Innern 2 durch ein kräft. Septum getrennte Höhlungen enthalten. 2 unterschiedliche Formhäufigkeiten werden als vordere u. hintere Schalenteile gedeutet (vgl. Abb.). *M. variabilis* v. Walcott urspr. mit Vorbehalt den Pteropoden angeschlossen. Andere Bearbeiter sahen auch Beziehungen zu Hyoliten, Tentaculiten u. Gastropoden. 1966 schloß Yochelsen das Fossil einer neuen † Kl. an: *Matthevа.* Begleitende Algen legten die Annahme nahe, *M.* habe herbivore Lebensweise gehabt ähnl. wie die Chitonen (ab Unterordovizium), denen Runnegar u. Projeta 1974 *M.* zuordneten.

Matthiola *w* [ben. nach dem it. Arzt P. A. Mattioli, 1500–77], die ↗ Levkoje.

Mauer, Unterkiefer von M., ↗ Homo heidelbergensis.

Mauerassel, *Oniscus asellus,* ↗ Landasseln. [lidae.

Mauerbienen, *Osmia,* Gatt. der ↗ Megachi-

Mauerblatt, aus Ektoderm, Entoderm u. Mesogloea gebildeter „Körper" eines Korallenpolypen; das M. geht zur Basis hin in die Fußscheibe, zum Mund hin in die tentakeltragende Mundscheibe über.

Mauereidechse, *Lacerta (Podarcis) muralis,* wärmeliebende Art der Fam. Echte Eidechsen mit ca. 20 U.-Arten; bis 20 cm lang (Schwanz über 2/3 Körperlänge); in W-, Mittel- und S-Europa (westl. Grenze: Pyrenäen; in Dtl. an Mittelrhein, Mosel,

---

P (Dd × Dd)
F$_1$ (DD) (Dd) (Dd) (dd)

P (dd × DD)
F$_1$ (dD) (dD) (dD) (dD)

maternaler Effekt
Prädetermination des Windungssinns bei Schlammschnecken. Mütter mit Allel D haben rechtswindende F$_1$, Mütter ohne Allel D linkswindende F$_1$. Der Windungssinn drückt sich sowohl frühembryonal aus (Spiralfurchung dexiotrop/leiotrop) als auch in der Adultschale (rechtswindend/linkswindend). (P Parentalgeneration, F Filialgeneration)

Matthevia
Rekonstruktion von *M. variabilis* Walcott (ca. 1,5fach vergr.): **a** wahrscheinlichere Orientierung der beiden verschiedenen Hartteile in Seitenansicht (gestrichelte Linien bezeichnen die Höhlungen); **b** entgegengesetzte Orientierung; **c** Ansicht der Innenseite.

---

mast- [v. gr. mastos = Mutterbrust, Zitze].

Mauerfuchs

Neckar, Oberrhein, Donau) sowie in NW-Asien verbreitet; bevorzugt trockenes, sonniges Gelände mit Felsen u. Geröll bis 2800 m Höhe, Gemäuer, Weinberge usw. Schlank; oberseits bräunl. bis grau gefärbt, schwarz gefleckt od. mit Netzmuster (Männchen), Weibchen mit dunkelbraunem, hell gesäumtem Längsband an den Flanken; Bauch gelbl. oder rot (v. a. beim Männchen), oft schwarz gefleckt; dünner Schwanz. Ernährt sich v. Insekten(larven), Spinnen, Würmern u. Schnecken. Vor der Begattung beißt sich das Männchen am Hinterrücken des Weibchens fest; Eiablage im Sommer (2–3mal) in selbstgegrabenen Erdlöchern; aus den 2–8 weißen Eiern schlüpfen nach 6–8 Wochen die Jungen. Klettert gewandt selbst an senkrechten Mauern; kleinräumiges Revier wird mit Bissen verteidigt; Winterruhe Nov.–März unter Steinen. Nach der ↗ Roten Liste „stark gefährdet".

Mauerfuchs, *Lasiommata (Pararge, Dira) megera,* weit verbreiteter ↗ Augenfalter, ähnelt dem ↗ Braunauge; mittelgroß, Spannweite um 50 mm, auf orangegelbem Grund schwarzbraun gezeichnet, weiß gekernte schwärzl. Augenflecke, unterseits tarnfarben; fliegt v. April bis Okt. in 2–3 Generationen an sonn. warmen Plätzen, fels. Lehnen, Dämmen, Waldrändern, Weinbergen u. ä.; Raupen grün mit weißl. Seitenlinie, leben an verschiedenen Gräsern, Überwinterung als Larve, Verpuppung unter Steinen.

Mauerfugengesellschaften, *Potentilletalia caulescentis,* Ord. der ↗ Asplenietea rupestria; Glaskraut-M. ↗ Parietarietea judaicae.

Mauergecko, *Tarentola mauritanica,* Art der ↗ Geckos; Gesamtlänge bis 16 cm; lebt an Mauern u. Felsen, bes. im halbtrokkenen Küstenflachland der westl. Mittelmeerländer einschl. der Inseln (östl. Grenze: Dalmatin. Küste, Kreta), in N-Afrika u. auf den Kanar. Inseln; Färbung variiert (meist grau bis bräunl. mit dunklen Flecken und – bes. am Schwanz – Querbinden; gelegentl. auch schwärzl.); Rücken mit 7–9 Längsreihen v. Höcker-, Flanken u. Schwanzseiten mit Stachelschuppen; gesamte U.-Seite der Zehen mit ungeteilten, querverlaufenden, flachen Haftlamellen (☐ Haftorgane), geschickter Kletterer; ernährt sich v. Insekten, Spinnen, Tausendfüßern; Beutefang oft in der Nähe v. Lichtquellen. Weibchen legt im Mai-Juli 2 Eier; nach 2–4 Monaten schlüpfen Jungtiere (3,5 cm lang). Stimme hell zirpend od. leise quiekend. B Mediterranregion III.

Mauerlattich, *Mycelis,* Gatt. der Korbblütler mit 5 Arten in Eurasien u. Afrika. In Europa nur der Gemeine M. *(M. muralis),* eine

Maulbeergewächse

Wichtige Gattungen:
↗ Antiaris
↗ Brosimum
↗ Brotfruchtbaum (Artocarpus)
↗ Broussonetia
↗ Castilloa
Cecropia
Dorstenia
↗ Ficus
↗ Hanf (Cannabis)
↗ Hopfen (Humulus)
Maclura
↗ Maulbeerbaum (Morus)

Maulbeerbaum

Das harte, dauerhafte, gelbl. gefärbte *Holz* von *Morus alba* und *M. nigra* eignet sich für Drechsler- u. Tischlerarbeiten. Bes. wichtig ist jedoch die Nutzung der Blätter des Weißen M.s als Futter für die Seidenraupe (↗ Seidenspinner), deren Zucht in China schon vor fast 5000 Jahren begann u. sich v. dort (zus. mit der Futterpflanze) allmähl. auch nach Indien, Vorderasien und schließl. (im 11. und 12. Jh.) bis ins Mittelmeergebiet ausbreitete.

an schatt. Felsen, Mauern u. in krautreichen Wäldern wachsende, bis ca. 1 m hohe, ausdauernde Pflanze mit fiederspalt., grob gezähnten Blättern u. in lockerer Rispe stehenden Blütenköpfchen; diese i. d. R. nur aus 5, von einer schmalen, walzl. Hülle umgebenen, gelben Zungenblüten bestehend.

Mauerläufer, *Tichodroma muraria,* zu den ↗ Kleibern gehörender Singvogel, wird auch als eigene Fam. betrachtet. Lebt an Gebirgsfelsen im südl. Europa, in Vorder- u. Mittelasien; winters in tieferen Lagen, dann auch an Gebäuden u. Steinbrüchen. Bewegt sich schmetterlingsart. flatternd an Felswänden fort u. ist an den leuchtend roten Abzeichen in den gerundeten Flügeln leicht zu erkennen; stochert mit dem langen gebogenen Schnabel in Ritzen nach Insekten u. Spinnen. Brütet meist oberhalb 1000 m in tiefen Felsspalten; 3–5 Eier. Die Stimme ist ein dünnes pfeifendes „tiü". Nach der ↗ Roten Liste „potentiell gefährdet". B Europa XX.

Mauerpfeffer, die ↗ Fetthenne.

Mauerraute, *Asplenium ruta-muraria,* ↗ Streifenfarn.

Mauersegler, *Apus apus,* ↗ Segler.

Mauerwespen, *Odynerus,* Gatt. der ↗ Eumenidae.

Maulbeerbaum, *Morus,* mit 10–12 Arten über die gemäßigten und subtrop. Gebiete der N-Halbkugel verbreitete Gatt. der Maulbeergewächse. Sommergrüne Sträucher od. Bäume mit vielgestalt., ungeteilten bis buchtig gelappten, ei- oder rundl.-herzförm., unter- bzw. beiderseits behaarten Blättern mit gezähntem Rand sowie lanzettl., hinfälligen Nebenblättern. Die mon- oder diözischen Blüten sind in blattachselständ., an den jüngeren Trieben sitzenden Kätzchen (♂) od. gestielten Köpfchen (♀) angeordnet. Sie bestehen aus einem unscheinbaren, 4blättr. Perigon sowie 4 Staubblättern bzw. einem oberständ., 2blättr. Fruchtknoten mit nur einer Samenanlage. Die ♀ Blütenstände entwickeln sich zu einem brombeerart., reif als ganzes abfallenden Sammelfruchtstand, bei dem die kleinen Früchte (Nüsse) v. dem fleischig-saftig gewordenen Perigon umhüllt werden. Wichtigste Arten des M.s sind der aus O-Asien stammende, in weiten Teilen Asiens, Europas u. Amerikas eingebürgerte od. zur Zierde angepflanzte Weiße M. *(M. alba,* B Asien III) mit oberseits glatten Blättern u. bis 3 cm langen, gelbl.-weißen bis roten, süßl.-fade schmeckenden Fruchtständen sowie der aus Vorderasien stammende Schwarze M. *(M. nigra)* mit oberseits rauhen Blättern u. purpurn bis schwärzl.-violetten, angenehm säuerl.-süß schmeckenden Fruchtständen. Letztere werden roh gegessen u. auch zu Sirup, Marmelade od. Maulbeerwein verarbeitet. B Kulturpflanzen VI.

Maulbeergewächse, *Maulbeerbaumgewächse, Moraceae,* Fam. der Brennesselartigen mit rund 3000 Arten in 75 Gatt. (T 350). Vorwiegend in den Tropen u. Subtropen heim., Milchsaft führende Bäume u. Sträucher, seltener auch Kräuter, mit einfachen od. gelappten, ganzrand. bis gezähnten Blättern, Nebenblättern u. kleinen, unscheinbaren Blüten. Diese monod. diözisch, mit meist 4 (5) freien od. mehr od. weniger verwachsenen Perigonblättern u. ebensovielen, vor den Perigonblättern stehenden Staubblättern (♂ Blüte) bzw. einem aus 2 Fruchtblättern bestehenden Fruchtknoten mit nur einer Samenanlage (♀ Blüte). Die Frucht ist eine Nuß od. Steinfrucht, die häufig v. der fleischig werdenden Blütenhülle umgeben ist. Charakterist. für die M. sind die in der Fam. auftretenden, sehr vielgestalt. Blütenstände. Sie entstehen v.a. durch die Verdickung der Blütenstandsachse zu einem fleischigen, kugel-, kolben- od. kegel- bis schildförm. bzw. schüssel- bis krugart. Gebilde, auf dessen Oberfläche od. in dessen Gewebe eingesenkt die zahlr. Blüten zu finden sind. Die aus diesen Blütenständen hervorgehenden, oft fleischig-saft. Fruchtstände sind im Reifezustand häufig eßbar (↗Feigenbaum, ↗Maulbeerbaum, ↗Brotfruchtbaum u.a.). Neben den wegen ihres Obstes kultivierten M.n besitzen auch der ↗Hanf, aus dem sowohl Fasern als auch Betäubungsmittel gewonnen werden, sowie der als Bierwürze angebaute ↗Hopfen bes. wirtschaftl. Bedeutung. Aus der Kräuter u. Halbsträucher umfassenden Gatt. *Dorstenia* stammt die ↗Bezoarwurzel. Einige Arten der Gatt. *Cecropia* beherbergen in ihrem hohlen, im Innern durch Querwände unterteilten Sproß Ameisen, die dazu dienen sollen, Blattschneiderameisen v. der Art fernzuhalten (↗Ameisenpflanzen). *Maclura pomifera,* ein im mittleren W der USA heim., dorniger Baum, besitzt kugelige, 10–15 cm große, orangefarbene, eßbare Fruchtstände u. wird in seiner Heimat oft als Heckenpflanze genutzt. Das Holz von *M. tinctoria* (trop. Amerika) diente fr. zum Gelbfärben u.a. von Textilien.

Maulbeerkeim, die ↗Morula.

Maulbeerschnecken, *Morula,* Gatt. der Stachelschnecken mit dickschal. Gehäuse (ca. 3 cm hoch) u. in Reihen stehenden Knoten; in warmen Meeren weitverbreitet; leben v. Seepocken u. Weichtieren, die sie anbohren.

Maulbeerspinner, *Maulbeerseidenspinner, Bombyx mori,* ↗Seidenspinner.

Maulbrüter, Fischarten, die Eier u. Junge in

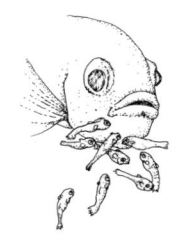

Maulbrüter
M. finden sich häufig bei ↗Buntbarschen, z.B. bei mehreren Arten der Gatt. *Tilapia* u. *Haplochromis.* Beim afr. Mosambik-Buntbarsch *(T. mossambica)* werden Eier u. Jungfische nur vom Weibchen im Maul aufbewahrt, während sich bei einigen süd-am. Buntbarschen Männchen und Weibchen in die Betreuung teilen. Bei manchen ↗Kampffischen obliegt das Maulbrüten nur dem Männchen. Die Abb. zeigt, daß die Jungfische sich bei Gefahr immer noch zum Maul hin orientieren und wieder aufgenommen werden können. Gut untersucht ist der bis 8 cm lange, ostafr. Vielfarbige M. *(H. multicolor,* B Aquarienfische II): das Weibchen betreibt die Maulbrut u. bietet den Jungen anfangs noch im Maul Zufluchtstätte. Beim zentral- und ostafr., bis 10 cm langen Blauen Zwerg-M. *(H. burtoni,* B Mimikry) hat das Männchen im Afterbereich eiähnl. Flecken, nach denen das Weibchen beim Einsammeln der Eier schnappt u. gleichzeitig Sperma aufnimmt, so daß die Eier im Maul besamt werden können. Weitere M. sind u.a. einige ↗Sonnenbarsche sowie die ↗Maulbrüterwelse.

ihrem Maul aufbewahren, bis die Jungtiere ausgeschlüpft u. ihr Dottervorrat aufgezehrt ist. Bei einigen Arten kehren auch die freischwimmenden Jungen auf bestimmte Signale hin wieder in das Maul zurück. Die Eier von M.n sind i.d.R. größer als die v. Substratbrütern (Fische, die ihre Eier an einer Unterlage ablegen), dafür werden weniger Eier produziert. Diese Form der ↗Brutpflege hat sich mehrfach unabhängig entwickelt; M. sind viele Buntbarsche, Labyrinthfische u.a. (vgl. Spaltentext). Auch innerhalb dieser Gruppen entstanden M. in der Stammesgeschichte mehrfach unabhängig voneinander (↗Konvergenz). B Aquarienfische II.

Maulbrüterwelse, *Tachysuridae,* Fam. der Welse mit ca. 30 Gatt., bei denen die Männchen die Eier im Maul ausbrüten u. während dieser Zeit hungern; meist 30–50 cm lang, leben v. a. in Küstengebieten v. Indien bis Indonesien; hierzu der längs des Golfes v. Thailand häufige, etwa 30 cm lange Soldatenwels *(Osteogeneiosus militaris)* mit nur einem Paar langer, z.T. verknöcherter Barteln; Speisefisch.

Maulesel [v. lat. mulus = Maultier] ↗Esel.

Maulfüßer, *Stomatopoda,* die ↗Fangschreckenkrebse.

Maultier [v. lat. mulus = M.] ↗Esel.

Maultierhirsch, *Großohrhirsch, Odocoileus hemionus,* mit 11 U.-Arten in den Bergen u. Wüsten des nordam. Westens lebende Hirschart; Kopfrumpflänge 100 bis 190 cm, Schulterhöhe 90–105 cm; auffallend lange Ohren (Name!).

Maul- und Klauenseuche, *Aphthenseuche,* Abk. MKS, hochinfektiöse, anzeigepflichtige, durch das *M.-Virus* (↗Picornaviren) hervorgerufene Erkrankung der Klauentiere (hpts. Rinder, daneben Ziegen, Schweine, Schafe); Inkubationszeit 2–18 Tage; Kontaktinfektion durch Futter, Milch, Kot, Blut sowie durch andere Haustiere u. den Menschen, die als Zwischenträger fungieren können. Symptome: Fieber, Freßunlust, Versiegen der Milch, Lahmheit, Exantheme an Maulschleimhaut, Zwischenklauenhaut u. Haut des Euters. Bekämpfung u.a. durch Impfung (bewirkt ca. 8monatige Immunität). Die MKS verläuft z.T. tödlich (bes. bei Jungtieren durch eine Herzmuskelentzündung). In seltenen Fällen kann die Krankheit auf den Menschen übertragen werden; typ. Krankheitsbild mit Stomatitis, Zahnfleischauflockerung, Nagelbettentzündung u. hohem Fieber.

Maulwürfe [v. ahd. molte = Erde, mhd. molt-wërf], *Talpidae,* Fam. der Insektenfresser (Ord. *Insectivora*) mit 5 U.-Fam. u. insgesamt 19 (nach anderer Einteilung 27) Arten; in Eurasien von 63° n. Br. nach S bis zum Mittelmeerraum u. Himalaya, in N-

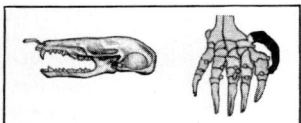

Maulwürfe

Maulwürfe
1 Europäischer Maulwurf *(Talpa europaea)*, 2 Skelett v. Kopf u. Vorderpfote

Amerika von S-Kanada bis N-Mexiko verbreitet. Geolog. nachzuweisen sind M. in N-Amerika seit dem mittleren Oligozän, in Europa seit dem späten Eozän. Der Körper der M. ist gedrungen, walzenförmig (Kopfrumpflänge 6–21 cm), Schwanz meist kurz. Die Nase ist rüsselartig verlängert; Augen u. Ohrmuscheln sind klein. Bei fast allen M.n sind die Vorderpfoten als „Grabhände" ausgebildet. – Der ostasiat. Spitzmaus-Maulwurf, *Uropsilus soricipes* (einzige Art der U.-Fam. *Uropsilinae*), ist langschwänzig u. eher spitzmausartig. Auch der nordam. ↗Sternmull *(Condylura cristata)* ist einziger Vertreter einer eigenen U.-Fam. *(Condylurinae).* Die ↗Desmane (U.-Fam. *Desmaninae)* zeigen Anpassungen an das Wasserleben. Die Amerikan.-Asiat. M. (U.-Fam. *Scalopinae)* umfassen 7 Gatt. und 12 Arten; als gemeinsames Merkmal haben sie eckzahnartig vergrößerte 1. obere Schneidezähne. Zu den Altwelt-M.n (U.-Fam. *Talpinae)* rechnen 4 (nach anderer Auffassung 13) Arten: Ostmaulwurf *(Talpa micrura;* Hinterindien bis Mongolei, Korea, Japan), Blindmaulwurf (*T. caeca;* S-Europa, v.a. Spanien, N-Italien, Griechenland), Römischer Maulwurf (*T. romana;* SW-Italien, Sizilien) u. der in Dtl. verbreitete Eur. oder Euras. Maulwurf (*T. europaea;* Europa außer N-Skandinavien u. Teile S-Europas, Asien). – *T. europaea* (Kopfrumpflänge 11–15 cm; Fellfarbe schiefergrau bis schwarz) bewohnt nahezu alle Bodenarten, bevorzugt jedoch lockere u. fruchtbare Feld- u. Waldböden, im Gebirge bis etwa 2000 m Höhe. M. sind Einzelgänger; sie leben die meiste Zeit unterird. in mit den Vorderfüßen selbstgegrabenen Gängen (Querschnitt plattoval) u. Kammern, die bis in 60 cm Tiefe reichen. Sie graben hpts. am Tage; die aus den Gängen herausgestoßene Erde ergibt die „Maulwurfhügel". Hauptnahrung der M. sind Regenwürmer u. Insektenlarven, die durch Absuchen der Jagdröhren in regelmäßigem Abstand von 3–4 Stunden erbeutet werden; dabei bedienen sich die M. ihres bes. empfindlichen Vibrations-, Gehör- u. Tastsinnes. In einer mit Pflanzenteilen ausgepolsterten Nestkammer kommen im Mai i. d. R. 4–5 Junge zur Welt, die nach 2 Monaten selbständig u. mit 12 Monaten ausgewachsen sind. Die Lebensdauer der M. beträgt 3–4 Jahre. M. halten keinen Winterschlaf. Für die Wintermonate sammeln sie Nahrungsvorräte. Als lebende „Nahrungskonserve" dienen hpts. Regenwürmer (oft mehrere 100 pro Vorratskammer), die durch Abbeißen od. Verletzen des Kopfendes am Fortkriechen gehindert sind. B Europa XVI. *H. Kör.*

Maulwurfsalamander, *Ambystoma talpoideum,* ↗Querzahnmolche.

Maulwurfsgrillen, *Gryllotalpidae,* Fam. der Heuschrecken (Langfühlerschrecken) aus der Überfam. der Grillen *(Gryllloidea)* mit insgesamt ca. 50 Arten. In Mitteleuropa nur die Maulwurfsgrille (Erdkrebs, Werre, *Gryllotalpa gryllotalpa),* kräft., bräunl. Körper, bis ca. 5 cm groß. Die Vorderbeine sind zu kurzen ↗Grabbeinen umgebildet, mit denen die M. 30 bis 40 cm unter der Erde fingerdicke Wohngänge anlegt; auch die Mittel- u. Hinterbeine sind kurz, letztere kaum noch als ↗Sprungbeine geeignet. Die Brust wird fast vollständig vom tief seitl. heruntereichenden, stark gewölbten Pronotum bedeckt. Die Hinterflügel sind in der Ruhe eingerollt u. werden v. den kürzeren Vorderflügeln, die einen Schrillapparat tragen, nicht ganz überdeckt. Der walzen-

Maulwurfsgrille *(Gryllotalpa gryllotalpa)*

förm. Hinterleib trägt zwei Cerci. Die M. ernähren sich v. im Boden lebenden Insektenlarven, Regenwürmern, aber auch zarten Pflanzenteilen. Sie verlassen ihr Labyrinth aus Gängen nur zur Fortpflanzungszeit im Frühsommer; die Kopulation selbst, die Eiablage u. die hemimetabole Larvalentwicklung erfolgen im Erdboden.

Maulwurfskrebse, Maulwurfkrebse, *Thalassinoidea,* Überfamilie der ↗*Astacura,* manchmal auch zu den ↗*Anomura* gerechnet. Langgestreckte Zehnfußkrebse mit einem kräft. Hinterleib u. großem Schwanzfächer. Alle M. wühlen in weichem Boden, u. manche haben ein weiches Exoskelett. Die wichtigsten Fam. sind die *Thalassinidae* u. die *Callianassidae.* Der 15 cm lange M. *Thalassina anomala* lebt im trop. Indopazifik im Mangrove-Schlamm. In der Gezeitenzone u. auch darüber graben die Tiere Gänge, die bis 1,5 m tief bis zum Grundwasser führen. Dort biegt die Röhre horizontal um; das Tier gräbt immer weiter u. ernährt sich von verdaul. Substanzen des Schlamms. Zum Graben dienen die kräft., subchelaten 1. Pereiopoden, das Material wird mit den 3. Maxillipeden an die Oberfläche geschafft. Dort entstehen mit der Zeit riesige Schlammhaufen mit einem „Schornstein" um den Höhlenausgang.

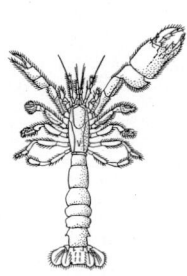

Maulwurfskrebse *Callianassa goniophthalma*

Wenn mehrere Tiere zusammenarbeiten, können diese 2 m hoch u. bis zu 10 m im Umfang werden. In angrenzenden Reisfeldern können die Tiere verheerende Schäden anrichten. Die Gatt. *Callianassa* u. *Upogebia* (Fam. *Callianassidae*) leben mit vielen Arten in allen Meeren im Küstenbereich, wo sie mit ihren verbreiterten Scherenfüßen flache Röhren im weichen Sediment graben. *C. tyrrhena* (4 bis 5 cm lang) lebt an den eur. Küsten. Die Tiere können ihre Gänge verlassen u. schnell schwimmen. In den Gängen können sie sich U-förmig einkrümmen u. dadurch umdrehen. Sie ernähren sich v. Diatomeen u. anderem, das aus dem Schlamm herausgefiltert wird, aber auch v. größeren Organismen, Polychaeten u. ä. *C. turnerana* lebt im Süßwasser westafr. Flüsse, muß aber zur Fortpflanzung das Meer aufsuchen. Die Tiere wandern dazu u. erscheinen an den Flußmündungen in riesigen Massen.

Maulwurfspitzmäuse, sehr kurzschwänzige, im Boden wühlende Spitzmäuse, in O-Afrika die Gatt. *Surdisorex,* andere Gatt. leben in Asien.

Maulwurfsratten, Bez. für 2, unterschiedlichen Gatt. zugerechnete, in Asien verbreitete Arten Echter Mäuse *(Murinae)* mit hpts. unterird. Lebensweise (verzweigtes Gangsystem, Vorratskammer). Beide Arten treten als Getreideschädlinge u. Pestträger in Erscheinung. M. werden v. Menschen gegessen u. ihre Getreidevorräte ausgegraben. 1) Indische M. od. Pestratte *(Bandicota bengalensis),* 2) Kurzschwanz-M. *(Nesokia indica);* in Ägypten eingeschleppt.

Mauremys *w* [v. gr. Mauros = nordafr., emys = Schildkröte], Gatt. der ↗Sumpfschildkröten.

Mauritiushanf ↗Agavengewächse.

Mauritiusskink, *Didosaurus mauritianus,* ↗Didosaurus.

Maurolicus *m,* Gatt. der ↗Großmünder.

Mäuse, 1) allg.: Bez. für zahlr. Kleinsäuger unterschiedl. systemat. Stellung (z. B. ↗Beutel-M., ↗Spitz-M., ↗Fleder-M., ↗Taschen-M.), v. a. aber für fast alle kleineren Nagetiere (unter 13–15 cm Kopfrumpflänge) aus den verschiedenen Fam. der ↗Mäuseverwandten (U.-Ord. *Myomorpha*), im Ggs. zu den größeren, meist als „Ratten" bezeichneten Nager-Arten. Schlaf-M. ↗Bilche. – 2) *Muridae,* Eigentl. M., Langschwanz-M., Altwelt-M., den ↗Wühlern (Fam. *Cricetidae*) u. damit auch den meist kurzschwänz. Wühl-M.n *(Microtinae;* z. B. ↗Scher-M., *Arvicola,* und ↗Feld-M. *Microtus spp.)* gegenübergestellte Nagetier-Fam., deren Vertreter durch 3 Längsreihen (Wühler: 2) spitzer Höcker auf den 3 Backenzähnen charakterisiert sind; Kopf-

Mäuse
Unterfamilien der Eigentlichen Mäuse *(Muridae):*
↗Baummäuse *(Dendromurinae)*
↗Borkenratten *(Phloeomyinae)*
Echte Mäuse *(Murinae)*
↗Hamsterratten *(Cricetomyinae)*
Afr. ↗Lamellenzahnratten *(Otomyinae)*
↗Nasenratten *(Rhynchomyinae)*
↗Schwimmratten *(Hydromyinae)*

Mäusedorn
Die großen, grünen Sproßachsen des M.s *(Ruscus)* sind blattähnlich u. können assimilieren; darauf die kleineren Blätter.

rumpflänge von 5 cm (Afr. Zwergmaus, *Leggada minutoides*) bis fast 50 cm (Riesenborkenratte, *Phloeomys cumingi*); spitze Schnauze mit gespaltener Oberlippe („Hasenscharte"); langer bis mittellanger Schwanz mit deutl. Ringen u. dünner Behaarung; Vorderfüße mit 4, Hinterfüße mit 5 Zehen; kein Winterschlaf. Die Muriden sind die artenreichste, fruchtbarste u. anpassungsfähigste Säugetier-Fam.; ihre Verbreitung erstreckt sich heute über ganz Afrika, das trop. Asien, Neuguinea und Austr.; relativ wenige Arten (aus der U.-Fam. *Murinae*) kommen in Europa u. in den gemäßigten Zonen Asiens vor. Die etwa 100 Gatt. mit zus. 300–400 Arten verteilen sich auf 7 U.-Fam. (vgl. Tab.). – 3) *Murinae,* Echte M., mit über 70 Gatt. die umfangreichste U.-Fam. der Muriden. 17 Gatt. mit insgesamt 60–70 Arten leben heute in Austr. und Neuguinea; ihre Vorfahren sind vor 5 Mill. J. aus SO-Asien eingewandert, z. B. die Austr. Häschenratten *(Leporillus),* die Austr. Klein-M. *(Leggadina)* u. die Austr. Hüpf- od. Känguruh-M. *(Notomys).* 5 Gatt. kommen ausschl. auf den Philippinen vor. Zu den etwa 20 Gatt. mit über 200 Arten, die im übrigen SO- und S-Asien leben, gehören u. a. die als Getreideschädlinge u. Krankheitsüberträger (z. B. Pest, Leptospirose) gefürchteten Bandikutratten *(Bandicota)* u. die Kurzschwanz-Maulwurfsratten *(Nesokia)* sowie die nachtaktiven, kletterbegabten Ind. Baum-M. *(Vandeleuria).* Mit der Kulturgeschichte des Menschen eng verknüpft ist die Ausbreitung der zu den Echten M.n gehörenden Eigtl. ↗Ratten *(Rattus),* insbes. der Hausratte *(R. rattus).* Zu den Echten M.n rechnen auch die Gatt. *Apodemus* u. *Micromys* (↗Brandmaus, ↗Gelbhalsmaus, ↗Waldmaus; ↗Zwergmaus) u. als M. i. e. S. die Gatt. *Mus* mit etwa 20 Arten u. über 130 U.-Arten, darunter die ↗Hausmaus (*M. musculus*). H. Kör.

Mäusedorn, *Ruscus,* Gatt. der Liliengewächse mit 5 Arten im Mittelmeerraum u. SW-Asien; bis 2 m hohe, immergrüne Sträucher mit horizontalem Rhizom. Die Stengel sind zu Phyllokladien umgewandelt, die winzige Blätter tragen. In den Achseln v. Hochblättern entwickeln sich die kleinen weißen Blüten. *R. aculeatus* wird bei uns gern als Bindegrün od. für Trockensträuße verwendet.

Mäusefloh, 1) *Leptinus testaceus,* ↗Pelzflohkäfer. 2) *Mäuseflöhe,* Floharten, die auf verschiedenen Mäusegruppen parasitieren; hierher v. a. Arten der *Hystrichopsyllidae* u. *Leptopsyllidae.*

Mäusegersten-Flur, *Bromo-Hordeetum,* Assoz. der ↗Sisymbrietalia.

Mäusepocken, *infektiöse Ektromelie,* Ek-

tromelia muris, durch das M.virus (Ektromelievirus, ↗ Pockenviren) hervorgerufene, hochansteckende Infektionskrankheit der Nagetiere, v. a. der Mäuse, mit Schwellungen u. Nekrosen an Beinen (bes. Pfoten) u. Schwanz sowie Nekrosen in Leber u. Milz; M. spielen eine wicht. Rolle bei der experimentellen Erforschung der ↗ Pocken.

Mauser [Ztw.: *mausern*], *Federwechsel, Gefiederwechsel,* period. Austausch v. Federn bei Vögeln (i. w. S. auch Bez. für den ↗ *Haarwechsel* bei Säugetieren). Mechan. Beanspruchung u. Ausbleichen durch Lichteinwirkung nutzen die Federn ab, die aus totem Material (Keratin) bestehen u. deshalb nicht repariert werden können, sondern regelmäßig erneuert werden müssen. Durch den Federwechsel dürfen Flugfähigkeit u. Wärmeschutz nicht zu stark beeinträchtigt werden; deshalb fallen Federn meist nacheinander aus. Im allg. findet die M. nach Ende der Fortpflanzungszeit statt *(postnuptiale M.),* d. h. bei eur. Vögeln im Spätsommer. Die Synchronisation der M. mit den verschiedenen Aktivitäten im Jahreslauf der Vögel wird durch komplexe Mechanismen bewirkt. Wahrscheinl. sind mehrere Hormone an der Steuerung beteiligt; Sexualhormone wirken vermutl. mauserhemmend; am Ende der Fortpflanzungszeit sorgt das Schilddrüsenhormon (Thyroxin) für eine erhöhte Blutversorgung u. Vorbereitung der Federanlagen. Da nicht wenige Vogelarten auch während der Brutzeit, d. h. bei einem relativ hohen Spiegel an Sexualhormonen, mausern, kann dieses Zusammenwirken nicht allein ausschlaggebend sein. Einflüsse scheinen auch andere Hormone, z. B. Progesteron u. Prolactin, zu haben. Bei einigen Arten, wie Grasmücken u. Laubsängern, wurde eine endogene Jahresperiodik (↗ Chronobiologie, B II) der M. nachgewiesen. Zur Anpassung an die lokalen Gegebenheiten spielt wahrscheinl. die (geogr. unterschiedl.) Änderung der Tageslänge die Rolle als Zeitgeber. Eine M. kann das gesamte Gefieder umfassen *(Voll-M.)* od. nur Teile davon, z. B. das Kleingefieder *(Teil-M.).* Die alte Feder wird durch das Wachstum der neuen ausgestoßen; meist fällt sie erst aus, wenn die neue schon etwas herangewachsen ist. Die Voll-M. beginnt gewöhnl. an den Flügeln, setzt sich über das Körpergefieder fort u. endet am Schwanz. Schwung- u. Schwanzfedern fallen in genau festgelegter Reihenfolge aus. Viele Wasservögel (Seetaucher, Lappentaucher, Flamingos, Entenvögel, Rallen, Kraniche u. Alken) verlieren ihre Schwungfedern gleichzeitig u. sind daher mehrere Wochen lang flugunfähig. In dieser Zeit verstecken sie sich od. ziehen sich an son-

Mauser
Ein Sonderfall ist die *Schreck-M.:* Bei einem plötzl. Schreck (z. B. durch einen Feind) fallen schlagartig alle Federn einer Gefiederpartie aus, meist Steuerfedern u. Konturfedern der Unterseite, was einen gewissen Schutz in höchst bedrängter Situation bedeuten dürfte (vgl. ↗ Autotomie beim Eidechsenschwanz).

stige, für Feinde unzugängl. Plätze zurück. Schwungfedern einiger Großvögel halten länger als 1 Jahr u. werden alle 2 Jahre gewechselt, so bei Trappen, Kranichen, Flamingos u. verschiedenen Greifvögeln. Die M. dauert bei Singvögeln 8–12 Wochen; bei vielen Zugvögeln, z. B. weitwandernden Limikolen, kann die M. in mehreren Phasen erfolgen, so daß sie z. B. erst im Winterquartier abgeschlossen wird. Die meisten Sperlingsvögel mausern einmal im Jahr im Anschluß an die Brutzeit *(Jahres-M.).* Bei vielen anderen Vogelgruppen finden durchweg zwei M.n im Jahr statt; bei Tauchern, Enten u. Limikolen z. B. ist dies erkennbar am Wechsel v. Pracht- u. Schlichtkleid. Einige wenige Arten (Schneehuhn, Kampfläufer) wechseln Teile des Körpergefieders sogar dreimal im Jahr. Bei Jungvögeln folgen i. d. R. dem Dunenkleid ein od. mehrere Jugendkleider; die Jugend-M. stellt meist nur eine Teil-M. dar, so daß Schwungfedern oft erst im folgenden Jahr gewechselt werden.

Lit.: *Stresemann, E. u. V.:* Die Mauser der Vögel. Journal für Ornithologie, Bd. 107. Sonderheft. Berlin 1966. *M. N.*

Mäuseschwanz, *Myosurus,* Gatt. der Hahnenfußgewächse mit ca. 20 Arten in Eurasien, Amerika, Austr. und Neuseeland, bei uns nur *M. minimus.* Die 15 cm hohe einjährige Pflanze besitzt grundständige grasähnl., bis 6 cm lange Blätter. Der 3–5 cm lange schlanke Fruchtstand ist mäuseschwanzähnlich. Die Blütenblätter der unscheinbaren grünen Blüten sind wie die Kelchblätter hinfällig. Der M. wächst in Pionierges. an Ackerrändern u. Ufern auf feuchtem nährstoffreichem Boden.

Mäuseverwandte, *Myomorpha,* U.-Ord. der Nagetiere (Ord. *Rodentia*) mit 7 Fam. (vgl. Tab.). Mit über 1500 Arten stellen die M.n etwa ⅓ aller Säugetierarten.

Mäusewicke ↗ Vogelfuß.

Mausflohkäfer, *Mäusefloh, Leptinus testaceus,* ↗ Pelzflohkäfer.

Maushund, *Langschnauzenmanguste, Rhyncogale melleri,* zu den ↗ Ichneumons rechnende, hochbeinige ostafr. Schleichkatze.

Maus-Mammatumor-Virus, Abk. MMTV, ↗ RNA-Tumorviren.

Mausöhrchen, *Hieracium pilosella,* ↗ Habichtskraut.

Mausohr-Fledermäuse, *Myotis,* Gatt. der ↗ Glattnasen; ☐ Echoorientierung.

Mausohr-Schnecken, *Ovatella,* Gatt. der Küstenschnecken des O-Atlantik u. Mittelmeers. *O. myosotis,* 8 mm hoch, lebt auf Außendeichswiesen der Nord- u. Ostseeküsten von Diatomeen u. Detritus.

Mausschwanz-Fledermäuse, *Rhinopomatidae,* Fledermaus-Fam. mit nur 1 Gatt.

Mäuseverwandte
Familien:
↗ Wühler
(Cricetidae)
↗ Wurzelratten
(Rhizomyidae)
↗ Blindmäuse
(Spalacidae)
↗ Mäuse
(Muridae)
↗ Bilche
(Gliridae)
↗ Hüpfmäuse
(Zapodidae)
↗ Springmäuse
(Dipodidae)

(Rhinopoma) u. 3 Arten; in Afrika u. Vorderasien bis Indien. Die M. sind nach ihrem fast körperlangen, dünnen Schwanz ben., der nur an seiner Wurzel v. der Schwanzflughaut eingeschlossen wird.

Mausvögel, Coliiformes, Ord. finkengroßer Vögel mit 1 Fam. *(Coliidae)* und 6 Arten der Gatt. *Colius* (B Afrika V), die in baum- u. buschbestandenem Gelände Afrikas südl. der Sahara heim. sind. Zeigen anatom. Ähnlichkeiten zu den Seglern, Racken u. a. Kenntl. durch lange steife Schwanzfedern u. eine Federhaube, die bei Erregung aufgerichtet wird; braun od. grau; klettern gewandt durchs Gebüsch, wobei v. Vorteil ist, daß 1. und 4. Zehe nach vorn u. hinten gerichtet werden können. Pfeifende Rufe, gesellig, schlafen in dichtgedrängten Trauben. Ernähren sich überwiegend vegetarisch, v. Früchten, Knospen, Samen und gelegentl. von Insekten. Napfförm. Nest im dichten Gestrüpp mit 2–4 Eiern, die beide Partner bebrüten. Feste Paarbindung, die evtl. mehrere Jahre od. auch lebenslang andauert. Die Jungen sind nach 3 Wochen flügge u. zu diesem Zeitpunkt erst etwa halb so groß wie die Eltern.

Mauthnersche Scheide [ben. nach dem östr. Ophthalmologen L. Mauthner, 1840 bis 94], das ↗Axolemm.

Maxillardrüsen [Mz.; v. *maxill-], *Maxillendrüsen, Kieferdrüsen,* Drüsen, die an der Basis v. Maxillen ausmünden; bei Krebsen als ↗Exkretionsorgane, bei Insekten nur noch sehr sporadisch als Speicheldrüsen ausgebildet. ↗Coxaldrüsen.

Maxillare s [v. lat. maxillaris = Kiefer-], Deckknochen des Ober-↗Kiefers der Wirbeltiere, stammesgesch. als Auflage auf dem ↗Palatoquadratum entstanden. Das M. trägt Zähne, bei Säugern die Eck-, Vorbacken- u. Backenzähne. Es ist bei Tetrapoden (außer Schlangen) fest mit den benachbarten Schädelelementen verwachsen. Vor dem M. liegt auf jeder Körperseite ein ↗Praemaxillare. – Die *Maxilloturbinalia* od. *Conchae inferiores* (↗Turbinalia) sind Auswüchse des M., die der Oberflächenvergrößerung der Riechhöhle dienen.

Maxillarpalpus m [v. *maxill-, lat. palpus = Striegel], *Maxillentaster, Palpus maxillaris,* Taster des Unterkiefers bei Krebsen, Tausendfüßern u. Insekten. ↗Mundwerkzeuge; ☐ Insekten.

Maxille w [v. *maxill-], *Maxilla,* 1) bei Gliederfüßern: Unterkiefer der Krebse, Tausendfüßer u. Insekten; ↗Mundwerkzeuge, ☐ Insekten, B Gliederfüßer I. 2) Humananatomie: der einheitl. Oberkieferknochen des erwachsenen Menschen; entsteht ontogenet. durch die nahtlose Verschmelzung v. ↗Maxillare u. ↗Praemaxillare beider Körperseiten; ↗Goethe.

maxill- [v. lat. maxilla = Kinnbacken, Kiefer; davon: maxillaris = Kiefer-].

J. R. von Mayer

Langschwanz-Mausvogel

Maxillare
Nur beim Menschen sind M. und Praemaxillare *nahtlos verschmolzen* zur ↗Maxille (↗Goethe).

Maxillendrüsen [v. *maxill-], die ↗Maxillardrüsen.

Maxillipeden [Mz.; v. *maxill-, lat. pedes = Füße], ↗Gnathopoden; ↗Extremitäten.

Mayacaceae [Mz.], Fam. der ↗Commelinales (T).

Mayer, *Julius Robert von,* dt. Arzt u. Naturforscher, * 25. 11. 1814 Heilbronn, † 20. 3. 1878 ebd.; nach Studium in Tübingen, München u. Paris 1840–41 Schiffsarzt auf einer Reise nach Java; erkannte auf dieser Reise, daß die Farbunterschiede zw. dem (hellroten) arteriellen u. (dunkelroten) venösen Blut (arterio-venöse-Differenz) in den Tropen geringer ausfallen als in gemäßigten Klimazonen u. deutete dies richtig als eine verminderte Sauerstoffausnutzung infolge der geringeren Notwendigkeit zur Wärmeproduktion; leitete daraus 1842 die Äquivalenz von mechan. Arbeit u. Wärme ab (1. Hauptsatz der Thermodynamik) u. berechnete (1845) das mechan. Wärmeäquivalent aus der Differenz der spezif. Wärmen v. Gasen; formulierte in diesem Zshg. das Gesetz v. der Erhaltung der Energie. WW „Die organ. Bewegung in ihrem Zshg. mit dem Stoffwechsel". Heilbronn 1845. „Bemerkungen über das mechan. Äquivalent der Wärme". Heilbronn 1851.

Mayetiola w [ben. nach dem frz. Zoologen V. Mayet, † 1909], Gatt. der ↗Gallmücken.

Mayow [mäiou], *John,* engl. Physiologe, * 24. 5. 1640 bei London, † 10. 10. 1679 London; vermutete, daß ein bestimmter Bestandteil der Luft sowohl an der Atmung wie beim Verbrennungsvorgang beteiligt ist u. daß dieser Stoff v. der Lunge aufgenommen u. durch den Blutstrom zu allen Körperteilen transportiert wird; dabei sollte das dunkle venöse Blut durch Aufnahme dieses Stoffes in helles arterielles Blut übergehen.

Mazama s [v. Nahuatl maçam- = Hirsch], die ↗Spießhirsche.

Mazeration w [v. lat. maceratio = Mürbemachung], 1) Auflösen v. Gewebeverbänden zu Einzelzellen durch Zerstörung des „Interzellularkitts" (Ca^{2+}-Entzug) od. Zerstörung v. Weichgeweben zur Reindarstellung v. Hartstrukturen (Chitin, Knochen, zelluläre Mineralskelette) durch bakterielle od. künstliche chem. bzw. physikal. Zersetzung. 2) In der Pharmazie Verfahren zur ↗Extraktion einer Substanz aus einem Stoffgemisch durch Lösungsmittel (v. a. Wasser); dient bes. zur Aufbereitung v. Drogen.

McClintock [mäklint^{a}k], *Barbara,* am. Botanikerin u. Genetikerin, * 16. 6. 1902 Hartford (Conn.); nach Studium u. Lehrtätigkeit (bis 1931) an der Cornell Univ. Forschungsaufenthalte u. a. am California Inst.

MCD-Peptid

mechan- [v. gr. mēchanē = Werkzeug, Maschine, (Hilfs-)Mittel].

of Technology u. am bot. Inst. Freiburg i. Br. (1933/34); nach Tätigkeiten an verschiedenen Univ. seit 1974 am Cold Spring Harbor Laboratory (Long Island, N.Y.). Für ihre 1957 an Mais u. anderen Pflanzen gemachte Entdeckung der „controlling elements", die sie (schon lange vor dem Nachweis transponierbarer genet. Elemente auf molekularer Ebene) als bewegl. Abschnitte des Genoms deutete, erhielt sie 1983 den Nobelpreis für Medizin.

MCD-Peptid, ein 1978 erstmals synthet. hergestelltes, im Bienengift enthaltenes, aus 22 Aminosäuren bestehendes Polypeptid, das in seiner entzündungshemmenden Wirkung alle bisher bekannten Arzneimittel übertrifft.

m-DNA, diejenige DNA im Genom eines Organismus, die zu m-RNA komplementär ist u. dadurch mit ihr hybridisieren kann.

Meantes [Mz.; v. lat. meare = wandern] ↗ Armmolche.

mechanische Orientierung, (Ager 1963), in natürl. Fossilanhäufungen (zumindest statist.) deutlich erkennbare Bevorzugung einer Bewegungsrichtung aufgrund mechan. (physikal.) Einflüsse, z.B. durch Strömungen. Die Ermittlung m.r O.en ist Gegenstand der ↗ Biostratonomie (↗ Einkippung, ↗ Einsteuerung, ↗ Einregelung).

mechanisches Gewebe, das ↗ Festigungsgewebe.

mechanische Sinne, Sammelbez. für eine Vielzahl v. Sinnen bei Tieren u. Mensch, deren reizperzipierende Strukturen *(↗ Mechanorezeptoren)* durch mechanisch ausgelöste Verformungen *(mechanische Reize)* erregt werden. Die dabei wirksam werdenden Kräfte können entweder v. außen durch Berührung, Erschütterung od. Teilchenbewegungen od. durch den Organismus selbst z. B. bei Bewegung (Gelenkrezeptoren, ↗ Mechanorezeptoren) od. Muskelarbeit (↗ Muskelspindeln) ausgelöst werden. Zu den m.n S.n zählen der ↗ Druck-, ↗ Tast-, ↗ Haut-, ↗ Gehör-, ↗ Gleichgewichts-, ↗ Dreh-, ↗ Vibrations- u. ↗ Strömungssinn. Einer derart. Unterteilung der m.n S. liegen keine einheitl. Kriterien zugrunde. Diese erfolgt vielmehr nach der Art des auslösenden Reizes (Druck, Drehung, Vibration, Strömung), nach der Funktion des Sinnesorgans (Tast-, Gehör-, Gleichgewichtsorgan) od. nach der Lage der Rezeptoren (z. B. Haut). – Die Leistungen der m.n S., die bei allen Tieren u. dem Menschen vorhanden sind, sind z. T. außerordentlich groß. So nimmt der Mensch mit Hilfe des *Tastsinns* nicht nur die erfolgte Berührung selbst, sondern auch den Ort der Berührung wahr. Außerdem erhält er noch Informationen über den berührten Gegenstand selbst, z.B. über seine Beschaffenheit, Oberflächenstruktur, Art u. Größe. Weiterhin kommt dem Tastsinn eine wicht. Funktion bei der Auslösung v. Reflexbewegungen zu. Der Totstellreflex vieler Insekten wird durch starke mechan. Berührung ausgelöst; bei tarsalem Kontakt stellen Fliegen die Flugbewegung ein, umgekehrt führt eine Aufhebung dieses Kontaktes (Tarsalreflex) zum sofort. Beginn der Flugbewegung. Auf den Rücken gefallene Tiere (z. B. Seesterne, Insekten) beginnen wegen fehlenden Berührungskontaktes der Extremitäten sofort mit Umkehrbewegungen (Dorsalreflex). Der Klammerreflex männl. Frösche u. Kröten wird durch Berührung der Bauchhaut ausgelöst. Der Wischreflex derselben Tiere setzt ebenfalls nach mechan. Reizung der Haut ein. Eine bes. Form des Tastsinns stellt der *Vibrationssinn* dar, dessen adäquater Reiz mechan. Schwingungsenergie ist. Dieser Reiz hat im Ggs. zu arrhythmischen Berührungen einen period. Zeitverlauf. Bes. ausgeprägt ist der Vibrationssinn bei Spinnen u. Insekten. Schaben können mit den Subgenualorganen noch Erschütterungen des Bodens ausmachen, wenn die Schwingungsamplituden nur $4 \cdot 10^{-9}$ mm betragen. Die Fingerbeere des Menschen hingegen vermag „nur" Vibrationen mit Amplituden von 10^{-4} mm zu registrieren. Spinnen nehmen die Erschütterungen ihrer Netze mit den Sinnesspalten am distalen Ende des Metatarsus ihrer Laufbeine wahr. – Der bei Fischen u. im Wasser lebenden Amphibien vorhandene *Strömungssinn* dient der Orientierung nach der Strömungsrichtung in Gewässern sowie der Lokalisation v. Turbulenzen, die durch andere Tiere (Beute, Feinde) erzeugt werden. Diese Wasserbewegungen werden mit den *Seitenlinienorganen,* deren Rezeptoren i. d. R. am Kopf u. entlang des Körpers in Reihen hintereinander angeordnet sind, perzipiert. Sie sind bei Fischen häufig am Grund v. Rinnen od. innerhalb v. mit Schleim gefüllten Kanälen gelegen. Der Krallenfrosch vermag mit Hilfe der Seitenlinienorgane ein Erschütterungszentrum im Wasser od. an der Wasseroberfläche bis auf eine Entfernung von 15 cm genau zu lokalisieren. Fische können mit diesem Organ den Staudruck, der beim Anschwimmen eines Hindernisses entsteht, „ertasten" (↗ Ferntastsinn). In ihrer Funktion vergleichbar mit den Seitenlinienorganen sind die Haarfächerorgane der Hummer. Mit diesen insbes. auf den Scheren angeordneten Organen erhalten die Tiere ebenfalls Informationen über Wasserbewegungen. – Über einen *Gleichgewichts-* od. *statischen Sinn* verfügen, soweit bekannt, alle Tiere. Der auslösende Reiz dieses Sin-

mechanische Sinne

nes, der der Orientierung im Raum dient, ist die auf alle Körper einwirkende u. zum Erdmittelpunkt gerichtete Schwerkraft. Die Perzeption dieser Kraft erfolgt – eine Ausnahme bilden die Insekten – durch die ↗ *Gleichgewichtsorgane* (Statolithenorgane, statische Organe, Schweresinnesorgane). In diesen Organen sind i. d. R. Teilchen mit hoher Dichte eingelagert, die auf den Härchen v. Sinneszellen ruhen. Bei Bewegung des Körpers u. damit des Organs sind die eingelagerten Teilchen bestrebt, den tiefsten Punkt des Gleichgewichtsorgans einzunehmen. Dadurch erfolgt eine Abbiegung der Härchen u. damit die Reizung der Sinneszellen (☐ Gleichgewichtsorgane). Die ersten echten Schweresinnesorgane treten bei den Medusen in Form von 8 Sinneskolben (Randkörper) auf, die am Schirmrand Ausstülpungen bilden. Als ↗ *Statolithen* („Schweresteine") fungieren spezielle schwerere Kristalle, die auf Sinneszellen in der Basis des Randkörpers ruhen. Die paarig angelegten *Statocysten* (v. einem Haarpolster ausgekleidete Hohlräume) der Weichtiere sind ektodermalen Ursprungs u. befinden sich in der Nähe des Pedalganglions, werden aber vom Cerebralganglion innerviert. Die Statolithen bzw. die kleineren *Statoconien* sind entweder mehr od. weniger frei bewegl. (Muscheln u. Schnecken) od. mit dem Sinnesepithel verwachsen (Tintenfische). Decapode Krebse besitzen Statocysten, die aus epidermalen Einstülpungen im Basalglied der ersten Antenne entstanden sind. Diese sind v. einer Chitincuticula, die ein Sinnespolster aufweist, ausgekleidet u. bleiben oft durch eine Öffnung mit der Außenwelt in Verbindung. Der Statolith wird nicht vom Tier selbst produziert, sondern besteht aus aufgenommenen Fremdkörpern (Kieselsplitter). Diese werden durch Sekret miteinander verbunden, wobei die Sinneshaare mit einbezogen werden. Bei jeder Häutung werden die Statolithen zus. mit dem Panzer abgeworfen. Bietet man nach einer Häutung den Tieren nur Eisenpartikel zum Aufbau des Statolithen an, so werden auch diese verwendet. Nähert man einem solchen Tier einen Magneten v. der Seite, so erfolgen kompensator. Gegenbewegungen. Dies beweist, daß nicht der durch das Statolithengewicht ausgelöste Druck, sondern die durch die Statolithenverlagerung bedingten Zugkräfte erregungsauslösend wirken. Einseitige Statolithenentfernung führt zunächst zu einer Ungleichgewichtslage (Schrägneigung) des Tieres, die innerhalb weniger Tage nervös kompensiert wird. Dies ist für die Krebse v. großer Bedeutung, da die paarigen Statolithen, nach jeder Häutung neu aufgenommen, häufig unterschiedl. Gewichte besitzen. – Neben dem Gleichgewichtssinn besitzen viele Krebse, ebenso wie die Wirbeltiere, einen *Drehsinn (Rotationssinn)*. Drehungen der Tiere bewirken kompensator. Augenstielbewegungen in der entgegengesetzten Richtung. Das *Labyrinth* („inneres Ohr") der Wirbeltiere (↗ Gehörorgane, B) liefert nicht nur Informationen über die Richtung der einwirkenden Schwerkraft, sondern spricht darüber hinaus auf Linear- u. Winkelbeschleunigungen des Organismus an. Es ist aufgebaut aus dem *Sacculus* u. der *Lagena*, dem *Utriculus* u. dem *Bogengangsystem*. Das gesamte Labyrinth ist mit Lymphe (Endolymphe) gefüllt u. von Perilymphe umgeben. Sacculus u. Utriculus sind für die Lageorientierung verantwortl., jedoch scheint dem Utriculus die wichtigere Funktion zuzukommen, da sich in einigen Fällen (Fische, Frösche, Kaninchen) der Sacculus für die Raumorientierung als entbehrlich erwies. Für diesen wird eine Bedeutung für den Vibrationssinn diskutiert. Vom Statolithenapparat des Labyrinths geht eine Vielzahl v. Reflexen aus, die sich auf Kopf-, Augen-, Hals- u. Körpermuskulatur erstrecken (Kopfstellreflex, Augenreflexe, Halsreflexe). Der adäquate Reiz für das Bogengangsystem ist die Winkelbeschleunigung bei Drehung des Kopfes allein oder in Zshg. mit dem ganzen Körper. Bei derart. Bewegungen wird das verwachsene Labyrinth mitgeführt, wohingegen die in den Bogengängen vorhandene Endolymphe infolge ihrer Trägheit zunächst im Ruhezustand verharrt. Daraus resultiert eine Ablenkung der in der Ampulle liegenden u. mit der Labyrinthwand verwachsenen *Cupula* (B mechanische Sinne II). Bei anhaltender Drehung mit konstanter Winkelgeschwindigkeit paßt sich die Endolymphe verzögert dieser Bewegung an: die Cupula kehrt in die Ausgangslage zurück, u. die Drehbewegung wird, wenn keine weiteren Sinneseindrücke vorhanden sind, nicht mehr wahrgenommen. Bei Abbruch der Drehbewegung setzen die umgekehrten Prozesse ein: Das Labyrinth ist im Ruhezustand, die Endolymphe strömt aufgrund ihres Beharrungsvermögens weiter, so daß die Cupula nun in entgegengesetzter Richtung ausgelenkt wird. Diese Auslenkungen der Cupula stellen die auslösenden Reize für die Wahrnehmung v. Drehbewegungen dar. – Von Insekten sind keine bes. Statolithenorgane bekannt. Als Schweresinnesorgane fungieren zwei Grundtypen: die *Auftriebsstatoorgane* der Wasserwanzen u. die auf der Basis v. Propriorezeptoren arbeitenden *Statoorgane* der terrestri-

MECHANISCHE SINNE I

Mechanorezeptoren sind Sinnesorgane, die auf mechanische Verformungen reagieren und zur Messung der Spannung und Länge von Muskeln, der Körperhaltung, von Tastempfindungen, aber auch von Blutdruck, Schallwellen, Luft- und Wasserströmungen dienen. Trotz der Vielfalt dieser Reizformen lassen sich die wirksam werdenden mechanischen Einwirkungen auf zwei Grundformen reduzieren: Druck- oder Dehnungskräfte bzw. Biegungs- oder Scherkräfte. Erstere werden von den freien Nervenendigungen, den Endkörperchen (*Ruffinische Körperchen, Krausesche Endkolben*), den Lamellenkörperchen (*Pacinische Körperchen, Herbstsche Körperchen, Grandry-Körperchen*), den Muskel- und Sehnenspindeln (Streckrezeptoren) sowie den Subgenualorganen der Insekten perzipiert, wohingegen letztere die adäquaten Reize für Haarzellen, Tastborsten und Sensillen darstellen. Während die freien Nervenendigungen in der Epidermis aller Wirbeltiere vorkommen, gelten die Pacinischen Körperchen als besonders empfindliche Tast- und Berührungsrezeptoren der Säugetiere. Eine ähnliche Funktion erfüllen die Herbstschen Körperchen und Grandry-Körperchen der Vögel. Die Haarzellen der Wirbeltiere und Insekten dienen vor allem der Wahrnehmung von Schallwellen, Wasser- und Luftströmungen und stellen die Rezeptoren der Seitenlinien-, Gehör- und Gleichgewichtsorgane dar.

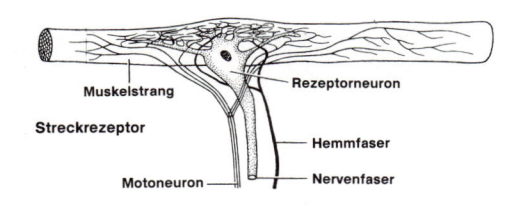

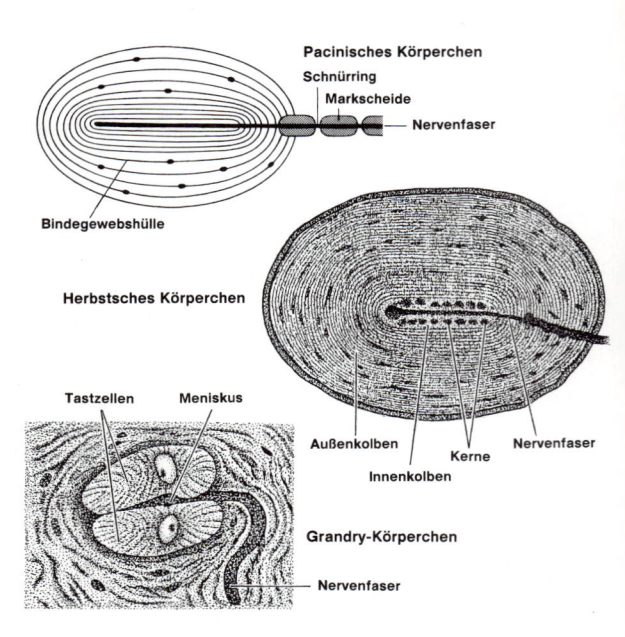

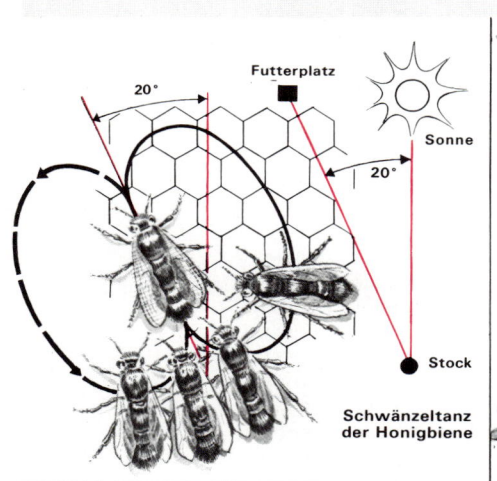

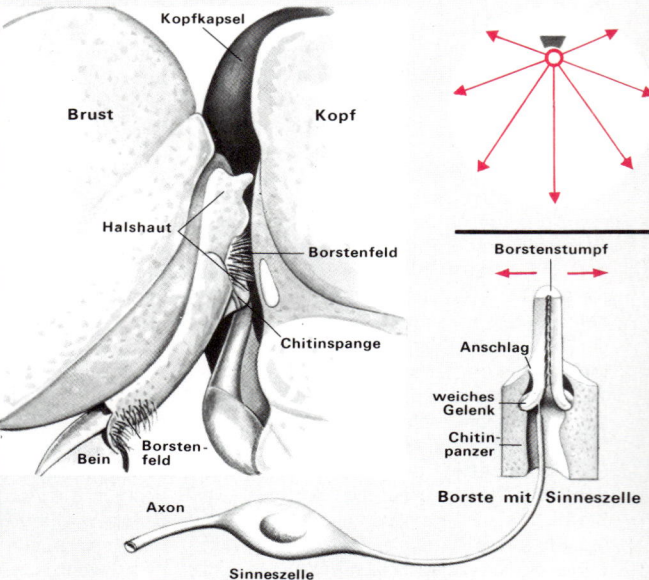

Abb. rechts: Sinnesborste am Halsgelenk der Biene mit Sinneszelle. Die darüberstehende Richtcharakteristik gibt an, wie stark die Borste durch Abbiegung in verschiedene Richtungen erregt wird.

Schwänzeltanz der Honigbiene

Mit Hilfe von Sinnesborsten, die in kleinen Polstern zwischen gegeneinander beweglichen Körperteilen angeordnet sind (Abb. Mitte), können Insekten die Stellung dieser Körperteile zueinander und damit auch die Schwerkraftrichtung feststellen. Letzteres spielt z. B. bei der Verständigung der *Bienen* im Stock eine Rolle. Beim *Schwänzeltanz* auf der Wabe (Abb. Mitte links) zeigt eine erfolgreiche Sammlerin ihren Kameraden den Winkel zwischen Richtung zum Futterplatz und Sonnenstand durch ihren Tanzwinkel zur Vertikalen an.

Seitenlinienorgane sind Staudruck-Sinnesorgane von Fischen und einigen Amphibien, die der Orientierung nach der Strömungsrichtung in Gewässern und der Lokalisation von Turbulenzen dienen, die durch andere Tiere (Beute, Feind) erzeugt werden. Der Reizaufnahme dienen Gruppen von Haarzellen in Sinnesknospen, die in Öffnungen oder Kanälen der Haut liegen. Abb. links zeigt die Lage und den Aufbau der Seitenlinienorgane eines Fisches.

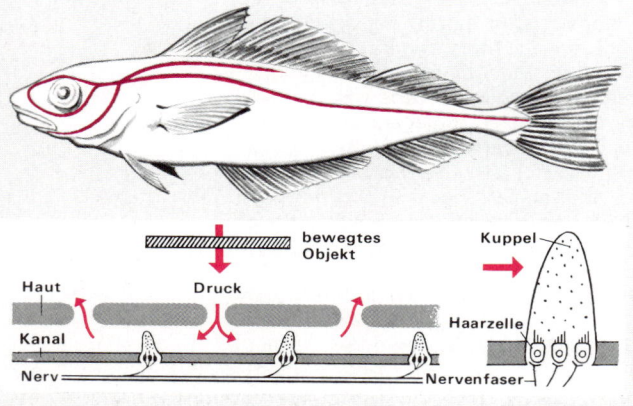

© FOCUS/HERDER

MECHANISCHE SINNE II

Streckrezeptoren

Viele Tiere besitzen hochempfindliche Mechanorezeptoren, die auf Dehnung ansprechen. Ein solcher *Streckrezeptor* besteht im Prinzip aus einer Sinneszelle, die zwischen bestimmten, durch den Reiz gegeneinander beweglichen Teilen, z. B. des Skeletts, ausgespannt ist. Bei *Scolopidialorganen* werden die sensiblen Fortsätze der Sinneszellen durch Kappen zusammengedrückt und erregt, wenn die Anheftpunkte gegeneinander verschoben werden. Mit Hilfe solcher Organe (Abb. links) können Insekten noch feinste, z. B. durch den Tritt eines Tieres erzeugte Schwingungen der Unterlage feststellen bzw. Schallwellen hören.

Subgenualorgan im Bein einer Ameise — **Hörzelle einer Heuschrecke**

Scolopidialorgane

Schwere- und Drehsinnesorgane der Wirbeltiere

Haarzellen sind typische sekundäre Sinneszellen in den Schwere- und Drehsinnesorganen z. B. der Wirbeltiere. Sie reagieren auf Abbiegung der Cilien.
Zur Feststellung der Schwerkraftrichtung bzw. der Körperlage im Raum haben verschiedene Wirbellose *Statocysten* entwickelt, kleine Bläschen, deren Innenwand mit Sinneshaaren besetzt ist. Ein auf den Haaren ruhender, in Gallerte eingebetteter Kristallkörper *(Statolith)* biegt je nach Körperlage verschiedene Sinneshaare verschieden weit ab (Abb. rechts).

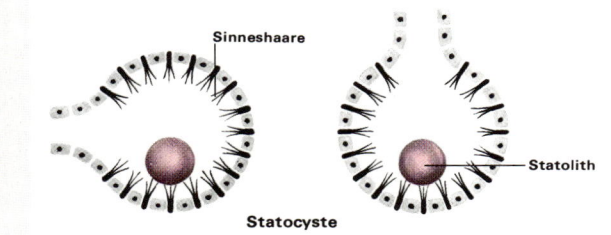

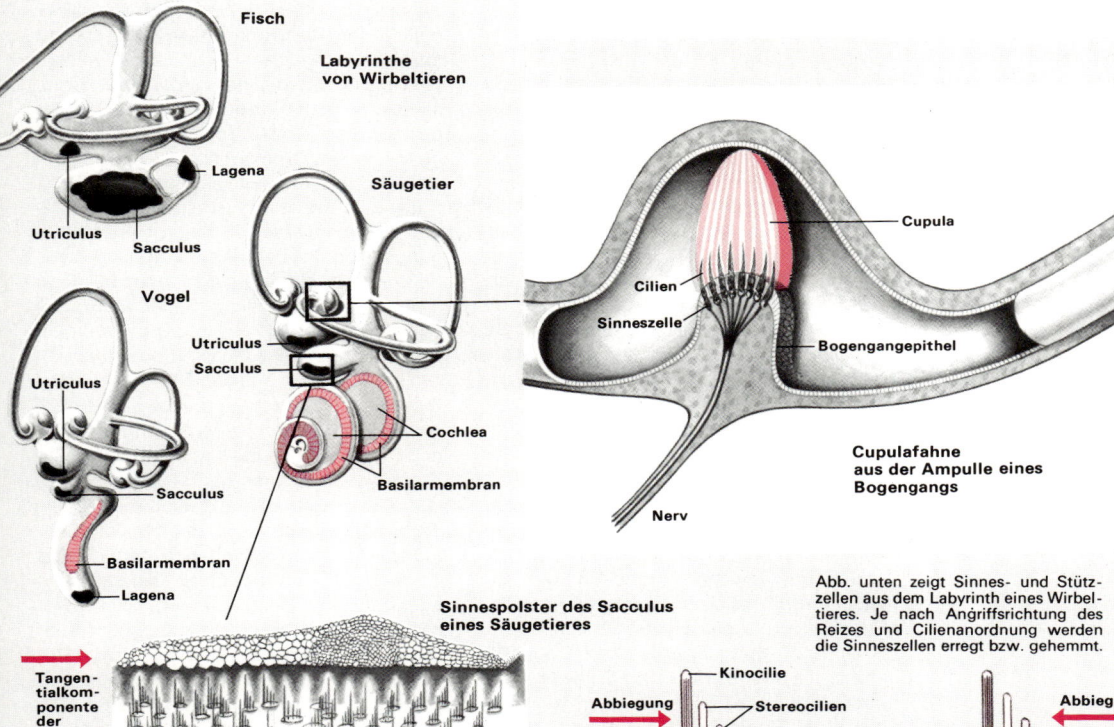

Statocyste — **Statolith**

Labyrinthe von Wirbeltieren
Fisch — Utriculus, Sacculus, Lagena
Säugetier — Utriculus, Sacculus, Cochlea, Basilarmembran
Vogel — Utriculus, Sacculus, Basilarmembran, Lagena

Cupulafahne aus der Ampulle eines Bogengangs — Cupula, Cilien, Sinneszelle, Bogengangepithel, Nerv

Sinnespolster des Sacculus eines Säugetieres — Tangentialkomponente der Schwerkraft

Dem Drehsinn dienen die *Cupulaorgane* in den Bogengängen des Labyrinths (Abb. Mitte). Bei einer Bewegungsänderung (Drehbeschleunigung) des Kopfes bleibt die Lymphflüssigkeit in den Bogengängen aufgrund ihrer Trägheit zunächst gegenüber der Bogengangwand zurück. Durch die Relativbewegung zwischen Flüssigkeit und Wand wird die an der Wand befestigte Cupula mit den Sinneshaaren abgebogen und die Sinneszelle erregt.
Ähnlich wie die Statocysten der Wirbellosen arbeiten die Sinnespolster im *Utriculus* und *Sacculus* des Labyrinths von Wirbeltieren. Hier werden je nach Körperlage die Cilien der Sinneszellen durch den Statolithen unterschiedlich stark abgebogen (Abb. oben). Die Sinneszellen haben, kenntlich an der wechselnden Anordnung der Cilien, unterschiedliche Richtungsempfindlichkeit.

Abb. unten zeigt Sinnes- und Stützzellen aus dem Labyrinth eines Wirbeltieres. Je nach Angriffsrichtung des Reizes und Cilienanordnung werden die Sinneszellen erregt bzw. gehemmt.

Abbiegung Hemmung — Kinocilie, Stereocilien, Basalkörper, Stützzelle — Abbiegung Erregung — Sinneszelle, efferente Faserendigung, Kern einer Stützzelle, afferente Nervenfaser

mechanische Sinne

mechan- [v. gr. mēchanē = Werkzeug, Maschine, (Hilfs-)Mittel].

schen Insekten. Larven der Wasserwanzen besitzen am Abdomen zwei paarige, ventral verlaufende, mit Deckborsten abgeschlossene Rinnen. An 4 Stellen, zw. dem 3. und 6. Segment, sind die Deckborsten durch Sinneshaare ersetzt. Die Rinnen sind mit Atemluft gefüllt. Bei Änderung der horizontalen Schwimmlage verlagert sich die Luftfüllung dieser Rinnen entspr. dem Wasserwaagenprinzip u. übt in Abhängigkeit v. der Aufwärts- od. Abwärtsbewegung Druck od. Zug auf die Sinneshaare aus. Bei den Imagines dieser Tiere sind die Rinnen verschwunden, die Sinneshaare, nun aber über Stigmen gelegen, aber erhalten geblieben. Diese registrieren in Abhängigkeit v. der Schwimmlage des Tieres die Luftverlagerungen im Tracheensystem. Die auf die Schwerkraft reagierenden Propriorezeptoren der Landinsekten sind i. d. R. polsterartig angeordnete Haarsensillen an Gelenken, die die unter der Einwirkung der Schwerkraft stattfindenden Verlagerungen v. Körperteilen registrieren. Bei Bienen sind derart. Sinnespolster zw. dem 1. und 2. Fühlergelenk, Kopf und 1. Fühlergelenk, Kopf u. Thorax, Thorax u. Abdomen sowie zw. Thorax u. Beinen lokalisiert. Bei Stechmücken haben die *Johnstonschen Organe* (↗ Gehörorgane, ☐) die Wahrnehmung der Schwerkraft übernommen. Bei vielen Käfern u. Tagfaltern ist durch die Schwerpunktslage des Körpers tief zw. den beiden Ansatzstellen der Flügel eine stabile Fluglage geschaffen. Bei Großlibellen wird eine Funktion des relativ massigen Kopfes als Gleichgewichtsorgan diskutiert, dessen Bewegungen zum Rumpf v. Sinnespolstern der Halsregion registriert werden. Die Gleichgewichtslage der Fliegen wird durch die Tätigkeit der keulenförm. Schwingkölbchen (Halteren, eine Umbildung der Flügel des 3. Thoraxsegments) gesteuert. Diese schlagen synchron mit gleicher Frequenz wie die Vorderflügel, aber in entgegengesetzter Phase. Durch die Höhe der Schlagfrequenz (200–600 Hz) entstehen Trägheitskräfte, die bestrebt sind, die Schwingungsebene der Halteren im Raum zu fixieren u. damit die Fluglage des Insekts zu stabilisieren. – Nur bedingt den m.n S.n zuzurechnen ist der ↗ Gehörsinn der Wirbeltiere sowie der jener Insekten, die über ↗ Gehörorgane verfügen, die ausschl. der Schallwahrnehmung dienen. Bei diesen Organen versetzen Schallwellen zunächst bestimmte Strukturen (Trommelfelle) in Resonanz, die dann direkt (Tympanalorgane) od. über andere weiterleitende u. umsetzende Körperteile (Wirbeltierohr) indirekt Mechanorezeptoren in Erregung versetzen. B 358–359. *H. W.*

Mechanismus-Vitalismus-Streit ↗ Vitalismus–Mechanismus.
Mechanisten ↗ Vitalismus – Mechanismus.
Mechanizismus, *Mechanismus,* ↗ Vitalismus – Mechanismus.
Mechanoglyphe w [v. *mechan-, gr. glyphe = Einkerbung], (Vassoivitch 1953), die ↗ Marke. Ggs.: ↗ Bioglyphe.
Mechanomorphosen [Mz.; v. *mechan-, spätgr. morphōsis = Gestaltung] ↗ Morphosen.
Mechanorezeptoren [Mz.; v. gr. *mechan-, lat. receptor = Aufnehmer], in einer Vielzahl v. Sinnesorganen bei Tieren u. Mensch lokalisierte Sinneszellen, dienen der Wahrnehmung v. Muskellänge u. -spannung, Gelenkstellungen u. -bewegungen, der Körperhaltung, Schwerkraft, Linear- u. Winkelbeschleunigungen, Blutdruck, Füllungsdruck v. Hohlgefäßen, Berührung u. Vibration v. Schallwellen, Wasser- u. Luftströmungen. Trotz dieser Vielfalt der Reizformen lassen sich die auf die M. einwirkenden Reize auf nur wenige Grundformen reduzieren. Wirksam werden an den sensiblen Strukturen der M. entweder Biegungs- bzw. Scherkräfte od. Dehnungs- bzw. Druckkräfte. *Biegungs-* od. *Scherkräfte* werden im allg. an den Cilien v. Haarzellen wirksam, wohingegen *Druck-* od. *Dehnungskräfte* v. freien Nervenendigungen, Endkörperchen od. Muskel- bzw. Sehnenspindeln registriert werden. Eine weitere Unterscheidung der M. wird nach der Herkunft der Reize vorgenommen. Man unterscheidet zw. ↗ *Extero(re)zeptoren,* die auf Reize aus der Umwelt eines Lebewesens ansprechen, u. *Intero(re)zeptoren (↗ Propriorezeptoren),* die Informationen über Zustände u. Vorgänge im Körperinnern aufnehmen. – Die am einfachsten organisierten M. sind die ↗ *freien Nervenendigungen* (☐), die der Wahrnehmung v. Tastempfindungen dienen. Es sind im wesentl. Endausläufer sensibler u. adendritischer Ganglienzellen, deren Zellkörper in den Spinalganglien der dorsalen Wurzeln am Rückenmark bzw. für die Rezeptoren der Kopfhaut in den Wurzelganglien der sensiblen Hirnnerven liegen. Die Ausläufer dieser Fasern, die in Form feiner markloser Aufzweigungen frei zw. den Zellen der Epidermis, Cutis od. Subcutis liegen od. die Federwurzeln bzw. Haarwurzelscheiden umspinnen, werden durch Druck- od. Berührungskräfte auf der Haut gereizt. Die dadurch ausgelösten lokalen Verformungen der Haut werden dabei an den freien Nervenendigungen als Biegungs- od. Scherkräfte wirksam. Bilden die terminalen Ausläufer der freien Nervenendigungen scheiben- od. becherförmige Synapsen, welche die Tastzellen umfas-

Mechanorezeptoren

sen, bezeichnet man diese als *Merkel-Körperchen*, die, häufig auch in Gruppen zusammengefaßt, als Tastscheiben auftreten. Diese M. kommen bei Reptilien, Amphibien, Vögeln u. Säugern vor. Bei den ↗ *Endkörperchen,* die im Ggs. zu den freien Nervenendigungen in den tieferen Schichten der Haut lokalisiert sind, sind die marklosen Nervenendigungen v. Hüllzellen umgeben u. mit diesen zus. in Bindegewebskapseln eingeschlossen. Die mit einer dünnen Bindegewebskapsel umgebenen u. dicht unter dem Epithel der Schleimhäute in Mund, Nase, Enddarm u. der Conjunctiva v. fast allen Wirbeltieren gelegenen Endkörperchen werden *Krausesche Endkolben* gen. In den *Ruffinischen Körperchen,* die in der Cutis, Dura mater, Iris u. im Ciliarkörper gelegen sind, zweigen sich die terminalen Enden der Nervenfasern bäumchenartig auf. Die in den Gelenkkapseln der Wirbeltiere gelegenen Gelenkrezeptoren werden morpholog. dem Ruffini-Typ zugerechnet, wenngleich über die Histologie dieser Rezeptoren nur wenig Kenntnisse vorliegen. Diese M. registrieren die Stellung der Gelenke wie auch deren Auslenkungsgeschwindigkeit. Morpholog. sind den Endkörperchen auch die *Sehnen-* u. *Muskelspindeln* zuzurechnen, die, funktionell als *Streck-* bzw. ↗ *Dehnungsrezeptoren* bezeichnet, in den Sehnen u. Muskeln der meisten Wirbeltiere (außer den Fischen) vorkommen. Diese registrieren die Längenänderungen der innervierten Organe u. kontrollieren z. B. Tonus, Bewegung u. Körperhaltung. Insgesamt ist die Formenmannigfaltigkeit der Sinneskörperchen außerordentl. groß, wobei es zahlr. Übergangsformen gibt, so daß sich weder morpholog. noch funktionell eine exakte Abgrenzung ziehen läßt. Relativ gut charakterisiert sind die *Meißnerschen Tastkörperchen,* die, länglich oval, als Spezialorgan in den Epidermisleisten der Primaten (Hand-, Fußsohle, Greifschwanz) anzutreffen sind. Die nächst höhere Stufe der M. stellen die *Lamellenkörperchen* dar, von denen die häufigsten die bis 4 mm langen *Pacinischen* od. *Vater-Pacinischen Körperchen* sind, die in der Haut u. den Gefäßepithelien (z. B. Fingerbeere des Menschen, Pfotenballen, Analregion, Blutgefäßwände) der Vögel u. Säugetiere lokalisiert sind. Diese können aus bis zu 60 Lamellen mit zwischengelagerten Mesenchymzellen aufgebaut sein. Ähnl. in Aufbau u. Funktion sind die *Golgi-Mazzoni-Körperchen,* kleine Organe mit wenigen Lamellenschichten. Hochdifferenzierte M. stellen die ↗ *Herbstschen Körperchen* der Vögel dar, die sich in der Schnabelspitze, in den Papillen des Schnabelrandes, an der Spitze der Zunge u. in den Federbälgen befinden. Entspr. ihrer Lage fungieren diese als spezialisierte Organelle des Geruchs- u. Geschmackssinnes dieser Tiere sowie als Kontrollorgan für die Anordnung des Gefieders. Benachbart zu den Herbstschen Körperchen liegen häufig die ↗ *Grandry-Körperchen,* bestehend aus 2–12 Spezialzellen mit zwischengelagerten scheibenförm. Nervenendigungen. Diese stellen, lokalisiert in Ober- u. Unterschnabel, ein empfindl. kombiniertes Schnabelspitzenorgan mit diskriminativer Tastfunktion dar. – Bei den Gliederfüßern fungieren als M. für die Dehnungsmessung die *Scolopidialorgane* (↗ *Chordotonalorgane*), sog. stiftführende Sensillen, deren sensible Endigungen durch Dehnungs- bzw. Druckkräfte erregt werden. Diese Organe sind zw. den Abdominalsegmenten v. Krebsen, im ↗ *Johnstonschen Organ* ebenso wie im Tympanalorgan anzutreffen (↗ *Gehörorgane,* □). Ebenfalls im Dienst der Dehnungsmessung stehen die *Subgenualorgane* der Heuschrecken, Schaben u. anderer Insekten. Diese in der Tibia saitenartig ausgespannten Organelle registrieren Vibrationen des Untergrundes u. zeichnen sich durch extrem hohe Empfindlichkeit aus (↗ *mechanische Sinne,* ↗ *Chordotonalorgane*). Im Ggs. zu den Wirbeltieren weisen die Wirbellosen im Integument neben freien Nervenendigungen auch *primäre Sinneszellen* auf. Diese besitzen oft haarförm. Fortsätze (Tastborsten), die mehr od. weniger weit über die Körperoberfläche hinausragen u. auf Abbiegungen reagieren. Bei den Gliederfüßern treten primäre Sinneszellen mit Cuticularbildungen zu *Sensillen* (↗ *Haarsensillen*) zus., die, als *Tasthaare* in grubenart. Vertiefungen eingelagert, als *Trichobothrien* od. ↗ *Becherhaare* bezeichnet werden. Die Sensillen, in Borstenfeldern organisiert und zw. beweglich zueinander angeordneten Teilen des Rumpfes bzw. der Extremitäten gelegen, besitzen vielerlei Funktionen, die im einzelnen nur schwer gegeneinander abgrenzbar sind (↗ *mechanische Sinne*). – Die ↗ *Haarzellen* der Wirbeltiere stellen typische *sekundäre Sinneszellen* dar, deren Erregung über die afferenten Fasern des statoakust. Systems u. des Nervus lateralis dem Gehirn zugeleitet werden. Die M. der Seitenlinienorgane v. Fischen u. im Wasser lebenden Amphibien (↗ *mechanische Sinne*) besitzen eine Anzahl haarförm. umstrukturierter Ausstülpungen der Zellmembran *(Stereocilien)* u. je ein echtes, unbewegl. Cilium *(Kinocilium),* die zus. in eine leicht abbiegbare Gallertkappe (↗ *Cupula*) hineinragen. Wird die Cupula durch Wasserströmung in Rich-

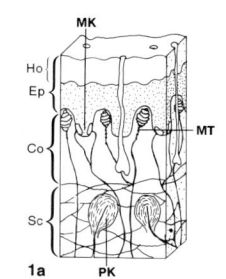

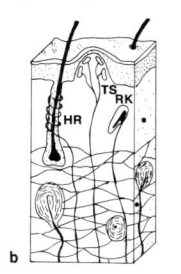

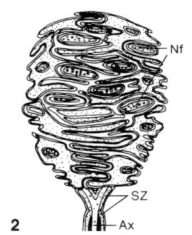

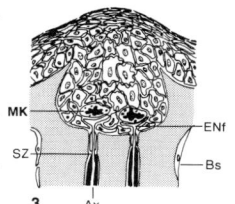

Mechanorezeptoren

1 Struktur u. Lage einiger M. in der unbehaarten (**a**) u. der behaarten (**b**) Haut. **2** *Meißnersches Tastkörperchen.* **3** *Merkel-Körperchen.* Ax Axon, Bs Blutsinus, Co Corium, ENf diskusförm. Endigung der sensiblen Nervenfaser, Ep Epidermis, Ho Hornhaut, HR Haarfollikel-Rezeptor, MK Merkel-Körperchen, MT Meißnersches Tastkörperchen, Nf Querschnitte durch spiralig verlaufende Nervenfaserendigungen, PK Pacinisches Körperchen, RK Ruffinisches Körperchen, Sc Subcutis, SZ Schwannsche Zelle, TS Tastscheibe

Meckel-Divertikel

tung der Kinocilie bewegt, erfolgt eine Steigerung der Impulsrate der Sinneszelle. Eine Abbiegung in entgegengesetzter Richtung bewirkt Abnahme od. Verlöschen der Impulsaktivität. Durch diese Richtungscharakteristik u. die bes. Anordnung dieser M. (Zellen mit komplementärer Anordnung der Cilien liegen in Gruppen zus.) können Fische die genaue Strömungsrichtung in Gewässern feststellen. Nach ähnl. Prinzip arbeiten die M. der Cupula in den Ampullen der Bogengangsysteme im *Labyrinth* v. Wirbeltieren, die mit Endolymphe gefüllt sind. Aufgrund v. Trägheitskräften erfolgt ein Verharren bzw. ein zeitl. versetztes Fließen der Endolymphe im Bogengangsystem in entgegengesetzter Weise zur auslösenden Kopf- od. Gesamtkörperbewegung. Dies bewirkt eine Auslenkung der Cupula u. somit Abbiegung der Cilien, die eine Erregung der Sinneszellen zur Folge hat (↗mechanische Sinne). Die Sinnesepithelien der ↗Gleichgewichtsorgane (☐) der Wirbeltiere *(Utriculus* u. *Sacculus)* sowie die der Wirbellosen *(Statocysten)* setzen sich aus bis zu mehreren tausend Haarzellen zus. Diesen sind *Otolithen* bzw. ↗*Statolithen* („Schweresteine") aufgelegen bzw. mit diesen verwachsen. Bei Bewegung des Kopfes bzw. Gesamtkörpers nehmen diese infolge der Schwerkraft den tiefsten Punkt in den Gleichgewichtsorganen ein u. bewirken damit eine Abbiegung der Sinneshaare u. somit eine Erregung der Sinneszellen. Die M. im Innenohr der Wirbeltiere stellen ebenso Haarzellen dar, bei denen jedoch die Kinocilien rückgebildet sind od. völlig fehlen. Die Zellen sind in 1 inneren und 3–5 äußeren Reihen auf der ↗Basilarmembran (↗Gehörorgane, ☐) in Längsrichtung angeordnet. Durch die Schwingungen der Basilarmembran u. die damit verbundene Auslenkung der Stereocilien erfolgt auch in diesem Fall die Erregung der Sinneszellen. ↗mechanische Sinne. [B] 358–359. *H. W.*

Meckel-Divertikel *s* [ben. nach dem dt. Anatomen J. F. Meckel, 1781–1833], *Diverticulum ilei verum,* 6–10 cm lange Ausstülpung des Krummdarms, der bei 2–3% der Menschen nicht rückgebildete Rest des embryonalen Dottergangs (Ductus omphaloentericus).

Meckel-Knorpel [ben. nach dem dt. Anatomen J. F. Meckel, 1781–1833], *Cartilago meckeli, Mandibularknorpel,* in der Embryonalentwicklung der Wirbeltiere angelegte Knorpelspange, homolog dem ventralen Element (Keratobranchiale) des 1. Kiemenbogens der *Agnatha.* Bei Knorpelfischen entsteht hieraus der definitive Unterkiefer (Mandibulare). Bei Knochenfischen u. Tetrapoden verknöchert das

meco- [v. gr. mēkos = Länge, Körperlänge, -verlängerung].

median- [v. lat. medianus = in der Mitte befindlich].

Meckel-Knorpel
In der Embryonalentwicklung des Menschen hat der M. die wichtige Funktion, den Rand der Zungenanlage nach unten zu drücken. Gelingt dies nicht, so wölbt sich die Zungenanlage höher als normal in die Mundhöhle hinein u. verhindert das vollständige Zusammenwachsen des Munddaches. Als Folge bleibt eine Lücke im Munddach bestehen, die *Hasenscharte* bzw. *Gaumenspalte* (☐ Hemmungsmißbildung).

Hinterende des M. K.s zu mehreren Ersatzknochen, darunter das ↗Articulare (↗Kiefer, ↗Kiefergelenk, ↗Gehörknöchelchen). Auf das Vorderende des M. K.s lagert sich als Deckknochen das ↗Dentale auf.

Meconematidae [Mz.; v. *meco-, gr. nēmata = Fäden], die ↗Eichenschrecken.

Meconium *s* [v. gr. mēkōnion = Mohnsaft], Abfallprodukt des Stoffwechsels bei frisch aus der Puppe geschlüpften Schmetterlingen; kann bei einigen Arten sehr auffällig gefärbt sein.

Mecoptera [Mz.; v. *meco-, gr. pteron = Flügel], die ↗Schnabelfliegen.

Mecopteroidea [Mz.; v. *meco-, gr. pteron = Flügel], Überord. der Insekten mit den Ord. ↗Flöhe *(Siphonaptera),* ↗Köcherfliegen *(Trichoptera),* ↗Schmetterlinge *(Lepidoptera),* ↗Schnabelfliegen *(Mecoptera)* u. ↗Zweiflügler *(Diptera).*

Mecostethus *m* [v. *meco-, gr. stēthos = Brust], Gatt. der ↗Feldheuschrecken.

Medawar [med^{a}w^{e}r], *Peter Brian,* engl. Anatom, * 28. 2. 1915 Rio de Janeiro; Prof. in Birmingham u. London; erhielt 1960 zus. mit F. Burnet den Nobelpreis für Medizin für die Entdeckung der erworbenen Immunität des Körpers gg. körperfremdes Gewebe (Versuche mit Gewebetransplantaten bei Mäuseembryonen).

Media *w* [v. lat. medius = mittlerer], **1)** Zool.: *Medialader, Vena medialis,* eine der Hauptlängsadern im ↗Insektenflügel (☐). ↗Diskoidalzellen. **2)** Anatomie: *Tunica media,* aus elast. Fasern u. Muskelfasern zusammengesetzte mittlere Schicht der Blutgefäßwandung. ↗Arterien. ↗Adventitia, ↗Intima.

medial [v. lat. medialis = in der Mitte liegend], zur Körpermitte hin gelegen.

median [v. lat. medianus =], in der Mitte (Körpermitte, Organmitte) befindlich.

Medianaugen [Mz.; v. *median-] ↗Einzelaugen, ↗Komplexauge.

Medianebene [v. *median-] ↗Achse (☐).

Medianlobus *m* [v. *median-, gr. lobos = Lappen], Element der ↗Lobenlinie; Lobus auf der Externseite v. ↗*Ammonoidea,* der aus der Spaltung des ↗Mediansattels hervorgeht.

Mediansattel [v. *median-], Element der ↗Lobenlinie; Sattel auf der Externseite v. ↗*Ammonoidea,* der den Externlobus median teilt.

Mediansegment *s* [v. *median-, lat. segmentum = Abschnitt], das ↗Mittelsegment.

Mediatoren [Mz.; v. lat. mediator = Mittler], *Mediatorstoffe,* ↗Gewebshormone der Wirbeltiere, wie Histamin, Serotonin, Prostaglandine, Kinine, die, aus bestimmten Zellen od. Organen freigesetzt, unmittelbar auf direkt benachbarte Zellen einwirken. Wegen ihrer geringen Halbwertszeit ist der Transport auf dem Blutweg v. geringer Bedeutung. ↗ Mastzellen.

Medic_a_go w [v. gr. (poa) Mēdikē = medisches Gras], der ↗ Schneckenklee.

Medinabeule [↗ Medinawurm], bis taubeneigroße Hautgeschwüre bei der ↗ Dracunculiasis; ↗ Medinawurm.

Medinawurm [ben. nach der Stadt Mediné in Senegambien], *Guineawurm, Dracunculus medinensis*, zur Fadenwurm-Ord. *Spirurida* gehörender Gewebeparasit des Menschen (u. auch in Hunden), der im Vorderen Orient, in W-Afrika, in O-Afrika u. in Indien vorkommt. ♂ bis 2,5 mm lang, ♀ bis 1 m lang (bei nur 1–2 mm ⌀); Erreger der ↗ *Dracunculiasis;* als Zwischenwirt dienen Hüpferlinge (Cyclops u. a. Copepoden).

Medin_i_lla w [ben. nach J. Medinilla y Pineda (medinilja), span. Gouverneur der Marianen, Anf. 19. Jh.], Gatt. der ↗ Melastomataceae.

Mediorhynchus m [v. lat. medius = mittlerer, gr. rhygchos = Rüssel], Gatt. der ↗ Archiacanthocephala.

Mediterran_i_de [Mz.; v. lat. mare mediterraneum = Mittelmeer], Rasse der ↗ Europiden, gegenüber den ↗ Norditen u. Fäliden (↗ Dalische Rasse) gekennzeichnet durch dunkle Haare u. Augen, Haut weiß. bis hellbräunl.; außer im Mittelmeergebiet auch in Irland, SW-England (Wales) u. S-Rußland verbreitet; frühgeschichtl. auch in S-Deutschland.

Mediterr_a_nregion [v. lat. mare mediterraneum = Mittelmeer], *Mittelmeerregion,* eine der Subregionen der ↗ Paläarktis, die die Hartlaubgebiete rings um das Mittelmeer u. seine Inseln, mit Ausnahme der höheren Gebirge, umfaßt u. etwa ident. mit dem Anbaugebiet des Ölbaums *(Olea europaea)* ist. Die M. ist klimat. gekennzeichnet durch kühle, zieml. regenreiche u. frostarme Winter u. warme trockene Sommer. Sie war während der pleistozänen Eiszeiten eines der Glazialrefugien (↗ Eiszeitrefugien) v. a. für Laubwälder u. die daran gebundenen Pflanzen- u. Tierarten. Urspr. war die M. von immergrünen Steineichenwäldern bedeckt, die in den Gebirgen v. laubabwerfenden, sommergrünen (submediterranen) Wäldern abgelöst wurden. Diese Wälder sind heute durch den Menschen zum Großteil vernichtet u. durch Degradationsstadien (↗ Macchie, ↗ Garigue) od. Ackerland ersetzt. Manche Pflanzen u. Tiere der M. haben sich nach der Eiszeit auch nach N ausgebreitet u. haben sich dort in klimatisch entspr. Gebieten gehalten, so z. B. Zaun- u. Zippammer (↗ Ammern), Rotkopfwürger, Mauereidechse u.

Medinawurm
Die früher übl. Therapie bei der ↗ *Dracunculiasis,* den Wurm stückweise auf ein Hölzchen zu wickeln u. dadurch vorsichtig aus dem Gewebe des menschl. Beines herauszuziehen, ist wahrscheinl. Vorbild für das Standessymbol der Ärzte, den Äskulapstab. – Diese Deutung ist allerdings nicht unumstritten.

Smaragdeidechse, Gottesanbeterin, Wespenspinne *(Argiope)* und Walddeckelschnecke *(Pomatias elegans)*. Hartlaubgebiete mit Winterregen u. einer habituell der M. ähnlichen Flora gibt es auch in N-Amerika (Kalifornien), Chile, im S Afrikas u. in Australien. ↗ Afrika, ↗ Europa. B 364–367.

Medi_zi_n w [v. lat. medicina = Heilkunst, Arznei], **1)** Heilkunde, Heilkunst, Wiss. v. der Funktionsweise des gesunden u. kranken Organismus bei Mensch (Human-M.), Tier (Tier-M., Veterinär-M.) u. Pflanze (Pflanzen-M., Phyto-M.), von den Ursachen u. Erscheinungsformen ihrer ↗ Krankheiten, deren Erkennung *(Diagnose),* Behandlung *(Therapie)* u. Vorbeugung *(Prophylaxe).* **2)** volkstüml.: die Arznei, das Heilmittel.

Medizinischer Blutegel, *Hirudo medicinalis,* ↗ Hirudinidae; ↗ Hirudinea, ☐ Gürtelwürmer.

Med_u_lla w [lat., = Knochenmark], 1) das ↗ Mark. 2) Verschaltungszentren im ↗ Lobus opticus der Gliederfüßer; bei Insekten besteht dieser Lobus aus drei solcher Zentren (von außen nach innen): Lamina, M. externa und M. interna.

Medulla oblongata w [v. lat. medulla = Knochenmark oblongus = länglich], das ↗ verlängerte Mark.

Medull_a_rplatte ↗ Neuralrohr.
Medull_a_rrinne ↗ Neuralrohr.
Medull_a_rrohr, das ↗ Neuralrohr.
Medull_a_rwülste ↗ Neuralrohr.

Med_u_lla-terminalis-X-Organ [v. lat. medulla = Mark, terminalis = Grenz-, End-], ↗ X-Organ.

Medullosales [Mz.; v. lat. medullosus = markig], Ord. der ↗ Farnsamer des Karbons und Unterperms. Die *M.* besitzen den Habitus kleinerer Baumfarne mit großen, an der Basis einmal dichotom gegabelten Wedelblättern v. a. vom Typ *Neuropteris* (B Farnsamer, Fiederchen mit Gabelnervatur, an der Basis eingezogen), *Linopteris* (wie *Neuropteris,* aber mit Maschennervatur) oder *Alethopteris* (Fiederchen mit Fiedernervatur, Basis an der Rhachis herablaufend). Die mit den Gatt.-Namen *Medullosa, Sutcliffia, Colpoxylon* u. *Quaestora* belegten Stämme zeigen als Grundbauplan eine Polystele mit allseit. sekundärem Dickenwachstum der mesarchen Meristelen. Den radiärsymmetr. Samen fehlt eine Cupula, die Pollen-produzierenden Organe (z. B. als *Whittleseya, Aulacotheca* oder *Potoniea* bezeichnet) sind synangial gebaut. Entwickelt haben sich die *M.* vermutlich aus Progymnospermen, möglicherw. den *Aneurophytales* (Progymnospermen) u. die *Calamopityales* (bisher nur steril bekannt; Farnsamer?) zumindest bezügl. der Stammanatomie als merkmalsphylogenet.

MEDITERRANREGION I

Aleppo-Kiefer (*Pinus halepensis*)
Ölbaum, Olivenbaum (*Olea europaea*)
Pinie (*Pinus pinea*)
Drachenbaum (*Dracaena draco*)
Zwergpalme (*Chamaerops humilis*)

Sommergrüne Wälder
Steppe
Gebirge
Hartlaubgehölze
Heiße Halbwüsten und Wüsten

Mediterranes Klima und mediterrane Vegetation besitzen die an das Mittelmeer grenzenden Länder von Europa, Asien und Afrika.

Johannisbrotbaum (*Ceratonia siliqua*)
Macchien-Waldrebe (*Clematis cirrhosa*)
Cinerarie, Aschenpflanze (*Senecio cruentus*)
Berberaffe, Magot (*Macaca sylvana*)
Dichter-Narzisse (*Narcissus poeticus*)
Stachelschwein (*Hystrix cristata*)
Zottige Cistrose (*Cistus villosus*)
Myrte (*Myrtus communis*)
Bienenfresser (*Merops apiaster*)
Lavendel *Lavandula angustifolia*
Ringelblume (*Calendula officinalis*)
Baum-Heide (*Erica arborea*)
Oleander (*Nerium oleander*)

© FOCUS

MEDITERRANREGION II

Die für die Küstenregionen der Mittelmeerländer typische Vegetation ist die Macchie. In größeren Höhen finden sich immergrüne Eichen- und laubabwerfende Gebirgswälder, u. a. mit Edel-Kastanien, Buchen und Buchsbäumen. In den Nadelwäldern der höheren Gebirge sind Kiefern, Zedern und Zwergwacholder vorherrschend.

Sturmschwalbe (*Hydrobates pelagicus*)

Stein-Eiche (*Quercus ilex*)

Kork-Eiche (*Quercus suber*)

Judasbaum (*Cercis siliquastrum*)

Blauelster (*Cyanopica cyanus, C. cyana*)

Alpensegler (*Apus melba*)

Felsentaube (*Columba livia*)

Blaumerle (*Monticola solitarius*)

Zippammer (*Emberiza cia*)

Chamäleon (*Chamaeleo chamaeleon*)

1 **Buchsbaum** (*Buxus sempervirens*)
2 **Platane** (*Platanus orientalis*)
3 **Edel-Kastanie, Eß-Kastanie** (*Castanea sativa*)
4 **Roß-Kastanie** (*Aesculus hippocastanum*)

Bartgeier (*Gypaetus barbatus*)

Schmutzgeier (*Neophron percnopterus*)

© FOCUS

MEDITERRANREGION III–IV

1 Libanon-Zeder
  (*Cedrus libani*)
2 Feigenbaum
  (*Ficus carica*)
3 Echte Zypresse
  (*Cupressus sempervirens*)
4 Amerikanische Agave
  (*Agave americana*)
5 Spanisches Rohr, Pfahlrohr
  (*Arundo donax*)

Rötelfalke (*Falco naumanni*)

Frauenhaarfarn (*Adiantum capillus-veneris*)

Binsenginster (*Spartium junceum*)

Steinkauz (*Athene noctua*)

Granatapfel (*Punica granatum*)

Garten-Nelke (*Dianthus caryophyllus*)

Garten-Löwenmaul (*Antirrhinum majus*)

Akanthus, Stachelbärenklau (*Acanthus mollis*)

Wald-Tulpe (*Tulipa silvestris*)

Europäische Sumpfschildkröte (*Emys orbicularis*)

Mauergecko (*Tarentola mauritanica*)

Smaragdeidechse (*Lacerta viridis*)

Griechische Landschildkröte (*Testudo hermanni*)

Tamariske (*Tamarix africana*)

Hyazinthe (*Hyacinthus orientalis*)

Ginsterkatze (*Genetta genetta*)

© FOCUS

An der Nordküste Afrikas reicht in manchen Gebieten die lückige Halbwüstenvegetation bis ans Meer; Grasland, Macchie od. Waldreste sind auf niederschlagsreichere Gebirgsgegenden beschränkt.

Dromedar (*Camelus dromedarius*)

Dattelpalme (*Phoenix dactylifera*)

Ägyptische Lotosblume (*Nymphaea lotus*)

Alraune (*Mandragora officinarum*)

Nubischer Wildesel (*Equus asinus africanus*)

Feigenkaktus (*Opuntia ficus-indica*)

Rose von Jericho (*Anastatica hierochuntica*)

Korsische Pankrazlilie (*Pancratium illyricum*)

Tazette (*Narcissus tazetta*)

Kronen-Anemone (*Anemone coronaria*)

Myrrhenstrauch (*Commiphora abyssinica*)

Christdorn (*Paliurus spina-christi*)

Rosenstar (*Sturnus roseus, Pastor roseus*)

Dorkasgazelle (*Gazella dorcas*)

Schakal (*Canis spec.*)

Mantelpavian (*Papio hamadryas*)

Wüstengimpel (*Bucanetes githagineus*)

Klippschliefer (*Procavia spec.*)

Syrischer Goldhamster (*Mesocricetus auratus*)

Wüstenspringmaus (*Jaculus jaculus*)

Uräusschlange (*Naja haje*)

© FOCUS

Medusen

Bindeglieder gelten können. Einige Übereinstimmungen im Bau der Stämme u. der Megaphylle könnten darauf hinweisen, daß sich aus dem weiteren Bereich der *M.* die *Cycadales* u. vielleicht selbst die *Bennettitatae* entwickelt haben.

Medusen [Mz.; v. *medus-], *Quallen,* sich geschlechtl. fortpflanzende Generation der ↗Nesseltiere; tritt bei den ↗*Hydrozoa* (Hydro-M.) und den ↗*Scyphozoa* (Scypho-M.) auf. ☐ Hydrozoa, ▣ Hohltiere I–III.

Medusenhaupt [v. *medus-], *Euphorbia caput-medusae,* ↗Wolfsmilch.

Medusenhäupter [v. *medus-], 1) ↗Seelilien der Gatt. *Cenocrinus;* Stiel 50 cm lang, über 100 Arme, jeweils 10 cm lang. 2) die ↗Gorgonenhäupter, eine Fam. der Schlangensterne. [nenhäupter.

Medusensterne [v. *medus-], die ↗Gorgo-

Medusinites [v. *medus], *M. asteroides,* (Sprigg 1949), bekannt als Abdruck eines medusenartigen Hohltiers in der präkambr. ↗Ediacara-Fauna Australiens.

Medusoide [Mz.; v. *medus-], Reduktionsstufe der ↗Medusen bei ↗*Hydrozoa*.

Meer, im Sonnensystem ausschl. auf dem Planeten Erde vorhandene Wassermasse, die 360,8 von 510 Mill. km² der gesamten Erdoberfläche, d. h. 70,8%, einnimmt u. im Mittel eine Tiefe von 3800 m erreicht (größte bisher bekannt gewordene Tiefe: 11033 m u. M., Witjastief im Marianengraben östl. der Philippinen). Das M. besteht aus (v. a. geomorphologisch) als *Ozeane, Mittel-* und *Rand-(Schelf-)M.*e gekennzeichneten *M.esbecken,* die jedoch zu einem System, dem *Welt-M.,* miteinander verbunden sind, das somit in horizontaler wie in vertikaler Ausdehnung den größten zusammenhängenden Lebensraum der Erde darstellt (↗Meereskunde, ↗Meeresbiologie). Wesentl. Merkmal des *M.wassers* (vgl. Tab.) ist sein relativ hoher Salzgehalt (↗Salinität). Nicht zum Welt-M. gehört das Kaspische M.; es ist der größte Binnensee der Erde.

Meeräschen, *Mugiloidei,* U.-Ord. der Barschartigen Fische mit 1 Fam. *(Mugilidae),* 11 Gatt. und ca. 120 Arten; vorwiegend algenfressende Küstenfische aller trop. und gemäßigten Meere, dringen auch in Brack- u. Süßwasser vor; meist heringsähnl. Schwarmfische mit kurzer 1. Rückenflosse aus nur 4 Stachelstrahlen u. weichstrahliger 2. Rückenflosse, einem Fettlid über dem Auge, enger Mundspalte, langen Kiemenborsten zum Abfiltrieren der meist mit eingezogenem Schlamm aufgenommenen Nahrung, muskulösem Kaumagen u. langem Darm. – An eur. Küsten von S-Norwegen südwärts einschl. Mittel- u. Schwarzmeerküsten kommen vor: die bis 70 cm lange Dünnlippige M. *(Mugil capito),*

medus- [ben. nach Medousa, in der gr. Mythologie eine geflügelte Jungfrau der Unterwelt mit Schlangenhaar].

Meer

Zusammensetzung des Meerwassers:

Salzgehalt
(in Prozent, bezogen auf 35‰)

Natriumchlorid (Kochsalz)	77,76
Magnesiumchlorid	10,88
Magnesiumsulfat	4,74
Calciumsulfat	3,00
Kaliumchlorid	2,46
Calciumcarbonat	0,34
Magnesiumbromid	0,22

Gasgehalt
(in Prozent bei 10°C)

Sauerstoff	34
Stickstoff	63
Kohlendioxid	1,6

Salzgehalt der Meeresteile
(in Promille)

Nördl. Atlantik	35
Südl. Atlantik	37
Ostsee	
westl. Teil	20
mittlerer Teil	8
östl. Teil	2–3
Westl. Mittelmeer	37
Östl. Mittelmeer	38
Schwarzes Meer	15–18
Indischer Ozean	34
Rotes Meer	41

die bis S-Afrika heimisch ist u. oft in den Unterlauf v. Flüssen vordringt; die bis 60 cm lange Dicklippige M. (*M. chelo,* ▣ Fische VI) u. die bis 50 cm lange, am Vorderende goldgelbe Gold-M. *(M. auratus);* die weltweit in warmen Meeren verbreitete, häufige, bis 90 cm lange Gestreifte M. *(M. cephalus)* lebt auch im Mittelmeer. Viele M. sind geschätzte Speisefische u. werden wegen ihrer Süßwasserverträglichkeit vielfach in Fischteichen gezüchtet.

Meerbarben, *Mullidae,* Fam. der Barschfische mit ca. 40 Arten; haben 2 lange, fleischige, mit Tast- u. Chemorezeptoren besetzte Kinnbarteln, großen Kopf, niedrigen Körper, kleines, vorstülpbares, unterständ. Maul, große, schwach gezähnte Kammschuppen; leben in trop. und gemäßigten Meeren. Im Mittelmeer heimisch sind die bis 40 cm lange Gestreifte M. *(Mullus surmuletus)* mit gelbl. Längsstreifen, die im Frühjahr bis in die Nordsee vordringt, u. die nahverwandte, ähnl., auch im Schwarzen Meer vorkommende Rote M. *(M. barbatus).* Ein wicht. Speisefisch ist die häufige, bis 30 cm lange Gold-M. od. Goldziegenfisch *(Mulloidichthys auriflamma,* ▣ Fische VII), die vom Roten Meer bis Hawaii auf sand. und schlick. Boden verbreitet ist.

Meerbinse, *Scirpus maritimus,* ↗Simse.

Meerbrassen, *Sparidae,* Fam. der Barschfische mit ca. 30 Gatt., meist hochrück. Schwarmfische mit großem Kopf, kräft. Gebiß, Kammschuppen u. langer, vorn stachelstrahl. Rückenflosse; in gemäßigten und trop. Meeren verbreitet, dringen gelegentl. auch in Brack- u. Süßwasser vor; viele sind wicht. Nutzfische. Hierzu die im Mittelmeer u. Ostatlantik häufige, bis 1 m lange, am Kopf goldrote, sonst blaugrau u. silbrig gefärbte Zahnbrasse *(Dentex vulgaris)* u. die im gleichen Gebiet vorkommende, bis 60 cm lange, seit dem Altertum als Speisefisch geschätzte Goldbrasse *(Sparus auratus)* mit zahlr., schmalen, goldenen Längsstreifen; sie hat neben spitzen Fangzähnen harte Mahlzähne zum Knacken v. Muschelschalen. Ebenfalls im Mittelmeer heimisch sind die bis 50 cm lange, rotfloss. Graubarsch od. Seekarpfen *(Pagellus centrodontus),* der zudem an eur. Küsten bis Mittelnorwegen vordringt, u. die 50 cm lange, auch eur. Küsten bis Belgien u. Mittelengland bewohnende, ziegelrote Rotbrasse *(P. erythrinus).* Größte Art ist der bis 1,3 m lange u. bis 45 kg schwere Muschelknacker *(Cymatoceps nasutus),* der vor der südafr. Küste lebt; er hat vorn kräft. Schneidezähne u. hinten Mahlzähne.

Meerdattel ↗Steindattel (Bohrmuschel).

Meerechse, *Amblyrhynchus cristatus,* Art der Fam. Leguane mit 7 U.-Arten; bis

1,75 m groß (einschl. des ca. 1,25 m langen, abgeplatteten Ruderschwanzes), bis 4 kg schwer; lebt gesellig u. standorttreu an den Felsufern auf den ↗ Galapagosinseln (stellenweise zwar selten geworden, bes. auf Albemarle u. Narborough aber immer noch zu Tausenden anzutreffen); heute einzige, ganz an das Meer gebundene Echse. Färbung variiert (grau bis braun, schwarz gefleckt); Kopfoberseite mit Höckern, stumpfschnauzig, Zunge dick, kräftige Zähne dreizackig; mit langem, hohem, gezacktem Rückenkamm (beim Weibchen etwas kleiner); Beine gedrungen, Zehen durch kurze Schwimmhäute verbunden, kräftige u. scharf gebogene Krallen; auf Meeresalgen spezialisiert, werden z. T. tauchend abgeweidet. Während der Paarungszeit verteidigen die oft rot- u. grüngefleckten Männchen ein begrenztes Revier; Weibchen legt Dez. bis Febr. Eier küstennah in selbstgegrabene Gänge; Gelege wird sich selbst überlassen; schwärzl. Fleisch der Jungtiere zäh u. v. unangenehmem Geschmack. B Südamerika VIII.

Meereicheln ↗ Rankenfüßer.

Meerengel, *Squatina squatina,* ↗ Engelhaie.

Meerenten, Sammelbez. für relativ große Tauchenten, die ausgesprochen marin leben u. meist nur zur Brutzeit Binnengewässer aufsuchen. Im N Europas u. Asiens brüten die 48 cm große schwarze Trauerente *(Melanitta nigra)* u. die 56 cm große, v. a. durch ein weißes Flügelfeld unterschiedene Samtente *(M. fusca);* Weibchen braun mit weißl. Kopfzeichnung; winters in größerem Küstenabstand auf dem Meer, in geringer Zahl auch im mitteleur. Binnenland. Die 43 cm große Kragenente *(Histrionicus histrionicus,* B Asien I) ist ein Charaktervogel Islands u. lebt an Sturzbächen; das Männchen fällt durch eine blauweiß-rot-schwarze Scheckung auf. Eine ebenfalls hochnord. Art ist die durch einen Saisondimorphismus gekennzeichnete Eisente *(Clangula hyemalis,* B Europa III); im Sommer überwiegend dunkel, im Winter großflächig weiß gefärbt, Männchen mit langem Schwanzspieß. Weiter südl. ist die 46 cm große Schellente *(Bucephala clangula,* B Europa VII) verbreitet u. brütet auch in Dtl. (nach der ↗ Roten Liste „potentiell gefährdet"); fast dreieckiges Kopfprofil, Männchen mit grünl.-schwarzem Kopf u. weißem Schnabelfleck, Weibchen mit braunem Kopf, sonst braungrau; klingelnd pfeifendes Fluggeräusch; stark ritualisiertes Balzverhalten mit auffallenden Kopfbewegungen; brütet in verlassenen Schwarzspecht- u. a. Baumhöhlen, sogar in Nistkästen; im Winter häufiger als die anderen M. auf Binnengewässern.

Meerechse
(Amblyrhynchus cristatus)

Meeresbiologie
Metazoenstämme, die ausnahmslos marin sind:
Acnidaria (Ctenophora; Rippenquallen)
Priapulida
Echiurida (Igelwürmer)
Chaetognatha (Pfeilwürmer)
Pogonophora (Bartwürmer)
Echinodermata (Stachelhäuter)
Sipunculida (Spritzwürmer)
Hemichordata (Kragentiere)

Meeresablagerungen, *marine Sedimente,* enthalten alle Stoffe, die vom Land her, zumeist durch Wasser (Eis) u. Wind, ins Meer hineintransportiert wurden od. in ihm selbst entstanden sind. Unterschieden werden 1. mechanische (= klastische), 2. chemische u. 3. organische od. organogene Stoffe. Die große Masse der M. besteht aus einer Mischung aller 3 Komponenten. Da Meere 70,8% der Erdoberfläche bedecken, sind M. allein schon deswegen weitaus häufiger als solche des Festlands; das gilt auch für die erdgeschichtl. überlieferten Sedimente. Festlandsnähe u. Wassertiefe bestimmen entscheidend die Zusammensetzung der M. Sie werden eingeteilt in Flach- u. Tiefseeablagerungen. *Flachseeablagerungen* (= 8%) entstehen im Küstenbereich (litoral), auf dem Kontinentalschelf (bis 200 m Tiefe, neritisch) u. dem äußeren Schelfrand (bis 900 m Tiefe, bathyal). Sie setzen sich vorwiegend zus. aus Geröllen, mehr od. weniger kalkigen Schlicken u. Sanden, Riffkalken, Mudden u. Mineralanhäufungen (Lagerstätten) v. Phosphorit, Glaukonit, Baryt u. a. Fossile Sedimente gehören v. a. diesem Typus an. *Tiefseeablagerungen* (= 92%) entstehen im Bereich des Kontinentabhangs (bis 3000 m Tiefe, hemipelagisch) u. der eigtl. Tiefsee (unter 3000 m, eupelagisch) in Gestalt v. Blau-, Rot- od. Grünschlick, Grünsand, Diatomeen-, Coccolithophoriden-, Globigerinen-, Radiolarien- u. „Pteropoden"-Schlamm u. von Rotem Ton. Fossiler Radiolarit könnte genet. dem rezenten Radiolarienschlamm entsprechen. Kalk- u. Kieselschlämme, Zeolithe, Roter Ton u. Manganknollen kommen als mögl. Mineralressourcen in Betracht. – In 1000 Jahren lagern sich schätzungsweise 5–100 cm Blauschlick, 1–3 cm Globigerinenschlamm od. 1–2 mm Roter Ton ab.

Meeresalgen, im Plankton od. Benthal des Salzwassers der Meere vorkommende ↗ Algen; im Plankton vorwiegend Gatt. der ↗ Pyrrhophyceae u. ↗ Kieselalgen; im Benthal neben einigen ↗ Grünalgen überwiegend ↗ Braun- u. ↗ Rotalgen, die meist in ausgeprägten Zonen auftreten.

Meeresbiologie, Wissenschaftszweig der Ozeanologie (↗ Meereskunde), der sich mit den im ↗ Meer lebenden Organismen, den Bakterien u. Pilzen *(Meeresmikrobiologie),* den Pflanzen, der Meeresflora *(Meeresbotanik),* u. den Tieren, der Meeresfauna *(Meereszoologie),* beschäftigt u. deren Beziehungen untereinander u. zu ihrem von physikal. und chem. Faktoren (Elektrolyt- u. Gasgehalt, Temp., Licht, Dichte, Druck, Strömungen u. a.) bestimmten Lebensraum aufzuklären versucht *(Meeresökologie).* – Ausgehend „von der Erfassung des

Meeresbiologie

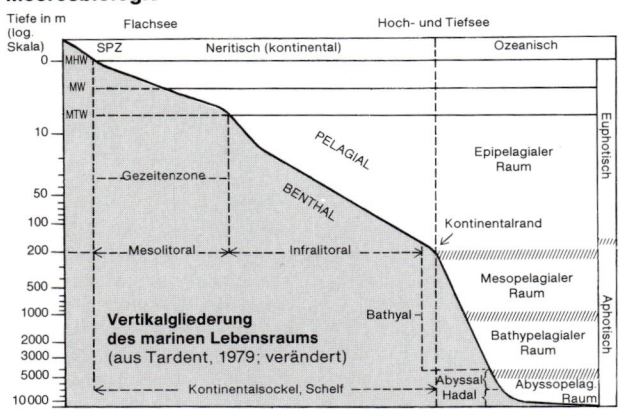

Vertikalgliederung des marinen Lebensraums (aus Tardent, 1979; verändert)

MHW = mittlerer höchster Wasserstand, MW = mittlerer Wasserstand, MTW = mittlerer tiefster Wasserstand, SPZ = Spritzzone (Supralitoral)

Artbestandes unter dem Aspekt der Systematik, zur Frage nach dem quantitativen, durch Zahlen ausdrückbaren Anteil an der gesamten Besiedlung und deren Gliederung führend und einmündend in Probleme der funktionellen Zusammenhänge aller Glieder der großen Besiedlungsgemeinschaft des Meeres" (Friedrich, 1965) waren u. sind in der nur etwa 200jähr. Forschungsgeschichte der M. letztlich alle Disziplinen der Biologie (Morphologie, Physiologie, Biochemie, Fortpflanzungs- u. Entwicklungsbiologie, Genetik, Ethologie, Biogeographie, Systematik u. Phylogenetik) an ihr beteiligt. Dies ist darin begründet, daß 1. das Lebendige im Meer entstanden ist, 2. das Meer infolge seiner Weiträumigkeit auch heute noch den größten zusammenhängenden u. zugleich den am wenigsten erforschten Lebensraum der Erde bildet, 3. es sich aufgrund natürl. Zonierungen in viele gesonderte Biotope, wie z. B. Flach-, Hoch- u. Tiefsee (↗ Tiefseefauna) od. ↗ Pelagial (Freiwasserraum) u. ↗ Benthal (Meeresboden) gliedert, 4. die meisten Stämme u. Klassen des Pflanzen- und Tierreichs im Meer vertreten sind, 5. unter den Pflanzen die Rot- u. Braunalgen fast rein marin ([T] Algen) u. von den 22 Metazoenstämmen, die man je nach systemat. Auffassung unterscheiden kann, immerhin 8 ausnahmslos im Meer vorkommen ([T] 369) oder, läßt man die Insekten, die als echte Landbewohner ja 75% aller Tierarten umfassen, außer acht, 65% der übrigen bisher bekannten Arten Meerestiere sind, groben Schätzungen zufolge dies aber nur 2/3 der heute im Meer lebenden Arten sein sollen, und 6. die meisten der phylogenet. so aufschlußreichen ↗ „lebenden Fossilien" ([B]), Reliktformen u. missing links (↗ Limulus, ↗ Lingula, ↗ Latimeria chalumnae, Neopilina, ↗ Vampyroteuthis, ↗ Pogonophora) dem konservierenden Milieu des Meeres entstammen, insbes. dem der Tiefsee. Da die trophischen Beziehungen der Organismen, meist in Form v. Nahrungsnetzen dargestellt, eine überragende Rolle im Meer spielen – von Thorson (1972) wie folgt formuliert, „daß es das natürliche Schicksal von über 90% aller Meerestiere ist, von anderen Lebewesen gefressen zu werden" –, finden die Fortpflanzungsbiologie, v. a. als Ökologie v. Fortpflanzungs- u. Vermehrungsstadien (z. B. Larvenökologie), u. die ↗ Produktionsbiologie eine bes. Beachtung (↗ Meereswirtschaft). Nach Gerlach u. Zeitzschel (1982) „grenzen Meeresbiologen ihr Fach gg. Meereszoologen, Meeresbotaniker u. Meeresmikrobiologen gern als ‚Biologische Meereskunde' ab ... Biologische Meereskundler sind Ökologen. Sie sind bestrebt, den Stoffkreislauf im Meer messend zu erfassen u. die Auf- u. Abbauprozesse (die Produktion u. Remineralisation) soweit wie möglich quantitativ zu beschreiben. Sie benutzen hierzu oft speziell entwickelte Methoden, die bei Einsätzen auf Forschungsschiffen u. bei Experimenten im Labor u. unmittelbar im Meer angewendet werden. Ein Ziel ist, biol. Systeme in ihrer Wechselwirkung mit der Umwelt so darzustellen, daß Modellvorstellun-

Ozeanische Expeditionen

Jahr	Land	Name des Schiffes	Forscher	Untersuchter Raum
1815–18	Rußl.	Rurik	J. F. v. Eschscholtz A. v. Chamisso	Erdumseglung
1831–35	Engl.	Beagle	Ch. Darwin	Erdumseglung
1872–76	Engl.	Challenger	W. Thomson J. Murray	Erdumseglung
1874–76	Dtl.	Gazelle	Th. Studer G. E. G. v. Schleinitz	Erdumseglung
1876–77	Norw.	Vöringen	G. O. Sars H. Mohn	Nordatlantik
1878	Schweden	Vega	A. E. Nordenskiöld	Nordküste Asiens Bering-Meer
1885–1914	Monaco	L'Hirondelle	Fürst Albert X.	Mittelmeer Atlantik
1889	Dtl.	National	V. Hensen K. Brandt	Atlantik
1891–1905	USA	Albatross	A. Agassiz	Pazifik, Indik
1898–99	Dtl.	Valdivia	C. Chun	Atlantik, Indik
1899–1900	Niederl.	Siboga	M. Nierstrasz J. Versluys	Indones. Archipel
1900	Norw.	Michael Sars	J. Murray J. Hjort Helland-Hansen E. Koefoid Th. Iversen	Atlantik
1925–27	Dtl.	Meteor	Boehnecke Hentschel Merz Wattenberg Spiess	Atlantik
1947–48	Schweden	Albatross	Pettersson Kullenberg	Erdumseglung
1950–52	Dänemark	Galathea	Bruun Steemann-Nielsen	Erdumseglung
1959–65	BR Dtl.	Meteor	Dietrich	Indik

Meeresbiologie

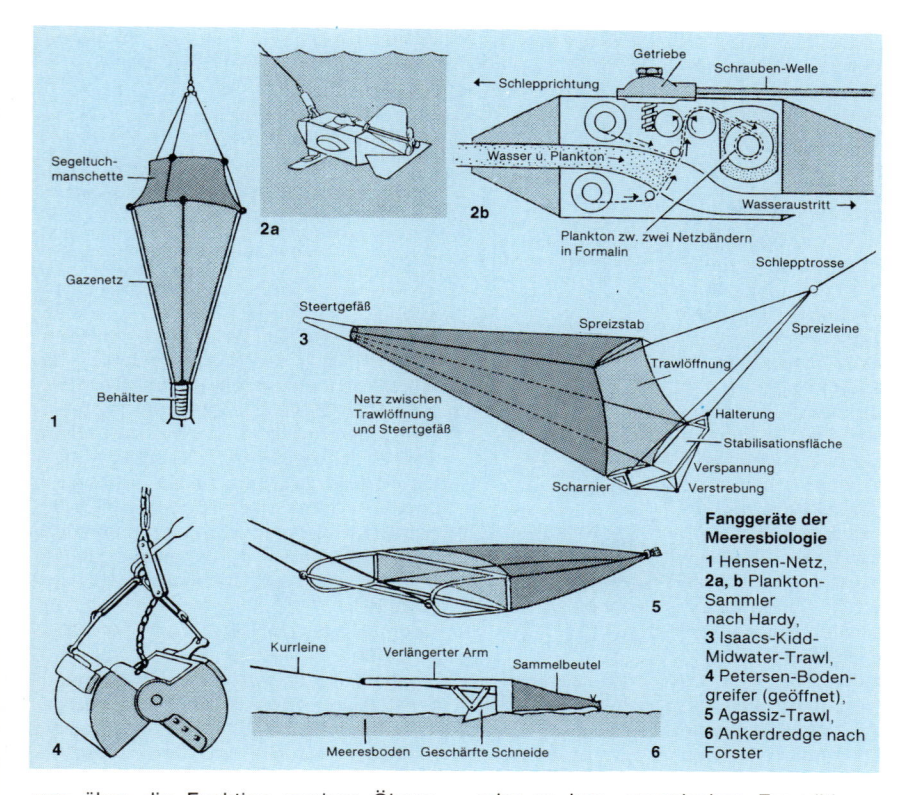

Fanggeräte der Meeresbiologie
1 Hensen-Netz,
2a, b Plankton-Sammler nach Hardy,
3 Isaacs-Kidd-Midwater-Trawl,
4 Petersen-Bodengreifer (geöffnet),
5 Agassiz-Trawl,
6 Ankerdredge nach Forster

gen über die Funktion mariner Ökosysteme entwickelt werden können. Die gewonnenen Erkenntnisse sollen u. a. auch dazu dienen, vom Menschen hervorgerufene Störungen natürlicher biol. Prozesse in der marinen Umwelt zu erfassen u. zu verstehen. Zu den akuten angewandten Problemen der Meeresökologie gehören die rationelle Nutzung der Nahrung aus dem Meer ohne Zukunftschäden sowie fundierte Empfehlungen zum Schutz der Meere vor Verunreinigungen u. Abfällen, die durch menschl. Aktivitäten verursacht werden." – *Gegenstand der M.* sind die 3 großen Ökosysteme, in die man die marine Biosphäre einteilt: ↗*Plankton* (einschl. ↗*Pleuston* u. ↗*Neuston*), ↗*Nekton* u. *Benthos* (↗*Benthal*). Plankton u. Nekton werden auch als *Pelagos* zusammengefaßt (Götting u. a. 1982). Diese Einteilung hat sich, seit V. Hensen 1887 den Begriff Plankton prägte, bewährt, auch wenn sie problematisch bleibt, „weil ein und dieselbe Art sich, je nach der Phase ihres Entwicklungszyklus, der einen wie der anderen dieser Gemeinschaften anschließen kann" (Tardent, 1979). *Forschungseinrichtungen der M.:* M. wird weltweit betrieben an Meeresbiol. Instituten, Meeresbiol. Stationen u. meist binnenländ. Instituten mit meeresbiol. Arbeitsgruppen sowie auf Forschungsschiffen, die ständig oder zu bes. ozeanischen Expeditionen eingesetzt werden (vgl. Tab., B Biologie III). *Geräte und Methoden:* Zur Erfassung der abiotischen Daten, wie Temp., Strömung usw., wurden Methoden in der ↗Ozeanographie erarbeitet. Die Meß- u. Sammelmethoden, die die biol. Probeentnahmen ermöglichen, gliedern sich entspr. den 3 großen Ökosystemen in solche für Plankton-, Nekton- u. Benthosuntersuchungen (Tait, 1971). *Plankton*-Proben werden im allg. mit Hilfe unterschiedl., im Konstruktionsprinzip jedoch übereinstimmender Planktonnetze gewonnen (vgl. Abb.). Gesamtgröße, Öffnungsquerschnitt u. Maschenweite werden den jeweiligen Erfordernissen angepaßt. Für Makro- u. Megaplankton wird eine Maschenweite von 0,324 mm, für Mikroplankton 0,092 mm u. für Nanoplankton 0,063 mm verwendet. Planktonnetze müssen gleichmäßig u. langsam durch das Wasser gezogen werden, wobei die Geschwindigkeit des Schiffes 1–2 Knoten nicht überschreiten darf (Beispiel: *Hensen-Netz*). Um Planktonproben aus einer bestimmten Tiefe zu erhalten, werden an den Netzen entspr. Verschlußmechanismen angebracht. Bei einer einfachen Form, wie dem *Nansen-Schließnetz*, wird durch ein Fallgewicht ein Verschlußseil am Netzmund zugezogen. Ein kontinuierl. sammelndes u. zudem bei

Meeresbiologische Institute (BR Dtl.)

Biol. Anstalt Helgoland, Hamburg
Bundesforschungsanstalt für Fischerei, Hamburg
Inst. für Hydrobiologie u. Fischereiwiss. der Univ. Hamburg
Inst. für Meereskunde an der Univ., Kiel
Inst. für Polarökologie der Univ., Kiel
Inst. für Meeresforschung, Bremerhaven
Alfred Wegener-Inst. für Polarforschung, Bremerhaven
Senckenberg am Meer, Forschungsanstalt für Meeresgeologie u. Meeresbiologie, Wilhelmshaven
Forschungsstelle für Insel- u. Küstenschutz der Niedersächs. Wasserwirtschaftsverwaltung, Norderney

Meeresbiologie

hohen Fahrtgeschwindigkeiten einzusetzendes Gerät ist der torpedoförm. Sammler nach *Hardy*. Ein über einen Propeller angetriebenes Spulensystem zieht einen Gazestreifen durch das in den Sammler eindringende Wasser. Dabei wird das Plankton in der Abfolge seines Eindringens in den Sammler auf dem Gazestreifen aufgefangen u. durch einen zweiten schützenden Gazestreifen abgedeckt. Beide Streifen werden in einem Formalin gefüllten Tank auf eine Spule aufgerollt, so daß das Plankton sofort fixiert wird. Die gute Kenntnis über die Planktonverteilung im N-Atlantik ist darauf zurückzuführen, daß brit. Handelsschiffe auf ihren normalen Routen solche vollautomat. Planktonsammler in Betrieb hatten. – *Nekton* wird im wesentl. mit Netzen gefangen, wie sie in der kommerziellen See-↗*Fischerei* Verwendung finden (↗*Fischereigeräte*, ☐). Das in den letzten Jahren für mittlere Wassertiefen entwickelte *Isaacs-Kidd-Midwater-Trawl* (☐ 371) ist ein langer konischer Beutel mit einer Öffnung von 8 m² und einem winkeligen Gewicht, das das Netz in der gewünschten Tiefe hält. Es kann bei 6 Knoten Geschwindigkeit geschleppt werden. – Für das *Benthos* wurde eine Reihe v. Geräten hergestellt, die, wie der *Petersen-Bodengreifer,* quantitative Sedimentproben entnehmen od., wie z. B. *Agassiz-Trawl* u. ↗ *Dredge,* Tiere zu fangen vermögen, die auf dem Sediment leben. – Da aber alle Proben aus Netzen u. anderen Fanggeräten kaum eine echte Vorstellung vom Leben und v. a. Verhalten der Tiere im Meer vermitteln können, nahm in den letzten Jahrzehnten das Interesse an einer visuellen Erforschung des Meeres durch *Tauchen* beachtl. zu. Während das Gerätetauchen im geschlossenen Anzug u. mit Helm, wie es bei Schiffsbergungen u. an Unterwasserbaustellen genutzt wird, zwar zu Beginn dieses Jh. auch zur biol. Forschung herangezogen wurde, aber doch keinen Eingang fand, hat sich das „Schwimmtauchen als Methode der Zoologie" (Ankel, 1953), wie es v. a. von H. Hass und J.-Y. Cousteau eingeführt wurde, inzwischen durchgesetzt. Um den Tauchern die ständ. Druckschwankungen beim Auf- u. Abtauchen, die Dekompression (↗*Caissonkrankheit*), zu ersparen, wurden in den letzten Jahren *Unterwasserlaboratorien,* in denen man beliebige Zeit unter Wasser arbeiten kann, erprobt. Auch *Unterwasserfahrzeuge* sind inzwischen im Einsatz, so z. B. das Tauchboot „Geo" (Zwei-Mann-Gefährt von 2 m Länge und 1,25 m ⌀), mit dem H. W. Fricke im Roten Meer das Wachstum v. Korallen in bisher unerforschten Tiefen untersuchte.

Meeresbiologische Stationen

Bermuda Biological Station for Research, St. George, Bermudas
Pacific Biological Station, Nanaimo, Kanada
Biological Station St. Andrews, New Brunswick, Kanada
Instituto de Investigaciones Marinas de Punta de Betin, Santa Marta, Kolumbien
Marinbiologisk Laboratorium, Helsingør, Dänemark
Biol. Anstalt, Meeresstation Helgoland u. Litoralstation List/Sylt, BR Dtl.
Biol. Forschungsanstalt Hiddensee, DDR
Station Biologique de Roscoff, Roscoff, Frankreich
Laboratoire Arago, Banyuls-sur-Mer, Frankreich
Station Zoologique, Villefranche-sur-Mer, Frankreich
Marine Biological Association of the U. K. The Laboratory, Plymouth, Großbritannien
Heinz Steinitz Marine Biological Laboratory, Eilat, Israel
Stazione Zoologica di Napoli, Neapel, Italien
Misaki Marine Biological Station, Misaki, Kanagawa, Japan
Fiskeridirektoratets Havforskningsinstitutt, Bergen, Norwegen
Kristineberg Marine Biological Station, Kristineberg, Schweden
Scripps Institution of Oceanography, La Jolla, Calif., USA
Woods Hole Oceanographic Institution, Woods Hole, Mass., USA
Hawaii Institute of Marine Biology, Honolulu, Hawaii, USA

Lit.: *Ankel, W. E.:* Schwimmtauchen als Methode der Zoologie. Ein Wort zur Xarifa-Expedition von Dr. Hans Hass. Gießener Hochschulbl. 1, 1–3, 1953. *Friedrich, H.:* Meeresbiologie. Eine Einführung in die Probleme und Ergebnisse. Berlin 1953. *Gerlach, S., Zeitzschel, B.:* Schwerpunkt Meeresbiologie Mitt. Verb. Deutsch. Biol. Nr. 294, 1353–1356, 1982. *Götting, K.-J., Kilian, E. F., Schnetter, R.:* Einführung in die Meeresbiologie. 1. Marine Organismen – Marine Biogeographie. Braunschweig 1982. *Tait, R. V.:* Meeresökologie. Eine Einführung. Stuttgart 1971. *Tardent, P.:* Meeresbiologie. Eine Einführung. Stuttgart 1979. *Thorson, G.:* Erforschung des Meeres. Eine Bestandsaufnahme. München 1972.

D. Z.

Meereskunde, die Wiss. vom ↗*Meer,* fr. vielfach auf die Ozeanographie beschränkt. Heute umfaßt sie als *Ozeanologie* neben der *Ozeanographie* (Untersuchung der Physik u. Chemie der Meere einschl. der maritimen Meteorologie) *Meeresgeologie* (Untersuchung der Struktur u. Entstehung des Meeresbodens), *Meeresgeophysik* (Erforschung des Meeresbodenuntergrundes) u. als histor. jüngste Disziplin die ↗*Meeresbiologie* („Biologische M.").

Meeresläufer, *Halobates,* Gatt. der ↗Wasserläufer.

Meeresleuchten, von in Massen auftretenden, kleinen Organismen (↗Leuchtorganismen) unterschiedl. systemat. Stellung (Dinoflagellaten, Polychaeten, Krebstiere, Manteltiere) durch Oxidation körpereigener Substanz mit enzymatischer Katalyse (Luciferin-Luciferase-System, ↗Biolumineszenz) od. ohne enzymatische Katalyse (↗Photo-Protein-System) bei Tag (z. B. *Noctiluca*) od. nur des Nachts (z. B. *Oikopleura*) intrazellulär (alle Dinoflagellaten, *Nyctiphanes*) od. extrazellulär *(Pyrocypris, Odontosyllis)* bei leichter Wellenbewegung (mechan. Reiz!) erzeugtes, mehr od. weniger weiträumiges, vorwiegend blaues, selten grünes Leuchten an der Oberfläche des Meeres. Die als gramnegativ bekannten ↗Leuchtbakterien *(Photobacterium fischeri, P. phosphoreum, P. leiognathi, Beneckia),* die frei im Meer, aber auch als Symbionten in Fischen *(Photobacterium)* od. in Wirbellosen *(Beneckia)* vorkommen, treten periodisch, z. B. an der Kaliforn. Küste *(P. fischeri* im Winter, *Beneckia* im Sommer), in größeren Mengen an der Wasseroberfläche auf. Ihr Luciferin-Luciferase-System wird aber v. einem v. ihnen ins Medium abgegebenen Autoinduktor gesteuert, u. dieser wirkt nur in hoher Konzentration. Eine solche Konzentration wird in symbiont. Leuchtorganen erreicht; im freien Wasser dürfte die allerdings kaum der Fall sein, so daß es zweifelhaft ist, ob auch durch Bakterien M. zustande kommt. Eine Reihe meist größerer Tiere, z. B. *Pelagia noctiluca* (Mittelmeer) od. *Tomopteris helgolandica* (Nordsee), die mittels körpereigener Substanz od. mit Hilfe symbiont. Bakterien (↗ Leuchtsymbiose) u., da sie einzeln od. zumindest nicht in Massen an der Meeresoberfläche auftreten, ein eher punktuelles als großflächiges Aufleuchten erzeugen, sind, streng genommen, nicht als Erreger des M.s zu betrachten. M. aber wird in der Nordsee v. *Noctiluca miliaris,* an den Küsten der Bermudas v. *Odontosyllis enopla,* in den südöstl. Küstengewässern Indiens von *Pyrocypris,* in Südgeorgien v. *Euphausia* u. im Golf v. Kalifornien v. *Oikopleura* verursacht. ↗ Leuchtsymbiose. A. M./D. Z.

Meeresmilben, *Halacaridae,* Familie der ↗ *Trombidiformes,* marin (wenige Arten im Süßwasser) lebende, ca. 0,5 mm große Milben, die entweder räuberisch (z. B. *Halacarus*) od. von Pflanzensäften leben; die Cheliceren sind stilettartig. M. schwimmen nicht frei, sondern kriechen auf dem Substrat. Hierher auch der einzige Darmparasit unter den Milben, der im Darm eines Seeigels lebende *Enterohalacarus minutipalpis.* [nariales.

Meerespalme, *Postelsia,* Gatt. der ↗ Lami-
Meeresschildkröten, *Cheloniidae,* Fam. der Halsberger-Schildkröten mit 4 Arten, die jeweils eine eigene Gatt. bilden u. in allen wärmeren Meereszonen beheimatet sind; v. Meeresströmungen verdriftet, gelangen sie bei ihren oft weiten Wanderungen z. T. bis zu den eur. Atlantikküsten; 3 Arten regelmäßig im Mittelmeer; ausschl. Meeresbewohner, gehen nur zur Eiablage an Land. Panzer (Länge bis 1,4 m) stromlinienförmig, oberseits stark abgeflacht; massiger Kopf u. Extremitäten (zu breiten Flossen umgebildet) lassen sich nicht in ihn zurückziehen; Rücken- (Rippenenden treten frei hervor) u. Bauchpanzer (einzelne, verkleinerte Knochenplatten durch breite Knorpelabschnitte verbunden) v. großen, symmetrisch angeordneten Hornschildern bedeckt; beide beiderseits durch eine „Brücke" mit je einer vollständ. Längsreihe v. Unterrand- od. Zwischenschildern (Inframarginalia) getrennt. Weibchen legen jeweils 50–200 weichschalige Eier an bestimmten Nistplätzen in selbstgegrabene, tiefe Sandlöcher ab; das Ausbrüten wird der Bodenwärme überlassen; Jungtiere (4–5 cm lang) gehen sofort nach dem Schlüpfen ins Wasser. Durch rücksichtslose Verfolgung durch den Menschen sind inzwischen einige Arten stark existenzgefährdet. Das gilt bes. für die bis 450 kg schwere, große Suppenschildkröte (*Chelonia mydas,* B Nordamerika VII); sie ist in verschiedenen Tiefen der offenen See, aber auch in Küstennähe bzw. Flußmündungen anzutreffen; Rückenpanzer olivgrün bis graubraun mit hellen Flecken;

Meeresschildkröten
Gattungen:
Bastardschildkröten (*Lepidochelys*)
Echte Karettschildkröten (*Eretmochelys*)
Suppenschildkröten (*Chelonia*)
Unechte Karettschildkröten (*Caretta*)

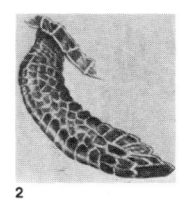

Meeresschildkröten
1 Echte Karettschildkröte (*Eretmochelys imbricata*); 2 eine zu einer breiten Flosse umgebildete Extremität

Meereswirtschaft

bis zu 5 Gelege je Fortpflanzungsperiode, das heißt im 3-Jahres-Rhythmus; sehr schmackhaftes Fleisch, Knorpelsubstanz zu Suppe verarbeitet, auch die Eier gelten als Delikatesse (in der BR Dtl. besteht Importverbot). Die zieml. angriffslustige Bastard-Schildkröte (*Lepidochelys kempii;* Panzerlänge bis 75 cm) bevorzugt Buchten im Küstenverlauf, bes. im Golf v. Mexiko, aber auch in wärmeren Zonen des Atlantik lebend; Rückenpanzer breit, olivgrün bis dunkelgrau; ernährt sich v. Kerbtieren; Fleisch kaum genießbar. Häufigste Schildkröte im Mittelmeer ist die Unechte Karettschildkröte (*Caretta caretta;* Panzerlänge ca. 1 m, Gewicht bis 360 kg); bevorzugt die offene See, aber oft auch in stillen Brackwasserzonen; Kopf dick, mit mächt. Kiefern; Rückenpanzer hinten nicht schindelartig überdacht, meist rötlichbraun; ernährt sich v. a. von größeren Krebstieren, Muscheln u. Stachelhäutern; ihre Eier werden als Delikatesse gesammelt. Die zieml. angriffsfreudige Echte Karettschildkröte (*Eretmochelys imbricata;* Panzerlänge bis 90 cm) bewohnt v. a. sandige u. seichte Küstenregionen in den trop. Zonen des Atlantik, Pazif. und Ind. Ozeans; Kopf längl. mit stark hakenförmig gekrümmtem Oberkiefer; dunkelbrauner Rückenpanzer mit gelbl. flammiger Zeichnung, bei jungen Tieren schindelförmig übereinandergreifend; verzehrt neben pflanzl. Beikost v. a. Weichtiere, Fische, Seeigel; wird als einzige Schildkröte bes. wegen ihrer Hornschilder (Schildpatt od. Krot) bejagt; dadurch stellenweise selten geworden. B Homologie.
Meeresspiegelschwankung ↗ eustatische Meeresspiegelschwankung. [rochen.
Meeresteufel, *Mobula mobular,* ↗ Teufels-
Meereswirtschaft, wirtschaftl. Nutzung v. Meeresorganismen, insbes. Fischen, Krebs- u. Weichtieren (↗ Fischerei, ↗ Fischereigeräte) u. Algen. Die *Meeresalgenwirtschaft* bestand an den eur. Küsten bis Ende des 19. Jh. vor allem in der Gewinnung v. Iod u. Brom sowie v. Soda u. Pottasche aus großen Braunalgen (↗ Kelp). Direkt als Nahrungsmittel werden in O-Asien u. a. die Rotalge *Porphyra* (B Algen III) u. die Grünalge *Monostroma* genutzt. In Japan wurde 1736 erstmals *Porphyra* in einer Massenkultur gezogen; die heutige Jahresproduktion an dieser Rotalge („Asakusa nori") liegt bei etwa 25 000 t Trockenmasse. Besondere wirtschaftl. Bedeutung haben ↗ Rot- u. ↗ Braunalgen mit einem hohen Anteil an Phycokolloiden in den Zellwänden. Bei den Rotalgen ist es ↗ Agar, der v. a. aus den Gatt. *Gelidium* u. *Gracilaria* (↗ Agarophyten) gewonnen wird (Jahresproduktion etwa 10 000 t) und das ↗ Carrageenan, das v. a. in Zellwänden v.

373

Meerhand

Chondrus, Gigartina, Eucheuma vorkommt (Jahresproduktion etwa 11 000 t); letzteres wird u. a. als Aspikmasse in der Konservierungs-Ind. und als Quellsubstanz in Suppen verwendet. Von größerer Bedeutung sind die Phycokolloide der Braunalgen, die ↗ Alginsäure, deren Anteil bis zu 40% der Trockenmasse ausmachen kann. Die Alginsäurederivate dienen als Suspensoren od. Stabilisatoren z. B. in Salben, Speiseeis, Joghurt; sie finden Anwendung u. a. bei der Papier- u. Kunstfaserherstellung sowie als Füllmittel in Diätkost, da der menschl. Organismus die Algine nicht aufschließen kann. Die jährl. Ernte beträgt etwa 0,5 Mill. t Algen, die zu ca. 25 000 t Alginaten verarbeitet werden. Geerntet werden hpts. große Arten aus der Ord. der ↗ Laminariales. Diese kommen bevorzugt in kälteren Meeren vor. In den letzten Jahren wurde z. B. in China eine regelrechte Meereskultur derart. Algen (z. B. *Laminaria japonica*) entwickelt. Da diese Algen nur bei Wasser-Temp. unter 20 °C gedeihen, werden sie in wärmeren Regionen in Kühllabors angezogen u. erst in kälteren Jahreszeiten in „Meeresfarmen" ausgesetzt. 1980 gab es in China 18 derartige Farmen, die eine Ernte von 1,3 Mill. t Frischmaterial einbrachten, das ca. 280 000 t an Trockenmasse ergab. ↗ Muschelkulturen.

Meerhand, die ↗ Tote Mannshand.

Meerjunker, *Coris julis*, ↗ Lippfische.

Meerkatzen [v. ind. markata = Affe], 1) *M. i. e. S.*, *Cercopithecus*, vielgestaltige Gatt. der altweltl. ↗ Hundsaffen mit 15–20 Arten u. über 70 U.-Arten in Afrika, südl. der Sahara; Kopfrumpflänge 30–70 cm, Schwanzlänge 50–85 cm; rundl. Kopf mit schwachen Überaugenwülsten. Viele M. haben auffallend bunte „Abzeichen" (Färbung v. Gesicht, Gesäßschwielen, Hodensack), die als Artkennzeichen dem gegenseit. Erkennen dienen; dennoch erschwert die Formenmannigfaltigkeit auf engem Raum dem Menschen eine sichere Abgrenzung v. Arten und U.-Arten. Die M. leben gesellig in Wald- u. Savannengebieten u. sind i. d. R. Baumbewohner (Ausnahme: ↗ Husarenaffen). Eine der bekanntesten M. ist die in etwa 20 U.-Arten in den Savannen O- und S-Afrikas vorkommende Grüne Meerkatze (*C. aethiops*, B Afrika IV), die seit mehreren Jahren (anstelle v. Rhesusaffen) auch für med.-pharmazeut. Experimente eingesetzt wird. 2) *M. i. w. S.*, *Cercopithecidae*, ↗ Meerkatzenartige.

Meerkatzenartige, *Cercopithecidae*, die den Schlankaffen (Fam. *Colobidae*) gegenübergestellte Hundsaffen-Fam. (8 Gatt., vgl. Tab.) mit den wohl bekanntesten Altweltaffen überhaupt, die schon frühzeitig v. Entdeckungsreisenden (u. a. als „Wald-

Meerkatzen
Köpfe von vier afrikanischen M., die jeweils eine artcharakteristische Zeichnung besitzen. Wenige Färbungselemente reichen aus, um das Erscheinungsbild des Kopfes zu variieren.

Meerohren
Haliotis tuberculata, O-Atlantik, 8 cm lang

Meerkatzenartige	
Gattungen:	↗ Makaken (*Macaca*)
Backenfurchenpaviane (*Mandrillus;* ↗ Drill, ↗ Mandrill)	↗ Mangaben (*Cercocebus*)
	↗ Meerkatzen (*Cercopithecus*)
↗ Dschelada (*Theropithecus*)	↗ Paviane (*Papio*)
↗ Husarenaffen (*Erythrocebus*)	Schopfmakak (*Cynopithecus*)

männlein") abgebildet u. beschrieben wurden u. heute in keinem Zoo fehlen. Die M.n gehen vierfüßig, auf flachen Sohlen, mit z. T. etwas angehobenen Fußgelenken; ihr Daumen ist gut entwickelt. M.n leben in Horden zus. Sie ernähren sich als Allesfresser v. verschiedensten Pflanzenteilen, Insekten, kleinen Wirbeltieren, Vogeleiern u. a. Ihr Magen ist einfacher gebaut als bei den Schlankaffen; gut ausgebildet sind ihre Backentaschen.

Meerkohl, *Crambe*, Gatt. der Kreuzblütler mit ca. 20, überwiegend im östl. Mittelmeergebiet heim. Arten. Kräuter, Stauden od. Halbsträucher mit oft fleischigen Wurzeln, stark verzweigten Stengeln mit ungeteilten bis fiederspalt., derben, sehr großen Blättern u. zahlr., in einem aus Trugdolden zusammengesetzten, sparrigen Blütenstand angeordneten weißen Blüten. Die Früchte sind einsamige Gliederschoten. Am bekanntesten ist der nach der ↗ Roten Liste „potentiell gefährdete", auf den sand. oder stein. Spülsäumen u. Vordünen der eur. Atlantik- u. Ostseeküste heim. Strand-M., *C. maritima* (B Europa I). Die salzliebende, bis ca. 80 cm hohe, ausdauernde Pflanze ist bläul. bereift u. besitzt fiederig gelappte, etwas fleischige Blätter mit welligem, gezähntem Rand, die seit alters her als Wildgemüse geschätzt werden. In einigen eur. Ländern wird der Strand-M. auch als Gemüsepflanze im Garten kultiviert od. als Futterpflanze angebaut (z. B. in recht trockenen, küstennahen Regionen bzw. salzreichen Binnengebieten). Von dem in SO-Europa verbreiteten Tartaren-M. (*C. tatarica*) werden die fleischigen, süßschmekkenden Wurzeln verzehrt; *C. abyssinica* (O- und Zentralafrika) und *C. hispanica* (Küsten des Mittelmeergebiets) werden wegen des sehr hohen Ölgehalts ihrer Samen (knapp über 50%) in verschiedenen Teilen der Welt als Ölpflanzen angebaut.

Meermönch ↗ Mönchsrobben.

Meernase, *Vimba vimba*, ↗ Zährten.

Meerohren, Abalone, Seeohren, *Haliotidae*, Fam. der Altschnecken mit ohrförm. Gehäuse (⌀ bis 30 cm), innen perlmuttrig, ohne Spindel u. Deckel; mit Spiralreihe v. Löchern, die mit fortschreitendem Wachstum verschlossen werden; die 5–9 jüngsten bleiben als Ausströmöffnungen. Der

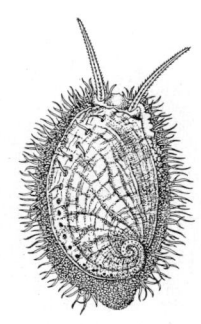

Fuß ist kräftig, oval; Mantelrand mit fingerförm. Fortsätzen. Nieren u. Organe der Mantelhöhle sind paarig. Getrenntgeschlechtl. mit äußerer Befruchtung; Lebenserwartung z. T. über 12 Jahre. Marine, kosmopolit. Fächerzüngler, die Algen vom Hartsubstrat schaben. Nur die Gatt. *Haliotis* mit knapp 50 Arten. Gehäuse werden zu Andenken verarbeitet, Fleisch wird gegessen („Abalone"): 1981 wurden über 10 000 t angelandet.

Meerotter, *Seeotter, Kalan, Enhydra lutris,* an das Leben im Meer angepaßte Marderart (Fam. *Mustelidae,* U.-Fam. *Lutrinae*) mit Schwimmhäuten zw. den Zehen der Hinterfüße; Kopfrumpflänge etwa 120 cm, Schwanzlänge 30 cm. Früher waren M. an den Küsten des nördl. Pazifik, v. Japan über die Aleuten bis Kalifornien häufig. Ausgiebiger Handel mit den weichen, glänzenden M.-Fellen (sog. „Kamtschatka-Biber") rottete den M. bis 1910 nahezu aus. Durch Schutzbestimmungen erholten sich die Bestände wieder, v. a. auf den Aleuten, an den Küsten v. Kamtschatka u. auf den Kommandeurinseln. Der M. ist das einzige Säugetier, das sich hpts. v. Seeigeln ernährt; Muscheln u. Krebse werden zum Öffnen gg. einen auf die Brust gelegten Stein geschlagen (Werkzeuggebrauch). Hierbei u. zum Transport des einzigen Jungen schwimmen M. an der Wasseroberfläche auf dem Rücken. Bei der Paarung im Wasser umarmen sich M. Bauch an Bauch wie die Biber. B Nordamerika II.

Meerpfaff, *Uranoscopus scaber,* ↗ Himmelsgucker.

Meerquappe, die Gatt. ↗ Echiurus.

Meerrettich, *Armoracia,* Gatt. der Kreuzblütler mit 2 Arten. Von Interesse ist *A. rusticana (A. lapathifolia),* eine aus SO-Europa und W-Asien stammende, ausdauernde Pflanze mit einer grundständ. Rosette aus sehr großen, längl., am Rande gekerbten Blättern sowie einem großen, aus lockeren weißen Trauben zusammengesetzten Blütenstand. Die gelbl.-weiße, fleischige Pfahlwurzel des M.s besitzt einen scharf-würzigen Geruch sowie charakterist. beißend scharfen Geschmack, der in erster Linie auf das bei Verletzung des Gewebes aus dem Senfölglykosid Sinigrin abgespaltene ↗ Allylsenföl zurückzuführen ist. Sie wird, roh gerieben, als Beilage zu Fleischgerichten sowie zur Zubereitung v. Soßen u. Marinaden sehr geschätzt u. daher in zahlr. Ländern angebaut. In Mitteleuropa ist der häufig aus der Kultur verwilderte M. auch in staudenreichen Unkrautfluren an Wegen, Zäunen, Schuttplätzen u. Gräben zu finden. Wegen der in geringen Mengen verdauungsfördernden, harntreibenden u. hautreizenden Wirkung

Meerrettich-Wurzel

Meerschweinchen
M. mit glattem Haarstrich und (unten) Wirbelhaar-M.

Meerschweinchenverwandte
Familien:
↗ Agutis *(Dasyproctidae)*
↗ Baumstachler *(Erethizontidae)*
Baum- u. Ferkelratten *(↗ Capromyidae)*
Biberratten *(Myocastoridae;* ↗ Nutria*)*
↗ Chinchillaratten *(Abrocomidae)*
↗ Chinchillas *(Chinchillidae)*
↗ Kammratten *(Ctenomyidae)*
↗ Meerschweinchen *(Caviidae)*
↗ Pakaranas *(Dinomyidae)*
↗ Riesennager *(Hydrochoeridae)*
↗ Stachelratten *(Echimyidae)*
↗ Trugratten *(Octodontidae)*

des Allylsenföls wird M. auch als Volksheilmittel verwendet. B Kulturpflanzen VIII.

Meerrinde, die ↗ Seerinde.

Meersaite, *Meeressaite, Chorda,* Gatt. der ↗ Laminariales. [vaceae.

Meersalat, *Meerlattich, Ulva lactuca,* ↗ Ul-

Meersau, 1) *Scorpaena scrofa,* ↗ Drachenköpfe; 2) *Oxynotus centrina,* ↗ Meersauhaie.

Meersauhaie, *Oxynotidae,* Fam. der Stachelhaie mit nur 3 Arten; hochrückige, dunkle Bodenhaie mit abgeplatteter Bauchseite, Hautleisten zw. Brust- u. Bauchflossen, dornart. Stacheln vor den großen Rückenflossen, stark dorn. Haut u. zum Zermalmen von hartschal. Beutetieren geeigneten Zahnbändern. Hierzu die 90 cm lange, plumpe, ovovivipare Meersau *(Oxynotus centrina),* die im O-Atlantik u. Mittelmeer in Tiefen zw. 30 und 500 m vorkommt.

Meerschwalbe, *Labrus dimidiatus,* ↗ Lippfische.

Meerschwein, der ↗ Schweinswal.

Meerschweinchen, *Caviidae,* südam. Nagetier-Fam. aus der U.-Ord. der *Caviomorpha* (↗ Meerschweinchenverwandte); anatom. Merkmale: 4 Finger und 3 Zehen; wurzellose, ständig weiterwachsende Backenzähne. 2 U.-Fam.: ↗ Maras *(Dolichotinae)* und Eigentl. M. *(Caviinae).* Die Eigentl. M. (Kopfrumpflänge 22–33 cm; Schwanz rückgebildet) umfassen 4 Gatt., darunter die Gatt. *Cavia* (M. i. e. S.) mit dem am weitesten über S-Amerika verbreiteten Wild-M., der Aperea *(C. aperea,* B Südamerika VI). – Stammform unseres Haus-M.s *(C. a. porcellus)* ist die im südl. Mittelchile bis in 4200 m Höhe vorkommende U.-Art *C. a. tschudii.* Diese M. leben in Gruppen (5–10 Tiere) in selbstgegrabenen od. übernommenen Erdbauten, die sie nachts zur Nahrungssuche (Gräser, Kräuter usw.) verlassen. Haus-M. bringen nach etwa 9 Wochen Tragzeit i. d. R. 2 vollständig entwickelte u. behaarte Junge mit geöffneten Augen zur Welt, die etwa 2 Wochen lang gesäugt werden. Das Haarkleid der Haus-M. ist sehr variabel in Färbung (wildfarben, braun, grau, schwarz, weiß od. gelb; 2- oder 3farbig), Haarstrich (glatt od. Wirbel) u. Haarlänge (z. B. Angora). M. wurden von den Indianern Perus (z. B. Inkas) schon lange vor der span. Eroberung als Haustiere (u. a. als Nahrungsmittel) gehalten. In der med.-pharmazeut. Forschung sind M. heute wicht. Versuchstiere. Der dt. Name M. kommt wahrscheinl. von der rundl. Körperform, den quiekenden Lauten u. der Tatsache, daß z. Z. der Namengebung die M. übers Meer nach Europa kamen. – Berg-M. ↗ Moko.

Meerschweinchenverwandte, *Caviomorpha,* aus insgesamt 12 Fam. (vgl. Tab.) be-

Meerschwert

stehende U.-Ord. der Nagetiere *(Rodentia)*, deren Verbreitung (v. wenigen Ausnahmen abgesehen) auf S- und Mittelamerika beschränkt ist. Allen M.n gemeinsam ist die Zahnformel $\frac{1 \cdot 0 \cdot 1 \cdot 3}{1 \cdot 0 \cdot 1 \cdot 3}$; im übrigen sind sie durch Anpassung an sehr unterschiedl. Lebensräume recht vielgestaltig. A. E. Wood leitet die M.n stammesgesch. von den aus dem Eozän N-Amerikas bekannten *Paramyiden* ab, denen unter den rezenten M.n die ↗Trugratten noch am meisten ähneln.

Meerschwert, der ↗Venusgürtel i. e. S.

Meersenf, *Cakile,* Gatt. der Kreuzblütler mit 4, die Küsten der N-Halbkugel sowie Australiens besiedelnden Arten. An eur. Küsten nur der 1jähr. Europäische M. *(C. maritima),* eine salzliebende, an sand. Spülsäumen u. in Vordünen-Ges. zu findende niedrige, sukkulente Strandpflanze mit linealen bis fiederspalt. Blättern sowie traubig angeordneten hellvioletten bis weißl. Blüten und länglich-eiförmigen, 2gliedrigen Schwimmfrüchten. Das scharfsalzig schmeckende Kraut wurde fr. zu Heilzwecken benutzt (Antiskorbutikum).

Meersenf-Spülsäume ↗Cakiletea maritimae.

Meerspinne ↗Seespinnen. [loba.

Meertraube, *Coccoloba uvifera,* ↗Cocco-

Meerträubel, die Gatt. ↗Ephedra.

Meerzwiebel, *Urginea,* Gatt. der ↗Liliengewächse.

Megaceryle w [v. *mega-, gr. kērylos = ein Seevogel], Gatt. der ↗Eisvögel.

Megachilidae [Mz.; v. *mega-, gr. cheilos = Lippe], *Bauchsammler, Bauchsammelbienen,* Fam. der Hautflügler aus der Überfam. ↗Apoidea (Bienen i. w. S.) mit ca. 90 Arten in Mitteleuropa. Die *M.* sind 6 bis 38 mm groß u. meist pelzig behaart; Farbe u. Gestalt sind je nach Art verschieden; Brust u. Hinterleib sind wie bei allen ↗Apocrita durch eine Wespentaille abgesetzt. Die *M.* leben solitär, u. die Weibchen ernähren sich u. ihre Brut v. Nektar u. Pollen, den sie an einer Bauchbürste geklebt in das Nest transportieren (Name!). In Bau u. Form des Nestes, das aus mehreren, meist hintereinanderliegenden Brutzellen besteht, unterscheiden sich Arten u. Gatt. Meist werden zum Bau pflanzl. Materialien mitverwendet; jede Zelle wird mit einem Ei belegt, mit Nektar u. Pollen verproviantiert u. verschlossen. Die nächste Generation schlüpft meist im Frühjahr. Die Blattschneiderbienen (Gatt. *Megachile,* ca. 22 Arten in Mitteleuropa) legen ihre 8 bis 10 Brutzellen in Pflanzenstengeln, anderen hohlen Röhren od. im Erdboden an; die Wandungen werden mit kreisrunden Blattstückchen ausgekleidet, die aus Blüten- u. Laubblät-

mega- [v. gr. megas = groß, gewaltig, erhaben].

Megachilidae

Wichtige Gattungen und Arten:
Blattschneiderbienen *(Megachile spec.)*
Düsterbienen *(Stelis spec.)*
Kegelbienen *(Coelioxys spec.)*
Löcherbiene *(Heriades truncorum)*
Mauerbienen *(Osmia spec.)*
Mohnbiene *(Osmia papaveris)*
Mörtelbiene *(Chalicodoma muraria)*
Wollbienen (Harzbienen, *Anthidium spec.*)

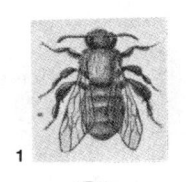

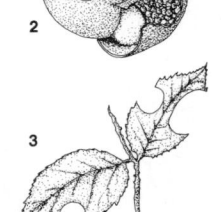

Megachilidae

1 Mauerbiene *(Osmia spec.);* 2 Nestanlage v. *Osmia bicolor* im Schneckenhaus; 3 Ausschnitte aus Blättern v. einer Blattschneiderbiene *(Megachile spec.);* 4 Bauchsammelbiene mit Bauchbürste

tern ausgeschnitten werden (Name!). Häufig ist bei uns die ca. 11 mm große *M. centuncularis,* die kreisrunde Einschnitte u. a. an Rosenblättern hinterläßt. Die ca. 35 mitteleur. Arten der Mauerbienen (Gatt. *Osmia)* weisen eine Vielfalt im Nestbau auf; sie sind ca. 10 mm groß, dunkel gefärbt u. haben einen großen, kugeligen Kopf; viele verwenden zum Nestbau mit Speichel vermischten Lehm, mit dem das Nest auf Steinen gebaut od. die Brutzellen in Pflanzenstengeln abgetrennt werden. Mit Mohnblättern tapeziert die Mohnbiene *(O. papaveris)* ihr Erdnest. Alle Arten v. Ritzen in Mauern, Häuserwänden u. ä. benutzt *O. rufa* als Nisthöhlen. In leeren Schneckenhäusern nisten bei uns *O. aurulenta* und bes. *O. bicolor;* die ca. 5 Zellen werden durch zerkaute Blätter u. Steinchen verschlossen. Die ca. 16 mm große Mörtelbiene *(Chalicodoma muraria)* baut ihr Nest aus einem Gemisch v. Sand u. Speichel auf die Oberfläche v. Steinen, Mauern u. ä. Die 6 bis 18 mm großen, wespenähnl. Wollbienen od. Harzbienen (Gatt. *Anthidium)* nehmen zum Nestbau zu Kugeln geformte Pflanzenhaare od. Pflanzenharz zur Hilfe. An ihrem spitz zulaufenden Hinterleib sind die Kegelbienen (Gatt. *Coelioxys)* leicht zu erkennen; sie sind Kuckucksbienen, legen also ihre Eier in die noch unverschlossenen Brutzellen anderer *M.;* da sie selbst keinen Nektar sammeln, fehlt ihnen auch die Bauchbürste. Auch die Arten der Düsterbienen (Gatt. *Stelis)* sind brutparasitierende Kuckucksbienen. Die Löcherbiene *(Heriades truncorum)* benutzt von Bohrlöcher anderer Insekten als Nistplatz. Viele Arten der M. sind nach der ↗Roten Liste „vom Aussterben bedroht" od. „stark gefährdet", v. a. durch die Zerstörung der Nistmöglichkeiten z. B. durch Flurbereinigung. *G. L.*

Megachiroptera [Mz.; v. *mega-, gr. cheir = Hand, pteron = Flügel], die ↗Flughunde.

Megacine [Mz.; v. *mega-, lat. cinis = Asche], ↗Bakteriocine v. bestimmten *Bacillus megaterium*-Stämmen.

Megaëlosia w [v. *mega-, gr. helos = Sumpf], Gatt. der ↗Elosiinae (T).

Megafauna w [v. *mega-], ↗Bodenorganismen.

Megagäa w [v. *mega-, gr. gaia = Erde], *Megagaea,* (H. Stille 1944), hypothet. Kontinentalmasse, die, unterbrochen v. Urozeanbecken, im Gefolge präkambr. Gebirgsbildungen zusammengeschweißt („konsolidiert") worden sein soll; die Bildung der M. gliederte die Erdgeschichte zeitl. in 2 Phasen: ein *Paläogäikum* u. ein *Neogäikum;* dem letzteren sei die „Regenerationsphase" des „Algonkischen Um-

bruchs" vorausgegangen, der zur Entwicklung einer *Neogäa* geführt habe. – Dieses geotekton. Konzept gilt heute allg. als überholt (↗ Algonkium).
Megagamet *m* [v. *megagam-], *Makrogamet*, die größere, häufig auch unbeweglichere Geschlechtszelle bei Vorliegen v. ↗ Anisogamie. ↗ Gameten.
Megagametangium *s* [v. *megagam-, gr. aggeion = Gefäß], *Makrogametangium*, Bez. für die Zellen od. Zellgruppen, aus denen der Megagamet (Makrogamet) hervorgeht; ↗ Gametangium. Ggs.: Mikrogametangium. B Algen IV.
Megagametophyt *m* [v. *megagam-, gr. phyton = Gewächs], *Makrogametophyt*, Bez. für die Sorte der ↗ Gametophyten, die bei Vorliegen v. ↗ Heterosporie die Megagameten bildet. Ggs.: Mikrogametophyt.
Megakaryocyten [Mz.; v. *mega-, gr. karyon = Kern, kytos = Höhlung (heute: Zelle)], *Knochenmarksriesenzellen*, auffallend große (∅ über 50 µm) Zellen im ↗ Knochenmark der Wirbeltiere mit riesigen, hochpolyploiden gelappten Kernen; schnüren ständig kernlose, membranumgebene Zellfragmente ab, die Blutplättchen (↗ Thrombocyten), welche Träger überwiegend membrangebundener Faktoren der ↗ Blutgerinnung sind u. zudem eine begrenzte Fähigkeit zur ↗ Phagocytose v. Viren u. Antigen-Antikörper-Komplexen besitzen.
Megakaryon *s* [v. *mega-, gr. karyon = Kern], *Fusionskern, Riesenkern*, das Verschmelzungsprodukt zweier od. mehrerer Zellkerne nach experimenteller Fusion v. Zellen; Bildung während der Telophase der ↗ Mitose.
Megalamphodus *m* [v. *mega-, gr. lampē = Moder, hodos = Weg], Gatt. der ↗ Salmler.
Megalithkultur *w* [v. *mega-, gr. lithos = Stein], Beisetzung in Großsteingräbern, verbreitet über sehr verschiedene Kulturgruppen v. der späten ↗ Jungsteinzeit bis in die frühe Bronzezeit der Iber. Halbinsel, frz. Atlantikküste, v. Irland, England und N-Dtl. bis S-Skandinavien.
Megalixalus *m* [v. *megal-, gr. ixalos = kletternd], Gatt. der ↗ Hyperoliidae (T).
Megalobatrachus *m* [v. *megalo-, gr. batrachos = Frosch], ↗ Riesensalamander.
Megaloceros *m* [v. gr. megalokerōs = großhörnig], (Brookes 1828), *Megaceros* (Owen 1844), *Megaloceras, Riesenhirsche*, † Gatt. pleistozäner Echthirsche *(Cervidae)* mit Schaufelgeweih, die v. großwüchsigen ältestquartären Hirschen mit Stangengeweih (Formkreis: *Cervus senezensis*) abstammen. Der eiszeitl. Steppenbewohner *M. giganteus* starb an der Wende Jüngere Dryaszeit/Präboreal aus.

Als Ursache wurde oft das „exzessive", bis 3,70 m Spannweite erreichende Geweih genannt. Durch Gould (1973) weiß man, daß Geweih- u. Körpergröße kein unnormales Verhältnis bildeten. – Verbreitung: oberes Pliozän bis Pleistozän v. Europa. B atelische Bildungen.
Megalocyt *m* [v. *megalo-, gr. kytos = Höhlung (heute: Zelle)], patholog. vergrößerter Erythrocyt v. mehr als 8 µm ∅, z. B. bei Perniciöser ↗ Anämie.
Megalodiscus *m* [v. *megalo-, gr. diskos = Scheibe], Gatt. der Saugwurm-Ord. *Digenea; M. temperatus* im Enddarm v. Fröschen.
Megalodontacea [Mz.; v. gr. megalodous = mit großen Zähnen], (Morris u. Lycett 1853), meist den *Heterodonta* (Verschiedenzähner) zugeordnete † Superfam. mittelgroßer bis großer Muscheln mit dicken u. überwiegend gleichklappigen Schalen v. subtrigonalem oder eiförm. Umriß; Wirbel meist prosogyr, Ligament extern-opisthodet, gewöhnl. mit deutl. Lunula. Zahlreiche Gatt., z. B. *Megalodon* aus dem Devon, ↗ Conchodus. Verbreitung: Mittelsilur bis Unterkreide v. Eurasien, Amerika.
Megalopa *w* [v. gr. megalōpos = mit großen Augen], Entwicklungsstadium der Echten Krabben (↗ Brachyura), entspr. dem *Decapodit*-Stadium anderer ↗ Decapoda u. bildet den Übergang v. der plankt. Lebensweise der Zoëa zum Bodenleben der fertigen Krabbe (☐ Brachyura).
Megalopidae [Mz.; v. gr. megalōpos = mit großen Augen], die ↗ Tarpune.
Megaloptera [Mz.; v. *megalo-, gr. pteron = Flügel], die ↗ Schlammfliegen.
Megalopygidae [Mz.; v. *megalo-, gr. pygē = Hinterteil], mit den ↗ Schildmotten nahe verwandte, nachtaktive Schmetterlings-Fam., etwa 200 neotrop. Arten, mit wenigen Vertretern auch in N-Afrika; Falter bräunl. bis cremefarben, Körper zottig beschuppt, Spannweite bis 35 mm, Rüssel verkümmert; die Raupen sind gedrungen, stark behaart u. sehr beweg., einige Arten besitzen gefährl. Brennhaare, deren Giftstoff schon bei leichter Berührung schwere Entzündungen, vorübergehend Lähmungen u. Fieber hervorrufen kann; die Larven werden daher von den Eingeborenen „Feuertiere" od. „Jaguarwurm" gen.; sie fressen an Laubhölzern u. Kräutern.
Megamorina, (v. Zittel 1878), U.-Ord. der Steinschwämme (Ord. *Lithistida*) mit glatten od. gebogenen, meist über 1 mm langen Skleren, die locker miteinander verflochten sind. Verbreitung: Karbon bis rezent, überwiegend in der Oberkreide; rezent nur die Gatt. *Pleroma* Sollas 1888 (O-Indien) u. *Lyidium* Schmidt 1870 (Europa).

Megamorina

megagam- [v. gr. megas = groß, gewaltig, gametēs = Gatte].

megal-, megalo- [v. gr. megas = groß, gewaltig, erhaben].

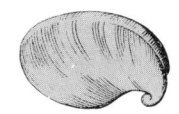

Megalodontacea
Megalodon cucullatus

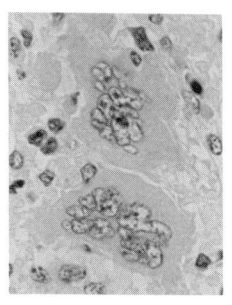

Megakaryocyten
Zwei Megakaryocyten aus dem Knochenmark eines Igels mit typischen, hochpolyploiden, gelappten Kernen, umgeben v. kleineren Zellen des Knochenmarks

Megaloceros
Das Geweih des Riesenhirsches *Megaloceros* aus dem eur. Pleistozän erreichte über 3 m Spannweite

Meganeura

mega- [v. gr. megas = groß, gewaltig, erhaben].

megaspor- [v. gr. megas = groß, gewaltig, spora = Same].

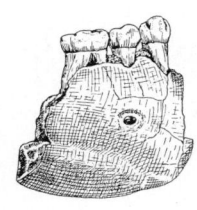

Meganthropus
Typusmandibel von *M. palaeojavanicus*, gefunden 1941 bei Sangiran (Java)

Megascolecidae
Wichtige Gattungen:
Acanthodrilus
Chilota
Dichogaster
↗ *Diplocardia*
Kerriona
Megascolex
Megascolides
Microscolex
Notoscolex
Paulistus
Pheretima
Pontodrilus
Rhododrilus

Megascolecidae
Männer beim Fang des bis 3 m langen und ca. 3 cm dicken Riesen-Regenwurms *Megascolides australis* (nach Michaelsen 1932–34)

Meganeura w [v. *mega-, gr. neuron = Sehne, Nerv], Gatt. der ↗ Urlibellen.

Meganthropus m [v. *mega-, gr. anthrōpos = Mensch], fossile Menschengatt., Typusart *M. palaeojavanicus* basierend auf einem sehr massiven Unterkieferfragment, gefunden 1941 bei Sangiran (Java); Alter: Altpleistozän, ca. 1 Mill. Jahre. *M.* wird heute v. manchen Autoren zu den ↗ Australopithecinen, v. anderen zu ↗ *Homo* gerechnet.

Megaphanerophyt m [v. *mega-, gr. phaneros = offenbar, phyton = Gewächs], *Makrophanerophyt*, Bez. für die baumart. Pflanzen mit Knospen in mehr als 2 m Höhe, wie die Bäume, Baumgräser u. Schopfbäume.

Megaphyll s [v. *mega-, gr. phyllon = Blatt], *Makrophyll*, ↗ Blatt (☐).

Megaphyton s [v. *mega-, gr. phyton = Gewächs], Gatt.-Name für bestimmte Stammabdrücke fossiler ↗ Marattiales.

Megapodiidae [Mz.; v. *mega-, gr. podes = Füße], die ↗ Großfußhühner.

Megaprothallium s [v. *mega-, gr. pro = vor, thallos = Sprößling, Lager], *Makroprothallium*, Bez. für die Sorte der ↗ Gametophyten bei heterosporen (↗ Heterosporie) ↗ Farnpflanzen, die aus der Megaspore erwachsen u. die Archegonien mit den Eizellen bilden. Ggs.: Mikroprothallium. ↗ Embryosack.

Megaptera w [v. *mega-, gr. pteron = Flügel, Flosse], Gatt. der Furchenwale, ↗ Buckelwal.

Megascolecidae [Mz.; v. *mega-, gr. skōlēx = Wurm], Ringelwurm-(Oligochaeten-)Fam. mit 34 Gatt. (vgl. Tab.). Kleine bis riesige Formen von regenwurmart. Gestalt. Borsten zu 4 od. mehr Paaren je Segment od. jederseits eine Reihe vieler Borsten; meist 1, aber auch 2 oder 3 oesophageale Muskelmägen, zudem mit od. ohne intestinale Muskelmägen; mit od. ohne Kalkdrüsen; 1 bis 2 Paar Hoden im 10. und 11. Segment; 1 Paar Ovarien im 13. Segment. Verbreitung tropisch-subtropisch, meist terrestrisch, doch auch amphibisch, marin od. auf Bäumen. Bekannteste Art: *Megascolides australis*, bis 3 m lang (!).

Megasecoptera [Mz.; v. *mega-, gr. sēkos = Hürde, pteron = Flügel], † Ord. der Fluginsekten *(Pterygota)* mit meist paläopteren Flügeln *(= Eumegasecoptera)*; diese konnten zwar auf u. ab bewegt, aber weder geschwenkt noch in Ruhezustand gefaltet od. an das Abdomen angelegt werden. Einige *(= Paramegasecoptera)* erwarben zwar diese Fähigkeiten, jedoch auf eine v. den modernen *Neoptera* unabhängige Weise. Über 30 Gatt. und 100 Arten. Verbreitung: Oberkarbon bis Perm.

Megasphaera w [v. *mega-, gr. sphaira = Kugel], Gatt. der ↗ gramnegativen anaeroben Kokken.

Megaspira w [v. *mega-, gr. speira = Windung], Gatt. der *Megaspiridae* (U.-Ord. *Mesurethra*); Landschnecken Brasiliens, etwa 6 Arten.

Megasporangium s [v. *megaspor-, gr. aggeion = Gefäß], *Makrosporangium*, Bez. für die Sorte der Sporangien, die bei ↗ Heterosporie die Megaspore ausbilden. Ggs.: Mikrosporangium. ↗ Embryosack; ☐ Bedecktsamer I.

Megasporen [Mz.; v. *megaspor-], *Makrosporen*, Bez. für die Sorte Sporen, die bei ↗ Heterosporie bes. reservestoffreich sind u. zu relativ großen, ♀ Prothallien auswachsen. Ggs.: Mikrosporen. ↗ Embryosack.

Megasporogenese w [v. *megaspor-, gr. genesis = Entstehung], *Makrosporogenese*, Bez. für die Bildung der ↗ Embryosack-Zelle (entspr. der Megaspore) bei den ↗ Bedecktsamern (☐ I).

Megasporophyll s [v. *megaspor-, gr. phyllon = Blatt], ↗ Sporophyll. [fen.

Megasporophyllzapfen ↗ Sporophyllzap-

Megatheriidae [Mz.; v. *mega-, gr. thērion = Tier], (Owen 1843), *Riesenfaultiere*, † Fam. der ↗ Zahnarmen *(Edentata)*. *Megatherium americanum* wurde als erstes fossiles südam. Säugetier 1796 v. Cuvier beschrieben; es erreichte 6 m Länge u. war ein pflanzenfressender Landbewohner; Spezialisationen im Bau der Vorderextremitäten erinnern an Ameisenfresser. Verbreitung: Untermiozän bis Pleistozän von S-Amerika, Pleistozän von N-Amerika. ☐ Faultiere.

Megathermen [Mz.; v. *mega-, gr. thermos = warm], 1) Gebiete, in denen im kältesten Monat 18 °C nicht unterschritten werden u. die eine Jahresmittel-Temp. von mindestens 20 °C aufweisen. 2) Wärmebedürftige Pflanzen, wie der Kakaobaum.

Megathiris w [v. *mega-, gr. thyris = kleine Tür, Fenster], Gatt. der *Testicardines* (↗ Brachiopoden), bis 1 cm groß; *M. detruncata* im Mittelmeer; namengebend für die Fam. *Megathyrididae*, die weltweit vom Flachwasser bis über 4000 m Tiefe vorkommt. Dazu gehört auch die Gatt. *Argyrotheca* mit ca. 20 Arten; *A. cordata* und *A. cuneata* im Mittelmeer.

Megathura *w*, Gatt. der Lochschnecken, an der nordam. Pazifikküste.

Megathymidae [Mz.; v. *mega-, gr. thymos = Lebenskraft], den ↗Dickkopffaltern nahe verwandte u. diesen bisweilen als U.-Fam. zugeordnete Schmetterlings-Fam. mit nur etwa 20 Arten in Mexiko u. den Trockengebieten des südl. N-Amerika. Falter größer (40–76 mm Spannweite), gekeulte Fühler ohne Endhäkchen, Körper zigarrenförmig, kräftig u. behaart, Kopf klein, Flügelzeichnung gelb od. goldfarben auf dunklem Grund; fliegen tags stürmisch u. schnell (bis zu 100 km/h!), daher sehr schwer zu beobachten; eigentüml. Lebensweise der Larven: die Raupen bohren in den fleisch. Blattbasen u. Stämmen v. Yucca u. Agaven, darin auch Verpuppung; in Mexiko werden die Larven als Delikatessen fritiert u. in Dosen als „Gusanos de Maguey" vertrieben.

Megophrys *w* [v. gr. megas = groß, ophrys = Braue], Gatt. der ↗Krötenfrösche.

Mehari *s* [v. arab. mahērīy, nach dem südarab. Gebiet Mahrah], ↗Dromedar.

Mehelya *w*, Gatt. der ↗Wolfszahnnattern.

Mehlbanane ↗Bananengewächse.

Mehlbeere, *Sorbus aria*, ↗Sorbus.

Mehlkäfer, *Tenebrio molitor*, dunkelbrauner, parallelseitiger, längl. Vertreter der Schwarzkäfer mit fadenförm. Fühlern; Käfer u. Larven *(„Mehlwürmer")* lebten urspr. in mulmigem, trockenem Holz; heute meist synanthrop verbreitet in Bäckereien, Getreidespeichern u. ä. Die Mehlwürmer werden gerne als Tierfutter für gefäßigte Vögel od. Frösche u. Reptilien gehalten; bei gleichmäßigen Temperaturen zahlr. Generationen im Jahr.

Mehlläuse, die ↗Schmierläuse.

Mehlmilbe, *Acarus siro, Tyroglyphus farinae,* Art der Vorratsmilben; die Tiere sind ca. 0,5 mm lang u. leben oft in ungeheurer Anzahl in Speichern an Getreide u. Getreideprodukten aller Art; verbreiten widerl., süßl. Geruch. Bei 17°–20°C entsteht alle 17 Tage eine neue Generation. Bei niedriger relativer Luftfeuchte sterben die Erwachsenen ab, die Dauernymphen können 2 Jahre „trockenfallen" u. sich dann, bei Erhöhung der Luftfeuchte, weiterentwickeln. Die M. ist weltweit verbreitet u. wird mit Gerätschaften, aber auch durch Schadinsekten (z. B. Kornkäfer) übertragen.

Mehlmotte, *Ephestia kuehniella*, zu den ↗Zünslern gehörender wicht. Vorratsschädling, u. a. wegen der leichten Züchtbarkeit auch bedeutendes „Haustier" der Genetiker u. Physiologen; Flügel dunkel

mega- [v. gr. megas = groß, gewaltig, erhaben].

meio- [v. gr. meiōn = kleiner, geringer].

Mehlkäfer *(Tenebrio molitor),* oben Larve („Mehlwurm")

Mehrlingsgeburten (natürliche Häufigkeit beim Menschen)
Zwillinge: 1mal auf ca. 80 Geburten
Drillinge: 1mal auf ca. 6400 Geburten
Vierlinge: 1mal auf ca. 510 000 Geburten
Fünflinge: 1mal auf ca. 40 000 000 Geburten

Mehlmotte *(Ephestia kuehniella)*

staubgrau mit schwachen hellen Querlinien u. schwarzen Punkten. Spannweite bis 25 mm; Falter fliegen abends in Mühlen, Vorratslagern u.ä.; weltweit verschleppt, urspr. Heimat unklar; Zahl der Generationen temperaturabhängig; Larven befallen Mehl, Backwaren, Hülsenfrüchte, Sämereien, Trockenobst u.ä.; Schäden durch Fraß, Gespinstgänge u. Verschmutzung der Lebensmittel; Verpuppung in weißl. Gespinst in Ritzen an Decken u. Wänden der Lagerräume. Urspr. Habitat der M. möglicherweise unter Rinde oder ähnl., von organ. Abfällen lebend.

Mehlpilz, *Clitopilus prunulus* Kumm., ↗Räslinge. [blume.

Mehlprimel, *Primula farinosa,* ↗Schlüssel-

Mehltaupilze, 1) ↗Echte M. *(Erysiphales);* 2) ↗Falsche M. *(Peronosporales).*

Mehlwurm, Larve des ↗Mehlkäfers.

Mehrblattfrüchte, Bez. für aus 2 oder mehr verwachsenen Fruchtblättern (Karpellen) gebildete Fruchteinheiten. ↗Frucht.

Mehrfachaustausch, das Auftreten mehrerer ↗Crossing over zw. zwei homologen Chromosomen.

Mehrfachbefruchtung, eigtl. *Mehrfachbesamung,* ↗Polyspermie.

Mehrfingrigkeit, die ↗Polydaktylie.

mehrjährig, *plurienn, polycyclisch,* Lebensdauer v. Pflanzen, die zur vollständ. Entwicklung mehrere Jahre brauchen u. nur einmal zur Blüte u. Fruchtreife gelangen u. danach absterben. ↗Annuelle, ↗bienn, ↗ausdauernd.

Mehrlingsgeburten, beruhen auf gleichzeit. Befruchtung mehrerer Eizellen od. Trennung der Tochterzellen einer Eizelle. *Mehrlinge* sind bei vielen Säugetieren die Regel, können aber bei nicht dafür angepaßten Arten zu ↗Fehlbildungen führen (↗Zwicke). Beim Menschen sind sie relativ selten (vgl. Tab.), haben aber wegen Hormongaben zur Ovulationsauslösung stark zugenommen. Gehäuftes Vorkommen v. Mehrlingen in einzelnen Fam. spricht für erbl. Komponenten. ↗Zwillinge.

Mehrzeller, *Vielzeller,* die ↗Metazoa.

Meibom-Drüsen [ben. nach dem dt. Anatomen H. Meibom, 1638–1700], *Glandulae tarsales,* Talgdrüsen im ↗Lid des Linsenauges; ihre Entzündung führt zum sog. Gerstenkorn.

Meideverhalten ↗Vermeidungsverhalten

Meier, der ↗Meister.

Meiocyten [Mz.; v. *meio-, gr. kytos = Höhlung (heute: Zelle)], die ↗Gonotokonten. [denorganismen.

Meiofauna *w* [v. *meio-], *Mesofauna,* ↗Bo-

Meiogameten [Mz.; v. *meio-, gr. gametēs = Gatte], Gameten, die in Verbindung mit einer Meiose gebildet werden; so z. B. bei allen Diplonten.

Meiose

Meiose w [v. gr. meiōsis = Verringerung, Verkleinerung], *Meiosis, Reifeteilung, Reduktionsteilung,* Teilungsvorgang im Verlauf der ↗Gametogenese (☐), bei dem die zygotische Chromosomenzahl (↗Diploidie) auf die Hälfte reduziert wird. Diese Reduktion muß der Gametenverschmelzung im Lebenszyklus eines Organismus vorausgehen, um die Konstanz der artspezifischen Chromosomenzahl (T Chromosomen) zu wahren. Eine M. besteht aus 2 Teilungsschritten, denen eine Chromosomenreduplikation vorausgeht, so daß jedes ↗Chromosom (☐) schon zu Beginn der M. aus 2 ↗Chromatiden besteht. Bei der *1. meiot. Teilung* erfolgt die Aufteilung der ursprünglich mütterl. und väterl. Chromosomensätze (sofern sie nicht in einzelnen Abschnitten durch vorhergehendes Crossing over schon durchmischt sind), so daß jeder Tochterkern je ein Exemplar eines Chromosoms erhält. Bei der *2. meiot. Teilung* kommt es, wie bei einer ↗Mitose, zur Trennung der Chromatiden der zuvor verteilten Chromosomen, u. es entstehen als M.produkte 4 sog. ↗*Gonen.* Während der *Prophase* der 1. meiot. Teilung lagern sich die homologen mütterl. und väterl. Chromosomen (↗homologe Chromosomen) aneinander (↗Chromosomenpaarung), u. durch dabei mögl. ↗Crossing over (☐) können die Allelkombinationen einzelner Chromosomen geändert werden (↗Chiasma, B Chromosomen II). Außerdem erfolgt die Verteilung der einzelnen elterl. Chromosomen auf die ↗Spindelpole in der *Anaphase* der 1. meiot. Teilung zufallsgemäß (Tochterkerne erhalten v. den Chromosomenpaaren jeweils entweder das mütterl. oder das väterl. Chromosom), so daß auch hier eine Änderung der Allelkombination innerhalb des reduzierten Chromosomensatzes erfolgt (Rekombination). Es gehen also aus einer M. Gonen mit gegenüber der Meiocyte veränderten Allelkombinationen hervor. In dieser Neukombination ist, neben der Reduzierung der Chromosomenzahl, eine weitere wichtige Funktion der M. zu sehen; denn neue Allelkombinationen können Phänotypen zur Folge haben, die den Bedingungen ihrer Umwelt besser angepaßt sind als die Phänotypen der Eltern. – Wie eine ↗Mitose beginnt auch eine M. nach der G_2-Phase der ↗*Interphase* (↗Zellzyklus); Zeitpunkt u. Art der Determination einer Zelle zur M. sind noch ungeklärt. Die in verschiedene Unterstadien unterteilte Prophase der 1. meiot. Teilung (Prophase I) dauert wesentl. länger als die in wenigen Min. ablaufende Prophase einer Mitose; z.B. dauert die Prophase I bei *Drosophila* 14 Tage, bei der Reifung der menschl.

meio- [v. gr. meiōn = kleiner, geringer].

Meisen
Haubenmeise
(Parus cristatus)

Spermien 14 Tage u. bei der Reifung der menschl. Oocyten 12–50 Jahre. Zwischen 1. und 2. meiot. Teilung ist die sog. *Interkinese* eingeschaltet, die je nach Art unterschiedl. ausgebildet ist; z.T. entspiralisieren sich die Chromosomen kurzfristig u. werden v. einer Kernhülle umgeben, z.T. bleiben sie kondensiert. – Stadien der Meiose: B 381. *D. W.*

Meiospore w [v. *meio-, gr. spora = Same], die ↗Gonospore. [junction.

meiotisches Non-disjunction ↗Non-dis-

Meisen, *Paridae,* Fam. kleiner, weißwangiger, lebhafter Singvögel mit kurzem, spitzem Schnabel und kräft. Kletterbeinen; besiedeln baumbestandene Biotope in Eurasien, Afrika und N-Amerika. 3 Gatt. mit etwa 50 Arten (die meisten Gatt. *Parus*) u. über 200 U.-Arten. Oft recht bunt gefärbt, einige mit Federhaube, Geschlechter meist gleich. – Ernähren sich v. Insekten aller Entwicklungsstadien, winters v. Sämereien, Beeren u.a.; spielen eine bedeutende Rolle in der ↗biol. Schädlingsbekämpfung. Die nördl. Populationen ziehen ausgeprägter als die südl., diese nur bei Populationsüberdruck od. extremen Witterungsverhältnissen. Höhlenbrüter, nur wenige Arten zimmern ihre Höhle in morschem Holz selbst; die meisten sind auf Specht- und natürl. Baumhöhlen angewiesen; lassen sich leicht auch in künstl. Nisthöhlen ansiedeln. Das Nest besteht aus Moos, Halmen, Flechten u. wird mit Haaren u. Federn ausgepolstert; Eier weiß mit dunklen Flecken (B Vogeleier I). Während die tropischen M. 3–4 Eier legen, sind es in kalten u. gemäßigten Regionen 6–14 Eier, gelegentl. noch darüber. Bes. gut ist die Brut- u. Populationsbiologie der 14 cm großen Kohlmeise (*P. major,* B Europa XII), der größten einheim. Art, untersucht (B Rassen- und Artbildung). Sie bevorzugt Eichenmischwälder, kommt aber auch in Nadelwäldern, Parks u. Gärten vor. Die Gelegegröße wird v. verschiedenen Faktoren beeinflußt: Jahreszeit, Habitat, Nahrungsangebot, Alter der Weibchen, Populationsdichte u.a. Zweitbruten sind in suboptimalen Habitaten mit risikoreicheren Nahrungsverhältnissen häufiger. Von den geschlüpften Jungvögeln überleben bis zur nächsten Brutzeit durchschnittl. etwa 10%, v. den Altvögeln etwa 50%; dennoch erreichen einzelne ein Alter v. 10–12 Jahren. Die 11,5 cm große, lebhaft blau u. gelb gezeichnete Blaumeise (*P. caeruleus,* B Europa XII) ist stärker an Laubwälder gebunden u. entgeht der Konkurrenz zur größeren Art durch Nutzung v. Höhlen mit kleinerem Flugloch u. Nahrungssuche auch an dünneren Zweigen. Nadelwald ist der typ. Lebensraum der gleich großen,

MEIOSE

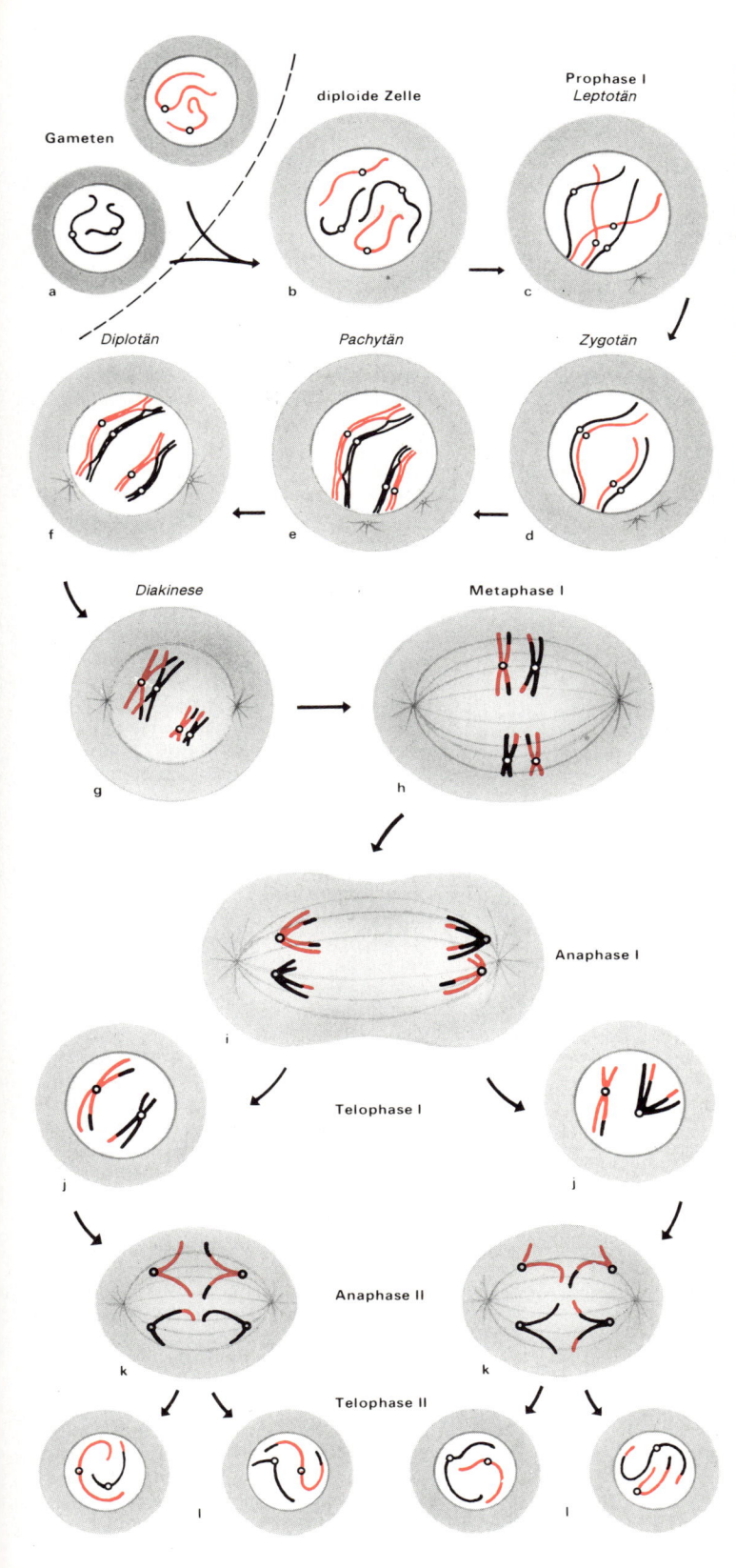

Bei der sexuellen Fortpflanzung vereinigen sich zwei geschlechtsverschiedene Zellen (Gameten) miteinander zu einer Zygote. Diese Zygote hat in ihrem Zellkern daher die Chromosomensätze beider Gameten. Würden sich Abkömmlinge davon erneut vereinigen, so führte dieses zu Zellen mit dem vierfachen Chromosomensatz der ursprünglichen Gameten. Ein besonderer Kernteilungsvorgang, die Meiose, und mit ihm gekoppelte Zellteilungen sorgen jedoch für eine Halbierung der Chromosomenzahl vor der Ausbildung neuer Gameten. Sie besteht aus zwei Teilungsschritten. Im ersten Teilungsschritt wird der – von den weiblichen und männlichen Gameten eingebrachte – doppelte Chromosomensatz (diploid = 2n) auf den einfachen Chromosomensatz (haploid = n) reduziert. Der zweite Schritt entspricht dagegen weitgehend einer mitotischen Teilung.

Vereinfachte schematische Darstellung der Meiose im Zusammenhang mit dem Gesamtphänomen der Sexualität

a) Zwei haploide Gameten vereinigen sich zur Zygote *(Syngamie)*. **b)** Die Zygote ist eine diploide Zelle mit einem mütterlichen und väterlichen Chromosomensatz.
c–l) Meiose: Im Verlauf der Gametogenese teilen sich Zellen der Keimbahn meiotisch zur Halbierung des Chromosomensatzes und zur Rekombination der Allele. *Prophase I* **(c–g)** ist wegen der Paarung der homologen Chromosomen besonders wichtig. Man unterscheidet 5 verschiedene Unterstadien: Im *Leptotän* **(c)** werden die Chromosomen als Knäuel dünner Fäden sichtbar und zeigen eine typische Anordnung der Chromomeren. Im *Zygotän* **(d)** kommt es, oft von den Enden her, zu einer Zusammenlagerung der homologen mütterlichen und väterlichen Chromosomen (= Paarung der homologen Chromosomen, Parallelkonjugation der homologen Chromosomen) zum synaptischen Komplex; korrespondierende Chromomeren liegen dabei nebeneinander. Nach vollständiger Paarung der Chromosomen verkürzen und verdicken sie sich im *Pachytän* **(e)** weiter, und es wird erkennbar, daß jedes Chromosom aus 2 Chromatiden besteht, d. h., die gepaarten Chromosomen bilden eine sog. *Chromatidentetrade*. Während der Chromosomenpaarung können Crossing over zwischen den einzelnen Chromatiden erfolgen. Im anschließenden *Diplotän* **(f)** geht die enge Konjugation der Chromosomen verloren; sie bleiben aber noch gepaart, und an einigen Stellen hängen die homologen Chromosomen aneinander, da sich ihre Chromatiden überkreuzen. Diese sog. Chiasmata sind die cytologische Folge von Crossing over-Ereignissen. Mit dem Auseinanderweichen der homologen Chromosomen (*Diakinese*, **g**) und der damit verbundenen Verlagerung der Chiasmata an das Ende der Chromosomen ist die Prophase I beendet. In der *Metaphase I* **(h)** formieren sich die Chromosomenpaare in der Äquatorialebene; die Kernhülle zerfällt, und die Spindelapparate bilden sich aus. Die Centromere der einzelnen Chromosomen richten sich nach dem einen oder anderen Spindelpol aus, wobei diese Orientierung zufallsgemäß erfolgt. In *Anaphase I* **(i)** trennen sich die gepaarten Chromosomen, wandern – Centromer voraus – polwärts und erreichen in *Telophase I* **(j)** den jeweiligen Spindelpol. Bei manchen Arten bildet sich kurzfristig eine Kernhülle aus. Nach der sog. Interkinese folgt die mitose-ähnliche Meiose II: die sich nach eventueller Entkondensierung wieder verkürzenden Chromosomen bzw. Chromatid-Doppelfäden *(Prophase II)* formieren sich in der Äquatorialebene *(Metaphase II)*. Die Spalthälften streben nach der Teilung der Centromere als getrennte Einzelchromatiden zu den Spindelpolen (*Anaphase II*, **k**). Neue Kern- und Zellmembranen bilden sich (*Telophase II*, **l**), und als Ergebnis der Meiose sind 4 bezüglich ihrer Allelkombination ungleiche Gonen entstanden.

schwarz-weißen Tannenmeise *(P. ater)* u. der einen Federschopf tragenden Haubenmeise *(P. cristatus).* Als äußerl. sehr ähnl. Zwillingsarten besitzen die Sumpfmeise *(P. palustris,* B Europa XII) u. die Weidenmeise *(P. montanus)* unterschiedl. Habitatansprüche; die Sumpfmeise besiedelt Laubwälder u. Parks, die Weidenmeise feuchte Auwälder mit Weichhölzern u. mit einer anderen Rasse Bergwälder. – Zu anderen Fam. zählen die Bartmeise (↗ Papageischnabelmeisen, *Paradoxornithidae),* die ↗ Beutelmeisen *(Remizidae)* u. die ↗ Schwanzmeisen *(Aegithalidae).* M. N.

Meisenheimer, *Johannes,* dt. Zoologe, * 30. 6. 1873 Griesheim (1928 zu Frankfurt a. M.), † 24. 2. 1933 Leipzig; seit 1910 Prof. in Jena, 1915 Leipzig; Arbeiten zur Entwicklungsgeschichte, Geschlechtsdifferenzierung u. Vererbung; bes. bekannt sein Buch „Geschlecht u. Geschlechter im Tierreich" (1921–30, 2 Bde.).

Meißnersche Körperchen [ben. nach dem dt. Physiologen G. Meißner, 1829–1905], *Meißnersche Tastkörperchen,* ↗ Mechanorezeptoren (Tastsinnesorgane) in der Fingerbeere u. den Lippen der Primaten.

Meister, *Meier, Asperula,* Gatt. der Krappgewächse mit rund 90 Arten in Europa, Asien und Austr. Meist ausdauernde Kräuter mit eiförm. bis linealen, gegenständ. Laubblättern u. jeweils 1–4 dazwischen stehenden, gleichgestalteten Nebenblättern (scheinbar 4–10 quirlig angeordnete Blätter). Die Blüten besitzen eine mehr od. weniger trichterförm. Krone mit meist 4spalt. Saum und deutl. Röhre u. sind köpfchenförm. bis rispig angeordnet. Die Frucht zerfällt in 2 halbkugelige Teilfrüchtchen. Bekannteste Art ist der in krautreichen Buchen- u. Laubmischwäldern verbreitete, weiß blühende Wald-M. *(A. odorata).* Sein Kraut enthält geringe Mengen an Cumaringlykosid, aus dem, insbes. beim Verwelken u. Trocknen, das stark u. charakteristisch duftende ↗ Cumarin freigesetzt wird. Der in der Volksheilkunde bisweilen eingesetzte Wald-M. diente fr. zur Abwehr v. Motten u. wird heute noch zur Zubereitung v. Maitrank od. -bowle verwendet, bei deren Genuß es allerdings zu leichten Vergiftungserscheinungen, wie etwa starkem Kopfweh u. Benommenheit, kommen kann. Der ebenfalls weiß blühende, nach der ↗ Roten Liste „gefährdete" Färber-M. *(A. tinctoria)* ist im Saum sonniger Büsche, in lichten Kiefern- u. Eichenwäldern, der rosa blühende Hügel-M. *(A. cynanchica)* u. a. in Kalkmagerrasen, an sonnigen Böschungen u. Waldrändern zu finden.

Meisterwurz, *Peucedanum ostruthium,* ↗ Haarstrang.

mela-, melan-, melano- [v. gr. melas = schwarz, dunkelfarbig, düster].

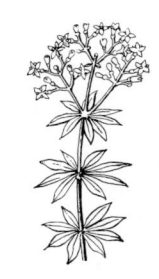

Meister
Waldmeister *(Asperula odorata)*

Melanconiales
Einige Pflanzenparasiten:
↗ *Colletotrichum lindemuthianum* (Brennflecken auf Buschbohnen)
C. gloeosporioides (Gloeosporidiella-Blattfallkrankheit der Johannis- u. Stachelbeere)
Marssonina juglandis (Blattfleckenkrankheit der Walnuß)
M. panattoniana (Blattfleckenkrankheit v. Endivien)
M. rosae (Sternrußtau der Rose)
Coryneum beijerinckii (Absterben v. Zweigen u. Knospen des Pfirsichs u. Fruchtflecken)

Mekonsäure [v. gr. mēkōn = Mohn]. ↗ Opiumalkaloide.

Melaleuca *w* [v. *mela-, gr. leukos = weiß], Gatt. der ↗ Myrtengewächse.

Melampsora *w* [v. *melan-, gr. psōra = Krätze, Räude], Gatt. der Rostpilze; wirtschaftl. Bedeutung hat *M. lini,* der Erreger des ↗ Flachsrostes; weitere *M.*-Arten parasitieren auf Pappel-, Weiden- u. Kiefer-Arten.

Melampus *m* [v. gr. melampous = schwarzfüßig], Gatt. der Küstenschnecken an wärmeren Meeren; mit plankt. Veliger.

Melampyrum *s* [v. gr. melampyron = schwarzer Weizen], der ↗ Wachtelweizen.

Melanargia *w* [v. *melan-, gr. argias = weiß], Gatt. der ↗ Augenfalter; ↗ Schachbrettfalter.

Melanconiales [Mz.; v. *melan-, gr. konia = Staub], Form-Ord. der ↗ *Fungi imperfecti,* in der die Pilze eingeordnet werden, deren Konidienträger in speziellen Konidienlagern *(Acervuli)* zusammenstehen; die Acervuli entwickeln sich unter der Cuticula od. tiefer im Gewebe der Wirtspflanzen. Die Konidien bilden schleim. Massen, die nach Aufbrechen der Deckschicht entlassen werden. Es sind über 1000 Arten bekannt (ca. 50 Form-Gatt.), meist Erreger v. Pflanzenkrankheiten, bes. Blatt- od. Brennfleckenkrankheiten (↗ Anthraknose, vgl. Tab.); z. T. sind es Nebenfruchtformen v. inoperculaten Discomyceten od. v. Pyrenomyceten. Neuerdings werden die *M.* mit den ↗ *Sphaeropsidales* zu den *Coelomycetes* vereinigt.

Melandrium *s* [v. gr. melandrya = Lichtnelken], die ↗ Lichtnelke. [mung.
Melandrium-Typ ↗ Geschlechtsbestim-
Melandryidae [Mz.; v. *melan-, gr. Dryas = eine Baumnymphe], die ↗ Düsterkäfer.

Melaneside [Mz.; v. *mela-, gr. nēsos = Insel], Rasse der menschl. Urbevölkerung Neu-Guineas u. angrenzender Inseln, gekennzeichnet durch dunkle Haut-, Haar- u. Augenfarben, krauses bis wolliges Haar sowie einen langen u. schmalen Schädel mit vielfach kräft. Überaugenwulst u. breiter Nase. Nahe verwandt mit den ↗ Australiden, mit denen sie zusammen zu den ↗ Europiden gerechnet werden („Alt-Europide"). B Menschenrassen.

Melaniidae [Mz.; v. *melan-] ↗ Thiaridae.

Melanine [Mz.; v. *melan-], die bes. in Wirbeltieren u. Insekten, vereinzelt aber auch in höheren Pflanzen, Pilzen u. Mikroorganismen vorkommenden hochmolekularen, v. Indolchinon abgeleiteten dunklen Pigmentstoffe; ihre durch radikal. Gruppen gekennzeichnete chem. Struktur ist nicht einheitl. und teilweise noch ungeklärt. Die Bildung der *M.* erfolgt, ausgehend v. Tyrosin, über Dopa, Dopachinon, Dopachrom

u. 5,6-Dihydroxyindol in den Melanosomen der ↗Melanocyten bzw. in der Netzhaut des Auges. M. werden in ↗*Eumelanine* u. die in Ggw. von Cystein entstehenden ↗*Phäomelanine* unterteilt. Unter Einwirkung v. Sonnenlicht bilden sich in der Haut vermehrt M. (Bräunen), wodurch ein verstärkter Lichtschutz, bes. gegen UV-Licht, erreicht wird. Häufig liegen M. als Komplex mit Proteinen (10–15%) vor (sog. *Melanoproteine*). M. bedingen weitgehend die ↗Farbe v. Haut (↗Hautfarbe), ↗Haar u. Augen (↗Iris) v. Mensch u. Säugetieren. Ferner sind M. in der Haut v. Reptilien u. Fischen (↗Chromatophoren, ↗Farbwechsel) sowie in Vogelfedern, im Insektenskelett u. in der Tinte v. Tintenfischen als färbende Bestandteile enthalten. Bei ↗Albinismus ist die Bildung v. M.n blockiert, bei *Melanose (Melanismus)* hingegen krankhaft vermehrt.

Melanismus *m* [v. gr. melanizein = schwarz werden], 1) Dunkelfärbung v. Haut, Haaren, Schuppen u. a. durch ↗Melanine. M. kann ererbt sein od. durch erhöhte Sonneneinstrahlung (↗Hautfarbe), größere Luftfeuchtigkeit, niedrigere Temp. u. a. entstehen. In der Tierwelt tritt M. z. B. beim Leoparden, der Kreuzotter, Schmetterlingen u. v. a. auf. ↗Industriemelanismus, ↗Abundismus, ↗Nigrismus, ↗Skotasmus. 2) *Melanose,* ↗Melanine. [enten.
Melanitta *w* [v. *melan-], Gatt. der ↗Meer-
Melanobatrachus *m* [v. *melano-, gr. batrachos = Frosch], Gatt. der ↗Engmaulfrösche (T).

Melanoblasten [Mz.; v. *melano-, gr. blastanein = entstehen], Pigmentzell-Mutterzellen; bei Wirbeltieren u. Mensch teilungsfähige Abkömmlinge der Neuralleiste; sie wandern in alle später pigmentierten Körperteile (außer ins Auge, dessen Pigmentzellen am Ort entstehen), wo sie sich zu ↗Melanocyten mit unterschiedl. Pigmentgehalt differenzieren. M. in den Haarzwiebeln (↗Haare) reichen ihr Pigment an die verhornenden Haarbildungszellen weiter.

Melanocyten [Mz.; v. *melano-, gr. kytos = Höhlung (heute: Zelle)], *Melanophoren,* Pigmentzellen (↗Chromatophoren), die ↗Melanine synthetisieren u. als Granula im Cytoplasma ablagern. Bei Wirbeltieren differenzieren sich die M. aus ↗Melanoblasten, die v. Neuralleisten-Zellen abstammen u. in verschiedene Epithelien einwandern; ggf. geben sie dort Pigmentgrana an die Bildungszellen für Haare u. Federn ab.
melanocytenstimulierendes Hormon, das ↗Melanotropin.

Melanogastraceae [Mz.; v. *melano-, gr. gastēr = Bauch], die ↗Schleimtrüffelartigen Pilze.

Melanogrammus *m* [v. gr. melanogrammos = schwarzgestreift], Gatt. der Dorsche, ↗Schellfisch. [Reaktion.
Melanoide [Mz.; v. *melano-], ↗Maillard-
Melanoides *w* [v. gr. melanoeidēs = schwarz aussehend], Gatt. der *Thiaridae,* Süßwasserschnecken Asiens mit turmförm. Gehäuse. *M. tuberculata* („Turmschnecke") ist eine beliebte Aquarienschnecke, die sich parthenogenet. und ovovivipar fortpflanzt.

Melanoleuca *w* [v. *melano-, gr. leukos = weiß], die ↗Weichritterlinge.

Melanophoren [Mz.; v. gr. melanophoros = schwarzgekleidet], die ↗Melanocyten.
melanophorenstimulierendes Hormon, *Melanophorenhormon,* das ↗Melanotropin.

Melanophryniscus *m* [v. *melano-, gr. phrynos = Kröte], Gatt. der ↗Kröten.

Melanopsis *w* [v. *melan-, gr. opsis = Aussehen], Gatt. der *Melanopsidae,* Nadelschnecken mit eikegelförm. Gehäuse; im Süßwasser der Mittelmeerländer.

Melanosporaceae [Mz.; v. *melano-, gr. spora = Same], Fam. der *Microascales,* Schlauchpilze mit Perithecien u. dunklen Ascosporen; Arten der Gatt. *Melanospora* sind i. d. R. Saprophyten; *M. parasitica* lebt als Hyperparasit auf dem Kleinpilz *Paecilomyces farinosus,* der auf Insekten wächst.

Melanostomiatidae [Mz.; v. *melano-, gr. stomion = Mündchen], Fam. der ↗Drachenfische 2).

Melanosuchus *m* [v. *melano-, gr. souchos = Nilkrokodil], Gatt. der ↗Alligatoren.

Melanotaeniidae [Mz.; v. *melano-, gr. tainia = Band], die ↗Regenbogenfische.

Melanotropin *s* [v. *melano-, gr. trepein = hinwenden], *melanocytenstimulierendes Hormon, melanophorenstimulierendes Hormon,* Abk. *MSH, melanotropes Hormon, Chromatophoren-, Melanophoren-, Pigment-, B-Hormon, Intermedin,* Polypeptidhormone aus den polygonalen Zellen des Hypophysenzwischenlappens der Wirbeltiere u. des Menschen, deren Sekretion vom Hypothalamus humoral über die Releasing-Faktoren MSH-RH u. MSH-IH gehemmt wird. α-MSH mit 13 Aminosäuren (relative Molekülmasse M_r = 1665) ist ident. mit der Aminosäurensequenz des N-terminalen Endes des ↗adrenocorticotropen Hormons; es ist bei allen Wirbeltierklassen gleich. β-MSH mit 22 Aminosäuren (M_r = 6611) u. unterschiedlicher Aminosäurenzusammensetzung bei verschiedenen Spezies steuert die Dunkelfärbung der Haut durch vermehrte Melaninsynthese infolge Aktivierung der Tyrosinase, Melanocytenexpansion u. Pigmentdispersion (↗Farbwechsel); sein Gegenspieler ist das

Melanotropin

Aminosäuresequenz des M.s des Menschen:

α-MSH:

CH₃CO-Ser-Tyr-Ser-Met-Glu-His-Phe-Arg-Trp-Gly-Lys-Pro-Val-CONH₂

β-MSH:

Ala-Glu-Lys-Lys-Asp-Glu-Gly-Pro-Tyr-Arg-Met-Glu-His-Phe-Arg-Trp-Gly-Ser-Pro-Pro-Lys-Asp

Melasoma

⤴Melatonin. Der Gehalt an β-MSH im Plasma beträgt normal 20–90 µg/ml und steigt während der Gravidität. [T] Hormone.
Melasoma s [v. *mela-, gr. sōma = Körper], Gatt. der ⤴Blattkäfer.
Melasse w [v. lat. mel = Honig über span. melaza], tiefbraune, zähe Flüssigkeit, die als Abfallprodukt bei der Zuckerfabrikation aus Zuckerrohr od. Zuckerrüben anfällt, aus der sich durch einfaches Kochen kein kristalliner Zucker mehr gewinnen läßt. M. ist für den menschl. Genuß nicht geeignet; sie dient als Mischfuttermittel od. als billiger Rohstoff für die Biotechnologie zur Herstellung v. Gärungsalkohol (z. B. Rum aus Rohrzucker), Citronensäure u. a. organ. Verbindungen u. als komplexes Nährmedium zur Anzucht vieler Mikroorganismen (z. B. Backhefe). Da M. hpts. Kohlenhydrate enthält, muß sie zusätzl. mit Stickstoff (Ammoniak od. Ammonium) u. Phosphat verbessert werden.
Melastomataceae [Mz.; v. *mela-, gr. stomata = Münder, Öffnungen], *Schwarzmundgewächse,* Fam. der Myrtenartigen mit 240 Gatt. und ca. 4000 Arten (Tropen u. Subtropen aller Erdteile, hpts. S-Amerika). Typ. für die M. sind die Blattnervatur (3–9 Hauptnerven verlaufen bogenförmig) u. die bizarre Gestalt der Antheren; die Fam. zeichnet sich auch durch einen hohen Aluminiumgehalt aus. Die Gatt. *Gravesia* u. Hybriden mit verwandten Gatt. werden ihrer schönen Blätter wegen in Warmhäusern kultiviert u. erhielten die Sammelbez. *Bertolonien.* Zur Gatt. *Medinilla* gehört *M. magnifica* (Philippinen), eine durch rosarot gefärbte, 50 cm lange Blütenstände auffallende Zimmerpflanze. Die mit 900 Arten größte Gatt. der M. ist *Miconia;* die eßbaren Früchte mancher Arten färben Mund u. Zähne schwarz; diese Eigenschaft verlieh der gesamten Fam. ihren Namen. Aus den Blättern des Safranbaums *(Memecylon edule)* wird ein gelber Farbstoff gewonnen, der wie Safran verwendet werden kann.
Melatonin s [v. *mela-, gr. tonos = Spannung], *melaninkonzentrierendes Hormon,* Abk. *MCH, 5-Methoxy-N-Acetyltryptamin,* Hormon, das in der Zirbeldrüse (⤴Epiphyse, „Epiphysenhormon") der Wirbeltiere u. des Menschen aus ⤴Serotonin durch N-Acetylierung und 5-Methylierung gebildet wird (☐ Chronobiologie). Es induziert als Gegenspieler des ⤴Melanotropins eine Konzentrierung des Melanins. Der Expansionsgrad des Pigments u. damit die Hautfarbe hängt vom Verhältnis der Hormone Melanotropin und M. im Blut ab (⤴Farbwechsel). M. wirkt bereits bei sehr niedrigen Konzentrationen: 10^{-10} mg/ml verursachen die völlige Aufhellung der Haut bei einigen Fischen u. Amphibien. Bei Säugern inhibiert es die Schilddrüsenfunktion, senkt die Sekretion v. luteinisierendem Hormon, verhindert damit sexuelle Reifungsprozesse u. senkt insgesamt den Stoffwechsel. Die Biosynthese unterliegt einer circadianen Rhythmik (⤴Chronobiologie, [B] I), wobei das für den letzten Syntheseschritt verantwortl. Enzym, die Hydroxyindol-O-Methyl-Transferase, tagsüber weniger aktiv ist als nachts (Hemmung der M.-Synthese durch Licht). Die Ursache dafür beruht offenbar auf einer rhythmisch aktivierten Genexpression für dieses Enzym. [T] Hormone.
Melde, *Atriplex,* Gatt. der Gänsefußgewächse mit ca. 150 Arten, bes. in Wüsten u. Halbwüsten weltweit verbreitet, dort z. T. wichtige Futterpflanzen. Die Garten-M. *(A. hortensis)* wurde fr. auch in Europa als Spinatgemüse verwendet, z. T. heute verwildert. Einheimisch u. a.: *A. patula* (Ruten-M.), häufig in Unkrautfluren z. B. auf Äckern. Durch M. kann der sog. *Atriplexismus* hervorgerufen werden: im Zusammenwirken mit UV-Licht (⤴Photosensibilisatoren) entstehen nach der Aufnahme von M. z. B. durch Vieh im Blut gift. Proteine.
Melden-Flußufersäume, *Chenopodion fluviatile,* Verb. der ⤴Bidentetea tripartitae.
Meldenwanzen, *Piesmidae,* Fam. der Wanzen (Landwanzen) mit insgesamt ca. 30, in Mitteleuropa nur 4 Arten. Die wichtigste ist die Rübenwanze *(Piesma quadrata),* ca. 4 mm groß, die Imagines sind grün bis braun u. schwarz gefärbt; ernährt sich vom Saft verschiedener Pflanzen; schädl. kann sie an Spinat, Mangold u. Rüben durch die Übertragung der ⤴Kräuselkrankheit werden.
Meleagrididae [Mz.; v. gr. meleagrides = Perlhühner], die ⤴Truthühner.
Meleagrina w [ben. nach dem Argonauten Meleagros], neuere Bez. *Pinctada,* ⤴Perlmuscheln. [⤴Truthühner.
Meleagris w [gr.; = Perlhuhn], Gatt. der
Melecitose w [v. lat. mel = Honig, Süßigkeit], $C_{18}H_{32}O_{16}$, ein pflanzl. Trisaccharid, das z. B. im Saft mancher Nadelbäume und bes. in Honigtau u. Manna vorkommt.
Melecta w [v. lat. mel = Honig], Gatt. der ⤴Apidae.

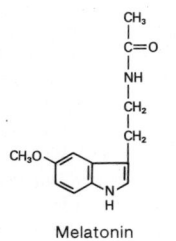

mela-, melan-, melano- [v. gr. melas = schwarz, dunkelfarbig, düster].

Melasse
Durchschnittliche Zusammensetzung:
50% Zucker
23% Wasser
19% organische Nichtzuckerverbindungen
(1,6% Stickstoff)
ca. 8% Mineralien

Melde
Garten-Melde
(Atriplex hortensis)

Melastomataceae
1 Bertolonia, 2 *Medinilla magnifica*

Melatonin

Meles w [lat., = Marder, Dachs], Gatt. der ↗Dachse.

Meletin s, das ↗Quercetin.

Meliaceae [Mz.; v. gr. melia = Esche], *Zedrachgewächse,* Fam. der Seifenbaumartigen mit 50 Gatt. und ca. 550 Arten; Verbreitung in den gesamten Tropen u. Subtropen. Holzgewächse, die weltwirtschaftl. bedeutende Hölzer liefern, darunter die echten *Mahagonihölzer.* Blätter wechselständig, gefiedert. *Swietenia mahagoni* (B Südamerika I), der Echte Mahagonibaum (Mittelamerika), wird bis 30 m hoch u. hat eine dichte Krone; er liefert das rotbraune, charakterist. gemaserte, mäßig harte, gut polierbare Edelholz (Echtes Mahagoni, Kuba-Mahagoni), das als Ausgestaltungs-, Furnier- u. Konstruktionsholz sehr gesucht ist. Das Afr. Mahagoni, das dem echten Mahagoni sehr ähnl. ist, liefert die Gatt. *Khaya* (W-Afrika, Madagaskar); einige ihrer Arten gehören zu der oberen Schicht des trop. Regenwaldes. Baumriesen bringt die Gatt. *Entandophragma* (35 Arten, trop. Afrika) hervor; ihr Holz ist unter dem Namen Sapelli od. Sapelli-Mahagoni im Handel (B Holzarten). *Lansium domesticum* (Indomalaysien) hat taubengroße, wohlschmeckende Früchte; es werden mehrere Sorten kultiviert. *Azadirachta indica* ↗ Nimbaum. Zur Gatt. *Melia* (9 Arten, alle S-Asien) zählt der als Ziergehölz in den Subtropen kultivierte Chines. Holunder *(M. azedarach).* Eine weitere bekannte Gatt. ist ↗ *Cedrela.*

Melianthaceae [Mz.; v. *meli-, gr. anthos = Blume], *Honigstrauchgewächse,* Fam. der Seifenbaumartigen mit 3 Gatt. und 18 Arten, die nur im südl. Afrika heimisch ist. Holzgewächse mit gefiederten, wechselständ. Blättern; bilateralsymmetr., oft rote Blüten in Blütenständen; nektarabsondernder Diskus; Vogelbestäubung. Aus der Gatt. *Melianthus* (Honigstrauch) u. *Greyia* stammen Zierpflanzen, die in warmen Gegenden kultiviert werden.

Melibiose w [v. *meli-, gr. biōsis = Leben], *6-O-(α-D-Galactopyranosyl)-D-glucopyranose,* $C_{12}H_{22}O_{11}$, ein Disaccharid, das bei der durch das Enzym Invertase katalysierten Hydrolyse des Trisaccharids ↗Raffinose entsteht.

Melica w [v. mlat. melica, milica = Buchweizen], das ↗Perlgras.

Melicerta w [ben. nach dem gr. Meeresgott Melikertēs], *Floscularia,* Gatt. der ↗Rädertiere; ↗Flosculariidae.

Melicertidae [Mz.; ben. nach dem gr. Seegott Melikertēs], Fam. der *Thekaphorae (Leptomedusae); Melicertum octocostatum* ist eine seltene Nordseeart (auch Brackwasser); die Medusen mit halbkugeligem Schirm u. je 64 großen u. kleinen Tentakeln erreichen 12 mm ⌀; die 2–3 mm hohen Polypen bilden kriechende Kolonien.

Melico-Fagetum s [v. mlat. melica, milica = Buchweizen, lat. fagus = Buche], Assoz. des ↗Asperulo-Fagion.

Melierax m [v. gr. melos = Gesang, hieros = trefflich], Gatt. der ↗Habichte.

Meligethes m [v. *meli-, gr. gēthein = sich freuen], Gatt. der ↗Glanzkäfer.

Melilotus m [v. gr. melilōtos =], ↗Steinklee.

Melinae [Mz.; v. lat. melinus = Marder-, Dachs-], die ↗Dachse.

Melinna w, Ringelwurm-Gatt. der ↗Ampharetidae.

Melioidose w [v. gr. malis = Rotz, -eidēs = -ähnlich], *Melioidosis,* der ↗Pseudorotz.

Meliolales [Mz.], Ord. der Schlauchpilze mit ca. 50 Gatt.; viele Arten leben parasit. auf Blättern höherer Pflanzen u. konnten noch nicht auf künstl. Nährböden kultiviert werden. Hauptverbreitungsgebiet sind Tropen u. Subtropen. In Mitteleuropa nur 1 Art, *Meliola niessleana,* die auf Heidekrautgewächsen parasitiert (z. B. der Preiselbeere). Das Mycel aus dunklen, braunen Hyphen überzieht den Wirt *(= schwarze Mehltaupilze)* u. haftet mit bes. Haftscheiben (Hyphopodien) an der Blattoberfläche fest; feine Hyphen dringen durch die Spaltöffnungen in die Epidermiszellen des Wirtsgewebes, aus dem sie durch Haustorien Nährsubstrate entziehen. In dem nach der Befruchtung entstehenden, kugeligen Fruchtkörpern (Pseudothecien) entwickeln sich zwei protunicate Asci mit mehrzelligen, braunen Ascosporen.

Melioration w [v. lat. melior = besser], die ↗Bodenverbesserung; ↗Dränung.

Meliphagidae [Mz.; v. *meli-, gr. phagos = Fresser], die ↗Honigfresser.

Meliponinae [Mz.; v. *meli-, gr. ponos = Arbeit], *Stachellose Bienen,* rein trop. U.-Fam. der Hautflügler (aus der Überfam. ↗ *Apoidea,* Bienen i. w. S.) mit ca. 350 Arten, die meisten davon in Brasilien. Die *M.* sind 1,5 bis 16 mm große, rotbraun bis schwarz gefärbte, sozial lebende Insekten; Bau u. Organisation des aus bis zu 100 000 Individuen bestehenden Staates unterscheiden sich v. denen unserer ↗Honigbiene: Die Waben werden aus ↗ *Cerumen* gebaut. Die Arbeiterinnen besitzen an den Hinterbeinen ein Körbchen zum Transport gesammelten Pollens, das aber weniger ausgeprägt ist als das der Honigbiene. Die Kommunikation über günst. Tracht findet nicht über die ↗Bienensprache statt, sondern – wenn überhaupt – über Duftspuren. Der Stachel ist nur noch rudimentär erhalten; die *M.* verteidigen sich durch schmerzhafte Bisse. In S-Amerika werden die Arten *Melipona beechei* u. *Trigona jaty* ihres Honigs u. Wachses wegen gehalten.

Meliponinae

meli- [v. gr. meli = Honig].

Melisse

Melisse w [v. *meliss-], *Melissa*, Gatt. der Lippenblütler mit 3 in Europa u. Vorderasien sowie im Himalayagebiet heim. Arten. In Europa ledigl. die aus dem östl. Mittelmeerraum u. Vorderasien stammende Zitronen-M. *(M. officinalis)*, eine zerrieben stark nach Zitronen duftende Staude mit eiförm., am Rande gesägten Blättern u. zu 3–6 in den Achseln der oberen Blätter stehenden, weißl. Blüten. Die Zitronen-M. wird sowohl als Bienenfutterpflanze als auch, wegen ihres in erster Linie aus ↗ Citral u. ↗ Citronellal bestehenden äther. Öls, als Gewürz- u. beruhigende, magen-darmwirksame Heilpflanze geschätzt. In der Volksmedizin viel verwendete, als M.nwasser od. Karmelitergeist bezeichnete alkohol. Destillate werden jedoch v. a. unter Verwendung v. Citronellöl hergestellt. [B] Kulturpflanzen VIII.

Melissinsäure w [v. *meliss-], *Triacontansäure*, $H_3C-(CH_2)_{28}-COOH$, bes. in Bienen- u. Montanwachs enthaltene unverzweigte gesättigte Fettsäure.

Melissylalkohol [v. *meliss-], der ↗ Myricylalkohol.

Melitaea w [v. gr. Melitaios = maltesisch], Gatt. der ↗ Fleckenfalter, ↗ Scheckenfalter.

Melitose w [v. gr. melitōsis = Süßen mit Honig], *Melitriose*, die ↗ Raffinose.

Melitoxin s [v. *meli-, gr. toxikon = (Pfeil-)Gift], das ↗ Dicumarol.

Melittangium s [v. *melitt-, gr. aggeion = Gefäß], Gatt. der *Myxobacterales* (Myxobakterien); die Arten bilden einzeln stehende Fruchtkörper, ein kleines Sporangiol auf zartem Stiel.

Melittidae [Mz.; v. *melitt-], Fam. der Hautflügler aus der Überfam. ↗ Apoidea mit ca. 10 Arten in Mitteleuropa. Die *M.* sind mittelgroße, solitär lebende Insekten u. ernähren sich v. Nektar u. Pollen. Die Hosenbiene (Gatt. *Dasypoda*) fällt durch einen sehr leistungsfähigen Sammelapparat (Höschen, ↗ Höseln) auf, der bes. viel Pollen transportieren kann (Name!). Auch im Erdboden wird das Nest der gelbl. Schenkelbienen (Gatt. *Macropis*) angelegt. Die Männchen der Sägehornbienen (Gatt. *Melitta*) besitzen einseitig verbreiterte, gesägt wirkende Fühlerglieder.

Melittin s [v. *melitt-], ein aus 26 Aminosäuren aufgebautes Peptid, das den Hauptbestandteil des ↗ Bienengiftes (ca. 50% der Trockensubstanz) ausmacht. M. bewirkt die Hämolyse v. Erythrocyten sowie nach dem gleichen Mechanismus die Freisetzung v. Serotonin aus Thrombocyten u. die Zerstörung v. Mastzellen. M. beeinflußt auch die Herzfunktionen: niedere Dosen bewirken eine Erhöhung der Kontraktilität des Herzmuskels, höhere Dosen führen zu einer irreversiblen Kontraktion.

meliss- [v. mlat. melissa (gekürzt aus gr. melissophyllon = Bienenball) = Melisse].

melitt- [v. gr. melitta = Biene].

meli- [v. gr. meli = Honig].

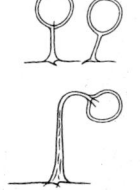

Fruchtkörper von *Melittangium*

Melittin

Aminosäuresequenz:
H₂N-Gly-Ile-Gly-Ala-Val-Leu-Lys-Val-Leu-Thr-Thr-Gly-Leu-Pro-Ala-Leu-Ile-Ser-Trp-Ile-Lys-Arg-Lys-Arg-Gln-Gln-CONH₂

Melittis w [v. *melitt-], das ↗ Immenblatt.

Melittophilen [Mz.; v. *melitt-, gr. philos = Freund], die ↗ Bienengäste.

Melittophilie w [v. *melitt-, gr. philia = Freundschaft], *Bienenblütigkeit*, Form der ↗ Entomogamie.

Mellinus m [v. lat. mel, Gen. mellis = Honig], Gatt. der ↗ Grabwespen.

Mellivora w [v. lat. mel = Honig, vorare = verschlingen], ↗ Honigdachs.

Melo w [spätlat., = apfelförmige Melone], Gatt. der *Volutidae*, Walzenschnecken mit sehr großem (47 cm), eiförm. Gehäuse u. weiter Mündung; oft spitze Schulterstacheln; wenige Arten im Indopazifik.

Melocanna w [v. *melo-, gr. kanna = Rohr], Gatt. der ↗ Bambusgewächse.

Melogale w [v. lat. meles = Marder, Dachs, gr. galeē = Wiesel, Marder], Gatt. der ↗ Dachse.

Meloidae [Mz.], die ↗ Ölkäfer.

Meloidogyne w [v. gr. mēloeidēs = apfelartig, gynē = Frau], das ↗ Wurzelgallenälchen; ↗ *Tylenchida*.

Melolontha w [v. gr. mēlolonthē = Goldkäfer], die ↗ Maikäfer. [cumis.

Melone w [v. *melo-], *Cucumis melo*, ↗ Cu-

Melonenbaum, *Carica*, im trop. Amerika heim. Gatt. der Melonenbaumgewächse mit über 30 Arten, v. denen mehrere wegen ihrer wohlschmeckenden Früchte kultiviert werden. Größte Bedeutung kommt dem vermutl. aus Zentralamerika stammenden, nicht jedoch in der Wildform bekannten (wahrscheinl. durch Bastardierung verschiedener *C.*-Arten entstandenen) M. i. e. S. oder Papayabaum, *C. papaya* ([B] Kulturpflanzen VII), zu. Es ist eine Milchsaft führende, bis 8 m hohe, baumförm. Pflanze mit meist unverzweigtem, nur schwach

Melonenbaum

Der schnellwüchsige, jedoch relativ kurzlebige (4–5 Jahre alt werdende) M. *(Carica papaya)* wird heute in einer Vielzahl v. Sorten in den meisten trop. bzw. subtrop. Ländern in Plantagen angebaut, wobei auf rund 30 weibl. Pflanzen zur Bestäubung eine männl. Pflanze kommt. Unter günstigen klimat. Bedingungen (in Äquatornähe) können *Papayas* das ganze Jahr hindurch geerntet werden. Ihr Fruchtfleisch wird in reifem Zustand roh mit Zucker u. Zitronensaft od. Salz verzehrt, zu Kompott, Salat od. Saft verarbeitet od. in Dosen konserviert. Ausgewachsene, aber noch grüne, unreife Früchte dienen als Gemüse od. werden wie Kürbisse eingemacht. Der in allen Teilen des M.s, insbes. aber in den unreifen Früchten reichl. enthaltene Milchsaft enthält neben einer Anzahl weiterer Substanzen das vielseitig verwendbare, proteinspaltende Enzym ↗ Papain. Die Senfölglykosid enthaltenden, scharf kresseartig schmeckenden Samen des M.s dienen als Gewürz od. Wurmmittel, während die saponinhalt. Blätter in den Tropen oft als Waschmittel verwendet werden.

Melonenbaum *(Carica papaya)*

verholztem, hohlem Stamm u. schopfartig an dessen Spitze stehenden, großen Blättern mit langem Stiel u. handförm. gefiederter Spreite. Die duftenden, gelbl.-weißen, i. d. R. eingeschlechtigen, diözisch (bisweilen auch monözisch) verteilten Blüten sind stammbürtig u. stehen zu 1–3 in den Blattachseln (♀) od. in reich verzweigten, herabhängenden Rispen (♂). Die zahlr. am Stamm unter der Blattrosette hängenden, keulen- bis melonenförm., *Papayas* gen., weichen, saft. Früchte (Beeren) sind in reifem Zustand gelbgrün bis orange gefärbt u. erreichen eine Länge bis 70 cm u. ein Gewicht bis 7 kg. Ihr süß aprikosenartig schmeckendes Fruchtfleisch ist blaßgelb bis lachsrot gefärbt u. enthält reichl. Vitamin A und C. In der zentralen Höhlung der Frucht befindet sich eine Vielzahl v. pfefferkorngroßen, braunen od. schwarzen, außen geleeartig verschleimten Samen. – Die Zuckermelone gehört zur Gatt. ↗ *Cucumis* der Kürbisgewächse.

Melonenbaumgewächse, *Caricaceae,* überwiegend in Mittel- u. S-Amerika heimische Fam. der Veilchenartigen mit 30 Arten in 4 Gatt. Kleine, Milchsaft führende Bäume mit nicht od. nur wenig verzweigtem, relativ weichem Stamm, großen, oft handförm. gelappten, büschelig am Stammende bzw. den Astspitzen sitzenden Blättern u. radiären, 5zähligen, meist eingeschlecht. Blüten. Diese besitzen weiße, gelbe od. grünliche, mehr od. weniger miteinander verwachsene Kronblätter u. 10 (in 2 Kreisen angeordnete) Staubblätter bzw. einen aus 5 verwachsenen Fruchtblättern bestehenden Fruchtknoten. Sie sind i. d. R. diözisch verteilt u. stehen in geringer Zahl in den Blattachseln (♀) od. sind in reich verzweigten Blütenständen angeordnet (♂). Die Frucht ist eine z. T. sehr groß werdende Beere, die zahlr., von einer gallert. Hülle umgebene, ölhalt. Samen enthält. Wichtigste Gatt. ist *Carica,* der ↗ Melonenbaum. Eßbare Früchte (allerdings v. nur lokaler Bedeutung) liefern auch Arten der in Zentralamerika heimischen Gatt. *Jacaratia,* wie etwa *J. mexicana.*

Melonenquallen, *Beroë,* Gatt. der ↗ *Atentaculata* mit mützenförm. („Mützenquallen"), seitl. zusammengepreßtem Körper. Die Mundöffnung ist sehr groß u. führt in einen weiten Schlund, der fast den ganzen Körper ausfüllt. M. ernähren sich ausschl. von anderen Rippenquallen, die mit dem weit geöffneten Mund gegriffen (Beute kann doppelt so groß sein wie der Räuber!) u. mit der kräft. Schlundmuskulatur verschluckt werden. Im Schlund wird die Beute mit Gift aus speziellen Drüsen gelähmt. Der eigtl. Magen ist sehr klein u. liegt unter dem aboralen Pol; von ihm zie-

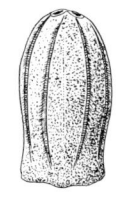

Melonenqualle (Beroë)

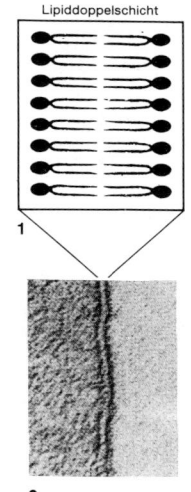

Lipiddoppelschicht

1

2

Membran

1 Strukturelles Grundelement aller Bio-M.en ist eine Doppelschicht aus amphipolaren Lipidmolekülen *(Lipiddoppelschicht).* Ovale symbolisieren polare Kopfgruppen (Phosphatgruppen u. polare Reste), „Schwänze" unpolare Schwanzgruppen aus Fettsäureresten. **2** Elektronenmikroskop. Aufnahme einer Bio-M. mit der typischen trilamellaren Struktur („unit membrane"): zwei etwa 2 nm dicke dunkle Linien schließen eine ca. 3 nm dicke helle Linie ein.

melo- [v. gr. mēlon = Apfel].

hen die Längsgefäße in den Körper, die sich stark verzweigen u. vernetzen (Gastrovaskularsystem). Die weißlichrosa gefärbte, 10 cm hohe *B. ovata* lebt im Mittelmeer, wo sie oft in Schwärmen auftritt; sie leuchtet intensiv blaugrün. *B. cucumis* wird bis 16 cm hoch, ist rosafarben u. lebt in der Nord- u. Ostsee.

Melongenidae [Mz.; v. mlat. melongena = Aubergine], die ↗ Kronenschnecken.

Melophagus *m* [v. *melo-, gr. phagos = Fresser], Gatt. der ↗ Lausfliegen.

Melopsittacus *m* [v. *melo-, gr. psittakos = Papagei], der ↗ Wellensittich.

Melosira *w* [v. *melo-, gr. seira = Seil], Gatt. der ↗ Coscinodiscaceae (T).

Melursus *m* [v. lat. mel = Honig, ursus = Bär], Gatt. der Großbären, ↗ Lippenbär.

Melusinidae [Mz.; ben. nach Mélusine, (frz. Sagengestalt)], die ↗ Kriebelmücken.

Membracidae [Mz.; v. gr. membrax = Zikadenart], die ↗ Buckelzirpen.

Membran *w,* **1)** Chemie: Trennwand in Gefäßen für die ↗ Osmose; ↗ Diaphragma. **2)** Zellbiol.: Zell-M., Bio-M., Einheits-M., integraler Bestandteil der Pro- u. Eukaryotenzellen (↗ Eucyte, ↗ Protocyte, ☐ Zelle). Jede lebende ↗ Zelle wird an ihrer Oberfläche v. einer *Plasma-M.* (s. u.) umgeben, die als Barriere zw. ↗ Cytoplasma u. extrazellulärem Nicht-Cytoplasma dient (↗ Kompartimentierungsregel). Diese physiologische Asymmetrie wird noch überlagert v. einer strukturellen Ungleichheit beider M.seiten. Deshalb nennt man zur eindeut. Charakterisierung die dem Cytoplasma anliegende M.seite *P-Seite,* die extraplasmat. Seite *E-Seite.* Der Aufbau jeder M. folgt einem einheitl. molekularen Bauprinzip, das zwar bereits aufgrund indirekter Daten seit längerem vermutet, aber erst mit der Entwicklung der Elektronenmikroskopie sichtbar gemacht werden konnte. Im Querschnitt weisen alle M.en bei optimaler Auflösung eine trilamellare Struktur auf (vgl. Abb.): einer zentralen hellen Linie (ca. 3 nm dick) liegt beidseitig eine elektronendichte Linie (jeweils 2 nm dick) an. Dieses elektronenmikroskop. Äquivalentbild der Bio-M. ist als „unit membrane" (Einheits-M.) bekannt geworden. Die Grundstruktur einer Bio-M. wird durch eine Doppelschicht *(Bilayer)* amphipolarer Lipide (M.lipide, ↗ Phospholipide) gebildet *(Lipiddoppelschicht),* deren Dicke ca. 4–5 nm beträgt. Dieses Bilayer stellt für die meisten wasserlösl. Moleküle eine impermeable Barriere dar (↗ M.transport). Andererseits sind die verschiedenart., für die einzelnen M.arten charakterist. integralen ↗ M.proteine in ihr „gelöst". Die quantitative Zusammensetzung von Bio-M.en, d. h. der relative Anteil an Protein u. Lipid, kann für M.en unterschiedl. Funk-

Membran

Aufbau der Phospholipide (Membranlipide)

1a Strukturformel, **b** raumfüllendes Kalottenmodell des Phospholipids *Lecithin* (Phosphatidylcholin). Beim Molekül 2 wurde in die Kohlenwasserstoffkette eine *cis*-Doppelbindung eingeführt, was zu einer Abknickung des betreffenden „Beins" um etwa 30° führt. Während die unpolaren Fettsäureschwänze durch hydrophobe Wechselwirkungen untereinander die Ausbildung v. Lipiddoppelschichten ermöglichen, bilden die polaren Reste Hydrathüllen zum umgebenden wäßr. Medium aus, da dort die Ausbildung v. Wasserstoffbrücken nicht eingeschränkt ist.

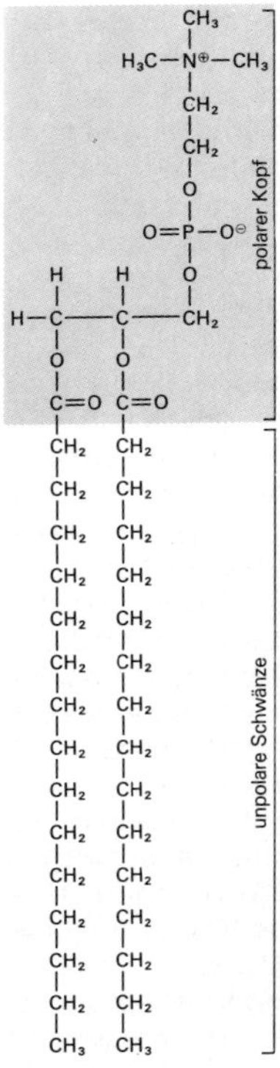

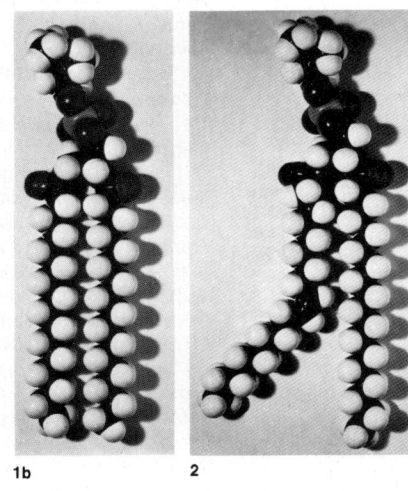

große Vielfalt zeigen, ist ihr molekulares Bauprinzip sehr einheitl. Sie bestehen aus einer polaren (hydrophilen) Kopfgruppe u. einem unpolaren (hydrophoben) Schwanzteil, sind also ↗amphipathische (amphiphile) Verbindungen (vgl. Abb.). Den lipophilen, unpolaren Bereich bilden die ↗Acylreste langkettiger ↗Fettsäuren ([T]), deren wichtigste Vertreter die gesättigten Säuren Palmitinsäure (C 16:0), Stearinsäure (C 18:0), die einfach ungesättigte Ölsäure (C 18:1), die zweifach ungesättigte Linolsäure (C 18:2), die dreifach ungesättigte Linolensäure (C 18:3) sowie die vierfach ungesättigte Arachidonsäure (C 20:4) sind. Bei den *Glycerolipiden* sind die Fettsäuren über Esterbindungen mit ↗Glycerin bzw. bei den *Sphingolipiden* über Amidbindungen mit ↗Sphingosin verbunden. Bei den *Plasmalogenen* u. den Lipiden der ↗Archaebakterien können auch langkettige Alkohole über Ätherbindungen an Glycerin gebunden sein. Der polare Kopfteil besteht aus Phosphorsäureestern od. Zuckerresten, die elektr. neutral bzw. positiv od. negativ geladen sein können. ↗*Cholesterin* (☐) u. andere *Sterine* sind nicht nach diesem Prinzip aufgebaut; bei diesem Molekül wirkt eine Hydroxylgruppe als polarer Kopf. Die starre, planare Steroid-Ringstruktur sowie eine unpolare Kohlenwasserstoff-Schwanzgruppe sind im M.verband zw. die umgebenden Fettsäurereste eingelagert. Der Steroidring übt einen verfestigenden Effekt auf die ihm benachbarten Bereiche der Acylketten aus. – Wesentl. M.eigenschaften (Stabilität, Flexibilität, Semipermeabilität, Fluidität) sind durch die physikochem. Eigenschaften der M.lipide gegeben. Bereits um die Jahrhundertwende kam E. Overton zu dem Schluß, daß eine Lipidschicht an der Zelloberfläche als Permeabilitätsbarriere fungiert. Später wurde gezeigt, daß Phospholipide auf einer Wasseroberfläche sich in einer monomolekularen Schicht so anordnen, daß der

tionen sehr verschieden sein. So sind die Myelin-M.en der Schwannschen Zellen, die die Axone der Nervenzellen als Isolation umgeben, bes. lipidreich (Proteinanteil nur ca. 20%), während bei der inneren Mitochondrien-M., die eine Vielzahl von M.translokatoren (s.u.), die Enzyme der Atmungskette sowie die ATP-Synthase beinhaltet, die Proteine stark überwiegen (Proteinanteil ca. 75%). Anders als die Proteine haben die *M.lipide* selten eine spezif. Funktion. Da sie aber die Grundsubstanz einer jeden M. bilden, bestimmen sie auch im wesentl. deren physikochem. Eigenschaften. Obwohl auch die M.lipide eine

Selbstorganisation von Lipiden *(self assembly)*

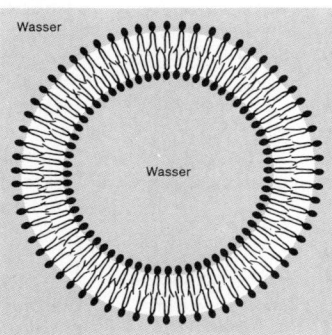

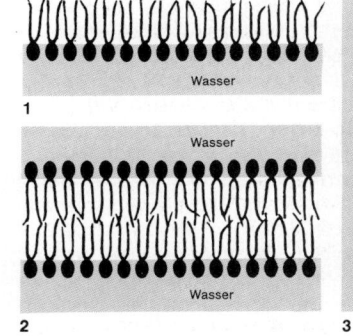

Ähnl. wie Detergentien (↗Membranproteine) neigen auch *Membranlipide* in wäßr. Umgebung zur Ausbildung übermolekularer Strukturen. Z. B. ordnen sich *Phospholipide* auf einer Wasseroberfläche so an, daß die polaren Gruppen zum Wasser hin, die Fettsäureschwänze vom Wasser abgewandt (d. h. „hydrophob") orientiert sind (1). Innerhalb einer wäßr. Phase lagern sie sich zu Doppelschichten zus., mit den hydrophoben Bereichen nach innen (2). Allerdings liegen solche Doppelschichten aus energet. Gründen nie als Lamellen vor, sondern immer als geschlossene Vesikel, also wie eine Membran, die ja immer ein „Außen" v. einem „Innen" trennt (↗Kompartimentierungsregel). Relativ homogene Populationen solcher Lipidvesikel stellen die ↗*Liposomen* dar (3).

polare Kopf mit dem Wasser in Kontakt steht, während die Fettsäureketten in die Luft ragen (vgl. Abb.). E. Gorter u. F. Grendel stellten 1925 Berechnungen über die Flächenausdehnung der M.lipide menschl. Erythrocyten an u. kamen zu dem Schluß, daß die Lipide ausreichten, um die Zellen (Erythrocyten besitzen ja als einzige M. nur eine Plasma-M.) mit einer Lipiddoppelschicht zu umgeben. – Amphipolare Moleküle wie die M.lipide neigen in wäßriger Umgebung zu übermolekularer Selbstorganisation (self ⁄ assembly). Je nach Lipidart organisieren sie sich zu ⁄ Micellen, Doppelschichten od. invertierten Micellen (☐ Emulgatoren, ☐ 395). In den häufig eingenommenen Lipiddoppelschichten gibt es wie in einer Bio-M. den hydrophilen, stark hydratisierten Bereich u. im Innern die relativ homogene Region der Kohlenwasserstoffketten. Dispergiert man Phospholipide in Wasser, so entstehen recht unterschiedl. Doppelschicht-Formen, die im Experiment häufig als *Modell-M.en* Verwendung finden: idealerweise recht homogene Einzelvesikel, sog. ⁄ *Liposomen*, aber auch Myelinfiguren (komplex ineinandergeschachtelte Vesikel mit vielen übereinanderliegenden Doppelschichten). Bei Phospholipid-Doppelschichten kann man zwei Zustände unterscheiden: die sog. *kristalline Phase*, in der die Kohlenwasserstoffreste gestreckt u. hexagonal angeordnet sind, u. eine *flüssig-kristalline Phase*, bei der dieser hohe Ordnungsgrad aufgegeben wird u. sich die Einzelmoleküle zieml. frei in der Ebene des Bilayers bewegen können (vgl. Abb.). Bei der sog. *Übergangstemperatur* (Phasenübergang) gehen die beiden Ordnungszustände ineinander über. Dieser endotherme Vorgang ist temperaturabhängig u. läßt sich somit kalorimetr. erfassen. Die Übergangstemperatur ist direkt abhängig v. der Kettenlänge der Fettsäurereste in den Lipiden, v. der Anzahl der Doppelbindungen (Desaturierungsgrad), aber auch vom polaren Rest des Moleküls. Die in den natürl. Lipidmolekülen vorkommenden *cis*-Doppelbindungen – sie verursachen in der Acylkette einen Knick von ca. 30° (☐ 388) – stören die für eine hexagonale Anordnung günstige gestreckte Molekülstruktur. Der kondensierende Effekt, den Sterine auf Phospholipidmembranen ausüben, kommt dadurch zustande, daß diese Moleküle oberhalb der Übergangstemperatur eine Streckung der benachbarten Kohlenwasserstoffketten der Phospholipidmoleküle bewirken u. dadurch die Fluidität der M. herabsetzen. Wenn auch die Untersuchungen über Phasenübergänge in Modell- u. Bio-M.en für das Verständnis biologischer M.en sehr wertvoll sind, muß betont werden, daß in der lebenden Zelle Phasenübergänge keine direkte Rolle spielen, da sich hier die M.lipide immer im flüssig-kristallinen Zustand befinden; viele Zellen haben näml. die Fähigkeit entwickelt, den Desaturierungsgrad der M.lipide entspr. der umgebenden Temp. zu regulieren, d. h., bei tiefen Temp. nimmt der Desaturierungsgrad auf Kosten gesättigter Fettsäuren stark zu. – Durch das Einbringen geeigneter Sonden (z. B. modifizierte Fettsäuren als Spin-Sonden bei der Elektronenspinresonanz-Spektroskopie od. die Kopplung v. Fluorochromen (⁄ Fluoreszenzmikroskopie) an M.komponenten bei fluoreszenzspektroskop. Methoden) in die M. sowie die Anwendung komplizierter physikal. Techniken, wie Röntgenbeugung u. Kernresonanzspektroskopie, lassen sich fundamentale Aussagen über Struktur u. Funktion von M.en im molekularen Bereich (Nachbarschaft u. Interaktion von M.molekülen, Molekülbewegungen) treffen. Mit den gen. Methoden läßt sich die *laterale Beweglichkeit* einzelner Moleküle berechnen (vgl. Abb.). Während der „Nachbarschaftsaustausch" mit 10^6 pro s sehr hoch liegt, ist die *transversale Beweglichkeit* – damit ist der Ortswechsel v. einer Seite der Doppelschicht auf die andere *(flip-flop)* gemeint – ein sehr seltenes Ereignis (etwa 1 mal pro 24 h).

Membranmodelle: Lipiddoppelschichten stellen mehr od. weniger gute experimentelle Modell-M.en dar. Allerdings birgt das Konzept des Bilayers als der Grundstruktur von Bio-M.en das Problem, den relativ großen Proteinanteil aller bekannten zellulären M.en topolog. in diese Struktur zu integrieren. Das 1935 von J. F. Danielli u. H. Davson entwickelte M.modell *(Danielli-Davson-Modell)* nimmt die Proteine als der Lipiddoppelschicht beidseitig aufgelagerte globuläre Partikel an (☐ 390). Dieses Modell bildete eine brauchbare strukturelle Basis, die verschiedenen physiolog. Eigenschaften von M.en zu erklären. Das Modell wurde noch verschiedentl. modifiziert, um z. B. den Permeabilitätseigenschaften von M.en gerecht zu werden od. auch der Tatsache, daß manche Proteine – heute weiß man, daß es integrale M.proteine sind – sehr fest an den Lipiden haften. Bis weit in die 50er Jahre hat sich das Danielli-Davson-Modell sehr gut bewährt; Röntgenbeugungsdaten, die mit den Myelin-M.en der Schwannschen Zellen gewonnen wurden, unterstützten dieses Modell ebenso wie die elektronenmikroskop. Etablierung der „unit membrane" durch J. D. Robertson. Die Fülle neuer Daten, die die dynam. Eigenschaften der M.en unterstri-

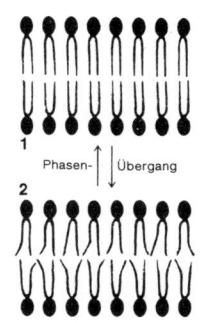

Lipiddoppelschicht
Bei der L. lassen sich zwei Zustände unterscheiden: 1 Die *kristalline Phase* ist durch gerade ausgerichtete gesättigte Fettsäurereste in hexagonaler Anordnung gekennzeichnet. 2 *Flüssig-kristalline Phase*: die Einführung v. *cis*-Doppelbindungen in die Fettsäureketten (geknicktes „Bein") hebt den hohen Ordnungsgrad auf: die Fluidität nimmt zu.

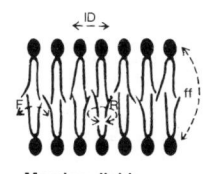

Membranlipide
Verschiedene Bewegungsmöglichkeiten amphipolarer Membranlipide. F Flexibilität der Acylreste, ff „flip-flop" (sehr selten), ID laterale Diffusion, R Rotation.

Membran

chen, machten in der Folgezeit eine Revision der gängigen M.modelle nötig. Die heutige Vorstellung v. einer Bio-M. als einer flüssig-kristallinen Lipiddoppelschicht, in der integrale M.proteine lateral frei bewegl. sind, basiert auf dem *fluid mosaic model* („Flüssig-Mosaik-Modell"), das S. J. Singer u. G. L. Nicolson 1972 konzipierten (vgl. Abb.). Einen wicht. Beitrag zur Entstehung dieses Modells haben die Erkenntnisse aus der Gefrierbruch- u. Gefrierätzelektronenmikroskopie geleistet (↗ Gefrierätztechnik, ☐). Mit dieser Methode konnte D. Branton 1966 eindeutig nachweisen, daß der sog. Gefrierbruch bevorzugt inmitten des lipophilen M.bereichs verläuft. Die Trennung der beiden Lipidschichten voneinander setzte nun mehr od. weniger strukturierte Flächen frei, u. die weitere Analyse der auf den Bruchflächen zum Vorschein kommenden Erhebungen u. Versenkungen ($\varnothing$ 5–10 nm) ergab, daß es sich um sog. Intra-M.-Partikel, also M.proteine, handelt, die mehr od. weniger tief in den lipophilen Bereich des Lipid-Bilayers hineinragen od. diesen sogar durchspannen (↗ M.proteine). Die *laterale Diffusion* der M.proteine konnten L. D. Frye und M. Edidin 1970 überzeugend demonstrieren: Humanzellen u. Mäusezellen wurden mit verschieden fluoreszierenden Antikörpern markiert u. anschließend zu Zellhybriden fusioniert (↗ Zellfusion). Die unmittelbar nach der Fusion streng getrennten, unterschiedl. fluorochromierten Bereiche in der Plasma-M. der Hybridzelle waren nach etwa 40 min (bei 37 °C) gleichmäßig vermischt. Senkte man die Inkubationstemp. ab, konnte die laterale Diffusion verhindert werden. Neben dieser lateralen kann man auch eine *Rotationsdiffusion* von M.proteinen messen. Rhodopsinmoleküle in den Stäbchenzellen der Retina (↗ Netzhaut) waren ein hierfür geeignetes Untersuchungssystem, weil das Chromophor des Rhodopsins, das 11-*cis*-Retinal, dichroitisch ist (verschieden starke Absorption zweier verschieden polarisierter Lichtstrahlen). Ein Blitz linear polarisierten Lichtes bleiche nun bevorzugt solche Rhodopsinmoleküle, deren Retinalmolekül entspr. orientiert war. Der dadurch erzeugte Dichroismus in der M. verschwand im Bereich von Mikrosekunden wieder, blieb aber erhalten, wenn man zuvor die Proteine der M. durch Glutaraldehyd quervernetzt u. damit in ihrer momentanen Anordnung fixiert hatte. – M.en unterliegen wie alle Zellbestandteile einem ständigen ↗ Turnover. Die Einzelkomponenten einer M. haben dabei ganz verschiedene Halblebenszeiten, die etwa in der Hepatocyte der Ratte für M.proteine bei 2 Tagen, für Lipide bei 1 Tag liegen, während die Zelle selbst ca. 4 Wochen lebt. M.en können aller Wahrscheinlichkeit nach in der Zelle niemals de novo synthetisiert werden, sondern die Neusynthese von M.material u. deren Einbau setzt immer das Vorhandensein bereits bestehender M.en voraus. Für die *cytoplasmatische M. (intracytoplasmatische M., Cytoplasma-M.)* werden die Proteine am rauhen ↗ endoplasmat. Reticulum gebildet u. dort direkt in die M. eingebaut. Von dort gelangen die M.proteine über einen Vesikelfluß (↗ M.fluß) in die übrigen cytoplasmatischen M.en (Golgi-, lysosomale und Plasma-M.). Die M.proteine der semiautonomen Organellen (Plastiden, Mitochondrien) werden, sofern sie nicht auf dem Organellengenom codiert sind, an freien 80S-↗Ribosomen synthetisiert, dann als Einzelmoleküle in die Organelle eingeschleust (posttranslationales processing) und schließl. in die entspr. M.en integriert. Auch in Cytoplasma-M.en können Einzelmoleküle, z.B. Phospholipide, eingebaut werden. Dafür spricht auch die Existenz sog. Phospholipid-↗Carrier-Proteine, die Phospholipide v. einer M. zur anderen transportieren können. – Zwischen Cytoplasma u. extrazellulärer Umgebung besteht häufig ein ↗ M.potential, das prinzipiell dadurch zustande kommt, daß Ionen auf den beiden Seiten der M. ungleich verteilt sind. Seine Entstehung kann unterschiedl. Ursachen haben: Aktivität elektrogener ↗Ionenpumpen, Donnan-Potential (↗Donnan-Verteilung) durch Festionen, ↗Diffusionspotential durch unterschiedl. Permeabilität für verschiedene Ionen.

Plasmamembran: Ihrem grundsätzl. Aufbau nach ist die Plasma-M., die ja jede Zelle an ihrer Oberfläche begrenzt, eine typische Bio-M. Ihre vielfält. Spezialaufgaben (die Auseinandersetzung einer Zelle mit ihrer Umwelt spielt sich hpts. hier ab) erfordern jedoch eine bes. Struktur, die bereits durch ihren asymmetr. Aufbau zum Ausdruck kommt. Eine Besonderheit der Plasma-M. ist, daß ihre integralen M.proteine zum größten Teil als ↗ *Glykoproteine* vorliegen, deren Oligosaccharidseitenketten ausschl. auf der E-Seite der M. liegen. Zu den M.-Glykoproteinen zählen adhäsive

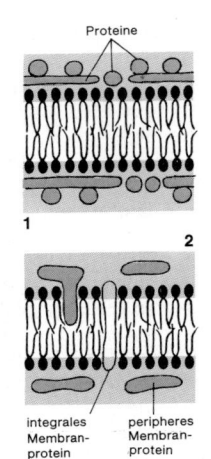

Membranmodelle

Stark vereinfachte Membranmodelle:
1 *Danielli-Davson-Modell* (mit Modifikationen). **2** „*fluid mosaic" model* v. Singer u. Nicolson. Während die alte Vorstellung die Membranproteine als beidseitig an die Lipiddoppelschichten adsorbierte globuläre Partikel annahm, revolutionierte das fluid mosaic model mit der Vorstellung, daß Membranproteine lateral frei in der Lipiddoppelschicht „schwimmen", ja diese sogar durchdringen können, u. sich die gesamte Struktur der Membran nicht in einem starren, sondern in einem äußerst fluiden und dynam. Zustand befindet.

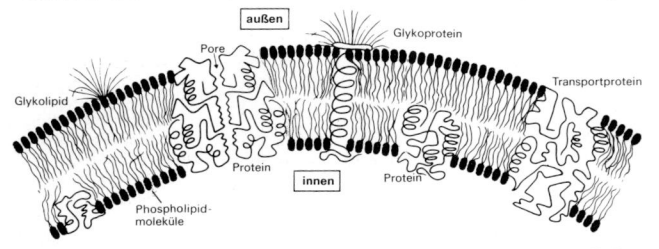

Plasmamembran

Einfaches Modell einer Plasmamembran mit Lipiddoppelschicht u. integralen Proteinen. Die durch die Lipiddoppelschicht der Membran reichenden Domänen der Polypeptide liegen meist als α-Helices vor.

Proteine wie das ↗Fibronektin, das bei Interaktionen v. Zellen mit Grund- oder Basal-M.en (↗Basallamina) oder nicht-zellulären Bestandteilen des Bindegewebes eine wichtige Rolle spielt, M.proteine, die als Oberflächenantigene (z. B. Blutgruppen- ↗Antigene) wirken, od. solche, die Rezeptorfunktionen (s. u.) haben. Bei der Untersuchung der auf der Plasma-M. von Glykoproteinen bzw. v. Glykolipiden exponierten Kohlenhydratanteile haben sich die ↗Lectine ([T]) – lösliche Proteine od. Glykoproteine meist pflanzl. Ursprungs, die bestimmte Zuckerreste spezif. binden können – bes. gut bewährt. Zu den bes. Aufgaben der Plasma-M. zählen auch Interaktionen mit anderen Zellen, d. h. alle Phänomene der *Zell-Zell-Erkennung*, seien es die Kontaktausbildung zu anderen Zellen (s. u.), die Unterscheidung zw. „Selbst" u. „Nicht-Selbst", eine Aufgabe der ↗Immunzellen (↗Immunsystem), od. komplizierte Vorgänge, die bei Entwicklungs- u. Differenzierungsprozessen eine Rolle spielen müssen. Zu diesen molekular bisher kaum verstandenen Vorgängen gehört auch die sog. ↗*Kontaktinhibition* nichttransformierter Säugerzellen in Kultur. Neben den bereits erwähnten Blutgruppenantigenen auf der Plasma-M. der Erythrocyten spielt das ↗HLA-System die wohl wichtigste Rolle für die immunolog. „Selbst-Definition" eines Individuums. – Die Plasma-M. besitzt die Fähigkeit, auf bestimmte molekulare Signale v. außen, z. B. ↗Hormone od. ↗Neurotransmitter-Substanzen, zu reagieren (☐ Glykogen, ☐ Hormone). Dazu ist sie mit bestimmten Empfängern ausgestattet, um diese primären ↗Botenmoleküle zu binden, näml. den M.-↗*Rezeptoren*. Einige der Hormon- u. Transmitterrezeptoren sind sehr gut untersucht (z. B. Bindungsstudien mit radioaktiv markierten Liganden bzw. Antagonisten); manche wurden bereits isoliert, wie der Insulinrezeptor od. der ↗Acetylcholinrezeptor (☐). *Zell-Zell-Kontakte* zw. benachbarten Zellen bilden sich an bes. strukturierten Bereichen der Plasma-M.en aus. Diese bes. bei höheren tier. Organismen ausgeprägten Bereiche *(cell junctions)* manifestieren sich auf drei unterschiedl. Arten: Als ↗*Desmosomen* erfüllen sie im wesentl. eine mechan. Funktion u. gewährleisten den Zshg. größerer Zellverbände durch Adhäsion der Einzelzellen (↗Zelladhäsion). ↗ *tight-junctions* sind bes. Zellkontakte zw. ↗Epithel-Zellen, die dafür sorgen, daß das interzelluläre Milieu eines Organs vom externen Milieu vollständig abgetrennt wird, so daß eine interzelluläre Diffusion v. Substanzen zw. beiden Bereichen verhindert wird. Durch tight-junctions wird z. B. verhindert, daß der Harn durch das Harnblasenepithel in den Bauchraum od. der Darminhalt durch das Darmepithel in das Blutgefäßsystem gelangt. Meist werden die tight-junctions noch durch zusätzl. Desmosomen mechan. verstärkt. ↗*gap-junctions* bilden die dritte Kategorie interzellulärer Kontaktstellen über Plasma-M.en; sie stellen direkte plasmat. Verbindungen zw. benachbarten Zellen her, die Molekülen bis zu einer relativen Molekülmasse von etwa 1000 freien Durchtritt gewähren. Diese Kanäle dienen damit offenbar der ↗*Zellkommunikation*, u. es ist wahrscheinl., daß auf diese Weise Botschaften (z. B. in Form von cAMP) zw. Zellen ausgetauscht werden. Eine weitere Form v. Zellkontakten stellen die ↗*Plasmodesmen* der Pflanzenzellen dar, deren ⌀ zwischen 30 u. 50 nm liegen. Auch die Siebröhren im Phloem, die den Ferntransport der Pflanzen ermöglichen, sind über Siebporen, die man als vergrößerte Plasmodesmen ansehen kann, miteinander verbunden. – In bes. Maße sind die Plasma-M.en Sitz wicht. *Translokator-* bzw. *Transportsysteme*. Die Aufnahme partikulären bzw. gelösten Materials durch Vesikulationsvorgänge der Plasma-M. werden durch die Vorgänge bei der ↗*Endocytose* (☐) beschrieben. Transportvorgänge durch die Plasma-M. unterscheiden sich

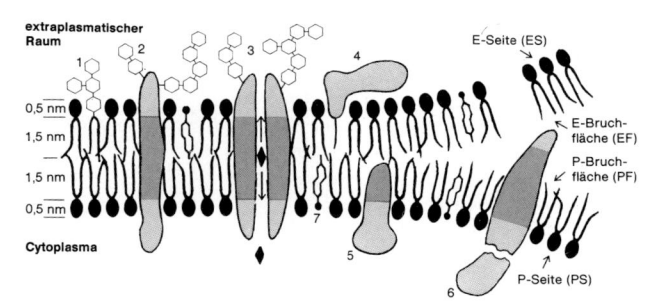

Plasmamembran

Schemat. Darstellung einer Plasmamembran, auf deren E-Seite die *Membranproteine* (2, 3) Oligosaccharidseitenketten exponiert haben; hier finden sich auch viele *Glykolipide* (1). Die zw. die amphipolaren Membranlipide eingelagerten relativ starren *Sterinmoleküle* (z. B. Cholesterin, 7) üben einen kondensierenden Effekt aus. Sie reichen etwa 0,9 nm weit in die Doppelschicht hinein. Spezialisierte *Translokator-Proteine* (3), die häufig aus Oligomeren aufgebaut sind, vermitteln den Transport v. Metaboliten od. Ionen zw. extraplasmat. Raum u. Cytoplasma. Wo die integralen Membranproteine die Membran durchdringen, bestehen hydrophobe Wechselwirkungen mit den Membranlipiden. In diesem hydrophoben Bereich überwiegen unpolare Aminosäuren in der Polypeptidkette. Membranproteine können auch über kovalent gebundene Fettsäurereste in der Membran verankert werden (4). Ob es Membranproteine gibt, deren Polypeptidkette nur teilweise durch die Lipiddoppelschicht reicht (5), ist noch nicht endgültig geklärt. Membran-assoziierte Proteine (6) können über nicht-kovalente Interaktionen an integrale Membranproteine gebunden sein. – Die Nomenklatur für die 4 Ansichten einer Membran (d. h. der beiden äußeren Oberflächen ES und PS einschl. ihrer Bruchflächen EF und PF) stammt aus der Gefrierbruch-Elektronenmikroskopie (↗Gefrierätztechnik, ☐); sie erlaubt die eindeut. Zuordnung z. B. der mit dieser Methode sichtbar gemachten Membranproteine.

Membranellen

prinzipiell nicht v. jenen durch andere Bio-M.en (↗M.transport, ↗aktiver Transport, ☐), allerdings sind in den Plasma-M.en charakteristischerweise bestimmte ATPasen (↗Adenosintriphosphatasen) vorhanden, Translokatoren, die unter Verbrauch v. ATP als spezif. ↗Ionenpumpen fungieren: 1. die Na^+-K^+-ATPase, die im tier. und menschl. Organismus für die Ungleichverteilung von Na^+- und K^+-Ionen zw. Cytoplasma u. Außenmilieu sorgt; 2. die Ca^{2+}-ATPase hält die cytoplasmat. Ca^{2+}-Ionen-Konzentration niedrig (↗sarkoplasmat. Reticulum); 3. die H^+-K^+-ATPase in der luminalen Plasma-M. der ↗Belegzellen im ↗Magen (☐) baut den wahrscheinl. steilsten Ionengradienten im Säugerorganismus überhaupt auf (ca. 7 pH-Einheiten!); 4. die H^+-ATPase in der Plasma-M. von Hefen u. Pflanzenzellen. Eine ähnl. ↗Protonenpumpe in der lysosomalen M. (↗Lysosomen) hält den intralysosomalen pH-Wert bei 4,5–5,0. – In der Plasma-M. von Prokaryoten spielt das sog. *Phosphotransferasesystem* (↗aktiver Transport, Gruppentranslokation) eine Rolle, dem 4 verschiedene Proteine angehören u. dessen Energielieferant Phosphoenolpyruvat statt ATP darstellt; es transportiert Zucker ins Cytoplasma, wo sie zu phosphorylierten Derivaten umgewandelt werden. Weitere Besonderheiten der Prokaryoten-Plasma-M. sind die Anheftung des Genoms/Nucleoids an ihrer Innenseite u. die Tatsache, daß sie der Sitz der Enzyme der bakteriellen ↗Atmungskette ist, deren eukaryot. Äquivalent in der inneren ↗Mitochondrien-M. lokalisiert ist. ↗Bakterien-M., ☐ Bakterien, ☐ Bakterienzellwand. ☐B Zelle. B. L.

Membranellen [Mz.; v. lat. membranula = dünnes inneres Häutchen], zu Plättchen, Büscheln u. Membranen vereinte Cilien der ↗Wimpertierchen; M. liegen häufig in der Mundregion u. dienen dort der Erzeugung des Nahrungswasserstroms, z. B. beim Trompetentierchen *(Stentor);* das Waffentierchen *(Stylonychia)* bewegt sich auf Cilienbüscheln fort. ☐ Aufgußtierchen.

Membranfiltration, 1) Kaltfiltration v. Flüssigkeiten durch *Membranfilter* (z. B. aus Cellulosederivaten) mit verschiedenen Porenweiten; auch als ↗Entkeimungsfilter v. Gasen einsetzbar (↗Bakterienfilter). 2) Methode zur ↗Keimzahl-Bestimmung v. klaren Flüssigkeiten (z. B. Trinkwasser, Bier, Wein); eine bestimmte Menge der zu untersuchenden Flüssigkeit wird im Membranfiltergerät durch ein steriles Membranfilter gesaugt; die vom Membranfilter zurückgehaltenen Keime können anschließend nach einer Anfärbung unter dem Mikroskop ausgezählt werden. Zur Lebendkeimzahl-Bestimmung wird das Filter mit den Keimen unter sterilen Bedingungen auf einen bestimmten Nährboden gelegt (Keime auf der Oberseite) u. eine gewisse Zeit bebrütet; dann werden die Kolonien ausgezählt, die durch Vermehrung der abfiltrierten Keime entstehen (↗Kochsches Plattengußverfahren).

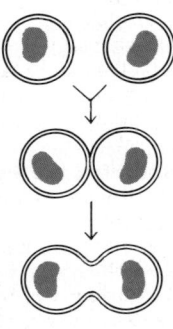

Membranfluß, *membrane flow,* Begriff für den sehr dynam. Vesikelfluß zw. den das Endomembransystem bildenden Kompartimenten. Der M. ist Ausdruck der Dynamik der ↗Kompartimentierung einer Zelle, der sich darin äußert, daß z. B. das ↗endoplasmat. Reticulum u. der ↗Golgi-Apparat (☐) untereinander u. mit der Plasma-↗Membran durch Vesikulations- u. Fusionsvorgänge verbunden sind. Bes. bei exkretor. Zellen ist dieser Durchsatz v. Membranmaterial durch M. beträchtlich: In Exocytoseaktiven Zellen können die Membranen der Exocytosevesikel die Plasmamembran innerhalb von 1–2 Std. quantitativ ersetzen. Da die Fläche der Plasmamembran jedoch konstant bleibt, müssen effektive Rezyklisierungsprozesse beteiligt sein. Auch Plasmamembran u. ↗Lysosomen stehen über solche dynam. M.-Phänomene miteinander in Verbindung. ↗Endocytose (☐).

Membranfusion w [v. *membran-, lat. fusio = Guß, Schmelze], fundamentales Phänomen bei Zellteilung u. Zellfusion (etwa die Verschmelzung von (+)- und (–)-Zellen bzw. männl. und weibl. Gameten bei der „Befruchtung"), aber auch intrazellulär bei Exocytose- und Endocytosevorgängen (↗Endocytose, ☐). Die elektronenmikroskop. Analyse der M. zeigt, daß die beiden ↗Membranen sich so eng aneinanderlagern, daß nicht mehr 2 Einheitsmembranen, sondern nur noch 3 dunkle Linien aufgelöst werden können, deren mittlere allerdings dicker erscheint. Gefrierbruchuntersuchungen (↗Gefrierätztechnik, ☐) haben gezeigt, daß im Fusionsbereich ↗Membranproteine fehlen, d. h. reine Lipiddoppelschichten vorherrschen. Durch welches Signal entschieden wird, ob, wann u. wo zwei Membranen miteinander fusionieren, ist noch unbekannt. Künstl. hervorgerufene M.en ganzer Zellen gehören seit ihrer Einführung (ca. 1960) zur Routinemethode bei der Herstellung v. Heterokaryonen u. Zellhybriden (↗Zellfusion).

Membranipora w [v. *membran-, gr. poros = Öffnung], die ↗Seerinde.

Membranlipide [Mz.; v. *membran-, gr. lipos = Fett], ↗Membran, ↗Phospholipide.

Membranologie w [v. *membrano-, gr. logos = Kunde], Wiss. vom Aufbau u. der Funktion biol. ↗Membranen.

Membranoptera w [v. *membrano-, gr. pteron = Flügel], ↗Delesseriaceae.

Membranfusion
Schemat. Darstellung einer M. Natürliche Fusionsvorgänge sind z. B. die Verschmelzung von Ei- u. Samenzelle bei der „Befruchtung" od. die Verschmelzung der Myoblasten bei der Entstehung der vielkern. Skelettmuskelzellen.

membran-, membrano- [v. lat. membrana = zarte Haut, Häutchen].

Membranporen, Begriff, dem keine einheitl. Definition zugrunde liegt, da mit ihm so unterschiedl. Phänomene assoziiert werden wie: a) die Durchlässigkeit von Bio-↗Membranen für kleine hydrophile Moleküle, wahrscheinl. verursacht durch spontan auftretende Fehlstellen in der Lipiddoppelschicht (↗Membrantransport), b) Translokatoren, die mit dem Begriff der „fixen Pore" beschrieben werden, und c) z.B. die ↗Kernporen, Strukturen definierter ultrastruktureller Zusammensetzung, welche die Kommunikation zw. Cytoplasma u. Nucleoplasma vermitteln.

Membranpotential, Bez. für die zw. dem Innern einer Zelle u. der durch ↗Membranen abgetrennten extrazellulären Flüssigkeit bestehende elektr. Potentialdifferenz. Die Ausbildung eines M.s ist eine Eigenschaft der meisten pflanzl. und tier. Zellen; es besitzt eine wicht. Funktion bei vielen biol. Prozessen. Bes. Bedeutung hat das M. für Nerven-, Muskel- u. Sinneszellen, deren Funktion es zugrunde liegt. Bei diesen Zellen wird das M. als ↗Ruhepotential bezeichnet. Infolge v. Reizeinwirkungen treten bei den Zellen Spannungsänderungen auf, die vom Membran-Ruhepotential ausgehen u. wieder zu diesem zurückkehren (↗Depolarisation). Diese Spannungsänderungen, die in Form elektr. ↗Impulse (↗Aktionspotential, ↗Erregungsleitung, ↗Rezeptorpotential) entlang den Membranen geleitet werden, dienen der Informationsübertragung im Organismus u. ermöglichen diesem sowohl die Kommunikation mit der Umwelt als auch eine Kommunikation einzelner Teile bzw. Organe des Organismus untereinander (↗Nervensystem). Die Höhe des M.s ist v. Zelle zu Zelle verschieden u. liegt i.d.R. zwischen -50 mV und etwa -100 mV (vgl. Tab.), wobei sich das Zellinnere negativ gegenüber der Außenseite verhält. Kleinere M.e kommen nur bei glatten Muskelzellen in einer Größenordnung von -30 mV vor. Das M. ist immer negativ u. weist bei den einzelnen Zelltypen eine charakterist., konstante Größe auf. Gemessen wird es mit Mikroelektroden, v. denen die eine ins Zellinnere eingeführt wird, während sich die Referenzelektrode im extrazellulären Raum befindet (vgl. Abb.). Die Ursachen des M.s sind eine asymmetrische Verteilung der Ionen zw. dem Zellinnern u. dem Zelläußern sowie selektive Permeabilitätseigenschaften der Membranen. Im Zellinnern befinden sich in hoher Konzentration *Proteinmoleküle,* die bei einem Zell-pH-Wert von ca. 7,2 als negativ geladene ↗Anionen vorliegen; des weiteren in ungefähr äquimolarer Konzentration hierzu positiv geladene (↗Kationen) K^+-Ionen sowie in erhebl. geringerer Konzentration Na^+-, Cl^-- und HCO_3^--Ionen. Völlig andere Verhältnisse herrschen dagegen in der extrazellulären Flüssigkeit: diese ist frei v. Proteinmolekülen u. weist hinsichtl. der anderen Ionen umgekehrte Verhältnisse auf, d.h. hohe Na^+- und Cl^--Ionen-Konzentrationen u. einen erhebl. geringeren Anteil an K^+- und HCO_3^--Ionen (vgl. Tab.). Die *Permeabilitätseigenschaften* der Membranen sind im Ruhezustand gekennzeichnet durch eine völlige Impermeabilität für Proteinmoleküle, eine hohe Leitfähigkeit für K^+-Ionen, eine in etwa um die Hälfte geringere Cl^--Ionen- u. eine äußerst geringe Na^+-Ionen-Leitfähigkeit. Die Permeabilitätskonstanten der 3 Ionenarten verhalten sich in etwa $P_K:P_{Cl}:P_{Na} = 1:0,45:0,04$. Diese Konstanten stellen zwar für einzelne Zellen feste Größen dar, können aber v. Zelltyp zu Zelltyp stark variieren, wobei jedoch die Na^+-Ionen-Leitfähigkeit – soweit bisher bekannt – immer die mit Abstand kleinste Größe ist. Infolge der hohen K^+-Ionen-Konzentration im Innern der Zelle u. der guten K^+-Ionen-Leitfähigkeit der Membran sind die K^+-Ionen bestrebt, einen Konzentrationsausgleich zw. den beiden Reaktionsräumen herzustellen, u. diffundieren in die extrazelluläre Flüssigkeit (↗ Diffusion). Da die K^+-Ionen Träger positiver Ladungen sind, werden deren elektr. Reaktionspartner, die negativ geladenen Proteinmoleküle, mitgezogen, bleiben aber, aufgrund der Impermeabilität der Membran für diese Moleküle, an deren Innenseite liegen. Beim Eintritt in die extrazelluläre Flüssigkeit werden die K^+-Ionen von den ebenfalls positiv geladenen Na^+-Ionen abgestoßen u. an die Außenseite der Membran gedrängt, so daß diese innen eine hohe Dichte negativer u. außen eine gleich hohe Konzentration positiver Ladungen aufweist. Aufgrund dieser Ladungsanordnungen können Membranen als Kondensatoren aufgefaßt werden. Diese Betrachtungsweise ermöglicht es, bei gemessenem M. und bekannter Membrandicke die erforderl. Menge an La-

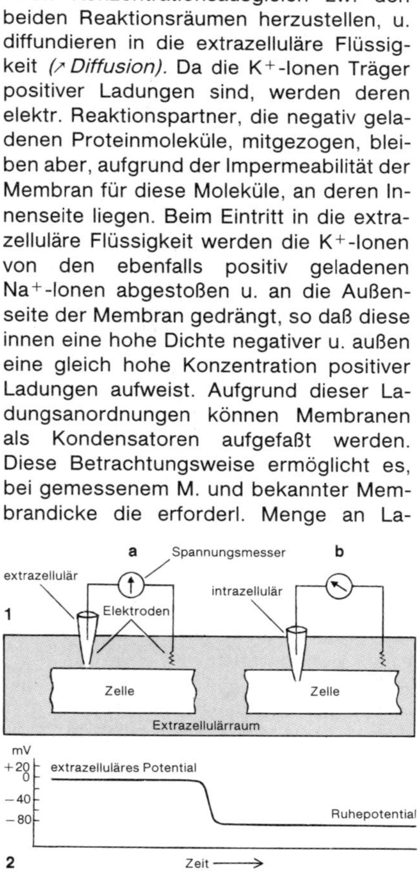

Membranpotential

Membranpotential

Membran-Ruhepotentiale (in mV) verschiedener Zelltypen:

Wanderheuschrecke (Beinmuskel)	-60
Katze (motor. Vorderhornzelle)	-70
Frosch (*Rana*) (markhalt. Faser)	-71
Echter Kalmar (Riesenaxon)	-73
Hausschabe (*Periplaneta*) (50 µm-Axon)	-77
Strandkrabbe (marklose Faser)	-82
Hund (Herzventrikel)	-82
Zitteraal (elektr. Organ)	-84
Grasfrosch (Skelettmuskel)	-85
Kalb, Schaf (Purkinje-Fasern)	-98

Membranpotential

Ionenverteilung (Konzentration in mmol/l) im intra- u. extrazellulären Raum einer Muskelzelle (Ruhepotential -90 mV)

intrazellulär

Na^+	12
K^+	155
Cl^-	4
HCO_3^-	8
Anionen	155

extrazellulär

Na^+	145
K^+	4
andere Kationen	5
Cl^-	120
HCO_3^-	27

Intrazelluläre Membranpotential-Messung

1 Meßanordnung; die Zelle befindet sich in dem mit Plasma od. einer Ersatzlösung gefüllten Extrazellulärraum. **a** Meß- u. Referenzelektrode liegen extrazellulär, Spannung zw. beiden Elektroden Null; **b** Meßelektrode intrazellulär, Referenzelektrode extrazellulär, Spannungsmesser gibt das Ruhepotential an. **2** Potential vor u. nach Einführen der Mikroelektrode in die Zelle.

Membranpotential

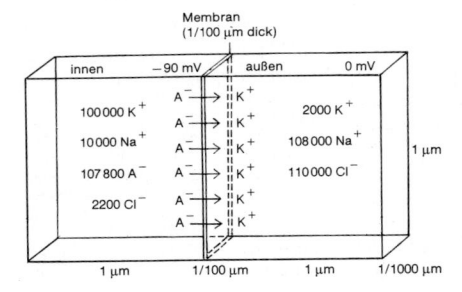

dungspaaren (innen gegenüber außen) pro Flächeneinheit quantitativ zu berechnen. Die Höhe des Membran-Ruhepotentials, das sich aufgrund der oben dargelegten Diffusionsvorgänge an einer Membran einstellt, ist v. der Konzentration der beteiligten Ionen abhängig. Die Diffusion der K^+-Ionen aus dem Kompartiment mit hoher Konzentration (Zellinneres) dauert so lange an, bis das hierdurch aufgebaute elektr. Potential sich im Gleichgewicht mit dem Diffusionsbestreben der K^+-Ionen befindet, d. h., bis die durch die K^+-Ionen-Diffusion verrichtete osmot. Arbeit (↗Osmose) äquivalent ist der durch diese Diffusionsvorgänge – bei denen ja gleichzeitig elektr. Ladungen transportiert werden – erzeugten elektr. Arbeit. Quantitativ lassen sich diese Verhältnisse mit der Nernstschen Gleichung $E_K = \dfrac{R \cdot T}{F} \ln \dfrac{[K^+]_a}{[K^+]_i}$ beschreiben (E_K = Kalium-Gleichgewichtspotential, R = Gaskonstante, = 8,314 J/(K · mol), T = absolute Temp., F = Faraday-Konstante = 96487 C, $[K^+]_a$ und $[K^+]_i$ = K^+-Ionen-Konzentration außen u. innen). Da die Membranen nur für K^+-Ionen frei permeabel sind, kann man das M. in erster Näherung als Kalium-Gleichgewichtspotential betrachten. Werden die aus dem Zellinnern u. -äußern bestimmten Werte der K^+-Ionen-Konzentration in die Nernstsche Gleichung eingesetzt u. damit das M. errechnet, so ergeben sich zum gemessenen M. Differenzen v. etwa 10 mV. Der Grund hierfür ist darin zu suchen, daß, wie an den Permeabilitätskonstanten ersichtl., die Membranen für Cl^-- und Na^+-Ionen nicht völlig impermeabel sind. Eine nahezu vollständ. Übereinstimmung in der Höhe des aus den Konzentrationsverhältnissen aller Ionen errechneten und tatsächl. gemessenen M.s ergibt sich, wenn die Nernstsche Gleichung um die Produkte aus den Permeabilitätskonstanten u. den entspr. Ionen-Konzentrationen erweitert wird. Diese v. *Goldman, Hodgkin* u. *Katz* entwickelte Gleichung lautet:

$$E_M = \dfrac{R \cdot T}{F} \ln \dfrac{P_K [K^+]_a \cdot P_{Na}[Na^+]_a \cdot P_{Cl}[Cl^-]_i}{P_K[K^+]_i \cdot P_{Na}[Na^+]_i \cdot P_{Cl}[Cl^-]_a}$$

Membranpotential Kondensatorfunktion der Membran – Membranladung beim Ruhepotential: Darstellung eines sehr kleinen Membranstücks von 1 μm × 1/1000 μm Fläche u. der angrenzenden intra- u. extrazellulären Volumina von je 1 μm × 1 μm × 1/1000 μm Inhalt (angenommenes M.: –90 mV). Diese Membranfläche ist bei den angegebenen Ionenverteilungen von je 6 K^+-Ionen u. Anionen (A^-) besetzt. Die Pfeile deuten die Diffusion der K^+-Ionen durch die Membran aus der Zelle an. Angenommene Membrankapazität: 1 μF/cm².

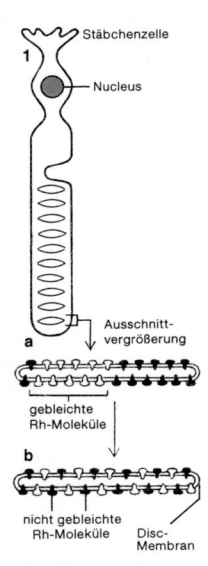

Membranproteine Experiment zur Veranschaulichung der *lateralen Diffusion* von M.n am Beispiel des *Rhodopsins* (Rh) in den Membranstapeln der Stäbchenzellen der Retina. **a** Die linke Seite aller Membranen des Stapels wurde durch intensive Bestrahlung ausgebleicht; **b** in weniger als 1 min haben sich gebleichte u. nicht gebleichte Rh-Moleküle durch laterale Diffusion wieder vermischt.

(E_M = Membranpotential, P = Permeabilitätskonstanten). – Lange Zeit nahm man an, das M. entspräche einem Donnan-Potential u. ließe sich mit der Donnan-Gleichung berechnen. Eine ↗*Donnan-Verteilung* u. das daraus resultierende gleichnamige Potential stellt sich zw. zwei durch eine semipermeable Membran getrennten Elektrolytlösungen (↗Elektrolyte, ☐) ein, wenn eine dieser Lösungen nicht diffusible Ionen enthält. Da aber semipermeable Membranen im Ggs. zu biol. Membranen für kleine Ionen gleichermaßen permeabel sind, stellen sich bei einer Donnan-Verteilung andere Konzentrationsverhältnisse u. damit andere Potentiale ein. Errechnet man mit der Donnan-Gleichung z. B. das M. einer Froschmuskelzelle, so ergibt sich unter günstigsten Bedingungen ein Wert von –14 mV. Der tatsächl. gemessene Wert beträgt aber etwa –90 mV. Ein Donnan-Potential zw. dem Zellinnern u. -äußern kann demnach nur einen geringen Beitrag zum M. liefern; der wesentl. Anteil muß durch die Membran selbst u. deren selektive Permeabilitätseigenschaften verursacht sein. ↗aktiver Transport, ↗Ionenpumpen; ☐ Nervenzelle I–II. *H. W.*

Membranproteine, Proteine, die Bestandteile aller biol. ↗Membranen sind u. den verschiedenen zellulären Membranen ihre Spezifität verleihen. Einheitl. „Strukturproteine", wie sie fr. vielfach angenommen wurden, gibt es nicht; die Grundstruktur aller Biomembranen bildet eine Lipiddoppelschicht. Man unterscheidet 2 Klassen von M.n: die den Membranen mehr od. weniger stark oberflächl. assoziierten *peripheren* od. *extrinsischen M.* und die in der Lipidschicht verankerten od. durch sie hindurchreichenden *integralen* od. *intrinsischen M.* Die *peripheren M.* können relativ leicht v. der Membran abgelöst werden, z. B. durch drastische Veränderung des Ionenmilieus, durch Chelatoren zweiwert. Kationen (z. B. EDTA = ↗Äthylendiamintetraacetat), durch Waschen der Membranen mit destilliertem Wasser od. allein schon durch die Aufarbeitung (Homogenisation) des Gewebes. Sie sind also dadurch gekennzeichnet, daß sie funktionell mit der Membran in Zshg. stehen, jedoch – im Ggs. zu den integralen M.n – keine hydrophoben Wechselwirkungen mit ihr eingehen. Viele am Lipidstoffwechsel beteiligte Enzyme, die mit ihren meist lipophilen Substraten u. Produkten in enger Wechselwirkung mit Membranen stehen, gehören zur Gruppe der peripheren M., ebenso das am Elektronentransport in der inneren Mitochondrienmembran beteiligte Cytochrom c (↗Cytochrome, ↗Atmungskette, ☐). Die peripheren M. können etwa ¼ der

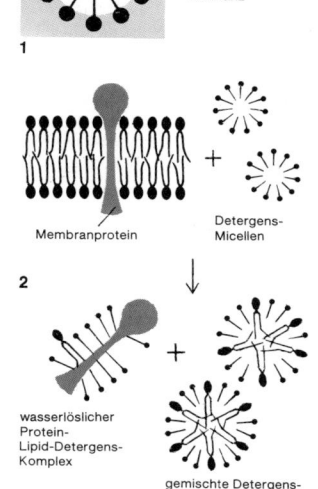

Membranproteine

Proteine einer Membran ausmachen. – Bei den *integralen M.n* (ca. ¾ der M.) spielen hydrophobe Wechselwirkungen mit den *Membranlipiden* (↗Membran) eine entscheidende Rolle. Sie können nur mit Hilfe v. *Detergentien* (vgl. Abb.) aus der Membran herausgelöst („solubilisiert") werden. Die *innerhalb* der Membran befindl. Bereiche eines Membranproteins liegen dort hpts. in Form der α-Helix (390) bzw. der β-Faltblattstruktur vor (Proteine). Da Wasser v. der Lipiddoppelschicht ja so gut wie ausgeschlossen ist, können keine ↗Wasserstoffbrücken-Bindungen zum Wasser, sondern nur intramolekular zw. den Peptidbindungen ausgebildet werden; dabei entstehen die gen. Sekundärstrukturen. Nur ein relativ kleiner Anteil eines Membranproteins (pro „Membrandurchgang" 20–25 Aminosäuren) ist nun tatsächl. im hydrophoben Bereich der Membran lokalisiert; der weitaus größere Teil ist zu den angrenzenden hydrophilen Bereichen des Cytoplasmas bzw. des extraplasmat. (extrazellulären) Raums hin exponiert (396). Vom *Rhodopsin* in den Disc-Membranen des äußeren Segments der Stäbchenzelle der Retina (↗Netzhaut) u. vom *Anionentranslokator* der Erythrocyten-Plasmamembran liegen je etwa 20% im hydrophoben Membraninnern. Eine Ausnahme bildet das ↗*Bakteriorhodopsin*, eine Protonenpumpe in bestimmten funktionellen Bereichen der Plasmamembran (Purpurmembran) halophiler Bakterien. Bei diesem Membranprotein sind ca. 50% des Proteins im hydrophoben Membraninnern lokalisiert; dabei durchspannt es die Membran in 7 (senkrecht zur Membranebene verlaufenden) α-helikalen Bereichen (Bakteriorhodopsin), während das Glykoprotein *Glykophorin* z. B. die Membran nur einmal durchquert (396). – Die im hydrophoben Innern der Membranen angeordneten Abschnitte der M. weisen ein bes. Aminosäuremuster auf, denn es überwiegen dort solche ↗Aminosäuren, die hydrophobe u. unpolare Reste tragen, z. B. Alanin, Phenylalanin, Leucin, Isoleucin, Valin, Threonin. Nicht nur die Membranlipide können relativ frei in der Membran diffundieren (↗Membran), auch die M. unterliegen einer regen *lateralen* u. *Rotationsdiffusion,* wie Untersuchungen an den Membranen der Stäbchenzelle für das Rhodopsin (394) ergeben haben (z. B. lateraler Diffusionskoeffizient: $4 \cdot 10^{-9}$ cm$^2 \cdot$ s^{-1} bei 20°). – Die meisten M. werden vermutl. direkt am rauhen ↗endoplasmat. Reticulum synthetisiert u. über den ↗Golgi-Apparat in die verschiedenen Kompartimente verteilt. Wie bei den Exportproteinen muß eine aminoterminale In-

Membranproteine
Detergentien

Trans-M. *(integrale M.)* können nur durch solche Agenzien aus dem Membranverband herausgelöst werden, die die hydrophoben Interaktionen aufheben u. letztl. die Lipiddoppelschicht zerstören. Diese Aufgabe erfüllen in der Membranbiochemie die *Detergentien*, kleine ↗amphipathische Moleküle, die in Wasser *Micellen* (↗Emulgatoren,) bilden können. Mit Membranen zusammengebracht, können sich die hydrophoben Enden der Detergensmoleküle mit den hydrophoben Bereichen der M. arrangieren, wobei sie die Lipidmoleküle verdrängen. Die polaren Enden der Detergensmoleküle orientieren sich nach außen zum wäßr. Milieu. So können derartige Detergens-Protein-Komplexe – meist beinhalten sie auch noch benachbarte Lipidmoleküle aus der Membran – das Membranprotein gleichsam in Lösung bringen. Der polare Molekülteil des Detergens kann entweder geladen sein (anionische od. kationische Detergentien), elektr. neutral (z. B. Triton X-100) od. als Zwitterion (z. B. CHAPS) vorliegen. Als bes. schonend, d. h. die enzymat. Aktivität der M. weitgehend erhaltend, haben sich die zwitterionischen u. die nicht-ionischen Detergentien erwiesen. Wird das Detergens wieder entfernt, z. B. durch Dialyse, so geht auch dessen solubilisierende Wirkung verloren, u. das Protein fällt in wäßr. Lösung als unlösl. Präzipitat aus; dabei lagern sich die hydrophoben Membranproteinregionen aneinander.

1 Quergeschnittene Detergens-*Micelle* in Wasser. Die amphipathischen Moleküle ordnen sich so an, daß die hydrophilen Gruppen zur wäßr. Phase hin orientiert sind. Konzentrationsabhängig kommen Detergentien in wäßr. Lösungen als Monomere (geringe Detergens-Konzentration) u. als Micellen (hohe Konzentration) vor. Eine wichtige Größe ist dabei die krit. micellare Konzentration (CMC), die die höchste erreichbare Monomerenkonzentration angibt. CMC-Werte liegen im Bereich zw. 10^{-2} und 10^{-6} mol/l; dabei haben ionische Detergentien höhere CMCs als nicht-ionische. Die Größe einzelner Micellen liegt – je nach Detergens – zw. 50 und 500 Einzelmolekülen.
2 *Solubilisierung* v. integralen M.n durch Detergentien.
3 Einige Detergentien

- Natriumdodecylsulfat (SDS)
- tert-Octylphenylpolyoxyäthylen (Triton X-100)
- 3-[(3-Cholamidopropyl)-dimethylammonium]-1-propansulfonat (CHAPS)

sertionssignalsequenz die vektorielle Translation einleiten. Im Ggs. zu einem Exportprotein soll das Membranprotein jedoch in der Membran verbleiben, so daß ein zusätzl. Stopsignal (evtl. eine hydrophobe Aminosäuresequenz, die sich dann zur α-Helix anordnet) existieren muß. Aus ihrer Biogenese wird ersichtl., daß M. ihr aminoterminales Ende (↗Aminoterminus) meist auf der E-Seite, ihr Carboxylende (↗Carboxylterminus) auf der P-Seite der

Membranskelett

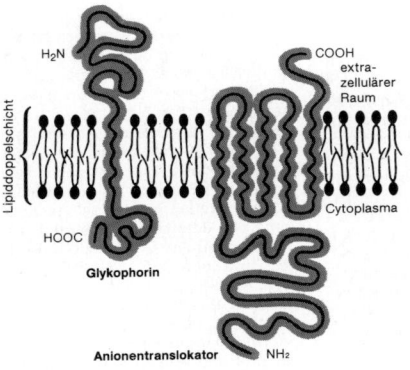

Membran tragen (↗Membran). Der Anionentranslokator bildet hierin eine Ausnahme; sein NH_2-Ende liegt auf der P-Seite. Die Zuckerseitenketten der integralen ↗Glykoproteine der Plasmamembran liegen ausschl. auf der E-Seite. – Über die Topologie der intrinsischen M. hat man in jüngster Zeit die wesentl. Erkenntnisse mit Hilfe der Gefrierbruch- u. Gefrierätzelektronenmikroskopie gewonnen (↗Gefrierätztechnik, ☐). Dabei werden die Membranen bevorzugt in ihrem lipophilen Bereich „gebrochen", wobei die M. als Intramembran-Partikel ($\varnothing$ 5–10 nm) sichtbar werden. Diese in der Membranforschung sehr wichtig gewordene Methode hat entscheidend zum Konzept des modernen „fluid mosaic model" beigetragen. ↗Membran (☐), ↗Proteine. B. L.

Membranskelett s [v. *membran-, gr. skeletos = ausgetrocknet], durch die eingehenden Untersuchungen an den Plasmamembranen der Erythrocyten des Menschen bes. gut bekannte Membranstruktur. Man nimmt an, daß die bikonkave Form der ↗Erythrocyten (☐) sowie deren außerordentl. Elastizität – Erythrocyten können ohne weiteres durch Veränderung ihrer Gestalt ↗Blutkapillaren (Spaltentext) passieren, deren $\varnothing$ viel kleiner als ihr eigener ist – durch ein filamentart. Netz aus Proteinen gewährleistet wird, das der cytoplasmat. Seite der ↗Membran aufliegt u. mit

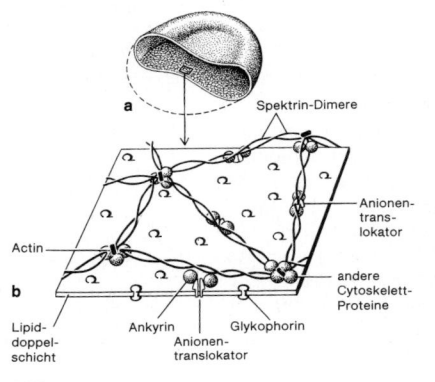

Membranproteine

Schemazeichnung der mögl. Anordnung des Glykoproteins *Glykophorin* u. des *Anionentranslokators* in der menschl. Erythrocytenmembran. Glykophorin durchspannt die Plasmamembran nur mit einem α-Helix-Bereich, der in den extraplasmat. (extrazellulären) Raum reichende Teil der Polypeptidkette trägt viele Zuckerreste. Beim Anionentranslokator liegt der Carboxylterminus extrazellulär, seine Polypeptidkette durchzieht die Plasmamembran mehrmals. An seiner cytoplasmat. Seite kann das Protein *Ankyrin* binden u. somit die Befestigung des ↗Membranskeletts vermitteln.

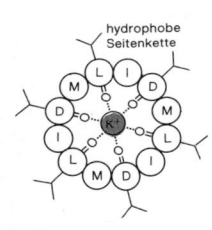

Membrantransport

Der Ionophor *Valinomycin*, ein zykl. Molekül, das in seinem Innern über 6 Sauerstoffreste ein Kalium-Ion gebunden hat. I = D-Hydroxyisovalerat, L = L-Valin, D = D-Valin, M = L-Lactat

Membranskelett

Modell für die Organisation der menschl. Erythrocyten-Plasmamembran. **a** Vom Spektrin gebildetes Netzwerk auf der Cytoplasma-Seite der Erythrocytenmembran. **b** Das M. besteht aus den peripheren Proteinen *Spektrin, Actin, Ankyrin* u. weiteren Polypeptiden u. stellt ein zweidimensionales Netzwerk dar. Die Bindung zw. Ankyrin u. Anionentranslokator bildet den Konnex zwischen M. und Membran.

integralen ↗Membranproteinen in Verbindung steht. Durch dieses M. wird die laterale Beweglichkeit der integralen Membranproteine stark eingeschränkt. Der *Anionentranslokator*, ein integrales Membranprotein, besitzt eine Bindungsstelle für ↗Ankyrin, ein peripheres Membranprotein, u. vermittelt somit die Interaktion des M.s mit der Plasmamembran. ↗*Spektrin*, kurze ↗*Actin*-Kette u. weitere periphere Proteine bilden dann ein netzartiges M. aus. Obwohl Spektrin u. Actin auch in anderen Zellen vorkommen, gibt es ein M. in dieser Form wohl nur in Erythrocyten. – Auch der inneren Fläche des ↗Kernhülle ist ein M. aufgelagert, das in Zellen mit bes. großen Kernen massiv ausgebildet sein kann (z. B. „Honigwabenstruktur" bei Riesenamöben). Es handelt sich um eine die Perinuclearzisterne innen auskleidende Faserschicht *(fibrous lamina)*, die bei Säugern aus 3 hydrophoben Hauptproteinen (Lamine A, B und C, relative Molekülmasse 60 000–80 000) besteht, die starke Aggregationstendenz zeigen. ↗Zellskelett.

Membrantransport, Stoffdurchtritt durch Biomembranen (↗Membran), beruht auf zwei grundsätzl. verschiedenen Mechanismen: der *freien Permeation* od. *Diffusion* („nonmediated transport") steht der *spezif. Transport* („mediated transport") gegenüber. Die Lipiddoppelschicht der Membran stellt die eigtl. Barriere zw. den beiden wäßr. Kompartimenten (extraplasmat. und cytoplasmat. Raum, ↗Kompartimentierung) dar (☐ Membran). Nur wenige kleine Moleküle (relative Molekülmasse <75) können durch eine Biomembran relativ frei diffundieren (z. B. Wasser, Essigsäure). Diese Eigenschaft einer Biomembran, nur kleine ↗hydrophile Moleküle frei passieren zu lassen, bezeichnet man als *Semipermeabilität*. Hierauf beruhen alle osmot. Phänomene (↗Osmose). Zur Erklärung dieses Siebeffekts („Ultrafiltertheorie") wurden fixe Poren (s. u.) von ca. 0,4 nm $\varnothing$ postuliert. Nach den heutigen Vorstellungen v. der Bio-↗Membran als einer fluiden Struktur muß man diese „Poren" als vorübergehende Fehlstellen od. Unregelmäßigkeiten in der Lipiddoppelschicht deuten. Dagegen können sich Moleküle mit ↗hydrophoben Eigenschaften entspr. ihren Verteilungskoeffizienten gleichsam durch den hydrophoben Bereich der Membran hindurchlösen; selbst so voluminöse Moleküle wie Steroid-↗Hormone vermögen Membranen durch Diffusion zu passieren (☐ Hormone). Demgegenüber ist der *spezifische Transport* für jeweils ganz bestimmte Ionen od. Moleküle spezifisch u. an das Vorhandensein integraler *Translokatoren* gebunden. Zudem

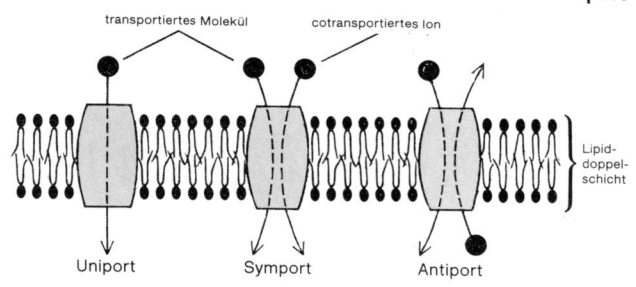

Membrantransport

ist er meist schneller u. effektiver als die entspr. Diffusion, er ist substratspezifisch, saturierbar u. oft spezifisch hemmbar. Als die wichtigsten Translokator-Modelle seien das des *mobilen ↗ Carriers,* der nach seiner Beladung mit dem Permeanden v. einer Membranseite zur anderen diffundiert, u. das der sog. *fixen Pore* genannt. Das letztgen. Modell wird heute favorisiert, da die hohen Transportraten und v. a. auch die heutigen Vorstellungen v. der Anordnung u. Integrierung v. *↗ Membranproteinen* in der Membran entschieden für einen permanent vorhandenen Transportkanal sprechen. Integrale Membranproteine, die Aufgaben des M.s wahrnehmen, liegen wahrscheinl. häufig als oligomere Strukturen vor. Dies ist bereits für den *↗ Adenylattranslokator* der inneren Mitochondrienmembran u. den *↗ Phosphattranslokator* der inneren Plastidenhüllmembran nachgewiesen (in beiden Fällen Dimere). – Beim spezif. Transport handelt es sich zum einen um *erleichterte* od. *katalysierte ↗ Diffusion,* zum anderen um *↗ aktiven Transport* (☐). Die katalysierte Diffusion kann letzten Endes nur zu einem Konzentrationsausgleich eines Stoffes zw. zwei Kompartimenten führen. Dabei bestehen die Möglichkeiten (vgl. Abb.), daß nur 1 Molekül unidirektional *(↗ Uniport),* daß 2 Moleküle gemeinsam, aber ebenfalls in gleicher Richtung *(Symport, ↗ Cotransport)* bzw. daß 2 verschiedene Moleküle in entgegengesetzter Richtung transportiert werden *(↗ Antiport).* – Interessante Modellsubstanzen für M.-Phänomene stellen die *Ionophore* dar, deren Untersuchung in *↗ Liposomen* u. Biomembranen sehr viel zur Erstellung der heute akzeptierten Transportmodelle beigetragen hat. Es handelt sich um ringförm. od. aber helikale Moleküle (relative Molekülmasse 200–2000), die lipidlösl. Komplexe mit Alkali- u. Erdalkali-Ionen bilden können. Im Innern, in das die Kationen gut hineinpassen, sind Sauerstoff-Funktionen angeordnet, außen hydrophobe Reste. *↗ Valinomycin* z. B., ein Ionophor, der aus 12 Hydroxy- bzw. Aminosäuren aufgebaut ist, transportiert hochspezif. K$^+$-Ionen (☐ 396), mit einer Geschwindigkeit v. bis zu 10^4 Ionen pro Sek. Während Valinomycin als künstl. mobiler Carrier angesehen werden kann, ist der Ionophor *↗ Gramicidin* (☐) eine Art künstl. Pore, da er mit einem linearen Polypeptid (15 meist hydrophobe Aminosäuren) eine zentrale Pore (⌀ 0,4 nm) durch die gesamte Membran bildet. Die erzielte Transportgeschwindigkeit ist mit 10^7 pro Sek. wesentl. höher als die eines mobilen Carrier. Die antibiot. Eigenschaften der Ionophoren beruhen auf der Störung v. Ionen-Ungleichverteilungen über einer Membran (z. B. Entkopplung der oxidativen Phosphorylierung in Mitochondrien). – Weniger einem gezielten M. als vielmehr einem unspezif. Durchtritt für kleine hydrophile Moleküle (relative Molekülmasse <700; ⌀ ca. 1 nm) dienen die sog. *Poren* der äußeren Membran gramnegativer Bakterien (↗ *Bakterienmembran,* ☐ *Bakterienzellwand),* die durch die *Porine,* trimer angeordnete, integrale Membranproteine, gebildet werden. Vor kurzem wurden auch in der äußeren Mitochondrienmembran solche porenbildende Proteine (relative Molekülmasse des monomeren Porins 30 000) nachgewiesen, u. auch für die äußere Plastidenhülle *(↗ Chloroplasten)* gibt es bereits Hinweise auf entspr. Porenkomplexe. – Für den schnellen, gerichteten Transport v. Na$^+$- und K$^+$-Ionen durch die axonale Plasmamembran, wie er bei der *↗ Erregungsleitung (↗ Membranpotential, ↗ Aktionspotential)* in einer *↗ Nervenzelle* (B) eine wicht. Rolle spielt, sind Ionenkanäle verantwortl., die für den Einstrom von Na$^+$-Ionen u. für den zeitl. etwas verzögerten K$^+$-Ausstrom aus der Zelle sorgen. Der Na$^+$-Kanal ist recht gut untersucht; die relative Molekülmasse dieses integralen Membranproteins beträgt ca. 250 000, der ⌀ des Kanals etwa 0,4 bis 0,6 nm; seine Geometrie ist sehr spezif. für Na$^+$-Ionen. *↗ Ionentransport.* B. L.

Membrantransport

Schema v. verschiedenen M.systemen. Alle Arten dieser katalysierten Diffusion führen wie die freie Diffusion nur zu einem Konzentrationsausgleich zw. zwei Kompartimenten.

membran-, membrano- [v. lat. membrana = zarte Haut, Häutchen].

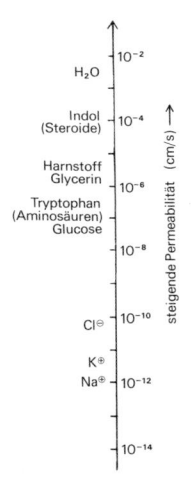

Membrantransport

Permeabilitätskoeffizienten (cm/s) für den Durchtritt verschiedener Moleküle durch eine künstl. Lipiddoppelschicht (Lipidmembran)

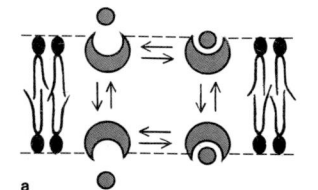

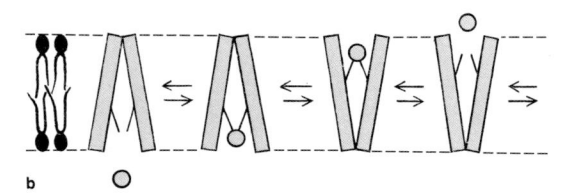

Membrantransport

Modellvorstellungen für Membran-*Translokatoren:* **a** *mobiler Carrier,* **b** *fixe Pore*

MENDELSCHE REGELN I–II

Von sehr vielen Wild- und Kulturpflanzen, wie hier vom *Elfenspiegel (Nemesia strumosa)*, kennt man Rassen, die sich in ihrer Blütenfärbung unterscheiden. Schon der Botaniker *Gregor Mendel* befaßte sich mit der Genetik solcher Blütenfärbungen.

Die Mendelschen Regeln werden anhand von Beispielen aus der Genetik der Anthocyane erläutert. *Anthocyane* sind rote und blaue pflanzliche Farbstoffe, die außer in vegetativen Organen vor allem in Blüten vorkommen. Versuchsobjekte sind reine Linien von *Streptocarpus hybrida (Drehfrucht)*, einer Art aus der Familie der *Gesneriaceen (Gesneriengewächse)*. Wir machen folgende Annahme: Die *Gene* sind auf den *Chromosomen* lokalisiert. Jede diploide Zelle führt jeweils zwei Allele eines Gens. Sie liegen an entsprechenden Genorten ihrer homologen Chromosomen. Die haploiden Gameten führen jeweils nur eines von zwei homologen Chromosomen und auf ihnen auch nur eines der beiden Allele eines Gens.

Dominant-rezessiver Mendelfall (Abb. rechts)
Zwei reine Linien werden miteinander gekreuzt, von denen die eine eine Schlundzeichnung aus Anthocyanen aufweist, die andere nicht. Hinsichtlich dieses Merkmals besitzt der eine Elter die genetische Konstitution SS, der andere ss. Die Gameten (G) des ersten Elters führen S, die des zweiten s. In der F_1 findet sich bei allen Pflanzen Schlundzeichnung. Die genetische Konstitution der F_1 ist aber Ss. Das Gen S setzt sich also gegenüber seinem Allel s durch, es *dominiert* über das *rezessive* s. In der durch Selbstbestäubung der F_1 erhaltenen F_2 übt S dieselbe Dominanz aus. Infolgedessen finden sich in der F_2 nur zwei Klassen von Phänotypen: mit Schlundzeichnung : ohne Schlundzeichnung im Verhältnis *3:1*. Zwei Drittel der F_2-Pflanzen mit Schlundzeichnung sind dabei aber heterozygot. Wenn man sie selbstet, spalten ihre Nachkommen ebenso wie die F_1 auf.

Dominant-rezessiver Mendelfall (Abb. unten)
Zwei reine Linien werden miteinander gekreuzt, von denen die eine Anthocyane in den Blütenblättern führt, die andere nicht. Hinsichtlich dieses Merkmals besitzt der erste Elter die genetische Konstitution PP, der zweite pp. Die Gameten (G) des ersten Elters führen P, die des zweiten p. Die genetische Konstitution der F_1 ist dementsprechend Pp. Alle Pflanzen der F_1 enthalten in ihren Blütenblättern Anthocyane. Das Allel P verhält sich also gegenüber p dominant. In der durch Selbstbestäubung der F_1 erhaltenen F_2 findet sich dieselbe Dominanz von P über das rezessive p. Infolgedessen gliedert sich die F_2 in nur zwei Klassen von Phänotypen: mit Anthocyan : ohne Anthocyan im Verhältnis *3:1*. Zwei Drittel der Pflanzen mit Anthocyanen in den Blütenblättern sind auch hier heterozygot. Nach einer Selbstbestäubung spalten ihre Nachkommen deshalb wie die F_1 auf.

Dominant-rezessiver Mendelfall

Dominant-rezessiver Mendelfall

Dominant-rezessiver Mendelfall, dihybrider Erbgang (Abb. rechts)
Bislang unterschieden sich die in den Kreuzungsanalysen verwendeten reinen Linien nur in einem Merkmalspaar. Es handelt sich also um *monohybride Erbgänge*. Nun führen wir eine Kreuzung zwischen zwei reinen Linien durch, die sich in zwei Merkmalspaaren unterscheiden. Wir untersuchen also einen *dihybriden Erbgang*. Als Eltern wählen wir Pflanzen, die uns eben schon in den beiden monohybriden dominant-rezessiven Erbgängen begegnet waren. Ihre genetische Konstitution ist SSpp (SS = Anthocyane im Schlund, pp = keine Anthocyane in den Blütenblättern) und ssPP (ss = keine Anthocyane im Schlund, PP = Anthocyane in den Blütenblättern). Der erste Elter bildet Gameten (G) mit Sp, der zweite mit sP. Die F_1 mit der genetischen Konstitution SsPp führt aufgrund der uns schon bekannten Dominanz von S und P einheitlich Anthocyan im Blütenschlund und in den Blütenblättern. Jede Pflanze der F_1 bildet vier verschiedene Gametensorten in jeweils gleicher Häufigkeit aus. Dabei erhält jeder Gamet von jedem der beteiligten Genorte je ein Allel. Die vier Gametensorten sind SP, Sp, sP und sp. Bei der Bildung der F_2 können sie in $4 \cdot 4 = 16$ Kombinationen zusammentreten. Es resultieren neun verschiedene Gruppen von Genotypen. Da aber jeweils S über s und P über p dominiert, entsprechen diesen neun Genotypen nur vier verschiedene Klassen von Phänotypen, und zwar: mit Anthocyan im Schlund und den Blütenblättern : mit Anthocyan nur in den Blütenblättern : mit Anthocyan nur im Schlund : anthocyanfrei im Verhältnis *9:3:3:1*. Die einzelnen Merkmalspaare spalten also unabhängig voneinander. Denn Pflanzen mit Anthocyan im Schlund : ohne Anthocyan im Schlund verhalten sich wie $12:4 = 3:1$. Das gleiche gilt für das zweite Merkmalspaar. Die unabhängige Aufspaltung läßt sich nur mit einer *freien Kombinierbarkeit* der betreffenden Gene erklären. Dabei entsteht auch eine völlig neue Gruppe von Pflanzen mit gänzlich anthocyanfreien Blüten, nämlich die doppelt rezessiven Formen sspp. Man spricht hier von einer *Neukombination* von Allelenpaaren.

Genort	Allel	Phänotypische Auswirkung
B/b	B	Blaufärbung der Blüten durch Anthocyane
	b	Rotfärbung der Blüten durch Anthocyane
S/s	S	Anthocyanzeichnung im Blütenschlund
	s	keine Anthocyanzeichnung im Blütenschlund
P/p	P	Anthocyane in den Blütenblättern
	p	keine Anthocyane in den Blütenblättern

Intermediärer Mendelfall (Abb. rechts)
Eine blaublühende wird mit einer rotblühenden Linie gekreuzt. Der blaublühende Elter liefert Gameten (G) mit dem Allel B, der rotblühende (G) mit dem Allel b. Die Pflanzen der F_1 besitzen dann die genetische Konstitution Bb. Ihr Phänotypus hält die Mitte zwischen denjenigen der Eltern: die F_1 weist einheitlich blaurote Blüten auf. Die Gameten der F_1 tragen entweder das Allel B oder das Allel b. Diese Gameten werden in gleicher Häufigkeit gebildet und bei einer Selbstbestäubung zufallsgemäß zur F_2 vereinigt. Die F_2 gliedert sich dann in drei Klassen von Phänotypen (und Genotypen): Blau : Blaurot : Rot im Verhältnis 1:2:1. Die blaurot blühenden Pflanzen der F_2 stimmen genetisch mit der F_1 überein. Bei einer Selbstbestäubung spaltet ihre Nachkommenschaft ebenso auf wie die F_1.

Dominant-rezessiver Mendelfall, dihybrider Erbgang

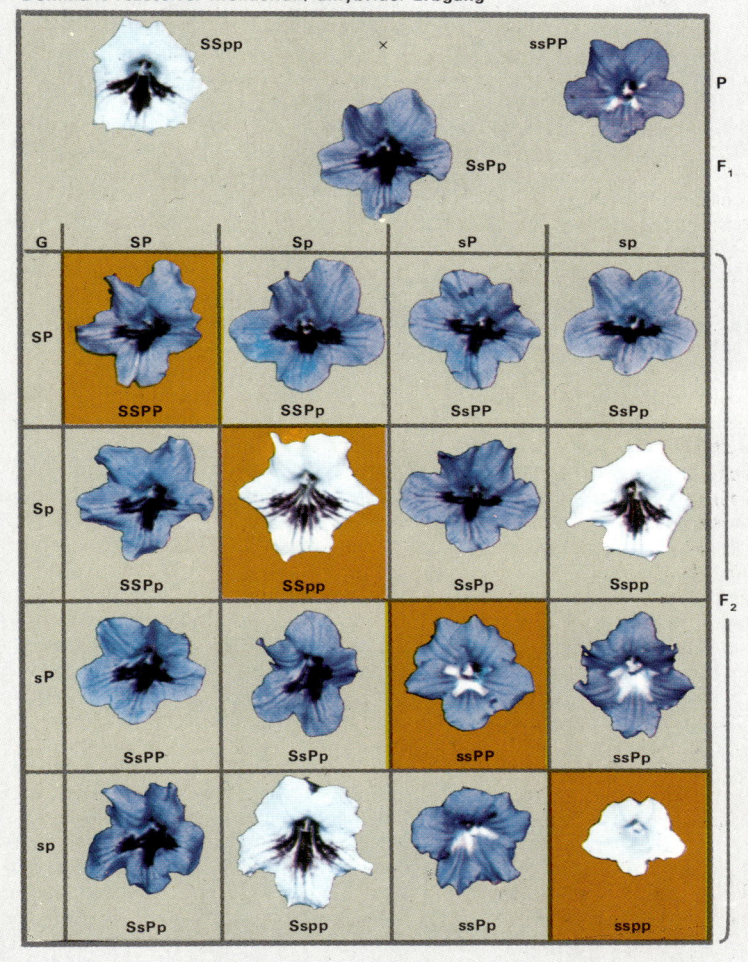

Aus den vier Kreuzungsanalysen lassen sich die drei *Mendelschen Regeln* ableiten:

1. Mendelsche Regel (Uniformitäts- und Reziprozitätsregel)
Kreuzt man zwei reine Linien miteinander, die sich in einem oder mehreren Merkmalspaaren voneinander unterscheiden, so sind Phänotyp und Genotyp der F_1 einheitlich, uniform.

2. Mendelsche Regel (Spaltungsregel)
Die Phänotypen und Genotypen der durch Selbstung der F_1 erhaltenen F_2 spalten auf. Je nach der Art der Kreuzung finden sich Phänotypenklassen in bestimmten Zahlenverhältnissen, bei einem monohybriden intermediären Erbgang im Verhältnis 1:2:1, bei einem monohybriden dominant-rezessiven Erbgang im Verhältnis 3:1, bei einem dihybriden dominant-rezessiven Erbgang im Verhältnis 9:3:3:1.

3. Mendelsche Regel (Regel von der Neukombination der Allelenpaare)
Bei di- und polyhybriden Erbgängen spalten die einzelnen Merkmalspaare in der F_2 unabhängig voneinander auf. Ursache hierfür ist die freie Kombinierbarkeit der hinter den einzelnen Merkmalsbildungen stehenden Allele eines Genlocus mit den Allelen des oder der anderen Genorte. Die freie Kombinierbarkeit führt zum Auftreten von Neukombinationen.

Memecylon *s* [v. gr. mēmekylon = eßbare Frucht des Erdbeerbaumes], Gatt. der ↗Melastomataceae.

Menadion *s* [Kw.], *Vitamin K₃*, ein mit den Vitaminen K_1 und K_2 strukturverwandtes synthet. Produkt. ↗Phyllochinon.

Menap-Kaltzeit, (Zagwijn 1957), *Menapien* [ben. nach dem am Niederrhein wohnenden Volksstamm der Menapier], der ↗Günzeiszeit bzw. Weybourne-Kaltzeit entsprechende Kaltzeit.

Menarche *w* [v. gr. mēn = Monat, archē = Anfang], ↗Menstruation.

Mendel, *Gregor Johann*, östr. Augustiner-Eremit u. Botaniker, * 22. 7. 1822 Heinzendorf (Östr.-Schlesien), † 6. 1. 1884 Brünn; zunächst Lehrer für Naturwiss. in Brünn, seit 1868 Prior des dort. Augustinerklosters. M. entdeckte anhand v. mehr als 10000 Kreuzungsversuchen mit künstl. Bestäubung an Erbsen u. Bohnen im Laufe v. 8 Jahren die grundlegenden Gesetze *(M.schen Gesetze)* der Vererbung. M. fand erst nach seinem Tode Anerkennung, nachdem C. E. Correns, E. Tschermak und H. M. de Vries die bereits 1865 von M. in einem Vortrag vorgestellten Gesetze 1900 neu entdeckt hatten. WW „Versuche über Pflanzenhybriden", in: Verh. Naturf. Vereins Brünn 4, (1866) 3–47. ⓑ Biologie I–III.

mendeln, Bez. für ein den ↗Mendelschen Regeln entspr. Verhalten v. Merkmalen bzw. Allelen.

Mendel-Population, Gemeinschaft v. sich sexuell fortpflanzenden Individuen mit gemeinsamem Genpool, zw. denen Kreuzungen regelmäßig vorkommen; die größte u. wichtigste M. ist die ↗Art.

Mendelsche Regeln, *Mendelsche Gesetze,* die von G. ↗Mendel um 1865 erarbeiteten u. von C. ↗Correns, E. ↗Tschermak und H. M. de ↗Vries um 1900 unabhängig voneinander wiederentdeckten Gesetzmäßigkeiten der ↗Vererbung (↗Genetik). Die Ergebnisse seiner über 10000 ↗Kreuzungs-Versuche mit Erbsen, also diploiden Organismen, faßte Mendel in drei, später nach ihm ben. Regeln zusammen:

1. Mendelsche Regel, Uniformitäts- u. Reziprozitätsregel: Kreuzt man zwei reinerbige (homozygote, ↗Homozygotie) Eltern (Parentalgeneration, Abk. P) miteinander, die sich in einem bzw. mehreren ↗Genorten (d. h. den ↗Allel-Paaren dieser Genorte) u. somit Merkmalen unterscheiden, so erhält man eine erste Tochtergeneration (Filialgeneration, Abk. F_1), die genotypisch (↗Genotyp) u. phänotypisch (↗Phänotyp) einheitl. (uniform) ist. Bei dominant-rezessivem ↗Erbgang (↗Dominanz) wird in der F_1-Generation der Phänotyp nur eines Elters (dessen, der die dominanten Allele trägt) realisiert; bei ↗intermediärem Erbgang liegt der Phänotyp der F_1-Generation zw. den Phänotypen der Eltern. Die uniforme Merkmalsausbildung der F_1-Generation bleibt auch erhalten, wenn bei der Kreuzung das Geschlecht der Eltern vertauscht ist (reziproke Kreuzung).

2. Mendelsche Regel, Spaltungsregel, Dominanzregel: Kreuzt man die ↗Hybride (↗Bastard) der F_1-Generation unter sich (Selbstung), so ist die nächste Nachkommengeneration (Enkelgeneration, Filialgeneration 2, Abk. F_2) nicht mehr uniform; die Genotypen u. Phänotypen der F_2-Generation spalten bei Untersuchung einer genügend großen Anzahl an Nachkommen in einem bestimmten Zahlenverhältnis auf; dieses Zahlenverhältnis hängt sowohl davon ab, in wieviel Genorten sich die Eltern voneinander unterscheiden, als auch davon, ob ein dominant-rezessiver od. ein intermediärer Erbgang vorliegt. Bei einem ↗monohybriden, dominant-rezessiven Erbgang erhält man in der F_2 eine Aufspaltung der Phänotypen im Verhältnis 3:1 (3 ist die Häufigkeit des Phänotyps des Elters mit dem dominanten Allelpaar, 1 die Häufigkeit des Phänotyps des Elters mit dem rezessiven Allelpaar). Bei einem monohybriden intermediären Erbgang erhält man in der F_2 eine Aufspaltung der Phänotypen im Verhältnis 1:2:1 (1 ist die Häufigkeit des Phänotyps des einen Elters, 2 des Phänotyps der F_1-Hybriden und 1 die des Phänotyps des zweiten Elters). Bei einem dihybriden (↗Dihybriden) dominant-rezessiven Erbgang erhält man schließl. in der F_2 eine Aufspaltung der Phänotypen im Verhältnis 9:3:3:1. Hinter den Phänotypen stehen jeweils bestimmte Klassen v. Genotypen (die vier verschiedenen Phänotypen der F_2 bei einem dihybriden dominant-rezessiven Erbgang werden z. B. durch neun verschiedene Genotypen bedingt). Das Aufspaltungsverhältnis der Merkmale in der F_2 verändert sich, wenn ein Merkmal polygen bedingt ist. Die Spaltungsregel wird auch als *Regel v. der Reinheit der Gameten* bezeichnet, da aus der Art u. Weise der Aufspaltungen hervorgeht, daß jeder Gamet der Eltern für eine Merkmalsausbildung nur ein Allel mit sich brachte, also in bezug auf diese Merkmalsausbildung „rein" war. – Ein Sonderfall der Merkmalsaufspaltung liegt vor bei *Rückkreuzung* eines F_1-Hybriden mit dem doppelt rezessiven Elter, d. h. mit dem Elter, der beide mögl. Allele eines Genorts in der rezessiven Form trägt. Man erhält in der Nachkommenschaft (Rückkreuzungsgeneration, Abk. R) eine Aufspaltung der Phänotypen im Verhältnis 1:1 (Häufigkeit

Mendelsche Regeln

Rückkreuzung mit dem doppelt rezessiven Elter

P	BB	×	bb
F_1		Bb	

Rückkreuzung:
Bb × bb

R_1	Gameten	B	b
	b	Bb	bb
	b	Bb	bb
		1	1

des Phänotyps des Elters mit dem dominanten Allelenpaar: Häufigkeit des Phänotyps des Elters mit dem rezessiven Allelenpaar). Die Rückkreuzung mit dem doppelt rezessiven Elter ist auch eine Methode, um Reinerbigkeit od. Mischerbigkeit (↗ Heterozygotie in bezug auf einen Genort) eines Individuums festzustellen; bei Reinerbigkeit des zu prüfenden Individuums tritt in der Rückkreuzungsgeneration nur ein Phänotyp auf (derjenige des doppelt dominanten od. derjenige des doppelt rezessiven Elters).

3. *Mendelsche Regel, Regel v. der freien Kombinierbarkeit der Allelenpaare, Regel v. der Neukombination der Allelenpaare, Regel v. der unabhängigen Aufspaltung der Allelenpaare:* Bei einem di- oder polyhybriden (↗ Polyhybriden) Erbgang spalten die einzelnen Genorte (d. h. die Allelenpaare der Genorte) u. damit auch die jeweils bedingten Merkmale in der F_2 unabhängig voneinander auf, d. h., sie werden unabhängig voneinander vererbt u. sind frei miteinander kombinierbar. Bei einem dihybriden Erbgang können z. B. beide Genorte mit zwei dominanten, aber auch mit zwei rezessiven Allelen in einem Organismus vorliegen; zw. diesen extremen Möglichkeiten sind alle theoret. denkbaren Zwischenstufen realisiert. Die 3. Mendelsche Regel gilt nur für Allele v. Genen, die nicht auf einer Koppelungsgruppe, d. h. auf dem gleichen Chromosom, lokalisiert sind (B Chromosomen I); die Allele v. Genen einer Koppelungsgruppe werden nicht statistisch verteilt, sondern werden gemeinsam (d. h. gekoppelt) vererbt, sofern keine Rekombination (↗ Crossing over) zw. ihnen stattfindet. – Die M.n R. gelten nicht für Merkmale, die nur v. der Mutter vererbt werden (↗ maternale Vererbung). B 398 bis 399. *G. St.*

Mendocutes [Mz.], die ↗ *Mendosicutes*; ↗ Archaebakterien.

Mendosicutes [Mz.], *Mendocutes*, Gruppe (Division) der Prokaryoten, in die (nach Bergey's Manual of Systematic Bacteriology, 1984) die ↗ Archaebakterien als Klasse I *(Archaeobacteria)* eingeordnet werden. T Gram-Färbung.

Menegazzia *s*, Gatt. der ↗ Parmeliaceae.

Menhaden *m* [v. einer Algonkin-Sprache], *Brevoortia tyrannus,* ↗ Heringe.

Meningen [Mz.; Ez. *Meninx;* v. gr. mēnigx, Gen. mēniggos = Hirnhaut], *Meninges,* die ↗ Hirnhäute.

Meningitis *w* [v. gr. mēnigx = Hirnhaut], *Hirnhautzündung,* durch Bakterien, Viren od. Pilze hervorgerufene Infektionserkrankung der Hirn- u. Rückenmarkshäute. Erreger der bakteriellen M. sind überwiegend Pneumo-, Staphylo-, Strepto- u. Me-

Mendelsche Regeln
Die wichtigste Schlußfolgerung, die sich aus den Untersuchungen Mendels ergab, war, daß Erbfaktoren (↗ Gene) distinkte partikuläre Einheiten sind, da sich auf andere Weise das Auftreten v. Spaltungen u. Neukombinationen nicht erklären läßt.

Meningitis
In den letzten Jahren ist in der BR Dtl. (bes. in S-Dtl.) u. in anderen mitteleur. Ländern eine kontinuierl. Zunahme der *Zeckenencephalitis- od. Frühsommermeningoencephalitis-(FSME-)Erkrankungen* zu verzeichnen. Die Übertragung des zur Fam. Togaviren der Gruppe Arboviren gehörenden FSME-Virus auf die Waldzecke *Ixodes ricinus* erfolgt durch Blutsaugen der Zecke an wildlebenden Wirbeltieren. Man schätzt, daß in bestimmten, den Zecken bes. günstige Lebensbedingungen bietenden Regionen („Naturherde", z.B. Schwarzwald, Unterfranken, Niederbayern) jede 50. bis 500. adulte Zecke Virusträger ist. Durch Zeckenbiß kann das FSME-Virus (v. a. in der Zeit von April bis Juni) auf den Menschen übertragen werden, wodurch in einigen Fällen Hirnhautentzündung hervorgerufen wird (1983 in S-Dtl. allein 70 FSME-Fälle bekannt). Bei etwa zwei Dritteln der durch Zeckenbiß infizierten Personen zeigen sich keine od. nur leichte grippeähnl. Krankheitssymptome; bei einem Drittel stellen sich nach etwa 2 bis 3 Wochen u. a. starke Nackenschmerzen u. Fieber ein; selten kommt es zu Lähmungen od. sogar zu einem tödl. Verlauf. Schutzimpfung ist in der BR Dtl. seit 1981 möglich.

ningokokken, *Haemophilus,* Salmonellen, Tuberkelbakterien; Entstehung als Folge z. B. einer Mittelohrentzündung, Sinusitis od. auf dem Blutweg nach Verletzungen. Virale Erreger sind meist Picorna-, Arbo-, Mumps-, Masern-, Herpes-simplex-Viren. Symptome sind u. a. starke Kopfschmerzen, Nackensteifigkeit (Meningismus), Sehstörungen, Lichtscheu, selten Doppelbilder, im weiteren Verlauf Eintrübung. Diagnose durch Punktion der Cerebrospinalflüssigkeit, in der die Zellzahl extrem erhöht sein kann; bei bakterieller M. sind überwiegend Granulocyten nachweisbar, bei Virus-M. finden sich ↗ Lymphocyten. Therapie der bakteriellen M. durch Penicillin od. Chloramphenicol, der viralen M. durch allg. pflegerische Maßnahmen. Bei Mitbeteiligung des Hirns spricht man v. *Meningoencephalitis* (↗ Encephalitis). Eine Sonderform der M. stellt die *Frühsommermeningoencephalitis* (Abk. FSME) dar, die durch Arboviren hervorgerufen u. durch die Waldzecke *Ixodes ricinus* (↗ Holzbock) übertragen wird.

Meningokokken [Mz.; v. gr. mēnigx = Hirnhaut, kokkos = Kern, Beere], Trivialbez. für ↗ *Neisseria meningitidis.*

Meniskus *m* [v. gr. mēniskos = kleiner Mond], *Meniscus articularis,* ↗ Gelenk; ↗ Kniegelenk (☐).

Menispermaceae [Mz.; v. gr. mēnē = Mond, sperma = Same], *Mondsamengewächse,* Fam. der Hahnenfußartigen mit 65 Gatt. und rund 350 Arten v. a. im trop. Regenwald; hpts. Lianen mit schildförm., wechselständ. Blättern. Die diklinen *M.* zeichnen sich durch ↗ Cauliflorie (Stammblütigkeit) aus. Ihre sehr kleinen Blüten sind i. d. R. radiärsymmetrisch und grünl.-weiß. Blütenbau: meist 2 dreizählige Kelchblattkreise und 2–3 Kreise v. Kronblättern. Die Staubblätter sind oft zu Bündeln verwachsen. Von den meist hufeisenförm. Steinfrüchtchen leitet sich der Name der Fam. ab. Das Dickenwachstum kann bei einigen Arten durch mehrere Kambiumringe erfolgen. Auffallend ist das häufige Vorkommen v. Alkaloiden; so wird aus der Rinde verschiedener Arten der Gatt. *Chondodendron* das Pfeilgift ↗ Curare gewonnen. Viele Samen enthalten Gifte; bekannt sind die dunkelroten Früchte („Kokkelskörner") v. *Anamirta cocculus,* die das Krampfgift ↗ Pikrotoxin liefern. Die Gatt. *Menispermum* (Mondsame) enthält 2 Arten, die ostasiat. *M. dauricum* u. die nordam. *M. canadense;* bei uns als winterharte Schlingpflanzen kultiviert.

Menodium *s* [v. gr. mēnoeidēs = mondförmig], Gatt. der ↗ Rhabdomonadales.

Menopause *w* [v. gr. mēn = Monat, pausis = Aufhören], ↗ Menstruation.

MENSCHENRASSEN I (Europide)

nordid

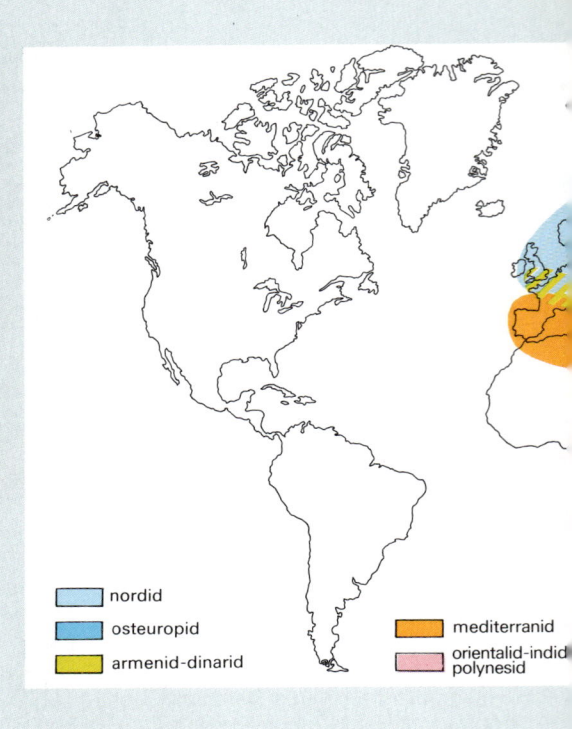

osteuropid

nordid	mediterranid
osteuropid	orientalid-indid polynesid
armenid-dinarid	

Arten unterscheiden sich durch die Zahl und (oder) die Struktur ihrer Chromosomen, *Rassen* hingegen durch ihre charakteristischen Genkombinationen, ihre Koppelungsphasen. Die Koppelungsphasen sind nicht absolut stabil. Sie werden allmählich durch Crossing-over aufgelöst und in ihre Repulsions-(Abstoßungs-)Phasen überführt. Die Schnelligkeit der Auflösung ist vom gegenseitigen Abstand der Gene abhängig.

Deshalb wandeln sich Rassen mit der Zeit *(historische Differenzierung)*. Aus Gründen der Bevölkerungsdynamik waren die Menschen zur Wanderung gezwungen *(geographische Differenzierung)*. Folge der historischen und geographischen Differenzierung *(Isolation)* ist die Herausbildung von *Rassenketten*.

dinarid

alpinid

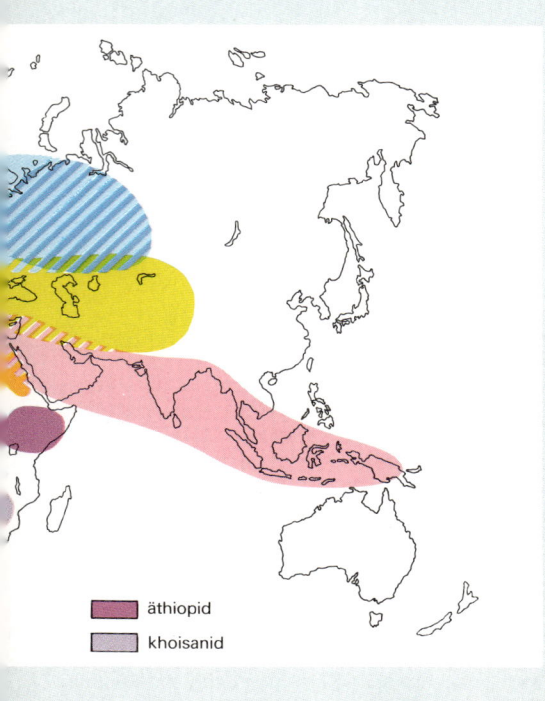

MENSCHENRASSEN II (Europide)

äthiopid
khoisanid

Ein markantes Beispiel für Rassenketten ist die *armenid-dinaride* Rassenkette, die sich geographisch von zentralasiatischen Regionen bis nach Schottland und Irland verfolgen läßt. Ihren Populationen verdankt die Menschheit die wiederholte Ausbildung von Hochkulturen, etwa die der Hethiter, vielleicht auch der Sumerer. Temperament, Kreativität und Eigensinn der Kelten und ihrer heutigen Enkel, der Gallier, Schwaben und mancher Bayern, sind wohl dinarides Erbe.
Eine andere Rassenkette bildet offensichtlich die *orientalid-indid-polyneside* Reihe. Eine sehr urtümliche Rassenkette verbindet die *äthiopide* Rasse – wichtiger Kern des *europiden Rassenkreises* – mit den Khoisaniden, Hottentotten und Buschmännern in Südafrika.

orientalid

indid

weddid

polynesid

Menotaxis w [v. gr. menein = bleiben, taxis = Anordnung], *Menotaxie,* gerichtete Ortsbewegung v. Tieren mit Einhaltung eines Winkels zum Reizgefälle, bes. häufig als Winkeleinstellung zur Schwerkraft od. zum Licht (↗Kompaßorientierung); meist mit Lernvorgängen verbunden. Wird z. B. die Sonne als Orientierungsmarke benutzt, so wird deren Tagesgang zentralnervös durch Zeitmessung mit Hilfe der inneren Uhr (↗Chronobiologie) verrechnet. Manche Tierarten (z. B. Honigbienen u. Köcherfliegen) können den zum Licht eingehaltenen Winkel in der Dunkelheit auf die Schwerkraft „übertragen". ↗Astrotaxis, ↗Geotaxis, ↗Phototaxis; ↗Taxis.

Mensch, *Homo sapiens,* im Hinblick auf seine geistigen Fähigkeiten u. die Möglichkeit, die Welt zu erkennen (↗Bewußtsein) und zu verändern, das höchst entwickelte Lebewesen. Von C. v. ↗Linné bereits in der 1. Aufl. seiner „Systema naturae" als Gatt. *Homo* mit den Affen in der Gruppe *Anthropomorpha* vereint u. in der 10. Aufl. (1758) als Art ↗*Homo sapiens* beschrieben u. in die Ord. *Primates* (Herrentiere) eingereiht, wo sie heute einziger lebender Vertreter der Fam. ↗*Hominidae (*↗*Euhomininae)* ist (vgl. Tab.). Der M. stammt mit den Menschenaffen v. gemeinsamen Ahnen ab (↗Paläanthropologie, ↗Hominisation) u. verfügt daher u. a. über Eigenschaften, die ursprünglich Anpassungen an eine Baum bewohnende (arboricole) Lebensweise darstellen (↗Herrentiere). Dazu gehören u. a. die ↗Greifhand (↗Hand) u. die nach vorne verlagerten, einander genäherten Augen, die eine fast völlige Überschneidung der Sehfelder u. dadurch ein gutes räuml. (stereoskop.) Sehen ermöglichen. Beides waren u. a. wichtige Voraussetzungen dafür, die Umwelt zu „manipulieren" u. dadurch auch Werkzeuge herzustellen –

Mensch

Schädelkapazität (untere Grenze – Durchschnitt – obere Grenze) in cm^3 (entspricht in etwa dem Gehirngewicht in g) im Vergleich zum Körpergewicht (in kg) bei Menschenaffen und Mensch:

Art	Schädelkapazität	Körpergewicht	Relation
Orang-Utan	♂ 320–434–540	75	1:175
	♀ 276–375–449	40	1:110
Schimpanse	♂ 292–399–500	45	1:115
	♀ 282–371–460	40	1:110
Gorilla	♂ 412–535–752	175	1:330
	♀ 340–456–595	85	1:190
Mensch	♂ 1246–1446–1685	70	1: 50
	♀ 1129–1330–1510	60	1: 45

eine der biol. Grundlagen für die ↗kulturelle Evolution des M.en (↗Kultur). Im Ggs. zu den übrigen Primaten ist der M. durch seinen permanent ↗aufrechten Gang (Bipedie) gekennzeichnet, wodurch die Hände frei zum „Handeln" werden. Weitere wesentl. Unterschiede, die den M.en von den ↗Menschenaffen unterscheiden, sind u. a.: Reduktion im Gebiß, v. a. wesentliche Verkleinerung des Eckzahns (vielleicht, weil er als Waffe durch Werkzeuge „ersetzt" wurde) u. dadurch lückenloser Zahnbogen; damit im Zshg. Verkürzung des Kiefers (Orthognathie statt starker Prognathie), deutl. Reduktion des Haarkleides („Nacktheit"), starke Vergrößerung des ↗Gehirns (vgl. Tab.). Dieses ermöglicht u. a. das hohe Lernvermögen des M.en (↗Lernen, Jugendentwicklung: Tier-Mensch-Vergleich) u. die Entwicklung seiner geistigen u. intellektuellen Fähigkeiten (↗Denken, ↗Freiheit u. freier Wille, ↗Geist, ↗Leib-Seele-Problem, ↗Mensch u. Menschenbild). Dazu gehört als typisch menschl. Eigenschaft der Besitz einer Symbole benutzenden Lernsprache (↗Sprache). Die kulturelle Evolution (einschl. der materiellen Kultur = Technik) hat den M.en zur individuenreichsten Art der Primaten werden lassen u. zur einzigen, die (in mehreren Rassen, ↗Menschenrassen) nahezu weltweit verbreitet ist (Kosmopolit) u. unter den verschiedensten ökolog. Bedingungen (als Ubiquist) zu leben vermag.

Menschenaffen, *Pongidae,* Fam. der Altweltaffen od. ↗Schmalnasen (nach Hall der Fam. ↗*Hominidae* zuzuordnen). Das Vorkommen der heute lebenden M., 3 Gatt. mit zusammen 4 Arten (vgl. Tab.) (ohne die fr. dazugerechneten ↗Gibbons), ist auf Äquatorialafrika (3 Arten) u. Sumatra u. Borneo (nur Orang-Utan) beschränkt. Die M. sind (neben dem ↗Menschen) die größten ↗Herrentiere; ihr Körpergewicht kann (von 45 kg) bis über 200 kg betragen. In Aussehen u. geistigen Fähigkeiten stehen die M. dem Menschen näher als jedes andere heute lebende Tier. M. bewegen sich

---

Die Stellung des Menschen im System

Ordnung:		*Primates* (Herrentiere)	
Unterordnung:	*Prosimiae* (Halbaffen)	*Simiae (Anthropoidea)* (Affen)	
Infraordnung:	*Platyrrhina* (Neuweltaffen, Breitnasen)	*Catarrhina* (Altweltaffen, Schmalnasen)	
Überfamilie:	*Cercopithecoidea* (Hundsaffen)	*Hominoidea* (höhere Affen)	
Familie:	*Hylobatidae* (Gibbons)	*Pongidae* (Menschenaffen)	*Hominidae* (Menschen)
Gattung:		*Pongo* (Orang-Utan) *Pan* (Schimpanse) *Gorilla*	*Homo* (Mensch)

normalerweise vierbeinig fort; sie können aber auch kurze Strecken aufrecht gehen (↗ aufrechter Gang). Ihre Arme sind (im Ggs. zum Menschen) länger als ihre Beine; sie haben Greifhände u. -füße mit opponierbaren Daumen (↗ Greifhand, ↗ Hand) u. ↗ Großzehen u. sind schwanzlos. Kieferknochen u. Kaumuskulatur sind bei allen M. stark ausgebildet; auch verfügen sie über ein kräft. Gebiß (Zahnformel: $\frac{2 \cdot 1 \cdot 2 \cdot 3}{2 \cdot 1 \cdot 2 \cdot 3}$) mit langen Eckzähnen. Im Verhältnis zu ihrer Körpergröße haben M. unter allen rezenten Tieren das größte ↗ Gehirn (T Mensch). Die Körperbehaarung der M. ist an verschiedenen Körperstellen unterschiedl., z. B. stark an Schulter u. Armen (Haarstrich wie beim Menschen), schwach im Gesicht. Lebensraum der M. ist überwiegend der Tropenwald. Das für die M. ursprüngl. typische Hangelklettern zeigt heute noch am stärksten der Orang-Utan; Schimpanse u. Gorilla halten sich viel am Boden auf. In der Ernährung der M. überwiegt Pflanzenkost gegenüber tier. Nahrung. Die Fortpflanzung der M. ist nicht jahreszeitlich gebunden; Menstruationszyklus wie beim Menschen. Das Junge kommt nach 8–9 Monaten Tragzeit in zunächst hilflosem Zustand zur Welt; es klammert sich im Fell der Mutter fest, die es mit der Hand stützt („Tragling", ↗ Jugendentwicklung: Tier-Mensch-Vergleich). Schon den alten Anatomen fiel die Ähnlichkeit der inneren Organe der M. mit denen des Menschen bezügl. Größe, Gestalt u. Lagebeziehung auf. Nach neueren Blutprotein-Untersuchungen stehen Bonobo, Schimpanse u. Gorilla dem Menschen verwandtschaftl. näher als der Orang-Utan. Auch die Sinnesorgane der M. unterscheiden sich in Bau u. Leistung nur wenig v. denjenigen des Menschen. Wenn auch die M. keine Sprache im eigtl. Sinne entwickelt haben, so ließ sie dennoch ihre bes. Begabung, aus Erfahrung zu lernen (↗ Lernen), einsichtig zu handeln, Gegenstände als Werkzeuge zu gebrauchen (B Einsicht) u. z. T. selbst zu fertigen, unabhängiger v. angeborenen Verhaltensmustern werden als alle anderen Tiere; ihr ausgeprägtes Neugierverhalten stellt sicher einen wesentl. Motor für ihre geist. Leistungen dar. – Die stammesgeschichtl. Entstehung der M. vermutet Andrews im Oligozän (z. B. Gatt. *Propliopithecus* u. *Oligopithecus* in Afrika); aus der im frühen Miozän in Afrika entstandenen Gatt. *Proconsul* gingen wahrscheinl. sowohl die heute lebenden M. wie auch die Hominiden hervor. Gegenwärtig sind alle 4 M.-Arten in ihrem Bestand gefährdet: durch Erschließen der Tropenwälder, direkte Nahrungs-

Menschenaffen
Arten:
↗ Bonobo
(Pan paniscus)
↗ Gorilla
(Gorilla gorilla)
↗ Orang-Utan
(Pongo pygmaeus)
↗ Schimpanse
(Pan troglodytes)

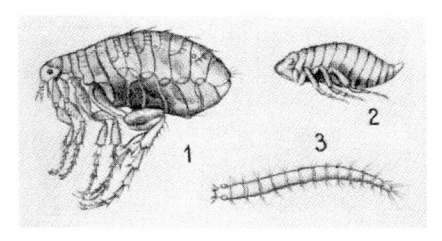

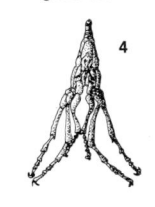

Menschenfloh
1 M. *(Pulex irritans)* mit Larve (3) und Puppe (2), 4 M. von vorn gesehen

konkurrenz mit dem Menschen u. ihre Verwendung in der med. Forschung. Schutz u. Erhalt seiner „nächsten Verwandten" im Tierreich sollten für den Menschen selbstverständlich sein.

Lit.: Hamburg, D. H., Mc Cown, E. R. (Hg.): The Great Apes. Menlo Park, Cal. 1979. *H. Kör.*

Menschenfloh, *Pulex irritans,* im Gefolge des Menschen weltweit verbreitete Art der ↗ Flöhe aus der Fam. *Pulicidae.* Der M. ist ein ca. 3 mm großes, seitl. stark abgeflachtes Insekt mit ovaler Seitenansicht. Flügel fehlen, die Hinterbeine sind als Sprungbeine ausgebildet. Wie alle Flöhe, ernährt sich auch der M. vom Blut seines Wirtes, das er mit umgebildeten Mundwerkzeugen aufsaugt. Die juckenden Stichkanäle in der Haut sind klein u. liegen oft dicht beieinander, wenn der M. bei der Blutmahlzeit gestört wurde. Die Wirtsspezifität ist wie bei den meisten Flöhen nicht sehr stark ausgeprägt. Das Weibchen legt innerhalb mehrerer Monate in Schüben zu 6 bis 10 insgesamt ca. 400 der 0,5 mm großen, weißen Eier ab. Sie fallen auf den Boden; die ca. 5 mm großen, längl. Larven entwickeln sich in Ritzen und Ecken; sie saugen kein Blut, sondern ernähren sich von sonstigen organ. Stoffen. Je nach Nahrungsangebot dauert eine Generation 2 bis ca. 50 Wochen. Durch fugenlose Fußböden, deren Reinigung durch Staubsauger usw., bieten sich der Entwicklung der Larven weniger Möglichkeiten; der M. ist deshalb bei uns selten geworden. B Parasitismus II.

Menschenfresserhaie, die ↗ Makrelenhaie.

Menschenhai, *M. i. e. S., Weißhai, Carcharodon carcharias,* 5–6 m (selten bis 9 m) langer Vertreter der ↗ Makrelenhaie, in allen trop. und gemäßigten Ozeanen heimisch, gilt als der für Menschen gefährlichste Hai; jagt Fische, Robben u. Delphine, greift aber auch Badende u. kleine Boote an. B Fische IV.

Menschenhaie, 1) *M. i. w. S.,* die ↗ Blauhaie; 2) *M. i. e. S.,* ↗ Menschenhai.

Menschenkunde, die ↗ Anthropologie.

Menschenläuse, Sammelbez. für die Arten ↗ Kleiderlaus *(Pediculus corporis)* u. ↗ Kopflaus *(Pediculus capitis),* gelegentl. auch als zwei U.-Arten der (Art) Menschenläuse *(Pediculus humanus)* aufgefaßt. Zu den Echten Läusen (↗ Anoplura),

MENSCHENRASSEN III (Mongolide und Indianide)

eskimid

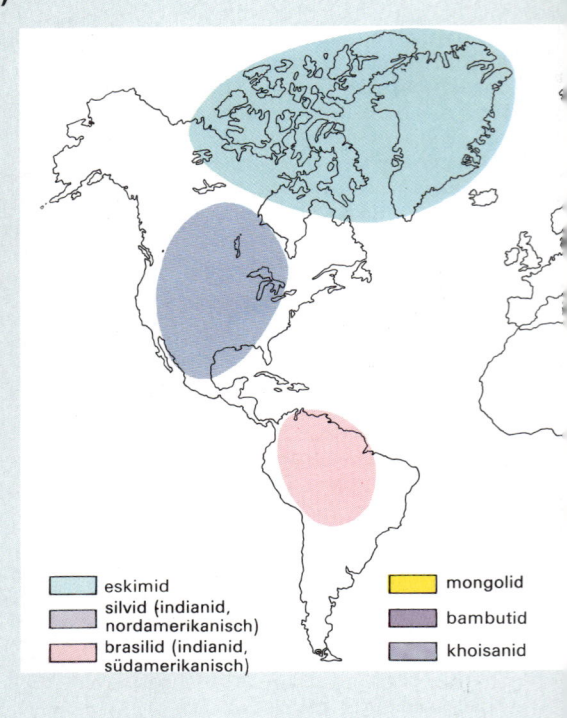

eskimid	mongolid
silvid (indianid, nordamerikanisch)	bambutid
brasilid (indianid, südamerikanisch)	khoisanid

silvid

Wenn die Umwelt die Ausbildung von ortsständigen Populationen erlaubte, bildeten sich in einer Rassenkette zahlreiche *Unterrassen*. Beispiele sind die Populationen in tropischen und subtropischen Lebensräumen in Südamerika und Indien. Erzwang die Umwelt hingegen einen häufigen Ortswechsel, so bildeten sich nur wenige Unterrassen, wie bei den nordamerikanischen Indianern und den Europiden des europäischen Nordens. Die durch die Wanderungen – im nördlichen Europa wohl ab 5000 v. Chr., im Mittelmeergebiet nahezu ab 10 000 v. Chr. – erfolgte Berührung zwischen unterschiedlichen Rassenelementen ermöglichte mehr oder minder umfangreiche *Rassenmischungen*.

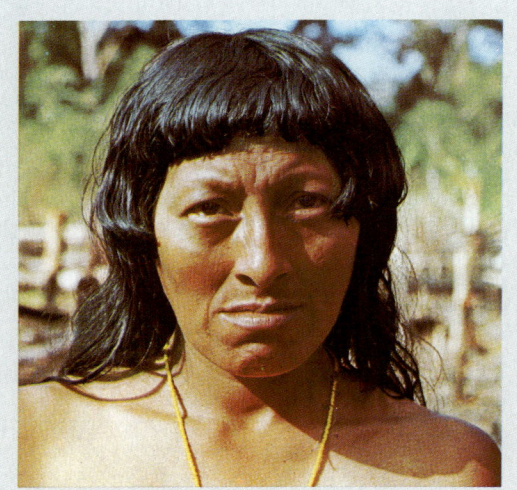

brasilid

mongolid

MENSCHENRASSEN IV (Negride und Australide)

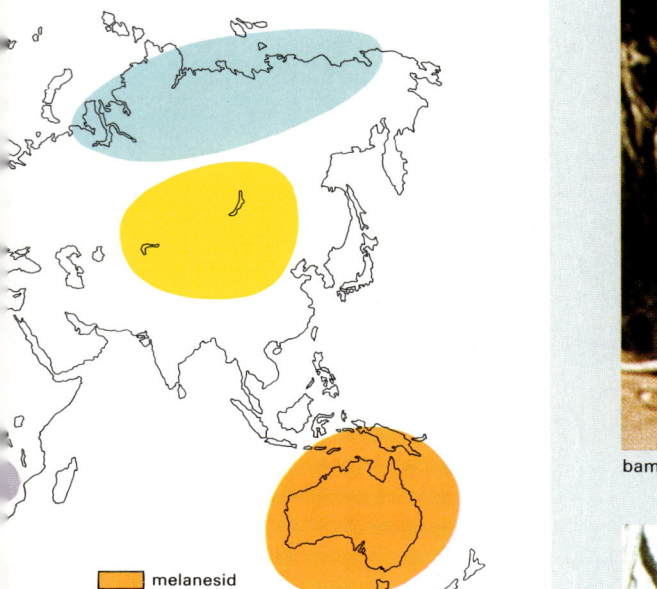

melanesid
australid

bambutid

khoisanid

Mit dem Beginn der Rassenmischung endet die *divergente Rassenentwicklung*, und der Eigendifferenzierungsprozeß der wenigen urtümlichen Rassenketten wird vielfältig kompliziert. Es entstehen Gesichtskombinationen aus den heterogensten Rassenelementen, die ganze Völkerschaften oder Länder prägen können.

Weitgehend unvermischt blieben in der Geschichte der Menschheit wohl nur die urtümlichen Rassen, die „an den Rand gedrängt" ein unbeachtetes Dasein führen: die *Australid-Melanesiden* in Australien und Neuguinea und die *Ainus* in Japan sowie die *Weddiden* im südlichen Indien als die beiden wichtigsten primitiven Vertreter des europiden Rassenkreises.

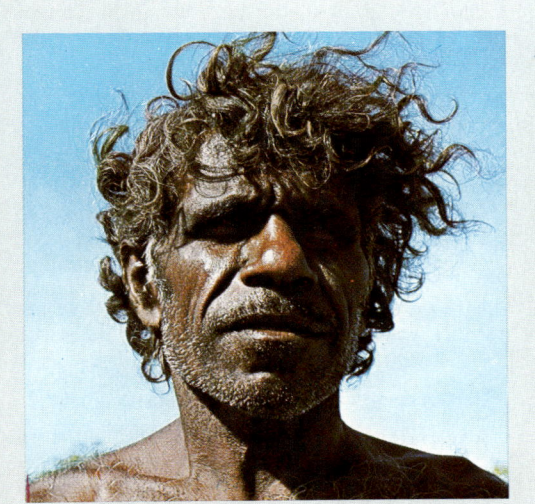

australid

melanesid

Menschenrassen

Menschenrassen

Einteilung nach v. Eickstedt:

Europide
Blondrassengürtel
Nordide, Teutonordide, Dalofaelide, Fennonordide, Osteuropide
Braunrassengürtel
Mediterranide, Grazilmediterranide, Eurafrikanide, Berberide, Orientalide, Indide, Grazilindide, Nordindide, Indobrachide, Pazifide, Polyneside, Mikroneside
Bergrassengürtel
Alpinide, Westalpinide, Lappide, Dinaride, Armenide, Turanide, Aralide, Pamiride

Alteuropide
Weddide, Wedda, Gondide, Malide, Toalide, Ostweddide, Ainuide

Mongolide
Polargürtel
Sibiride, Westsibiride, Ostsibiride, Eskimide
Nordmongolide
Tungide, Sinide, Nordsinide, Mittelsinide, Südsinide
Südmongolide
Palämongolide, Palaungide, Neside
Indianide
Nordindianide
Pazifide, Zentralide, Silvide, Planide, Appalacide, Margide
Südindianide
Andide, Patagonide, Brasilide, Lagide, Fuegide, Südfuegide, Huarpide

Negride
Kontaktgürtel
Äthiopide, Nordäthiopide, Ostäthiopide, Indomelanide, Südmelanide, Nordmelanide
Westnegride
Sudanide, Nilotide, Kafride, Pälänegride
Ostnegride
Neomelaneside, Palämelaneside, Australide
Khoisanide
Khoisanide, Khoide, Sanide
Pygmide
Bambutide, Negritide, Aetide, Semangide, Andamanide

Menschenrassen

Durchschnittliche Allelhäufigkeiten verschiedener Gene in % bei Europiden, Negriden, Mongoliden

System	Allel	Europide	Negride	Mongolide
I. Merkmale an der Oberfläche der Erythrocyten				
AB0	A	28,1	18,1	26,0
	B	8,1	13,4	18,3
	0	63,8	68,5	55,7
MNS	MS	24,4	12,2	3,3
	Ms	30,4	42,3	60,0
	NS	6,3	5,5	1,3
	Ns	38,9	40,0	35,4
Rhesus	CDe	43,0	9,1	77,4
	cDE	14,1	6,4	15,4
	cde	38,5	25,1	0,9
	cDe	2,2	56,4	4,7
	Cde	1,4	2,7	0,0
	cdE	0,5	0,3	0,6
	CDE	0,3	0,0	1,0
Duffy	Fy^a	40,6	2,2	94,9
Kell	K	3,9	0,6	0,0
Lutheran	Lu^a	3,0	4,1	0,1
Diego	Di^a	0,0	0,0	2,2
II. Serumproteine				
Gc	1	73,0	89,0	78,0
Haptoglobin1	F	13,0	31,0	0,2
	1S	23,0	28,0	27,6
	2	64,0	41,0	72,2
Transferrin	B	0,7	0,05	0,1
	D	0,5	3,60	1,6
	C	98,8	96,35	98,3
III. Isoenzyme				
saure Phosphatasen	A	34,0	20,0	26,0
	B	60,0	74,0	74,0
	C	6,0	4,0	0,0
	R	0,0	2,0	0,0
PGM_1	1	76,0	82,0	82,0
PGM_2	1	100,0	99,0	99,0
AK	1	95,0	99,5	96,5

die den Menschen befallen, gehört auch die ↗ *Filzlaus (Phthirus pubis).*

Menschenrassen; wie andere biol. Arten ist auch der heutige ↗ *Homo sapiens* (↗Mensch) in jeweils relativ einheitl. ↗ Rassen mit charakterist. Genkombinationen gegliedert; alle pflanzen sich jedoch fruchtbar miteinander fort. Als *Großrassen* bezeichnet man die ↗ *Europiden,* ↗ *Mongoliden* u. ↗ *Negriden.* Diese sind kontinental verbreitet u. umfassen jeweils zahlr. regionale Rassen, die geogr. und zeitl. stark variieren können. Die Großrassen zeigen deutl. Anpassungen an die Umweltbedingungen ihres Entstehungsraums: Pigmentierung der Haut abhängig v. der durchschnittl. Sonneneinstrahlung (Vitamin-D-Produktion), Verhältnis zw. Körperoberfläche u. -volumen in Zshg. mit der Thermoregulation, Kraushaar als Luftpolster zum Schutz des Gehirns vor Überhitzung („natürlicher Tropenhelm"), Schlitzaugen („Mongolenfalte") als Schutz vor Licht, Schnee u. Sand usw. Der Rassenbegriff ist in bezug auf den Menschen immer wieder polit.-ideolog. mißbraucht worden, bes. z. Z. des Nationalsozialismus in Dtl. B 402–403, 406–407.

Mensch und Menschenbild in biologischer Sicht

Hinsichtlich seiner *Morphologie* bildet und begründet der Typus des Menschen eine eigene *Familie* im Rahmen der *Ordnung* der Primaten; als *Gesamterscheinung* (einschließlich Zivilisation und ↗ Kultur) begründet die Art Mensch jedoch – wie es der englische Zoologe J. Huxley ausdrückte – einen eigenen *Stamm,* wenn nicht sogar – neben den Mineralien, Pflanzen und Tieren – ein eigenes *Reich.* Im Sinne dieser allgemeinen Aussage ein wissenschaftliches Bild des Menschen zu entwerfen, ist die Aufgabe der ↗ *Anthropologie* und ihrer Teildisziplinen, z.B. Humanbiologie und ↗ Paläanthropologie.

> Der Mensch ist von Natur aus ein Kulturwesen

Das *Menschenbild der Biologie* hat nach A. Gehlens Formulierung „der Mensch ist von *Natur* aus ein *Kulturwesen*" zwei Seiten: die eine ist die biologische Mitgift des Menschen, vor allem, inwiefern sie die Entfaltung der Zivilisation und Kultur möglich gemacht hat; und die zweite sind die Rückwirkungen der Zivilisation und der Kultur auf die biol. Seite der menschl. Existenz.

Biologische Mitgift des Menschen

Morphologie und Physiologie. Eine erste herausragende morphologische und physiologische Besonderheit des menschlichen Körpers ist der *dauernde aufrechte*

Gang; auch die Menschenaffen beherrschen den aufrechten Gang, doch ist er nicht ihre hauptsächliche Art der Fortbewegung. Der *Fuß* des Menschen ist – u. a. durch seine langgestreckte Form – als Lauffuß für den ebenen Boden spezialisiert. Die *Hand* des Menschen ist ähnlich geformt wie die der übrigen Primaten, wo sie ihre ursprüngliche Funktion als Greifhand beim Klettern erfüllt; beim aufrechten Gang ist die Hand jedoch von der Mitwirkung bei der Lokomotion völlig befreit. Somit ist der Mensch – biologisch gesehen – das einzige Lebewesen mit dauernd aufrechtem Gang und einer frei verfügbar gewordenen Greifhand.

Eine zweite herausragende biologische Besonderheit des Menschen ist sein aus Kehle und Mundraum geformter *Stimmapparat.* Im Unterschied zu den Menschenaffen und allen anderen stimmbegabten Tieren kann der Mensch in unterschiedlichen Tonhöhen eine Vielzahl von Vokalen und Konsonanten formen und zu lautlichen Signalen und zur gesprochenen Sprache kombinieren.

Als dritte morphologische und physiologische Besonderheit des Menschen ist sein *Gehirn* zu nennen, das durch die Vermehrung seiner *Struktur* eine gigantische Steigerung der Speicherfähigkeit, der Intelligenz und der künstlerischen Schöpferkraft über das bei Tieren vorgefundene Niveau ermöglicht.

Der Mensch ist also keinesfalls ein biologisches *Mängelwesen,* wie es der Dichter und Philosoph J. G. Herder und in seiner Nachfolge der Anthropologe A. Gehlen geltend machen wollten, sondern er ist morphologisch und physiologisch für *mehrere biologische Funktionen hoch spezialisiert* und aufs beste angepaßt. Zwar kann der Delphin schneller schwimmen, der Gepard schneller laufen und der Schimpanse besser klettern als der Mensch, und an Muskelkraft ist ihm eine ganze Anzahl von Tierarten hoch überlegen. Würde man aber – um ein Gleichnis aus dem Sport heranzuziehen – zwischen dem Menschen und allen in Frage kommenden Säugetierarten einen *Mehrkampf* veranstalten, der Lang- und Kurzstreckenlauf, Klettern und Schwimmen einschlösse, so würde der Mensch, obgleich es sich bei den Einzeldisziplinen um lauter *rein biologische* Leistungen handelt, wegen seiner körperlichen Vielseitigkeit den Sieg erringen. Der Mensch ist also „auch körperlich gar nicht so ohne" (K. Lorenz).

Die drei herausragenden körperlichen Spezialisierungen des Menschen – aufrechter Gang mit frei disponibler Greifhand, vielseitiger Stimmapparat und überragende Intelligenz –, sind nicht nur je einzeln die Träger ungewöhnlicher Fähigkeiten, sondern sie spielen einander in die Hände. Beispielsweise können Ergebnisse der *Intelligenz* mit Hilfe der freigewordenen *Hände* realisiert und mit Hilfe der differenzierten Lautgebung und *Sprache* anderen Menschen mitgeteilt werden. Aufgrund dieser *kooperativen* Möglichkeiten schaffen die genannten *Spezialisierungen* ein *offenes* Lebewesen mit unübersehbar vielen *Freiheitsgraden* des Verhaltens, aber auch Fähigkeiten zu den unterschiedlichsten neuen Verhaltensspezialisierungen.

Ontogenie. Die durchschnittliche Gesamtdauer des Lebens des Schimpansen beträgt etwa 40, die des Menschen etwa 80 Jahre. Vergleicht man aber die einzelnen Lebensabschnitte der *Kindheit* bis zum Beginn des Zahnwechsels, der *Jugend* bis zur Pubertät, des *Erwachsenenalters I* bis zum Ende der Fortpflanzungszeit im weiblichen Geschlecht und des *Erwachsenenalters II* (Senium), so ergeben sich bei weitem die größten Unterschiede in der ersten und in der letzten dieser Epochen.

Die verlangsamte *Kindheitsentwicklung* könnte, wie der Zoologe und Anthropologe A. Portmann vermutete, den notwendigen Zeitraum zu Verfügung stellen, um den beim Menschen erhöhten Ansprüchen der Einspeicherung von Gedächtnisinhalten, von Verfahren der Intelligenz und der Sprachentwicklung zu genügen.

Das verlängerte *Senium* könnte ein Ausdruck dafür sein, daß – in der für diese Festlegung maßgebenden Evolutionsepoche – die Verwertung der bis dahin eingespeicherten Information der *älter gewordenen Gruppenmitglieder* einen entsprechend großen Selektions- bzw. Überlebenswert für diejenigen Verwandtengruppen brachte, denen sie angehörten.

Verhaltenssteuerung. „Im Menschen liegt ein ganz einmaliger, sonst nicht versuchter Gesamtentwurf der Natur vor": Der Mensch „verhält sich zu sich selbst; er lebt nicht, er führt sein Leben". Diese Aussage von A. Gehlen zielt auf die Fähigkeit des Menschen, seine eigene Existenz in seinem Bewußtsein zu „spiegeln" (Ich-Bewußtsein) und sein eigenes, künftig mögliches Leiden und Handeln in seine bewußte Verhaltenssteuerung und -planung einzubeziehen. Im Vergleich zur reinen Instinkt- und Erfahrungsabhängigkeit des Verhaltens des Säuglings bzw. fast aller Tiere eröffnet dies völlig neue Freiheitsgrade des Entscheidens über das eigene künftige Handeln – bis zu einer nur dem Menschen zugänglichen Extremhandlung, dem bewußten Auslöschen des eigenen Lebens im Frei-Tod. Diese Art der Verhal-

Mensch und Menschenbild

tenssteuerung setzt allerdings voraus, was Gehlen als „Hiatus" (lat., = Kluft) bezeichnete: Das Verhalten muß von den unmittelbar wirkenden instinktiven oder erfahrungsbedingten Verhaltenstendenzen „abgekoppelt" werden können, um dem bewußten „Führen des Lebens" (= der Vernunft) das Steuer zu überlassen.

Durch das „Abkoppeln" von der unmittelbaren Verhaltensbestimmung verlieren jedoch die instinktgebundenen Antriebe und unmittelbar erfahrungsbedingten Verhaltenstendenzen keineswegs jeden Einfluß auf das menschliche Verhalten: Sie beteiligen sich an den bewußten Entscheidungen als Rivalen oder als Förderer anderer Triebfedern. Zudem können sehr starke Verhaltenstendenzen (Beispiel: Jähzorn, panische Angst) die Vernunft-Steuerung des Verhaltens auch völlig aus den Angeln heben und den Menschen wieder dem Diktat der biologisch bedingten Triebfedern unterwerfen. Dies führt zur Frage nach den in der *Natur des Menschen* verankerten *Antrieben und Verhaltensbereitschaften*.

Bei Tieren sind unter besonderen Selektionsbedingungen, z. B. auf Inseln oder in der Domestikation, bestimmte angeborene Antriebe schwächer geworden oder verlorengegangen, z. B. bei Brieftauben die Bereitschaft, sich beim Heimflug zum Schlag anderen gesichteten Tauben zuzugesellen. Ein solches Instinkt-Defizit ist jahrzehntelang – auch von K. Lorenz – beim Menschen vermutet worden. Der Mensch hat jedoch im Rahmen seiner Entscheidungsfreiheit (Hiatus) die Wahl zwischen instinktkonformem und instinktunabhängigem Verhalten, und diese *Wahlmöglichkeit* nimmt ihm die Instinkt*sicherheit* – auch im Fall der Existenz eines einschlägigen Instinktes. Fehlende Instinkt*sicherheit* ist daher kein Argument für die *Armut an Instinkten*. I. Eibl-Eibesfeldt hält es sogar für denkbar, daß im Zuge der Menschwerdung nicht nur keine Instinkte verlorengingen, sondern womöglich zusätzliche instinktive Triebfedern entstanden sind.

Im Bereich der instinktiven Verhaltensbereitschaften des Menschen besteht die spezielle Frage: Besitzt er eine *angeborene Tötungshemmung* gegenüber Mitmenschen? Und falls ja: Gibt es Situationen, in denen sie außer Kraft tritt? Vermutlich lautet die Antwort: Eine solche Tötungshemmung existiert – als Tendenz! – gegenüber *individuell bekannten* Angehörigen des eigenen Sozialverbandes, nicht aber gegenüber *Gruppenfeinden*. So etwas ist im Tierreich typisch für sozial lebende große Raubtiere, z. B. Wolf und Löwe. Falls auch der Mensch diesem Schema entspräche, was ja zu seiner ver-

Angeborene Tötungshemmung?

muteten Lebensform im „Tier-Mensch-Übergangsfeld" passen würde, so fiele er biologisch in dieser Hinsicht also nicht aus dem Rahmen. Das hieße: In der biologisch motivierten Situation der *Gruppenfeindschaft* bestände im Verhältnis zu Gruppengegnern keine biologisch bedingte innere Hemmung gegen unmenschl. Grausamkeit und Tötung. Man spricht hier mit Recht von „Abgründen der menschl. Natur".

Für das Menschenbild der biologischen Anthropologie entscheidend ist jedoch auch die Möglichkeit des Menschen, in jedem Mitmenschen ein fühlendes Wesen nach dem Modell des bewußt gewordenen eigenen Ichs zu sehen und dieses Konzept der „Einfühlung" für das eigene Handeln bestimmend werden zu lassen. Hierdurch erhebt sich der Mensch – der Möglichkeit nach – auf ein Niveau des Handelns, wie es in Goethes Gedicht „Das Göttliche" skizziert worden ist.

Entspräche die von A. Gehlen vermutete Möglichkeit des Menschen, sein Verhalten von der unmittelbaren Instinktsteuerung abzukoppeln, den Tatsachen, so würden allerdings im „Hiatus" nicht nur sozialethisch begründete Handlungsmotive, sondern auch mentale Produkte jeglicher anderen Art handlungsbestimmend werden können, also auch Vorstellungen, die wir als Ausgeburten der Phantasie bezeichnen würden. So etwas ist in der Tat seit jeher vorgekommen. Als Beispiel möge der für Jahrhunderte verhaltensbestimmende Mythos der Sumerer gelten, der Sinn des Lebens bestehe in Fronarbeit für die Götter, damit diese nicht mehr – wie vor der Erschaffung des Menschen – selbst solche Arbeit leisten müßten. Ein moderner Ausdruck für mentale Vorgänge solcher Art ist „Rationalisierung".

Andererseits ist die Unabhängigkeit von der unmittelbaren Steuerung durch instinktive Impulse auch die Voraussetzung dafür, daß sich der Mensch als das „offene Wesen" empfinden kann: Was der menschliche Geist überhaupt zu erfassen vermag, das kann ihm dank des „Hiatus" auch sein Verhalten bestimmen, ohne daß dies durch instinktive Festlegung behindert würde. Allerdings gelingt dem Menschen diese Befreiung in der Regel nicht vollkommen: Von Schmerz und Angst, die in der menschlichen Natur verankert sind, völlig unabhängig zu werden, gelingt nur Märtyrern und Heiligen.

Zivilisations- und kulturbedingte Rückwirkungen auf die biologische Existenz des Menschen

Ernährung und Bekleidung. Entdeckungen und Erfindungen wie der Gebrauch des

Feuers – also Intelligenzleistungen – eröffneten die Möglichkeit zum Braten, Kochen und Backen; dadurch erweiterte sich das Spektrum der verwertbaren Nahrung. Weitere Leistungen der Intelligenz ermöglichten die Haltung und Züchtung von Haustieren sowie den Anbau von Pflanzen. Durch all dies erschloß sich der Mensch – biologisch gesehen – neue ökologische Nischen, erweiterte also seine Lebensgrundlage. Eine Konsequenz davon war vermutlich die *Erhöhung der Bevölkerungsdichte*. Die Vorzugstemperatur des unbekleideten Menschen im Wahlversuch beträgt etwa 28 °C. Damit ist er an tropisches Klima angepaßt. Die Erfindungen der Bekleidung und des Feuers gaben ihm die Möglichkeit, sein *Wohngebiet* bis in die Arktis hinein (Eskimos) *zu erweitern*.

Geräteherstellung, Landwirtschaft, Technik. ↗Werkzeuggebrauch kommt selten bei Tieren vor, gezielte Herstellung von Werkzeug (man spricht dann bevorzugt von „Geräten") aufgrund von Erfahrung oder von Einsicht wurde nur in ganz wenigen Einzelfällen beobachtet. Die Menschen haben diese Fähigkeit zunächst langsam, dann immer schneller weiterentwickelt und sind von der Herstellung von landwirtschaftlichen Geräten und Waffen Schritt für Schritt bis zur heutigen Technik gelangt. Jedes neuerfundene Gerät erschloß dem Menschen neue Möglichkeiten zur Nutzung von Ressourcen der Natur und steigerte seine *ökologische Potenz* fast ins Ungemessene.

Sprachen und Schrift. Auf der Schwarmtraube tanzende Spurbienen verschlüsseln die Entfernung zu den aufgefundenen möglichen neuen Nisthöhlen des Schwarms mit Hilfe der Tanzgeschwindigkeit (↗Bienensprache). Dieser Übersetzungscode ist ihnen angeboren. Sprachen aus *erlernten* Symbolen beherrscht dagegen nur der Mensch; lediglich in ein paar Einzelfällen ist über erlernte und sinngemäß verstandene Symbole auch bei Tieren berichtet worden. Beim Menschen vereinigen sich zur Leistung des Sprechens die physiologischen Fähigkeiten der Lautproduktion mit den im Gehirn verankerten Begabungen zum Lernen und zum Denken. Das Sprechen der Menschen dient nicht nur zur Weitergabe von Information, sondern wegen der Vielzahl und Unterschiedlichkeit der Sprachen verschiedener Völkerschaften auch zur Isolation zwischen diesen, also zur Verhinderung von Wechselbeziehungen, die sonst möglich wären. Die kulturbedingte Diversifikation der Sprachen ist ein Analogon zum stammesgeschichtlichen Vorgang der Entstehung von unterschiedlichen sozialen Signalen, z. B. im Rahmen der Paarbildung bei verschiedenen *Arten*; diese sind interspezifisch unverständlich und tragen dadurch zur genetischen Art-Isolierung bei.

Die *geschriebene* Sprache schließlich ermöglicht (seit mindestens 3000 v. Chr.) die Speicherung von Information und deren Weitergabe ohne unmittelbaren Sprechkontakt zwischen den Individuen und daher auch über Generationen hinweg.

Medizin. Hilfe für Kranke oder sonst in Bedrängnis geratene Artgenossen ist nur bei wenigen Tierarten beobachtet worden (Blattschneiderameisen, Zwergmungos, Delphine, Elefanten, Schimpansen). Beim Menschen gehört die Behandlung von Kranken in die Obhut bestimmter Berufe: Das Arzttum ist eine kulturelle Schöpfung. Die Medizin beeinflußt die biologische Existenz der Art Mensch auf vielfältige Weise. Sie verlängert die durchschnittliche Lebensdauer, verändert die relative Häufigkeit der Krankheiten und die Anteile verschiedener Todesursachen, läßt durch entsprechende Therapie und die damit verbundene Verminderung der Letalität die Häufigkeit genetischer Defekte ansteigen und veranlaßt durch die Verminderung der Säuglings- und Kindersterblichkeit eine zum Teil drastische Bevölkerungsvermehrung.

Humanökologie. Bei zahlreichen Organismenarten haben sich ökologische Gleichgewichte, z. B. zwischen Räubern und Beutetieren, eingespielt; oder den Individuen sind Reaktionsweisen angeboren, die das Anwachsen der Bevölkerungsdichte begrenzen und dadurch die Ernährungsgrundlage der Art vor der Zerstörung durch übermäßige Ausbeutung schützen. Wegen übermäßiger Jagd (z. B. von Walen), extensiver Landwirtschaft und wegen der mehr als exponentiell (hyperbolisch) anwachsenden Erdbevölkerung besteht ein solches Gleichgewicht zwischen der Art Mensch und seiner Umwelt heute nicht mehr. Zwar wächst die Bevölkerung in der Bundesrepublik Deutschland heute nicht mehr an; doch besteht zur Zeit keine Aussicht, daß sich dieses generative Verhalten auch weltweit durchsetzen könnte. Die Spezies Mensch *gefährdet* daher von Tag zu Tag mehr *die Stabilität ihrer Umwelt* und damit ihre eigene *Weiterexistenz*. Die wichtigsten anthropogenen Umweltschäden, die bei weiterem extensiven Wachstum der Bevölkerung und der Industrie nach gnadenlosen Gesetzen auf den Menschen zurückschlagen müssen, sind Bodenerosionen und Vergiftung des Grundwassers, der Luft und des Bodens mit Schwermetallen und mit Radioaktivität.

Sozialverhalten und Menschlichkeit. Hoch-

Menschwerdung

differenzierte Sozialverbände mit Kasten- bzw. „Berufs"-Differenzierung, mit Pflanzenzucht, Tierhaltung und Sklaverei gibt es – auf angeborener Grundlage – auch bei Insekten (Termiten, Ameisen und Bienen). Nur beim Menschen sind die *Strukturen der Sozialverbände* durch *gedankliche Konstruktionen* mitbestimmt; beim Menschen können daher politisches und wirtschaftliches System *einander ablösen.* Nur der Mensch hat überdies *Institutionen* geschaffen wie das Rechtswesen, die verschiedenen Ausgestaltungen des religiösen Lebens, militärische Organisationen und Schulen. Auch *Berufe,* die nicht durch genetische, entwicklungsbiologische oder morphologische Kastenbildung entstehen, sondern durch spezielle Ausbildung, sind allein für den Menschen typisch.

Struktur der Sozialverbände

Die soziale *Rollenverteilung zwischen Mann und Frau* ist zum Teil biologisch, zum Teil kulturell bestimmt. Einen Hinweis darauf gibt die Tatsache, daß manche Berufe bei sämtlichen untersuchten Völkerschaften lediglich von einem Geschlecht ausgeübt werden (überwiegend biologische Bedingtheit), z. B. Großwildjagd von Männern, Säuglingsversorgung von Frauen; dagegen werden andere Berufe je nach Völkerschaft von Männern, von Frauen oder von beiden zusammen ausgeübt (überwiegend kulturelle Bedingtheit), z. B. bei der Herstellung von Bekleidung.

Rollenverteilung zwischen Mann und Frau

Die jeweils herrschenden politischen und sozialen Verhältnisse beeinflussen das individuelle Verhalten der Menschen von Grund auf; die verhaltensbestimmende Mentalität der Bevölkerung kann beispielsweise in Frieden, Revolution, Krieg oder in Diktaturen und Demokratien dermaßen unterschiedlich sein, daß ein uneingeweihter Beobachter sie kaum als Verhaltensnormen einer und derselben Spezies auffassen würde. Dabei bestimmt jeweils die von der Mehrzahl der Individuen im Sozialverband vertretene Werthaltung auch die *Systemebene,* in der die Entscheidungen der Individuen fallen: In Paniksituationen oder während Pogromen und im Krieg kann dies die Ebene von unmittelbar biologisch determinierten Verhaltensimpulsen sein, z. B. Angst und Gruppenhaß. Bei der Verhaltenssteuerung durch Wertvorstellungen der Humanität sind dagegen die biologischen Verhaltensimpulse vielfach von der *unmittelbaren* Bestimmung des Verhaltens abgekoppelt (Gehlens „Hiatus"); denn die in der Natur des Menschen verankerten Reaktionsweisen und Antriebe stehen zwar in weiten Bereichen mit dem *Ideal der Menschlichkeit* im Einklang, doch gehört auch die Anfälligkeit für Gruppenhaß und für unmenschliche Grausamkeit gegenüber Gruppenfeinden zur menschlichen Natur. Das Ideal der Menschlichkeit ist eine kulturelle und geistige Schöpfung und deckt sich mit der menschlichen Natur nicht vollständig; es steht zu bestimmten Anteilen von ihr in unüberbrückbarem Widerspruch. Doch ist der Mensch nur dann wirklich Mensch, wenn er beim Auftreten eines solchen Widerspruches der *Menschlichkeit* gegenüber der *menschlichen Natur* den Vorrang gibt.

Lit.: *Campbell, B. G.:* Entwicklung zum Menschen. Stuttgart ²1979. *Eibl-Eibesfeldt, I.:* Die Biologie des menschlichen Verhaltens. München 1984. *Gadamer, H.-G., Vogler, P.* (Hg.): Neue Anthropologie TB (7 Bände). Stuttgart – München 1972–1975. *Gehlen, A.:* Der Mensch. Frankfurt ⁸1966. *Hassenstein, B.* (Hg.): Freiburger Vorlesungen zur Biologie des Menschen. Heidelberg 1979. *Hofer, G., Altner, G.:* Die Sonderstellung des Menschen. Stuttgart 1972. *Knussmann, R.:* Vergleichende Biologie des Menschen. Stuttgart 1980. *Lorenz, K.:* Über tierisches und menschliches Verhalten. München – Zürich 1965. *Lorenz, K.:* Die Rückseite des Spiegels. München – Zürich 1973. *Portmann, A.:* Biologische Fragmente zu einer Lehre vom Menschen. Basel – Stuttgart ³1969.

Bernhard Hassenstein

Menschwerdung, die ↗Hominisation.

Menstruation *w* [v. lat. menstruum = Monatsblutung], *Menses, Menorrhö, Monatsblutung, Periode, Regel,* mit einer Blutung einhergehende Abstoßung der Uterusschleimhaut (↗Gebärmutter, ↗Endometrium), sofern keine Befruchtung u. Einnistung des Follikels stattgefunden hat. Ausgelöst wird die M. durch den sinkenden Gestagenspiegel (Östrogen u. Progesteron) im Plasma am Ende des ↗*M.zyklus.* Die erste M., die beim Menschen im Alter von 12–13 Jahren auftritt (bei Mädchen südl. Völker früher), bezeichnet man als *Menarche,* das Versiegen im Alter v. etwa 45–50 Jahren als *Menopause.* ☐ Menstruationszyklus.

Menstruationszyklus [v. lat. menstruum = Monatsblutung, gr. kyklos = Kreis], bei Primaten einschl. des Menschen ausgebildeter *Ovarialzyklus* mit einer Periodendauer v. etwa 28 Tagen, der mit dem period. Auf- und (bei fehlender Befruchtung) Abbau eines ↗Endometriums (Gebärmutterschleimhaut) einhergeht. Die oberste Stufe in diesem streng hierarchischen System sich gegenseitig beeinflussender Hormone nimmt ein noch nicht eindeutig zu lokalisierender Bereich in der Area praeoptica ein, der in zykl. Weise die hypophysiotrope Zone des ↗hypothalamisch-hypophysären Systems beeinflußt. Von dort wird ein Releasing-Hormon (LH-RH, [T] Hypothalamus) ausgeschüttet, das

MENSTRUATIONSZYKLUS

Die Hypophyse ist die zentrale Schaltstelle für das hormonelle Geschehen bei den Wirbeltieren. Die drei anatomisch völlig verschiedenen Teile dieser Drüse sind durch ihre Kreislaufversorgung derart verbunden, daß eine Steuerung der Hormonausschüttung über eine Prüfung des im Kreislauf vorhandenen Hormonspiegels möglich wird.

Aus der sog. *hypophysiotropen Zone* des Hypothalamus wird *ein* Releasing Hormon (LH-RH) ausgeschüttet, das die FSH- *und* LH-Sekretion der Adenohypophyse steuert (FSH = follikelstimulierendes Hormon, LH = luteinisierendes Hormon). Die Releasing-Hormon-Produktion steht einerseits unter der Kontrolle höherer Zentren (sog. rhythmogene Zone in der Regio praeoptica – Regio supraoptica; limbisches System) und wird andererseits durch – je nach Zykluszeitpunkt – positive oder negative Einflüsse der Hormone Östrogen und Progesteron reguliert. Dabei sind die Angriffspunkte von Östrogen und Progesteron noch nicht endgültig geklärt. (So kommt der rhythmogenen Zone bei Primaten in diesem Zusammenhang wohl kaum eine Bedeutung zu.)

Die Hypophyse steuert mittels der Hormone FSH und LH die Funktion des Ovars (Eierstock) und des Uterus (Gebärmutter) im Zyklus. FSH stimuliert das Follikelwachstum und die Sekretion des Östrogens, wobei die Sekretionsrate nicht nur vom FSH, sondern von einem definierten Konzentrationsverhältnis zwischen FSH und LH abhängt. Östrogen seinerseits stimuliert über die Induktion der Proteinsynthese das Wachstum des Uterusepithels, fördert zunächst über eine positive Rückkoppelung (rhythmogene Zone bzw. hypophysiotrope Zone) den steilen LH-Anstieg in der Mitte des Zyklus und hemmt dann zusammen mit Progesteron die LH-RH- und damit die LH-Sekretion in der zweiten Zyklushälfte. Die Rolle des LTH (luteotropes Hormon, Prolactin), zu dessen Ausschüttung eine Hemmung über das hypothalamische, inhibierende Hormon (LTH-IH = PRL-IH) wegfallen muß, ist aus Versuchen an Nagetieren erschlossen worden. LTH sorgt bei ihnen für eine hohe Progesteronausschüttung und die temporäre Aufrechterhaltung des Gelbkörpers; das Prolactin der Primaten (einschließlich des Menschen) hat *diese* Wirkung sehr wahrscheinlich nicht. – Wird das Ei befruchtet, so sondern der Gelbkörper und die Placenta nach der Einnistung in das Uterusepithel weiterhin Progesteron und Östrogen ab. Im anderen Fall bricht der Progesteronspiegel zusammen; das Epithel degeneriert und wird im Laufe der Menstruationsblutung abgestoßen. – Auch unter den Bedingungen einer Schwangerschaft ist die Lebensdauer des Gelbkörpers auf etwa einen Monat begrenzt. Zwei Hormone, die vom eingenisteten Ei (Trophoblast) gebildet werden, stimulieren in dieser Zeit den Gelbkörper insbesondere zu erhöhter Progesteronausschüttung, die eine Degeneration der Uterusschleimhaut verhindert. Es sind das dem LH ähnliche HCG (Human Chorionic Gonadotropin, Choriongonadotropin) und das HPL (Human Placental Lactogen) mit Prolactinwirkung. Nach dem ersten Schwangerschaftsmonat ist die Placenta so weit herangewachsen, daß sie allein die Produktion von Östrogen und Progesteron übernehmen kann.

Menstruationszyklus

Menstruationszyklus

Darstellung der Vorgänge in der Gebärmutterschleimhaut nach erfolgter (links) und ausbleibender Befruchtung der Eizelle

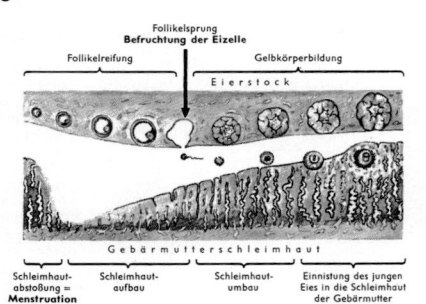

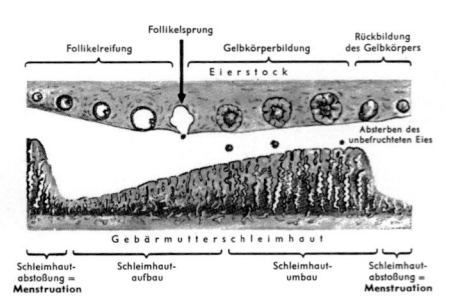

die Sekretion der ⁄ gonadotropen Hormone (Gonadotropine) ⁄ *luteinisierendes Hormon* (LH) und ⁄ *follikelstimulierendes Hormon* (FSH) steuert (T Hormone). Diese wiederum steuern die Ausschüttung der Steroidhormone 17-β-Östradiol (ein ⁄ *Östrogen*) u. ⁄ *Progesteron*. Der Zyklus selbst kann in eine Follikel-Phase, die mit der ⁄ *Ovulation* („Eisprung") endet, u. eine Corpus-luteum-(Gelbkörper-)Phase, an die sich die ⁄ *Menstruation* anschließt, unterteilt werden. Durch den Einfluß von FSH reift ein *Graafscher Follikel* (⁄ Oogenese) im Ovar (Eierstock) heran; die das unreife Ei umgebenden Epithelzellen werden dabei zur Östrogenproduktion stimuliert. Die Sekretionsrate selbst wird durch das Konzentrationsverhältnis von FSH und LH bestimmt. Das gebildete Östrogen wirkt hemmend auf die FSH-Ausschüttung zurück (negative Rückkopplung). Wahrscheinl. infolge der stark vermehrten Östrogenproduktion (positive Rückkopplung) steigt in der Zyklusmitte die Plasmakonzentration des Gonadotropins LH steil an – eine leichte Erhöhung des FSH- und des ⁄ *Prolactin*-Spiegels wird ebenfalls beschrieben – u. bewirkt ein- bis eineinhalb Tage später die Ovulation. Die Reste des Follikels schütten als ⁄ *Gelbkörper* (Corpus luteum) unter dem stimulierenden Einfluß von LH weiterhin Östrogen u. jetzt zusätzl. Progesteron aus, dessen Plasmaspiegel sich sprunghaft nach der Ovulation erhöht. Progesteron wirkt als kataboles Hormon, d. h., es steigert den Grundumsatz (neben seinen spezif. Wirkungen). Daher steigt zum Zeitpunkt der Ovulation die Ruhe-Körpertemperatur um 0,4–0,8 °C an (⁄ *Empfängnisverhütung*). Entspr. der Follikelreifung sorgt wiederum das gebildete Hormon (in diesem Fall hpts. Progesteron) für die Hemmung der Gonadotropinausschüttung (in diesem Fall hpts. LH). Die niedr. Plasmawerte der Gonadotropine lassen dann zunächst keine weitere Follikelreifung zu. Unter dem Einfluß v. Östrogen u. Progesteron kommt es zur Umgestaltung des Endometriums: Der Anstieg des Plasma-Östrogenspiegels während der Follikelphase läßt über eine Induktion von Protein-synthetisierenden Enzymen das Endometrium dicker werden *(Proliferationsphase)*, ferner werden Endometriumdrüsen gebildet. Der Progesteron-Anstieg in der zweiten Zyklusphase führt zur Umgestaltung (Auflockerung) der Uterusschleimhaut, Sekretabsonderung der Endometriumdrüsen u. Vorbereitung auf eine mögl. ⁄ *Nidation* (Aufnahme) einer Eizelle *(Sekretionsphase)*. Findet eine Nidation statt, stimuliert ein zunächst v. der ⁄ Blastocyste, später v. der ⁄ Placenta abgegebenes Hormon, das *Human-⁄ Choriongonadotropin* (HCG), den Gelbkörper zu weiterer Östrogen- u. Progesteronproduktion. In dieser Situation (⁄ *Schwangerschaft*) degeneriert der Gelbkörper erst nach etwa 5 Wochen, u. die dann voll ausgebildete Placenta wird zum alleinigen Produktionsort v. Östrogen u. Progesteron. Ohne eine Schwangerschaft verkümmert der Gelbkörper am Ende des Zyklus; damit versiegt auch die das Endometrium erhaltende Progesteronproduktion, und es kommt zur Abstoßung der Uterusschleimhaut (Desquamation), die mit einer *Menstruationsblutung* einhergeht. Gleichzeitig entfällt aber die Hemmung auf die FSH und LH produzierende Hypophyse bzw. auf den das Releasing-Hormon ausschüttenden Hypothalamus. Damit kann ein neuer Follikel heranreifen. – Der hochkomplizierte Zyklus, der in Einzelheiten durchaus noch nicht vollständig aufgeklärt ist (z. B. Rolle des Prolactins beim Menschen), ist zahlr. Störungsmöglichkeiten ausgesetzt u. insbesondere auch – wie aus der hypothalamischen Regelung (⁄ Hypothalamus) verständl. wird – emotionellen Einflüssen stark unterworfen (⁄ adrenogenitales Syndrom). B 413. *K.-G. C.*

Mentha w [lat., =], die ⁄ Minze.

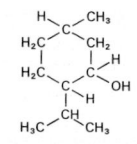

Menthol s [v. lat. mentha = Minze, oleum = Öl], *Menthan-3-ol, Stearopten,* monocycl. Monoterpenalkohol, der den Hauptbestandteil (50–78%) des Pfefferminzöls (⁄ Minze) ausmacht u. aus diesem gewonnen wird. Aufgrund seiner anästhesierenden u. erfrischenden Wirkung wird M. z. B. äußerlich zur Stillung v. Juckreiz, zu Einreibungen, bei Neuralgien u. in Schnupfenmitteln sowie für Aromastoffe, Zahnpasta usw. verwendet.

Menthon s [v. lat. mentha = Minze], durch Oxidation v. ↗Menthol gebildetes monocycl. Monoterpen-Keton, das ebenfalls in Pfefferminzöl (10–20%) natürl. vorkommt.

Mentum s [lat., = Kinn], **1)** das ↗Kinn. **2)** basaler Abschnitt der Unterlippe (Labium) der ↗Mundwerkzeuge der Insekten.

Mentzelia w [ben. nach dem dt. Arzt u. Botaniker C. Mentzel, 1622–1701], Gatt. der ↗Loasaceae.

Menuridae [Mz.; v. gr. mēnē = Mond, oura = Schwanz], die ↗Leierschwänze.

Menyanthaceae [Mz.; v. gr. mēnyanthēs = Harz-, Asphaltklee], die ↗Fieberkleegewächse.

Mephitinae [Mz.; v. lat. mephitis = schädl. Ausdünstung (der Erde)], die ↗Skunks.

Meranthium s [v. gr. meros = Teil, anthos = Blüte], „Teilblume", Bez. für die bestäubungsbiol. Einheit der Samenpflanzen (= Blume = ↗Anthium), wenn sie nur einen Teil der morpholog. Einheit der Blüte darstellt. So besitzt bei der Iris jede Blüte 3 Lippenblumen, gebildet aus je 1 Griffeldach u. Außenperigonblatt. Ggs.: Euanthium, Pseudanthium.

Meranti s [Malaiisch], Lauan, relativ leichtes, rotbraunes Holz philippinischer u. malaiischer Shorea- u. Pentacme-Arten (↗Dipterocarpaceae); wird im Innenausbau verwendet u. zu Sperrholz verarbeitet.

Mercaptane [Mz.; v. *mercapt-], Thiole, die Thioalkohole $C_nH_{2n+1}SH$ bzw. Verbindungen, welche die Thioalkohol- oder Sulfhydrylgruppe -SH (= Mercaptogruppe, [B] funktionelle Gruppen) enthalten. Für die meisten M. ist der äußerst widerl. Geruch charakteristisch. Biol. wichtige Verbindungen mit Mercaptogruppen sind ↗Cystein (sowie die Cystein-haltigen Proteine) u. ↗Coenzym A. Als Beimischungen (bes. 2-Mercaptoäthanol) zu Proteinlösungen zur Verhinderung der Luftoxidation von -SH-Gruppen sind M. von biochem. Bedeutung.

6-Mercaptopurin s [v. *mercapt-], ein synthet. Purin-Antagonist, durch den die Umwandlung von IMP zu AMP und GMP blockiert wird, wodurch die Synthese von RNA und DNA zum Erliegen kommt. [T] Cytostatika.

Mercenaria w [v. lat. mercennarius = Tagelöhner], Gatt. der Venusmuscheln mit konzentr. Skulptur; kleine Mantelbucht. M. mercenaria, 13 cm lang, lebt in Sandböden des Atlantik; wichtige Speisemuschel in den USA (1981: ca. 56 000 t).

Mercierella w, Ringelwurm-Gatt. der Serpulidae. M. enigmatica mit über 120 Segmenten 3 cm lang, Brackwasserbewohner, der vermutl. aus den Subtropen in den

mercapt- [Kw. aus spätlat. mercurius = Quecksilber, lat. aptus = angefügt].

M. S. Merian
Goldgelbe Lilie (Kupferstich, koloriert)

6-Mercaptopurin

engl. Hafen Weymouth eingeschleppt wurde u. so nach N-Europa gelangte; koloniebildend.

Mercurialis w [lat., =], das ↗Bingelkraut.

Merenchym s [v. gr. meros = Glied, egchyma = Aufguß], das ↗Plektenchym.

Meretrix w [lat., = Dirne], Gatt. der Venusmuscheln mit eiförm. Klappen. M. chione, 8 cm lang, ist im Mittelmeer häufig u. wird gegessen.

Mergel m [v. mlat. margila (gall. Ursprung) = M.], brüchige, ton- und kalkhalt. Sedimentgesteine unterschiedlicher Zusammensetzung: Kalk-M. (kalksteinähnlich), Ton-M. (überwiegend tonhaltig, weich u. bröckelig), Dolomit-M. (mit Dolomitspat statt Kalkspat), Sand-M., Gips-M. Bei der Verwitterung der M. entstehen folgende Böden: Pararendzina (falls Kalk überwiegt), Pararanker (bei geringem Kalkgehalt), Parapelosole (bei hohem Tongehalt). ↗Geschiebemergel.

Mergelia w, fr. Muehlfeldtia, M. truncata, ein hellbrauner, bis 15 mm großer Vertreter der Testicardines (↗Brachiopoden), im Mittelmeer in 10 bis über 300 m Tiefe auf Kies- u. Corallinen-Böden festgewachsen.

Mergus m [lat., = Taucher], die ↗Säger (Vögel).

Merian, (Anna) Maria Sibylla, dt.-schweizer. Blumen- u. Insektenmalerin u. Kupferstecherin, Tochter des berühmten Matthäus M. d. Ä., * 2. 4. 1647 Frankfurt a. M., † 13. 1. 1717 Amsterdam; arbeitete zunächst 14 Jahre in Nürnberg, dann in Holland, 1699–1701 Aufenthalt in Surinam (als Kolonie: Niederländ.-Guayana); fertigte mit Hilfe selbst zubereiteter Wasserfarben aus Pflanzen hervorragende großformatige Aquarelle an und stach sie in Kupfer. Ihre berühmtesten Tafelwerke sind: „Erucarum ortus alimentum et paradoxa metamorphosis" (Nürnberg 1679 u. 1683, 2 Bde.) u. als Ergebnis der Surinamreise: „Metamorphosis insectorum Surinamensium" (Amsterdam, 1705).

Meridion s [v. gr. meros = Teil, Glied], Gatt. der ↗Fragilariaceae.

Merikarpien [Mz.; v. gr. merizein = teilen, karpos = Frucht], Bez. für Früchte, die in ein- od. mehrsamige Teilfrüchte als Verbreitungseinheiten (Diasporen) zerfallen; diese Teilfrüchte können Teile v. Mono- od. Synkarpien darstellen.

Merino m [span.], M.schaf, krauswolliges Schaf, entstanden durch Einkreuzung nordafr. Rassen in span. Landschafe; besitzt kurzes, feines Wollhaar u. gibt 2–3 kg Wolle im Jahr. In Dtl. ist das M.landschaf, eine Einkreuzung mit dem Württemberger, häufigstes Schaf.

Merismopedia w [v. gr. merismos = Teilung, pedion = Fläche], Gatt. der ↗Chroo-

Meristem

coccales, Cyanobakterien-Arten, die regelmäßig flach-tafelförm. Coenobien aus kugeligen Zellen bilden („Teiltäfelchen"); *M. convoluta* ist bis über 1 mm groß; meist am Grund stehender od. fließender Gewässer, auch planktisch in Süß- u. Brackwasser (z. B. *M. elegans*); ca. 13 Süßwasserarten; neuerdings werden *M.*-Arten auch der Gatt. ↗ *Synechocystis* zugeordnet.

Meristem *s* [v. *merist-], das ↗ Bildungsgewebe.

meristematisch [v. *merist-], teilungsfähig, auf pflanzl. Gewebe bezogen; ↗ Bildungsgewebe.

Meristemkultur [v. *merist-], *Meristemzüchtung*, die Erzeugung v. Zucht- u. Handelssorten einiger Kulturpflanzen (z. B. Orchideen, Spargel, Blumenkohl) in kurzer Zeit durch Teilung meristemat. Gewebes (↗ Bildungsgewebe) in viele Zellklumpen, aus denen genet. gleichartige vollständ. Pflanzen entstehen. [dungsgewebe.

Meristemoide [Mz.; v. *merist-] ↗ Bil-

Meristoderm *s* [v. *merist-, gr. derma = Haut], Bez. für das sehr teilungsaktive Abschlußgewebe (Epidermis) des Cauloids ([B] Algen III) der Braunalgen-Ord. ↗ *Laminariales;* die Zellen des M.s sind in mehreren Richtungen teilungsfähig, so daß sie tangentiale, radiale u. horizontale Zellwände anlegen.

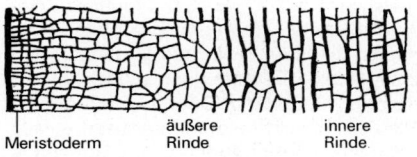

Meristoderm | äußere Rinde | innere Rinde

Merk *m* [v. ahd. moraha = Möhre], *Sium*, Gatt. der Doldenblütler. Aufrechter M. *(S. erectum)*, bis 80 cm hohes, ausdauerndes Kraut; Blatt 1fach gefiedert, Fiedern grob gesägt; verbreitet im Saum v. Bächen u. Teichen der Ebene bis mittlere Gebirgslagen. Die Zuckerwurz *(S. sisarum)* wurde fr. als Gewürz- u. Gemüsepflanze angebaut.

Merkel-Körperchen [ben. nach dem dt. Anatomen F. S. Merkel, 1845–1919], *Merkel-Tastscheiben, Merkel-Zellen,* ↗ Mechanorezeptoren.

Merkmal, in der Biol. Bez. für „alle zuverlässig wiedererkennbaren Eigenschaften od. Kennzeichen eines Lebewesens" (Wickler u. Seibt). Neben *individuellen M.en,* die ein individuelles Erkennen ermöglichen u. bei sozial lebenden Tieren v. Bedeutung sind, spielen in der ↗ Systematik (↗ Taxonomie) *taxonomische M.e* eine entscheidende Rolle. Ein taxonomisches M. ist jede erbl. Eigenschaft eines Vertreters eines ↗ Taxons, durch die er sich v. einem Vertreter eines anderen Taxons

Merismopedia
Ausschnitt aus einem Coenobium von *M. punctata;* Einzelzelle 2,3–3,5 µm breit

Meristoderm
Meristematischer Teil des Stiels von *Laminaria* mit M. und dichter äußerer und lockerer innerer Rinde (Ausschnitt)

merist- [v. gr. meristos = geteilt].

unterscheidet (Mayr). Entspr. den unterschiedl. Rängen der verschiedenen Taxa (↗ Klassifikation) kann man daher Art-, Gattungs-, Familien-M.e bis hin zu den M.en von Klassen u. Stämmen unterscheiden, die deren „Grundplan" (↗ Bauplan) ausmachen. *Art-M.e* erlauben als diagnostische M.e die Bestimmung (Diagnose) eines Individuums (↗ Bestimmungsschlüssel), d. h. die Zuordnung zu einer Spezies. Art-M.e sind immer nur in den Grenzen einer gewissen ↗ Variabilität konstant (↗ Abart, ☐; ☐ Meerkatzen), die der Systematiker zu berücksichtigen hat. In der Systematik muß zw. ursprünglichen *(plesiomorphen)* u. abgeleiteten *(apomorphen)* M.en unterschieden werden; nur letztere kennzeichnen *monophyletische Taxa,* d. h. solche, die alle v. einer gemeinsamen Ahnenform abstammenden Arten umfassen. Da es in der Evolution der Organismen auch zur Rückbildung (Reduktion) v. Eigenschaften kommt (↗ Atavismus, ☐), können auch fehlende Eigenschaften als *Negativ-M.e* dienen. So sind z. B. die Schlangen durch das Fehlen v. Extremitäten gekennzeichnet od. die Läuse durch das (sekundäre) Fehlen von Flügeln. – M. kann jede Eigenschaft sein, so sie der obigen Definition entspricht. Es gibt daher *Gestalt-M.e* (morphologische M.e), *chemische M.e* (Chemo-↗ Taxonomie), *Verhaltens-M.e* (die Schmetterlingsgruppe der Schwärmer = *Sphingidae* ist sogar nach der charakterist. „Sphinx-Haltung" ihrer Raupen benannt) u. a. Entsprechend den verschiedenen Stadien in der Individualentwicklung eines Individuums kann man *Larval-M.e* und *Adult-* od. *Imaginal-M.e* unterscheiden. Ein Organismus ist also jeweils nur für eine bestimmte Zeitspanne seiner Entwicklung Träger (= Semaphoront nach Hennig) von bestimmten Merkmalen. ↗ Gestalt, ↗ Ähnlichkeit, ↗ Homologieforschung, ↗ Homoiologie. *G. O.*

Merkmalsangleichung, die ↗ Charakterkonvergenz. [placement.

Merkmalsdivergenz, das ↗ Charakter-Dis-

Merkmalskoppelung, die gemeinsame Weitergabe v. Merkmalen auf die Nachkommen, deren Ausbildung v. Genen der gleichen Koppelungsgruppe (↗ Chromosomen) bestimmt wird. Die M. ist um so stärker, je näher aneinander die Gene der betreffenden Merkmale auf einer Koppelungsgruppe lokalisiert sind. ↗ Faktorenkoppelung. [B] Chromosomen I.

Merkmalspaare, die einander entsprechenden, verschieden ausgebildeten Merkmale, für deren Entstehung verschiedene ↗ Allel-Paare eines ↗ Gens verantwortl. sind.

Merlangius *m* [v. lat. merula = Meeramsel,

Merlan über altfrz. merlanc], Gatt. der Dorsche, ↗Wittling.

Merlen [Mz.; v. lat. merula über frz. merle = Amsel], *Monticola*, Gatt. der ↗Drosseln i. w. S. mit felsbewohnenden Vögeln im südl. Europa, N-Afrika u. Teilen Asiens. Das Männchen der 20 cm großen Blaumerle (Blaudrossel, *M. solitarius*, B Mediterranregion II) besitzt ein schieferblaues Gefieder, das Weibchen ist braun gefleckt; die Art kommt außer an Bergfelsen auch in Ortschaften vor u. ersetzt dort oftmals die Amsel. Der mit schieferblauem Kopf u. Rücken u. rostrotem Bauch sehr auffällig gefärbte Steinrötel *(M. saxatilis)* bewohnt fels. Gelände u. Ruinen; sein Gesang ist wie bei der Blaumerle abwechslungsreich flötend; verläßt winters im Ggs. zu dieser durchweg das Brutgebiet.

Merlia *w*, Schwamm-Gatt. der Kl. ↗*Demospongiae* (U.-Kl. *Sclerospongiae*); Vorkommen Mittelmeer.

Merlin *m* [wohl german. Ursprungs], *Falco columbarius*, ↗Falken.

Merlucciidae [Mz.; v. it. merluzzo = Kabeljau], die ↗Seehechte.

Mermis *w* [gr., = Schnur, Faden], Gatt. der Fadenwürmer, namengebend für die ↗Mermithiden.

Mermithiden [Mz.; v. gr. mermis, Gen. mermithos = Schnur, Faden], sehr schlanke Fadenwürmer, parasit. in der Leibeshöhle v. Insekten (einige Vertreter auch in Schnecken); es ist kein durchgehendes Darmlumen vorhanden; deshalb muß die Nahrung durch die Körperwand aufgenommen werden, analog zu ↗Saitenwürmern u. ↗Bandwürmern. Der Befall mit M. kann beim Insekt zu ↗Intersexualität führen. Die erwachsenen Würmer leben monatelang im feuchten Boden od. in Gewässern, ohne Nahrung aufzunehmen. Namengebende Gatt. *Mermis* (über 100 mm lang, nur 0,5 mm ⌀), über 30 weitere Gatt. zusammengefaßt in der einzigen Fam. *Mermithidae*, Überfam. *Mermithoidea* (T Dorylaimus).

Meroblastier [Mz.; v. *mero-, gr. blastos = Keim], Tiergruppen mit partieller ↗Furchung (B); mehrfach unabhängig voneinander entstanden (z. B. Tintenfische, Knochenfische, Reptilien/Vögel).

meroblastische Furchung [v. *mero-, gr. blastos = Keim] ↗Furchung.

Merogamie *w* [v. *mero-, gr. gamos = Hochzeit], die häufigste Form der ↗Gametogamie; es werden ↗Gameten gebildet, die v. normalen Zellen verschieden sind; kommt bei Ein- u. Vielzellern vor. Ggs.: Hologamie (nur bei Einzellern).

Merogonie *w* [v. *mero-, gr. goneia = Zeugung], Begriff urspr. geprägt für die Entwicklung einer Eizelle od. eines Eifragments allein mit dem *männl.* Vorkern, nachdem der weibl. Vorkern experimentell entfernt wurde (= ↗Androgenese, ↗Bastardmerogone). Zur M. i. w. S. gehört auch die Entwicklung einer Eizelle allein mit dem *weibl.* Vorkern (= ↗Gynomerogonie, ↗Gynogenese).

merokrine Drüsen [v. *mero-, gr. krinein = absondern] ↗Drüsen.

meromiktisch [v. *mero-, gr. miktos = gemischt], Bez. für einen See, bei dem regelmäßig nur Teilbereiche des Tiefenwassers v. der Zirkulation erfaßt werden; *holomiktisch* ist hingegen ein See, dessen Wasser während der Umwälzungsperioden bis zum Grund durchmischt ist.

Meromixis *w* [v. *mero-, gr. mixis = Vermischung], in der Bakteriengenetik die Bildung einer ↗Merozygote.

Meromyosine [Mz.; v. *mero-, gr. mys = Muskel] ↗Muskelproteine.

Meromyza *w* [v. *mero-, gr. myzan = saugen], Gatt. der ↗Halmfliegen.

Meron *s* [v. *mero-], innerer Abschnitt der Coxa (Hüfte) der Thorakalbeine bei Insekten; ↗Extremitäten. [↗Bienenfresser.

Meropidae [Mz.; v. gr. merops =], die

Merospermie *w* [v. *mero-, gr. sperma = Same], *Pseudogamie*, Entwicklung einer Eizelle, angeregt durch das Eindringen eines Spermiums (Besamung: ↗Plasmogamie), aber ohne anschließende Befruchtung (↗Karyogamie); der Spermien-Kern degeneriert, u. die Eizelle entwickelt sich nur mit den mütterl. Chromosomen weiter. Zuerst entdeckt beim Fadenwurm *Rhabditis monohystera*. Kommt auch bei gewissen triploiden unisexuellen Fischen („all-female fish") u. Salamandern vor, bei denen die Spermien der nächstverwandten diploiden Arten zur Anregung der Entwicklung benötigt werden. ↗Gynogenese.

Merostomata [Mz.; v. *mero-, gr. stomata = Münder], Kl. der ↗*Chelicerata* mit den U.-Kl. bzw. (nach einem anderen System) Ord. Schwertschwänze (↗*Xiphosura*) u. Seeskorpione (↗*Eurypterida*, †); alle Vertreter sind marin; das Prosoma ist dorsal nicht gegliedert, u. sie besitzen einen Schwanzstachel. Es ist zweifelhaft, ob die M. eine monophylet. Gruppe darstellen.

Merotope [Mz.; v. *mero-, gr. topos = Ort], Kleinstbiotope innerhalb einer bestimmten Lebensstätte od. einer räuml. Schicht eines Biotops, die typ. Strukturteile aufweisen, wie z. B. die Blätter od. der Stamm eines Baumes. Die Organismengemeinschaft, die an ein solches Strukturteil gebunden ist, bezeichnet man als *Merozönose*. Sie ist nicht allein lebensfähig, sondern kann nur im Gesamten einer Biozönose bestehen.

Merozoit *m* [v. *mero-, gr. zōein = leben], Bez. für die bei den meisten ↗*Sporozoa*

mero- [v. gr. meros = Teil, Glied].

Merozönose
vorkommende Generation, die durch Schizogonie gebildet wird u. zeitlich zw. Sporogonie u. Gamogonie liegt. [B] Malaria.
Merozönose w [v. *mero-, gr. koinos = gemeinsam], ↗Merotope.
Merozygote w [v. *mero-, gr. zygōtos = verbunden], in der Bakteriengenetik die Rezeptorzelle, die nach ↗Konjugation (☐), ↗Transformation od. ↗Transduktion zusätzl. zu ihrem eigenen Genom ein Genomfragment (häufig in Form eines ↗Plasmids) der ↗Donorzelle enthält, so daß die auf dem Genomfragment liegenden Gene in doppelter (od. mehrfacher) Kopienzahl vorliegen. Aufgrund dieser Situation kann die Wirkung heterozygot vorliegender Gene (= verschiedene Allele in den beiden Kopien, ↗Heterogenote) analog der diploiden Situation bei höheren Organismen auch bakteriengenet. untersucht werden; deshalb sind M.n wichtige method. Hilfsmittel bei molekulargenet. Untersuchungen. Im Ggs. zur M. enthält die sog. *Holozygote* zwei vollständ. Genome.
Merrifield, *Robert Bruce,* am. Chemiker, * 15. 7. 1921 Fort Worth (Texas); 1949–66 Prof. an der Univ. of California, seit 1966 an der Rockefeller-Univ., New York; entwickelte ein Verfahren zur chem. Synthese v. Peptiden u. Proteinen, bei dem die wachsenden Ketten während der Synthese an eine feste Matrix (z. B. Polystyrol) gebunden sind (↗Festphasensynthese); dieses auch als *M.-Synthese* bezeichnete Verfahren, das 1969 erstmals zur Totalsynthese eines enzymat. aktiven Proteins (Ribonuclease) führte, konnte später auch auf die chem. Synthese v. Polynucleotiden ausgedehnt werden; erhielt 1984 den Nobelpreis für Chemie.
Mertens, *Robert,* dt. Zoologe, * 1. 12. 1894 St. Petersburg, † 23. 8. 1975 Frankfurt a. M.; seit 1939 Prof., ab 1946 Dir. des Senckenberg-Museums in Frankfurt a. M.; Systematiker, Ökologe u. Verhaltensforscher.
Mertensia w, **1)** [ben. nach dem dt. Botaniker F. K. Mertens, 1764–1831], Gatt. der ↗Rauhblattgewächse. **2)** [ben. nach R. ↗Mertens], die ↗Seenuß.
Mertensiella w [ben. nach R. ↗Mertens], Gatt. der ↗*Salamandridae* mit 2 Arten im extrem südöstl. Europa, Kleinasien u. Transkaukasien: *M. luschani* und *M. caucasica.* Schlanke, 12 bis 20 cm lange, flinke, nachtaktive Salamander mit großen Augen, in Bergwäldern u. Schluchten; ♂♂ mit auffälligem, dornart. Höcker über der Schwanzwurzel. Paarung ähnl. wie beim ↗Feuersalamander; dabei kommt der Schwanzwurzelhöcker unter die Kloake des ♀ und reizt diese. Larven entwickeln sich in stillen Abschnitten v. Bächen.

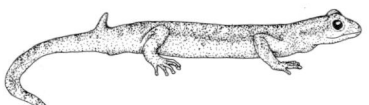

Mertensiella luschani

Adulte im Frühjahr u. Herbst aktiv, Winter- u. Sommerruhe.
Mertensophryne w [ben. nach R. ↗Mertens, v. gr. phrynē = Kröte], *M. micranotis, Zwergkröte,* kleine (16 mm) Kröte in O-Afrika mit offenbar innerer Besamung; die Eischnüre werden nach der Paarung im Wasser abgelegt.
Meruliaceae [Mz.; v. lat. merulus = schwarz wie eine Amsel], die ↗Fältlinge.
Merulius m [v. lat. merulus = schwarz wie eine Amsel], Gatt. der ↗Fältlinge; ↗Serpula.
Merychippus m [v. gr. merykizein = wiederkäuen, hippos = Pferd], (Leidy 1857), † Gatt. der *Equinae;* Glied der sog. (stammesgesch.) „Pferdereihe" im Miozän; Station v. *Parahippus* zu *Hipparion* u. *Equus.* Gebiß bereits equin; Milchmolaren noch brachyodont, Molaren schon hypsodont, Schmelzfältelung jedoch noch gering; Extremitäten dreizehig; Widerristhöhe bis 90 cm; Steppenbewohner, Grasfresser. Verbreitung: Mittel- bis Obermiozän von N-Amerika. [B] Pferde (Evolution).
merzen [v. nhd. merzen = Schafe aussondern], *ausmerzen,* Entfernung der für eine Zucht od. Nutzung unbrauchbaren Pflanzen od. Tiere aus einem größeren Zuchtbestand.
Mesaxonia [Mz.; v. *mes-, gr. axōn = Achse], *Mittelachsentiere,* Über-Ord. der ↗Huftiere mit der einzigen Ord. ↗Unpaarhufer *(Perissodactyla).*
Meselson-Stahl-Experiment, Experiment, mit dem M. Meselson und F. Stahl 1958 die semikonservative DNA-↗Replikation beweisen konnten. [B] Replikation der DNA.
Mesembryanthemum s [v. gr. mesēmbria = Mittag, anthemon = Blume], *Mittagsblume,* Gatt. der Mittagsblumengewächse, urspr. v. Linné geschaffene Sammelgatt. (2000 Arten), heute aufgrund unterschiedl. Fruchtbaus in 120 Gatt. geteilt. Wichtig bei der jetzt kleinen Gatt. M. ist *M. cristallinum,* das Eiskraut, heim. z. B. im Mittelmeergebiet und S-Afrika, in Gebieten mit ähnl. Klima z. T. verwildert; die Pflanzen mit etwas sukkulenten, eiförm. Blättern sind mit wassergefüllten, glitzernden Epidermispapillen bedeckt. [B] Afrika VI.
Mesembrynus m [v. gr. mesēmbrinos = mittäglich], Gatt. der ↗Widderchen.
Mesencephalon s [v. *mes-, gr. egkephalon = Gehirn], das ↗Mittelhirn; ↗Gehirn.
Mesenchym s [Bw. *mesenchymal;* v. *mes-, gr. egchyma = das Eingegossene], embryonales, undifferenziertes tier. Bildungsgewebe bei Metazoen in

---

mero- [v. gr. meros = Teil, Glied].

mes-, meso- [v. gr. mesos = mitten, mittlerer, gleichmäßig; auch: meson = Mitte, Abstand].

Form vernetzter Zellverbände mit weiten Interzellularräumen; aus ihm formen sich Organe u. definitive Gewebe des Körpers. Das M. entstammt meist dem Mesoderm, ist aber nicht mit diesem identisch. Fälschl. wird der Begriff M. oft für ausdifferenzierte Gewebe ähnl. Struktur, z. B. das ↗ Parenchym der ↗ Plattwürmer *(Plathelminthes)*, benutzt. ↗ Bindegewebe (B).

Mesenchytraeus *m* [v. *mes-, gr. en = in, chytraios = irden, topfartig], Gatt. der Ringelwurm-(Oligochaeten-)Familie ↗ *Enchytraeidae*; bis 3,5 cm lang, in der Laubstreu der Wälder.

Mesenterialfilamente [Mz.; v. *mesenter-, lat. filamentum = Fadenwerk], *Gastralfilamente,* Ränder der ↗ Mesenterien bei ↗ *Scyphozoa* u. ↗ *Anthozoa,* die oft stark gekräuselt u. fädig ausgezogen sind; sie ragen frei in den Gastralraum u. geben Verdauungsenzyme ab.

Mesenterien [Mz.; v. *mesenter-], *Sarcosepten,* Scheidewände, die den Gastralraum („Gastralsepten") bei den Polypen in Kammern teilen; bei den ↗ *Scyphozoa* sind stets 4, bei den ↗ *Anthozoa* 8 (↗ *Octocorallia*) oder 6 bzw. ein Vielfaches von 6 (↗ Hexacorallia) ausgebildet.

Mesenterium *s* [v. *mesenter-], Falten der Coelomwand (Mesoderm) bzw. des Bauchfells, in denen bei coelomaten Tieren der ↗ Darm (☐) aufgehängt ist, so das „Gekröse" bei Wirbeltieren.

Mesenteron *s* [v. *mesenter-], der ↗ Mitteldarm.

Mesidotea *w* [v. *mes-, ben. nach der gr. Meeresgöttin Eidothea], ↗ *Saduria.*

Mesitornithidae [Mz.; v. gr. mesitēs = Vermittler, ornithes = Vögel], die ↗ Stelzenrallen.

Meskalin *s* [v. aztek. mexkalli = Tequila (berauschendes Getränk aus Kakteen) über span. mexcal], *3,4,5-Trimethoxyphenyläthylamin,* ein im Kaktus *Lophophora williamsii* (↗ Kakteengewächse) vorkommendes, halluzinogen wirkendes biogenes Amin (↗ Anhaloniumalkaloide). M. ist der Hauptwirkstoff der mexikan. Zauberdroge *Peyotl,* die aus den chlorophyllhalt. Mittelstücken des Kaktus, den „mescal buttons", besteht, u. wurde fr. zu rituellen Handlungen verwendet (Divinatorische Droge). Der Rauschzustand (Euphorie u. Farbvisionen), für den etwa 0,2 bis 0,5 g M. erforderlich sind, wird durch die zum Dopamin antagonist. Wirkung des M.s erzeugt. Eine 25- bis 50mal stärkere Wirkung zeigen synthetische Analoga des M.s, wie *DOM* und *STP.* ↗ Drogen und das Drogenproblem.

Mesoacidalia *w* [v. *meso-, gr. akis = Spitze, Stachel], Gatt. der ↗ Fleckenfalter, ↗ Perlmutterfalter.

mes-, meso- [v. gr. mesos = mitten, mittlerer, gleichmäßig; auch: meson = Mitte, Abstand].

mesenter- [v. gr. mesos = mitten, mittlerer, enteron = Darm; mesenterion = Gekröse].

Meskalin

Mesoammonoidea [Mz.; v. *meso-, ben. nach Zeus Ammōn (Symbol: Widderhörner)], (Wedekind), die ↗ *Ammonoidea* der Permotrias mit überwiegend ceratit. ↗ Lobenlinie (Sättel glatt, Loben geschlitzt). ↗ *Palaeoammonoidea,* ↗ *Neoammonoidea.*

Mesoblastem *s* [v. *meso-, gr. blastos = Keim], *Mesoblast,* Bez. für das ↗ Mesoderm (↗ Keimblätter), die seine Funktion als Bildungsgewebe (↗ Blastem) betont.

Mesobromion *s* [v. *meso-, gr. bromos = Trespe], *Submediterran-subozeanische Halbtrockenrasen, Trespen-Halbtrockenrasen,* Verband der Trespen-Magerrasen *(Brometalia erecti,* ↗ *Festuco-Brometea).* Ungedüngte od. wenig gedüngte, extensiv durch Mahd od. Triftweide genutzte, basiphyt. Rasen-Ges. auf xerothermen, mäßig trockenen, potentiellen Waldstandorten im W und SW Mitteleuropas. Bis vor 100–150 Jahren wurden sämtl. M.-Bestände wie andere Magerrasen auch beweidet. Mit Einführung der Stallfütterung u. abnehmender Bedeutung der Schafzucht ging man in S-Dtl. und der N-Schweiz zu ein- bis zweimaliger Mahd im Jahr über. Es bildeten sich so die Esparsetten-Halbtrockenrasen *(Onobrychido-Brometum)* heraus, relativ hochwüchsige, blumenbunte u. orchideenreiche Wiesen, in denen v. a. die Aufrechte Trespe *(Bromus erectus)* dominiert. Die Schafweide hat demgegenüber durch das selektive Freßverhalten der Tiere eine deutl. andere Artenzusammensetzung zur Folge. *Bromus erectus* u. die meisten Orchideen-Arten treten zurück, während niederwüchsige Arten, bes. Rosettenpflanzen, gefördert werden. Als Futterpflanzen gemiedene Weideunkräuter, wie der Wacholder *(Juniperus communis),* Disteln *(Carlina),* Enziane *(Gentiana),* Wolfsmilcharten (v. a. *Euphorbia cyparissias),* die Fiederzwenke *(Brachypodium pinnatum),* nehmen zu. Die beweideten Bestände werden als Enzian-Halbtrockenrasen *(Gentiano-Koelerietum)* zusammengefaßt. Die extensive Bewirtschaftung der Trespen-Halbtrockenrasen ist heute nicht mehr rentabel. Häufig wurden die Bestände daher intensiveren Nutzungsformen (Weinbau, Fettwiesen) zugeführt, aufgeforstet od. überbaut u. gingen so verloren. Aber auch dort, wo die Bewirtschaftung ersatzlos aufgegeben wurde, treten Bestandsveränderungen ein: Durch keinerlei Mahd od. Beweidung mehr zurückgehalten, wandern hochwüchsige Stauden u. Gräser, zögernd auch Gehölze der Waldränder ein u. verdrängen die Rasenarten. Nur auf den trokkensten Standorten führt diese Sukzession über längere Zeiträume hinweg zu einem Anstieg der Artenvielfalt. Ehemals beweidete Bestände verbuschen sehr viel

Mesocestoides

rascher. Zahl. Gehölze sind hier schon als Weideunkräuter vertreten u. können sich rasch ausbreiten. Die aufgezeigte Entwicklung reiht die Trespenrasen bei den gefährdetsten Pflanzen-Ges. der mitteleur. Kulturlandschaft ein. Der Schutz u. die Pflege der wenigen noch verbliebenen Vorkommen sind daher bes. dringlich.

Mesocestoides *m* [v. *meso-, gr. kestos = Gürtel], Gatt. der ↗Cyclophyllidea ([T]).

Mesoclemmys *w* [v. *meso-, gr. klemmys = Schildkröte], Gatt. der ↗Schlangenhalsschildkröten.

Mesocoel *s* [v. *meso-, gr. koilos = hohl], ↗Enterocoeltheorie (☐), ↗Hydrocoel.

Mesodaeum *s* [v. *mes-, gr. hodaios = Weg-], der ↗Mitteldarm.

Mesoderm *s* [v. *meso-, gr. derma = Haut], *mittleres Keimblatt, Mesoblast(em),* in der ↗Embryonalentwicklung der Tiere die mittlere der 3 Zellschichten (↗Keimblätter), die den dreischicht. Keim der ↗Bilateria aufbauen. Das M. kann auf unterschiedl. Weise entstehen (↗Gastrulation, ↗Keimblätterbildung): 1. Epitheleinfaltung, 2. Immigration v. Einzelzellen in die primäre Leibeshöhle (Pseudocoel), 3. aus paar. Urmesodermzellen (↗Spiralier). Das M. liegt als lockeres, parenchymat. Gewebe (Mesenchym) od. fester epithelialer Verband vor (M. i. e. S.). Aus ihm gehen u. a. die folgenden Gewebe u. Organe hervor: Muskulatur u. Endoskelett, Coelomepithel, Bindegewebe, Zirkulationsorgane, innere Geschlechtsorgane, Blutzellen u. häufig auch die Exkretionsorgane. Ggs.: Ektoderm, Entoderm. [B] Embryonalentwicklung I–II.

Mesodesma *s* [v. *meso-, gr. desmos = Band], Gatt. der *Mesodesmatidae,* Venusmuschelartige mit glänzender Oberfläche, bis 13 cm lang; marin u. in Flußmündungen S-Amerikas; wird gegessen (z. B. *M. donacium,* Chile, 1981: ca. 5000 t).

Mesofauna *w* [v. *meso-], *Meiofauna,* ↗Bodenorganismen.

Mesogastropoda [Mz.; v. *meso-, gr. gastēr = Magen, Bauch, podes = Füße], die ↗Mittelschnecken.

Mesogloea *w* [v. *meso-, gr. gloia = Leim], gallertige (↗Gallertgewebe), teilweise mächtige Schicht zw. der Epidermis u. der Gastrodermis bei ↗Hohltieren, in welche Zellen einwandern. Diese sind vorwiegend ektodermalen Ursprungs u. bilden Fibrillen u. (manchmal) Skelett. Die M. ist bes. bei Scyphomedusen (↗Scyphozoa) u. ↗Anthozoa stark entwickelt. ↗Bindegewebe. [B] Darm.

Mesogonistes *m* [v. *meso-, gr. gōnia = Winkel, Ecke], Gatt. der ↗Sonnenbarsche.

Mesokarp *s* [v. *meso-, gr. karpos = Frucht], die mittlere, zw. ↗Endokarp u. ↗Exokarp gelegene Schicht des Frucht-

mes-, meso- [v. gr. mesos = mitten, mittlerer, gleichmäßig; auch: meson = Mitte, Abstand].

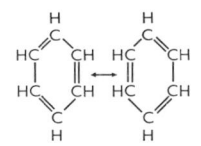

Mesomerie
M. am Beispiel des Benzolmoleküls

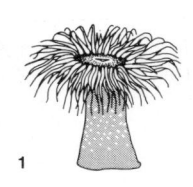

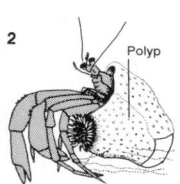

Mesomyaria
1 *Sagartia spec.;*
2 Mantelaktinie *(Adamsia palliata)* auf v. einem Einsiedlerkrebs bewohntem Schneckenhaus

blattes, bei den Stein- u. Beerenfrüchten das „Fleisch" der ↗Frucht.

Mesokaryota [Mz.; v. *meso-, gr. karyon = Nuß(kern)], Bez. für die Dinoflagellaten (↗Pyrrhophyceae), mit der ihre evolutive Sonderstellung zw. Pro- u. echten Eukaryoten unterstrichen werden soll: Den M. fehlen im Zellkern Histone, u. sie haben eine stark abweichende Mitose.

Mesokotyl *s* [v. *meso-, gr. kotylē = Höhlung, Napf], Bez. für das zw. Scutellum u. ↗Coleoptile befindl., manchmal deutl. gestreckte (z. B. beim Mais) Stück des Keimlingsstengels bei den Embryonen in den Samen der Gräser.

mesolecithale Eier [Mz.; v. *meso-, gr. lekithos = Eigelb] ↗Eitypen.

Mesolimulus *m* [v. *meso-, gr. limulus = leicht schielend], (Størmer 1952), zu den Schwertschwänzen *(Xiphosura)* gehörende † Gatt. von „Pferdehufkrabben"; gilt als Vorläufer des rezenten ↗Limulus (↗lebende Fossilien, [B]); in manchen Bearbeitern deshalb als Subgenus v. *Limulus* bewertet. Häufigste Art ist *M. walchi* aus dem oberjurass. Plattenkalk v. Solnhofen, v. der auch Fährten (mit Erzeuger) bekannt sind. Diese wurden 1923 v. Nopcsa zunächst als „Reptilfährten" unter dem Namen „*Kouphichnium*" beschrieben, dem auch Priorität zukommt. Verbreitung: Jura bis ? Kreide v. Europa u. ? Asien.

Mesolithikum *s* [v. *meso-, gr. lithikos = Stein-], die ↗Mittelsteinzeit.

Mesom *s* [v. *meso-], ↗Telomtheorie.

Mesomeren [Mz.; v. *meso-, gr. meros = Teil, Glied] ↗Furchung.

Mesomerie *w* [v. *meso-, gr. meros = Teil, Glied], *Elektronen-* ↗*Isomerie, Elektromerie, Strukturresonanz,* beruht auf der Beweglichkeit der an ↗Doppelbindungen beteiligten π-Elektronen; erklärt die verschiedenartige Reaktionsfähigkeit ungesättigter u. aromat. Verbindungen u. benötigt zur Beschreibung *eines* Stoffes *mehrere* Formelbilder.

Mesomyaria [Mz.; v. *meso-, gr. mys = Muskel], zu den ↗Seerosen gehörige Gruppe der ↗Hexacorallia (Sechsstrahlige Korallen), deren Rumpf-Sphinkter in der Mesogloea liegt. Im Mittelmeer, Atlantik u. Nordsee kommen die meisten der folgenden Arten häufig vor. Viele sind ausdauernde Aquarientiere. Hierher gehören u. a. die ↗Seenelke *(Metridium),* die Schmarotzerrose (↗*Calliactis,* ☐), das Seemaßliebchen (↗*Cereus* u. ↗*Aiptasia,* ☐). Die Tangrose *(Sagartia elegans),* die 8 cm lang wird (⌀ 2 cm), kann frei flottieren u. sich mit Hilfe ihrer ca. 200 Tentakel spannerraupenartig fortbewegen. *Actinothoe clavata* (Schlangenhaarrose) wird bis 12 cm hoch u. ist sehr variabel gefärbt. Die Strand- od.

Hafenrose *(Diadumene lucia)* ist eine kleine Art der Gezeitenzone (1,3 cm hoch), grün gefärbt mit orangefarbenen Längsstreifen, lebt auf Schlamm, unter Steinen, an Pfählen, Bootskörpern usw.; um ihren Standort zu wechseln, kann sie im Wasser schweben od. am Oberflächenhäutchen entlang kriechen. In enger Symbiose mit dem ↗Einsiedlerkrebs *Eupagurus prideauxi* lebt die Mantelaktinie *Adamsia palliata.* Die Seerose sitzt so auf dem Schneckengehäuse, daß ihr Mund, wenn der Krebs frißt, genau unter seine Kieferfüße zu liegen kommt. Mit der Fußscheibe gibt sie am Gehäuserand ein erhärtendes Sekret ab, was eine ständige Vergrößerung des Gehäuses bewirkt. So braucht der Krebs nicht mehr umzuziehen. Vermehrung durch Abtrennen der Fußscheibe kommt bei *Amphianthus dohrni* vor. Im Ggs. zu den bisher gen. Arten besitzt die Gatt. *Stomphia* keine ↗Akontien; *S. coccinea* kann sich bei Feindberührung lang ausstrecken, v. der Unterlage ablösen u. davonschnellen; dazu krümmt sie ihren Körper ruckartig U-förmig ein (ca. 40mal/Min.).

Mesomyzostomidae [Mz.; v. *meso-, gr. myzan = saugen, stoma = Mund], Fam. der Ringelwurm-Kl. *Myzostomida;* langgestreckt, ohne Cirren, kein Rüssel, keine Lateralorgane; 2 Paar Darmdivertikel; Hoden ventral u. in Follikel aufgeteilt; funktionelle Hermaphroditen. Die Gatt. *Mesomyzostoma* ist Parasit im Coelom v. Haarsternen, frißt Coelomocyten.

Mesonephros *m* [v. *meso-, gr. nephros = Niere], die ↗Urniere.

Mesonotum *s* [v. *meso-, gr. nōtos = Rücken], Rückenschild (Tergit) des 2. Thorakalsegments der Insekten. ↗Thorax.

Mesonychoidea [Mz. v. *meso-, gr. onychos = Huf], (Osborn 1910), = *Acreodi* (Matthew 1909), meist den ↗ *Creodonta* als Superfam. zugeteiltes, wenig formenreiches † Taxon ohne das typ. Scherengebiß der Raubtiere; Zahl der Zähne komplett (= 44). Molaren primitiv, Autopodien paraxonisch gebaut, Endphalangen hufartig gespalten, überwiegend plantigrad, einige digitigrad; meist klein, wenige riesenwüchsig (*Andrewsarchus* aus der Mongolei mit fast 1 m Schädellänge). Lebensweise noch unklar. Verbreitung: mittleres Paleozän bis Obereozän (Angaben über jüngere Alter wohl irrtüml.); Holarktis.

Mesonyx *m* [v. *mes-, gr. onys = Huf], (Cope 1872), osteolog. komplett dokumentierte † Typus-Gatt. der ↗ *Mesonychoidea;* Repräsentanten v. Größe u. Habitus des rezenten Wolfes. Verbreitung: mittleres bis ? oberes Eozän von N-Amerika.

mesophile Organismen [v. *meso-, gr.

mes-, meso- [v. gr. mesos = mitten, mittlerer, gleichmäßig; auch: meson = Mitte, Abstand].

philos = Freund], Organismen, deren Wachstumsoptimum bei Temp. zw. 20 und 45 °C liegt, z. B. *m.e* Bakterien.

mesophotisch [v. *meso-, gr. phōtizein = leuchten], Bez. für die untere Zone der durchlichteten Schicht der Gewässer, in der nur noch Umwandlung u. Abbau v. pflanzl. Substanz stattfindet (Assimilations-Dissimilations-Quotient < 1).

Mesophyll *s* [v. *meso-, gr. phyllon = Blatt], ↗Blatt.

Mesophyten [Mz.; v. *meso-, gr. phyton = Gewächs], genauer: *Mesohydrophyten,* Pflanzen, die bezügl. des Wasserhaushalts (den Bodenwassergehalt u. die Luftfeuchte betreffend) eine Mittelstellung zw. ↗Hygrophyten u. ↗Xerophyten einnehmen. Sie sind einerseits nicht an ständig feuchte Standorte gebunden; andererseits verfügen sie über keine bes. Xeromorphien od. physiolog. Mechanismen zur Herabsetzung übermäßigen Wasserverlusts (bes. im Falle der Kormophyten) bzw. über eine hohe plasmat. Trockenresistenz (bes. im Falle der Thallophyten, ↗Austrocknungsfähigkeit, ↗hardiness); sie sind *mesomorph.* Zu den M. zählen viele Kulturpflanzen u. Laubbäume sowie viele Moose u. die Algen der Gezeitenzone.

Mesophytikum *s* [v. *meso-, gr. phytikos = Pflanzen-], *Gymnospermenzeit,* mittlere Ära in der Entwicklung der Pflanzenwelt; gekennzeichnet durch Vorherrschaft der Nacktsamer (Gymnospermen), insbes. der Ginkgophyten, Cycadeen u. Bennettiteen. Dauer ca. 165 Mill. Jahre, Oberperm (i. S. von Zechstein) bis Ende der Unterkreide. B Erdgeschichte.

Mesopithecus *m* [v. *meso-, pithēkos = Affe], (Wagner 1839), aufgrund seiner Skelettmerkmale wahrscheinl. zu den Schlankaffen *(Colobidae)* gehörender † Primate; Schädel rund mit kurzen Kiefern, Schwanz u. Hinterextremitäten lang, Daumen noch nicht in Rückbildung; weniger arboricol als die rezenten *Colobidae;* lebte in Trupps. *M.* gilt als der häufigste u. am besten dokumentierte † Affe; selbst das Gehirn ist (als Steinkern) überliefert. Verbreitung: Obermiozän (Turolium) v. Griechenland *(M. pentelici* v. Pikermi), Rumänien, S-Rußland, Ungarn u. Persien, ? Untermiozän v. Afrika.

Mesopithecus, Länge ca. 38 cm

Mesopleurum

Mesopleurum s [Mz. *Mesopleura;* v. *meso-, gr. pleura = Rippen, Seite], Seitenteil(e) am 2. Thorakalsegment bei Insekten. ↗Thorax.

Mesopropithecus m [v. *meso-, gr. pro = vor-, pithēkos = Affe], (Standing 1908), nur v. Madagaskar bekannter † Riesen-Indri (Fam. *Lemuridae*) in Menschenaffengröße; Verbreitung: Pleistozän bis subrezent.

Mesopsammon s [v. *meso-, gr. psammos = Sand], *Mesopsammion,* die Zwischenräume v. Sandkörnern an Sandstränden bewohnende Lebewesen. ↗Sandlückensystem.

Mesosauria [Mz.; v. *meso-, gr. sauros = Eidechse], (Seeley 1892), *Mesosaurier,* † Ord. synapsider, den ↗*Theromorpha* angeschlossener Kriechtiere *(Reptilia)* mit gastrozentralem Wirbelaufbau, d. h. Wirbelkörper einheitl., amphicoel; älteste vom Land- an das Wasserleben angepaßte Reptilien, deshalb Extremitäten noch lang, Hand u. Fuß vermutl. mit Schwimmhäuten. Die *M.* bilden einen kurzlebigen, v. primitiven Captorhinidiern abzweigenden Sproß u. sind der großen Gruppe der ↗*Pelycosauria* nahe verwandt. Verbreitung: Unterperm von S-Afrika u. östl. S-Amerika. Die *M.* wurden schon von A. Wegener als Beweismittel für seine ↗Kontinentaldrifttheorie herangezogen.

Mesosaurus m [v. *meso-, gr. sauros = Eidechse], (Gervais 1865), *Ditrichosaurus,* † Typus-Gatt. der *Mesosauria;* bis 70 cm Länge erreichende, aquat. lebende Reptilien; Kiefer mit Reusengebiß, das aus einer

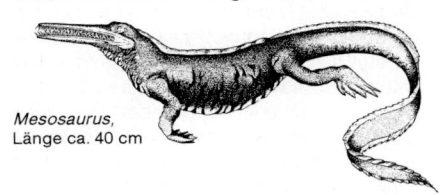

Mesosaurus, Länge ca. 40 cm

großen Anzahl unterschiedl. gestalteter, scharfer u. in Alveolen steckender Zähne besteht; Zahl der Halswirbel in Anpassung an das Gründeln auf 12 vermehrt, die Rippen des Rückens sind – ähnl. manchen Sirenen – pachyostot. verdickt. *M.* gilt als das älteste Wasserreptil der Erdgeschichte. Der Holotypus (Gervais) wurde in einer südwestafr. Hottentottenhütte entdeckt, in der er als Kochtopfdeckel diente. *M. tenuidens* von S-Afrika, *M. brasiliensis* McGregor von S-Amerika. Verbreitung entspr. ↗*Mesosauria.*

Mesosoma s [v. *meso-, gr. sōma = Körper], ↗Trimerie.

Mesosomen [Mz.; v. *meso-, gr. sōma = Körper], intrazelluläre membranartige, spiralig aufgerollte, flächige od. tubuläre Strukturen, die in vielen ↗Bakterien (☐), bes. grampositiven, beobachtet werden. Sie scheinen aus Einfaltungen der Cytoplasmamembran zu entstehen; ihre Funktion ist unbekannt; möglicherweise sind sie mitbeteiligt an der Septenbildung bei der Zellteilung od. Anheftungsstellen für die DNA während der Replikation; sie sind aber keine Atmungsorganellen. Es wird auch angenommen, daß die meisten „M.-Formen" künstl. Präparationsprodukte (Artefakte) darstellen, die bei der Fixierung u. Entwässerung der Bakterien für die Elektronenmikroskopie an Stellen labiler (wachsender) Cytoplasmamembranen entstehen.

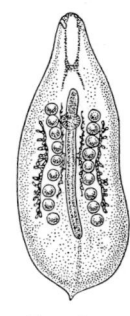

Mesosternum s [v. *meso-, gr. sternon = Brust], Bauchschild (Sternit) des 2. Thorakalsegments der Insekten. ↗Thorax.

Mesostoma s [v. *meso-, gr. stoma = Mund], Gatt. der Strudelwurm-Fam. *Typhloplanoidea. M. ehrenbergii,* bis 15 mm lang, 4 mm breit, transparent; Pharynx in einer Tasche, in die auch die Ausleitungsgänge des Protonephridialsystems münden; der wechselseit. Begattung geht ein Paarungsspiel voraus; Sommereier entwickeln sich nach Selbst-, Wintereier nach Fremdbefruchtung; kosmopolitisch in klaren Seen u. Teichen; an den sich furchenden Sommereiern wurde 1873 durch A. Schneider die ↗Mitose entdeckt (W. ↗Flemming). *M. lingua,* bis 9 mm lang, gelblich; Sommer- u. Wintereier entwickeln sich nach Fremdbefruchtung; Heterogonie: die erste Generation entsteht aus Dauereiern, die in den Monaten Mai bis Sept. folgenden gehen aus Sommereiern hervor; im Bodensatz u. Schlamm v. Seen u. Tümpeln.

Mesotaeniaceae [Mz.; v. *meso-, gr. tainia = Band], Fam. der *Zygnematales,* kokkale Grünalgen, Zellen zylindr. oder spindelförm., einzeln, selten in formlosen Gallertkolonien lebend; Zellwand ohne Poren od. Skulpturen. Die ca. 10 Arten der Gatt. *Mesotaenium,* mit axialen, bandförm. Chloroplasten, bilden u. a. an feuchten Steinen Gallertkolonien; häufig: *M. caldariorum, M. violascens.* Die 4 Arten der Gatt. *Netrium* besitzen zylindr. bis spindelförm. bis 500 μm lange Zellen; Chloroplast im Querschnitt sternförmig; häufige Art *N. digitus* (Chromosomenzahl n = 594!). *Cylindrocystis* ähnelt *N.,* Zellen 3–4mal so lang wie breit; *C. brebissonii* häufig in Torfmooren, ebenso *Spirotaenia,* mit einem charakterist. wandständigen, bandartigen, spiralig gewundenen Chloroplasten.

Mesotardigrada [Mz.; v. *meso-, lat. tardigradus = langsam gehend], Ord. der ↗Bärtierchen mit nur 1 Fam. *Thermozodiidae* und 1 Art *Thermozodium esakii,* die in

mes-, meso- [v. gr. mesos = mitten, mittlerer, gleichmäßig; auch: meson = Mitte, Abstand].

Blaualgenrasen einer 65°C heißen Schwefelquelle in Japan gefunden wurde. *M.* besitzen ein eigenes Exkretionssystem.

Mesothel *s* [v. *meso-, gr. thēlē = Brustwarze], *Mesothelium,* meist sehr flache mesodermale Epithelien (↗Epithel), die Coelomräume (Coelothel) u. deren Derivate (↗Endothel der Gefäße) auskleiden.

Mesothelae [Mz.; v. *meso-, gr. thēlai = Brustwarzen], *Gliederspinnen,* U.-Ord. der ↗Webspinnen mit wenigen Arten (Gatt. vgl. Tab.), die alle in S- und SO-Asien vorkommen. Sie erreichen 3,5 cm Körperlänge u. leben in selbstgegrabenen Erdröhren, die mit einer Falltür verschließbar sind. Ihr Körperbau weist viele Merkmale auf, welche die *M.* als urspr. Gruppe der Webspinnen ausweisen. So ist ihr Opisthosoma deutl. in 12 Segmente gegliedert (Petiolus = Segment 7, Afterdeckel = Rest v. Segment 12). Auf dem 2. und 3. Opisthosoma-Segment liegen jeweils 1 Paar Fächerlungen, auf Segment 4 und 5 je 2 Paar Spinnwarzen (bauchständig!). Wie bei allen Spinnentieren befindet sich die Mündung der Geschlechtsorgane auf dem 2. Opisthosoma-Segment. Die Cheliceren sind orthognath, die Pedipalpen beinartig. Auch die innere Anatomie zeigt urspr. Merkmale. In der Embryonalentwicklung sind 18 Körpersegmente nachzuweisen.

Mesothermen [Mz.; v. *meso-, gr. thermos = warm], Gebiete mit einer Jahresmittel-Temp. von 15–20°C, begrenzt durch die 22°C-Isotherme des wärmsten Monats; auch Bez. für Pflanzen dieser Zone; es sind dies frostempfindl., oft wintergrüne Arten wie Baumwolle u. Reis.

Mesothorax *m* [v. *meso-, gr. thōrax = Brustpanzer], *Mittelbrust,* bei ↗Insekten das 2. Brustsegment, das die Mittelbeine und bei *Pterygota* das Vorderflügelpaar trägt.

Mesotocin *s* [v. *meso-, gr. tokos = Geburt], Peptidhormon des Hypophysenhinterlappens der Lungenfische, Amphibien u. Reptilien, das ähnl. dem ↗Adiuretin an der Regulation des Wasserhaushalts beteiligt ist.

Mesotonie *w* [v. *meso-, gr. tonos = Spannung], im Ggs. zur ↗Akrotonie (☐) u. ↗Basitonie die Förderung des Wachstums der *mittelständigen* Knospen einer Mutterachse, v.a. bei Sträuchern u. ausdauernden Kräutern.

mesotroph [v. *meso-, gr. trophē = Ernährung], Bez. für einen Lebensraum, der eine mittlere Produktivität aufweist; ↗eutroph, ↗oligotroph.

Mesoveliidae [Mz.; v. *meso-, lat. velum = Segel, Hülle], die ↗Hüftwasserläufer.

Mesoxalsäure *w* [v. *mes-, gr. oxalis = Sauerklee], *Ketomalonsäure,* HOOC–CO–COOH, einfachste Ketodicarbonsäure; kommt z.B. in Zuckerrüben u. Luzerneblättern vor.

Mesozoa [Mz.; v. *meso-, gr. zōa = Tiere], *Mesozoen, Moruloidea,* provisor. systemat. Sammelname für 2 stammesgeschichtlich wahrscheinl. nicht näher miteinander verwandte Gruppen sehr einfach gebauter wurmförm. Organismen, die ausschl. als Endoparasiten in marinen Wirbellosen leben. Wegen ihres einfachen Bauplans – die *M.* bestehen nur aus 2 Zellschichten, sind darmlos, besitzen keinerlei Organe, ja nicht einmal echte Gewebe, deren Zellen durch Desmosomen miteinander verbunden wären – wurden sie v. ihrem Entdecker (E. v. ↗Beneden) als Bindeglied zw. Einzellern *(Protozoa)* u. Mehrzellern *(Metazoa)* angesehen (Name!), eine Annahme, die heute jedoch v. den meisten Biologen abgelehnt wird. Als an ein endoparasit. Leben angepaßte Organismen haben sie wahrscheinl. sekundär eine so starke Vereinfachung ihres urspr. Bauplans erfahren, daß sichere Rückschlüsse auf ihre stammesgesch. Herkunft einstweilen unmögl. sind, wenngleich man vermutet, daß zumindest eine der beiden dem *provisorischen Stamm der M.* zugerechneten Gruppen, die ausschl. in den Nieren bodenlebender Tintenfische schmarotzenden *Rhombozoa* od. *Dicyemida,* den Plattwürmern u. unter diesen den ↗Saugwürmern *(Trematoda)* nahesteht, während die in Geweben u. Leibeshöhle verschiedenster mariner Wirbelloser parasitierenden *Orthonectida* entweder einen frühen Blindast der Stammlinie der Metazoen darstellen od. unabhängig v. den ersteren ebenfalls v. höher organisierten, vielleicht trematodenähnl. Vorfahren abzuleiten sind. Eigenartig ist allerdings, daß das Basenverhältnis (G+C-Gehalt, ↗Basenzusammensetzung, ⊤) in der DNA der *M.* (ca. 23%) eher dem der ↗Wimpertierchen *(Ciliata)* als dem der Plattwürmer (35–50%) ähnelt. – Die *Rhombozoa (Dicyemida),* deren etwa 30 bis heute bekannten Arten weltweit verbreitet zur normalen Endoparasitenfauna aller bodenlebenden Tintenfische *(Octopus, Sepia)* gehören, zeigen einen sehr einheitl. Bauplan: eine Hülle aus je nach Art zahlkonstant 20–40 cilienbesetzten Rumpfzellen (Somazellen, vegetative Zellen) umschließt 1 bis 3 zylindrische, kettenförmig aneinandergereihte Axialzellen (generative Zellen) mit je 1 polyploiden Kern. Am Vorderende sind 8 oder 9 der Rumpfzellen (Polzellen) durch eine halsart. Einschnürung gg. den übrigen Rumpf abgesetzt u. bilden eine Art Kopf, die sog. *Kalotte.* Über die durch Membranfalten stark vergrößerte Oberfläche ihrer Rumpfzellen

---

Mesothelae
Gattungen:
Lipistius
(= *Liphistius*)
Erdröhren bis 60 cm tief, Röhrenmündung mit Stolperfäden
Heptathela
Erdröhren 10–15 cm waagerecht in Abhängen, mit Seide ausgekleidet

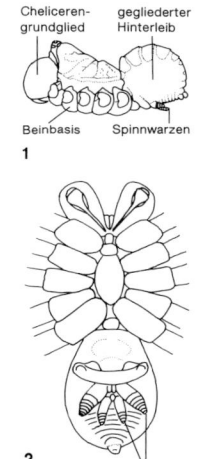

Mesothelae
1 Körperbau der *M.*;
2 *Heptathela kimurai*

Mesozoa
Klassen (od. Ordnungen), Familien und Gattungen (Zahl der Arten in Klammern):
Rhombozoa (Dicyemida)
  Dicyemidae
    ↗ *Dicyema* (18)
    ↗ *Dicyemennea* (10)
    Pseudicyema (1)
  Conocyemidae
    ↗ *Conocyema* (2)
    Microcyema (1)
Orthonectida
  Rhopaluridae
    Rhopalura (10)
    Stoecharthrum (1)
  Pelmatosphaeridae
    Pelmatosphaera (1)

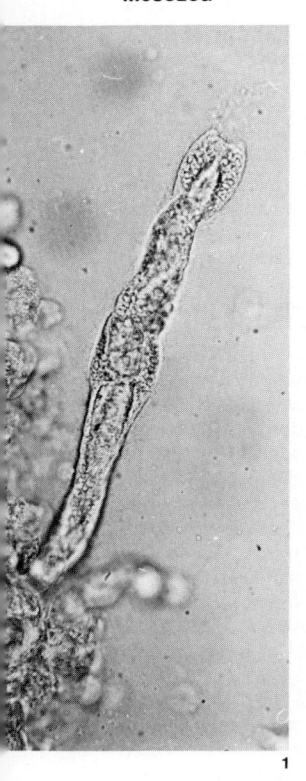

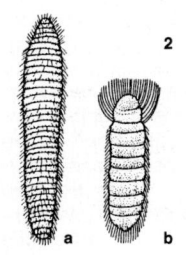

Mesozoa

nehmen die Tiere Nährstoffe aus den Nierenkanälen ihres Wirtes auf. Charakterist. für die *Rhombozoa (Dicyemida)* ist ein mehrgliedr., homophasischer Generationswechsel, bei dem 4 morpholog. kaum voneinander unterscheidbare Adultgenerationen aufeinander folgen. Bei der Bildung jeder der Generationen kommt es zu einer beträchtl. Vermehrung. In den Nieren eines frisch infizierten Wirtes findet man als erstes bekanntes Stadium das wurmförmige sog. *Stammnematogen*. Es besitzt typischerweise 3 Axialzellen, in deren Innerem, eingeschlossen vom Axialzellplasma, vegetative Fortpflanzungszellen, sog. *Axoblasten*, liegen. Aus diesen entwickelt sich ausschl. mitotisch die nächste Generation, die *Nematogene,* die ihrer Muttergeneration gleichen, aber nur 1 Axialzelle besitzen. Sie werden aus dem kurzleb. Stammnematogen nach dessen Degeneration frei u. besiedeln den Wirt weiter. Ihre Entwicklung aus je 1 Axoblasten beginnt mit einer inäqualen Mitose: aus einer Tochterzelle gehen nach einer Reihe weiterer Teilungen die Rumpfzellen hervor, während die zweite zur Axialzelle wird. Sie teilt sich noch einmal in eine kleinere generative u. eine größere endgült. Axialzelle. Diese umschließt ihre Geschwisterzelle nach Art einer Phagocytose u. nimmt sie anfangs in eine Vakuole auf, deren Membran sich aber später auflösen soll, so daß die Axoblastenpopulation, die nun im weiteren aus der primären generativen Zelle entsteht, anscheinend frei im Axialzellplasma liegt. Aus bisherigen elektronenmikroskop. Untersuchungen ist noch nicht sicher zu entscheiden, ob dies tatsächl. der Fall ist, od. ob die Axoblasten u. Embryonen in Wirklichkeit in eingestülpten Membrantaschen der plasmaarmen Axialzelle liegen. In den jungen Tochternematogenen entsteht, bereits ehe diese ihre Mutter verlassen haben, die nächste Nematogengeneration, so daß bis zu 3 Generationen ineinandergeschachtelt auftreten können. Auf die beschriebene Art vermehren sich die Nematogene weiter bis zum Eintritt der Geschlechtsreife ihres Wirtes. Dann entsteht in den Nematogenen ein neuer dritter Adulttypus, die *Rhombogene,* und schließl. wandeln sich auch die urspr. Nematogene selbst in solche Rhombogene um. Diese unterscheiden sich morpholog. von der Muttergeneration nur durch den Besitz von 3 Axialzellen und gewöhnl. den Besitz speicherstofferfüllter, aufgeblähter Rumpfzellen. Sie können wahrscheinl. auf die bereits bekannte Art weitere Rhombogene, ebenso auch wieder sekundäre Nematogene produzieren, erzeugen aber v. a. nach der Degeneration eines Großteils ihrer Axoblasten aus deren verbleibendem Rest eine vierte, nunmehr sexuell differenzierte, und zwar zwittrige Generation, die *Infusorigene*. Sie gleichen einfachen Keimzellhaufen u. verlassen, anders als ihre Vorgänger, den mütterl. Organismus nicht mehr; statt dessen gehen aus ihnen nach einer Gametenkopulation bewimperte Schwärmlarven hervor. (Nach neueren, aus *M.*-Laborkulturen gewonnenen Ergebnissen scheint die Trennung zw. den einzelnen Generationen jedoch nicht so strikt, wie urspr. angenommen, sondern bei voller Vermehrungsfähigkeit in allen Stadien eher ein fortschreitender Differenzierungsprozeß zu sein, der durch die Individuendichte der Parasiten im Wirt gesteuert wird u. durch einen allmähl. Milieuwechsel den Übergang zur sexuellen Fortpflanzung auslöst.) Die Infusorigene sind eiförm. Gebilde u. bestehen aus je 1, von wenigen Hüllzellen umgebenen Axialzelle. Ihre Entwicklung weicht beträchtl. von der der vorhergehenden Stadien ab: zu Beginn läuft in den betreffenden Axoblasten eine erste Kernteilung ab, deren einer Tochterkern (Paranucleus) nach außen abgestoßen wird u. degeneriert (Chromatinelimination?), während die verbleibende Zelle nach Abgabe des Paranucleus vom zwittrigen Infusorigen heranwächst. Im Ggs. zu den früheren Stadien lösen sich dessen Hüllzellen aber nach u. nach v. der Axialzelle ab, machen eine Meiose durch u. werden zu Eizellen, während die eigtl. Axialzelle auch eine Weile ihre mitot. Aktivität beibehält u. auf diesem Wege Spermatogonien erzeugt, aus denen dann in einer normalen Spermatogenese geißellose Spermien hervorgehen. Nach der Besamung (obligator. Selbstbefruchtung) entwickeln sich die Eier zu den erwähnten Schwärmlarven, den sog. *infusoriformen Larven,* die schließl. aus dem „großmütterlichen" Rhombogen ausbrechen u. mit dem Harn des Wirtstieres ins freie Seewasser ausgeschwemmt werden. Sie gleichen ein wenig den ↗Miracidium-Larven v. Trematoden, wie auch die gesamte vegetative Vermehrung der *Rhombozoa* an die vegetative Generationenfolge bei diesen erinnert. Ihr weiteres Schicksal ist rätselhaft. Da es bis heute weder gelang, die Larven länger in Kultur zu halten, noch mit ihnen junge Tintenfische zu infizieren, nimmt man an, daß sie eines weiteren, bisher unbekannten tier. oder pflanzl. Zwischenwirtes bedürfen. Es gibt allerdings einige Hinweise, daß die Larven doch ohne vorherige Passage durch einen Zwischenwirt unmittelbar wieder junge Tintenfische infizieren können, wobei ein Eindringen über das Blutgefäßsystem u. ein vorübergehender

Mesozoa

1 *Rhombozoa:* Nematogen v. *Dicyema spec.;* **2** *Orthonectida:* **a** *Rhopalura julini* (♀), **b** *R. leptoplanae* (♀)

Aufenthalt in der Blutbahn (O$_2$- und nährstoffreiches Milieu) entscheidend sind. – Die bis jetzt bekannten *Rhombozoa* gliedert man in 2 Fam. ([T] 423), die *Dicyemidae* und die *Conocyemidae*, deren Nematogen keine Cilien besitzt u. deren Rumpfzellen ein Syncytium bilden. Die zweite Gruppe der *M.*, die *Orthonectida*, sind ebenfalls wurmförmige, allerdings sehr kleine Organismen (maximal 0,3 mm), deren Körper eine deutl. Ringelung zeigt. Wie die *Rhombozoa* bestehen sie aus einer äußeren Schicht bewimperter Hüllzellen, die jedoch, anders als bei den *Rhombozoa*, 200–300 generative Axialzellen umschließen. Diese freilebenden Stadien wechseln mit einer parasit. Generation ab, die als formlose Plasmodien in Leibeshöhle u. Geweben zahlr. mariner Wirbelloser lebt, so in Schnur-, Platt- u. Ringelwürmern, Muscheln u. Schlangensternen. Die freilebenden Stadien sind sexuell differenziert: aus den Axialzellen der ♀♀ gehen Eier, aus denen der ♂♂ Spermien hervor. Nach einer inneren Besamung u. Befruchtung entwickeln sich aus den Eiern einfache Wimpernlarven, die durch einen Genitalporus aus dem ♀ entlassen werden, in den passenden Wirtsorganismus eindringen u. dort nach Auflösung der Zellgrenzen zu parasitischen vielkern. Plasmodien heranwachsen. Innerhalb dieser gliedern sich nach und nach einzelne Zellen ab, die sich zu Keimballen vermehren u. wiederum zu den sexuell differenzierten Ausgangsstadien entwickeln. Je nach Art kann ein Plasmodium nur Nachkommen eines Geschlechts od. gleichzeitig solche beiderlei Geschlechts hervorbringen. Die *Orthonectida* sind zwar weltweit verbreitet, werden aber nur außerordentl. selten gefunden. Bisher sind 12 Arten bekannt, die 2 Fam. zugeordnet werden ([T] 423), den *Rhopaluridae* u. den *Pelmatosphaeridae*. ☐ Dicyema.
Lit.: Lapan, E. A., Morowitz, H. J.: The Mesozoa. Sci. Amer. *227*, 94 (1972). Lapan, E. A., Morowitz, H. J.: The Diecyemid Mesozoa as an Integrated System for Morphogenetic Studies. J. Exp. Zool. *193*, 147 (1975). P. E.

Mesozoikum *s* [v. *meso-, gr. zōikos = die Tiere betreffend], *mesozoische Ära, Erdmittelalter*, auf dem Wandel in der Tierwelt begr., ca. 180 Mill. Jahre während mittlere Ära des ↗Phanerozoikums, charakterisiert als „Zeitalter der Reptilien". [B] Erdgeschichte. [↗Mispel.

Mespilus *w* [lat., v. gr. mespilē =], die **Messel**, Grube nordöstl. von Darmstadt, eine der bedeutendsten Fossilfundstellen des terrestrischen Eozäns. Fossilführend sind Ölschiefer als ehemals schlammige Ablagerungen eines kleinen Süßwassersees, 1884–1971 zur Rohölgewinnung abgebaut. Bes. häufig sind Tiere, die ständig im See gelebt haben, wie Fische u. Schwämme, seltener amphibisch lebende Tiere, wie Frösche, Krokodile u. Schildkröten, am seltensten landbewohnende Säugetiere. Auf fliegende Tiere, wie Vögel, Fledermäuse u. Insekten, die ungewöhnl. häufig sind, wirkte der See offenbar als Fossilfalle (giftige Gase?). Erstaunl. ist die Qualität der Überlieferung: vollständige Skelette, Weichkörperumrisse, sogar Inhalte des Verdauungstrakts! Die reiche Flora enthält v. a. Walnuß-, Maulbeer-, Seerosen-, Magnolien- u. Lorbeergewächse sowie Hülsenfrüchtler u. einzelne Palmen. Flora u. Fauna deuten auf mittlere Jahrestemp. von über 20 °C hin.

messenger-Moleküle [meß¹ndscher-; v. engl. messenger = Bote], die ↗Botenmoleküle.

messenger-RNA [meß¹ndscher-; v. engl. messenger = Bote], *Boten-Ribonucleinsäure*, Abk. *m-RNA, Boten-RNA*, Ribonucleinsäure-Moleküle, die durch den Prozeß der ↗Transkription an DNA als Matrize entstehen *(Matrizen-RNA)* u. anschließend mit Hilfe v. Ribosomen und t-RNA im Prozeß der ↗Translation in die Aminosäuresequenzen v. Proteinen übersetzt werden. ↗Ribonucleinsäuren.

Messeraale, *Zitteraale, Gymnotoidei*, U.-Ord. der Karpfenfische mit 4 mittel- und südam. Familien u. ca. 40 Arten. Haben aalart. Körper, meist keine Bauch- u. Rückenflosse sowie stark reduzierte Schwanzflosse, weit vorn liegenden After u. dahinter saumart., durch wellenförm. Bewegungen dem Antrieb dienende Afterflosse, oft v. einer Knochenkapsel umgebene Schwimmblase, kleine Kiemenöffnungen, reduzierte Augen u. ↗elektrische Organe, die der Orientierung, Beuteortung u. -lähmung, der Verteidigung dienen (↗elektrische Fische). Der etwa ¾ der Körperlänge ausmachende Schwanzteil kann nach teilweisem Verlust durch Feinde regenerieren. M. leben vorwiegend nachtaktiv in stehenden od. träge fließenden, oft schlamm. Gewässern u. jagen Kleintiere od. Fische. Hierzu die Eigtl. Zitteraale *(Electrophoridae)* mit nur 1 Art, dem bis 2,4 m langen, schuppenlosen Zitteraal *(Electrophorus electricus*, [B] Fische XII) aus dem nordöstl. S-Amerika, der neben starken Stromstößen (bis 550 V und 2 A) zur Feindabwehr u. zum Beuteerwerb schwache elektr. Felder zur Orientierung erzeugt ([B] elektrische Organe). Die übrigen M. geben nur schwache Stromstöße ab. Echte M. *(Gymnotidae)* sind mit 2, beschuppten, seitl. abgeflachten, bis 60 cm langen Arten v. Guatemala bis N-Argentinien vertreten u. werden als Speisefische

Messeraale

Familien:

Eigentliche Zitteraale *(Electrophoridae)*
Echte Messeraale *(Gymnotidae)*
Schwanzflossen-Messeraale *(Apteronotidae)*
Amerikanische Messerfische *(Rhamphichthyidae)*

mes-, meso- [v. gr. mesos = mitten, mittlerer, gleichmäßig; auch: meson = Mitte, Abstand].

Messerfische

gefangen. Kleine Schwanzflossen u. eine fadenförm. Rückenflosse besitzen die artenreichen Schwanzflossen-M. *(Apteronotidae);* sie haben meist eine abgestumpfte Schnauze wie die Seekuhaale *(Apteronotus),* rüsselförmig wie bei Nilhechten ist sie dagegen beim Rüssel-M. *(Stenarchorhynchus oxyrhynchus),* der damit im Boden nach Beutetieren sucht. Die Amerikanischen Messerfische *(Rhamphichthyidae)* haben einen fadenart. ausgezogenen Schwanzstiel; zu ihnen gehört der bis 1,5 m lange, beschuppte, im nordöstl. S-Amerika häufige Langschnabelmesserfisch *(Rhamphichthys rostratus).*

Messerfische, 1) Notopteroidei, U.-Ord. der Knochenzüngler mit 2 Fam.; primitive Teleostier, deren Schädelknochen z. T. reduziert sind u. deren Schwimmblase durch Ausbuchtungen mit dem Innenohr verbunden ist. Die M. i. e. S. *(Notopteridae)* sind seitl. stark abgeflacht; während die Rückenflosse winzig ist od. fehlt, zieht sich die Afterflosse vom kopfständ. After bis zur Schwanzflosse u. dient mit wellenförm. Bewegungen dem Antrieb; sie können über ihre verzweigte Schwimmblase zusätzlich atmosphär. Luft atmen; insgesamt 4 afr. und indones. Süßwasserarten, die geschätzte Speisefische sind. Hierzu der bis 80 cm lange Fähnchen-M. *(Notopterus chitala)* aus dem indisch-malaiischen Gebiet, bei dem das Männchen Brutpflege treibt, u. der 20 cm lange Afrikanische M. *(Xenomystus nigri),* der in sauerstoffarmen, langsam fließenden Gewässern u. Teichen des trop. W-Afrika lebt. Zur Fam. Mondaugen od. Zahnheringe *(Hiodontidae)* gehören nur 3, heringsähnl., nordam. Arten; sie haben auffallend große Augen u. eine stumpfe Schnauze mit vielen Zähnen; v. a. im Gebiet der Großen Seen ist das bis 40 cm lange Mondauge *(Hiodon tergisus)* heimisch. **2)** *Amerikanische M., Rhamphichthyidae,* Fam. der ↗ Messeraale.

Messerfuß, *Scaphiopus,* Gatt. der ↗ Krötenfrösche.

Messermuschel ↗ Scheidenmuscheln.

Messingeule, *Plusia chrysitis,* ↗ Goldeulen.

Messingkäfer, *Niptus hololeucus,* ↗ Diebskäfer.

Messor *m* [lat., = Schnitter], Gatt. der ↗ Knotenameisen, eine ↗ Ernteameise (☐).

Mesua *w* [ben. nach dem pers. Arzt J. Mesuë, 777/780–857], Gatt. der ↗ Rauhblattgewächse.

Mesurethra [Mz.; v. *mes-, gr. ourēthra = Harnleiter], U.-Ord. der Landlungenschnecken mit 5 Fam. mit sehr kurzem Harnleiter; Penis ohne langen Anhang.

Met, Abk. für ↗ Methionin.

Meta *w,* Gatt. der Radnetzspinnen, ↗ Herbstspinne, ↗ Höhlenspinnen.

meta- [v. gr. meta = hinter, nach, zwischen, samt, gemäß, um-].

metabol- [v. gr. metabolē = Umsturz, Veränderung, Umwandlung; dazu: metabolikos = verändernd, metabolos = veränderlich].

Mesurethra
Überfamilien und Familien:
↗ Clausilioidea
 Ceriidae (↗ Cerion)
 Megaspiridae
 (↗ Megaspira)
 ↗ Schließmundschnecken
 (Clausiliidae)
Strophocheiloidea
 Dorcasiidae
 Strophocheilidae
 (↗ Strophocheilus)

Metabiose *w* [v. *meta-, gr. bioein = leben], Zusammenleben zweier Organismenarten, v. denen die eine die Lebensbedingungen für die andere, selbst nicht aktiv beteiligte, schafft, z. B. Nitrit- u. Nitratbakterien. ↗ Symbiose.

Metabolie *w* [v. *metabol-], bei Tieren die Entwicklung über ein od. mehrere Larvenstadien (↗ indirekte Entwicklung), z. B. bei Insekten; ↗ Metamorphose.

metabolisch [v. *metabol-], **1)** den Stoffwechsel *(Metabolismus)* betreffend, durch Stoffwechselprozesse entstanden; **2)** veränderlich, z. B. im Sinne der ↗ Metabolie.

Metabolismus *m* [v. *metabol-], der ↗ Stoffwechsel.

Metaboliten [Mz.; v. *metabol-], ↗ Antimetaboliten.

Metacarpalia [Mz.; v. *meta-, gr. karpos = Handwurzel], *Mittelhandknochen,* ↗ Autopodium, ↗ Extremitäten, ↗ Hand (☐).

Metacarpus *m* [v. *meta-, gr. karpos = Handwurzel], *Mittelhand,* ↗ Extremitäten, ↗ Hand.

Metacercarie *w* [v. *meta-, gr. kerkos = Schwanz], encystierte ↗ Cercarie der *Digenea* (↗ Saugwürmer), entwickelt sich aus den den 1. Zwischenwirt verlassenden, freischwimmenden Cercarien durch Hüllen- od. Kapselbildung an Pflanzen (z. B. ↗ *Fasciola*) od. im 2. Zwischenwirt (z. B. ↗ *Dicrocoelium*).

metachromatische Granula [Mz.; v. gr. metachrōmatizein = umfärben, lat. granulum = Körnchen], ↗ Volutin.

Metacoel *s* [v. *meta-, gr. koilos = hohl], *Somatocoel,* paariges Coelom, das nach der ↗ Enterocoeltheorie zus. mit dem unpaaren Proto- od. ↗ Axocoel u. dem ebenfalls paarigen Meso- od. ↗ Hydrocoel vom Urdarm abgeschnürt wird.

Metacrinia *w* [v. *meta-, lat. crinis = Haar], Gatt. der Austral. Südfrösche, ↗ Myobatrachidae.

Metacrinus *m* [v. *meta-, gr. krinon = Lilie], eine der stattlichsten rezenten Seelilien (Arme 20 cm lang, Stiel bis über 2 m); im Pazifik in über 200 m Tiefe; gehört zur Ord. ↗ Isocrinida.

metagam [v. *meta-, gr. gamos = Hochzeit], nach der Kopulation bzw. Besamung (m. i. e. S.) od. nach der Befruchtung (postzygotisch) erfolgend, z. B. m.e ↗ Isolationsmechanismen, m.e ↗ Geschlechtsbestimmung.

Metagaster *w* [v. *meta-, gr. gastēr = Magen, Bauch], der ↗ Nachdarm.

Metagenese *w* [v. *meta-, gr. genesis = Entstehung, Hervorbringen], *Metagenesis,* eine Form des ↗ Generationswechsels, die nur bei einigen Gruppen v. Metazoen vorkommt: Eine bisexuelle Generation wechselt mit einer od. mehreren

Generationen ab, die ungeschlechtl. („vegetativ") vielzellige (polycytogene) Fortpflanzungskörper bilden. Die bekannteste M. ist der Wechsel von Medusen (Geschlechts-Generation) u. Polypen (ungeschlechtl. Generation) bei Hydrozoen u. Scyphozoen (B Hohltiere I, II). Die ⌐Salpen (⌐ Cyclomyaria, ⌐ Desmomyaria) haben eine bes. komplizierte M. (Wechsel Gonozoide/Oozoide). Unter den Bandwürmern gibt es M. nur beim Hundebandwurm (⌐ Echinococcus). Auch der Generationswechsel der ⌐ Digenea (Ord. der Saugwürmer) wird im allg. als M. angesehen. Deren M. umfaßt oft 3 Generationen, z.B. beim Großen Leberegel (⌐ Fasciola): 1.: Zygote → Miracidium-Larve → Sporocyste, 2.: Redie, 3.: Cercarie → geschlechtsreifer Wurm. Redien u. Cercarien entstehen aus vielzelligen „Keimballen", die möglicherweise auf sich parthenogenet. entwickelnde Eizellen zurückgehen; dies wäre ⌐ Heterogonie.

Metagonimus *m* [v. *meta-, gr. gonimos = lebenskräftig], Gatt. der Saugwurm-Ord. ⌐ Digenea. Bekannteste Art *M. yokogawai*, in Spanien, Rußland, China u. Japan verbreiteter ⌐ Darmegel (T) des Menschen mit 2 Zwischenwirten (Schnecken u. Fische); der Mensch infiziert sich durch Metacercarien v.a. in rohem gegessenem Fisch, z.B. Forellen.

Metagynie *w* [v. *meta-, gr. gynē = Frau], Bez. für die im Vergleich zur Reife der staubblatttragenden Blüten spätere Reife der fruchtblatttragenden Blüten bei monözischen Blütenpflanzen; dient der Förderung der Fremdbestäubung. Ggs.: Metandrie.

Metaldehyd ⌐ Molluskizide.

Metalimnion *s* [v. *meta-, gr. limnē = See, Teich], (therm.) *Sprungschicht,* Begriff aus der Thermik eines Sees: die Zone starker Temp.-Abnahme während der Stagnation. Das M. liegt zw. dem ⌐ Epilimnion u. dem ⌐ Hypolimnion.

Metallbeschattung, elektronenmikroskop. Kontrastierungs-(Färbungs-)Methode, mit deren Hilfe man Oberflächenstrukturen etwa v. Objektabdrücken od. auf dem Objektträger (⌐ Elektronenmikroskop) gespreiteten Partikeln (z. B. isolierte DNA-Fäden) als kontrastreiches Licht-Schatten-Relief im Durchlicht-Elektronenmikroskop darstellen kann. Zur M. wird das Objekt v. einer möglichst punktförm. Dampfquelle aus für wenige Sek. unter einem bestimmten Winkel im Hochvakuum mit Metallen (Al, Pt, Pd, Cr, Ni, W), Metallsalzen (WO₃, ThF₂, SiO₂) od. Kohle bedampft. Zur Verdampfung wird das zu verdampfende Material entweder in Drahtform um einen Heizdraht aus Molybdän, Tantal od. Wolfram gewickelt od. auf ein elektr. aufheizbares Blechschiffchen aus den betreffenden Materialien aufgestreut. Je nach Bedampfungswinkel schlägt sich der Metalldampf auf der Luvseite des Präparats stärker, auf der Leeseite schwächer nieder u. erzeugt so ein v. der Objektstruktur abhängiges Muster v. Zonen unterschiedl. Elektronendichte, das im durchstrahlten Präparat als Licht-Schatten-Relief erscheint. ⌐ Gefrierätztechnik (□).   [libellen (T)].

Metalljungfer, *Cordulia metallica,* ⌐ Falken-

Metallogenium *s,* Gatt. aerober, chemoorganotropher, mycoplasmaähnl. Bakterien, die reduzierte Manganverbindungen (Mn^{2+}) oxidieren u. ablagern (⌐ manganoxidierende Bakterien). Nahezu ident. Formen sind als Fossilien (= *Eoastrion*) bereits in der Gunflint-Formation (älter als 10⁹ Jahre) gefunden worden. Die polymorphen, v. einer Cytoplasmamembran umhüllten Zellen besitzen keine feste Zellwand. Der Entwicklungszyklus ist nicht vollständig bekannt: kokkoide Formen (0,05–1,5 µm, im Durchschnitt 0,3–0,5 µm) können durch Bildung v. Filamenten (0,02–0,25 µm × 1–10 µm) zu stern- od. spinnenart. Mikrokolonien auswachsen, die gewöhnl. starke Ablagerungen v. Mangandioxid zeigen u. dadurch braun bis schwarz gefärbt sind. Die Manganoxidation hat keine Bedeutung für den Energiegewinn, sondern dient vermutl. zur Entgiftung. *M.* wurde aus verschiedenen Habitaten isoliert, wo Mangan vorkommt, z.B. aus oligo-, meso- u. eutrophen Seen, Schlamm, Boden (bes. Podsole), auch v. Blättern u. Koniferen-Nadeln sowie Waldstreu. Die Art *M. personatum* kann sich freilebend vermehren, wird aber durch lebende Pilze im Wachstum gefördert; *M. symbioticum* wächst dagegen nur in engem Kontakt mit verschiedenen Pilzen od. anderen Mikroorganismen. – Die taxonom. Einordnung von *M.* ist z.Z. noch völlig unklar; vorläufig wurde es der Gruppe der knospenden Bakterien angegliedert.

Metalloproteine, *Metallproteine,* veraltete Bez. *Metall(o)proteide,* die Proteine mit komplex gebundenen (⌐ Komplexverbindungen) Metallionen, z.B. die ⌐ Hämoproteine, ⌐ Eisen-Schwefel-Proteine, ⌐ Ferritin, ⌐ Hämocyanin sowie die *Metalloenzyme* (vgl. Tab.). Letztere sind als M. mit enzymat. Eigenschaften definiert.

Metaloben [Mz.; v. *meta-, gr. lobos = Lappen], (Schindewolf 1929), alle Loben der ⌐ Lobenlinie von ⌐ Ammonoidea, die ontogenet. den ⌐ Protoloben folgen.

Metaloph *s* [v. *meta-, gr. lophos = Helmbusch, Kamm], (im Oberkiefer), *Metalophid* (im Unterkiefer), *Nachjoch,* kammart. Schmelzverbindung zw. den Hinter-

Metalloproteine

Metalloenzyme:
Mg^{2+}
Phosphohydrolasen
Phosphotransferasen

Mn^{2+}
Arginase
Phosphotransferasen

Zn^{2+}
Alkoholdehydrogenasen
Carboanhydrase
Carboxypeptidase

Fe^{2+} oder *Fe*$^{3+}$
Cytochrome
Peroxidase
Katalase
Ferredoxin

Cu^{2+}
Tyrosinase
Cytochromoxidase

Mo^{4+}
Nitrogenase

Metamerie

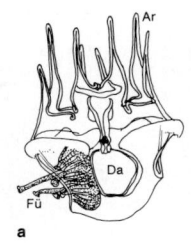

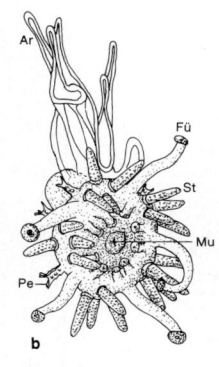

Metamorphose

Entstehung des Seeigels (gepunktet) aus der Pluteus-Larve (hell) als Beispiel für eine *katastrophale M.* Larventeile, welche nicht zur Ausbildung des adulten Seeigels beitragen, werden abgeworfen od. resorbiert. **a** frühes, **b** spätes Stadium der M. – Ar Arme der Pluteus-Larve, Da Darm, Fü Füßchen, Mu Mundfeld, Pe Pedicellarien, St Stacheln

Metamorphose

Hauptformen der imaginalen *Flügelanlagen* (schematisch): **1a** äußere, **b** freie Flügelanlagen bei *Hemimetabola;* **2a** versenkte, **b** gestielte Flügelanlagen bei *Holometabola*

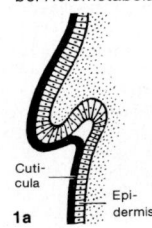

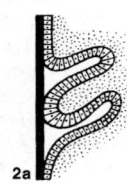

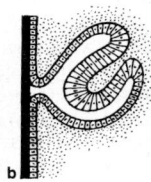

höckern lophodonter Backenzähne v. Säugetieren.

Metamerie *w* [v. *meta-, gr. meros = Teil, Glied], *Segmentierung,* Körpergliederung bei Metazoen mit erhaltenem od. reduziertem Coelom durch mehrfache Wiederholung gleich oder ähnl. organisierter, aufeinanderfolgender, als *echte Segmente* od. *Metamere* ben. Körperabschnitte od. deren ontogenet. Anlagen. Jedes Metamer enthält im urspr. Fall (Ringelwürmer) je ein Paar Coelomsäcke, Ganglien, Nephridien u. Gonaden. Völlige Gleichförmigkeit u. damit funktionelle Gleichwertigkeit der Segmente wird als *homonome M.* bezeichnet u. tritt nur bei urspr. Formen (viele Ringelwürmer) auf. Werden einzelne Segmente bes. differenziert u. zu funktionell unterschiedl. Gruppen vereinigt, so daß der Körper in ungleichförmige u. ungleichwertige Regionen *(Tagmata)* unterteilt ist, spricht man v. *heteronomer M.* (Gliederfüßer).

Metamorphose *w* [v. gr. metamorphōsis = Umgestaltung, Verwandlung], **1)** Bot.: die im Laufe der Stammesgeschichte erfolgte Umbildung eines (Grund-)Organs in ein anderes, das dem ersteren morpholog. gleichwertig ist, aber ein anderes Aussehen u. eine andere Funktion hat; z.B. zu Dornen, Ranken, Schuppen u. Fangblasen umgewandelte Blätter als *Blatt-M.n* (↗Blatt). **2)** Zool.: *Metabolie,* Umwandlung der *Larvenform* zum erwachsenen, geschlechtsreifen Tier *(Adultstadium,* ↗indirekte Entwicklung) bei Tieren, deren Jugendstadien in Gestalt u. Lebensweise vom Adultzustand abweichen (↗Larven). Bei der M. werden die der larvalen Lebensform gemäßen Spezialorgane (Larvalorgane) eingeschmolzen od. abgestoßen u. die Anlagen der Adultorgane zur Funktionsfähigkeit entwickelt. Die vielfältigen M.-Vorgänge werden i.d.R. hormonell ausgelöst u. koordiniert. – Die M. ist mit einem mehr od. weniger starken Formwechsel verbunden *(Gestaltwechsel),* der einen entspr. Um- od. Abbau mit unterschiedl. Zeitablauf bedingt: Die *kontinuierliche M.* erfolgt während der gesamten postembryonalen Entwicklung; Abbauprozesse spielen dabei eine geringe Rolle (Beispiel: ↗Anamerie der Krebse). Die *katastrophale M.* bildet den Übergang vom letzten Larven- zum Adultstadium. Dabei werden große Teile des Larvenkörpers abgeworfen od. resorbiert (Beispiel: M. der ↗Pluteus-Larve des Seeigels). Der tiefgreifende Umbau erfolgt häufig in einem zur Nahrungsaufnahme unfähigen u. meist auch unbewegl. ↗*Puppen-Stadium* (Beispiel: holometabole Insekten, ↗Holometabola). – Am besten untersucht ist die M. bei Amphibien u. Insekten. Bei den ↗*Amphibien* (B) erfolgt während der M. eine Vielzahl v. strukturellen u. physiolog. Veränderungen, die großenteils im Zshg. mit dem Übergang vom Wasser- zum Landleben stehen. Bei ↗Froschlurchen *(Anura)* sind dies (☐ Entwicklung): Resorption des Schwanzes, Fertigstellung der Beine, Verlust der Kiemen u. Entwicklung der Lunge, Ersatz des Larval-Hämoglobins durch Adult-Hämoglobin (↗Hämoglobine, B), Umstellung der Exkretion v. Ammoniak auf Harnstoff (u. dessen Synthese), Übergang v. der vorwiegend herbivoren zur carnivoren Ernährung, u.a. unter Verlust der Hornkiefer, Erweiterung der Mundöffnung, Verkürzung des Darms. – Ausgelöst wird die M. durch die Schilddrüsenhormone ↗Thyroxin u. ↗Triiodthyronin (T Hormone). Entfernt man bei der Kaulquappe die Schilddrüse od. hemmt ihre Funktion chem., so unterbleibt die M., und die Tiere wachsen zu Riesenlarven heran; Verfütterung v. Schilddrüsengewebe od. -hormonen an junge Larven führt hingegen zur verfrühten M. Die Umwandlung der Kaulquappe wird durch einen bis zum Höhepunkt der M. allmähl. ansteigenden Spiegel an Schilddrüsenhormonen koordiniert, wobei unterschiedl. Gewebe auf unterschiedl. Hormonkonzentrationen ansprechen: die Entwicklung der Beine beginnt bei niedrigeren Konzentrationen u. damit früher als die Resorption des Schwanzes. Auch die ↗Kompetenz zur Reaktion auf die Hormone tritt gestaffelt auf; z.B. schmelzen junge Kaulquappen bei Hormonzusatz nur den Flossensaum, nicht aber die Schwanzachse ein. Die Ausschüttung der Schilddrüsenhormone wird vom thyreotropen Hormon (TSH, ↗Thyreotropin) der Hypophyse gesteuert, das seinerseits vom Thyreotropin-Releasing-Hormon (TRH) des ↗Hypothalamus (T) abhängt. Gegenspieler der Schilddrüsenhormone ist das ↗Prolactin. – Die M. der ↗*Insekten* (T) wird durch das Zusammenspiel zweier Hormone gesteuert, des eigtl. Häutungshormons ↗*Ecdyson* (☐) u. des ↗*Juvenilhormons* (☐), das den Charakter des nächsten Stadiums determiniert: bei hohem Juvenilhormon-Titer finden Larvalhäutungen, bei niedrigem die Puppenhäutung u. ohne Juvenilhormon die Häutung zum Adultstadium statt (↗*Häutung,* ☐). Die Ecdyson-Ausschüttung wird vom Prothoraxdrüse stimulieren-

METAMORPHOSE

Metamorphose bezeichnet die Umwandlung einer Larve zum erwachsenen Tier.

Ein *Schmetterling* schlüpft als *Raupe* aus dem Ei. Diese Larve wächst unter mehreren *Häutungen* heran, stellt plötzlich ihre Nahrungsaufnahme ein und spinnt sich in einem dunklen Schlupfwinkel mit dem Hinterkörper fest; dann verfällt sie in eine Starre. In einer weiteren Häutung tritt unter der abgestreiften Raupenhaut ein neuer Organismus zutage, die starr gepanzerte braungraue *Puppe*. Anstelle der stummelbeinigen Raupengestalt erkennt man an ihr schon andeutungsweise den Schmetterling.

Am Ende der Puppenruhe sprengt der Falter die Puppencuticula entlang einer vorgebildeten Reißnaht, schlüpft aus und entfaltet durch Einpressen von Hämolymphe in das Geäder die Flügel zu dem nur Tage oder Wochen dauernden Imaginalleben, das bald mit Hochzeit und Paarung endet.

Im Schutz der Puppencuticula werden die auf das Raupenleben spezialisierten inneren Organe (Bauchmark, Muskulatur, Darm, Ausscheidungsorgane und Fettkörper) größtenteils durch Enzyme und Freßzellen aufgelöst. Nur das Nervensystem, die Malpighi-Schläuche und einzelne Gewebsinseln aus Mitteldarmepithel verbleiben in dem Gewebebrei. Aus diesen Zentren und den in der Körperwand bereits als Epithelverdickungen vorgebildeten Imaginalscheiben, den Anlagen für Flügel, Beine, Gonaden usw., entsteht unter der zunächst noch weichen Puppencuticula das neue Tier.

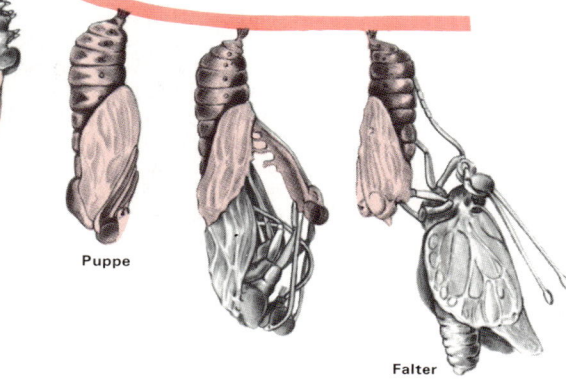

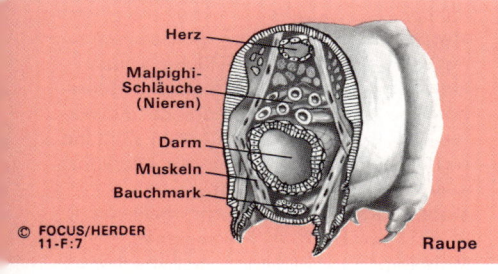

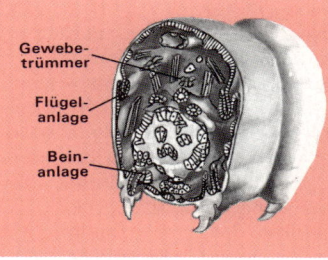

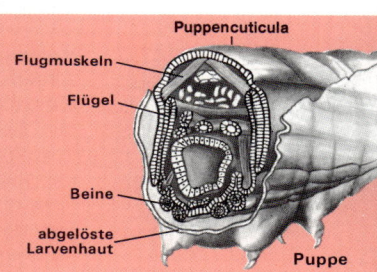

den Hormon (↗ *prothorakotropes Hormon*, PTTH) des Gehirns gesteuert. Für einzelne Insektenarten wurden noch weitere Neurohormone beschrieben, die verschiedene mit der Adulthäutung zusammenhängende Vorgänge kontrollieren (z. B. ↗ *Bursicon*, Schlüpfhormon = *Eclosion Hormon*, die ↗ *Diapause* kontrollierende Hormone; [T] Insektenhormone). Im Ausmaß der auftretenden Veränderungen unterscheidet man zwei Haupttypen der Insekten-M. (Hemimetabolie u. Holometabolie), die jeweils noch untergliedert werden. I) *Hemimetabolie*, unvollkommene M. (besser: allmähliche M.): Schrittweiser Gestaltwechsel der Larve v. Stadium zu Stadium bis zur Adultform (Imago), wobei schon die Eilarve häufig dem Adulttier recht ähnl. ist; sie kann aber auch spezif. Larvalorgane besitzen. Von Häutung zu Häutung werden die Adultmerkmale (z. B. Flügel, Kopulationsapparat) allmähl. auf- u. die Larvalmerkmale abgebaut. Die auch als ↗ Nymphe bezeichneten späten Larvenstadien bilden äußere Imaginalanlagen (z. B. Flügeltaschen). Die hemimetabole Entwicklung ist auf niedere Insekten beschränkt u. wird deshalb als der ursprüngliche M.typ angesehen. Im Ggs. zur phylogenet. abgeleiteten Holometabolie (s. u.) wird zw. Larve u. Imago kein Puppenstadium eingeschoben. Man unterscheidet folgende Typen: 1) *Epimetabolie* (alle Urinsekten): Gestaltwandel zw. den Häutungen wenig ausgeprägt, evtl. postembryonale Vermehrung der Segmentzahl (Protura); meist noch eine od. mehrere Häutungen der Imago (↗ Palaeometabola). 2) *Prometabolie* (Eintagsfliegen): wasserlebende Larve mit Tracheenkiemen; das erste flugfähige Stadium (Subimago) häutet sich zur geschlechtsreifen Imago. 3) *Heterometabolie* ist der wichtigste Typ der Hemimetabolie: Flügel- u. Genitalanlagen entwickeln sich progressiv in Richtung auf die imaginale Stufe, larveneigene Merkmale können bei unterschiedl. Lebensweise der Larve u. der Imago ausgebildet sein. Man unter-

Metamorphose

Ametabolie ist eine heute nicht mehr gebräuchliche Bez. für einen M.typ mit nur wenig oder keiner Verwandlung; bei urspr. flügellosen Insekten (Urinsekten), die heute als Teilgruppe der Epimetabola innerhalb der ↗ Palaeometabola geführt werden.

Metanauplius

a **Fliege**
Kopf mit Augen, Thorax mit Flügeln, Genitalapparat, Antenne, Beine, Haltere

b **Larve**
Flügel-Is, Genital-Is, Augen-Antennen-Is, Bein-Is (3 Paare), Halteren-Is

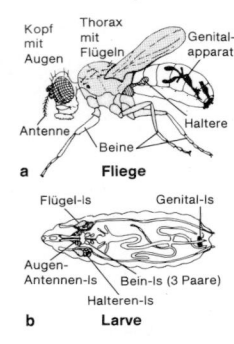

Metamorphose
Imaginalscheiben:
Bei der M. beispielsweise der Fruchtfliege *Drosophila* (a) entstehen Kopf u. Thorax (mit Anhängen) u. der Genitalapparat (außer Keimdrüsen) aus Imaginalscheiben (Is). Sie liegen in der Larve (b) als eingestülpte Epithelsäckchen, die ihren embryonalen Zustand beibehalten haben. Bei der Puppenhäutung werden sie ausgestülpt u. bilden dann einen großen Teil der Fliegen-Epidermis.

meta- [v. gr. meta = hinter, nach, zwischen, samt, gemäß, um-].

scheidet *Archimetabolie* u. *Paurometabolie* (↗Heterometabola). 4) *Neometabolie:* die äußeren Anlagen der Flügel- u. Genitalorgane entstehen spät, so daß flügellose Larven u. Flügelanlagen tragende *Pronymphen* u. *Nymphenstadien* unterschieden werden; der Eintritt ins Pronymphenstadium ist durch tiefgreifende Umwandlungen gekennzeichnet; dieser M.typ bildet einen Übergang zur Holometabolie. Man unterscheidet *Homometabolie, Remetabolie, Parametabolie* u. *Allometabolie* (↗Neometabola). II) *Holometabolie, „vollkommene" M.:* bei diesem phylogenet. abgeleiteten M.typ weicht die Larve morpholog. stark vom Adulttier ab, u. der Übergang zur Adultform erfolgt im Puppenstadium, das äußere Flügel- u. Genitalanlagen aufweist, keine Nahrung aufnimmt und i.d.R. unfähig zur Fortbewegung ist. Im Schutz der Puppencuticula erfolgt ein fast vollständ. Umbau mit Auflösung u. Zerstörung der larvalen Organe u. Neubildung der Adultorgane (↗Imaginalscheiben). Die Puppe häutet sich dann zur Imago. Man unterscheidet *Eoholometabolie, Euholometabolie, Polymetabolie, Hypermetabolie* und *Cryptometabolie* (↗Holometabola). ↗Larvalentwicklung. B 429.   K. N.

Metanauplius *m* [v. *meta-, gr. nauplios = schwimmendes Schaltier], ↗Nauplius.

Metandrie *w* [v. *meta-, gr. andres = Männer], Bez. für die im Vergleich zur Reife der fruchtblatttragenden Blüten spätere Reife der staubblatttragenden Blüten bei monözischen Blütenpflanzen; fördert die Fremdbestäubung. Ggs.: Metagynie.

Metanephridien [Mz.; v. *meta-, gr. nephridios = Nieren-], ↗Nephridien, ↗Exkretionsorgane.

Metanephros *m* [v. *meta-, gr. nephros = Niere], die ↗Nachniere.

Metanotum *s* [v. *meta-, gr. nōtos = Rücken], Rückenschild (Tergit) des 3. Thorakalsegments der Insekten. ↗Thorax.

Metaphase *w* [v. *meta-, gr. phasis = Schein, Erscheinung], Phase v. ↗Mitose (B) u. ↗Meiose (B).

Metaphasenplatte, die ↗Äquatorialplatte.

Metaphloëm *s* [v. *meta-, gr. phloios = Rinde, Bast], Bez. für die im Anschluß an die Ausbildung der Erstlinge des Siebteils (Phloem), der *Phloemprimanen*, gebildeten zusätzl. und häufig weiterlumigen Assimilatleitelemente, mit deren abschließender Ausbildung der primäre Differenzierungszustand der ↗Leitbündel erreicht wird.

Metaplasie *w* [v. spätgr. metaplasis = Umbildung], *Umdifferenzierung, Transdifferenzierung,* durch Außenreize, Ernährungs- od. Funktionsmangel, auch funktionelle Überlastung v. Geweben ausgelöste Umwandlung differenzierter Gewebe in andere, verwandte Gewebstypen, z. B. Ersatz einschicht. Flimmerepithelien durch verhorntes Plattenepithel im Rachenraum auf Dauerreize hin od. die Umwandlung faserigen Bindegewebes in Knochen an ungewöhnl. Stellen, wie in Arterienwänden u. Unterhautbindegewebe, ferner die Umwandlung v. Pigmentzellen in Linsenzellen bei der ↗Linsenregeneration.

Metapleuralfalten [v. *meta-, gr. pleura = Rippen], vom Atrioporus bis zur Mundregion verlaufende ventrale Hautfalten beim ↗Lanzettfischchen; in jeder Falte befindet sich ein Coelomraum (*Metapleuralcoelom*).

Metapleurum *s* [v. *meta-, gr. pleuron = Seite], Seitenteil (Pleurit) am 3. Thorakalsegment bei Insekten. ↗Thorax.

metapneustisch [v. *meta-, gr. pneustikos = atmend], Bez. für Insektenlarven (*Metapneustia*), bei denen nur das hinterste Stigmenpaar zur Atmung offen ist; so bei wasserlebenden Larven der Schwimmkäfer u. vielen Dipteren. ↗Hemipneustia.

Metapodium *s* [v. *meta-, gr. podion = Füßchen], Mittelhand bzw. -fuß der Tetrapodenextremität; ↗Autopodium, ↗Extremitäten.

Metapotamal *s* [v. *meta-, gr. potamos = Fluß], die ↗Bleiregion; T Flußregionen.

Metapterygota [Mz.; v. *meta-, gr. pterygōtos = geflügelt], Teilgruppe der ↗Insekten, die sich im voll geflügelten Zustand nicht mehr häuten; hierher alle *Pterygota* außer den ↗Eintagsfliegen.

Metarhithral *s* [v. *meta-, gr. rheithron = Fluß], ↗Bergbach, T Flußregionen.

Metasequoia *w* [v. *meta-, ben. nach dem Cheyenne-Indianer Sequoiah, 1770–1843], Gatt. der ↗Sumpfzypressengewächse mit der einzigen Art *M. glyptostroboides;* mit *Taxodium* nahe verwandter sommergrüner Baum; Blätter u. Zapfenschuppen gegenständig angeordnet, Kurztriebe im Herbst abfallend. Die Gatt. u. Art wurde 1941 zunächst fossil im Tertiär Japans u. wenig später auch lebend in Zentralchina entdeckt („lebendes Fossil"), wo sie heute das einzige natürl. Areal besitzt. Wegen ihrer Raschwüchsigkeit u. Winterhärte ist sie in den gemäßigten Breiten inzwischen ein beliebter Park- u. Zierbaum. Fossil tritt sie zuerst in der Kreide auf u. war im Tertiär in N-Amerika, Europa u. Asien weit verbreitet.

Metasoma *s* [v. *meta-, gr. sōma = Körper], ↗Trimerie.

Metastasen [Mz.; v. gr. metastasis = Umstellung, Wanderung] ↗Krebs.

Metasternum *s* [v. *meta-, gr. sternon = Brust], Bauchschild (Sternit) des 3. Thorakalsegments der Insekten. ↗Thorax.

Metastrongylidae [Mz.; v. *meta-, gr. stroggylos = rund], Fam. parasit. Fadenwürmer, die in den Atemorganen („Lungenwürmer", ↗Lungenwurmseuche) od. im Zirkulationssystem v. Säugetieren leben. ↗ *Strongylida.*

Metastrongylose w [v. *meta-, gr. stroggylōsis = Rundung], die ↗Lungenwurmseuche.

Metatarsalia [Mz.; v. *meta-, gr. tarsos = breite Fläche, Fußsohle], *Mittelfußknochen,* ↗Autopodium, ↗Extremitäten, ↗Fuß (T). [↗Fuß (T)].

Metatarsus m, *Mittelfuß,* ↗Extremitäten, ↗Fuß.

Metatheria [Mz.; v. *meta-, gr. thēria = Tiere], die ↗Beutelsäuger.

Metathorax m [v. *meta-, gr. thōrax = Brustpanzer], die ↗Hinterbrust; ↗Insekten, ↗Insektenflügel, ↗Flugmuskeln.

Metatrochophora w [v. *meta-, gr. trochos = Rad, -phoros = tragend], Trochophora-Larve bei Polychaeten, bei der die Bildung der Coelomsäcke bereits begonnen hat, Parapodien jedoch noch fehlen.

Metaxylem s [v. *meta-, gr. xylon = Holz], Bez. für die im Anschluß an die Ausbildung der Erstlinge des Holzteils (↗Xylem), der *Xylemprimanen,* gebildeten zusätzl. und häufig weiterlumigen Wasserleit- u. Festigungselemente, mit deren abschließender Ausbildung der primäre Differenzierungszustand der ↗Leitbündel erreicht wird.

metazentrisch [v. *meta-, gr. kentron = Mittelpunkt], *isobrachial,* ↗Chromosomen.

Metazoa [Mz.; v. *meta-, gr. zōa = Tiere], *Metazoen, vielzellige Tiere, Vielzeller,* U.-Reich (Subregnum) der Tiere, vielzellige „Gewebetiere", die durch den Besitz v. differenzierten Geweben, deren Zellen ↗Desmosomen und ↗tight-junctions auszubilden vermögen, v. Organen und durch eine Trennung v. Soma- und Keimbahnzellen (↗Keimbahn, □) charakterisiert sind. Diese Merkmale treffen für die ↗*Mesozoa,* ↗*Placozoa* und *Porifera* (↗Schwämme) nur unvollkommen zu, sind aber v. den ↗Hohltieren an (↗*Eumetazoa*) voll ausgebildet. Den *M.* stehen die einzelligen *Protozoa* (↗Einzeller) gegenüber. Die *M.* bilden keine monophylet. Gruppe.

Metazonit m [v. *meta-, gr. zōnē = Gürtel], hinterer Abschnitt eines Doppelsegments der ↗Doppelfüßer (vorderer Abschnitt: ↗Prozonit); die Grenze zw. beiden Zoniten stellt vermutl. die urspr. Trennungslinie der beiden verschmolzenen Segmente dar.

Metencephalon s [v. *meta-, gr. egkephalon = Hirn] ↗Nachhirn.

meteorische Blüten [v. meteōros = in der Höhe], Blüten, deren Öffnen u. Schließen v. Witterungsbedingungen, Licht, Wärme u. a. gesteuert werden.

Meteorismus m [v. gr. meteōrismos = Hebung], *Blähsucht,* vermehrte Gasansammlung im Magen u. Darm mit Auftreibung des Bauches.

Meteorit m [v. gr. meteōra = Himmelskörper], ein fester Körper v. subplanetarer Größe im Weltraum bzw. aufgeschlagen auf der Erdoberfläche, der in der Erdatmosphäre Leuchterscheinungen (Meteor) hervorruft. M.en können möglicherweise Anhaltspunkte für ↗extraterrestrisches Leben geben; so fanden sich z. B. beim 1969 in Austr. niedergegangenen *Murchison-Meteoriten* einige Aminosäuren u. andere organ. Verbindungen (vgl. Tab.), die mit Sicherheit nicht v. der Erde stammen, die aber andererseits nicht unbedingt auf „höheres" Leben im Weltraum schließen lassen.

Meteorobiologie w [v. gr. meteōra = Himmelskörper], Wiss., die sich aus der Sicht der Biol. mit den Einflüssen der atmosphärischen Bedingungen (Wetter, Witterung u. ↗Klima) auf biol. Systeme befaßt (↗*Biometeorologie*).

Meteorologie w [v. gr. meteōrologia = Lehre von den Himmelserscheinungen], Physik der ↗Atmosphäre u. damit Teil der Geophysik. Durch Anwendung physikal. Regeln, mathemat. Gesetze und empir. Beziehungen versucht die M. die Vorgänge in der Lufthülle der Erde zu verstehen u. zu beschreiben. Anwendung der Erkenntnisse erfolgt z. B. in der *synoptischen M.,* der eigtl. Wetterkunde, bei der durch numer. Modelle unterstützten Wetteranalyse u. -vorhersage. Der Anwendungsbezug gilt auch in der *Klimatologie* (↗Klima), in der der langfrist. Aspekt der atmosphär. Bedingungen behandelt wird. Teilbereiche der M. werden z. T. mit eigenen Namen belegt, wie ↗ Bio-M., ↗ Agrar-M., Flug-M. usw.

Methämoglobin s [v. *meta-, gr. haima = Blut, lat. globus = Kugel], Abk. *Met-Hb, Hämiglobin,* Hämoglobin, dessen komplex gebundene Eisenionen durch künstl. Oxidation vom zweiwert. in den dreiwert. Zustand übergegangen sind u. das daher Sauerstoff nicht mehr reversibel binden kann. Auch unter natürl. Bedingungen liegt im Erythrocyten immer etwa 1% des Hämoglobins als M. vor; dieser Anteil kann erhöht sein in Ggw. von phagocytierenden Leukocyten oder durch oxidierende Substanzen (Arzneimittel). Verschiedene Enzyme (Glutathion-Peroxidase, Katalase, Superoxid-Dismutase sowie M.-Reductase) sorgen für eine Oxidationsschutz. Da die zugehörigen Reaktionen z. T. unter Energieaufwand ablaufen, belasten sie das Energiebudget des Erythrocyten nicht unerheblich. Beim Abbau des Hämoglobins nach Phagocytose der Erythrocyten in

---

Meteorit
Einige Moleküle, die im *Murchison-Meteoriten* gefunden wurden:
Glycin
Alanin
Glutaminsäure
Valin
Prolin
nichtbiol. Aminosäuren
Pyrimidine
höhere Kohlenwasserstoffe

meta- [v. gr. meta = hinter, nach, zwischen, samt, gemäß, um-].

Methan

der Milz tritt als Zwischenprodukt ebenfalls M. auf, aus dem das Häm-Fe^{3+} leicht abzuspalten ist. ↗Hämoglobine.

Meth<u>a</u>n s [v. gr. methy = Wein], CH_4, *Grubengas, Sumpfgas*, einfachste organ. Verbindung (↗Alkane, [T]), farb- u. geruchloses, brennbares, ungift. Gas; Hauptbestandteil vieler ↗Erdgase u. des in Steinkohlenflözen eingeschlossenen Grubengases; entsteht auch beim Faulen *(Faulgas)* organ. Stoffe durch ↗methanbildende Bakterien. ↗Biogas, ↗Deponie ([T]).
☐ chemische Bindung.

Methan<u>a</u>l s [v. *metha-], der ↗Formaldehyd.

Methanbakterien, die ↗methanbildenden Bakterien.

methanbildende Bakterien, *methanogene Bakterien, Methanbakterien, Methanobacteriaceae* (Barker, 1956), obligat anaerobe Bakterien, die ↗Methan (und CO_2) als Endprodukt im Energiestoffwechsel bilden (↗Methanbildung, auch ↗*Methangärung* gen.). Sie unterscheiden sich durch eine Reihe wicht. Merkmale v. den meisten („normalen") Bakterien, so daß vorgeschlagen wurde, sie einem eigenen „Urreich", dem der ↗Archaebakterien, zuzuordnen. Vorerst (1985) werden sie taxonom. noch als Abt. *Mendosicutes* (Kl. *Archaeobacteria*) bei den Prokaryoten eingeordnet. Es gibt unbewegl. und mit Geißeln bewegl. Arten. Die Zellwände enthalten nie Peptidoglucan (Murein); einige besitzen ein Pseudomurein, andere haben Zellwände aus Protein od. Heteropolysacchariden (weitere Unterscheidungsmerkmale zu den „Eubakterien" und taxonom. Einordnung ↗Archaebakterien). Die Zellformen sind sehr unterschiedl., z. B. lange Stäbchen *(Methanobacterium)*, kurze Stäbchen *(Methanobrevibacter, Methanogenium)*, kurze gekrümte Stäbchen *(Methanomicrobium)*, kurze od. lange Spirillen *(Methanospirillum)*, Kokkenpakete *(Methanosarcina)*. – Einige Arten enthalten ↗Gasvakuolen *(Methanosarcina*-Arten); neuerdings sind auch N_2-fixierende Stämme entdeckt worden. Die m.n B. sind i. d. R. streng anaerob, enthalten keine Katalase u. Superoxid-Dismutase (↗Aerobier), u. die meisten werden v. Sauerstoff schnell abgetötet, so daß besondere anaerobe Techniken zur Isolierung u. Kultivierung notwendig sind (↗Hungate-Technik). In der Natur leben sie daher in sauerstofffreien Zonen, auch als Symbionten (vgl. Tab.). M. B. sind äußerst wichtig im ↗Kohlenstoffkreislauf: beim sauerstoffreien Abbau v. polymeren Naturstoffen (z. B. Cellulose, Stärke) sind sie letztes Glied einer „anaeroben Nahrungskette" u. setzen niedermolekulare Gä-

methanbildende Bakterien

Arten und Vorkommen (Auswahl):
Methanobacterium[1] *formicicum* (Pansen, Gewässer-Sedimente, Endosymbiont in Ciliaten; Faulturm) *bryantii* (= *M.,* Stamm MoH) (Sedimente, Endosymbiont v. Süßwasser-Ciliaten) *thermoautotrophicum* (Faulturm, heiße Quellen)
Methanobrevibacter[1] *ruminantium* (Pansen, auch auf Protozoen; [Mensch]) *arboriphilus* (Feuchtkern v. Bäumen, Boden)
Methanomicrobium[2] *mobile* (Pansen)
Methanospirillum[2] *hungatei* (Faulturm, Sedimente)
Methanogenium[2] *cariaci* (marin)
Methanosarcina[2] *barkeri* (Faulturm, Sedimente)
Methanococcus[3] *vannielii* (Sedimente)
1 = Ord. *Methanobacteriales,* Fam. *Methanobacteriaceae*
2 = Ord. *Methanomicrobiales,* Fam. *Methanomicrobiaceae* u. Fam. *Methanosarcinaceae*
3 = Ord. *Methanococcales,* Fam. *Methanococcaceae*

Methanbildung

aus Wasserstoff (H_2):

$4 H_2 + CO_2$
↓
$CH_4 + 2 H_2O$
$\Delta G^{o\prime} = -139$ kJ

aus Ameisensäure (Formiat):

$4 HCOOH$
↓
$3 CO_2 + CH_4 + 2 H_2O$
$\Delta G^{o\prime} = -120$ kJ

aus Essigsäure (Acetat):

CH_3COOH
↓
$CH_4 + CO_2$
$\Delta G^{o\prime} = -28$ kJ

rungsendprodukte anderer Bakterien zu Methan (und CO_2) um (↗Methanbildung, ↗Mineralisation). Fast alle Arten können molekularen Wasserstoff (H_2), sehr viele Formiat, wenige Acetat, Methanol u. Methylamine als Energiequelle verwerten; einige setzen auch Kohlenmonoxid um. Durch die Aufnahme von H_2 haben m. B. eine wichtige ökolog. Funktion in anaeroben Habitaten u. sind dadurch eng mit H_2-produzierenden Bakterien vergesellschaftet. H_2-bildende ↗acetogene Bakterien können nur wachsen, wenn die m.n B. den H_2-Gehalt im Biotop stark verringern (↗Interspezies-Wasserstoff-Transfer). Die Verbindung von nicht-m.n B. und m.n B. kann so eng sein, daß z. B. die Assoziation eines H_2-bildenden Äthanoloxidierers (S-Organismus) u. eines methanbildenden Bakteriums (Stamm MoH = <u>M</u>ethanobacterium <u>o</u>xidizing <u>h</u>ydrogen) 30 Jahre für eine Reinkultur eines Methanbildners („*Methanobacterium omelianski*") gehalten wurde. Als H_2-Überträger ist ein besonderes, nur ausnahmsweise bei anderen Bakterien gefundenes, fluoreszierendes Coenzym (F 420) beteiligt, so daß m.B. leicht im Fluoreszenzmikroskop erkannt werden können. Mit H_2 als Elektronendonor und CO_2 als Elektronenakzeptor (↗Carbonatatmung) liegt ein chemolithotropher Energiestoffwechsel vor. Da CO_2 außerdem in einem besonderen autotrophen Assimilationsweg (↗Kohlendioxidassimilation, *nicht* Calvin-Zyklus) zur Synthese v. Zellsubstanz genutzt wird, können diese m.n B. als autotrophe, anaerob wasserstoffoxidierende Bakterien charakterisiert werden. M. B. sind bes. wichtig in der Abwasserbehandlung (↗Kläranlage) u. gewinnen als Erzeuger v. ↗Biogas (Methan + CO_2) aus ↗Biomasse, bes. aus verschiedenen Abfallprodukten (↗Deponie, [T]), immer stärker an Bedeutung (↗Bioenergie). – Obwohl die Methanbildner einen sehr spezif. Stoffwechsel ausführen, sind sie z. T. nur entfernt miteinander verwandt; z. Z. werden die ca. 15 Arten in 3 Ord. und 7 Gatt. eingeordnet (vgl. Tab.). G. S.

Methanbildung, Bildung v. ↗Methan (CH_4) beim Abbau (↗Mineralisation) organ. Substanzen unter Sauerstoffausschluß durch ↗methanbildende Bakterien. Es wird geschätzt, daß ca. 2% der Biomasse in Süßwassersedimenten in Methan umgewandelt werden (pro Jahr $3,5 \cdot 10^{14} – 12 \cdot 10^{14}$g; im Pansen v. Rindern: 100–200 l pro Tag u. Rind). M. findet überall statt, wo organ. Material in Abwesenheit v. Sauerstoff biol. abgebaut wird u. Sulfat od. Nitrat nicht od. nur in geringen Mengen vorliegen (↗Sulfatatmung, ↗Nitratatmung). Die Entwicklung eines brennbaren Gases in Sümpfen

(Sumpfgas) u. Teichen wurde bereits 1776 von dem it. Physiker A. Volta beschrieben (weitere Ökosysteme ↗methanbildende Bakterien). – Substrate für die M. sind niedermolekulare Abbauprodukte verschiedener Gärungen: molekularer Wasserstoff (H_2) mit CO_2 als Elektronenakzeptor (↗Carbonatatmung), Formiat, Methanol, Methylamine u. Acetat. Über die einzelnen Reaktionsschritte der Energiebildung ist noch wenig bekannt. Thermodynam. bietet nur der letzte Schritt der M. die Möglichkeit, ATP zu synthetisieren; dieser Energiegewinn erfolgt nicht durch eine Substratstufenphosphorylierung (wie für „echte Gärungen" charakterist.), sondern über eine Elektronentransportphosphorylierung (ohne Sauerstoffbeteiligung), eine ↗„anaerobe Atmung"; die Bez. *Methangärung* für diesen Energiestoffwechsel wird daher v. einigen Autoren nicht mehr verwendet. Dient H_2 als Substrat (Elektronendonor), entsteht Methan durch stufenweise Reduktion von CO_2 (in gebundener Form). An dieser Umsetzung sind eine Reihe ungewöhnl. Elektronenüberträger (Coenzyme, prosthetische Gruppen) beteiligt, die z.T. nur od. fast ausschl. bei methanbildenden Bakterien zu finden sind (vgl. Spaltentext). Es fehlen andererseits verschiedene Elektronenüberträger (z.B. verschiedene Cytochrome u. Chinone), die normalerweise in bakteriellen Atmungsketten auftreten. Die Bildung v. *Faulgas* (= ↗Biogas: $CH_4 + CO_2$) geht zu ca. 2/3 aus Acetat hervor, während im Pansen Methan hpts. aus H_2 und CO_2 stammt, da die niederen Fettsäuren (einschl. Acetat) v. den Tieren resorbiert werden. Die Biokonversion – die Umwandlung v. Biomasse, bes. v. Abfallprodukten, in Methan (Biogas) – gewinnt immer stärker an Bedeutung (↗Bioenergie). Methan läßt sich auch biol. aus physikal.-chem. gewonnenen Gasen (z.B. Synthesegas, $CO + H_2$, aus der Kohlevergasung) herstellen *(Biomethanisierung)*.

G. S.

Methangärung, Methanbildung durch ↗methanbildende Bakterien. ↗Methanbildung, ↗Carbonatatmung.

Methanobacterium, Gatt. der ↗methanbildenden Bakterien (T).

Methanococcus *m* [v. *methano-, gr. kokkos = Kern, Beere], Gatt. der ↗methanbildenden Bakterien (T).

methanogene Bakterien [Mz.; v. *methano-, gr. gennan = erzeugen], die ↗methanbildenden Bakterien.

Methanol *s*, der ↗Methylalkohol; ☐ Alkohole.

Methanosarcina *w* [v. *methano-, gr. sarkinos = fleischig], Gatt. der ↗methanbildenden Bakterien (T).

---

metha-, methano- [v. gr. methy = Wein], in Zss. meist bezogen auf ↗Methan.

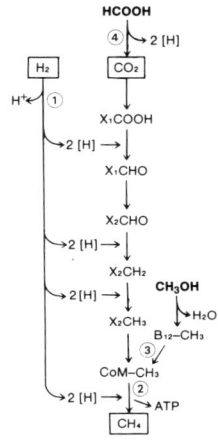

Methanbildung

Schema der M. aus H_2 u. anderen Einkohlenstoff-Verbindungen durch methanbildende Bakterien. CO_2 wird stufenweise, in gebundener Form (an verschiedenen Faktoren), bis zum Methan reduziert; im letzten Schritt, bei der Reduktion der Methylgruppe zu Methan ②, wird Energie gewonnen.
X_1 = CO_2-Reduktionsfaktor (= CDR, carbon dioxid factor, in Methanofuran),
X_2 = Formaldehydaktivierender Faktor (= THMP, Tetrahydromethanopterin), CoM (= Coenzym M, Mercaptoäthansulfonsäure),
B_{12} = B_{12}-Coenzym.
① = Hydrogenase-Reaktion, liefert Reduktionsäquivalente ([H]); ② = Methylreductase-Reaktion;
③ = Methyltransferase-Reaktion; ④ = Formiat-Reductase.
Als Elektronenüberträger ist auch das fluoreszierende 5-Deazariboflavin-Derivat F_{420} beteiligt.

---

methanoxidierende Bakterien

Methanospirillum *s* [v. *methano-, gr. speira = Windung], Gatt. der ↗methanbildenden Bakterien (T).

methanotrophe Bakterien, die ↗methanoxidierenden Bakterien.

methanoxidierende Bakterien, *methanotrophe Bakterien,* gramnegative, strikt aerobe (katalase- u. oxidasepositive) Bakterien, die ↗Methan als Energie- u. Kohlenstoffquelle nutzen können (enthalten eine Methanmonooxygenase); Methanol und vermutl. Formaldehyd werden auch v. allen m.n B. verwertet. Sie haben Stäbchen-, Vibrionen- od. Kokkenform, gehören zur physiolog. Gruppe der ↗methylotrophen Bakterien u. werden neuerdings taxonom. in der Fam. *Methylococcaceae* zusammengefaßt. Mit Methan wachsende Zellen enthalten ein intracytoplasmat. Membransystem, entweder Membranstapel in der gesamten Zelle verteilt (Gruppe I) od. paarige Membranen am Zellrand (Gruppe II). Sie bilden verschiedene Dauerstadien (Exosporen u. Cysten) u. sind unbeweglich od. durch Geißeln beweglich. Es wird zw. den *obligat m.n B.,* die nur die oben gen. (u. vielleicht einige wenige andere C_1-Verbindungen) verwerten, u. den *fakultativ m.n B.* unterschieden, die zusätzlich organ. Verbindungen mit mehreren C-Atomen (mit C–C-Bindung, z.B. Glucose) nutzen können. ATP wird im Atmungsstoffwechsel gebildet, der Kohlenstoff für Zellmaterial hpts. in 2 besonderen Wegen assimiliert, dem ↗*Ribulosemonophosphat-Zyklus* u. dem ↗*Serin-Weg;* wenige Arten

methanoxidierende Bakterien (Fam. *Methylococcaceae*)	
Vorläufige Einteilung nach morpholog. u. physiologischen Merkmalen:	
Gruppe I (z.B. *Methylomonas methanica, Methylococcus capsulatus*) 1. intracytoplasmatische Membranen in vielen Membranstapeln 2. Cystenbildung 3. Ribulosemonophosphat-Zyklus (überwiegend) 4. unvollständiger Citratzyklus (keine 2-Oxoglutarat-Dehydrogenase) 5. selten N_2-Fixierung 6. hpts. Stäbchen u. Kokken	*Gruppe II* (z.B. *Methylosinus trichosporium, Methylobacterium organophilum*) 1. intracytoplasmatische Membranen, paarig am Zellrand 2. Exosporen oder „Lipidcysten" 3. Serin-Weg (überwiegend) 4. Citratzyklus 5. N_2-Fixierung 6. hpts. Stäbchen u. Vibrionen
Gruppe I und II werden noch aufgrund verschiedener Merkmale in Untergruppen (a, b) unterteilt. Hauptunterschiede: Vertreter der Gruppe Ib (z.B. *Methylococcus capsulatus*) können im Ggs. zu Ia eine autotrophe CO_2-Fixierung ausführen. Die Arten der Untergruppe IIb können im Unterschied zu IIa fakultativ m.B. und können z.B. auch auf Glucose wachsen.	

Methansäure

besitzen auch den Calvin-Zyklus für eine autotrophe CO_2-Assimilation. Viele können molekularen Stickstoff fixieren. Die wichtige ökolog. Funktion der m.n B. ist die Rückführung des Methan-Kohlenstoffs als CO_2 in den ↗Kohlenstoffkreislauf der Biosphäre. Sie treten überall dort auf, wo fossil od. neu gebildetes Methan in Kontakt mit Luftsauerstoff kommt: Sedimente über Faulschlamm, Reisfelder, Seen, Teiche, überschwemmte Erde, Erdgas-, Erdölfelder, Bohrschlamm, Kohlegruben, Wasserpflanzen, Abwasser usw.; in eutrophen Gewässern kann die Anzahl (10^3–10^8 Zellen pro l Wasser) bis 8% der gesamten heterotrophen Bakterien betragen. – Söhngen (1906) isolierte das erste methanoxidierende Bakterium, *Pseudomonas methanica*, später in *Methylomonas methanica* umbenannt. M. B. haben z. T. morpholog. u. physiologisch große Ähnlichkeit mit nitrifizierenden B.

Methansäure, die ↗Ameisensäure.

Methionin s [v. *methyl-, gr. theion = Schwefel], Abk. *Met* oder *M*, in fast allen Proteinen vorkommende, schwefelhaltige, essentielle ↗Aminosäure (☐). Bei der Proteinsynthese wird als erste Aminosäure immer M. (Eukaryoten) bzw. ↗N-Formyl-M. (Prokaryoten) am Aminoterminus eingebaut (↗Methionyl-t-RNA). Diese M.-Reste bleiben entweder erhalten od. werden später (noch während der Synthese od. von den fertigen Proteinen) wieder abgespalten. Die Synthese von M., ausgehend v. ↗Cystein u. ↗Homoserin verläuft über ↗Cystathionin u. ↗Homocystein; letzteres wird durch Methylierung der SH-Gruppe zu M. umgewandelt, wobei Methyltetrahydrofolat als Methylgruppendonor wirkt. Auch M. selbst wirkt, aktiviert als ↗S-Adenosyl-M., als Methylgruppendonor bei Transmethylierungsreaktionen. B Aminosäuren.

Methionyl-t-RNA w, t-RNA, die mit ↗Methionin beladen ist u. als solche den Einbau v. Methionin in Proteine beim Translationsprozeß bewirkt. Eine spezielle M.-t-RNA (sog. M.-t-RNA$_F^{Met}$) kann zu ↗N-Formyl-M.-t-RNA umgewandelt werden u. fungiert als ↗Initiator-t-RNA (Starter-t-RNA) beim Einbau der ersten Aminosäure jedes Proteins.

Methoxy-Gruppe, die einwertige Gruppe $H_3C–O–$, häuf. Substituent in Naturstoffen.

Methylalkohol m, *Methanol, Carbinol*, $H_3C–OH$, der einfachste ↗Alkohol (☐), in reiner Form eine farblose, gift., brennend schmeckende, farblose Flüssigkeit, die vielfach als Lösungsmittel verwendet wird; M., einer der wichtigsten Rohstoffe der organ.-chem. Industrie, kommt nach natürl. vor. *M.-Vergiftungen* verursachen Leibschmerzen, Erbrechen, Krämpfe u. enden in schweren Fällen mit Erblindung u. Tod.

5-Methylcytosin

Methionin (zwitterionische Form)

Glycerinaldehyd-3-phosphat

Glycerinaldehyd

Methylglyoxal

Lactat

Pyruvat

Methylglyoxal

Bildung von M. aus Glycerinaldehyd-3-phosphat u. Weiterreaktion zu Pyruvat

Methylamin s, H_3C-NH_2, die einfachste organ. Base (↗Amine); in reiner Form ein farbloses, fischartig riechendes, gift. Gas; M. bildet sich bei der Umwandlung v. Sarkosin zu Glyoxylat.

Methylaminoessigsäure, das ↗Sarkosin.

Methylbutadien s, das ↗Isopren.

5-Methylcytosin s, in RNA u. DNA gelegentlich anstelle v. ↗Cytosin auftretende Base. ↗Basenmethylierung, ↗Desoxyribonucleinsäuren, ↗modifizierte Basen.

Methylenblau s, *Tetramethylthioninchlorid*, synthet. Verbindung, die in vielen enzymat. gesteuerten Redoxreaktionen als Wasserstoffakzeptor u. aufgrund seiner Farbe als Redoxindikator dienen kann, wobei die oxidierte (blaue) Form des M. in die reduzierte (farblose) Form übergeht. ↗basische Farbstoffe (☐).

Methylengruppe, die zweiwertige Gruppe –CH_2–.

N-Methylglycin s, das ↗Sarkosin.

Methylglyoxal s, der einfachste Ketoaldehyd; bildet sich in bestimmten Bakterien (*Pseudomonas*-Arten) aus Glycerinaldehyd-3-phosphat, das zu freiem Glycerinaldehyd gespalten u. anschließend durch H_2O-Abspaltung zu M. umgewandelt wird. Die Weiterreaktion von M. erfolgt durch Redoxreaktionen zu Lactat bzw. unter aeroben Bedingungen zu Pyruvat. Die Umwandlung v. Glycerinaldehyd-3-phosphat zu Lactat über M. stellt damit eine Alternative zur entspr. Reaktionsfolge innerhalb der ↗Glykolyse (B) dar.

Methylgrün [v. *methyl-], *Parisgrün*, blaugrüner, wasserlösl. Farbstoff aus der Reihe der Triphenylmethanfarbstoffe; in der Mikroskopie zum Nachweis RNA- und DNA-reicher Strukturen als Kernfarbstoff, zur Bakterienfärbung u. zum Spermatozoennachweis benutzt.

Methylgruppe, *Methylradikal*, der in vielen organ. Verbindungen (z. B. Methionin) enthaltene einwertige Rest H_3C– (B funktionelle Gruppen). In zahlr. enzymgesteuerten Stoffwechselreaktionen werden M.n von sog. *M.ndonoren* wie Methionin, S-Adenosylmethionin, Cholin, N-Methyltetrahydrofolsäure u. a. auf *M.nakzeptoren* wie Homocystein, S-Adenosylhomocystein, Guanidinoessigsäure u. a. übertragen (sog. *M.n-Transfer*).

Methylguanido-Essigsäure, das ↗Kreatin.

Methylguanosin s, ein in t-RNA (seltener auch r-RNA) als N1-, N2- oder N7-M. vorkommendes, modifiziertes Nucleosid; N7-M. bildet die sog. *Cap-Struktur* am 5′-Ende eukaryotischer m-RNA (↗Capping).

Methylierung, Einführung einer ↗Methylgruppe in eine chem. Verbindung.

Methylindol, das ↗Skatol.

Methylmalonyl-Coenzym A, Abk. *Methylmalonyl-CoA,* Zwischenstufe beim Abbau bestimmter ⁊ Aminosäuren u. ungeradzahliger ⁊ Fettsäuren; bildet sich durch Carboxylierung v. Propionyl-Coenzym A, dem Abbauprodukt der ungeradzahligen Fettsäuren. Durch Isomerisierungsreaktionen bildet sich aus M.-CoA das Succinyl-Coenzym A, dadurch Einschleusung von M.-CoA u. seiner Vorläuferprodukte zum weiteren Abbau im Rahmen des ⁊ Citratzyklus.

Methylococcaceae [Mz.], ⁊ Methylomonadaceae, ⁊ methanoxidierende Bakterien.

Methylomonadaceae [Mz.; v. *methylo-, gr. monades = Einheiten], Familie der gramnegativen aeroben Stäbchen u. Kokken mit den Gatt. *Methylomonas* u. *Methylococcus;* Vertreter der *M.* sind obligat ⁊ methylotrophe Bakterien, die ausschl. organische Verbindungen mit nur 1 Kohlenstoffatom bzw. ohne C–C-Bindung (z. B. Methan) verwerten. Neuerdings (1984) ist die Fam. *M.* in *Methylococcaceae* umbenannt, in der aber nur noch Arten eingeordnet werden, die Methan (obligat od. fakultativ) als Energie- u. Kohlenstoffquelle nutzen (⁊ methanoxidierende Bakterien).

methylotrophe Bakterien [v. *methylo-, gr. trophē = Ernährung], gramnegative, obligat aerobe Bakterien, die organ. Substrate ohne Kohlenstoff-Kohlenstoff-Bindung als Energie- u. Kohlenstoffquelle nutzen: Einkohlenstoff-(C$_1$-)Verbindungen (z. B. Methan od. Methanol) u. wenige Mehrkohlenstoffverbindungen, z. B. Dimethylamin. *Obligat m. B.* verwerten ausschl. diese Verbindungen (früher Fam. ⁊ *Methylomonadaceae), fakultativ m. B.* wachsen dagegen auch auf Kohlenstoff-Verbindungen mit Kohlenstoff-Kohlenstoff-Bindungen (z. B. Zucker, Säuren). Fakultativ m. B. finden sich in verschiedenen Bakteriengruppen und Gatt.; aber auch eukaryotische Mikroorganismen können fakultativ C$_1$-Verbindungen verwerten. Obligat u. fakultativ Methan-verwertende m. B. werden auch als ⁊ *methanoxidierende* (od. *methanotrophe*) *Bakterien* bezeichnet (Fam. *Methylococcaceae*). Zum Energiegewinn werden Methan od. die anderen C$_1$-Verbindungen oxidiert u. die dabei freiwerdenden Reduktionsäquivalente auf eine Atmungskette zur ATP-Bildung übertragen. Die Synthese von Zellsubstanzen beginnt i. d. R. mit einer Aufnahme v. Formaldehyd (CHO) in den ⁊ Ribulosemonophosphat-Zyklus od. den ⁊ Serin-Weg. – M. B. sind überall dort verbreitet, wo Tier- u. Pflanzengewebe zersetzt u. vergärt werden, bes. in Habitaten, in denen Methan frei wird u. in aerobe Zonen diffundiert. Kommerziell werden m. B. zur Herstellung von L-Glut-

methyl-, methylo- [v. gr. methy = Wein, hylē = Holz].

$$H_3C-\underset{\underset{COO^{\ominus}}{|}}{\overset{\overset{H}{|}}{C}}-\overset{O}{\overset{||}{C}}\sim S-CoA$$

Methylmalonyl-CoA

methylotrophe Bakterien

Substrate obligat methylotropher Bakterien (bzw. methanotropher Bakterien):
Methan, Methanol, Methylamin, Formaldehyd, Formiat, Formamid-Dimethyläther, Tetramethylamin, Trimethylamin-N-oxid, Trimethylsulphonium

Abbau v. Methan u. anderen C$_1$-Verbindungen im Atmungsstoffwechsel:

CH$_4$
NADH ⟶ ① ⟶ O$_2$
NAD$^+$ ⟶ ⟶ H$_2$O
CH$_3$OH
② ⟶ PQQ
⟶ PQQH$_2$
HCHO ⟶ ⑤
NAD$^+$ ⟶ ③ ⟶ H$_2$O
NADH
HCOOH
NAD$^+$ ⟶ ④
NADH
CO$_2$

① Methan-Monooxygenase
② Methanol-Dehydrogenase
③ Formaldehyd-Dehydrogenase
④ Formiat-Dehydrogenase
⑤ Formaldehyd-Assimilation durch Serin-Weg od. Ribulosemonophosphat-Zyklus
PQQ = Pyrrolochinolinchinon (= Methoxatin)

methylotrophe Bakterien (Auswahl)

obligat m. B.:
Methylobacter-, Methylococcus-, Methylomonas-Arten

fakultativ m. B.:
Methylobacterium organophilum Arthrobacter-, Bacillus-, Hyphomicrobium-, Pseudomonas-, Micrococcus-Arten

andere fakultativ methylotrophe Mikroorganismen:
Hefen
Candida-, Pichia-, Hansenula-, Torulopsis-Arten
fädige Pilze
Trichoderma-, Paecilomyces-, Gliocladium-Arten

aminsäure, L-Serin, Vitamin B$_{12}$ u. a. Stoffwechselprodukten sowie v. ⁊ Einzellerprotein aus Methanol verwendet; außerdem dienen sie zur Biotransformation v. verschiedenen Kohlenwasserstoffen (auch Ringverbindungen) zu den entspr. Alkoholen, Aldehyden, Ketonen u. Säuren; von ökolog. Bedeutung ist auch die Abspaltung v. Halogen aus organ. Verbindungen, z. B. von Brom aus Brommethan.

Methylquecksilber, eine für Wirbeltiere höchst giftige fettlösl. organ. Quecksilberverbindung, die nur sehr schwer zerfällt u. über die Nahrungskette angereichert, eine schwere Bedrohung der menschl. Gesundheit ist (⁊ Minamata-Krankheit). M. kann über Beizmittel für Getreide, als Pestizid u. als Stoffwechselprodukt v. Mikroorganismen im Bodenschlamm u. Gewässern in die Nahrungskette gelangen.

Methylthiouracil *s,* ein synthet. Thyreostatikum (⁊ Thyreostatika); die Verwendung von M. als Masthilfsmittel ist in vielen Ländern (darunter in der BR Dtl.) verboten.

5-Methyluracil *s* [v. *methyl-, gr. ouron = Harn, lat. acidus = sauer], das ⁊ Thymin.

Metridium *s* [v. gr. mētridios = fruchtbar], die ⁊ Seenelke.

Metrioptera *w* [v. gr. metrios = mäßig, pteron = Flügel], Gatt. der ⁊ Heupferde.

Metrosideros *w* [v. gr. mētra = Mark, Kern, sidēros = Eisen], Gatt. der ⁊ Myrtengewächse.

Metroxylon *s* [v. gr. mētra = Mark, Kern, xylon = Holz], die ⁊ Sagopalme.

Metschnikow, Ilja Iljitsch, russ. Zoologe u. Arzt, * 14. 4. 1845 Iwanowka bei Kupjansk (Ukraine), † 15. 8. 1916 Paris; arbeitete u. a. bei Henle, Leuckart u. Kowalewski; Studienreisen nach Madeira, Teneriffa, Helgoland, Neapel, Villefranche, seit 1870 Prof. in Odessa, ab 1890 am Inst. Pasteur in Paris; Arbeiten zur vergleichenden Entwicklung der Schwämme, Schnurwürmer, Stachelhäuter, Staatsquallen u. Medusen, Insekten, Skorpione u. a.; entdeckte 1865 die intrazelluläre Verdauung an Landplanarien u. 1883 die Phagozytose v. Bakterien durch Leukocyten und begr. daraus die

Metschnikowia

Theorie der zellulären Immunität, nach der die Abwehr v. Infektionen hpts. auf Aufnahme u. Vernichtung der Erreger durch Leukocyten u. andere Phagocyten beruht; erhielt 1908 zus. mit P. Ehrlich den Nobelpreis für Medizin.

Metschnikowia w [ben. nach I. I. ↗Metschnikow], Gatt. der Echten Hefen (Fam. *Spermophthoraceae*) mit 6 Arten, die durch ihre nadelförm. Ascosporen charakterisiert sind; sie besiedeln besondere Habitate (vgl. Tab.), eine Form lebt parasitisch; die Verbreitung der terrestr. Formen erfolgt hpts. durch Bienen u. Wespen.

Metula w [lat., = kleine Spitzsäule], Teil eines Konidienträgers bei Pilzen, der die sporenbildenden Phialiden trägt, z. B. bei ↗*Aspergillus* u. ↗*Penicillium*.

Metzgeriaceae [Mz.; ben. nach dem dt. Botaniker J. Metzger, 1789–1852], Fam. der ↗*Metzgeriales*; die ca. 500 Lebermoos-Arten kommen vorwiegend in trop. Gebieten vor; nur wenige Arten in gemäßigten Zonen, so die rindenbewohnende, subatlant. verbreitete Art *Metzgeria fruticulosa*, die sich vegetativ auch durch Brutkörper vermehren kann. Der fläch. Thallus dieser Lebermoose besitzt eine deutl. Mittelrippe.

Metzgeriales [Mz.; ↗Metzgeriaceae], Ord. der ↗Lebermoose; umfaßt 5 Fam. (vgl. Tab.); Moose mit gabelig verzweigten, mehrschicht., mitunter foliosen Thalli; das Sporogon reißt mit 4 Klappen auf.

Metzgeriopsis w [↗Metzgeriaceae; v. gr. opsis = Aussehen], Gatt. der ↗Lejeuneaceae.

[↗Bärwurz]

Meum s [v. gr. mĕon = ein Doldenblütler],

Mexikanische Springbohne, die ↗Hupfbohne.

Meyerhof, Otto, dt. Physiologe, * 12. 4. 1884 Hannover, † 6. 10. 1951 Philadelphia; Prof. in Kiel, Berlin u. Heidelberg, ab 1940 in Philadelphia; erforschte den Wärmeverlauf, die Atmung u. die Energieumwandlungen im arbeitenden Muskel sowie die Gesetzmäßigkeiten der alkohol. Gärung; erhielt 1922 zus. mit A. V. Hill den Nobelpreis für Medizin.

Mg, chem. Zeichen für ↗Magnesium.

Miadesmiaceae [Mz.; v. gr. mia = eine, desma = Band], auf das Oberkarbon beschränkte Fam. der Moosfarnartigen (*Selaginellales*) mit der Gatt. *Miadesmia*; für Beziehungen zu den *Selaginellales* sprechen der kraut. Wuchs mit Anisophyllie u. die Heterosporie. Abweichend v. *Selaginella* enthält das Megasporangium aber nur 1 Megaspore u. wird v. Auswüchsen des Sporophylls fast ganz umschlossen. Diese Tendenz zur Samenbildung verlief offenbar konvergent zu der der ↗Samenbärlappe.

I. I. Metschnikow

Metschnikowia
Arten und Vorkommen:
M. pulcherrima
M. reukaufii
M. lunata (Blütennektar, z. T. an überreifen Früchten)
M. zobellii
M. krissii (Küstenwasser vor Kalifornien)
M. bicuspidata (Parasit in *Daphnia magna*, bereits 1884 erkannt, u. in *Artemia salina*)

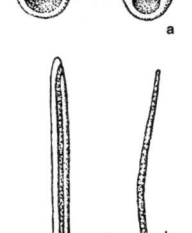

Metschnikowia
M. pulcherrima: **a** vegetative Zellen (⌀ 7–11 μm), **b** Ascus (ca. 6–8 × 20–42 μm) mit Ascosporen u. eine Ascospore (0,4–1,5 × 9–27 μm)

Metzgeriales
Familien:
↗ Aneuraceae
↗ Codoniaceae
↗ Metzgeriaceae
↗ Pelliaceae
↗ Phyllothalliaceae

Micarea w, Gatt. der *Micareaceae*, ↗Lecideaceae.

Micareaceae [Mz.] ↗Lecideaceae.

Micaria w, Gatt. der ↗Sackspinnen, ↗Ameisenspinnen (T).

Micellartheorie w [v. lat. micula = Krümchen], *Idioplasmatheorie*, von C. v. ↗Naegeli 1858 aufgestellte Hypothese über die submikroskop. Architektur v. optisch anisotrop erscheinenden Biostrukturen. Naegeli postulierte, daß bestimmte biol. Strukturen, z. B. Zellwände, aus submikroskop., anisotropen Kristalliten u. einer amorph-isotropen Grundsubstanz aufgebaut seien (Micelle u. Intermicellarsubstanz). Nach Naegelis Postulat kommt die ↗Anisotropie solcher Mischkörper durch eine parallele Ausrichtung der Micelle zustande. In vielen Punkten hat sich die M. als zutreffend erwiesen, z. B. hinsichtl. der Kristallinität der Cellulosefibrillen u. der Amorphie u. starken Quellbarkeit der „Intermicellarsubstanz", die der heute bekannten Zellwand-Grundsubstanz entspricht.

Micellen [Mz.; v. lat. micula = Krümel], durch ↗Emulgatoren (☐) gebildete Einschlußverbindungen v. Lipiden u. Wachsen. ↗Membranproteine (☐).

Michaelis-Konstante [ben. nach dem dt.-am. Chemiker L. Michaelis, 1875–1945], *Michaelis-Menten-Konstante*, der K_M-Wert eines Enzyms; ↗Enzyme (T).

Michaelis-Menten-Gleichung ↗Enzyme (☐).

Michaelsena w, Gatt. der Ringelwurm-(Oligochaeten-)Fam. ↗*Enchytraeidae*. *M. subterranea*, 2–4 mm lang, lebt im Grundwasser, bes. unter angespültem Seegras am Ostseestrand.

Miconia w [ben. nach dem span. Botaniker F. Micón, 16. Jh.], Gatt. der ↗Melastomataceae.

Micractiniaceae [Mz.; v. *micr-, gr. aktines = Strahlen], Fam. der ↗*Chlorococcales*, runde od. isodiametr. Grünalgen mit bis 60 μm langen Borsten od. dicken Fortsätzen. Die 4 Arten der Gatt. *Micractinium* bilden kleine Coenobien aus runden Zellen; Vorkommen im Plankton kleinerer Teiche od. Tümpel. *Acanthosphaera* ähnelt *M.*, Borsten im unteren Drittel verdickt.

Micrasterias m [v. *micr-, gr. asterias = gestirnt], Gatt. der ↗Desmidiaceae (☐); B Algen II.

Micrathena w [v. *micr-, ben. nach der gr. Göttin Athēnē], die ↗Stachelspinnen.

Microascales [Mz.; v. *micro-, gr. askos = Schlauch], Ord. der Schlauchpilze mit dunkelgefärbten, runden bis birnenförm. Perithecien, deren Scheitel oft zu einem Schnabel ausgezogen ist. Die protunicaten Asci enthalten 4–8 einzellige, hyaline od.

dunkelgefärbte Ascosporen; sie werden durch Verschleimen der Ascuswand freigesetzt. Viele Arten vermehren sich auch durch Nebenfruchtformen. Meist werden die *M.* in 4 Fam. eingeteilt (vgl. Tab.). Die Fam. *Microascaceae* bildet farblose Ascosporen aus; die Arten der Gatt. *Microascus* leben als Saprophyten auf dem Erdboden u. faulenden Substanzen.

Microbacterium *s* [v. *micro-, gr. baktērion = Stäbchen], Gatt. grampositiver (coryneformer) Bakterien mit Katalase, unbewegl., aerob od. fakultativ anaerob, pleomorph-stäbchenförmig ($\varnothing$ ca. 0,5 μm), keine Sporen. *M. lacticum* bildet L(+)Milchsäure aus Glucose, kann Erhitzen auf 63°C (30 Min.) überstehen u. findet sich daher oft in pasteurisierter Milch u. Milchprodukten (z.B. Trockenmilch). Die taxonom. Einordnung ist umstritten, ähnl. wie bei der Gatt. ↗ *Bifidobacterium*. *M. thermosphactum* wird neuerdings in der Gatt. *Brochothrix* eingeordnet (↗ coryneforme Bakterien).

Microbatrachella *w* [v. *micro-, gr. batrachos = Frosch, Diminutiv -ella], Gatt. der echten Frösche, mit *M. capensis,* einem der kleinsten (13 mm) Vertreter der ↗ *Ranidae*.

Microbispora *w* [v. *micro-, lat. bis = zweimal, gr. spora = Same], Gatt. der ↗ *Micromonosporaceae*.

microbodies [maikro^ubodis; Mz.; engl., = winzige Körper], die ↗ Cytosomen.

Microcephalophis *m* [v. gr. mikrokephalos = kleinköpfig, ophis = Schlange], Gatt. der ↗ Seeschlangen.

Microcerberus *m* [v. *micro-, ben. nach dem myth. Hund Kerberos], Gatt. der *Microcerberidae,* einer Fam. der ↗ Asseln; winzige (0,7 bis 1,2 mm), sehr langgestreckte Bewohner des Küstengrundwassers der Meere u. von Höhlen; ca. 16 Arten.

Microchaetus *m* [v. *micro-, gr. chaitē = Borste], Gatt. der Ringelwurm-(Oligochaeten-)Fam. ↗ *Glossoscolecidae* (T).

Microchiroptera [Mz.; v. *micro-, gr. cheir = Hand, ptera = Flügel], die ↗ Fledermäuse.

Microciona *w* [v. *micro-, gr. kiōn = Säule], Gatt. der Schwamm-Fam. ↗ *Clathriidae*; *M. armata,* Krustenbildner mit glatter Oberfläche, rot; Mittelmeer, Nordatlantik, Arktis.

Micrococcaceae [Mz.; v. *micro-, gr. kokkos = Kern, Beere], Fam. der grampositiven Kokken mit 3 Gatt. (vgl. Tab.); die fakultativ anaeroben, mikroaerophilen od. streng aeroben, bewegl. oder unbewegl., kokkenförm. Bakterien ($\varnothing$ 0,5–3,5 μm) treten einzeln, in Paaren, Tetraden, Paketen od. Haufen auf; ihr Stoffwechsel ist che-

micr-, micro- [v. gr. mikros = klein, gering].

Microascales
Familien:
Microascaceae
↗ *Ophiostomataceae**
↗ *Melanosporaceae*
Chaetomiaceae*
(↗ *Chaetomium, Ascotricha*)

* auch als selbständige Ord. aufgefaßt (*Ophiostomatales* bzw. *Chaetomiales*)

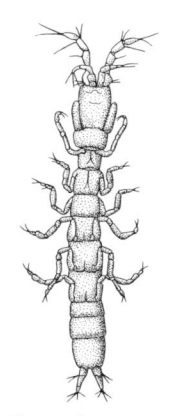

Microcerberus pauliani, Dorsalansicht

Micrococcaceae
Gattungen:
Micrococcus
↗ *Staphylococcus*
↗ *Planococcus*

moorganotroph. Sie leben als Saprophyten, Parasiten, auch als Krankheitserreger in Mensch u. Tier. Die Gatt. *Micrococcus* unterscheidet sich v. ↗ *Staphylococcus* hpts. durch die ↗ Basenzusammensetzung (T) der DNA (Mol% G+C, *M.*: 66–73%, *S.*: 30–38%), den obligaten Atmungsstoffwechsel u. das Fehlen v. Teichonsäure in der Zellwand. Die kugeligen *M.*-Zellen bilden meist Haufen od. Pakete u. oxidieren organ. Substrate mit O_2 vollständig bis zum CO_2 od. nur bis zum Acetat. Sie sind in der Natur weit verbreitet (z.B. Erdboden, Abwasser, Staub, Luft, Fleisch u. auf der Haut v. Mensch u. Tier). Oft sind die Kolonien durch Carotinoide gelb-orange gefärbt. Wegen der Bildung v. Tetraden (↗ Kokken) werden sie oft auch als ↗ „Sarcina" bezeichnet; heute faßt man diese Formen (z.B. „*S. lutea*", „*S. flava*") in *M. luteus* zus., eine Art, die neben *M. varians* am häufigsten auf der Haut zu finden ist. Erkrankungen scheinen nur in Ausnahmefällen durch *M.* verursacht zu werden; fr. wurden aber fälschlicherweise eine Reihe v. pathogenen *S.*-Arten für *M.* gehalten; auch einige „*M.*-Arten", die bei der Rohwurstherstellung eine Rolle spielen, sind eigentlich *S.*-Arten. In der Biotechnologie setzt man Mikrokokken bei der Biotransformation u. zur Katalase-Gewinnung ein. – Die ↗ *Planococcus*-Arten leben obligat anaerob.

Microcoleus *m* [v. *micro-, gr. koleos = Scheide], *Scheidenfaden,* Gatt. der *Oscillatoriaceae,* fädige Cyanobakterien ohne Heterocysten; die Trichome werden v. einer schleim. Scheide umgeben u. bilden strangart. Lager; wahrscheinl. können einige Stämme molekularen Stickstoff fixieren (*M. chthonoplastes*). *M.*-Arten leben in verschiedenen Habitaten: *M. vaginatus* auf period. nassen Böden, *M. steenstrupii* in Thermen, *M. chthonoplastes* in Brack- u. Meerwasser, an Algen, auf Sand u. Schlamm, *M. lacustris* in Seen.

Microcoryphia [Mz.; v. *micro-, gr. koryphē = Scheitel, Spitze], ältere systematische Bez. für die ↗ Felsenspringer *(Archaeognatha)* unter den Urinsekten.

Microcosmus *m* [v. *micro-, gr. kosmos = Schmuck], Gatt. der ↗ Seescheiden, ↗ Monascidien.

Microcycas *w* [v. *micro-, bot. Cycas = Palmfarn], Gatt. der ↗ *Cycadales* (T).

Microcystis *w* [v. *micro-, gr. kystis = Blase], Gatt. der ↗ *Chroococcales* (chroococcale Cyanobakterien) mit ca. 20, weltweit verbreiteten Arten; die kugelförm. Zellen sind ungeregelt in größerer Anzahl in einer gemeinsamen, homogenen, meist unregelmäßig begrenzten Gallerthülle eingeschlossen; bei einigen Arten treten ↗ Gasvakuolen ( ) auf. Viele Arten leben

Microglanis

planktisch in nährstoffreichem (mit Phosphat u. Stickstoff verunreinigtem) Wasser, wo sie, bes. in warmen Jahreszeiten, an der Wasseroberfläche eine ↗Wasserblüte hervorrufen (z. B. *M. aeruginosa, M. viridis*); gelegentl. werden sie an das Ufer angeschwemmt u. bilden dann einen gelblichgrünen Saum. Einige *M.*-Arten können hochgift. Toxine ausscheiden, durch die manchmal Vergiftungen bei Fischen, Vieh u. Vögeln auftreten. – *M.*-Arten werden neuerdings auch der Gatt. ↗*Synechocystis* zugeordnet.

Microglanis *m* [v. *micro-, gr. glanis = welsart. Fisch], Gatt. der ↗Antennenwelse.

Microhedyle *w* [v. *micro-, gr. hedys = süß], Gatt. der ↗Acochlidiacea.

Microhierax *m* [v. *micro-, gr. hierax = Falke], Gatt. der ↗Falken.

Microhydra *w* [v. *micro-, gr. hydra = Wasserschlange], Polyp der ↗Süßwasserqualle.

Microhylidae [Mz.; v. *micro-, gr. hylē = Wald], die ↗Engmaulfrösche.

Microlejeunea *w* [-löschöhn-; v. *micro-], Gatt. der ↗Lejeuneaceae.

Micromalthidae [Mz.; v. *micro-, gr. maltha = weiches Wachs], Käfer-Fam. unsicherer systemat. Zugehörigkeit; oft den *Archostemata* zugeordnet. Die Larven u. die nur selten auftretenden Imagines leben in altem, verpilztem Holz. Die einzige Art, *Micromalthus debilis*, lebt in N-Amerika; in S-Afrika u. auf Hawaii ist sie vermutl. eingeschleppt. Der Käfer ist ca. 2 mm groß, hellbraun, weichhäutig, mit leicht verkürzten Elytren. Sehr ungewöhnl. ist der Entwicklungsmodus: Die Larve macht in ihrem Leben eine Hypermetamorphose durch, die eine flink lauffähige Caraboid-Larve, eine fußlose madenartige Cerambycoid-Larve

Micromalthidae
Entwicklungsmodus von *Micromalthus debilis*:
Ausgangspunkt der Entwicklung ist eine pädogenetische Larve (**a**). Sie produziert:
1. weibl. Larven (L1) mit langen Beinen (Caraboid-Larve, **b**), die neues Holz befallen können. Diese wandeln sich bei der nächsten Häutung in eine Cerambycoid-Larve (**c**) um, die fußlos u. madenförmig ist; sie ist das Freßstadium. Nach mehreren Häutungen folgt eine dickere Made mit kleinerem Kopf, die parthenogenetisch neue weibl. L1-Larven gebiert. Gelegentl. verpuppt sich diese cerambycoide Larve über eine Vorpuppe, aus der ein weibl. Käfer schlüpft.

2. ein einziges Riesenei, aus dem über eine cerambycoide Larve (die von der Mutterlarve frißt), Vorpuppe u. Puppe (**d**) ein männl. Käfer (**e**) schlüpft.

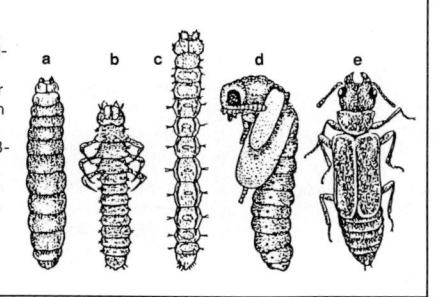

Microcystis
M. kann (wie andere Cyanobakterien) hochgift. Toxine ausscheiden (Hauptxin wahrscheinl. ein Peptid-Heptatoxin), die schwere bis tödl. Vergiftungen bei Wild- u. Haustieren (Vieh) verursachen, wenn sie das verseuchte Wasser trinken; auch Fischsterben wurde beobachtet. Bei Menschen können bei einem Kontakt mit *M.* im Wasser Allergien auftreten. Eine Verseuchung eines Trinkwasserbehälters führte auch zu Vergiftungen bei Menschen (Gastroenteritiden, Leberschäden). – Durch die Eutrophierung der Gewässer in Europa nimmt das massenhafte Auftreten (↗Wasserblüte) v. Cyanobakterien, auch toxischer Arten, und somit auch die Gefahr der Vergiftung v. Gewässern zu.

micr-, micro- [v. gr. mikros = klein, gering].

microspor- [v. gr. mikros = klein, gering, spora = Same].

sowie eine ebenso aussehende, parthenogenet. Larve umfaßt, die das eigtl. Vermehrungsstadium darstellt. Diese Larve gebiert entweder Larven od. (selten) ein Ei, aus dem später eine männl. Imago wird (vgl. Abb.-Text). Resultierende Imagines sind stets unfruchtbar, so daß man annehmen kann, daß das Imaginalstadium rudimentär ist. Das Männchen ist haploid. Ein solcher aberranter Entwicklungsmodus ist sonst nur noch bei der Gallmücke *Miastor* bekannt, während es haploide Männchen z. B. auch beim Ambrosiakäfer *Xyleborus ferrugineus* od. bei allen Hautflüglern gibt.

Micrommata *w* [v. gr. mikrommatos = kleinäugig], *Micromata*, Gatt. der *Eusparassidae* (Jagdspinnen), ↗Huschspinne.

Micromonosporaceae [Mz.; v. *micro-, gr. monos = einzeln, spora = Same], Fam. der ↗*Actinomycetales;* meist aerobe, teilweise fakultativ anaerobe u. wenige obligat anaerobe Bakterien-Arten, überwiegend mesophil, einige auch thermophil; besitzen gewöhnl. ein Luftmycel; die Sporen werden einzeln, paarweise od. als kurze Ketten am Substratmycel u./od. am Luftmycel ausgebildet; Sporenträger fehlen od. sind sehr kurz. Die Arten der Gatt. *Micromonospora* haben kein Luftmycel; sie leben hpts. im Erdboden u. zersetzen natürl. Polymere (Cellulose, Chitin, Xylan). Gatt. mit Luftmycel sind *Actinobifida, Microbispora, Micropolyspora* und *Thermoactinomyces*. Die Zusammenfassung dieser Gatt. zur Fam. *M.* ist künstlich u. umstritten.

Micromys *w* [v. *micro-, gr. mys = Maus], ↗Zwergmaus.

Micropezidae [Mz.; v. *micro-, gr. peza = Fuß], die ↗Stelzfliegen.

Microphthalmus *m* [v. spätgr. mikrophthalmos = kleinäugig], Gattung der Ringelwurm-(Polychaeten-)Familie ↗*Hesionidae; M. sczelkowi*, 2–6 mm lang, saugt Aufwuchs v. Sandkörnern ab; Nordsee, westl. Ostsee.

Microplana *w* [v. *micro-, gr. planēs = umherschweifend], Gatt. der Strudelwurm-Ord. *Tricladida; M. trifasciata*, Bursa u. Darm sind durch einen Canalis genito-intestinalis verbunden; Vorkommen Japan.

Micropolyspora *w* [v. *micro-, gr. poly = viel, spora = Same], Gatt. der *Micromonosporaceae* (oder – neuerdings – Gruppe *Micropolysporas*), weltweit verbreitete Actinomyceten, die am Substrat- u. Luftmycel Ketten von 1–20 Sporen bilden; die meisten Arten sind pigmentiert. Die thermophile *M. faeni* findet sich in hoher Zahl in schimmelndem Heu u. a. landw. Produkten u. Abfällen; ihre Sporen u. die anderer thermophiler Actinomyceten (z. B. ↗*Thermoactinomyces*) verursachen allerg. Lungenaffektionen (u. a. ↗Drescherkrankheit).

Miesmuscheln

Micropterus *m* [v. *micro-, gr. pteron = Feder, Flügel], Gatt. der ↗Sonnenbarsche.

Micropterygidae [Mz.; v. gr. mikropteryx = kleinflügelig], die ↗Urmotten.

Microsphaera *w* [v. *micro-, gr. sphaira = Kugel], Gatt. der ↗Echten Mehltaupilze (T).

Microspio *w* [v. *micro-, ben. nach der Nereide Speiō], Gatt. der Ringelwurm-(Polychaeten-)Fam. *Spionidae*; *M. wireni*, ca. 40 mm lang; Nordsee (Sylt), selten.

Microsporaceae [Mz.; v. *microspor-], Fam. der *Ulotrichales*, Grünalgen mit einfachen, nicht verzweigten Thalli, anfangs festsitzend, später flottierend; mit zweiteiliger, H-artiger Zellwand und netzart. Chloroplasten. Gatt. *Microspora* mit ca. 20 Arten häufig in stehenden Gewässern.

Microsporidia [Mz.; v. *microspor-], einzellige Parasiten, Gruppe der ↗Cnidosporidia (T).

Microsporum *s* [v. *microspor-], Formgatt. der *Moniliales* (Fungi imperfecti) mit ca. 13 wicht. Arten; bekannte sexuelle Stadien gehören der Gatt. *Nannizzia* an (Fam. *Gymnoascaceae*, Ord. *Onygenales*). M.-Pilze sind weltweit verbreitete Bodensaprophyten, Parasiten u. Krankheitserreger verschiedener „Mikrosporien" (Dermatophytosen) auf der Haut, an Haaren u. Nägeln v. Mensch u. Tieren. Die vegetative Form des Pilzes ist ein septiertes Mycel; in Kulturen bildet es Mikro- u. Makrokonidien aus (vgl. Abb.).

Microstomum *s* [v. gr. mikrostomos = kleinmündig], Gatt. der Strudelwurm-Ord. ↗*Macrostomida*. *M. lineare*, bis 1,8 mm lang, gelbl. bis bräunl., auch rosa; Pharynx fast halb so lang wie das Tier, Ketten bis zu 18 Einzeltieren u. mit einer Länge von 8 mm; Kleptocniden. Tümpel u. Fallaub, warme Quellen, Brackwasser der Ostsee.

Microstomus *m* [v. gr. mikrostomos = kleinmündig], Gatt. der Schollen, ↗Limande.

Microthamnion *s* [v. *micro-, gr. thamnion = kleines Gebüsch], Gatt. der ↗Chaetophoraceae.

Microtinae [Mz.; v. *micro-, gr. ōtes = Ohren], die ↗Wühlmäuse.

Microtrichia [Mz.; v. *micro-, gr. triches = Haare], ↗Haare 2).

Microtus *m* [v. *micro-, gr. ōtes = Ohren], die ↗Feldmäuse.

Microvelia *w* [v. *micro-, lat. velum = Segel], Gatt. der ↗Bachläufer.

Microviridae [Mz.; v. *micro-], Fam. der ↗einzelsträngigen DNA-Phagen.

Micrura *w* [v. *micrur-], Gatt. der Schnurwurm-Ord. ↗*Heteronemertea*; bekannte Art *M. alaskensis*.

Micruroides *m* [v. *micrur-, gr. -oeidēs = -ähnlich], die ↗Korallenschlangen.

micrur- [v. gr. mikros = klein, gering, oura = Schwanz].

Makrokonidien

Mikrokonidie

Microsporum
Hyphenausschnitt mit typ. Makrokonidien, die eine rauhe, dicke Wand besitzen (40–120 μm lang), u. mit Mikrokonidien.

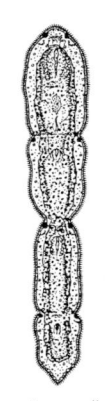

Microstomum lineare

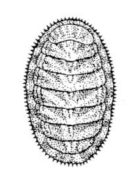

Middendorffia caprearum, 2 cm lang

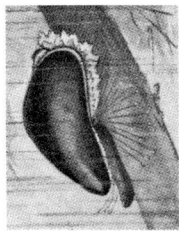

Eßbare Miesmuschel *(Mytilus edulis)*

Micrurus *m* [v. *micrur-], die ↗Korallenschlangen.

Micryphantidae [Mz.; v. *micr-, gr. hyphantēs = Weber], die ↗Zwergspinnen.

Midasohr [ben. nach myth. König Midas, dem als Strafe Eselsohren wuchsen], *Eselsohr*, *Ellobium aurismidae*, Art der Fam. Küstenschnecken, mit festem, eikegelförm. Gehäuse (bis 10 cm hoch); Philippinen.

mid body *m* [midbodi; engl., = mittlerer Körper], ↗Cytokinese.

Middendorffia *w* [ben. nach dem balt. Forschungsreisenden A. T. v. Middendorff, 1815–94], Gatt. der *Callistoplacidae*, Käferschnecken des Mittelmeers; nur 1 Art: *M. caprearum*.

Miere, 1) *Minuartia*, Gatt. der Nelkengewächse mit 130 Arten, v. a. auf der N-Halbkugel verbreitet; Kräuter u. Halbsträucher mit schmalen, lineal. Blättern u. meist weißen (od. roten) Blüten. *M. verna* (Frühlings-M.) kommt bei uns in Kalkmagerrasen vor, in bes. Ökotypen oder U.-Arten auch auf Erzhalden. 2) Bez. für weitere Gatt. der Nelkengewächse, z. B. ↗Salz-M., ↗Schuppen-M., ↗Stern-M., ↗Nabel-M.

Miescher, *Johann Friedrich*, schweizer. Biochemiker, * 13. 8. 1844 Basel, † 26. 8. 1895 Davos; Schüler v. Wöhler, His u. Hoppe-Seyler, seit 1872 Prof. in Basel; isolierte 1869 aus den Kernen v. Leukocyten (im Eiter) eine organ. Substanz, die sowohl Stickstoff als auch Phosphor enthielt u. die er, da sie aus dem Zellkern stammte, als Nuclein (später Nucleinsäuren u. Histone) bezeichnete; entdeckte auch die Regulation der Atmung durch die CO_2-Konzentration im Blut.

Miescher-Schläuche [ben. nach J. F. ↗Miescher], Cysten der Gatt. *Sarcocystis*, ↗Sarcosporidia.

Miesmuscheln [v. ahd. mios = Moos], *Mytilidae*, Fam. der U.-Ord. *Anisomyaria*, Muscheln mit zugespitztem Vorderende, meist unter 10 cm lang, braun, blau od. schwarz, oft radial gestreift; vorderer Schließmuskel klein u. nach ventral verlagert, selten fehlend. Fuß u. ↗Byssus wohlentwickelt (☐ Haftorgane); getrenntgeschl. mit äußerer Befruchtung. Etwa 30

Miesmuscheln Handelsmengen 1981 ca.:	
Mytilus edulis (N-Atlantik)	388 000 t
M. crassitesta (Korea)	67 000 t
M. smaragdina (Thailand)	29 000 t
M. galloprovincialis (Mittelmeer)	28 000 t
M. chilensis (Chile)	8 000 t
M. canaliculus (Neuseeland)	1400 t
M. platensis (Argentinien)	1200 t
M. planulatus (Australien)	350 t
Aulacomya ater (S-Amerika)	23 000 t
Modiolus spec. (Thailand)	8200 t

Miete

Gatt. (vgl. Tab.) mit 250 Arten, die sich mit dem Byssus anheften. Die Eßbaren M. oder Blaumuscheln *(Mytilus edulis)*, 8 (bis 16) cm lang, in der Gezeitenzone der nördl. Hemisphäre an allen Hartsubstraten, werden kultiviert; biol. wichtig, da sie große Mengen Wasser filtrieren (1,5 l pro Tier und Std. bei 14°C) und Sinkstoffe binden. B Muscheln.

Miete, 1) Bez. für eine Methode der Überwinterung v. Feldfrüchten im Freien. Die Felderzeugnisse werden ebenerdig od. in einer Vertiefung aufeinander geschichtet u. abwechselnd mit Erde u. Stroh ca. 50 cm hoch abgedeckt. 2) Die Anhäufung v. organ. Abfallstoffen bei der Kompostierung.

Mietmutter, Leihmutter, ↗Insemination.

Migranten [Mz.; v. lat. migrans = wandernd] ↗Migration.

Migration w [v. lat. migratio = Wanderung], *Wanderung* v. Individuen einer ↗Population *(Migranten)* aus dieser heraus *(↗Emigration),* evtl. durch weitere Populationen hindurch *(Permigration)* in eine andere Population der gleichen Art hinein *(↗Immigration).* Für die Wanderung in ein bis dahin v. der betreffenden Art nicht besiedeltes Gebiet (z. B. ↗Inselbesiedlung) wird der Begriff ↗*Invasion* gebraucht. Die Ursache der M. kann endogen (z. B. Hormone) od. exogen (z. B. Nahrungsmangel, ungünstige Temp., Licht) sein. Sie kann mit Rückwanderung verbunden sein u. aperiodisch od. im Rhythmus der Jahreszeiten (z. B. Zugvögel), des Mondzyklus (z. B. kaliforn. Stint) od. des Tag-Nacht-Wechsels (z. B. Vertikalwanderung des ↗Planktons in Seen) erfolgen (↗Chronobiologie). Im Extrem wandern große Teile der Population (↗Massenwanderung). Maximale M.sstrecken (17 000 km) sind v. der zirkumpolar verbreiteten Küstenseeschwalbe *Sterna paradisea* bekannt (↗Vogelzug). ↗Tierwanderungen.

Migrationsbrücke, schmale Land- oder Wasserbrücke, über die Organismen v. einem Kontinent auf den anderen (z. B. Bering-Brücke) od. von einem Meer ins andere (z. B. Panama-Kanal) gelangen können. ↗Inselbrücke, ↗Landbrücke, ↗Brückentheorie.

Migrationstheorie [v. lat. migratio = Wanderung], eine von M. Wagner zuerst (1868) als „Migrationsgesetz der Organismen" formulierte Theorie, wonach im Zshg. mit Wanderungen v. Individuen eine ursprünglich einheitl. Population in mehrere geogr. gesonderte (z. B. durch Gebirge od. Flüsse) Teilpopulationen aufgeteilt (separiert) wird, „welche unter günst. Umständen die Heimat einer neuen Spezies begründen". Entspr. betitelte Wagner 1889 sein Buch: „Die Entstehung der Arten durch räumliche Sonderung". Dies entspr. einem heute als weitverbreitet erkannten Artbildungsmodus, den man als allopatrische ↗Artbildung bezeichnet.

Migroelemente [v. lat. migrare = wandern] ↗Florenelemente.

Mikadotrochus *m* [v. jap. mikado = Kaiser, gr. trochos = Scheibe, Rad], Gatt. der ↗Schlitzkreiselschnecken; ↗Millionärsschnecke.

Mikiola *w* [ben. nach dem dt. (?) Entomologen J. Mik, 1839–1900], Gatt. der ↗Gallmücken.

mikroaerophile Bakterien [v. *mikro-, gr. aēr = Luft, philos = Freund, baktērion = Stäbchen], Bakterien, die bei erniedrigtem Sauerstoffpartialdruck besser wachsen als bei Normaldruck; aerotolerante Gärer (z. B. *Lactobacillus*), aber auch aerobe Bakterien mit obligatem Atmungsstoffwechsel (z. B. *Corynebacterium*).

Mikroanalyse *w* [v. *mikro-], Analysenverfahren der *Mikrochemie*, das erlaubt, die Zusammensetzung kleinster Stoffproben zu ermitteln; v. a. zur Untersuchung v. Vitaminen, Alkaloiden, Hormonen u. Spurenelementen, aber auch von biol. Makromolekülen. Benötigte Substanz zur *Semi-M.* 10–20 mg, eigtl. M. 1–10 mg, *Ultra-M.* 10^{-3}–10^{-2} mg, *Sub-M.* 10^{-6}–10^{-5} mg, *Subultra-M.* 10^{-9}–10^{-8} mg. Bes. durch Anwendung physikochem. Meßmethoden (z. B. Absorptionsmessungen), den Einsatz radioaktiver Isotope od. empfindl. Farbreaktionen konnten die Nachweisgrenzen vieler biol. wichtiger Stoffe erhebl. verbessert werden (häufig bis zum Bereich von 10^{-12} Mol; speziell bei ^{32}P-markierten Nucleinsäuren bis zum Bereich von weniger als 10^{-15} Mol).

Mikroben [Mz.; v. *mikro-, gr. bios = Leben], ugs. Bez. für ↗Mikroorganismen, i. e. S. für ↗Bakterien.

mikrobielle Laugung *w* [v. *mikro-, gr. bios = Leben], *Leaching, Bioleaching,* Metallgewinnung aus Erzen mit Hilfe v. säureliebenden, ↗schwefel- u. ↗eisenoxidierenden Bakterien, bes. der Gatt. *Thiobacillus;* aber auch organotrophe Bakterien u. Pilze können eingesetzt werden. Durch den Stoffwechsel der *Thiobacillus*-Arten entstehen aus schwerlösl. Metallverbindungen wasserlösl. Metallsulfate. Bei der *direkten m.n L.* werden die Metallverbindungen v. den Bakterien oxidiert, so daß die entspr. Sulfate entstehen, z. B. aus vielen Sulfiderzen: Eisensulfid (Pyrit), Kupfersulfid (Kupferglanz), Molybdänsulfid (Molybdänglanz) u. a. Bei der *indirekten m.n L.* produzieren bzw. regenerieren die Mikroorganismen nur die Laugen-Lösung (Schwefelsäure/Fe^{3+}-Lösung), durch die

---

Miesmuscheln
Wichtige Gattungen:
Aulacomya
↗Bartmuschel *(Modiolus)*
↗Bohnenmuscheln *(Musculus)*
Brachidontes
Choromytilus
Mytilus
Perna
↗Steindattel *(Lithophaga)*

mikro- [v. gr. mikros = klein, gering].

mikrobielle Laugung (biochemische u. chemische Prozesse)

1) bakterielle Oxidation (z. B. durch *Thiobacillus thiooxidans* und *T. ferrooxidans*)
   a) von Sulfiden:
   $FeS_2 + 3,5 O_2 + H_2O$
   $\rightarrow FeSO_4 + H_2SO_4$
   b) von Schwefel:
   $S° + 1,5 O_2 + H_2O$
   $\rightarrow H_2SO_4$
   c) von Fe^{2+} zu Fe^{3+}:
   $2 FeSO_4 + 0,5 O_2 + H_2SO_4$
   $\rightarrow Fe_2(SO_4)_3 + H_2O$

2) chemische Oxidation v. unlösl. Schwermetallsalzen zu löslichen Metallsulfaten v. Schwefel
   d) Metall-S $+ 2 Fe^{3+}$
   $\rightarrow$ Metall^{2+} $+ 2 Fe^{2+} + S°$
   das reduzierte Eisen u. der Schwefel können wieder bakteriell (a–c) oxidiert werden
   e) Uran$^{IV}O_2 + Fe_2(SO_4)_3$
   $\rightarrow$ Uran$^{VI}O_2 \cdot SO_4 + 2 FeSO_4$
   (wasserlöslich)

eine chem. Oxidation erfolgt, z. B. beim Aufschluß v. Uranerzen (vgl. Kleindruck). Angewandt werden diese Verfahren bei nicht mehr abbauwürdigen Erzen *(Armerze)* u. bei metallhalt. Ind.-Rückständen. Kommerziell eingesetzt wird die m. L. in der Kupfer- u. Urangewinnung (z. B. aus Abraumhalden) in den USA, in Spanien, Mexiko, Australien u. a. Ländern. In den hpts. angewandten Verfahren werden die fein verteilten Erze in Halden aufgeschüttet *(Haldenlaugung)* od. an einen Berghang gekippt *(Hanglaugung)*. Das aufgeschüttete Material wird ständig mit Wasser berieselt, so daß die am Erz haftenden od. dem Wasser zugesetzten *Thiobacillus*-Arten durch ihre Tätigkeit die Metalle herauslösen. Das Sickerwasser mit den gelösten Metallverbindungen sammelt sich am Grunde in einem Auffangkanal; dann werden die Metalle extrahiert u. das „Abwasser" wieder auf die Halde gesprüht (evtl. unter Zusatz v. Bakterienkulturen).

mikrobieller Abbau *m* [v. *mikro-, gr. bios = Leben], ↗Abbau, ↗Mineralisation.

mikrobielles Wachstum [v. *mikro-, gr. bios = Leben], die koordinierte (irreversible) Zunahme aller Zellkomponenten bei Mikroorganismen; die Zelle vergrößert sich, u. es schließt sich meist eine Teilung (Spaltung) oder andere Art der Tochterzellbildung an, z. B. durch ↗Sprossung; so ist mit dem Wachstum i. d. R. eine Vermehrung verbunden. Es muß daher zw. dem Wachstum einer individuellen Zelle (Größen- u. Massenzunahme) u. dem Wachstum der Zellpopulation (Erhöhung v. Zellmasse u. -zahl) unterschieden werden. Bedingt durch die Kleinheit mikrobieller Zellen, wird bei Mikroorganismen meist das Wachstum der Population (↗Kultur) untersucht; zur Bestimmung der Masse u. Zellzahl sind verschiedene Methoden anwendbar (vgl. Kleindruck). Das m. W. ist abhängig v. der Zusammensetzung des ↗Nährbodens (z. B. Kohlenstoff-, Energie-, Stickstoff- u. Schwefelquelle, Ergänzungsstoffe) u. dem Sauerstoffgehalt (↗Aerobier, ↗Anaerobier). Der günstigste Säurewert liegt meist im neutralen Bereich (pH-Wert ca. 7,0). Viele Mikroorganismen können auch saure Bedingungen ertragen, z. B. Pilze, Milchsäurebakterien od. ↗schwefeloxidierende Bakterien (pH-Werte bis unter 2,0); andererseits gibt es auch Arten, die ein alkal. Milieu bevorzugen (pH 10–11), z. B. einige *Bacillus*-Arten. Sehr wichtig für das m. W. ist der Gehalt an „freiem", verfügbarem Wasser (Wasseraktivität = a_w, ⊤ Hydratur). Die meisten Bakterien benötigen eine a_w von 0,98, Schimmelpilze deutl. weniger (ab 0,8), osmotolerante Hefen sogar nur 0,6 und halophile (salzliebende) Bakterien 0,75 (↗Konservierung). Die Temp. ist ein weiterer wicht. Faktor für Lebensfähigkeit u. Wachstumsrate: mesophile Mikroorganismen wachsen am besten zwischen 20 und 40 °C, thermophile über 40 °C, extrem thermophile über 65 °C bis über 100 °C (↗thermophile Bakterien); psychrophile (od. kryophile) Mikroorganismen besitzen ihr schnellstes Wachstum unterhalb 20 °C, und einige können sich noch unter 0 °C vermehren. Durch selektive Kulturmethoden, die das Wachstum bestimmter Mikroorganismen gegenüber dem Wachstum anderer Keime relativ erhöhen, können ↗Anreicherungskulturen u. daraus ↗Reinkulturen (bzw. ↗Mischkulturen) erhalten werden (↗Selektivnährböden). Abhängig v. der Mikroorganismenart und den Kulturbedingungen, kann die ↗Generationszeit v. Einzellern ca. 15 Minuten (↗thermophile Bakterien), mehrere Stunden (z. B. nitrifizierende Bakterien) od. mehrere Tage betragen. In der Natur ist das Wachstum eines Mikroorganismus oft v. anderen (Mikro-)Organismen abhängig, z. B. in einer Nahrungskette (↗Mineralisation), od. es besteht eine gegenseitige Abhängigkeit im symbiont. Zusammenleben (↗Consortium, ↗Interspezies-Wasserstoff-Transfer). – Werden einzellige Mikroorganismen (z. B.

---

mikrobielles Wachstum

Unterscheidung zwischen Zellmasse und Zellzahl (z. B. bei Bakterien):

Bakterienzahl
Bakterienkonzentration
(= Zellzahl pro Volumeneinheit, in ml)
Teilungsrate (v)
(= Verdopplung pro Zeiteinheit, in h)
Generationszeit (g)
(= Zeitraum der Verdopplung, in h)

Bakterienmasse
Bakteriendichte
(= Trockenmasse pro Volumeneinheit, in ml)
Wachstumsrate (µ)
(= Verdopplung pro Zeiteinheit, in h)
Verdopplungszeit (td)
(= Zeitraum der Verdopplung, in h)

---

mikrobielles Wachstum

Bestimmung der Zellmasse und Zellzahl einer Mikroorganismensuspension (Methoden bzw. Geräte, Auswahl):

direkte Zellmassenbestimmung
   Frischgewicht
   Trockengewicht
   Proteingehalt
   Gesamtstickstoffgehalt

indirekte Zellmassenbestimmung
   Trübungsmessung
   Streulichtmessung

Stoffwechselaktivitäten
(z. B. CO_2-Entwicklung, O_2-Verbrauch)
Enzymaktivitäten

Gesamtzellzahlbestimmung
(tote u. lebende Zellen)
Zählkammer
(z. B. Neubauer-Kammer)
elektronische Partikelzählgeräte („coulter counter")
Zellanfärbung auf Membranfiltern (↗Membranfiltration)

Lebendkeimzahlbestimmung
Plattengußverfahren (↗Kochsches Plattengußverfahren)
Kolonienauszählung auf Membranfiltern (↗Membranfiltration)

Lebendfärbung (z. B. mit Farbstoffen, die tote u. aktive Zellen unterschiedl. anfärben bzw. anders fluoreszieren)

mikrobielles Wachstum

mikrobielles Wachstum

Statische Kultur: Werden einzellige Mikroorganismen (z. B. Bakterien) in eine Nährlösung geimpft, ist anfangs, in der *Anlauf-* oder *lag-Phase* (A_1), noch kein Wachstum zu beobachten; die Zellen stellen sich auf die neuen Wachstumsbedingungen ein. Anschließend beginnt das Wachstum mit steigender Rate; diese Teilphase (A_2) kann als *Beschleunigungsphase* bezeichnet werden. Es folgt (B) die *logarithmische (log-)Phase (= exponentielle Phase)*, in der das Wachstum mit konstanter maximaler Teilungsrate exponentiell verläuft (Zellzunahme: $2^0 \to 2^1 \to 2^2 \to 2^3$ usw.); die Rate ist v. der Mikroorganismenart u. den Kulturbedingungen abhängig. Wenn die Zellen nicht mehr wachsen, ist die *stationäre Phase* (C_2) erreicht, in der jedoch noch Reservestoffe eingelagert werden od. Zelldifferenzierungen, z. B. Endosporenbildung, eintreten können. Der Übergang v. der log-Phase zur stationären Phase, in dem das Wachstum allmählich abnimmt (C_1), kann als *Verzögerungsphase* bezeichnet werden; die Verringerung der Wachstumsrate setzt bereits vor Substraterschöpfung, bei geringen Substratkonzentrationen, ein; eine Begrenzung des Wachstums kann außerdem durch hohe Zelldichte, limitierte Sauerstoffversorgung, Ansammlung hemmender Stoffwechselprodukte u. a. ungünstige äußere Bedingungen eintreten. Im letzten Teil der Wachstumskurve, der *Absterbephase* (D), nimmt die Lebendzellzahl wieder ab; die Abtötung kann durch eigene Stoffwechselendprodukte (z. B. Säure) erfolgen; unter Umständen lösen sich die Zellen durch zelleigene Enzyme auf (Autolyse).

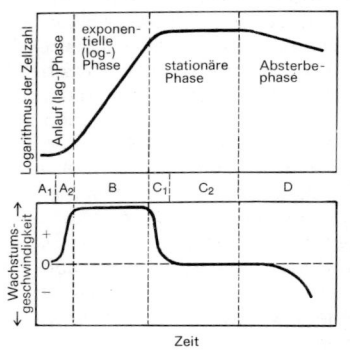

Enthält die Nährlösung 2 Substrate, die nicht gleichzeitig genutzt werden können (Katabolit-Repression), tritt ein zweiphasiges Wachstum mit zwei aufeinanderfolgenden unterschiedl. Wachstumsphasen ein (↗Diauxie, □).

mikrobielles Wachstum

Würden sich *Bakterien* ungehemmt exponentiell vermehren, so wäre von einem typischen Bakterium (Volumen 1 µm³, Verdopplungszeit alle 20 Minuten) in 50 Stunden das Volumen der Tochterzellen bedeutend größer als das Erdvolumen (ca. 10^{12} km³).

Die Zellzahl wächst nach der Beziehung:

$N = N_0 \cdot 2^n$;

N = Zellzahl nach n Teilungen der Anfangszahl N_0.

Zeit (h)	Zellzahl	Zellvol.
0	1	1 µm³
3⅓	10^3	
6⅔	10^6	
10	10^9	1 mm³
20	10^{18}	1 m³
50	10^{45}	10^{18} km³

Bakterien) in eine frische Nährlösung eingeimpft u. während der folgenden Kultur weder Nährstoffe zugeführt noch Stoffwechselprodukte entfernt, spricht man v. einer *geschlossenen* od. *statischen Kultur*, in der verschiedene Phasen des Wachstums unterschieden werden. In statischer Kultur ändern sich die Wachstumsbedingungen fortwährend. Durch bes. Kulturmethoden, ein kontinuierl. Hinzufügen v. Nährlösung u. Abpumpen v. Zellsuspension kann ein gleichbleibendes (exponentielles) Wachstum erreicht werden (↗ *kontinuierliche Kultur*). Normalerweise wachsen u. teilen sich die Zellen asynchron; in jedem Augenblick sind in gewöhnl. Kultur Zellen in verschiedenen Teilungsstadien zu finden. Durch verschiedene Techniken (z. B. Lichtreize, Heraussieben gleichgroßer Zellen) läßt sich alle gleichzeit. Zellteilung erreichen. In diesem *synchronen Wachstum,* das nur wenige Generationen (2–4) andauert, wird bei *gleichmäßiger* Massenzunahme eine *stufenweise* Zellzahlerhöhung erhalten. – Das Wachstum kann bei einer Reihe v. Bakterien und i. d. R. bei eukaryot. Mikroorganismen viel komplizierter als in statischer Kultur verlaufen, wenn Differenzierungen in den Zellen eintreten (z. B. Endosporen-, Cystenbildung) od. Entwicklungszyklen ablaufen, z. B. asexuelle bei Bakterien (wie *Bdellovibrio,* Myxobakterien, *Leucothrix, Hyphomicrobium*) od. sexuelle u./od. asexuelle bei ↗Pilzen. Die Hemmung des m. W.s oder die Zellabtötung kann durch chemische Substanzen (z. B. Chemotherapeutika, ↗Antibiotika, ↗Desinfektions-Mittel, ↗Bakterizide, ↗Bakteriostatika), ungünst. Wachstumsbedingungen (↗Konservierung) od. verschiedene Sterilisationsverfahren (↗Sterilisation) erfolgen. G. S.

Mikrobiologie *w* [v. *mikro-, gr. bios = Leben, logos = Kunde], die Wiss. von den Kleinlebewesen (↗Mikroorganismen), die i. d. R. mit bloßem Auge kaum od. gar nicht zu erkennen sind u. im Vergleich zu Tieren u. Pflanzen eine *einfache* biol. Differenzierung aufweisen. Meist sind wegen der Kleinheit der Mikroorganismen in der M. besondere Arbeitsmethoden notwendig. Nach den Mikroorganismengruppen werden mehrere Zweige der M. unterschieden: Phycologie, Mykologie, Bakteriologie, Protozool. Die *Virologie* wird auch zur M. gerechnet, obwohl Viren keine Organismen sind. Es bestehen keine genauen Abgrenzungen zu den anderen Zweigen der Biologie; so werden in Dtl. traditionsgemäß die *Protozoologie* meist der Zoologie u. die *Mykologie* sowie *Algologie* (Phycologie) der Botanik zugeordnet. Die M. kann unterteilt werden in die *Allgemeine M.,* in der vornehml. grundsätzliche Probleme der Morphologie, Physiologie, Biochemie, Genetik, Taxonomie, Systematik u. Ökologie untersucht werden, u. die *Angewandte M.,* die sehr unterschiedl. Arbeitsgebiete umfaßt: In der *Medizinischen M.* werden krankheitserregende Mikroorganismen, die v. ihnen verursachten Krankheiten u. ihre Bekämpfung untersucht; die *Industrielle M.* od. *Technische M.* (ein Zweig der ↗Biotechnologie) befaßt sich mit den kommerziell genutzten Mikroorganismen, ihrer Anzucht u. den Produktionsverfahren (z. B. in der Gärungs- od. ↗Antibiotika-Ind.); die *Lebensmittel-M.* beschäftigt sich mit den Mikroorganismen, die zur Herstellung u. ↗Konservierung v. Lebensmitteln genutzt werden, od. zu Vergiftungen führen (↗Nahrungsmittelvergiftung); *Boden-, Gewässer-, Abwasser-* u. *Landwirtschaftliche M.* sowie wicht. Forschungsrichtungen der *Phytopathologie* sind weitere Teilgebiete, die die Mikroorganismen u. ihre Bedeutung in den entspr. Habitaten, für die Landw. u. als pflanzl. Krankheitserreger erforschen. ↗Bakteriologie.

Lit.: ↗Bakterien, ↗Pilze, ↗Viren.

Mikrobiotop *m,* ↗Mikrobiozönose.

Mikrobiozide [Mz.; v. *mikro-, gr. bios = Leben, lat. -cidus = -tötend], *mikrobiozide Substanzen,* Stoffe unterschiedl. Zusammensetzung, die Mikroorganismen *abtöten,* z. B. Chemotherapeutika, Antibiotika, abtötende Konservierungsstoffe, Desinfektionsmittel (↗Biozide). Wirken die M. spezifisch auf einzelne Mikroorganismengruppen, werden entspr. *Virizide,* ↗*Bakterizide,* ↗*Fungizide* u. ↗*Algizide* unterschieden. *Mikrobiostatische Substanzen* hemmen (im Ggs. zu M.n) nur Wachstum u. Vermehrung, ohne die Keime abzutöten.

Mikrobiozönose w [v. *mikro-, gr. bios = Leben, koinos = gemeinschaftlich], charakteristisch zusammengesetzte Lebensgemeinschaft v. Mikroorganismen in einem bestimmten Lebensraum (*Mikrobiotop*), die durch mannigfalt. Wechselwirkungen i.d.R. in einem bestimmten Gleichgewicht stehen; sie haben ähnl. Lebensansprüche od. sind Teile einer Nahrungskette, z.B. Pansenflora (↗Pansensymbiose), ↗Darmflora in einem bestimmten Darmabschnitt od. die ↗Mundflora. Die Zusammensetzung der M. wird durch die Umweltfaktoren bestimmt. Das natürl. ausgebildete Gleichgewicht kann sich durch Veränderungen äußerer Faktoren, z.B. Temperatur, Säurewert (pH-Wert), Sauerstoffgehalt, Substratangebot od. Veränderungen im Wirt (etwa Nahrungswechsel), in der Artenzahl u. im Artenspektrum verschieben.

Mikrocysten [Mz.; v. *mikro-, gr. kystis = Blase], **1)** dickwand. Überdauerungszellen (↗Arthrokonidien, ↗Cysten), die v. einigen Bakterien gebildet werden und bes. gegen Austrocknung schützen, z.B. bei ↗*Azotobacter* u. ↗*Sporocytophaga*. **2)** veraltete Bez. für die ↗Myxosporen der Myxobakterien.

Mikroevolution w [v. *mikro-, lat. evolutio = Entwicklung], ↗infraspezifische Evolution, ↗Evolution, ↗additive Typogenese.

Mikrofauna w [v. *mikro-], ↗Bodenorganismen (☐).

Mikrofazies w [v. *mikro-, lat. facies = Gesicht], (Fairbridge 1954), Geologie: ↗Fazies-Einheit niederster Ord. (im mikroskop. Bereich).

Mikrofibrillen [Mz.; v. *mikro-, lat. fibra = Faser] ↗Elementarfibrillen.

Mikrofilamente [Mz.; v. *mikro-, lat. filamentum = Fadenwerk], *Plasmafilamente*, globuläre Protein-↗Filamente ($\varnothing$ 6–10 nm) in nahezu allen Zellen; z.B. ↗Actinfilament.

Mikrofilarie w [v. *mikro-, lat. filum = Faden], das 1. Larvenstadium der ↗Filarien; ↗Filariasis.

Mikroflora w [v. *mikro-], die in einem bestimmten Habitat (Substrat) vorkommenden Mikroorganismenarten, z.B. Bodenmikroflora (↗Bodenorganismen), ↗Haut-, ↗Darm-, ↗Mundflora, M. von Lebensmitteln.

Mikrofossilien [Mz.; v. *mikro-, lat. fossilis = ausgegraben], fossile Reste überwiegend einzelliger Organismen (Bakterien,

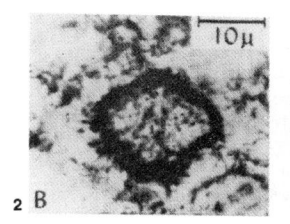

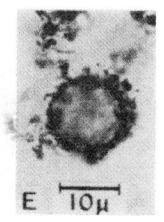

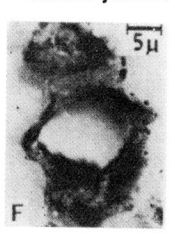

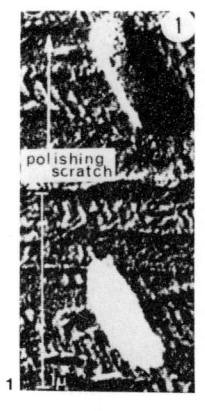

Mikrofossilien
Die ältesten bakterien- und algenähnlichen M. wurden bisher in den Fig-Tree- und Onverwacht-Schichten in S-Afrika gefunden. Sie sind 3,2 bzw. 3,4 Milliarden Jahre alt.
1 zeigt *Eobacterium isolatum* aus den Fig-Tree-Sedimentgesteinen, **2** kugelige und tassenförmige Strukturen aus den Onverwacht-Schichten.

mikro- [v. gr. mikros = klein, gering].

Diatomeen, Radiolarien, Foraminiferen u.a.), die mit bloßem Auge meist nicht od. kaum noch sichtbar sind. Zu den M. zählen aber auch mikroskop. kleine Elemente v. Vielzellern (Sporen, Samen, Skelettnadeln u. -platten, Jugendgehäuse, Ostracodenschalen, Conodonten, Scolecodonten, Otolithen, Fischschuppen usw.). Prakt. Nutzen für die ↗Stratigraphie resultiert aus ihrer großen Zahl auf geringstem Raum, z.B. in Bohrkernen bei der Erdölsuche. Ihre Gewinnung aus festen Gesteinen u. ihre Darstellung bedürfen oft spezieller Methoden. Allerkleinste Organismen heißen ↗*Nannofossilien*, z.B. ↗Coccolithen.

Mikrogamet m [v. *mikro-, gr. gametēs = Gatte], die kleinere, häufig auch beweglichere Geschlechtszelle bei Vorliegen v. ↗Anisogamie, ↗Gameten. Ggs.: Megagamet (Makrogamet).

Mikrogametangium s [v. *mikro-, gr. gametēs = Gatte, aggeion = Gefäß], Bez. für die Zellen od. Zellgruppen, aus denen der ↗Mikrogamet hervorgeht; ↗Gametangium. Ggs.: Megagametangium.

Mikrogametophyt m [v. *mikro-, gr. gametēs = Gatte, phyton = Gewächs], Bez. für die Sorte der ↗Gametophyten, die bei Vorliegen v. ↗*Heterosporie* die ↗Mikrogameten bildet. Ggs.: Megagametophyt.

Mikrogerontie w [v. *mikro-, gr. gerontes = Greise], nannte H. Hölder (1952) relative Kleinwüchsigkeit (v. a. bei *Ammonoidea*) bis ins Altersstadium aufgrund langsamen Gehäusewachstums. Ggs.: Makrogerontie.

Mikroglia w [v. *mikro-, gr. glia = Leim], ↗Hortega-Zellen, ↗Glia.

Mikroinjektion w [v. *mikro-, lat. iniectio = Einspritzung], die Injektion gelöster Stoffe in Einzelzellen od. Zellkompartimente, speziell von DNA in die Kerne v. Einzelzellen, mit Hilfe extrem feiner Glaskapillaren (0,1–1 μm $\varnothing$). Die Technik der M. hat neuerdings große Bedeutung in der ↗Gentechnologie erlangt, da durch M. Fremd-DNA in Zellen (z.B. in Eizellen od. Einzelzellen v. Zellkulturen) eingeschleust werden kann u. so deren Rekombination mit dem zellulären Genom sowie deren Expression (als stabil im Genom integrierte DNA, aber auch als freie bzw. Plasmid-gebundene DNA) untersucht werden kann. So konnten z.B. v. anderen Spezies stammende Gene (Gene für menschl. ↗Insulin u. ↗Interferone, Globin-Gene aus Kaninchen, virale Gene) durch M. in die väterl. Pronuclei befruchteter Eizellen der Maus in das Maus-Genom eingeführt u. durch zelluläre Folgeprozesse stabil, d. h. vererbbar, integriert werden. ↗Mikromanipulator.

Mikroklima s [v. *mikro-, gr. klima = Neigung], *Kleinklima,* ↗Klima der bodennahen Luftschicht mit kleinräumig außerordentl. Vielfalt in der Ausprägung. Boden u. Vegetation bilden die aktiven Oberflächen für Strahlungsumsetzungen, Verdunstung u. Taubildung (↗Bodenentwicklung, ↗Bodentemperatur) u. bestimmen damit die Bedingungen in der direkt aufliegenden ↗Grenzschicht (□). Die M.bereiche haben erhebl. Bedeutung als Lebensraum v. Tieren u. Pflanzen. Die deshalb notwendige detaillierte Erfassung des M.s z. B. eines Grashalms, in Blattminen u. -gallen, in Tierbauen u. Vogelnestern, an der Süd- od. Nordseite eines Hauses, über verschieden bepflanzten Beeten, innerhalb v. Pflanzenbeständen, in einer Baumgruppe u. Waldlichtung erfordert spezielle Meßmethoden, die eine Störung der kleinräum. Bedingungen vermeiden müssen. Für einzelne *Mikroklimate* sind Begriffe wie ↗*Bestandsklima, Gewächshausklima, Stallklima, Waldklima* gebräuchlich.

Mikromanipulator m [v. *mikro-, lat. manipulus = Handvoll], ein Zusatzinstrument zum ↗Mikroskop, das feinste, der menschl. Hand sonst unmögl. mechan. Operationen im µm-Bereich u. darunter erlaubt, wie z. B. die Handhabung v. Einzelzellen u. ihrer Nachkommen bei der Stammbaumanalyse einzelner Zellen, das Herausnehmen v. Zellkernen u. die ↗Mikroinjektion v. Flüssigkeiten in Einzelzellen od. deren Kompartimente.

Mikromeren [Mz.; v. gr. mikromerēs = aus kleinen Teilen bestehend] ↗Furchung.

Mikromorphologie w [v. *mikro-, gr. morphē = Gestalt, logos = Kunde], Beschreibung der mikroskop. und elektronenmikroskop. Struktur (Ultrastruktur) v. Organismen u. Zellen.

Mikronährstoffe [v. *mikro-], *Mikronährelemente,* nur in Spuren *(Spurenelemente)* für die ↗Ernährung u. den Stoffwechsel v. Menschen, Tieren u. Pflanzen benötigte chem. Elemente (↗essentielle Nahrungsbestandteile), meist Bestandteile v. Enzymen, Vitaminen u. Hormonen. M. für Menschen u. Tiere sind Fe, Cu, Zn, Mn, Co, F, I; für Pflanzen Mn, Cu, Zn, Mo, B, Cl. Mangel an M.n, z. B. durch einseit. Ernährung bzw. ↗Bodenmüdigkeit, führt zu Mangelkrankheiten. Stehen M. bei Pflanzen nicht als „Verunreinigungen" der ↗Makronährstoffe zur Verfügung, können sie in Form v. Hoaglands ↗A–Z-Lösung zugeführt werden.

mikro- [v. gr. mikros = klein, gering].

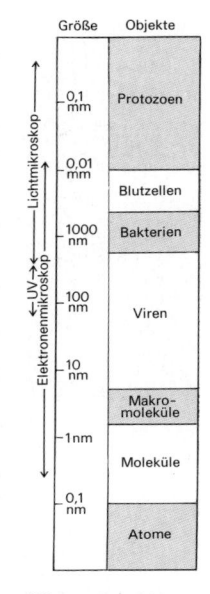

Mikronucleus m [v. *mikro-, lat. nucleus = Kern], *Kleinkern,* bei Wimpertierchen u. manchen Foraminiferen vorkommender Kern, der ausschl. die generativen Vorgänge der Zelle steuert. Ggs.: Makronucleus. ↗Kerndualismus. □ Pantoffeltierchen.

Mikroorganismen [Mz.; v. *mikro-, frz. organisme = Organismus], *Mikroben* (nach E. Haeckel, 1866: Protisten, Erstlinge, Urwesen), vorwiegend einzellige, niedere Organismen, die gewöhnl. nur mit Hilfe des Mikroskops zu erkennen sind. Der wesentl. Unterschied zu Pflanzen u. Tieren besteht in ihrer relativ einfachen biol. Organisation (z. B. kein echtes Gewebe). Aufgrund der Zellstrukturen können die M. unterteilt werden in 1. die *prokaryotischen* Formen (*niedere Protisten,* ↗*Prokaryoten*): ↗Bakterien (einschl. der Actinomyceten), ↗Cyanobakterien, ↗Prochlorales, und 2. die *eukaryotischen* Formen: Protozoen (↗Einzeller), ↗Schleimpilze, ↗Pilze, niedere Algen u. wenige Metazoen. Die Abgrenzung der eukaryotischen M. zum Pflanzen- od. Tierreich ist in vielen Fällen schwierig; so kann das Mycel vieler Pilze, das den Hauptteil des Organismus ausmacht, mikroskopisch klein sein, die Pilzfruchtkörper können dagegen Meter-Größe erreichen. (↗Viren u. ↗Viroide werden manchmal auch den M. zugeordnet; doch besitzen sie weder eine echte Zellstruktur noch einen Stoffwechsel, so daß sie keinem Organismenreich zugeordnet werden können.) M. sind in der Natur fast überall verbreitet (↗Bakterien, ↗Cyanobakterien). Durch ihre vielfält. Stoffwechselaktivitäten spielen sie eine außerordentl. wichtige Rolle in den Stoffkreisläufen der Natur, bes. beim ↗Abbau u. Umbau organ. Substanzen (↗Mineralisation). Das rasche Wachstum u. der schnelle Stoffumsatz sowie besondere Stoffwechselleistungen vieler M. werden zur Herstellung verschiedener Produkte ausgenutzt, z. B. Nahrungsmittel, Getränke, ↗Antibiotika (↗Biotechnologie). Viele M. lassen sich direkt od. nach chem. Aufarbeitung als Nahrung verwenden, z. B. Cyanobakterien *(Spirulina),* Speisepilze u. in Form v. ↗Einzellerprotein. Gentechnolog. veränderte M. dienen zur Produktion besonderer Substanzen (z. B. ↗Interferon) od. werden zur Entgiftung v. Abfallstoffen eingesetzt (↗Genmanipulation, ↗Gentechnologie, ↗Abwasser, ↗Kläranlage). Die Wachstumsbedingungen für M. sind sehr unterschiedlich. Die meisten bekannten M. lassen sich auf geeigneten Nährböden kultivieren u. in Reinkultur züchten. Die Ernäh-

Mikroorganismen
Größenverhältnisse von M. und anderen Strukturen

Größe	Objekte
0,1 mm	Protozoen
0,01 mm	Blutzellen
1000 nm	Bakterien
100 nm	Viren
10 nm	Makromoleküle
1 nm	Moleküle
0,1 nm	Atome

(Lichtmikroskop; UV; Elektronenmikroskop)

Mikroorganismen
Oberer Grenzbereich der Temperatur, die von verschiedenen Mikroorganismengruppen ertragen wird:

Protozoen	45–50 °C
Algen	56
Pilze	60
Cyanobakterien	70–73
Bakterien	über 100

rungsansprüche sind vielfältig. Meist dienen organ. Substrate als Energie- u. Kohlenstoffquelle (↗Chemoorganotrophie); die Stoffwechselenergie wird dabei im ↗Gärungs-Stoffwechsel oder ↗Atmungs-Stoffwechsel (↗anaerobe Atmung) gewonnen. Wenige wachsen mit anorgan. Substraten als Energie- und CO_2 als Kohlenstoffquelle (↗Chemolithotrophie). Im Licht können einige M.-Gruppen mit einer oxygenen Photosynthese (↗Cyanobakterien, ↗Algen, ↗Prochlorales) od. mit einer ↗anoxygenen Photosynthese (↗phototrophe Bakterien) wachsen. Die Wachstumsraten sind stark v. den Umweltbedingungen abhängig (↗mikrobielles Wachstum). M. können als Saprophyten, Kommensalen u. Parasiten leben u. auch schwere bis tödl. Vergiftungen u. andere Krankheiten bei Mensch u. Tier verursachen (↗Infektion, ↗Bakterientoxine, ↗Mykotoxine) sowie Pflanzen schädigen u. vernichten. Andererseits schaffen sie oft an extremen Standorten erst die Bedingungen für ein Leben höherer Organismen, z. B. in ↗Symbiosen, die eine Verwertung v. molekularem Stickstoff über eine N_2-Fixierung ermöglichen (↗Knöllchenbakterien), die Versorgung mit Nährstoffen verbessern od. normalerweise unverdaubare Stoffe aufschließen (↗Mykorrhiza, ↗Flechten, ↗Pansensymbiose). – Das Haupt-Wissenschaftsgebiet, in dem die M. erforscht werden, ist die ↗Mikrobiologie. *G. S.*

Mikrophagen [Mz.; v. *mikro-, gr. phagos = Fresser] ↗Phagocyten.

Mikrophyll *s* [v. spätgr. mikrophyllos = kleinblättrig], ↗Blatt (☐), ↗Farnpflanzen (B III).

Mikrophyten [Mz.; v. *mikro-, gr. phyton = Gewächs] ↗Makrophyten.

Mikropterie *w* [v. *mikro-, gr. pteron = Flügel], ↗Apterie, ↗Flügelreduktion.

Mikropyle *w* [v. *mikro-, gr. pylē = Tor], **1)** Bot.: Bez. für den feinen Kanal, der v. den Integumenten am Scheitel der Samenanlage als Zugang für die Mikrospore (= Pollenkorn) bei den Gymnospermen bzw. für den Pollenschlauch bei den Angiospermen zum Nucellus offen gelassen wird. **2)** Zool.: Pore in der ↗Eihülle, die dem Durchtritt der Spermien sowie bei manchen Formen dem Gasaustausch dient.

Mikroskop *s*, optisches Gerät, mit dem kleine, mit bloßem Auge nicht sichtbare Objekte vergrößert abgebildet u. betrachtet werden können. Die Verwendung v. sichtbarem ↗Licht zur Bilderzeugung im *Licht-M.* erlaubt – anders als beim ↗*Elektronen-M.* und ↗*Rasterelektronen-M.* – die Beobachtung lebender Objekte ohne störende Vorbehandlung, was das Licht-M. zu einem der wichtigsten Arbeitsgeräte in vielen Bereichen der Biol. macht. *Aufbau des Licht-M.s:* Charakteristisch für das M. ist die Bilderzeugung in zwei Stufen *(zusammengesetztes M.)*: ein dem betrachteten Objekt zugewandtes Linsensystem *(Objektiv)* entwirft in einer Zwischenbildebene in konstantem Abstand ein primär vergrößertes, umgekehrtes, reelles Objektabbild (vgl. Abb.), das die Qualität des Endbildes bestimmt u. durch ein zweites, dem Auge zugewandtes Linsensystem *(Okular)* wie durch eine Lupe so weit nachvergrößert wird, daß die kleinsten im Primärbild noch abgebildeten Strukturen dem Betrachter unter einem Sehwinkel von etwa 2' erscheinen (T Auflösungsvermögen), was einer „deutl. Sehweite" des menschl. Auges von 25 cm entspricht. Anstelle der visuellen Beobachtung kann das Endbild auch auf einer Photoplatte aufgefangen, auf eine Leinwand projiziert od. über eine aufgesetzte Fernsehkamera auf einen Fernsehschirm übertragen werden. Die Gesamt-*Vergrößerung* entspricht dann dem Produkt aus primärer Objektiv- u. sekundärer Okular- bzw. Projektionsvergrößerung. Beide Linsensysteme sind zum Schutz vor seitl. Störlicht durch ein Rohr definierter

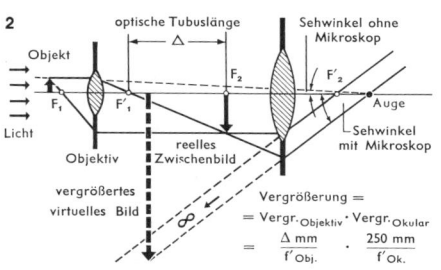

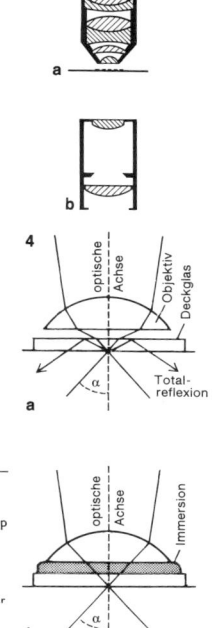

mikro- [v. gr. mikros = klein, gering].

mikroskop- [v. gr. mikros = klein, gering, skopein = betrachten].

Mikroskop

1 Aufbau eines Licht-M.s (Typ „Standard", Zeiss), Strahlengang bei Durchlichtbeleuchtung (Köhlersche Beleuchtung). **2** Strahlengang im Licht-M. **3a** achromatisches Objektiv, **b** Okular (Huygens-Typ). **4** Strahlengang bei einem Trockensystem (**a**) und einem Immersionssystem (**b**)

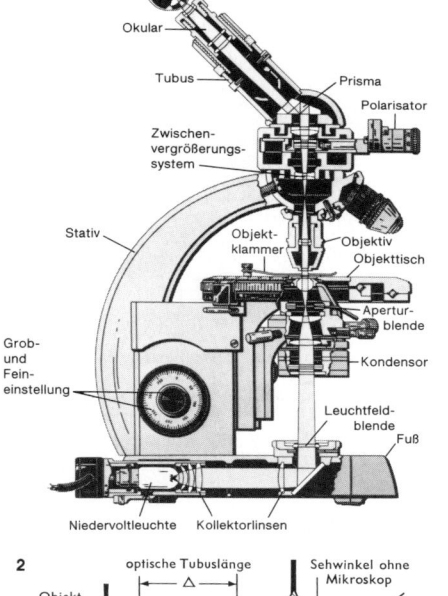

$$\text{Vergrößerung} = \text{Vergr.}_{\text{Objektiv}} \cdot \text{Vergr.}_{\text{Okular}} = \frac{\Delta \text{ mm}}{f'_{\text{Obj.}}} \cdot \frac{250 \text{ mm}}{f'_{\text{Ok.}}}$$

Mikroskop

mikro- [v. gr. mikros = klein, gering].

Länge *(Tubus)* verbunden. Gewöhnl. erlaubt eine Drehscheibe mit mehreren Objektiven am unteren Tubusende *(Objektivrevolver)* den raschen Vergrößerungswechsel. Der Tubus und, i.d.R. unter diesem angeordnet, ein *Objekttisch* mit zentraler Strahlendurchtrittsöffnung u. ein zentrier- u. höhenverstellbarer *Beleuchtungsapparat* sind an einem erschütterungssicheren *Stativ* befestigt. Zur Scharfeinstellung des Objekts sind Tubus u. Objekttisch über einen kombinierten Grob- u. Fein-Zahntrieb gegeneinander verstellbar. Der Beleuchtungsapparat besteht im einfachsten Fall ledigl. aus einem Hohlspiegel zur Beleuchtung des Objekts durch Tages- od. Lampenlicht, gewöhnl. aber aus einem Planspiegel od. bei besser ausgestatteten M.en einer im Stativ fest eingebauten, möglichst punktförm. Lichtquelle u. einem lichtsammelnden Linsensystem *(Kondensor)*, welches das Objekt in möglichst großer Leuchtdichte beleuchtet. Zum bequemeren Mikroskopieren kann der Strahlengang durch ein zwischengeschaltetes Prisma im Tubus abgeknickt (Schrägeinblick) und u.U. durch ein Strahlenteilungssystem aus einem halbdurchläss. Spiegel u. weiteren Prismen auf zwei Okulare verteilt werden *(Binokulartubus)*, was eine beidäugige (aber nicht stereoskopische) Bildbetrachtung erlaubt. Besonders Labor-M.e sind meist mit einem in zwei Achsen verschiebbaren u. drehbaren *Kreuztisch* zum leichteren Durchmustern v. Präparaten ausgerüstet, ebenso mit einer speziellen Objekthalterung u. besitzen häufig einen Wechselrevolver mit verschiedenen Kondensoren für unterschiedl. Beleuchtungsarten. Vielfach gestattet ein Zwischenvergrößerungssystem zw. Objektiv u. Okular, anstelle eines umständl. Okularwechsels wahlweise verschiedene Zwischenvergrößerungslinsen einzuschalten. Die betrachteten Objekte werden i.d.R. auf einem Glasscheibchen *(Objektträger)* in den Strahlengang eingebracht, zur Schaffung einer ebenen Oberfläche v. einem dünnen *Deckglas* (Dicke 0,17 mm) abgedeckt. *Abbildungsmethoden:* Dünne, durchscheinende Objekte betrachtet man in durchfallendem Licht *(Durchlicht-M.)*, während die Oberflächen undurchsicht. Objekte durch das Objektiv beleuchtet u. im Auflicht betrachtet werden *(Auflicht-M., ↗Auflichtmikroskopie)*. Abgebildete Struk-

---

Vergrößerung und Auflösung des Mikroskops

E. Abbe und *M. Berek* konnten nachweisen, daß das mikroskop. Bild als komplexes ↗Interferenz-Muster der v. den Objektstrukturen ausgehenden u. miteinander interferierenden kohärenten Beugungswellenfronten entsteht. Ein Konturenpaar wird nur dann abgebildet ("aufgelöst"), wenn der bildauffangende „Bildschirm" (= Frontlinse des Objektivs) beidseits des Interferenz-Hauptmaximums wenigstens je ein am Objektkonturenpaar entstandenes Nebenmaximum auffangen kann, eine wellenopt. Grenzbedingung, die erst für die Abb. sehr kleiner Strukturen Bedeutung gewinnt. Im weiteren Strahlengang interferieren diese Nebenmaxima mit dem Hauptmaximum u. erzeugen so ein dem Objekt ähnl. Endbild. Je mehr Seitenmaxima dazu beitragen, desto schärfer – weil detailreicher – wird die Abb. Nebenmaxima entstehen dort, wo zwei an der Objektkontur abgebeugte Wellenfronten mit einem Wegunterschied (Gangunterschied, ☐ Interferenz) v. einer Wellenlänge (λ) bzw. deren Vielfachem zusammentreffen. Je kleiner der Konturenabstand *(d)* der Struktur, desto stärker abgebeugt müssen Wellenfronten zusammentreffen, um einen Wegunterschied von λ aufzuweisen, desto weiter entfernt sich also der ersten Nebenmaxima vom Hauptmaximum, u. desto größer muß bei konstantem λ die „Bildschirmweite" (= Apertur des Objektivs) sein, damit das Interferenzbild der Struktur noch „wahrgenommen" u. diese abgebildet wird. Die Apertur wird vereinbarungsgemäß als Sinus des halben Öffnungswinkels (sin α) angegeben. Es gilt also: $d_{min} = \lambda/\sin \alpha$. Nähert sich *d* an λ an, so geht der zur Erzeugung eines Nebenmaximums geforderte Beugungswinkel der um den Betrag λ phasenverschobenen Wellenfronten gegen 90°, d.h., die Interferenz der Wellenfronten erfolgt in der Objektebene, notwendigerweise also außerhalb der Bildschirmebene, u. kann so nicht mehr durch diesen bzw. das Objektiv aufgefangen werden. Eine Strukturgröße im Bereich der Wellenlänge des verwendeten Lichts bildet also eine natürl. Grenze für deren mikroskop. Abbildbarkeit. Die (oberhalb dieses Grenzwertes auflösungsbestimmende) theoret. Apertur stärker vergrößernder (bis 63fach), sog. *Trockenobjektive* wird durch die Lichtbrechung an einem Intermedium geringerer Dichte als das Präparat (Luft mit Brechungsindex $n_D = 1$) zw. Objekt u. Objektiv auf eine geringere wirksame Apertur eingeschränkt, die sog. *numerische Apertur* ($A = n_D \cdot \sin \alpha$). Diese wirksame Apertur ist auf allen Objektiven hinter der Angabe des Vergrößerungsmaßstabs als Dezimalbruch eingraviert (z.B. 40er Objektiv: 40/0,63) u. erlaubt die Berechnung v. deren Auflösungsvermögen. Der Aperturverlust durch Lichtbrechung kann durch ein Zwischenmedium größerer Dichte, etwa ein Öl (Zedernholzöl) vom Brechungsindex des Glases ($n_D = 1,5$), kompensiert od. gar durch Verwendung dichterer Zwischenmedien (bis $n_D = 1,6$) beim eigentlichen Aperturgewinn überkompensiert werden. Man benötigt dazu spezielle ↗Immersions-(Eintauch-)Objektive, die Aperturen bis 1,4 erreichen (z.B. Spitzenobjektive wie 100/1,3 Öl oder 63/1,4 Öl, mit einer Auflösung von 0,19 μm, wobei der Zusatz „Öl" darauf hinweist, daß diese Objektive als Immersionsobjektive benutzt werden müssen.). Derart. Aperturen lassen sich jedoch nur voll ausschöpfen, wenn der Öffnungswinkel, also die Apertur, des *Kondensors* dem des Objektivs angepaßt ist. Kondensoren sind mit einer aperturregulierenden *Irisblende* ausgestattet, die der Regulierung des Bildkontrasts dient: Bei zu großer Kondensoröffnung gelangt an der Bildentstehung nicht beteiligtes Streulicht aus nicht abgebildeten Objektpartien in das Objektiv (Bildaufhellung, Kontrastminderung); ist sie aber enger gegenüber der Objektivöffnung zu geringen Kondensorapertur verringert sich die Breite der im Präparat entstehenden Interferenz-Nebenmaxima, u. diese werden im Grenzfall vom Objektiv nicht mehr erfaßt, wo zu einer Verminderung der wirksamen Objektivapertur u. damit des Auflösungsvermögens führt. Eine angepaßte hohe Kondensorapertur kann die wirksame Objektivapertur gegenüber einer Beleuchtung ohne Kondensor um etwa das Zweifache steigern. Daraus resultiert nach der Formel $d_{min} = \lambda/2 \: n \sin \alpha$ bzw. $d_{min} = \lambda/2A$ ein maximales Auflösungsvermögen des M.s von etwa $\lambda/2$. Dieser Wert, im sichtbaren Licht von $\lambda \approx 0,4$ μm etwa 0,2 μm, kann bei Verwendung von UV-Licht ($\lambda \approx 0,2$ μm) noch einmal um etwa das Zweifache verbessert werden, wenn man ein M. mit UV-durchläss. Quarzoptik benutzt u. das nicht unmittelbar sichtbare Bild auf einem Leuchtschirm od. einer Photoplatte auffängt *(UV-* oder *Ultra-M.)*. – Als Faustregel für die *förderliche Vergrößerung* gilt, daß die Endvergrößerung das 1000fache der Objektivapertur nicht überschreiten soll.

turen sind nur sichtbar, wenn sie sich kontrastreich durch Lichtabsorption aufgrund ihrer opt. Dichte od. Färbung v. ihrer Umgebung abheben (Helligkeits- oder Farbkontrast in *Amplitudenpräparaten*). Die meisten lebenden Strukturen sind jedoch glasklar durchsichtig u. erzeugen höchstens eine nicht sichtbare Phasenverschiebung zw. Objekt- und Umgebungslicht. Bei solchen Präparaten läßt sich durch Eingriffe in den Strahlengang Kontrast erzeugen, so etwa durch die bes. zur Darstellung sehr kleiner Partikel geeignete *Dunkelfeldmikroskopie,* bei der die Objekte im Durch- od. Auflicht nur streifend unter einem solchen Winkel beleuchtet werden, daß nicht das das Objekt durchdringende od. von ihm reflektierte Licht vom Objektiv aufgefangen wird – wie bei der *Hellfeldmikroskopie* –, sondern nur das Streulicht, das vom Objekt ausgeht u. dieses bei einem Verlust v. Strukturdetails vor dunklem Hintergrund hell aufleuchten läßt wie Staubpartikel in einem selbst nicht sichtbaren Lichtstrahl (Tyndall-Effekt). Andere opt. *Kontrastierungsverfahren* beruhen auf der dichteabhängigen Phasenverschiebung des Lichts im Objekt, so die ↗ *Phasenkontrast-,* ↗ *Interferenz-* u. *Interferenzkontrast-Mikroskopie.* – *Vergrößerung:* Die im M. erreichbare Endvergrößerung ist im Prinzip zwar nahezu unbegrenzt, bringt aber nur soweit Gewinn, als im Primärbild vorhandene Strukturen bis zur Wahrnehmbarkeit durch das menschl. Auge im Okular nachvergrößert werden *(förderliche Vergrößerung).* Entscheidend für die Qualität eines mikroskop. Bildes ist also nicht in erster Linie die Endvergrößerung, sondern die *Auflösung* v. Objektstrukturen durch das Objektiv, d. h. die geringstmögliche Distanz zweier Objektpunkte (d_{min}), die in der vergrößerten Abb. noch als zwei getrennte Punkte dargestellt werden. Dieses *Auflösungsvermögen* des M.s hat eine natürliche, durch die Öffnungsweite (Öffnungswinkel α = *Apertur*) des Objektivs und letztl. die Wellenlänge (λ) des benutzbaren Lichts bestimmte Grenze u. liegt günstigstenfalls für sichtbares Licht bei 0,2 µm. – *Objektivtypen:* Bei M.-Optiken machen sich in bes. Maße alle Linsenfehler bemerkbar, bes. die sphärische u. chromatische ↗ *Aberration* (☐) u. die Bildfeldwölbung. Die einfachen u. billigen *achromatischen* Objektive (↗ *Achromat*) mit bes. bei stärkeren Vergrößerungen begrenzter Apertur, dafür aber geringerer sphärischer Aberration u. Bildfeldwölbung sind i. d. R. nur für die Farbbereiche der stärksten Empfindlichkeit unseres Auges (Gelbgrün) korrigiert, während die aufwendigeren *Fluoritobjektive* u. mehr

Geschichte des Mikroskops
Erste Versuche, durch hintereinandergeschaltete Linsen stark vergrößerte Bilder kleiner Objekte zu erzeugen, gehen in das 16. Jh. auf *G.* ↗ *Fracastoro* (1538) und v. a. auf die beiden holländ. Brillenschleifer *H.* und *Z. Janssen* (1590) zurück. 1665 baute *R.* ↗ *Hooke* in London die erste zusammengesetzte M. (Entdeckung der „Zellen" im Kork, ☐ Hooke), das aber wegen der großen Linsenfehler noch keine starken Vergrößerungen erlaubte, während *A. van* ↗ *Leeuwenhoek* mit einfachen, sorgfältig geschliffenen Linsen bereits bis zu 300fache Vergrößerungen erreichte (Entdeckung der Spermatozoen, Blutkörperchen, Infusorien). Die Entwicklung fester Stative u. besserer Fokussiermöglichkeiten *(E. Culpeper)* um die Mitte des 18. Jh., ebenso korrigierter Linsenkombinationen *(J.* und *P. Dolland,* 1775; *J. Ramsden* und *J. v. Fraunhofer,* 1815), die Erfindung des Kondensors durch *D. Brewster* und *W. H. Wollaston* u. die Berechnung stark vergrößernder Objektive, ebenso die Erfindung der Immersion durch *G. B. Amici* (1847) und schließl. die Aufklärung der ges. Gesetzmäßigkeiten bei der Entstehung des mikroskop. Bildes vornehmlich durch *E.* ↗ *Abbe* und *M. Berek* sind die wesentl. Stationen auf dem Weg zu den heute eingesetzten Hochleistungs-M.en. Die Entwicklung neuer opt. Gläser (u. a. durch die Fa. *O. Schott)* ermöglichte seit etwa 1900 die Fertigung farbkorrigierter Objektive.

mikroskopische Präparationstechniken

noch die *Apochromaten* durch Kombination verschiedener Glassorten, namentl. Fluoritgläser, für drei Farbbereiche chromatisch u. sphärisch korrigiert sind u. damit höhere Aperturen u. eine schärfere Bildzeichnung erlauben. Für mikrophotographische Zwecke dienen vornehml. die *Planobjektive* mit besserer Bildfeldebnung, am einfachsten die *Planachromate* u. am aufwendigsten die bis zu 16linsigen *Planapochromaten.* Restfehler werden durch Verwendung entspr. korrigierter Okulare (Planokulare, Kompensationsokulare) vermindert. – *M.typen:* Je nach prakt. Erfordernissen ist die Anordnung der opt. Elemente am M. variabel. Bei dem im Bereich der Biol. vornehml. in der Planktologie u. Zellbiologie verwendeten *umgekehrten M.* wird das Präparat v. unten betrachtet; Tubusträger und Objektive sind unter dem Objekttisch, Lichtquelle u. Kondensor über diesem angeordnet. *Vergleichs-* und *Interferenz-M.e* besitzen jeweils zwei nebeneinander angeordnete Objektive, deren Strahlengänge zur vergleichenden Betrachtung verschiedener Bildfelder od. Objekte in ein geteiltes Gesichtsfeld eingespiegelt werden. Die nur für schwächere, bis etwa 50fache Vergrößerungen geeigneten *Präparier-* oder *Stereo-M.e* (nicht zu verwechseln mit einem binokularen M.) erlauben durch zwei zueinander geneigte, völlig getrennte Strahlengänge eine beidäugige Betrachtung eines räuml. Bildes, welches zudem durch ein zwischengeschaltetes Umkehrprismensystem seitenrichtig dargestellt ist. ↗ Fluoreszenz-M., ↗ Rastermikroskop, ↗ Ultraschall-M.; ↗ mikroskopische Präparationstechniken.

Lit.: *Ehringhaus, A., Trapp, L.:* Das Mikroskop. Stuttgart ^{5}1958. *Freund, H., Berg, A.* (Hg): Geschichte der Mikroskopie. 3 Bde., Frankfurt 1963–66. *Gerlach, D.:* Das Lichtmikroskop. Stuttgart 1966. *Leitz:* Abbildende und beleuchtende Optik des Mikroskops. Leitz, Wetzlar 1973 (Werkschrift). *Michel, K.:* Die Grundlagen der Theorie des Mikroskops. Stuttgart 1964. *Möllrimg, F. K.:* Mikroskopieren von Anfang an. Zeiss, Oberkochen 1972 (Werkschrift). *Zeiss:* Optik für Mikroskope. Oberkochen 1967 (Werkschrift). P. E.

Mikroskopie, Sammelbez. für alle mikroskop. und elektronenmikroskop. Untersuchungsmethoden (↗Mikroskop, ↗Elektronenmikroskop, ↗mikroskop. Präparationstechniken).

mikroskopisch, nur mit Hilfe des Mikroskops erkennbar. Ggs.: makroskopisch.

mikroskopische Präparationstechniken, Vorbereitung vornehmlich kleiner Objekte zur Betrachtung im Lichtmikroskop (↗Mikroskop) oder ↗Elektronenmikroskop. Lichtmikroskop. Objekte werden i. d. R. auf einen gläsernen Objektträger aufgebracht, zur Verminderung der Lichtbrechung u.

mikroskopische Präparationstechniken

-streuung an den unebenen Objektoberflächen in ein homogenes und durchsicht. Medium (z. B. Wasser) eingeschlossen u. zur Schaffung einer ebenen Oberfläche mit einem 0,17 mm dicken Glasplättchen *(Deckglas)* abgedeckt, während elektronenmikroskop. Objekte auf einem mit einer monomolekularen Kunststoffhaut überzogenen Kupfersiebchen als Objektträger in den Elektronenstrahl eingeführt werden. – 1) *Lichtmikroskopie:* Einzelzellen od. kleinere Organismen können, in Wasser eingeschlossen, lebend untersucht werden *(Frischpräparat)*. Will man solche *Lebendpräparate* – etwa Zell- od. Einzeller-Kulturen – längere Zeit ohne allmähl. Präparateschädigung durch Eintrocknen beobachten, so müssen diese in (u. U. temperaturkonstante) Mikrobeobachtungskammern eingeschlossen werden, die eine Zufuhr v. Sauerstoff und evtl. Nährstoffen ermöglichen. Zur Erhöhung des Kontrastes kann man lebende, meist kontrastlose Objekte mit nicht toxischen *Vitalfarbstoffen* (Nilblausulfat, Neutralrot) anfärben, die sich in manchen Fällen in bestimmten Zellorganellen (Kern, Lysosomen) od. bei mehrzelligen Organismen in einzelnen Geweben anreichern. Zur Darstellung bes. kleiner Zellen, Cilien, Geißeln usw. eignet sich auch eine *Negativkontrastierung,* bei der die betreffenden Objekte in eine dünne Tuschelösung eingebracht werden, in der sie sich bei entspr. dünner Schicht als durchsicht. Strukturen vor dunklem Hintergrund abheben. Heute werden statt dessen in aufwendiger ausgestatteten Mikroskopen spezielle opt. *Kontrastierungsverfahren* (↗Phasenkontrastmikroskopie, ↗Interferenzmikroskopie) mit besserem Erfolg angewandt. Von unbelebten od. abgetöteten Objekten können praktisch unbegrenzt haltbare *Dauerpräparate* angefertigt werden, indem man die betreffenden Objekte – u. U. nach vorhergehender Konservierung (↗Fixierung) – mit einem glasklar durchsicht. und erhärtenden Einschlußmedium durchtränkt u. sie unter einem Deckglas darin einbettet *(Einschlußpräparat)*, entweder in wasserlösl. Einbettungsmittel wie Gelatine, Glyceringelatine u. hydrophile Kunstharze wie Gelatinol od. Lactophenol (ein Phenol-Milchsäure-Glycerin-Gemisch), auch in alkohollösl. Einbettlacke wie Gelatinol u. Euparal, od. in benzol- od. xylol-lösliche Naturharze wie ↗Kanadabalsam od. Kunstharzlacke wie Caedax u. Eukitt. Zur besseren Darstellung v. Zellen, Zellkernen od. unterschiedl. Gewebetypen können solche Präparate insgesamt mit verschiedenen Farbstoffen eingefärbt werden od., falls sie undurchsichtig sind (z. B. bei Chitinstrukturen v. Insektenpanzern) mit Bleichmitteln aufgehellt (Diaphanol = Chlordioxid-Essigsäure; Kaliumhypochlorit-Lösung, H_2O_2) bzw. durch Durchtränken mit Flüssigkeiten v. hohem Brechungsindex (Methylbenzoat) durchsichtig gemacht werden. Von größeren, bes. pflanzlichen Objekten lassen sich zur Darstellung v. Zellen u. Gewebestrukturen durch Zerzupfen mit zwei Nadeln *Zupfpräparate* gewinnen, während sich bei tierischen Geweben (z. B. Nervenzelldarstellung aus Nervengeweben, Chromosomendarstellung in Mitosepräparaten) eher die Anfertigung v. *Quetschpräparaten* durch Zerquetschen des Gewebes zw. Deckglas u. Objektträger nach vorheriger ↗Mazeration empfiehlt. Zur Untersuchung kompakter Gewebe od. Organe bzw. ganzer Organismenquerschnitte (Histologie) muß man die Objekte in je nach darzustellender Struktur 2–20 μm dicke Scheiben zerschneiden (histologische *Schnittpräparate*). Dies erfordert eine vorherige Härtung der fixierten Objekte durch Einfrieren (↗ *Gefrierschnitte*) od. *Einbettung* des histolog. Materials in alkohollösl. Dinitrocellulose (↗Celloidin), xylol- u. benzollösl. Paraffin od. dioxanlösl. Kunstharze. All diese Einbettungen verlangen zur vollkommenen Durchtränkung des zu schneidenden Materials eine vorherige schonende Entwässerung in Wasser-Alkohol-Stufen steigender Konzentration (↗Alkoholreihe) und, ggf. daran anschließend, Alkohol-Xylol-(Benzol, Dioxan)-Stufen. Von den so erhaltenen erhärteten Gewebeblöckchen können an einem ↗ *Mikrotom* Schnitte gewünschter Dicke abgehobelt werden, die man dann auf Wasser aufschwimmen läßt u. unter leichter Erwärmung streckt, auf einem Objektträger auffängt, durch Erwärmen festklebt u. dann nach Herauslösen des Paraffins u. Wiedereinbringen in Wasser mit verschiedensten Farbstoffen anfärben kann. Dabei lassen sich durch die Wahl des Farbstoffs ganz gerichtet bestimmte Zellorganelle od. Gewebestrukturen je nach deren chem. Eigenschaften hervorheben. So werden selbst basische Farbstoffe (z. B. ↗Hämatoxylin) begierig v. sauren Zellstrukturen (DNA im Kern, RNA in ribosomenreichen Plasmaarealen wie ↗Ergastoplasma) gebunden (Basiphilie), während mehr basische Plasmaproteine bevorzugt saure Farbstoffe wie ↗Eosin binden (↗Hämatoxylin-Eosin-Färbung). Reduzierend wirkende Membranoberflächen lassen sich durch Versilberung od. Vergoldung, d. h. durch Ausfällung reduzierter Metallgranula, vergröbern u. so lichtmikroskop. sichtbar machen (↗Azanfärbung, ↗Histochemie). Die so gefärbten Präparate werden nach erneuter Überführung in ein organ. Lösungsmittel (Alkohol, Benzol, Xylol) mit einem der obengen. Einbettlacke überzogen u. mit einem Deckglas abgedeckt. Solche Präparate sind unbegrenzt haltbar, wenn die verwandten Farbstoffe resistent sind gegen allmähl. Photooxidation oder pH-Wechsel innerhalb des Präparats. Von Hartstrukturen wie Knochen fertigt man Schnitte nach vorheriger Entkalkung auf elektrophoret. Wege od. durch Einlegen in verdünnte Säuren an, od. es müssen statt der Schnitte ↗ *Dünnschliffe* hergestellt werden. Von pflanz. Material gelingt es auch, brauchbare Schnitte durch Einklemmen des Gewebes in Holundermark u. Überschneiden mit einer Rasierklinge zu gewinnen. Falls an Dauerpräparaten polarisationsopt. oder fluoreszenzmikroskop. Untersuchungen durchgeführt werden sollen, muß man bei der Wahl des Einschlußmittels darauf achten, daß dieses nicht selbst optisch aktiv ist od. eine Eigenfluoreszenz besitzt. – Von Zellsuspensionen, z. B. Blutzellen, lassen sich durch Ausstreichen eines Suspensionsfilms auf einem Objektträger und anschließende rasche Wärmefixierung ↗ *Ausstrich-Präparate* herstellen, die nach ihrer Färbung uneingedeckt als Trockenpräparate aufbewahrt werden können, dann bei der mikroskop. Beobachtung aber unbedingt in Öl-↗ Immersion (↗ Mikroskop) betrachtet werden müssen. – *2) Elektronenmikroskopie:* Entsprechende Verfahren wie in der Lichtmikroskopie werden auch in der elektronenmikroskop. Präparationstechnik angewandt, wobei wegen der notwendigerweise geringeren Schnittdicken von etwa 10–80 nm die Objekte in Kunstharze (Epoxidharze wie Araldit, Maraglas u. ↗Epon od. Methacrylat) eingebettet werden müssen. Die notwendigen *Ultradünnschnitte* werden an einem Ultra-↗ Mikrotom mit Hilfe v. Glas- od. Diamantmessern geschnitten. An die Stelle der Färbung in der Lichtmikroskopie tritt die Kontrastierung mit elektronendichten Schwermetallsalzen (↗ Elektronenmikroskop). Neuer entwickelte hydrophile Kunstharze, in denen Zellen ohne vorausgehende Entwässerung eingebettet werden können, ermöglichen heute nach schonender Fixierung der Zellen in Formaldehyd auch noch enzymhistochem. Untersuchungen an fertigen Ultradünnschnitten. ↗ Gefrierätztechnik, ↗ Metallbeschattung, ↗ Kryofixierung. *P. E.*

Mikrosmaten [Mz.; v. *mikro-, gr. osmē = Geruch] ↗ Makrosmaten.
Mikrosomen [Mz.; v. *mikro-, gr. sōma = Körper] ↗ endoplasmatisches Reticulum.
Mikrosphären [Mz.; v. *mikro-, gr. sphaira = Kugel], die aus wäßrigen Lösungen v. ↗ Proteinoiden sich bildenden, koazervat-

ähnl. Strukturen (↗ Koazervate); sie sind v. Bakteriengröße, zeigen (wie Proteinoide generell) gewisse enzymat. Aktivitäten (Esterase, Peroxidase, ATPase) u. bilden spontan Grenzschichten aus, die Elementar-↗ Membranen ähneln. In Proteinoid-Mutterlösungen vergrößern sich M., u. durch Abschnürung kleinerer „Knospen" sind sie sogar zur Teilung fähig. Aufgrund dieser zellähnl. Eigenschaften werden M. als Zwischenstufe bei der präbiot. Evolution v. Zellen angenommen. B chemische und präbiologische Evolution.
Mikrosporangium *s* [v. *mikrospor-, gr. aggeion = Gefäß], Bez. für die Sorte ↗ Sporangien, die bei Vorliegen v. ↗ Heterosporie die Mikrosporen ausbilden. Ggs.: Megasporangium.
Mikrosporen [Mz.; v. *mikrospor-], *Kleinsporen,* Bez. für die Sorte v. Sporen, die bei Vorliegen v. ↗ Heterosporie zu vielen in den Mikrosporangien gebildet werden u. zu den teilweise sehr stark reduzierten Mikrogametophyten auswachsen. Bei den Samenpflanzen werden sie auch Pollen- od. Blütenstaubkörner gen. Ggs.: Megasporen.
Mikrosporophyll *s* [v. *mikrospor-, gr. phyllon = Blatt], ↗ Sporophyll. [fen.
Mikrosporophyllzapfen ↗ Sporophyllzap-
Mikrothallus *m* [v. *mikro-, gr. thallos = Sproß], Bez. für den kleineren u. nur aus einem einfachen System verzweigter Zellfäden bestehenden Vegetationskörper der *Chantransia*-Sporophytengeneration bei einigen Rotalgen, auf dem der komplexer gebaute Gametophyt entsteht.
Mikrothermen [Mz.; v. *mikro-, gr. thermos = warm], Bez. für Gebiete mit einer Jahresmittel-Temp. von 0–14°C (kaltgemäßigte u. subpolare Zonen) u. für Pflanzen, die keine hohen Ansprüche an die Temp. stellen u. Frost ertragen.
Mikrotom *s* [v. *mikro-, gr. tomē = Schnitt], Gerät zur Herstellung dünner Schnitte von biol. Untersuchungsmaterial zur mikroskop. Untersuchung. Ein M. besteht aus einem stabilen, erschütterungsfesten Stativ mit einer Vorrichtung zum Festklemmen des eingebetteten (↗ mikroskop. Präparationstechniken) od. eingefrorenen, zu schneidenden Materials; die Klemmvorrichtung sitzt auf einer feinen Schraubenspindel, welche einen allmähl. Vorschub der Probe um Strecken von 1–20 μm erlaubt. Mit einem Spezialmesser, das an einem auf mehreren polierten Gleitbahnen laufenden Messerschlitten über die Probe hinweggeführt wird, kann man auf diese Weise entspr. dünne Schnitte v. dem Präparat abhobeln. Zur Herstellung v. Ultradünnschnitten (Dicke 10–80 nm) benutzt man ein *Ultra-M.,* bei dem der Präpa-

mikro- [v. gr. mikros = klein, gering].

mikrospor- [v. gr. mikros = klein, gering, spora = Same].

Mikrotrabekularsystem

mikro- [v. gr. mikros = klein, gering].

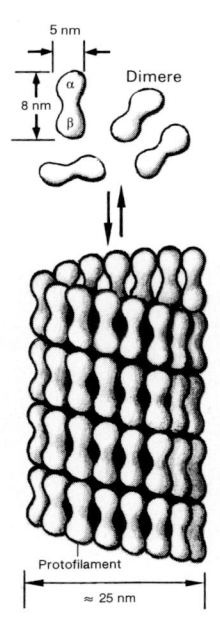

Dimere (5 nm, 8 nm, α, β)

Protofilament ≈ 25 nm

Mikrotubuli
Schemat. Darstellung (Seitenansicht) eines kurzen Abschnitts aus einem Mikrotubulus. Die aus α, β-Dimeren aufgebauten 13 Protofilamente bilden zus. eine röhrenförm. Struktur von 25 nm Außen- und 15 nm Innendurchmesser. Die einzelnen Protofilamente sind um jeweils 10° gegeneinander versetzt. M. sind sehr empfindl. Strukturen: bei geringen Änderungen des Zellmilieus zerfallen sie in die dimeren Untereinheiten, können aber auch schnell wieder aus diesen aufgebaut werden.

ratevortrieb durch Wärmeausdehnung eines Metallstabs erreicht wird, an dessen Ende sich der Präparatehalter befindet. Als Messer dienen die scharfen Bruchkanten selbstgebrochener Glasmesser od. spezielle Diamantschneiden.

Mikrotrabekularsystem *s* [v. *mikro-, lat. trabecula = kleiner Balken], von K. R. Porter u. Mitarbeitern beschriebenes Grundskelett des ↗Cytoplasmas; diese dreidimensionale fibrilläre Struktur soll neben den Cytoskelettelementen (↗Zellskelett) vorkommen. Das M. wurde durch Höchstspannungs-Elektronenmikroskopie in ganzen Zellen nachgewiesen. Es stellt sich als feines Gespinst untereinander verbundener Fäden dar ($\varnothing$ 6 nm). Dem M. werden Grundfunktionen der räuml. Organisation der Zelle sowie kontraktile Eigenschaften zugeschrieben. Um Endgültiges über die wahre Existenz des M.s aussagen zu können, sind noch weitere Forschungsarbeiten nötig.

Mikrotubuli [Mz.; v. *mikro-, lat. tubuli = kleine Röhren], *Cytotubuli,* Gruppe v. ↗Filamenten, die am Aufbau des Cytoskeletts (↗Zellskelett), der ↗Geißeln u. ↗Cilien u. bei der Ausbildung der ↗Spindelapparate bei der Zellteilung beteiligt sind. M. sind röhrenförm. Strukturen mit einem Gesamt-$\varnothing$ von 25 nm ($\varnothing$ innen: 15 nm). Als allg. Konstituenten der Eucyten wurden sie im Elektronenmikroskop erst mit Einführung der Glutaraldehydfixierung erkannt (1963), nachdem sie als wichtigste axonemale Komponenten der Undulipodien (↗Axonema, □; ↗Cilien, □) schon lange entdeckt waren. Ein einzelner Mikrotubulus besteht aus 13 *Protofilamenten,* die zus. die Röhrenstruktur bilden. Die aus *Tubulin*-Untereinheiten aufgebauten Protofilamente sind etwas gegeneinander versetzt (Steigungswinkel etwa 10°), so daß eine leicht linksgewundene Helix resultiert. Die eigtl. Bauelemente der M. sind *Dimere,* die aus je einem α- und β-Tubulin zusammengesetzt sind. Jede der Untereinheiten besitzt einen $\varnothing$ von etwa 5 nm, die relative Molekülmasse beträgt je 50 000; das α,β-Dimere besitzt eine Sedimentationskonstante von 6 S. Der Aufbau der M. aus Heterodimeren macht verständl., daß diese Filamente eine strukturelle und kinet. Polarität aufweisen, d. h., die Polymerisation v. Monomeren an den beiden Enden eines Mikrotubulus ist unterschiedl., und zwar überwiegt an dem sog. Plus-Ende eine ebenfalls stattfindende Depolymerisation. Eine an die M. der Cilien u. Geißeln assoziierte ATPase ist das ↗*Dynein,* das mit einem *sliding-filament-Mechanismus* bei der Geißelbewegung in Zshg. steht. Weiterhin besitzen die α,β-Dimere, die Bausteine der M., 2 Bindungsstellen für GTP, deren eine bei der Polymerisation hydrolysiert wird. Andere Bindungsstellen existieren für bestimmte Alkaloide, die als Spindelgifte bekannt geworden sind u. die Aggregation zu M. verhindern (z. B. ↗Colchicin). Für die M. wurden eine Reihe assoziierter Proteine festgestellt (sog. ↗MAPs, = *M*icrotubule *A*ssociated *P*rotein*s*), die wohl stabilisierende Funktion haben. M. stehen oft mit dem nicht-polymerisierenden Minus-Pol mit Organisationszentren in Verbindung. Solche sog. Nucleationsorte oder MTOCs (= *M*icro*t*ubule *O*rganizing *C*enter*s*) sind die ↗Centriolen (□), die der Ausbildung sog. Geißelbasen (↗Basalkörper) dienen, ↗Centromeren an den Metaphase-Chromosomen u. bestimmte, elektronendichte Membranbereiche. Werden solche Organisationszentren in vitro mit α,β-Dimeren, GTP und Mg^{2+}-Ionen zusammengebracht, so kommt es zur Polymerisation von Mikrotubuli. – Durch Plasmodesmen hindurchgehende tubuläre Strukturen *(Desmotubuli)* wurden verschiedentlich als M. angesehen. Es scheint sich dabei jedoch um einen Tubulus des endoplasmat. Reticulums (ER) zu handeln, der eine Verbindung von ER-Zisternen zw. benachbarten Pflanzenzellen herstellt. *B. L.*

Mikrovillisaum [v. *mikro-, lat. villi = Zotten], *Bürstensaum,* lichtmikroskop. erkennbarer Saum v. Cytoplasmafortsätzen bei tier. und menschl. Zellen, die u. a. auf die Aufnahme od. Abgabe v. Stoffen spezialisiert sind; durch dichtstehende, fingerförm. Ausstülpungen der Zelle, die *Mikrovilli* (Länge ca. 1 µm, $\varnothing$ etwa 0,1 µm), kommt es zu einer erhebl. Vergrößerung der Zelloberfläche u. dadurch zur Erleichterung des Stoffaustausches. Eine resorbierende Darmepithelzelle besitzt z. B. auf der dem Lumen zugewandten Seite ca. 3000 Mikrovilli u. vergrößert so ihre Membranfläche um etwa das 10 000fache. Mikrovilli finden sich auch bei einigen Sinneszellen (z. B. Retinulazellen v. Ommatidien). ↗Darm (□), ↗Epithel (□), [B] Verdauung I, [B] Komplexauge.

Mikrowellen, elektromagnet. Wellen mit Wellenlängen zw. ca. 1 mm und etwa 100 cm (□ elektromagnet. Spektrum); finden Anwendung beim Fernsehen, Radar, Richtfunk, Satellitenfunk u. a. In neuerer Zeit wird die Wirkung von M. auf lebende Organismen untersucht. Im Ggs. zu früherer Meinung zeigen M. selbst schwacher Intensität (z. B. < 10 mW/cm^2) biol. Wirkungen: die Einstrahlung v. Millimeterwellen beeinflußt z. B. (frequenzabhängig) die Wachstumsgeschwindigkeit v. Hefen u. bestimmten Pflanzenwurzeln (untersucht an der Kresse) sowie die Genaktivität v.

Riesenchromosomen (bei Zuckmücken). Die diesen Effekten zugrundeliegenden Wirkungsmechanismen sind z. Z. noch ungeklärt. Auch gibt es bisher keine Hinweise auf eine evtl. Gefährdung v. Mensch u. Umwelt durch Mikrowellen.

Milacidae [Mz.; v. milax = Anagramm v. lat. limax = Wegschnecke], die ↗Kielnacktschnecken, auch als U.-Fam. *Milacinae* zu den Schnegeln gerechnet.

Milane [Mz.; v. okzit. milan = M.], Greifvögel der Habichtartigen mit 8 Gatt. und 10 Arten; einheim. sind der 61 cm große Rotmilan (*Milvus milvus*, B Europa XVIII, nach der ↗Roten Liste „stark gefährdet"), der durch einen rötlichen, deutl. gegabelten Schwanz gekennzeichnet ist u. Wälder mit alten Laubhölzern bewohnt, u. der 56 cm große Schwarzmilan (*M. migrans*, „gefährdet"). Dieser ist düsterer gefärbt u. der Schwanz flacher gekerbt; sein Vorkommen ist stärker an Wassernähe gebunden, wo er auch tote Fische frißt, außerdem besucht er Müllplätze u. ist bes. in südl. Ortschaften eine regelmäßige Erscheinung; weltweit wohl einer der häufigsten Greifvögel. Baut Reisighorste in hohe Bäume, bezieht auch fremde Horste u. siedelt sich nicht selten in Graureiherkolonien an; das Nistmaterial enthält oft Papier, Lumpen u. ä. Der asiat. Brahminenweih (*Haliastur indus*, B Asien VII) hat zwei Bruten im Jahr, eine im Juni u. eine im Dez. ☐ Flugbild.

Milax w [Anagramm v. lat. limax = Wegschnecke], Gatt. der ↗Kielnacktschnecken.

Milben, *Acari*, *Acarina*, Ord. der ↗Spinnentiere (*Arachnida*) mit über 30 000 bekannten Arten; Körpergröße ca. 0,1 mm bis 3 cm, die meisten Arten im u. unter dem 2-mm-Bereich; 1 cm u. mehr erreichen nur Weibchen blutsaugender Arten im vollgesogenen Zustand (☐ Holzbock), die kleinste M. ist die ↗Gall-M. *Eriophyes parvulus* (0,08 mm). Bereits aus dem Devon sind fossile M. erhalten. Unter den Spinnentieren sind die M. die einzige Gruppe, die in großem Stil adaptive Radiation zeigt: in der Lebensweise u. im Verhalten und entspr. in der Morphologie findet sich eine kaum überschaubare Mannigfaltigkeit. Zum Beispiel haben viele Gruppen die für Spinnentiere charakterist. räuberische Ernährung aufgegeben u. sind zu Pflanzenfressern, Detritusfressern, Tier- bzw. Pflanzenparasiten geworden. Sie sind die einzige Arachnidengruppe (Landtiere!), aus der im großen Stil (mehrfach konvergent) wieder wasserlebende Spinnentiere hervorgegangen sind. Als Parasiten u. Schädlinge (Kulturpflanzen, Vorräte) sowie als Krankheitsüberträger sind sie, außer den Gifttieren, die einzige Spinnengruppe, die für den Menschen von wirtschaftl. bzw. medizin. Interesse ist. – *Körpergliederung*: keine starken Einschnürungen, nur Falten, die den Körper in ein *Proterosoma* (Akron und Segmente 1–4, urspr. Tagma mit Mundwerkzeugen und 2 Laufbeinpaaren) u. ein *Hysterosoma* (2 Laufbeinpaare) teilen; innerhalb des Proterosomas sind das Akron und die Segmente 1 und 2 mit den Mundwerkzeugen als *Gnathosoma* abgesetzt. Im Innern sind durch die Veränderung der Körpergestalt (Verkürzung, Streckung) kaum mehr Einflüsse einer Körpersegmentierung festzustellen. Das 8. Segment ist ventral häufig nach vorne zw. die Laufbeincoxen verschoben (Genitalöffnung!). Nur bei den ↗*Notostigmata* ist die Gliederung in Pro- und Opisthosoma noch erkennbar; außerdem haben sie als einzige einen gegliederten Hinterleib. *Extremitäten*: Cheliceren zwei- od. dreigliedrig mit Scheren; je nach Ernährungsweise stark abgewandelt; Pedipalpencoxa stets gut entwickelt u. an der Bildung des Gnathosomas beteiligt, sonst mehr od. weniger verkürzt; Laufbeine; i. d. R. bei Adulten 4 Paar, bei Larven 3 Paar; Anzahl bei einigen Gruppen reduziert, Coxen oft in den Körper eingeschmolzen; Tarsen mit Krallen u. Haftlappen. *Körperdecke*: Cuticula mehr od. weniger dick (zart z. B. bei ↗Haarbalg-M., extrem dick bei ↗Horn-M.). *Nahrungsaufnahme* u. *Verdauung*: Gnathosoma mit kompliziert gebautem Mundvorraum aus dorsaler Proterosomaduplikatur, Palpencoxen u. ventralen Resten des Sternums, in dem die je nach Ernährungsweise gestalteten Cheliceren liegen. Bei manchen Gruppen sind auch Anhangsdrüsen vorhanden. Oft können die Cheliceren u./od. das ganze Gnathosoma eingezogen bzw. vorgeschoben werden. Nahrung (meist extraintestinal vorverdaut) wird vom Saugpharynx (kräft. Muskulatur) angesogen u. in einen Mitteldarm gebracht, der bis zu 7 Paar Divertikel besitzt. Dort findet intrazelluläre Verdauung statt; Exkrete werden über Enddarm u. After abgegeben (Reduktion v. Enddarm u. After bei einigen Gruppen). *Sinnesorgane*: innervierte Haare (Tasthaare) mit verschiedenster Gestalt über den gesamten Körper verteilt, Trichobothrien (↗Becherhaar), Spaltsinnesorgane, Hallersches Organ bei ↗Zecken. Bei wenigen urspr. Arten 1–2 Paar Lateralaugen. Wärme-, Chemo- u. Lichtperzeption auch über größeren Abstand möglich. *Nervensystem*: total im vorderen Körperbereich konzentriert mit großem Ober- u. kleinem Unterschlundganglion, v. dort Nervenbahnen in den gesamten Körper verlaufend. *Exkretion*: verschiedenste Organe;

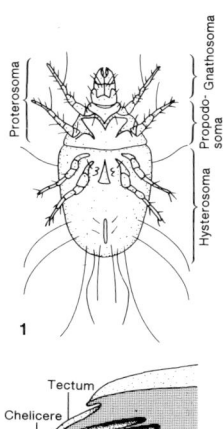

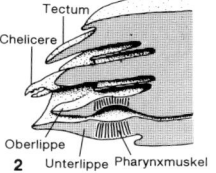

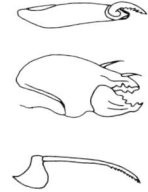

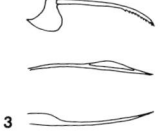

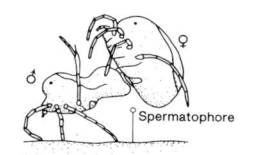

Milben

1 Körpergliederung; **2** Schnitt durch das Gnathosoma; **3** verschiedene Chelicerentypen. **4** Paarung der Milbe *Arrenurus globator*: Die Spermatophore ist mit einem Sekretstiel am Untergrund befestigt. Das ♂ trägt das mit einer Kittsubstanz am Rücken festgeklebte ♀ über die Spermatophore, damit das Samenpaket in die ♀ Geschlechtsöffnung aufgenommen werden kann.

Milbenkäfer

Notostigmata u. *Parasitiformes* haben Malpighische Gefäße, sonst treten Coxaldrüsen od. ein unpaarer medianer, vom Darm abgehender Exkretionsschlauch auf. Mitteldarmzellen können Exkrete speichern. *Kreislauf* u. *Atmung:* Bei Larven u. zarthäutigen M. Hautatmung weit verbreitet; sonst Röhrentracheen, deren Stigmen an verschiedensten Stellen liegen können. Herz u. kurze Arterie nur bei einigen Gruppen nachgewiesen; Blut strömt ins Lückensystem zw. den Organen. *Geschlechtsorgane:* stets getrenntgeschlechtlich; Hoden, Ovarien u. Ausführgänge paarig mit unpaarem Porus zw. den Laufbeincoxen; verschiedenste Verschmelzungen möglich; oft treten akzessorische Drüsen auf; Penisbildung bei *Sarcoptiformes* u. einigen Vertretern der *Trombidiformes*, Ovipositor bei Horn-M. *Fortpflanzung:* Spermienübertragung durch frei stehende Spermatophoren, über Gonopoden (Chelicerendifferenzierung bei Gamasiden, 3. Beinpaar bei einigen Wasser-M.) od. mit einem Penis; zum Fixieren des Weibchens bei der Kopula haben manche M.männchen riesige Klammerbeine, bei einigen Arten wird das Weibchen mit Hilfe v. Klebsekret am Hysterosoma befestigt u. über die Spermatophore getragen. Parthenogenese nur bei einigen Raub-M. *Entwicklung:* Embryonalentwicklung noch wenig untersucht; Verkürzung des Rumpfes bereits beim Embryo; postembryonale Entwicklung über Larve, Proto-, Deuto- und Tritonymphe, dazwischen jeweils eine Häutung; Larve stets mit nur 3 Beinpaaren. Bei manchen M.gruppen können 1 oder 2 dieser Stadien „ausgelassen" werden, die Kugelbauch-M. überspringen alle. Die Lebensweise v. Larven, Nymphen u. Adulten kann entsprechend od. verschieden sein (z. B. ↗Ernte-M.: Larve blutsaugend, Nymphe u. Adultus räuberisch), diverse Nymphenstadien können Überdauerungs- od. Übertragungsstadien sein. – Die Stellung der M. im System der ↗*Chelicerata* (☐) sowie ihre Monophylie sind umstritten. Die Systematik innerhalb der M. ist ebenfalls problematisch. Häufig findet man eine Unterteilung (vgl. Tab.) in *Actinotrichida* (Borstencuticula doppelbrechend) und *Anactinotrichida* (Borstencuticula nicht doppelbrechend).

C. G.

Milbenkäfer ↗Ameisenkäfer.
Milbenkrätze, *Milbenschorf*, durch Wurzelmilben hervorgerufene Krankheit v. Kartoffelknollen u. Zwiebeln; Bildung v. Schorf u. Gängen, die mit Milbenkot gefüllt sind.
Milbenseuche, früher Bez. nur für den Befall der Tracheen der Honigbiene mit der ↗Bienenmilbe *Acarapis woodi* (Insel-Wight-Krankheit), der inzwischen vielerorts eingedämmt ist. Eine in neuerer Zeit viel bedenklichere M. *(Varroatose)* ist der Befall v. Honigbienen mit der ektoparasitären, viel größeren u. weltweit (außer Austr.) verbreiteten ↗*Varroamilbe (Varroa jacobsoni)*, die sich in Brutzellen der Biene vermehrt u. schon an Larven u. Puppen Hämolymphe saugt; die Folgen sind Verkrüppelung u. Tod des Wirtes. Die Milbe war an der östl. des Urals verbreiteten *Apis cerana* harmlos, wurde aber nach Übergang auf *A. mellifera* gefährlich; in der BR Dtl. seit 1971–75.

Milch, 1) von weibl. Säugetieren u. Mensch (*Mutter-M.*) in den ↗*M.drüsen* produzierte Flüssigkeit, die als erste Nahrung für die Jungen (Säuglinge) nach der Geburt dient (↗*M.zeit*). Sowohl Bildung als auch Sekretion der M. stehen unter hormoneller Kontrolle. Die bereits während der Tragzeit (Trächtigkeit) bzw. Schwangerschaft einsetzende *M.produktion* (↗*Lactation*) wird durch die Hormone ↗*Prolactin*, ↗*Somatotropin* u. ↗*Corticosteroide* beeinflußt; die benötigten Baustoffe (v. a. Aminosäuren u. Glucose) liefert der Blutstrom. Die *M.sekretion* wird bis zur Geburt durch Placentahormone gehemmt; nach ihrem Wegfall erfolgt das Auspressen der M. durch Kontraktion der glatten Muskelfasern der Alveolen unter Einfluß des ↗*Oxytocins* ([T] Hormone). Während der ersten Tage nach der Geburt wird zunächst die *Vor-M.* (↗*Kolostrum*) abgesondert, bevor es zur Sekretion der eigtl. M. kommt. – Die M. setzt sich hpts. aus Wasser, leichtlösl. Proteinen (*M.proteine*), Fett (*M.fett*), Zucker (*M.zucker*) u. Salzen (*Mineralstoffen*) zus., weitere Bestandteile sind Vitamine, Mikroorganismen (v. a. ↗*M.säurebakterien*) u. gelöste Gase (Sauerstoff, Stickstoff, Kohlendioxid). In der wäßr. Phase der M. liegen die einzelnen Bestandteile in kolloidaler, emulgierter od. echt gelöster Form vor. Während die generelle Zusammensetzung der M. (s. u.) bei allen Säugern (einschl. Mensch) gleich ist, variieren die Mengenanteile der einzelnen Inhaltsstoffe je nach

Milben
Unterordnungen:
Actinotrichida
(Borstencuticula doppelbrechend)
↗ *Sarcoptiformes*
Tetrapodili
(↗Gallmilben)
↗ *Trombidiformes*
Anactinotrichida
(Borstencuticula nicht doppelbrechend)
↗ *Holothyroidea*
↗ *Notostigmata*
↗ *Parasitiformes*

Milch
pH-Wert 6,6–6,8
Dichte 1,018 bis 1,048 g/cm³
Siedepunkt 100,3°C

Milcharten
Rohmilch (Vorzugsmilch):
Milch, wie die Kuh sie liefert, nicht erhitzt u. nicht molkereimäßig behandelt
Vollmilch (Markenmilch, Trinkmilch): eingestellter Fettgehalt v. mindestens 3,5%, pasteurisiert, oft homogenisiert
teilentrahmte Milch: Fettgehalt 1,5–1,8%, sonst wie Vollmilch
Magermilch (entrahmte Milch): Fettgehalt 0,05–0,3%, sonst wie Vollmilch
Sterilmilch: sterilisiertes Molkereiprodukt, lange haltbar
H-Milch: durch Ultrahocherhitzen sterilisiert
Milchdauerwaren: Kondensmilch (7,5–10% Fett) u. Milchpulver

Zusammensetzung der Milch verschiedener Säugetiere

	Wasser	Protein	Fett	Zucker	Salze
Mensch	87–88%	1,2–1,6%	3,3–4,8%	6,0–7,5%	0,2–0,3%
Rind	87–90%	3,0–4,0%	3,0–5,0%	4,0–5,0%	0,7–0,8%
Ziege	85,5–87,2%	3,8–5,0%	4,0–4,8%	4,0–4,4%	0,7–0,8%
Schaf	83,0–84,7%	4,7–6,5%	5,0–6,2%	4,0–4,6%	0,8–1,0%
Büffel	81,5–82%	4,0–5,0%	7,7–8,0%	4,5–5,0%	0,7–0,9%
Pferd	90,7–92,2%	1,9–2,8%	1,0–1,3%	5,7–6,6%	0,3–0,4%
Schwein	79,5%	5,4–6,0%	7,2–8,8%	3,3–4,7%	0,8–1,1%
Rentier	63%	10–10,3%	17–22%	2,5–2,8%	?

Durchschnittlicher Gehalt der Milch an Mineralstoffen in %

	Ca	Mg	P	Na	K	Cl
Muttermilch	16,7	2,2	7,3	5,6	23,5	16,5
Kuhmilch	16,8	1,7	11,6	5,3	20,7	14,6

Tierart u. Rasse (vgl. Tab.) u. ändern sich auch mit der Dauer der Lactation. Die Konzentration der Hauptbestandteile der M. läßt sich (mit Ausnahme der Vitamine) durch die mütterl. Nahrung wenig beeinflussen. Jedoch können verschiedene v. der Mutter aufgenommene Substanzen (z. B. Herbizide, Insektizide, Antibiotika, Alkohol u. manche Arzneimittel; ↗ Chlorkohlenwasserstoffe, ☐) in die M. übergehen u. zu Problemen führen. – *Zusammensetzung der Milch:* a) *M.eiweiß*, setzt sich aus mehreren ↗ *M.proteinen* zusammen. – b) *M.fett* besteht hpts. aus gemischten Triglyceriden, als deren Bestandteile v. a. die Fettsäuren Ölsäure (21,2–30,5%), Palmitinsäure (21,3–30,6%), Stearinsäure (7,7 bis 11,5%), Myristinsäure (8,6–11,6%) und Laurinsäure (2,2–3,6%) sowie Caprin-, Capryl-, Capron- u. Buttersäure auftreten. Während Kuh-M. alle Fettsäuren v. Buttersäure bis Stearinsäure mit gerader Anzahl von C-Atomen enthält, findet man in Mutter-M. nur Fettsäuren mit 10 und mehr C-Atomen. Außer Triglyceriden enthält M. Spuren v. Phospholipiden, Cholesterin, Lecithin u. Carotinoiden (gelbe Farbe der Butter!). Die M.fette liegen in der wäßr. Phase nicht gelöst, sondern fein verteilt (↗ Emulsion) vor, wodurch die weiße Farbe der M. bedingt wird. Die Fettkügelchen sind v. Hüllenmolekülen (Proteinen u. Phospholipiden) umgeben, die als Stabilisatoren der Fett-in-Wasser-Emulsion wirken (↗ Emulgatoren, ☐). Dennoch steigen beim längeren Stehenlassen der M. die Fetttröpfchen aufgrund ihrer geringeren Dichte nach oben u. bilden eine Rahmschicht (Sahne), die die Hauptmenge des M.fetts enthält u. zur Gewinnung v. Butter dient. Um derart. Entmischungsvorgänge zu verhindern, wird M. homogenisiert. – c) Der in der M. in echter Lösung enthaltene *Zucker* ist fast ausschl. ↗ *Lactose* (M.zucker); freie Glucose u. Galactose treten nur in Spuren auf. Bei der Verdauung wird Lactose durch das Enzym ↗ β-Galactosidase gespalten. Ein Mangel an diesem Enzym führt zu M.unverträglichkeit (Lactose-Intoleranz). Unsterilisierte M. wird schnell sauer, da Lactose v. ↗ M.säurebakterien zu Milchsäure umgesetzt wird. – d) An *mineral. Bestandteilen* (Salze, Mineralstoffe) enthält M. v. a. Calcium, Magnesium, Natrium, Kalium, Phosphat, Citrat, Chlorid, Hydrogencarbonat u. Sulfat, wobei Calcium u. Phosphat (essentiell für den Aufbau der Knochen) bes. wichtig sind. Eisen u. Kupfer sind dagegen nur in geringen Konzentrationen enthalten, so daß beim Kleinkind Anämien auftreten können, wenn M. über längere Zeit als einziges Nahrungsmittel gegeben wird. Kuh-M. und Mutter-M. sind sich in ihrem Mineralstoffgehalt sehr ähnlich (vgl. Tab.). – e) In den Fetttröpfchen der M. findet man die *fettlösl. Vitamine* A (Retinol), D (Calciferol), E (Tocopherol) und K (Phyllochinon, Menachinon), während die wäßr. Phase die *wasserlösl. Vitamine* B_1 (Thiamin), aus dem Vitamin-B_2-Komplex Riboflavin (Lactoflavin), Folsäure, Pantothensäure, Niacin u. Nicotinsäureamid, Vitamin B_6 (Pyridoxin), B_{12} (Cobalamin), C (Ascorbinsäure) und H (Biotin) enthält. Der Vitamingehalt der M. wird bes. stark v. der Nahrung beeinflußt. Meist ist M. äußerst reich an Vitamin A und Riboflavin, während die anderen Vitamine in geringeren Mengen vorhanden sind. Vitamin C wird durch Pasteurisierung fast vollständig zerstört. – Aufgrund ihrer großen Zahl von biol. wertvollen Inhaltsstoffen dient M. nicht nur als erste Nahrung für die (arteigenen) Jungen (Säuglinge), sondern zählt seit Jtt. zu den Grundnahrungsmitteln v. Menschen jeder Altersstufe. Die v. milchgebenden Nutztieren (hpts. Kühen, aber auch Schafen u. Ziegen) durch Melken gewonnene M. (reife M.; tier. Kolostral-M. ist für die menschl. Ernährung ungeeignet) wird bearbeitet (pasteurisiert, sterilisiert, ultrahocherhitzt, entfettet, homogenisiert usw.; ↗ Konservierung) auf den Markt gebracht (vgl. Tab.) od. dient als Ausgangsprodukt zur Herstellung einer Vielzahl v. *Milchprodukten* (z. B. Butter, ↗ Käse, Butter-M., Sauer-M., ↗ Joghurt, ↗ Kefir, Quark, Sahne, Trocken-M. u. Eiscreme). Zur Ernährung v. Jungtieren (Säuglingen) ist arteigene M. jeder anderen M. überlegen, da ihre spezif. Zusammensetzung den jeweiligen Entwicklungs- u. Wachstumsbedingungen angepaßt ist (vgl. Tab.). Kuh-M., die zur Säuglingsernährung verwendet werden soll, muß, da sie proteinreicher, aber zuckerärmer ist als Mutter-M., zunächst durch Verdünnen mit Wasser u. Zusatz v. Lactose od. anderen Zuckern der Mutter-M. angeglichen werden. **2)** Bez. für die Samenflüssigkeit männl. Fische. **3)** bei Tauben die ↗ Kropf-M. **4)** bei Pflanzen der ↗ M.saft. *E. F.*

Milchbrustgang, der ↗ Brustlymphgang.

Milchdrüsen, 1) *Mammadrüsen, Glandulae lactiferae, Glandulae mammales,* milchabsondernde, apokrin sezernierende ↗ Hautdrüsen entlang der ↗ Milchleiste bei Säugern einschl. Mensch. M. werden stammesgesch. von ↗ Schweißdrüsen abgeleitet; sie werden in beiden Geschlechtern angelegt. Unter entspr. hormonellem Einfluß werden auch im männl. Geschlecht die Anlagen der M. weiter ausgebildet. Im weibl. Geschlecht wird erst während der ↗ Schwangerschaft die volle funktionsfähige Ausbildung der M. erreicht, indem das

Milch
Korrelation zw. der Wachstumsgeschwindigkeit (Angabe der Entwicklungszeit bis zur Verdoppelung des Geburtsgewichts in Tagen, d) der Säuglinge u. dem Proteingehalt der M. (Angabe in %)
Mensch:
1,2–1,6% (180 d)
Pferd:
1,9–2,8% (60 d)
Rind:
3,0–4,0% (47 d)
Ziege:
3,8–5,0% (19 d)
Schwein:
5,4–6,0% (18 d)
Hund:
7,1% (8 d)
Kaninchen:
10,4% (6 d)

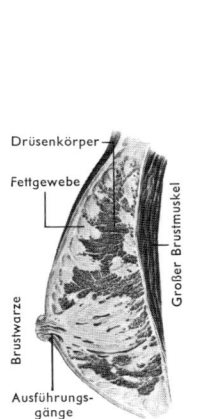

Milchdrüsen
Längsschnitt durch eine weibl. Brustdrüse

Milchfett

bereits vorhandene Drüsengewebe auswächst. Beim Menschen wird das als Platzhalter dienende Bindegewebe durch zusätzl. Drüsengewebe ersetzt. Die gut durchbluteten M. produzieren in weitlumigen Alveolen die ↗ Milch, welche durch große Drüsengänge in Endräume gelangt, deren Ausführgänge (12–20) porenförmig in den Saugwarzen *(Brustwarzen)* münden. Sind M. auf der ganzen Länge der Milchleiste ausgebildet, spricht man v. einem *Gesäuge* (Hunde, Schweine). Treten sie nur in der Leistengegend auf, handelt es sich um ein ↗ *Euter* (Unpaarhufer, Kamele, Wiederkäuer). Sofern M. nur im Thoraxbereich (Brustkorb) ausgebildet sind, heißen sie *Brustdrüsen* (Elefanten, Fledertiere, Primaten einschl. Mensch), ugs. beim Menschen meist als *Brüste* bezeichnet. Beim Menschen wie den anderen Säugern können M. außer an den artspezif. Stellen auch entlang des übrigen Bereichs der Milchleiste auftreten (↗ Atavismus, ☐). In seltenen Fällen können ihre Anlagen auch an ganz anderen Körperteilen vorkommen (Hüfte, Bein). 2) Bei den Weibchen lebendgebärender Zweiflügler Anhangsdrüsen im Bereich der Geschlechtswege, die eine Nährflüssigkeit („Milch") für die sich im Uterus entwickelnden Embryonen liefern (bei einigen *Muscidae* und v. a. den *Pupipara*).

Milchfett ↗ Milch.

Milchfische, *Chanidae,* Fam. der Sandfische mit nur 1 Art, dem 1 m langen, heringsähnl., silbrigen bis milchigweißen M. *(Chanos chanos),* mit mittelständ. Bauchflossen; im trop. Pazifik häufig; kommt zur Laichzeit an die Küsten u. dringt auch in Süßwasser vor; reiner Pflanzenfresser; v. a. in SO-Asien wicht. Speisefisch.

Milchgebiß *s,* die Gesamtheit der bei der Geburt vorhandenen od. danach einrückenden Zähne *(Milchzähne,* Dentes lacteales, D. decidui) der 1. Dentition v. Säugetieren, die später durch eine 2. ersetzt werden. (Zweifelhaft bleibt oft die Generationszugehörigkeit des 1. Praemolaren bzw. Milchmolaren.) Entspr. der Kleinheit des kindl. Kiefers ist die Anzahl der Milchzähne stets geringer als im Ersatzgebiß, z. B. maximal $\frac{3\,DI \cdot 1\,DC \cdot 4\,DM}{3\,DI \cdot 1\,DC \cdot 4\,DM} = 32$ (gegenüber 44); beim Menschen $\frac{2\,DI \cdot 1\,DC \cdot 2\,DM}{2\,DI \cdot 1\,DC \cdot 2\,DM} = 20$ (gegenüber 32). Während die Milchfrontzähne ihren Nachfolgern im Habitus ähneln (deshalb die Symbole DI und DC oder i, c), ist eine Unterscheidung v. Milchpraemolaren u. -molaren nicht sinnvoll, sie heißen alle Milchmolaren (DM bzw. m). Odontoklasten leiten den Zahnwechsel durch Resorption der lactealen Wurzeln ein. – Die Bestimmung einzelner fossiler Milchzähne ist bei lückenhafter Dokumentation schwierig. ☐ Zähne.

Milchglanz, *Bleiglanz,* weißl.-stumpfe Verfärbung der Blätter v. Bäumen durch Abheben der Epidermis vom Palisadengewebe; Ursache kann der Befall des Baumes durch den violetten Schichtpilz (*Stereum purpureum* Pers.) sein od. eine unbekannte physiolog. Störung.

Milchkraut, *Glaux,* monotypische Gatt. der Primelgewächse. Die einzige Art, das Strand-M. (*G. maritima,* B Europa I), ist eine ausdauernde, niederliegend-aufsteigende, dicht beblätterte Staude mit einzeln blattachselständ., rötl. oder weißen, kronblattlosen Blüten u. lanzettl., kleinen, fleisch. Blättern, an deren Rändern sich salzausscheidende Drüsen befinden. Die über die gemäßigte Zone der N-Halbkugel verbreitete Pflanze wächst auf Salzböden der Meeresküsten (insbes. in Strandwiesen) sowie auf feuchten, salzhalt. Böden (Salzrasen) des Binnenlandes. Sie wird zuweilen als Gemüse od. Salat verzehrt.

Milchlattich, *Cicerbita (Mulgedium),* Gatt. der Korbblütler mit knapp 20, in den Gebirgen Europas u. Asiens sowie in Amerika heim. Arten. Ausdauernde, milchsaftreiche Kräuter mit meist traubig angeordneten mittelgroßen bis großen Blütenköpfen aus blauen od. gelben Zungenblüten. Der in subalpinen Hochstaudenfluren wachsende Alpen-M. (*C. alpina,* B Europa II), eine über 1 m hohe Staude mit fiederspalt. gelappten Blättern und ca. 2 cm breiten, blauvioletten Blütenköpfen, wird, wie auch einige andere Arten der Gatt., zuweilen als Gartenzierpflanze gezogen.

Alpen-Milchlattich (Cicerbita alpina)

Milchdrüsen
Hypermastigie (Hypermastie): Auftreten überzähliger Milchdrüsen
Hyperthelie: Auftreten überzähliger Brustwarzen
weibliche Brust: Gesamtheit v. Milchdrüse, Bindegewebe, Saugwarze (Brustwarze), Muskulatur u. Integument
Busen (Sinus mammarum): Einsenkung zw. den Brüsten

Milchleiste, *Milchlinie, Milchstreifen,* bei Säugern beiderlei Geschlechts auf jeder Körperseite vorhandene Linie v. der Achselgegend zur Leistengegend, entlang der sich ↗ Milchdrüsen entwickeln können. ↗ Atavismus (☐).

Milchlinge, *Lactarius,* Gatt. der Sprödblättler *(Russulaceae, Russulales);* meist mittelgroße od. große Hutpilze mit mürbem brüchigem (nicht faserigem) Fruchtfleisch, das weißen od. farbigen, seltener wäßrigklaren „Milchsaft" (Latex) in schlauchförm., verzweigten Milchsafthyphen (Laticiferen) enthält, die den ganzen Fruchtkörper durchziehen; bei Verletzung des frischen Pilzes tritt der Milchsaft aus der Wunde aus u. kann bei einigen Arten an der Luft schnell eine andere Farbe annehmen. Der filzige od. kahle, trockene od. klebrige bis schleimige Hut ist etwas trichterförmig eingesenkt; die Huthaut läßt sich nicht abziehen; die Lamellen laufen etwas am Stiel herab. Der Sporenstaub ist weiß bis ocker, oft fleisch-rötl. gefärbt; die Sporen zeigen eine feine bis grobe Ornamentierung. M. sind Mykorrhizapilze u. wachsen daher nur in Wäldern, Moor u. Zwergstrauchheiden. Viele sind an bestimmte Baumarten gebunden, andere zeigen nur eine geringe Wirtsspezifität, die auch regional wechseln kann; es gibt Arten, die Kalkböden od. saure Böden bevorzugen. In Europa sind über 100, in N-Amerika ca. 200 Arten bekannt (nur z. T. mit den eur. Arten identisch); in den Tropen u. Subtropen ist die Artenzahl geringer, u. dort kommen auch saprophyt. (holzbewohnende) Arten vor. Milde M. sind (bis auf wenige Ausnahmen) eßbar, viele bittere bis scharfe Arten erst nach bestimmter Vorbehandlung genießbar (Kochen in Salzlösung, Wässern, Abbrühen, wie in O-Europa üblich). Giftig sind der Bruchreizker *(L. helvus)* u. der Fleischblasse M. *(L. pallidus),* schwach giftig der „Mordschwamm" *(L. turpis)* roh sind alle scharf schmeckenden M. giftig. Als wicht. Bestimmungsmerkmale dienen die Milchsaftfarbe, ihre mögl. Farbveränderung u. der Geschmack, die Färbung v. Hut u. Stiel, die Beschaffenheit der Hutoberfläche, der Geruch (z. B. Heringslake, Kokosflocken, Blattwanzen) u. mikroskop. Merkmale, z. B. Größe u. Oberflächenstruktur der Sporen u. Aufbau der Huthaut. – Der dt. Name „Milchling" wird erst seit dem 19. Jh. verwendet, bis zum 18. Jh. war der Name „Hirschling" gebräuchl.; der urspr. slawische Name „Reizker" wird z. T. synonym mit M. verwendet, meist jedoch für Arten mit roter Milch u. zunehmend für große scharfschmeckende Arten.

Milchner, geschlechtsreifer, männl. Fisch.

Milchproteine, *Milcheiweiß,* enthalten als mengenmäßig größten Anteil ↗ *Casein* (bei Kuhmilch 80%, bei Muttermilch 40% des gesamten in der ↗ Milch enthaltenen Proteins). Casein liegt in der Milch in phosphorylierter Form u. mit Calcium assoziiert (Calcium-Proteinat-Phosphat-Partikel) in kolloidaler Verteilung vor. Es enthält alle essentiellen ↗ Aminosäuren, die auch bei der Be- und Verarbeitung der Milch nicht zerstört werden. Bei der Auftrennung v. Casein erhält man die α-, β- und γ-Caseine, die ihrerseits in weitere Fraktionen zerlegt werden können. Eine wicht. Unterfraktion ist das κ-Casein, das in der Milch die Funktion eines Schutzkolloids ausübt. Wird κ-Casein durch Proteolyse zerstört (z. B. durch ↗ Labferment od. Pepsin u. Magensäure), beginnen die Caseine zu koagulieren. Das Ausfällen der Caseine aus der Milch ist ein wicht. Schritt bei der Milchverdauung, da sie dadurch den proteinabbauenden Enzymen zugängl. gemacht werden (gelöste Caseine würden mit der Milchflüssigkeit den Magen schnell verlassen). Auch bei der Herstellung v. ↗ Käse (☐) ist die Präzipitation v. Casein durch Lab od. Ansäuern v. Bedeutung. Der nach dem Ausfällen des Caseins verbleibende Überstand ist die *Molke.* Sie enthält die *Molkenproteine:* das β-*Lactoglobulin,* das nur in der Milch v. Wiederkäuern vorkommt (Kuhmilch: 2–3 g/l, ca. 50–60% der Molkenproteine), das ↗ *Lactalbumin* (Kuhmilch: 0,16–0,33%; Muttermilch: 0,14 bis 0,60%) sowie ↗ *Serumalbumin* u. *Lactoferrin* (ein zu den Siderophilinen zählendes Protein). Die Molkenproteine koagulieren (im Ggs. zu den Caseinen) bei Hitze u. bilden das beim Kochen von Milch entstehende weiße Oberflächenhäutchen (Milchhaut). Weitere in der Milch vorkommende Proteine sind die ↗ *Immunglobuline* IgA, IgM und IgG. Sie dienen zur passiven Immunisierung des Neugeborenen u. schützen den Gastrointestinaltrakt v. Säuglingen in den ersten Tagen des Lebens vor pathogenen Organismen. Bes. hoch ist die Konzentration der Immunglobuline in der Vormilch (↗ Kolostrum). Muttermilch enthält 140 mg/dl IgA und 1–5 mg/dl IgM und IgG. Ferner findet man in der Milch eine Reihe v. *Enzymen,* z. B. Lactoperoxidase, Amylase, saure u. alkal. Phosphatase, Xanthinoxidase (Schardinger-Enzym), Lipase, Proteasen, Katalase, Diastase, Lactosesynthetase, RNase, Carboanhydrase u. Lysozym (nur bei Wiederkäuern), die z. T. durch Erhitzen bei der Milchbearbeitung zerstört werden. Bes. Bedeutung kommt der Gallensalz-stimulierten Lipase in der Muttermilch zu: Sie wirkt wie ein Antibiotikum gg. Lamblia intestinalis (☐ Diplomonadina), der v. a. bei Kindern schweren Durchfall verursacht, und gg. ↗ Entamoeba histolytica (Erreger der ↗ Amöbenruhr). [T] Milch. *E. F.*

Milchreife, das erste Reifestadium bei ↗ Getreide ([T]).

Milchröhren, *Milchschläuche,* Bez. für die engen, langen und röhrenförm. Zellen od. Komplexe untereinander verschmolzener Zellen im Pflanzenkörper, die ↗ Milchsaft führen und Absonderungszellen (↗ Absonderungsgewebe) darstellen. Man unterscheidet ungegliederte u. gegliederte M. Die *ungegliederten M.* sind unverzweigte od. oft reichverzweigte lange Schläuche mit einer glatten, elast. Zellwand u. einem vielkern. Plasmaschlauch. Sie gehen meist schon im jungen Embryo aus meristemat. Zellen hervor, wachsen mit der ganzen Pflanze parallel zu den Längsachsen der Organe weiter, verzweigen sich evtl. und dringen in alle Organe ein. Dabei erfolgen laufend Kernteilungen, aber keine Quer-

---

Einige Milchlinge
(Gatt. *Lactarius*)

Wolliger M., Erdschieber (*L. vellereus* Fr.), Milch mild bis herb, aber Fleisch scharf, Laub- u. Nadelwald

Echter Reizker, Edel-M. (*L. deliciosus* S. F. Gray) ↗ Reizker

Blut-Reizker (*L. sanguifluus*) ↗ Reizker

Tannen-Reizker, Mordschwamm (*L. necator* Karst = *L. turpis* Fr.), weiße Milch, sehr scharf, schwach giftig, unter Kiefern

Brätling, Birnen-M. (*L. volemus* Fr.), weißer Milchsaft, nach Heringslake (Trimethylamin) riechend, Laub- u. Nadelwald, eßbar (braten!)

Birken-Reizker, Birken-M. (*L. torminosus* S. F. Gray), weiße, brennend scharfe Milch, roh giftig, unter Birken

Eichen-M. (*L. quietus* Fr.), Blattwanzengeruch, gelbliche, fast milde Milch, ungenießbar, unter Eichen

Essenkehrer, Mohrenkopf (*L. lignyotus* Fr.), weißer Milchsaft, eßbar, Fichtenwald, Hochmoore mit Fichten

Fleischblasser M. (*L. pallidus* Fr.), Milchsaft anfangs mild, dann scharf, im Buchenwald, giftig!

Bruch-Reizker, Filziger M., Maggipilz (*L. helvus* Fr.), wasserklarer, milder Milchsaft, Geruch nach Maggiwürze (Cumarin), in Mooren, feuchten Nadelwäldern od. bei Birken, giftig

Milchsaft

wandbildung, so daß die ungegliederten M. viele Meter lang werden können u. zu den längsten, querwandlosen Pflanzenzellen gehören. Unverzweigte u. ungegliederte M. besitzen z. B. die Gatt. Immergrün, Hanf u. Brennessel, verzweigte u. ungegliederte z. B. die Gatt. Wolfsmilch, Schwalbenwurz u. Feige. *Gegliederte M.* entstehen durch Zellfusionen, d. h. durch Auflösung der trennenden Querwände. Dabei entsteht häufig ein Netzwerk seitl. untereinander verbundener Röhren. Auch die gegliederten M. sind auf bestimmte Pflanzengruppen beschränkt. So besitzen die Banane, die Windengewächse u. gewisse Mohngewächse unvernetzte gegliederte M., der Kautschukbaum u. die rein zungenblüt. Korbblütler vernetzte gegliederte M.

Milchsaft, 1) Bot.: Bez. für die dem Zellsaft (Vakuoleninhalt) entsprechende, milchig weiße, selten anders gefärbte, wäßrige Emulsion der pflanzl. ↗Milchröhren, die bei Verletzung der Milchröhren ausfließt u. rasch gerinnt. Der M. ist ein Abscheidungsprodukt u. enthält gelöst Zucker, Gerbstoffe, Glykoside, manchmal auch gift. Alkaloide (z. B. Morphin bei einigen Mohnarten) und Calciummalat, weiter als Tröpfchen in Emulsion äther. Öle, Wachse, Gemenge v. Gummi u. Harz u. die Polyterpene ↗Guttapercha u. ↗Kautschuk sowie als feste Bestandteile Stärke u. häufig Proteinkörner. Die genaue Bedeutung des M.s für die Pflanzen ist noch weitgehend unbekannt. Schutz vor Tierfraß (Wirbeltiere) mag eine Rolle spielen. ↗Latex. **2)** Zool.: der ↗Chylus.

Milchsäure, *Hydroxypropionsäure*, in der opt. aktiven L-Form (☐ Isomerie) eine in allen Organismen als zentrales Stoffwechselprodukt, bes. als Endprodukt der anaeroben ↗Glykolyse (B) u. als Ausgangsprodukt der ↗Gluconeogenese, vorkommende Hydroxycarbonsäure (↗Anaerobiose, ☐; B Dissimilation II). Die Salze u. Ester der M. sind die *Lactate*. In reiner Form ist M. eine ölige, wasseranziehende, ätzende Flüssigkeit, verdünnt mit Wasser ist sie v. angenehm saurem Geschmack. Sie bildet sich durch die Tätigkeit von ↗M.bakterien beim Sauerwerden v. Milch (Sauermilchprodukte, Käse) u. der Säuerung von anderen Nahrungs- u. Futtermitteln (z. B. Sauerkraut u. Gärfutter; ↗Gärung, ↗M.gärung). Im arbeitenden ↗Muskel kann sich der M.spiegel der umgebenden Blutgefäße durch verstärkten Glykogenabbau von 5 mg auf 100 mg pro 100 ml erhöhen (sog. *Fleisch-M.*). B Kohlenstoff.

Milchsäurebakterien, grampositive, sporenlose, anaerobe Bakterien, die im Gärungsstoffwechsel, beim Abbau v. Kohlenhydraten, als Hauptendprodukt Milchsäure

Dolden-Milchstern *(Ornithogalum umbellatum)*

Milchsäurebakterien

Vorkommen und Standorte:
Durch die hohen Nährstoffansprüche u. den spezialisierten reinen Gärungsstoffwechsel sind M. auf wenige natürl. Standorte beschränkt u. kaum im Erdboden od. im Wasser zu finden. Natürliche Standorte sind:

1. Pflanzen, bes. sich zersetzendes Material od. Nahrungsmittel od. Getränke, die aus Pflanzen gewonnen werden (Sauerkraut, Silage, Wein, Bier); z. B. *Lactobacillus plantarum, L. delbrückii, L. fermentum, L. brevis; Streptococcus lactis; Leuconostoc mesenteroides*

2. Milch u. Milchprodukte (Butter, Käse, Buttermilch, Joghurt); z. B. *Lactobacillus lactis, L. bulgaricus, L. helveticus, L. casei, L. fermentum, L. brevis; Streptococcus lactis, S. diacetilactis*

3. Darm u. Schleimhäute (z. B. Mund, Vagina) v. Tier u. Mensch; z. B. *Lactobacillus acidophilus, Bifidobacterium; Streptococcus faecalis, S. salivarius, S. bovis, S. pyogenes, S. pneumoniae*

(Lactat) ausscheiden (↗Milchsäuregärung). Im Ggs. zu anderen Milchsäureproduzenten (z. B. *Escherichia coli*) sind sie obligate Gärer, werden aber durch Luftsauerstoff nicht abgetötet (mikroaerophil, aerotolerant; Sauerstoffentgiftung durch Oxidasen u. Peroxidasen). Sie besitzen keine Katalase od. andere Hämine; doch können einige M. Cytochrome bilden u. möglicherweise sogar einen Atmungsstoffwechsel ausführen, wenn der Nährboden Porphyrine enthält, z. B. auf Blutagar. Es werden 5 Gatt. unterschieden ([T] 459), die taxonomisch unterschiedl. Gruppen zugeordnet werden, obwohl die Vertreter der *Lactobacillaceae* u. *Streptococcaceae* wahrscheinl. nahe miteinander verwandt sind. Die Bifidobakterien (↗*Bifidobacterium*) gehören dagegen zu den Actinomyceten u. verwandten Bakterien. – Die Synthesefähigkeit der M. ist meist stark begrenzt, so daß die Nährböden eine Reihe v. komplexen Wachstumsfaktoren (Supplinen) enthalten müssen, z. B. verschiedene Vitamine (Lactoflavin, Thiamin, Pantothensäure, Biotin u. a.) u. Aminosäuren, auch Purine u. Pyrimidine. So erfolgt die Anzucht z. B. in Nährböden mit Tomatensaft, Hefeextrakt, Blut. Dementsprechend sind M. in der Natur nur an wenigen Standorten zu finden. M. vergären Kohlenhydrate; bes. wichtig ist die Verwertung v. Lactose (Milchzucker); da Lactose offenbar nicht im Pflanzenreich vorkommt, könnte die Lactosevergärung eine späte Anpassung an die im Säugetierdarm vorliegenden Bedingungen sein (wie bei *Enterobacteriaceae*). Die homofermentativen M. bilden aus Glucose fast ausschl. Milchsäure; die heterofermentativen M. nur ca. 50%, zusätzlich CO_2 u. Acetat oder Äthanol (↗Milchsäuregärung). Die Art der gebildeten Milchsäure (D+, L–, DL) u. der Aufbau des Mureins sind wicht. Bestimmungsmerkmale. – M. dienen zum Haltbarmachen u. Herstellen gesäuerter Nahrungs- u. Futtermittel (vgl. Tab.); dabei sind folgende Stoffwechselaktivitäten wichtig: 1. Die Vergärung v. Milchzucker (od. anderen Zuckern) zu Milchsäure; der Abfall des Säurewertes auf 5,6–4,0 verhindert das Wachstum v. Fäulnisbakterien (besonders *Clostridium, Staphylococcus, Enterobacteriaceae* u. psychrophile, gramnegative Bakterien, wie *Pseudomonas*); in Milch wird durch diese Ansäuerung auch das Casein ausgefällt. 2. Die Bildung v. Aromakomponenten; bes. wichtig ist Diacetyl (Butteraroma). 3. Die Abgabe v. Proteasen, die zur Reifung v. Käse beitragen u. keine schädl. oder unangenehmen Abbauprodukte bilden. Viele der wicht. Stoffwechseleigenschaften (Lactose-Stoffwechsel, Citratverwertung, proteolyt. Aktivität) werden bei Streptokokken v. Plasmiden codiert. Viele Stämme produzieren auch Bakteriocine od. Antibiotika (Polypeptid-Antibiotika, Nisin). Ein Problem bei der Anzucht k. Streptokokken ist oft die Freisetzung v. vorher temperenten Phagen. – Unter den Lactobacillen gibt es bis auf wenige Ausnahmen keine Krankheitserreger, bei den Streptokokken dagegen finden sich wicht. pathogene Arten (↗ *Streptococcus*). Als Schädlinge können M. bei der Herstellung v. Bier *(Pediococcus cerevisiae)*, Wein u. Fruchtsaft od. in Zuckerfabriken *(Leuconostoc)* auftreten. – Die Milchsäuregärung durch M. wurde 1857 von L. Pasteur entdeckt; J. Lister gelang die erste Reinkultur (1873) eines Milchsäurebakteriums *(Bacterium lactis = Streptococcus lactis)*; bereits 1905–08 wurden v. Weigemann in Kiel u. Storch in Kopenhagen Reinkulturen (Starterkulturen) v. M. zur Herstellung v. Sauermilchprodukten eingesetzt. G. S.

Milchsäure-Dehydrogenase, die ↗ Lactat-Dehydrogenase.

Milchsäuregärung, die Bildung v. ↗ Milchsäure (Lactat) durch Mikroorganismen (↗ Milchsäurebakterien) auf dem Stoffwechselweg der ↗ Glykolyse od. des Pentosephosphat-Weges (↗ Gärung). Milchsäure ist bei homofermentativen Milchsäurebakterien das überwiegende Endprodukt der M., während bei heterofermentativen Arten neben Lactat noch andere Gärungsprodukte und CO_2 entstehen. Die durch M. entstehende Milchsäure kann wie z. B. beim ↗ Sauerkraut bzw. bei Gärfutter (↗ Silage) der Haltbarmachung v. Lebensmitteln bzw. Futter dienen. [nigsnatter.

Milchschlange, die Dreiecksnatter, ↗ Kö-

Milchstern, *Ornithogalum,* Gatt. der Liliengewächse mit ca. 100 Arten v. a. in den gemäßigten Zonen Eurasiens u. ca. 12 Arten im trop. Afrika und S-Afrika. Häufigste Art in Dtl. ist der Dolden-M. *(O. umbellatum).* Characterist. sind die verlängerten unteren Blütenstiele des 3–15blütigen Blütenstands, so daß eine kurze Doldentraube entsteht; seine 2–6 mm breiten Blätter haben einen hellen Längsstreifen; besitzt zahlr. flachliegende Tochterzwiebeln, die bei der Bodenbearbeitung zu einer vegetativen Vermehrung führen; dies erklärt sein gruppenweises Vorkommen in Weinbergen (Geranio-Allietum) od. Parkanlagen auf nährstoffreichen tiefgründ. Böden; fr. Zierpflanze in Bauerngärten; im Ggs. zur folgenden Art anemochor. Kennzeichnend für den vermutl. aus SO-Europa stammenden Nickenden M. *(O. nutans)* ist eine Blütentraube mit 3–12 weißen Blüten; diese besitzen eine Nebenkrone aus petaloiden Filamenten; der Blütenstengel wird nach dem Blühen rasch schlaff in Anpassung an die Myrmekochorie; der Same hat kein Elaiosom, sondern eine ölhalt. Testa. Die Zwiebel von *O. nutans* sitzt bis zu 30 cm tief im Boden u. hat nur wenige Tochterzwiebeln; wächst also an ähnl. Standorten wie *O. umbellatum,* ist jedoch seltener. ☐ 456.

Milchzähne ↗ Milchgebiß.

Milchzeit, *Lactationszeit, Lactationsperiode,* Zeit, in der Säugetiere Milch geben (v. der Geburt bis zum Versiegen); bei Kühen u. Ziegen ist die M. durch Züchtung verlängert (auf ca. 300 Tage). ↗ Lactation.

Milchzucker, die ↗ Lactose.

Milieu *s* [mil'ö; frz., = Mitte], 1) das ↗ innere M. 2) ↗ Umwelt; ↗ M.theorie.

Milieutheorie, *Environmentalismus,* aus der Philosophie u. Soziologie stammende, mit der Entwicklung des *Positivismus* u. des *dialekt. Materialismus* verbundene Auffassung, daß der Mensch in Denken u. Verhalten v. seiner Umwelt, von seinen individuellen u. sozialen Erfahrungen determiniert werde. Durch J. B. Watson, einen der Begr. des ↗ *Behaviorismus,* wurde die M. in eine empirische (u. extreme) Form gefaßt: Alle Menschen beginnen ihr Leben unter denselben Voraussetzungen, die Unterschiede entstehen durch umweltabhängige Lernprozesse. Später wurde diese Anschauung von B. Skinner (↗ Skinner-Box) aufgenommen. Hinter den reinen M.n stehen ein materialist. und determinist. Menschenbild sowie die Utopie, der Mensch könne durch gezielte Umweltmanipulation zum Besseren hin geformt werden. In den Verhaltenswiss. bestand lange Zeit ein Ggs. zwischen M.n und genet. Theorien, die die Bedeutung ↗ *angeborener* Merkmale unterstrichen (darunter auch die frühe Verhaltensforschung). Im Extrem können diese genet. Theorien zu einem ebenso determinist. Menschenbild führen wie die M., z. B. im *Sozial-↗ Darwinismus.* Heute gilt der Streit um die M. in der Naturwiss. als überholt; es wird davon ausgegangen, daß komplexe ↗ Merkmale, insbes. Verhaltensmerkmale, stets durch ein Zusammenwirken von genet. und Umweltinformation zustande kommen.

Miliola *w,* Gatt. der ↗ Foraminifera (T).

Milchsäurebakterien
Gattungen u. taxonomische Einordnung:
Lactobacillus und U.-Arten
(↗ *Lactobacillaceae;* grampositive, sporenlose, stäbchenförmige Bakterien)
↗ *Streptococcus,*
↗ *Pediococcus,*
Leuconostoc
(↗ *Streptococcaceae,* grampositive Kokken)
↗ *Bifidobacterium*
(Actinomyceten u. verwandte Organismen)
[↗ *Sporolactobacillus]* *

* (i. w. S. auch ein Milchsäurebakterium, da Vertreter eine homofermentative Milchsäuregärung ausführen, aber Endosporenbildner)

Milchsäurebakterien
Lebens- u. Futtermittel, bei deren Herstellung M. eingesetzt werden od. mitbeteiligt sind (Auswahl):
Sauermilchprodukte
  Joghurt
  Buttermilch
  Sauerrahmbutter
  Kefir
  Kumys
Käse
  Sauermilchkäse
  Labkäse
gesäuerte Gemüse
  Sauerkraut
  Salzgurken
  Mixed Pickles
silierte Pilze
Oliven-Fermentation
Kaffee-Fermentation
gesäuerte Futtermittel (↗ Silage)
Rohwurst
gepökelter Rohschinken
Sauerteig (Roggenbrot)
Dextran-Herstellung
reine Milchsäure
Wein-Nachgärung (biol. Entsäuerung, ↗ Malo-Lactat-Gärung)
besondere Biersorten (einige Weizenbiere)
Saké
fermentierte Sojaprodukte
  Soja-Sauce (Shoyn)
  Soja-Paste (Miso)

Milieutheorie
nach J. B. Watson (1913):

„Das, was nach der Geburt geschieht, macht den einen zum Holzfäller u. zum Wasserträger, den anderen zum Diplomaten, Dieb, zum erfolgreichen Geschäftsmann od. weltberühmten Wissenschaftler."

„Die wichtigste Behauptung des Behavioristen ist die, daß das menschl. Gefühlsleben Stück für Stück durch das Hin u. Her der Umwelt aufgebaut wird ..."

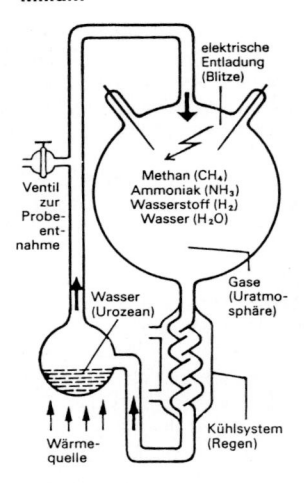

Milium

Miller-Experiment
Miller-Apparatur zur Simulierung der Bedingungen auf der Urerde

Einige Moleküle, die im Millerschen Simulationsexperiment entstanden		Ausbeute in Mikromol pro 5 Liter Gasgemisch im Miller-Ansatz
Molekül	Strukturformel	
Ameisensäure	$H-COOH$	2330
Glycin	H_2N-CH_2-COOH	630
Glykolsäure	$HO-CH_2-COOH$	560
Alanin	$H_2N-CH(CH_3)-COOH$	340
Milchsäure	$HO-CH(CH_3)-COOH$	310
β-Alanin	$H_2N-CH_2-CH_2-COOH$	150
Essigsäure	CH_3-COOH	150
Propionsäure	C_2H_5-COOH	130
Iminodiacetessigsäure	$HOOC-CH_2-NH-CH_2-COOH$	55
Sarcosin	$HN(CH_3)-CH_2-COOH$	50
α-Aminobuttersäure	$H_2N-CH(C_2H_5)-COOH$	50
α-Hydroxybuttersäure	$HO-CH(C_2H_5)-COOH$	50
Bernsteinsäure	$HOOC-CH_2-CH_2-COOH$	40
Harnstoff	$H_2N-CO-NH_2$	20
N-Methylharnstoff	$H_2N-CO-NH-CH_3$	15
Iminoacetpropionsäure	$HOOC-CH_2-NH-C_2H_4-COOH$	15
N-Methylalanin	$HN(CH_3)-CH(CH_3)-COOH$	10
Glutaminsäure	$H_2N-CH(C_2H_4COOH)-COOH$	6
Asparaginsäure	$H_2N-CH(CH_2COOH)-COOH$	4
α-Aminoisobuttersäure	$H_2N-C(CH_3)_2-COOH$	1

Millionärsschnecke (Mikadotrochus beyrichii), 7 cm hoch

Milium s [lat., = Hirse], die ↗Waldhirse.
Millepora w [v. lat. mille = 1000, gr. poros = Öffnung], die ↗Feuerkorallen.
Milleporidae [Mz.], Fam. der ↗Athecatae (Anthomedusae), deren Vertreter Steinkorallen-ähnliche Kalkskelette aufbauen. Bekannteste Gatt. ist Millepora.
Miller-Experiment, das v. dem am. Biochemiker Stanley Lloyd Miller (* 7. 3. 1930, Oakland) 1953 erstmals durchgeführte Experiment zur Simulation präbiot. Synthesen (↗abiotische Synthese, ↗chemische Evolution) in einer künstl. „Uratmosphäre". Dabei werden vermutete Komponenten der „Uratmosphäre" – Ammoniak, Wasserstoff, Methan und Wasser (B chemische und präbiologische Evolution) – elektr. Funkenentladungen ausgesetzt, die Blitzschläge simulieren. Die in der Kälte kondensierten Gase werden dann in einer Wasserfalle (dem „Urozean") aufgefangen, durch Erhitzen wieder in die „Uratmosphäre" gebracht und erneut Funkenentladungen ausgesetzt. Wenn das System über eine Woche lang unter den künstl. Bedingungen der „Uratmosphäre" gehalten wird, bildet sich in der wäßr. Phase ein komplexes Gemisch organ. Verbindungen, worunter sich auch eine Reihe v. einfachen Fettsäuren, Zuckern u. Aminosäuren befinden (vgl. Tab.). [↗Hirse 1).
millet [milit; engl., = Hirse], m.-Hirsen, 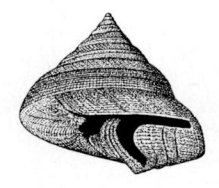
Millionärsschnecke, Mikadotrochus beyrichii, eine ↗Schlitzkreiselschnecke in der Tiefe japan. Meere; fr. sehr selten im Handel u. daher teuer.
Millionenfisch, der ↗Guppy.
Milne-Edwards, Henri, franzöś. Zoologe, * 23. 10. 1800 Brügge, † 29. 6. 1885 Paris; seit 1841 Prof. in Paris, seit 1838 als Nachfolger v. ↗Cuvier Mitgl. der Akademie der Wiss. in Paris; zahlr. Arbeiten zur Anatomie u. Lebensweise v. Meerestieren, insbes. Krebstieren, u. Säugetieren, die er z. T. mit seinem Sohn Alphonse (* 13. 10. 1835, † 21. 4. 1900) herausgab; letzterer nahm an zahlr. Tiefsee-Expeditionen teil u. arbeitete über fossile Vögel. WW von H. M.-E.: „Histoire naturelle des crustacés" (3 Bde., 1834–41). „Leçons sur la physiologie et l'anatomie comparée de l'homme et des animaux" (14 Bde., 1857–83).
Milnesium s [ben. nach H. ↗Milne-Edwards], Gatt. der ↗Bärtierchen (Ord. ↗Eutardigrada) mit mehreren Arten, die häufig in Moospolstern anzutreffen sind.
Milstein, César, argentin. Molekularbiologe, * 8. 10. 1927 Bahia Blanca (Argentinien); seit 1963 am Labor des Medical Research Council (Cambridge, England) tätig, wo er grundlegende Beiträge zur Synthese v. Antikörpern leistete. Für die Entwicklung (zus. mit G. Köhler) der Methode zur Bildung monoklonaler Antikörper durch Fusion v. Myelomzellen u. antikörperproduzierenden Milzzellen in Gewebekultur erhielt er 1984 zus. mit N. K. ↗Jerne und G. ↗Köhler den Nobelpreis für Medizin.
Milu m [v. chin. mi = geschwänzt, lu = Tier], der ↗Davidshirsch.
Milvus m [lat., = Weihe], ↗Milane.
Milz, Splen, Lien, in der Nähe des Magens (beim Menschen im linken Oberbauch) gelegenes unpaares Organ v. Wirbeltieren u. Mensch, Teil des reticuloendothelialen Systems u. somit Teil des Abwehrsystems (↗lymphatische Organe). Histologisch besteht die beim Menschen faustgroße, ca. 200 g schwere M. aus einem das Organ durchziehenden Balkenwerk (Trabekeln), das zahlr. bluthaltige Hohlräume umschließt (M.pulpa), die Lymphocyten, Granulocyten, Plasmocyten, Erythrocyten u. deren Abbauprodukte enthalten (rote Pulpa). Dazwischen liegen die sog. M.follikel (M.knötchen, Ellipsoidkörper, Malpighi-Körperchen), die den Lymphfollikeln der

MIMIKRY I

Mimikry bedeutet Signalfälschung und äußert sich darin, daß der Empfänger durch Nachahmung eines Signals, das für ihn eine ganz bestimmte Bedeutung hat, getäuscht wird. Voraussetzung für die Entstehung und Erhaltung einer Mimikry sind ein Vorbild, das ein Signal sendet, ein Empfänger, der dieses in arterhaltender Weise beantwortet, und ein Nachahmer, der das Signal des Vorbilds imitiert und aus der Reaktion des Empfängers einen Nutzen zieht.

Der harmlose und für Vögel genießbare *Hornissenglasflügler (Aegeria apiformis)*, ein Schmetterling, imitiert die Warntracht der *Hornisse (Vespa crabro)* und ist dadurch gegen Freßfeinde weitgehend geschützt. Er parasitiert gewissermaßen am Verhalten des Signalempfängers (Feind). — Hier gehören Vorbild, Empfänger und Nachahmer drei verschiedenen Arten an.

Hornisse

Hornissenglasflügler

erwachsene Männchen

Manchmal sind Vorbild und Empfänger von der gleichen Art, und der artfremde Nachahmer zieht Nutzen aus dem vorgegebenen Senden und Verstehen der Signale.
Paradieswitwen (Steganura paradisaea) sind, wie alle Witwenvögel, Brutparasiten. Sie legen ihre Eier in die Nester des *Buntastrilds (Pytilia melba)*. Da aber die jungen Witwen, im Gegensatz zum Kuckuck, ihre Stiefgeschwister nicht aus dem Nest werfen, müssen sie genauso aussehen wie diese, damit sie von den Wirtseltern gefüttert werden. — In diesem Mimikrysystem sind die jungen Buntastrilde die Vorbilder, ihre Eltern die Empfänger und die jungen Witwen die Nachahmer.

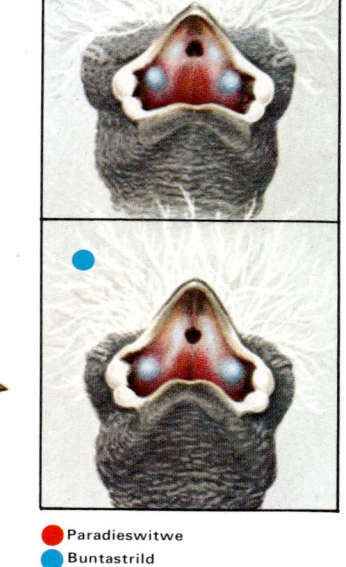

Jungvögel

Nestlinge

● Paradieswitwe
● Buntastrild

Sogar der Nachahmer kann zur gleichen Art wie Vorbild und Empfänger gehören. Natürlich muß dann das »Hereinfallen« auf das gefälschte Signal für die Art von Vorteil sein, da sich sonst das Mimikrysystem nicht hätte entwickeln können. Beim afrikanischen *Buntbarsch (Haplochromis burtoni)* besamt das Männchen mit Hilfe eines Tricks die Eier im Maul des Weibchens, wo sie erbrütet werden. *Ei-Attrappen*, d. h. Flecken auf der Afterflosse, die wie Eier aussehen, spielen dabei eine wichtige Rolle. Wenn das Weibchen Eier in die Laichgrube des Männchens gelegt hat, dreht es sich sofort um und schlürft sie vom Boden auf. Sobald keine Eier mehr zu sehen sind, drückt sich das Männchen auf den Grund der Grube, spreizt die Afterflosse mit den Ei-Attrappen und besamt den leeren Boden. Das Weibchen aber hält die Eiflecken für echte Eier und versucht sie aufzunehmen. Dabei saugt es das spermienreiche Wasser aus der Nähe der männlichen Geschlechtsöffnung auf. Auf diese Weise gelangen die Spermien zu den Eiern. Hier sind die Eier die Vorbilder, das Weibchen der Empfänger und das Männchen der Nachahmer.

MIMIKRY II

Mimese. *Lytrosia unitaria* (Abb. links), ein nordamerikanischer *Spanner*, erreicht durch seine Zeichnung und die Eigenart, sich quer zu den Rissen der Borke niederzulassen, eine vorzügliche Anpassung an den Hintergrund. Der Schmetterling zieht Nutzen daraus, daß ein hungriger Raubfeind nicht auf den Untergrund zu achten pflegt. – Auch mimetische Färbungen und die oft damit verbundenen Körperhaltungen sind Signale, die durch Ritualisierung entstanden sind. Sie signalisieren z. B. »hier ist nur Borke« oder »hier sind nur Blätter«.

Schlechtschmeckende Insekten sind von vornherein wohl gegen das Gefressen-, nicht aber gegen das Getötet-Werden geschützt. Je einprägsamer eine solche Art gefärbt ist, desto rascher lernt ein Vogel nach den ersten unangenehmen Erfahrungen, sie zu meiden, was der Art viele Verluste erspart. Dieser Vorteil hat wohl in der Evolution zur Entwicklung der auffälligen Warnfarben geführt. – Der tropische *Danaidenfalter Lycorella cleobaea* (oben) ist ungenießbar. Abb. links: die widerlich schmeckende Raupe des amerikanischen *Zahnspinners Symmerista canicosta*.
Vom *Ritterfalter Papilio dardanus* existieren mehrere Weibchenmorphen. Einige dieser Morphen sind Nachahmer von Danaidenfaltern der Gattungen *Danaus* und *Amauris*. Jede Morphe hat ihr eigenes Vorbild.

Ein Lebewesen entzieht sich lebensbedrohenden Umständen normalerweise durch Flucht. Schmetterlinge und viele andere Insekten haben oft wenig Chancen, sich ihren Freßfeinden durch einfaches Wegfliegen zu entziehen. Sie haben statt dessen mehrere andere Schutzmethoden entwickelt.

Viele Schmetterlinge tragen auf den Flügeln auffällige Muster, die sie bei Störung plötzlich vorzeigen. Mit Attrappenversuchen hat man nachgewiesen, daß unerwartet neben dem Futter erscheinende Zeichen Singvögel erschrecken. Die stärkste Wirkung hatten paarweise gebotene Kreisformen, die an Wirbeltieraugen erinnern. Die großen, meist paarigen Augenflecken von Schmetterlingen sind wohl Anpassungen an diese im übrigen noch unerklärte Schreckreaktion ihrer Freßfeinde. – Abb. rechts: das *Nachtpfauenauge Automeris acutissima* in Schreckstellung, die Hinterflügel mit den Augenflecken zeigend. Abb. unten zeigt die *Gabelschwanzraupe Dicranura vinula*. In Ruhe ist sie unscheinbar (links); wird sie gestört, zeigt sie plötzlich die Gesichtsmaske und schleudert aus den Hinterleibsanhängen rote Fäden aus (rechts).

Lymphknoten entsprechen und zus. die *weiße Pulpa* bilden. Die Funktion der M. umfaßt: die Produktion v. Lymphocyten (daher Anschwellen der M. bei bestimmten Infektionskrankheiten), Eisenspeicherung, Filterung u. Phagocytose (ähnl. wie ↗Lymphknoten), Abbau der Erythrocyten (Blutmauserung) u. des Hämoglobins. Außerdem ist die M. neben der Leber ein ↗Blutspeicher, der unter extremen Belastungen vermehrt Blut in den Kreislauf abgeben kann.

Milzbrand, *Anthrax,* durch ↗*Bacillus anthracis* hervorgerufene meldepflicht. Infektionserkrankung der Tiere, die v. Rind, Schwein, Schaf u. Pferd auf den Menschen übertragbar ist. Die Übertragung erfolgt v. erkrankten Tieren, Kadavern od. Tiermaterialien über kleine Hautläsionen (Berufskrankheit bei Tierärzten, Fleischern, Hirten) od. durch Fleischgenuß; Inkubationszeit 2–3 Tage. Symptome: Hautkarbunkel, Lymphdrüsenschwellung, Fieber, Schüttelfrost; oft tödl. verlaufende Lungenentzündung. Benannt nach der bräunl. Verfärbung der Milz bei Streuung im Blutkreislauf. Therapie mit Antibiotika und M.-Antiserum.

Milzbrandbacillus, *Bacillus anthracis,* Erreger des ↗Milzbrands; ↗Bacillus.

Milzfarn, *Ceterach,* Gatt. der Streifenfarngewächse mit 4 im wintermilden Europa bis W-Asien verbreiteten Arten; Fiederchen unterseits mit dichtem Schuppenfilz, der die Sori verdeckt, Indusium rudimentär. Der im Mittelmeergebiet häufige Schriftfarn *(C. officinarum)* dringt als einzige Art bis nach Mitteleuropa vor, wo er als Chasmophyt in milder Klimalage an sonnigen Felsen u. Mauern vorkommt (Charakterart der ↗Asplenietea rupestria); nach der ↗Roten Liste „gefährdet".

Milzkraut, *Chrysosplenium,* Gatt. der Steinbrechgewächse mit ca. 55 Arten, hpts. in O-Asien; Kelch- u. Kronblätter fehlen, 4–5 gefärbte Hochblätter übernehmen Schauwirkung. 2 mitteleur. Arten: Gegenblättriges M. *(C. oppositifolium)* mit rundl.-nierenförm., gekerbten, gegenständ. Blättern; 4kant. Stengel; bildet dichte Rasen; Vorkommen in beschatteten Quellfluren u. Schluchtwäldern. Wechselblättriges M. *(C. alternifolium)* mit gekerbten, wechselständ. Blättern; 3kant. Stengel; lockere Rasen bildend; zieml. häufig in Auen- u. Schluchtwäldern.

Mimas *w* [gr., = Schauspielerin], Gatt. der ↗Schwärmer; ↗Lindenschwärmer.

Mimese *w* [v. gr. mimēsis = Nachahmung], bei Tieren täuschende *Nachahmung* eines belebten od. unbelebten Objekts, das für den zu täuschenden Empfänger uninteressant ist (im Ggs. zur ↗*Mi-*

Milz
Die M. ist kein unbedingt lebenswicht. Organ u. kann bei verschiedenen Krankheiten operativ entfernt werden, wobei ihre Funktion v. den anderen lymphat. Organen u. reticulären Geweben übernommen wird. Wenn der Körper plötzl. vermehrt Blut benötigt (z. B. bei intensiver sportl. Betätigung), kontrahieren sich die glatten Muskeln der äußeren M.kapsel, was sich als schmerzhafter Krampf auf der linken Oberbauchseite bemerkbar macht *(Seitenstechen)*

Milzarterie   Venenaustritt

Milz des Menschen

mimo- [v. gr. mimos (lat. mimus) = Nachahmer, Schauspieler, Darsteller].

mikry). Als Vorbilder können der Untergrund (B Mimikry II), Steine, Blüten, Blätter, Äste, Kot und ähnl. dienen. Anders als im Falle der ↗*Tarnung,* kann der Nachahmer zwar leicht gesehen, aber nur schwer als das erkannt werden, was er in Wirklichkeit ist. Bes. in Fällen der Nachahmung des Untergrundes ist eine Abgrenzung zw. M. und Tarnung schwierig. Bei täuschender Nachahmung v. Blüten lassen sich M. und Mimikry nicht immer klar trennen. Hier wird die zentrale Bedeutung des Empfängers klar: Während Tiere einer Art die für sie uninteressante „Blüte" der ↗Teufelsblume *(Idolum diabolicum),* einer Fangschrecke, nur als Landeplatz nutzen (Mimese), wird eine andere Art durch den vermeintl. Futterplatz angelockt (Peckhamsche Mimikry). Beide werden gefressen. Die Zunahme schwarzer Morphen des ↗Birkenspanners *(Biston betularia)* in Industriegebieten (↗Industriemelanismus, ▢) zeigt, wie der Empfänger selbst durch Dezimierung der auffälligeren Form als Selektionsfaktor wirkt.

Mimetidae [Mz.; v. gr. mimētēs = Nachahmer], die ↗Spinnenfresser. [seln.

Mimidae [Mz.; v. *mimo-], die ↗Spottdros-

Mimik *w* [v. gr. mimikos = die Schauspielerei betr.], ↗Ausdrucksverhalten mit den Mitteln der Gesichtsmuskulatur, der Augenstellung usw. Der Übergang v. eher zufäll. mimischen Auswirkungen der inneren Stimmung zu echten, speziell in der Stammesgeschichte entstandenen ↗Signalen ist fließend. Außerdem gibt es erlernte, beim Menschen durch Tradition weitergegebene Elemente der M. Solche Signale kann man als mimische ↗Auslöser bezeichnen. Eine deutliche M. gibt es nur bei höheren Säugern, in einfacher Form z. B. bei Katzen, Hunden u. Huftieren, u. a. Droh-M. (↗Drohverhalten), ↗Flehmen usw. Bei Primaten, bes. bei Menschenaffen, ist die M. dagegen sehr differenziert u. spielt in der sozialen Kommunikation eine wesentl. Rolle. Dabei zeigt der Vergleich zw. der M. von Schimpanse u. Mensch, daß auch die menschl. M. erheblich von erbl. Koordinationen bestimmt wird: Wut-M., Droh-M., Lachen, Angst usw. weisen erhebl. Ähnlichkeit auf. Es gibt jedoch Unterschiede: So entblößt der Mensch bei freundl. Lächeln die Zähne, was der Schimpanse vermeidet. Das menschl. Lächeln faßt er als Drohung auf. Hier spiegelt die M. den Unterschied in der Bewaffnung wider: Beim Schimpansen spielen die vergrößerten Eckzähne eine wicht. Rolle, während schon der Vormensch (wie Fossilfunde belegen) seit langer Zeit durch zurückgebildete Eckzähne gekennzeichnet war u. wahrscheinlich Werkzeuge als Hauptwaffe

Mimikry

Mimik

Die *menschliche M.* bildet ein außerordentl. differenziertes Ausdrucksverhalten, das großenteils der sozialen Kommunikation dient. Z. T. enthält der mimische Ausdruck sehr einfache Auslöser (Schlüsselreize), die v. allen Menschen, auch v. kleinen Kindern, sofort verstanden werden: Von den drei Gesichtern (**a–c**) aus ganz verschiedenen Kulturen werden die beiden ersten als freundlich, letzteres als aggressiv od. abweisend empfunden. Wie das Schema **d** zeigt, wirken dabei ganz einfache Reizkonfigurationen mit, auch die vereinfachten Strichzeichnungen werden sofort richtig eingeordnet. Die echten Gesichter vermitteln darüber hinaus aber noch viele weitere Informationen, z. B. durch die Blickrichtung, das Entblößen od. Verbergen der Zähne usw.

Mimose
Sinnpflanze *(Mimosa pudica)*; die unteren Blätter haben sich infolge seismonastischer Reaktion zusammengelegt

mimo- [v. gr. mimos (lat. mimus) = Nachahmer, Schauspieler, Darsteller].

benutzte. ↗ Gebärde, ↗ Gestik, ↗ Gesicht, ↗ Augengruß.

Mimikry *w* [-kri; engl., = Nachahmung], nach W. Wickler jede Ähnlichkeit zw. Lebewesen, die nicht auf stammesgeschichtl. Verwandtschaft, sondern auf einer täuschenden *Nachahmung* v. Signalen beruht. M. wird von vielen Autoren auf Fälle Batesscher M. (s. u.) beschränkt. Der Nachahmer (S2) sendet das gleiche Signal wie sein Vorbild (S1). Ein beiden gemeinsamer Signalempfänger (E) beantwortet das Signal in immer der gleichen Weise unabhängig davon, ob als Signalsender S1 oder S2 auftritt. S1, S2 und E bilden ein *M.system.* Man unterscheidet nach Wickler mehrere Formen der M. a) ↗ *Batessche M.:* eine für E potentielle Beute (S2) sendet die gleichen Warnsignale, die eine vor E geschützte Art (S1) kennzeichnen. Opt. Warnsignale zeigen sehr oft die Farbkombinationen Gelb-Schwarz u. Rot-Schwarz, ↗ Augenflecke können als Nachahmung v. Wirbeltieraugen interpretiert werden. b) *Mertenssche M.* (ben. nach R. ↗ Mertens): umstritten; erklärt die täuschende Ähnlichkeit in Zeichnung u. Größe zw. stark giftigen (S2) u. schwach giftigen (S1) Arten der echten u. falschen Korallenschlangen *(Elapidae* u. *Colubridae)* als eine Nachahmung von S1 durch S2. Anders als bei Batesscher M. wäre in diesem Fall der Nachahmer für E gefährlicher (tödl.) als das Vorbild, so daß die Warntracht nur im Zusammentreffen mit S1 erlernt werden kann. Würde E die Warntracht angeborenermaßen erkennen, müßte S2 als Vorbild angesehen werden. c) ↗ *Müllersche M.:* zwei od. mehr Signalsender, die alle gleichermaßen Schutz vor einem gemeinsamen Feind E genießen, senden die gleichen Warnsignale. E wird also nicht getäuscht. – Den bisher genannten M.-formen ist gemeinsam, daß eine abschreckende Wirkung auf E erzielt werden soll. d) *Peckhamsche M.* (ben. nach E. G. Peckham) od. *Angriffs-M.* hingegen ist dadurch gekennzeichnet, daß S2 Signale nachahmt, die E mit einer Hinwendung zum Sender beantwortet. ↗ Armflosser (S2) locken durch Hautauswüchse, die an einen Wurm (S1) erinnern, Beutefische (E) an. Manche Orchideen (z. B. *Ophris muscifera*) locken durch ihre Blüten (S2), die der Gestalt der Weibchen bestimmter Wildbienen- od. Grabwespenarten täuschend ähneln, deren Männchen (E) an. Nur durch sie kann eine Blüte bestäubt werden (B Zoogamie). Der Schleimfisch *Aspidontus taeniatus* (S2) ist in Körperbau, Zeichnung u. Verhalten dem Putzerfisch *Labroides dimidiatus* (S1) so ähnl., daß er sich Putzkunden (E) nähern u. ihnen Flossenstücke abbeißen kann. ↗ Brutparasitismus u. die v. Wickler „innerartliche M." gen. Ei-Nachahmung durch *Haplochromis*-Männchen (↗ Maulbrüter) sind weitere Beispiele Peckhamscher M. ↗ Molekulare Maskierung, ↗ Mimese. B 459–460.

Lit.: *Wickler, W.:* Mimikry – Nachahmung und Täuschung in der Natur. München 1968. H. F.

Mimosa *w* [v. *mimo-], die ↗ Mimose.
Mimosaceae [Mz.; v. *mimo-], Fam. der ↗ Hülsenfrüchtler.
Mimose *w* [v. *mimo-], *Mimosa*, Gatt. der *Mimosaceae* mit 500 Arten, hpts. in S-Amerika. Holzgewächse, 1- und mehrjähr. Kräuter; Blätter doppelt gefiedert; Schauwirkung der in Kugelköpfchen od. Ähren zusammengesetzten Blüten durch zahlr. lange, gefärbte Staubblätter (↗ Akazie, ↗ Eucalyptus). Die 1jähr. zierl. Sinnpflanze *(M. pudica),* urspr. trop. Amerika, heute auch trop. Afrika u. Asien, ist bekannt durch die Fähigkeit, auf Erschütterung *(Seismonastie)* ihre Fiedern 1. und 2. Ord. zusamenzuklappen u. die Stiele zu senken. Die Bewegung kommt durch Turgoränderung an entspr. Gelenkzellen zustande. Die Erregungsleitung kann bis zu 30 mm/s betragen. Andere Reize (Verletzung, Erhitzung, elektr. Reizung) können die gleiche Reaktion auslösen. Bei der im Handel angebotenen „Mimose" handelt es sich um *Acacia dealbata* (↗ Akazie).

Mimosoideae [Mz.; v. *mimo-], U.-Fam. der ↗ Hülsenfrüchtler.   [lerblume.
Mimulus *m* [spätlat., = Mime], die ↗ Gauk-
Mimus *m* [v. *mimo-], Gatt. der ↗ Spottdrosseln.